1985
PETRVS
POMEROL

Grand Vin

Mme L.P. LACOSTE-LOUBAT
PROPRIÉTAIRE A POMEROL (GIRONDE) FRANCE
MIS en BOUTEILLES au CHÂTEAU

APPELLATION POMEROL CONTRÔLÉE

CHEVAL BLANC
Grand Cru Classé
2000
St-Émilion Grand Cru
APPELLATION SAINT-ÉMILION GRAND CRU CONTRÔLÉE
Mis en bouteille au Château
Sté CIVILE DU CHEVAL BLANC
PROPRIÉTAIRE A ST-ÉMILION (GIRONDE)

CHÂTEAU RAYAS
MIS EN BOUTEILLE AU CHÂTEAU
CHÂTEAUNEUF-DU-PAPE
APPELLATION CHÂTEAUNEUF-DU-PAPE CONT

그랑 라루스
와인백과

그랑 라루스
와인백과

라루스 편집부
윤화영 책임 번역
네이버(주) 협찬

LAROUSSE

CITRON
MACARON

서문

와인은 여행으로의 초대입니다. 이 책 전체에 걸친 글과 사진을 통해 그것을 증명할 것입니다. 이 여정은 지구상에 존재하는 엄청나게 다양한 포도의 품종과 테루아의 발견에서 시작합니다. 그다음, 포도밭과 와이너리에서 이루어지는 작업과 사람을 만나게 해줄 것입니다. 마지막으로 여러분들을 시음의 세계로 모시고 가서 전 세계에서 나오는 믿을 수 없을 만큼의 다양한 와인을 소개할 것입니다.

저는 전 세계 와인에 대한 지식에 흠뻑 빠져들었습니다. 그것을 위해 제 인생의 많은 부분을 할애했고, 지금도 여전히 큰 호기심을 가지고 다각적으로 포도원의 변화에 대해 공부하고 있습니다. 새로운 테루아와 새로운 포도 품종을 조사하기 위해 여러 지역을 방문했고, 각 지역은 다양한 대인관계뿐 아니라 문화적으로도 저에게 많은 것을 가져다주었습니다. 저의 관점에서 말하자면, 대륙마다 가장 훌륭한 와인을 만들기 위해 고군분투하는 모습이 의지를 넘어서 어떤 강박에까지 이르렀다는 느낌을 갖습니다. 하지만 유럽의 원조 포도원인 프랑스와 이탈리아, 스페인 등은 그들의 역사, 문화, 전통 덕분에 항상 앞서 가고 있습니다. 그렇지만 중부 유럽과 동유럽의 포도원에서도 매력적인 다양성을 발견할 수 있습니다. 중동의 몇몇 나라들 역시, 작지만 야심에 찬 포도원의 부상으로 주목할 만한 잠재력을 보여주고 있습니다. 20년 전에 이미 우리의 슈퍼마켓과 와인 가게의 진열대에 비치되어 전통적인 와인 경제의 모습을 변화시킨 신세계의 와인들에 대해서는 무슨 이야기를 할 수 있을까요? 칠레나 아르헨티나의 매우 멋진 와이너리에서는 마시기 편하면서도 잘 농축된 와인을 생산하기 위해 최적화된 테루아를 찾기 위한 연구를 10년째 계속하고 있습니다. 마지막으로 대규모 프로젝트로 와인에 눈을 뜨고 있는 인도와 중국을 관심을 가지고 지켜보시기 바랍니다. 와인이 그 어느 때보다 인간에게 희망과 동기를 부여하고 있다는 것을 우리는 알게 되었습니다. 아시아가 차의 생산만큼이나 와인 생산에 관심을 갖고 있으니 놀라운 일이 아닐 수 없습니다.

와인의 세계는 진화하고, 새로운 나라들이 포도 재배를 배우고 있으며, 수많은 와인이 우리의 호기심을 자극합니다... 라루스 와인백과를 통해서 독자 여러분은 전 세계에서 생산되는 와인의 모든 다양성과 풍부함을 발견할 것입니다. 그리고 이 책이 여러분들에게 유명한 고급 와인을 맛보고 싶은 욕망뿐 아니라 전혀 새로운 맛의 와인을 발견하기 위해 떠나고 싶은 열망을 줄 수 있기를 바랍니다.

올리비에 푸시에(Olivier Poussier)
월드 베스트 소믈리에

그랑 라루스 와인 백과

이 책의 증보판은 세바스타앵 뒤랑-비엘(Sebastien DURAND-VIEL)과 다비드 코볼드(David Cobbold)가 책임 편집하였습니다.

원본의 재편집에 다음에 열거한 분들이 동참하였습니다.
조르주 르프레(Georges LEPRÉ)/마스터 소믈리에, 책 전반에 걸친 기술 컨설턴트

그리고

기 본느푸아(Guy BONNEFOIT)/와인 전문가 겸 와인 관련 서적 저자
피에릭 부르고(Pierrick BOURGAULT)/농업 기술자, 저널리스트 겸 사진작가
장 무아즈 브래베르(Jean-Moïse BRAITBERG)/저널리스트 겸 와인 관련 서적 저자
다비드 코볼드/저널리스트, 시음가 겸 와인 관련 서적 및 글 저자
장 미셸 드뤽(Jean-Michel DELUC)/소믈리에, 국제 컨설턴트
미셸 도바즈(Michel DOVAZ)/와인 메이커, 파리 와인 아카데미 교수
세바스티앵 뒤랑 비엘/저널리스트, 시음가 겸 와인 관련 서적 및 글 저자
브누아 그랑댕(Benoît GRANDIN)/와인 전문 저널리스트
마틸드 윌로(Mathilde HULOT)/저널리스트, 리포터, 와인 관련 서적 및 글 저자
에그몽 라바디(Egmont LABADIE)/저널리스트, 와인과 미식 관련 글 전문 저자
발레리 드 레스퀴르(Valérie de LESCURE)/저널리스트, 시음가, 와인 관련 서적 및 글 저자
에블린 말닉(Evelyne MALNIC)/저널리스트 겸 와인 관련 서적 저자
앙투안 페트뤼스(Antoine PETRUS)/2007년 프랑스 최우수 영 소믈리에
또한 미리암 위에(Myriam Huet)("좀 더 자연친화적인 포도 재배 쪽으로", "논쟁의 대상이 되는 기술들", "와인과 관련된 잘못된 생각들"), 엘렌 피오(Hélène Piot)("소믈리에, 와인계의 대사")와 베로니크 래쟁("와인의 전 세계 시장")에게도 감사드립니다.

개정판의 업데이트와 재편집에는 다음에 열거한 분들이 참여했습니다.
다비드 코볼드/이 책의 공동 편집인, 저널리스트, 시음가 겸 와인 관련 서적과 글 저자, 파리 와인 아카데미 공동 설립자
세바스티앵 뒤랑-비엘/이 책의 공동 편집인, 시음가, 교육자 겸 와인 관련 서적과 글 저자, 파리 와인 아카데미 공동 설립자
올리비에 보르뇌프(Olivier BORNEUF)/전문 시음가, 컨설턴트, 파리 와인 아카데미 교육자 겸 공동 설립자
모하메드 부델랄(Mohamed BOUDELLAL)/저널리스트, 시음가, 『프랑스 와인 리뷰 La Revue de Vin de France』와 같은 유명 전문 잡지 제작에 참여
플로랑스 켄넬(Florence KENNEL)/저널리스트 겸 부르고뉴·쥐라·알자스 전문 작가, 와인 관련 서적 저자, 와인 양조 기술자
에르베 랄로(Hervé LALAU)/벨기에에서 근무하는 프랑스 저널리스트, 인 비노 베리타스 편집장, 블로그 les5duvin의 공동 설립자, 프랑스 농업 훈장 슈발리에
플로랑 르클레르(Florent LECLERCQ)/저널리스트, 와인 관련 유명 리포터 겸 평론가
마르크 바넬르몽(Marc VANHELLEMONT)/독립 저널리스트, 와인과 관련된 프랑스와 벨기에의 여러 잡지에 기고, 블로그 les5duvin의 공동 설립자
에이몬 비지에르 당발(Aymone VIGIÈRE d'ANVAL)/최근 15년 동안 와인 관련 출판 매체에 기고

목차

포도와 와인의 발견

와인의 기원

와인의 시작

누가 가장 먼저 와인을 만들었을까? 첫 번째 포도원은 어디였을까? 해답 없는 수많은 질문이 생긴다.
와인은 9,000여년 전부터 서구 문화와 밀접한 관련을 가지고 계속해서 문화에 영감을 불어넣어주고 있다.

첫 번째 포도원

인간이 정착 생활을 하면서 야생으로 자란 포도가 있는 곳이면 어디든 양조가 일어났다. 의도적으로 양조를 위해 포도를 재배하게 된 것은 한 걸음 큰 진보였다. 고고학자들은 인간이 거주하던 지역에서 발견된 포도씨가 야생 포도의 것인지 혹은 재배된 포도의 것인지 밝혀낼 수 있다. 재배된 포도나무의 씨앗이 이란 북부에서 발견됐고, 이 씨앗이 9,000년 전 것이라는 사실이 밝혀졌다. 인간은 지구 어디엔가 최초의 포도나무를 심은 것이다. 이 지역은 포도 재배에 적합한 기후와 지형을 가졌기 때문에, 이전에 이미 야생 포도가 자랐던 곳이다.

와인, 문명의 중요한 요소. 와인의 역사 초기에서 중요한 점은 고대 바빌로니아인, 이집트인, 그리스인 그리고 로마인들은 점점 더 그들 삶의 큰 자리를 와인에 할애해주었다는 것이다. 이런 이유와 특히 종교적 혹은 관례적인 사용으로, 와인은 인간 문명의 중요한 요소가 되었다. 고대 그리스 시대에 중국도 이미 와인을 알고 있었지만, 실제적으로 음용하지는 않았다. 포도의 재배는 페르시아와 인도의 도시들 주변까지 다다랐지만, 깊은

흔적을 남기지는 않았다. 비록 세련된 문명과 야생 포도가 있었지만, 콜럼버스 이전의 미국에서는 와인이 발견되지 않는다.

> **고대 바빌론 사람들은 이런 시적 표현을 불러일으켰다.**
> 인류 역사 최초의 상상 작품인 『길마메시 서사시(l'Epopee de Gilgamech)』 (기원전 18세기)에 적힌 표현,
> "마술의 포도원은 소중한 돌로 만들어졌다."

디오니소스, 바커스와 초기 기독교도들의 와인

그리스. 그리스 기독교의 관행적인 포도주 사용은 고대 그리스와 로마의 의식에서 유래했다. 기독교 의식에서 포도주의 사용은 유대교와도 직접적인 관련이 있지만, 그리스와 로마의 포도주의 신인 디오니소스와 바커스에게 하는 종교 의식에서 가장 강한 유사성을 발견할 수 있다. 전설에 따르면, 디오니소스는 와인을 현재의 터키인 소아시아에서 그리스로 가지고 왔다. 제우스의 아들인 디오니소스는, 한 번은 인간으로 그리고 한 번은 신으로 총 두 번 태어난다(신화는 우리 인간들에게 상당히 난해하다!). 제우스의 여인인 세멜레가 인간 디오니소스의 어머니이다. 그 자신이 포도나무였고, 포도주는 그의 피였다.

로마 제국. 로마인들은 자신들의 신에 그리스의 신들을 투영시켰다. 이렇게 디오니소스는 바커스가 되었는데, 이 호칭은 소아시아의 리디아 지역 도시들에서 불리던 이름이다. 바커스는 포도주의 신에서 구세주가 되었다. 그에 대한 숭배가 여성들, 노예들 그리고 빈곤자들 사이에서 퍼져나가자 황제들은 그것을 금지시키려고 했지만, 큰 성공을 거두지 못했다. 기독교의 발달은 로마 제국과 분리할 수 없는데, 기독교 초기에는 바커스 신앙의 여러 상징과 의식을 반복하면서 바커스교의 신도들을 끌었다. 성찬의 의미는 단지 몇 줄로 설명하기에는 너무 복잡한 주제이다. 기독교인들의 모임에서 종교적 의미를 갖는 와인은 성직자의 입회만큼이나 꼭 필요한 것임에 유의해야 한다. 와인은 종교적 실천에서 필수적인 자리를 차지했기 때문에, 로마 제국의 쇠락 이후 야만족의 침략 기간 동안에도 살아남을 수 있었다.

> 디오니소스를 표현한 그리스 도자기

유용한 정보

중세 시대의 사람들에게 와인이나 맥주는 사치품이 아닌 필수품
도시들의 상수도는 깨끗하지 않았고, 종종 위험하기까지 했다. 살균제로서, 당시의 와인은 기초 의약품 가운데 하나였다. 사람들은 물이 정수기 물처럼 깨끗하게 될 수는 없겠지만 적어도 음용수가 될 수 있게 하기 위해 물에 와인을 섞었다고 한다. 도시에서 와인을 섞지 않은 채로 순수하게 물만 마시는 경우는 드물었다. 영국인 석학 앤드류 부르드 Andrew Boorde는 1542년에 이렇게 적었다. "(와인/맥주를 섞지 않은) 순수한 물은 영국인들의 건강에 좋지 않습니다."

> 『파리 사용 시간에 관한 책
(*Livre d'heures à l'usage de Paris*)』
의 삽화가 보여주는 포도 수확,
압착 및 보관

북유럽의 정복

와인은 지중해식 라이프 스타일과 연결되어 있었다. 알프스 북쪽 지역
은 흉폭한 침입자들로 인해 포도 재배와 같은 정착민들의 경제 활동이
위협을 받게 되었다. 와인을 필요로 하고 연속성을 유지할 수 있었던
교회만이 오로지 포도 재배업을 이어나갔다. 유럽 대륙이 이 어려운
시기에서 빠져나올 때, 포도밭은 수도원과 대성당 주변에 늘 있었다.
수도사와 와인. 수도사들은 포도주 제조에 만족하지 않았다. 필사에
능한 그들은 여러 세기에 걸쳐 기술의 완성도를 높이는 데 전력하면
서 양조술을 발전시켜 나갔다.

중세 시대 부르고뉴의 시토 수도사들은 포도나무의 크기를 실험하
고 가장 잘 익은 포도주를 생산하는 포도밭을 선택하면서, 최고의 포
도나무를 선별하고 코트 도르Cote d'Or의 토양과 기후를 연구한 첫 번째
사람들이었다. 그들은 도둑들로부터 보호하기 위해 가장 좋은 포도
밭들을 벽으로 에워쌌다. 현재 남아 있는 돌담들이 이 사실을 증명한
다. 오늘날 독일에서 가장 명성 있는 양조용 포도 재배지역인 라인가
우Rheingau의 클로스터 에버바흐Kloster Eberbach의 시토 수도사들도 동일한
작업을 했다. 이러한 모든 노력들은 단지 미사에 사용될 와인을 생산
하기 위한 것뿐 아니라, 숙박 및 접객업소와 개인들에게 판매할 목적
이기도 했다. 이처럼 수도사들은 중세 와인 거래에서 핵심적인 역할
을 했다.

무역

다시 삶이 평화로워지자 포도밭의 면적은 늘어갔고, 무역이 재개되었
다. 와인은 교환 가치로서의 역할을 단 한 번도 잃어본 적이 없다. 중
세 초기인 5세기에서 10세기까지, 해적이 우글거리던 서구의 바다에
서, 보르도나 라인강 하구로부터 영국, 아일랜드 혹은 더 북쪽 지역으
로 가는 상선들이 은밀하게 출항했다. 소수 야만족의 우두머리는 축
제에 와인을 제공할 책임이 있었다. 가장 멀리 떨어진 은둔지역에서
도 늘 신도들의 모임에는 와인이 필요했다.

이런 무역의 르네상스로 인해 거대한 양의 와인이 시장에 나타났다.
수백 척의 배가 런던이나 한자동맹 도시들의 항구로 떠났다. 하천들
도 마찬가지로 중요한 상업 운송로가 되었다. 와인으로 가득 찬 오
크통은 무겁고 거추장스러워서 대개 배로 옮기는 것이 유일한 답이
었다.

고대의 세밀화 속의 와인

1. 포도나무의 가지치기, *Livre d'heures de Charles d'Angoulême*(15세기).
2. 포도 수확과 착즙, *Breviari d'amor*(14세기).
3. 9월의 작업, *les Très Riches Heures du duc de Berry*(15세기).
4. 3월의 포도나무 가지치기, *Missel romain à l'usage de Tours*(14세기 초).
5. 상인들의 일상(14세기).
6. 위생 협정(15세기).
7. 와인을 맛보는 수도사, *le Livre de la Santé*(13세기).
8. 카나의 결혼식, *Très Belles Heures de Notre-Dame*(15세기).

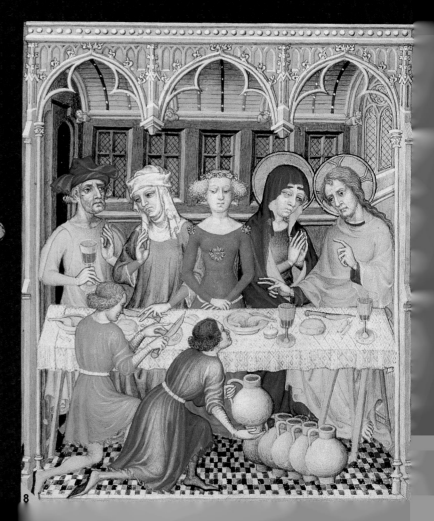

와인의 혁명

지난 수백 년 동안 와인 생산자들과 중개업자들은 매일 마시는 일상 와인에 대한 수요를 충족하려고 애써왔다.
그러나 17세기 말에 이르러 새로운 요구가 나타났다. 바로 경제적으로 안정된 계층이
더 강렬한 맛을 내는 와인을 원하기 시작한 것이다.

고급 와인 애호가

이미 고대 로마인들은 로마제국 최고 생산지와 빈티지를 찾았다. 중세 시대 왕과 수도원장도 최고의 와인을 원했다. 영국도 그랬지만 최고급 와인에 큰돈을 쓸 준비가 되어 있는 부유층과 세련된 미각을 갖춘 사회적 계층이 등장했다.

프랑스 섭정시대(1715-1723) 궁정 신하들은 거품이 더 풍부한 양질의 샴페인을 대량으로 요구했고 결국 이를 손에 넣었다. 이와 비슷한 시기에 영국 거물들과 신흥 부자들은 최고급 보르도 레드와인을 찾았고, 상인들은 거품이 있는 샴페인을 유통시켰다. 오늘날 우리가 아는 최고급 와인 개념은 바로 이 시대에 만들어졌다. 이전에는 와인을 양조한 후 1년 이내에 모두 마셔서 소진시키는 것이 관례였다. 그래서 추수철이 다가오면 '오래된' 와인은 값이 싸졌다. 그러나 1714년 파리의 한 상인이 보르도 주재원에게 '숙성이 돼 색깔이 짙고 벨벳 같이 부드러운 세련된 고급 와인'을 요구했고, 이로 인해 와인을 숙성하고 개선하는 방법이 고안되었다. 고품질 와인의 시대가 도래한 것이다.

수 세기에 걸쳐 정부가 여러 생산자들에게 와인 생산의 제동을 거는 여러 조치에도 불구하고 (포도나무 심기 및 수확 제한), **1865년경, 프랑스 포도 재배지는 250만 헥타르에 이르렀다.**

보르도의 위대한 와인

품질의 고급화를 추구한 와인이 등장한 것은 1660년경 보르도 의회 의장이었던 아르노 드 퐁탁Arnaud de Pontac 덕분이었다. 샤토 오브리옹Haut-Brion의 소유주였던 그는 새로운 스타일의 와인을 생산하기 시작했는데, 그것은 소비자가 높은 가격을 이해할 만한 명성을 만들기 위해서였다. 레드와인과 화이트와인 포도 품종을 분리하고 포도밭 면적 대비 수확량에도 제한을 두었다. 최상품 포도를 선별하고 양조와 숙성의 정확성을 추구했다. 그의 이런 방식은 훗날 상용화되었다. 런던에서 오브리옹의 가격은 다른 고급 와인의 세 배에 달했다. 1세기 동안 라투르Latour, 라피트Lafite, 마고Margaux를 필두로 보르도의 여러 와이너리가 이런 변화를 뒤따랐다. 최고의 포도 품종을 선택하고 포도밭의 배수와 숙성 과정에 더 엄격한 정확성을 기했으며 셀러의 보관 요령을 개선하는 등 와인을 좀 더 세련되고 우아하게 만드는 기술이 계속해서 개발되었다. 그렇게 해서 드디어 고급 와인이 대량으로 생산되기 시작했다. 다음 세기, 프랑스에서는 산업혁명과 함께 도시 노동 인구가 증가함에 따라 저가 와인에 대한 수요가 늘어났다. 철도는 지중해 지역의 방대한 포도원들을 기점으로 이런 수요를 충족했다.

> 18세기에 와인은 우아한 식사에 빠져서는 안 되는 필수불가결한 요소가 되었다.

양조학의 할아버지, 파스퇴르

오랜 기간 와인 양조는 경험주의에 의지했을 뿐 첨단 과학이 도입되지는 않았다. 하지만 파스퇴르 덕분에 결정적인 진보를 이룰 수 있었다. 1854년부터 과학자들은 식초, 맥주, 와인의 발효를 연구하기 시작했고 그 결과는 20세기에 이르러서 즉, 1945년부터 와인 양조장과 저장소에 적용되었다. 지금은 대학교나 연구소에도 교육받은 와인 메이커들이 있다. 그들은 와인 생산 협동조합뿐 아니라, 개인이 운영하는 와이너리에서도 양조를 맡아 일하고 있다. 이제 와인은 경험주의에서 과학의 영역으로 넘어간 것이다.

> 보르도 항구에 정박 중인 와인 보관통들(1890년경).

새로운 와인들

17세기부터 18세기에 이르기까지 파리가 발전함에 따라 포도원의 확장도 진행되었다. 파리의 와인 소비량이 늘면서 오를레앙Orleans과 오세르Auxerre 지역 와인이 그 덕을 보았다. 18세기 영국과 파리의 와인 수요는 와인 중개업자들의 역량을 넘어섰다. 이 시기에 와인을 생산할 뿐 아니라 병입하고, 구매자들에게 더욱 지속적인 품질 보장을 상징하는 '우산' 마크를 만들고 자기 이름을 단 와인을 배달하는 새로운 부류의 생산자가 등장했다. 소비자들은 포도원보다 이런 생산자들에게서 와인을 사기 시작했다.

19세기. 국회의원들은 최고급 레스토랑에서 보르도 와인 같은 부르주아 와인을 마시는 것을 주저하거나 꺼리기는커녕 오히려 자랑스럽게 여겼다. 상인들은 와인을 오크통에 담아 팔다가 점차 유리병에 담아 파는 등 판매 방법도 다양해졌다. 이 시기 철도의 출현과 산업화로 와인은 프랑스의 주요 생산품이 됐고, 햇볕 잘 드는 평야에 펼쳐진 랑그독-루시용Langdedoc-Rousillon의 포도원들은 일상 소비용 와인을 대량으로 생산했다.

유용한 정보

샴페인은 단단한 유리병과 코르크 마개의 만남으로 탄생!
샴페인은 16세기에 생산되던 상태 그대로였는데 기포 때문에 장거리 운송을 할 수 없었다. 1728년 이전에 군주가 법으로 유일하게 허용한 와인 저장 용기였던 나무통이 기포 때문에 폭발했다. 그러다가 유리병(영국인들이 와인 운송 용기로 처음 사용)과 포르투갈산 코르크 마개가 이 문제를 해결했다. 베네딕트회 수도승이자 오빌리에Hautvilliers 수도원의 식료품 담당자였던 동 페리뇽Dom Perignon은 압착기에서 포도를 분리할 때 품종 별로 각기 다른 장점을 잘 알고 있었다고 한다.
(p.88-89 참조)

포도나무에 닥친 재앙

1863년 프랑스의 지중해 지역(더 정확하게 말하자면 가르Gard 주의 퓌조Pujaut 지역)에 가장 잔혹한 재앙이 닥쳤다. 필록세라 바스타릭스Phylloxéra vastatrix는 포도나무 뿌리에서 진액을 빨아들여 포도나무를 서서히 죽이는 핀 머리처럼 생긴 진딧물이다. 이 벌레는 어쩌다 북아메리카에서 건너왔는데, 증기선 속도가 너무 빨라 배가 대서양을 건너는 동안 수입 식물에 있던 기생충들이 살아 남았던 것이다. 이 해충은 전 유럽에 피해를 입혔다. 거의 모든 포도나무가 죽었고 극소수만이 살아남았다. 40년간 계속된 참사 후 마침내 발견한 해결책은 진딧물에 저항력이 있는 미국산 포도나무와 접목하는 방법이었다(p.34 참조). 하지만 필록세라만이 문제는 아니었다. 곰팡이와 관련이 있는 두 가지 질병인 흰가루병과 노균병이 이와 거의 비슷한 시기에 유럽 포도나무를 공격했다. 필록세라의 공격을 받았던 프랑스와 몇몇 유럽 포도 재배지 중에 다시는 포도를 재배하지 않은 곳도 상당수 있었다.

진실 혹은 거짓?

이슬람 세계에서 와인 금지는 예언자 마호메트 시절까지 거슬러 올라간다

거짓 2-3세기 이후 법률가들은 기근의 위협을 받아 와인을 금지하는 법령을 제정했다. 이슬람은 일련의 정복 활동 후에 전쟁에서 생긴 자원으로 살아갔는데, 오랜 시간이 흐르면서 자원이 차츰 고갈되어갔다. 따라서 포도 재배지는 밀과 쌀에 자리를 내주었는데 이것은 이슬람 국가들이 국민의 식량을 확보하고자 내린 결정 가운데 하나였다. 그러나 코란은 와인을 금지하지 않고, 단지 그 부작용을 경고한다.

와인의 신세계

20세기 와인의 세계는 여러 가지 면에서 필록세라의 피해를 회복하는 데 상당한 시간을 보내야 했다.
비교적 최근인 1980년대는 새로운 주인공들이 유럽 와인 생산자의 반열에 든 결정적 전환점이었다.

프랑스의 원산지 명칭

19세기 후반부터 프랑스 포도원의 명성은 빠른 속도로 쇠락의 길을 걸었다. 샤토뇌프 뒤 파프Châteauneuf du Pape의 샤토 포르티아Château Fortia 소유주였던 르루아 드 부아조마리에Leroy de Boiseaumarié 남작은 대량 산출을 위해 선택한 진부한 포도 품종, 포도 재배에 적합하지 않은 테루아, 비료의 부적절한 혹은 과도한 사용, 지나친 물주기 등 기존 프랑스 포도 재배 방식의 문제점을 파악하고 다른 길을 모색하기로 했다. 그는 적합한 포도 품종 몇 가지를 권장하고 그렇지 않은 품종들을 금지했고, 최소 알코올 함량과 단위 면적당 최대 생산량을 확정했다. 그의 싸움은 거의 10여 년간 지속되었다.

마침내 1930년에 이르러 원산지 통제 명칭(AOC: appellation d'origine controlée)에 관한 법률이 샤토뇌프 뒤 파프의 자가 양조 포도 재배자 헌장이 되었다. 1935년 상파뉴, 1936년 아르부아Arbois, 루아르, 보르도, 부르고뉴, 1937년 보졸레 지역도 이를 채택했다. 그리고 나머지 모든 지역이 그 뒤를 따르면서 명칭 체계가 점점 자리를 잡아갔다. 프랑스의 이 체계는 2009년까지 점진적인 수정을 거쳐 오늘날 전 유럽의 양조용 포도 재배와 관련된 법제정의 기초가 됐다 (p.95 참조).

**1980년대 이후,
신세계 국가에
많은 와인 재배 지역이 생겨났다.**
와인 업계의 각축장은
끊임없이 변화하고,
신흥 생산자들은 마침내
애호가들에게 유럽 와인 생산자들과
동등한 대우를 받게 됐다.

전 세계 포도 재배지, 통제가 더욱 강화된 생산

1945년 이후, 과학은 중요한 역할을 담당했고, 포도나무, 발효, 숙성 등과 관련된 연구 조사도 발전했다. 새로운 지식이 쌓이면서 통제도 가능해졌다. 수확량은 일정해지고 증가했다. 동시에 와인 소비 형태도 바뀌었다. 전통적인 유럽 와인 생산국들에서 와인 소비량은 크게 감소했지만 금액은 상승했다. 2013년 전 세계 최대 와인 시장이 된 미국과 중국 같은 새로운 와인 소비 시장이 성장했다. 세계 각지의 포도원들은 유럽에 있는 포도나무의 뿌리를 뽑아 다른 여러 나라에 심는 작업을 계속함으로써 이런 변화에 스스로 적응했다. 신세계에서 생산된 최고 수준의 와인들이 유럽의 최고급 와인들과 품질로 경쟁하게 된 것이다. 20세기 말은 와인 생산자들에게 번영의 시기였다. 와인 애호가들에게는 더 많은 좋은 와인을 상대적으로 저렴한 가격에 즐길 수 있었던 황금기였다. 반면에 저가 와인 생산자들은 이런 진화 과정의 희생자였다.

대규모 포도 재배

프랑스 모든 도(département)의 절반이 넘는 지역에서 포도를 재배한다. 2015년 대략 806,000헥타르의 포도밭에서 연평균 43,000,000헥토리터의 와인을 생산했는데 이는 60억 병에 해당한다. 와인 생산량에서 프랑스는 이탈리아의 뒤를 이어 세계 2위이고, 그 뒤로 스페인과 미국이 각각 3, 4위이다. 1965년 프랑스의 1인당 연평균 와인 소비량은 160리터였지만, 현재는 43리터 정도이다.

> 1940년대 만들어진
캘리포니아의 와인 지도

뉴질랜드의 포도 품종

1960년대까지는 잡종이 지배적이었지만, 1970년대에는 소비뇽, 1980년대에는 샤르도네 등과 같은 독일 및 프랑스 등의 유럽산 품종들로 대체됐다. 오늘날 뉴질랜드 전체 생산의 70%를 차지하는 소비뇽 블랑의 성공은 주목할 만하다. 레드와인 포도 품종 중에서 단지 카베르네 소비뇽만이 오랜 역사를 유지하고 있을 뿐, 생산량 차원에서 오늘날 피노 누아와 메를로에게 모두 자리를 내주었다.

> 금주법 시대(1919-1933), 미국에서는 와인이 적발되면 모두 하수도에 버려졌다.

미국

북미의 와인 생산자들의 대부분은 1966년 이전에는 존재하지 않았다. 캘리포니아주에는 적어도 70%의 와인 생산 기업이 1966년 이후 설립되었고, 뉴욕주의 최소 80%의 와인 기업은 1976년 이후 설립되었다. 1970~1980년대 신흥 생산자들은 지역 규정을 수정했고, 대부분 주에서 금주령 시대 이후에 부과된 조세 조치들을 변경했다. 1980년 중반까지 미국에서 생산된 와인은 수출을 목표로 하지 않았다. 하지만 1991년 미국은 이탈리아, 프랑스, 스페인의 뒤를 이어 세계 4위의 와인 수출국이 되었고, 그 뒤를 아르헨티나가 따르고 있다.

남아메리카

1980년대 들어 정치·경제 상황이 안정되자 외국인 투자자들은 포도원으로 용도 변경이 가능한 남미의 땅에 관심을 보이기 시작했다. 동시에 이 지역 와인 생산자들의 대부분은 양조 설비를 현대화하고 세계 시장에 맞는 스타일의 와인을 개발했다.

1990년대 초반부터 칠레 와인은 전 세계 여러 시장, 특히 가성비를 중시하는 시장에서 크게 성장했다. 아르헨티나는 이웃나라 칠레보다 뒤늦게 이런 추세에 가담했지만 지금은 아주 좋은 위치를 차지하고 있다. 남미 다른 나라들은 규모 면에서 이 두 나라와 같은 범주에 들어가지 못하지만 우루과이와 멕시코는 꽤 괜찮은 와인을 만들고 있으며 브라질의 내수 시장을 고려할 때 그 생산량이 증가할 수도 있다.

남아프리카공화국

1991년 인종차별 정책 폐지 이후, 자급자족으로 유지되던 와인 산업은 와인 생산 자체를 재설정하려고 노력했다. 이전에는 주로 증류주에 사용하려고 포도를 생산했고, 품질보다는 생산량에 초점을 맞춰왔다. 하지만 농부들은 이제 포도 품질 향상을 위해 그들의 재배 철학을 바꿔야 했다. 벌크로 판매하거나 브랜디 증류에 적합했던 포도 품종을 글로벌한 취향에 잘 맞는 고급 품종(샤르도네Chardonnay, 카베르네 소비뇽, 메를로Merlot, 시라, 피노타주)으로 교체하기 위해 포도밭 일부를 바꿔야 할 필요가 있었다. 1991년에는 수확된 포도의 30% 정도가 와인으로 만들어졌으나 15년이 지난 후 연간 포도 생산량의 70% 이상이 와인으로 양조되고 판매되었다. 카베르네 소비뇽, 시라를 필두로 레드와인 양조용 포도 품종들이 경작지를 확보했다. 이런 빠른 변화 덕분에 남아공에서도 고품질 와인을 생산할 수 있게 되었다. 단계적 품질 혁신이 급속도로 진행되면서 남아공의 와인 수출량은 1998~2013년 3배로 증가했다. 정치적 안정은 스위스, 독일, 이탈리아, 미국, 프랑스 등 외국인 투자자들에게 더 큰 매력으로 작용했다.

호주의 포도 품종

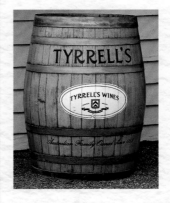

40년 전 호주에서는 리슬링과 세미용만이 유일하게 대량 생산 가능한 고품질의 화이트 와인 품종이었다. 하지만 이 품종들은 21세기 초 샤르도네와 소비뇽 블랑으로 교체됐다. 호주에서 '시라즈Shiraz'라고 부르는 시라는 과거에 뱅 두 나튀렐이라고 하는 주정강화 와인(VDN: vin doux naturel)에 사용되었지만, 오늘날 단일 품종으로 양조되거나, 무르베드르Mourvèdre, 그르나슈Grenache, 카베르네 소비뇽과 블렌딩되어 호주에서 가장 성공적인 와인을 만드는 '대세 품종'이 되었다. 아주 짧은 기간에 카베르네 소비뇽은 경작지를 확장하여, 시라를 잇는 두 번째 레드와인 품종이 되었다. 메를로는 블렌딩에 사용됐고 피노 누아는 주로 스파클링 와인 양조에 사용되거나 다른 레드와인 품종에 적합하지 않은 가장 기후가 서늘한 지역 포도밭에서 재배된다.

와인과 관련된 잘못된 생각들

오랫동안 와인 지식은 다른 사람들과 절대로 공유하지 않는 '전문가'들만의 독점 영역이었다. 초보자들은 정보 수집을 위해 노력했지만 어디에도 명확하고 진솔한 설명이 없었고 때로는 잘못 해석된 정보도 많았다.

와인은 오래될수록 맛있다

어떻게 로제 와인을 만들까?

66 장기 숙성 와인은 시간이 지남에 따라 더 맛있어진다. 여러 해 기다릴 만한 가치가 있다. 탄닌이 풍부한 레드와인은 숙성이 덜 됐을 때 혀를 긁는 맛이 난다. 하지만 시간이 흐름에 따라 탄닌은 부드러워지고, 향은 화려해진다. 그래도 너무 오래 기다리다가 때를 놓치면 와인은 탄닌, 알코올 등의 짜임새를 잃고 산도가 상승한다. 그래서 병입된 와인의 숙성 과정에 주의를 기울여야 하는데, 와인을 오픈하고 나서 '좀 더 일찍 오픈했으면 더 맛있었을 텐데...' 하고 후회하는 것만큼 안타까운 일도 없다. 한물간 12병의 와인보다 살짝 덜 숙성된 1병이 낫다!

66 로제와인을 만들려면 반드시 레드와인 포도 품종이 필요하다는 것을 기억해야 한다. 왜냐하면 이 색깔이 포도 껍질 안에 있기 때문이다. 생산자들이 원하는 강도로 와인의 색을 추출하는 두 가지 방법은 ①레드와인과 유사하지만, 포도의 주스와 껍질을 단지 몇 시간 접촉하게 하는 '단기 침출 방법(드세녜^{de saigné})' ②화이트와인과 비슷하게 양조하되 약한 색깔의 추출을 위해 가볍게 파쇄하여 착즙한 후 껍질 없이 색이 약하게 들어간 주스만 발효하는 '직접 착즙 방법'이다. 프랑스에서는 단지 샴페인만이 레드와인과 화이트와인을 블렌딩하여 로제와인을 만드는 것을 허용한다. 반면에 발효 탱크 안의 레드와인과 화이트와인의 블렌딩은 허용한다.

와인 안에 결정이 있네! 농부들이 설탕을 넣었나?

66 화이트와인에서는 투명하고, 레드와인에서는 색이 있는 이 결정들은 중주석산칼륨이거나 주석이다. 저온에 노출되면서 와인의 주석산이 침전되어 생긴 것들이다. 이 현상이 병 안에서 발생하지 않도록 하려고 종종 탱크 안에서 와인을 냉각시키기도 한다. 이 작은 결정들은 와인 잔에서 발견되더라도 걱정할 필요가 없는데, 이는 물론 설탕이 아닐뿐더러, 와인의 맛을 나쁘게 하거나 건강에 유해하지 않기 때문이다.

최고급 와인을
생산하려면
포도나무가
고생해야 한다.

66 좋은 테루아
는 절대 비옥하지
않다. 사실 토양에
영양분이 너무 많으
면 포도나무가 너무
원기 왕성해지고, 생
산량이 증가한다. 그
러면 물 먹은 듯한 포
도가 열려, 양조했을 때
맥없는 와인이 생산된다. 하
지만 포도가 잘 익으려면 포도나무는
영양실조나 영양 불균형을 겪지 않아야 한다.
예를 들어 철분 결핍은 광합성을 방해하고 포도의
완숙을 늦출 수 있다. 물과 관련해서도 마찬가지이다.
수분이 과도하게 공급됐을 때, 포도가 물을 너무 많이
흡수해서 주스 맛이 밍밍해지고 당도도 낮아진다. 반대
로 날이 가물었을 때 포도나무는 비상대기 모드에 들어
가 포도 열매가 익지 않는다. 포도나무는 불균형이나 스
트레스 없이 늘 적당한 양의 영양을 공급받아야 한다.

'와인의 눈물'은
글리세린이다.

66 와인 잔 벽을
따라 흘러내리는
투명한 와인 방울
을 '눈물' 또는 '종
아리'라고 부른다.
이 방울은 물과 알
코올의 모세관 장력
과 증발의 차이에서
비롯한 것이며, 알코
올 함량에 비례하여 커
진다. 와인 잔 내부의 상태
역시 이 현상에 영향을 미친다. 글리
세롤은 와인을 구성하는 알코올 중 하나이
지만, 에탄올보다 비중이 낮다. 따라서 글리세린
이라는 용어는 적합하지 않다. 이 눈물이 와인의 품
질이나 장기 숙성을 보장한다고 하지만 이는 모두 거짓
이다. 이 눈물은 단지 와인의 알코올 함량이 얼마나 되
는지 대략 알려준다(p.209 참조).

레드와인은 실온에
맞춰서 마신다!

66 실온? 실내온도? 방안의 온도가 25
도인데? '실온에 맞춘chambré'이라는 말은,
19세기 말에 생긴 용어로 당시 침실의 온도는
15도를 넘지 않았다. 와인을 실온에 맞출 때,
절대 와인의 온도가 18도를 넘지 않게 주의해야
한다. 그러지 않으면 알코올이 너무 두드러져서
모든 맛을 덮어버린다. 레드와인의 온도를 2-3°C
낮추기 위해 얼음물에 냉각시키는 것을 주저할 필
요가 없다. 반대의 경우도 조심해야 하는데, 풀바
디 레드와인을 너무 차갑게 마시면 맛이 텁텁해
지고, 탄닌이 까칠해진다(p.186-187 참조).

예전에는 와인의 색을
위해 소 피를 넣었다...

66 자연적으로 와인은 고체 성분으로 된 단백질을 함
유하고 있다. 오크통이나 탱크에 외부 단백질을 첨가하
여 이것을 고정시켜 바닥에 침전되게 한 다음 다른 탱
크로 맑은 와인을 옮겨 넣으면 된다. 이 과정은 와인을
맑게 하는 데 목적이 있다. 외부 단백질로는 일반적으
로 신선한 달걀흰자나 동결 건조한 흰자 가루의 알부
민, 또는 단백질은 아니지만 이런 특성이 있는 점토 벤
토나이트를 이용한다. 과거에는 소 피의 알부민도 사용
했지만, 광우병 사태 이후 금지되었다. 어찌 되었건, 이
런 단백질은 와인의 색을 내기 위해 사용되지는 않았다.

포도 재배 테루아

'테루아'라는 개념은 와인의 품질에 영향을 줄 수 있는 여러 요소의 종합을 말한다. 비록 인간이 자연 환경을 부분적으로 수정할 수 있다 하더라도 재배지의 선택은 와인 생산의 핵심 사항이다.

테루아의 개념

프랑스 포도원에만 국한됐던 테루아 개념은 오늘날 전 세계에서 보편적으로 사용된다. 이 개념은 포도 재배지에 관련된 모든 자연적·기후적 요소를 종합한다. 테루아는 품종이나 재배 및 양조와 관련된 생산자의 선택을 와인의 성격으로 나타나게 한다.

여러 가지 변수. 몇 가지 선입견과는 반대로, 테루아는 단지 토양과 하층 토양(화강암, 석회암 등)만이 아니라, 지형(언덕, 평야) 고도, 태양광 노출, 주변 환경(숲이나 저수지 근처) 그리고 기후 같은 다른 변수들을 모두 포함한다. 테루아를 형성하는 자연 요인들의 집합은 각각의 포도 재배지에 고유한 정체성을 부여한다.

다른 나라의 테루아들. 오늘날 신세계의 몇몇 포도원의 정체성은 명확하다. 이 포도원들은 보르도의 그랑 크뤼나 스페인, 이탈리아의 고급 와인에 견줄 수 있는 와인 생산이 가능하다. 이런 신세계 와인은 샤토 라투르Château latour, 사시카이야Sassicaia, 베가 시실리아Vega-Sicillia와 샤르츠호프베르거Scharzhofberger(에곤 뮐러)의 몇몇 와인과 비교해도 뒤지지 않는 복합성이 있다. 캘리포니아 나파밸리의 오퍼스 원Opus One, 칠레 마이포 밸리의 알마비바Almaviva 또는 호주 헨슈케의 힐 오브 그레이스Hill of Grace 등이 좋은 예이다(p.598-599 참조).

> **와인은 자신이 태어나고 자란 테루아에 대한 귀속성이 있다.**
> 빛, 온도, 물 그리고 땅이 결합하여 형성된 작용은 와인의 성격과 품질을 결정한다.

다른 곳보다 좋은 재배지들

포도나무는 아무 데서나 좋은 와인을 만들어 내지 못한다. 바람이 많이 부는 곳과 마찬가지로 습한 곳도 포도나무와 잘 맞지 않고, 추운 지방에서 포도나무가 자랄 수 있다 해도 열매가 잘 영글지 않는다. 포도나무는 대체적으로 양분이 별로 없는 토양에서 고품질 와인을 만들어 내는 반면, 양분이 많은 충적 평야에서는 특별한 개성 없이 알맹이가 큰 포도를 만든다.

가장 좋은 테루아는 온대 기후 지역 산허리에 위치하여 필요 이상의 수분이 남아 있지 않게 배수가 잘 되고, 포도 알맹이가 완숙할 수 있게 일조량이 풍부한 메마른 토양이다. 그래서 최고의 와인은 평지보다는 산비탈에서 자란 포도로 만든 것이며, 북쪽에서 오랫동안 서서히 햇볕을 받을 수 있는 정남향 또는 남동향의 자갈이나 모래밭 토양 포도원에서 주로 생산된다. 좋은 테루아가 갖춘 이 모든 특성은 포도나무의 성장과 완숙하여 농축된 포도 알맹이를 얻는 데 유리하다.

좋은 기후 조건들

포도 재배의 한계는 남반구·북반구 모두 일반적으로 위도 35~50도에 있다. 유럽은 포도 재배에 매우 유리한 온화한 기후의 특혜를 누리고 있다. 뚜렷한 사계절이 있는데, 포도가 천천히 익을 수 있게 도와주는 충분히 길고 건조한 여름이 있고, 포도나무에 필수적인 휴식을 갖게 해주는 길고 추운 겨울이 뒤를 잇는다. 포도나무에 덜 유리한 상황, 예를 들어 (특히 호주에서) 날씨가 너무 더울 때 관개를 하는 등 인위적으로 조건을 개선시키기도 하지만, 이런 기후 조건은 필수적이다.

기본적인 필요. 포도나무는 일조량, 적당한 강우량(연간 500-700mm)과 온화한 기온(10-25℃)을 필요로 한다. 너무 높거나 낮은 온도는 포도나무의 생장을 멈추게 하고, 너무 많은 비는 물을 먹어 알맹이만 크고 당도가 없는 포도알을 만든다(p.48 참조).

중기후의 역할. 지역 기후 외에, 자연 환경은 포도원에 유리한 작은 지역의 특수 기후를 세밀하게 만들어 낼 수 있다. 숲은 바람막이 장벽이 되어 준다. 저수지가 있다면 일교차가 작아지고 수면에 반사된 태양광의 복사광선이 포도의 생장에 도움을 준다. 기류 소통은 습도

> **진실 혹은 거짓?**
>
> **포도나무는 해발 고도가 높은 곳에서도 잘 자란다.**
>
> **진실** 고지대는 호주, 남부 이탈리아, 여름이 무더운 모든 지역에서 인기 있는 테루아다. 이런 곳에서는 서늘한 밤과 풍부한 햇볕이 있는 낮 때문에 발생하는 큰 일교차로 인해 향과 관련된 포도의 잠재력을 확대시켜준다.

프랑스 특수성의 종말

유럽 여러 나라, 특히 프랑스는 원산지 통제 명칭에 관한 규정을 바탕으로 하는 테루아 개념에 유별나게 매여 있었다(p.94-95 참조). 20세기 중반까지 전 세계 와인 생산자들은 '전통적'으로 와인을 생산하던 나라 말고 다른 곳에서 고급 와인을 생산할 수 있으리라고는 상상조차 하지 못했다. 그러나 1980년대 무역 확대와 전 세계적인 경제 개방 정책, 그리고 와인 생산에서 비롯된 엄청난 재정적 이득은 와인 생산자로 하여금 더 많은 와인을 생산하도록 자극했고, 몇몇의 생산자에게는 이미 '알려진' 지역 밖에서 고급 와인을 생산하도록 부추겼다. 오늘날 모든 포도원은 고품질 와인을 생산할 잠재력을 갖추고 있다.

> 샤토 뇌프 뒤 파프 지역 토양의 돌멩이들은 낮에 모아 두었던 열기를 밤에 포도나무에 되돌려준다. 이 두꺼운 돌멩이 층은 하층토에 포함된 수분의 증발을 억제해준다.

해결책? 지구 온난화에 대비하려면 포도를 태양 광선으로부터 보호하고, 수분을 잘 보존하려면 포도나무를 지표면 가까이 심지 않도록 해야 한다. 농부들은 북향을 선택해야 하고, 자연적으로 자란 잡초를 방치하거나 일부러 잡초를 심는다거나 포도잎의 수를 조절하여 포도송이가 태양광에 덜 노출되게 해야 한다. 여기에 관개시설의 통제를 추가할 수 있다. 호주 같은 남반구 국가에서는 가장 시원한 지역에 포도원을 조성한다. 과학자들은 이미 특정 품종을 고온에 적응시키는 연구를 진행하는 중이고, 동시에 고온이 와인 맛에 일으키는 비정상적인 부작용과도 싸우고 있다(예를 들어 너무 높은 당도와 알코올 함량). 남부 지역의 포도 품종을 가장 북쪽 지역에 심는 방법과 고온에 잘 적응하는 새로운 교배종을 만드는 방법도 고려 중이다.

를 낮추면서 포도 열매가 잘 익는 데 도움이 된다. 스위스 등 포도를 재배하기에 추운 지역 농부들은 호숫가처럼 국지 기후가 유리한 곳을 선호한다.

연간 변화. 칠레, 호주 또는 프랑스의 루시용 지역처럼 기후가 안정적인 곳에서는 매년 같은 품질의 와인이 생산된다. 그러나 어느 지역에서든 예기치 못한 천재지변(서리, 가뭄, 우박, 집중호우 등)이 찾아오면 특정한 테루아의 와인 품질에 좋지 않은 영향을 미친다. 따라서 어느 정도 높은 가격대에 있는 와인은 생산연도를 살펴보는 것이 좋다.

지구 온난화의 영향

기후 변화의 결과에 대한 연구는 지구 온난화가 포도의 완숙을 도와 전반적으로 와인 품질 향상에 이바지했다는 사실을 밝혔다. 그러나 비록 무더웠던 해가 좋은 생산연도라고는 하지만, 지나친 지구 온난화는 지금부터 금세기말까지 남반구 일부 지역에서 생산되는 와인에 불리한 영향을 끼치고, 특히 가뭄과 관련한 여러 가지 문제, 포도나무 질병의 창궐, 반복적인 홍수에 따른 토양 침식 등을 일으킬 수 있다.

새로운 포도원과 위기에 처한 지역들. 가장 심각한 위기에 처한 지역은 당연히 남부 유럽이나 캘리포니아처럼 기후가 더운 곳들이다. 만약 아무런 조치도 하지 않는다면 미국 서부 캘리포니아주에서는 가까운 장래인 2100년까지 태평양 덕분에 온화한 기후가 유지되는 해안 지역에서만 포도를 재배할 수 있게 된다. 이미 북위 50도 지역(스웨덴, 덴마크)에 있는 포도원들에서 포도가 경작되고 있다.

수분 공급 : 너무 많지도 너무 적지도 않게

좋은 테루아의 수분 균형은 일반적으로 살짝 부족하거나 간당간당한 수준이다. 왜냐하면 포도나무와 수분은 그다지 좋은 궁합이 아니기 때문이다. 습한 기후에서 자연적으로 배수가 잘 되는 토양은 포도나무 재배에 유리한 반면, 공극률(孔隙率)이 높은 차진 땅은 배수에 불리하다. 만일 자연적 배수가 충분하게 이루어 지지 않는다면 배수로를 설치할 수도 있는데 보르도의 가장 뛰어난 포도원들에서도 이 방법을 사용한다. 하지만 수분 부족의 위험이 예상될 때 포도나무는 경계 상태로 전환된다. 물은 한꺼번에 퍼붓지 않고 꾸준히 조금씩 공급하는 것이 이상적이다.

포도나무는 어떤 토양을 좋아할까?

양분이 없고 돌이 많고 편암, 화강암, 사암, 염분 없는 토양 등 포도나무는 여러 종류의 토양에 적응하여 뿌리를 내린다. 재배자가 살펴야 할 중요한 네 가지 사항은 첫째, 포도나무가 잘 서 있게 지탱해주고, 둘째, 수분을 공급·관리해주고, 셋째, 토양의 빠른 가열과 냉각에 의한 열을 제공하고, 넷째, 포도나무에 양분을 공급하는 일이다.

왜 메마른 토양이어야 하는가? 포도나무는 어떤 영양분을 공급해주든, 가장 까탈을 부리지 않는 작물 중 하나이다. 그래서 예전부터 다른 작물들이 잘 자라지 못하는 땅에 전통적으로 포도를 경작하여 그 땅을 활용했다. 실제로 땅이 너무 비옥하면 생산량이 지나치게 많아진다. 일반적으로 산출량과 품질은 양립할 수 없다. 수분이 많으면 농축된 향과 특색이 없는 평범한 와인이 생산된다. 농축된 포도를 수확하려면 어떤 형태로든 토양의 빈곤(메마름)에서 오는 고달픔을 겪어야 한다. 이런 포도의 뿌리는 양분을 찾아 땅속 깊이 들어간다. 이럴 때 와인은 자기 테루아의 미네랄을 잘 드러낸다.

물이 잘 빠지는 혹은 물이 잘 안 빠지는? 토양을 정의할 때 비옥도가 전부는 아니다. 각각의 토양은 구조가 다르다. 투수성과 통풍성이 좋은 토양은 빠르게 온도가 올라가 포도의 완숙에 유리하다. 생테밀리옹Saint-Émilion 지역 모래 토양과 샹파뉴Champagne 지역 석회질 토양 또는 메독Médoc 지역 자갈 토양이 좋은 예이다. 다른 형태로는 알자스 평야나 부르고뉴 언덕 아래쪽 진흙처럼 무겁고 축축하고 서늘한 토양도 있다. 최고급 포도를 생산하는 특급 포도원은 투수성이 좋은 자갈 토양과 석회질 하층토로 구성되어 있는데, 샤토 오브리옹이 좋은 예이다. 부르고뉴의 비옥한 충적토 평야처럼 빡빡하고 축축한 토양에는 두 가지 단점이 있다. 뿌리가 썩기 쉽고, 토양 온도가 느리게 상승한다. 여러 가지 고려해야 할 요소가 있지만, 이런 기본 원칙에도 몇 가지 예외가 있다. 예를 들어 마고 지역의 샤토 파베이 드 뤼즈Château Paveil de Luze는 양분이 가득한 비옥한 충적토 평야에 위치한 포도원이지만, 포도의 핵심인 청량함이 잘 살아 있는 와인을 생산한다.

테루아마다 고유한 맛이 있을까?

프랑스에서는 와인의 품질, 향, 맛과 관련하여 토양이 중심적인 역할을 한다고 생각한다. 이런 주장이 논쟁의 주제가 되더라도, 오늘날 전유럽에 퍼져 있는 원산지 통제 명칭(AOC)의 경계를 정한 것도 바로 이런 관점에서 비롯했다.

몇 가지 예. 전문가들은 하층토에 들어 있는 물질이 와인의 맛과 품질에 큰 영향을 미친다고 말한다. 포므롤Pomerol에 있는 페트뤼스Petrus는 하층토가 함유한 철분 때문에 와인이 농축되고 풍부한 맛을 낸다. 부르고뉴의 그랑 크뤼인 슈발리에 몽라셰Chevalier-Montrachet는 바로 이웃에 있는 또 다른 그랑 크뤼 포도원 몽라셰Montrachet보다 가벼운 느낌이 드는데, 토양에 돌이 많이 섞여 있기 때문이다. 샤토 슈발 블랑Château Cheval Blanc의 와인은 풍만하고 진한 맛을 내는데, 점토질의 하층토 위를 모래와 자갈로 이루어진 토양이 덮고 있기 때문이다(다른 생테밀리옹 와인들보다 카베르네 프랑의 비율이 높다). 부르고뉴의 그랑 크뤼 라 타슈La Tâche는 그다지 두껍지 않은 석회질이 섞인 점토질의 갈색 토양으로, 바로 옆에 있는 포도원 로마네 콩티Romanée Conti의 강건한 와인과 달리 매우 우아하고 변화무쌍한 향이 있는 와인을 만든다. 토양의 구성 성분 외에도, 토양은 수확된 포도의 성분에서 중요한 역할을 하는 수분과 미네랄 함량을 조절한다.

테루아의 예술가들

20~21세기 초반, 와인 세계의 면모를 바꿔놓은 새로운 와인 메이커 세대가 출현했다.

에밀 페노Emile Peynaud, 파스칼 리베로 게이용Pascal Ribéreau-Gayon 같은 위대한 와인 메이커들은 파스퇴르가 만든 전통에서 결점을 제거하는 데 중점을 두었다면, 새로 등장한 와인 메이커들은 자기만의 스타일을 만들려고 노력한다. 아주 유명한 전문가 미셸 롤랑이 보르도만의 특징인 농축되고 과일향 진한 스타일을 기준으로 삼았다면, 다른 와인 메이커들은 소탈하게 작은 포도원에서 최상의 결과를 내는 것으로 만족한다. 어찌 되었건 이들은 모두 테루아의 본질을 잘 드러내는 천재성을 발휘하여 와인을 예술작품 수준으로 끌어올렸다.

드니 뒤부르디외 Denis Dubourdieu,
중도의 마술사

와인 메이커이자 농부, 대학교수인 드니 뒤부르디외는 보르도의 위대한 와인 메이커로서 정통성을 갖춘 인물이다. 바르삭에서 태어나고 소테른과 코트 드 보르도 지역에 있는 와이너리를 여러 곳 소유하고 있는 그는, 대중이 접근하기 쉬운 스타일과 테루아에 대한 존중 사이에서 절충안을 찾으며 명성을 얻었다. 화이트와인의 최고 전문가로서 프랑스뿐 아니라 전 세계 포도원에 컨설팅을 하고 있는 그는 북방 한계선에서 포도 품종들을 성공적으로 재배하는 노력에 큰 가치를 둔다. 과일 향이 풍부하고, 우아하면서 청량감 있는 와인을 만들고자 그는 포도 자체의 향을 돋보이게 하는 데 중점을 둔다. 그가 말하는 뒤부르디외 스타일의 핵심은 와인의 가장 좋은 특성들이 느껴지게 하는 데 있다.

안 클로드 르플래브 Anne-Claude Leflaive,
신속하고 천부적인 와인 메이커

역동적, 혁신적, 실용주의적인 부르고뉴Bourgogne 여성 안 클로드 르플래브는 1990년대 초 퓔리니 몽라셰Puligny-Montrachet에 있는 가족 경영 와이너리 여주인이 되어, 자신이 원하는 농생물학을 중시하는 스타일로 양조 방향을 설정했다. 확실한 결과를 내고 확신이 생기자 자신의 철학에 부합하는 그랑 크뤼 와인을 생산하고자 23헥타르를 모두 바이오 다이내믹biodynamie 농법으로 신속하게 전환했다. 2015년 세상을 떠날 때까지 그녀는 테루아가 보여줄 수 있는 최대한의 표현을 끌어내려고 포도나무에 바이오 다이내믹 농법을 적용했다. 사실 이 농법에 대해 가장 회의적인 사람들조차도 와인의 골격과 미네랄이 강하게 느껴지는 르플래브 스타일은 멋지게 진화하는 장기 숙성에 적합한 최고급 와인의 동의어임을 인정한다.

1. Anne-Claude Leflaive.
2. Denis Dubourdieu.
3. Paul-Vincent Avril.
4. Paul Draper.
5. Egon Müller.
6. Michel Rolland.

폴 뱅상 아브릴Paul-Vincent Avril, 단순함의 우월함

2007년 미국의 와인잡지 『와인 스펙테이터(*Wine Spectator*)』는 샤토 뇌프 뒤파프의 레드와인인 클로 데 파프Clos des Papes를 '전 세계 최고 와인'으로 선정했다. 와인 초보자들에게는 놀라운 일일 수도 있겠지만, 폴 뱅상 아브릴이 35헥타르 포도밭에서 진행하는 뛰어난 작업 내용을 아는 와인 애호가들에게는 그리 놀라운 일이 아니었다. 유기농을 바탕으로 나무 한 그루에서 수확하는 포도를 5송이 이내로 제한한 극소 산출량과 매우 농익은 그르나슈의 엄격한 선별이라는 그의 성공 법칙은 매우 단순해 보인다. 그러나 **무엇보다** 양조 과정에서 높은 알코올 함량과 부드러움을 주는 르몽타주remontage를 너무 자주하지 않고 용량이 큰 오크통에서 오래 숙성하는 것이 의심의 여지 없이 그의 양조 노하우의 핵심이다.

에곤 뮐러Egon Müller, 와인 특성의 상속자

루버 계곡Ruwer에 있는 샤르츠호프Scharzhof 와이너리는 1882년 설립된 이래 4대인 에곤 뮐러 4세가 경영하고 있다. 트리어 경매enchères de Trèves에서 팔린 트로켄베렌아우스레제Trockenbeerenauslese의 가격으로 판단한다면, 2001년 세상을 떠난 그의 아버지 에곤 뮐러 3세는 자기 가문의 리슬링을 독일 최고 와인 등급으로 격상시켰다. 에곤 뮐러 4세는 "우리 와인의 품질은 100% 포도에서 나옵니다. 거기에 양조 기술이 더해지면 101%에 도달할 수 있죠."라고 농담처럼 말한다. 이어서 그는 이렇게 밝힌다. "사실 비결 같은 것은 존재하지 않지만, 예외적인 테루아에서 항상 까다롭게 골라낸 완벽하게 익은 포도만을 수확하는 행운이 바로 비결입니다. 나머지는 의심의 여지 없이 우리 개성과 철학의 문제입니다. 이것은 우리가 가진 가장 은밀하지만 가장 결정적인 카드입니다."

폴 드레이퍼Paul Draper, 캘리포니아의 선견지명

칠레에서 체류하던 폴 드레이퍼는 1967년 샌프란시스코만 남서부 산타크루즈산에 릿지Ridge 와이너리를 설립했다. 철학박사 학위 소유자인 이 범상치 않은 와인 메이커는 블라인드 테이스팅에서 자주 보르도의 그랑 크뤼를 능가하는 최고급 레드와인을 생산하면서 지난 수년간 캘리포니아 와인 산업의 가장 위대한 선구자가 되었다. 그의 모든 기술은 한편으로 카베르네 소비뇽 재배에 필요한 최고의 테루아를 판별하는 것과 다른 한편으로 이 카베르네 소비뇽을 가장 나이가 많은 진판델Zinfandel과 블렌딩하는 방식에 바탕을 두고 있다. 릿지 몬테벨로Ridge Monte Bello 같이 특별하다고 평가되는 와인의 숙성을 위해 프렌치 오크통과 미국 오크통을 절묘하게 혼합해서 사용한 것도 신의 한수로 평가된다.

다양한 포도 품종

전 세계에는 6,000~10,000종의 포도가 존재한다지만, 광범위한 지역에서 재배되는 것은 단지 수십 가지에 불과하다.
그리고 각각의 포도 품종에는 생산된 와인에 영향을 미치는 고유한 특징이 있다.

포도 품종^{cépage}이란 무엇인가?

품종이란 간단히 말해 다양한 포도나무 종류다. 이 용어는 식물학적 관점에서 정확하게 들어맞지 않지만(일반적으로 식물 품종은 파종으로 번식하는데, 포도는 그렇지 않다) 양조용 포도 품종 비티스 비니페라^{vitis vinifera}는 경작되는 모든 포도 품종의 기원으로, 야생 상태로 소아시아에서 넘어와 경작용으로 진화한 포도 종이다. 자연적 진화, 인간에 의해 이루어진 교배와 선별로 이 최초의 종은 수천 가지로 다양화되었고, 인간은 각 종류에 카베르네, 샤르도네, 피노, 리슬링 등의 이름을 붙였다. 오늘날 단지 수십 종의 품종만이 와인 생산에 핵심적인 역할을 한다. 그리고 카베르네 소비뇽이나 샤르도네처럼 단지 몇몇 종류만이 세계적으로 유명해졌다.

> **재배되는 포도의 먼 조상 '야생 포도'는**
> 숲이나 나무 주변에서 자라는 칡의 일종이다. 이 야생포도는 아직도 오스트리아, 발칸 반도, 코카서스, 아프가니스탄 등 유럽과 아시아의 몇몇 지역에서 볼 수 있다.

각 품종의 독특한 특성들

여러 종류의 품종이 존재하는데, 외관이 아름다운 생식(生食)용 품종, 건포도를 만들기 위한 건조용 품종, 와인을 만들기 위한 양조용 품종이 있다. 그중 일부는 다용도로 사용된다. 예를 들어 알렉산드리아 뮈스카^{muscat d'Alexandrie}는 생식, 건포도, 와인 세 가지 용도에 모두 사용될 수 있다.

식물학적 관점. 품종들은 형태적 특성(색상, 모양, 포도알과 포도송이의 부피, 잎사귀의 모양)과 생리적 특성(개화, 조기 완숙 여부, 질병에 대한 민감성, 산출량 등)에 따라 구분된다. 농부는 원하는 와인의 품질과 포도가 심어질 테루아에 따라 포도 품종을 선택한다(어떤 품종은 특별한 기후나 특정 토양에서 최고의 결과물을 만들어 낼 수 있다).

맛의 관점. 각 품종이 갖춘 특성은 와인에 그대로 반영된다. 예를 들어 어떤 품종은 당과 탄닌 함량이 적거나 많고, 향의 강도가 강하거나 약하다. 소비뇽으로 만든 와인은 전 세계 어디서 생산됐건 과일/꽃/채소 향에서 비롯한 몇 가지 맛의 특징을 보여준다. 하지만 테루아, 위도, 수확 시기, 기후, 양조 방식에 따라 와인 향의 구성과 구조가 달라질 수도 있다. 마찬가지로 상세르^{Sancerre}와 투렌^{Touraine}에서 양조된 소비뇽은 드라이하고 견고하며 과일 향이 풍부한 소비뇽 특성이 잘 드러나는 반면, 뉴질랜드의 말보로^{Malborough} 지역 와인은 더 이국적이고, 더 외향적이고, 미네랄이 더 잘 살아 있는 구조를 드러내 보인다.

> 잎사귀의 모양은 품종을 판별하는 형태적 특징 중의 하나다.

유용한 정보

전 세계에는 대략 4만 가지 포도 품종의 이름이 있다.
하지만 하나의 품종에 이름이 여러 개 있을 수 있는데, 이는 나라마다 지역마다 이름이 다를 수 있기 때문이다. 동의어와 번역된 이름을 고려한다면, 지구에서 재배되는 대략 5천 종의 품종이 거의 4만 개의 이름으로 불린다. 이 상황을 더 복잡하게 만드는 것은 전 세계에 퍼져 있는 다른 품종들을 하나의 같은 이름으로 부르는 경우다. 이 모든 상황이 품종 수를 정확히 추정하기 몹시 어렵게 하고, 전문가들은 이런 과제를 완수하기까지 아직 멀었다고 말한다.

하나의 와인을 완성하는 데 몇 가지 품종이 필요할까?

과거에 프랑스에서는 전통적으로 성질이 서로 다른 2~3가지 품종을 블렌딩했는데, 어떤 품종은 색과 탄닌을, 또 어떤 품종은 향과 우아함을, 그리고 또 다른 어떤 품종은 풍부한 산출 가능성을 보장하도록 양조 마지막 단계에 블렌딩해서 와인의 안정적인 품질을 어느 정도 보장했다.

요즘도 프랑스에서는 산출량과 품질을 보장하는 2~3가지 품종을 블렌딩하는 사례가 흔하지만, 어떤 와인은 한 가지 품종만으로 만들어진다(이것을 단일 품종monocépage 와인이라고 부른다).

몇 가지 예. 샤블리Chablis는 샤르도네chardonnay만으로 만든다. 마찬가지로 보졸레Beaujolais는 가메gamay, 부브레Vouvray는 슈냉chenin, 상세르Sancerre는 소비뇽sauvignon만으로 만든다. 반면에 보르도 레드와인은 카베르네 소비뇽cabernet-sauvignon, 카베르네 프랑cabernet franc, 메를로merlot에 몇 가지 2차 품종을 블렌딩해서 여러 가지 미묘한 차이가 만들어 내는 뉘앙스가 있는 와인으로 완성된다. 이보다 더 복잡한 블렌딩도 있는데, 가령 샤토뇌프 뒤파프Châteauneuf-du-Pape에는 13가지 품종을 사용하기도 한다.

품종 선택은 자유일까 강제일까?

시간이 지남에 따라 각 지역은 품종을 한정했다. 이는 돌연변이나 지역적 선택의 결과일 수 있다. 더 유리한 환경에 정착시키려고 수입했거나 새롭게 발견한 것일 수도 있다. 대부분 유럽 국가에서 와인 관련 규제가 제정됐을 때 이런 상황을 인정해서 특정 품종의 성질이 두드러지는 와인에 원산지 명칭을 부여했다.

유럽은 법이 정한 테두리에서 선택. 유럽에서 2009년까지는 아무 데서나 아무 포도 품종을 재배할 수 없었고, 각 지방정부에서 '추천'하거나 '허가'받은 품종의 목록이 정해져 있었다. 오늘날 유럽연합 회원국에는 식용 포도 품종과 양조용으로 자유롭게 심는 것이 허가된 품종에 대한 공식 카탈로그가 있다. 프랑스에는 200가지 포도 품종이 이 카탈로그와 관련 있다. AOC 등급 와인을 만들려면 품종을 선택할 때 주품종, 보조품종, 부속품종의 3가지 범주로 구분해 놓은 업무 지침서의 조항을 따라야 한다(p.43 참조). 하지만 지역 구분이 없는 뱅 드 프랑스vin de France나 IGP 등급 와인에 관해서는 이런 규정의 적용이 매우 유연하다.

전 세계 다른 나라들은? 미국 대륙, 호주, 뉴질랜드, 남아공 등의 생산자들에게는 '어떤 지역에서 어떤 품종을 재배하라'는 강요가 어디에도 없다. 품종 선택과 관련해서 규정상 아무 제약이 없는 것이다. 일반적으로 와인 생산자들은 품종을 와인의 레이블에 표기하는데, 소비자들에게는 선택의 중요한 지표가 된다.

레이블의 품종 표기

유럽의 원산지 명칭 와인의 레이블에 그 와인이 어떤 품종으로 만들어졌는지 기록한 경우는 드물다. 예를 들어 부르고뉴 레드와인 레이블에 피노 누아로 만든 와인이라고 적어놓지는 않는다. 캘리포니아 와인 메이커들은 품종을 명기한 와인을 처음으로 시장에 내놓아 미국 와인 소비자들에게 샤르도네가 포도 품종이자 그 품종으로 만든 와인이라는 사실을 알게 한 사람들이다.

프랑스에서는 '보졸레'나 '부르고뉴'를 마신다고 하지, '가메'나 '피노 누아'를 마신다고 하지 않는다. 알자스를 포함해서 몇몇 주목할 만한 예외를 제외하면, 일반적으로 원산지 명칭을 달고 있는 와인 레이블에 품종을 표기하지는 않는다. 품종 명칭 표기가 진화하고 있기는 하지만, 카오르Cahors에서 볼 수 있듯이 이 지역 상위 품종인 말벡Malbec과 카오르는 동시에 명성을 쌓고 있다. 반면 뱅 드 프랑스나 IGP 등급 와인은 품종 표기가 일반화되었다. 앞면 레이블이건 뒷면 레이블이건 품종 표기는 대체로 순조롭게 널리 퍼지고 있는데, 이처럼 품종을 표기해주면 품종이 같은 와인이라도 지역마다 차이가 많은 상황에서 비전문가인 소비자들이 와인의 성격을 좀 더 쉽게 이해할 수 있기 때문이다.

전 세계적 품종과 토착 품종

캘리포니아의 샤르도네와 카베르네 소비뇽, 칠레의 메를로, 호주의 시라. 프랑스의 전통적인 최고급 와인에 사용되던 몇몇 품종은 국경을 넘었다. 신세계에서 포도 재배 사업이 성장하는 동안, 생산자들은 자연스럽게 가장 고급스러운 유럽 품종을 택했다. 어떤 것들은 만족스러운 결과를 내지 못했지만, 어떤 것들은 잘 적응했다. 광범위한 지역에서 재배되면서 눈에 띄는 성공을 거둔 새로운 와인들에 대한 수요가 늘면서, 지역 성격이 강했던 다른 품종들의 인기가 폭락했다. 전 세계 와인 생산량은 대부분 전통 품종이 아니라 다른 품종이 차지한다. 이런 품종들은 많은 산출량을 얻기 위해, 혹은 토양이나 기후에 이미 잘 적응했기에 전통 방식으로 재배된다. 하지만 이런 품종들만이 고급 와인을 만들 수 있다고 믿을 필요는 없다. 세계적 트렌드는 공급을 보편화한다는 미명하에 오랫동안 소수의 품종만을 편애했다. 전통 품종이 여전히 인기 있지만, 최근 여러 나라와 지역에서 독창적이면서 품질도 높일 수 있는 토착 품종으로 방점을 찍기 시작했다. 이 엄청난 새로움의 보물창고와 완전히 새로운 맛은 앞으로 전 세계 와인 소비자들에게 미각의 범위를 넓혀주는 데 이바지할 것이다.

필록세라의 효과

1860~80년 인간의 실수로 미국에서 유럽으로 건너간 진딧물 필록세라는 유럽 포도밭을 황폐화시킨 주범이다(p.21 참조). 유충들은 어린 포도나무 뿌리에 달라붙어 주둥이로 수액을 빨아먹었다. 그래도 미국산 포도나무 종에서는 필록세라의 번식이 제한적이었다. 반면에 촘촘히 심어놓은 저항력 약한 유럽산 포도나무 뿌리에 집중된 진딧물의 공격은 수액의 순환을 방해해서 세포 조직을 파괴했다. 뿌리는 약해졌고, 나무는 3~10년 사이에 고사했다.

이식을 통한 응급처치. 비티스 비니페라를 살려내려던 유럽 농부들에게 필록세라 진딧물에 저항력이 있는 미국 포도나무의 뿌리를 이식하는 것 말고는 다른 해결책이 없었다. 이 시기 이후로 포도 묘목은 이식 조직(줄기)과 뿌리로 구성됐다. 줄기는 여전히 비티스 비니페라 종이지만 뿌리는 언제나 다른 종이다.

여러 가지 뿌리. 줄기에 영양분을 공급하는 뿌리는 여러 가지 조건을 만족시켜야 한다. 필록세라에 대한 저항력이 있어야 하고, 테루아에 적응해야 하고, 이식할 줄기와 궁합이 맞아야 하고, 식물로서 재배자가 원하는 수준의 힘을 갖춰야 한다. 오늘날 유럽연합 국가들에는 사용을 추천하는 포도나무 뿌리 목록이 있다(목록에 없는 품종의 뿌리는 법적으로 허용되지 않는다). 프랑스에는 가뭄을 잘 견디고 잎을 노랗게 만드는 질병인 위황병chlorose과 석회 성분에 저항력이 있고, 생

> **진실 혹은 거짓?**
> ### 이식하지 않은 포도나무는 모두 사라졌다.
> **거짓** 전 세계 포도원은 대부분 이식된 포도나무로 구성됐지만, 그래도 예외가 있다. 예를 들어 프랑스 투렌 지역 마리오네 포도원Marionnet에는 필록세라가 창궐하기 전인 120~150년 전부터 재배하던 포도나무들로 조성된 구획이 있다. 1991년 한쪽에 '이식을 하지 않아 뿌리와 줄기가 일체인 포도franche de pied'를 심었는데, 이 품종은 필록세라에 대한 저항력이 있다. 필록세라의 영향을 받지 않은 칠레 포도원 중에는 이식하지 않은 포도 품종으로 재배지가 구성된 포도원이 많다.

> > 이식하고 나면 지면 위에 남는 부분은 파라핀과 밀랍으로 칠을 한다.

장 리듬이 빠른 10여 종의 뿌리를 선별했다. 그러나 안타깝게도 빠른 생장 리듬은 산출량을 늘려주지만 포도와 포도나무의 품질에는 유리하지 못하다. 그리고 이식을 위한 포도 뿌리는 모두 미국산이다(비티스 리파리아Vitis riparia, 비티스 루페스트리스Vitis rupestris 또는 비티스 베를란디에리Vitis berlandieri).

포도 품종의 꾸준한 개선

더 좋은 품질의 포도를 수확하고 여러 가지 질병에 대한 저항력을 강화할 목적으로 시도하는 품종 개량은 결국 두 가지 형태의 선별을 이용한다. 특히 보르도 지방의 대규모 와이너리들은 유전적 다양성에 초점을 맞추고 포도밭 안에서 이뤄지는 선별 방법을 선호한다. 하나의 포도원 안에 두 가지 선별 방법을 동시에 적용해서 식목하는 경우

유사함 속의 작은 차이들

포도원의 영속성은 질병의 완전 박멸을 전제하는데, 클론을 이용한 선별 방법은 이 목표에 도달하게 해준다. 그래도 클론 사용에서 오는 불편함은 어쩔 수 없다. 와인 품질이 원래 포도와 완벽하게 같지 않고, 같은 품종의 개체 사이에도 미세한 차이가 있다. 하지만 클론을 이용한 선별 방법은 완벽한 유전적 정체성을 전제로 한다. 이 문제를 해결하기 위해 종묘업자들은 같은 품종의 여러 가지 클론을 제안한다. 예를 들어 특징이 미묘하게 다른 공인된 26가지 카베르네 프랑의 클론이 존재한다.

처럼, 이 두 가지 선별 시스템은 완벽하게 공존이 가능하다.

포도밭 내 선별 방법. 지난 세기부터 농업에서 자주 사용한 방식이다. 이 방법은 바라는 목표에 근접한 식물을 시각적으로 그리고 미각적으로 선별한다. 포도의 경우는 가장 건강하거나 포도원이 원하는 스타일에 맞는 것을 고를 때 포도알 크기를 보고 예측해서 열매를 가장 잘 맺고, 잎이 무성하고, 번식력이 뛰어난 작물만을 골라낸다. 이 방법은 유전적 자산의 다양성을 중시하지만 위생적인 면은 보증하지 못한다는 단점이 있다.

클론(복제)를 이용한 선별 방법. 1960년대부터 종묘업자들이 적용해온 이 방법은 포도밭 내 선별 방법의 위생적 결함에 대한 해답이다. 이 방법은 세균학적 테스트를 통해 위생 상태를 확인하고 나서 온열요법으로 부족한 점을 개선하고 경쟁력 있는 포도 생산이 가능한 묘목을 찾는 것이다. 그 다음에 종묘업자들은 꺾꽂이나 접목을 통해 바탕이 되는 식물체와 정체성이 같은 클론을 만들어 번식시킨다. 그러면 이 복제품은 공식적으로 인증된 품종의 자격을 얻는다.

새로운 종의 창조

모든 나라의 와인 생산 관련 연구소에서는 두 가지 서로 다른 품종의 교배로 태어나는 잡종이 아니라 비티스 비니페라 종끼리 교배를 통해 새로운 종을 창조한다. 이 새로운 종은 공인되기까지 여러 해 테스트를 거친다. 프랑스에서는 AOC급 와인 생산에 이런 방법이 사용되는 경우가 드물다.

단지 교배만. 이렇게 교배를 통해 얻은 작물에 대한 인간의 개입은 단지 종축의 선택에 국한된다. 마치 한 남자와 한 여자가 서로 다른 아이를 가질 수 있는 것처럼 리슬링과 트라미에Tramier를 열 번에 걸쳐 교배시킬 수 있고, 뚜렷한 차이가 있는 교배종을 얻을 수 있다. 조만간 품종들의 유전적 자산에 대한 해독이 모두 끝나면 의심의 여지도 사라지고 우연에 의한 발생도 없을 것이며, 교배종의 유전자를 선별할 것이다.

독일의 예. 라인란트Rhénanie의 가이젠하임Geisenheim에 가장 왕성하게 활동하는 연구소가 있다. 이들이 내놓은 성과는 아주 오래된 것인데, 독일에서 가장 많이 재배되는 화이트와인 품종인 뮐러 투르가우Müller-Thurgau를 1883년 리슬링과 앙제 지방 마들렌Madeleine 품종을 교배해서 창조했다. 1950년대 이후 향이 매우 뛰어난 화이트와인 품종을 창조했는데 매우 성공적이었다. 쇼이레베scheurebe(실바네르sylvaner x 리슬링riesling), 훅셀레베huxelrebe(샤슬라chasselas x 뮈스카muscat), 케르너kerner(트롤링거trollinger x 리슬링).

유전자 조작에 도움 요청?

미생물학자들은 포도의 면역 체계를 강화하거나 더 맛있는 포도알을 얻을 목적으로 유전자 조작에 대한 유혹을 받고 있다. 예를 들어 프랑스 학자들은 포도에 심각한 조직 퇴화를 일으키는 부채 잎 바이러스court-noué에 면역력이 있는 유전자를 미국 포도나무에서 추출하는 데 성공했다. 현재 감염된 포도밭에 대한 유일한 해결책은 토양을 치료하고 미국산 포도나무 뿌리를 심을 수 있게 7년을 기다리는 것뿐이다. 유전자 조작 포도나무를 통해 이식이 필요 없어지고 심지어 바이러스에 감염된 밭에 즉시 새로운 포도나무를 심을 수 있게 될 것이다. 그래도 학자들과 생산자들은 유전자 조작 포도나무의 모험에 동참하기 전에 어떤 인위적인 개입이건 환경과 인체에 무해하다는 사실을 확신해야 하고 조작으로 얻은 품종의 지속성도 보장되어야 한다. 아직은 유전자 조작 포도로 생산한 와인의 맛과 품질에 대한 완결된 연구가 전혀 없는 상태다.

'직접 생산자 잡종'의 실패

필록세라가 유럽의 포도를 말살할 때 농부들은 '직접 생산자+잡종'으로 교체하는 방법을 시도했다. 유럽 품종(비티스 비니페라)과 미국 품종의 교배로 탄생한 이 포도나무들은 프랑스 품종의 품질과 미국 품종의 저항력을 결합할 수 있으리라고 예측됐다. 그러나 필록세라에 대해서는 뛰어난 저항력을 갖췄지만 포도알의 맛이 거칠고, 누린내(foxy)가 나서 별로 매력도 없으며, 경우에 따라서는 유해할 수도 있는 와인을 생산했다. 오늘날 이런 교배는 불법이고, 유럽산과 미국산에 사이의 잡종은 단지 뿌리 이식에만 한정된다.

> 필록세라 이전 마리오네 가문의 라 샤르무아즈La Charmoise 포도원에 보존된 포도나무 중의 하나

레드와인을 위한 고급 품종

다수 품종 중에서 특성이 독특한 몇 가지를 선택했다.
카베르네 소비뇽, 메를로, 시라처럼 그중 몇몇은 세계적인 명성을 얻었다.
하지만 좋은 와인은 잘 알려지지 않은 품종으로도 만들어질 수 있다.

카베르네 소비뇽 Cabernet-sauvignon

게놈 분석 결과가 보여주듯이, 전 세계에서 가장 유명한 품종인 카베르네 소비뇽은 소비뇽과 카베르네 프랑의 교배로 태어났다. 대략 3세기 전 지롱드Gironde 지방 어딘가에서 수정이 이루어졌다.

주요 테루아. 카베르네 소비뇽은 메독 지역의 전통적인 품종이다(p.44 참조). 자갈이 많은 뜨겁고 메마른 토양은 온화한 기후와 함께 이 품종을 재배하기에 이상적인 조건을 조성한다. 하지만 카베르네 소비뇽은 다른 여러 조건에 적응하고, 연간 일조량이 1,500시간 넘는 곳에서도 재배된다. 유럽 남부, 마그레브(북아프리카), 중동(리비아, 이스라엘) 지방을 넘어 중국에 이르기까지 주로 신세계에서 많이 재배된다.

특성. 짙은 붉은색으로 어린 와인에서는 검은 과일(블랙 커런트, 블랙 체리)과 채소(파프리카, 민트) 향이 나고, 시간이 지남에 따라 벽돌색으로 바뀌면서 서양 삼목나무cèdre 향이 난다. 산출량이 잘 통제될 때 와인 메이커는 섬세하고, 탄닌이 풍부하면서, 산도가 있고, 장기 숙성이 가능한 와인을 만들 수 있다. 카베르네 소비뇽은 장기 숙성을 가능케 하는 구조를 형성하는 다른 보르도 품종(메를로, 카베르네 프랑)과

> **레드와인 품종으로 화이트와인을 만들 수 있다.**
> 단지 무색인 포도 주스가 껍질과 함께 담가지는 것만 피하면 된다. 사실 와인의 색은 포도 껍질 안에 들어 있는 색소가 우러나온 것이다.

함께 블렌딩된다. 작황이 좋은 해의 보르도 레드와인은 수십 년간 숙성되면서 맛이 점점 더 좋아진다.

카베르네 프랑 Cabernet franc

이 품종은 카베르네 소비뇽과 유사하다. 카베르네 프랑은 카베르네 소비뇽의 짜임새도, 탄닌의 힘도 없지만 적당한 숙성 기간을 지나고 나면 매우 기분 좋게 마실 수 있는 와인을 만든다.

주요 테루아. 카베르네 프랑은 루아르강Loire 주변, 앙주Anjou, 소뮈르Saumur 지역에서 재배된다. 포도가 카베르네 쇼비뇽보다 더 빠르게 완숙할 수 있어서 더 북쪽에서 재배할 수 있다. 보르도에서는 카베르네 소비뇽, 생테밀리옹, 포므롤 등지의 우안에서 특히 메를로와 블렌딩된다. 이탈리아 북부나 더 소량으로 생산되는 캘리포니아를 제외하면 카베르네 프랑은 프랑스 이외 지역에서 거의 재배되지 않는다.

특성. 카베르네 프랑은 붉은 과일 향이 나고 때로 제대로 성숙되지 않았을 때 채소 향이 나기도 한다. 보르도에서 메를로, 카베르네 소비뇽과 블렌딩될 때 거의 언제나 조연 역할을 한다. 반면에 소뮈르 샹피니Saumur-Champigny, 부르괴이Bourgueil, 시농Chinon 같은 루아르강 주변 지역에서

> Cabernet-sauvignon

> Cabernet franc

> Gamay

는 어떤 품종보다도 위상이 높다. 대부분 거의 숙성되지 않은 어린 시기에 마시지만, 루아르강 주변 지역의 몇몇 와인은 우아하게 숙성된다.

가메 Gamay

기원이 확실하지는 않지만, 의심의 여지 없이 13세기 이전부터 있어 왔고, 보졸레 지역이 원산지로 추측된다. 가메는 가볍고 풍부한 과일 향으로 인기 있는 레드와인으로 특히 유명하지만, 경우에 따라 짜임새 있고 볼륨감 있는 와인을 만들 수도 있다.

주요 테루아. 가메는 화강암질 토양을 좋아한다. 투렌 지역을 포함해서 루아르강 주변 지역과 프랑스 내륙 중심부, 스위스 등지에서 재배되지만, 무엇보다도 보졸레 지역의 특출난 품종이다.

특성. 가메로 만든 와인은 가볍지만, 과일 맛과 향이 진하다. 탄닌이 강하지 않고, 때로 새콤하다. 이 품종의 인기는 보졸레 누보를 통해 잘 알 수 있다. 하지만 전통 방식으로 양조된 보졸레의 상급 크뤼^{cru} 와인들은 여기에 꽃향기가 더해진다. 일반적인 보졸레와 보졸레 크뤼의 품질에는 확연한 차이가 있다.

그르나슈 Grenache

스페인이 원산지로 14세기부터 프랑스에서 재배되기 시작했지만 3세기가 지나서야 론 지역Côtes du Rhône의 샤토뇌프 뒤파프Châteauneuf du-Pape에 도달했다.

주요 테루아. 이 품종은 프로방스, 랑그독Languedoc을 포함해 프랑스 남부 모든 지역에서 재배된다. 리브잘트Rivesaltes나 샤토뇌프 뒤파프처럼 더운 기후의 건조하고 자갈 많은 토양에서 가장 뛰어난 결과가 나온다. 스페인의 가장 중요한 품종 중 하나이고, 호주에서는 시라즈에 블렌딩된다.

특성. 그르나슈를 기초로 만든 와인은 알코올 함량이 높고, 맛이 강하면서도 산도는 낮다. 산화되는 성질은 바닐스Banyuls, 모리Maury, 리브잘트Rivesaltes 등 주정강화 와인에 사용된다. 프랑스에서는 장기 숙성 와인을 만들기 위해, 그르나슈와 무르베드르 또는 시라와 블렌딩한다. 스페인에서 리오하Rioja는 부드러운 와인을, 카탈루냐Catalogne의 프리오라트Priorat 지역은 훨씬 더 농축된 와인을 생산한다.

메를로 Merlot

보르도가 원산지로 추정되는 메를로는 19세기가 되어서야 문헌에 등장한다.

주요 테루아. 메를로에 축복받은 땅은 가론Garonne강 우안에 있는 생테밀리옹Saint-Émilion과 포므롤Pomerol, 앙트르 되 메르Entre-deux-mers의 점토 석회질 서늘한 토양이다. 하지만 프랑스 남부, 이탈리아 북부, 캘리포니아와 특히 칠레에서도 재배된다.

특성. 메를로로 만든 와인은 부드럽고, 블랙 커런트나 자두 같은 과일 향이 난다. 일반적으로 오래 숙성하지 않고 마신다. 다른 품종들과 블렌딩됐을 때, 특히 포므롤의 최고급 와인들은 시간이 지남에 따라 매우 복합적인 풍미를 낸다. 페트뤼스Petrus 같은 최고급 와인에서 메를로는 핵심적인 역할을 한다.

네비올로 Nebbiolo

로마 시대에 이미 피에몬테Piemonte 지역에서 재배되었을 수 있다. 네비올로는 이탈리아의 클래식한 품종 구성에 크게 이바지하고 있다.

주요 테루아. 남북 아메리카 대륙 전체에 조금 있기는 하지만, 이탈리아 이외 지역, 특히 본고장인 피에몬테 지역 외에서 네비올로는 거의 재배되지 않는다.

특성. 바롤로Barolo와 바르바레스코Barbaresco처럼 힘 좋고, 탄닌이 풍부하며, 알코올 함량이 높은 최고급 와인을 생산한다. 긴 수명으로 정평이 나 있는데, 장기 숙성으로 향이 피어나려면 상당한 기간을 병 안에서 숙성시켜야 한다.

> Grenache

> Merlot

> Nebbiolo

피노 계열 Pinot(s)

부르고뉴가 기원으로 추측되는 피노는 이미 13세기 모리용morillon이라는 이름으로 알려졌다. 유전적으로 불안정한 피노는 레드와인용으로 피노 누아와 뫼니에meunier, 로제 와인용으로 피노 그리gris와 뵈로beurot, 화이트와인용으로 피노 블랑blanc을 포함하는 대가족이다.

피노 누아. 상당히 섬세한 품종으로, 세련된 와인을 생산하기 위해 반드시 부르고뉴 같은 온화한 기후의 지역이 필요하다. 피노 누아는 테루아의 미묘한 차이가 섬세하게 나타날 수 있게 하고, 수많은 클론을 출현시키는 강력한 유전적 불안정성이 있다. 부르고뉴는 피노 누아의 가장 성공적인 모델을 생산한다. 프랑스에서는 레드와인 품종으로 화이트와인을 만드는 기술로 샴페인 양조에도 사용된다. 독일, 뉴질랜드, 미국, 남아공, 호주 등 나라의 온화한 기후에서도 좋은 결과를 보여준다.

피노 뫼니에. 특히 샹파뉴 지방에서 재배되며, 부드럽고 과일의 향이 풍부한 와인을 만든다.

시라 Syrah

기원을 페르시아로 믿고 있었으나 게놈을 통해 조상이 사부아Savoie 지역 품종 몽되즈Mondeuse라는 사실이 밝혀졌을 때 이 전설은 무너졌다. 시라는 적합한 테루아에서 산출량을 낮춰 최고급 와인을 만들 수 있다.

주요 테루아. 시라는 론 지역 품종으로 에르미타주Hermitage나 코트 로티Côte-Rôtie 같은 최고급 와인의 명성을 만들었다. 하지만 전 세계 여기저기서 재배되고, '시라즈shiraz'라는 이름으로 특히 호주에서 매우 훌륭한 결과를 보여준다.

특성. 시라는 색이 짙고, 후추 향, 짜임새 좋은 검은 과일 향, 때로 제비꽃 향이 나는 와인을 만들어 낸다. 북부 론 지역에서는 단일 품종으로 양조에 사용되어 최고급 와인을 만든다. 아울러 지중해 연안에서 생산되는 뱅 드 페이vin de pays에 개선제처럼 사용되어 짜임새와 향을 더해주기도 한다.

템프라니요 Tempranillo

템프라니요는 스페인 품종 중에서 가장 귀하게 여겨진다. 명칭은 이

> Pinot noir

> Syrah

품종 특유의 조생종 성질에서 유래한다(스페인어로는 '이르다'는 뜻이다).

주요 테루아. 템프라니요는 거의 스페인에서만 재배되는데, 제일 많이 볼 수 있는 레드와인 품종이다. 다른 나라들에서는 매우 한정적인 양이 재배되지만, 포르투갈과 아르헨티나에서만 유일하게 대량 재배가 이루어진다.

특성. 리오하와 리베라 델 두에로Ribera del Duero 지역의 힘 좋고 조화로우며 오크통 숙성에 적합한 최고급 와인의 열쇠가 되는 품종으로 포르투갈에서는 틴타 로리즈tinta roriz 또는 아라고네즈aragonês라고 부르는 레드 포트와인 양조에 사용되는 다섯 가지 주요 품종 중 하나다.

진판델 Zinfandel(promitovo)

전형적인 미국 와인으로 간주되는 유일한 와인은 미국에서 보통 '진'이라고 부르는 진판델로 만든다. 크로아티아가 원산지인 이 품종은 의심의 여지 없이 '프리미티보primitivo'라는 이름으로 이탈리아 풀리아Puglia 지역에서 재배되던 것이 1850년경 미국으로 유입됐다.

주요 테루아. 이 품종은 발칸해 주변 국가들과 멕시코, 호주 등에서 재배되지만, 가장 유명한 와인은 이탈리아 남부와 캘리포니아에서 생산된다.

특성. 당도가 높고 과일 향이 강한 우수한 품종이다. 레드와인 품종으로 화이트와인을 만든 블랑 드 누아blanc de noirs, 로제와인 블러시blush, 반주에 적합한 데일리 와인, 장기 숙성형 레드와인 등 다목적으로 사용된다. 일반적으로는 단일 품종으로 양조되지만, 카베르네 소비뇽이나 메를로와 블렌딩할 수도 있다.

다른 중요한 품종들

아래 열거한 포도 품종은 중요성이 동등하지는 않다. 몇몇은 특정 지역과만 연관이 있다.

바르베라 BARBERA. 이탈리아(피에몬테)와 미국에 널리 퍼져 있는 품종으로, 풍부한 알코올과 적절한 산도가 있는 와인을 만든다.

블라우프란키쉬 BLAUFRÄNKISCH. 독일에서는 렘베르거lemberger라고 불리는, 오스트리아가 원산지인 이 품종은 과일의 풍미가 살아 있고, 청량감이 가득한 보졸레 같은 스타일의 와인을 만든다.

카리냥 CARIGNAN. 지중해 주변 국가들과 프랑스의 지중해 지역 등지에서 가장 일반적으로 재배되는 품종이다. 탄탄하고, 탄닌이 풍부

하고, 산도가 높은, 덜 세련된 와인을 만든다.

카르메네르 CARMENÈRE. 보르도가 원산지이지만, 칠레에서 특히 많이 재배되는데, 완숙했을 때 수확하면 볼륨 있고, 향이 진한 와인을 만든다. 베네치아에서도 재배가 이루어진다.

생소 CINSAULT. 중급 품질 품종으로 고온에서 잘 자란다. 남프랑스, 리비아, 북아프리카 등지에서 블렌딩에 사용되어 와인에 부드러움과 가벼움을 준다.

말벡 MALBEC(또는 코 CÔT, 오세루아 AUXERROIS). AOC 카오르 지역 주요 품종으로, 색이 짙고, 짜임새 있고, 상쾌하면서 향이 좋은 와인을 만든다. 아르헨티나를 대표하는 품종이기도 하다. 햇볕을 잘 받은 잘 '익은' 와인을 만든다.

그롤로 GROLLEAU. 루아르강 주변 지역에서 많이 재배되어 가볍고 알코올 함량이 낮은 와인을 만들며 종종 로제와인도 만든다. 앙주, 투렌, 루아르 로제rosé de Loire 등 AOC 등급 와인 구성에 들어간다.

카다르카 KADARKA. 동유럽 태생 품종으로 특히 에게르Eger와 빌라니Villány를 포함한 헝가리 여러 지방에서 재배된다. 섬세하고 상쾌하며 향신료 향이 나는 레드와인이나 맛이 좋은 로제와인을 만든다. 다른 동유럽 국가들에서도 재배된다.

람부르스코 LAMBURSCO. 에밀리아 로마냐Emilia-Romagna 지방의 품종으로, 당도가 없거나 조금 있는 스파클링 레드와인을 만든다. 숙성하지 않은 상태에서 마시기에 좋은 와인들이다.

몽되즈 MONDEUSE. 시라의 조상으로 사부아 지방 품종 중 가장 특성이 강하다. 짜임새 있고 탄닌이 풍부한 와인을 만든다.

몬테풀치아노 MONTEPULCIANO. 이탈리아에서 가장 중요한 품종 중 하나로, 이탈리아 중부 지방에서 힘 좋은 레드와인을 만들고 종종 산지오베제Sangiovese와 블렌딩된다.

무르베드르 MOURVÈDRE. 론, 랑그독, 프로방스 등에서 블렌딩에 사용되는데, 프로방스의 방돌Bandol은 이 품종의 진정한 본고장이다. 원산지인 스페인에서도 재배된다. 탄닌이 풍부하고 힘 있고 향신료 향이 강한 장기 숙성형 와인을 만든다.

네그레트 NEGRETTE. 오트 가론Haute-Garonne 지방의 프롱통Fronton에서 주로 재배되는 품종으로 제비꽃과 감초 향이 특징인 중기 숙성형의 부드러운 와인을 만든다.

니엘뤼치오 NIELLUCCIO. 산지오베제의 조상으로 코르시카Corsica 북부에서 재배되어 AOC 파트리모니오Patrimonio 양조에 포함된다.

프티 베르도 PETIT VERDOT. 지롱드 지방에서 특히 많이 재배되어 AOC 보르도, 메독, 그라브Graves의 구성 요소다. 탄닌이 풍부한 와인을 만들어 좀 더 숙성이 잘 되도록 개선한다.

풀사르 POULSARD. 쥐라Jura 지방에서 많이 재배되는데, 색은 옅지만 독특하게 섬세한 향이 나는 와인을 만든다. 아르부아에서는 주로 단일 품종 와인을 만든다.

산지오베제 SANGIOVESE. 토스카나 지방의 위대한 품종으로, 과일 향이 나는 균형 잡힌 와인을 만든다. 가장 유명한 와인은 키안티Chianti와 브루넬로 디 몬탈치노Brunello di Montalcino다.

타나트 TANNAT. 탄닌이 풍부한 품종으로, 베아른Béarn을 포함하여 피레네Pyrénée 주변 지방의 여러 와인의 대표적인 구성 요소다. 우루과이에서도 인기가 있다.

> Tempranillo

> Zinfandel

> Petit verdot

화이트와인을 위한 고급 품종

화이트와인 품종은 단독으로 사용되든 다른 품종과 블렌딩되든 매우 다양한 스타일의 와인을 만든다.
가령 완전히 당도가 없는sec, 조금 당도가 있는demi-sec, 향이 뛰어난, 혹은 아주 달콤한 와인 등이 그것이다.
가장 잘 알려진 샤르도네, 리슬링, 슈냉, 그리고 소비뇽 등은 전 세계에서 재배된다.

샤르도네 Chardonnay

전 세계적인 포도 품종을 이야기할 때, 레드와인의 대명사가 카베르네 소비뇽이라면, 화이트와인은 샤르도네다. 생년월일은 모르지만 부모는 쥐라와 프랑슈 콩테Franche-Comté 지방의 중세 시대 평범한 포도인 구에 블랑gouais blanc과 피노 누아인 것이 공식적으로 밝혀졌다. 이 역사적인 결합은 부르고뉴의 마콩Mâcon에서 일어난 것으로 추정되는데, 여기에는 샤르도네라는 이름이 붙은 마을이 있다.

주요 테루아. 본고장은 부르고뉴와 샹파뉴 지방이다. 몽라셰를 포함한 부르고뉴의 모든 화이트와인과 '블랑 드 블랑Blanc de blancs' 샹파뉴가 이 고귀한 품종에서부터 나오는데, 여러 종류의 토양이나 기후에 적응할 수 있는 유연성이 전 세계적 성공의 근원이다.

특성. 샤르도네는 기후의 다양성이나 양조 방법 차이, 특히 오크통 사용 여부에 따라 다양한 향을 낸다. 부르고뉴 샤르도네 특유의 브리오슈 빵, 생 버터, 헤이즐넛, 녹색 과일, 시트러스, 부싯돌 향이 더운 지방으로 가면 시트러스, 파인애플, 열대과일 향으로 바뀐다. 최고급 샤르도네는 장기 숙성이 잘 된다. 오크통에서 숙성시키지 않은 것들은 병입 후 바로 마실 목적으로 생산된다. 샤르도네의 경우, 모든 것이 와인 메이커의 전략에 달렸다.

> 레드와인용 품종에 포함된 색소 안토시아닌은 화이트와인용 포도 껍질에 들어 있지 않다.
> 포도알은 투명하고, 색은 맑은 초록색에서 진한 노란색이며 종종 분홍빛이 살짝 돌기도 한다.

슈냉 Chenin

앙주의 글랑퍼유Glanfeuil 수도원에서 이미 9세기부터 재배된 슈냉은 다목적 품종이다.

주요 테루아. 슈냉은 출생지인 앙주에서 투렌까지 루아르강 주변에서 여전히 많이 재배되는데, 본조Bonnezeaux, 사브니에르Savennières 또는 부브레Vouvray AOC 등이 여기에 속한다. 하지만 프랑스 이외 지역, 특히 남아공에서는 '스틴steen'이라는 이름으로 재배된다. 다목적 품종답게 모든 종류의 토양과 기후에 잘 적응한다.

특성. 기포가 있는 크레망Crémant, 스위트 와인, 산도가 있는 와인, 당도가 높은 와인, 산도가 없는 와인, 저가 와인에서부터 특별한 와인까지 테루아와 수확한 날짜에 따라 서로 다른 와인을 만들 수 있다. 산도가 있는 드라이한 와인으로 양조되면 꽃, 사과, 헤이즐넛 등의 향이 힘차게 난다. 당도가 있는 스위트 와인으로 양조되면 벌꿀, 모과, 잼, 설탕에 잰 살구, 오렌지 블로섬 등의 향이 복합적으로 난다. 본고장 테루아의 한복판인 레이옹Layon에서 부브레Vouvray까지, 어릴 적에는 산도가 높다가 부드럽고 관능적인 성숙미를 갖는 장기 숙성형 와인을 생산한다. 남아공에서도 다목적으로 사용된다.

> Chardonnay

> Chenin

> Gewurztraminer

게부르츠트라미너 Gewurztraminer

팔츠 지역에서 수입된 향이 좋은 트라미너는 1870년대부터 알자스에서 재배되었다(게부르츠는 독일어로 '향신료'를 의미한다). 사실 쥐라 지방의 품종인 사바냥 블랑savagnin blanc과 동일한 트라미너는 분홍색을 띠는 두 가지 버전이 있는데 하나는 별다른 향이 없고(클레브너 드 하일리겐슈타인klevener de Heiligenstein), 다른 하나는 사향 냄새가 나는 트라미너 혹은 게부르츠트라미너다.

주요 테루아. 라인강 좌우에 있는 알자스와 독일이 이 품종의 본고장이고, 여기에 이탈리아 북부와 오스트리아가 추가된다. 중부 유럽의 포도원을 제외하고는 제한적인 성공을 거두었는데, 더운 기후에서는 산도가 없는 밍밍한 와인을 만들기 때문이다. 캘리포니아에서도 재배가 되기는 한다.

특성. 게부르츠트라미너는 장미와 향신료, 과일 등의 향이 두드러진 와인을 만든다. 알자스와 바덴Baden의 고급 와인들은 항상 산도가 낮은데도 입안 가득 존재감을 뽐낸다. 수확이 늦으면 풍부하고 관능적이지만 자칫 무거울 수도 있는 와인이 생산된다.

뮈스카 Muscat(s)

아마도 소아시아에서 유입된 것으로 보이는 뮈스카는 이미 고대 그리스에서 재배되었고, 전 세계에서 가장 오래된 품종인 것 같다. 최소한 200여 가지 변종이 있는 대가족으로, 껍질이 검은 것부터 불그스름한 것, 하얀 것까지 있다.

가장 잘 알려진 뮈스카 테루아. 알렉산드리아 뮈스카는 가장 널리 퍼져 있는데 포도알이 작은 뮈스카가 가장 맛있다. 19세기 모로 로베르Moreau-Robert가 루아르에서 교배에 성공한 뮈스카와 샤슬라chasselas의 교배종인 오토넬muscat ottonel은 알자스, 오스트리아, 동유럽 등지에서 안식처를 발견했다. 이탈리아의 여러 지역에서 재배되는 뮈스카의 성질을 갖춘 레드와인 품종인 알레아티코aleatico는 의심의 여지 없이 뮈스카의 부모 중 하나다. 여러 종류의 뮈스카는 농축도나 향의 강도가 다른 여러 스타일의 와인을 만든다.

특성. 뮈스카로 만든 와인을 맛보면 누구든지 어떤 품종으로 만든 와인인지 알 수 있다. 모든 변종의 유일한 공통점은 맛이다. 화이트 스파클링부터 호주의 풍부하고 농밀한 주정강화 와인에 이르기까지 매우 다양한 스타일의 와인이 존재한다. 뮈스카를 가지고 알자스에서는 산도가 있는 와인을, 프롱티냥Frontignan에서는 알코올이 있고 향이 매우 강한 주정강화 와인을, 디Die에서는 스파클링 와인을 만든다.

리슬링 Riesling

매우 오래된 이 품종의 원산지는 독일이다.

주요 테루아. 어떤 와인 애호가들에게 리슬링은 품질 면에서 샤르도네의 비교 대상이다. 하지만 리슬링은 샤르도네 같은 유연성이 없다. 리슬링은 점토 석회질과 편암질의 토양을 좋아하고, 서늘한 기후에 적응한다. 가장 좋은 테루아를 차지한 독일과 오스트리아, 이탈리아 북부, 그리고 프랑스에서는 알자스에서만 재배된다. 신세계 중에서

> Muscat de Beaumes-de-Venise

> Muscat de Frontignan

> Riesling

는 특히 호주에서 좋은 결과를 내는데, 더운 기후에서도 특유의 전설적인 산도가 잘 살아 있다.

특성. 리슬링은 산도와 당도가 균형을 이룬 와인을 만든다. 산도가 있고, 섬세하고, 우아하고, 레몬 향이 나며, 숙성시키지 않고 마실 수 있는 와인을 만들 수 있고, 수십 년간 보관이 가능한 산도가 있고, 복합적인 장기 숙성형 최고급 스위트 와인도 만들 수 있다. 일반적으로 프랑스 와인이 독일 와인보다 산도와 알코올 함량이 더 높다.

소비뇽 Sauvignon

몇 세기 전부터 루아르와 보르도에서 재배되던 품종으로 이제는 전 세계로 퍼져 나갔다.

주요 테루아. 소비뇽은 루아르 중심부나 보르도 토양에 포함된 석회질과 서늘한 기후를 좋아한다. 더운 기후에서는 특유의 산도와 특유의 독특한 성질을 잃는다. 어쨌건 모든 대륙에서 재배되고 높은 평가를 받고 있는데, 특히 뉴질랜드는 강한 향으로 명성 있는 와인을 생산한다.

특성. 단일 품종으로 양조됐을 때 숙성시키지 않고 마시는, 산도 있는 화이트와인이다. 전형적으로 단순하고 직관적인 시트러스, 녹색 과일, 허브 향이 두드러지는 와인을 만든다. 상세르, 푸이이Pouilly, 캥시Quincy 등 루아르 화이트 와인의 평판이 여기서 비롯된다. 보르도에서는 드라이 와인이든 스위트 와인이든 세미용sémillon과 블렌딩돼서 그라브 화이트Graves blanc나 소테른Sauternes의 구성 요소가 된다.

> Sauvignon

> Sémillon

세미용 Sémillon

원산지는 프랑스 남서부로, 화려하지 않고 장기 숙성을 통해서만 그 진가를 알 수 있어서 특별히 요란하게 유행한 적이 없다.

주요 테루아. 본고장인 지롱드Gironde 지방을 제외하고 그나마 이름값을 한 곳은 호주의 헌터밸리Hunter Valley뿐이다. 그래도 칠레, 아르헨티나, 남아공 등지에 포도원이 있다.

특성. 소비뇽 블랑과 블렌딩되어 '고귀한 부패(귀부병)'에 걸려 소테른으로 대표되는 스위트 와인(귀부 와인)에 농도와 골격을 부여한다. 또한 그라브 지역에서는 다른 품종들과 블렌딩되어 드라이한 고급 화이트와인을 만든다. 호주에서는 단일 품종으로 장기 숙성이 가능하고 산도 있는 멋진 화이트와인을 만든다.

다른 중요한 화이트와인 품종

아래 열거한 포도 품종은 중요성이 동등하지 않다. 이 중 몇몇은 한 지역과만 배타적으로 관련이 있다.

알바리뇨 ALBARIÑO. 스페인 갈리스Galice 지방이 원산지로, DO(Denominación de origien) 등급의 리아스 바이샤스Rias Baixas 지역에서 흥미로운 드라이 화이트와인을 만든다.

알리고테 ALIGOTÉ. 상당히 시큼하기까지한 드라이 와인의 시발점이다(AOC 부르고뉴 알리고테, 부즈롱bouzeron).

부르불랭 BOURBOULENC. 주로 프로방스와 랑그독에서 재배되어, 방돌Bandol, 카시스Cassis, 미네르부아Minervois, 코트 뒤 론Côtes du Rhône 등 여러 가지 AOC의 구성 요소가 된다.

카타라토 CATARRATTO. 시칠리아의 주요 품종 중 하나다. 마르살라Marsala 와인뿐 아니라, 일반적인 화이트와인에 쓰인다.

샤슬라 CHASSELAS. 식용과 양조용에 모두 가능한 품종으로, 푸이이 쉬르 루아르Pouilly-sur-Loire, 알자스, 사부아, 독일('구테델Gutedel'이라는 이름으로 불린다) 그리고 스위스 등지에서 재배된다. 수수하면서 부드러운 와인을 만든다.

클레레트 CLAIRETTE. 지중해 연안 남프랑스의 유서 깊은 품종으로, 산도가 있고 부드러우면서도 꽃향기가 나는 와인을 만든다.

콜롱바르 COLOMBARD. 프랑스 남서부가 원산지로, 캘리포니아와 남아공에서도 재배된다. 청량감 있고, 향이 화려한 와인뿐 아니라 브랜디 양조에도 사용된다.

폴 블랑슈 FOLLE BLANCHE. 그로-플랑Gros-Plant 같은 화이트와인뿐 아니라 매우 섬세한 아르마냑armagnac의 양조에도 사용된다.

프리울라노 FRIULANO. 이탈리아 북서부의 주요 품종으로, 초록빛이 살짝 감도는 밀짚 색이 나며 아몬드 같은 견과류 향이 나는 와인이다.

푸르민트 FURMINT. 헝가리의 중요한 품종으로, 향이 매우 뛰어난 스위트 와인 토카이Tokaj 와인의 시발점이다.

자케르 JAQUÈRE. 주로 사부아 지방에서 재배되는 품종으로, 알코올 함량이 낮고, 산도가 있으며, 가볍고, 꽃향기 나는 와인이다.

마카뵈 MACCABEU. 리브잘트, 바뉠스, 모리Maury 등 주정강화 와인 양조에 핵심적인 품종 중 하나다.

말부아지 MALVOISIE. 지중해 연안 지역에서 재배되는 역사 있는 품종으로 수많은 다른 품종에 이 이름을 주었다. 이탈리아, 그리스, 포르투갈에서 재배되는데, 마데이라madère 와인 중에서 가장 당도가 높은 와인의 양조에 사용된다.

원산지 명칭이 있는 와인 품종

프랑스에서는 와인의 지역성을 유지하려고 원산지 명칭이 있는 와인의 업무 지침서에 포도 품종의 선택 제한을 법으로 정했다. 거기에는 세 가지 범주의 계층 구조가 있는데, 가장 높은 비율을 담당하면서 의무적으로 사용해야 하는 '주요' 품종, 이보다 사용량이 적은 '보완' 품종, 그리고 최대 10%까지 사용할 수 있는 '부속' 품종이 바로 그것이다. 특정 지역에서 모든 품종 수정은 사전에 실험을 거쳐야 하며, 모든 새로운 품종은 반드시 부속 품종의 범주로 들어간다. 예를 들어 뱅 드 페이에 전적으로 사용되던 비오니에는 랑그독과 코스티에르 드 님Costières-de-Nîmes AOC에 사용된다.

마르산 MARSANNE. 북부 론 지방 품종으로 루산roussanne과 유사하지만, 우아함이나 향이 좀 떨어지는 부드러운 와인이다.

모작 MAUZAC. 프랑스의 남서부, 특히 가이약Gaillac과 리무Limoux에서 재배되는데, 산도가 있는 와인, 당도가 있는 와인, 기포가 있거나 없는 와인에 모두 사용될 수 있다.

부르고뉴의 믈롱 MELON DE BOURGOGNE. 낭트Nantes 지역에서는 '뮈스카데muscadet'라고 부르는데, 산도가 있는 일상 와인을 만든다.

뮐러 투르가우 MÜLLER-THURGAU. 리슬링과 양제의 마들렌 교배종으로, 독일에서 주로 재배되는데 사향 냄새가 살짝 나는 묵직한 와인이다.

뮈스카델 MUSCADELLE. 프랑스 남서부 스위트 와인에 향을 더해주는, 조심스럽게 다뤄야 하는 품종이다.

팔로미노 PALOMINO. 중성적인 화이트와인으로 헤레스xérès산 셰리의 기초가 된다(피노Fino, 만자니야Manzanilla, 아몬티야도Amontillado). 스페인 이외에 캘리포니아, 호주, 남아공에서 재배된다.

페드로 히메네즈 PEDRO XIMÉNEZ. 당도가 매우 높은 백포도주 품종으로, 헤레스산 셰리와 몬티야 모릴레스Montilla-Moriles의 양조에 사용된다.

프티 망상 PETIT MANSENG. 가스코뉴Gascogne 지방의 품종으로, 강렬한 맛과 좋은 짜임새, 향이 뛰어난 쥐랑송Jurançon 와인을 만든다.

피노 PINOTS. 피노 그리pinot gris는 피노 누아의 자손 중에서 가장 흥미롭다(p.38 참조). 알자스의 풍부하고 밀도 높은 화이트와인의 모체이고, 몇 년 전부터 독일 농부들에게 인기가 많다. 신세계에서는 '피노 그리지오'라는 이름으로 알려졌는데, 가벼운 와인을 만든다. 피노 블랑은 알자스와 이탈리아 북동부에서 재배되는데, 부드러우면서 과일 향이 난다. 독일에서 매우 인기 있고, 특히 뉴질랜드에서 많은 진전을 이루었다.

루산 ROUSSANNE. 론 북부와 사부아 지방에서 재배되는 향이 좋은 품종으로 섬세하고 균형이 잘 잡힌 장기 숙성형 와인을 만든다.

사바냥 SAVAGNIN. 쥐라 지방의 품종으로, 뱅 존vin jaune 또는 특성이 매우 독특한 화이트와인을 만든다. 다른 품종과 블렌딩할 때 와인의 품질을 향상시키고 장기 숙성을 가능케 한다.

세이블 SEYVAL. 뉴욕주나 캐나다에서 재배되는 잡종으로, 산도가 매우 높을 뿐 특별한 성격이 없는 중성적인 와인이다.

실바네르 SYLVANER. 산출량이 많은 알자스와 독일의 전형적인 품종으로, 꽃향기와 함께 산도가 좋다.

토론테스 TORRONTÈS. 아르헨티나에서 가장 흥미로운 화이트와인 품종 중 하나로, 알코올 함량이 높고 향이 뛰어나며 흔히 머스크 향이 나기도 한다.

위니 블랑(트레비아노) UGNI BLANC(TREBBIANO). 코냑 양조에도 사용되는 품종으로 프로방스와 랑그독 화이트와인의 기초가 된다. 산도가 있고 큰 특징은 없다. 이탈리아에서는 '트레비아노trebbiano'라는 이름으로 불린다.

베르데호 VERDEJO. 스페인 카스티야 레온Castille-Léon 지방의 최고 화이트와인 품종 중 하나다. 루에다Rueda 지방에서도 많이 재배된다.

베르델로 VERDELHO. 마데이라 와인의 한 부분을 담당하는 주요 품종 중 하나로, 호주의 여러 화이트와인 양조에도 사용된다.

비오니에 VIOGNIER. 지중해 쪽 피레네 산맥에서 보클뤼즈Vaucluse까지 프랑스 남부에서 주로 재배된다. AOC 콩드리유Condrieu나 샤토 그리예Château-Grillet처럼 풍만한 볼륨에 향이 뛰어난 고급 와인을 만든다.

벨슈리슬링 WELSCHRIESLING. 리슬링과 혼동하기 쉬운 품종으로 오스트리아, 이탈리아 북부, 유럽 남동부 전 지역에서 재배되는데 과일 향이 나며 가볍다.

> 알자스의 그랑 크뤼 중 슈넨버그SCHOENENBOURG 테루아의 리슬링(위겔 에 피스HUGEL & FILS 포도원)

포도 품종과 테루아의 유명 조합

테루아와 포도 품종의 조합은 와인의 성격에 큰 영향을 미친다. 몇몇 와이너리는 품질과 관련 있는
요소인 기후, 일조량, 토양 등의 구성을 통해 품종의 성격을 예술로 승화시킨다.
이 조합이 세상에 단 하나밖에 없는 와인을 만들어 낸다.

카베르네 소비뇽(Cabernet sauvignon)과 보르도(Bordeaux) 와인

고상한 레드와인 품종인 카베르네 소비뇽은 만생종으로, 부식에 잘 견디고 물이 잘 퍼지는 건조하고 척박한 땅을 좋아한다. 전 세계에서 재배되지만 이 품종의 가장 이상적인 재배지는 보르도로, 특히 돌과 자갈이 섞인 토양이 대부분을 차지하고, 종종 변덕스럽기도 한 해양성 기후가 지배적인 지롱드강 좌안이 최적의 장소다. 오 메독과 그라브의 포도원이 있는 이 지역에서 카베르네 소비뇽은 그랑 크뤼 와인들의 주품종으로, 카베르네 프랑, 메를로와 블렌딩된다. 어릴 적에는 탄닌 구조가 촘촘하고 힘이 좋은데 와인이 숙성되어가면서 골격이 생기고 고급 품종 특유의 섬세함과 우아함이 생긴다.

> 예를 들어 포도 품종이나
> 포도 재배 시스템 선택 같은
> 인간의 결정을 통해 테루아의 특성을
> 더 잘 드러낼 수 있다.
> 포도는 만족할 만한 성숙에
> 도달해야 하고, 품종 자체의
> 고유한 특징이
> 드러나야 한다.

시라(Syrah)와 코르나스(Cornas) 와인

시라는 탄닌이 풍부한 품종으로 장기 숙성이 가능한 와인을 만든다. 화강암질 토양을 좋아한다. 시라와 환상적인 궁합을 보여주는 테루아는 북부 론 지역, 특히 코트 로티, 에르미타주 또는 코르나스 같은 격이 높은 AOC들이다.

코르나스의 포도나무는 준대륙성 기후로 일조량이 매우 풍부하고, 점토 퇴적물로 이루어진 토양 위에 돌담으로 지탱되는 남향 또는 남동향 급경사 노대에서 재배된다. 북부 론에서 이 지역이 가장 먼저 수확을 시작한다. 시라는 이 지역 단일 품종으로, 색깔이 진한 아름답고 힘 좋은 와인을 만든다. 후추와 제비꽃 향이 섞인 붉은 과일 향은 숙성되어감에 따라 트러플, 가죽, 감초, 조리한 과일 향으로 진화한다.

> 보르도 지역 자갈 토양
카베르네 소비뇽

비오니에(Viognier)와 콩드리유(Condrieu) 와인

비오니에는 생산성이 낮고, 까다롭고, 연약한 화이트와인 품종이다. AOC 샤토 그리예Château-Grillet와 콩드리유의 독점적인 품종이다. 온화한 대륙성 기후 지역인 콩드리유에서는 가파른 경사면 상의 돌이 많은 토양 혹은 화강암질 토양의 계단식 밭에서 비오니에를 재배한다. 바로 이런 곳에서 비오니에가 만들어낼 수 있는 최고의 와인이 태어난다. 금빛 도는 옅은 노란색과 비오니에의 특성인 제비꽃, 붓꽃, 들꽃 향과 백도, 살구 등 과일 향이 강렬하다. 부드러우면서 높은 알코올 함량은 청량감(산도, 미네랄)과 조화를 이루며 입안에서 아름다운 여운을 남긴다. 생산량이 적은데 많은 사람이 찾으니 가격이 높은 편이며, 숙성되지 않은 상태에서 병입한 후 오래지 않아 마실 수 있는 고급 와인이다. 발효와 숙성 과정의 오크통 사용이 논란이 되고 있는데, 어떤 애호가들은 문제를 제기하고, 또 어떤 애호가들은 이를 지지한다.

샤르도네(Chardonnay)와 퓔리니 몽라셰(Puligny-Montrachet) 와인

화이트와인 고급 품종이지만 생산량이 적은 샤르도네는

섬세하며 장기 숙성이 가능한 와인을 만든다. 전 세계 곳곳에서 재배되고, 좋은 결과를 보여주지만, 부르고뉴에서 프랑스 최고의 드라이한 화이트와인을 만든다.

샤르도네는 부르고뉴 기후와 돌이 많은 점토 석회질 토양에서 본질을 가장 잘 드러내 높은 수준의 농축도와 섬세함을 갖춘 와인을 만든다. 코트 드 본Côte de Beaune의 퓔리니 몽라셰 마을이 바로 이런 경우다. 기후는 온화하지만, 살짝 대륙성 기후 성격을 띤다. 이회암이 섞인 점토 석회질 토양과 동향이나 동남향의 완벽한 일조 조건을 갖추고 있다. 이 테루아에서 샤르도네는 아주 작은 포도알 열매를 맺는다. 퓔리니에 있는 네 가지 그랑 크뤼인 몽라셰, 슈발리에 몽라셰Chevalier-Montrachet, 비앵브뉘 바타르 몽라셰Bienvenues-Bâtard-Montrachet, 바타르 몽라셰Bâtard-Montrachet 등지에서 포도의 당분 함량이 높지만 상당한 수준의 산도가 있어 균형이 아주 잘 잡히고 농밀함과 골격이 있는 힘 있고 진한 와인을 만든다.

템프라니요(Tempranillo)와 리오하(Rioja) 와인

템프라니요는 카베르네 소비뇽에 대한 스페인의 답이다. 이름은 '이르다'는 뜻의 스페인어 템프라노temprano에서 유래했다. 조생종으로 빨리 그리고 쉽게 성숙하는 특성은 대륙성 기후에서 성공적인 재배를 가능케 했다. 수 세기 동안의 침식에 의해 육안으로도 볼 수 있게 노출된 암석과 함께 응고된 침전물로 구성된 건조하고 자갈 투성이 토양인 스페인 북부 리오하, 특히 로그로뇨Logroño 서편에 있는 대서양과 마주하는 해발 400~500미터 고지대에 위치한 리오하 알타Rioja Alta 지역에서 최고의 결과를 낸다. 섬세함, 짜임새, 장기 숙성 가능한 와인으로 정평이 나 있다.

> 콩드리유 지역 비오니에

산지오베제(Sangiovese)와 키안티(Chianti) 와인

이탈리아의 레드와인 품종으로 키안티의 70~80%, 혹은 그 이상을 차지한다. 토양과 기후의 다양성에 민감하게 반응하여 포도밭마다 서로 다른 리듬으로 포도가 익어간다. 키안티 와인 중 콜리 아레티니Colli aretini의 점토 모래 토양에서는 부드러운 와인을, 루피나Rufina의 점토 석회질 토양에서는 풍만한 와인을, 콜리 세네시Colli senesi 지역에서는 힘 좋고 탄탄한 와인을 만들지만, 가장 명성이 높은 와인은 시에나와 피렌체 사이 클라시코Classico 지역에서 나온다. 충분한 일조량 하에서도, 바다에서 오는 찬 기운이나 변덕스런운 날씨에 의해 종종 포도의 성숙이 지연되거나 방해를 받는다. 포도 성숙의 균형을 맞추기 위해, 이탈리아 다른 품종들처럼 수확은 늦게 10월 말까지 이루어진다. 최상품의 키안티 와인은 좋은 산도, 생기 있는 탄닌, 체리와 차(茶) 향이 나는 탄탄한 와인이다.

> 스페인 리오하 지역
> 템프라니요 묘목

테루아 관련 전문가들

클로드Claude와 리디아 부르기뇽Lydia Bourguignon은 25년 넘게 물리적·화학적, 그리고 미생물학적 차원에서 토양을 연구해왔다. 이들은 식물이 미네랄 성분을 잘 흡수하게 해주고 와인에 테루아의 특성이 잘 드러나게 만드는 작은 곤충에서 미생물에 이르는 동물군의 역할을 밝혀냈다. 또한 이런 요소들을 저장하는 것과 관련하여 점토의 중요한 역할도 확인했다. 토양에 대한 이들의 연구는 고급 와인을 생산하게 해주는 토양의 능력을 분류하는 기준을 세우게 해주었다.

포도나무에서 병입까지

포도나무의 성장 주기

포도는 다년생 과일나무다. 연간 과일 생산 주기와 나무 자체의 수명 주기를 따른다.
꺾꽂이로 시작한 어린 포도나무는 성장을 거쳐 완벽한 생산에 도달한다.

포도나무의 요구

포도나무에는 무엇보다도 빛이 필요하다. 반드시 태양광이 아니더라도, 단지 주광(조명)만으로도 충분하다. 성장에 필요한 온도는 10~25도다. 28도가 넘어가면 수분이 증발하고, 잎이 시든다. 날씨가 너무 추우면 성장을 멈춘다. 비는 지나치지 않게 연간 500~700mm 정도가 간헐적으로 내려야 한다. 기후가 너무 습하면 질병의 표적이 될 수 있고, 껍질이 터진 물 먹은 포도알을 생산할 수도 있다. 개화기의 비바람은 부정적인 영향을 미칠 수 있다.

묘목과 잎

포도나무 묘목. 묘목은 과실수의 가지를 포함한 큰 나무에서 자라는 여러 기관이다. 이 가지들은 잎, 싹, 덩굴손, 꽃이 발생하는 다소 불룩한 마디에 의해 분리된 연속된 절간에 나타난다. 여름에는 가지가 성숙하면서 녹색에서 갈색으로 변한다. 이 현상을 '가지의 성장'이라 하고, 이때를 기점으로 수확기 가지로 바뀐다.

포도나무 잎. 엇갈린 위치의 마디 위에 '삽입'된 잎은 다섯 가지의 중요한 잎맥을 보여준다. 열편, 잎의 톱니, 융모(표면의 솜털) 색소 침착 같은 다른 특성들의 큰 가변성은 포도 잎이 품종을 구별하는 데 핵심 요소 중 하나라는 사실을 떠올리게 한다.

전세계 모든 포도원에 있는 포도나무의 성장 주기는 동일한 방식으로 재개된다. 기후가 온화하고 농부가 주의 깊다면, 겨울이 시작됨과 동시에 휴면에 들어갔던 덩굴들은 봄이 오면 이듬해 가을에 잘 익은 포도송이를 생산하기 위해 성장을 시작한다.

싹에서 꽃까지

발아(發芽). 포도나무의 연간 주기에서 이 단계는 봄에 새싹이 나오는 단계를 말한다(북반구에서는 3~4월, 남반구에서는 9~10월). 겨울의 오랜 휴면기 이후, 가지와 잎이 생기고, 수액이 순환하기 시작한다.

주아(珠芽)와 잠복아(潛伏芽). 주아는 생긴 해에 싹트는데, 주아 가까운 곳에 있는 잠복아(또는 휴면아)는 생긴 다음 해에 가지로 성장한다. 주아에서 나오는 작은 순에서는 거의 수확하지 않는 작은 포도송이가 생긴다. 반면에 잠복아는 다음 해부터 열매를 맺는 가지로 성장한다. 이처럼 한 해의 수확량은 부분적으로 전년 포도나무의 성장에 따라 달라진다.

개화(開化). 나중에 포도송이가 될 화서(花序)는 가지의 밑 부분, 잎의 반대쪽에만 생긴다. 가지당 0~4개 정도 생기는 화서는 높은 마디에 있는 덩굴손에서 시작한다. 환경의 다양한 조건에 따라, 화서를 구성하는 꽃의 수는 수백에서 수천 개가 될 수 있다. 개화 시기는 발아 후 5~10주로 품종과 특히 기후 조건에 따라 다르다(북반구 5~6월, 남반구 11~12월).

> 싹

> 주아

> 개화

포도원의 적

곰팡이 오이듐^{oïdium}은 새싹이 열릴 때부터 녹색의 기관에서
발달한 후, 포도알 껍질을 공격해서 포도 씨가 외부로
노출되게 한다. 노균병^{mildiou}은 녹색 기관을 통해 유입된다.
포도알이 갈색으로 변하고 마른다. 귀부병균^{botrytis cinerea}은
조건에 따라 유익할 수도 해로울 수도 있다(p.54 박스 참조).

동물 기생충 필록세라 이외에 포도송이 벌레, 진드기^{acarien}
(응애^{érinose/acariose}를 유발시킬 수 있다), 붉거나 노란 거미도
있다.

바이러스에 의한 질병 쿠르 누에^{court-noué}와 엽권병^{enroulement}
처럼 이식된 뿌리를 통해 전염되는 질병은 수확량, 뿌리의
수명과 포도알의 당도에 해를 끼친다.

> 최대 크기에 도달하기 전
완벽하게 성숙하기 위해
포도알은 햇빛을 듬뿍 받는다.

꽃에서 포도송이까지

결실(結實). 이 단계에서 수분된 꽃의 씨방이 아주 작은 열매가 된다.
화서는 송이가 된다. 결실 현상은 초여름(7월)에 이뤄진다. 포도의 생
장 주기에서 가장 중요한 이 시기에 수확량이 거의 결정된다.

열매의 성장. 성장은 뚜렷한 4단계로 진행된다. 처음 20여 일간에는
서서히 진행되다가, 그 다음 20여 일간에는 속도를 내고, 이후 성숙기
에 도달할 때까지 아주 느리게 진행된다.

성숙. 이 용어는 포도알의 당도가 증가하는 과정에 일어나는 생리 현
상을 가리킨다. 레드와인 품종의 포도알이 색을 띠기 시작한다. 엄밀
히 말해 포도 성숙이 시작된다(8월). 수확일을 결정하는 성숙도는 만
들고자 하는 와인의 성격에 따라 결정된다.

휴면(休眠). 가을에 잎이 시들어 떨어지면서 연간 생장 주기의 종말
과 겨울 휴식의 시작을 알린다.

> 결실

> 성장

> 성숙

포도밭의 한 해 농사

"좋은 포도 농부는 1년에 36번 포도밭에 간다."라는 속담이 있다.
오늘날 포도 재배 농사는 여러 세기에 걸쳐 개발한 노하우와 최신 과학기술의 결합이다.

인간의 개입

토양의 준비. 여러 유명 포도원에서는 토양과 관련하여 계속해서 전통적인 방식으로 일하고 있다. 강추위와 수분으로부터 포도 나무 밑동을 보호하려는 가을의 배토, 봄의 배토 제거, 포도나무 사이 흙 제거, 두벌김 등의 작업이 바로 그것이다. 하지만 토양 침식에 대비하려고 잡초를 심는 사람들과 달리 제초제 사용 같은 비경작 방법을 선호하는 사람들은 이런 작업을 하지 않는다(p.58 참조).

비료. 토양을 비옥하게 하기 위해 퇴비나 비료뿐 아니라 유기농이나 미네랄 물질 같은 여러 가지 첨가제를 사용할 수 있다.

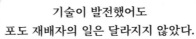

기술이 발전했어도 포도 재배자의 일은 달라지지 않았다.
성장을 제어하고, 잡초, 해충, 질병과 싸우며, 최적의 시기에 수확한다. 포도 농업의 1년 달력은 늘 똑같다.

치료. 보르도식 믹스(다음 페이지 박스 참조)와 다른 병충해 방제 치료는 이식된 밑동이나 줄기에 여러 번 반복할 수 있다.

가지치기. 12월에서 3월 사이에 수액이 아래로 내려오면 확장을 제한하기 위해 지역마다 독자적인 기술로 포도나무에 겨울철 가지치기를 한다. 측면 가지치기, 윗면 가지치기, 잎 따기 등 여러 가지 작업으로 구성되는 여름 가지치기는 포도알이 잘 영글도록 포도나무가 수액을 유지하고, 공기가 잘 통하게 하며, 채광을 최적화해준다.

> 겨울 가지치기(12월~2월)

> 가지치기 이후 잔가지 태우기

> 잘라낸 가지 묶기

> 기계식 경작(3월)

> 측면 가지치기(7월)

> 수확(9월~10월)

보르도식 믹스

노균병은 잎과 포도송이를 공격하는 균이 일으키는 질병이다. 전통적인 치료제는 보르도식 믹스다. 이 파란 살균제는 황산구리와 수산화칼슘으로 만든다. 이것을 포도나무에 살포한다. 오늘날 사용하는 보르도식 믹스는 전보다 독성이 적고 분해도 잘 된다. 그래도 토양에 축적되는 구리 사용은 점점 더 비판받고 있는데 2002년 유럽연합 지침서는 연간 사용량을 줄이고 사용을 제한했다. 연구소에서는 이를 대체할 재료를 실험 중이다.

> 보르도의 샤토 레이농 Château Reynon 수확

포도 농업의 월별 행사

1월. 포도나무를 손으로 자른다. 비용 절감을 위해 울타리 깎기는 때로 기계에 맡기지만, 이 섬세한 작업은 거의 기계화가 이루어지지 않았다. 자른 가지는 불태운다.

2월. 가지치기

3월. 포도나무는 동면에서 깨어난다. 여러 지역이 경작(밭갈기)을 포기했지만 제초제를 사용하거나 더 빈번하게 사용되는 방법으로 줄지어 늘어선 포도나무 사이에 잡초를 심기도 한다. 유기농업 혹은 지속 가능한 농업이 적극 권장하는 쟁기질이 되살아나는 중이다.

4월. 새싹이 나온다. 어린 포도나무를 심고, 지지대와 철사로 고정한다.

5월. 봄철 서리가 우려되는 시기다. 식물성 기생병균(노균병, 오이듐, 회색 부패)과 동물성 기생충(포도나무 벌레, 거미 등)에 대한 방제 작업을 한다. 이 작업은 9월 중순까지 계속하는데, 수확 2~3주 전에는 멈춰야 한다. 유기농 포도 재배자는 잡초를 뽑지 않는다.

6월. 포도나무에 꽃이 핀다. 새로운 가지를 고정시킨다. 방제 작업을 계속한다.

7월. 다시 한 번 쟁기질하고, 필요하다면 방제 작업도 한다. 포도나무 위쪽을 평평하게 깎는다. 측면의 너무 긴 가지를 쳐내는 가지치기를 한다. 포도송이가 너무 많이 달렸으면 수확량을 제한하기 위해 '녹색 수확vendanges en vert'을 하거나 솎음질을 한다.

8월. 두 번째 측면 가지치기를 한다. 필요하다면 방제 작업도 한다.

9월. 수확을 시작한다. 최고급 품종을 수확하거나 정교한 수작업이 필요한 경우가 아니라면 이제는 수확 기계가 인간을 대신하고 있다.

아주 더운 지역 포도원에서는 일반적으로 기온이 서늘한 야간에 수확한다.

10월. 수확을 종료한다. 비료, 퇴비, 유기 폐기물을 이용해서 토양을 개선한다.

11월. 날씨가 허락한다면 마지막 포도를 수확하는데, 이 포도는 늦수확vendanges tardives 와인용 포도다. 큰 싹을 제거하고 노균병을 치료하고 쟁기질도 한다. 필요하다면 늙은 포도나무를 제거한다.

12월. 배수로를 만들고 훼손된 이동로, 경지, 담을 복구한다. 겨울 가지치기를 시작한다.

유용한 정보

한동안 중단되었던 말을 이용한 쟁기질이 다시 시작된다.
이 방법은 유기농 혹은 바이오 다이내믹 농법으로 재배하는 포도원이 현 시대에 맞게 수정하여 적용한다. 물론 트랙터 같은 기계를 이용한 쟁기질도 여전히 이용하지만, 장비 무게 때문에 흙이 눌려서 압축된다는 문제가 있다. 반면에 말을 이용하면 좀 더 가벼운 쟁기질이 가능하다. 게다가 경사가 심한 밭에서 포도를 재배할 때 기계보다 가축을 이용한 쟁기질이 훨씬 수월하다.

포도나무의 가지치기와 산출량

포도 재배가 시작된 이래, 포도나무 가지를 잘라 포도의 자연 성장을 제어하면
더 나은 품질의 열매를 맺어 결과적으로 더 좋은 와인을 얻을 수 있다는 사실을 알아냈다.

가지치기의 원칙

유럽과 신세계 농부들은 같은 목표에 도달하기 위해 각기 다른 가지치기 방법을 적용한다. 게다가 AOP 범주 포도원에 적용되는 규정은 특별한 가지치기 스타일을 강제하고 있다. 어떤 경우든 목표는 최고 품질의 포도를 충분히 얻는 것이고, 그러기 위해 포도나무의 기능을 조절하고, 유지보수가 용이한 나무 모양을 만드는 것이다.

유럽. 유럽 농부들은 포도나무의 성장을 제어하고 산출량을 줄이려고 겨울에 가지치기를 한다. 가지를 짧게 자를수록 포도 숫자는 줄어든다. 포도나무는 여름에 열매를 희생하면서 잎의 수를 늘리므로 포도가 열리도록 나무의 측면과 윗면을 잘라낸다. 조상들이 잎과 열매의 균형을 맞추려고 적용한 이 방법은 최상의 조건에서 포도가 성숙할 수 있게 지켜져야 한다. 광합성하는 잎은 포도나무의 허파 역할을 하고, 포도 열매는 잎에 내리쬐는 태양 효과 덕분에 익어간다.

신세계. 더운 기후 지역의 더 비옥한 토양에서 포도가 재배되는 신세계의 포도원에서 가지치기는 수정할 필요가 있었다. 유럽 방식으로는 생산량은 많지만 품질이 떨어진 와인이 만들어졌다. 오늘날 캘리포니

아와 호주 농부들은 산출량을 줄이고 포도 과즙의 농축을 위해 잎을 무성한 상태로 두는 '캐노피 매니지먼트canopy management'를 채택했다. 또한 1980년대 후반부터 캘리포니아와 호주에서는 고도가 더 높고 메마른 땅에 새로운 품종을 재배한다.

> 가지치기는
> 포도나무를 원하는 모양으로
> 만들 수 있게 해준다.
> 오늘날에도 포도원에서 실행되는
> 모든 작업 중에서
> 가장 기계화가 이루어지지
> 않은 작업이다.

계절에 따른 테크닉

동계 가지치기. 그루터기에 적당한 모양을 만들어 포도나무 성장 방식을 결정하고, 일 년 내내 모양을 유지하게 하면서 생산을 제어하는 것이 동계 가지치기의 목적이다. 처음 한두 해에는 포도나무 골격 형성을 위해 가지를 치고, 그 다음에는 결실을 위해 가지를 치는데, 원하거나 부과된 생산량과 포도나무의 활기에 적합한 일정한 수의 열매를 맺는 싹만 남기는 것이 중요하다. 이것은 그해에 나온 잔가지들에만 관련이 있다. 최소한의 눈만 남기고 가지 밑동을 살려뒀을 때, 이를 '짧은 가지치기taille courte'라고 부른다. 짧은 나무court-bois, 쿠르송coursons, 코cots 등 여러 가지 용어로 이 짧은 가지를 가리킨다. 열매가 맺힐 특정한 길이의 가지를 그루터기에 남길 때, 이를 '긴 가지치기taille longue'라고 한다. 이런 나뭇가지는 긴 나무longs-bois, 바게트baguettes, 아스트astes 등으로 불린다.

춘계 가지치기. 봄에는 기초에서 그루터기의 길이로 성장한 '구르망gourmands'이라고 불리는 멸균 나뭇가지를 제거한다.

하계 가지치기 또는 녹색 가지치기. 여름에 포도가 햇빛에 노출되도록 잎 따기를 하고, 가지 위쪽을 잘라버리는 윗면 가지치기와 하계 생장 부분을 제거하는 측면 가지치기를 한다. 포도나무를 고정시키기 위해 세운 말뚝과 철선으로 구성된 팔리사주palissage(가지 덩굴을 기어 오르게 하는 법) 시스템에 나무를 고정한다. 측면 가지치기가 얼마나 절도 있게 혹은 철저하게 실행되었느냐에 따라 수확된 포도의 품질에 도움이 될 수도, 또

> 샹파뉴 지방의
> 로드레Roederer 포도원의
> 동계 가지치기

는 해로운 영향을 미칠 수도 있다.

산출량

고품질의 와인을 생산하기 위해서는, 포도원의 산출량을 제한하는 것이 필수적이다.

과거. 예전의 포도 재배 방법들은 힘들었고 실패하기도 쉬웠다. 부패, 노균병, 해충, 비, 바람, 우박, 서리 등이 포도에 피해를 입혔고, 인간은 이에 어떻게 효율적으로 대처해야 할지를 몰랐다. 여력이 될 경우에는 손으로 해충을 잡는 노동자들을 보냈지만, 그렇지 않은 경우에는 수확을 날려버리기가 일쑤였다. 비가 많이 오는 여름은 포도의 부패를 의미했는데, 왜냐하면

> 코트 샬로네즈 Côte chalonnaise 지역의 미셸 주이요 Michel Juillot 포도원의 하계 가지치기

부식을 방지하는 처치법이 없었기 때문이다. 하지만 전통적인 방법은 포도밭 1헥타르당 그리 많지 않은 산출량을 만들었지만, 농축된 포도즙이 나왔고, 포도향에 있어서도 높은 잠재력을 가지고 있었다.

현재. 1헥타르에는 1,500~12,000그루의 포도나무가 있을 수 있는데, 이 이상인 경우는 드물다. 한 그루는 단지 포도 한 송이를 맺을 수도 있고, 광주리를 가득 채울 양의 포도를 맺을 수도 있다. 이 선택은 포도원을 통제하는 규정을 지켜야 하는 농부에게 달려 있다. 예를 들어 이탈리아와 프랑스의 법규는 1헥타르당 생산할 수 있는 최대 와인 산출량을 기준으로 한다. 독일은 생산 상한치를 정하지는 않았지만, 포도즙의 당도에 따라 등급을 부여한다. 신세계 국가들의 경우, 아무런 규제가 없고, 산출량에 대해서도 아무런 규제가 없다. 하지만 최고의 포도원들은 유럽과 마찬가지로 산출량을 제한한다.

어떤 작업? 최소한의 비료 사용이 요구되나 다른 작업들이 필수적이

다. 동계 가지치기는 포도나무의 성장을 제어할 수 있게 해준다. 하계 가지치기는 포도의 성숙과 농축을 돕는다. 마찬가지로 필요없는 순 자르기, 늦봄의 원치 않는 어린 가지 제거하기, 여름철의 '녹색 수확'(포도 송이의 일부를 제거) 등은 산출량을 낮추는 데 기여한다.

두 개의 세계, 두 개의 학교

유럽의 와인 관련 기관에서는 적은 수확량이 좋다고 말한다. 그들에 따르면, 메마른 땅에서 높은 밀도로 재배되고, 짧게 가지치기되고, 최소한의 비료 사용으로 수확량이 통제된 포도나무가 더 고급 와인을 만든다는 것이다. 모든 것은 상황, 포도나무 관리 그리고 만들고자 하는 최종 제품이 무엇인가에 달려 있다. 포도나무의 건강 상태가 좋다면, 1헥타르당 50헥토리터(50hl/ha) 수준이면 고급 와인을 위한 합리적인 수확량으로 여겨진다(헥타르당 6,600병).

그러나 특히 기후와 같은 지역적 조건은 이러한 측정치를 다르게 할 수 있다. 이상적인 날씨가 지속된 해에는 60hl/ha의 수확량으로도 뛰어난 와인을 만들 수 있지만, 기상 여건이 어려운 해의 35hl/ha는 평범한 와인을 만들게 할 수도 있다.

진실 혹은 거짓?

산출량이 적을수록 고급 와인이 나온다.

거짓 좋은 와인을 생산할 수 있는 포도를 얻기 위해서 포도나무는 건강해야 하며 수분 공급이 제대로 이루어져야 한다. 포도나무를 심은 밀도는 수분의 가용성에 따라 변화가 많다. 그렇기 때문에 계산은 더 복잡해진다.

와인 생장을 관리하는 여러가지 방법

고블레식(en goblet). 고블레는 상당히 짧은 몸통과 두 개의 눈을 가진 작은 가지로 끝나는 갈라진 가지를 가진 작은 나무의 모양이다.

코르동식(en cordon). 이 방법은 몸통을 구부려 원하는 높이의 철사줄을 따라 수평으로 눕히는 것이다.

기요식(en guyot). 이는 한 개의 수직 몸통과 매우 짧게 자른 한 개 또는 두 개의 가지로 구성된다. 이 두 개의 가지에는 포도가 열릴 수 있는 긴 가지들과 다음 해의 가지치기 때 살려 둘 한 개의 잔가지를 보존한다.

수확

수확은 포도 재배와 양조를 연결시키는 필수적인 고리이다.
농부들에게는 그들이 들인 노력을 수확의 품질로 보상받을 수 있는 기회이다.
왜냐하면 포도송이 하나하나에 당해의 기억들이 담겨 있기 때문이다.

완벽한 포도

포도의 성숙도가 최고에 이르는 정확한 순간을 가늠하여 수확을 시작하기로 결정하는 것은 항상 어려운 일이다. 다양한 포도 품종은 각기 다른 시기에 성숙에 도달한다. 게다가 다른 장소에 심어진 같은 품종의 포도는 익는 시점에도 차이가 있다.

생리적 성숙. 포도가 성숙했을 때, 포도 안의 당분이 축적된다. 성숙 과정이 안정화될 때까지 당도는 꾸준히 증가한다. 동시에 안정화가 되기 위해 산도는 점차 감소한다. 이렇게 포도가 성숙한 시점을 '알코올 성숙'이라 일컫는다. 당도와 산도의 비율에 근거한 특정 지역 포도 품종의 성숙도 측정은 공공기관 또는 조합 연구소에서 설정할 수 있다. 수집된 포도의 압착 후, 포도즙은 당도 측정기나 잠재 알코올 농도 측정기를 사용하여 가당 여부를 결정한다.

페놀릭(PHÉNOLIQUE) 성숙. 특히 포도씨의 맛과 색깔을 고려한 레드와인용 포도에 대한 성숙 기준이다. 좋은 페놀릭 성숙은 '와인이 마시기에 너무 어리다'라고 변명하게 만드는 풀의 향이 나는 거친 와인과 달리, 잘 성숙되어 마시기 좋은 탄닌을 가진 레드와인을 양조할 수 있게 해준다.

> **50명의 사람이
> 3주간 해야 하는 일을
> 기계 한 대로 일주일 동안 할 수 있다.**
> 수확의 기계화는 많은 포도원의
> 운영 비용을 감소시켰다.

수확과 관련된 예측하기 어려운 점

작황이 안 좋은 해. 와인 메이커는 자발적으로 혹은 강제적으로 수확일자를 앞당겨야 하는 일이 발생할 수도 있다. 포도의 건강 상태가 악화되거나 피해를 입을 수 있는 날씨가 예상될 경우, 수확 전체를 잃는 것보다는, 이상적인 성숙에 도달하지 않았다 하더라도 조기 수확을 택하는 경우도 있다. 이것이 '작황이 좋지 않은 해'이다. 마찬가지로, 매우 더운 해의 경우, 화이트와인의 밸런스에 필수적인 포도의 산도가 급격하게 감소하면 예상보다 조기에 수확하는 것이 필요할 수도 있다.

선별적 수확. 반면에 달콤한 화이트와인을 양조하고자 하면, 과숙 혹은 '귀부(고상한 부패)'에 의한 변형이 필요하다. 이를 위해서 자격을 갖춘 수확자는 원하는 단계에 도달한 포도송이 혹은 포도알 한 개씩만을 수확한다. 그리고 포도원 전체를 여러 번에 걸쳐 수확한다. 이것을 선별적 수확이라 한다.

> 과숙한 포도는 여러 번에 걸쳐 포도알을 한 개씩 수확한다.

회색 부패과 고상한 부패

보트리티스 시네레아*Botrytis cinerea*는 포도의 성숙에 의해 부풀어오른 포도껍질에 발생하는 곰팡이다. 이 기생충(균)은 와인의 색깔을 바꾸고 곰팡이 핀 맛이 나게 하는 주범인 회색 부패이다. 보트리티스 시네레아의 특별한 형태는 갈색 부패 혹은 '고상한 부패'의 형성이다. 이 경우, 곰팡이는 포도에 침투하지만 손상을 입히지 않는다. 건조에 의해 당도와 산도가 농축된 '로스팅'된 포도를 얻을 수 있다. 고상한 부패(=귀부)는 보르도와 남서부 지방(소테른*Sauternes*, 몽바지약*Monbazillac*) 또는 루아르(부브레*Vouvray*), 알자스 그리고 독일, 오스트리아, 헝가리(토카이*Tokaj*) 등의 최고급 스위트와인을 만들기 위해 필요하다.

> 메독 지방 포도원에서의
> 수작업 수확

손으로 따기

포도 따기. 두 명의 수확자가 한 줄의 양쪽에서 포도를 딴다. 예전에 사용하던 수확용 칼인 세르페트 serpette는 곧은 날을 가진 전지가위 에피네트 epinette와 굽은 날을 가진 전지가위 방당제트 vendangette, 혹은 오늘날에는 끝을 동글린 가위로 대체되었다.

포도 운반하기. 과거에는 수확된 포도는 버들가지 광주리(방당주로 vendangerots, 방당주아 vendangeois) 또는 나무 용기(바이오 baillots, 바스티오 bastiots)에 담겼다. 최근에는, 6~10킬로그램 용량의 세척하기 쉬운 플라스틱 소재 용기를 사용한다.

포도 열에서의 반출. 바구니나 양동이는 인부들에 의해 더 큰 용기로 옮겨진다. 이들은 포도밭 끝에 있는 용기까지 등에 지는 채롱으로 운반한다. 수확량에 따라 수확자 3~5명당 1명의 운반자가 필요하다.

포도알 보호하기. 일부 포도 재배자는 작은 플라스틱 상자를 선호하는데, 수확뿐만 아니라 포도의 운송에도 효과적이기 때문이다. 손을 덜 대도 되어, 양조장까지 상처 나지 않은 포도알을 운반할 수 있게 해준다.

기계식 수확은 와인의 맛을 변질시킨다.

거짓 1970년 이후, 포도 수확의 기계화는 멈추지 않고 진행되었다. 흔들기에 의해서 포도알은 수확되고, 공기압으로 포도 잎은 제거된다. 기술의 진보로 인해, 기후가 좋은 해에는 손으로 수확한 것과 기계로 수확한 것의 차이를 구별하는 것이 현실적으로 불가능하다. 그럼에도 불구하고 명성이 높은 포도원들에서는 손으로 수확하기를 고집한다.

수확은 수많은 축제의 기회이다.

법적으로 수확을 시작할 수 있는 날짜인 '수확 개시 알림'은 공식적으로 선포된다. 포도 수확은 단순한 연회에서 전통적인 큰 규모의 파티까지 모든 형태의 축제로 시작해서 축제로 끝난다. 과거에는 연회의 관례가 널리 퍼져 있었지만, 오늘날 남아 있는 것은 부르고뉴의 라 폴레(la Paulée)와 남서부 지방의 라 제르보드(la Gerbaude)이다. 그라브와 소테른 지역의 레자카바유(les Acabailles)와 같은 몇몇 축제는 꽃이 만발한 행렬을 동반한다. 수확 마지막 날에 수확자들은 포도가 담긴 마지막 수레를 함께 양조장까지 가지고 가는 것이 전통이다.

기계식 수확

오늘날, 매우 울퉁불퉁하거나 경사가 심한 땅을 제외한 거의 모든 포도원은 기계로 수확할 수 있다. 날씨와 관계없이 포도밭의 열은 늘 접근이 가능해야 하는데, 이는 화학적 제초 또는 좀 더 자연 친화적인 잡초 깎기를 수반한다. 양질의 와인을 얻기 위해서, 수확시기에 포도원은 완벽한 위생 상태에 주의를 기울여야 한다. 예를 들어 회색 부패의 발생은 수확 시 흔들기와 수확 후 이동 중에 많은 포도즙의 방출을 유발해 큰 손실을 초래한다. 자가 추진 방식과 견인식, 두 종류의 기계가 있다. 대부분의 경우, 포도송이에서 포도알 분리작업은 규칙적인 횡단 동작의 연속에 의해 이루어진다.

자연 친화적인 포도 재배

일을 쉽게 만들면서 생산원가를 낮추기 위해 제초제와 다른 화학 합성 제품을 농업에 일반화시킨 것은 1960년대이다.
2000년대에 들어오면서, 인간은 환경에 대한 염려를 하기 시작했다.

환경을 생각하는 지속가능한 농업

전통적인 농업 방식은 질병, 기생충과의 싸움을 위해서 거의 모든 제품의 사용을 허가했다. 하지만 이제 농업 분야에서도 꼭 필요한 경우에만 이런 제품을 사용하자는 움직임이 일고 있다. 이를 위해 농장은 포도 재배와 관련한 50여 가지 규정 사항을 포함해 업무 지침서에 명시된 <현실적으로 환경을 존중할 수 있는 실천 방안>에 나와 있는 100여 가지의 평가 기준을 만족시켜야 한다. 몇몇 기관은 자체 업무 지침서에 토양 침식에 대비하기 위해서 포도나무 사이에 잡초가 자라게 방치할 것이라든가 지역의 동식물 자원 보존을 위해 울타리와 도랑을 유지하는 것 등을 포함시키기도 한다.

**오늘날 프랑스는
전 세계 3위의 살충제 사용국이다.**
유기농 인증기관인 데메테르^{Demeter}에
따르면, 전체 프랑스 농지 중
4% 정도가 포도 재배에 이용되는데,
전체 살충제 사용량의
14% 이상을 사용한다!

유기농

유기농 연구소의 통계에 의하면, 프랑스의 유기농 포도 재배 농장은 1998년에 4,765헥타르에 500개 미만이었지만, 2013년에는 64,000헥타르에 4,500개 이상으로 증가했다. 이것은 단지 프랑스 포도원의 8%에 불과하지만, 그 면적에 있어서는 15년 동안 13배로 증가했다. 스페인은 유럽의 유기농 포도 재배의 선두주자이고 그 뒤를 이어 이탈리아와 프랑스가 차지하고 있다. 유기농 지지자들은 포도원을 최적의 상태로 운영하여 질병을 사전에 예방하고 자연적 치료를 선호하면서, 화학 합성 제품의 사용을 거부한다. 단지 포도 재배 기술에 국한된 유기농 관련 유럽의 규정은 2012년부터 유기농 양조 기술을 포함했는데, 유전자 조작 식품 사용금지와 더불어 식품 첨가물의 최대 사용 허가량을 줄였으며 기존 와인 사용량에 비해 비해 더 적은 양만을 허가했다.

살충제 금지. 토양이 진화하고 변형되고 스스로 재생되는 것은 동물군에 의해서이다. 생물의 다양성을 유지하기 위해 모든 살충제는 금지되어 있다. 사람들은 질병을 막고자 유황과 구리를 사용했다. 해조류는 감염된 상처를 치료한다. 포충기와 같이 포도의 해충과 싸울 수 있는 근대적인 생물학적 기술이 존재하지만, 유기농법은 모든 문제에 대한 해결책을 다 가지고 있지 않으며 포도를 죽음으로 몰고 가는 중대한 질병(esca)에 대한 치료법은 아직도 없는 상태다.

인공 합성 화학 비료 금지. 유기농 포도 재배는 퇴비나 녹색 분뇨의 형태로 된 유기물을 포도에 공급하는 것 이외의 방법으로 영양분을 공급하는 것을 추구하지 않는다. 목표는 생물학적 활동을 유지하면서 토

내추럴 와인?

몇몇의 와인 메이커는 인공 효모, 설탕뿐 아니라 와인의 산화나 변질을 방지하는 산화 방지제와 항균제의 역할을 하는 무수아황산 등의 첨가제를 사용하지 않는다. 황을 넣지 않은 채 병 안에서 보존하는 것과 같은 이런 방식의 양조는 흠잡을 데 없는 위생과 세심한 보관 조건을 필요로 한다.
(공식적인 정의가 없는) '내추럴' 와인에는 소비자가 와인에서 찾는 원산지의 특성 즉, 테루아의 순수한 특성을 감춰버리는 예상치 못한 불쾌한 놀라움(밀짚, 산패한 사과, 퇴비로 쓰이는 동물 오줌의 맛 혹은 원치 않는 가스의 존재)이 담겨 있을 수 있다.

> 루아르 지방의 포도원 쿨레 드 세랑Coulée de Serrant 의 말을 이용한 경작

에너지를 주는 혼합물

바이오 다이내믹에서 사용되는 혼합물들은 식물 내부의 작용으로 생명력을 증진시킨다고 여겨진다.

쇠똥 뿔. 쇠똥으로 속을 채운 암소의 뿔을 추분경에 토양에 집어 넣으면 봄이 올 때 거의 부식토의 상태로 바뀐다. 이것의 주목적은 포도나무의 뿌리를 더 깊게 내려가게 해서 가뭄이 들 때 좀 더 잘 버틸 수 있도록 하기 위한 것이다.

규토 뿔. 곱게 간 석영에 물을 조금 첨가한 후, 암소의 뿔 안에 넣어 초여름부터 크리스마스까지 땅속에 묻었다가 이어서 태양의 활력에 노출시켜 둔다. 과실이 맺히게 하는 힘을 자극한다.

퇴비. 쇠똥, 규토, 석회, 여러가지 식물 기초 혼합물 (서양가새풀, 카밀레, 쐐기풀, 떡갈나무 껍질, 민들레 등) 들로 구성된다. 박테리아가 매우 풍부하여, 유기물질의 분해 과정을 강화하고 손상된 땅을 재건하게 해준다.

> 자연 친화적인 농업은 생물의 다양성 측면에서 유리하게 작용한다.

양의 비옥도를 관리하는 것이다.
제초제 금지. 손으로 잡초를 제거한다. 또는 잡초를 심지만 필요할 때 는 이 잡초를 꺾는다.

바이오 다이내믹 농법

1924년 오스트리아의 특이한 철학자 루돌프 슈타이너^{Rudolf Steiner}는 인 간과 식물, 지구와 전체 우주를 잇는 연결고리를 연구하는 이 학설의 방향을 제시했다. 유기농의 한 분야로 간주되는 바이오 다이내믹 농 법은 인공 합성 화학 제품을 사용하지 않으며 규토, 쇠똥, 식물을 기초 로 한 '기본'이라고 부르는 제품을 사용한다.
유사요법의 원칙. 유사요법의 원칙에 의거해서 이 모든 재료들을 물 에 희석시킨 후, 정해진 시간 동안 한 방향으로 그리고 다른 방향으로 매우 정교한 혼합으로 활성화시킨다. 그런 다음 활성화시킨 쇠똥-퇴 비 용액은 토양에, 규토 용액은 잎에 조금씩 뿌려준다. 질병을 예방 하기 위해 쐐기풀^{ortie}, 쥐오줌풀^{valériane}, 쇠뜨기^{prêle}, 측백나무^{thuya} 등의 식물을 물에 우려내거나 탕약, 유사요법 방식등 희석하는 형태로 사 용한다.

달력. 바이오 다이내믹의 구현을 위해서는 매일 별과 별자리의 위치를 알아야 한다. 이것의 지지자들은 식물의 성장이 황도 12궁 별자리와 관련 있는 태양과 달의 위치에 직접적으로 연관된 주기에 따라 움직 이는 우주의 영향에 달려 있다고 생각한다. 마찬가지로 날에 따라서, 뿌리, 잎, 꽃, 열매 중에서 식물 자체가 스스로에게 더 신경을 쓰는 부 분이 있다. 포도나무에 수행되는 작업과 치료는 이 달력에 의거해 이 루어진다. 따라서 나무를 심는 것은 '뿌리의 날' 또는 '과일의 날'에 하 는 것이 좋다. 포도의 품질을 향상시키기 위해서, 농부는 '과일의 날' 에 재배 및 치료를 한다.

비이성적인 방법? 이성적인 생각을 가진 사람들에게는 바이오 다이내 믹은 이상하게 보일 수 있다. 한 번도 농업에 종사한 적이 없는 알코 올 반대자인 루돌프 슈타이너는 사람들이 그의 이론들을 실험을 통 해 검증할 것을 요구했다. 오늘날 바이오 다이내믹은 현장에서 효율적 이다. 이것은 와인 메이커들이 매우 철저히 준비하고 많은 시간을 관 리에 투자했기 때문인 걸까? 아니면 이를 위해 특별한 준비를 했던 걸 까? 바이오 다이내믹을 실현하는 모든 와인 메이커들은 이 방법에 대 해서 확신을 가지고 있다. 몇몇이 '믿지는 않은 채' 실행하더라도 그 결 과물이 말해준다.

발효

포도즙은 알코올 발효에 의해 와인이 된다. 이 발효는 작고 미세한 균인 효모의 작용 하에,
자연적인 당분(포도당과 과당)이 알코올로 변형되면서 이산화탄소를 발생시킨다.
젖산 발효(fermentation malolactique)라고 불리는 두 번째 변형(발효)은
일반적으로 1차 알코올 발효 이후 실시되는데, 이는 와인을 부드럽게 해준다.

알코올 발효

발효는 복잡한 화학반응이면서 동시에 완전하게 자연적인 과정이다.
포도는 포도 껍질이 찢어지면서 발효를 시작한다. 잘 익은 포도 안의
당분이 양조장 내부에 존재하는, 혹은 번식시킨 효모와 접촉
할 때, 온도가 맞으면 발효가 시작된다.
와인 메이커는 단지 포도를 으깨고, 포도즙으
로 가득찬 용기(발효통)를 준비하기만 하면
된다.
과정. 효모와 미세균류의 작용 아래, 발효
는 첫 번째로 이산화탄소와 에탄올을 만드
는데, 이것이 와인의 알코올 성분이다. 이
과정에서 부산물이 생성되는데, 와인에 농
도를 주는 글리세롤, 에스테르 또는 방향성
화합물, 향을 보존하는 고급 알코올, 알데히드
와 산 등이다. 알코올 발효에서 생성되는 이 부산
물들이 와인의 맛에 크게 기여하고 '2차' 향 혹은 '발효' 향의 한 부
분을 담당한다(p.211 참조).

발효는 완벽하게 자연적인 현상이다.

인간은 갈증을 해소하기 위해,
그리고 큰 즐거움을 위해
와인을 발명했고, 아주 오래전부터
이 방법을 이용했다.

어린 와인

효모가 모든 당분을 알코올로 바꾸면, 발효는 멈춘다. 때로 당도가 너
무 높으면 알코올이 효모의 작용을 방해하는 수준에 이르기도 한다.
이런 경우, 매우 힘이 좋지만, 발효가 이루어지지 않은 잔존
당분으로, 들큰한 와인이 만들어진다. 주변 온도
가 충분히 따뜻하지 않다면, 효모는 당분을 알
코올로 바꾸는 작업을 하기도 전에 멈출 수도
있다. 이럴 경우 포도의 성숙도가 줄 수 있는
알코올 도수보다 낮은 수준의 와인이 만들
어진다. 알코올 발효는 일반적으로 2~3주
정도면 끝난다. 탄산가스의 존재로 인해 발
효를 멈춘 지게미로 가득 차 있기 때문에 어
린 와인은 색깔이 탁하다.

효모

알코올 발효는 포도의 껍질이나 공기 중, 혹은 와이너리의 장비 안에
존재하는 효모의 작용에 기인한다. 수많은 종의 효모 중에서, 상면 발
효 효모(saccharomyce cerevisiae)가 와인의 발효와 관련해서는 가
장 중요한 위치를 차지한다. 각각의 효모는 알코올 생산, 알코올이나
온도에 대한 저항성, 방향성 물질의 형성, 발효 리듬과 관련하여 특별
한 특성을 가지고 있다.

> 발효 기간 내내 양조
전문가는 와인의 온도를
정기적으로 점검한다.

유용한 정보

레드와인과 화이트와인의 발효는 다르다.
레드와인의 경우(p.68-69 참조), 으깬 포도와 즙을 금속 탱크에
넣고 발효의 시작을 기다린다. 발효 시간은 각기 다르다.
화이트와인의 경우(p.64-66 참조), 우선 금속 탱크 혹은
오크통에서 단독 발효시키는 포도즙을 추출하기 위해 착즙한다.
여기서 레드와인과 화이트와인의 다른 색깔, 다른 맛, 다른
골격이 온다. 단지 레드와인의 경우에만 포도 껍질과 씨를 같이
발효하는데, 이것들은 단지 색깔만 주는 것이 아니라 탄닌과
향을 이루는 물질도 함께 준다. 발효는 다음 단계인 숙성으로
이어진다(p.76-79 참조).

보당법(補糖法, chaptalisation)과 역삼투

1801년에 장 앙투안 샵탈Jean-Antoine Chaptal의 저서 『와인 만들기의 기술(Art de faire les vins)』에 쓴 보당법은 18세기 말부터 알려져 있었는데, 1리터의 포도즙에 17g의 설탕을 첨가하여 추가적인 알코올 도수를 얻는 방법이다. 하지만 프랑스에서는 보당에 의한 알코올 증가는 감시의 대상이다. 남쪽 지방에서는 법으로 금지되어 있고, 북쪽 지역에서는 제한된 비율 내에서 허용되었지만 2도 이상의 알코올 도수를 올릴 수 없다. 설탕은 맛과 관련해서는 아무런 변화도 줄 수 없다. 보당법과 관련된 새로운 것은 첨가된 설탕의 양을 측정할 수 있게 된 것이다(p.63 참조). 보당법은 역삼투처럼 널리 알려진 자가 증가와 같은 기술로 종종 대체된다. 이 기술은 포도즙 안의 수분을 분리해내는 것이다(p.62 참조). 결과적으로 당분을 포함한 다른 구성 물질의 농축도가 올라간다. 설탕 추가 대신 농축 과즙의 첨가도 마찬가지로 허용된다.

> 양조용 탱크가 설치된 곳을 '퀴비에cuvier'라고 부른다. 이 사진은 샤토 라투르Château Latour의 퀴비에.

자연 효모 또는 선택된 효모. 발효를 더 잘 통제하기 위해서, 어떤 와인 메이커들은 선택된 효모(또는 배양된 효모)를 사용한다. 이 방법은 주로 대량 생산시 안전상의 이유로 사용된다. 장인 정신을 가진 와인 메이커들은 토착 효모를 선호하는 경향이 있는데 이는 품질을 구별하는 요소로 여긴다.

온도 제어

온도가 12도를 넘어가면, 포도즙은 발효를 시작한다. 일단 발효가 시작되면, 이 과정은 열량을 발생함과 동시에 (계속적인 발효가 일어날 수 있도록) 스스로 이 상태를 유지한다. 포도즙은 가열되어 이산화탄소의 작용에 의해 격렬하게 끓는다. 35~37도선에 이르면, 효모는 열에 의해 소멸되고 발효는 멈춘다. 오늘날 금속으로 된 탱크는 온도를 식히거나 혹은 필요한 경우에는 포도즙을 가열할 수 있는 시스템을 갖추고 있다. 탱크의 온도 조절 기능은 와인 양조의 큰 진보 가운데 하나이다. 이로 인해 품질이 좋아졌을 뿐 아니라, 발효 정지에 의한 변질도 없어졌다.

사과산―유산 발효(혹은 젖산 발효)

청포도에 높게 함유되어 있는 사과산은 청사과의 맛으로 알려져 있다. 알코올 발효 후, 잔류한 사과산은 유산균 작용에 의해 유산과 이산화탄소로 변하게 된다(사과산-유산 발효 또는 2차 발효). 좀 더 부드러운 맛의 유산은 사과산보다 떫은맛이 덜하고, 와인의 맛을 더욱 부드럽게 한다. 사과산에서 유산으로의 이 변화는 (몇몇의 화이트 와인과) 고급 레드와인을 만들기 위해서 언제나 각광 받는다. 이것이 발생하려면, 특정한 온도(20도)가 필요하다. 필요한 경우 와인 저장실의 온도를 높이거나 또는 금속 탱크의 냉각 수로에 온수를 흐르게 하기도 한다. 또는 유산균의 포자를 살포하는 방법을 동원하기도 한다.

진실 혹은 거짓?

와인의 맛을 부드럽게 바꿀 수 없다.

거짓 독일과 이탈리아에서는 발효되지 않은 포도즙을 첨가하는 방법을 사용할 때가 있다. 동일 포도원에서 나온 것으로 와인과 동일한 수준의 품질을 가지고 있어야 한다. 좀 더 부드러운 와인을 얻기 위해 발효되지 않은 포도즙을 발효 이후 또는 병입 이전에 첨가한다.

논쟁의 대상이 되는 기술

꾸준한 연구는 와인의 품질 향상을 가져왔다. 그러나 특정 양조학적 관행은
그것이 무엇인지 이해하지 못하는 소비자들을 걱정하게 만든다.

저온 추출법(CRYOEXTRACTION) 또는 저온에 의한 선택

66 달콤한 와인은 일반적으로 연속적인 선별에 의한 수확에서 얻어진 귀부병이나 과숙에 의해 농축된 포도를 통해서 얻는다. 저온 추출법의 경우, 포도를 냉동시켜 당도가 충분히 높지 않은 포도를 제거한다. 포도를 영하 5-8도의 냉동 창고에서 20시간 보관한 후에 바로 진행되는 압착 과정 중에 당도가 가장 높아 얼지 않은 포도에서만 포도즙이 나온다.

• **찬성** 저온 추출법은 충분히 농축되지 않은 포도를 제거하는 선별 방법으로 간주된다. 마찬가지로 수확 직전의 빗물도 제거할 수 있게 해준다.

• **반대** 와인 메이커들은 "이러한 방법을 쓰는 것은 단지 일을 줄이기 위해서"라고 말한다. 최고급 스위트와인을 만드는 것은, 자연의 여러 제약을 받아들이는 것이다.

역삼투압(OSMOSE INVERSÉ 또는 미세 여과(FILTRATION FINE)

66 고압의 극단적인 미세 여과로 포도 안에 들어 있는 수분의 일부분을 제거함으로 포도즙을 농축하는 또 다른 방법이다. 필터는 물은 통과하게 하지만, 분자의 크기가 더 큰 다른 물질은 통과하지 못하게 한다.

• **찬성** 작황이 안 좋은 해의 경우, 포도즙을 농축시키기 위한 한 가지 해결책일 수 있다.

• **반대** 포도즙의 인위적 농축은 절대로 잘 익은 포도를 대체할 수 없다. 더 충격적인 것은 매우 비싼 이 장치들이 종종 최고급 와인 양조에 사용된다는 것이다.

오크통을 대신하기 위한 오크 대팻밥

66 오크 대팻밥은 절단되고 말리고 오븐에서 가열한 칩의 형태로, 얼마나 가열했느냐에 따라 와인에 '코코넛', '토스트', 또는 '훈제'향을 준다. 이 칩을 금속 탱크 안에 넣고 차(茶)처럼 우린다. 남미에서는 1980년대부터 사용되기 시작했다. 유럽연합도 2006년부터 사용을 허용했다.

• **찬성** 오크의 비싼 가격을 치르지 않고 매우 쉽게 오크의 맛을 낼 수 있다. 보르도에서 사용하는 작은 오크통인 225리터의 바리크^barrique 를 3년 동안 사용하려면, 와인 1헥토리터당 74유로(부가세 별도)가 드는 반면, 1리터에 5g의 대팻밥을 사용하면 1헥토리터당 5유로(부가세 별도)가 든다.

• **반대** 이것은 단지 가향일 뿐이어서 오크통 숙성이 주는 복합성에 미치지 못한다.

유황의 사용

66 무수아황산은 와인과 포도즙이 산화되는 것을 방지하기 위해 사용되며 이는 미생물에 대한 살균제의 역할을 한다. 발효가 시작되기 전에 포도즙에 소량을 넣는데, 효모의 증가에는 영향을 주지 않으면서 일시적으로 박테리아의 번식을 방해하기 때문이다. 발효 이후 와인을 안정화시키기 위해 한 번 더 투여한다. 이후 병입 과정 중에 이 황의 일부분은 증발한다(p.65, p.78 참조).

• **찬성** 산화된 와인은 맛이 좋지 않다. 시큼한 와인도 마찬가지이다. 무수아황산의 사용량은 오늘날 매우 적고 그토록 비난의 대상의 되는 두통을 더 이상 유발하지 않는다.

• **반대** 몇몇의 용감한 와인 메이커들은 무수아황산을 넣지 않고 양조한다. 산화, 발효상의 문제, 박테리아의 감염과 같은 결점을 피해 양조에 성공한 와인 메이커들은 이례적인 과일의 순수함을 가진 와인을 생산한다. 하지만 그렇지 않은 와인 메이커의 경우, 결점 많은 와인을 만든다. 그래도 계속 무수아황산을 사용해야 할까?

보당 또는 설탕 첨가

66 포도가 충분히 성숙하지 못했을 경우, 발효의 초기에 포도즙에 설탕을 첨가할 수 있다. 이것이 보당이다. 추가적인 알코올 도수 1도를 얻기 위해 포도즙 1리터당 설탕 17g을 첨가하는 것으로 충분하다. 첨가된 사용량은 반드시 알코올 도수 2도(혹은 34g/L) 미만이어야 한다. 남쪽 지방에서 이 과정은 불법이지만, 포도에서 얻을 수 있는 거의 순수한 설탕이 녹아 있는 수정 농축 포도즙을 첨가하여 알코올 함량을 높일 수 있다.

• **찬성** 기상 상황이 여의치 않을 때, 약간 미숙된 포도즙을 수정하기 위해 적당량을 사용했을 경우, 보당은 와인의 밸런스를 개선시킬 수 있다. 게다가 핵자기 공명 기술 résonance magnétique nucléaire은 오늘날 포도즙에 첨가되어야 할 설탕의 정확한 양을 측정 가능하게 하고, 남용을 피하게 해준다.

• **반대** 과도한 사용으로, 알코올 함량이 너무 높아 균형이 깨진 와인을 만든다. 뿐만 아니라 기온이 낮고 강수량이 많은 해만 제외하면, 합리적인 수확량과 잘 재배된 포도나무에게는 보당이 별로 유용하지 않다.

발효 중의 효모 첨가

66 발효는 자연적인 현상이지만, 종종 발효의 시작이 늦어지거나 당도가 아주 높은 포도즙의 경우 스스로 발효를 멈추는 데 어려움이 있을 수 있다. 양조자는 상점에서 판매하는 동결 건조된 효모를 포도즙에 첨가할 수 있다(p.61 참조).

• **찬성** 높은 알코올 함유량에 저항성을 가진 몇몇 효모는 발효가 멈추는 것에 어려움이 있을 때 매우 유용하다. 예를 들어 말의 땀냄새를 연상시키는 브레타노균(Brettanomyces)과 같은 해로운 토착 효모가 자연적으로 포도의 껍질이나 와인 저장고 내에 존재할 수 있는데, 효모 첨가는 이러한 토착 효모의 번식을 방해한다.

• **반대** 점점 더 많은, 특히 유기농을 지지하는 와인 메이커들은 효모에 의한 표준화에 대한 우려를 표명하며 이런 효모의 사용을 거부한다. 그들은 토착 효모를 선호하는데, 토착 효모가 테루아의 특성을 더 잘 나타낸다고 생각한다. 1980년대에 바나나 혹은 영국 사탕의 냄새를 가진 효모가 남용되어 수많은 와인이 비슷해져버렸다!

화이트와인과 로제와인 양조

여러 종류의 화이트와인이 있지만 화이트와인 양조는 단지 포도즙만을 발효시킨다는 사실은 같다.
때로 껍질과의 접촉을 통해 사전에 포도즙에 착색을 시키는 것이 필요하더라도
로제와인 양조는 동일한 원칙을 따른다.

어떤 와인에 어떤 포도?

화이트, 로제, 레드의 양조 스타일은 두 가지 요소에 의해 결정된다. 포도의 성분(색을 띤 물질의 존재 여부)과 침용 시간의 길이('무mout'라고 불리는 포도 주스와 껍질 같은 고체 성분의 접촉)이다.

청포도(화이트와인용 포도). 무색의 껍질을 가지고 있는 청포도라면, 거의 언제나 화이트와인으로 양조한다. 이런 경우, 포도송이의 단단한 부분인 껍질이나 씨를 제거하고 아무런 침용이 없이 오로지 포도즙만 발효시키는 것이 중요하다.

무색의 과육을 가진 보라색 포도. 유색의 껍질과 무색의 과육을 가진 보라색 포도라면, 화이트와인, 로제와인, 레드와인 양조가 모두 가능하다. 껍질과의 접촉이 없게 하면 화이트와인을 얻을 수 있다. 껍질과의 접촉 시간을 짧게 하면 로제와인(p.66 참조), 접촉 시간을 길게 하면 레드와인을 만들 수 있다(p.68-69 참조).

유색의 과육을 가진 보라색 포도. 유색의 껍질을 가진 보라색 포도라면, 침용을 하건 하지 않건, 레드와인을 양조할 수밖에 없다. '염색업자teinturiers'라고 불리는 이 포도들은 드물게 단독으로 사용되지만, 와인의 색깔을 좀 더 강렬하게 바꾸는 데 사용된다.

> 양조는 수확이 끝나고
> 알코올 발효가 멈출 때까지의 단계이다.
> 와인 메이커가 만들고자 하는
> 와인에 따라서 여러 과정을
> 포함한다.

포도에서 압착기까지

화이트와인을 양조할 때, 양조장에 들어오는 포도는 껍질에 손상이 있거나, 반으로 갈라져 있지 않아야 하는데, 껍질에 존재하는 효모가 과육과 접촉하지 못하게 하기 위함이다. 그래서 와인 메이커가 최적의 상황을 원한다면 가급적 수작업으로 포도송이 전체를 수확한다. 같은 관점에서, 포도를 운반할 때는 포도가 짓이겨질 수도 있어서 큰 용기보다는 조그만 바구니를 선호한다.

밟아서 짜기 또는 잎 제거하기. 종종 포도의 전부를 다 압착하기도 한다. 샹파뉴champagne나 크레망crémant이 이런 경우이다. 하지만 물론 사전에 압착하고 포도송이만 따낼 수도 있다. 포도즙을 쉽게 추출하는 것을 목적으로 한 두 가지 공정이다. 밟아서 짜기는 포도씨는 부서지지 않게 하면서 포도알만 터트리는 것이다. 포도알 따기 또는 줄기 제거하기는 포도알과 포도송이의 줄기를 분리시킬 수 있다. 두 가지의 경우에, 1번 공정이 완수되면, 펌프질에 의해서 포도알은 즉시 압착기로 보내진다. 껍질 침용을 할 경우에 포도즙에 쓴맛을 주는 줄기를 제거하는 것이 중요하다.

> 포도가 양조장에
> 도착하면 촘촘한 나선형
> 용기로 옮겨진다.

껍질의 저온 침용

대부분의 경우, 화이트와인 양조는 어떤 침용도 포함하지 않는다. 하지만 와인 메이커가 포도 껍질에 있는 향을 살리고 싶은 경우, 특히 세미용sémillon, 소비뇽sauvignon, 뮈스카muscat, 리슬링riesling 혹은 샤르도네chardonnay 등의 품종 등으로 양조할 때, 침용 과정을 거치는 경우도 있다. 이럴 경우 착즙 전에 저온에서 단시간 침용을 실시한다. 사전에 줄기를 제거하고 으깬 포도를 몇 시간 정도 탱크에 방치해둔다. '발효전 침용'이라고도 불리는 이 방법은 병입 후 몇 년이 지났을 때 와인의 색깔을 어둡게 만들 수 있다.

다양한 착즙기

수백 킬로그램에서 수톤에 이르는
포도를 처리할 수 있는 다양한 용량,
다양한 종류의 착즙기가 존재한다.
최신 착즙기는 자동화 기기로, 가장
널리 사용되는 것은 수평 방식이다.
이들 중, 포도를 압착하기 위해 저절로
부풀어오르는 내부의 막이 있는 고무
바퀴 방식이 가장 부드럽게 작동한다.
어떤 와인 메이커들은 어쨌거나
적당한 압력을 넓은 면적에 가할 수
있는 전통적인 수직 방식을 선호한다.
이 방식은 찌꺼기 제거가 덜 힘들어 더
맑은 포도즙을 얻을 수 있다.

> 압착 과정 중에 포도의
속은 분리된다.

압착. 압착은 포도즙의 전부를 추출하기 위한
것이다. 이 공정의 지속시간은 상당히 짧다. 하
지만 화이트와인 양조시 가장 섬세한 단계 중
의 하나인데, 와인의 품질은 이 과정을 어떻게
했느냐에 따라 결정된다. 반액체 상태의 과육
더미는 너무 빨리 발효가시작하지 못하게 저온으로 유지된다(발효는
대략 12~24도 사이에서만 발생할 수 있다). 좋은 상황에서 실시된 압
착은 부서진 포도씨 없이 매우 맑은 포도즙을 제공하는데, 으깨진 포
도씨는 와인에 풀냄새가 나게 만든다. 어떤 형태이건 산화가 일어나
는 것을 막기 위해 모든 공정은 빠르게 진행되어야 한다.

포도즙의 정제

찌꺼기 제거. 압착기에서 나온 포도즙은 언제나 어느 정도 탁하다. 그
안에는 와인에 안 좋은 맛을 줄 수 있어 제거해야 하는 고체 성분의
찌꺼기가 포함되어 있다. 그러기 위해, 포도즙을 빠르고 효율적인 기
계인 탈즙기에 돌릴 수 있는데, 누군가는 이렇게 하는 것이 와인의 품
질을 떨어뜨릴 수 있다고 비난한다. 이 방법은 보통 수준의 대량 생산
형 와인에 사용된다. 다른 방법은 0도 선의 저온 안정화로 더 많은 장
점을 가지고 있는데, 포도즙은 발효 시작부터 찌꺼기들이 자연적으로
탱크의 바닥에 침전될 동안 보호받는다.
아황산염 처리. 어떤 찌꺼기 제거 방법을 사용하였건, 그 다음에는 아
황산염 처리를 하는데, 이는 포도즙에 이산화황을 첨가하여 산화를
방지하고 미생물의 번식을 막기 위해서이다. 사용량은 포도즙의 위생
상태와 주변 온도에 달려 있다. 과잉 사용되었을 때, 이산화황은 와인
의 모든 향을 덮어 버릴 수 있다. 사용량은 강력하게 법적 통제를 받
으며 매해 수정된다(p.78 참조).

알코올 발효

그 후 포도즙을 천천히 2~4주 동안 발효가 진행될 금속 탱크로 옮겨
담는다. 발효는 배양 효모를 첨가하거나 이미 발효가 시작된 다른 탱
크의 포도즙을 살포해서 가속화할 수 있다. 온도는 알코올 발효의 강
도를 결정하는데 여기서 원하는 스타일의 와인이 만들어진다. 온도
가 낮을수록, 와인은 발효를 위해 더 많은 시간을 할애해야 하고, 이
러면 더 많은 물질을 추출할 수 있어 품질이 더 좋은 와인을 얻을 수
있다. 온도가 높을수록 발효는 빨리 이루어지지만, 결과물의 품질은
떨어지면서 높은 온도로 끓인 것 같은 맛을 가
질 수 있다.

발효 탱크. 양조 책임자는 양조를
위해 나무, 법랑, 스테인리스, 시
멘트, 테라코타 또는 플라스틱
소재의 탱크를 고를 수 있다.
각각 장단점이 있다. 가장 널
리 사용되는 스테인리스는 쉽
게 청소할 수 있고 냉각이 쉽
다. 물론 다른 소재의 탱크도 온
도 조절을 할 수 있다. 나무로 만
든 탱크에는 금속 소재와는 달리 열
의 관성이 있다. 고급 장기 숙성 와인을 양
조하기 위해, 부르고뉴의 와인 메이커들은 오크통을 사용한다(다음
박스 참조) 일반적으로, 다수의 최고급 와이너리들은 '스테인리스 탱
크'의 유행을 경험해본 후 다시 목재를 찾는 추세다.

진실 혹은 거짓?

**사용되는
첨가물은 언제나 레이블에
명시되어 있다.**

거짓 프랑스에서는 와인 생산자를
포함한 여러 소비자 단체들이 포도 외의
것에서 온 사용된 '첨가제'를 레이블에
명시할 것을 원하지만, 오로지 이산화황
만 의무 기입 사항이다. 과잉 사용시,
이산화황은 어떤 사람들에게는
두통을 유발시킬 수 있다.

마지막 단계

젖산 발효 관리. 알코올 발효 이후에 자연적으로 이어지는 젖산 발효(p.61 참조)는 산도가 높은 와인을 부드럽게 해주지만, 산도가 부족한 더운 지방에서는 와인의 품질 저하를 일으킬 수도 있다. 이런 경우, 화이트와인 메이커는 젖산 발효가 일어나지 않게 하려고 하고, 젖산 발효를 일으킬 수 있는 박테리아를 제거하기 위해 와인을 처리한다. 마지막에 가서, 다시 한 번 와인에 소량의 아황산염 처리를 할 수 있고, 탈즙기에 돌리거나 소독된 병에 병입을 위해 미세 여과를 할 수 있다.

옮겨 담기. 이제 엄밀한 의미의 발효와 양조가 끝났다. 그러나 와인은 아직도 정제할 필요가 있다. 사실 와인은 발효를 마친 효모 찌꺼기인 리lie를 아직 포함하고있다. 발효 후, 탱크 바닥에 가라앉은 효모 찌꺼기만 남겨둔 채 다른 통으로 옮긴다. 이 과정을 옮겨 담기, 수티라주soutirage라고 부른다. 이는 숙성하는 동안 여러 번 반복된다(p.79 참조). 루아르 아틀랑티크Loire-Atlantique 지방의 뮈스카데Muscadet 같은 어떤 와인들은 양조를 위해 병입 직전까지 효모 찌꺼기를 남긴 채 숙성하는데, 와인에 추가적인 청량감을 주는 약간의 가스 같은 특징적인 맛이 생긴다.

달콤한 화이트 와인의 경우

달콤한 와인은 당도가 높은 포도로 만드는데, 발효 과정에서 모든 당분이 알코올로 변하지 못한다. 이 달콤한 맛을 얻기 위해, 와인 메이커는 보트리티스 시네레아(Botrytis cinerea) 즉, 귀부병균이 앉기를 기다리며, 포도가 과숙할 때까지 수확을 하지 않고 기다린다. 귀부병균은 포도를 마르게 해서, 포도즙의 당도가 아주 농축되게 만든다. 양조 과정은 드라이한 화이트와인과 동일하다. 그러나 당도가 높은 환경에서 효모는 느리게 작용하고 발효는 며칠 만에 멈춘다. 발효가 멈춰 당분의 일정 부분이 알코올로 변하지 않아 이 달콤한 맛이 나는 것이다. 이러한 과정이 소테른Sauternes, 독일의 트로켄베렌아우스레제Trockenbeerenauslese, 토카이tokaj와 신세계의 여러 와인들 같은 최고의 달콤한 와인을 만든다. 또는 포도를 체에 넣어 햇볕에 말린 것을 사용

할 수도 있다. 뱅 드 파유vin de paille와 이탈리아 비노산토vino santo가 이 경우에 해당한다.

로제와인 양조

로제와인을 만드는 방법에는 세 가지가 있다. 직접 착즙pressurage direct 방법, 단기 침출saignée 방법, 블렌딩assemblage 방법(AOP급 와인 중에서 샹파뉴만 해당됨). 직접적인 압착에 의한 방법은 색깔이 옅고 섬세한 와인을 만들고, 단기 침출에 의한 방법은 짜임새 있고 좀 더 와인다운 맛이 있는 와인을 만든다. 예외적인 경우를 제외하고, 로제와인은 당해 혹은 병입 후 2년 이내에 마신다. 로제와인의 맛과 향은 대부분의 경우 화이트와인과 유사하다.

직접 착즙 방법. 색을 띠는 성분이 풍부하고 충분히 성숙한 포도로 만들어지는 몇몇의 로제와인은 수확 후 직접 압착으로 얻을 수 있다. 로제 당주rosé d'Anjou와 투랜Tourraine의 경우가 그러하다. 포도즙은 화이트와인 양조 기술을 동일하게 적용한다. 진한 색상을 얻기 위해서 압착하기 전에 가벼운 침용이 필요하다. 색이 옅은 로제와인vin gris은 동일한 방법이지만 그르나슈 그리grenache gris처럼 색을 별로 띠지 않는 포도로 만든다. 이 경우에는 포도 껍질을 포도즙 안에 방치해 두어도, 와인의 색깔이 옅다.

단기 침출 방법. 레드와인 양조 탱크에 준비된 짧은 시간 동안 침용을 시킨 포도즙 중 일부를 에쿨라주écoulage 방법을 이용해 특정 비율로 추출한다. (다시 새로운 탱크에 채워 넣기 전에) 대부분의 로제와인은 이 방식으로 만들어진다. 아직 발효를 시작하지 않은 단기 침출된 포도즙은 화이트와인과 동일한 방법으로 양조된다.

블렌딩 방법. 샹파뉴에만 허용된 방법으로, 2차 발효 전에 화이트와인에 레드와인을 일정 비율 첨가하는 것이다. 대략 95%의 로제 샴페인이 이 방법으로 만들어진다.

진실 혹은 거짓?

화이트와인과 레드와인을 섞어서 로제 와인을 만들 수 있다.

진실 프랑스에서는 단지 샹파뉴만 이렇게 만들 수 있다(아래쪽 참조). 다른 나라에서는, 저급 와인을 만들 때 이러한 블렌딩이 허용된다.

유용한 정보

뱅 드 파유(vin de paille)는 4년에 걸쳐서 양조될 수 있다. 쥐라Jura 지방에서 생산되는 매우 독특한 이 와인은 10월부터 1월까지 '파유(밀짚, 오늘날에는 주로 체를 사용)'에 널어둔 포도로 만드는데, 이 과정을 통해 포도가 건조되어 더 풍부하고 농축된 포도즙을 얻을 수 있다. 일반적으로 100킬로그램의 포도로 70~75리터의 포도즙을 얻을 수 있는데, 뱅 드 파유의 경우는 단지 20~25리터밖에 얻을 수 없다. 조그만 오크통에서 실시되는 발효는 매우 느리게 진행되어 4년이 걸릴 수도 있다. 한정된 수량의 이 와인은 호박(보석) 빛깔의 색과 호두의 향을 머금은 달콤하고 풍부한 맛을 낸다.

레드와인 양조

레드와인 만들기가 화이트와인 만들기보다 더 쉽다.
와인 메이커의 작업은 원칙적으로 매우 단순한 자연적 과정의 전개를 인도하는 것이다.
그렇기는 하지만, 최고급 레드와인 양조는 세심한 정성과 큰 재능을 요구한다.

기초 원칙

화이트와인과 동일하게, 양조는 달콤한 포도즙을 알코올로 바꾸는 것이다. 레드와인 양조의 특징은 침용에 있다. 이 과정 중에 껍질이나 씨처럼 포도의 고체 부분에 함유된 색을 띤 물질, 탄닌 그리고 향을 구성하는 여러가지 요소들이 작용하여 포도즙에 녹아 색깔과 특성을 준다. 품종, 기후, 지역적 전통이 다르더라도, 적용되는 기술들은 모두 이 동일한 원칙을 따른다.

전통적인 침용

여기에 설명된 과정은 프랑스뿐만 아니라 다른 나라에서도 거의 비슷하게 사용된다. 레드와인 양조용 포도는 우선 으깨져 터지면서 포도즙을 방출하고 포도송이의 줄기에서 포도알이 분리된다. 이어서 포도즙과 으깨진 포도의 과즙이 남아 있는 덩어리를 오크통이나 온도 조절이 가능한 스테인리스 탱크로 옮긴다. 침용과 발효에 관련이 있는 포도의 발효 공정

> **장시간의 침용은 와인에 색깔과 탄닌의 구조를 주지만,** 고체 부분에 포함된 물질들의 과도한 추출은 종종 그다지 유쾌하지 않은 식물의 향을 두드러지게 만든다.

인 퀴베종cuvaison의 지속 시간은 만들고자 하는 와인 스타일에 따라서 며칠에서 3주까지 지속될 수 있다.

샤포chapeau의 형성. 포도즙이 탱크에 들어가면, 포도 안의 고체 물질들이 위로 떠올라 덩어리가 되어 '샤포(일종의 찌꺼기)' 또는 '마르 드 가토marc de gâteau'를 형성한다. 점진적으로, 색을 가진 물질들과 샤포를 구성하는 모든 요소들이 포도즙 안에 녹아든다. '추출'이라 불리는 이 과정은 발효에 의해 발생하는 열에 의해 촉진되고, 와인 메이커는 30도 정도에서 온도를 제한한다.

피자주pigeage, 르몽타주remontage 또는 스크루 탱크의 사용. 몇몇 기술들은 필요한 경우 추출을 쉽게 해줄 수 있다. 피자주는 나무 막대기나 발이 달린 수력 기중기를 이용해서 찌꺼기 막(샤포)을 깨는 것이다. 르몽타주는 찌꺼기 막을 포도즙 속으로 밀어 넣어 잠기게 하고 천천히 탱크 아래쪽에 있는 포도즙을 퍼올려서 샤포를 적셔준다. 이 고체로 이루어진 부분을 액체 속으로 밀어 넣는 스크루가 장착된 탱크가 있다. 색소와 향을 과하지 않게 추출해야 하기 때문에 어떤 방법이든 작업은 섬세하게 이루어져야 한다.

침용 지속시간. 그해 마시는 신선 와인을 만들기 위해서는, 고체를 형성하는 부분의 여러가지 물질들을 부분적으로 한 번 추출하는 것이 필요하다. 왜냐하면 1차적인 향을 두드러지게 해야 하기 때문이다(p.211 참조). 침용 탱크에서 보내는 시간은 상당히 짧다. 반면에, 좀 더 짜임새가 있는 와인은 최대한의 추출 결과를 얻기 위해 포도알을 한 달 혹은 그 이상 침용시킨다. 탄닌이 풍부한 상태로 와인을 마실 수 있도록 하기 위해서는 상당 기간을 장기 숙성해야 한다.

> 마고Margaux 아펠라시옹의
샤토 라스콩브Lascombes
에서의 포도 으깨기

진실 혹은 거짓?

와인 메이커는 끊임없이 온도계를 주시한다.

진실 발효 기간 동안 온도를 살피는 것은 매우 중요한 일이다. 그렇게 하는 것은 사실 포도즙을 원하는 온도로 유지하게 하고 필요하다면 냉각 시스템을 연동시키는 데 용이하기 때문이다. 24도의 저온 발효 시, 섬세하고 과일스러운 특징들이 살아 있는 와인이 만들어진다. 비록 진짜 짧은 시간 동안이지만 더 높은 온도인 30~36도의 발효 시, 가장 진한 색상과 향과 맛의 강렬한 와인을 얻을 수 있다.

탄산에 의한 침용

앞에 나온 침용과 탄산에 의한 침용의 주된 차이점은 으깬 포도를 사용하는지 여부에 달려 있다. 보졸레 지방에 널리 퍼져 있는 방법으로는 포도를 송이째 밀폐된 탱크 안에 탄산가스와 함께 채우는 것이 있다. 가스의 작용으로 '세포 내 발효fermentation intercellulaire'라 불리는 독특한 현상이 발생된다. 이 현상은 으깨지지 않은 포도알 내부에 적은 양

> 양조 중의 옮겨 넣기,
수티라주soustirage

> 숙성 기간 중에도
수티라주를 실시한다.

의 알코올이 생성되고 사과산의 감소가 일어나게 한다. 이 발효는 특유의 향이 나는 물질의 생성을 동반한다. 4~6일 정도의 짧은 발효 공정은 와인에 즉각적인 부드러움과 꽃의 향을 제공한다. 그리고 나서, 탄산가스는 배출되고 일반적으로 알코올 발효가 뒤따른다.

탄산에 의한 침용은 보졸레 누보와 같이, 양조되고 얼마되지 않아 상품으로 팔리는 가메Gamay 품종으로 만든 와인에서 진가를 발휘하는데 최근 들어 특히 지중해 주변의 포도원들에서 더 부드러운 와인을 생산하기 위해 전통적인 침용 과정을 거친 와인과 블렌딩하는 특정 품종에 매우 광범위하게 사용된다.

에쿨라주(écoulage)와 압착

어떤 침용 방법을 적용하였건 간에, 어느 시점엔가는 탱크 안의 액체로 된 부분을 회수해야 한다. 와인 메이커가 최적화된 침용 지속시간을 결정할 때, 발효가 이루어졌건 이루어지지 않았건, 반드시 에쿨라주를 해야 한다. 액체를 흐르게 하기 위해서 탱크 하단에 있는 수도꼭지를 개방하면 마침내 수확에서 온 고체 성분이 분리된다. 이 과정은 침용 단계를 끝나게 한다.

뱅 드 구트vin de goutte**와 뱅 드 프레스**vin de presse**.** 에쿨라주를 통해서 얻은 포도즙은 와인의 가장 섬세하고 고귀한 부분인데 이것을 '뱅 드 구트'라고 부른다. 그리고 나서, 남아 있는 포도즙을 추출하기 위해 여전히 액체를 지니고 있는 고체 성분인 찌꺼기와 리lies를 압착하는데 이렇게 얻은 와인을 '뱅 드 프레스'라고 한다. 탱크 한 개 전체 부피의 8~15% 정도를 차지한다. 다음 단계에서는 여러 판단 기준, 특히 맛과 관련된 기준에 따라 뱅 드 구트와 필연적으로 블렌딩된다.

마지막 발효. 뱅 드 구트와 뱅 드 프레스는 구분된 탱크에 담는다. 이때, 와인 메이커는 알코올 도수와 산도를 알기 위해 와인에 대한 완벽한 분석을 한다. 에쿨라주를 실시할 때, 발효가 완전히 끝나지 않았으면 이때 발효를 마무리짓는다. 모든 경우에서 젖산 발효는 알코올 발효의 뒤를 잇는다(p.61 참조). 숙성 과정 중에 와인은 정제된다(p.76 참조).

'차고에서 만든' 와인

'차고에서 만든(de garage)'이라는 명칭과 관련해서 공식적인 것은 아무 것도 없지만, 가정집의 차고에 들어갈 만한 작은 탱크로 만든 적은 생산량과 관련이 있는 말이다. 작은 포도원에서 완벽하게 성숙한 포도를 선별해 의도적으로 수확량을 줄여 만든 와인이다.

비싼 와인을 선호하는 유행과는 별개로 이 '차고에서 만든' 와인은 매우 뛰어난 와인으로, 생테밀리옹이나 메독 지역 혹은 다른 나라들에서 생산된다.

양조는 수작업으로 포도알을 따고, 피자주를 포함한 장기간의 침용, 젖산 발효와 19~24개월간의 숙성을 위해 새 오크통을 사용하는 등 세심한 정성이 요구된다.

스파클링 와인 양조

모든 발효는 위로 떠오르는 기포를 만드는 탄산가스를 생성시킨다.
저항성 있는 용기에 갇힌 이 가스는 와인의 발포성을 만든다. 샴페인과 대부분의 스파클링 와인은
몇가지 변종이 있는 이 원칙을 따라 얻어진다.

기초 원칙

선조들의 방법. 역사적으로 스파클링 와인은 '조상들의', '시골의', '디식Die' 또는 '가이악식Gaillac' 방법으로 얻었다.

이 방법은 아직도 디Die, 리무Limoux, 가이악 지역 등에서 몇몇 생산자들이 사용한다. 이 방법은 모든 당분이 아직 알코올로 변하기 전에 발효 중인 와인을 병입한다. 이는 아주 섬세한 방법으로, 밀봉 후 가스의 압력으로 터지는 병들이 발생한다. 지하 저장소에서 1년 숙성한 후, 침전물은 제거되거나 방치된다. 이렇게 만들어진 와인은 일반적으로 AOP급이다. 디에서 만드는 '전통 클레레트 드 디Clairette de Die Tradition'(뮈스카muscat로 만듦), 리무에서 만드는 '선조들 방식의 리무 블랑케트Blanquette de Limoux Méthode ancestrale', 가이악에서 만드는 '가이악 방식의 가이악Gaillac Méthode gaillacoise'(이 두 가지는 모작mauzac으로 만듦)이 여기에 속한다.

샹파뉴 방법. 이후에 샹파뉴 지방 사람들은 '전통적인 방법'이라고도 불리는 '샹파뉴 방법'을 개발했다. 앞에 나온 방법보다 좀 더 확실한

> **스파클링 와인의 양조는
> 항상 같은 원칙을 따르는데,**
> 발효에서 발생하는 탄산가스가
> 새지 않고 와인에 녹을 수 있도록
> 밀폐된 병(혹은 탱크) 안에서
> 발효시키는 것이다.

이 방법은 포도즙을 탱크에서 발효시켜 알코올 도수 9~9.5도의 기포가 없는 1차 화이트와인을 만들고 밀봉된 병 안에서 설탕과 효모를 첨가하여 2차 발효를 일으킨다. 오늘날 이 방법은 루아르강 주변(부브래Vouvray, 소뮈르Saumur, 크레망 드 루아르Crémant de Loire, 부르고뉴(크레망 드 부르고뉴Crémant de Bourgogne), 보르도(크레망 드 보르도Crémant de Bordeaux), 알자스(크레망 달자스Crémant d'Alsace), 론(클레레트 드 디, 생페레 무쇠Saint-Péray mousseux), 지중해(크레망 드 리무Crémant de Limoux) 등 여러 지역에서 이용된다. 전 세계적으로는 여러 스파클링 중에 가장 잘 알려진 스페인의 카바Cava를 비롯한 신세계의 최고급 스파클링 와인의 생산에 이 방법이 사용된다. 독일의 젝트Sekt와 이탈리아의 프로세코Prosecco는 내부 기압을 유지시킨 밀폐된 금속 탱크에서 2차 발효를 시키는 방법을 사용한다.

수확에서 블렌딩까지

샹파뉴 생산의 복잡한 단계(이는 각 생산자들의 비밀이다)는 다른 와

> 아이Ay에 위치한
루이 로드레Louis Roederer의
전통적인 압착기

> 루아르강 주변의 샤토
몽콩투르Château Moncontour의
기계식 르뮈아주,
지로팔레트gyropalette

인들과 구별되는 요소이다. 포도 품종의 선택이 필수
적이다. 레드와인용 품종(피노 누아와 피노 뫼니에),
화이트와인용 품종(샤르도네, 아르반arbane, 프티 멜리
에petit meslier와 피노 블랑)들로, 한정된 재배 지역에서
최대 수확량 허용치가 정해져 있다.

압착과 발효. 포도껍질과의 접촉에서 오는 탄닌과 색
깔을 방지하여 깨끗한 포도즙을 얻기 위해 수확 후 빠
르게 그리고 엄격하게 압착을 실시한다. 1차 발효는 오크통에서 하기
도 하지만 스테인리스 탱크에서 하는 게 일반적이다.

블렌딩. 이후 블렌딩이 실시된다. 양조 관련 책임자는 여러 군데에
서 온 탱크 속 와인의 시음을 통해 포도 품종이 다른 테루아를 맛본
다. 블렌딩의 목표는 매년 같은 수준의 품질과 같은 맛을 만들고 브
랜드의 특성이 잘 드러나는 와인을 만드는 것이다. '레제르브 와인vin
de reserve'이라 불리는 이전 년도의 와인들은 제조년도가 없는 와인 생
산에 사용된다.

2차 발효

기포 생성. 블렌딩이 되고 나면, 설탕과 효모의 혼합물인 '리쾨르 드
티라주liqueur de tirage'를 두꺼운 유리병에 병입하고 금속 캡슐, 혹은 드
물게는 코르크 마개로 밀봉한다. 이 병들은 저장소의 가장 어둡고 시
원한 곳에 수평으로 눕혀 보관된다. 2차 발효가 시작되고, 탄산가스
가 발생하는데 이것이 '기포 생성prise de mousse'이다. 이 과정은 대략 한
달 정도 지속된다.

르뮈아주remuage. 이렇게 병입된 와인은 샹파뉴 지역만의 독특한 석회
동굴 저장소 혹은 냉장 창고에 보관된다. 리쾨르 드 티라주를 섞은 후
최소한 15개월, 제조년도가 있는 와인은 3년간을 법적으로 반드시 해
야 하는 숙성은 병 하단에 죽은 효모의 찌꺼기를 남긴다. 이 찌꺼기
를 제거하기 위해서 경사진 와인 걸개(퓌피트르pupitre)에 병을 꽂는다.
2~3개월 동안, 점차적으로 병의 기울어진 각도가 가파르게 되고, '르
뮈에르remueur'라고 불리는 병돌리기 전문가가 한 번에 두 병씩 회전시
킨다. 오늘날 대부분의 샹파뉴 병들은 '지로팔레트gyropalette'라 불리는
기계에 의해 대량으로 회전된다.

데고르주망(dégorgement)에서
부샤주(bouchage)까지

다음 단계는 병목에 모여 있는 찌꺼기를 배출하는 것으로 이를 '데고
르주망'이라고 한다. 병목을 차가운 액체에 담가 이 찌꺼기들을 얼게
만든다. 그리고 나서 병을 개봉하면 탄산가스의 압력에 의해 얼린 찌
꺼기가 배출된다. 이 찌꺼기가 빠져나간 빈 자리를 샹파뉴와 설탕을
섞어 만든 '리쾨르 덱스페디시옹liqueur d'expédition'으로 보충한다. '도자
주dosage'라 불리는 이 단계는 결과물로 나올 샹파뉴의 성격 —달지 않
은, 단맛이 아예 없는, 새콤한, 약간의 당도가 있는, 달콤한— 등을 결
정 짓는다. '부샤주bouchage'할 때, 코르크로 만든 마개를 꽂고, 금속으
로 된 얇은 마개로 지탱시킨다. 일반적으로 이 샹파뉴들은 바로 판매
하지는 않고 리쾨르 덱스페디시옹이 병 안에 있는 원액과 잘 융합될
수 있도록 생산자가 몇 주가량 보관 후 판매한다. 마지막 단계에서 설
탕을 조금도 첨가하지 않은 샹파뉴도 있다.

주정강화 와인 양조

주정강화 와인은 종종 당도가 높기도 하지만, 언제나 알코올 도수가 높고 향이 풍부하다.
이 양조법은 뮈타주(mutage) 혹은 주정강화(fortification)라고 불리는 알코올의 첨가를 특징으로 한다.
이 작업은 발효 중에 일어나는데, 효모의 활동이 멈춰 포도에서 온 당분의 일부분이 남게 된다.
이 과정이 발효가 끝난 후에 일어나면 드라이한 주정강화 와인이 된다.

기초 원칙

주정강화 와인도 다른 와인들처럼 만들어지지만, 차이점은 증류주 형태의 알코올을 첨가한다는 것이다. 헤레스(셰리)xérès, 포르토(포트)porto, 마데르(마데이라)madère, 리브잘트Rivesaltes, 바닐스Banyuls와 같은 프랑스의 뱅 두 나튀렐vin doux naturel, 시칠리아의 마르살라marsala, 호주의 뮈스카muscat 등이 주정강화 와인의 예이다. 이것들의 차이는 어떤 품종으로 만들었는지, 언제 알코올을 첨가했는지, 얼마만큼의 알코올이 첨가되었는지, 어떤 숙성 기술이 적용되었는지에 있다. 주정강화에는 크게 두 가지 방법이 있는데, 포트와인처럼 발효 중에 알코올을 넣거나 셰리처럼 발효 후에 넣는 것이다. 주정강화는 맨 처음 운반을 위해 실시했는데, 운송 도중 오크통 안에서 발효가 재개되어 와인을 망가트리는 등, 예상치 못한 발효 과정을 제어하기 위해서였다. 후에 이 방식은 관습화 되어 와인의 한 장르가 되었다.

> 주정강화는 와인이 만들어진 품종 고유의 향을 두드러지게 한다.
> 사용한 증류주의 종류, 숙성 방법과 기간에 따라 매우 다른 스타일의 와인을 얻을 수 있다.

포트와인(Porto)

포트와인은 포르투갈 북부의 도루Douro강 주변 지역에서 생산된다. 대부분의 와이너리에서 포트와인은 최신 기술로 양조된다. 포도송이에서 분리된 후 으깨진 포도알은 발효시킬 탱크로 옮겨진다. 그 안에 달린 거대한 북 혹은 다른 장비가 회전 동작이나 기계식 피자주에 의해 포도즙과 껍질을 섞는다. 목표는 짧은 시간에 최대한의 색소와 포도 껍질에 있는 맛을 추출하기 위해서이다. 포도를 밟는 더 전통적인 방법과 마찬가지로, 와인 메이커는 알코올을 첨가하여 발효를 멈추게 한다.

증류주 첨가. 포도즙이 원하는 알코올 도수(대략 9도)에 도달할 때, 이 새 와인을 오크통이나 탱크로 옮기고 여기에 포도로 만든 증류주인 아구아르디엔테aguardiente를 첨가한다. 와인의 25%에 해당하는 알코올을 섞으면 포트와인의 알코올 도수인 18~20도에 다다를 때 효모의 활동이 멈춘다. 알코올로 바뀌지 않은 당분은 와인 안에 남아 포트와인이 된다. 얻어진 결과는 처음에는 레드와인 치고도 진한 붉은 빛깔, 기분 좋은 달콤함과 진한 알코올의 맛을 가진 와인이 나온다. 화이트 포트와인도 있다. 포트와인의 경우, 첨가한 알코올이 와인 안에 녹아드는 시간이 필요하다. 양조 후 첫 번째 봄이 되면, 와인 메이커는 와인을 시음한 후, 여러 가지 스타일의 포트와인이 갖는 숙성 방법 중 어떤 것을 적용할지 결정하면서 품질에 따라 등급을 정한다.

헤레스(셰리)(Xérès)

스페인 남부 안달루시아 태생의 화이트와인으로, 알코올 발효가 끝난 후 주정강화를 한다. 팔로미노palomino 품종으로 양조되어, 만들어진 새 술을 커다란 오크통에 옮기되 완전히 통을 채우지 않는다. 몇 개월 후, '플로르flor'라고 불리는 독특한 곰팡이가 핀다(비슷한 현상을 쥐라 지방의 뱅존vin jaune에서도 볼 수 있는데, 뱅존은 주정강화를 하지 않는다). 셰리는 스타일에 따라 포도 증류주를 첨가해 주정강화를 한다. 플로르가 핀 피노fino는 조금(15.5도까지), 플로르가 충분히 번식하지 않은 오크통에서 온 올로로소oloroso는 조금 더(18도까지) 첨가한다. 그 후 와인은 3~4층으로 쌓은 오크통으로 이루어진 솔레라soleras 시스템에 따라 숙성되는데, 가

> 포트와인 저장소에서 와인 메이커가 스포이드를 이용해 와인을 채취하고 있다.

> 스페인의 보데가 곤잘레스 비아스Bodega González Byass 저장소의 셰리 오크통

장 아래층이 가장 오래된 와인을 보관하고 있다(p.77 참조). 이렇게 하여 서로 다른 나이와 숙성을 지닌 와인이 탄생한다. 각 셰리는 다른 숙성 기간과 다른 오크통의 와인을 담고 있다. 달콤한 셰리도 가능한데, 이것은 페드로 히메네즈pedro ximenez 품종으로 만든 매우 달콤한 와인과의 블렌딩을 통해 만든다.

프랑스의 뱅 두 나튀렐
(Vins doux naturels français)

뱅 두 나튀렐은 여러 색깔이 존재하고, 다른 숙성 과정을 따르는데 이것을 통해 각 스타일이 만들어진다(p.160~161 참조). 특히 루시용Roussillon과 랑그독Languedoc(바닐스Banyuls, 리브잘트Rivesaltes, 모리Maury, 루시용, 뮈스카 드 미르발muscat de Mireval, 드 리브잘트de Rivesaltes, 드 생 장 드 미네르부아de Saint-Jean-de-Minervois, 드 뤼넬de Lunel, 드 프롱티냥de Frontignan), 그리고 론 지방(뮈스카 드 봄 드 브니즈muscat de Beaumes-de-Venise, 라스토Rasteau)와 코르시카Corse(뮈스카 뒤 캅 콕스muscat du Cap-Corse)에서 소량 생산한다. 이 와인들은 알코올 도수 96도의 증류주를 포도즙의

5~10% 정도 발효 중에 첨가한다. 일반적으로 이렇게 하면 최종 생산물은 15.2~17도의 알코올 도수를 갖는다.

레드와인을 만들 때는 발효 중인 포도즙에 증류주를 넣기 전에 짧은 침용 기간(2~3일)을 가진다. 하지만, 바닐스와 모리는 포도의 고체 부분(껍질, 씨 등)이 만드는 찌꺼기 마르marc에 주정강화 작업을 한다. 이 찌꺼기 알코올 믹스는 10~15일간 숙성을 함으로 향, 탄닌, 색소가 더 풍부한 와인을 만든다. 다른 화이트와인이나 뮈스카로 만드는 화이트와인은 일반적인 화이트와인 양조 과정을 따른 뒤, 알코올 발효 중에 주정강화를 한다.

뱅 드 리쾨르(Vin de liqueur)

뱅 두 나튀렐에 비해 뱅 드 리쾨르의 생산량은 매우 한정적이다. 알코올 도수는 16~22도 정도이다. 이 와인들은 포도즙, 중성 알코올, 포도 증류주, 농축 포도즙 혹은 이것들의 혼합을 발효 전에 첨가한다. 한 와이너리에서 수확한 포도즙에 피노 데 샤랑트Pineau des Charentes는 그 와이너리의 코냑cognac을, 플록 드 가스코뉴Floc de Gascogne는 그 와이너리의 아르마냑armagnac을, 마크뱅 뒤 쥐라Macvin du Jura는 찌꺼기marc를 첨가한다.

> 모리와 같은 몇몇 와인들은 유리병에 담아 실외에서 숙성시킨다.

숙성의 기술

엄격한 의미에서의 양조는 포도즙이 발효에 의해서 와인으로 바뀔 때까지다.
그런 다음 숙성이 시작되어 병입하는 순간에 숙성은 끝이 난다.

숙성의 목표와 지속 기간

'숙성'이라는 용어는 와인의 품질을 가다듬고 발전시키기 위해 필요하지만 천천히 진행되는 작업을 의미한다. 와인을 숙성하는 데 있어, 숙성 책임자는 두 가지 목표를 좇는다. 첫째, 기술적 측면에서 와인을 정제한다. 둘째, 감각적 측면에서 와인이 완벽하게 익는 것을 기다림과 동시에 새로운 향을 얻는다.

신선 와인, 즉 '프리뫼르primeur' 와인의 경우 숙성 기간이 짧게는 며칠에서 길게는 몇 주 정도로 대체로 짧은 편이다. 대부분의 경우, 몇 달 동안 지속되지는 않는다. 반면에, 생산연도가 없는 샹파뉴는 최소한 18개월, 생산연도 표기가 있는 것은 3년을 숙성해야 한다. 화이트이건 레드이건 최고급 장기 숙성형 와인들은(예를 들면 보르도 그랑 크뤼, 부르고뉴, 론) 대개 12~18개월 동안 숙성하고, 어떤 포트나 셰리는 5년 이상 하기도 한다. 와인의 스타일이나 와인 메이커가 추구하는 바에 따라, 저장소에서 다양한 용량의 오크통이나 유리병 안에서 숙성이 된다. 최근 몇십 년 동안, 작은 오크통에서 숙성하는 것이 다시 유행처럼 번졌는데, 특히 최고급 와인을 위해 새 오크통을 사용하는 경우가 늘었다(p.80-81 참조). 후에 이 방식은 관습화되어 와인의 한 장르가 되었다.

> 숙성은 만들고자 하는 와인에 따라 기간이 달라진다.
> 신선 와인 즉, 프리뫼르 와인은 발효 직후 병입되지만, 장기숙성형 레드와인은 6~18개월, 종종 24개월까지 숙성시킨다.

> 보르도의 와이너리 와인 저장고에 있는 새 오크통

와인의 정제

양조 이후, 와인 안에 떠다니는 작은 포도 입자들, 효모, 박테리아 때문에 와인이 뿌옇게 된다. 잔류 당분과 만나 새로운 발효를 일으킬 가능성이 있는 이 찌꺼기들은 일반적으로 전부 또는 일부를 제거한다. 수티라주soutirage, 콜라주collage, 필트라주filtrage 등이 가장 널리 퍼져 있는 방법이지만, 와인을 회전 탱크에 넣어 고체 성분이 벽에 붙게 하는 원심 분리centrifugation나 고온으로 짧은 시간 가열하는 저온 살균pasteurisation 등의 방법도 있다.

수티라주(soutirage). 가장 빈번하게 사용되는 방법이다. 일반적으로 고급 와인에 사용되고, 병입 전에 필터링을 실시해 보완한다. 수티라주는 하나의 용기에서 다른 용기로 옮기는 디캔팅이다. 이 작업은 오크통이나 탱크 하단에 쌓여 있는 찌꺼기lies를 제거하고, 와인을 공기와 접촉하게 하고 와인을 부드럽게 만들어준다(p.66 참조). 게다가 발효 중에 생성된 탄산가스를 배출하게 해준다. 와인이 장시간 동안 오크통이나 탱크에 보관될 때, 일 년에 2~4회 수티라주를 실시한다. 숙성 기간이 짧거나 혹은 콜라주를 실시한 이후에는 수티라주의 빈도가 더 높아진다.

콜라주(collage). 수티라주를 사전에 실시했건 안 했건, 이 방법은 주로 병입 전에 사용된다. 콜로이드성 플로큐레이션 현상floculation colloïdale을 이용한다. 과거에는 접착제colle라고 불렸던 정화제가 와인과 접촉하여 미세 불순물들을 침전물로 가라앉혔다. 연속적인 수티라주를 통해 용기 바닥에 떨어진 침전물을 걷어내기만 하면 된다. 레드와인을 위한 최고의 접착제는 거품 낸 달걀흰자이고(작은 오크통 1개당 달걀 6개), 화이트와인은 카제인(1헥토리터당 10~20그램)이다. 콜라주 이후에, 레드와인은 탄닌에서 오는 거칠거칠함이 없어지고, 섬세함과 부드러움이 생긴다.

필트라주(filtrage). 이 작업은 종종 숙성 기간 중에 수티라주를 보완한다. 하지만 대부분의 경우, 필터링은 병입 직전에 실시한다. 여기에 사용되는 판 여과기 또는 막 여과기는 크기가 다른 구멍이 있다. 이 구멍이 아주 작을 경우(1/1000 밀리미터 이하), 와인의 찌꺼기가 여과될 뿐만 아니라 박테리아도 이 구멍을 통과하지 못하여 살균된다.

쉬르리(sur lie) 숙성의 경우

찌꺼기lies가 숙성 과정 중에 제거되지 않을 때, 이는 쉬르리 숙성élevage sur lie과 관련이 있다. 낭트Nantes 지방의 몇몇 뮈스카데muscadet는 이런 방법으로 숙성하는데, 청량감을 가져다주는 탄산가스를 약간 남기기 위해서이다. 마찬가지로 보르도(p.69 '차고에서 만든' 와인 참조), 폐삭

> 유명한 부르고뉴의 부샤르
페르 에 피스Bouchard Père & Fils
와인을 숙성 하는 샤토 드
본Château de Beaune 저장소

레오냥Pessac-Léognan 화이트 혹은 부르고뉴의 고급 화이트와인도 동일한 방법으로 숙성된다. 특히 부르고뉴에서는 탱크나 오크통 바닥에 쌓여 있는 죽은 효모를 부유물로 뜨게 하는 바토나주bâtonnage까지 실행한다. 이 침전물들을 막대기bâton, 또는 대용량의 경우라면 기계를 이용하여 젓는 것이다. 목표는 고체 부분과 액체 부분 사이의 작용을 촉진시켜 와인이 더 복합적이고 부드럽고 매끄러운 질감을 갖게 하는 것이다. 1회의 콜라주와 1회의 약한 필터링이 병입 전에 실시된다.

위생 문제

과거에는 잘 이해하지 못했던 산화 작용과 세균 번식, 안 좋은 위생 상태로 인해 수많은 와인이 변질되었다. 오늘날 와인 메이커는 저장 공간과 설비의 위생에 각별한 주의를 기울인다. 예를 들어 박테리아 감염 예방을 위해 정기적으로 탱크의 주석을 제거하고 청소한다. 가장 이상적인 오크통 살균법은 언제나 용기가 가득 차 있게 하는 것이다. 그렇지 못한 경우 대개 메샤주méchage를 실시하는데 밀폐하기 전에 빈 오크통 안에서 유황을 불태우는 것이다.

블렌딩, 임의적 선택 단계

어려운 기술인 블렌딩은 한 와이너리나 여러 와이너리의 한 가지 혹은 여러 가지 품종의 와인들을 조합하는 것이다. 이 와인들은 각기 다른 성격을 가지고 있다. 예를 들어 보르도에서는, 다른 포도밭에서 온 다른 포도 품종, 다른 나이의 포도나무, 다른 날짜에 수확한 포도들을 매칭한다. 오크통 숙성을 실시하는 지역들에서는, 지역 통제 규정상의 품종이나 지리적 요건을 준수하면서 어떤 오크통이 최종 블렌딩에 쓰일지 결정할 수 있다.

어느 단계에서? 몇몇 주정강화 와인처럼 다수의 화이트나 레드 와인의 블렌딩은 병입되기 이전 숙성 기간 중 어느 때건 일어날 수 있다. 샴페인은 발효를 갓 마쳐서 아직 숙성에 들어가기 전에 하는데, 때때로 50~60가지의 다른 퀴베cuvée(와인을 담은 통 단위)가 블렌딩되기도 한다.

보르도에서는 수확 이후 11월에서 3월 사이에 일부분이 블렌딩되지만 최종적인 블렌딩은 병입 바로 직전에 실시한다.

셰리의 경우. 셰리는 3~4층으로 쌓아올린 오크통 피라미드에서 숙성되는데, 가장 아래층의 오크통인 솔레라solera에 가장 오래된 와인이 담겨 있고, 상층부의 오크통 크리아데라criadera에 가장 어린 와인이 담겨 있다. 병입 시 단지 한 개의 솔레라에서 소량의 와인을 추출하고, 그 빈자리를 상층부의 좀 더 어린 와인으로 채워 넣고 동일한 방식으로 가장 위층까지 반복한다. 이 독특한 숙성 방식으로 인해, 각각의 병들은 여러 솔레라의 와인을 담고 있지만, 사실 하나의 솔레라 안에도 숙성 기간이 다른 여러 와인이 섞여 있다.

진실 혹은 거짓?

**마실 때까지
와인은 병에서도 계속
숙성된다.**

거짓 '와인 길들이기'라고도 불리는 숙성은 발효의 끝부터 병입될 때까지이다. 금속 탱크 혹은 오크통 안에서 이루어진다. 병입 후에는, 노화(vieillissement)가 그 뒤를 잇는다.

> 앙토나주(Entonnage)

> 수티라주(Soutirage)

> 바토나주(Bâtonnage)

와인에 공기가 통하게 하되 산화를 방지한다.

일반적으로 레드와인, 드물지만 어떤 화이트와인은 숙성 초기에 약간의 통풍을 필요로 한다. 수티라주 동안에 일어날 수도 있고, 오크통의 접합부를 통해 들어온 산소가 매우 느린 속도로 퍼질 수도 있고, 미크로뷜라주microbullage에 의할 수도 있다(하단 박스 안 참조). 하지만 이 산소와의 접촉은 최소한으로 국한되어야 한다. 증류주로 주정강화한 몇몇 희귀한 와인들을 제외하고(아래 참조), 와인 메이커는 와인과 공기와의 직접적이고 장기적인 접촉을 피해야 한다. 사실 산소는 와인을 식초로 바뀌게 만드는 초산균 같은 박테리아의 번식에 유리하게 작용한다. 게다가 산소는 산화작용에 의해 와인의 색깔과 맛을 변질시킨다. 이 난관을 피하기 위해, 와인 메이커는 일반적으로 황을 첨가하거나(아황산염처리sulfitage) 혹은 우이야주ouillage를 병행 실시한다.

우이야주(ouillage). 산화가 일어나는 것을 방지하기 위해, 와인을 담고 있는 용기는 내부에 공기 주머니가 생성되지 않게 완벽하게 가득 차 있어야 한다. 오크통이나 탱크 안에서 숙성 기간 중에 자연적으로 발생하는 액체의 증발은 저장소의 온도와 습도에 따라 속도가 달라진다. 이 손실을 보충하기 위해, '우이예트ouillette'라 불리는 큰 스포이드를 이용해서 정기적으로 용기를 가득 채우는 우이야주를 실시하여야 한다. 우이야주에 사용되는 와인은 숙성되는 와인과 동일한 와인이어야 하고 원산지 통제 명칭 대상 와인이라면 같은 생산지의 것이어야 한다. 프랑스에서는, 쥐라Jura 지방의 와인과 몇몇 뱅 두 나튀렐vin doux naturel만 유일하게 우이야주를 실시하지 않는 와인들이다. 와인은 증발에 의해서 양이 줄고 '부알voile'이라고 불리는 효모로 구성된 얇은 막이 표면에 형성된다. 천천히 진행되는 산화는 나중에 독특한 향을 만든다.

쉴피타주(sulfitage). 황은 양조와 숙성 중에 무수아황산(혹은 이산화황)의 형태로 사용된다. 항산화제이자 살균제로서, 적당량을 사용하면 특정 질병과 싸우고 와인을 보호하기 위한 도움을 주는 기적의 치료제이다. 불행하게도, 이산화황에는 많은 불편함이 있는데 와인을 혼탁하게 하는 제이철병casse ferrique과 동변casse cuivreuse 발생을 촉진시키고, 메르캅탄mercaptan, 리덕션 향odeur de reduction 그리고 다음의 박스 안에 나오는 여러 가지 문제점의 근원이다. 특히 정밀하게 최소한의 사용량을 지키지 않고 사용하는 경우, 어떤 사람에게는 두통과 신체적 불편을 유발할 수 있다. 이산화황의 사용은 유럽연합과 프랑스 법으로 규제되고 있어 화학자들은 대체품을 찾고 있다. 여러 제품과 엄격한 위생, 필터링 등으로 이산화황의 사용량을 줄였지만 지금까지도 그것을 대신할 수 있는 것을 찾지 못했다. 어떤 와인 메이커들은 황을 사용하지 않고 와인을 만드는 것을 시도하지만, 문제점이 없는 와인을 지속적으로 만드는 경우는 드물다(p.58 참조).

미크로뷜라주(Le microbullage)

산소 첨가(oxygénation)는 많은 기술을 요하고, 오크통에서 숙성되는 와인에 나타나는 '자연적인' 미량 산소 첨가 작용의 발생은 불확실하다. 더 이상 운에 맡기지 않고 미량의 산소 첨가량을 정하기 위해, 마디랑Madiran의 와인 메이커 파트릭 뒤쿠르노Patrick Ducournau는 새로운 장치를 마련했다. 실험실에서 쉽게 접할 수 있는 조그만 기계로 공기방울을 한 개 단위까지 조절 가능한 미세 기포 발생기를 탱크의 하단에 설치한 것이다. 이는 훌륭한 결과를 산출해서 이 시스템의 사용은 관계 당국의 승인을 받았다.

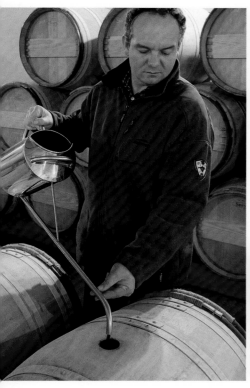

> 우이야주(Ouillage)

> 샘플 추출

> 오크통

와인의 결함

어떤 작업을 왜 해야 하는지 알고 하기 때문에, 과거처럼 단지 경험에 의지한 양조는 더 이상 하지 않는다. 이는 결함이 있는 와인이 드문 이유이다.

가벼운 결함. 황, 발효 가스, 리덕션 등의 옅은 향이다. 이러한 결함은 시간이 지남에 따라 상당수 약화된다. 이것을 감지했다면, 시음 시, 와인을 카라프(디캔터)에 옮기면서 와인이 산소와 접촉하게 '카라파주carafage'를 할 수 있다(p.193 참조). 리덕션 향은 장시간의 산소 결핍과 수티라주 미실시의 결과이다. 병입 전에 통풍을 시키면 발효 가스는 사라진다. 무수아황산으로 처리된 산화에 매우 민감한 화이트와인에 특히 많이 나타나는 황의 냄새는 잘못된 사용량 때문인데, 이는

점점 사라지는 추세이다. 그 밖에 동물적인 냄새도 언급할 수 있는데, 브렛 효모Brettanomyces의 작용에 의한 것이다. 과잉 사용시, 이 냄새는 매우 불쾌하다. 와인에 이러한 결함이 생길 경우 회복이 불가능하다.

중대한 결함. 큰 결함은 납득할 수도, 회복시킬 수도 없다. 메르캅탄mercaptan, 산화, 식초로의 변질 등이 그것이다. 메르캅탄은 황 찌꺼기에 대한 발효 효모의 반응에 의해 발생되는 썩은 달걀의 불쾌한 냄새이다. 부케bouquet의 손상으로 해석되는 산화는 숙성 중에 무수아황산의 불충분한 사용량과 장시간의 공기 접촉에 의해 발생한다. 초산균Acetobacter에 의해 와인이 식초로 변질된 것이다. 휘발성 산도가 일정 한계를 넘은 이러한 와인의 판매는 금지되어 있다.

뱅 두 나튀렐의 숙성

각각의 뱅 두 나튀렐의 특성은 특히 숙성 기간 중에 생겨난다. 크게 두 가지로 분류할 수 있다.

뮈스카(Les muscats). 이 와인들은 특유의 과일의 향을 살리기 위해 산화로부터 보호되어야 한다.

그 외. 리브잘트Rivasaltes, 모리Maury, 바뉠스Banyuls, 라스토Rasteau 등은 산화 현상이 중요한 역할을 담당하는 숙성 기간 후 절정에 도달한다. 이 와인들은 대부분 유리병이나 오크통에서 숙성된다. 점진적인 산화는 이 와인들을 완전히 변형시키면서 커피, 건자두, 카카오의 향이 나게 한다. 이런 와인들이 아주 오래 숙성되었을 때, '란시오rancio'라고 불리는 특성을 가지는데, 스페인어로 '산패한 냄새가 나는'이라는 의미다. 은은하게 푸른 기운이 도는 호박 빛깔을 띠며, 호두 껍질, 건포도, 건자두의 향이 짙게 난다.

유용한 정보

'유기농' 와인도 유황 성분을 포함하고 있다.
하지만 '유기농' 포도 재배 업무 지침서는 기존의 포도 재배보다
더 적은 양의 무수아황산 사용률을 부과한다.
하지만 몇몇 생산자들은 위험을 무릅쓰면서 완전히 황 사용을
중지했다. 황처리를 하지 않은 와인에는 두 가지 위험 요소가
있는데, 한 가지는 조로 혹은 화이트와인이 누런 빛을 띠면서
마데이라 와인의 맛이 생기는 마데이라 와인화이고
다른 한 가지는 장거리 운송, 빛, 열에 적합하지 않은
불안정성으로 재발효가 일어나게 하거나
와인을 '식초로 변질'시키는
무서운 질병에 걸리게 하는 것이다.

오크통 숙성의 역할

다른 여러 나라처럼 보르도나 부르고뉴에서는 레드와인을 위해서 그리고 종종 샤르도네로 만드는
화이트와인을 위해서 새 오크통을 사용한다. 오크통 안에서 와인은 스파이시하고 훈연한 향과 맛을 얻는다.
하지만 그 외에도 나무통에서 숙성시킬 만한 충분한 이유가 있다.

이미 오래된 열풍

나무통 숙성은 항상 장기 숙성형 와인과 관계가 있다. 보르도의 최고급 와이너리(라투르Latour, 오브리옹Haut-Brion 등)들의 와인은 숙성을 책임지는 도매상인들에게 팔렸고, 겨우 20세기에 들어와서야 '와이너리에서 직접 병입 mise au château'하는 것이 시작되었다. 1970년대부터 새 나무통의 사용이 일반화되었지만, 이미 18세기의 문헌에서도 이것과 관련된 기록들이 발견된다. '나무의 향boisé', 좀 더 정확히는 나무의 맛이 유행이 되었다. 이러한 나무향의 첨가는 유명한 미국인 소믈리에 로버트 파커Robert Parker가 유별나게 이 향을 좋아해 대중들에게 이것을 알리면서 더욱 유행하게 되었다. 그러나 와인 메이커들이 나무통에서 숙성시키고 싶게 하는 다른 이유들이 있다(후반부 참조).

나무통의 크기와 연령

'나무통fût'은 와인을 담기 위해 만들어진 모든 나무 용기의 일반화된 용어이다. 오늘날 가장 잘 알려진 것은 보르도의 바리크barrique(225리터)과 '피에스pièces'라고 불리는 부르고뉴의 큰 통(228리터)이다.

기준 크기. 경험에 의해 오크통의 이상적인 크기가 점진적으로 자리를 잡아갔다. 아무런 사전 협의가 없었지만, 평균 용량은 200~230리터이다. 보르도의 바리크가 마치 표준처럼 자리 잡았는데, 오크 향으로 인해 와인이 풍부해지기에 가장 적합한 나무의 접촉 면적을 제공한다. 더 작은 용량의 오크통은 와인과 나무의 접촉 면접의 비율이 더

> **오늘날, 그 어느 곳에서도
> 새 오크통에서 와인을 숙성시키지 않는
> 와인 생산 국가를 발견하기는 어렵다.**
> 비록 유행이 사라져가는 추세라 해도,
> 호주, 뉴질랜드, 캘리포니아를 포함한
> 많은 국가가 새 오크통을 사용한다.

높아지지만, 덜 경제적이다. 300~600리터에 달하는 가장 큰 용량의 오크통은 와인과 나무 사이의 이러한 작용이 줄어든다. 하지만 점점 더 많이 사용하는 추세이다.

새 오크통의 이점. 새 오크통은 가장 많은 양의 향을 구성하는 물질을 와인에 제공한다. 오크통이 1회의 수확에만 사용될 때, 탄닌과 주석산 알갱이 같은 와인에 포함된 다른 물질들이 오크통에 쌓인다(이럴 때 '한 번 사용한 오크통fût d'un vin'이라고 한다). 해가 거듭될수록, 오크통에서 나오는 성분들이 줄어든다. 주석 층의 두께가 두꺼워질수록, 오크의 효과는 줄어든다.

오크통의 재활용. '여러 와인을 담았던 오크통', 즉 더 이상 새것이 아닌 오크통은 더 이상 나무에서 오는 탄닌은 주지 않고, 오로지 서서히 산소만 첨가시켜 준다. 공기는 나무의 기공을 통해서가 아니라 사실 오크통의 주둥이와 군데군데의 연결 부분을 통해서 들어온다. 이 저속의 산화, 산소 첨가는 향이 녹아드는 것과 탄닌이 부드럽게 되는 것과 같이 와인의 숙성에 큰 도움을 준다. 바뉠스나 포트, 모리 같은 주정강화 와인에서 이러한 숙성은 '산패한 것 같은rancio' 향을 가져다준다.

유용한 정보

**와인에서 오크의 맛의 난다고 해서
반드시 오크통에서 숙성시킨 것은 아니다.**
스테인리스 탱크 안에 오크 톱밥을 우러나게 해서 이러한 향을 얻는 것이 가능하다. 생산비를 절감과 다른 나라와의 경쟁력 때문에, 2006년부터 프랑스는 오크 톱밥을 이용하는 것을 허가했다. 칠레나 호주 같은 신세계의 어떤 와이너리들은 오래전부터 이 방법을 사용해왔다. 유명한 그리스의 레치나Restina 와인에서 나는 송진의 맛은 알렙Alep 지방의 송진을 포도즙에 섞기 때문이다(p.539 참조).

> 알자스 대형 오크통의
> 조각 장식 밸브 잠금장치

얼마나 오랜 시간을 오크통 안에?

오크통 숙성 기간은 가변적인데, 보르도와 부르고뉴의 와인은 6~18개월, 스페인의 그랑 레제르바Gran Reserva의 경우는 2년 이상이다.
이 기간은 와인의 구조, '나무의 맛을 먹는' 능력과 뻣뻣해지는 현상에 견디는 능력 등에 따라 달라지는데, 오랜 시간 목재로 된 용기에 담겨 있으면, 부드러운 질감을 잃고, 와인이 뻣뻣해진다. 몇몇 와인 메이커들은 오크통에 넣기 전에 사전 필터링을 실시하여 찌꺼기가 오크통 내벽에 침착하는 것을 방지하여 와인과 나무의 접촉을 유리한 방향으로 가게 할 수 있다.

> 메르퀴레Mercurey에 있는 미셸 쥐요Michel Juillot의 와이너리에 있는 클로 데 바로Clos des Barraults 와인은 18개월 동안 오크통에서 숙성된다.

오크의 향

밤나무나 아카시아 나무로 만든 통이 드물게 있긴 하지만, 물리적 특성이나 와인에 전해주는 향으로 인해서 만장일치로 오크(떡갈나무, 참나무)로 만든 것을 선호한다. 오크는 와인에 송진을 포함한 다채로운 향을 주는 방향성 물질이 풍부하다. 현재 오크의 세포에는 18가지의 다른 페놀 성분을 포함하여 총 60가지 이상의 폴리페놀이 있음이 밝혀졌는데 그중 가장 중요한 것이 바닐린vanilline이다. 전문적인 시음가들은 나무의 원산지와 제작 방법을 통해서 바닐라 향을 넘어서 코코넛, 후추, 패랭이꽃, 훈연 향 등을 판별한다. 또한 오크는 포도의 껍질과 줄기에서 오는 '식물성 탄닌'과는 다른 종류의 탄닌을 와인에 가져다준다.

오크의 원산지

떡갈나무(오크)가 성숙해서 상품으로 팔리려면 100년 이상이 필요하다. 전 세계로 수출되는 오크통 제조자들의 꾸준한 증가 수요를 충족시키기 위해, 프랑스에서는 자국의 오크통만으로는 역부족이어서 공급선이 다변화되었다. 고품질인 폴란드, 슬로베니아, 크로아티아, 러시아산 오크의 도움을 받고 있다. 미국산 오크는 매혹적인 코코넛 향을 가져다준다. 미국산 오크통은 생산비용이 상대적으로 저렴하여 특정 스타일의 와인에 잘 맞는다.

적합한 오크의 선택. 오크통을 선택할 때, 와인 메이커는 항상 나무가 자란 곳과 수령을 염두에 둔다. 부피 생장을 하여 '입자가 굵은' 리무쟁Limousin 지방의 오크는 코냑과 같은 오드비eaux-de-vie 즉, 증류주에 잘 맞는 강한 탄닌의 까칠함과 단단함에 맞는 재료다. 숲에서 자란 꽃자루가 없는 유럽산 오크는 일반적으로 '입자가 고운' 그리고 좀 더 부드러운 탄닌을 가지는데, 이것은 지리적으로 어디에서 자랐느냐보다는 나무를 키운 방식이 더 중요하다는 것을 알려준다. 대기 중에서 장시간의 건조, 제작 과정에서의 가열한 방법 등도 역시 결과에 큰 영향을 미친다.

진실 혹은 거짓?

평범한 와인을 오크통에서 숙성시키면 특별해진다.
거짓 새 오크통에서의 숙성이 매력적으로 보일 수 있지만 만병통치약은 아니다. 보잘 것 없는 와인에 '개선제'로서 강한 오크 향을 불어넣어 상품으로 살려낼 수 있다고 믿는 것은 환상이자 착각이다. 경험상 와인과 오크와의 성공적인 시너지를 위해서는 와인 자체가 나무에 견딜 수 있어야 하고, 스스로도 존재할 수 있어야 하며, 튼튼한 골격이 있어야 한다. 와인의 특성을 덮는 것이 아니라, 오크는 조연으로서 단지 와인의 복합적인 향을 증가시키는 것이다.

오크통 제작

고대에 마스터한 오크통 제작자들의 정확한 작업 방법은 여러 세기가 지나는 동안 조금도 바뀌지 않은 채 계승되어 왔다. 몇몇 단계는 이제 기계의 도움을 받기도 하지만, 오크통 제작만은 수작업 영역에 남아 있다.

주요 과정

오크통은 언제나 '두엘douelles'이라 부르는 좁은 널빤지와 바닥으로 이루어져 있고, 금속 혹은 밤나무로 만든 링으로 고정된다. 제작을 위해 측정, 두엘의 마름질, 조립과 형태 만들기, 불에 그슬려 아치형으로 구부리기, 가장자리 제단, 바닥 준비, 바닥 만들기, 바닥 조립, 링 끼우기 마무리와 내구성 테스트 등의 여러 공정이 필요하다. 다음은 간략하게 설명한 주요 과정이다.

마름질. 첫 번째 작업은 나무의 모양을 만드는 것으로 두엘은 평균적으로 28~32개, 바닥은 12~16개를 만든다. 전통적으로는 손으로 하지만, 오늘날에는 일반적으로 기계를 사용한다.

형태 만들기. 오크통 제작자는 처음으로 통의 모양을 잡는데, '링 몰드'라고 불리는 가조립 링 안에 두엘을 한 개씩 집어넣는다. 그리고 나서 점진적으로 조여 나가고 균형을 잡는다.

> 오크통 제작자는
> 오크통을 재활용할 수 있다.
> 오크통을 분해해서 두엘의 표면을
> 긁어낸 후 재결합한다.
> 이렇게 만든 표면은 품질 면에서
> 새 오크통과 큰 차이가 없다.

불에 그슬려 아치형으로 구부리기. 일반적으로 가조립된 두엘 안에 위치시킨 작은 장작더미를 이용하여 실시한다. 이 작업은 오크통의 수명과 특히 관련이 있다. 원칙에 의해서 가열되지 않으면, 몇 년 사용 후 오크통의 가장 불룩한 부분의 두엘이 무너질 위험성이 있는데 나무가 계속적으로 움직이기 때문이다.

가장자리 제단과 링 끼우기. 가장자리 제단은 2개의 바닥면을 끼우기 위해 오크통의 양쪽 끝을 준비하는 것이다. 바닥이 끼워지면, 확정적으로 링을 끼우는 작업만 남는다.

마무리. 이제 오크통이 조립되었다. 마지막 마무리는 바닥과 모서리 연마, 마개 구멍 타공, 나무의 원산지와 가열한 수준 그리고 제작한 곳의 로고 새기기 등이다. 판매하기 전에 시각적 조화와 오크통의 촉감을 확인한다.

서명. 사용이 가능한 모든 오크통은 양쪽 바닥에 제작자의 서명이 들어간다. 모든 노하우에 대한 확증인 이 서명은 오크통의 생산지를 알게 해준다.

> 오크통 제작 준비

> 오크통 형태 만들기

> 불에 그슬리기

> 다르나주Darnajou 오크통 제조업자가 만든 오크통들

와인의 향에 있어서 가열의 효과

오크통 제작에서 결정적인 단계인 불에 그슬려 아치형으로 구부리기는 내벽을 살짝 그슬려 만든다. 경험을 통해 알게 된 사실은 가열 강도의 차이가 와인이 숙성될 때 민감한 차이를 초래한다는 것이다. 강하게 가열되면 오크를 까맣게 태워 와인과 나무 사이에 숯 여과제를 생산한다. 강한 향과 여러 가지 페놀 성분을 발생시킨다(와인에서 그릴에 구운 것이나 훈연한 것과 같은 특성이 나타낼 때, 와인이 '토스트되었다'고 한다). 부드러운 가열은 나무 성분을 좀 더 잘 추출하게 하지만 떫은맛이 더 많이 나게 한다.

진실 혹은 거짓?

오크통은 갈리아족(Gaulois)의 발명품이다.

거짓 우리가 알고 있는 오크통을 사실상 갈리아족이 만들었지만, 역사학자들은 이것의 기원이 그보다 훨씬 오래되었을 것으로 추정한다. 최초의 목기는, 의심의 여지없이 대략 기원전 2,000년 앞은 나무판을 연결하여 송진을 바른 것이다. 초기에는 단단한 물체를 포장하는 데 사용되었지만, 시간이 지나 완성도가 높아지면서 액체도 담을 수 있게 되었다.

유용한 정보

가장 좋은 오크는 트롱세 숲(Forêt de Tronçais)에서 나온다.
루이 14세 시대의 유능한 대신 장 밥티스트 콜베르Jean-Baptiste Colbert는 영국 해군과 전쟁을 치르기 위해 이 숲을 조성했다. 당시에는 이 숲의 나무들이 최고급 와인을 위해 쓰일 것이라고는 생각하지 않았을 것이다. 그의 걱정거리는 왕실의 갤리선galère 제조에 반드시 필요한 오크의 공급처를 갖는 것이었다.

> 프레스로 하는 최종 링 끼우기

> 대패를 이용한 평탄화 작업

> 송곳을 이용한 서명

아름다운 오크통

토노tonneau, 바리크barrique, 푸드르foudre… 떡갈나무(오크)나 밤나무 등의 나무로 만든 용기들은
와인의 숙성과 보관에 사용된다. 그중엔 예술작품인 것도 있다.

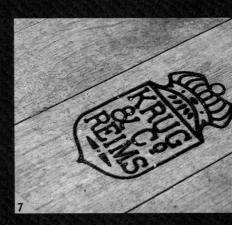

1. 낙관이 찍힌 바리크(부샤르 페르 에 피스Bouchard Père et Fils, 본 Beaune)
2. 조각 장식이 된 오크통의 배수구 (도멘 마르셀 다이스Domaine Marcel Deiss, 베르그하임Bergheim)
3. & 4. 조각으로 된 배수구 (도멘 위겔 에 피스Domaine Hugel et Fils, 리크비르Riquewirh)
5. 조각으로 된 바리크의 배수구 (샤토 드 포마르Château de Pommard)
6. 샤토 라투르의 문장 낙관 (포이약Pauillac)
7. 샹파뉴 크루그의 낙관(렝스Reims)
8. & 12. 조각 장식된 오크통 (루이 로드레Louis Roederer, 렝스 Reims)
9. & 10. 그림이 그려진 오크통 (샤토 드 포마르Château de Pommard)
11. 조각이 된 오크통(도멘 위겔 에 피스Domaine Hugel et Fils, 리크비르 Riquewirh)

병입

떼려야 뗄 수 없는 와인의 동반자, 유리병을 빼고는 와인에 대해 이야기할 수 없다.
숙성이 끝나면, 기술을 요하는 조심스러운 작업인 와인의 병입이 이루어진다.
와인은 병에 담겨, 양조장 혹은 중개상의 저장소를 떠나 소비자를 만나러 간다.

와인의 준비

마지막 손길. 대부분의 와인 애호가는 와인 안에 떠다니는 부유물도, 병 안에 가라앉은 침전물도 용서하지 못한다. 병입하기 전에, 생산자(또는 중개상, 전문 기업) 대부분의 경우, 완벽하게 와인을 정제시킨다. 이를 위해 병입 전 두 가지 과정을 실행한다(p.76 참조). 이것들은 콜라주와 필터링으로 두 가지 모두 실시할 수 있지만, 와인의 맛에 영향을 줄 수도 있다.

제어된 환경. 이 단계에서 와인이 완벽하게 맑고 안정적이면 병입을 실시한다. 정교한 기술과 청결함을 요구하는데, 잘못된 병입은 병 내 숙성 과정에서 와인을 망가뜨릴 수 있기 때문이다. 병입 설비나 유리병에 의한 감염의 위험이 크다. 게다가 와인과 공기의 접촉이 과도할 때, 와인이 산화될 수 있다. 효율적인 코르크 삽입을 위해 많은 주의가 요구된다.

병의 선택

유리는 와인의 보관과 숙성에 있어서 비교할 대상이 없는 자재이다. 750ml의 유리병은 전 세계적인 표준이다. 대부분의 나라에서 이 용량을 표준으로 삼고 있으며 그 배수로도 유통된다.

병의 색상. 지역이나 와인에 따라서 여러 가지 형태가 있지만, 빛으로부터 와인을 보호하기 위해 병의 색상은 충분히 짙어야 한다. 와인 저장소가 어둡더라도, '투명한' 유리병에서 와인의 노화 속도가 더 빠른 것이 확인되었다.

> **법정에서, 와인은 병입한 자가 책임을 진다.**
> 양조장의 소유주, 중개상, 양조조합, 병입 전문 기업일 수 있다.

병의 준비. 병의 청결 상태가 핵심이다. 새 유리병에 가장 많이 사용되는 방법은 뜨거운 물이나 수증기를 쏘는 것이다. 세제를 푼 뜨거운 물에 침수, 솔질, 가압 헹굼 등의 강력한 청소를 한다 하더라도 재활용 유리병에는 위험 요소가 있다.

병입

병에 따르기. 병입 시의 어려움은 와인의 정확한 양을 채우는 것으로, 코르크를 위해 필요한 자리와 와인의 온도 상승으로 인한 높이 변화를 예상한 공간을 남겨야 한다. 기계식 병입이 점점 더 경쟁력이 있는 이유이다. 어느 정도의 규모를 가진 생산자는 설비를 갖추고 있지만, 소량 생산자들은 이동 가능한 장비를 가지고 있는 전문가들에게 이 작업의 하청을 맡긴다.

밀봉. 코르크 삽입 작업은 부쇠즈^boucheuse^라는 기계를 이용하는데 원리는 간단하다. 미리 부드럽게 만든 양질의 새 코르크(p.88~89 참조)는 '재갈^mors^'이나 '물림장치^mâchoire^'를 이용하여 병 입구의 지름보다 작게 압축된다. 수직 피스톤에 의해 순간적으로 삽입된다.

병의 용량

유명 와인 생산 지역들은 표준의 750ml뿐만 아니라 전통적인 다른 크기로도 병입한다. 샹파뉴 지역의 매그넘^magnum^은 1.5리터(일반 크기 2병), 제로보암^jéroboam^은 3리터(4병), 레오보암^réhoboam^은 4.5리터(6병), 마튀잘렘^mathusalem^은 6리터(8병), 살마나자르^salmanazar^는 9리터(12병), 발타자르^balthazar^는 12리터(16병), 나뷔쇼도노소르^nabuchodonosor^는 15리터(20병)이 담긴다. '늦게 수확한' 혹은 건조시킨 포도로 만드는 달콤한 와인(소테른, 뱅 드 파유, 이탈리아의 레치오토 디 발폴리찰라^Recioto di Valpolicalla^)는 주로 375ml나 500ml의 병에 담겨 판매된다.

보르도

부르고뉴

> 오늘날 병입 과정은 거의 대부분 완벽하게 자동화되었다.

유리병과 형태

각 지역이나 국가는 독특한 병 모양으로 자신들의 와인이 구별되게 만든다. 이 형태들은 합의된 것이지만, 프랑스의 쥐라나 알자스 등의 예외적인 경우를 제외하고는 강제적으로 제한하는 경우는 드물다.

가장 널리 퍼진 세 가지 형태. '보르도', '부르고뉴', '플루트flûte' 형태이다. '보르도'식은 일직선이고 어깨가 높다. 레드나 드라이한 화이트와인은 녹색이나 갈색을 띠고 있는 병에, 달콤한 화이트와인은 반투명한 병에 담는다. 보르도 외의 지역에서도 많이 사용되며, 많은 외국의 와인들도 이 병을 사용한다. 와인 병의 여왕인 '부르고뉴'식은 샤블리에서 리옹에 이르는 포도원 지역, 론 지방, 랑그독의 일부가 사용한다. 부르고뉴의 거의 모든 레드와인과 화이트와인이 이 형태의 병에 담기고, 다른 나라의 샤르도네와 피노 누아 역시도 마찬가지로 이 병에 담긴다. 흔히들 '낙엽'의 색이라고 하는 색이 주 색상이다. 세 번째 형태는 라인강 주변이나 모젤 지방에서 많이 사용되는 높이가 있는 '플루트' 형태이다. 라인강 주변은 갈색을, 알자스와 모젤은 녹색 유리병을 사용한다.

전통적인 모양. 특정 지방에서 사용되는 덜 '보편적인' 형태로 프랑스 혹은 다른 나라에서 사용한다. 쥐라 지방에서는 뱅존vin jaune을 위해 만든 모양과 용량이 특별한 클라블랭clavelin이 있는데, 이는 와인 1리터를 6년간 오크통에서 숙성시키면 증발 후 남는 양인 620ml가 병의 용량이다. 샹파뉴를 포함한 다른 스파클링 와인은 탄산가스의 압력에 견딜 수 있는 두꺼운 유리병에 담기는데, 병의 모양은 다를 수 있다. 좀 더 기발한 모양은 프로방스의 '키유quille'로 이탈리아의 베르디키오Verdicchio의 병과 유사하다. 독일의 프랑켄 지방은 옆으로 불룩하면서 앞뒤로 납작한 복스보이텔Bocksbeutel이라는 병을 사용한다. 생산연도 표기가 있는 포트와인은 곧고 어깨가 높은 병의 일종으로 병목 부분이 약간 부풀어 있다.

'마케팅'을 위한 병. 오늘날, 병의 크기와 형태는 마케팅의 한 요소이기도 하다. 어떤 와인들은 독창적인 색깔과 형태, 무겁고 값비싼 유리병으로 눈에 띄게 만든다. 그러나 무거운 병들은 그 무게와 생산 원가, 추가적인 운송료 등으로 인해 비판의 대상이 되기도 한다.

알자스 플루트

프로방스 키유

클라블랭

샹파뉴

마개

코르크의 선택은 기술적인 작업으로, 와인의 수명과 관련하여 매우 중요한 일이다. 새로운 소재가 점점 자신들의 영역을 넓혀가고 있지만, 와인의 병뚜껑 제작 단계에서는 아직도 코르크가 지배적이다.

코르크나무의 껍질

유일한 재료. 코르크는 독특한 물리적 성질을 갖고 있어서 오랫동안 유리병의 뚜껑으로 이상적이라 여겨졌다. '빨판' 모양의 작은 세포들은 병 입구에 밀착한다. 원칙적으로 코르크는 움직이지 않는 방수 재질이다. 와인과의 접촉 그리고 습도에 의한 코르크의 변질은 매우 천천히 진행되어 25~30년에 한 번 코르크를 교환해주면 된다. 코르크를 운송하는 자의 모든 노력에도 불구하고, 신뢰도가 100% 보장되지 않고 몇몇 와인에서 '코르크 마개의 맛'이 나타나는 일이 발생한다. 방수성은 각 병마다 차이가 나는데, 특히 장기 숙성형 와인들에서 확연히 나타난다.

본래의 나무. 코르크나무(*Quercus suber*)는 지중해의 서쪽 지역과 포르투갈에서 다량으로 자란다. '르베^{levée}'라고 불리는 작업은 12년마다 코르크나무의 껍질을 벗겨내는 것으로, 오로지 4번째, 5번째, 6번째의 르베만 고품질의 코르크 마개를 제공한다. 즉 나무의 수령(150~200년)을 고려했을 때, 12번의 박피 중 3번만 원하는 품질의 코르크를 제공하는 것이다.

> 저장소에서 잘 보관되면, 좋은 코르크 마개는 병에 담긴 와인을 수십 년간 보호할 수 있다. 하지만, 안전을 위하여, 최고급 와인을 생산하는 양조장은 대략 25년마다 보관하는 와인의 마개를 교체한다.

28~30mm인 나무판이 필요하다. 코르크 띠를 절단 틀로 찍는다. 이 과정은 수작업으로 진행되는데, 상당수 발생하는 불량품 생산을 피하고 높은 비율의 고품질 마개를 만드는 법을 알아야 하기 때문이다. 100kg의 코르크나무에서 15~25kg의 코르크 마개를 만들어야 한다.

마름질. 절단 틀에서 나온 마개를 반듯하고 매끄러운 표면과 절단면을 얻기 위해 사포로 연마한다. 그 다음 육안으로 보이는 작은 구멍들인 피목에 쌓여 있는 먼지와 찌꺼기들을 제거하기 위해 세척한다. 흔히, 보기 좋게 하기 위해 색소가 섞여 있는 물통에 넣었다 뺀다.

마지막 선별 작업. 두 번째 선별 작업을 한다. 이 작업은 코르크 마개의 표면에 노출된 피목의 수를 계수할 수 있는 기계를 이용해서 부분적으로 자동화가 가능하다. 어쨌거나 큰 부분은 수작업으로 진행되는데, 말라버린 코르크 마개의 녹색의 자국이나 갈라진 흔적은 기계로 선별 시 통과될 수도 있기 때문이다.

마무리. 종종 피목의 미세한 구멍은 분말로 된 코르크 페이스트로 메우는데, 마개의 역학적 특성을 개선한다.

코르크의 준비

건조. 나무에서 벗겨진 코르크판은 야적된 후 공기에 건조시킨다. 이 판들이 사용되려면 두 번의 겨울과 한 번의 여름을 지나면서 태양빛, 비, 추위 등을 경험해야 한다. 이 건조 기간 동안, 지니고 있던 수액을 잃고, 섬유가 촘촘해진다.

코르크는 대략 20% 정도 부풀어오르고, 최대한의 탄성을 얻는다. 이 과정에서 나무판은 소독이 되어 나오고, 평평해진다. 절단을 가능하게 하는 습도에 도달하기 위해 2~3주간의 휴지기를 가진다.

이 단계에서 두 가지 평가 사항인 두께와 품질에 의해 첫 번째 선별 작업이 이루어진다. 이 작업은 성형을 하지 않은 나무판의 네 군데 모서리의 성형을 통해 쉽게 할 수 있다.

코르크 마개의 제작

절단. 최적의 습도에 도달한 나무판의 폭을 나중에 사용될 코르크 마개의 길이와 같게 띠 모양으로 절단한다. 가장 일반적인 24mm 지름의 마개를 얻기 위해 두께가

다른 마개들

어떤 와인 생산자들은 플라스틱이나 알루미늄 혹은 유리로 된 마개를 위해 코르크의 사용을 포기할 계획이다. 생산자들은 알루미늄으로 된 나사 형태의 캡슐이나 유리 마개나 혹은 전통적인 코르크 마개의 모양을 모방한 플라스틱 마개를 제안한다. 플라스틱의 경우 어린 화이트와인이나 3년이 지나기 전에 마시는 로제 또는 레드와인과 같은 일상적인 와인에 사용했을 때는 괜찮다. 이 기간 이상이 되면 다량의 공기를 통과시키는 경향이 있어 와인이 산화될 수 있다. 반면 나사식 뚜껑이나 유리로 된 마개는 이와 같은 단점을 보여주지는 않는다.

각각의 와인엔 각각의 마개가 있다

여러 다른 와인에 적합한 여러 종류의 마개가 존재한다. 표준 지름인 24mm 마개를 만들어 기계로 압축하여 지름이 18.5mm

> 와인을 개봉할 때, 코르크 마개가 만드는 특유의 소리는 곧 있을 즐거운 시음의 전조이다.

인 병 주둥이에 넣는다. 샹파뉴의 마개는 대략 31mm로 조금 더 넓어서 더 압축시키는데, 이 마개들은 탄산가스의 압력에 버텨야 하기 때문이다. 샹파뉴만 예외적으로, 코르크 마개에 아무런 글씨를 쓰지 않아도 된다. 글씨를 쓸 때는, 일반적으로 생산연도, 병입 장소와 와인 또는 생산자의 이름을 기재한다.

긴 마개. 최고급 양조장에서는 수십 년의 숙성기간 동안 와인을 보호하기 위해 최고급 코르크 마개를 사용한다. 직접 보관하는 와인들은 25년마다 코르크 마개를 교체한다.

짧은 마개. 수명이 짧은 와인들에 사용된다.

접착 제작 마개. '코르크의 맛(TCAtri chloro anisole)'으로 와인을 오염시키는 것을 방지하기 위해 처리를 한 코르크의 조각을 결합해서 만든다. 점점 더 많이 사용되는 추세인데, 이 가운데는 샹파뉴가 상당수를 차지한다.

합성수지 마개. 코르크 마개를 모방하여 플라스틱으로 만든 것으로 단기간 저장에 적합하여 어린 와인에 점점 더 많이 사용되고 있다.

샹파뉴 마개. 접착 제작 마개로 샹파뉴 접촉면에 1~3개의 동그란 코르크 조각을 붙인 후, 병 속에 이 부분의 반만 밀어 넣는다. 이 삽입된 부분만 압축되어 버섯같이 생긴 모양의 코르크가 된다. 의무적으로 '샹파뉴'라는 단어와 생산연도를 마개에 표시해야 한다.

나사식 캡슐. 와인 계통 전문가들과 증가 추세에 있는 생산국들에게 이 마개는 잘 받아들여졌지만, 전통적 와인 생산 국가들의 소비자들에게는 잘 받아들여지지 않는다. 나사식 캡슐은 코르크 안에 있는 와인의 향을 오염시킬 수 있는 분자에 의한 위험과 각각의 병들에 따라 다른 숙성 시기 이전의 산화의 위험을 제거한다. 스위스, 뉴질랜드, 호주, 남아공, 중국 등의 몇몇 나라에서는 이 캡슐 마개가 다수를 차지한다. 다른 나라들에서도 점점 사용이 늘고 있다.

유리 마개. 체코에서 최근에 발명된 방법으로 상대적으로 원가가 비싸지만, 나사식 캡슐의 장점에 추가적으로 심미적인 장점이 더해졌다. 시각적으로 몇몇 디캔터의 개폐 방식과 비슷하지만, 개폐를 쉽게 해주는 네오프렌 고무링이 완벽하게 장착되어 액체가 새지 않게 해준다. 독일과 오스트리아에서 증가 추세이고, 프랑스에서는 이제 막 사용하기 시작했다.

축소된 코르크 마개 생산 지역

코르크나무는 이베리코 반도, 프랑스 남부, 이탈리아 남부, 코르시카, 사르데냐, 남아공 등 지리적으로 한정된 영역의 서식지를 갖는다. 멀리 떨어진 포르투갈이 주생산국이다. 코르크 마개를 사용하는 병의 증가는 생산 라인에 과부하를 걸어, 코르크 마개의 질이 들쭉날쭉하게 만들었고 이런 이유로 코르크 마개를 대체할 수 있는 다른 소재의 개발에 박차를 가하게 되었다.

와인의 선택, 보관, 시음

어떻게
와인의
정체를
알아낼까?

유럽의 명칭

프랑스의 원산지와 품질에 대한 국립 연구소(INAO, Institut National de l'Origine et de la qualité)와
다른 유럽 국가들의 이와 비슷한 기관에 의해서 통제되는 명칭 시스템은
생산과 관련된 엄격한 원칙을 확립하여 와인의 원산지와 거기에 부합하는
확실한 특성을 보장하는 것을 목표로 한다.

유럽의 명칭 시스템

유럽의 모든 와인에는 원산지 및 특수한 생산 원칙 준수를 보장하는 지리적 출처가 어디인지를 알리는 레이블이 붙어 있다. 이 시스템은 20세기 전반 프랑스에서 개발되었고, 여러 나라에서 이것의 큰 원칙들을 차용했다. 2009년부터, 유럽연합은 명칭 체계를 조정했다. 오늘날 종종 하부 범주가 있지만 크게 두 개의 범주로 나누고, 나라마다 생산과 레이블 상의 명시와 관련된 법령을 가지고 있다.

AOP와 IGP

가장 단순하고, 접근하기 쉬운 범주는 지리적 표시가 없는 와인(VSIG^{vins sans indication géographique})이다. 프랑스에서는 이 와인들에 뱅 드 프랑스^{vin de France}라는 표기를 하는데, 각 나라는 자신들만의 명칭이 있다(p.99 표 참조). 등급표와 품질 표시 바로 위가 지리적 표시(IG^{Indication Géographique})가 있는 와인이다. INAO에 의해 프랑스에 자리 잡힌 이 와인군(群)은 하부에 다시 두 개의 범주가

신세계 와인과
경쟁하기 위해 와인의
가독성을 높여 이해하기
쉽게 하는 것이
유럽연합의
새로운 명칭 체계의
목표이다.

있는데 각각은 매우 제한적인 업무 지침서를 가지고 있고 지역과 명칭(IGP와 AOP)마다 개별적인 차이가 난다.

IGP : 프랑스에서 지리적 보호 표시^{Indication Géographique Protégée}가 있는 와인은 예전의 뱅 드 페이^{vin de pays}라는 명칭에 해당한다. 생산 지역은 해당 지역에 따라 지방(région), 도(département), 지역(local) 등으로 정해질 수 있다. 이 와인들의 생산 원칙은 다음에 나오는 범주보다 훨씬 유연하고, 사용 가능한 포도 품종도 더 다양하다.

AOP : 프랑스에서 원산지 보호 명칭 Appellation d'Origine Protégée이 있는 와인은 예전의 AOC 명칭에 해당하는데, 이 명칭은 아직도 사용가능하다. IGP 와인보다 수확량, 포도 품종에 대한 더 제한적인 생산 지침이 있는데, 각각의 원산지 명칭은 해당 위임 관청, 프랑스에서는 INAO에 의해 인증된 자신들만의 업무 지침서를 준수한다. 유럽연합의 각국은 전통적인 표기를 사용할 권리를 가지고 있다(이탈리아의 DOC와 DOCG, 스페인의 DOC와 DOCa).

AOC는 어떻게 배로 증가했는가?

최근 40년 동안, 프랑스의 AOC는 배로 증가했다. 이 절차는 여러 가지 방법이 있다. 예를 들어 론 지방에서는, 특정 코뮌^{commune}은 가장 큰 단위인 레지옹 명칭 코트 뒤 론^{Côte-du-Rhône}에 자신들의 코뮌 명칭을 추가할 수 있다. 뱅소브르^{Vinsobres}, 봄므 드 브니즈^{Baumme de Venise}, 캐란^{Cairanne} 등의 특정 테루아들은 후에 자신들만의 독립적인 AOC가 된다. 마콩^{Mâcon} 지역의 비레 클레세^{Viré-Clessé}도 레지옹 범위의 명칭에 단계적으로 조그만 밭 크뤼^{cru}의 명칭을 첨가한 동일한 경우이다. 알자스의 그랑 크뤼는 51개의 다른 명칭을 포함한다. 랑그독에서도 AOC는 배로 증가했다. 예전의 코트 뒤 랑그독 뒤에 붙었던 지리적 표시가 사라지면서 분리된 새로운 AOC (테라스 뒤 라르작^{Terrasses du Larzac}, 라 클라프^{La Clape}...) 혹은 이렇게 바뀔 명칭들을 탄생시켰다.

> 부르고뉴의 그랑 크뤼 클로 드 부조^{Clos de Vougeot}는 50헥타르의 포도밭을 70여 개의 와이너리가 나누어 가지고 있다.

유럽의 새로운 법

2009년 8월 1일부터 시행 중인 개정된 명칭은 와인을 두 가지 범주로 분류한다.

지리적 표시가 없는 와인. 프랑스의 뱅 드 프랑스에 해당하는 이 범주는 생산연도와 포도 품종을 명시할 수 있다. 15%까지 다른 생산연도의 와인을 섞을 수 있다. 수확량에 대한 제한이 없고, 부분적인 알코올 감량이나 대팻밥을 사용한 가향과 몇몇 양조 기술의 사용을 허가한다.

지리적 표시가 있는 와인. 원산지 보호 명칭^{Appellation} ^{d'Origine Protégée}(AOP)과 지리적 보호 표시^{Indication} ^{GéographiqueProtégée}(IGP) 등에 대한 것이다. AOP는 업계를 대표하는 상품인증관리처^{Organisme de Défence et} ^{de Gestion}(ODG)가 만든 업무 지침서를 공개했는데, 이는 독립적인 감독기관^{Organisme d'inspection}(OI)이 실시하고 전문가들이 검증하는 와인 생산을 규제하는 것이다. IGP급 와인은 독립된 기관에서 작성한 업무 지침서를 따라 만들어져야 한다. AOP의 업무 지침서가 허가하는 한 15%까지 다른 생산연도 와인이나 다른 품종을 블렌딩할 수 있다.

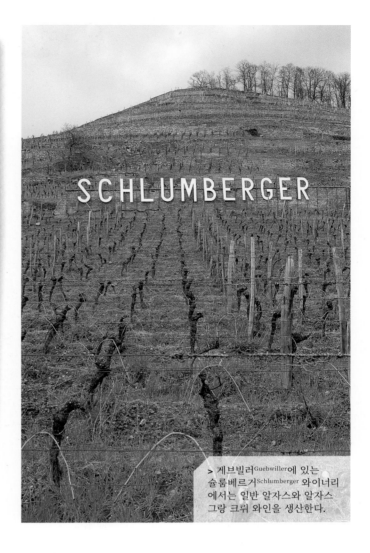

> 게브빌러^{Guebwiller}에 있는 슐룸베르거^{Schlumberger} 와이너리 에서는 일반 알자스와 알자스 그랑 크뤼 와인을 생산한다.

프랑스의 AOC

INAO의 집계에 의하면 IGP와 AOC에 대략 440여 개의 명칭이 있다. 1930년대에 시작된 AOP 명칭은 몇 배로 증가해, 현재 전체 생산량의 절반에 조금 못 미치는 양이다. 한 지방 내의 '끊임없고 올바른 장소의 사용'에 따라 원산지를 한정함으로, AOP는 원산지(한정된 영역)와 생산 원칙이 준수되었음을 보장한다.

지리적 범위. 범위는 부르고뉴, 알자스, 보르도 등의 가장 큰 행정 단위인 레지옹^{région}일 수도 있고, 보르도의 생테스테프^{Saint-Estephe}, 론의 지공다스^{Gigondas}, 보졸레의 모르공^{Morgon}처럼 그보다 작은 행정 단위인 코뮌^{commune}일 수도 있다. 알자스의 친쾨플레^{Zinnkoepfle}처럼 조그만 밭에서 나오는 크뤼^{cru} 또는 그랑 크뤼^{grand cru}일 수도 있고, 코트 뒤 론이나 보르도처럼 몇 십만 헥타르의 넓은 지역일 수도 있다. 부르고뉴에는 러시아 인형 마트료시카식의 복잡하고 세분화된 명칭의 계급 체계가 있다. 레지옹 명칭 부르고뉴, 코뮌 명칭 주브레 샹베르탱^{gevrey-chambertin}, 코뮌 내의 1급 크뤼 주브레 샹베르탱 프르미에 크뤼 레 카즈티에르^{cru Les Cazetiers}와 코뮌 내의 그랑크뤼 르 샹베르탱 같은 식이다. '크뤼 부르주아^{cru bourgeois}' 같은 몇몇 특별한 명칭 등은 AOP 규칙의 지배를 받지 않고, 보르도나 프로방스의 '크뤼 클라세^{cru classe}' 같은 명칭 이상의 의미를 갖지 않는다(이러한 명칭들은 업계의 요구에 의해 뷔로 베리타스^{Bureau Veritas}라는 독립적인 기관에 의해 수여된다). 반면, 생테밀리옹의 '그랑 크뤼'의 개념은 지배를 받는다. 뿐만 아니라, 단 한 개의 포도원에만 부여되는 지역 명칭도 있는데, 론의 샤토 그리예^{Chateau-Grillet}와 부르고뉴의 로마네콩티^{Romanee-Conti}가 있다(p.288~289 참조).

포도 품종. 한 개의 명칭에는 한 개 또는 여러 개의 허가된 품종이 있다. 보졸레의 가메처럼 어떤 때는 단일 품종일 수도 있고, 보르도 레드의 카베르네 소비뇽, 카베르네 프랑, 메를로처럼 어떨 때는 여러 품종의 블렌딩일 수도 있다(p.32~35 참조).

수확량. 각각의 AOC는 1헥타르당 헥토리터(hl/ha) 혹은 샹파뉴 지방에서는 킬로그램으로 최대 수확량을 정한다. 이 수치는 지역 명칭에 따라 매우 가변적이어서 알자스는 80hl/ha, 바뉠스는 30hl/ha이다.

기술. AOC 규칙은 1헥타르당 포도나무의 수, 수확 방법(예를 들어 스위트 와인의 경우, 여러 번에 걸쳐서 손으로 수확하고 선별), 가지 치는 방법, 가당, 양조, 판매 개시일과 판매량 등을 규제한다. 각각의 생산량이 기록되어, 만약 출하시킨 포도원의 생산량과 이 기록이 일치하더라도, 판매량과 관련하여 관계 당국은 가장 큰 어려움을 겪는다. 어떤 지역에서는, 생산 방법 역시 AOC의 규정을 받는다. 예를 들어 샹파뉴 지역에서는 손으로 수확하는 절차, 포도의 압착, 와인의 숙성을 결정짓는 상세한 규정이 있다.

뱅 드 프랑스와 IGP

2009년에 만들어진 뱅 드 프랑스^{vin de France}는 예전의 뱅 드 타블르^{vin de table}를 대체했다. 이 와인들에는 지리적 표시는 없지만, 생산연도와 품종을 와인 레이블 상에 명시할 수 있다. 아직 뱅 드 페이^{vin de pays}라 불리는, 지리적 보호 표시가 있는 와인 IGP^{Indication Géographique Protégée}는 지리적 범위, 수확량, AOP에 비하면 좀 더 유연하고 덜 강제적인 법적 사항인 기술과 품종 등에 대해 더 엄격한 잣대를 들이댄다.

이탈리아의 법

이것은 지리적 표시가 없는 와인(VSIG)과 지리적 표시가 있는 와인(IG)으로 양분된다. 가장 먼저 등장하는 가장 단순한 비니^{vini}는 지역도, 품종도, 생산연도도 명시되어 있지 않다. 그 위에 비니 바리에탈리^{vini varietali}는 리스트에 제한되어 있는 한 가지 혹은 두 가지 특유의 품종이 최소한 85% 이상 들어간 와인을 말한다. 레이블 상에 그 품종(들)을 명시할 수 있는데, 생산연도까지는 가능하지만, 원산지는 불가능하다.

품질 서열. 지리적 표시가 있는 와인은 이론상으로 품질을 기준으로 서열을 정한 세 개의 범주로 다시 나뉜다. IGT^{Indicazione Geografica Tipica}는 프랑스의 IGP와 동일하다. 레이블 상에 명시된 특정 지역에서 생산되어야 하며, 허가된 포도 품종을 사용하여야 하고, 생산이나 레이블 표기에 관한 규칙을 준수해야 한다. 상위 단계인 DOP^{Denominazione di Origine Protetta}는 DOC와 DOCG의 두 개의 범주로 다시 나뉜다. 후자는 원칙적으로 좀 더 명성이 있는 지역으로, Garantita가 Controllata에 추가로 붙어, 해당 와인은 시음을 통하여 인증 받았음을 보증한다. 이 명칭들의 생산구역은 IGT 와인보다 더 한정적이고 더 오래전 잘 알려져 있었다. DOC 등급으로 10년이 지나면 DOCG로의 승격을 요청할 수 있는데, 평균 판매 가격선을 포함하여 더 엄격한 여러 가지 통제를 받아들여야 한다.

특기 사항. DOP에 해당하는 와인 중 광범위한 지역이 포함하는 것은 지역 명칭을 붙일 수 있는 영역 중에서 일반적으로 가장 좋은 잠재력을 가지고, 역사가 오래된 핵심구역에서 나온 와인에 클라시코^{Classico}라는 명칭을 붙일 수 있다. 동일한 지역에서 생산된 와인 중 알코올 도수가 0.5도가 더 높은 경우에 수페리오레^{Superiore}라는 명칭을 추가로 붙일수 있다. 헥타르당 허가된 최대 수확량을 낮춘 데서 오는 당연한 결과이다. 몇몇 지역은 의무적으로 지켜야 하는 숙성 기간보다 더 오랜 기간을 숙성하면 리제르바^{Riserva}라는 명칭을 덧붙일 수 있다.

스페인의 법

와인 생산은 쉽게 '비노^{vino}'라고 불리는 지리적 표시가 없는 와인(VSIG)과 지리적 표시가 있는 와인(IG)의 두 개의 범주로 나뉘는데 이는 유럽연합에서 정한 것이다. IG 와인에 대해서 스페인의 법은 다섯 단계로 서열을 나누었다.

품질의 5단계.
- 비노 드 라 티에라^{Vino de la tierra}는 프랑스의 IGP와 동일한 것으로, 상위 등급보다 좀 더 유연한 법령이 있다.
- 비노 드 칼리다드 콘 인디카시온 제오그라피카^{Vino de Calidad con Idicació}

> 스페인의 곤잘레스 비아스 Gonzalez Byass가 생산하는 셰리 중의 하나인 티오 페페의 광고

스페인의 레이블에 적힌 와인의 나이

지역적 전통에 따라, 어떤 품질이 좋은 와인들은 추가적인 사항을 명시할 수 있는데 특히 숙성 방법과 기간에 관련된 것들이다. 이 표시는 선택적이다. 리오하^{Rioja}와 리베라 델 두에로^{la Ribera del Duero}의 와인, 특히 레드와인에서 발견할 수 있다.

호벤^{Joven} : 병입 전에 오크통에서 숙성을 했을 수도 있고, 안 했을 수도 있다. 수확한 다음 해부터 판매된다.

크리안사^{Crianza} : 레드와인의 경우 6개월 동안의 오크통 숙성을 포함하여 최소한 24개월을, 로제와 화이트와인의 경우 오크통의 숙성이 있을 수도, 없을 수도 있지만 최소한 18개월 동안 숙성되었음을 말한다.

레세르바^{Reserva} : 레드와인의 경우 12개월 오크통 숙성을 포함하여 최소 36개월을, 로제와 화이트와인의 경우 6개월 오크통 숙성을 포함하여 최소 18개월 동안 숙성되었음을 알려준다.

그란 레세르바^{Gran Reserva} : 레드와인의 경우 18개월 오크통 숙성을 포함하여 최소 60개월을, 로제와 화이트와인의 경우 6개월 오크통 숙성을 포함하여 48개월 동안 숙성되었음을 말한다.

Geográfica(VCIG)는 중심적인 단계인 DO의 일종의 전 단계로 볼 수 있다. VCIG 등급으로 5년이 지나면 DO 등급으로 승격된다. 레이블 상에 반드시 지역 명칭이 나타나야 한다.

- 데노미나시오네스 데 오리헨Denominaciónse de Origen(DO). 제한된 포도 재배 지역에서 각각의 DO에 해당하는 규칙을 관장하는 기관에 의해 통제되어 생산된 포도로 만든 것이다. 이 규칙에는 포도 품종, 수확량, 양조 혹은 숙성 방법 등이 포함된다. 레이블에 'Denominación de Origen'이라는 문구와 지역 명칭이 표시된다.

- 데노미나시오네스 데 오리헨 칼리카카다Denominaciónse de Origen Calificada(DOCa). 이 명칭은 오늘날 리오하Rioja와 프리오라트Priorat 단지 두 지역에만 해당되는데 DO보다 생산과 관련하여 더 엄격한 준수사항이 있다.

- 비노스 데 파고Vinos de Pago(DO/DOCaPago). 스페인만의 독특한 단계로 DO 혹은 DOCa 지역 밖에 위치할 수도 있는 뛰어난 와인 생산 지역으로 와인의 품질이 이들과 동일하거나 더 우수한 것으로 평가된다. 이 와인들만의 생산 규정이 있는데 DO나 DOCa보다 훨씬 더 요구사항이 많다.

독일의 법

유럽연합의 모든 새로운 법령을 준수하면서 포도즙의 당도, 와인의 품질, 지리적 원산지를 기초로 한 화이트와인 생산과 연관된 독특한 분류법을 보존하고 있다.

품질의 4단계. 지리적 표시가 없는 와인은 도이처 바인Deutscher Wein으로 분류된다. 지리적 표시가 있는 와인은 프랑스의 뱅 드 페이와 같은 뜻인 란트바인Landwein으로 생산량이 매우 적다. 상위 단계는 쿠발리테츠바인 베슈팀터 안바우게비테Qualtätswein bestimmter Anbaugebiete(QbA)로 제한된 13개의 지역에서 생산된 품질 좋은 와인이고, 가장 상위 등급은 프레디카츠바인Prädikatswein으로 '탁월한 와인'을 의미한다.

당도에 따른 분류. 프레디카츠바인은 포도 자체의 당분이 충분해서 당분을 추가하지 않고 만든 와인이다. 이 와인들은 포도즙 자체의 당도에 따라 다시 여섯 개로 나뉜다. 최하위 단계인 카비네트Kabinett, 드라이 혹은 달콤한 와인인 슈페트레제Spätlese와 아우스레제Auselese,

농익은 포도로 만드는 달콤한 와인인 베렌아우스레제Beerenauslese, 귀부병이 앉은 포도로 만드는 달콤한 와인인 트로켄베렌아우스레제Trockenbeerenauslese, 포도나무에서 포도가 얼어, 포도즙이 매우 농축된 아이스바인Eiswein 등이다. 이 공식적인 계급화는 외국인 와인 애호가들에게 혼란을 줄 수도 있지만 가장 잘 익은 포도에 우선권을 주어 고품질의 와인을 만들고자 하는 의지를 반영한다. 포도즙 안의 당도와 양조 후 와인에 있는 잔당을 혼동해서는 안 된다. 그래서 카비네트 등급의 와인이 달콤할 수도 있고, 반대로 슈페트레제 와인이 완벽하게 드라이할 수도 있다. 알코올 도수와 관련하여, 잔당이 있는 카비네트는 드라이한 카비네트보다 알코올 도수가 낮다.

> 독일 남부 바데Bade 지방의 포도원 가운데 있는 표지판

유럽의 명칭 비교표

원산지 명칭 체계는 특정 지역의 전통적인 고급 와인들을 보호하기 위해 프랑스에서 우선적으로 도입했다. 1960년대부터는 유럽의 다른 나라들도 이와 동일한 선별 기준을 사용한 체계를 실시했다. 현재 유럽연합은 IGP, AOP와 같은 공통적인 범주와 관련된 법령을 조화시켰으나 각국은 기존의 전통적인 명칭도 보존할 수 있게 했다. 이 표는 최대 네 종류까지 다른 기준을 갖는 각국의 다른 명칭을 어떻게 비교할 수 있는지를 보여준다.

국가	지리적 표시가 없는 와인		지리적 표시가 있는 와인
	VIN SANS INDICATION GÉOGRAPHIQUE (VSIG)	INDICATION GÉOGRAPHIQUE PROTÉGÉE (IGP)	APPELLATION D'ORIGINE PROTÉGÉE (AOP)
프랑스	Vin de France	Vin de pays	Appellation d'origine contrôlée (AOC
이탈리아	Vino, Vino varietale	Indicazione geografica tipica (IGT)	Denominazione di origine controllata (DOC) Denominazione di origine controllata e garantita (DOCG
독일	Deutscher Wein	Landwein	Qualitätswein bestimmter Anbaugebiete (QbA) Prädikatswein (1)
스페인	Vino	Vino de la tierra	Vinos de calidad con indicación geográfica (VCIG) Denominación de origen (DO) Denominación de origen calificada (DOCa) Vino de Pago calificado
포르투갈	Vinho	Vinho regional	Indicação de proveniência regulamentada (IPR) Denominação de origem controlada (DOC
헝가리	Asztali bor	Tájbor	Minöségi bor˝ Védett eredetu bor
그리스	Epitrapezios oinos	Topikos oinos Oenoi onomasias kata paradosi	Oenoi Onomasia Proeléfseos Anotréras Piotitos (OPAP) Oenoi Onomasia Proeléfseos Eleghomeni (OPE)
오스트리아	Wein	Landwein	Qualitätswein Prädikatswein (2) Districtus Austriae Controllatus (DAC)

1. 독일의 프레디카츠바인(Prädikatswein)은 포도의 완숙 정도에 따라 다음 6개의 범주를 포함한다 : Kabinett, Spätlese, Auslese, Beerenauslese, Trockenbeerenauslese, Eiswein.

2. 오스트리아의 프레디카츠바인(Prädikatswein)은 포도의 완숙 정도에 따라 다음 7개의 범주를 포함한다 : Spätlese, Auslese, Beerenauslese, Ausbruch, Trockenbeerenauslese, Eiswein, Strohwein.

다른 대륙의 명칭

신세계 와인들은 테루아보다는 생산 브랜드나 포도 품종에 더 가치를 둔다.
그럼에도 불구하고 유럽에서 만든 명칭에 대한 개념이 조금씩 입지를 넓히고 있다.

유럽보다는 덜 강압적이다

남반구와 미국을 포함하는 신세계의 많은 나라들은 일반적으로 테루아보다는 다른 요소를 더 강조한다. 원산지보다는 포도 품종이나 브랜드 명칭 혹은 생산자의 서명을 우선시하여 소비자의 선택을 부추긴다. 이 모든 나라들은 법칙을 제정하고, 국제적인 합의를 이루었다. 반면에 샤블리Chablis나 샹파뉴Champagne 같은 유럽의 명칭을 사용하던 행위는 점점 사라지는 추세이다.
마침내 신세계 대부분의 국가들에서도 지리적 표시는 규제 대상이지만, 유럽에 비해서 훨씬 더 유연하다.

미국

1980년대부터 미국은 AVA American Viticultural Area라는 명칭 체계를 사용 중이다. 이 법은 단순히 와인의 원산지만 관련이 있고, 포도 재배 방법에 대한 통제는 없다. 품종 선택, 수확량, 생산 기술의 선택 등은 생산자에게 달려 있다. 주와 카운티 그리고 좀 더 국지적인 지역과 연관된 지금의 AVA와 같이 동심원을 그리는 생산지역들을 구분할 필요가 있다(p.435 참조).

법규. 한 와인이 캘리포니아나 텍사스와 같은 주 또는 카운티의 이름을 붙일 경우, 이 언급된 지역에서 재배된 품종이 75% 이상이어야 한다. 만약 AVA의 이름을 붙일 경우, 최소 85% 이상이어야 하는데, 오리건Oregon주와 같은 특정 주에서는 더 까다롭다. 생산연도가 언급되었을 경우, 최소 95% 이상이 그해의 포도여야 한다. AVA는 자연적인 기후 경계선, 지도상의 지역 또는 특정 토양 스타일에 따라 나뉘는데, 면적은 저마다 다르다. 나파 밸리Napa Valley 같은 몇몇 AVA는 매우 한정되어 있으면서 균일한데, 샌프란시스코 San Francisco에서 산타바바라Santa Barbara까지를 다 포함하는 센트럴 코스트Central Coast는 광범위한 지역을 포함하는 AVA이다. 포도원의 개념과 관련된 법규는 더 모호하다. 중간 도매상을 이용하는 것은 매우 흔한 일로, 비록 레이블에 명시되어 있지는 않지만, 한 포도원의 와인이 같은 지역 내의 다른 포도원의 포도로 만들어지는 경우는 사실 자주 있는 일이다.

> **신세계 와인들의 생산 규정은 매우 자유롭다.**
> 테루아와 관련된 언급이 있더라도 매우 광범위한 개념인 경우가 자주 있다. 예를 들어, 어떤 지역의 와인이라고 되어 있지만, 다른 지역에서 온 포도가 일정 비율 섞여서 만들어질 수도 있다.

> 캘리포니아주 멘도치노 Mendocino 카운티 펫저Fetzer 와이너리의 입구 표지판

신세계의 포도 품종 명시 와인

와인이 정해진 퍼센트의 품종으로 양조되면 레이블에 그 품종을 명시할 수 있다. 유럽연합으로 수출되는 모든 와인은 최소한 85%이다. 레이블 상에 두 개의 품종이 적혀 있을 경우에는 이 두 가지만으로 100% 블렌딩되어야 한다. 자국 내에서 소비되는 와인에 한해서는 좀 더 유연한 규정을 적용한다. 뉴질랜드, 아르헨티나, 호주, 남아공, 좀 더 엄격한 법을 적용하는 오리건주를 제외한 미국 등지에서는 75~85%만 사용하여도 그 품종을 레이블에 적을 수 있다.

Sonoma Valley
Vintners & Growers Alliance
BLACKSTONE WINERY
ARROWOOD
B.R. COHN WINERY
WELLINGTON
KUNDE
FAMILY WINERIES
SL CELLARS
BENZIGER
LANDMARK
LEDSON
2 MI
ST FRANCIS
VJB VINEYARDS & CELLARS
KENWOOD VINEYARDS
1 MILES
SCHUG
Valley of the Moon
MAYO FAMILY WINERY
CASTLE

> 칠레 아콩카구아^{Aconcagua} 지역의 에라주리^{Errazuriz} 와이너리

캐나다

지방에 따라 법이 다르다. 프랑스의 AOC에서 영향을 받은 VQA^{Vintners Quality Alliance}는 캐나다 와인 생산의 핵심인 브리티시 컬럼비아주^{Colombie-Britannique}와 온타리오^{Ontario}주에만 적용된다. 이곳이 캐나다 와인의 주요 지역들이다. VQA의 와인 스타일과 품질은 독립적인 평가원들의 시음에 의해 평가받는다. 검증된 와인들은 검은색의 VQA 도장을 받는다.

두 개의 범주. VQA 표준은 인증된 재배 지역의 포도 품종으로 양조하여, 해당 지역 내 병입이 필수이다. 과거 와인 생산의 주축이던 라브루스카^{labrusca} 품종으로 만든 와인은 거의 예외 없이 VQA 자격을 얻을 수가 없다. 두 개의 주는 각각의 제약 조건들로 인해 발생되는 명확한 특성에 따라 그보다 작은 지역과 다시 하위 지역으로 분리해야 한다. 지역 명칭^{appellation régionale}은 명시된 지역의 포도가 최소한 85% 사용되어야 한다. 온타리오주에서는 하위 지역 명칭의 와인일 경우, 해당 지역의 포도가 100% 사용되어야 한다. 포도 품종이 명시될 경우, 해당 품종이 최소한 85% 사용되어야 하고, 생산연도가 명시된 경우, 당해의 포도가 최소한 85%가 사용되었어야 한다. 레이블에 '온타리오주산^{produit de l'Ontario}'혹은 '브리티시 컬럼비아주산^{produite de la Colombie-Britannique}'이라 명시한다.

칠레

통제 명칭 시스템 DO(Denominación de Origen)가 사용된 것은 겨우 2002년 이후이다. 5개의 큰 지역 아래, 뚜렷하게 구분되는 계곡들에 상응하는 여러 하위 지역으로 나뉜다. 많은 와인이 여러 지역의 와인의 블렌딩으로 만들어지지만, 콜차구아^{Colchagua} 혹은 카사블랑카^{Casablanca}처럼 탄탄한 명성을 갖는 몇몇의 하위 지역도 있다. 와인 스타일의 정체성처럼 여겨지는 '코스타^{Costa}' '안데스^{Andes}' '엔트레 코르디예라스^{Entre Cordeilleras}'와 같이 특정한 지역 혹은 밭의 명칭^{lieu-dit}에 대한 명시가 증가하는 추세이다. 이것은 테루아의 영향에 대해 좀 더 민감해진 것을 의미한다.

아르헨티나

1999년에 그리고 2004년에 아르헨티나는 국립 포도 재배 양조 연구소(Instituto Nacional de Vitivinicultura)의 감독 하에 와인 생산을 통제하는 국가의 법적 기틀을 확립했다. 하지만 국내 생산에 집중하는 대기업의 주목할 만한 경제력을 감안할 때, 이 체계는 매우 유연하고 그다지 구속력은 없는 편이다. 예를 들어 수확량의 한계와 관련된 아무런 규정이 없다. 레이블 상에 원산지 표시^{indicación de procedencia}, 한 지역에서 양조되어 병입된 와인은 지리적 표시^{indicación geofrafica}, 원칙적으로 고품질 와인들은 원산지 통제 명칭^{denominación de origen controlada} 등, 세 가지 방식으로 원산지 표시를 할 수 있다. 원산지 표기는 언급된 지역의 포도 100%로 양조했을 때만 가능하다. 포도 품종의 경우, 언급된 품종이 최소 85%를 차지해야 한다. 생산연도 표기의 경우도, 당해의 포도가 85% 사용되어야 한다.

호주

대부분의 호주 와인은 포도 품종의 이름과 원산지를 표기한다. 저급 와인을 시작으로 그레인지^{Grange}와 같은 최고급 와인에 이르기까지 호주에는 근본적인 블렌딩이 널리 퍼져 있다. 1993년 이후, 호주는 포도원을 지역^{zone}, 지방^{région}, 하위 지방^{sous-région}으로 나누는 지리적 명칭(Geographical Indications, GI)이라는 법령을 마련했다. 가장 국지적인 하위 지방은 테루아의 논리가 가장 드러난다. GI 시스템의 창조는 레이블에 나타나는 정보의 규제/허용과 관련된 법령(Label integrity Program)을 동반했다(p.588 참조).

레이블. 생산자들은 반드시 주소를 표기하여야 하고 포도의 원산지까지 알릴 필요는 없지만, 만약 원산지를 밝힐 경우 포도의 85%가 그곳에서 생산되어야 한다. 품종과 관련해서도 마찬가지이다. 만약 여러 지역이나 품종이 명시될 때는, 가장 중요성이 높은 것부터 낮은 순으로 기입해야 한다.

뉴질랜드

뉴질랜드의 생산자들은 생산된 와인의 스타일을 표현하기 위해 오랫동안 프랑스나 독일의 이름을 사용했다. 현재 품종에 대한 언급은 가장 일반적인 관행이지만, 말보로Marlborough와 같은 일부 지역들은 좋은 평판을 얻고 있기 때문에 생산 지역에 대한 언급은 관례가 되는 중이다. 2006년부터 지리적 명시 등록법(Geographical Indication Registration Act)이라는 명칭 체계가 있기는 해도 아직 업계의 지원을 받지 못한다. 레이블의 기록과 관련한 모든 규정은 법으로 여겨진다. 2007년 이후로 85%의 규정은 포도 품종, 생산연도, 생산 지역 모두에 해당된다. 와이라라파Wairarapa 지역의 마틴보로Martinborough 시는 그 와인이 100% 해당 지역의 와인이라는 것을 보증해주는 '100% 마틴보로 테라스Martinborough Terrace Appellation Committee'라고 적힌 조그만 레이블을 붙이게 했다.

남아프리카공화국

1973년에, 와인의 원산지(Wine of Origin, WO)라는 체계가 도입되어 각각 크기가 다른 네 개의 포도원으로 분할되었다. 가장 넓은 것은 여러 지방을 분할하는 지리적 단위이다. 가장 잘 알려진 곳은 아니지만 웨스턴 캡Western Cap 아래 지방région, 하위 지방sous-région 그리고 하위 지역인 디스트릭트district와 더 작은 규모의 지역인 워드ward로 구성된다(면적이 작아지는 순서, p.467참조). 코스탈 리전Coastal Region이라 불리는, 생산이 가장 집중된 지역은 케이프 타운Cape Town 주변 반경 100킬로미터에 위치해 있다. WO 시스템은 와인의 원산지를 보증한다. 각 지역의 경계는 지리적, 지형적, 지질학적 요소에 달려 있다. WO 명칭 자격을 얻기 희망하는 각각의 와인들은 수확에서 레이블 부착에 이르기까지 과학적인 감각 및 화학 분석 시스템을 통해 끊임 없는 통제와 인증을 위한 시음을 받아야 한다. WO는 레이블 부착과 관련한 규칙이 있는데, 85% 법칙은 생산연도 표기와 포도 품종에, 그리고 100%의 법칙은 생산된 지역에 해당된다. 통제 대상의 와인 비율이 지속적으로 증가하고 있다. 남아공 대부분의 생산자들은 15가지의 평가기준을 가진 환경보호 프로그램에 가입되어 있다.

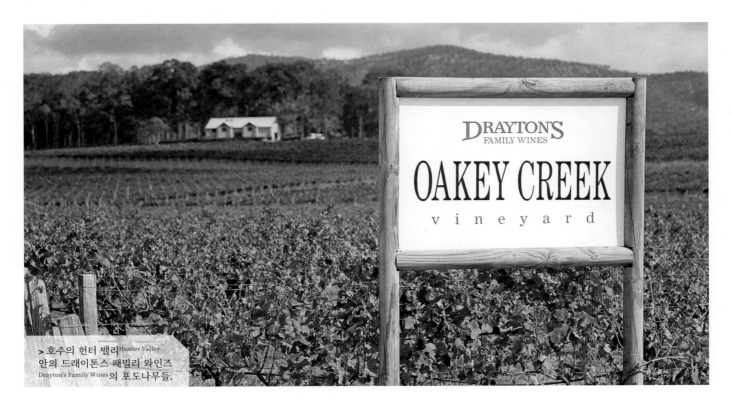

> 호주의 헌터 밸리Hunter Valley 안의 드레이톤스 패밀리 와인즈 Drayton's Family Wines의 포도나무들.

와인 레이블의 '암호 해독법'

와인 레이블을 판독하는 것은, 와인을 맛보기 전에 그 와인의 정체성을 이해하는 것이다.
생산자는 와인 레이블을 통해 법적 의무 사항인 일련의 정보를 제공하는 동시에
구매하고자 하는 욕망이 생기게 만들어야 한다. 와인 레이블은 구매자들이
바른 선택을 할 수 있도록 필요한 모든 정보를 제공해주어야 한다.

와인의 정체성

와인 레이블링은 전문가들의 요청과 합의가 된 후 공기관에 의해 제정된 엄격한 규정을 준수한다. 한 가지의 주된 목적은 소비자들에게 제품의 원산지와 주요 특징에 대한 정보를 최대한 제공하는 것이다. 이 가운데 일부는 세무 관련 업무에 사용될 정보를 공기관에 제공한다. 레이블은 우선 포도원과 정한 와인 범주에 관한 포도 재배/양조와 관련된 규정에 따라 만들어진 진품임을 증명한다. 프랑스에서는, 과다경쟁 소비와 사기 단속 총국 (DGCCRF, Diréction Générale de la Concurrence de la Consommation et de la Répression des Fraudes)과 관세청이 레이블에 제공된 정보와 일치하고 레이블의 표기사항이 규정에 부합하는지를 점검할 수 있다.

레이블은 수백 병의 와인이 진열된 매장에서 고군분투하는 소비자와의 유일한 대화 창구이다.
레이블은 와인이 진품임을 보증하고 정부의 감시 관할 기구로 하여금 현재 시행중인 법령에 부합되는지를 확인할 수 있게 해준다.

유용한 정보들

전면 레이블과 종종 있기도 하는 후면 레이블은 소비자들에게 일련의 정보를 제공한다. 와인의 원산지 정보 외에도 생산연도, 생산자의 이름, 병입자의 이름, 한 포도원의 와인인지 협동조합의 와인인지 혹은 네고시앙이 만든 와인vin de négoce인지 등을 알게 해준다. '생산자 병입mise en bouteille au château'과 같은 몇몇 특정 문구들은 법적 보호의 대상이다. '최고급 와인grand vin' 혹은 '수령이 높은 포도나무vieilles vignes'와 같은 다른 문구들은 단지 해당 와인을 만든 생산자의 자부심이거나 마케팅 수단이다. 레이블과 관련된 법은 최근 유럽연합이 유기농에 대한 규정이나(p.58 참조), 명칭과 관련하여 택한 조처들이(p.95와 다음 페이지 참조) 보여주듯이 계속 진화 중이다.

캡슐과 코르크 마개

프랑스에서는 대부분의 와인 병은 수입인지가 붙은 캡슐(capsule-congé)로 덮여 있다. 수입인지는 생산자의 지위와 생산된 지역을 알려준다. 그리고 주류 유통세를 세무 관련 관청에 납입했음을 증명한다. 이 캡슐이 없는 병이나 벌크로 판매되는 와인은 종이에 인쇄된 허가서를 첨부해야 한다 (p.127 참조). 모조품 생산을 막기 위해, 어떤 생산자들은 코르크 마개에 음각으로 원산지(생산자의 이름 또는 생산지 명칭)와 생산연도를 새겨 판다. 샹파뉴와 크레망 같은 원산지 명칭이 있는 발포성 와인은 원산지 명칭을 코르크 마개에 의무적으로 나타나게 해야 한다. 남아공, 오스트리아, 포르투갈 같은 몇몇 나라들에서는 정부에서 발급한 '밴드'를 코르크 마개나 캡슐 위에 붙여야 한다.

>CRD 캡슐 또는 캡슐 콩제capsule-congé는 주류 유통세를 납입했음을 증명한다.

의무 조항

범주의 명칭. 프랑스에서는 와인이 지리적 명칭이 없는 와인(vin de France)과 지리적 명칭이 있는 와인(IGP와 AOP)의 두 범주 중에서 어디에 속하는지를 알려준다(p.95 참조).

지리적 명칭이 없는 와인은 레이블 상에 'vin de France' 혹은 'vin de la communauté européenne'이라고 표시하여야 한다. AOP 등급인 경우, 레이블에 지리적 명칭이 나타나야 한다. 알자스나 샹파뉴와 같이 지방région이 표시될 수도 있고, 더 작은 범위일 수도 있다. 부르고뉴는 전체 면적을 뒤덮지만, 그 내부는 부르고뉴 지방 내의 하위 지방과 그리고 몇 아르 크기의 포도원 하나까지 마치 러시아 인형처럼 세분된다. 그래서 소비자는 에셰조Echézeaux가 비록 작은 단위더라도 부르고뉴의 명성 높은 포도원을 지시하고 있다는 것을 인지함을 전제로 한다.

병입자의 이름과 주소. 일반적으로 레이블 상에 와인이 양조된 곳에서 병입되었는지를 명확히 밝힌다. 이 경우 합법적으로 '포도원(도멘, 샤토)에서 병입된mise en bouteille à la propriété 또는 au/du domaine/château'이라고 명시할 수 있다. 프랑스 법상, 협동조합은 포도원 경영의 연장선상에 있다고 간주한다. 만약 한 생산자의 와인이 개별적으로 양조되고, 협동조합에 의해 병입되었을 때, 이 와인에 '포도원에서 병입된'이라고 명시할 수 있는 권리가 있다. 만약 한 와인이 포도원 외부의 서비스 대행업체에 의해 병입되었을 경우 'OOO에 의해 병입된'이라고 명시하면서 그 업체/사람의 이름과 우편번호를 적어야 한다. '우리의 저장고에서 병입된mise en bouteille dans nos chais' 혹은 '우리의 세심한 주의에 의해 병입된mise en bouteille par nos soin'은 일반적으로 네고시앙에 의해서 만들어진 와인이다.

용량. 리터, 센티리터, 밀리리터 등으로 표시된다. 용량은 대부분 75센티리터이지만, 반 병(37.5센티리터) 또는 매그넘(1.5리터)도 언제나 볼 수 있다.

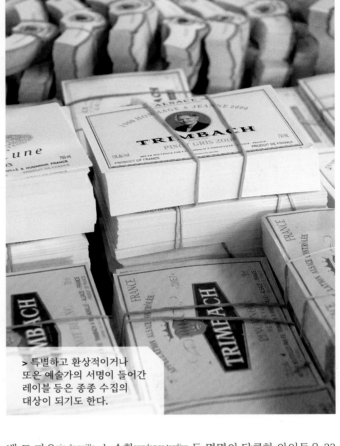

> 특별하고 환상적이거나 또은 예술가의 서명이 들어간 레이블 등은 종종 수집의 대상이 되기도 한다.

뱅 드 파유vin de paille, 늦수확vendange tardive 등 몇몇의 달콤한 와인들은 33센티리터나 50센티리터로 판매된다. 62센티리터의 클라블랭clavelin은 쥐라Jura 지방의 뱅존vin jaune에만 국한된다(p.345 참조). 보르도와 샹파뉴는 15리터 나뷔쇼도노소르nabuchodonosor까지 여러 용량의 병이 존재한다(p.86 참조).

알코올 도수. 전체 부피에서 알코올이 차지하는 비율이 백분율로 표시된다. 대부분의 와인은 11~14%의 알코올을 함유하지만 이탈리아의 모스카토 다스티Moscato d'Asti 같은 경우는 6%로 매우 약하고, 바닐스Banyuls와 같은 뱅 두 나튀렐vin doux naturel의 경우 20%까지로 매우 강하다.

생산국명. '프랑스산produit de France/produce of France'이라는 표시는 과거에는 수출용 와인에 한했지만, 지금은 모든 와인에 의무적으로 표시한다.

건강에 관련된 표시들. 앵글로색슨 국가로 수출되는 모든 와인에 의무 사항이었던, 방부제로 사용된 황부산물의 함유와 관련된 언급은 유럽에서 판매되는 와인이라도 전면 혹은 후면 레이블에 표시해야 한다. 와인의 정체를 위해 사용된 우유나 달걀을 기초로 만든 물질의 잔류 성분에

> 와인 메이커 미셸 롤랑
Michel Rolland이 양조한 포므롤
Pomerol의 샤토 르 봉 파스퇴르
Château Le Bon Pasteur.

드 프랑스 등급의 와인에는 금지 사항이다. '양조장에서 병입한'과 같은 의미의 다른 형태의 문장들만 포도 재배자가 만든 와인임을 알려준다.

등급. '크뤼 클라세cru classé', '프르미에 크뤼premier cru', '그랑 크뤼grand cru', '크뤼cru'라는 용어는 한정된 양의 와인에 붙는 법률에 따라 정해진 전통적인 표기이다. 보르도의 크뤼 클라세는 소유된 양조용 포도원에 매긴 서열에 근거한다(p.252-253 참조). 부르고뉴의 프르미에 크뤼와 그랑 크뤼, 그리고 알자스의 그랑 크뤼는 특정 지점과 테루아에 매긴 등급과 일치한다(p.279, p.343 참조). 샹파뉴의 지역은 동네별로 등급을 매겼다(p.325 참조). 1950년대에 시작된 프로방스Provence의 크뤼 클라세는 코트 드 프로방스Côtes de Provence 지역의 포도원에 부여되었다(p.435 참조).

포도 품종. 프랑스에서 AOP 등급 와인의 포도 품종 명시는 각 원산지 명칭마다 다르다. 알자스 지방은 체계적이지만 소비뇽 블랑Sauvignon Blanc으로 만든 화이트와인을 제외하고는 보르도 지방에서는 드물고, 피노 누아Pinot Noir로 양조된 와인과 관련해서 부르고뉴 지방에서는 산발적이다. IGP 등급의 와인은, 레이블에 명시된 포도 품종이 최소한 85% 이상 들어가야 한다. 블렌딩한 와인의 경우, 일반적으로 뒷면 레이블에 각각의 품종이 열거되어 있다. 뱅 드 프랑스의 경우, 마찬가지로 품종에 대한 언급은 선택사항이다. 신세계 와인의 대부분은 품종의 이름(들)이 지역 명칭보다 와인의 가치를 더 잘 드러나게 하고, 당연히 레이블에 등장한다. 유럽에서는 레이블에 표시하기 위해서 최소한 몇 퍼센트가 되어야 하는지가 법에 의해 정해져 있다(85~100%).

경영자의 지위. '소유주propriétaire' 혹은 '소유주·수확자propriétaire-récoltant' 등의 단어는 선택사항 중 하나이다(샹파뉴의 경우, p.327 박스 참조).

재배 방법. 유기농법으로 재배된 포도로 양조된 와인의 생산자는 레

대해서도 언급하여야 한다. 마찬가지로, 알코올이 임산부에게 유해할 수 있다는 로고도 있어야 한다.

로트LOT 넘버. 생산자나 네고시앙에 의해 출하될 때마다 조금씩 레이블에 추가하거나 병에 직접 인쇄하는 것으로 병 안의 담긴 와인의 정체를 알 수 있고, 역추적을 가능하게 한다.

주요 선택 사항

선택 사항은 와인 생산자가 소비자들이 수월한 선택을 할 수 있도록 제공하는 와인의 본질에 대한 보충적인 정보들이다.

생산연도 표기. 프랑스에서는 종종 병목에 작은 스티커로 붙이기도 하는 생산연도에 대한 언급은 IGP 와인과 동일하게 AOP 와인들에 있어서도 선택적이지만, 모든 생산자들은 생산연도를 표시한다. 뱅 드 타블르vin de table에 있어서는 오랫동안 금지 사항이었던 생산연도가 이제 프랑스에서는 허가되었다. 만약 생산연도가 표기되었다면 병 안의 와인은 어떤 범주의 와인이건 최소한 85% 이상 해당년도의 와인으로 구성되어야 한다.

브랜드 명. 예를 들어 고유명사+®과 같은 단순한 상품 브랜드 또는 '도멘Domaine X', '샤토Château Y', 'N.N'과 같은 상호와 장소로 이루어진 복잡한 상품 브랜드 등이다. '샤토château', '클로clos', '아베이abbaye' 등의 단어는 AOP 등급의 와인들만 사용 가능하고 토지대장에서 확인 가능한 개체와 일치하여야 한다. '도멘domaine', '마스mas' 등의 단어는 뱅

후퇴가 무엇일까?

프랑스에서 원산지 통제 명칭 사용을 허가 받으려면, 대상 와인은 승인을 위한 시음과 분석을 하여 그 와인의 품질과 관련된 것들을 보증해야 한다. 만약 그 와인이 원산지 명칭에서 요구하는 사항과 정확히 맞지는 않지만, 그래도 '올바르고 상품성이 있다면' 생산자는 동일 지역을 포함하는 좀 더 넓고 유연성이 있는 원산지 명칭으로 '후퇴'할 것을 요구할 수 있다. 예를 들어 포이약(Pauillac)은 메독(Médoc)이나 보르도로, 샤블리(Chablis)는 부르고뉴로 후퇴할 수 있다. 반면에, 허가된 수확량 초과에 의한 잉여분은 후퇴시킬 수 있는 대상이 아니다. '등급을 낮춘'이라고 소개되는 와인은 절대 사지 말아야 한다. 이는 언제나 속이기 위한 것이다.

이블에 유럽의 유기농 로고를 나타나게 해도 되고, 하지 않아도 된다. 명시를 할 경우에는 인증기관의 이름도 명시하여야 한다(프랑스에서는 일반적으로 Ecocert). '지속 농업agriculture raisonée' 또는 '내추럴 와인vin naturel'은 단순히 생산자의 약속에 불과하다. 바이오 다이내믹 농법으로 재배된 경우 Demeter, Biodyvin 등의 특정한 기관에 의해 인증 받을 수 있지만 유기농과는 달리 이 인증은 의무 사항은 아니며, '바이오 다이내믹biodynamie'이라는 단어는 법적인 보호를 받지 못한다.

기타 선택 사항

'**손으로 수확한**vendange manuelle'. 이 문구를 기록하기 위해서 와인에 사용된 포도는 100%가 수작업으로 수확되어야 한다.

'**필터링하지 않은 퀴베**cuvée non filtrée'. 이 문구는 와인이 단지 수티라주soutirage만 실시되었고, 필터에 거르지는 않았다는 것을 밝힌다(p.76 참조). 필터링하지 않은 와인 특유의 입자가 큰 침전물이 있지만 맛에는 아무런 영향을 미치지 않는다.

'**리(죽은 효모)와 함께 숙성한**élevage sur lies, élevé sur lies, sur lie'. 낭트Nantes 지방을 포함한 몇몇 지역에서는 수티라주soutirage를 통해 리lies를 제거하지 않을뿐더러 병입 전까지 리와 함께 숙성한다(p.76 참조). 이렇게 함으로써 와인 내의 잔류 탄산가스로 인해 와인의 생동감과 상쾌함을 강화시킨다.

'**오크통에서 숙성한**vieilli en fût(de chêne)'. 일반적으로 장기 숙성형 와인과 관련이 있다. 오크통에서의 숙성은, 특히 새 오크통의 경우, 와인에 바닐라 향, 오크 향, 토스트한 향 등을 준다. 오크통에서 숙성시킨 와인은 대부분 가격이 조금 높은 편이지만, 늘 좋은 품질을 지니지는 않는다. 왜냐하면 오크의 향이 다른 향들을 뭉갤 수 있기 때문이다.

공식 수상 경력. 만약 와인 경연대회에서 수상을 했다면, 레이블에 합법적으로 이것을 명시할 수 있다. 하지만 수상을 한 그 당해에 한한다. 이것은 오로지 AOP와 IGP 등급의 와인에 한정된다. 이러한 수상 경력이 갖는 가치는 121쪽을 참조하길 바란다.

레이블 상의 그림. 레이블에 등장하는 포도원의 건물이나 소유주의 소재지는 실제와 동일하여야 한다. 예술품의 복제의 경우도 마찬가지다. 레이블에 실제 포도원과는 다른 샤토가 나오면 어떤 경우에도 허용되지 않는다.

와인의 당도. '귀부 와인sélection de grains nobles'과 '늦수확한vendanges tardives'을 제외하고는 소비자들이 당도를 알 수 없는 알자스 와인을 포함하여, 종종 즐거운 놀라움을 주기도 하는 '섹(드라이한)sec', '드미 섹(살짝 달콤한)demi-sec', '모엘뢰(달콤한)moelleux' 혹은 '리쾨뢰(아주 달콤한)liquoreux' 등의 표시는 의무 사항이 아니다. 만약 레이블에 이러한 문구들이 쓰일 경우, 법에 의해 정해진 잔류 당도에 따른 명칭과 일치하여야 한다.

법적으로 정해지지 않은 사항들

가치 평가와 관련된 사항들로, 단지 이 문구를 사용한 사람의 선의를 믿을 수밖에 없다.

'**비에유 비뉴(고목)**vieilles vignes'. 일반적으로 고목일수록 수확량이 적어 더 농축된, 그래서 더 품질이 좋은 와인이 생산된다. 하지만 소비자들로서는 나무의 나이를 확인할 수가 없어 이 내용은 아무 쓸모가 없다.

> 와인의 생산연도는 와인 병의 어깨 부분에 별도의 레이블로 붙일 수 있다.

> 원산지 명칭 뷔제 세르동
Bugey-Cerdon의 와인은 대부분
가벼운 기포가 있는
로제와인이다.

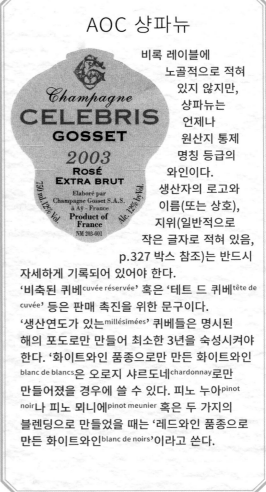

AOC 샹파뉴

비록 레이블에
노골적으로 적혀
있지 않지만,
샹파뉴는
언제나
원산지 통제
명칭 등급의
와인이다.
생산자의 로고와
이름(또는 상호),
지위(일반적으로
작은 글자로 적혀 있음,
p.327 박스 참조)는 반드시
자세하게 기록되어 있어야 한다.
'비축된 퀴베cuvée réservée' 혹은 '테트 드 퀴베tête de cuvée' 등은 판매 촉진을 위한 문구이다.
'생산연도가 있는millésimées' 퀴베들은 명시된 해의 포도로만 만들어 최소한 3년을 숙성시켜야 한다. '화이트와인 품종으로만 만든 화이트와인 blanc de blancs은 오로지 샤르도네chardonnay로만 만들어졌을 경우에 쓸 수 있다. 피노 누아pinot noir나 피노 뫼니에pinot meunier 혹은 두 가지의 블렌딩으로 만들었을 때는 '레드와인 품종으로 만든 화이트와인blanc de noirs'이라고 쓴다.

'특별한 퀴베cuvée spéciale', '예외적인 비축réserve exceptionnelle', '최고급 퀴베grande cuvée' 등등. 이러한 표현들은 밭의 특별한 부분에서 자란 포도이거나 예외적으로 잘 익은 포도로 만들어 품질(과 가격) 면에서 같은 생산자의 다른 것들보다 고급이라는 의미를 내포한다. 하지만 단지 생산자의 선의를 믿을 수밖에 없다.

'크렘 드 테트crème de tête'. 소테른Sauternes 와인에서 수확된 포도 중 가장 품질이 좋은 것으로 분류된 것들로만 만든 것을 말한다. '콩피confit'된 (농익은) 포도로 만들어 이 와인들은 유별나게 아주 달콤하다.

'(지역명)의 최고급 와인grand vin de(region 이름)'. 이 표현은 어디까지나 마케팅을 위한 것이다. 최고급 품질을 갖고 있는 보르도 크뤼 클라세의 '최고급 와인'과 혼동해서는 안 된다. 모든 경우에 '최고급 와인'이라는 표현은 해당 지방의 명칭이 뒤따른다. 예: '보르도의 최고급 와인'.

시리얼 넘버. 희소성을 가진 와인이라는 의미를 내포하지만, 매우 상대적이다.

발포성 와인의 경우

'기포가 있는 와인'이라는 단어는 병을 개봉할 때 공기방울로 나타나는 탄산가스가 있는 와인을 의미한다. 기포량의 증가에 따라 페를랑 perlant, 페티양pétillant, 무쇠mousseux(샹파뉴와 크레망을 포함)로 나뉜다.

레이블에 페를랑이나 페티양을 기재하는 것과 관련해서는 아무런 법적 지침이 없다.

도자주dosage. 리터당 그램으로 표시되는 잔류 당분을 알려주는데, 병입 전에 넣어 와인에 어느 정도 감미를 주는 와인과 설탕을 섞은 리쾨르 덱스페디시옹liqueur d'expédition의 당분 농축도를 말한다. 잔류 당분의 양에 따라, '두doux'(50g 이상), '드미 섹demi-sec'(33~50g), '섹sec'(17~35g), '엑스트라 드라이extra dry'(12~20g), '브뤼트brut'(15g 이

> 부브레(Vouvray)의 발포성 와인의 레이블

국가별로 다른 서열

프랑스 외의 장소에서 생산된 와인의 레이블이 제공하는
정보는 거의 프랑스의 것과 동일하다. 원산지의 명칭, 용량,
품종, 생산자 혹은 네고시앙의 이름, 알코올 도수, 위생 관련
주의사항, 생산국 등이다. 하지만 유럽에서 글씨 크기까지
레이블링의 규제가 조화를 이루는 반면 레이블의 서열은
국가마다 다르다. 마찬가지로 스페인, 포르투갈, 그리스의
레이블에서 원산지 명칭을 희생시키면서 네고시앙이나
퀴베의 이름을 가장 부각시킨다. 대부분의 신세계
국가들에서는 원산지 명칭이 포도 품종에 이어 두 번째로
나타난다.

Clairette de Die 양조에 쓰이는 방법도 있다('디의 방식méthode dioise').

크레망crémant. '크레망'이라는 단어는 예전에는 샹파뉴 '드미 무스demi-mousse'를 가리켰는데, 1992년부터 전통적인 방식으로 양조된 원산지
명칭이 붙은 발포성 와인에 사용되었다. 크레망을 만드는 프랑스의
주요 생산지는 부르고뉴, 알자스, 쥐라, 보르도, 디, 리무, 사부아 등
이다. 유럽에서는 룩셈부르크의 크레망, 스페인의 카바cava, 독일의 젝
트sekt, '클래식 방식metodo classico'이 붙은 이탈리아의 와인 등이 있다.

후면 레이블

의무 사항은 아니지만, 후면 레이블은 와인의 진정한 정체성을 보여
주고 전면 레이블은 단순히 명함 역할만을 하는 경우가 자주 있다.
전면 레이블의 반대편에 붙은 후면 레이블은, 종종 전면 레이블보다
크기가 큰데, 포도 품종, 포도가 자란 밭의 특징, 숙성 스타일과 기
간, 적정 음용 온도, 와인과 잘 어울리는 음식들 등, 와인의 여러 면
을 잘 설명한다. 앵글로 색슨 국가들에서 널리 퍼져 있는 후면 레이블
은 프랑스에서도 점점 더 많이 사용되
는 추세이다.

하), '엑스트라 브뤼트extra brut'(6g 이하). 3g 이하의 경우에는 '브뤼트
나튀르brut nature', '농 도제non dosé' 혹은 '도자주 제로dosage zéro'라는 표현
을 사용한다.

양조 방법. 품질이 좋은 발포성 와인의 거의 대부분은 샹파뉴 지방
에서 처음 사용된 2차 발효 방법을 사용한다. '샹파뉴 방식méthode
champenoise'이라는 단어를 대체하는 '전통 방식méthode traditionnelle'이라는
단어를 레이블에 사용할 수 있다. 어떤 지역에서는, 좀 더 들큼하고 발
포성이 떨어지는 와인을 만드는 다른 방법을 사용하는데, 잔당이 알
코올로 변하기 전에 병입하여 병 안에서 발효가 계속되면서 탄산가스
를 배출한다. 가이약Gaillac, 리무Limoux(블랑케트Blanquette), 디Die에서 이
방법을 사용한다. '조상들의 방식méthode ancestrale' 또는 '시골 방식méthode
rurale'이라고 레이블에 쓸 수 있다. 약간 다른 변형으로 클레레트 드 디

진실 혹은 거짓?

**후면 레이블에는
아무런 의무적 혹은
선택적 기입 사항이 없다.**

거짓 어떤 생산자들은 의무적 혹은 선택적
사항을 후면 레이블에 쓴다. 반면 복제된 그림과
같은 이미지나 퀴베의 이름으로 소비자들의
주목을 받기 위해 전면 레이블을 사용한다.
그러나 이 같은 방법은 빈약한 원산지와
낮은 평판을 감추기 위해 종종
뱅 드 타블르(vin de table)에도
동일하게 사용된다.

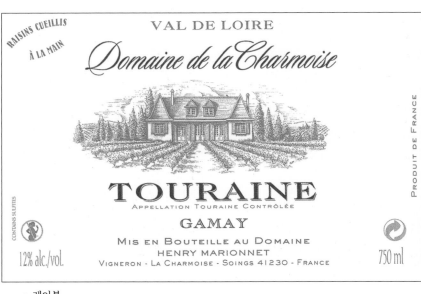

> 레이블

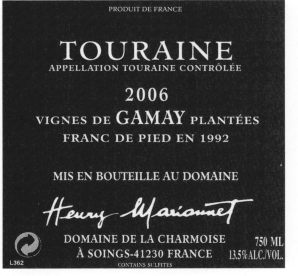

> 후면 레이블

레이블의 예

와인의 신분증 역할을 하는 레이블은 눈에 띄게 진화했다.
의무 사항 준수와 마케팅을 위한 정보이지만 규제를 받는 선택 사항들로 인해
더 이상 고전적인 레이블에는 공간이 부족하다.
그래서 상당수의 와인 병이 후면 레이블을 붙여 소비자들이 상품의 성격을 이해하는 데
도움을 줄 수 있는 더 많은 정보를 공유하는 하는 추세이다.

보르도(BORDEAUX) 와인

선택 사항

포도원 명칭,
의무 사항

원산지 명칭,
규제를 받는 의무 사항

규제를 받는 선택 사항

규제 사항으로 와인
생산지에서 병입했음을 의미

AOP 의무 사항

규제를 받지만 선택 사항인
생산연도

로고, 선택 사항

소유주의 이름,
의무 사항

알코올 도수,
의무 사항

용량,
의무 사항

부르고뉴(BOURGOGNE) 와인

원산지 명칭 정보

포도를 키운 농부가 와인의
양조에서 병입까지 했음을 알려줌.

AOP 의무 사항

Monopole – 와인이 한 포도원의
특정 밭에서 나온 포도로만 만들어
졌음을 알려줌('모노폴' 대신에 종종
'단일 생산자seul propriétaire'라고
레이블에 표기되기도 함)

테루아 혹은 '기후climat'에
대한 정보, 규제를 받는
선택 사항

주소, 의무 사항

포도원 명칭, 의무 사항

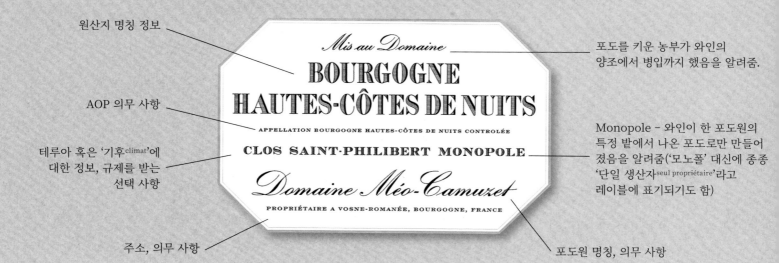

샹파뉴(CHAMPAGNE)

로고,
선택 사항

규제를 받는 선택 사항

브랜드 명, 의무 사항

샹파뉴에서는 선택 사항인
'그랑 크뤼Grand Cru'는 농부와
네고시앙 사이의 정해진 포도
가격이 테루아의 수준 때문에
최고점에 달했음을 의미함.

용량, 의무 사항

생산자의 이름과 주소,
의무 사항

의무 사항으로 'appellation
d'origine contrôlée'라는
문구는 적지 않아도 된다.
왜냐하면 모든 샹파뉴는
AOC 등급이기 때문이다.

와인 스타일(드미 섹demi-sec
샹파뉴는 리터당 33~50g의
잔당이 있다), 의무 사항

알코올 도수,
의무 사항

CM은 '협동조합에서의 작업coopérative
de manipulation'을 의미하는데, 따라오는
숫자는 식별 번호이다. 그러므로 이
샹파뉴는 협동조합에서 만든 것이다.

알자스(ALSACE) 와인

품질과 관련된 규제를 받는
선택 사항으로 여러 번에 걸친
수확을 통해 귀부 포도로만
만들어졌음을 의미.

로고, 선택 사항

병입자의 이름과 주소,
의무 사항

포도원의 명칭,
의무 사항

원산지 명칭 표기,
규제를 받는 의무 사항으로
뒤에 'Appellation Alsace
Contrôlée'가 따라옴.

포도 품종의 이름,
'Appellation Alsace
Contrôlée'일 경우 의무 사항.
이 레이블에서 생산자는 브랜드
명과 품종을 연결시켜 저작권이
있는 상표의 형태로 기록.

다른 의무 사항은 후면 레이블에 표기

뱅 드 페이(VIN DE PAYS)
(지리적 보호 표시)

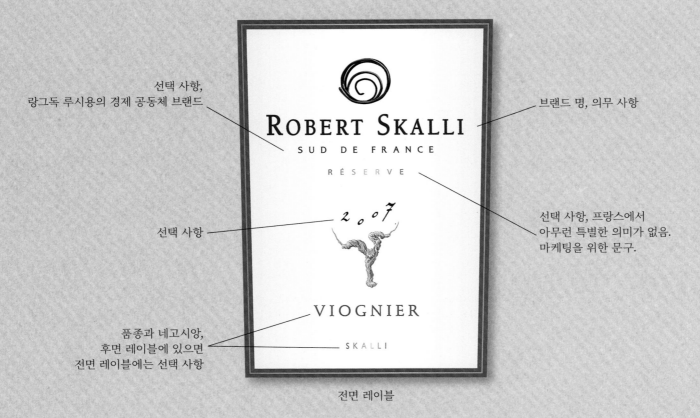

선택 사항,
랑그독 루시용의 경제 공동체 브랜드

브랜드 명, 의무 사항

선택 사항

선택 사항, 프랑스에서
아무런 특별한 의미가 없음.
마케팅을 위한 문구.

품종과 네고시앙,
후면 레이블에 있으면
전면 레이블에는 선택 사항

전면 레이블

포도 품종의 이름, 한 가지
품종이 85% 이상 들어갔을 경우
의무 사항

품질과 관계된 정보,
규제를 받는 선택 사항

건강과 관련된 정보,
의무 사항

2009년부터 실효 중인
원산지와 관련된
유럽연합 규정, 의무 사항

알코올 도수와 용량,
의무 사항

판매자의 이름과 주소,
의무 사항

2009년부터 내수시장
판매용에도 의무 사항

선택 사항

후면 레이블

스페인 와인

로고, 선택 사항

쿼베(cuvée)의 이름

원산지 명칭, 의무 사항

Denominación de origen calificada,
는 프랑스의 AOC와 같은 등급,
의무 사항

네고시앙 브랜드의 이름

규제를 받는 사항으로,
이 와인은 12개월의 오크통 숙성을
포함하여 최소한 3년 숙성시켰음을
알림.

규제를 받는 사항으로,
(비록 포도가 다른 포도원에서 온
것이라도) 이 와인은 양조, 숙성,
병입을 소유주가 다 했다는 것을
의미함.

다른 의무 사항은 후면 레이블에 기록

이탈리아 와인

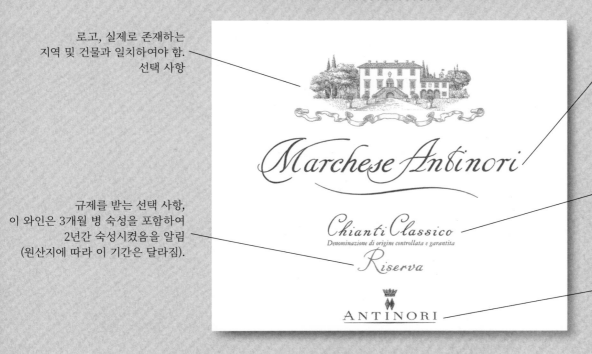

로고, 실제로 존재하는
지역 및 건물과 일치하여야 함.
선택 사항

규제를 받는 선택 사항,
이 와인은 3개월 병 숙성을 포함하여
2년간 숙성시켰음을 알림
(원산지에 따라 이 기간은 달라짐).

와인의 수준과 관련된 명칭,
규제 받는 사항

규제된 원산지 표시로
*Denominazione di origine
controllata et garantita* (DOCG).
라는 문구가 뒤에 따라옴.
'클라시코(classico)'는 이 와인은
해당 원산지의 가장 오래된 역사적
지역에서 생산되었음을 의미.

생산자의 이름(의무 사항)과
브랜드 명(선택 사항)

다른 의무 사항은 후면 레이블에 기록

독일 와인

로고, 선택 사항

크뤼cru의 이름, 규제 받는 선택 사항으로 Malterdinger는 마을 이름에 'er' 접미사가 붙어 형용사로 바뀜. ('Malterdingen의') Bienenberg는 리유 디lieu-dit의 하나. 규제 받는 선택 사항

포도 품종, 규제 받는 선택 사항

품질의 수준을 알려주는데, 카비네트 Kabinett는 프레디카트Pradikat 와인의 가장 아래 등급이다('뛰어난 품질을 가진 와인vin de qualité avec distinction'), 규제 받는 선택 사항

와인의 범주, 의무 사항

생산자의 이름, 의무 사항

품질 인증 도장, 뛰어난 품질을 가진 독일 와인의 생산자 조합(VDP)에 소속된 생산자에게 의무 사항

포도원이 위치한 지역, 규제받는 선택 사항

생산자의 서명, 선택 사항

생산연도(빈티지), 규제 받는 선택 사항

'섹(드라이한)sec'을 의미. 선택 사항

공식 검사 번호

양조자가 병입, 규제 받는 사항

용량, 의무 사항

알코올 도수, 의무 사항

생산자의 주소

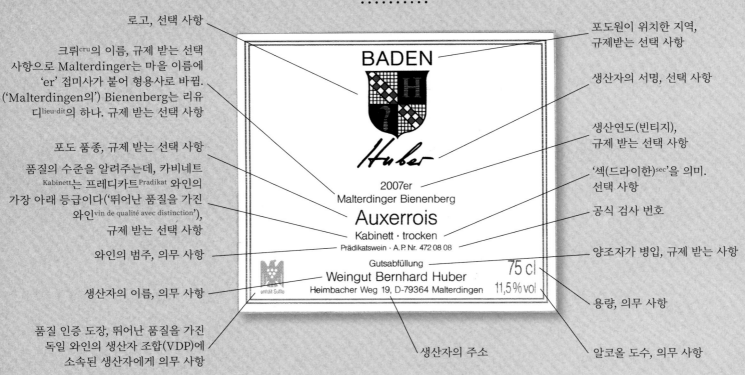

호주 와인

퀴베의 이름, 선택 사항

생산연도, 선택 사항

용량, 의무 사항

브랜드 명, 의무 사항

생산 지역, 선택 사항

포도 품종, 선택 사항

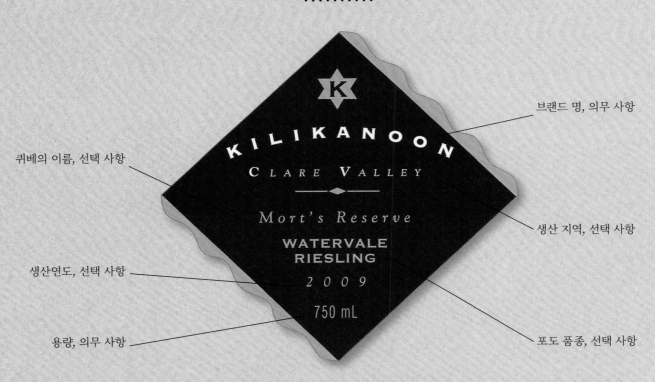

다른 의무 사항은 후면 레이블에 기록

칠레 와인

소유주의 이름

퀴베(cuvée)의 이름, 선택 사항

생산연도, 선택 사항

원산지 명칭(DO), 선택 사항

상품화한 병의 수, 선택 사항

생산자의 이름과 주소, 의무 사항

'손으로 수확한', 선택 사항

용량, 의무 사항

알코올 도수, 의무 사항

'필터링하지 않은', 선택 사항

미국 와인

생산연도, 선택 사항

동일한 포도원에서 양조되고 병입되었음을 의미(포도는 외부에서 사온 것도 가능), 선택 사항

포도원의 이름

포도 품종, 규제받는 선택 사항, 명시된 품종이 최소 75% 이상 들어가야 함.

AVA (American Viticultural Area), 한정된 생산 지역, 규제받는 사항

알코올 도수, 의무 사항

다른 의무 사항은 후면 레이블에 기록

과거와 현재의 레이블

간결한, 고전적인, 모던한, 독창적인… 와인만큼이나 레이블도 역시 다양하다.
가장 아름다운 것들은 수집의 대상이 된다.

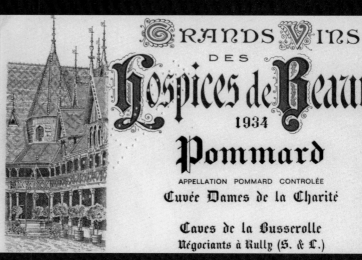

Château Leyritz-Moncassin

Rosé

Vincent DELMOTTE
Propriétaire

SCEA SOVIMON
47700 LEYRITZ MONCASSIN
FRANCE

BUZET
APPELLATION BUZET CONTROLÉE

12% vol.   750 ml

MIS EN BOUTEILLE AU CHATEAU
PRODUIT DE FRANCE   CONTAINS SULPHITES

Cuvée du Poilu

CÔTES DU RHÔNE

1918

APPELLATION CONTROLÉE

1988

MIS EN BOUTEILLE PAR LES PRODUCTEURS RÉUNIS A F 26790-357

75cl   CAVE LA ROMAINE   12,5 % Vol.

84110 VAISON - LA - ROMAINE

PRODUIT DE FRANCE

CUVÉE SAINT-VALENTIN

SAINT-AMOUR
APPELLATION SAINT-AMOUR CONTROLÉE

MIS EN BOUTEILLE PAR
LOUIS TÊTE À 69430 BEAUJEU - FRANCE
PRODUIT DE FRANCE

13% vol 75 cl

VIN des AMPHORES

SYRAH

VIN DE PAYS D'OC

Les Coteaux de Saint-Cyr

MIS EN BOUTEILLE
PAR LA S.C.V. SALLELES D'AUDE
PRODUIT DE FRANCE

12% vol.   75 cl

CUVÉE PASTEUR

ARBOIS
APPELLATION ARBOIS CONTROLÉE

12,5% Vol.   75 cl e

PRODUIT ET MIS EN BOUTEILLE PAR
HENRI MAIRE AU CHATEAU BOICHAILLES 39600 ARBOIS JURA FRANCE

어디서
어떻게
와인을
살까?

OÙ ET COMMENT ACHETER LE VIN ?

구매를 위한 도움

좋은 품질의 다양하고 수많은 와인 병들을 마주할 때, 애호가들은 전문지나 구매 가이드의 도움을 받는다.
매우 유용하기도 하지만, 이런 매체들이 특정 와인에 대한 발행자의 선호도에
영향을 받았다는 것을 잊어서는 안 된다.

구매 가이드

매년 소비자들에게 가장 가성비 좋은 와인이나 각 범주의 가장 좋은 와인을 알리기 위해 가이드가 발행된다. 어떤 가이드들은 각 원산지 혹은 테루아의 최고의 포도원이나 가장 좋은 와인을 소개하는 데 중점을 두는가 하면, 다른 것들은 '저렴한' 와인이나 마트에서 판매하는 와인을 선택하는 것에 초점을 맞춘다. 또 어떤 것들은 특정 생산연도의 와인들에 대한 평을 중시하고, 다른 것들은 생산자나 포도원을 우선한다. 어떤 가이드들은 유명한 시음자의 평가를 기초로 한다면, 다른 가이드는 전문가로 구성된 심사위원단의 평가를 바탕으로 삼는다. 신빙성을 얻기 위해, 이러한 시음은 블라인드 방식으로 진행된다.

가이드들의 순위를 신뢰할 만한가?

어떤 가이드건 간에, 생산자가 보낸 샘플을 근거로 판단하는데, 여기엔 변수가 발생할 수도 있다. 그래서 생산자들은 그들의 최고의 와인을 샘플로 보내려고 한다. 대부분 전문가의 시음은 진지하게 이루어지고 오랜 경험을 바탕으로 하기에, 소비자는 이 샘플 와인의 시음을 객관적으로 평가한 전문가들의 의견을 믿을 수 있다. 그럼에도 불구하고 어떤 와인에 대한 모든 평가는 각 시음자의 미각의 습성이 반영되어 일정 부분 주관적일 수밖에 없다. 게다가 그 어떤 평가도 완벽하다고는 볼 수 없다. 어떤 와인의 이름이 아무런 가이드에도 나오지 않았다고 해서 그 와인의 품질이 낮다는 것을 의미하지는 않는다. 하지만 뛰어난 와인이 오랫동안 거론되지 않는 일은 드물다.

> **뛰어난 가성비로
> 좋은 평을 받는 와인들은
> 생산자의 창고나 와인 장터에서
> 판매 첫날 대부분 빠른 속도로 완판된다.**
> 애호가들은 와인 판매점이나
> 레스토랑에서 이 와인들을
> 다시 접할 수 있기를 바라지만
> 알고 있던 그 가격이 아니다!

이러한 몇몇 재야의 고수들이 있을 수 있지만, 구매 가이드는 여러 포도원의 주소를 알려주고 실질적인 정보를 주는 값진 도구이다. 이 책들은 전반적인 가격의 상승 정보는 물론이고 새로 등재된 고품질 생산자 및 유행 혹은 어떤 원산지의 와인 스타일에 영향을 주는 재배 기술의 변화 등 여러 포도원들의 최근 변화에 대한 풍부한 정보를 제공한다.

참고할 만한 몇몇 가이드

아셰트 와인 가이드(Le guide Hachette des vins). 와인 메이커와 업계 종사자로 구성된 지역 판정단에 의해 블라인드로 시음된 10,000개 이상의 와인에서 고른 와인을 소개한다. 품질에 따라 최대 3개까지 별의 개수로 점수를 매긴다.

베탄과 데소브의 프랑스 와인 가이드(Le grand guide des vins de France Bettane et Dessauve). 월간 프랑스 와인 리뷰(La revue de vins de France) 매거진의 옛 기자인 미셸 베탄^{Michel Bettane}과 티에리 데소브^{Thierry Dessauve} 그리고 소규모의 시음팀에 의해 제작되는 이 가이드는 라 마르티니에르 출판사^{les édition de La Martinière}에서 출판한다. 제작팀은 50,000개 이상의 와인을 시음하고 9,000개 정도만 등재시킨다. 대략

> ▶ 품질이 나쁜 저렴한 와인은
> 결국 매우 비싼 값을 치르는
> 것과 같다. 각 가격대에
> 합당한 좋은 와인이 있다.

대중지와 전문지

이제는 관례가 되어 버렸다. 매년 가을, 대형 마트의 와인 장터 시기가 열릴 즈음에, 주간지와 월간지의 대부분은 와인과 관련된 특집 기사로 지면을 할애한다. 일반인을 대상으로 한 이 기사들은 대부분 초보자들도 이해할 수 있는 내용이다. 조예가 깊은 애호가들은 전문지를 선호하지만, 대중지에 나오는 기사를 쓰는 저자들이 대개 전문지의 기사를 쓰는 같은 사람인 경우가 대부분이다.

> 정기적으로 와인을
시음하는 것은 각자의
취향을 좀 더 명확하게
하여 구매에 도움이 된다.

30%는 한 병에 10유로 미만인 와인들이다. 와인들은 20점 만점으로
채점되지만 포도원의 명성은 별로 표시하는 방식이다.

최고의 프랑스 와인 가이드(Les guides des meilleurs vins de France). 월간 프랑스 와인 리뷰(*La revue de vins de France*)의 기자와 시음가에 의해 작성되는데, 이 가이드는 잡지를 위해서 1년 내내 진행된 시음을 기초로 하여, 시음 및 평가 대상의 와인을 양조한 1,000개의 포도원을 추려낸다. 현실적인 유용한 정보를 제공한다.

최고의 저가 와인 가이드(Le guide des meilleurs vins à petits prix). 마찬가지로 월간 프랑스 와인 리뷰(*La revue de vins de France*)가 작성하는 가이드로 3~20유로 사이의 와인 중 1,500여 가지를 선별해 간략하게 설명하고 점수를 매긴다.

고미요 와인 가이드(Le guide des vins Gault-Millau). 이 가이드는 현재 인터넷 상에서만 존재한다.

와인 애호가들의 가이드(Le guide des grands amateurs de vin). 알랭 마르티[Alain Marty]에 의해 고안된 독립적이고 조예가 깊은 애호가들에 의해 작성된 가이드로, 800개의 포도원에서 양조한 3,000개의 와인을 시음한다. 1,000명이 넘는 사람으로 구성된 '채점단'에 의해 만들어지는데 식당 가이드 저갯[Zagat]과 비슷한 원칙으로 한다.

인터내셔널 비날리, 세계의 와인 1000(Vinalies internationales, 1000 vins du monde). 아셰트 출판사가 작성하는 가이드로 프랑스 와인 메이커 조합이 기획한 대회를 통해 제작된다. 35개의 와인 생산국에서 온 와인들을 대상으로 하기 때문에 프랑스를 제외한 다른 나라의 와인 애호가들에게 특히 흥미롭다.

시음의 장점

와인을 '이해'하는 것에 있어서 시음을 대체할 수 있는 것은 없다
(p.203-205 참조). 단지 설명만 가지고 어떤 와인에 대한 정확한 생각을 만드는 것은 사실상 매우 힘든 일이다. 그래서 애호가들에게 맛볼 수 있는 기회를 적극 활용할 것을 강력히 조언한다.

어디서 시음할까? 특정 원산지의 조합에서 기획하는 공개 시음회나 와인 시음회(salons viticoles) 참석은 특정 지역의 최고의 생산자를 선택할 수 있는 뛰어난 방법이다. 네고시앙이나 와인 판매자가 와인에 입문하려는 초보나 지식을 더 쌓으려는 애호가 고객을 대상으로 하는 시음회도 있고 혹은 와인 동호회에서 하는 시음도 있다. 생산자

가 직접 하는 시음회는 해당 지역이나 생산자에 따라 다소간 차이가 있지만 전반적으로 화기애애한 분위기다. 와인을 발견할 수 있는 좋은 기회이지만, 아무것도 구매하지 않고 자리를 떠날 때는 대개 기분이 찜찜하다. 이런 경우, 단번에 대량 구매를 하기 전 단지 몇 병만 구입해 집에 돌아와 다시 시음할 것을 권장한다. 매 시음 후에 느낀 점을 기록하는 습관을 들이는 것이 좋다. 이렇게 함으로써 구매가이드나 소믈리에 등의 전문가가 제공하는 조언을 좀 더 잘 활용할 수 있다.

와인을 잘 선택하기 위한 몇 가지 판단 기준

가이드들에 나오는 수많은 와인 중에, 애호가들은 당연히 각자의 판단 기준에 의거해 와인을 고른다. 어떤 종류 혹은 어떤 스타일의 와인을 좋아하는가?(p.154-161 참조) 어느 수준의 가격대를 택할까? 데일리 와인 같이 연내에 마시기 위한 것인가? 혹은 개인적으로 자신의 와인 저장고에서 숙성하여 의미있는 이벤트에 마시기 위한 것인가? 이러한 다양한 변수를 고려하면 선택은 상당히 수월해진다.

와인의 가격

한 병의 가격이 어느 정도 와인의 품질을 말한다 하더라도, 가격은 그 와인의 명성,
가이드들의 평, 그리고 당연히 수요와 공급에 따라 정해진다.

와인의 서열(등급)

특정한 원산지의 명칭이 없는 뱅 드 프랑스vin de France에서부터 수백 유
로 혹은 그보다 더 비싸기도 한, 명성 있는 원산지와 포도원에서 생산
된 와인에 이르기까지, 와인에는 서열이 있다. 일반적으로, 와인의 명
성이 오래된 것일수록 그 값은 더 비싸다. 뱅 드 프랑스 혹은 IGP 범주
의 와인들이 수확량이 많기 때문에 이론상 AOP/AOC 와인보다 저렴
하지만, 이 범주 안의 와인들 중 품질로 명성이 높은 몇몇 와인은 보호
된 명칭의 와인들과 비슷하거나 혹은 더 비싼 가격에 팔리기도 한다.

원산지 명칭의 시세

각각의 명칭 또는 포도 재배 지역은 수요에 의해 결정된 기준 가격이
있다. 이것은 생산자와 네고시앙 사이에서 발생하는 토노tonneau(대형
오크통)당 혹은 헥토리터당 가격이다. 이 시스템은 보르도, 랑그독,
론 지방과 같이 대량 생산을 하는 지역과 구매한 와인의 상당 부분이
중개 도매상이나 생산 협동조합에 의해 판매되는 지역에서 통용된다.

알자스와 같이 생산량의 대부분이 병입된 상태로 판매가 이루어지는
지역에서는 이러한 시세가 덜 중요하다. 지역신문에 게시되는 원산
지 명칭의 시세는 명성, 이전 시세, 판매 가능한 와인의 양, 생산연도
의 품질, 수요를 기초로 한다.
원산지 명칭의 시세 이외에도, 유행에 의한 어떤 현상이나 와인 메이
커의 명성과 같은 여러 요소가 와인의 가격을 결정하는 데 기여한다.
끝으로, 와인의 가격은 생산자가 직접 혹은 대형 마트나 와인 전문 매
장 등, 판매 방법에 의해서도 바뀐다.

원산지 명칭에 따른 몇몇 가격

아래의 표는 와인을 크게 여러 범주로 나눈 것 중 각각에 속하는 일부
원산지 명칭의 가격 범위를 참고적으로 알려준다(p.154-161 참조).
이 가격들은 생산자가 한 병 단위로 판매할 경우이다. 대형 마트에서
는 대략 10% 정도 선에서 가격이 싸지거나 비싸질 수도 있다.

과일향이 나는 가벼운 레드와인 VINS ROUGES LÉGERS ET FRUITÉS

Coteaux-du-Lyonnais	5 € 미만	Vin de Savoie (sauf mondeuse)	6~10 €	Arbois	8~15 €
Beaujolais	5~10 €	Hautes-Côtes-de-Beaune	9~15 €	Pinot noir d'Alsace	8~15 €
Touraine Gamay	5~8 €	Côtes-du-Jura	7~13 €	Hautes-Côtes-de-Nuits	9~15 €
Bardolino	5~10 €	Dôle (Suisse)	7~13 €	Bourgogne	8~15 €
Valpolicella	5~15 €	Bourgueil	8~12 €	Mâcon	6~10 €

과일향이 나면서 풍만한 레드와인 VINS ROUGES CHARNUS ET FRUITÉS

Chianti	4~10 €	Côtes-du-Rhône-Villages	5~12 €	Saumur-Champigny	7~14 €
Bordeaux et Bordeaux Supérieur	4~15 €	Gaillac	5~12 €	Languedoc	5~15 €
		Bergerac	5~15 €	Saint-Émilion	8~15 €
Buzet	5~10 €	Graves	7~15 €	Crozes-Hermitage	9~20 €
Fronton	5~10 €	Pinotage d'Afrique du Sud	8~15 €	Saint-Joseph	10~20 €
Barbera d'Alba	7~15 €	Bierzo	8~15 €	Primitivo (Italie)	5~15 €
Rioja (joven)	7~15 €	Saint-Nicolas-de-Bourgueil	7~13 €	Merlot du Chili	5~15 €

힘 있고 알코올이 풍부한 복합적인 레드와인 VINS ROUGES COMPLEXES, PUISSANTS ET GÉNÉREUX

Pomerol	20 € 이상	Rioja (reserva)	10~20 €	Saint-Émilion Grand Cru	10~25 €
Côtes-du-Roussillon-Villages	5~10 €	Zinfandel de Californie (Sonoma, Napa Valley)	10~30 €	Valpolicella Amarone	20 € 이상
Toro (Espagne)	15~35 €			Shiraz (Barossa Valley, Australie)	10~25 €
Cahors	6~20 €	Madiran	8~15 €		
Minervois-la-Livinière	9~20 €	Pécharmant	8~15 €	Châteauneuf-du-Pape	18 € 이상
Corbières-Boutenac	7~18 €	Priorat	18~50 € 이상	Malbec de Mendoza (haut de gamme)	15~30 €
Douro	8~20 €	Gigondas	12~20 €		

탄닌이 두드러지면서 기품 있는 복합적인 레드와인 VINS ROUGES COMPLEXES, TANNIQUES ET RACÉS

Assemblage bordelais de Stellenbosch (Afrique duSud)	12~30 €	Cornas	15 € 이상	Saint-Julien	15 € 이상
		Pauillac	14 € 이상	Côte-Rôtie	20 € 이상
Chianti Classico	15~30 €	Pessac-Léognan	14 € 이상	Hermitage	30 € 이상
Haut-Médoc	8~20 €	Saint-Estèphe	14 € 이상	Brunello di Montalcino	20 € 이상
Bandol	14 € 이상	Saint-Émilion Grand Cru Classé	15 € 이상		
Margaux	12 € 이상	Barbaresco Barolo	20~50 € 이상		

우아하고 기품 있는 복합적인 레드와인 VINS ROUGES COMPLEXES, ÉLÉGANTS ET RACÉS

Mercurey	10~20 €	Vosne-Romanée	25 € 이상	Gevrey-Chambertin	30 € 이상
Pommard	15 € 이상	Corton	30 € 이상	Grands vins rouges de Ribeira del Duero	25 € 이상
Volnay	15 € 이상	Grands vins rouges à base de cabernet-sauvignon de la Napa Valley	40 € 이상		
Chambolle-Musigny	25 € 이상			Bolgheri Sassicaia	100 € 이상

과일향이 나면서 색이 옅은 로제와인 VINS ROSÉS PÂLES ET FRUITÉS

Luberon	4~10 €	Côtes-de-Provence	6~15 €	Bordeaux	7 € 미만
Rosé de Loire	5 € 미만	Corse	7~12 €	Coteaux-d'Aix-en-Provence	8~12 €
Irouléguy	5~10 €	Coteaux-Varois	6~12 €	Fronton	5~10 €

레드와인처럼 색과 맛이 짙은 로제와인 VINS ROSÉS VINEUX ET CORSÉS

Corbières	5 € 미만	Languedoc	5~10 €	Tavel	8~15 €
Côtes-du-Rhône	5 € 미만	Lirac	5~10 €	Bandol	10~20 €
Bordeaux clairet	5~10 €	Marsannay	10~15 €	Rosé des Riceys	15~20 €

산미가 있고 가벼운 화이트와인 VINS BLANCS SECS LÉGERS

Gros-Plant	3~8 €	Bourgogne Aligoté	5~10 €	Vin de Savoie (à base de jacquière)	5~10 €
Bergerac	4~10 €	Cour-Cheverny	5~10 €	Petit Chablis	5~12 €
Entre-deux-Mers	4~10 €	Touraine Sauvignon	5~10 €	Vinho Verde	4~12 €
Muscadet	4~10 €	Côtes de Gascogne IGP	4~10 €	Fendant et chasselas (Suisse)	7~20 €
Picpoul de Pinet	5~10 €	Sylvaner d'Alsace	5~10 €	Mâcon	6~10 €

과일향과 강한 산미가 있으며 청량한 화이트와인 VINS BLANCS SECS INTENSES, FRAIS ET FRUITÉS

Rueda	8~15 €	Vins de Corse	6~12 €	Jurançon sec	8~15 €
Gaillac	5~10 €	Arbois (chardonnay ou savagnin)	7~12 €	Sancerre	10~20 €
Côtes-de-Provence	6~10 €	Graves	7~12 €	Soave Classico	8~20 €
Sauvignon blanc de Casablanca (Chili)	8~15 €	Saumur	8~15 €	Chablis	10~20 €
		Montlouis sec	7~15 €	Pouilly Fumé	10~20 €
Vins blancs secs de Penedès	6~12 €	Quincy	8~12 €	Sauvignon de Nouvelle-Zélande	10 € 이상
-		Vin de Savoie Chignin Bergeron	8~18 €	Riais Baixas	7~15 €

산미와 풍부한 맛이 있는 기품 있는 화이트와인 VINS BLANCS SECS AMPLES ET RACÉS

Grünre Veltliner de la Wachau et du Kamptal (smaragd)	15~25 €	Pessac-Léognan	12~20 € 이상	Chassagne-Montrachet	20 € 이상
		Chardonnay de la Napa Valley	15~25 €	Hermitage	20 € 이상
Savennières	8~15 €	Châteauneuf-du-Pape	15~20 € 이상	Pouilly-Fuissé	15~25 €
Vouvray	8~20 €	Meursault	20 € 이상	Puligny-Montrachet	30 € 이상
Chablis Premier Cru	10~20 €	Chablis Grand Cru	20 € 이상	Montrachet	40 € 이상

산미와 함께 매우 강한 아로마가 있는 화이트와인 VINS BLANCS SECS TRÈS AROMATIQUES

Muscat d'Alsace	6~10 €	Gewurztraminer d'Alsace	6~15 €	Condrieu	20 € 이상
Pinot gris d'Alsace	6~15 €	Xérès Fino ou Manzanilla	8~15 €	Vin jaune du Jura	20 € 이상
Riesling d'Alsace	6~15 €	Château-Chalon	20 € 이상	Torrontès d'Argentine	7~12 €

여러 종류의 당도를 가진 화이트와인 VINS BLANCS DEMI-SECS, MOELLEUX OU LIQUOREUX

Pacherenc-du-Vic-Bilh	7~15 €	Cérons	12~20 €	Riesling SGN	20 € 이상
Cadillac	6~12 €	Vouvray moelleux	15~20 €	Sauternes	20 € 이상
Coteaux-du-Layon	8~20 €	Riesling Vendanges tardives (VT)	15~25 €	Tokaj de Hongrie	20 € 이상
Jurançon	10~20 €	Passito di Pantelleria	15~40 €	Gewurztraminer SGN	25 € 이상
Monbazillac	8~20 €	Barsac	20 € 이상	Pinot gris SGN	25 € 이상
Montlouis moelleux	10~20 €	Gewurztraminer VT	20 € 이상	Riesling Beerenauslese et Trockenbee-renauslese allemand (Moselle, Rheingau)	30 € 이상
Sainte-Croix-du-Mont	10~20 €	Quarts-de-Chaume	20 € 이상		

뱅 두 나뛰렐과 뱅 드 리뀌르 VINS DOUX NATURELS ET VINS DE LIQUEUR

Muscat de Mireval	6~10 €	Banyuls	10 € 이상	Muscat de Beaumes-de-Venise	10~20 €
Muscat de Rivesaltes	6~10 €	Rivesaltes	10 € 이상	Muscat de Frontignan	10~20 €
Pineau des Charentes	8~15 €	Macvin du Jura	10~20 €	Rasteau	10~20 €
Porto	8~50 € 이상	Maury	10~ 20 €		

기포가 있는 와인 VINS EFFERVESCENTS

Lambrusco	5~7 €	Vouvray	5~20 €	Montlouis, Saumur	6~10 €
Clairette de Die	5~10 €	Blanquette de Limoux	6~10 €	Crémant du Jura	7~10 €
Crémant de Bordeaux	5~10 €	Crémant d'Alsace	6~10 €	Cava mousseux de Catalogne	8~12 €
Gaillac	5~10 €	Crémant de Bourgogne	6~10 €	Champagne	13 € 이상
Prosecco	5~15 €	Sekt allemand	4~12 €	Asti et Moscato d'Asti	5~12 €

상점에서의 와인 구매

프랑스의 경우, 집에서 소비되는 와인의 대부분은 대형 마트에서 구입한 것이다. 선별된 와인과 그 가격이 때로
매력적이지만, 전통적으로 가을에 열리는 와인 장터(foires aux vins) 기간을 제외하고는 와인에 대한 정보가 부족하다.
좋은 와인 전문점에서는 슈퍼마켓에서 구할 수 없는 와인들이 있고 좋은 조언을 들을 수 있다는 장점이 있다.
대형 마트보다 가격은 다소 비싸다.

대형 마트

주무기. 의심의 여지없이 가격이다. 구매 전담 부서와 낮은 물류 비용
덕분에, 대형 마트는 모든 범주의 와인을 매력적인 가격으로 판매하는
데, 와인 전문상점뿐만 아니라 와이너리에서 파는
가격보다도 저렴하게 파는 것을 자주 볼 수 있
다. 품질 좋은 와인에 대한 수요에 발맞춰,
몇몇 업체들은 매우 노련한 와인 구매 전문
가를 고용했다. 다른 기업들은 네고시앙과
혹은 '품질의 경로'라는 하부 브랜드를 만
들기 위해 모든 원산지 통제 명칭과 계약
을 맺었다. 와인의 진열 및 보관에 있어서
도 진전이 이루어졌다. 와인 병이 좀 더 짧
은 기간 동안 진열대 조명에 노출되게 하고,
같은 마트의 매장이라도 각 매장의 고객층에
맞춰 다른 와인 판매 정책을 갖게 했다. 심지어
몇몇 마트에서는 고급 와인을 위한 조명과 온도를 갖춘 셀러를 갖고
있는 곳까지 있다.

> **현재 와인 시장에는
> 전 세계에서 온 수천 수만 가지의
> 와인이 있다.**
> 대략 80%는 의심의 여지 없이
> 대형 마트에서 가장 좋은 가격에 판매된다.
> 그러나 카비스트들은 좀 더 뛰어난
> 선별 목록을 가지고 있고,
> 이에 적합한 값진 조언을 해준다.

약점. 대형 마트의 약점에 대해 불평하는 건 특히 와인 메이커들이다.
납품을 하기 위해서는 생산량이 많아야 할 뿐만 아니라, 작황이 좋지
않거나 재고가 소진되었을 경우 불이익을 감수하는 계약서에 서명
을 해야 한다. 그러다보니 대형 마트는 대량 생산자들이나 네고시앙,
그리고 엄청난 양을 생산해내는 지역들에게 우선권
을 주게 된다. 원산지의 분류와 관련한 현실적
인 고민 없이 와인이 진열대에 전시되는 일도
발생한다. 어느 날 우연히 발견한 좋은 와인
이 몇 주 후에는 더 이상 판매되지 않을 수
도 있다. 조언을 구할 수 있는 직원이 없는
경우, 스스로 레이블을 이해하고 좋은 가이
드로 무장하는 것이 낫다(p.104-115 참조).
결론. 현재 대부분의 대형 마트는 매우 경
쟁력 있는 가격으로 다양한 품질의 와인을 소
비자들에게 공급한다. 와인 장터 시즌을 제외하
고는 숨겨진 보석을 찾을 것이라는 기대는 하지 않는 게 낫
다. 왜냐하면 명성에 신경을 쓰는 많은 생산자들은 이런 종류의 판매
처에서 자신의 와인이 팔리길 바라지 않는다.

대형 마트의 와인 장터

과거에는 팔지 못한 와인 재고를 떨기 위한 행사로
유명했지만, 매년 가을에 대형 마트에서 실시하는 와인
장터는 이제 불가피한 행사가 되었다.
비록 그럴싸하게 꾸민 그럭저럭 좋은 와인들도 있지만,
잘 찾아보면 흥미로운 와인도 발견할 수 있다.
어찌 되었건 와인 장터는 좋은 빈티지의 그랑 크뤼,
외국 와인 그리고 유명 생산자의 와인들을 구입할 수 있다.
품질이 떨어지는 빈티지, 알려지지 않은 포도원, 보기 좋은
레이블이 붙어 있는 알려지지 않은 와이너리의 와인들은
평범한 와인을 가장해 질이 좋지 않은 것일 수도 있어
조심해야 한다. 진짜 좋은 와인은 빨리 매진되기 때문에,
와인 장터가 시작하는 첫날에 가는 것이 좋다.
와인 가이드나 매년 9월에 호외로 나오는 특별호가 매우
유용한 것이 사실이다. 하지만 몇몇 업체에서 와인 장터
전날, 일반 소비자보다 먼저 VIP들이 좋은 와인들을
구매하게 해주는 전야 파티는 유감스럽다.

> 와인과 사랑에 빠진
카비스트는 고객에게
흥미로운 와인들을
소개한다.

> 생테밀리옹에 있는
카비스트의 와인 판매점

독립적인 와인 전문 판매인, 카비스트 caviste

와인 상점은 도시의 소비자들과 생산자를 연결해주는 가장 중요한 중재자이다. 종종 공식적으로 잘 알려지지 않은 관련 학위를 가진 카비스트도 있다. 좋은 카비스트는 와인에 대한 지식과 사랑 그리고 유연함으로 부각된다. 고객을 기쁘게 할 최고의 가성비 와인을 찾기 위해 정기적으로 포도원이나 와인 엑스포를 방문한다. 와인 저장고에는 전통의 최고급 와인에서부터 잘 알려지지 않은 영세 와인, 오랫동안 묵힌 와인뿐 아니라 계절과 잘 어울리는 와인 그리고 명성 있는 여러 종류의 술도 보관하고 있다. 물론 숙성하지 않고 마셔도 좋은 와인과 장기 숙성형 와인 모두가 그곳에 있다. 이들은 이벤트성으로 와인을 구매하는 고객뿐 아니라 정통한 애호가들에게도 조언을 하는 방법을 알고 있다.

값진 조언. 소믈리에처럼, 카비스트의 임무는 고객들이 올바른 가성비의 와인을 찾을 수 있게 도움을 주고, 와인과 음식의 마리아주에 대해 조언을 하는 것이다. 개인적인 조언자로서, 와인 초보자들에게 와인의 비밀을 알려주고 매장에서 실시되는 시음회에 정기적인 참여를 제안하기도 한다. 능력 있는 카비스트의 이런 서비스들은 왜 와인 전문점의 판매 가격이 대형 마트보다 대략 10~20% 정도 살짝 비싼지를 이해하게 해준다. 하지만 모든 카비스트가 이런 이상적인 프로필을 가지고 있지는 않다.

와인 전문 판매 체인점

대형 마트와 개별적인 카비스트의 중간 단계인 니콜라 Nicolas 나 르페르 드 바쿠스 Repaire de Bacchus 같은 체인은 대형 마트의 경쟁력 있는 가격과 카비스트의 서비스라는 두 마리 토끼를 잡고자 한다. 중앙 구매 기구에 의해 가격은 보장할 수 있지만, 고객 응대와 서비스는 체인 점포의 사장과 직원의 역량에 달려 있다. 일반적으로 대도시에 있는 이런 체인점들은 거의 모든 가격대, 모든 스타일의 와인을 좋은 가격으로 제시한다.

추가적인 서비스. 대부분의 체인점은 시음회, 할인 판매 행사, 와인 장터 등을 기획하고 개최한다. 몇몇은 자세한 설명이 있는 카탈로그뿐만 아니라 '프리뫼르' 와인(p.128-129 참조) 구매를 할 수 있는 것과 같은 특별 서비스도 제공한다. 종종 와이너리나 네고시앙보다 더 좋은 가격에 장기 숙성된 와인을 살 수도 있고, 국내 배달 서비스는 물론이고 외국에까지 당일 발송을 해주기도 한다.

유용한 정보

종종 유통업체는 자체 PL(자체 개발)상품을 가지고 있다.
증가하는 수요에 발맞춰 대형 마트들은 자체 브랜드를 만들었다.
여러 지역의 네고시앙이나 협동조합이 대형 마트의 이름으로
병입을 한 것이다. 이런 와인들의 품질은 종종 전문가들의 지지를
받기도 한다(카지노 Casino 는 클럽 데 소믈리에 Club des Sommeliers,
엥테르마르셰 Intermarché 는 엑스페르 클럽 Experts Club, 오샹 Auchant 은
피에르 샤노 Pierre Chanau 등). 품질은 가변적이고, 저렴한 가격에
시각을 맞추다 보니 와인의 스타일은 제한적이다.

생산자에게서의 직접 와인 구매

직접 구매를 하면 여러 가지 장점이 있다. 금전적 이득 같은 것을 차치한다면, 아직 덜 알려진 와인을 발견하게 해주며
독립적인 와인 메이커라든가 협동조합 생산자들과 돈독한 유대관계를 맺을 수 있게 한다.
하지만 불편함 점도 몇 가지 있다.

와이너리에서의 구매

와이너리에서 직접 구매하는 것은 종종 시판되지 않았거나 시판되었더라도 아주 소량만 유통된 품질 좋은 와인을 합리적인 가격에 구할 수 있는 좋은 방법이다. 게다가 생산자와 친분이 생기면 때때로 우대 요금뿐만 아니라 더 오래된 생산연도의 와인을 소개받거나, 판매 중인 같은 생산연도의 와인 중에서 좀 더 좋은 것을 선택할 수 있는 등의 혜택을 볼 수 있다.

좋은 조건. 와이너리를 방문하는 것은 와인 메이커가 어떤 방식으로 일하는지 알 수 있는 기회이다. 와인 저장소의 올바른 유지관리와 엄격한 위생 상황은 일반적으로 좋은 징조이다. 성공적인 시음을 하기 위해서, 특히 수확기간에는 약속을 미리 잡는 것이 좋다. 마음에 드는 와인이 있으면, 방문 후에 몇 병 사 가는 것도 좋다. 마음에 드는 와인이 없을 경우에, 의무적으로 와인을 사야 한다고 느낄 필요는 없다. 시음 후 즉각적인 의견을 제시하는 것이 어렵기 때문에, 동일한 지역의 와인 샘플을 모은 후, 복귀해서 다시 시음 후 대량 주문을 하는 것이 낫다. 와인 저장고 안에서 즐거운 분위기에 시음했던 와인을 나중에 다시 맛보면 맛이 없게 느껴지는 경우가 있기 때문이다. 하지만 재시음 후에도 역시 좋다는 판단이 든다면 배송비를 잊게 해줄 것이다.

몇 가지 주의사항. 영수증이 없는 와인은 구매해서는 안 된다. 와인 병에는 제대로 레이블이 붙어 있어야 하고, 각 병에는 수입인지가 붙은 상품반출 허가증 캡슐capsule congé이 있거나 '상품반출 허가증congé'이라고 불리는 공식 문서가 첨부되어 있어야 한다(박스 안 참조). 아무 의미도 없는 문구인 소위 '등급을 낮춘' 와인이라 선전하는 '사기'에 속아서도 안 된다. 원산지 통제 명칭 규정에 의거해 승인되지 않은 와인은 반드시 폐기되어야 한다. 단속에 걸릴 경우, 무거운 처벌을 받게 될 수 있다.

와인 엑스포. 파리의 그랜드 테이스팅Grand Tasting à Paris이나 기타 특별한 와인 전시회 등, 일반인을 상대로 하는 와인 엑스포는 와인을 광범위하게 맛볼 수 있게 해준다. 이런 엑스포는 실용적이고 화기애애한 분위기 속에서 생산자들과 만날 수 있고 짧은 시간에 많은 것을 발견할 수 있게 해준다.

> **와인 투어가 붐이다.**
> 점점 많이 생겨나는 와인 로드 (route du vin)는 주말에만 방문하는 것으로도 한 지역의 포도원을 단시간에 알게 해주고, 와이너리에서 직접 와인을 구매할 수 있게 해준다.

협동조합에서의 구매

프랑스에는 50만 명이 넘는 포도 재배자가 있는데, 이들은 수확량 전부를 와인으로 판매하지 않는다. 어떤 이들은 와인이나 포도를 네고시앙에게 판매하고, 또 다른 이들은 협동조합에 판매한다.

협동조합은 작은 밭을 가지고 있지만 양조와 숙성을 위한 장비가 갖춰지지 않은 농부들에게 서비스를 제공한다. 이렇게 만들어진 와인들을 네고시앙에게 벌크로 판매하거나, 병입하여 직접 판매한다. 그들은 일반적으로 가성비 좋은 와인을 만든다. 좋은 협동조합은 포도의 품질에 따라 농부들에게 금액을 지불하고, 상품성 있는 품종을 심도록 격려하며 해당 지역 포도원의 명성을 쌓는 데 기여한다. 때로는 조합원이 병입 후 자신들의 이름으로 레이블링 된 와인을 돌려받아 그것들을 되팔아 수익을 남긴다. 샹파뉴 지방에서 흔히 있는 일로, '농부de vignerons'의 와인이라 이름 붙은 많은 와인이 사실상 협동조합에서 만들어진 것이고, 사실상 법적 소유권은 협동조합에 있는 것으로 간주된다. 이

> 여러 번 시음하고 느낌을 적어 두는 것이 현명한 선택에 도움이 된다.

> 와이너리를 직접 방문해 구경하는 것은 와인 생산을 이해하는 가장 좋은 방법이다.

런 경우, 동일한 와인을 더 저렴한 가격에 살 수 있으니 협동조합에서 직접 구매하는 것이 좋다.

병으로 아니면 벌크로 ?

데일리 와인에서부터 꽤 좋은 품질의 와인에 이르기까지, 병입하지 않은 벌크 단위 와인 구매 방식도 진화하고 있다. 옛날 유럽 스타일인 3, 5, 10리터 단위의 말통 형식은 이제 주머니 안에 와인이 진공 포장되어 들어 있는 형태인 Bag in Box 시스템으로 전환되었다. 와인을 담고 있는 주머니가 조금씩 비어가도 공기와의 접촉이 없는 상태로 보존되는데, 밸브가 달린 이 진공 포장봉투가 종이박스 안에 담겨 있다. 15도를 넘지 않는 적당한 온도가 유지된다면 와인은 2주 이상 좋은 상태로 보관된다. 이 포장은 와인 메이커, 네고시앙, 협동조합뿐 아니라 대형 마트에서도 잘 활용한다. 만약 예전 방식의 플라스틱 말통에 든 와인을 구매했다면, 가능한 빨리 병입시켜야 한다. 벌크로 구매하면, 일반적으로 1리터를 750밀리리터 한 병 가격에 살 수 있다.

진실 혹은 거짓 ?

생산자에게 직접 구매하면 언제나 더 저렴하다.

거짓 와인 메이커에게서 구매하는 것은, 특히 많은 양일 경우, 좋은 와인을 매력 있는 가격에 구할 수 있는 흔히 볼 수 있는 방법 중 하나이다. 하지만 모든 생산자가 이런 식으로 판매하는 것은 아니다. 일부 생산자는 불공정한 경쟁을 피하기 위하여 와인 매장의 가격과 동일하게 판매한다. 반면에 12병의 배송비는 결과적으로 훨씬 비싸게 매길 수도 있다.

와인의 운반

화이트와인이건 로제와인이건 레드와인이건, 와인은 급격한 온도 변화를 좋아하지 않는다. 와인을 운반하거나 배달시키려면, 혹서기와 혹한기를 피하는 것이 좋다.

게다가 와인은 무겁다. 12병이 들어 있는 한 박스는 대략 16kg 정도 되는데 박스가 나무로 되어 있거나 혹은 샴파뉴처럼 병이 두껍고 무거우면 이보다 더 나갈 수도 있다. 그렇기 때문에 트렁크를 채우기 전에 당신의 차량이 지탱할 수 있는 하중을 먼저 확인하는 것이 좋다.

그렇지 않으면 차량의 서스펜션이 고장 날 수도 있다.

와인이 도착하면 병의 상태를 점검하고, 바로 저장고(와인 셀러)로 옮긴다. 맛을 보기 전에 1~2주 정도, 오래 숙성된 최고급 와인은 여러 달 동안 휴지기를 주는 것이 좋다. 배달을 시킨다면 앞에 나온 주의사항은 동일하지만, 단지 비용이 많이 든다(p.131 참조).

유용한 정보

어떤 생산자는 와인의 일부를 대도시의 외곽에 있는 창고에 판다.

와인 병들은 별다른 장식 없이 박스째 또는 팔레트째로 진열되지만, 경쟁력 있는 가격에 팔린다. 이 판매대행은 와인 애호가들의 지식을 요구한다. 와인의 출처, 포장, 생산연도, 생산자의 명성과 같은 사항에 주의를 기울이는 것이 중요하다. 와이너리에서 직접 병입한 것은 진품임은 보증하지만 품질을 보증하지는 않는다.

프리뫼르 primeur (햇와인) 구매하기

프리뫼르를 구매한다는 것은 일반적으로 보르도나 몇몇 부르고뉴의 고급 와인들이 시장에 출하되기 전 햇와인을 얻는 것이다. 이 방식은 가격이 오르지 않거나 혹은 더 내릴 수도 있어 점점 더 유리한 점이 사라지고 있다.

원칙
사전 예약 구매는 지난해 수확한 포도로 만든 숙성 중인 와인을 병입하기 이전에 행해지는 시음회를 통해서 가능하다. 가격은 와인이 배송 가능한 시점인 대략 18개월 이후보다 더 싸질 수도 있다. 2015년에 수확되어 2016년 프리뫼르로 구매한 와인은 2017년 말이 되어야 병입하며 판매와 배송이 가능해진다.
프리뫼르 판매는 어찌 보면 '윈 윈' 원칙을 따른다. 생산자는 현금 수입이 생기고, 구

매자는 미래의 와인 가격보다 더 싼 가격에 산다. 방식은 간단하다. 아직 오크통 안에 있는 와인을 병입된 가격으로 환산해서 구매하는 것이다. 부가가치세를 제외한 총 금액의 일부 또는 전부를 납입하고, 예약 확인증을 받는다. 부가세를 포함한 잔액은 배송 시 지불한다. 판매 조건은 생산자나 중개상에 따라 달라진다(수량, 여러 와인의 블렌딩 가능 여부, 배송일자 등). 일반적으로 예약은 할당된 양을 수확한 이듬해의 봄이나 여름, 2~3개월의 한정된 기간 동안 할 수 있다.
보르도의 경우, 가격은 전 세계에서 온 판매상, 카비스트, 소믈리에, 기자 등 수천 명의 업계종사자들이 봄에 하는 시음에 의해서 결정된다. 와인 스펙테이터 Wine Spectator, 프랑스 와인 리뷰 La revue de vin de France, 베탄 에 드소브 Bettane & Desseauve 등의 전문지들

은 이 내용을 기사화하는데 이런 기사들을 잘 읽어보고 생산자나 네고시앙을 만나는 것이 좋다. 전년도의 작황, 총 생산량, 수요의 규모, 세계 시장의 동향들에 의해 가격은 매년 변동이 있다.

어떤 와인이 대상일까?
최근까지 보르도에서만 시행되어 온 프리뫼르 판매는 부르고뉴, 론, 알자스, 랑그독까지 조금씩 확대되고 있다. 보르도에서는 크뤼 클라세 cru classé, 크뤼 부르주아 cru bourgeois와 기타 와인까지 대략 200종의 와인이 대상이 된다. 최근 15년 동안 미국과 중국을 필두로 하는 수출시장의 수요에 의해 가격이 오른 고가의 와인들이 가장 투기성이 높다.

1. 포이약^{Pauillac}의 샤토 린치 바주^{Château Lynch-Bages}의 포도나무, 프리뫼르로 구매할 수 있는 크뤼 클라세 중 하나.
2. 부르고뉴의 카브
3. 포므롤^{Pomerol}의 샤토 봉 파스퇴르^{Château Bon Pasteur}의 와인 저장고에서 샘플링
4. & 5. 봄이 되면, 수많은 전문가들이 갓 양조된 와인의 잠재력을 알아보기 위해 시음한다.

여러 가지 장점들...

솔직하고 신뢰할 수 있는 판매자를 만난다는 가정 하에, 이 구매 방법은 많은 장점이 있을 수 있다. 프리뫼르 구매는 병입 후 시장가보다 저렴하게 살 수 있는 방법이다. 매해 다르지만 최종가격에서 20~30%를 절약할 수 있다. 그리고 희귀종이 될 수도 있는 마음에 드는 와인을 확실하게 얻을 수 있다. 몇몇 '귀한' 와인 중에는 이 방법만이 그 와인을 구매할 수 있는 유일한 기회인 경우도 있다. 하지만 참을성이 있어야 하고, 배송된 와인을 저장하기 위한 공간을 마련해야 하고, 그리고 반드시 현저한 가격상승이 이루어지는 것은 아님을 알고 있어야 한다.

몇몇 위험 요소...

프리뫼르 와인 구매에는 위험 요소가 존재하는데, 와인의 품질이나 가격뿐 아니라, 정직하지 않은 판매자와 엮일 수도 있다.

와인 가격이 붕괴되면, 구매한 와인의 가격이 시장 가격보다 비쌀 수 있고 배송된 와인이 예상보다 맛이 안 좋을 수도 있다. 사실 와인의 잠재력을 판단하기 위해 아주 어린 와인을 시음하는 것은 매우 어려운 작업이다. 게다가 품종과 산지의 블렌딩이 반드시 최종적인 것이 아니기 때문에 와인의 진화를 예측하는 것이 언제나 쉬운 일은 아니다.

이 모든 걸 다 떠나서 투기 시장은 어김없이 비양심적인 사람들을 유혹한다. 납득할 만한 보증이 없거나 배송과 관련해서 확신을 주지 않는 네고시앙이나 인터넷 사이트에서는 구매하지 않는 것이 좋다.

또한 구매한 와인의 가격을 정확히 계산하기 위하여 운송료 및 부가가치세 규정을 검토할 필요가 있다. 궁극적으로 특정 생산연도의 와인이 모두 좋다고 할 수도, 또 모두 나쁘다고 할 수도 없다. 구매자의 선택은 신뢰할 수 있는 평을 기반으로 하기 때문에, 정보를 얻을 수 있는 근원을 다

각화하는 것이 좋다.

어디서 구매할까?

예전에는 프리뫼르 구매는 네고시앙들만 가능했지만, 이제는 카비스트, 통신판매, 인터넷(다음 장에 나오는 URL 주소 참고), 생산자 등 다양한 유통 경로를 통할 수 있게 되었다.

다른 경로를 통한 와인 구매

통신판매의 상당 부분은 인터넷 사이트로 대체되었다. 진정성을 가진 사이트는 좋은 구매처이고
거기서 제공하는 서비스와 콘텐츠는 애호가들의 구매에 도움이 되곤 한다.
오래된 빈티지를 찾는 고수들은 경매에 관심을 가진다.

인터넷 구매

현재 통신판매는 거의 독점적으로 가상의 카비스트에 의해 인터넷상에서만 이루어지는데, 이들은 실제로 와인 판매점을 운영하는 경우도 있다. 두 종류의 '사이버 네고시앙'이 있다. 첫 번째는 소량의 재고만을 가지고 있거나 혹은 재고 없이 일하는 사람들이다. 이들은 주문이 들어오면 조금씩 와인을 산다. 두 번째는 이미 다량의 재고를 가지고 있고 프리뫼르 와인(p.128-129 참조)뿐 아니라 오래된 빈티지 와인까지 판매할 수 있는 네고시앙들이다. 마찬가지로 많은 생산자들도 인터넷을 통해 자신의 와인을 판매한다.

어떻게 사이트를 선택할까? 와인을 전문으로 하는 여러 개의 인터넷 사이트가 있다. 가장 매력적인 사이트들은 와인 판매뿐 아니라 와인 관련 조언, 와인에 대한 정보, 음식과 와인 페어링의 팁 등을 제공한다는 점이다. 온라인 서비스 이용 시에는 판매하는 와인의 수준과 품질, 가격의 부가세 유무, 종류별 최소 판매 수량, 배송료, 하자 발생 시의 애프터서비스의 질 등, 상품과 판매 조건을 잘 비교해야 한다. 주문을 하고 나면, 정확한 배송일을 확인해야 한다. 특히 공동구매의 경우에는 (다음페이지 박스 참조) 와인을 보관할 장소를 정해야 하고 배송 받은 즉시 주문과 상이한 점이나 파손은 없는지 와인의 상태 점검을 할 필요가 있다.

> 런던의 소더비 경매에
> 나온 주정강화 와인

믿을 수 있는 인터넷 사이트

www.wineandco.com 와인 셀렉션, 철저한 배송과 정보 등으로 입증된 사이트

www.millesima.com 보르도 와인 전문으로, 오래된 빈티지 와인과 프리뫼르 와인에서 탁월한 셀렉션을 가진 사이트

www.millesimes.com 바로 앞의 사이트와 혼동해선 안 된다! 프로방스에 본사를 둔 전국의 최고급 와인 전문 사이트로 눈에 띄는 셀렉션뿐만 아니라 종종 흥미로운 가격을 제시한다. 믿을 수 있는 사이트

www.vinatis.com 지역별로 와인 분류가 좀 몽환적일 수 있지만, 좋은 셀렉션이 있는 사이트

www.vin-malin.fr 가장 유명한 가이드들이 추천하는 와인 2000가지 이상을 구비한 사이트. 전반적으로 합리적인 가격대이며 배송기간을 준수한다.

www.chateaunet.com 보르도의 유명한 네고시앙 메종 뒤클로Maison Duclot의 자회사로, 프랑스 전국의 와인을 판매하는데, 새로운 와인을 자주 올린다.

> 오스피스 드 본Hospices de Beaune의 촛불을 이용한 경매

지불과 배송

와인 배송료는 사이트마다 다르다. 프랑스 국내의 배송의 경우, 평균적으로 부가세 포함 가격에 15유로를 더하면 된다. 어떤 사이트들은 일정 금액 이상일 경우 무료 배송을 실시한다. 신용카드 결제에도 아무런 문제가 없다. 배송은 영업일로 6~12일 혹은 그보다 빠른 시간 내에 이루어진다. 미심쩍을 때에는, 주문을 하기 전에 전화해서 지불과 배송 조건을 문의하도록 한다.

와인 동호회를 통해

예전에 통신판매를 주름잡던 사부르 클럽Savour Club이나 프랑스인 와인 동호회Club des Français des vins 등은 인터넷에서도 역시 존재한다. 이들은 다른 인터넷 사이트들의 활개에도 불구하고 여전히 현장에서 테마가 있는 시음회 같은 서비스를 멤버들에게 제공하는 것을 계속하고 있다. 현장구매를 할 수도, 전화나 인터넷으로 주문할 수도 있다. 일반적으로 광범위 지역 명칭의 원산지는 대형 마트에 비해 비싸게 판매한다. 하지만 애호가라면 카비스트들의 가격보다 상대적으로 저렴한 그랑 크뤼나 고급 와인을 발견할 수 있을 것이다.

직접 참석하지 않아도 경매에 참가할 수 있다.
간단하게 24시간 전에 경매인에게 매수 주문을 하거나 전화 혹은 인터넷을 이용할 수 있다.

유용한 정보

일반적으로 업계 종사자들에게 적용하는 가격 혜택을 받을 수 있는 공동구매가 유리할 수 있다.
친구들끼리건 동호회에서건 상품의 주문과 수량을 잘 준비할 것을 권한다. (주문할 와인 시리즈, 주문과 동시에 수표 발행, 와인 보관 가능성 등) 공동구매는 일반적으로 배송비를 절약할 수 있고, 특히 '프리뫼르' 와인을 구매하기에 좋은 방법이다 (p.128-129 참조).

경매

경매가 반드시 고가 와인이나 희소성 있는 유명 와인들에 국한되는 것은 아니다. 예를 들어, 수집가들에게는 자신이 태어난 해의 와인을 구할 수 있는 유일한 기회이기도 한다. 쉽게 흥분하지 않는 고수들은 훌륭한 평판이 있건 없건 좋은 생산 연도의 와인 한 박스를 저렴한 가격에 살 수 있을 것이다.

어떤 종류의 와인? 경매에 나오는 와인의 대부분은 바로 마실 수 있거나 얼마 지나지 않아서 마실 수 있는 것들이다. 그렇기 때문에 카브에서 장기간 숙성시킬 필요가 없다. 좋은 와인을 사려면, 너무 명성이 있는 와인은 피하고 와인의 보관 상태와 경매에 나오게 된 내력에 대해서 잘 알 필요가 있다. 아르퀴리알Artcurial 같은 좋은 평판이 있는 경매처만이 체계적으로 정보를 제공한다. 흥미로운 와인의 정확한 가이드라인을 가지려면 초보자들은 전문가나 친구, 카비스트에게 도움을 청하는 것이 좋다. 너무 비싼 가격에 와인을 사지 않으려면 최고급 와인의 경우는 사전에 전문가가 쓴 평가도 확인하고, 수수료를 제외한 입찰가의 최대한도를 미리 정하는 것이 현명한 방법이다.
유용한 정보. 프랑스에서의 경매에 대해 알아보려면, 파리와 지방의 경매 정보를 모두 담은 라 가제트 드루오La Gazette Drouot를 보면 된다. 역 근처의 키오스크에서 쉽게 살 수 있다. 그 후 경매인에게 연락하여 경매에 나올 와인과 감정가, 보관상태, 와인 병의 상태(레이블 보존, 코르크의 상태, 병 안의 액체 높이(p.134-135 참조), 오리지날 케이스의 여부) 등의 자세한 정보가 나오는 카탈로그를 요구한다. 일반적으로 수수료, 세금, 운송료, 보험 등을 더하면 경매가에 20% 정도 추가된다.

어떻게
와인을
보관할까?

카브(와인 저장고)의 특성

낭만적 매력이 가득한 꿈같은 오래된 카브는 최상의 조건으로 와인을 보관하기에 그다지 이상적인 장소가 아니다.
와인의 숙성을 최적화하려면 몇 가지 기본 원칙을 준수하는 것이 중요하다.

온도 : 꾸준한 서늘함

온도의 영향. 와인은 8~16도 사이, 이상적으로는 10~12도 사이의 일정한 온도에서 보관되어야 한다. 이보다 저온이면 장기간 보관할 수는 있지만 숙성이 되지는 않는다. 20도 이상으로 고온이 되면, 와인이 너무 일찍 숙성되면서 색과 아로마를 잃고 심각하게 변질된다. 원칙적으로 온도의 급격한 변화를 주의해야 한다. 카브의 온도가 겨울엔 10도, 여름엔 18도로 서서히 변한다면 그로 인한 영향은 거의 없다. 반면에, 위와 동일한 온도 변화가 하루 동안에 혹은 일주일 동안에 일어난다면 문제의 근원이 될 수 있다. 병 안의 와인의 팽창과 수축으로 코르크 마개가 고통을 받는다. 그 다음, 코르크 주변으로 와인이 스며들어 캡슐에 끈끈한 앙금을 남긴다. 결국 '새는' 와인 병이 되는데, 이는 곧 공기가 들어갈 수 있다는 의미로, 와인을 조기에 산화시킬 수 있다는 이야기다.

와인을 여러 주 보관한다면,
좋은 조건을 가진 곳에
두어야 한다.
이런 용도의 좋은 카브는
환기가 잘 되고, 어둡고, 깨끗하며
조용하고 충분한 습도가
있어야 한다.

카브의 환경 제어. 카브를 고를 때, 온도가 가장 시원한 곳을 발견하기 위해 다양한 위치에서 온도를 측정하고 최저와 최고 온도를 나타내는 곳을 알아야 한다. 이상적으로는 1년 이상 관찰하는 것이 좋다. 열이 발생하는 근원을 찾아야 하는데, 가령 온수 배관 같은 것이 있다면 공간과 분리시켜 열 유입을 차단해야 한다. 매우 차가운 공기가 들어오는 곳은 막아야 하지만 공기 순환이 될 수 있게 만들 필요가 있다. 높은 실내온도를 유지하는 곳과 연결된 문은 우레탄폼을 이용하여 격리해야 한다. 목표는 가능한 한 일정한 온도를 유지시키는 것이다.

빛 : 와인의 또 하나의 적

빛은 와인을 상하게 하는데 특히 화이트와인과 스파클링 와인에 썩은 달걀 맛이 나게 만든다. 카브는 어둡게 하고, 외부의 모든 빛(조명)은 가려야 한다. 카브 내의 동선에는 25와트 또는 40와트의 약한 백열 전구를 사용하고, 할로겐이나 형광등은 피해야 한다. 카브에서 나올 때는 항상 소등에 신경 써야 한다.

> 공간적 여유가 있는 카브는
가까운 사람들끼리의 시음
장소로도 사용될 수 있다.

> 시원함, 어두움, 조용함은 와인의 이상적 숙성을 가능케 한다.

다습

카브의 이상적인 습도는 75~80%이다. 습도가 너무 높으면 레이블을 떨어지게 하거나 코르크 마개에 곰팡이가 피게 한다. 하지만 가장 위험한 것은 습도 부족으로, 코르크 마개를 마르게 만든다(p.142 참조). 카브가 흙바닥이 아니면, 바닥에 자갈을 한 겹 깔고 그 위에 물을 뿌려 습도를 높인다. 그러나 외부와 독립된 프랑스 지하실의 자연 습도는 일반적으로 충분하다. 제습기는 지나친 습도를 막을 수 있지만, 고가의 장비로서 아주 큰 카브에나 설치할 가치가 있다. 작은 카브는 환기를 개선하고 벽체의 누수와 같은 습도의 근원을 제거할 수 있다.

외기 유입은 없지만 좋은 통풍

환기는 비록 온도를 다시 높이는 요소일지라도 필수적으로 해야 한다. 좋은 카브에는 외부의 공기가 유입되고 순환될 수 있도록 하는 공기 흡입구나 환풍기가 있다. 하지만 여기에 덮개와 같은 것을 설치해 매우 뜨겁거나 차가운 공기를 막을 수도 있어야 한다. 만약 카브가 남북 방향으로 위치해 있으면, 가능한 북쪽의 최하단과 남쪽의 최상단에 환풍기를 설치해야 한다. 대류의 영향으로 더운 공기는 남쪽 상단의 환기구로 나가고, 북쪽에서 들어오는 차가운 공기가 이 공간을 조금씩 채워 나간다.

위생 : 악취에 주의!

와인을 저장하기 전에 카브를 완벽하게 청소해야 한다. 무향무취의 살균제를 이용하여 곰팡이와 해충을 박멸하고 석회로 벽을 칠해야 한다. 벽돌 혹은 석조 벽체에 발라진 이 다공성 페인트는 자연적인 환기를 방해하지 않는다. 가스를 발생시키는 페인트나 탄화수소 곁에 와인을 보관하지 말아야 하는데 코르크 마개를 통과해서 와인에 영향을 미치기 때문이다. 야채나 식물성 물질 혹은 음식물은 곰팡이나 해충이 생기게 할 수 있다.

무진동 & 무소음

가전제품에서 오는 내부의 것이건, 화물 차량의 통행이나 지하철 혹은 기찻길 주변과 같은 외부의 것이건, 빈번한 강한 진동은 와인의 품질을 손상시킨다. 이 진동들은 와인을 조화롭지 않게 하고 빠른 노화를 가져온다.

이상적인 카브의 조건 요약

비록 카브의 천장이 둥글거나 암반을 파고 들어가서 만들지 않았더라도, 다음에 나오는 좋은 조건을 갖추고 있다면 훌륭하게 와인을 보관하는 것이 가능하다.
- 북향
- 북쪽 하단부의 개폐가 가능한 흡기구와 남쪽 상단의 자연적 혹은 기계적 출기구
- 다습(75~80%)
- 변화가 적은 8~16도 사이의 온도
- 낮은 조도
- 청결, 무향무취
- 조용함
- 모래 또는 축축한 자갈 바닥
- 석회/돌/콘크리트 블록 벽체

나만의 와인 저장고를 갖기

와인을 보관 혹은 숙성하기 위한 카브를 공사할 때에는 와인 병의 수와 종류뿐 아니라
이보다 더 중요한 애호가를 위한 공간을 계산해야 한다.
도시에 살건 시골에 살건, 모든 상황과 모든 예산에 맞는 해결책이 있다.

시작하기 전에

프로젝트 정립. 공사를 하기 전에 제대로 계획을 세우는 것이 좋다. 잘못된 계산으로 저장할 와인의 가치에 걸맞지 않는 큰 비용이 발생할 수도 있고, 최상의 조건으로 와인을 숙성시키고자 하는 가장 중요한 목적을 충족시키지 못할 위험이 있다. 우선적으로, 보관할 와인의 수와 종류를 예측하는 것이 중요하다. 같은 종류의 와인 100병과 여러 지역에서 온 10개의 케이스는 동일한 공간을 필요로 하지 않는다. 카브에 단지 와인 저장만 할 것인가 아니면 그 안에서 시음도 할 수 있게 할 것인가?

장소 찾기. 지하실, 컨테이너 박스, 정원 등 가용한 공간이 카브의 요건에 맞는지 점검해 보아야 한다(p.134~135 참조) 적합하지 않은 공간을 사용하면 일정한 온도를 유지하기 위해 에어컨과 같은 고가의 장비를 설치해야 하고 많은 전기요금을 부담해야 한다. 전문 업체에 의뢰하지 않는다면, 공사를 담당하는 기업이나 작업자가 반드시 지켜야 할 정확한 업무지침서를 작성하는 것이 좋다.

> **입고 후 더 이상 와인을 건드릴 필요가 없을 것이다.**
> 한 병을 넣기 위해 다른 한 병을 옮기지 않아도 된다.
> 쉽게 수정할 수 있도록 가변성이 없는 레이아웃은 피해야 한다.

투자 금액 보호하기. 특히 공동주택 건물 지하에 있는 상당한 금액이 투자된 카브는 침수, 화재, 강도 등의 위험 가능성에 대비해야 한다. 보안 강화 철문, 보험 등의 비용이 매우 고가일 수 있기 때문에 경우에 따라서 위험을 감수하기보다는 카브를 임대하거나 아파트에 포함된 카브를 매입하는 것을 결정하는 것이 나을 수 있다. 왜냐하면 좋은 카브의 가장 큰 위험 요소는 도난이기 때문이다.

나만의 카브를 갖기

카브가 제대로 그 역할을 할 수 있게 하기 위해서는 공사할 곳의 지형과 소재 선택 등 여러 요소에 대한 계산이 선행되어야 한다. 스스로 공사를 할 생각이 아니라면, 지하실에 나선형 혹은 아치형 천장의 조립식 카브를 설치하거나 아파트 내부 혹은 주거지의 지하에 조립식 창고를 설치하는 간단한 경우라도 전문 업체의 도움을 받는 것이 낫다.

600병 정도를 수용하는 원형의 작은 조립식 카브가 8,000유로 정도의 금액에서 시작한다. 콘크리트 칸막이로 구성된 1,000병 정도를 저장할 수 있는 나선형 카브가 토목 공사비를 포함하여 13,000유로 정도의 비용이 든다. 길이 3.5미터, 폭 2.55미터, 높이 2.25미터에 1,800병 정도를 수용할 수 있는 원형 혹은 타원형 카브는 25,000유로를 지불해야 한다. 이 모든 모델들은 시공업체가 쇼룸에서 전시를 하고 있으니, 발주를 하기 전 반드시 직접 보러 가는 것이 좋다.

> 지하실 설치를 위한 기성품 카브

카브 임대하기

대도시 거주자의 경우, 대부분 근교에 위치한 카브를 임대할 수 있다. 금액에 따라 단지 보관만 가능한 카브에서 출입이 가능한 카브까지 그 종류는 다양하다. 400병을 보관하려면 한 달에 70유로를 예산으로 잡으면 된다. 도난 위험에 대한 이상적인 예방책이지만, 임대한 공간에 와인을 찾으러 가거나 입고할 때는 방문 시간을 지켜야 한다. 그래서 단기간 와인을 좋은 조건에 보관할 수 있는 가정용 카브도 필요하다.

> 움직이지 않는 견고한
보관을 위해 금속 선반을
바닥과 벽에 고정한다.

내 공간을 카브로 변신시키기

공사를 시작하기 전에 충분히 검토할 수 있다면 잉여 공간을 카브로 바꾸는 것이 편리하면서도 비용을 절약할 수 있는 방법이다.

지하실 카브. 연중 다른 시기에 온도와 습도를 점검하고, 환기구로 통풍이 잘 되는지 확인해보자. 습도가 낮은 경우, 바닥을 자갈, 재, 모래로 덮는다(p.135 참조). 온수나 난방 배관은 단열 처리한다. 이중벽을 만들어 중간 공간이 생기게 하여 어느 정도 단열 효과를 만들 수도 있다. 때로는 에어컨 설치를 해야 할 수도 있다.

창고형 카브. 창고 일부 혹은 전체를 카브로 사용할 때는 일반적으로 매우 우수한 단열을 필요로 한다. 지하실 한 귀퉁이를 카브로 만들기 위해서는 콘크리트 블록으로 된 벽을 세우는 것을 추천한다. 벽과 문은 압출 폴리스티렌으로, 천장은 동일한 재질 혹은 유리 섬유를 이용하여 두 겹으로 단열할 필요가 있다. 통풍창이 없을 경우, 에어컨과 가습기를 설치해야 한다.

와인 냉장고

이상적인 환경의 카브가 없고 보관할 와인 양이 300병 미만으로 적다면, 와인 냉장고가 가장 적합한 해결책일 수 있다. 저장은 가능하지만 숙성을 시키지는 못하는 28병 수납의 250유로짜리부터 여러 칸으로 나누어져 2~3가지 보관 온도 설정이 가능하며 마시기 좋은 온도로 만들어 주는 기능이 있고 주택 지하창고의 더 큰 공간에 들어갈 수 있어 2000유로에 300병까지 보관 가능한 복잡한 기능을 갖춘 것까지 다양한 모델이 있다.

이런 와인 냉장고들은 단순히 냉각만 시키거나 혹은 겨울에 난방이 되지 않는 공간에 설치되었을 경우 온도를 높여줄 수 있는 이중 시스템이 장착된 것도 있다. 진동 방지 기능이 있는지도 확인할 필요가 있다. 좋은 모델은 고장 났을 경우에도 온도의 변화가 매우 느리게 진행되어야 한다.

유용한 정보

당신의 아파트 안에도 카브를 만들 수 있다.

빛 차단과 적절한 온도유지가 가능하고 통풍이 잘 된다면 북동향 방을 카브로 사용할 수 있다. 하지만 이러한 조건을 갖추기 위해 에어컨을 설치하는 등의 운영비용이 발생하기에 실현은 쉽지 않은 일이다. 이러한 카브에서는 숙성이 잘 되지 않기 때문에, 여러 개의 와인 냉장고를 설치하거나 혹은 1년 내에 소비할 와인만 보관하는 것이 낫다.
크기가 더 작고, 잘 분리된 공간인 계단 밑, 찬장 혹은 침실의 옷장도 마찬가지이다.
진동과 빛, 열, 그리고 열악한 환기에 신경 써야 한다.

와인 저장고의 네 가지 예

전통 방식을 따라 만들건 아니건, 단순하건 복잡하건 간에, 카브는 언제나 소유주의 맛의 선호도를 반영한다. 가용한 공간과 예산에 맞게 카브가 구성되었겠지만 무엇보다 소유주의 취향에 영향을 많이 받는다. 동일한 수의 병과 동일한 스타일의 와인을 선택할 때, 예를 들어 스파클링 와인이라면, 예산이 많지 않은 경우라면 덜 유명한 크레망 달자스(Crémant d'Alsace)나 크레망 드 부르고뉴(Crémant de Bourgogne) 같은 원산지를 택하겠지만, 와인의 가격에 제한을 두지 않는다면 유명한 생산자의 생산연도가 있는 샹파뉴를 선택할 것이다. 다음에 나오는 예는 예산이 다른 4가지 경우의 균형 잡힌 카브를 보여준다.

단순한 카브(550유로)

종류	개수	단가	총액	해당 와인 생산지역명
가볍고 당도가 없는 화이트와인	6	6 €	36 €	Bourgogne Aligoté, Cheverny, Touraine, Anjou blanc, Bordeaux blanc, Entre-deux-Mers, Pinot blanc d'Alsace.
풍부한 맛의 당도가 없는 화이트와인	10	16 €	160 €	Chablis Premier Cru, Saint-Aubin, Givry, Savennières, Vouvray, Riesling d'Alsace.
스위트한 화이트와인	4	15 €	60 €	Sainte-Croix-du-Mont, Cérons, Coteaux-de-l'Aubance, Monbazillac.
과실 풍미의 레드와인	15	7 €	105 €	Beaujolais, Bourgogne rouge, Anjou rouge, Côtes-de-Forez, Coteaux-du-Lyonnais, Bourgueil, Saint-Nicolas-de-Bourgueil, Bordeaux, Côtes-du-Rhône-Villages, Vins de pays d'Oc.
복합적인 레드와인	10	12 €	120 €	Bordeaux supérieur, Haut-Médoc, Côtes de Castillon, Graves, Cahors, Buzet, Minervois, Corbières, Pécharmant, Côtes de Nuits Villages.
로제와인	4	7 €	28 €	Côtes-de-Provence, Côteaux d'Aix, Luberon, Tavel Languedoc, Fronton, Bordeaux rosé.
스파클링 와인	6	10 €	60 €	Blanquette de Limoux, Clairette de Die, Gaillac, Saumur, Vouvray, Crémant de Bourgogne, Crémant d'Alsace, Crémant du Jura.

현실적 와인 애호가의 카브(1,100유로)

종류	개수	단가	총액	해당 와인 생산지역명
가볍고 당도가 없는 화이트와인	12	7 €	84 €	Muscadet, Entre-deux-Mers, Bordeaux, Petit Chablis, Bourgogne blanc, Sylvaner d'Alsace.
풍부한 맛의 당도가 없는 화이트와인	12	25 €	300 €	Pessac-Léognan, Graves, Chablis Premier Cru, Meursault, Puligny-Montrachet, Crozes Hermitage.
스위트한 화이트와인	6	20 €	120 €	Loupiac, Sainte-Croix-du-Mont, Coteaux-du-Layon, Montlouis, Pinot gris d'Alsace Vendanges tardives, Riesling d'Alsace Vendanges tardives, Jurançon.
과실 풍미의 레드와인	12	10 €	120 €	Bordeaux, Bordeaux supérieur, Bourgogne rouge, Beaujolais Villages, crus du Beaujolais, Hautes-Côtes-de-Nuits, Saumur-Champigny, Bourgueil, Vin de Savoie, Côtes-du-Rhône-Villages.
복합적인 레드와인	12	20 €	240 €	Haut-Médoc, Médoc, Pauillac, Saint-Estèphe, Saint-Julien, Saint-Émilion, Pessac-Léognan, Volnay, Vosne-Romanée, Crozes-Hermitage, Saint-Joseph, Bandol.
로제와인	6	10 €	60 €	Bordeaux Clairet, Marsannay, Languedoc, Irouléguy, Palette.
스파클링 와인	6	17 €	102 €	Champagnes bruts sans année de vigneron.
뱅 두 나튀렐	6	20 €	120 €	Banyuls, Muscat de Rivesaltes, Muscat de Beaumes-de-Venise, Porto.

세련된 카브(2,300유로)

종류	개수	단가	총액	해당 와인 생산지역명
가볍고 당도가 없는 화이트와인	12	10 €	120 €	Côtes-de-Blaye, Bordeaux blanc, Graves, Bandol, Bellet, Cassis, Coteaux-d'Aix, Saint-Véran, Macon Villages, Pouilly Fumé, Sancerre, Roussette de Savoie, Jurançon sec.
풍부한 맛의 당도가 없는 화이트와인	18	30 €	540 €	Pessac-Léognan, Puligny-Montrachet, Chassagne-Montrachet, Meursault, Chablis Grand Cru, Savennières, Vouvray, Château-Châlon, Condrieu, Riesling d'Alsace Grand Cru.
스위트한 화이트와인	12	35 €	420 €	Crus classés de Sauternes, Bonnezeaux, Gewurztraminer sélection de grains nobles, Riesling sélection de grains nobles, Vouvray, Tokaj.
	3	15 €	45 €	Loupiac, Sainte-Croix-du-Mont, Coteaux-du-Layon, Montlouis, Jurançon.
과실 풍미의 레드와인	12	10 €	120 €	Bordeaux, Crus du Beaujolais, Bourgogne rouge, Beaujolais Villages, crus du Beaujolais, Saumur-Champigny, Bourgueil, Saint-Nicolas-de-Bourgueil, Vin de Savoie, Côtes-du-Rhône-Villages.
복합적인 레드와인	18	35 €	630 €	Haut-Médoc, Margaux, Saint Julien, Pauillac, Saint-Émilion Grand Cru, Pomerol, Pommard, Volnay, Chambolle-Musigny, Gevrey-Chambertin, Côte-Rôtie, Hermitage, Cornas, Bandol.
로제와인	6	10 €	60 €	Bordeaux Clairet, Marsannay, Coteaux-du-Languedoc, Irouléguy, Palette, Côtes-de-Provence.
스파클링 와인	6	35 €	210 €	Champagnes d'une grande marque, champagnes millésimés de vigneron.
	6	78 €	480 €	Saumur, Vouvray, Clairette de Die, Crémants.
뱅 두 나튀렐	5	30 €	150 €	Porto, Rivesaltes, Banyuls, Maury, Rasteau.

프레스티지 카브(5,500유로)

종류	개수	단가	총액	해당 와인 생산지역명
가볍고 당도가 없는 화이트와인	24	10 €	240 €	Côtes-de-Blaye, Bordeaux blanc, Graves, Bandol, Bellet, Cassis, Coteaux- d'Aix-en-Provence, Bourgogne blanc, Beaujolais blanc, Macon Villages, Saint-Véran, Sancerre, Roussette de Savoie, Jurançon sec.
풍부한 맛의 당도가 없는 화이트와인	24	35 €	840 €	Pessac-Léognan, Puligny-Montrachet, Chassagne-Montrachet, Meursault, Chablis Grand Cru, Savennières, Vouvray, Château-Châlon, Condrieu, Riesling d'Alsace Grand Cru.
스위트한 화이트와인	12	40 €	480 €	Crus classés de Sauternes, Bonnezeaux, Gewurztraminer Sélection de grains nobles, Riesling Sélection de grains nobles, Vouvray, Tokaj.
	6	18 €	108 €	Loupiac, Sainte-Croix-du-Mont, Coteaux-du-Layon, Montlouis, Jurançon.
과실 풍미의 레드와인	24	12,5 €	300 €	Bordeaux Supérieur, Crus du Beaujolais, Hautes-Côtes-de-Nuits, Saumur-Champigny, Bourgueil, Saint-Nicolas-de-Bourgueil, Vin de Savoie, Côtes-du-Rhône-Villages.
복합적인 레드와인	60	410 €	2400 €	Crus Classés du Médoc, Saint-Émilion Grand Cru, Pomerol, Pommard, Volnay, Chambolle-Musigny, Gevrey-Chambertin, Côte-Rôtie, Hermitage, Cornas, Côte Rôtie, Bandol.
로제와인	12	10 €	120 €	Bordeaux Clairet, Marsannay, Languedoc, Irouléguy, Palette, Côtes-de-Provence, Coteaux d'Aix.
스파클링 와인	24	40 €	960 €	Champagnes de grande marque, champagnes millésimés de vigneron.
	12	10 €	42 €	Saumur, Vouvray, Montlouis, Crémants.
뱅 두 나튀렐	5	20 €	100 €	Porto, Rivesaltes, Banyuls, Maury, Rasteau.

고요한 와인 저장고에서

와인은 섬세하기 때문에 그 잠재력을 충분히 발휘하면서 잘 숙성되기 위해서는 조심스럽게 다루어야 한다.
카브의 서늘함과 어두움 속에서 조용한 연금술이 진행된다.

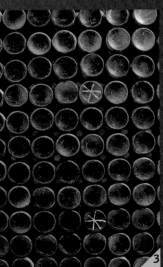

1. 도멘 트림바크(알자스)Domaine
   Trimbach
2. 도멘 미카엘 쥐이요(부르고뉴)
   Domaine Michel Juillot
3. 도멘 위겔 에 피스(알자스)
   Domaine Hugel & Fils
4. & 8. 개인 집의 카브
5. 샹파뉴 루이 로드레
   Champagnes Louis Roederer.
6. 도멘 부샤르 페르 에 피스
   (부르고뉴)Domaine Bouchard Père &
   Fils
7. 도멘 장 모리스 라포(발레 드
   루아르)Domaine Jean-Maurice
   Raffault
9. 샤토 라스콩브(보르도)Château
   Lascombes
10. 샤토 랑젤뤼스(보르도)Château
    L'Angélus

와인 저장고의 운영과 관리

좋은 카브의 모든 조건이 충족되었다면 이제 구획 정리를 생각하는 일만 남는다. 와인이 최상의 조건에서 숙성되고
특히 좋은 시기에 마실 수 있게끔 쉽게 와인 병을 찾을 수 있도록 카브의 병들을 정리해야 한다.

와인 병 정리

병의 배치 및 위치. 브랜디, 주정강화 와인, 뱅 드 리쾨르 _vin de liqueur_, 스크류캡 또는 유리마개가 있는 병을 제외하고는, 와인 병은 눕혀서 와인이 코르크 마개와 접촉하게 보관해야 한다. 와인 병들을 5점형으로 겹쳐 배치하건 쌓아 올리건 간에, 불필요한 핸들링을 피하기 위해서는 쉽게 알아볼 수 있어야 한다. 지면에 가까울수록 공기가 차므로 아래에서 위 방향으로 스파클링 와인, 드라이한 화이트, 달콤한 화이트, 로제, 단기 숙성 레드, 장기 숙성 및 고급 레드와인의 순서로 정리하는 것을 권한다. 잘 정리된 카브 관리일지나 관리 프로그램은 와인의 숙성 정도와 음용 시기를 알게 해 준다.

정리. 병을 정리하고 안전하게 보관하려면, 보관함과 선반은 안정적이어야 하고 쉽게 접근할 수 있어야 한다. 스테인리스 금속제, 습기와 벌레에 견딜 수 있게 처리된 나무, 돌, 벽돌, 콘크리트 등으로 만들 수 있다. 묶음이 6병 미만으로 작으면 온도 충격, 습기, 진동으로부터 와인을 보호하도록 만들어진 한 병 단위의 벌집 모양 구조물이 좋다. 습기로 인해 단시간에 사용이 불가능해지고 와인에 해가 될 수 있는 냄새를 뿜어내는 종이 상자는 사용을 금한다. 포장용 습자지의 경우, 라벨에 붙어 착색이 되게 할 수 있다. 나무 상자를 그대로 이용할 때에는 뚜껑을 열어 숨 쉴 수 있게 하고 바닥에 그대로 놓지 않아야 한다. 하지만 나무상자는 벌레와 기생충 발생을 야기할 수 있고 도난의 위험에 쉽게 노출된다.

> 카브의 관리는 언제나
> 엄격함과 시간, 그리고 몇몇
> 간단한 지식을 필요로 한다.
> 카브를 100% 활용하려면, 와인의 높이,
> 코르크 마개의 상태를 확인하고,
> 그리고 좋은 시기에 마셔야 한다.

레이블. 각 병의 자리배치는 여러 다른 묶음을 쉽게 식별할 수 있게 해주어야 한다. 그렇지 않을 경우, 병목이나 나무 상자에 작은 레이블을 붙일 수 있다. 와인의 레이블을 그대로 유지하기 위해, 와인 병을 랩으로 싸거나 선박용 방수도료를 바를 수 있다. 마신 와인의 레이블을 떼어내려면, 와인 레이블 제거용 넓은 스카치테이프를 붙인 후 조심스럽게 떼어내거나 와인 병에 찬물을 채운 후 뜨거운 물에 담그는 방법 등이 있다.

병 속의 와인 양 확인하기

안타깝게도 시간이 지남에 따라 코르크 마개를 통해 적은 양의 와인이 증발하는 것은 피할 수 없다. 하지만 코르크의 품질이 자연적으로 다르기 때문에, 이 현상은 병마다 차이가 난다. 이것을 와인의 '높이'라 칭한다. 경매를 통해 와인을 구매할 때에는 와인의 높이를 아는 것이 필수적이다. 와인이 어리면, 와인의 '높이'가 병목 높은 곳에 위치해야 한다. 카브에서 몇 년이 지나면 병목의 하단부에 다다르기도 한다. 20년 이상 숙성된 와인의 경우 병 어깨 상단부의 높이를 가지고 있다면 받아들일 만하지만 산화의 위험이 증가한다. 30년 이상 숙성된 와인은 어깨 중앙부 정도의 높이를 가지는데 만약 어린 와인이 이렇다면 코르크 마개의 품질이 좋지 않다는 신호이고 만약 전반적으로 모든 와인에 이런 현상이 나타난다면 카브가 너무 고온이거나 습도가 낮기 때문이다. 새는 병 혹은 '눈물 흘리는' 병에 대해서도 언급해보자. 높이가 어깨의 하단부에 있다면 와인의 상태에 대해 걱정해야 한다. 어찌되었건 그 와인은 경제적 가치를 잃을 것이다. 높이가 어깨 중앙부 아래까지 다다랐다면 그 와인은 마실 수 없게 되었음을 의미한다고 봐도 무방하다.

병목

병목 하단부

어깨 시작

어깨 중앙

> 나무 케이스는 벌레와
> 습기에 저항할 수 있도록
> 처리되어야 한다.

> 큰 카브를 가지고 있다면, 각 묶음을 잘 분류해 표기해야 한다.

카브 관리일지의 예

와인의 정체	
와인 명	Chateau Sociando-Mallet
원산지	Médoc(메독)
지역	Bordeaux(보르도)
색깔	rouge(레드)
생산연도	2010
구매처	인터넷으로 프리뫼르 구매
구매일	2011년 5월 (배송 2012년 6월)
구매가	35
생산자	Jean Gautreau
주소	(프리뫼르로만 구매)

보관된 와인의 관리	
병수	12병들이 1박스
실재고	11, 10
음용시기	2025-2040

시음 메모

2015년 크리스마스 시음 : 1병 (미셸, 사빈, 앙드레, 자비에와 함께). 탄닌이 많이 느껴지고 파워풀하지만 완전히 열리지 않은 상태. 강렬하고 입안에서 오랜 여운을 남기는 것으로 보아 매우 유망한 와인으로 아직 조금 더 기다려야 함.

2016년 3월 30일 시음 : 에릭, 사빈과 함께 1병. 식사 전에 1시간 동안 디캔팅함. 양질의 알코올과 탄닌이 느껴짐. 막 열리기 시작함. 탄닌과 오크향이 은은해짐. 다시 맛봐도 장래가 촉망됨. 짧은 숙성기간을 고려해도 아주 훌륭함. 오크향으로 조리한 오리가슴과 완벽한 페어링.

카브 관리대장(livre de cave)

구매한 와인과 소비한 와인을 기록하는 카브 관리대장은 카브의 상황을 업데이트하는 데 도움이 된다. 종류별로 한 병씩 있는 와인이 많거나 소량으로 다양한 와인을 가지고 있을 때는 이 일이 간단하지 않다.

소개. 박스 단위로 구매한 와인이나 장기 숙성을 고려하는 와인을 기록하기 위해 와인용 전문 장부를 사용해야 한다(위의 표 참조). 잘 만든 카브 관리대장은 입고와 출고에 국한되지 않고 시음 경험까지 기록할 수 있어, 숙성 과정을 모니터링하거나 추후 새로운 와인을 구입할 때에도 도움이 된다.

실제 사용. 필요하다면 카브의 레이아웃을 그려야 한다. 나무 케이스와 칸막이 구분 지점에 레이블을 붙인다. 병에는 개별 레이블이나 플라스틱 플래그를 이용할 수 있다. 와인을 나무 케이스 안에 보관한다면, 와인 이름, 생산연도 등이 쓰여 있는 측면이 보이도록 하여 힘들여 움직일 필요가 없게 한다.

나무 케이스에 저장

나무 케이스 포장으로 구매한 와인은 그 안에 보관할 수 있지만 마르면서 썩을 위험이 있다. 바닥에 직접 놓지 말고 깔판 위에 놓는다. 종이 박스는 습기로 인해 썩게 되어 곰팡이와 악취를 유발시킬 수 있어 일시적인 보관에만 사용하여야 한다. 와인을 추후에 팔고자 한다면 오리지널 나무 케이스를 보관해야 한다. 경매를 통해 팔 경우, 나무 케이스가 구매자에 신뢰를 주고 와인의 가치를 높여주는 역할을 한다. 특히 매그넘과 고가 와인의 경우 더 그렇다.

병의 크기가 와인에 영향을 미친다.

진실 혹은 거짓?

진실 와인을 구매할 때는 병이 클수록 숙성이 느리게 일어난다는 점을 기억해야 한다. 규모의 효과, 산화현상과 숙성과정 중의 산화환원 현상, 더 느린 침강 현상에 기인한다. 많은 애호가들은 매그넘 (1.5리터, 일반 병 2개 분량)이 숙성에 최적화된 크기라고 생각한다.

와인 보관을 위한 팁

모든 '와인 애호가'는 와인의 보관과 관련해 여러 가지 궁금증을 갖는다. 대답은 일반적으로 상식선이지만, 아래에 소개한 몇 가지 팁은 좋은 결정을 내리는 데 도움이 될 것이다.

와인을 세울까, 눕힐까?

66 코르크 마개의 와인이라면 의심의 여지없이 와인 병을 눕혀 두는 것이 최상의 조건 속에서 와인을 보관하고 숙성시키는 가장 좋은 방법이다. 하지만 마개가 합성이거나 알루미늄으로 만들어 졌다면 마개가 건조해질 일도 없기 때문에 세워서 보관해도 된다. 오래된 와인을 옮길 때에는 세워서 운반함으로 와인을 혼탁하게 하는 것을 최소화할 수 있다.

66 원칙적으로는 그렇다. 와인 병이 어느 정도의 기간 동안 물 속에 잠겼더라도 캡슐과 코르크 마개만으로도 충분한 보호가 되어 변질되지 않는다. 반면 와인의 레이블이 떨어질 우려가 있다. 만약 이런 일이 발생한다면, 나중에 '와인 증명서가'가 없더라도 와인의 정체를 알아볼 수 있도록 정리해 둘 필요가 있다. 와인을 나무 케이스에 보관했다면 침수 후에 와인에 나쁜 맛을 줄 수 있는 곰팡이가 필 우려가 있으므로 케이스에서 꺼내어둔다.

카브가 침수되었는데, 와인은 복구 가능할까?

어떻게 곰팡이의 맛을 피할까?

레이블을 어떻게 보호할까?

66 좋은 카브는 아무런 냄새가 없어야 한다. 최고급 와이너리의 지하 카브에 핀 곰팡이가 매력과 캐릭터를 줄지도 모르지만, 종종 최고급 와인에서 느낄 수 있는 버섯의 냄새는 곰팡이로부터 온 것일 수도 있다. 습도가 높은 카브가 있다면 정기적으로 청소를 하고 환기를 하는 것이 좋다. 하지만 공기를 변질시켜 와인 맛에 해를 끼칠 수 있는 어떤 화학약품도 사용해서는 안 된다. 식탁에서는 치즈와 와인이 좋은 궁합을 보이는 것은 잘 아는 사실이지만, 카브에 함께 보관하는 것은 곤란하다.

66 곰팡이가 피어 레이블을 읽을 수 없게 된 것이 꽤 로맨틱해 보일 수는 있겠지만 와인 식별에는 큰 방해가 된다. 레이블을 보호하는 최상의 해결책은 랩으로 와인 병을 부분적으로 싸는 것이다. 어느 정도 기간 동안 습도로부터 레이블을 보호해줄 것이다. 하지만 2~3년마다 새로 감아줘야 한다. 방수 도료를 바르는 것도 또 다른 해결책이다.

화인을 잘 보관하려면 어떻게 해야 할까?

66 원칙적으로 와인은 조용한 환경을 좋아한다. 진동은 와인을 피곤하게 하고 빨리 숙성되게 하여 문제를 일으킬 수 있다. 기찻길, 지하철이 지나는 곳, 중량 화물차가 통행하는 길 주변에 와인을 보관하는 것은 피한다. 끊임없는 진동은 특정 박테리아를 깨어나게 하고, 이런 안정적이지 못한 와인에서 젖산 발효가 재개된다. 셀러 아래쪽에 타이어 조각이나 고무 발판을 설치하는 것만으로도 진동이 줄어들어 이런 걱정을 덜 수 있다.

내가 병입을 한다면 어떤 마개를 사용해야 할까?

66 오늘날 전통적인 코르크 마개를 통해 천천히 유입되는 공기가 숙성에 필수적인 요소가 아니라는 것은 알게 되었다. 오히려 코르크 마개가 최고급 와인을 망가뜨리는 요소로 작용해 와인에 코르크의 맛이 나게 할 수도 있다. 이러한 걱정을 피하기 위해 합성 마개를 사용할 수 있다. 대략 병목의 중간까지 올라온 와인과 코르크 마개 사이에 남아 있는 공기 정도면 와인이 '숨쉬는 데' 충분하다.

벌크와인은 얼마나 오래 보관할 수 있을까?

운송된 와인을 마시려면 얼마나 기다려야 할까?

66 직접 병입하고자 하는 벌크와인의 경우 가능한 짧은 시간 내에 소비하는 것이 좋다. 서늘한 곳에서 24시간 정도의 휴지를 주는 것도 유용하지만, 병입이 늦어지면 안 된다. 병입 후, 개봉까지 일주일 정도 기다리는 것이 좋다. Bag in Box®에 담긴 데일리 와인은 오픈하기 전까지 3~4개월 정도 보관할 수 있다. 밀봉된 비닐백 안의 와인을 소비함에 따라 조금씩 공기가 빠져나가게 하는 시스템 덕에 서늘한 곳에서 한 달 정도 와인 보관이 가능하다.

66 일반적으로 병입 후에는 와인이 흔들리지 않아야 한다. 이동 후에는 반드시 휴지기를 둘 것을 강력히 권한다. 이 휴지기간은 여러 요소에 영향을 받는다. 어린 와인은 화이트건 레드건 일반적으로 3~4일 정도면 충분하지만 병입된 지 두 달이 안 된 와인이라면 일주일 정도 휴지기를 갖는 것이 좋다. 5년 이상 된 와인, 특히 레드와인은 일주일에서 열흘 정도 온전히 움직이지 않게 보관해야 한다. 10년이 넘은 최고급 레드와인은 최소한 2주 이상 휴지해야 한다.

와인의 보관과 숙성

어떤 와인은 느린 진화 과정을 통해서 더 좋아질 수 있지만, 다른 어떤 와인은 병입 후 빠른 시간 내에 마실 수 있도록 만들어졌다.
이러한 진화의 원칙을 안다면 언제 어떤 와인이 가장 좋은 상태가 되는지, 그 와인을 언제 마실지를 좀 더 잘 이해할 수 있다.

숙성 없이 마셨던 최초의 와인

최고급 와인의 품질은 언제나 숙성 가능성으로 평가받았다. 하지만 언제나 그랬던 것은 아니다. 수 세기 동안은 숙성이 되지 않은, 양조 후 바로 마시는 어린 와인을 더 맛있다고 여겼다. 과거에는 사실 황의 사용과 유리병입이 그렇게 보편적이지 않았고, 그로 인해 단시간에 와인이 식초로 변질될 위험이 컸다. 현재는 정밀한 과학적 분석을 통해, 와인은 불안정한 액체라는 사실을 쉽게 알아냈다. 산소의 존재는 와인을 산화시킬 수 있으며, 초산균^{Acetobacter aceti}으로 인해 알코올을 초산으로 변질시켜 와인을 식초가 되게까지 할 수 있다. 그러나 과거에는 완벽하게 청결하지 않은 금속 탱크나 오크통 안에서 임의적으로 발효가 발생하게 방치하였고, 특히 공기와의 접촉을 피해 와인을 보관하는 것이 매우 어려웠다. 오랜 시간 동안, 오로지 와인의 높은 알코올이나 당도만이 양조 과정의 조잡한 위생 조건을 헤쳐나갈 수 있었다.

와인이 숙성되는 방식은 부분적으로 와인 메이커에 의해 결정되지만,
포도 품종과 기질, 포도나무의 나이, 테루아 그리고 그해의 기상 여건의 영향을 많이 받는다.

장기 숙성 와인의 탄생

유리병의 등장은 일단 열외로 두고, 우리는 와인을 더 잘 보관하기 위해 발효 중에 알콜을 첨가하는 주정강화^{le mutage}, 세균의 발생을 억제시키기 위한 이산화황 첨가^{le sulfitage}, 오크통에서 증발되는 와인을 주기적으로 보충해 공기와의 접촉을 막는 우이야주^{l'ouillage}와 같은 기술들이 개발될 때까지 지난 수 세기를 기다려야 했다. 예전에는 와인을 추출하면 바로 마셔야 했다. 과거에는 네고시앙이나 주점의 오크통에서 숙성시켰지만, 유리병과 코르크 마개가 등장한 18세기 말에 이르러서야 적절한 조건을 갖춘 개인 집에서 와인을 보관할 수 있었다.

최신 기술들은 출하 시점에서는 탄닌이 두드러지고, 산도가 높고, 농축되어 있어 마실 수 없다고 판단되는 와인들이, 시간이 지나며 점차 부드러워지고 와인의 여러 아로마가 열리는 단계인 정점에 도달하는 시기 즉, 탄닌이나 산도 등의 구성물이 균형 잡힐 때까지 장기보관을 가능하게 해주었다. 장기 숙성 와인이라는 개념이 태어난 것이다.

> 와인의 수명은 테루아, 품종, 양조, 숙성 및 생산연도의 품질 등 여러 요소에 달려 있다.

병 안에서의 와인의 진화

산화. 19세기 파스퇴르의 업적은 와인이 공기에 노출될 때 산화로 인하여 와인이 변색된다는 것을 알려주었다. 산화는 껍질을 벗긴 바나나나 사과와 같이, 레드나 화이트와인의 색깔이 갈색으로 변질되게 만든다. 공기가 코르크 마개를 통해서 들어갈 수 없거나 극소량이 들어갈 뿐인데, 병 속에 담긴 와인의 산화를 어떻게 설명할 수 있을까? 와인 안에 녹아 있는 산소가 느린 반응을 지속시키고, 모든 코르크 마개가 완벽하게 밀봉되었다고 볼 수도 없다. 그래서 장기 숙성하는 와인은 30년마다 코르크 마개 바꾸기를 조언한다.

화학 반응. 연구 결과는 색깔과 향의 변화를 설명해주었다. 주로 포도껍질과 나뭇가지, 오크통에서 온 와인의 색과 탄닌, 방향성 등 구성요소가 변한다. 이 요소들끼리 중합반응을 통해 결합되고, 침강을 통해 병 바닥으로 내려온다. 진한 보라색의 와인이 루비와 같은 붉은색으로 변했다가 맑아지면서 적벽돌 빛깔을 띠게 된다. 녹색 과일의 산도와 떨떠름함이 부드러워진다. 어린 와인의 날카로움이 부드러운 텍스처와 맛으로 바뀌면서 복합적인 향을 뿜는다. 모든 와인이 숙성을 통해 이런 양상을 보여주지만, 매우 가볍고 구성요소가 부족한 와인은 예외이다.

장기 숙성형 와인이란 무엇일까?

와인은 각각의 다른 리듬으로 발전한다. 보졸레나 상당수의 화이트와인은 빠르게 절정에 이르고 금방 꺾이기 때문에 숙성을 하지 않고 어릴 때 마신다. 보르도, 부르고뉴, 론의 그랑 크뤼들은 절정에 도달하기까지 오랜 시간이 필요하지만 오랫동안 그 상태에 머물러 있다가 서서히 꺾여간다. 이런 것들이 장기 숙성형 와인이다.

숙성시킬 수 있는 품종. 품종의 기질은 와인의 수명에 어느 정도 영향을 미친다. 보르도의 엷으면서 강직한 카베르네 소비뇽cabernet sauvignon, 부드럽고 힘 있는 메를로merlot, 부르고뉴의 피노 누아pinot noir, 론의 시라syrah는 보졸레의 가메gamay로 만든 가볍고 과일 향 풍부한 와인보다 훨씬 더 농축된 와인을 만든다. 카베르네 프랑cabernet franc, 그르나슈grenache, 무르베드르mourvedre, 마디랑의 타나트tannat(madiran), 카오르의 말벡malbec(cahors), 프티 베르도petit verdot, 카리냥carignan, 스페인의 템프라니요tempranillo, 이탈리아의 네비올로nebbiolo와 산지오베제sangiovese 외에 덜 알려진 여러 품종들도 장기 숙성형 레드와인을 만든다. 화이트와인은 게부르츠트라미너gewurztraminer, 리슬링riesling, 루산roussanne, 샤르도네chardonnay, 그르나슈 블랑grenache blanc, 슈냉chenin, 세미용semillon, 뮈스카델muscadelle 등인데 특히 마지막의 네 가지로 스위트 와인을 양조하면 장기 숙성 잠재력이 뛰어난 와인을 만든다.

> 수십 년을 버틸 수 있는 최고급 와인은 드물다. 이런 와인을 마시는 것은 특권이자 감동이다.

양조와 숙성. 와인의 장기 숙성 잠재력은 양조과정에도 기인한다. 레드와인의 경우, 와인 메이커는 숙성에 필요한 뼈대를 만들기 위해 압착 과정(p.68 참조) 전의 침용과 발효 후에 양질의 탄닌을 추출해야 한다. 뱅드구트와 뱅드프레스의 비율은 와인의 최종 텍스처에 크게 영향을 미친다. 새 오크통에서의 숙성은 장기 숙성 잠재력에 무시할 수 없는 부분을 차지한다. 화이트와인의 경우, 좋은 산도를 가져야 한다. 산도가 높지 않은 품종으로 양조해야 할 경우, 오크통 숙성이 장기 숙성 잠재력에 보탬이 될 수 있다.

유용한 정보

프르미에 크뤼건 그랑 크뤼건 각각의 와인은 병 안에서 동일한 라이프 사이클을 가진다.

'병입 후유증' 이후, 와인은 조금씩 원래의 맛을 찾아가면서 숙성되지 않은 '원초적인' 맛을 잃기 시작한다. 과일에서 오는 1차적 향이 살아나면서 발효에서 오는 2차와 숙성에서 오는 3차적 향은 조금씩 수그러든다. 그 후 와인은 짧은 기간 동안 후퇴 양상을 띠는 성숙기에 접어든다. 그리고 나서 와인은 마침내 절정에 이른다. 텍스처가 더 부드러워지고, 과일 향, 향신료의 향 등이 섞인 복합적인 향을 내뿜는다. 몇몇 그랑 크뤼 와인들은 말년에 들어가기 전 수십 년간 이 절정이 유지되기도 한다.

진실 혹은 거짓?

와인의 진화를 느끼기 위해 맛을 보아야 한다.

진실 언제 와인이 절정에 도달할지 알아내려면 생산자나 카비스트가 구매 시에 주는 지침을 따르는 것만으로는 불충분한데, 각각의 장소마다 다른 와인의 보관조건이 진화에 영향을 주기 때문이다. 최상의 방법은 때때로 한 병을 열어서 맛을 보는 것이다.

와인의 평균 보관 기간

어떤 와인은 어릴 때 마셔야 하지만, 또 다른 와인들은 맛을 보고 완벽한 성숙기를 즐기기 위해 카브에서 몇 년을 보관해야 한다. 각 와인은 마실 시기가 지나기 전에 서빙되어야 한다. 이 기간은 와인이 생산된 지역, 와인의 스타일 그리고 해당 생산연도의 작황에 따라 다르다. 최고의 밀레짐은 일반적으로 최고의 장기 숙성 와인이 만들어지는 해다(p.163 참조).

범례 : ⬜ 작황이 좋았던 해(10점 만점에 6~7점)의 와인을 마실 시기   ⬜ 작황이 뛰어난 해(10점 만점에 8~9점)의 와인을 마실 시기   ⬜ 작황이 환상적인 해(10점 만점에 10점)의 와인을 마실 시기

	6개월	1년	2년	3년	5년	8년	10년	12년	15년	20년	25년	30년	50년	100년
보르도 BORDEAUX														
레드와인 : Médoc - Graves														
레드와인 : Saint-Émilion - Pomerol														
보르도와 보르도 쉬페리에르														
당도가 없는 화이트와인														
달콤한 화이트와인														
부르고뉴 BOURGOGNE														
레드와인 : Côte de Nuits														
레드와인 : Côte de Beaune														
레드와인 : Côte chalonnaise														
레드와인 : grands crus de Côte d'Or														
화이트와인 : Mâconnais														
화이트와인 : Pouilly-Fuissé et Chablis														
화이트와인 : premiers crus														
화이트와인 : grands crus														
크레망 드 부르고뉴 Crémant de Bourgogne														
보졸레 BEAUJOLAIS														
보졸레 프리뫼르														
보졸레와 보졸레 빌라주														
크뤼 Crus (Juliénas, Morgon, Saint-Amour…)														
샹파뉴 CHAMPAGNE														
생산연도가 없는														
생산연도가 있는														
최고급 퀴베														
알자스 ALSACE														
화이트와인														
그랑 크뤼														
늦수확한														
크레망 달자스 Crémant d'Alsace														
쥐라와 사부아 JURA ET SAVOIE														
레드와인														
화이트와인														
뱅존 Vin jaune														
루아르 VALLÉE DE LA LOIRE														
레드와인														
가벼운 로제와 화이트와인														
진한 로제와 화이트와인														
달콤한 화이트와인														
스파클링 와인														

	6개월	1년	2년	3년	5년	8년	10년	12년	15년	20년	25년	30년	50년	100년
론 VALLÉE DU RHÔNE														
레드와인														
화이트와인														
로제와인														
랑그독과 루시용 LANGUEDOC ET ROUSSILLON														
레드와인														
화이트와인														
뱅 두 나튀렐 Vins doux naturels														
프로방스 PROVENCE														
레드와인														
화이트와 로제와인														
코르시카 CORSE														
레드와인														
화이트와 로제와인														
달콤한 화이트와인														
남서부														
레드와인														
당도가 없는 화이트와인														
달콤한 화이트와인														
이탈리아(피에몬테와 토스카나)														
바롤로와 브루넬로 디 몬탈치노														
스페인														
리오하와 리베라 델 두에로의 레드와인														
헤레스와 피노 Xérès et Fino														
포르투갈														
빈티지 포르토(생산연도가 있는)														
독일 : 모젤과 라인강 유역														
당도가 없는 화이트와인														
달콤한 화이트와인														
아이스바인														
스위스, 오스트리아와 헝가리														
레드와인														
당도가 없는 화이트와인														
달콤한 화이트와인														
지중해 주변국과 북아프리카														
레드와인														
로제와인														
미국 : 캘리포니아														
레드와인														
화이트와인														
칠레														
레드와인														
화이트와인														
아르헨티나														
레드와인														
화이트와인														
남아프리카 공화국														
레드와인														
화이트와인														
호주														
레드와인														
화이트와인														
뉴질랜드														
레드와인														
화이트와인														

와인 저장고 : 컬렉션과 투자

와인이 예술의 경지에 이를 때, 와인은 단순히 우리의 가슴을 설레게 하는 대상일 뿐 아니라
투자의 기회가 되기도 하다. 구매는 종종 위험을 동반하는 복잡한 작업을 동반하기도 하지만,
자산 축적 및 경제적 가치의 상승, 카브와의 조화는 컬렉션으로서의 가치가 있다.

와인 수집하기

일부 애호가들은 자신들의 카브를 컬렉션으로 여긴다. 이 컬렉션은 여러 나라와 지역에서 생산한 다양한 와인, 한 지역의 여러 다른 와인, 한 생산자의 모든 생산연도 혹은 한 해에 생산된 여러 다른 생산자 등으로 구성될 수 있다.

좋은 보관 조건. 오래된 일부 와인들은 아주 민감하기 때문에, 수집가는 카브의 보관 조건에 각별한 주의를 기울인다. 마신 후 추억으로 남는 와인병과 나무 박스 역시 수집의 대상이고 재판매 시 가치를 부여하는 요소이기 때문에 레이블과 나무 박스에도 많은 애정을 쏟을 필요가 있다.

병의 크기. 평범한 카브와 다르게, 와인 컬렉션은 다수의 매그넘 혹은 이보다 더 큰 병이 포함될 수 있다. 이 병들은 표준 크기의 보관함에 들어가지 않아 특별하게 제작된 공간을 필요로 한다. 매우 큰 병들은 대개 출고 시 나무 박스에 그대로 보관한다.

> 지구상에서 가장 아름다운
> 희귀 와인 컬렉션 중 하나는 미셸 샤쇠유
> (MICHEL CHASSEUIL)의 것이다.
> 지금은 은퇴한 회사원인 그는
> 인내심을 갖고 평생 대략 20,000병의
> 최고급 와인을 수집했다.

이 높은 원산지의 모든 와인을 살 수 있다. 프리뫼르로 구매할 수 없는 경우, 저장 조건을 잘 알고 있는 흠잡을 데 없는 카브에서 완벽한 상태의 와인을 찾는다. 마실 때 혹은 팔 때가 되면 컬렉터는 출처(본인의 카브)로 인해 와인의 평판이 향상되기를 바란다.

와인을 얼마나 사야 할까?

카브에 몇 병의 와인을 보관해야 할까? 대답은 간단하다. 컬렉션의 목표에 따라 가능한 한 많은 것이 좋다. 소장한 양이 너무 많거나 컬렉션을 늘리거나 방향을 수정하고 싶으면, 언제나 일부분을 경매 혹은 ebay.com이나 idealwine.com 같은 인터넷 사이트에서 되팔 수 있다.

이론. 최소한 십여 년간 숙성해야 절정에 달하는 장기 숙성형 와인을 수집할 때는 규모가 큰 카브를 갖고 있어야 한다. 1년에 2~3병 정도 맛을 보건, 가치 상승 실현을 목적으로 장기간 숙성시키건, 시간이 지날수록 와인의 양

컬렉션 전략

투자자와는 다르게 와인 컬렉터는 쉽게 되팔 수 있는 안정 자산에 국한하지 않는다. 자신의 논리에 따라 다양한 전략을 채택할 수 있다. 예를 들어, 본인이 태어난 해의 포이야ᵖᵃᵘⁱˡˡᵃᶜ의 모든 그랑 크뤼를 모으거나 동일한 샤토의 모든 빈티지를 프리뫼르로 구매하거나(p.128-129 참조) 부르고뉴의 클로 드 부조Clos de Vougeot와 같이 규모는 작지만 명성

> 그랑 크뤼 클라세인
> 샤토 라투르의 와인 병

유용한 정보

엘리제궁, 총리관저, 상원, 국회(하원)와 대부분의 장관들은
소믈리에에 의해 관리되는 카브를 갖고 있다.
이 카브들은 와인의 원산지와 그곳을 거쳐 가는 임시 주인의
취향에 따라 변화되는 상당한 자산으로 구성되어 있다.
오랫동안 가장 훌륭한 카브는 국회의장 관저(hôtel de Lassay)
였다. 프랑스의 대통령 관저인 엘리제궁의 카브는 부침이
있었지만 국가 원수들의 만찬에 쓰일 보물들이 많이 숨어 있다.

> 컬렉터 미셸 샤쇠유의
> 페트뤼스 컬렉션

도 증가할 것이다. 예를 들어, 매년 최고급 보르도 와인을 36병 구매해서 매년 2병씩 마신다면, 10년 후에는 340병이 남을 것이다. 마시기 위한 컬렉션의 논리와 팔기 위한 컬렉션의 논리를 구분할 필요가 있다. 전자의 경우, 특히 친구들과 와인에 대한 열정을 공유한다면 카브를 정말 잘 관리해야 한다. 후자의 경우 보안이 철저한 전문 카브를 임대하는 것이 나을 것이다.

현실. 예산이 무제한이거나 네고시앙으로서의 경력을 쌓고자 하는 목적이 아니라면, 대부분의 컬렉터는 와인 애호가로서 자신들의 가장 좋은 와인을 친구들과 나누고 싶어 하지, 무모할 수도 있는 투기판의 막장까지 가고 싶어 하지는 않기 때문에 이 어려운 결정을 하게 되는 일은 드물다. 게다가 후손에게 유산으로 남길 것이 아니라면, 오랜 시간이 지나 최고급 와인이 절정에 도달할 때 맛을 못 보게 될 위험도 있다. 따라서 합리적인 컬렉션은 다음 두 가지의 조화를 꾀하는 것이다. 컬렉터가 마시기 위한 중기 숙성의 와인과 장기 숙성 후 마실 최고급 와인 혹은 컬렉션의 리뉴얼을 위한 경비 마련을 위해 팔려는 와인이다.

투자로서의 와인

투기를 목적으로 와인을 사려면, 시장을 아주 잘 알고 가장 좋은 가격으로 구매해야 한다.

어떤 와인을 사야 할까? 투기는 보르도의 그랑 크뤼, 최고급 부르고뉴, 론의 몇몇 와인에 한정된다. 예외적인 경우를 제외하고는, 처음부터 비싸게 산 와인의 마진이 가장 크다. 여기엔 황금률이 있다. 와인 구매는 저축한 돈만으로, 또는 컬렉터라면 다른 와인을 팔아서 번 돈으로만 해야 한다.

어떻게 살까? 좋은 빈티지를 찾아내야 한다. 종종 프리뫼르 구매가 사업적으로는 최고의 방법이기도 하지만, 마찬가지로 와인 장터에서도 이와 같이 좋은 구매를 할 수 있다.

어떤 이득? 와인 투자는 매우 수익성이 높을 수 있다. 지난 세기 마지막 20년 동안 보르도의 최고급 와인들의 몇몇 생산연도(1985, 1986, 1989, 1990, 2000)의 와인은 출고가격이 100유로 미만이었지만, 가격이 3배 혹은 그 이상으로 뛰었다. 그러나 10년 이내에 카브 내 모든 와인의 순이익이 50%에 달할 것이라 기대하는 것은 금물이다. 전문적인 인터넷 사이트에서 본인이 가지고 있는 자산의 변화를 알아볼 수도 있지만, 경매나 인터넷 사이트에서 이루어지는 거래일 때에는 전문가의 도움을 받는 것을 권한다.

카브의 보험 들기

모든 부속 건물들과 마찬가지로, 카브도 주택 보험에 포함된다. 하지만 재난 발생 시, 보험금을 받기 위해서는 카브의 존재와 그 안의 와인을 신고하는 데 주의를 기울일 필요가 있다. 몇몇 보험사의 특별한 추가조항을 제외하고는, 카브 안의 와인을 커버하는 특별한 계약은 존재하지 않는다는 것을 알아야 한다. 바꿔 말해 만일 계약서에 매우 자세하게 보관된 와인의 가치가 기재되지 않았다면, 재난 발생 시에 단지 가입한 보험의 종류에 따라 정해진 임의 정액만을 받을 수밖에 없다. 와인과 관련된 가능한 모든 증거(영수증, 사진 등)를 보관하고, 와인들의 상승된 가치가 반영된 계약서 갱신을 권장한다.

어떻게
와인을 잘
선택할까?

와인의 카테고리

초보 와인 애호가에게 있어 시중의 다양한 종류의 와인들 가운데 좋은 와인을 고르는 일은 무척 힘든 일이다.
만약 와인의 스타일이나 카테고리의 개념을 빌리면 일이 조금 쉬워질 것이다. 다음에 나오는 와인의 14가지 카테고리는
중심 품종과 감각기관에 영향을 미치는 특성들로 분류한 것이다. 각 카테고리를 가장 잘 대표하는 원산지 명칭,
음식과의 궁합, 시음 온도 등을 표시하였다.

과일향이 나고 상큼하고 가벼운 레드와인

과일향이 나며 마시기 쉽다고 평할 수 있는 즉각적인 즐거움이 있는 와인들이다. 붉은 꽃 혹은 붉은 과일류의 폭발적인 향이 특징이다. 가벼운 탄닌 구조는 기분 좋은 산도로 보완되고, 끝맛은 단순하면서 입안의 짠 기운을 없애준다. 특정 품종이 이 스타일의 와인을 만든다기보다는 양조방식이 결과물에 많은 영향을 미친다.

품종. 카베르네 프랑Cabernet franc, 가메gamay, 피노 누아pinot noir, 풀사르poulsard, 트루소trousseau, 코르비나corvina(이탈리아) 또는 멘시아mencia (스페인) 등의 품종은 꽃과 과일 향 같은 핵심적인 1차적 아로마를 보여준다.

원산지 명칭. 이 스타일의 와인은 다음 원산지를 언급할 수 있다 : 앙주Anjou, 보졸레Beaujolais, 보졸레 빌라주Beaujolais Villages, 부르괴이Bourgueil 또는 생 니콜라 드 부르괴이Saint-Nicolas de Bourgueil, 시농Chinon, 소뮈르 샹피니Saumur Champigny, 상세르 레드Sancerre rouge, 코트 뒤 쥐라Côtes du-Jura, 코토 뒤 리오네Coteaux-du-Lyonnais, 부르고뉴Bourgogne, 오트 코트 드 본Hautes-Côtes-de-Beaune, 오트 코트 드 뉘Hautes-Côtes-de-Nuits, 알자스 피노 누아Pinot Noir d'Alsace, 발포리첼라Valpolicella(이탈리아), 비에르소Bierzo(스페인), 발레Valais의 피노 누아(스위스).

마리아주. 과일 향이 나는 가벼운 레드와인은 단순한 음식 혹은 여름철 음식과 궁합이 좋다. 샤퀴트리, 키슈, 피자, 고기 파테, 테린, 가금류, 특히 소나 양젖으로 만든 단단한 치즈 등과도 잘 맞는다.

음용. 병입 후 2년, 최대 3년 되기 전의 어릴 때가 맛있다. 12~14도로 시원하게 마신다.

과일향이 나면서 풍만한 레드와인

전자와 마찬가지로 단순한 와인이지만, 입안에서 좀 더 풍만하고 탄닌이 좀 더 느껴지며, 종종 알코올 도수가 높기도 하다. 새 오크통에서 숙성시키지 않아, 과일의 성향을 잘 간직하고 있다. 이 와인들은 붉은 혹은 검은 과일류의 향이 발달하고, 때때로 향신료의 향도 느껴진다.

품종. 카베르네 프랑Cabernet franc, 카리냥carignan, 그르나슈grenache, 메를로merlot, 몽되즈mondeuse, 피노 누아pinot noir, 시라syrah, 그리고 이탈리아에서는 이런 와인을 양조하기 위해 산지오베제sangiovese가 가장 널리 사용된다.

원산지 명칭. 베르주락Bergerac, 보르도 쉬페리외르Bordeaux supérieur, 뷔제Buzet, 시농Chinon, 카스티용 코트 드 보르도Castillon-Côtes-de-Bordeaux, 코트 샬로네즈Côte chalonnaise, 코트 드 프로방스Côtes-de-Provence, 코토 댁스Coteau d'Aix, 코트 뒤 론Côtes-du-Rhone, 코트 뒤 론 빌라주Côte-du-Rhône-Villages, 프롱통Fronton, 생 조제프Saint-Joseph, 크로즈 에르미타주Crozes Hermitage, 이탈리아의 키안티Chianti, 스페인의 페네데스Penedès, 소몬타노Somontano 또는 리오하Riojà의 일부.

마리아주. 이 와인들은 사냥으로 잡은 날짐승, 파테 앙 크루트pâté en croûte, 하얀 살의 육류, 그릴에 구운 것들 그리고 톰이나 생 넥테르 같은 반경성 치즈와 잘 어울린다.

음용. 병입 후 2년 이내에 마시는 게 좋고, 15~17도의 온도로 서빙한다.

색깔, 맛의 성격에 따라
와인의 스타일을 분류하여 기억한다면
와인 한 병을 선택하는 것이 좀 더 쉽다.
기품이 있고 복합적인 레드,
가볍고 산도가 높은 화이트, 등등.

유용한 정보

레드와인의 색깔은 어느 정도 그 와인의 정체를 알려줄 수 있다.
어린 레드와인의 색상은 매우 맑은 루비 색에서 가장 어두운 보라색까지 다양하다. 색깔이 진하고 어두운 와인은 옳건 그르건 간에 농축과 관련하여 생각하게 된다. 반대로, 좀 더 맑은 와인은 보다 가볍고, 탄닌이 덜 느껴지며 목넘김이 쉬운 와인을 머리에 떠오르게 한다. 하지만 이런 유형의 징후에는 많은 예외가 있다.

힘 있고, 알코올이 풍부한 복합적인 와인

이 와인들은 숙성되는 데 약간의 시간을 요구하며 탄닌과 알콜이 있고 감미로운 텍스처를 가져 좀 더 확실한 성격과 개성을 나타낸다. 상당수는 크기가 크건 작건 오크통에서 숙성되어 농익은 검은 과일, 향신료, 오크의 향 등이 섞여 좀 더 복합적인 아로마를 가진다. 지중해 기후 지역에서 온 '햇빛을 쬔' 와인이나 좀 더 클래식한 원산지인 리부른Libournes의 경우 시음 시 좋은 힘을 느끼게 해준다. 이 와인들은 좋은 여운을 가진 복합적인 끝맛을 제공한다. 생테밀리옹이나 포므롤에서 생산되는 메를로의 비율이 높은 와인들은 독특한 벨벳 같은 질감이 느껴진다 (p.277, 284 참조). 이 와인들은 같은 카테고리 안에서 가장 고가의 와인들이다.

품종. 주로 말벡, 카베르네 소비뇽, 그르나슈, 메를로, 무르베드르mourvèdre, 시라, 타나트tannat, 템프라니요tempranillo, 진판델zinfandel 등이다.

원산지. 여러 곳이 있지만, 카오르Cahors, 샤토뇌프 뒤 파프Châteauneuf-du-Pape, 코르비에르Corbières, 코트 뒤 루시용 빌라주Côtes-du-Roussillon-Villages, 랑그독의 AOC들, 프롱삭Fronsac, 지공다스Gigondas, 마디랑Madiran, 미네르브아Minervois, 포므롤, 생테밀리옹 그랑 크뤼 등이다. 외국의 경우 리오하Rioja와 리베라 델 두에로Ribera del Duero(스페인), 칠레의 메를로, 아르헨티나의 말벡, 호주의 시라즈, 캘리포니아의 진판델 등이 이 카테고리에 포함된다.

마리아주. 힘 좋고 알코올이 풍부하면서 복합적인 레드와인은 맛이 진하면서 기름진 음식을 찾게 만든다. 카술레, 오리다리 콩피, 버섯(특히 트러플), 팬프라이한 푸아 그라, 레드와인 소스를 곁들인 음식(스튜), 그릴에 굽거나 오븐에서 통으로 구운 붉은 살 육류, 사냥한 길짐승과 날짐승, 톰이나 캉탈 같은 반경성 치즈가 잘 어울린다.

음용. 병입 후 최소 3년은 숙성시켜야 한다. 어린 와인의 경우 카라프에 옮겨 브리딩해서 마시는 것이 좋을 수 있다. 15~17도로 서빙한다.

> 과일향이 나며 볼륨 있는 레드와인

뻣뻣한 탄닌이 두드러지는 복합적인 와인

기품이 있는 이 레드와인은 대개 고가의 범주에 들어간다. 시음자의 입장에서 몇 가지 주의를 요하고, 병입 후 수 년이 지난 후에 맛이 좋아진다. 강한 탄닌의 존재로 인해 어릴 적에는 좀 뻣뻣하다. 시간이 흐름에 따라, 탄닌이 부드러워지면서 텍스처는 더 섬세해지고, 조밀하고 우아하면서 탄탄한 질감을 보여준다. 상당 비율이 새 오크통에서 숙성되어, 오크 향, 토스트 향, 향신료의 향 등이 잘 익은 검은 과일, 붉은 과일의 향과 잘 어울려 있다. 완전히 성숙되면 향의 복합성이 뛰어난다. 길고 기품이 있는 여운으로 두각을 나타낸다.

품종. 이 와인들은 카베르네 소비뇽, 무르베드르, 시라, 네비올로(이탈리아) 또는 템프라니요(스페인) 등으로 만들어 진다.

원산지. 프랑스에서는 방돌Bandol, 코르나스Cornas, 코트 로티Côte-Rôtie, 그라브Graves, 오 메독Haut-Médoc, 에르미타주Hermitage, 마고Margaux, 포이약Pauillac, 페삭 레오냥Pessac-Léognan, 생테스테프Saint-Estèphe, 생쥘리앵Saint-Julien 등이다. 이탈리아는 바롤로Barolo, 스페인은 리오하 일부, 리베라 델 두에로Riberas del Duero, 토로Toro, 그 외에는 캘리포니아, 칠레, 호주, 남아공의 카베르네 소비뇽이다.

마리아주. 기품이 있고 탄닌이 두드러지는 복합적인 레드는 맛은 풍부하지만, 지방분이 적당한 음식들, 가령 트러플, 사냥으로 잡은 날짐승과 길짐승, 오리, 비둘기, 통으로 구운 고기(예를 들어 양) 등이다.

음용. 최소한 5년은 병에서 숙성하고, 디캔팅한 후 16~17도로 서빙한다.

세련되고 우아하며 복합적인 레드와인

이 카테고리에 속한 와인의 대부분은 부르고뉴의 프르미에나 그랑 크 뤼와 같이, 전 세계의 피노 누아로 만든 최상급의 와인들로, 알자스, 독일, 스위스, 오스트리아, 미국, 남아공, 호주, 뉴질랜드 등이 속한 다. 이 와인들은 섬세한 붉은 과일과 꽃의 아로마에서 시작되어 시간 이 지남에 따라 숲속의 향으로 바뀔 수 있다. 비단결 혹은 벨벳 같은 텍스처와 여운은 피노 누아를 다른 품종과 구분 짓게 만든다.

품종. 이 카테고리에 속한 와인은 대개 피노 누아이지만, 스페인 갈리 스 지방의 멘시아나 보졸레의 크뤼 지역의 최상급 가메, 이탈리아 피 에몬테 지방의 네비올로 등이 숙성되면 같은 성향을 보인다.

원산지. 부르고뉴에서는, 대부분이 코트 드 뉘Côte de Nuits, 코트 드 본Côte de Beaune, 코트 샬로네즈Côte Chalonnaise에서 생산된다. 미국은 오레곤Oregon 의 피노 누아, 뉴질랜드에서는 센트럴 오타고Central Otago와 모닝턴 페닌 술라Monington Peninsula 지방이다. 남아공에서는 워커 베이Walker Bay이다.

마리아주. 우아한 이 레드와인들은 섬세하고, 너무 강하지 않은 음식 과 잘 어울린다. 닭, 백색 육류, 사냥으로 잡은 날짐승 등이 기본이 되 는 재료이다. 와인의 섬세함을 살리기 위해서 향신료나 너무 무거운 소스는 피해야 한다.

음용. 와인의 농축도에 따라, 2~10년 정도 카브에서 숙성시킬 수 있 다. 15~17도로 서빙한다.

과일향이 나면서 색깔이 옅은 로제와인

갈증을 해소시켜주는 이 카테고리의 와인은 숙성하지 않고 마신다. 이 와인들은 시원하고, 상큼하며, 상당한 과일향을 표현한다. 레드와 인 품종으로부터 직접 착즙방식이나 단기 침출방식(경우에 따라서 화 이트와인 품종이 포함되기도 한다)으로 생산한다.

품종. 주요 품종은 그르나슈, 상소, 가메, 피노 누아, 메를로, 카베르 네 프랑, 그리고 캘리포니아의 진판델이다.

원산지. 산도가 있고 과일향이 있는 이 로제는 프랑스의 여러 원산지 에서 생산하는데 그중에 가장 잘 알려진 곳들은 코토 댁상프로방스 Coteaux- d'Aix-en-Provence, 코토 바루아Coteaux varois, 뤼브롱Luberon, 코트 드 프 로방스Côtes-de-Provence, 보르도이고 타지방, 원산지로 확대되고 있다

마리아주. 이 와인들은 여름철의 가벼운 음식, 특히 익히지 않은 것, 샐러드, 굽고 스팀에 찐 생선, 채소를 곁들인 파스타, 채소 파이, 타프 나드tapenade, 앙슈아야드anchoïade, 피자, 치즈 등과 완벽한 짝을 이룬다.

> 세련되고 우아하며
복합적인 레드와인

> 과일향이 나면서
색깔이 옅은 로제와

음용. 병입 후 바로 마시고, 충분히 차가운 8~10도로 서빙한다. 조심해야 할 점은, 지나치게 차가우면 특유의 과일과 꽃의 향을 즐길 수 없다.

레드와인처럼 색깔과 맛이 진한 로제와인

로제와인의 시원함을 유지하면서, 덜 새콤하고, 붉은 과일에 좀 더 가깝고, 종종 향신료의 향도 나며, 입안에서 좀 더 풍만하고, 레드와인 같은 맛과 약하지만 탄닌의 구조를 가진다. 앞에서 언급한 로제보다 좀 더 색깔이 짙다. 이 스타일의 로제와인은 대부분 '단기 침출방식'(p.66 참조)으로 양조된다.

품종. 카리냥, 그르나슈, 카베르네 소비뇽, 무르베드르, 네그레트, 피노 누아, 시라 등이다.

원산지. 방돌Bandol, 보르도 클레레Bordeaux clairet, 랑그독Languedoc, 코트 뒤 론Côtes du-Rhône, 리락Lirac, 마르사네Marsannay, 로제 데 리세Rosé des Riceys, 타벨Tavel, 지중해 주변에 위치한 이탈리아와 스페인의 로제가 이 카테고리를 완벽하게 보여준다.

마리아주. 맛이 진한 이 로제는 채소나 생선에 올리브 오일을 기본으로 하는 맛이 강한 여름철 음식인 아이올리, 부야베스, 가지 티앙tian d'aubergine, 라타투이, 성대뿐 아니라 그릴에 구운 음식이나 치즈와 잘 어울린다. 마찬가지로 중동과 아시아의 음식들과 잘 맞는다.

음용. 8~10도 사이의 차가운 온도로 서빙되어야 한다. 일반적으로 병입 후 2~3년 사이에 마셔야 하지만, 어떤 것들은 이보다 더 숙성할 수 있다.

> 가볍고 당도가 없는 화이트와인

산미가 있고 가벼운 화이트와인

이 와인들은 산도가 있고, 마시기 쉬우며 갈증을 가시게 해주는데 그다지 복합적이지 않은 꽃과 과일의 향을 갖는다.

품종. 프랑스에서 가장 빈번한 것들은 알리고테aligoté, 샤슬라chasselas, 샤르도네chardonnay, 자케르jacquère, 믈롱 드 부르고뉴melon de Bourgogne(뮈스카데), 피노 블랑, 소비뇽 또는 실바네르sylvaner이다. 이탈리아에서는 트레비아노trebbiano와 피노 그리지오pinot grigio, 스페인에서는 팔로미노palomino 또는 아이렌airen, 독일에서는 뮐러 투르가우müller-thurgau 등이다.

원산지. 이 스타일의 와인을 가장 잘 보여주는 원산지는 부르고뉴 알리고테, 슈베르니Cheverny, 크레피Crépy, 앙트르 되 메르Entre-deux-Mers, 마콩 빌라주Mâcon-Villages, 뮈스카데Muscadet, 프티 샤블리Petit Chablis, 알자스 피노 블랑, 알자스 실바네르Alsace Sylvaner, 아프르몽Apremont, 스위스의 펑당Fendant, 포르투갈의 빈호 베르데Vinho Verde, 프리울Frioul의 소비뇽Sauvignon 또는 피노 그리지오Pinot Grigio나 스페인 만차Mancha의 모던한 화이트와인 등이다.

마리아주. 이 와인들은 복잡하지 않은 요리, 맛이 복합적이지 않지만 대체적으로 지방이 있는 음식인 굴을 포함한 해산물, 생채소 또는 익힌 채소, 달팽이, 개구리 다리, 테린, 그릴에 구운 또는 튀긴 생선, 샤퀴트리, 치즈 등과 잘 어울린다.

음용. 가벼운 당도가 없는 이 와인들은 병입 후 2년 내의 아주 어릴 때, 8도 정도로 시원하게 서빙한다.

유용한 정보

가장 역사가 오래된 와인은 로제이다.

포도밭과 양조용 발효통에서 레드와인용 포도와 화이트와인용 포도가 분리된 것은 17세기 후반에 이르러서였다. 이 시기에는 화이트와인은 압착기에서 껍질을 제거했고 전체를 발효통에 집어넣으면 로제가 되었다. 일부 영국인들은 이 시절을 기억하는데, 왜냐하면 지금까지도 보르도 와인을 부를 때 '맑은'을 의미하는 프랑스어 단어 클레레clairet를 영어식인 '클라레claret'라는 호칭으로 계속 부르기 때문이다.

화이트와인의 일반적인 스타일

화이트와인은 화이트와인용 포도나 레드와인용 포도의 고체 부분을 침용시키지 않고 무색 과육만으로 만든다. 탄닌의 부재로 인해 대부분의 레드와인보다 갈증을 더 잘 해소시켜 준다. 매우 청량감을 주는 산도는 화이트와인이 해산물과 치즈의 특별한 파트너가 될 수 있게 해준다. 식전주로도 매우 좋지만, 단지 해산물만이 아니라 수많은 다른 음식들과도 아주 좋은 궁합을 보여준다.

과일 향이 있고 당도가 없는 화이트와인

이 와인들은 과일의 향, 특히 감귤류나 흰색 과육을 가진 과일의 향이 두드러지는데, 상당히 부드럽고 기분 좋은 청량감이 있다.

품종. 이 화이트와인들은 프랑스에서는 알테스altesse, 샤르도네, 슈냉, 클레레트clairette, 그로 망상gros manseng, 모작mauzac, 롤/베르멘티노rolle/vermentino, 소비뇽 또는 세미용 등으로 만든다. 스페인에서는 알바리뇨albarino, 마카베오maccabeo, 베르데호verdejo 으로, 이탈리아에서는 가르가네가garganega, 피아노fiano 또는 베르디키오verdicchio, 오스트리아에서는 그뤼너 펠트리너grüner veltliner로 만든다.

원산지. 프랑스에서는 방돌Bandol, 벨레Bellet, 카시스Cassis, 샤블리Chablis, 코트 드 블라이Côtes-de-Blaye, 코토 댁상프로방스Coteaux-d'Aix-en-Provence, 코트 드 프로방스Côtes-de-Provence, 가이약Gaillac, 그라브Graves, 쥐랑송 섹Jurançon sec, 푸이이 퓌메Pouilly Fumé, 푸이이 퓌세Pouilly-Fuissé, 몽루이Montlouis, 루세트 드 사부아Roussette de Savoie, 생 베랑Saint-Véran, 상세르Sancerre, 뱅 드 코르스vins de Corse 등이다. 스페인에서는 리아스 바이사스Rias Bawas와 몬테라이Monterrai, 루에다Rueda 또는 소몬타노Somontano 등이며 이탈리아에서는 소아베Soave, 베르디키오 데 카스텔리 디 예지Verdicchio de Castelli di Jesi와 시칠리아Sicile와 사르데뉴Sardaigne의 화이트 등이다.

마리아주. 이 와인들은 단순하건 복잡하건 다양한 요리들과 어울리는데, 날것 또는 익힌 조개류, 해산물 파스타, 생선 무스, 날것 또는 그릴에 구운 생선, 샤퀴트리 그리고 다양한 종류의 치즈가 포함된다.

음용. 이 화이트들은 병입 후 3년 혹은 좋은 와인들은 그보다 더 오랜 숙성이 가능하다. 8~10도 정도로 차갑게 서빙한다.

산미, 풍부한 맛과 기품이 있는 화이트와인

바로 앞에 나온 와인들보다 좀 더 복합적인 와인들로써 좀 더 풍부한 구성물과 종종 입안에서 더한 볼륨감을 느끼게 해주는 유질에서 차이가 난다. 갈증을 해소시켜 주는 기분 좋은 산도가 있다. 끝맛은 여운이 있고 완벽하게 균형 잡혀 있다. 오크통에서 양조 또는 숙성되어 오크, 약간의 바닐라, 더 나아가 크림의 향이 잘 익은 과일, 향기로운 허브, 하얀 꽃의 향들과 어우러진 와인이다.

품종. 이 기품 있는 화이트는 샤르도네, 슈냉, 마르산marsanne, 리슬링, 루산roussanne, 소비뇽, 세미용, 그뤼너 펠트리너grüner veltliner, 프티트 아르빈petite arvine 등으로 만들어진다.

원산지. 여러 가지가 있지만 대표적인 것은 부르고뉴의 화이트로 샤블리 프르미에Chablis Premier/그랑 크뤼, 코르통Corton, 샤를마뉴Charlemagne,

뫼르소Meursault, 샤사뉴 몽라셰Chassagne-Montrachet, 퓔리니 몽라셰Puligny-Montrachet, 몽라셰 등이고, 루아르 지방의 몽루이Montlouis, 사브니에르Savennières, 부브레Vouvray, 또한 보르도의 페삭 레오냥, 수많은 캘리포니아, 칠리, 뉴질랜드, 남아공에서 위에 언급한 품종들로 만들어진다.

마리아주. 이 와인들은 당연히 파인 다이닝 수준의 고급 음식과 함께 할 운명을 가진다. 가리비, 바닷가재(랍스타), 튀르보turbot뿐 아니라 팬에 구운 프아그라, 야생 버섯, 크림 소스를 곁들인 하얀 살의 육류, 생 펠리시앙saint félicien, 생 마르슬랭saint marcellin 같이 매우 크리미한 치즈와 피코동picodon 같은 숙성한 몇몇 염소치즈와 궁합이 좋다.

음용. 병입 후 3~5년이 지나면 본색을 드러내는데, 어떤 것들은 이보다 더 오랜 시간을 필요로 한다. 특히 너무 차갑지 않은 10~12도 정도로 서빙해야 한다.

강한 아로마가 있는 당도 없는 화이트와인

이 화이트와인들은 넘쳐나는 아로마와 개성이 강한 맛으로 구분된다. 단지 후각만으로 품종을 식별할 수 있는 독특한 향을 가진 매우 전형적인 와인이다.

품종. 리치와 같은 열대과일의 향을 가진 게부르츠트라미너, 복숭아와 살구 향을 가진 비오니에viognier, 신선한 포도 향의 뮈스카, 꿀, 향신료, 연기의 향을 가진 피노 그리, 꽃 향과 미네랄을 느낄 수 있는 리

> 산미, 풍부한 맛과 기품이 있는 화이트와인

슬링 등의 경우이다. 또한 매우 독특한 숙성 방식을 따르는 특정 와인들은 호두, 산패한 향이 나는데, 쥐라의 뱅존, 스페인의 헤레스^{Xérès}(셰리), 타우니 포트 _{Portos Tawny} 또는 루시용^{Roussillon}의 뱅 두 나튀렐 같은 산화된 와인이 여기에 해당된다.

원산지. 가장 잘 알려진 원산지는 쥐라의 뱅존이나 론 지방의 콩드리유^{Condrieu}와 샤토 그리예^{Château-Grillet}이다. 알자스에서는 게부르츠트라미너, 뮈스카, 리슬링 혹은 피노 그리 같이 단지 품종만 표시하고, 그랑 크뤼의 경우는 밭의 명칭^{lieu dit}을 추가한다. 스페인은 좀 더 독특하게 셰리 와인 중에서 가장 광범위한 피노^{fino}와 아몬티야도^{amontillado} 등이다.

마리아주. 이 와인들의 독창성은 향신료나 허브를 사용해서 향이 풍부한 특별한 음식을 요구한다. 해산물/생선/육류 커리, 모렐 버섯을 곁들인 크림 소스의 닭고기, 딜을 곁들인 연어뿐 아니라 훈제한 생선과 리슬링 혹은 피노 그리가 그러한 예이다. 치즈 중에서 보포르^{beaufort}나 콩테^{comté}와 같은 경성 치즈, 뮌스테르^{munster} 스타일의 맛이 진한 치즈들이 이런 와인들과 특히 잘 어울린다.

음용. 헤레스 피노^{Xérès Fino} 또는 뮈스카나 비오니에로 만든 와인들은 어릴 적에 8~10도 선으로 맛을 보고, 그 외에 다른 품종은 3~5년 정도 병에서 숙성시켜 10~12도로 맛본다.

여러 종류의 다른 당도를 가진 달콤한 와인

이 와인들은 약간의 차이는 있지만, 자연적으로 포도 주스 안에 있지만 알코올로 변하지 않은 잔류 당분의 존재가 특징이다. 이 당분은 늦수확으로 인한 포도의 과숙으로 수분의 일부를 잃어 매우 농축된 주스를 통해서 얻거나 포도알에 앉은 미생물인 귀부균^{Botrytis cinerea}의 개입에서 얻을 수 있다.(p.54 박스 안 참조) 전자의 경우는 드미 섹^{demi sec}이나 모엘뢰^{moelleux} 정도 되고, 후자의 경우는 극단적으로 당도가 높은 리쾨뢰^{liquoreux} 정도가 된다. 이 와인들은 달콤하고 끈적거리면서 균형이 있는 좋은 산도를 갖고 있다. 풍부하면서 복합적인 과일, 꿀의 향과 여운이 지속되는 끝맛이 있다.

품종. 단지 몇몇의 품종만이 이런 와인을 만들 수 있다. 가장 잘 알려진 것은 루아르의 슈냉, 남서부 지방의 프티 망상, 소비뇽, 세미용과 뮈스카델, 알자스와 독일의 뮈스카, 게부르츠트라미너, 리슬링, 피노 그리, 헝가리의 푸르민트^{furmint} 등이다. 이 품종들 중 다수는 다른 나라들에서도 동일한 방법으로 양조된다.

> 여러 종류의 다른 당도를 가진 달콤한 와인

원산지. 주요 원산지는 늦수확과 선별수확한 알자스의 게부르츠트라미너, 리슬링, 피노 그리, 루아르의 본조^{Bonnezeaux}, 코토 드 로방스^{Coteaux-de-l'Aubance}, 코토 뒤 레이옹^{Coteaux-du-Layon}, 카르 드 숌^{Quarts-de-Chaume}, 몽루이^{Montlouis}와 부브레^{Vouvray}, 남서부의 바르삭^{Barsac}, 세롱^{Cérons}, 쥐랑송^{Jurançon}, 몽바지약^{Monbazillac}, 생트 크루아 뒤 몽^{Sainte-Croix-du-Mont}, 소테른^{Sauternes}, 독일과 캐나다의 아이스바인^{eiswein}, 독일과 오스트리아의 베렌아우스레제^{Beerenauslese} 또는 트로켄베렌아우스레제^{Trockenbeerenauslese}, 신세계 국가의 늦수확한 와인 또는 귀부 와인 등이다.

마리아주. 식전주로도 사랑받는 이 화이트와인은 전통적으로 지방분이 풍부한 음식과 궁합이 잘 맞는다. 푸아그라, 크림 소스를 곁들인 닭고기, 오렌지를 곁들인 오리, 로크포르와 같은 블루치즈, 황색 과육을 가진 과일로 만든 타르트, 사바용이나 크렘 브륄레와 같이 크림을 기초로 하는 디저트 등과 잘 어울린다.

음용. 아주 장기간 숙성시킬 수 있는 최고급을 제외하고는 최소 3~5

년 정도 병에서 숙성시켰을 때 가장 좋다. 이가 시리지 않은 정도인 8~12도로 차갑게 서빙한다.

기포가 있는 와인

최고의 파티 와인인 스파클링 와인은 가장 유명한 대표인 샹파뉴를 포함하여 대가족을 구성한다. 사실상 프랑스와 전 세계의 모든 포도 재배 지역에서 이 스타일의 와인을 생산한다. 가스와 좋은 산도는 양질의 청량감에 더불어 생동감 넘치고 경쾌한 맛을 준다. 설탕이 들어가지 않은non dosé 엑스트라 브뤼트, 브뤼트, 섹, 드미 섹, 달콤한 와인 등이 판매된다. 과일, 꽃, 때때로 비에누아즈리viennoiserie의 섬세한 향이 난다.

품종. 주요 품종은 카베르네 프랑, 샤르도네, 슈냉, 클레레트, 모작, 메를로, 뮈스카, 피노 블랑, 피노 누아, 피노 뫼니에, 소비뇽, 사바냥뿐만 아니라 이탈리아의 프로세코Prosecco는 글레라glera, 스페인 카바Cava에는 사렐로xarello, 파렐라다parellada, 마카뵈maccabeu 등이다.

> 기포가 있는 와인

원산지. 샹파뉴가 높은 비중을 차지하지만, 다른 포도산지 역시도 스파클링 와인을 생산한다. 알자스, 부르고뉴, 쥐라, 사부아, 보르도, 루아르, 리무의 크레망Cremant de Limoux 또는 루아르 지방의 소뮈르, 부브레, 스페인의 카바 등은 샹파뉴와 동일한 2차 발효를 병에서 하는 방법으로 양조된다. 클레레트 드 디, 선조들의 방식을 따른 블랑케트 드 리무, 무쇠 드 가이약mousseux de Gaillac 등은 다른 방식으로 양조된다. 대부분 샹파뉴보다 좀 더 가벼우면서 때때로 더 과일향이 살아 있는데 모스카토 다스티Moscato d'Asti, 아스티 스푸만테Asti spumante, 이탈리아의 프로세코, 독일의 젝트Sekt 등이 그 예이다.

마리아주. 식전주로 매우 사랑받는 스파클링 와인은 식사 전체에 제공되어도 무방하다. 브뤼트는 해산물, 생선 테린, 그릴에 구운 생선, 가벼운 크림을 곁들인 훈제한 생선, 카망베르 같은 연성 치즈 등과 잘 어울린다. 섹과 드미 섹은 동일한 치즈와 과일이 들어간 당도가 낮은 디저트, 머랭, 앙글레즈 크림과 잘 어울린다.

음용. 일반적으로 스파클링 와인은 숙성하지 않고 마신다. 반드시 8~10도 정도로 차갑게 서빙한다.

뱅 두 나튀렐과 뱅 드 리쾨르

이 카테고리는 높은 알코올 도수와 당도, 개성이 강한 향을 가진 예외적인 와인들을 아우른다. 이 와인들은 독특한 방법에 의해서 양조된다.

뱅 두 나튀렐 또는 강화와인은 주정강화를 통해 만들어진다. 달콤한 와인의 경우 이 과정은 포도 안에 있는 자연적인 당분의 일부를 남기면서 15~20도로 알코올 도수를 높이기 위해 발효의 마지막에 중성 알코올을 첨가하는 것이다. 랑그독, 루시용, 론 남부, 코르시카, 스페인, 이탈리아, 포르투갈, 캘리포니아, 남아공, 호주와 같이 더운 지역에서 생산된다. 이 스타일의 모든 와인은 맛있고 매우 달콤하며, 여운이 긴 끝 향이 있다. 뱅 드 리쾨르는 조금 발효되었거나 발효되지 않은 포도 주스를 브랜디 오드비eau de vie와 블렌딩한다. 16~22도 정도의 알코올 도수를 가진다. 과일의 맛이 두드러진다.

품종. 프랑스의 뱅 두 나튀렐의 양조에 사용되는 주요 품종은 레드와인용 품종으로 그르나슈grenache 그리, 그르나슈 누아, 그르나슈 블랑, 말부아지malvoisie, 마카뵈maccabeu와 뮈스카muscat이다. 포트와인의 주요 품종은 틴타 로리즈tinta roriz, 틴토 카오tinto cao, 투리가 프란카touriga franca, 투리가 나치오날touriga nacional이다. 뱅 드 리쾨르는 화이트의 경우 폴 블랑슈folle blanche, 콜롱바르colombard, 위니 블랑ugni blanc, 로제와 레드의 경우는 메를로, 카베르네 소비뇽, 카베르네 프랑 등이다. 쥐라의 품종들

유용한 정보

만일 병 안의 와인 전부를 동일한 낮은 온도로 유지하면, 스파클링 와인을 오픈할 때 넘치는 것을 쉽게 피할 수 있다. 와인 병을 냉장고 아랫부분에 딱 세 시간만 보관하면 된다. 샹파뉴 버킷은 오픈 후 마시는 내내 시원한 온도를 유지하게 하는 데 매우 유용하다. 최고급 퀴베는 서빙 온도를 반드시 11~12도로 잡아야 한다.

은 마크뱅macvin을 만들 수 있게 해준다.

원산지. 포트, 바뉠스Banyuls, 리브잘트, 모리Maury, 라스토와 뮈스카 드 봄 드 브니즈Rasteau et Muscat de Beaumes-de-Venise, 뮈스카 뒤 캅 코르스Muscat du Cap-Corse, 뮈스카 드 프롱티냥Muscat de Frontignan, 뮈스카 드 미르발Muscat de Mireval, 뮈스카 드 리브잘트Muscat de Rivesaltes, 헤레스Xérès(셰리), 마데이라Madère, 말라가Málaga, 마르살라Marsala. 양조과정 상의 현저한 차이가 있지만 모두 주정강화 와인 카테고리에 포함된다. 뱅 드 리쾨르 중 피노 데 샤랑트Pineau des Charentes, 플록 드 가스코뉴Floc de Gascogne, 마크뱅 뒤 쥐라Macvin du Jura는 AOC에 속한다. 다른 것들 중에서는 라타피아 드 샹파뉴Ratafia de Champagne를 언급할 만하다.

마리아주. 뱅 두 나튀렐은 식전주로 좋지만, 식사 중에, 특히 식사의 마무리에서 제자리를 찾을 수 있다. 숙성 방법에 따라(하단 박스 참조), 다른 음식들을 부른다. 산화시킨 화이트는 차가운 푸아그라나 푸아그라 테린과 잘 맞는다. 그 외 다른 화이트는 살구 타르트와 같이 과일을 바탕으로 한 디저트에 잘 어울리고 로크포르와 같은 블루치즈와 좋은 궁합을 보인다. 탄닌의 힘과 과실의 맛을 살리기 위해 공기와의 접촉을 피하여 숙성시킨 레드는 사냥으로 잡은 육류와 오리와 무화과, 오리와 체리, 더 나아가 북경오리와 같은 달고 짠 음식과 환상의 궁합을 만든다. 뿐만 아니라 블루치즈 또는 다크 초콜릿과도 멋진 마리아주를 연출한다. 바뉠스 리마주와 빈티지 포트의 경우이다. 향을 위해 산화시키는 방법으로 숙성한 레드는 초콜릿, 모카, 견과류를 베이스로 한 디저트에 잘 어울린다. 뱅 드 리쾨르는 높은 당도와 알코올 때문에 식전주에 적합하지만, 팬 프라이한 푸아그라의 좋은 동반자가 되어 줄 수 있다.

음용. 뮈스카로 만든 뱅 두 나튀렐은 뱅 드 리쾨르와 마찬가지로 과일의 맛의 남아 있는 아주 어릴 때 마신다. 산화시켜 숙성한 화이트와 레드 뱅 두 나튀렐은 일찍 마실 수도 있지만, 전자와는 다르게 숙성도 가능하다. 반면, 다른 와인들은 모든 맛이 다 나타나게 하려면 최소한 5년은 병 안에서 숙성해야 한다.

> 뱅 두 나튀렐과 뱅 드 리쾨르

뱅 두 나튀렐 : 맛과 색!

양조 방법, 색깔, 맛의 개성에 따라 이 카테고리 안에도 다양한 와인들이 있다! 공기 접촉을 피해서 일찍 병입하여 숙성시킨 와인들은 과일과 꽃의 향 같은 1차적 아로마를 간직하고 있고, 레드와인의 경우는 탄닌의 강한 힘을 가지고 있다. 뮈스카 드 봄 드 브니즈와 프롱티냥은 아름다운 색깔과 살구, 멜론, 꿀, 꽃, 민트와 같은 맛있는 향을 보여준다. 리브잘트는 맑으면서 흰색 꽃과 꿀의 향을 뿜어낸다. 반면에 동일한 와인이 숙성되고 공기와 접촉하게 되면 황갈색을 띠면서 산패한 향을 갖는다. 리브잘트는 산화되면서 기와색부터 호박색까지 색이 진해지고, 아몬드, 호두, 헤이즐넛, 콩피한 감귤류의 향을 보여준다.

신화적인 와인과 빈티지

그 희소성과 높은 가격 때문에 우리는 이 와인들을 가지기 힘든 꿈의 와인이라고 부른다. 일반 대중은 이 와인을 마시는 경우보다는 단지 이 와인들에 대한 이야기로만 그치는 경우가 더 많다. 이 신화적 와인에 대해 짧게 이야기해본다.

페트뤼스 1945

1855년에 작성된 메독 그랑 크뤼 클라세에 포함되지는 않았지만, 페트뤼스는 신화가 되었고, 1945년산은 신화 중의 신화이다. 왜냐하면 네고시앙 장 피에르 무엑스 Jean Pierre Moueix와의 현명한 동맹에 의해 페트뤼스를 최고의 반열로 끌어올린 에드몽드 루바 Edmonde Loubat가 포도원을 샀기 때문이다. 케네디 대통령과 영국의 엘리자베스 2세 여왕에게 사랑받은 페트뤼스는 1960년대에 이르러 비로소 비상했다. 컬트 와인인 1945년산은 한 병에 1,700~2,000유로 정도로 추산된다.

슈발 블랑 1947

베르나르 아르노와 알베르 프레르가 소유한 생테밀리옹의 프르미에 그랑 크뤼 'A' 등급의 슈발 블랑은 19세기부터 생테밀리옹의 최고급 와인으로 자리매김했다. 37헥타르의 이 포도원은 메를로가 왕처럼 군림하는 지역에서 높은 비율의 카베르네 프랑을 블렌딩하여 자신만의 독특한 스타일을 만든다. 신화적인 해인 1947년은 예외적 빈티지의 흔적을 남겼는데, 놀라운 젊음과 최고급 포트를 연상시키는 모카, 향신료, 절인 과일의 아로마를 지니고 있다. 병당 1,200~1,700유로로 추산된다.

무통 로칠드 1945

1853년부터 로칠드 가문이 소유한 포이약에 위치한 84헥타르의 이 포도원은 1855년에는 2등급의 그랑 크뤼로 판정 받았지만, 1973년 필립 로칠드 Philippe de Rothschild 남작에 의해 1등급으로 올라섰다. 여러 면에서 신화적인 1945년산은 레이블에 승리의 V가 그려져 있다. 예술적인 레이블 시리즈의 첫 번째 작품이다. 상징적인 이유에서뿐만 아니라 품질로도 사랑받는 1945년산은 2006년 9월 28일 크리스티 경매에서 전 세계에서 가장 비싼 와인이 되었다. 12병 1케이스에 228,500유로에 달했는데, 이는 병당 22,650유로에 해당한다.

샤토 디켐 2001

1855년에 예외적인 프르미에 그랑 크뤼로 분류된 소테른에 위치한 100여 헥타르의

1. 페트뤼스 Petrus (Pomerol).
2. 무통 로칠드 비노테크 Vinothèque au château Mouton-Rothschild.
3. 샤토 슈발 블랑 Château Cheval Blanc (Saint-Émilion Grand Cru).
4. 샤토 디켐 Château d'Yquem (Sauternes).
5. 로마네 콩티 Romanée-Conti.
6. 샤르츠호프베르거 Scharzhofberger (Moselle).
7. 토카이의 와인 숙성 창고
8. 샤토 라야스 Château Rayas (Châteauneuf-du-Pape).

이 포도원은 이미 확고한 명성을 가졌고 미국인 토마슨 제퍼슨과 유럽의 왕족들에게 크게 사랑을 받았다. 18세기부터 뤼르 살뤼스 Lur Saluces 가문이 소유한 이 포도원은 1999년 LVMH 그룹으로 들어갔다. 그로부터 2년 후, 평론가들에 의해 예외적이라고 평가받은 디켐의 가장 유명한 빈티지 중 하나를 생산했는데, 뛰어난 해였던 1811년과 1847년산에 견줄 만하다. 병당 가격은 1,300유로 선이다.

로마네 콩티 1990

부르고뉴의 독점 원산지 명칭인 1.8헥타르의 이 포도원은 보르도의 가장 작은 포도원들보다도 더 적은 양을 생산한다. 모든 평론가들에게 완벽에 가까운 와인으로 인정받는데, 특히 1990년산은 피노 누아의 정수로 묘사된다. 병당 가격은 7,500~12,000유로로, 1990년산 로마네 콩티를 전 세계에서 가장 비싼 와인 중 하나로 만들었고

예술 작품의 경지로 끌어올렸다.

샤토 라야스 1978

샤토 뇌프 뒤 파프의 유명하지만 베일에 휩싸인 포도원으로, 이 원산지의 최고급 와인의 명성은 수많은 품종의 블렌딩에서 오는데, 이곳은 수령이 높은 그르나슈만 사용하는 것으로 차별화된다. 1978년 자크 레노 Jacques Reynaud가 경영하기 시작했는데, 그의 시도는 신의 한 수였다. 1978년산은 미국에서 큰 인기를 얻었다. 농축도와 섬세함으로 유명한 이 초장기 숙성형 와인은 가죽과 향신료의 향으로 특징지어진다. 경매가는 1,000유로를 넘는다.

TBA 샤르츠호프베르거 1976

독일 자르 Saar 지방의 에곤 뮐러 Egon Müller는 최고급 리슬링과 연관된 유명한 가문의 후계자다. 귀부병을 통해 농축된 당도와 산도를 가진 예외적인 '넥타'를 얻는데, 알코올

도수는 6도를 넘지 않는다. 독일의 트로켄 베렌아우스레제는 프랑스의 '선별수확'에 해당하는 것으로 샤르츠호프베르거 밭에서 자란 포도로 양조할 경우 훌륭한 와인을 만들 수 있다. 1976년 두 번째 선별된 것으로 만든 와인은 와이너리 역사상 최고의 퀴베 중 하나로, 375ml에 1,000유로가 넘는다.

토카이 디스노크 6 푸토뇨쉬 1993

헝가리의 서남아시아 쪽의 명성 있는 토카이 Tokaj 포도원의 르네상스는 유럽 투자자들의 출현에 의해서 이루어졌다. 1772년부터 그랑 크뤼로 분류된 '멧돼지 바위' 디스노크 테루아는 현 소유주인 악사 Axa 그룹에 의해 완벽하게 재설계됐다. 한 알씩 수확한 포도로 만든 스위트 와인 카테고리인 아수 aszú 가운데 1993년산 와인으로 인해 이 포도원은 완벽한 재기에 성공했다.

최근 밀레짐의 품질

각 밀레짐의 품질 평가(1~10점)는 전체 포도 생산지역에 대한 일반적인 동향을 보여준다. 이 결과는 한 와인의 장기 숙성 잠재력을 평가하지만, 어디까지나 추정치이다. 같은 밀레짐이라 하더라도 사실 상 품종, 원산지, 특정 포도밭에 따라 민감한 차이점이 있는 것을 알 수 있다.

범례 : ▢ 보통 ▢ 좋음 ▢ 매우 좋음 ▢ 특별한 해

Nd 사용 가능한 자료 없음. 포트와인의 경우, 생산연도를 알 수 없는 것은 밀레짐이 없는 것들이다. 남아공, 아르헨티나, 칠레, 스위스의 경우 평가가 없는 것은 장기 숙성 와인이 없다는 것을 의미한다.

	2015	2014	2013	2012	2011	2010	2009	2008	2007	2006	2005	2004	2003	2002	2001	2000	1999	1998	1997	1996	1995	1994
Bordeaux 보르도 레드	10	7	5	7	8	9	10	8	7	7	10	7	8	7	7	10	7	8	6	8	8	7
Bordeaux 보르도 화이트	7	8	6	7	7	9	9	7	7	8	9	8	6	8	7	8	6	7	6	8	8	8
Bordeaux 보르도 스위트	9	9	7	6	9	10	9	8	7	8	8	5	9	9	8	6	8	8	9	9	9	7
Bourgogne 부르고뉴 레드	9	7	8	8	8	8	9	6	8	7	10	7	8	8	7	7	6	8	7	8	7	7
Bourgogne 부르고뉴 화이트	8	8	7	8	8	8	8	8	8	8	10	8	10	8	8	8	6	8	8	10	8	8
Champagne 밀레짐 있는 샹파뉴	9	7	7	7	8	7	8	8	7	8	7	8	7	9	5	8	8	7	8	10	8	5
Alsace 알자스	8	7	6	7	8	8	8	7	7	7	7	7	6	5	6	6	5	7	7	6	6	6
Jura, Savoie 쥐라, 사부아	9	7	7	7	8	8	8	7	8	9	7	8	7	5	7	7	7	7	8	7	6	
Vallée de la Loire 루아르	9	8	5	7	7	8	9	7	7	6	9	6	8	6	7	8	6	7	8	9	8	6
Vallée du Rhône 론	8	6	7	7	8	8	9	6	7	7	9	7	7	5	8	8	8	9	7	7	8	6
Languedoc-Roussillon 랑그독 루시용	9	8	6	7	8	8	9	7	8	7	7	7	7	5	8	8	6	7	6	6	7	5
Provence 프로방스	9	9	6	7	7	8	8	6	7	8	6	8	6	5	7	7	8	8	7	7	8	5
Corse 코르시카	9	8	6	7	8	8	8	7	8	8	7	8	5	8	8	8	8	8	5	6	6	6
Italie Piémont 피에몬테	9	5	8	7	8	7	8	9	6	8	6	8	7	8	7	8	8	10	10	10	7	7
Italie Toscane 토스카나	9	5	8	7	8	8	9	7	7	8	9	7	8	7	8	10	9	8	10	10	10	8

	2015	2014	2013	2012	2011	2010	2009	2008	2007	2006	2005	2004	2003	2002	2001	2000	1999	1998	1997	1996	1995	1994
Espagne Rioja 리오하	9	7	6	7	8	8	9	10	7	8	8	7	8	6	8	8	7	8	7	8	10	9
Portugal 밀레짐 있는 빈티지 포르토	9	5	7	8	9	8	7	8	7	8	10	9	9	7	8	10	–	8	9	7	–	10
Allemagne Moselle 독일 모젤	10	6	6	8	7	8	9	7	8	8	7	7	7	8	7	6	7	8	8	6	7	8
Allemagne 독일 라인강 유역	10	6	6	8	7	8	9	7	8	7	8	7	8	8	8	7	7	7	7	7	7	7
Suisse 스위스	7	7	–	7	8	8	9	9	9	8	9	9	10	8	8	9	8	10	–	–	–	–
Autriche 오스트리아	10	6	8	7	7	8	8	7	8	9	8	8	7	9	8	8	10	8	10	9	9	8
Hongrie 헝가리 토카이	6	7	9	nd	7	8	9	8	8	7	8	6	9	5	9	10	8	5	4	5	6	4
États-Unis 미국 캘리포니아	7	8	9	8	7	9	9	8	9	7	7	8	8	9	8	7	8	7	10	8	9	9
Chili 칠레	7	9	7	8	8	8	8	8	9	9	8	9	8	9	9	8	9	–	–	–	–	–
Argentine 아르헨티나	6	7	9	8	9	8	9	8	9	9	9	8	8	9	8	9	–	–	–	–	–	–
Afrique du Sud 남아공	7	5	8	8	8	9	10	8	8	9	9	8	9	8	9	9	8	–	–	–	–	–
Australie 호주	9	7	6	8	7	8	9	8	7	9	10	9	9	9	9	8	8	9	8	9	8	9
Nouvelle-Zélande 뉴질랜드	9	8	8	7	8	8	8	8	7	9	8	8	7	8	7	9	8	9	8	8	8	8

보르도 레드와인의 경우, 과거 최고의 생산연도를 언급할 필요가 있다 : 1990, 1989, 1985, 1982, 1978, 1970, 1961, 1959, 1955, 1953, 1947 그리고 1945.

음식과 와인의 마리아주 원칙

평범한 한끼 식사에는 기분 좋게 수수한 와인 한 병을 곁들일 수 있다. 하지만 음식의 격이 올라가거나 특별히 맛있는 식재료를 사용하면, 품질 좋은 와인이 더 잘 어울린다. 여기 음식과 와인의 미각적 특성을 고려하여 상황에 따른 성공적인 마리아주를 위한 몇몇 조언들이 있다.

상황에 따라 선택하기

일상생활에서 와인이 언제나 준비되어 있지는 않다. 설령 와인이 있다 하더라도 특정 원산지 표시가 있건 아니건 간에 단순하고 수수한 와인이 대부분이다. 음식의 격이 좀 더 올라갈 때, 일반적으로 가격이 좀 더 나가는 고급 와인이 곁들어지면 즐거움이 배가될 수 있다. 광범위한 가격대 안에서 각자의 예산에 맞추어 미각적 경험을 즐길 수 있는 몇 가지를 제안한다.

단품 메뉴와 함께. 친구들끼리 모여 단품 잔치 음식을 먹는 경우나 단품 파티 요리를 할 경우, 와인에도 단순함이 필요하다. 칠리 콘 카르네chili con carne, 볼로냐식 스파게티 spaghetti bolognese 등에는 보졸레 빌라주, 코트 뒤 론 또는 루아르의 가벼운 레드와인 같이 산미가 있고 과일향이 나는 레드와인이 안성맞춤이다. 생선이나 갑각류가 들어간 파에야paella는 남쪽 지방의 충분히 힘이 좋은 화이트가 어울린다. 프로방스, 랑그독 또는 남서부 지역의 로제와인은 이 세 가지 메뉴 모두와 잘 어울린다.

> 마리아주MARIAGE, 동맹(알리앙스ALLIANCE), 하모니HARMONIE 등의 여러 단어가 음식과 와인의 섬세한 조화를 설명하는 데 사용된다. 성공적인 페어링을 위해서는 두 요소의 미각과 촉각의 특성을 고려해야 한다.

주일 코스 메뉴

닭 간 케이크
> 푸이이 푸세 *Pouilly-Fuissé*

버섯을 곁들인 뿔닭 통구이
> 카오르 *Cahors*

딸기 타르트
> 샌트 크루아 뒤 몽
Sainte-Croix-du-Mont

너무 비싸지 않은 주말 코스 메뉴와 함께 서빙되는 와인들은 여러 세대가 함께 하는 정통 메뉴의 주말 식사를 합리적인 품질과 충분한 유연성으로 아우른다. 만약 치즈가 소나 양의 젖으로 만든 단단한 것이라면, 달지 않은 두 가지 추천 와인과 잘 맞을 것이다. 디저트는 기분 좋은 상쾌함과 달콤함이 있는 스위트한 화이트와인 덕에 더 빛나게 될 것이다.

가족 식사에서. 가족 모임이 있을 때, 잘 알고 있는 생산자나 원산지의 여러 와인들을 제안할 수 있다. 각자의 형편에 맞는 와인을 고르기 위한 최선의 방법은 '합의에 의한' 와인을 선택하는 것이다. 화이트와인 중에서는 알자스, 앙트르 되 메르, 마콩 빌라주, 생 베랑, 상세르 또는 푸이이 퓌메의 와인을 고를 수 있다. 레드와인 중에서 통째로 구운 육류에 어울리는 와인을 골라보면, 보졸레의 크뤼, 코트 드 부르, 지공다스, 마디랑, 미네르부아, 방돌, 코르나스, 부르괴이 또는 생 니콜라 드 부르괴이 등의 여러 가지 선택이 가능하다.

파인 다이닝 메뉴와 함께. 음식이 세련되고 섬세해질수록 와인도 논란의 여지가 없는 좋은 품질의 것으로 선택해야 한다. 화이트와인 중에서는 코트 드 본의 프르미에 또는 그랑 크뤼 중 하나, 생 조제프, 에르미타주, 페삭 레오냥, 사브니에르, 콩드리유, 샤토 샬롱, 알자스의 그랑 크뤼 혹은 쥐라 등을 선택할 수 있다. 레드와인은 선택의 폭이 넓지만 가격이 좀 비싼 편이다. 포므롤, 생테밀리옹, 메독이나 그라브의 그랑 크뤼 클라세, 코트 로티, 부르고뉴의 프르미에 또는 그랑 크뤼 중에서 고를 수 있다.

어떤 순서로?

식전주로. 알코올 도수가 높은 증류주는 맛있는 음식과 고급 와인들을 즐기기 위해 미각을 준비하는 데 바람직하지 않다. 맛있는 한끼를 시작하기 전에, 가장 단순한 선택사항은 앙트레와도 잘 어울릴 수 있는 화이트와인을 선택하는 것이다. 물론 가장 우아한 선택은 샴페인이다.

앙트레와 함께. 목표는 미각을 피곤하게 만들지 않으면서 깨어나게 하는 것이다. 뮈스카데 스타일의 산도가 높고 과일 맛이 나는 화이트나 소비뇽, 실바네르, 알리고테 또는 샤르도네 품종으로 만든 와인을 선택하는 것이다. 이 와인들은 식전주로도 제격이다.

메인 요리과 함께. 핵심은 전에 맛본 와인들과 충돌하지 않게 하는 것이다. 일반적으로 당도가 없는 화이트와인을 레드와인 전에, 가벼운 와인을 진한 와인 전에, 단순한 와인을 복합적인 와인 전에 제공하는 것이 좋다.

치즈와 함께. 우유의 자연적인 맛과 치즈의 짭짤한 맛은 레드와인보다는 산도가 있건 없건 화이트와인과 더 잘 맞는다. 어쨌거나 블루치즈나 염소치즈가 있는 모둠치즈 플래터와 섬세한 레드와인을 함께

간식을 위한 와인

보졸레, 보졸레 빌라주, 코트 로아네즈 Côte-Roannaise, 코트 뒤 포레즈 Côtes-du-Forez, 코토 리오네 Coteauxdu-Lyonnais 또는 가메 드 투렌 Gamay-de-Touraine 등은 와인의 자연적인 산미 때문에 모든 종류의 샤퀴트리와 아주 잘 어울린다. 당도가 없는 화이트와인도 이 경우에 아주 좋다. 쥐라의 뱅존 vin jaune은 호두 몇 알과 콩테 치즈와 함께, 산화된 바뉠스 Banyuls oxydatif는 검은 체리 잼과 양젖 치즈와 함께, 게부르츠트라미너는 캉파뉴 빵 위에 먹기 좋게 숙성된 뮌스테르 munster 치즈와 함께, 클레레트 드 디 Clairette de Die는 단순한 브리오슈와 함께, 드미 섹 샴파뉴는 부두아 boudoir 비스킷과 함께 맛보면 좋다.

> 식욕을 돋게 하는 데는 시원하면서 새콤한 화이트와인이 제격이다.

하는 것은 피하는 게 바람직하다(p.172 참조).
디저트와 함께. 스위트 화이트와인이나 화이트 뱅 두 나튀렐(뮈스카 드 미르발, 드 리브잘트 또는 봄 드 브니즈) 또는 뱅 두 나튀렐(라스토, 리브잘트, 바뉠스, 포트)을 선택할 수 있다. 화이트와인은 특히 과일을 베이스로 한 디저트와 아주 잘 어울리고, 레드와인은 모든 형태의 초콜릿과 잘 맞는다.

계절에 따라 선택하기

우리의 입맛은 어느 정도 날씨에 따라 의식적으로 달라질 수 있다. 추울 때는 열량이 높고 영양가 있는 음식을 좋아하지만, 날씨가 더워지기 시작하면 신선한 채소와 과일에 대한 열망이 커진다. 마찬가지로 특정 와인에서 느끼는 즐거움은 계절과 메뉴에 쓰여 있는 음식에 따라 달라진다.
시원한 레드와인과 여름의 로제와인. 더운 계절에는 과일 맛에 더 충실하고, 활기가 넘치는 와인을 선호한다. 활기는 민감한 산도와 부드러운 탄닌의

참일까 거짓?

스위트 와인은 식전주로 서빙될 수 있다.

진실 스위트 와인은 디저트 와인으로 최고지만, 앙트레로 푸아그라가 있다면 식전주로도 좋다. 가족 모임이 있다면, 세롱, 코토 뒤 레이옹, 쥐랑송, 생트 크루아 뒤 몽 또는 몽바지악을 시도해볼 만하다. 파인 다이닝에서의 식사나 특별한 약속을 위해서는 늦수확한 포도로 만든 와인이나 당도가 더 높은 소테른 혹은 달콤한 부브레를 선택할 수 있다.

전통적인 코스 메뉴

굴
> 샤블리 *Chablis*

작은 채소를 곁들인 오리 통구이
> 생테밀리옹 그랑 크뤼
Saint-Émilion Grand Cru

로크포르 생토노레
> 뮈스카 드 봄 드 브니즈
Muscat de Beaumes-de-Venise

여기서는 전통이 우선이다. 심사숙고하여 선택한 부르주아 요리는 굴과 함께한 샤블리, 그리고 원기를 회복시키는 생테밀리옹 그랑 크뤼와 오리 통구이, 뮈스카 드 봄 드 브니즈는 로크포르와 함께하여 놀라운 맛의 하모니를 가져온다. 뮈스카 드 봄 드 브니즈는 디저트인 생토노레까지 조화를 이룬다.

미식 코스 메뉴

차가운 오리 푸아그라
> 소테른 *Sauternes*

포르치니 버섯을 곁들인 어린 양 로스트
> 메독의 크뤼 클라세
cru classé du Médoc

초콜릿 케이크
> 바뉠스 리마주 또는 생산연도가 있는 모리
Banyuls Rimage ou Maury Vintage

가정에서 준비하는 진지하고 세련된 10인분 코스 메뉴로 페어링에 실패할 위험도 없다. 섬세하면서 완벽한 마리아주로. 푸아그라와 스위트 와인의 클래식한 매칭, 포르치니를 곁들인 양고기는 메독의 고급 와인을 위해 자연적으로 만들어진 음식 같다. 언제나 사랑받는 초콜릿은 바뉠스와 모리 같은 레드 뱅 두 나튀렐을 제외하고 다른 와인과는 친화력이 거의 없다.

섬세함에서 오는 청량감이다. 이러한 갈증 해소를 위한 레드와인은 14℃ 정도에서 서빙한다 : 보졸레, 코트 드 포레즈, 코토 뒤 리오네, 코트 로아네즈, 알자스 피노 누아, 앙주, 부르괴이, 보르도, 보르도 쉬페리에르.

갈증을 풀어주는 화이트와인. 산도가 있고 활기찬 와인을 찾는다면, 애호가들은 부르고뉴 알리고테, 슈베르니, 투렌, 앙트르 되 메르, 마콩 빌라주, 생 푸르상, 알자스 실바네르, 사부아의 와인들을 떠올릴 것이다. 음식이 더 복잡해지면, 샹파뉴 '블랑 드 블랑', 푸이이 퓌메, 상세르, 메느투 살롱, 샤블리, 그라브, 알자스 리슬링을 선택하는 것이 낫다.

겨울 와인. 겨울철의 기나긴 밤에는 짜임새가 좋고, 맛이 풍부한 와인이 좋다. 화이트와인이라도 몸통과 볼륨이 있어야 한다. 고급 생선, 갑각류, 조개와 흰살 고기는 본, 코르통 샤

를마뉴, 뫼르소, 퓔리니 몽라셰, 사브니에르, 알자스 피노 그리, 화이트 샤토뇌프 뒤 파프, 캘리포니아와 그 외 지역의 샤르도네 등을 함께 하면 좋다. 레드와인의 경우, 농축되고 과일과 탄닌이 구조화되어야 한다. 육색이 붉은 고기를 통으로 굽거나 브레이징했을 때, 사냥감 시베[civet]나 혹은 다른 고기의 도브[daube]와는 카오르, 마디랑, 포이약, 주브레 샹베르탱, 바케라스, 리오하, 칠레의 카베르네 소비뇽 또는 아르헨티나의 말벡만 한 것이 없다.

음식의 지배적인 맛에 따라

우리의 미뢰는 네 가지 기본적인 맛에 민감하다. 단맛, 짠맛, 신맛, 쓴맛에 더하여 여러 음식에서 발견되는 감칠맛이라는 개념을 추가할 수 있는데, 음식에서는 각기 다른 단계에서 이 요소를 발견할 수 있다. 와인에는 짠맛이 거의 존재하지 않는다. 성공적인 마리아주를 위해서 와인은 네 가지 기본적인 맛 중 치우친 한 가지 맛 뒤에 숨으면 안 된다.

짠맛과 함께. 소금을 많이 쓴 음식(샤퀴트리나 소금에 절인 대구와 같은 염장 식품)은 레드건 화이트건 오래 숙성되어 차분하면서 복합적으로 표현하고자 하는 와인의 역할에 흠을 낼 수 있으니 조심할 필요가 있다. 고기를 주재료로 하는 짭짜름한 음식과는 탄닌이 있는 어린 와인이 좋은데, 왜냐하면 소금은 탄닌을 부드럽게 해주고, 와인에 있는 과일의 맛을 더 살리기 때문이다. 염장한 생선을 주재료로 하는 음식과는 산도가 높고 힘이 좋은 화이트와인이 어울린다.

단맛과 함께. 기본 원칙은 단맛에는 단맛이다. 달콤하게 조리된 음식의 대부분은 당도가 없는 와인을 심하게 경직되게 만들어, 레드는 매

유용한 정보

**힘과 개성이 넘치는 와인은
강한 맛의 음식과 함께 해야 한다.**
섬세한 음식에 너무 강한 와인을 곁들이면, 와인이
음식 맛을 해칠 수 있다. 예를 들어 생선으로 만든
무슬린과는 뮈스카데나 상세르 같은 산도가 있고
가벼운 와인을 마시는 것이 좋다. 소스를 곁들인
생선요리에는 사브니에르나 페삭 레오냥 화이트처럼
섬세한 향을 가진 부드러운 와인을 고를 것이다.
뫼니에르 스타일로 익힌 생선은 알자스 리슬링이나
마콩 클레세 혹은 마콩의 다른 와인이 선호될 것이다.
송아지 흉선과는 상세르의 레드처럼 피노 누아로
만든 섬세한 레드와인이 제격이다.

> 해산물의 짭짜름한 맛은
단순한 화이트와인과
잘 어울린다.

우 떫게, 화이트는 시큼하게 만든다. 그래서 이런 음식들은 과일의 풍미가 두드러지고, 달콤하며 알코올 도수가 높고 매우 향기로운 와인을 필요로 한다. 달고 짠 메뉴 중 유명한 오리/오렌지와 마리아주를 할 와인을 찾는 것은 어렵다. 바뉠스나 포트와 같은 주정강화 레드와인이 잘 맞을 수 있다.

신맛과 함께. 음식의 산도로 인해 모든 탄닌이 있거나 숙성된 와인이 제 맛을 보여주지 못하게 될 수도 있다. 예를 들어, 비네그레트vinaigrette에는 물 이외에는 잘 맞는 음료를 찾는다는 게 불가능하다. 약간 새콤한 음식과는 탄닌이 매우 두드러지고, 오래 숙성된 레드와인보다는 매우 어린 단순하고 가격이 저렴한 화이트나 로제와인을 골라야 한다. 그렇지 않으면 이중범죄를 저지르게 될 것이다. 와인에게도 음식에게도!

쓴맛과 함께. 감칠맛과 마찬가지로, 쓴맛은 식재료 여기저기에, 특히 아티초크, 아스파라거스, 엔다이브, 시금치 등의 채소에 숨어 있다. 쓴맛은 차, 커피, 초콜릿에도 존재한다. 와인을 뻣뻣하고 텁텁하게 만드는 쓴맛을 가진 식재료와 와인과의 궁합은 좋지 않은 편이다. 예외적으로 알자스 뮈스카, 뱅존, 셰리 등은 비네그레트로 양념을 하지 않았다면 위에 언급한 채소들과 짝을 이룰 수 있다. 레드 뱅 두 나튀렐은 초콜릿과 잘 어울리는데, 드문 경우지만 산도와 탄닌이 있는 레드와인도 시도해봄직하다.

텍스처와 향을 조화롭게 하기

좋은 음식을 사랑하는 사람은 단지 그 음식의 맛뿐 아니라, 그 음식의 농도와 향까지 포함해서 그 음식을 좋아한다. 맛있는 식사를 하는 동안, 와인의 선택을 위해 이러한 요소들을 고려할 수도 있다.

텍스처. 묽은 와인(보졸레, 뮈스카데), 농밀한 와인(부르고뉴, 코트 뒤 론), 떫은 와인(남서부와 보르도 와인) 등이 있다. 이러한 특성들이 특정 식재료의 특성과 함께 보완적인 역할을 할 수 있다. 예를 들어 포토푀pot au feu는 삶은 소고기의 섬유질 텍스처와 채소의 두드러진 맛을 누그러트릴 과일 풍미와 산도가 좋은 보졸레 빌라주와 잘 맞는

> 캉파뉴 테린은 식사시간이 아닐 때 와인을 마시기 위한 맛있는 '핑계'이다.

다. 마찬가지로, 남서부 지방의 음식과는 마디랑, 카오르, 튀르상, 코트 뒤 브륄루와 같은 지역의 와인들이 잘 어울린다. 지방과 소금 맛이 풍부한 음식이 와인의 탄닌을 부드럽게 만들어주기 때문이다. 일반적으로 부드러운 요리는 가볍고 타닌이 적은 와인과 잘 어울리고, 기름진 요리에는 볼륨이 있는 와인이 잘 어울린다.

향. 때때로 와인의 향은 음식에 의해서 더 끌어올려질 수 있다. 하지만 음식과 와인 향의 일치는 쉽지 않다. 그럼에도 불구하고 몇몇의 조합은 알려져 있다. 예를 들어, 오리와 체리 또는 오리와 무화과는 바뉠스 리마주의 붉은 과일, 검은 과일의 향을 뿜어 나오게 한다. 트러플이 들어간 음식은 숙성된 에르미타주나 포므롤의 트러플 향을 배가시킨다. 오렌지나 레몬 타르트는 오래된 소테른의 쌉싸름한 오렌지 맛을 강화시킨다. 중요한 점은 어떤 경우라도 와인의 향이 음식의 향을, 혹은 음식의 향이 와인의 향을 짓뭉개서는 안 된다는 점이다.

어려운 마리아주

품질 좋은 와인의 맛을 죽이는 것은 비네그레트와 아티초크, 아스파라거스, 엔다이브, 시금치와 같은 쓴 채소들이다. 녹색 콩과 당근이 가진 자연적 단맛은 탄닌이 풍부한 레드와인의 맛을 떨어뜨린다. 달걀도 페어링하기 어려운데 달걀의 텍스처가 미각을 덮어 미뢰가 와인의 맛을 감지하는 것을 방해한다. 육류나 생선과 관련해서는 와인의 맛을 변질시키는 위험요소가 적다. 하지만 중동지역처럼 향신료가 많이 들어간 음식과 중국 음식처럼 새콤달콤한 음식은 주의할 필요가 있다. 일반적으로 이런 스타일의 음식은 알자스 게부르츠트라미너, 코트 뒤 론의 화이트, 타벨이나 코트 드 프로방스의 로제 혹은 달콤한 와인만이 잘 어울릴 수 있다. 잘 맞는 레드와인은 거의 없다.

와인은 열기보다 냉기에 더 손상된다.

진실 혹은 거짓?

거짓 서빙되는 순간 와인의 품질에 해가 되는 것은 냉기보다는 열기이다. 그랑 크뤼를 제외한 화이트와인과 로제와인, 그리고 어린 레드와인 모두 다 시원하게 서빙되어야 한다. 이러한 와인들의 풍부한 탄닌과 새콤한 낮은 온도로 인해서 더 두드러지는데, 이것이 어떤 조리법의 무거움을 균형 잡히게 해줄 수 있다는 점은 흥미롭다.

입증된 마리아주들

다양한 가능성이 있지만, 음식과 와인 사이의 몇몇 입증된 마리아주는 프랑스 미식계의 명성에도 크게 공헌했다.

해산물과 함께. 해산물에는 뮈스카데, 앙트르 되 메르, 상세르, 카시스, 생 베랑Saint-Véran 또는 부즈롱Bouzeron 등을 생각해볼 수 있다. 소스를 곁들인 고급 생선이나 갑각류 요리와는 부르고뉴의 프르미에 또는 그랑 크뤼 화이트나 보기 드문 에르미타주 화이트를 함께하는 것이 좋다. 당도가 있는 것과 없는 것 등 최고급 화이트와인이 샘솟는 지역인 알자스의 리슬링은 캐비아를 포함해서, 최고급 해산물 요리에 적격이다.

육류와 함께. 중요한 식사를 위해서, 포르치니 버섯을 곁들인 통으로 구운 양이나 오리가슴에는 보르도의 레드나 카오르, 마디랑보다 좋은 게 없다. 사냥으로 잡은 날짐승에 가장 적합한 것이 최고급 부르고뉴 레드라면, 사냥으로 잡은 길짐승은 코트 로티, 마디랑, 샤토뇌프 뒤 파프 또는 방돌 등을 떠오르게 한다. 크림 소스를 곁들인 닭요리는 뫼르소와 같이 풍만한 부르고뉴 화이트를 고를 수 있다. 그릴에 구운 고기에는 메독이나 코트 드 뉘의 레드를 함께할 수 있다.

지역적 마리아주. 유럽의 전통음식들은 같은 지역에서 생산된 와인과 자연적 친화력이 있다. 카오르나 마디랑은 남서부 지방의 묵직한 카술레와 잘 맞는다. 스위스의 산도 있고 상쾌한 화이트는 퐁듀와 환상의 듀엣이다. 스페인의 리아스 바이사스Rías Baixas, 지역의 알바리뇨albariño 품종으로 만든 당도가 없는 화이트는 갈리스Galice의 유명한 해산물과 함께 맛보기 좋은 반면, 배후지 리오하의 레드는 전통적으로 그릴이나 통으로 구운 육류와 함께 서빙된다.

섬세한 조화 : 와인과 치즈

와인과 치즈의 마리아주는 쉽지 않다. 치즈는 짭짜름하고 맛이 매우 두드러지면서 텍스처가 빡빡한 것에서 크리미한 것까지 있다.

레드와인과의 페어링. 화이트와인보다 레드와인이 치즈와 함께하기 더 어려운데, 치즈의 감칠맛과 우유의 텍스처로 인해 탄닌이 두드러지기 때문이다. 치즈와 오래된 레드와인을 함께하는 관습이 실수라는 것은 자주 증명되는데, 섬세한 와인의 맛이 더 강한 치즈의 맛에 가려지기 때문이다. 그럼에도 몇몇 예외는 존재한다. 오소 이라티Ossau Iraty 같은 너무 맛이 강하지 않은 단단한 치즈는 탄닌이 너무 강하지 않은 레드와인과 같이 먹을 수 있다. 마찬가지로 캉탈, 구다, 미몰레트, 생 넥테르 같은 반경성 치즈는 숙성되어 탄닌이 부드러워진 메독, 포므롤, 생테밀리옹, 페삭 레오냥 등의 최고급 보르도 와인과 잘 맞는다.

화이트와인과의 페어링. 달거나 달지 않거나, 화이트와인은 치즈의 최상의 동반자임이 입증되었다. 와인의 산도는 필요한 청량감을 제공하고, 와인의 과일 풍미는 치즈의 개성이 강한 맛과 균형을 이룬다. 화이트와인의 탄닌 부재 역시 이 마리아주를 설명한다. 사실 어린 레드와인에 특히 풍부한 탄닌은 치즈에 의해 매우 두드러지게 된다.

진실 혹은 거짓?

특정 와인으로 익힌 스튜는 반드시 그 와인과 함께 서빙되어야 한다.

진실 수많은 요리의 준비과정에 와인이 들어간다. 프랑스의 전통 음식 코코뱅은 원래 샹튀르그Chanturgues의 와인이 들어갔지만, 쥐라 지방에서는 코코뱅 존, 부르고뉴에서는 코코 샹베르탱, 알자스에서는 코코 리슬링이 된다. 프랑스의 도브, 그리스의 스티파도stifado, 이탈리아의 스투파토stufato와 같이 유럽 전반에 와인이 들어가는 고기 스튜가 있다. 이 음식들을 낼 때에는 조리에 사용된 와인도 함께 서빙되어야 한다.

특별한 메뉴를 위한
특별한 와인

보르도 그랑 크뤼 클라세와 함께

최고급 와인을 맛보기 위해서는 종종 요리가 여기에 맞춰줘야 한다. 최고급 보르도 와인의 고급스럽고 풍부한 탄닌은 여기서 제안한 것을 제외하고는 다른 디저트와 궁합이 좋지 않다. 이 메뉴와 와인의 아름다운 조화는 의심의 여지가 없고, 요리는 와인이 지닌 복합성을 보여줄 수 있게 한다. 하지만 양고기에 너무 많은 마늘과 디저트에 너무 많은 설탕을 넣지 않도록 주의해야 한다.

> **미식가 메뉴**
> - 레드와인에 서서히 익힌 산비둘기 찜
> - 크림에 익힌 버섯을 얹은 감자를 곁들인 양 뒷다리 통구이
> - 오래된 미몰레트
> - 보르도 와인에 재운 신선한 과일들

> **미식가 메뉴**
> - 거위 푸아그라
> - 복숭아를 곁들인 향신료를 뿌려서 구운 오리
> - 로크포르
> - 피티비에 (Pithiviers)

소테른과 함께

볼륨 있고 농밀하며 지배적인 맛의 소테른 와인은 맛있고 풍부하고, 향신료가 첨가된 음식을 필요로 한다. 푸아그라, 로크포르, 피티비에와의 매칭은 전통적인 방식이다. 이 메뉴에서는 과일과 잘 어울리는 오리에 복숭아를 곁들였다. 소테른과의 완벽한 조화를 느낄 것이다.

바뉠스와 함께

볼륨 있고 강하고 달콤한 바뉠스는 맛있고 향신료가 첨가된 개성이 강한 음식과 잘 어울린다. 풍부한 알코올은 과일의 풍미, 청량감과 균형을 이룬다. 여기에 제안된 메뉴와 아무런 문제없이 잘 맞을 것이다. 커피 향을 첨가한 초콜릿 디저트와의 만남은 더할 나위 없이 훌륭하다.

> **미식가 메뉴**
> - 반숙한 차가운 푸아그라
> - 건포도와 아몬드를 곁들인 비둘기 타진
> - 스틸턴
> - 오페라 케이크

> **미식가 메뉴**
> - 가리비 테린
> - 지롤 버섯과 크림 소스를 곁들인 브레스산 닭
> - 크리미한 샤우르스
> - 복숭아 멜바

밀레짐이 있는 샹파뉴와 함께

화이트와인과 함께하기 좋은 음식으로만 구성된 코스 메뉴는 샹파뉴의 가치를 살아나게 할 것이다. 짭짜름한 맛, 닭의 세련미, 크림, 버섯의 섬세함, 샤우르스와 복숭아 멜바는 이 축제의 와인을 함께하기에 좋다. 행복한 이벤트를 축하하기 위한 색깔과 텍스처의 완벽한 조화를 이룬다.

쥐라의 뱅존과 함께

호두, 향신료, 따듯한 빵의 껍질 같은 독특한 향과 지배적인 맛, 매우 긴 여운을 가진 뱅존은 제안된 모든 음식들과 완벽한 하모니를 이룰 것이다. 식사에 함께하는 분들에게 이 와인의 독특함에 대해 미리 알리는 것도 도움이 될 것이다.

> **미식가 메뉴**
> - 무슬린 소스를 곁들인 녹색 아스파라거스
> - 코코뱅 존
> - 콩테
> - 호두 케이크

음식과 와인의
성공적인 마리아주의 예

아래의 표는 음식과 와인의 정통적이거나 지역적 특성이 있는 마리아주를 종합했다. 테이스팅을 통해 더 놀라운 조합을 많이 찾을 수도 있을 것이다. 하지만 이러한 제안은 단지 가이드라인일 뿐이다.

사실 마리아주와 관련된 부동의 법칙은 존재하지 않는데, 각자의 입맛과 성장환경이 특정한 맛에 대한 개인의 기호에 크게 영향을 미치기 때문이다.

오르 되브르 HORS-D'ŒUVRE

차가운 정어리	Chablis, Banyuls blanc, Châteauneuf-du-Pape blanc, Collioure rosé, Coteaux-d'Aix rosé, Xérès Fino.
아티초크 바리굴	Lirac rosé, Tavel, Muscat d'Alsace sec.
하얀 아스파라거스	Pinot blanc d'Alsace, Muscat d'Alsace.
녹색 아스파라거스	Viognier, Muscat sec, Muscat d'Alsace, Collioure blanc, Xérès Fino.
아보카도	Côtes-de-Provence rosé, Mâcon-Villages, Sancerre.
캐비아	Champagne « blanc de blancs », Riesling sec d'Alsace ou d'Allemagne. Ou vodka glacée.
푸아그라 테린	Vin liquoreux type Sauternes, Coteaux-du-Layon, Jurançon moelleux, Monbazillac, Pinot Gris Sélection de grains nobles, Gewurztraminer Sélection de grains nobles, ou vin muté type Banyuls ou Porto.
가스파초	Collioure rosé, Côtes-du-Rhône rosé, Tavel.
구아카몰레	Vin doux si relevé, sinon voir avocat.
멜론	Vins doux naturels, Muscat de Beaumes-de-Venise, Muscat de Rivesaltes, Banyuls, Rivesaltes, Porto Ruby, Madère Sercial ou Bual.
미모사 달걀	Chinon rosé, Côtes-de-Provence blanc, Mâcon-Villages.
오베르뉴식 샐러드	Beaujolais-Villages, Côtes-d'Auvergne, Côtes-du-Forez.
호두가 들어간 엔다이브 샐러드	Vin du Jura à base de savagnin, Arbois, Côtes-du-Jura, L'Étoile.
니수아즈 샐러드	Bandol rosé, Bellet blanc, Cassis blanc, Coteaux-d'Aix rosé.
타라마	Pouilly Fumé, Riesling d'Alsace.

따뜻한 앙트레 ENTRÉES CHAUDES

개구리 다리	Aligoté de Bourgogne, Petit Chablis, Mâcon-Villages, Alsace Riesling, Alsace Sylvaner.
부르고뉴식 달팽이	Bourgogne Aligoté, Beaujolais blanc, Chablis, Mâcon-Villages.
따뜻한 푸아그라	Vin riche en liqueur type Banyuls Rimage, Sauternes ; vins rouges corsés (Madiran, Cahors, Saint-Émilion, Pomerol).
가르뷔르 Garbure	Cahors, Irouléguy, Madiran.
프로방스의 프티 팍시 farcis	Bandol rosé, Bellet blanc ou rosé, Côtes-du-Rhône-Villages rouge, Tavel.
피자	Coteaux-d'Aix rouge ou rosé, Luberon rouge ou rosé, Chianti, Valpolicella, Barbera.
곤들매기 크넬	Chablis, Pouilly-Fuissé, Saint-Véran, Roussette de Savoie.
삼겹살이 들어간 키슈	Pinot blanc d'Alsace, Pinot gris d'Alsace, vins blancs de Savoie ou vins rouges légers (Beaujolais, Pinot noir d'Alsace, Sancerre rouge).
양파 파이	Pinot blanc d'Alsace, Sylvaner d'Alsace.
생선 수플레	Chablis, Graves blanc, Pessac-Léognan blanc, Pouilly Fumé, Fumé blanc de la Napa.
콩테 수플레	Vin du Jura à base de savagnin, Arbois, Côtes-du-Jura, Château-Chalon.
양파 수프	Beaujolais-Villages, Entre-deux-Mers, Mâcon-Villages.
볼로방 Vol-au-vent	Vin jaune du Jura, grand Chardonnay (Corton-Charlemagne, Meursault, Montrachet, Chardonnay de Californie).

샤퀴트리 CHARCUTERIE	
앙두이유 Andouille	Mâcon-Villages, Sancerre, Savennières.
검은 부댕	Chinon, Crozes-Hermitage, Saint-Joseph, Saumur-Champigny.
매콤한 초리조	Cahors, Irouléguy, Rioja.
생 햄	Collioure, Irouléguy, Pinot Grigio dell'Alto-Adige, Soave Classico, Riesling du Rheingau *trocken*, Xérès ou Manzanilla, jeune rouge espagnol.
익힌 햄	Beaujolais-Villages ou crus du Beaujolais, Mercurey, Mâcon-Villages.
훈제 햄	Riesling Vendanges tardives, *Spätlese* allemand.
장봉 페르시에 Jambon persillé	Beaujolais blanc ou rouge, Chablis, Mercurey blanc, Pouilly-Fuissé, Saint-Romain blanc.
닭 간 무스	Crus du Beaujolais, Beaune blanc, Ladoix-Serrigny blanc, Meursault.
파테 드 캉파뉴	Beaujolais, Chinon, Coteaux-du-Lyonnais, Côtes-du-Rhône-Villages, Crozes-Hermitage, Saint-Joseph, Saumur-Champigny.
사냥감으로 만든 테린	Bergerac, Châteauneuf-du-Pape, Mercurey, Gevrey-Chambertin, Pomerol, Saint-Émilion, Vacqueyras, Garrafeira du centre du Portugal.
토끼 테린	Bourgueil, Cheverny, Cour-Cheverny, Saint-Nicolas-de-Bourgueil, Morgon, Moulin-à-Vent.
리예트	Montlouis, Sancerre, Vouvray.
살라미	Irouléguy, Tavel, Vin de Corse rosé, vin rouge ou rosé de Navarre, Barbera, Chianti, Montepulciano d'Abruzzo, Rosso Conero, Xérès.
돼지고기 소시지	Buzet, Côtes-du-Rhône, Gigondas, Dolcetto d'Alba, Merlot, Rioja.
드라이 소시지	Crozes-Hermitage, Bourgogne Hautes-Côtes-de-Beaune, Bourgogne Hautes-Côtes-de-Nuits, Sancerre rouge.

달걀, 알 ŒUFS	
트러플이 들어간 에그 스크램블	Hermitage blanc, Montrachet.
에그 스크램블	Vins rouges légers et fruités (Beaujolais, Gamay de Touraine).
젤리 달걀	Vins jeunes et fruités de la Côte de Beaune (Santenay, Maranges).
레드와인에 익힌 달걀	Crus du Beaujolais, Mâcon rouge, Pinot noir de la Côte de Beaune et de la Côte chalonnaise.
연어 알	Chablis, Riesling d'Alsace, Vouvray.
오믈렛	Beaujolais-Villages, Coteaux-du-Lyonnais, Côtes-du-Forez.
치즈 오믈렛	Vin blanc issu de chardonnay et de savagnin du Jura.

패류와 갑각류 COQUILLAGES ET CRUSTACÉS	
가리비	Champagne « blanc de blancs », Châteauneuf-du-Pape blanc, Hermitage blanc, Pessac-Léognan, Riesling sec d'Alsace ou d'Allemagne.
게	Cassis blanc, Chablis, Entre-deux-Mers, Gros-Plant, Muscadet.
새우	Bergerac blanc, Cassis blanc, Petit Chablis, Entre-deux-Mers, Gros-Plant, Muscadet, Picpoul-de-Pinet.
탕수새우	Pinot gris, Muscat d'Alsace, Tavel, Bellet rosé.
데친 민물가재	Condrieu, Châteauneuf-du-Pape blanc, Riesling sec d'Alsace.
그릴에 구운 랍스타	Corton-Charlemagne, Hermitage blanc, Pessac-Léognan, Meursault, Riesling d'Alsace, Savennières, Verdicchio dei Castelli di Jesi.
아메리켄 소스를 곁들인 랍스타	Pinot gris d'Alsace, vin jaune du Jura, Vouvray demi-sec.
굴	Chablis, Entre-deux-Mers, Gros-Plant, Muscadet, Picpoul-de-Pinet, Riesling d'Alsace.
따뜻한 굴	Champagne « blanc de blancs », Graves blanc, Riesling d'Alsace, Savennières, Vouvray.
그릴에 구운 랑구스트	Chablis Premier ou Grand Cru, Hermitage blanc, Pessac-Léognan, Riesling d'Alsace.
마요네즈를 곁들인 랑구스틴	Pouilly Fumé, Sancerre, Chablis.
크림 소스 홍합	Bergerac blanc, Côtes-de-Blaye blanc, Pouilly-Fuissé, Rully blanc.
화이트와인에 찐 홍합	Entre-deux-Mers, Muscadet, Sauvignon de Touraine, Vinho Verde.
파에야	Yecla blanc (Espagne), Chardonnay (vin du pays d'Oc), Côtes-du-Roussillon rosé, Rosé de Corse, et, de façon générale, les vins de la famille des blancs secs très aromatiques.

생선 POISSON

레드와인에 익힌 민물장어	Bergerac rouge, Bordeaux supérieur rouge, Graves, satellites de Saint-Émilion.
그릴에 구운 농어	Bellet blanc, Châteauneuf-du-Pape blanc, Côtes-de-Provence blanc, Chablis Premier ou Grand Cru.
부야베스	Bandol rosé, Cassis, Coteaux-d'Aix-en-Provence rosé, Tavel.
대구 브랑다드	Cassis, Hermitage blanc, Saint-Joseph blanc.
마요네즈를 곁들인 민대구	Mâcon-Villages, Pinot blanc d'Alsace, Vin de Savoie blanc, Sylvaner d'Alsace.
생선 튀김	Bourgogne Aligoté, Gros-Plant, Mâcon, Muscadet, Vinho Verde.
아이올리를 곁들인 대구	Bandol blanc ou rosé, Cassis, Côtes-de-Provence blanc ou rosé, Collioure rosé, Irouléguy rosé.
생선 통조림(청새치, 청어, 고등어, 정어리, 참치)	Bourgogne Aligoté, Gros-Plant, Muscadet, Sancerre, Sauvignon de Touraine, Sylvaner, Dão blanc, Vinho Verde.
그릴에 구운 흰살 생선	Grand cru blanc sec, Coteaux-d'Aix-en-Provence blanc, Soave, Verdicchio, Vin de Corse blanc.
뵈르 블랑을 곁들인 흰살 생선	Champagne « blanc de blancs », Vouvray sec ou demi-sec, Meursault, Pessac-Léognan, Puligny-Montrachet, Savennières, vins de Moselle.
회	Chablis Premier Cru, Meursault, Graves blanc, Chardonnay de Nouvelle-Zélande.
민물생선	Chablis, Chasselas de Suisse, Graves blanc, Mercurey blanc, Montlouis, Rully blanc, Sancerre, Vouvray.
튀긴 생선	Beaujolais, Entre-deux-Mers, Gamay de Touraine, Gros-Plant, Muscadet, Roussette de Savoie, vins blancs du Jura à base de chardonnay et de savagnin, Pinot Grigio du Frioul, Frascati Superiore.
훈제 생선	Chablis Premier Cru, champagne « blanc de blancs », Pouilly Fumé, Sancerre, Riesling d'Alsace, Pinot gris d'Alsace, *Spätlese* allemand.
가미를 하지 않은 생선	Vins blancs plus ou moins légers selon que le poisson et sa garniture sont gras ou non, du petit vin de pays aux grands crus de Bourgogne, de Bordeaux ou d'Alsace. Vins rouges, surtout s'ils ne sont pas trop tanniques (issus de cabernet franc de Loire ou de gamay du Beaujolais).
성대	Bandol rosé ou rouge, Collioure, Côtes-de-Provence rouge ou blanc.
훈제 연어	Champagne « blanc de blancs », Riesling d'Alsace, Sancerre (ou vodka, whisky single malt tourbé).
소렐을 곁들인 연어	Condrieu, Châteauneuf-du-Pape blanc.
물에 데친 연어	Blancs : Bourgogne blanc, Sancerre, Savennières, Vouvray sec, vin blanc de Sicile ; rouges : Beaujolais-Villages, Bourgueil, Pinot noir d'Alsace.
그릴에 구운 정어리	Côtes-de-Provence, Côtes-du-Rhône-Villages blanc, Coteaux-du-Languedoc blanc.
서대 뫼니에르	Bellet blanc, Chablis Premier ou Grand Cru, Sancerre, Riesling d'Alsace.
스시	Mâcon, Muscadet, Saint-Véran, Menetou-Salon, Sauvignon de Californie.
생선 테린	Aligoté de Bouzeron, Chablis, Graves blanc, Mâcon-Villages, Muscadet, Sancerre, Sylvaner d'Alsace.
바스크 스타일의 참치	Collioure rouge ou rosé, Coteaux-du-Languedoc rouge ou rosé, Côtes-du-Rhône-Villages rouge, Irouléguy rosé, Tavel.
생선 투르트 (크림 소스를 곁들인)	Mâcon-Villages, Pouilly-Fuissé, Pinot gris d'Alsace, Bianco di Custoza, Pfälzer Sylvaner, Nahe Müller-Thurgau, Chardonnay de la Napa.
홀랜다이즈 소스의 튀르보	Corton-Charlemagne, Hermitage blanc, Meursault, Pessac-Léognan.

양고기 AGNEAU

오븐에 구운 양고기	Vins rouges complexes et racés comme les crus du Bordelais (Graves, Margaux, Pauillac, Pomerol, Saint-Émilion), Bandol dans un bon millésime ; Rioja Reserva, Ribera del Duero, Cabernets-Sauvignons américains, australiens, chiliens et italiens.
통으로 구운 양갈비	Graves, Médoc, Pauillac, Pessac-Léognan, Saint-Julien, Cabernets-Sauvignons californiens, chiliens et italiens.
양고기 쿠스쿠스	Cahors, Côtes-du-Rhône-Villages, Madiran, Gigondas.
양고기 커리	Bergerac, Castillon-Côtes-de-Bordeaux, Francs-Côtes-de-Bordeaux, Lalande-de-Pomerol.
오븐에 구운 양 어깨	Haut-Médoc, Médoc, Cabernets-Sauvignons américains, australiens, chiliens et italiens.
허브/마늘향의 양다리	Vins rouges généreux et puissants (Bandol, Châteauneuf-du-Pape, Côtes-du-Roussillon-Villages, Coteaux-du-Languedoc, Saint-Chinian, Vacqueyras).

천천히 익힌 양 뒷다리(뼈 제거)	Pinot noir de la Côte de Beaune, Bourgueil, Chinon, Saint-Nicolas-de-Bourgueil.
북아프리카식 통 양구이	Coteaux-du-Languedoc rouge, Bandol, Shiraz d'Australie, Coteaux-de-Mascara rouge (Algérie).
양고기 나바랭(스튜)	Pinot noir de la Côte de Beaune et de la Côte chalonnaise, crus du Beaujolais.
프로방스식 양 스튜	Coteaux-d'Aix-en-Provence rouge, Côtes-de-Provence rouge, Côtes-du-Rhône-Villages.
양의 채끝	Côte-Rôtie, Hermitage, Médoc, Pomerol, Saint-Émilion.
살구를 넣은 양 타진	Bonnezeaux, Coteaux-de-l'Aubance, Coteaux-du-Layon, Quarts-de-Chaume, Montlouis moelleux, Vouvray moelleux.

소고기 BŒUF

뵈프 부르기뇽	Chinon, Corbières, Côtes-du-Rhône-Villages, Mercurey, Minervois, Rully, Saint-Amour, Saumur rouge.
크러스트를 덮어서 구운 소고기	Vins de Bordeaux, du Médoc ou du Libournais, Pinot noir de Bourgogne.
오븐에 구운 소고기	Vins rouges puissants avec de la structure et de la générosité (vins de la Côte de Nuits, Margaux, Pauillac, Pomerol, Saint-Émilion, Merlots américains, australiens et chiliens).
카르파치오	Vins de la Côte chalonnaise, Chianti Classico ou Rufina.
샤토브리앙	Gevrey-Chambertin, Graves, Pomerol, Pommard, Saint-Émilion.
칠리 콘 카르네	Malbec rosé du Chili, Zinfandel de Californie, Saint-Chinian, Cahors.
소고기 완자가 들어간 쿠스쿠스	Gris de Boulaouane (Maroc), Fitou, Coteaux-de-Mascara rouge (Algérie), Côtes-du-Rhône, Cairanne rosé et, de façon générale, des rosés vifs et fruités ou des rosés vineux et corsés.
도브	Cahors, Corbières, Côtes-du-Rhône-Villages, Côtes-du-Roussillon-Villages, Madiran.
보르도식으로 구운 꽃등심	Bergerac, Bordeaux supérieur, Côtes-de-Blaye, Castillon-Côtes-de-Bordeaux, Fronsac, Graves.
그릴에 구운 꽃등심	Vins issus de cabernet-sauvignon, Médoc de millésimes récents, Vin de pays d'Oc, ou vin généreux jeune (Châteauneuf-du-Pape, Cornas, Gigondas, Vacqueyras).
포토푀	Anjou rouge, Bourgueil, Côtes-de-Bordeaux, Saumur-Champigny, Pinot d'Alsace, Sancerre rouge.
그릴에 구운 스테이크	Chénas, Fronton, Cornas, Moulin-à-Vent, Chianti Riserva.
후추 소스를 곁들인 스테이크	Côtes-du-Rhône rouge, Fronton, Zinfandel californien, Shiraz australien.
타르타르	Buzet, Cahors, Crozes-Hermitage, Merlot chilien, Shiraz australien.

돼지고기 PORC

크림 소스를 곁들인 앙두이예트	Beaujolais blanc, Chablis, Pouilly-Fuissé, Rully blanc, Saint-Véran.
그릴에 구운 앙두이예트	Vins rouges légers (Anjou rouge, Beaujolais-Villages, Gamay de Touraine, Pinot noir d'Alsace, Sancerre rouge), vins blancs secs et fruités (Chablis, Gaillac, Saumur blanc).
슈크루트	Tokay-Pinot gris d'Alsace, Riesling d'Alsace, Sylvaner d'Alsace.
구운 돼지고기	Vins charnus et fruités, Bergerac, Crozes-Hermitage, Saint-Joseph, Saumur-Champigny.
돼지 앞다리의 어깨	Vins blancs légers (Anjou blanc, Mâcon-Villages, Pinot blanc d'Alsace, Sylvaner d'Alsace), rouges fruités et légers (Beaujolais, Mâcon-Villages, Pinot noir d'Alsace).
돼지고기 커리	Pinot gris d'Alsace, Gewurztraminer, Lirac blanc, Hermitage blanc et, de façon générale, des blancs secs très aromatisés.
양배추를 넣은 돼지고기 찜	Brouilly, Mâcon-Villages, Sancerre rouge.
오븐에 구운 돼지고기	Crozes-Hermitage, Côte-de-Beaune, Côtes-du-Rhône-Villages, Saint-Joseph.

송아지고기 VEAU

송아지 블랑케트	Beaujolais-Villages, Mâcon-Villages, Mercurey blanc, Givry blanc, Sancerre rouge.
송아지 갈비구이	Grands crus du Médoc (Pauillac, Saint-Estèphe), crus de la Côte de Nuits (Gevrey-Chambertin, Chambolle-Musigny).
노르망디식 송아지	Bourgogne blanc, vin du Jura à base de chardonnay et de savagnin, Chardonnay de Californie.
슈니첼(송아지 커틀릿)	Crus du Beaujolais, vins rouges de la Côte de Beaune, Graves rouge.
송아지 간	Chinon, Pomerol, Saint-Émilion, Sancerre rouge.

오소부코	Barbera, Barbaresco, Chianti Classico, Valpolicella.
송아지 포피예트	Crus du Beaujolais, Bourgueil, Pinot noir de Bourgogne, Saint-Nicolas-de-Bourgueil.
크림 소스를 곁들인 송아지 흉선	Grand bourgogne blanc type Corton-Charlemagne, Meursault, Montrachet, Château-Chalon, vin jaune du Jura, Pinot gris d'Alsace, Vouvray demi-sec.
겨자 소스를 곁들인 팬에 구운 송아지 콩팥	Vin rouge charnu pas trop vieux (Pomerol, Saint-Émilion) ; Chinon, Morgon, Saint-Amour, Pinot noir de la Côte chalonnaise.
오븐에 구운 송아지	Crus du Beaujolais, Pinot noir de la Côte de Beaune.
송아지 머리	Crus du Beaujolais, Pouilly-Fuissé, Sancerre rosé, Tavel.
송아지 마렝고(스튜)	Côtes-du-Rhône-Villages, Costières-de-Nîmes, Ventoux, vin rouge du Dão.
오를로프 스타일의 송아지	Grand bourgogne blanc de type Chassagne-Montrachet, Corton-Charlemagne, Meursault, mais aussi des vins rouges fruités et profonds de type Bourgogne rouge de la Côte de Beaune.

오리, 거위, 비둘기 CANARD, OIE, PIGEON

오렌지를 곁들인 오리고기	Vins liquoreux pas trop âgés, Cérons, Loupiac, Monbazillac, Sauternes, vin jaune du Jura.
무화과 혹은 체리를 곁들인 오리고기	Vins riches et puissants (Bandol, Châteauneuf-du-Pape), vins mutés jeunes (Banyuls, Maury, Rivesaltes).
북경오리	Gewurztraminer d'Alsace, Pinot gris d'Alsace, Arbois, Château-Chalon, vin jaune du Jura.
올리브를 곁들인 오리고기	Côtes-du-Rhône-Villages, Gigondas, Vacqueyras.
통으로 구운 오리고기	Vins à base de merlot, Lalande-de-Pomerol, Pomerol, Saint-Émilion, crus de la Côte de Nuits.
오리 다리 콩피	Bergerac, Buzet, Cahors, Châteauneuf-du-Pape, Madiran, Pécharmant.
오리 가슴살	Bons millésimes du Bordelais (Médoc et Libournais).
카술레	Cahors, Côtes-du-Brulhois, Madiran.
오븐에 구운 거위	Vins rouges mûrs de Côte-Rôtie, Côte-de-Nuits, Madiran, Margaux, Saint-Émilion, grands crus issus de pinot gris Alsace Vendanges tardives.
오븐에 구운 비둘기	Bon millésime de bourgogne rouge, du Médoc et du Libournais, Bandol, Châteauneuf-du-Pape, Hermitage, Merlot du nord-est de l'Italie.
비둘기 파스티야	Vin muté (Banyuls, Muscat de Beaumes-de-Venise, de Rivesaltes ou du Cap-Corse), Costières-de-Nîmes rouge, Rioja, Muscat d'Alsace, Gris de Boulaouane (Maroc).
산비둘기 살미(스튜)	Pomerol, Saint-Émilion, Merlots du Chili et d'Italie.

닭고기, 칠면조 COQ, DINDE, POULARDE, POULE, POULET

코코뱅	Pinot noir de Bourgogne, Moulin-à-Vent.
속을 채운 칠면조	Vins généreux (Châteauneuf-du-Pape, Hermitage, Pomerol, Madiran, Saint-Émilion, Merlots américains et chiliens).
밤을 곁들인 칠면조	Pinot noir de la Côte chalonnaise (Mercurey, Givry) et de la Côte de Beaune (Savigny-les-Beaune, Volnay).
트뤼프를 곁들인 살찌운 암탉	Grands Chardonnays de la Côte de Beaune (Corton-Charlemagne, Meursault, Montrachet), Hermitage blanc, Arbois, Château-Chalon, vin jaune du Jura.
닭찜	Beaujolais, Mâcon blanc, Pouilly-Fuissé, Rully blanc.
바스크식 닭찜	Bordeaux supérieur, Corbières, Coteaux-du-Languedoc, Fronton.
모렐 버섯 크림 소스를 곁들인 닭요리	Arbois, Château-Chalon, vin jaune du Jura, Pinot noir ou grands Chardonnays de la Côte de Beaune.
중국식으로 생강을 곁들인 닭	Vins blancs demi-secs, moelleux ou liquoreux (Jurançon), Gewurztraminer Vendanges tardives, Kefraya (Liban).
오븐에 구운 닭	Pinot noir de la Côte de Beaune et de la Côte chalonnaise, Moulin-à-Vent.
새콤한 닭고기 크림 스튜	Anjou-Villages, Bourgueil, Chinon, Saint-Nicolas-de-Bourgueil, Saumur-Champigny.

토끼고기 LAPIN

양송이를 곁들인 토끼찜	Beaujolais-Villages, Bourgueil, Côte chalonnaise, Saumur-Champigny.
겨자를 넣은 크리미한 토끼찜	Chénas, Chinon, Mercurey, Sancerre rouge, Saint-Joseph.
타임향의 오븐에 구운 토끼	Les Baux-de-Provence, Coteaux-d'Aix-en-Provence, Palette, Vin de Corse rouge.
건자두를 곁들인 토끼찜	Bergerac, Buzet, Côtes-de-Saint-Mont, Gaillac rouge, Pécharmant.

사냥감 GIBIER

사냥으로 잡은 야생 육류	En règle générale, les meilleurs millésimes rouges, à leur apogée, des grands crus de Bourgogne, de Bordeaux, de la vallée du Rhône.
산토끼 스튜	Bandol d'une grande année, Côte-Rôtie, grands crus de la Côte de Nuits, Châteauneuf-du-Pape, Hermitage, Pomerol, Saint-Émilion.
오븐에서 구운 멧돼지 뒷다리	Châteauneuf-du-Pape, Côtes-du-Roussillon-Villages, Corbières, Saint-Chinian.
사냥으로 잡은 조류 (도요새, 꿩, 자고새)	Pinot noir de la Côte de Beaune et de la Côte de Nuits.
사냥으로 잡은 조그만 짐승 (들토끼, 산토끼)	Pinot noir de la Côte chalonnaise, Médoc, Saint-Émilion.
마리네이드한 사냥감	Cahors, Châteauneuf-du-Pape, Madiran, Gigondas, Vacqueyras.
그랑 브뇌르 소스의 사슴 뒷다리	Côte-Rôtie, Hermitage, Corton, Châteauneuf-du-Pape.

채소(오르 되브르 참조) LÉGUMES (CF. AUSSI HORS-D'ŒUVRE)

가지	Coteaux-d'Aix-en-Provence rouge, Coteaux-du-Languedoc, Côtes-de-Provence rouge ; vins rouges grecs (Xinomavro de Naoussa ou Retsina).
버섯	Vins issus de merlot et de pinot noir à leur apogée comme les rouges de Bourgogne et du Libournais.
속을 채운 양배추	Beaujolais-Villages, Gamay de Touraine, Pinotage d'Afrique du Sud.
콜리플라워	Luberon, Dolcetto, Sauvignon de Touraine.
줄기콩	Sancerre blanc ou rosé, Coteaux-d'Aix-en-Provence rosé, Côtes-de-Provence blanc.
도피누아 감자 그라탱	Vins blancs du Jura issus de chardonnay et de savagnin type Arbois blanc, vins blancs de Savoie à base de roussette.
파스타	Vins légers blancs, rosés ou rouges selon les ingrédients de la sauce.
바질을 곁들인 토마토 파스타	Côtes-du-Rhône-Villages rosé, Lirac rosé, Coteaux-d'Aix-en-Provence rosé.
해산물 파스타	Chablis, Mâcon-Villages, Sancerre, Sauvignon de Touraine, vins blancs secs d'Italie.
고기가 들어간 소스의 파스타	Beaujolais-Villages, Bourgueil, Coteaux-du-Tricastin, Mâcon-Villages, Pinot noir d'Alsace, Chianti, Valpolicella.
생채소	Vins blancs secs, Bourgogne Aligoté, Petit Chablis, Sauvignon de Touraine, ou vins rouges légers issus de gamay.
리소토	Vins blancs secs et fruités italiens (Pinot grigio, Bianco di Custoza, Trebbiano d'Abruzzo), vins rouges italiens (Chianti) ou espagnols (de la Rioja et de La Mancha).
트러플	Grands crus de Pomerol et de Saint-Émilion ainsi que de la vallée du Rhône nord, Côte-Rôtie, Hermitage, Barolo (Italie).

디저트 DESSERTS

생과일 샤를로트	Champagne demi-sec, vins doux naturels issus de muscat (Muscat de Beaumes-de-Venise, Muscat de Rivesaltes, Moscatel de Valence).
크렘 브륄레	Vins doux naturels à base de muscat (Muscat de Rivesaltes, Muscat de Saint-Jean-de-Minervois), Jurançon, Pacherenc-du-Vic-Bilh.
케이크	Champagne sec ou demi-sec, Clairette de Die, vins doux naturels issus de muscat.
초콜릿 베이스 디저트	Vins mutés rouges (Banyuls, Maury, Málaga, Porto, Rivesaltes).
향신료 베이스 디저트	Vins aromatiques et riches en sucres (Pinot gris Vendanges tardives ou Sélection de grains nobles, Jurançon).
일 플로탕트	Champagne rosé demi-sec, vins doux naturels issus de muscat.
생과일이 들어간 사바용	Vins liquoreux du Sauternais, « vendanges tardives » ou « sélection de grains nobles » de pinot gris et de gewurztraminer.
레몬 타르트	Vins liquoreux (Cérons, Jurançon, Sainte-Croix-du-Mont, Sauternes).
붉은 과일 타르트	Champagne rosé sec ou demi-sec, Clairette de Die, Gaillac effervescent, vins doux naturels issus de muscat.
타르트 타탱	Vins moelleux de Loire type Bonnezeaux, Coteaux-du-Layon, Coteaux-de-l'Aubance, Montlouis moelleux, Quarts-de-Chaume.

치즈와 와인의 마리아주

아래의 표는 치즈를 7개의 그룹으로 나눠 각각의 주요 특징, 가장 잘 알려진 대표 상품과 해당 그룹의 치즈와 와인의 클래식한 마리아주 를 소개한다. 183쪽의 표는 알파벳 순으로 치즈를 선별하고 그 치즈 와 가장 잘 어울리는 와인을 소개한다.

치즈의 그룹과 마리아주

생치즈 및 화이트 치즈 FROMAGES FRAIS ET FROMAGES BLANCS

이름	퐁텐블로, 르 프티 스위스 같은 소나 염소의 젖으로 만든 생치즈와 프로마주 블랑
특징	부드러운 질감, 충분히 느껴지는 산도와 어느 정도 짭짜름함 소젖의 진한 맛
마리아주 스타일	설탕이나 꿀과 함께 서빙될 때는 뮈스카로 만든 뱅 두 나튀렐(뮈스카 드 리브잘트Muscat de Rivesaltes, 뮈스카 드 미르발Muscat de Mireval) 이나 향이 풍부한 스위트와(늦수확한 게부르츠트라미너Gewurztraminer, 늦수확한 피노 그리Pinot gris, 쥐랑송Jurançon), 허브, 소금/후추 와 함께 서빙될 때는 향이 좋고 당도가 없는 화이트와인(콩드리유Condrieu, 알자스 피노그리, 비오니에로 만든 뱅 드 페이vin de pays)

양 또는 염소 치즈 FROMAGES DE CHÈVRE ET DE BREBIS

이름	브로치오broccio, 샤비슈chabichou, 샤롤레charolais, 크로탱 드 샤비뇰crottin de Chavignol, 펠라르동pélardon, 풀리니 생 피에르pouligny-saint-pierre, 생 펠리시앙saint-félicien, 생 마르슬랭saint-marcellin, 셀 쉬르 셰르selles-sur-cher, 발랑세valençay.
특징	거의 축축한frais, 약간 빡빡한demi-sec, 매우 빡빡한très sec 등 밀도는 숙성된 정도에 따라 다름. 치즈에 수분이 적을수록, 더 짜고 더 맛이 강해진다.
마리아주 스타일	과일 풍미가 있는 상큼하지만 부드러운 화이트 선택(샤블리Chablis, 쥐랑송 섹Jurançon sec, 푸이이 퓌세Pouilly-Fuissé, 부브레 섹Vouvray sec). 소비뇽 선택 시(상세르Sancerre, 푸이이 퓌메Pouilly Fumé). 부브레 드미섹, 탄닌이 거의 없는 가벼운 레드와인 가메(보졸레, 투렌 가메), 카베르네 프랑(부르괴이Bourgueil, 생 니콜라 드 부르괴이Saint-Nicolas-de-Bourgueil) 또는 피노 누아(오트 코트 드 본Hautes-Côtes-de-Beaune, 오트 코트 드 뉘Hautes-Côtes-de-Nuits, 알자스 피노 누아Pinot noir d'Alsace).

흰색 외피 연성치즈 FROMAGES À PÂTE MOLLE ET À CROÛTE FLEURIE

이름	브리brie, 브리야 사바랭brillat-savarin, 카망베르camembert, 샤우르스chaource, 쿨로미에coulommiers.
특징	걸쭉한 속, 부드럽고 크리미한 것부터 맛이 센 것까지 있음.
마리아주 스타일	어리고 탄닌이 많은 레드와인을 피할 것. 과일 풍미가 있고, 탄닌이 강하지 않으며 오크통에서 숙성하지 않은 레드(부르고뉴의 코트 샬로네즈Côte chalonnaise와 코트 드 본Côte de Beaune, 코토 샹프누아Coteaux champenois, 코트 뒤 론 레드, 포므롤, 생테밀리옹, 상세르 레드). 어린 '블랑 드 블랑' 샹파뉴 선택해 볼 것.

세척 외피 연성치즈 FROMAGES À PÂTE MOLLE ET À CROÛTE LAVÉE

이름	에푸아스époisses, 리바로livarot, 퐁 레베크pont-l'évêque, 랑그르langres, 마루알maroilles, 몽도르mont d'or, 뮌스테르munster, 르블로숑reblochon, 바슈랭vacherin.
특징	걸쭉한 속, 확실한 또는 강한 맛.
마리아주 스타일	농축되고 강한 레드는 피할 것. 매우 향이 화려한 화이트(당도가 없는 것 또는 '늦수확' 알자스 게부르츠트라미너, 절정에 다른 뫼르소Meursault, 잘 익은 알자스 리슬링, 쥐라의 뱅존) 혹은 숙성된 샹파뉴.

블루치즈 FROMAGES À PÂTE PERSILLÉE

이름	블뢰 도베르진bleu d'Auvergne, 블뢰 드 브레스bleu de Bresse, 푸름 당베르fourme d'Ambert, 로크포르roquefort, 스틸턴stilton.
특징	짭짜름하면서 강한 맛과 기름지면서 걸쭉함.
마리아주 스타일	귀부 와인(코토 뒤 레이옹Coteaux-du-Layon, 카르 드 숌Quarts-de-Chaume, 세롱Cérons, 소테른Sauternes)과 화이트 또는 레드 뱅 두 나튀렐(뮈스카 드 봄 드 브니즈Muscat de Beaumes-de-Venise, 바뉠스, 리브잘트) 같은 당도가 높은 와인을 선택.

반경성 치즈/비가열 압착치즈 FROMAGES À PÂTE PRESSÉE NON CUITE

이름	캉탈cantal, 에담édam, 구다gouda, 미몰레트mimolette, 모르비에morbier, 생넥테르saint-nectaire, 톰 드 사부아tomme de Savoie.
특징	대개 자른(톰) 형태로 어떤 것은 걸쭉하고, 어떤 것은 농밀한 텍스처로 맛은 상당히 부드럽다.
마리아주 스타일	숙성이 된 보르도 레드와인(메독, 포이약Pauillac, 포므롤Pomerol, 생테밀리옹)을 선택. 톰은 쥐라와 사부아의 화이트와인.

경성 치즈/가열 압착 치즈 FROMAGES À PÂTE PRESSÉE CUITE

이름	아펜젤appenzell, 콩테comté, 에망탈emmental, 프리부르fribourg, 그뤼예르gruyère.
특징	각자의 맛이 확연하며 은근히 짭짜름하면서 단단함.
마리아주 스타일	쥐라 지방에서 사바냥savagnin으로 만든 뱅존 같이 산도가 있으면서 향이 풍부한 와인. 하지만 뫼르소Meursault처럼 숙성되고 풍만한 화이트도 좋다.

알파벳 순의 치즈명과 와인의 마리아주

치즈	와인
ABBAYE DE CÎTEAUX	Beaujolais-Villages, Côte chalonnaise, Fleurie.
APPENZELL	Château-Chalon, vin jaune du Jura.
BANON	Côtes-du-Rhône-Villages rouge, Côtes-de-Provence blanc.
BEAUFORT	Château-Chalon, vin jaune du Jura.
BLEU D'AUVERGNE	Loupiac, Maury, Sainte-Croix-du-Mont, Sauternes jeune.
BLEU DE BRESSE	Monbazillac, Rivesaltes blanc.
BLEU DES CAUSSES	Banyuls Vintage, Barsac.
BLEU DE GEX	Cérons, Maury, Loupiac.
BOURSAULT	Bouzy, Coteaux champenois, Mâcon rouge, Rosé des Riceys.
BOUTON-DE-CULOTTE	Beaujolais, Haute-Côte-de-Beaune blanc ou rouge, Mâcon blanc ou rouge.
BREBIS BASQUE ET CORSE	Jurançon sec, Muscat du Cap-Corse.
BRIE DE MEAUX ET DE MELUN	champagne, Pomerol, Saint-Émilion, Sancerre rouge.
BRILLAT-SAVARIN	champagne « blanc de blancs ».
BRIN-D'AMOUR	Vin de Corse rouge, Côtes-de-Provence blanc ou rouge.
BROCCIO DE CORSE	vins blancs de Corse secs ou Muscat.
CAMEMBERT	cidre doux, champagne, Coteaux champenois.
CANTAL	Côtes-d'Auvergne rouge, Mercurey, Pomerol, Saint-Émilion.
CHABICHOU	Menetou-Salon blanc, Sancerre blanc.
CHAOURCE	champagne rosé, Coteaux champenois.
CHAROLAIS	Chablis, Mâcon-Villages, Saint-Véran.
CHÈVRE SEC	Beaujolais, Mâcon-Villages, Pouilly-Fuissé.
COMTÉ	Château-Chalon, Meursault mûr, vin jaune du Jura.
COULOMMIERS	champagne « blanc de blancs » jeune, Coteaux champenois.
CROTTIN DE CHAVIGNOL	Pouilly Fumé, Sancerre blanc.
ÉDAM	Chinon, Médoc, Pauillac.
EMMENTAL	Roussette de Savoie, vin blanc de Savoie.
ÉPOISSES	Bandol rouge, Gewurztraminer corsé.
FONTAINEBLEAU	Muscat de Beaumes-de-Venise, Muscat de Mireval.
FOURME D'AMBERT	Banyuls, Rivesaltes, Porto.
FRIBOURG	Château-Chalon, Meursault mûr, vin jaune du Jura.
GOUDA	Médoc, Madiran, Saint-Estèphe.
GRUYÈRE	Chasselas suisse mûr, Roussette de Savoie, Roussette du Bugey.
LAGUIOLE	Bergerac rouge, Fronton.
LANGRES	champagne un peu vieux, marc de champagne.

치즈	와인
LIVAROT	Gewurztraminer Vendanges tardives, Pinot gris Vendanges tardives.
MAROILLES	Gewurztraminer corsé, Pinot gris Vendanges tardives.
MIMOLETTE ÉTUVÉE VIEILLE	Graves, Médoc, Pomerol, Saint-Émilion.
MORBIER	vin blanc de Savoie.
MONT-D'OR	Chasselas suisse mûr (Dézaley), Mâcon-Villages, Roussette de Savoie.
MUNSTER	Gewurztraminer d'Alsace sec ou Vendanges tardives.
NEUFCHÂTEL	cidre, champagne, Coteaux champenois.
OSSAU-IRATY	Jurançon, Irouléguy blanc.
PÉLARDON	Châteauneuf-du-Pape blanc ou rouge, Condrieu, vin de pays issu de viognier.
PÉRAIL DE BREBIS	Corbières, Coteaux-du-Languedoc, Côtes-du-Roussillon, Faugères, Saint-Chinian.
PICODON	Côtes-du-Rhône-Villages rouge, Saint-Joseph blanc ou rouge.
PONT-L'ÉVÊQUE	Chassagne-Montrachet, Meursault, Riesling d'Alsace mûr.
POULIGNY-SAINT-PIERRE	Cheverny, Reuilly blanc, Sancerre blanc, Sauvignon de Touraine.
REBLOCHON	Pouilly-Fuissé, Crépy, Roussette de Savoie.
ROCAMADOUR	Jurançon sec, Xérès.
ROQUEFORT	Banyuls Rimage, Porto, Rivesaltes Rancio, Sauternes.
SAINT-FÉLICIEN	Beaujolais blanc ou rouge, Saint-Joseph blanc.
SAINT-MARCELLIN	Beaujolais rouge, Châteauneuf-du-Pape blanc, Saint-Joseph blanc.
SAINT-NECTAIRE	Chinon, Médoc, Pauillac.
SAINTE-MAURE	Vouvray ou Monlouis sec ou demi-sec.
SALERS	Côtes-du-Rhône-Villages rouge, Mercurey, Pomerol, Saint-Émilion.
SELLES-SUR-CHER	Pouilly Fumé, Sancerre blanc.
STILTON	Banyuls, Maury, Porto Vintage, Porto LBV, Porto Tawny 10, 20 ou 30.
TOMME D'ABONDANCE	Chasselas suisse, Roussette de Savoie, Saint-Joseph blanc.
TOMME D'AUVERGNE	Côtes-d'Auvergne, Côtes-du-Rhône-Villages rouge, Mâcon-Villages.
TOMME DES PYRÉNÉES	Madiran mûr.
TOMME DE SAVOIE	Bourgueil, Chinon, vins blancs et rouges de Savoie dont Roussette de Savoie.
VACHERIN	Chasselas suisse mûr (Dézaley), Meursault mûr, Roussette de Savoie.
VALENÇAY	Quincy, Reuilly blanc ou rosé, Sancerre blanc.
VIEUX-GRIS DE LILLE	bière du Nord, eau-de-vie de genièvre.
VIEUX-PANÉ	Anjou rouge, Saint-Nicolas-de-Bourgueil, Touraine rouge.

어떻게
와인을
서빙할까?

서빙할 때의 온도

시음의 즐거움을 망치지 않기 위해서는 각각의 와인이 가장 적합한 온도로 제공되어야 한다.
너무 차갑거나 너무 따듯한 와인은 본연의 모습을 완벽하게 보여주지 못한다.

온도 맞추기

와인을 냉각시키기. 얼음 버킷은 가장 빠르고 가장 확실하게 와인을 냉각시키는 방법이다. 병 안 와인의 온도를 전부 일정하게 하기 위해 얼음 버킷 안에 가능한 한 많은 물을 넣어 병이 잠기게 해야 한다. 20도에서 8도로 냉각시키기 위해서 10~15분 정도의 시간이 필요하다. 같은 결과를 얻기 위해서 냉장고에서는 1시간 30분~2시간이 소요되고, 날씨가 더울 때는 이것보다 더 걸린다. 냉각시간은 중요한 요소이다. 너무 짧을 경우, 병 안의 액체가 모두 동일한 온도가 될 수 없고, 너무 길 경우 와인은 너무 차갑게 된다. 마찬가지로, 와인 쿨러 패드도 균일한 냉각을 보장하지 않는다. 어쨌거나 너무 차가운 냉동실이나 냉장고 안의 냉동 칸에 두는 것은 피해야 한다. 넣어 두고 잊어버릴 경우, 와인 병이 깨질 우려가 있다. 와인이 마시기 좋은 온도에 다다르면, 시원함을 유지시키기 위하여 얼음 버킷에 한두 개의 얼음 덩어리만 넣어주고, 너무 온도가 낮아지지 않도록 주의해야 한다. 와인 보냉통도 있다. 스파클링 와인도 동일한 방법으로 서빙된다.

와인의 온도를 올리기. 가장 이상적인 방법은 실온이 18도 정도인 방에 2~3시간 두는 것이다. 절대 난로, 라디에이터, 오븐과 같은 열원 근처에 두어서는 안 된다. 이것들은 와인을 '열 받게' 해서, 맛에 결정적인 악영향을 줄 수 있다. 레드와인, 특히 오래되고 귀한 와인들은 온도 차에 훨씬 민감하기 때문에 각별한 주의가 필요하다. 저장고에서 꺼낸 후에는 조금씩 온도가 올라가도록 적정 온도의 조용한 방에 가만히 두는 것이 좋다.

> 와인의 서빙 온도는
> **단지 와인의 색깔뿐 아니라**
> 와인의 특성, 계절, 마시는 장소의
> 온도에 따라 변한다.

와인마다 각각의 온도가 있다

온도가 와인의 맛에 어떤 영향을 미칠까? 열은 향을 구성하는 물질을 활성화시키는데, 쉽게 말해서 와인이 좋은 향을 뿜어내게 만든다. 와인마다 다른 각각의 향은 각기 다른 온도에서 최고의 맛을 즐기게 해준다.

화이트는 레드보다 차갑게. 이것이 일반적인 원칙이지만, 온도의 범위는 두 경우 모두 유동적이다. '화이트는 냉장고 온도, 레드는 실온'이라는 원칙은 너무 단순하다. 이 원칙은 화이트는 너무 차게, 레드는 너무 따듯하게 서빙하게 만든다. 사실 여러 스타일의 화이트 와인은 각기 다른 온도로 서빙되어야 하고, 레드는 실온보다 몇 도 살짝 낮은 온도로 서빙되어야 한다.

너무 차지도, 너무 따듯하지도 않게. 와인은 냉기보다는 와인의 잠재적인 결점을 드러나게 하는 열기에 의해 더 확실하게 손상된다. 최고급 레드와인이 만약 22도로 서빙되면 와

> 지나치게 차가운 와인의 온도를 올리기 위해서는 단지 따듯한 실온의 방에 꺼내 두는 것으로 충분하다.

와인용 온도계를 장만해야 할까?

와인이 제 온도에 도달했는지 알아보기 위해 와인용 온도계를 사용하는 것은 유용하다. 그렇다 해도 1~2도 정도의 차이가 와인을 망가뜨리지는 않는다. 이를테면 10도의 와인 병의 온도감을 익히기 위해 두세 번 온도계로 테스트해본 후, 온도계는 서랍 깊숙이 넣어두고, 자신의 감각을 믿어보는 것도 좋다.

인의 균형이 깨지게 된다. 열은 알코올의 존재감을 두드러지게 만들기 때문에, 화이트와인은 일반적으로 알코올이 덜 느껴지게 하기 위해 매우 차게 서빙한다. 와인이 차가우면 산도는 와인의 과일 풍미와 결합하여 청량감을 주어 기분 좋게 만들고, 이것이 우리가 모든 화이트와인에 기대하는 것이다. 하지만 최고급 화이트와인을 너무 차게 서빙하는 것은 실수인데, 덜 차가울 때 코와 입에서 느낄 수 있는 화이트와인의 장점들이 더 잘 나타나기 때문이다. 더운 날씨에서는, 평소에 비해 조금 더 차갑게 서빙하여 와인이 병 안에서 너무 빨리 온도가 상승하는 것을 막을 수 있다. 반면에 비록 방 안의 난방이 잘 되더라도 추운 날씨에서는 차게 마시는 화이트나 어린 레드와인이라도 너무 차갑게 하지 않는 것이 좋다.

와인의 특성에 따라. 부드럽고 입에서 단조로운 와인은 좀 더 차갑게 제공함으로 모자라는 산도를 살려낼 수 있다. 알코올 도수가 높은 와인도 조금 더 차갑게 낼 수 있다. 반면 탄닌이 풍부하고 매우 산도가 높은 와인은 너무 차갑게 서빙하는 것을 피해야 하는데, 차가우면 신맛과 쓴맛이 극대화되기 때문이다.

진실 혹은 거짓?

너무 따뜻하게보다는 오히려 차갑게 서빙하는 것이 낫다.

진실 이렇게 함으로써 온도가 올라감에 따라 조금씩 와인의 향을 발견할 수 있다. 너무 따뜻한 와인은, 모든 향이 알코올에 가려진다.

여러 와인과 각 와인의 서빙 온도		
와인의 종류	예	온도
스파클링 와인		
당도가 없는	Cava, crémant, Saumur, champagne	6-8°C
달콤한	champagne demi-sec, Moscato d'Asti	6-8°C
특별한 퀴베	champagne millésimé	8-10°C
화이트와인		
일상적인 스위트	Anjou blanc, Loupiac, Muscat	7-9°C
드미섹	Vouvray demi-sec, Riesling Spätlese, Soave Abboccato	7-9°C
귀부 와인	Sauternes, Tokaj, Vin Santo, Muscat du Cap-Corse	7-10°C
일상적인 드라이	Muscadet, Sancerre, Alsace	10-12°C
맛이 풍부한	bourgogne, Graves, Sauvignon de Marlborough	10-12°C
기품이 있는	bourgogne, Pessac-Léognan, Savennières	12°C
로제와인		
	les rosés courants sont servis comme les blancs secs	10-12°C
레드와인		
어리고 청량감 있는	vins de Loire, Beaujolais, Côtes-du-Rhône, Valpolicella	14°C
일상적인	bordeaux et bourgognes, Merlot du Chili	16°C
그랑 크뤼	bordeaux, Côte-Rôtie, Gevrey-Chambertin, Corton, Vino Nobile de Montepulciano, Barolo	17-18°C
주정강화 와인		
	vins doux naturels (blancs)	8-10°C
	Xérès Fino, Manzanilla	10-12°C
	Xérès Amontillado, Madère Sercial, vins doux naturels français (rouges)	12°C
	Xérès Oloroso, Xérès Cream, Madère Bual	14°C
	Porto Ruby	14°C
	Porto Tawny	16°C
	Porto millésimé	16-18°C

와인 병의 오픈

와인을 서빙하는 것은 준비 없이는 되지 않는다.
각각의 디테일이 이미 시음의 즐거움의 일부분을 차지한다.
주인은 서비스의 모든 면에 있어서 능력을 보여줘야 한다.
안전하게 그리고 우아하게 와인 병을 오픈하는 것은 필수적인 단계이다.

티르 부송(캡슐 스크루)

좋은 품질의 티르 부송을 선택하는 것은 두 가지 요소를 충족시켜야 한다. 우선 코르크 안으로 침투하는 부분의 형태가 적합해야 한다. 충분한 길이의 끝이 뾰족한 단지 한 개의 나선이 코르크를 부스러뜨리거나 깨트리지 않고 잘 꽂혀야 한다. 그리고 견인의 메커니즘에 적합해야 한다. 손잡이가 T자 모양으로 된 가장 단순한 모델들은 팔과 어깨의 근육을 많이 필요로 한다. 너무 빡빡한 코르크 마개는 버티면서 안 나올 수도 있다. 병목에 고정하는 지렛대 시스템을 갖춘 티르 부송을 선택하는 것이 좋다. '소믈리에의 칼'에서부터 미동나사 메커니즘을 갖춘 티르 부송, 그리고 천공의 원칙에서 영감을 받은 '스크루풀'에 이르기까지 매우 다양

> **와인 병의 오픈은 결정적인 순간이어서, 과격한 방식으로 이루어져서는 안 된다.**
> 양조의 여러 다른 과정 후에 닫혀 있던 와인은 다시 공기와 만나면서, 자신의 모든 모습을 보여줄 준비가 되어 있다.

한 모델이 있다(p.190-191 참조). 가스나 공기압을 이용하는 기구를 사용할 때는 약간의 주의가 필요한데, 가스의 압력이 와인을 상하게 할 수도 있고, 생산과정에서 결점이 있었던 병은 오픈할 때 깨지거나 폭발할 수 있다.

일반적인 와인의 오픈

오픈할 때, 와인은 적합한 온도에 도달해 있어야 한다. 코르크 추출은 힘에 의지하거나 오점없이 이루어져야 하는데, 와인은 압력의 거친 변화에 민감하기 때문이다.

제스처. 와인 병을 따는 데 힘이 드는 이유는 사용하는 티르 부송 종류 때문이지만, 준비 단계는 언제나 동일하다. 우선 병목 아랫부분에

일반적인 와인의 오픈

반항하는 코르크

어떤 코르크 마개는 고집을 부리면서 버티는 경우가 있다. 이럴 때의 해결책들이다.

달라붙은 코르크. 코르크가 아니라 유리를 적셔 부풀어 오르게 하기 위해서 병목에 뜨거운 물이 흐르게 해준다. 또는 잘 조준한 후 티르 부송을 살짝 기울여 침투시킨다.

깨진 코르크. 남아 있는 코르크 덩이 안으로 조심스럽게 티르 부송을 기울여 돌린다. 만약 이 방법이 통하지 않으면, 코르크를 병 속으로 밀어 넣는다. 첫 잔을 따를 때, 티르부송의 나선을 이용해서 병목에서 코르크를 멀리하게 한다. 이후에는 병 속의 와인의 표면에 코르크 조각이 뜰 것이다.

와인 안에 떨어진 코르크 조각 몇 개가 와인의 맛을 상하게 하지는 않는다. 너무 많으면 깨끗한 병이나, 디캔터 또는 주전자로 디캔팅을 할 수 있다(p.193 참조).

서 칼을 이용해서 금속 캡슐을 자르고, 잘린 윗부분을 제거한다. 이렇게 함으로써 와인과 금속의 접촉을 피할 수 있다. 디캔팅을 하려고 한다면(p.193 참조), 와인이 더 잘 보이게 캡슐 전부를 벗겨낼 필요가 있다. 그 다음 깨끗한 헝겊으로 닦은 후, 치우치지 않게 조심하면서 티르 부숑의 나선을 코르크의 한가운데로 파고들게 한다. 그리고 과격한 동작 없이 일관된 움직임으로 코르크를 추출한다.

미리 오픈할 필요가 있을까? 일반적으로 보졸레, 그로 플랑, 코트 드 프로방스 로제 같은 단순한 화이트/로제/레드와인은, 필요하다면 디캔팅을 할 것을 각오하고, 마시기 직전에 오픈한다. 이보다 진하고 어린 화이트는 1~2시간 전에 오픈할 수 있다. 또는 30분 전에 디캔팅할 수도 있다. 고가의 어린 레드와인은 2~4시간 전에 오픈하거나 1~2시간 전에 디캔팅할 수 있다. 오래된 와인의 경우에는 너무 일찍 오픈할 필요는 없다. 와인 병을 세워둠으로써 앙금이 바닥에 가라앉게 할 수 있다.

특별한 경우. 오래된 보르도와 같이 어떤 코르크는 매우 길고 부서지기 쉽다. 그래서 두 가지 동작을 할 필요가 있다. 티르 부숑의 나선이 전부 들어가면, 코르크를 몇 밀리미터 정도 뽑기 시작한다. 그 다음에 나선을 추가적으로 한 바퀴 더 돌리는데, 나선이 코르크를 관통하지 않게 주의하면서 코르크가 완벽히 빠지게 한다. 커터칼은 오래된 코르크를 뺄 때 매우 효과적이다. 오래된 부르고뉴와 같은 섬세한 와인은 각별한 취급이 필요하다. 저장고에서부터 조심스럽게 바구니로 옮긴 후, 서빙할 때까지 눕혀진 상태 그대로 유지되어야 한다. 병이 열리는 순간을 포함한 이 모든 과정 내내 과격

한 동작을 피해야 한다.

스파클링 와인의 오픈

스파클링 와인은 항상 손님들 앞에서 오픈한다. 벽을 마주보고 해야지, 사람이나 유리창을 정면에 두고 하지 않도록 주의해야 한다.

몇 가지 주의사항. 와인 병 안에 가스의 압력이 있어서, 병을 서투르게 오픈하면 코르크가 위험하게 날아가면서 피해가 생길 수 있고, 상당한 양의 와인을 허공에 버릴 수 있다. 가스의 압력을 높이지 않기 위해 병이 흔들리지 않도록 주의하면서, 우선 와인을 6~9도 사이로 냉각시키는 것으로 시작한다. 너무 오랜 시간 와인 병을 냉장고 안에 두는 것은 좋지 않다. 저장고에서 꺼내어 물과 얼음이 섞인 아이스 버킷에 일정 시간 동안 냉각시키는 것이 좋다. 급속 냉각은 와인에게 좋지 않다.

제스처. 덮개와 코르크를 노출시키기 위해 우선 묶인 철사 줄을 제거한다. 천천히 철사를 돌리고, 엄지손가락으로 코르크를 누른 채, 철사와 금속 캡슐을 제거한다. 오픈의 비법은 한 손으로는 코르크를 지탱하면서, 다른 한 손으로는 코르크가 아니라 병을 살짝 기울여 천천히 돌려주는 것이다. 가스의 압력이 코르크 마개를 밀어내는 것을 느낄 수 있다. 병목 근처까지 올라오면 엄지손가락을 이용해서 조심스럽게 코르크 마개를 밀면 된다.

스파클링 와인의 오픈

티르 부숑

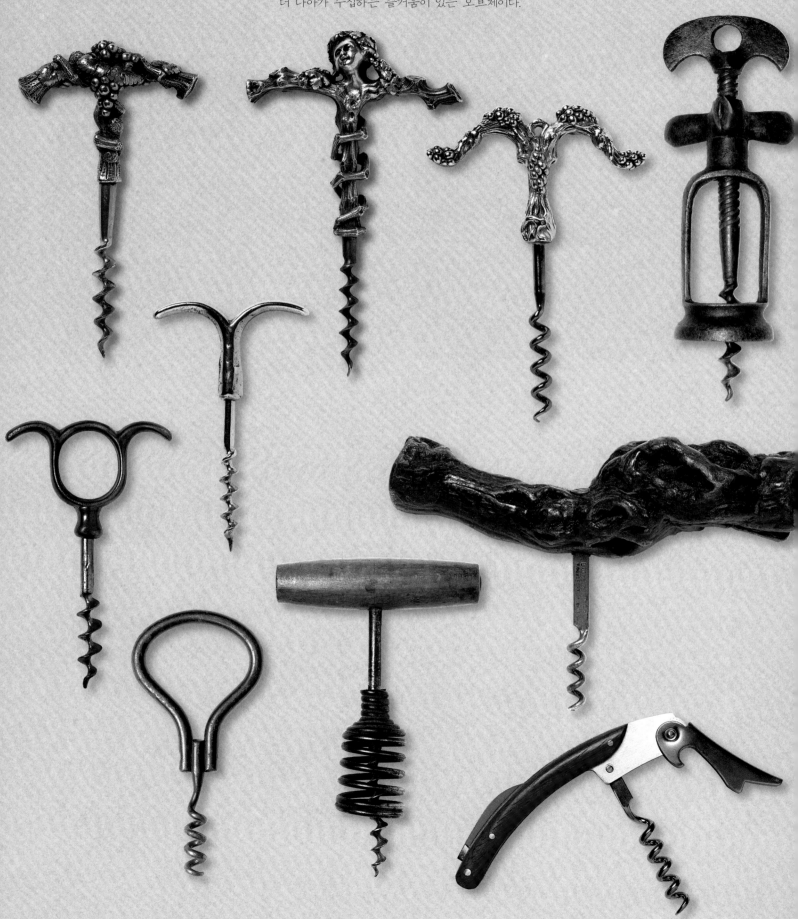

사용 용도가 정확한 도구인 티르 부숑은 종종 쳐다보는 것, 손으로 잡아보는 것,
더 나아가 수집하는 즐거움이 있는 오브제이다.

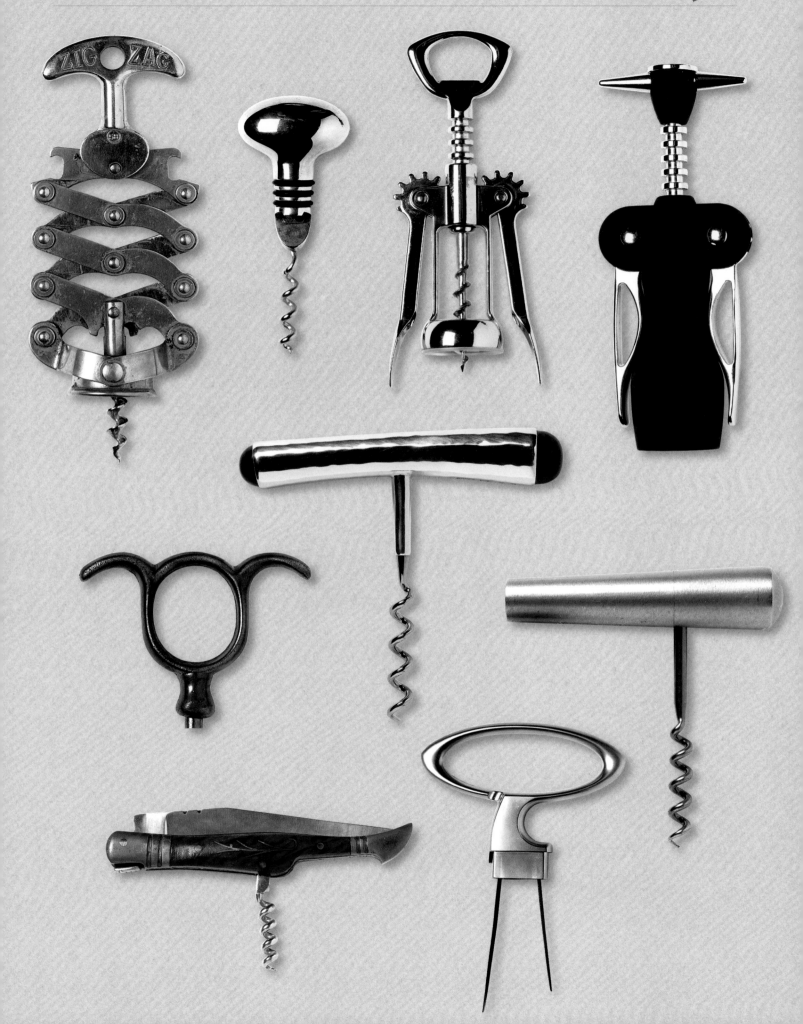

디캔팅

와인 디캔팅은 섬세한 작업으로 확실한 기술을 필요로 하는데 그 결과로 세 가지 현상이 나타난다.
와인의 침전물을 분리하고, 산소와 접촉하게 하며 온도를 변화시킨다.

장점과 몇 가지 위험요소

대부분의 와인은 직접 병에서 따르면서 서빙할 수 있지만, 어떤 것들은 카라프나 주전자에 옮겨 담음으로 더 좋아지는 것도 있다. 일반적으로 와인에 찌꺼기가 있으면 디캔팅을 한다. 또 와인의 나이에 따라 디캔팅을 할지, 또 얼마나 오래 카라프에 담아 둘 것인지 등이 정해진다(하단 박스 안 참조).

디캔팅 추종자들은 겨우 1시간, 혹은 몇 시간 만에 어린 와인의 향이 더 좋아지고, 부드러워지며 일반적으로 맛이 더 좋아진다고 한다. 하지만 너무 오랜 시간 카라프에 방치하면 와인이 청량감과 생명력을 잃을 우려가 있다. 디캔팅은 오래된 와인에 활기를 줄 수 있지만, 동시에 와인을 단단하게 하고 귀중한 향을 잃게 할 수도 있다. 와인이 카라프에서 잔으로 옮겨지면서 산소와 접촉하는 것을 계속하고, 잔 안에서 와인을 돌리면 더 많은 산화가 일어난다는 것을 잊어버리면 안 된다. 디캔팅 전에 반드시 주의해야 하는 한 가지는 와인을 맛보는 것이다.

> 디캔팅은 두 가지 면에서 와인을 개선시킬 수 있다.
> 하나는 코르크 조각이나 찌꺼기를 걷어낼 수 있게 하는 것이며, 다른 한 가지는 산소와 접촉시켜 숙성을 가속시키는 것이다.

찌꺼기 : 품질의 상징 또는 하자?

결정. 몇몇 어리고 가벼운 화이트와인에는 종종 결정이 있다. 과격한 온도 하락 이후 가라앉은 주석산 수소칼륨이다. 모양새가 신경 쓰여서 그렇지, 이 결정들은 건강에 아무런 해를 주지 않고, 와인의 맛에 조금도 영향을 끼치지 않는다. 단지 몇 초간 병을 바로 세워 두면, 이 결정들이 모인다. 조심스럽게 따르면, 이 결정들이 잔으로까지 옮겨지게 하지 않는 것은 아주 쉬운 일이다.

색깔 있는 찌꺼기. 오래 숙성된 와인은 자연적으로 찌꺼기를 생성하는데, 와인 안에서 분해된 색이 있는 물질과 산화된 탄닌의 결과물이다. 이 찌꺼기들은 매우 가벼워서 병을 조심스럽게 다뤄야 할 필요가 있다. 오래된 부르고뉴 와인처럼 지나치게 섬세한 경우가 아니라면 디캔팅이 필요하다. 와인 병을 오픈하고 와인의 맛을 본 다음 결정해야 한다. 단단하게 닫혀 있는 와인은 디캔팅을 통해 개선되지만, 완벽하게 열린 맛있는 와인은 디캔팅이 필요 없다.

어떤 와인을 디캔팅할까?

찌꺼기가 있는 레드와인

다음에 열거한 와인은 찌꺼기가 생기는 경향이 있다. 디캔팅을 해주는 것이 좋다.

보르도 : 프르미에 크뤼, 그랑 크뤼, 크뤼 클라세, 생테밀리옹의 그랑 크뤼, 최고급 포므롤

론 : 에르미타주와 북부 지역의 와인들, 샤토뇌프 뒤 파프

어린 레드와인

일반적으로 카라프에 옮김으로 인해 발생하는 공기 접촉은 이점이 있다.

보르도 : 좋은 빈티지의 유명하지 않은 포도원

부르고뉴 : 보졸레의 크뤼와 코트 도르의

그 외의 프랑스 와인 : 프로방스의 최고급 와인, 마디랑

이탈리아 : 바롤로, 브루넬로 디 몬탈치노, 사시카이아, 오르넬라이아

스페인 : 베가 시실리아, 핑구스, 최고급 페네데스, 찌꺼기가 발생하는 몇몇 리오하

포르투갈 : 빈티지 포트, 크러스티드 포트, 라베브 포트('필터링 하지 않은' 것은 제외). 토니 포트는 디캔팅할 필요가 없다.

신세계 : 캘리포니아, 호주, 칠레의 카베르네 소비뇽, 시라즈

마을 단위 원산지 명칭이 있는 와인

론 : 모든 레드와인

그 외의 프랑스 와인 : 카오르, 방돌 레드, 시농, 포제르, 어릴 적 좋은 산도와 탄닌을 가지고 있는 모든 와인 또는 전형적인 방식으로 양조되어 매우 농축된 맛이 있는 모든 와인.

화이트와인

어떤 화이트와인은 서빙하기 직전 디캔팅을 함으로 개선될 수 있다. 루아르의 어린 와인, 그라브 화이트, 늦수확한 알자스 와인, 라인과 모젤의 최고급 와인, 오크통에서 숙성한 리오하 화이트.

반면에 다음의 와인들은 디캔팅을 통한 이점이 없다. 매우 오래된 보르도와 부르고뉴의 레드, 위에 열거한 것을 제외한 절정기의 화이트, 어린 화이트, 샹파뉴와 기타 스파클링 와인.

> 어린 와인의 디캔팅은
바닥이 넓은 카라프에 한다.

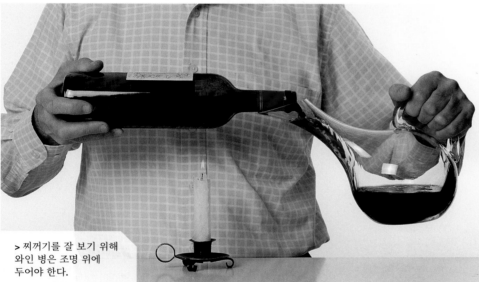

> 찌꺼기를 잘 보기 위해
와인 병은 조명 위에
두어야 한다.

어도 상관없다. 카라프의 측면에 와인이 튀면, 더 많은 양의 공기와 접촉하게 된다. 그 다음은 와인을 서빙할 공간에서 마개를 닫지 않은 채로 최소 한 시간 휴지시킨다. 그러면 천천히 실온에 다다를 수 있게 된다.

오래된 와인의 디캔팅. 이러한 와인들은 구조적으로 약하기 때문에 큰 인내와 유연성을 요구하는 섬세한 작업이다. 마시기 바로 직전에 해야 하고, 마개는 닫아 둬야 한다. 만약 와인 병이 이틀간 바로 세워져 있었으면 병의 벽면을 따라 찌꺼기들이 병 바닥에 쌓일 것이다. 병이 눕혀져 있었다면, 이 찌꺼기들은 병의 옆면에 쌓일 것이다. 이 경우에는 와인 병 담는 바구니에 넣어서 카브에서 나와 이동한다. 코르크를 제거한 후, 매우 천천히 그리고 역류를 방지하기 위해 같은 속도로 일정하게 카라프에 따라야 한다. 촛불이나 건전지로 작동하는 조명을 와인 병의 어깨 부분 아래 설치함으로써, 첫 번째 침전물 찌꺼기가 올라오는 것을 완벽하게 볼 수 있다. 이것이 병목 근처까지 오면 한 번에 와인 병을 세워야 한다.

어떻게 디캔팅을 할까?

어떤 용기에? 와인은 카라프(디캔터), 항아리, 주전자 등에 옮겨 담을 수 있다. 그럼에도 불구하고 와인이 공기와 접촉할 수 있는 면적의 차이로 인해 용기의 모양과 크기는 디캔팅에서 중요한 역할을 한다. 사실 항상 밀폐된 환경 속에 있던 와인이 갑작스럽게 산소와 접촉하면 아로마의 확산이 용기 모양을 타고 다소 빠르게 일어날 수 있다. 마찬가지로 그래서 높은 품질을 가진 어린 와인은 공기와의 접촉을 극대화시킨 바닥이 평평하고 측면이 넓게 벌어진 카라프가 좋다. 오래된 와인은 와인과 공기의 접촉을 최소화하기 위해, 옮겨 담은 후 뚜껑을 닫아야 한다. 디캔팅 전에는 카라프를 세척하고 탈수 및 건조해야 한다. 만약 깔때기나 천으로 된 필터를 사용한다면, 이것도 동일하게 사용 전에 세척해야 한다. 와인을 카라프에 부을 때에는, 발에 힘을 주어 선 채로 하며 팔을 쭉 펴서 와인 병을 쥐는 것은 피해야 한다.

어린 와인 브리딩. 이 작업의 목적은 와인이 공기와 접촉하게 하는 것으로 와인의 모든 향을 깨우면서 와인이 열리게 하는 것이다. 단지 와인 병을 오픈하고 깨끗한 카라프에 붓기만 하면 된다. 빠른 속도로 부

와인 잔

생산자들이 제안하는 수많은 상품 중에서 와인을 음미하기 위한 그리고 각자의 입맛을 반영하기 위한 소중한 도구인 와인 잔의 선택은 중요하다. 절대 무시할 수 없는 미(美)적인 측면이 종종 미(味)적인 측면에서 근심거리가 되곤 한다.

와인 잔의 선택

시음에 적합한 와인 잔은 시각, 후각, 미각적 요구사항을 충족시켜야 한다. 적합한 잔에 마시면 와인의 맛은 달라지고, 더 맛있어진다. 와인 잔을 선택할 때 계산에 넣어야 할 요소들을 중요도 순으로 말하자면, 형태, 크기, 소재이다.

형태. 잔의 몸통은 닫힌 튤립의 모양이어야 한다. 가장자리는 와인의 향을 모아 코로 유도하기 위해 안 쪽으로 좁혀져 있다. '배'가 깊지 않은 잔은 공기와의 접촉 면적이 너무 넓고, 와인의 향을 가두지 못한다. 다리는 손가락이 잔의 몸통에 닿지 않게 충분히 길어야 한다. 사실 시원한 화이트와인이 담긴 잔은 손과의 접촉으로 빨리 데워진다.

크기. 잔의 1/4~1/3을 넘지 않게 따르지만, 충분한 양을 따를 수 있게 와인 잔은 충분히 커야 한다. 만일, 잔이 너무 작거나 너무 가득 채워지면, 와인의 향이 피어오르도록 돌릴 수 없고, 와인을 보기 위해 기울일 수 없다. 일반적으로 서빙되는 와인의 양은 대략 90ml 이다. 와인 잔의 이상적인 용량은 최소한 280ml이다. 몇몇 레스토랑에서는 이것보다 훨씬 더 큰 잔을 사용한다. 가정에서는 잔 바닥에 깔려 있는 몇 방울의 와인이라는 불쾌한 기분을 가지지 않게 이런 큰 잔은 피하는 게 좋다. 이런 잔은 특별한 목적을 위해 제작되는데, 넓은 면적은 어린 와인의 향이 잘 올라오게 돕기 때문이지만, 오래된 와인

이나 섬세한 와인에는 사용할 필요가 없다. 반면 용량이 350ml인 큰 잔은 절정에 도달한 최고급 레드와인을 서빙할 때 필요하다.

소재. 소재는 투명하고, 매끄러우며 각이 없어야 한다. 무거운 크리스털 잔이나 금가루로 장식한 잔이 보기에 좋지만, 와인 시음과 시음의 즐거움을 방해한다. 색이 있는 유리잔은 와인의 색과 색의 강도를 보는 것을 방해한다. 이상적인 소재는 최적화된 투명성을 제공하는 가능한 얇은 크리스털로, 이 얇은 두께는 잔 안에 담긴 와인에 아무런 왜곡도 발생시키지 않는다. 게다가 비교 시음 전문가들은 얇은 두께가 맛보기의 즐거움에 공헌한다고 확신한다. 어쨌거나 소재는 모양이나 크기보다 덜 중요하다.

각각의 와인은 자신만의 잔이 있다?

보편적으로 표준이 되는 잔 이외에, 전통적인(박스 참조) 혹은 특정 스타일의 와인의 가치를 살리기 위해 고안된 특별한 잔도 있다. 고급 와인 잔 제조업체인 리델이나 쉬피겔라우는 수년간의 연구 끝에 전 세계의 가장 뛰어난 원산지의 와인 시음에 최적화된 와인 잔 시리즈를 만들었다. 각 특정 원산지 별로 와인 잔을 갖는 것이 필수불가결한 것은 아니지만, 일반적으로 화이트와인 잔은 레드와인 잔보다 작다. 그 어떤 것보다 잔의 튤립 모양이 우선시 되어야 한다. 스파클링 와인은 플뤼트의 사용을 권장한다.

> **동일한 와인을 다른 형태의 잔으로 테이스팅하면, 맛이 달라진다.**
>
> 클래식한 와인 잔은 시음용 잔과 동일한 품질을 보장해야 하고, 더 나아가 아름답고 내구성이 있어야 한다.

> 물잔

> 부르고뉴 잔

> 보르도 잔

> 화이트와인 잔

전통적인 잔

대부분의 포도 재배 지역에는 그 지역 와인의 시음에 이상적인 잔이 있다. 이 잔들에는 비교할 수 없는 매력이 있다. 이 잔을 사용하는 가장 중요한 의의는 과거의 존중에 있다. 양조학적으로 큰 의미는 없고, 대개 축제에서 마시기 편한 와인들과 관련된 것이다. 그중에서 가장 잘 알려진 것은 알자스의 와인 잔으로 녹색을 띠는 작은 유리 몸통이 긴 다리 위에 얹혀 있다. 이 잔은 제공하는 와인에 색을 띠게 하면서, 청량감을 상징적으로 나타내기 위함이다. 최고급 품질의 알자스 와인은 당연히 이런 보완장비가 필요치 않다.

> 와인 잔의 몸통은 와인의 향을 잘 간직하기 위해 튤립 모양이어야 한다.

이러한 클래식한 와인 잔에 더해, 부르고뉴 와인 잔과 포트/셰리/뱅드 리퀴르 잔을 추가할 수 있다. 단지 물잔만 모양이나 소재에서 자유롭다. 이나오(INAO) 스타일이나 '용서받지 못한 자들Impitoyables '레벨의 전문 시음용 잔도 존재한다. 전문가들 사용 시, 높은 기술력으로 만들어진 이러한 잔들은 와인의 결점을 드러나게 하는 것이 필수적 자질이다(p.204 참조).

잔의 유지보수

더러운 잔 때문에 망친 시음이 상당수다. 더러움은 언제나 눈으로 보이는 것은 아니다. 세제나 린스는 와인 잔이 비었을 때, 눈이나 코로 감지할 수 없는 막을 남기는데, 와인이나 물과 만나면 반응해서 나쁜 맛이 나게 한다.

냄새는 와인 잔에 앉는다. 세척 건조 중에 혹은 찬장에서 올 수 있는데, 이것들을 피하는 것은 쉽다. 와인 잔은 식기세척기에 돌리지 않는 것이 좋다. 다량의 온수를 가지고 손으로 씻거나 필요하다면 저자극

성 식기용 세제를 사용한다. 그 다음 온수를 이용해 과할 정도로 헹군다. 아직 따뜻하고 물기가 있을 때 닦아주고, 섬유유연제나 세제의 냄새를 남기고 싶지 않으면 세탁 후 건조한 면이나 린넨 소재의 깨끗한 행주로 광을 낸다. 잔에 실오라기를 남길 수 있는 새 행주는 피한다. 주방 밖에 있는 닫힌 찬장에 잔을 정리하는 것이 좋다. 바로 세우거나 잔 걸이에 뒤집어 걸어두어도 된다. 반면에 뒤집어서 찬장에 보관하면 선반 바닥의 냄새가 배게 된다. 마지막으로 테이블에 올리기 전에 미리 꺼내어 환기시키고 깨끗한지 확인해야 한다.

> 포트와인 잔

> 플루트

스파클링 와인은 어떤 잔에?

샴페인 잔인 라쿠프la coupe 는 오랫동안 샹파뉴와 함께 한 유리잔의 종류이다. 하지만 시음장에서는 이것이 환상에 불과했다는 것을 알게 한다. 기포에 대해서는 언급할 필요도 없이, 넓게 벌어진 입은 와인의 부케를 순식간에 사라지게 하고, 순간적으로 와인의 기포를 없애 버린다. 일반적인 것 이상으로 샹파뉴와 스파클링 와인에는 플뤼트가 가장 적합하다. 기다란 모양을 가진 잔의 3/4을 채우면 된다. 이 잔의 높이는 기포가 쉽게 형성되고 오래 지속되게 해준다. 좁은 개구부는 그 어떤 부케도 없어지지 않게 해준다. 튤립 모양의 잔으로 대체할 수 있다.

와인을 곁들여 식사하기

먼 옛날 첫 번째 포도원이 생겨날 때부터, 와인의 긴 여정은 잔에서 끝나고 식탁에서 식사와 함께 서빙되었다.
하지만 때때로 아주 사소한 무엇인가의 결핍이 와인을 맛보는 즐거움을 망치기에 충분하다.
모든 디테일이 중요하고, 이 디테일은 시음의 즐거움과 관련하여 명백하게 현실로 나타난다.

병의 선택과 준비

1차적으로 환경과 식사에 제공되는 음식에 따라 와인을 선택하는 것이 합당하다(p.168-183 참조). 평균적으로 3~4인에 750ml짜리 한 병을 계산해야 한다. 이벤트를 위해 선별한 와인은 주의 깊게 확인해야 하는데, 저장고에서부터 마시는 순간까지 작은 디테일마저도 중요하다. 일상적인 와인이나 로제와인은 오픈해서 바로 혹은 나중에 마셔도 큰 문제가 없지만, 다른 와인들은 와인의 스타일과 숙성연도에 따라 더 많은 주의를 요한다.

병을 확인하기. 와인이 선택되면 식사하기 이틀 전 즈음 와인 저장고에 가서 선택한 와인이 레이블이 위로 가게 하여 평소대로 눕혀져서 보관되어 있는지 확인해 보는 것이 좋다. 이렇게 함으로 찌꺼기들이 레이블의 반대편에 완벽하게 모여 있는 것을 확인할 수 있다. 과격하지 않게 와인 병이 놓여 있던 것과 같은 방향으로 천천히 병을 핸들링하고, 손전등을 이용해 와인이 투명한지 그리고 와인의 찌꺼기가 많은지를 확인해야 한다.

온도 맞추기와 찌꺼기 제거하기. 당도가 없는 어린 화이트와인은 식사 몇 시간 전에 냉각시킬 수 있다. 찌꺼기가 있을 수 있는 숙성된 화이트와인은 냉각시키기 전날 똑바로 세워둔다. 어린 레드와인은 찌꺼기가 별로 없다. 저녁에 마시려면 아침에 바로 세우는 것으로 충분하다. 찌꺼기가 있을 것 같은 오래된 레드와인은 필요하다면 디캔팅하기 이틀 전부터 천천히 세워야 한다.

> **와인의 제공 순서는
> 몇몇 간단한 원칙을 따른다.**
> 레드와인 전에 당도가 없는 화이트,
> 오래된 레드와인 전에 어린 레드와인,
> 농축된 와인 전에 가벼운 와인,
> 복합적인 와인 전에 단순한 와인을
> 제공하는 것이 좋다.

몇 종류의 와인을 서빙할까?

식사 내내, 단 한 가지의 와인을 마실 수도 있고, 요리마다 와인을 바꿀 수도 있다. 혹은 아예 마시지 않을 수도 있다. 서빙되는 와인의 개수는 점심인지 저녁인지, 가족식사인지 혹은 애호가 모임인지에 따라 달라질 수 있다(p.168 참조).

가족끼리 또는 친구끼리. 가족식사는 단순함을 전제로 한다. 적당한 가격의 잘 만든 한 가지 와인이 잘 맞을 것이다. 와인의 색은 취향과 관련된 문제이다. 친구들과 함께하는 일요일은, 메뉴에 맞는 와인을 고를 수 있는 기회이다. 첫 번째 음식과 함께 할 수 있는 식전주를 제외하고, 합리적으로 서너 가지를 이어서 맛볼 수 있다. 첫 번째 음식을 위한 화이트, 메인을 위한 레드, 치즈를 위한 다른 와인, 그리고 디저트 와인 등이다.

전문가 모임. 만약 식사의 방향이 최고급 와인의 시음이라면, 와인의 종류를 두 배로 할 수 있다. 잊지 말아야 할 것은 일반적인 시음에서 와인을 맛본 후 뱉는 것과는 달리, 이것은 수많은 와인을 마신다는 것이다. 위험요소는 와인의 종류에 있는 것이 아니라, 몸 안에 흡수되는 과한 양의 알코올에 있다.

준비

손님들이 도착하기 대략 두 시간 전, 침착하게 모든 마지막 준비를 해야 한다. 예견된 몇몇 세부사항은 곧 진행될 와인 서빙을 수월하게 해줄 것이다.

와인 병 오픈. 손님들 앞에서 오픈할 스파클링 와인을 제외하고, 다른 모든 와인들은 오픈할 수 있고, 사전에 와인의 상태를 조절하기 위해 조용히 시음할 수 있다(다음 쪽 박스 안 참조). 화이트와인은 다시 뚜껑을 닫고 냉장고에 넣어둘 수 있다. 디캔팅이 필요한 레드와인은 카라프에 디캔팅을 실시할 수 있다(p.193 참조). 이 카라프도 뚜껑을 닫고 적합한 온도가 유지되게 한다. 디캔팅하지 않은 레드와인은 코르크 마개로 막을 필요가 없다. 와인이 모자랄 경우를 대비해서 각각의 와인을 한 병씩 뚜껑을 열지 않은 채로 가지고 있는 것도 좋다.

잊어버려서는 안 되는 디테일. 병목이나 물이 묻은 병을 닦을 수건을 준비할 필요가 있다. 탄산이 있는/없는 미네랄워터가 냉장고에 있어야 한다.

잔의 배치. 준비시간 동안, 서빙하는 순서대로 왼쪽에서 오른쪽으로 접시를 마주보게 하여 잔을 배치한다. 식사 도중 힘들게 잔을 핸들링하지 않기 위해, 필요한 모든 잔을 한꺼번에 테이블에 배치하는 것이

좋다. 만일 한 식사에 기억에 남을 만한 동일한 그랑 크뤼가 우연히 여러 병 제공된다면, 병마다 잔을 교체할 것을 생각해둘 필요가 있다. 왜냐하면 병마다 큰 차이가 있기 때문이다.

테이블에서의 서빙 : 소믈리에처럼 주의 깊게

주인의 역할. 식사하는 동안 소믈리에의 역할은 곧 손님을 맞는 주인의 역할이다. 소믈리에는 모든 와인의 서빙을 책임진다. 손님들 앞에서 새로운 와인을 서빙하기 전에 정중하게 시음한다. 모든 와인이 가능한 한 적정한 온도에 서빙되도록 주의하고, 식사 내내 각각의 와인잔은 1/3 정도 채워져 있도록 한다.

각각의 와인을 적절한 온도로 유지하기.
스파클링 와인과 화이트와인의 경우 충분히 차갑게 유지될 수 있도록 물과 얼음 몇 개를 넣은 얼음 버킷 안에 보관한다. 레드와인은 예상하는 것보다 1~2도 더 차갑게 서빙한다. 잔에 따르는 순간 곧바로 1도 올라가기 때문이다.

서비스 전에 와인 맛보기

선택한 와인이 오픈되면, 확인을 해야 한다. 가능성 있는 문제를 찾기 위해, 우선 주의 깊게 모든 코르크 마개의 냄새를 맡는다. 그 다음은 품질 확인을 위한 시음 절차를 따른다. '곰팡이 냄새'는 빨리 사라지기도 한다. 이것보다 심각한 것은 '코르크 냄새'이다. 가벼운 곰팡이 냄새는 단지 첫 번째 잔만 망가뜨리고, 대부분은 공기가 통하면 사라진다. 만약 코르크 냄새가 너무 심하면, 다른 한 병을 오픈하는 것이 낫다. 의심이 나면, 와인을 바꾸는 것을 주저하지 말아야 한다. 확인된 모든 와인은 경우에 따라서 디캔팅 후 제공될 수 있다.

진실 혹은 거짓?

브뤼트 샹파뉴는 디저트와 잘 어울린다.

거짓 설탕과의 만남은 샹파뉴를 굳게 만든다. 디저트와는 뮈스카 드 미르발이나 몽바지악과 같이 일반적으로 '디저트 와인'이라고 부르는 디저트를 위해 별도로 남겨둔 와인을 단호하게 선택할 필요가 있다. 브뤼트 샹파뉴는 식전주 혹은 식사 내내 곁들이는 와인으로 좋다. 디저트를 위해서는 차라리 조금 당도가 있는 드미 섹 샹파뉴를 서빙하는 것이 낫다.

레스토랑에서의 와인

레스토랑은 자신들의 요리, 인테리어 디자인, 와인 셀렉션과 가격을 결정한다. 앞에 놓인 두꺼운 와인 리스트를 슬쩍 훑어보고 거기서 원하는 와인을 찾는 일이 결코 쉽지 않지만, 와인 셀렉션과 그것들의 가치에 대한 정확한 개념을 가질 수 있을 것이고, 필요한 경우에는 소믈리에의 조언에 의지할 수 있다.

와인의 선택

와인 리스트를 보면 고객은 레스토랑이 와인에 기울이는 관심의 정도를 알 수 있다. 서비스가 언제나 안정적일 수 없는 고급 와인 컬렉션보다 종류는 적지만 잘 선택된 와인 셀렉션이 낫다. 와인 리스트는 그 식당의 음식 스타일을 반영하기 때문에 몇몇 특정 포도 재배 지역의 영향이 두드러질 수 있다. 소믈리에의 존재는 와인의 선택, 저장, 서빙을 보장한다.

마리아주. 메뉴판과 와인 리스트를 동시에 달라고 요청해도 지배인은 절대 화를 내지 않을 것이다. 이것은 고객이 와인과 음식 모두에 흥미가 있다는 것을 말해준다. 처음 방문하는 레스토랑에서 와인을 먼저 주문할지 음식을 먼저 주문할지 알기 어렵다. 창조적인 음식은 단순하게 식자재 이름만 나열하기 때문에 명확히 설명되지 않으면 와인의 선택도 같은 방향으로 갈 수 없다. 와인에 영향을 줄 수 있는 조합을 가진 음식을 주문하고 싶다면, 소믈리에의 조언을 요청하는 것이 낫다. 반대로 특정 와인에 계속 눈길이 간다면, 지배인이나 소믈리에는 가장 잘 어울리는 음식이 무엇일지 알려줄 것이다.

와인 리스트

소개. 소믈리에의 효율성은 와인 리스트의 명료함에 반영된다. 와인 리스트는 고객이 올바르게 읽는 방법을 이해할 수 있도록 명확히 명시되어야 한다. 리스트는 우선 색깔별로 나눈 후 국가, 지역, 원산지별로 분류되어 있다. 와인의 용량은 의무적으로 적혀 있어야 한다. 원산지 명칭 다음에 생산연도, 원산지 내 하위지역 혹은 가격별로 와인

> **소믈리에는 서비스맨인 동시에 와인 애호가, 심리학자, 법률가이며 요리에 푹 빠진 사람이다.**
> 그는 와인 행사를 주관하고, 음식과 와인의 섬세한 소통을 솜씨 좋게 안내한다.

들이 소개될 수 있다. 어떤 형식을 택했다 하더라도, 와인 리스트 끝까지 동일한 형식으로 되어 있을 것이다. 리스트 상의 모든 와인은 원산지 내의 하위 지역 혹은 특정 밭(크뤼, 동네, 클리마, 클로), 생산자명, 생산연도 등이 표기되어 있어야 한다. 와인 리스트 상 '주인장의 와인'이 있을 경우, 고급 와인이기보다는 음식 스타일에 맞춘 단순한 와인일 경우가 많다.

유용한 세부 정보. 소믈리에는 빈티지의 특성, 포도 품종, 특이한 양조 테크닉, 포도원의 정확한 위치 등 고객이 알고자 하는 부가적인 세부 정보를 즉시 답해줄 것이다. 하지만 소믈리에는 다른 테이블도 돌봐야 하고 와인과 와인 잔을 준비하고, 서빙하는 등의 다른 업무가 있기 때문에 소믈리에를 무한정 독점하는 것은 좋지 않다.

소믈리에

여러 원산지와 매우 다양한 가격대의 와인으로 가득 찬 와인 리스트

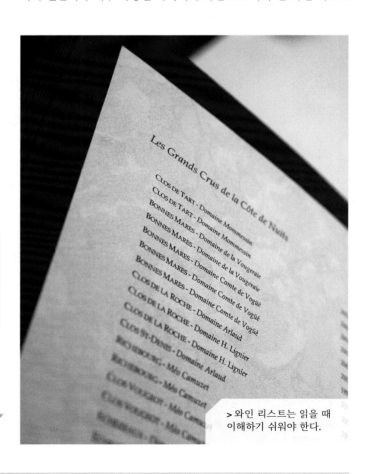

> 와인 리스트는 읽을 때 이해하기 쉬워야 한다.

와인이 마음에 들지 않을 때, 어떻게 할까?

제공된 와인에 문제가 있을 때.
변질, 산화, 산패, 활기 없음, 너무 시큼한 맛, 부쇼네(코르크 냄새)… 소믈리에나 서비스 책임자가 와인을 시음했을 때 이러한 여러 가지 문제들은 발견되었어야 한다. 이런 경우 와인은 교체되어야 한다. 그러나 의심의 여지가 있다면, 다른 병을 주문하는 게 고객에게 유리하다. 몇몇 레스토랑에서는 극도로 희귀한 와인이나 또는 오래된 빈티지 와인을 주문할 때 어떤 일이 발생하더라도 그 위험 부담은 고객의 몫이고 가격을 지불해야 한다고 명확히 밝힌다.

주문한 와인이 마음에 안 들 때.
소믈리에나 주인이 강력하게 추천한 와인에 아무런 문제는 없지만, 별다른 이유 없이 고객의 입맛과 맞지 않는 경우이다. 고객은 의사를 표명하고, 주인은 금액을 지불하는 사람의 입맛에 맞게 다른 제안을 해야 한다. 모든 위험 요소를 감지하며 레스토랑 주인은 기꺼이 높고 낮은 자세를 동시에 보일 줄 알아야 한다.

> 주문을 한 손님이 허락하면, 소믈리에는 그 와인을 잔에 따른다.

를 앞에 두고 길을 잃고 당황한 고객은 일반적으로 전문가의 조언에 의지한다.

초대한 사람들 앞에서 가격에 대한 이야기를 꺼내는 것은 매우 조심스러운 일이지만, 재능 있는 소믈리에는 수많은 디테일을 보고 어느 선까지 감당할 수 있을지 재빠르게 이해하는 능력도 있어야 한다. 어떤 이유로든 제안한 와인이 적합하지 않아도 당황할 필요는 없다. 가능한 명확한 의사를 밝혀 다른 것을 요구하면 된다. 소믈리에의 생각이 존중할 만하더라도, 고객이 주인이고, 어떤 식으로든 불편함을 느껴서는 안 된다. 소믈리에는 자신이 추천하는 와인과 서비스의 기본을 잘 알지만, 고객의 취향과 서비스 규정 앞에서는 다 소용 없는 일이다.

서비스

주문이 들어오면, 소믈리에는 필요한 잔을 준비하고, 선택된 와인에 대해 알아본다. 정확한 의미에서의 서비스가 시작된다. 주문한 모든 와인을 고객에게 보이고 원산지, 생산연도, 포도원 주인 등을 확인한 후 허가받는다. 소믈리에는 잘 보이게 와인을 오픈하고, 코르크 마개의 냄새를 맡고, 각 와인들을 시음한다. 필요로 한다면 와인을 디캔팅하고 적합한 온도를 유지하게 한다.

와인을 주문한 사람이 와인 서비스와 관련된 신호를 보낸다. 소믈리에는 주문한 사람이 시음할 수 있게 첫 번째로 따른다. 이 시음은 와인의 품질과 온도를 확인하게 해준다. 고객의 허가를 받으면, 상석부터 와인을 서빙하고 처음에 시음한 고객을 맨 마지막에 서빙한다. 고객이 원한다면, 각자가 레이블을 볼 수 있게 음료 서비스는 오른쪽에서 실시한다. 소믈리에는 조용하게 와인의 이름과 생산연도를 알려줄 수 있다.

소믈리에는 잔이 1/3 정도 차 있게 와인을 따르고, 쉬지 않고 주의를 기울여 어떤 손님의 잔도 비는 일이 없도록 해야 한다. 그리고 미네랄워터의 제공도 책임진다. 소믈리에는 끊임없는 고객의 요구에 응해야 한다. 만일 고객이 원하는 와인을 찾지 못하거나 코르크 냄새와 같은 품질적 결함 혹은 온도의 문제를 발견한다면, 고객은 그것을 알리고 병을 교체해줄 것을 요구할 권리가 있다.

소믈리에, 와인계의 대사

빛과 그림자. 소믈리에라는 직업을 가장 잘 묘사하면 무엇일까? 그림자-소믈리에는 자신보다 위대한 스타인 와인을 서빙한다. 빛-소믈리에는 레스토랑에서 하루에 두 번 완벽하게 연출된 무대의 배우이자 감독으로 고객과 직접적인 접촉을 하기 때문에 셰프보다 더 노출된다.

전문가 그리고 관리인

그림자 속에서, 소믈리에는 우선 자신의 직업 경력 내내 끊임없이 공부해야 한다. 포도원 방문, 와인과 생산자에 대한 지식, 새로운 빈티지에 대한 학습... 공부는 절대 끝나지 않는다. 목표는 자신이 일하는 레스토랑의 고객과 음식에 가장 잘 어울리는 와인을 발견하는 것이다. 이때 두 가지 사항을 검토해야 하는데, 와인 스타일과 가격이다. 왜냐하면 소믈리에는 동시에 관리자이기 때문이다. 그는 와인 저장고의 유지를 책임지고, 와인 리스트를 만들고, 상급자의 동의를 얻어 와인의 가격을 책정하고, 재고를 관리하며, 장부를 작성한다. 매우 값 비싼 와인을 구입하고 저장할 수 있는 명성이 있는 레스토랑에서 소믈리에는 와인을 더 숙성시킬 것인지 아니면 고객에게 판매할 것인지를 결정하면서, 이런 고급 와인들의 미래 가치에 대한 도박을 해야 한다. 일상적으로는 레스토랑에서 매일 필요로 하는 음료를 냉장고에 보관하여 서비스 가능한 온도로 저장하는 서비스용 와인 냉장고를 준비한다.

마치 무대에서처럼

이제야 소믈리에는 빛의 세계로 들어간다. 검정 앞치마, 여러 가지 스타일의 짧은 재킷, 금색 포도송이 배지로 꾸민 무대복은 변함이 없다. 티르 부숑, 하얀 린넨, 카라프, 빼낸 코르크 마개를 올려놓을 조그만 크기의 동그란 금속 접시 등의 액세서리도 준비 완료. 역할은 언제나 동일하다. 선택한 음식에 맞춰 고객에게 와인 추천하기, 음료 및 기타 리큐르 보여드리기 그리고 서빙하기. 1992년 세계 최우수 소믈리에인 필립 포르 브락은 "진짜 무대 연출이다"라고 강조했다. "하지만 식사마다 대본과 파트너가 바뀐다! 우리가 누구를 대하고 있는지를 느껴야 한다. 애호가, 초보자, 세금 문제로 겁정하는 남성 및 여성 사업가, 애인, 부자 혹

1. 와인 저장고에서의 반출 기록
2. 코르크 제거하기 : 확실하고 정확한 동작
3. 서비스 전에 와인 확인하기
4. 메트르 소믈리에 배지

은 그렇지 않은 사람…"

대회

하루에 두 번 있는 이 공연을 준비하기 위해 업계 전문가들이 운영하는 여러 대회에 점점 더 많은 소믈리에가 응시한다. 특정 지역, 프랑스, 유럽, 세계 최우수 소믈리에 콩쿠르, 입문자를 위한 최우수 학생 소믈리에, 혹은 24세 미만의 현직에 종사하는 최우수 젊은 소믈리에 콩쿠르 등이 있다. 모든 대회의 시험은 대개 동일하다. 하지만 확실한 차이는 질문의 난이도와 경쟁자의 수준이다. 첫 번째 관문인 이론 시험은 역사, 포도 재배 지역, 양조학, 기술, 법령, 와인 리스트의 구성 방식, 와인과 원산지에 대한 철자법, 와인 저장고의 운영, 증

류주에 대한 지식, 커피, 차, 미네랄워터, 시가… 아무것도 운에 맡길 수 없다. 가장 성적이 좋은 지원자들은 그 다음 일련의 실기시험을 본다. 홀 서비스, 와인과 음식의 마리아주, 외국어로 주문받기, 실수한 와인 리스트의 교정(레드와인 속에 섞인 화이트와인, 존재하지 않는 밀레짐, 틀린 철자법, 이상한 가격…)

파리에 있는 발티모르 호텔의 소믈리에인 장 뤽 장로직(Jean Luc Jamrozik)은 프랑스 소믈리에 연합의 멤버로써 여러 대회를 정기적으로 준비한다. "전 까다로운 손님 역할을 해봅니다." 그는 의미심장한 다정한 미소를 지으면서 설명한다. "생선과 함께 레드와인을 원하는 부류, 사냥 음식과 화이트와인을 원하는 부류, 유황 알레르기가 있

다고 핑계 대는 부류, 소믈리에가 자신을 놀라게 해줄 것을 요구하려고 흥미를 잃은 사람인 척하는 부류…"

…그리고 수상의 영예

일반적으로 수상자는 상금은 물론이려니와 경쟁자들과는 구별되는 명성뿐 아니라 명성이 있는 와인의 소유, 프랑스 또는 전 세계의 포도원 여행, 와인업계의 거물들과의 만남, 가장 유명한 고급 레스토랑에서의 정찬, 자신의 이름을 딴 와인 시리즈의 제작 등과 같은 영예 또한 가진다. 이 도전은 매년 더 많은 참가자를 끌어모은다. 하지만 가장 권위 있는 대회의 수상자 목록이 알려주듯이, 이 업종에는 매우 적은 수의 여성이 종사하지만, 여성 참가자도 있다.

어떻게
와인을
맛볼까?

좋은 시음을 하기 위한 기본 사항

와인을 맛보면 표현하고 싶은 감정이 생긴다. 와인의 색깔, 아로마, 맛, 텍스처는 우리의 감각에 말을 걸어온다.
하지만 초급 애호가는 대개 자신의 느낌을 묘사하는 능력이 없고 와인의 여러 다른 구성 물질을
어떻게 해독해야 할지 모른다. 한 마디로, 어떻게 시음해야 할지 막막하다.

시음의 기술

테이스팅은 인간의 세 가지 감각기관인 시각, 후각, 미각에 작용하여
3단계로 진행되는 기술적 행위다. 대중에 공개된 시음 행사도 있지만
애호가들은 친구들과 집에서 시음회를 열기도 한다. 디테일에
주의하고, 몇몇 중요한 조건들을 지킨다면 누구
나 시음회를 주최할 수 있다.

장소 선택하기

장소 선택은 중요하다. 자연채광이 되거나,
색이 없는 충분한 조명으로 밝아야 한다(형
광등이나 전등갓 조명은 피한다). 주방의 냄
새나 꽃, 담배, 화장실의 물 냄새 등 분위기를
'오염'시킬 수 있는 어떤 냄새도 없어야 한다.
18~20℃ 정도가 와인을 서빙하기에 이상적인 실
온이다. 이 개념은 난방이 존재하기 이전, 지하의 저장고에서 올려
온 차가운 와인이 몇 시간 동안 서서히 온도가 소폭 상승하여 마시기
좋은 상태가 되었던 것에서 유래한 것이다. 테이블은 흰색 테이블보

**시음을 통해
와인을 배운다.**
와인에 관한 자신의 의견을
명확히 표현하기 위해서는
정기적으로 감각을 깨우고,
점진적으로 와인과 관련된
전문 용어들을 익히는 것이
필요하다.

를 씌우거나 여의치 않으면 흰색 종이를 한 장 까는 것이 좋다. 그래
야 와인의 색을 객관적으로 관찰할 수 있다.

기물 선택하기

잔. 시각과 후각에 영향을 미치는 만큼, 잔의 선
택은 중요하다. 색이 있는 잔은 빼야 한다. 앙
굴렘Angoulême이라고 불리는, 다리가 있는 튤
립 모양의 투명한 잔이 적합하다. 30년 전
에 전문가들에 의해 고안된 이나오INAO 잔
이라 불리는 시음용 잔은 여전히 추천할 만
하다. 잔의 볼록한 부분보다 입 부분이 좁은
반타원형 모양의 이 잔은 향을 농축시키고,
잔을 돌릴 때 와인이 튀는 것을 방지해 준다.
이나오 잔은 백화점이나 와인 숍에서 쉽게 찾을
수 있다. 시음자는 잔을 사용하기 전에 박스나 린넨의 잔향
이 없는지 확인해야 한다. 물로 헹굴 수 있지만, 시음회의 첫 번째 와
인으로 적시는 것이 더 낫다. 각 와인에 각각의 잔을 사용하는 것이
이상적이다. 여의치 않을 경우, 와인을 비교할 수 있게 최소한 1인당
2개의 잔을 준비한다.

타구(crachoir). 꼭 필요한 액세서리이다. 시음자가 잔에 남은 와
인을 버리고, 입안의 와인을 뱉을 수 있게 해준다(p.205 박스 안 참
조). 타구가 없을 경우, 통, 아이스버킷, 화분 등의 다른 용기를 사용
할 수 있다.

buvant
(입 닿는 곳)

calice
(잔의 몸통)

jambe
(다리)

pied
(받침)

와인의 준비

와인 저장고에 수평으로 누워 있던 와인의 침전물이
병 바닥에 가라앉을 수 있게 전날 미리 세워 둬야 한다.
1시간 전에 오픈하고, 필요하다면 디캔팅을 하거나
카라프에 옮겨 담는다. 화이트와인은 아이스 버킷에
넣거나 냉장고에서 몇 시간 동안 냉각시키고, 적합한
온도에 도달할 수 있도록 시음 30분 전에 미리 꺼내 둔다.
시음할 때 즈음이면 와인은 만개해 있을 것이다.

블라인드 테이스팅

이는 와인의 정체를 모르는
상태에서 객관적으로 시음하는
방법이다. 와인 병은 종이나
'천 조각(chaussette)'으로 가린다.
시음자가 어떤 수준이건 레이블에
영향 받을 우려가 있다. 유명한
와인은 일단 기대감을 높이는 경향이
있고, 반대의 경우도 발생한다.
블라인드 테이스팅에서는 와인의
본질만이 시음자에게 호소하게 된다.
그럼에도 불구하고 놀라움이나
실망감을 일으킬 수 있다.

> 블라인드 테이스팅을
위한 병 가리개

좋은 신체 상태

시음자는 생기발랄하고, 좋은 컨디션이어야 한다. 육체적 피로에 의한 나쁜 컨디션은 판단력에 지장을 준다. 특히 감기는 직접적으로는 코로, 간접적으로는 입으로 전달되는 향의 감지를 저해하는 핸디캡이 된다. 시음의 최적기는 모든 감각이 깨어나 최고의 집중도를 가지는 아침이다. 또는 애호가라면 몸의 본능적 욕구가 다시 살아나는 저녁 식사 전인 초저녁도 좋다. 식사 이후의 시음은 절대적으로 지양해야 하는데, 감각기관은 포화 상태이고, 몸은 음식물을 소화하느라 분주하기 때문이다.

애호가들은 미각을 망가뜨리지 않기 위해 시음 전에는 커피를 마시거나 담배 한 대라도 피는 것을 삼간다. 마찬가지로 와인과 와인 사이, 특히 탄닌이 풍부하고 산도가 높은 와인을 맛본 후 미각을 '재정비'하기 위해 치즈나 짭짤한 비스킷보다는 빵과 같은 중성적 식품이 좋다.

시음을 잘 하기 위한 몇 가지 간단한 원칙들

시음할 때에는 집중력을 향상시키기 위해 어느 정도의 정숙을 유지할 필요가 있다. 의견을 주고받는 것은 확실히 흥미롭지만 이는 나중으로 좀 미루는 것이 좋다. 그러기 위해 시음 책임자는 정해진 수의 와인을 시리즈 별로 시음한 후에 각자의 의견을 정리하자고 제안할 수 있다. 각자는 이러한 용도로 준비된 시음 기록지 위에 자신의 평을 기록하면 된다(p.222-225의 몇 가지 예시 참조). 시음자는 자신의 평가를 뒷받침하는 데 도움이 되는 이 방식을 따르는 것이 필수적이다. 이 노트는 자신의 취향을 개발하고, 와인의 진화를 모니터링하기 위한 데이터베이스가 되어줄 것이다. 왜냐하면 시음은 기억의 연습이기도 되기 때문이다. 와인을 맛보면 맛볼수록 자신의 시음 노트에 색깔, 향, 맛이 기록되면서 와인의 감각적인 특성을 더 잘 식별할 수 있고, 비교

를 통해 와인의 품질을 더 잘 평가할 수 있게 된다.

역시 중요한 다른 원칙들은 솔직함, 겸손함과 타인에 대한 존중은 시음 중에도 실천해야 할 미덕이다. 취향과 관련해서는 '좋은 취향'도, '나쁜 취향'도 없다. 각자는 자신의 취향이 있고, 타인의 취향을 존중하면서 논증을 통해 자신의 취향을 변호할 수 있어야 한다.

유용한 정보

와인을 뱉는 것은 시음에서의 전통이다.

초심자들에게 와인을 뱉는 행위는 삼킬 수 없는 좌절감은 말할 것도 없이, 이상하게 보일 뿐 아니라 무례해 보일 수도 있다. 이러한 방식은 한편으로는 육체의 건강과 관련된 질문에 답한다. 시음은 음식물 섭취 없이 진행되기 때문에 공복 상태의 시음자가 와인을 삼키는 것은 와인의 흡수를 의미한다.

술에 취하지 않더라도 시음자는 집중력과 예민한 감각을 잃게 된다. 다른 한편으로는, 와인을 삼킨다 해도 모든 평가는 코와 입에서 이루어지기 때문에, 특성에 대한 아무런 추가적인 판단에 도움을 주지 않는다. 와인을 뱉으면 뱉을수록 와인의 향과 구조를 더 잘 알 수 있다.

와인의 색

와인과의 첫 만남은 시각적으로 시작된다. 와인이 따라지면, 그 색채와 광채에 눈이 간다.
잔 속에 담긴 와인은 주의 깊은 시음자에게 이미 자신의 이야기를 하기 시작한다.
시음자의 눈은 와인의 드레스, 즉 외모를 관찰하면서 빛깔, 잔 속의 수평면, 잔을 따라 내려오며
다리에서 값진 정보를 수확한다. 와인은 이렇게 시음자에게 자신의 기원, 나이, 개성 심지어 품질까지 밝힌다.

외관 관찰하기

시음자는 처음에 색채, 강도, 투명도를 통해 와인의 색깔을 정의하는 데 중점을 둔다. 잘 관찰하기 위해서, 와인 잔을 흰 벽과 같은 밝은 배경 앞에 두거나 광원 주변의 흰색 표면 위에 둔다.

색채. 와인의 색깔은 색채와 강도라는 두 가지 변수에 의해 평가된다. 색채를 묘사하는 데 쓰이는 어휘는 보석(루비, 토파즈), 금속(금, 구리), 꽃(장미, 작약), 과일(레몬, 체리)에서 빌려온다. 하단 박스 참조.

강도. 뉘앙스는 다양하며 강도에 의해서 색채를 결정하는 것이 중요하다. '창백한pâle'에서 '맑은claire', '짙은foncé', '어두운sombre', '강렬한intense', '깊은profonde'을 거쳐 '빽빽한dense'에까지 이른다. '가난한pauvre', '가벼운léger', '약한faible'과 같이, 사용되는 일부 단어들은 이미 품질에 대한 견해를 반영한다.

투명함. 와인은 완벽하게 투명해야 하며, 먼지나 부스러기, 비즈윙voltigeur(콜라주의 잔여물이나 잔 안에 떠다니는 죽은 효모처럼 '날아다니는' 것 같은 인상을 주는)처럼 떠다니는 외부 유입물에 의해 탁해져선 안 된다. 그렇지 않으면 와인은 '진흙탕bourbeux', '유백색의opalescent', '뿌연trouble', '복실복실한floconneux', '베일로 가린voilé' 등으로 묘사된다. 이러한 혼탁함은 양조기술이 나빴거나 와인에 질병이 있음을 나타내기 때문에 마시기 부적합함을 의미한다. 다행히 양조학의 발달로 이런 일은 점점 줄어들고 있다. 하지만 의도적으로 여과하지 않거나 콜라주를 실행하지 않은 와인들이 조금 희뿌옇게 보일 때가 있는데, 이것은 품질에 결함이 있어서가 아니다.

> 시각적 검사는 감각을 깨우는 첫 단계이다.
> 이어지는 시음 시 신체적으로, 감각적으로 준비가 되었다는 의미다.

와인의 외관으로 추론할 수 있는 것들

와인의 색깔은 단지 화이트, 레드, 로제 등, 와인이 어떤 카테고리에 속하는지 알려줄 뿐만 아니라 포도나무의 나이, 수율, 수확한 해, 와인의 나이 그리고 어떤 방식으로 숙성되었는지까지 알려준다.

품질과 생산연도. 와인의 빛깔은 포도껍질에 함유되어 있는 색소로부터 비롯된다. 화이트와인용 품종에는 별로 없지만, 레드와인용 품종에는 이 색소가 다량 함유되어 있는데, 강도는 포도 품종과 침용 기간에 따라 달라진다. 가메 품종으로 만든 와인은 아름다운 루비 색상으로, 카베르네 소비뇽으로 만든 와인의 어두운 석류색과 쉽게 구별된다. 껍질의 성숙도는 색소에 결정적 영향을 미치는데, 와인 색깔의 강도는 생산연도의 품질과도 연관이 있다. 1994년 메독의 와인색의 강도는 더 더운 해인 1996년도보다 덜 농축되어 있다. 마찬가지로 화이트와인의 경우에도 더운 해에 수확된 살짝 과숙한 포도로 만든 것이 더 짙은 색을 띤다.

> 와인의 외관을 볼 때에는 흰색 배경 위에 와인 잔을 놓고 보는 것이 좋다.

색깔의 단계

레드와인 : 작약, 맑은 루비, 루비, 짙은 루비, 진사, 석류, 강렬한 석류, 짙은 빨강(양홍), 자주. 숙성되면 기왓장 색, 녹색, 밤색, 마호가니, 커피.

로제와인 : 창백한 회색, 매우 창백한 분홍색, 분홍색, 산딸기, 자고새 눈알, 딸기, 체리, 연어의 분홍색. 숙성되면 연어, 오렌지색, 벽돌, 구리, 양파의 눈물.

화이트와인 : 창백한 노랑, 녹색을 띤 노랑, 창백한 금색, 녹색 빛이 감도는 금색, 노랑이 감도는 금색, 레몬 또는 짚. 숙성되면 나이 먹은 금색, 청동, 구리, 호박, 마호가니, 커피.

포도의 수율. 와인의 색상은 수율에도 기인한다. 수율이 높을수록 포도는 덜 농축되어 있고 포도즙의 색깔이 옅다. 반대로 수율이 낮을수록 색상의 강도는 상승한다. 고목(늙은 나무)이 좋은 예인데, 포도송이가 덜 열리기 때문에 더 짙은 색상의 와인을 만들어낸다.

포도의 상태. 포도의 위생 상태도 한 몫을 한다. 악천후나 병균, 해충으로 인해, 건강하지 못한 포도를 수확한 경우에는 품종이나 수율과 상관없이 색이 옅다.

나이. 화이트와인은 오래될수록 색이 짙어지고, 레드와인은 반대로 빛이 바랜다. 그래서 와인의 색깔만 보아도 대략 와인의 나이를 짐작할 수 있다. 레드와인과 몇몇 로제와인은 아주 어릴 때엔 전체적으로 보랏빛을 감돌게 하는 푸른 뉘앙스가 있다. 시간이 흐름에 따라, 색소와 탄닌의 색깔이 노랗게 바뀜으로 인해 오렌지빛 광택으로 바뀐다. 거의 탄닌이 없는 화이트와인의 색은 녹색과 노란색의 뉘앙스로 아주 천천히 변화한다.

양조. 양조방법도 색채에 영향을 미친다. 레드의 경우, 장시간 침출에 의해 더 나은 색소의 추출이 가능하다(p.68 참조). 로제는 직접 착

유용한 정보

**불투명하거나 찌꺼기가 있는 와인이
반드시 안 좋다는 법은 없다.**

여과를 하지 않았거나 부분적으로만 한 몇몇 어린 와인은 시간이 지남에 따라 죽은 효모가 떠다녀 살짝 뿌옇게 보이는데, 이것은 매우 자연스러운 현상이다. 마찬가지로, 오래 숙성된 와인에서 찌꺼기나 작은 결정들이 발견되는 것도 매우 당연한 일로서 와인의 구성 물질 중 하나인 주석산이 급격한 온도 변화에 의해 침전한 데서 온다.

스파클링 와인의 시각적 검사

일반 와인과 동일하게, 스파클링 와인도 색채, 투명도, 광택 등으로 평가해야 한다.

이러한 항목에 더하여 거품과 기포에 대한 관찰이 추가된다. 이때 와인의 발포성을 저해하는 쿠프 잔보다는 플뤼트 잔을 사용하는 것이 좋다. 1차적으로 시음자는 와인을 따르자마자 순식간에 형성되는 거품을 분석한다. 이 거품을 풍성함, 시간이 지남에 따른 지속성, 그리고 기포의 크기로 평가한다. 양질의 거품은 풍부하고 지속력이 있으며 작은 기포로 형성돼 공기처럼 가볍다. 거품은 사라지면서 기포로 변하는데, 와인 잔의 벽에 붙어 있는 이 둥근 기포 띠를 코르동^{cordon}이라한다. 이 기포들은 섬세해야 하고, 와인 잔의 바닥에서부터 끊임없이 올라가 '굴뚝^{cheminée}' 이라 불리는 연속적인 기둥 모양을 만들고, 다 올라가 코르동에 더해진다. 커다란 기포는 와인의 표면에 도착하는 즉시 소멸되어, 코르동이 존재하지 않게 되고, 이런 형태의 발포성은 와인의 품질에 보탬이 안 된다. 알아 두어야 할 것은 서비스 온도와 잔의 선택이 기포와 거품의 생성에 영향을 미친다. 냉기는 발포성을 억제하고, 열기는 발포성을 강화시킨다.

> '굴뚝' 형태로 올라가는 기포는 잔의 벽을 따라 생성된 코르동에 추가된다.

즙방식 혹은 단기 침출방식 중 어떤 방식을 택했느냐에 따라 다른 뉘앙스를 보이는데, 전자는 옅게 후자는 진하게 나온다. 새 오크통은 색소 간의 더 나은 조합을 촉진시켜 색채를 강화시킨다. 따라서 화이트건 레드건 동일한 와인을 오크통에서 숙성시키면 그렇지 않은 경우보다 색이 더 어둡다.

디스크와 테두리

디스크. 디스크는 잔에 담긴 와인의 평평한 면이다. 잘 관찰하기 위해서 시음자는 잔의 상단에 시선을 위치하여 내려다보는데 이것을 '부감^{vue plongeante, top view}'이라 한다. 그리고 조명을 받으면서 잔을 기울여 보는 것을 '측면 정경^{vue latérale, side view}'이라 한다. 디스크는 빛을 반사시키는 방식에 의해 광채와 반짝임 정도로 판단된다. 디스크를 관찰할 때에는 얼마나 투명한지가 관건이다. 투명도에 문제가 있는 와인은 디스크에서도 동일한 문제점을 보인다. 디스크가 '광택이 없는^{mat}', '생기가 없는^{terne}', '가려진^{voilé}', '불투명한^{opaque}' 등으로 묘사된다면 그 와인은 시음자가 보기에 의심쩍을 것이다. 디스크는 '눈부신^{brillant}', '광택이 나는^{éclatant}', '밝은^{lumineux}', '반짝이는^{chatoyant}' 등으로 평가받아야 한다. 화이트와 로제의 경우 광택은 기본적이면서 중요한 품질의 척도이다. 그러나 레드와인의 경우, 투명도와 광택을 증가시키기 위해 병입 직전에 실시되던 여과 과정을 생략하는 새로운 경향에 의해 이 기준이 조금 바뀌어 가고 있다(p.76 참조). 여과를 생략하면 광택은 줄지만, 색상의 강도는 증가한다.

테두리(frange/dégradé). 레드와인 그리고 조금 덜하지만 로제와인의 표면을 관찰할 때에는, '가장자리^{frange}'라고 알려져 있는 바깥쪽 테두리에 특히 주의하면서 관찰해야 한다. 이 부분의 두께가 얇기 때문에 와인의 실제 색채가 가장 두드러져 보이기 때문이다. 테두리가 살짝 푸른 기운을 띠면 아직 와인이 많이 어리다는 것을 의미한다. 테두리가 테라코타나 기왓장 색깔을 띤다면 이 와인은 나이를 먹고 있다는 것을 말한다. 이와 같은 색채의 변화는 시간이 지남에 따라 와인이 나이를 먹으면서 탄닌과 색소가 노랗게 변함에 따라 일어나는데 모든 와인이 이와 동일한 방식으로, 그리고 동등한 수준으로 바뀌지 않는다. 보라색과 붉은색 뉘앙스가 보이면, 숙성하지 않고 마시는 누보^{nouveau} 와인으로 적절하다. 테두리에 노란 기운이 돌면 더 이상 어린 와인이 아니라는 것을 뜻한다. 오렌지나 황토색은 숙성된 향과 잘 어울린다. 갈색 혹은 석류색은 장기 숙성이 가능한 와인에서만 의미가 있는데, 충분한 아로마나 짜임새를 갖지 못한 와인의 경우, 이런 색은 노화를 의미할 뿐이다. 와인의 색채와 마찬가지로, 테두리도

가장 흔하게 발견되는 외관상 결점

오늘날 흔히 발견되는 결점은 색의 강도가 부족하거나, 레드와인의 경우 너무 조숙해서 붉다 못해 기왓장을 연상시키는 불그죽죽한 색으로 바뀌는 것이다. 이는 썩었거나 충분히 익지 않은 채로 수확되었거나, 수율이 너무 높았거나, 너무 단시간에 혹은 잘못 양조되었거나, 혹은 조기산화 등의 원인에 의한다.

와인 병에 붙어 있는 레이블의 나이를 나타낼 수 있어야 한다. 만약 어린 와인에서 숙성이 진행된 테두리를 보여준다면, 좋은 품질의 와인이 아님을 의미하고, 와인의 외관은 '나이든vieux', '닳은usé', '피곤한fatigué' 것으로 평가된다. 반면 반대의 경우, 즉 나이가 든 와인에서 아직 젊은 테두리가 나타난다면, 시음자는 그 와인의 색상에서 느껴지는 젊음을 기록할 것이다.

눈물 혹은 다리

이게 무엇일까? 조명이 있는 곳에 와인 잔을 놓고 와인 잔을 빙빙 돌리면 와인 잔의 벽을 따라 흐르는 액체를 관찰할 수 있다. 이 흔적은 잔 속의 와인보다 천천히 흘러내린다. 와인의 눈물 또는 다리로, 와인의 외관을 평가하는 마지막 단계이다. 이것은 물과 알코올의 물리적 장력과 와인에 함유된 알코올과 당분과 글리세롤의 결합에 기인한 두 가지 현상의 결과물이다. 이 눈물은 와인의 지방, 점성, 촉감적 두께로 해석된다. 두툼하고, 기름지고, 와인 잔을 따라 천천히 흐르면서 흔적을 뚜렷하게 남기는 눈물은 와인의 알코올 도수가 높거나 혹은 잔당이 많음을 의미한다. 반면 풍부하지 않은 와인은 개수도 적고 가늘고 빨리 흘러내리는 액상의 눈물을 갖는다. 이 현상을 묘사하기 위해, 와인의 유동성 혹은 점성을 이야기한다. 알코올 도수가 낮은 와인일 경우 '수분이 많은aqueux', '액체의liquide', '유동성의fluide' 등의 어휘를 사용하고, 반대의 경우 '기름진gras', '시럽의sirupeux', '걸쭉한onctueux' 또는 '우는pleurant' 등으로 표현한다.

이것들은 어떻게 해석할까? 눈물은 와인의 품질의 좋고 나쁨으로 해석되는 경우가 드물다. 이것은 와인의 개성이나 와인이 어떤 카테고리에 속하는지에 대해서 더 잘 알려준다(p.154-161 참조). 눈물이 많고 꽤 기름진 화이트의 경우 소테른이나 쥐랑송과 같이 산도보다는 당도가 높은 와인임을 알려준다. 블라인드 테이스팅을 하거나 와인

> '눈물' 또는 '다리'라 불리는 이 방울들은 와인에 포함된 알코올과 당분이 얼마나 풍부한지 알려준다.

의 원산지를 모를 때, 시음자는 눈물을 관찰함으로써 소중한 정보를 얻을 수 있다.

와인에 광택이 있는 이상, 그 와인은 살아 있다.

장 미셸 들뤽Jean-Michel Deluc, 메트르 소믈리에maître sommelier

"와인의 광택은 그 와인의 산도에 대한 시각적 번역이다. 레드, 화이트, 로제, 스파클링 중 무엇이던지 어린 와인은 당도가 있건 없건 광택이 있는데 그것은 산도 때문이다. 나이를 먹으면서 산도는 부드러워지고 누그러지게 되고, 와인은 광택을 잃게 된다. 산도는 와인의 생명이다. 당도가 없는 한, 광택이 있다. 더 이상 광택이 없는 와인은 여정의 종착역에 도착한 것이다. 내가 맛볼 수 있었던 가장 오래된 와인은 1834년산 헤레스 페드로 히메네즈(Xérès Pedro Ximenez)였다. 커피색을 띠었고, 리큐르 같은 텍스처, 밀도감으로 인해 와인은 불투명했지만 여전히 광택이 있었다. 놀랍고 눈부신 와인!"

타스트뱅(tastevin)

전문가들, 특히 카비스트들에게 사랑받은 액세서리인 타스트뱅 또는 타트뱅tâte-vin은 금속으로 만들어진 동그랗고 깊이가 없는 용기로 조그맣고 평평한 잔 모양을 하고 있다. 퍼진 모양 때문에 와인의 냄새를 맡는 데는 적합하지 않지만 와인 외관의 투명도, 뉘앙스, 강도 등을 자세히 보기에 적절하다. 와인의 전반적인 상태를 좀 더 객관적으로 판단하는 데 도움이 된다. 전문가들은 이렇게 해서 자신의 카브에 있는 서로 다른 퀴베cuvée의 진화를 모니터링할 수 있다.

와인의 향

와인 잔의 향을 맡고, 다른 향들의 정체를 맞추고, 와인향의 복합성과 섬세함을 포착하는 것은 시음의 큰 즐거움이다.
하지만 이 작업은 각각의 향에 이름을 붙이는 데 어려움을 느끼는 초보 시음자들에게 자주 좌절감을 안긴다.
하지만 이 훈련은 후각의 기억을 '깨우는 데' 유용한 것으로 밝혀졌다.

와인의 향 분석하기

와인의 향은 그 와인에 대한 정보의 70%까지를 전해줄 수 있다. 와인향의 정확한 분석을 위하여 튤립 모양의 잔을 택하고 용량의 1/3만 채워야 한다. 온도는 와인의 향 구성물질의 방향성에 영향을 주기 때문에 주의를 기울여 와인의 원산지와 색깔에 따라 8~18°C로 맞춘다(p.186-187 참조). 너무 차가우면 향이 기화하는 데 어려움이 있고, 너무 따뜻하면 빠른 속도로 증발하게 되어 알코올 향이 지배적이 된다.

후각이 마비되지 않도록 와인의 향을 여러 번 나눠서 맡되 한 번에 너무 과하게 들이마시지 않는 것이 좋다. 또, 시향과 시향 사이에 조금씩 쉬어주는 것도 필요하다. 와인의 향을 분석하는 것은 다음 세 단계로 이루어진다.

첫 번째 향. 후각을 통한 와인과의 첫 만남이다.
시음자는 와인 잔 쪽으로 몸을 기울여 첫 향을 맡는다. 이것은 한편으로는 와인이 원치 않는 향에 오염이 되었는지 알기 위함이고, 다른 한편으로는 따르자마자 빠른 속도로 사라지는 와인 잔 상단부에 위치한 와인의 휘발성 향을 맡기 위함이다.

'NEZ(코)'라는 용어는 와인에 개성을 부여하는 모든 향의 총합이다.
'향arôme'이라는 단어는 어린 와인에서 나는 신선한 과일의 향을 말하고, '부케bouquet'는 숙성 중이거나 절정에 도달한 와인의 풍부한 향을 일컫는다.

두 번째 향. 좀 더 멀리 와인향의 탐사를 위해, 이 단계는 향의 특성에 의해 정체를 알아내는 것을 목적으로 한다. 시음자는 와인 잔의 다리를 잡고 와인이 산소와 만나 여러 다른 방향 물질의 기화를 촉진시킬 수 있도록 회전 동작을 한다(좀 더 쉽게 하려면, 와인 잔을 테이블 위에 놓고 흔들면 된다). 그리고 나서 코를 와인 잔에 집어넣고, 몇 초간 여러 번 냄새를 들이마신다. 와인 안에 있는 여러 다른 향들의 정체 맞히기를 시도하면서 향의 힘, 강도, 풍부함을 평가하기 위함이다.

세 번째 향. 잔 안에서 장시간 산소와 접촉한 후 표현되는 와인의 향이다. 일단 와인이 공기와 접촉하면, 여러 향의 구성물질은 각각의 휘발성에 따라 다르게 변화하기 때문에 시간이 조금 지난 후, 테이블 한켠에 내버려 두었던 와인을 흔들지 않고 냄새를 맡아 보는 것은 흥미로운일이다. 시음자는 향의 변화, 지속성 그리고 강도를 기록한다.

> 와인이 담긴 잔을 원형 동작으로 돌리면 와인이 산소와 만나게 할 수 있다.

유용한 정보

후각은 인간의 감각 중에서 가장 활성화되어 있지만, 모순되게도 가장 훈련이 덜 되어 있다.
신생아에게는 가장 발달한 감각이 후각이지만, 성인들은 본능적으로 그리고 우선적으로 후각에 반응하며 받아들이거나 거부하긴 하지만 후각을 분석하는 경우는 매우 드물다. 와인의 특징적인 향을 알아내려 할 때 느끼게 되는 당혹감은 시음자들이 종종 겪는 경험이다. 주변을 둘러싸고 있는 향을 발산하는 모든 것(가령 꽃, 과일, 향신료, 시골, 주방, 빵집의 냄새들)을 의욕적으로 외우고, 각각의 향이 어떤 카테고리에 속하는지 분류해 보는 것이 도움이 된다. 이것은 쉽고 재미있는 훈련이다.
테이스팅은 우리의 과거 속에서 특별한 냄새에 관련한 기억들을 건져 올려내는 '기억의 먼지 떨어내기'와도 같다.

비경로와 비후경로

후각은 단지 순수하게 후각 단계에서뿐 아니라 시음
자체에도 개입한다. 기체 상태로 있는 방향성 분자들은
두 개의 경로를 통해 비강 뒤로 이동한다. 숨을 들이쉴 때
비강을 직접 통과하는 비경로와 숨을 내쉴 때 목을 통해
입과 코를 연결하는 더 간접적인 비후경로이다. 따라서
시음자가 코를 통해 직접적으로 감지할 수 없었던 향을
발견하면서 와인향의 분석을 완료하는 것은 시음하는
바로 그 순간이다. 사실 어떤 향은 휘발성이 낮기 때문에
액체에서 기체로 바뀌기 위해서는 입안에서 온도가 높여질
필요가 있다. 이 순간, 맛과 향이 서로 병치되어 섞인다.
예를 들어, 우리가 알고 있는 딸기의 맛은 사실 딸기의
향이다. 맛이란 결국 후각과 미각의 합이다.

> 와인의 향 분석은
시음자에게 집중과 암기의
노력을 요구한다.

와인의 향을 묘사하기

와인의 향을 묘사하기 위해, 와인에서 느껴지는 여러 다른 향이나 향
을 분석하기 전에 전반적인 인상에서부터 시작해 단계별로 진행하는
것을 추천한다.

향의 개성. 처음에 시음자는 향의 강도를 강함과 약함 사이의 여러 단
계로 나누어 판단하면서 일반적으로 와인의 향의 개성을 묘사하는 데
집중한다. 흔히 사용되는 용어는 '향이 뿜어져 나오는expressif', '강렬한
intense', '강한puissant', '풍부한généreux', '충만한exubérant' 혹은 반대의 경우
'향이 빈약한peu expressif', '약한faible', '가난한pauvre', '가벼운léger' 등이다.
종종 와인이 잔에서 아무런 향도 발산하지 않은 경우가 있는데, 아주
최근에 병입되었거나 제공된 와인이 너무 차가울 때 그렇다. 이때에
향이 '닫혔다fermé'라고 묘사된다. 이 순수하게 묘사적이고 객관적인
어휘는 더 주관적인 용어인 '재미있는plaisant', '유쾌한agréable', '우아한
élégant', '기품이 있는racé' 또는 반대로 '진부한banal', '평범한ordinaire', '단
순한simpliste', '저속한vulgaire' 등과 섞일 수 있다.

여러 다른 향의 식별. 이 분석 단계는 좀 더 어려워진다. 특정 향을 식
별하려고 시도하는 것보다, 대개 그 향이 속한 향의 카테고리나 시리
즈를 식별하는 것이 좀 더 수월하다. 일련의 꽃, 과일, 채소, 미네랄,
향신료, 발사믹, '탄내' 또는 화학적인 향 시리즈를 말한다(p.214 표
참조). 향은 와인의 원산지, 나이, 양조방법 등에 따라 구별될 수 있는
데, 이러한 일련의 향 중 몇몇은 다른 것들보다 우월하다.

(품종에 따른) 1차 향. 이것은 와인의 각 품종이 지닌 독자적인 과실
풍미의 표출이다. 품종에 따라 꽃, 과일, 채소, 미네랄, 향신료 스타일
등으로 표현된다. 와인이 어릴 때, 특히 스테인리스 탱크에서 숙성되
었을 경우 지배적으로 나타난다.

2차 향. 이것들은 발효, 즉 포도가 와인으로 변하는 과정에서 온다. 이
런 이유에서 이것들은 '발효 향'이라고도 부른다. 이 향은 효모의 상태
나 양조 방법에 의한 것으로, 아밀amylique(바나나, 매니큐어), 발효(효
모, 식빵) 또는 우유(버터, 우유, 크림) 등의 화학적 향의 범주에 속한
다. 와인이 어릴 때 드러나는 특성이기도 해서 병 안에서 몇 년 지나
면 사라진다. 2차 향은 오크통 숙성에서도 온다. 향신료 향(후추, 바
닐라, 계피) 또는 탄 향(그릴에 구운, 토스트한, 볶은, 훈제한) 등이다.

3차 향. 이는 스테인리스 탱크나 오크통에서의 숙성 기간 동안, 혹은
병입 이후 숙성 기간 중 나타나는 향이다. 이것은 와인이 스테인리스
탱크나 오크, 유리병 등 어떤 용기에 담겼었는지에 따른 산화—환원
현상과 관련이 있다. 새 오크통에서 비교적 단기간에 숙성시켰을 때,
향신료(후추, 바닐라, 계피) 또는 탄 듯한(그릴에 구운, 토스트한, 볶
은, 훈제한) 향이 생성된다. 반면 오래된 큰 나무통에서 여러 해 숙성
시키면 산패한 란시오rancio 향이 생겨난다. 산소가 없는 병 안에서 숙
성이 진행되는 동안, 향은 천천히 변하는데, 동물이나 채소가 분해되
면서 나는 향이 추가된다.

와인의 향에서 추론할 수 있는 것들

와인의 외관과 마찬가지로 와인의 향은 그 와인의 개성과 품질에 대한 많은 정보를 제공한다. 좋은 강도와 다채로운 향의 스펙트럼은 좋은 품질의 표시이자 시음자에게 큰 즐거움을 선사한다. 1차, 2차 향은 일반적으로 지배적인 향으로써 포도 품종과 와인의 나이, 양조방법, 생산연도, 수율에 대한 귀중한 정보를 제공한다.

과일의 성숙도. 포도 껍질에 담겨 있는 향의 품질은 과일의 성숙도와 관련이 있다. 잘 익지 않고 비를 맞고 수확된 소비뇽은 별로 복합적이지 않은 허브와 레몬향이 살짝 난다. 잘 익어 수율이 낮은 경우, 자몽 껍질이나 파인애플 등의 복합적인 향을 가진다.

와인의 원산지. 샤블리Chablis의 샤르도네에는 햐얀 꽃의 향과 함께 미네랄이 느껴지는 청량감이 있다면, 뫼르소Meursault는 이와는 매우 다르게 아몬드, 헤이즐넛noisette 등의 풍만한 향이 난다. 반면 풍부한 햇살을 받은 랑그독Languedoc의 샤르도네는 농익은 과일향이 묵직하다.

와인의 숙성. 와인은 시간이 지남에 따라 자신의 복합성을 더 잘 표현한다. 와인의 여러 다른 향, 1차/2차/3차 향은 스테인리스 탱크나 오크통에서의 숙성 중에 그리고 병입 후에도 진화한다. 몇몇 최고의 와인들은, 특히 장기 숙성 와인의 경우, 포도 본연의 과일의 풍미를 간직하면서 테루아의 정수가 담긴 숙성에 의한 향들을 결집시킨다. 하지만 대부분의 와인은 숙성을 통해 좋아지는 것이 없다는 것을 잊어서는 안 되는데, 이들 와인은 어린 시절의 향을 즐기면서 마시기 위해 만들어지기 때문이다.

시각적 분석의 확인. 와인의 향은 시각적 분석을 지지해야 한다. 외관상 어린 와인은 어릴적 특유의 과일의 향이 나야 하고, 절정에 도달한

유용한 정보

한 와인의 부케는 절대로 같을 수 없다.
그것은 와인 병의 이동 경로, 브리딩 시간, 와인 병이 놓인 공간의 온도, 대기의 상태(습도, 기압), 와인 잔의 모양 등에 따라 달라진다. 특히 잔의 모양은 후각 연구에서도 결정적이다. 동일한 와인을 모양이 다른 세 개의 잔으로 시음하면 뚜렷이 구분되는 세 가지 다른 향의 프로필을 얻게 된다. 마치 시음자가 본인의 건강이나 감정 상태에 따라 판단이 바뀔 수 있는 것과 같이 와인도 살아 있기 때문에 와인의 기분에 영향을 받는다.

최고급 장기 숙성 와인은 더 복합적인 향을 가져야 한다. 만약 그렇지 않다면, 다음에 따라오는 미각적 분석에서 부조화와 깨진 밸런스를 확인하게 될 것이다(p.216-218 참조). 결론을 내리기 위해, 시음자는 와인 향의 복합성과 단순성, 투박함과 세련됨, 일관성과 산만함, 숙성 정도를 기록한다. 감지한 향으로 평가하기 위하여 '기품이 있는 racé', '활기찬séveux', '구별되는distingué' 또는 반대의 경우 '진부한banal', '평범한ordinaire', '단순한simple', '조화롭지 않은sans harmonie', '품격이 없는 sans race' 등의 용어를 사용할 것이다.

향의 결점

가장 흔하게 접하는 결점은 양조과정에 기인한 것이다. 양조장의 위생에 문제가 있으면 곰팡이나 물때 썩은 냄새가 난다. 산소와 접촉하지 못한 와인은 리덕션 향nez de réduit이나 썩은 냄새가 난다. 반대로 과다한 산소와의 접촉은 와인을 상하게 하고 마데라 와인 같은 산화된 향이 난다. 황 사용량의 잘못된 계량은 안타까운 결과를 초래한다. 과다한 사용은 자극적인 톡 쏘는 냄새로 드러난다. 잘못 결합되면 '메르캅탄mercaptan' 이라 불리는 계란 썩은 냄새가 난다. 후각적 결함은 외부적 요인에서도 올 수 있는데, 가령 질 나쁜 코르크 마개나 양조장 공사 혹은 저장용 목재 팔레트에 사용된 나무 가공약품이 코르크에 배서 냄새가 날 수도 있다.

향의 종류

아래의 표는 향의 여러 계열 (꽃, 채소, 과일, 미네랄 등)을 와인 색깔별로 그리고 카테고리별로 분류하였다.
(1차 아로마 : 각 품종 고유의 향, 2차 아로마 : 발효에서 오는 향, 3차 아로마 : 숙성에서 오는 향)

향의 계열	레드/로제와인
꽃 계열	
1차 아로마	붓꽃, 작약, 장미, 제비꽃
3차 아로마	말린 꽃, 시든 장미
과일 계열	
1차 아로마	조그만 붉은 혹은 검은 과일(블랙커런트, 체리, 딸기, 산딸기, 검은체리, 레드 커런트, 오디), 과일 콤포트, 검은 올리브, 말린 자두
2차 아로마	바나나, 청량과자
3차 아로마	익힌 과일, 말린 자두, 과일 리큐어
채소 계열	
1차 아로마	블랙 커런트 싹, 부식토, 녹색 파프리카, 녹색 토마토
3차 아로마	버섯, 부식토, 나무 밑동, 송로버섯
미네랄 계열	
1차 아로마	백악, 점토, 발화석
향신료 계열	
1차 아로마	야생 가시덤불, 월계수, 후추, 타임
2차 아로마	정향, 감초
화학 계열	
2차 아로마	아세톤, 바나나, 효모, 황, 매니큐어
동물 계열	
3차 아로마	가죽, 모피, 사냥으로 잡은 야생동물, 고기 육즙, 사냥으로 잡은 큰 동물의 고기
발사믹 계열	
2차 아로마	새 나무, 오크, 소나무, 송진, 테레벤틴, 바닐린
탄내 계열	
2차 아로마	카카오, 시가, 훈연, 타르, 그릴에 구운, 볶은, 담배, 그을음, 차, 토스트한 빵

향의 계열	화이트와인
꽃 계열	
1차 아로마	아카시아, 산사나무, 오렌지꽃, 말린 꽃, 금작화, 제라니움, 장미, 보리수
3차 아로마	카밀레, 말린 꽃
과일 계열	
1차 아로마	살구, 감귤류(레몬, 오렌지, 자몽), 파인애플, 바나나, 모과, 무화과, 절인 과일, 열대과일(리치, 망고, 파파야), 견과류(아몬드, 헤이즐넛, 호두), 메론, 복숭아, 배, 청사과, 익힌 사과
2차 아로마	파인애플
3차 아로마	모든 견과류, 꿀
채소 계열	
1차 아로마	블랙 커런트 싹, 회양목, 버섯, 펜넬, 고사리, 건초(꼴), 신선한 허브, 프레시 민트, 짚, 고양이 오줌
3차 아로마	드물거나 존재하지 않음
미네랄 계열	
1차 아로마	백악, 요오드, 석유, 발화석, 규석(부싯돌)
향신료 계열	
1차 아로마	백후추
2차 아로마	시나몬, 정향, 바닐라
화학 계열	
2차 아로마	신선한 버터, 브리오슈, 크림, 발효제, 우유, 효모, 빵, 황
동물 계열	
3차 아로마	드물거나 존재하지 않음
발사믹 계열	
3차 아로마	새 나무, 오크, 소나무, 송진, 테레벤틴, 바닐린
탄내 계열	
2차 아로마	그릴에 구운, 브리오슈, 모카(커피), 차, 토스트한 빵, 볶은 향

와인의 맛

자, 이제 시음의 가장 마지막이자 궁극의 단계에 이르렀다! 마침내 와인은 맛, 질감, 구조, 균형 등 자신의 미각적 특성을 모두 드러낸다. 우리는 이미 얻은 단서들로 시음할 와인에 대해 어느 정도의 아이디어를 확보한 상태다. 테이스팅을 통해 이미 관찰한 것들에 추가적인 정보가 더해져 와인에 대한 확신을 갖게 되고, 이는 완벽한 만족감으로 이어진다.

시음 : 그리 쉽지만은 않은 훈련!

시음하는 모습을 본 적이 있는가? 시음자는 와인을 입안에 머금고 꿀떡 거리는 소음을 내는가 하면 다시 내뱉으며 집중한 얼굴로 영감을 받은 듯한 표정을 짓는다. 쇼와는 거리가 먼, 이 '시음법mise en bouche'은 와인을 제대로 음미하기 위한 필수적인 과정이다. 와인에 들어 있는 여러 요소에 의해 이와 같은 시음법이 설명된다. 혀는 네 가지 주요 맛을 감지하지만, 잇몸, 뺨, 혀, 구강으로 이루어진 입 전체는 온도, 농도와 질감, 수렴성과 발포성들을 기록한다. 시음자의 찡그린 얼굴은 이러한 각각의 미각 감지기관을 자극하기 위해서이다. 하지만 기술 자체는 단순하다 해도 시음은 생각보다 어렵다. 1분 미만의 아주 짧은 시간 동안 시음자는 자신의 입 속에서 각각의 여러 감각이 결합하고 보완되는 것을 느껴야 하기 때문에 상대적으로 복합적인 분석을 하게 된다. 이 과정을 진행하는 가장 좋은 방법은 맛의 조직, 균형, 조화 및 복합성에 대해 올바른 질문을 하는 것이다.

> 시음은 많은 주의와 집중을 요하지만 누구나 시도해볼 수 있다.
> 약간의 훈련과 호기심만 있으면 전문가 못지않은 실력을 갖게 될 수도 있다.

미각적 결점

시음을 통해 몇몇 후각적 결점이 나타난다(p.213 참조). 더럽고 곰팡이 썩은 냄새는 마구간이나 썩어가는 식물과 비슷한 '나쁜 맛'으로 나타난다. 너무 황이 많이 들어간 와인은 마늘이나 고무, 썩은 달걀(메르캅탄)과 같은 조화가 결여된 맛을 보여준다. 산화가 진행된 와인은 화이트의 경우 매우 시큼하게, 레드의 경우 새콤달콤하거나 '란시오'(자두, 브랜디에 담가둔 과일)의 맛을 제공한다. 코르크 마개가 변질된 냄새가 나는 와인은 맛에서도 코르크가 변질된 맛을 느낄 수 있을 것이다. 다른 결점들은 와인의 불균형에 기인하지만, 이것들이 언제나 후각을 통해서 인지되는 것은 아니다. '타는' 듯한 느낌은 알코올과 산도의 과다함 때문이다. 알코올과 적합한 산도의 불균형에 의한 지나친 당도는 질척거리고, 무거우며 우아함이 없는 와인을 만든다. 덜 익은 탄닌은 어린 와인에서는 떫음으로, 숙성된 와인에서는 입안을 마르게 하는 느낌이 나게 한다.

시음의 3단계

시음은 한 번에 일어나지만, 분석은 연속적인 3단계로 진행된다.

첫맛(attaque). 이 단계는 시음자가 적은 양의 한 모금을 입에 머금을 때 와인이 혀 위에 만드는 맨 처음의 인상이다. 시음자는 단번에 온도와 가스의 존재 가능성을 감지할 뿐 아니라 와인의 개성과 관련한 아이디어를 만든다. 좋은 와인은 첫맛에서부터 열려 있어야 하고, 깨끗하고 신선하며 온화하면서도 향이 좋고 과실의 풍미가 잘 살아 있어야 한다. 이 첫 만남이 시음자로 하여금 아무런 감정도 유발시키지 않으면 '빈약한faible', '도망가는fuyant', '맹물 같은aqueux' 첫맛이라 묘사된다. 반면에 강하고 불쾌한 맛을 느끼면 '공격적인agressif' 첫맛이라고 한다.

중간 맛(milieu de bouche). 와인이 입안에서 열리는 단계이다. 시음자는 '씹는다'는 느낌이 들게 와인 한 모금을 입안에서 몇 초 동안 돌아다니게 하고 방향 분자가 비후 경로를 통해 비강 뒷면에 위치하여 냄새를 잡는 후각 구경 기관 쪽으로 이동하는 것을 돕기 위해 입안으로 공기가 들어오게 빨아들인다(p.211 박스 안 참조). 이 순간 시음자는 와인이 가지고 있는 맛, 냄새, 질감과 구조들을 파악해야 한다. 그러면 후각, 촉각, 열감각이 서로 추가/결합되어 전체적인 인상을 준다. 시음자의 임무는 연속적으로 와인의 균형을 판단하고 분석하기 위해 감각들의 차별화를 시도하는 것이다.

끝맛(la finale). 이 마지막 단계는 입안의 와인을 마셨거나 뱉고 난 후, 향의 지속성으로 '입안에서의 길이longueur en bouche'라고도 한다. 이것은 와인의 '스케일grandeur'에 대한 아이디어를 준다. 와인의 끝맛이 길수록 고급 품질이고, 장기 숙성 잠재력도 커진다. 이 지속성은 초 단위나 혹은 코달리caudalie로 계측한다(라틴어 코다cauda는 '꼬리'를 의미하는데, 1코달리는 1초이다). 지속성은 '긴long', '무르익은épanoui' 최상의 경우 '공작새의 꼬리queue de paon'라 묘사한다. 반대의 경우, 지속성이 '존재하지 않는inexistant', '빨리 사라지는fugace', '간략한bref' 혹은 '짧은court'이라 평한다. 아로마 지속성을 산도나 알코올 또는 탄닌에 의해 발생되는 열감이나 떫은 느낌과 혼동하지 않는 것이 관건이다. 게다가 이것들은 향의 지속성을 감소시킨다. 가장 쉬운 방법은 지배적인 아로마에 집중하고, 삼키거나 뱉은 후에는 그 아로마가 사라질 때까지 그 뒤를 쫓는 것이다.

결론 없는 시음은 없다! 현 시점에서의 와인의 품질에 대한 평가뿐 아니라 미래에 대한 예측도 가능해야 한다. 예를 들어 지금이 마실 때인지, 조금 더 숙성시켜야 할지, 혹은 마실 시기가 지났는지 등. 물론 시음자 자신의 취향을 표현할 순간이기도 하다.

> 와인이 입안에서 분석을
마치면, 시음자는 그 와인을
삼킬 수도 혹은 뱉을 수도 있다.

맛과 향의 분석

맛은 와인을 구성하는 각각의 성분들에서 온다. 신맛은 여러 다른 산
도를 가진 물질에서 유입된다. 단맛은 잔당에서도 오지만, 달콤한 맛
을 가진 알코올에서도 온다. 쓴맛은 탄닌의 존재와 상관이 있다. 짠맛
은 좀 드물지만 어쨌거나 미세한 양이 존재하고, 여러 다른 염도를 가
진 물질에서 온다. 시음하는 동안 이 맛들은 서로 맞서거나 서로 상쇄
되면서 결합하고 동시에 여러 향들에 추가된다(p.218 박스 안 참조).
후각적 분석을 통해 이미 존재가 밝혀진 이 향들은 미각적 분석 단계
에서 보충되고 확실해진다.

아주 잘 익은 붉은 과일의 냄새가 나는 레드와인은 입에서 이 붉은 과
일의 '맛이 나야 한다'. 달콤한 맛의 지지를 받아, 이 맛은 더욱 확실해
진다. 반면에 산미가 우위를 점하면 맛과 향 사이의 불균형을 보이면
서, 와인의 맛에 별 도움이 되지 않는다. 마찬가지로 감귤류(레몬, 자
몽…)의 향이 지배적인 당도가 없는 화이트와인은 맛도 역시 청량감
있는 감귤류의 산미가 지배적이어야 한다. 입에서 감지한 와인의 맛
과 코에서 발견한 냄새 간의 조화로운 상호작용은 필수적인 요소로,
이것으로 와인의 품질과 균형을 판단할 수 있게 해준다.

탄닌

탄닌은 레드와인 품종에만 존재하는 것으로, 침용 시
생기는 껍질의 농축액에 의한 '식물성' 탄닌과 오크통
숙성 과정 중에 얻을 수 있는 '고귀한' 탄닌이 있다.
탄닌의 질과 양은 포도의 성숙도, 침용의 길이, 품종 등의
여러 요인에 달려 있다(가메는 카베르네 소비뇽에 비해
탄닌이 적다). 탄닌은 와인의 구조를 책임지고, 숙성에
있어서 결정적인 역할을 한다. 입안에서 탄닌은 톡 쏘는
떫은 느낌, 혹은 입안을 마르게 하는 느낌으로 인지된다.
이 와인의 '씹는 맛'은 와인의 원산지, 품질, 나이에 따라
차이가 있다. 탄닌은 적은 양에서 많은 양까지 '할퀴는
râpeux', '떫은âpre', '단단한ferme', '부드러운rond', '세련된
fin' 등의 어휘로 평가된다. 시간이 지남에 따라 탄닌의
단단함은 부드러움으로, 무거움은 세련됨으로 바뀌는데,
역행하는 일은 절대 없다.

와인의 질감

질감은 입으로 감지되는 모든 촉감에 기인한다. 와인의 질감은 균형과 관련한 다른 요소를 분석하기 전에 감지되고 와인의 주요 구성 물질인 알코올, 산, 탄닌, 당도의 관계에 영향을 받는다. 질감을 묘사하기 위해 종종 섬유업계의 용어를 빌린다. '유연한souple', '쓰다듬는caressant', '새틴 같은satiné', '벨벳 같은velouté', '비단 같은soyeux' 또는 반대의 경우에 '오돌토돌한granuleux', '거친grossier', '까칠까칠한rêche', '투박한rustique' 등이다. 인체에서 유추한 단어 역시도 자주 사용된다. 바디는 '살찐charnu', '기름진gras', '두꺼운épais', '단단한ferme' 등으로 묘사되고, 반대의 경우 '날씬한mince', '야윈maigre', '메마른sec' 등으로 표현한다. 잔당이 풍부한 화이트와인의 질감을 묘사하기 위해서 '감미로운suave', '미끈미끈한onctueux', '끈적끈적한visqueux', '시럽 같은sirupeux', '크리미한crémeux' 등의 용어가 빈번하게 사용된다. 하지만 질감의 질도 원산지 명칭의 맥락에서 이해해야 한다. 메독의 와인은 카베르네 소비뇽 품종이 지배적이라 탄닌이 풍부하긴 하지만, 주품종이 메를로인 포므롤의 와인 같이 탄닌 위에 알코올의 '옷을 입힌' 듯한 부드러움은 느껴지지 않는다.

> 레드와인에서 수렴성은 산미를 강화시킨다.

촉감 분석

냄새와 후각과 병행하여, 점막을 포함한 입 전체는 여러 다른 촉감을 느낀다.

감미로움. 감미로운 느낌은 부드럽고 살짝 달콤한 맛을 가진 알코올에서 온다. 이 느낌은 잔당에 의해서 강화된다. 알코올은 당도가 없는 화이트와인에 부드러움을 주고, 레드와인에는 기름진 느낌이 나게 해준다.

산도. 새콤한 느낌은 와인 안의 여러 다른 산미를 가진 물질들에서 온다. 레드와인에서는 조금 덜 감지되지만 화이트와 로제에서는 더 확실한 산미는 침이 나오게 하고, 청량감을 유발한다.

수렴성. 입안이 마르는 것 같은 느낌을 주는 수렴성은 탄닌에서 오고 (앞 페이지 박스 안 참조) 당연히 본질적으로 레드와인에서 느껴지지만, 침용법으로 양조된 로제에서도 느낄 수 있다. 탄닌은 알코올, 산도와 함께 와인의 골격을 책임지는 요소 중 하나이다.

이러한 감각은 개별적으로 분석될 수 있지만, 대부분의 경우 포괄적으로 감지된다. 산미가 있거나 당도가 있는 화이트와인, 착즙으로 양조된 로제와인에서는 산도-감미로움 커플이 와인의 촉감적 특성을 만든다. 레드와 침출에 의한 로제와인은 산도-감미로움-수렴성 트리오가 동일한 역할을 한다. 와인의 종류만큼이나 많은 수의 조합이 존재한다. 하지만 결과는 조화로워야 하고, 구성요소 중 어떤 것들의 과도함에서 오는 불쾌한 느낌이 생겨서는 안 된다. 과다한 알코올이나 산도로 인해 화상을 입은 듯한 느낌이 들거나 충분히 익지 않은 탄닌이나 감미로움의 부족으로 인한 딱딱하고 입이 마르는 듯한 느낌 등을

예로 들 수 있다(p.220-221 참조). 촉감의 총합은 '몸corps', '살chair' 또는 '골조trame'라고도 불리는 와인의 질감을 결정한다.

유용한 정보

단맛, 짠맛, 신맛, 쓴맛.
우리는 원칙적으로 네 가지 맛을 알고 있다.
익히 알려진 것과는 달리, 혀 위에 퍼져 있는 미뢰의 각 부분이 특정한 맛만을 감지하는 것은 아니다. 시음 중에 각각의 맛들은 서로 대립되거나 서로 상쇄하면서 간섭을 한다. 짠맛은 쓴맛을 약화시키고, 단맛은 짠맛을 누르지만 신맛의 인지도를 떨어뜨리고, 쓴맛의 인지를 늦춘다. 시음을 할 때, 각 맛들 간의 조화를 평가하는 것이 중요한데, 좀 더 정확히 말하자면 단맛의 축과 신맛과 쓴맛의 축 사이의 균형이 중요하다. 왜냐하면 이 조화가 와인의 균형을 직접적으로 증명하기 때문이다(p.220-221 참조). 또한 각 개인은 맛에 대한 자신만의 인지 감수성을 갖고 있다.

시음의 모든 것

이제 균형, 조화, 즐거움의 세 단어로 와인의 품질을 판단할 차례다.
균형은 시음과 동시에 알 수 있다. 조화는 얻어낸 미각적, 후각적, 시각적 정보를 종합하면 된다.
즐거움은 시음자 본인의 감정이다.

균형과 조화

한 와인의 품질을 평가할 때, 일반적으로 균형과 조화라는 두 가지 측면에서 고려한다.

균형. 화이트와인에서의 산도와 감미로움, 레드와인에서의 탄닌과 감미로움, 산도 같이 와인을 구성하는 맛들이 서로 만족스럽게 조합되었을 때, 혹은 주관적으로 밸런스가 맞는다는 인상을 받을 때, 균형잡힌 와인이라 할 수 있다. 이는 구조적이고 과학적이어야 하며 미적이거나 질적인 개념인 조화로움과는 구분되어야 한다.

조화. 와인의 여러 다른 구성물들 간에 최소한의 일치가 이루어질 때, 와인이 조화롭다고 한다. 각각의 맛의 그룹은 따로따로 맛보았을 때에는 쓴맛이 나는 탄닌이나, 자극적인 산도, 알코올의 과다에서 오는 감미로움 등의 불쾌한 요소를 갖고 있지 않지만 이 요소들을 동시에 맛보았을 때에는 하나의 요소가 다른 요소들과 더 적극적으로 반응하여 전체적인 인상이 만들어진다. 이런 현상은 세 가지 그룹에 속한 맛이 동등할 때보다는 계층 구조를 이룰 때 더 자

> **와인을 맛볼 줄 안다는 것은 와인의 모든 면을 알아챌 수 있어야 한다는 뜻이다.**
> 좋은 시음자가 되기 위해서, 열린 마음과 여유를 갖는 것, 감각적 감수성을 개발하는 것, 본인의 기억을 작동하게 만드는 것이면 충분하다.

주 얻어진다. 그러나 조화라는 것은 교육과 문화적 관습의 산물인 만큼 나라마다 다르다.

당도가 없는 화이트와인의 균형

당도가 없는 화이트와인의 균형은 산도와 알코올의 관계로 요약된다. 산도는 청량감과 생기를 주고, 알코올은 와인에 감미로움, 달콤함을 전하는데 이것들이 곧 와인의 살과 지방이다. 입안에서 이 두 가지 느낌은 균형을 이루어야 한다.

이것들의 유기적 결합을 이해하기 위해서 수직으로 만나는 두 축을 가진 도식을 그리면 간단하다(표 참조). 교차점에 가까운 와인일수록 균형 잡힌 것으로 간주된다. 높은 산도와 낮은 알코올 도수와 구조를 가진 와인이 공격적이고 메마르고 뭔가 결여된 느낌이라면, 약한 산도와 일반적인 알코올 도수가 있는 와인은 '신경질적nerveux'이라 평가된다. 마찬가지로 동일한 산도에서 알코올의 증가에 따라 유연함souplesse, 둥글둥글함rondeur, 기름짐gras, 입안에서 불쾌한 열기로 인식되는 무거움lourdeur까지 단계적으로 변화한다.

이 조화 속에 존재하는 뉘앙스는 서로 다른 와인의 스타일을 정의한다. 알자스 리슬링은 특유의 산도로 구별되는 반면, 뫼르소Meursault는 특유의 볼륨감을 보여준다. 그렇다고 해서 둘 중의 하나가 균형이 맞지 않는다고 평가되지는 않는다. 향의 조합은 촉감을 강화시키거나 둔화시키면서 와인의 조화를 꾀하는 역할을 한다.

감미로운 화이트와인의 균형

모든 화이트와인에는 산도와 알코올의 두 축이 존재하지만, 감미로운 화이트와인의 경우에는 잔류당의 축이 추가된다(그림 참조). 알코올에 의해 입안에서의 촉감의 감미로움이 증대된다. 어떤 한 가지 성격이 지배적이지 않을 때 균형이 갖추어진다.

이 와인들의 조화의 비밀은 두 가지 중요한 원칙을 따른다. 당도가 높을수록 알코올 도수도 높아져야 한다. 이 두 가지 요소가 상승할수록 산도 역시 증가하여 균형을 맞춰야 한다. 구성물질 중 한 가지가 부족하면 즉시 불균형을 유발한다. 예를 들어 당분이 지배적이게 되면 와인은 '포마드' 같이 끈끈해진다.

이러한 균형 속에도 말랑말랑한, 감미로운, 미끈거리는 등의 촉감의 뉘앙스가 존재한다. 이러한 뉘앙스는 와인의 풍부함으로 해석되고 다

당도가 없는 화이트와인의 균형

산도 +

공격적인
물어 뜯는
신경질적인
생기 있는
산뜻한

단단하고 최색이 도는 와인

살이 없고 '푸른' 와인

알코올 −　　약한　날선한　가벼운　유연한　유연한　기름진　무거운　화끈한　뜨거운　　알코올 +

산뜻한
가벼운
밋밋한
무른

맛있고 밋밋한 와인

단단하고 척색이 도는 와인

■ 균형 존

산도 −

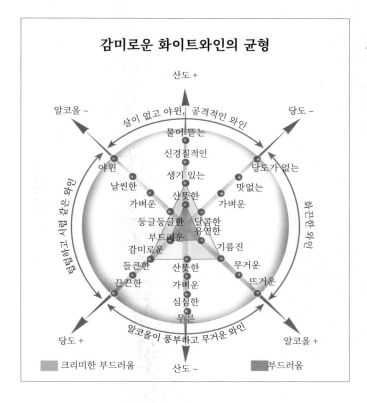

양한 스타일로 정의된다. 따라서 일부 감미로운 와인들은 공격적이라 평가되지는 않지만 높은 산도를 보여주는데 와인에 기분 좋은 긴장감을 가져다준다. 코토 뒤 레이옹Coteaux-du-Layon이나 부브레Vouvray와 같은 루아르의 감미로운 와인들이 바로 여기에 해당된다. 이들을 시음할 때에는 와인의 풍부함을 강화하고 명확히 해주는 향과 풍미를 염두에 두어야 할 것이다.

레드와인의 균형

입이 마르는 듯한 느낌을 주는 탄닌의 존재로 인해, 레드와인의 균형을 찾는 것은 더 어려운 훈련이다. 와인의 스타일로 해석되는 가능한 여러 뉘앙스와 함께, 레드와인의 이상적인 균형은 알코올, 산도, 그리고 탄닌이 유기적인 결합을 하는 세 개의 축이 교차하는 가운데 지점에 위치한다(그림 참조). 탄닌이 알코올과 산도를 약간 웃돌면 '골격이 잡혔다'고 하고, 그 반대의 경우에는 '둥글둥글하고 녹는다'라고 한다. 표의 가운데에서 멀어질수록 한 개나 두 개의 지배적인 요소가 후퇴함으로 인해 조화가 없어지는 지점까지 와인은 점점 더 자신의 스타일을 확실히 한다.

와인에 탄닌이 많을수록 수렴감도 높아지는데, 산도와 알코올이 동일한 비율로 높아지지 않는 경우에는 불쾌감을 줄 수도 있다. 탄닌으로 인해 와인은 점진적으로 '투박한', '거친', '떫은', '뻣뻣한' 맛을 갖게 된다. 탄닌과 산도의 축이 지배적일 때, 감미로운 느낌의 감소와 함께, 와인은 '묵직한', '억센', '물어뜯는' 수준까지 단단함이 증가한다. 이는 탄닌이 매우 풍부한 카베르네 소비뇽으로 만든 와인에서 잘 관찰된다. 잘 성숙한 포도는 어릴 적 보여줬던 묵직함이 시간이 지나면서 감소한다. 하지만 잘 성숙하지 못한 포도는 더 각이 선 맛이 될 것이고, 수렴성과 쓴맛이 섞인 자극적은 느낌이 부각될 것이다.

유용한 정보

사람들은 종종 '여성적인' 혹은 '남성적인' 레드와인이라고 평가하곤 한다.
여성적인 스타일은 탄닌/알코올 커플과 나란히 산도의 후퇴와 더불어 지배적인 감미로움이 있는 매우 부드러운 와인을 말한다. 반면 남성적인 와인은 와인의 짜임새를 강화하는 수렴성이 와인을 주도한다.

스파클링 와인의 균형

양조에 들어가는 포도 품종이 다양하고, 여러 가지 양조 방식이 있기 때문에 스파클링 와인의 카테고리는 방대하다(p.70-71 참조). 하지만 기포가 추가될 뿐, 구조적으로는 화이트와인과 유사하다.

스파클링 와인은 두 개의 축을 중심으로 균형이 잡힌다. 산도와 감미로움, 여기에 산미를 감소시키거나 강화시키는 역할을 하는 발포성이 추가된다. 첫맛부터 기포의 풍부함과 세련됨으로 가스가 평가된다. 기포는 다소 공격적이기도, 또 섬세하기도 하면서 와인의 '톤'을 만든다. 사실, 입안 가득히 거품으로 가득 차는 것은 나쁜 징조다. 스파클링 와인의 산도는 화이트와인보다 높다. 산도는 와인의 생동감을 보장하지만, 과할 경우 불쾌하게 물어뜯는 듯한 느낌을 준다. 감미로움이 산도를 낮추는 것만큼은 아니더라도 기포 역시도 산도를 누그러뜨린다. 끝맛은 잘못된 가당으로 들척지근한 맛이나 공격적인 산도의 흔적을 남겨서는 안 되고, 청량감이 있고 향기로워야 한다.

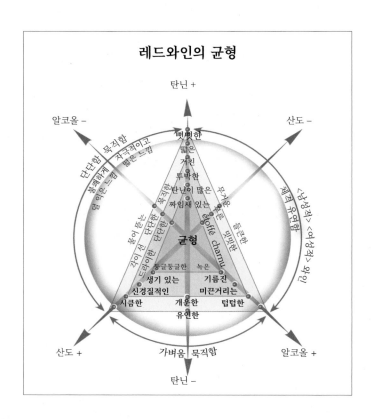

시음 기록지의 예

와인의 품질을 평가하는 것은 단순히 취향의 문제가 아니다. 훈련과 다양한 미각적 경험을 밑바탕으로 하는 작업이다. 애호가의 지식과 경험이 쌓일수록 와인을 이해하고 와인의 품질과 문제점을 더 잘 평가할 수 있다.

시음 기록지는 무엇에 도움이 될까?

와인 시음 중에, 맛이나 향미에 대한 인식은 언제나 무의식적으로 시음자가 느낀 즐거움이나 불만이 반영된 평가를 동반한다. 그러나 와인의 품질을 판단하기 위한 목적의 기술적인 시음은 이러한 쾌락적 시음과는 구분된다. 기술적 시음은 감각의 엄격한 분석 기준에 따라 진행되지만, 동시에 와인과 양조과정에 대한 방대한 지식을 필요로 한다. 전문가라면 정확한 내용들을 적을 수 있는 시음 노트를 이용하고, 애호가용으로는 와인 저장고 관리대장livre de cave이나 시음용 노트를 만들어 격식 없이 느낌을 바로 써내려 가면 된다.

전문가의 경우. 전문가들은 불균형, 약점, 전형성 결핍, 과일 풍미의 결핍, 쓴맛 등 와인의 결함을 찾는다. 전문가들은 와인의 외관, 향, 맛을 검사하고 종합한다. 와인의 품질을 돋보이게 하고, 장기 숙성 잠재력과 절정에 이르는 시기를 명확히 밝힌다. 서비스와 관련된 요소인 온도, 브리딩, 디캔팅 등에 대해서도 제안한다. 구매가격과 경우에 따라서는 시간이 지남에 따른 가격의 변동을 기록한다. 이 와인과 음식과의 마리아주를 연상할 수도 있다. 와인은 100점, 20점, 10점 또는 5점 만점으로 혹은 별의 개수로 채점된다.

애호가의 경우. 애호가도 동일하게 시각, 후각, 미각의 단계를 거친 뒤, 와인의 조화를 평가하려고 노력한다. 와인의 숙성에 따라 잘 어울릴 수 있는 음식을 제안하거나 서비스의 추천 사항을 기록할 수 있다. 또한 여러 가이드와 기사의 요약을 첨부할 수 있다. 시음 기록지는 와인 저장고에 보관된 와인의 진화를 모니터링할 수 있게 해준다. 카브를 상속할 경우, 상속자는 시음 기록지를 통해 저장고에 있는 와인을 알 수 있다.

시음 기록지 와인 n° 1	
날짜	2013년 1월에 시음
산지	
지역 / 국가	보르도 Bordeaux
원산지 명칭	Pauillac (뽀이약)
도멘	La Rose Pauillac
생산연도	2005
시각적 검사	
색깔	석류빛이 도는 루비색
디스크	영롱하게 빛남
다리	기름지고 둔부함
후각적 검사	
강도	좋음
품질	우아한, 세련된, 복합적.
향	살짝 콩포트된 붉은 과일과 검은 과일 향, 은은한 향신료 향
미각적 검사	
첫맛	정직한, 크리미한, 벨벳 같은
중간 맛	둔부함, 유연함, 청량감과 알코올의 힘의 조화, 조화로운 둔미, 누그러진 오크향, 잘 어울어진 탄닌.
끝맛	매우 여운이 길고 둔미가 있음.
균형	매우 균형이 잘 잡혀 있음.
결론	
품질	잘 익은, 뽀이약의 뛰어난 퀴베
진화	잘 익어서 지금부터 마시기 좋음. 1시간 동안 카라프. 2020년까지 보관. 붉은색의 육류 또는 오리와 함께 서빙함.

시음 기록지
와인 n° 2

날짜	2014년 1월에 시음
산지	
지역 / 국가	부르고뉴 Bourgogne
원산지 명칭	Savigny-lès-Beaune, Cuvée de Réserve
도멘	Maison Aegerter
생산연도	2004
시각적 검사	
색깔	석류빛이 도는 루비색
디스크	반짝이는, 벨벳 같은
다리	흐르는
후각적 검사	
강도	좋음
품질	우아한, 화려한 향, 숙성된.
향	숙성된 향, 약간 콩피된 과일(제리)라 가죽, 은은한 향신료, 시든 꽃의 향이 섞임.
미각적 검사	
첫맛	순수하고 향이 강함.
중간 맛	감미로움, 실키한 질감, 누그러진 탄닌, 섬세하면서 아름답게 숙성된 풍미, 끝에 가서 가죽과 향신료.
끝맛	매우 지속적이고 풍미가 있음.
균형	매우 균형이 잘 잡혀 있음.
CONCLUSION	
품질	숙성된 섬세한 와인
진화	지금이 딱 마실 때. 앞으로 2년 내에 로스팅한 백색 육류와 함께. 마시기 1시간 전에 오픈할 것.

시음 기록지
와인 n° 3

날짜	2014년 11월에 시음
산지	
지역 / 국가	알자스 Alsace
원산지 명칭	Gewürztraminer Fronholtz Vendanges tardives
도멘	Domaine Ostertag
생산연도	2011
시각적 검사	
색깔	진한 금색, 좋은 투명도.
디스크	눈부신
다리	여러 개, 두꺼움.
후각적 검사	
강도	강렬하고, 완전히 열림.
품질	우아한, 미묘한 변화가 있는
향	날짝 향신료가 섞인 장미, 망고, 복숭아, 꿀의 뉘앙스
미각적 검사	
첫맛	부드럽고 달콤함.
중간 맛	감미로운 유질, 입안 가득 채워주는 달콤한 풍미가 확실하게 느껴지지만 좋은 청량감 덕분에 무겁지 않음. 아름다운 농도, 장미향이 제대로 느껴짐.
끝맛	길고 풍미가 좋음.
균형	무거움 없이 매우 균형잡힘. 당분이 잘 섞임.
CONCLUSION	
품질	완벽한 균형을 가진 아름다운 와인, 미묘하게 식욕을 돋구는 만큼이나 섬세함을 보여줌.
진화	현재는 너무 어림. 가지고 있는 잠재력을 더 잘 보여 주기 위해 3년 정도 기다림이 필요함.

시음 기록지
와인 n° 4

날짜	2014년 5월에 시음

산지

지역 / 국가	랑그독 Languedoc
원산지 명칭	Corbières rosé
도멘	Domaine du Grand Arc cuvée « La Tour Fabienne »
생산연도	2013

시각적 검사

색깔	상당히 진한 분홍색, 산딸기 빛깔, 좋은 투명도.
디스크	반짝이는.
다리	잘 흐르는 아름다운 다리, 소수.

후각적 검사

강도	표현력이 풍부.
품질	식욕이 도는 아름다운 라일향.
향	붉은 라일향, 딸기, 산딸기, 레드 커런트 젤리에 강한 후추향, 물푸레나무의 꽃향 터치.

미각적 검사

첫맛	좋은 개시, 가벼운 톡쏘임이 있는 유연함.
중간 맛	둥글둥글, 라일라 향신료의 풍미가 잘 느껴지는 너그함.
끝맛	중간 수준의 지속성, 기분좋게 가벼운 쓴맛이 있으면서 향이 뛰어남.
균형	알코올라 산도의 완벽한 균형.

결론

품질	레드와인 스타일의 로제, 균형 잡혀 있으면서 너그한 유질.
진화	2년 내에, 시원하게 냉각시켜서 마실 것. 그릴에 구운 고기나 백색 육류.

시음 기록지
와인 n° 5

날짜	2012년 1월에 시음

산지

지역 / 국가	스페인 Espagne
원산지 명칭	Rioja Reservar
도멘	Contino
생산연도	2004

시각적 검사

색깔	맑은 루비색, 아직까지도 신선하고 투명함.
디스크	진화의 시작, 가장자리는 가볍게 기왓장색으로 변함.
다리	흐르는 가는 다리.

후각적 검사

강도	좋은 강도.
품질	우아한, 세련된, 진화에서 오는 아름다운 향.
향	약간 고기향에 잘 녹아든 오크향라 그릴에 구운 향. 브리딩을 하면, 익힌 라일라 향신료의 향이 남.

미각적 검사

첫맛	상당히 부드러움.
중간 맛	중간 수준의 부드러움, 세련되면서 잘 녹아든 타닌 뒤에 그려진, 익힌 책라의 향이 곁들여진 라일 풍미.
끝맛	좋은 지속성이 있지만, 끝에 가볍게 알코올 향이 남.
균형	좋은 균형.

결론

품질	우아한 남쪽 스타일을 잘 보여주는 매우 숙성이 잘 된 와인.
진화	절정에 도달. 지금이 딱 마시기 좋은 적기로 앞으로 2~3년 내에 마실 것. 라일향의 더 좋은 표현을 위해 서빙 직전에 디캔팅할 것을 권장함.

시음 기록지 와인 n° 6	
날짜	2012년 9월에 시음
산지	
지역 / 국가	샹파뉴 Champagne
원산지 명칭	Champagne
도멘	Veuve Clicquot Ponsardin Cuvee « La Grande Dame »
생산연도	2004
시각적 검사	
색깔	옅은 녹색 기운이 감도는 금색.
디스크	세련되고 공기감 있는 첫 번째 기포. 코르동 존재.
다리	매우 섬세한 기포, 슈미네가 코르동까지. 잔 안에서 기포가 계속 올라감.
후각적 검사	
강도	좋은 강도.
품질	우아한, 시원한, 복합적인.
향	하얀 꽃의 향이 잘 익은 하얀 라일(복숭아)와 시트러스(자몽 제스트)의 가벼운 터치와 좋은 마리아주를 보여줌. 그리고 나서 구운 아몬드의 옅은 향, 브리오슈, 누가, 견과류의 향.
미각적 검사	
첫맛	청량감, 크리미.
중간 맛	풍부한 맛, 유연함, 청량감의 조화. 라일 뒷맛이 지배적이지만, 구운 향 계열이 백그라운드에 깔림.
끝맛	매우 지속성이 좋고 뒷맛이 뛰어남.
균형	매우 균형이 잘 잡힘.
결론	
품질	잘 익었으면서 동시에 청량감이 있는 좋은 밀레짐의 매우 훌륭한 퀴베.
진화	지금부터 애호가들과 함께 시음할 것, 파프리카와 파르메산이 들어간 아뮤즈 부슈와 함께 아페리티프로 좋음. 좋은 카브에서 2~3년 더 숙성할 만함.

시음 기록지 와인 n° 7	
날짜	2014년 1월에 시음
산지	
지역 / 국가	아르헨티나 Argentine
원산지 명칭	Mendoza, Finca El Portillo Malbec
도멘	Bodegas Salentein
생산연도	2012
시각적 검사	
색깔	강렬한 루비색으로 파란 빛이 도는 검은 색부터 가장자리는 보라색.
디스크	반짝이고 깊은.
다리	중간
후각적 검사	
강도	강렬하고 깊은.
품질	우아한, 강한, 향신료의 향.
향	힘과 개성의 짜임새. 붉은 라일(블랙커런트, 오디, 블루베리)의 쿨리, 향신료(후추, 계피, 바닐라)와 감초의 향. 구운 향과 카카오의 향.
미각적 검사	
첫맛	통통하고 뒷맛이 좋은.
중간 맛	따뜻하고 잘 익은 라일 뒷맛의 녹는 탄닌과 당도가 있는 짜임새 있는 와인.
끝맛	감초와 후추의 뒷맛 위에 중간 정도의 지속성.
균형	아직까지 짜임새에서 오는 힘이 강함.
결론	
품질	좋은 짜임새를 가진 잘 숙성되고 강렬한 뛰어난 말벡.
진화	지금 마시거나 2017년까지 카브에서 숙성.

와인의 묘사
(시음에 필요한 용어들)

시음의 기술을 마스터하기 위해서는
인지한 느낌을 잘 묘사할 수 있어야 한다.
전문적인 시음가들이 사용하는 어휘를
더 잘 이해하기 위해서, 이것들의 단순한 몇 가지
원칙을 기반으로 한다는 것을 기억하면 좋다.

시음용 어휘

시음과 관련된 공식적인 전문 용어가 존재하지는 않지만
다음의 알파벳 순으로 나오는 몇몇의 기초적인 용어들이
와인의 향, 성질, 구조를 평가하는 데 사용된다. 대부분의
이 용어들은 유추에 의해 만들어진다. 와인의 향은 친숙한
향(과일, 향신료 등)에서 오고, 입안에서의 촉감인 질감은
섬유를 연상시키는 '실키한 soyeux', '벨벳 같은 velouté' 등이 사
용되고, 조직은 인간의 몸과 비교되는 '마른 maigre', '뚱뚱한
gras' 등이 쓰인다. 마찬가지로, 와인의 개성에 대해 '단순한
simple', '복합적인 complexe', '투박한 rustique', '우아한 élégant'과
같은 단어 등으로 이야기할 것이다. 유추에 의해, 시음자
는 자신이 마신 와인의 느낌을 분석하고 묘사하기 위해 거
의 무한대의 용어를 창조할 수 있다.

다른 용어들은 언제나 정확하게 정의내릴 수 없는 의미를
가지고 있다. 예를 들어 품질을 평가하는 '신맛'은 사람에
따라 각자의 입맛이 반영되어 다른 해석과 묘사에 의한 감
각적 인지와 언어의 모호성을 기반으로 한다. 전문 시음가
들에게 시음 전문 용어의 숙달은 어떤 의미에서 '객관적'
인 평가를 할 수 있게 해준다. 예를 들어 와인 메이커들은
특별한 기술을 사용해서 얻기 원하는 맛이나 스타일을 자
세하게 묘사할 수 있어야 한다.

와인 시음을 위한 이러한 어휘들에 양조와 관련된 기술적
인 단어들이 추가된다. 이 단어들은 용어(p.614 참조)와
'묘목에서 병입까지' 챕터(p.47-89 참조)에 잘 나와 있다.

A

ABRICOT [아브리코] 살구

몇몇 화이트와인의 특징적인 향으로 특히 론
지역의 잘 익은 비오니에(viognier)로 만든
와인에서 특히 잘 느껴진다.

ACACIA [아카시아] 아카시아

매우 기분 좋은 향으로 샤르도네나 샤슬라
(chasselas)로 만든 와인이 어릴 때, 산도가
높지 않은 경우 흔히 접할 수 있다.

ACERBE [아세브르] 시고 떫은 맛

매우 강력하게 '깨무는' 성질로, 매우 강렬한
산도와 숙성되지 않은 탄닌이 결합하여 만든다.

ACIDITÉ [아시디테] 산도

혀뿐 아니라 산도에 의한 타액의 분비와 산도가
구강 내 점막, 볼, 잇몸에 남기는 날카로운
느낌으로, 산도는 입안에서의 와인의 존재감과 맛의
전반적인 균형에 있어서 결정적인 역할을 한다.

AGRESSIF [아그레시프] 공격적인

지나친 산도나 수렴성 혹은 두 가지 모두가
점막을 공격하는 것 같은 느낌을 주는 특성.

AIGRE [에그르] 시큼한

와인이 변질되기 시작할 때 가장 흔하게
발견되는 특성.

AIMABLE [에마블] 마음에 드는

합리적인 가격대의 만족스러운 와인에
부여하는 수식어.

ALCOOL [알코올] 알코올

물 다음으로 중요한 와인의 구성 요소로,
알코올은 우리가 브랜디에서 접할 수 있는
특유의 목이 타는 듯하면서 마르게 하는 특성을
잃고 매우 달콤한 맛을 얻는다.

AMANDE OU AMANDIER [아망드/아망디에] 아몬드/아몬드 나무

아몬드 나무의 꽃냄새는 소비뇽이나 실바네르
(sylvaner) 혹은 다른 품종으로 만든
화이트와인에서 종종 나타난다. 바닐린
(vanilline)과 유사한 말린 아몬드의 냄새는
숙성된 샤르도네에서 자주 접할 수 있다.
비터 아몬드(amande amère)의 특성은
프리뫼르에서 만날 수 있는 고급 화이트와인의
구성 요소 중 하나로, 사실 오래된
레드와인에서 발견되는 씨의 은밀한 맛을
구성하는 한 부분이다. 구운 아몬드의 향은
일정 나이대 화이트와인의 매력이고 특징이다.

AMBRE [앙브르] 호박

호박 향은 매우 뛰어난 칭찬으로 종종 최고급
샤르도네(샹파뉴, 샤블리, 코트도르)와 남서부
지역의 최고급 귀부 와인에서 찾을 수 있다.

AMBRÉ [앙브레] 호박색의

일정 나이대의 귀부 와인에서 볼 수 있는
호박색은 산화가 이루어지지 않은 장기 숙성이
가능한 좋은 빈티지의 당도가 없는 와인이나
당도가 조금 있는 와인에서도 볼 수 있다.

AMER [아메르] 쓴

몇몇 레드와인을 제외하고, 쓴맛은 와인에
존재하지 않고, 존재하더라도 일시적으로
가볍게 나타난다. 그렇지 않으면 이상이 있는
것이다.

AMPLE [앙플] 풍부한

무거운 성질을 지니지 않았지만 '입안을 가득
채우는 와인'에 적용하는 형용사.

ANANAS [아나나] 파인애플

포도가 아주 잘 익어 향의 성숙도가 높은 해에
수확된 다수의 화이트와인에서 발견되는 향의
특성.

ANIMAL [아니말] 동물적

숙성이 진행된 레드와인에 특징적으로
나타나는 동물의 냄새(모피, 사냥, 가죽 등)
를 통칭하는 용어. 어린 와인에서 이 향이
나면 대부분 불쾌하지만, 브리딩을 통해
사라질 수 있다. 잘못 청소된 오크통이나 와인
저장소 안에 기생하는 몇몇의 원치 않는 효모
(Brettanomyces)는 지나친 농축에 기인한
문제점으로 간주되는 땀, 퇴비 등이 이러한
동물적인 향이 나게 만들 수 있다.

ANIS [아니스] 회향

잘 숙성된 화이트와인의 부케에서 엷게 나는 향.

ÂPRE [아프르] 떫은

떫은맛은 수렴성과 설익은 맛의 결합에서
오는데, 지나친 산도와 성숙하지 않은 탄닌이
만드는 다소 혐오스러운 느낌이다.

ASTRINGENCE [아스트랭장스] 수렴성

떫은맛은 수렴성과 설익은 맛의 결합에서
오는데, 지나친 산도와 성숙하지 않은 탄닌이
만드는 다소 혐오스러운 느낌이다.

ATTAQUE [아타크] 첫맛

와인이 입에 들어올 때 느껴지는 첫 번째 느낌.

AUBÉPINE [오베핀] 산사나무

산도가 높고 약간 덜 성숙된 포도로 만든 어린
화이트와인에서 매우 자주 접할 수 있는 향의
특성.

AUSTÈRE [오스테르] 육중한

매력적인 부케가 없으며, 탄닌과 산도가
지배적인 레드와인의 품질을 일컫는 용어.

B

BADIANE [바디안] 팔각

회향(anis)과 유사하지만 조금 더 강한 향.

BALSAMIQUE [발자미크] 발사믹

정도의 차이가 있지만, 새 오크통에서 숙성시킨
어린 와인에서 나는 소나무, 서양삼목나무,
주니퍼베리, 떡갈나무 등의 진의 냄새. 이 향은
숙성된 최고급 레드와인이라는 징후이기도
한다.

BANANE [바난] 바나나

프리뫼르나 햇와인, 특히 탄산에 의한 침용
과정을 거친 와인에서 빈번히 생성되는 향.
보졸레나 마콩(Mâcon) 화이트처럼 다른
과일이나 꽃의 향에 의해 약화되어야 하는데
그렇지 않은 경우, 와인에서 매니큐어, 저가의
설탕절임 과자를 연상시키는 향이 난다.

BERGAMOTE [베르가모트] 베르가모트

향이 좋은 와인이 병 안에서 일정 단계까지
숙성되면 나타나는 매우 기분 좋은 향.

BEURRE [뵈르] 버터

잘 익은 포도로 만든 산도가 낮고 감미로운
화이트와인에서 종종 접할 수 있는 향이다.
이 향은 젖산 발효에 의해서도 발생할 수 있다.

BOISÉ [부아제] 나무 향이 나는

발사믹 계통의 향으로, 새 오크통에서 숙성한
와인에서 나타난다.

BOUCHE [부슈] 입

'입'이라는 단어는 입안에서 감지되는 모든 느낌
전체를 아우른다.

BOUCHON [부숑] 부숑, 마개

상식적으로, '코르크의 맛'은 코르크 마개가
와인에 전달하는 변질되고 곰팡이 핀 코르크의
매우 불쾌한 특성이다.

BOUQUET [부케] 부케

전체적으로 일관되고 균일하게 숙성된 와인의
종합적인 향의 특성. 이 다양한 뉘앙스들이
섬세하고 기분 좋게 켜켜이 쌓여 있다.

BRILLANCE [브리앙스] 광택

와인의 광택 수준을 일컫는 용어로, 빛을
반사시키는 성질을 의미한다. 반짝임이 없는
것은 결점으로 간주된다.

BRÛLÉ [브륄레] 탄

Empyreumatique(가열향) 참조.

C

CACAO [카카오] 카카오
과숙한 포도로 양조한 와인의 부케에서 발견되는 과일과 향신료 계통의 향.

CAFÉ [카페] 커피
고품질의 레드와인 코트 드 뉘(Côte de Nuits)에서 발견되는 부케로, 새 오크통에서 숙성한 와인에 나타나는 향.

CANNELLE [카넬] 시나몬
최고급 귀부 와인 쥐랑송(Jurançon), 소테른(Sauternes)이나 당도가 없는 화이트와인 푸이이 퓌세(Pouilly- Fuissé), 코르통 샤를마뉴(Corton-Charlemagne)에서 종종 나타나는 향.

CAPITEUX [카피퇴] 알코올이 센
높은 알코올 농도에 의해 구성 요소의 풍부함이 증가된 와인의 특성.

CARAMEL [카라멜] 캐러멜
오래되어 산화 혹은 마데라 와인화된 화이트와인에 흔하게 나타나는 향의 특성.

CASSIS [카시스] 블랙 커런트
어떤 나라에서 수확되었건 언제나 피노 누아의 부케에서 느껴지는 블랙 커런트의 과육과 주스의 향으로, 경우에 따라서 잘 숙성된 상당수의 다른 레드와인 품종(메를로, 상소, 시라, 무르베드르 등)이 가진 과일 풍미 안에서도 감지된다.

CAUDALIE [코달리] 코달리
와인을 목으로 넘긴 후 느껴지는 맛의 지속성을 측정하는 단위. 1코달리 = 1초.

CERISE [스리즈] 체리
모든 종류의 레드와인의 부케를 이루는 구성 요소로, 여러 품종의 체리가 포함된다.

CHAIR [셰르] 살
특히 레드와인에서 사용되는 용어로, 와인에 감미로움을 주는 요소들(알코올, 글리세린, 당분)의 전체에 부여된 이름으로, 이 요소들이 약간 지배적일 때, 단단한 느낌이 감소해 진가가 드러난다.

CHALEUREUX [샬뢰뢰] 뜨끈한
풍부한 알코올의 영향으로, 입안에서 감지되는 열기를 일컫는 용어.

CHAMPIGNON [샹피뇽] 버섯
양송이버섯과 유사한 기분 좋은 향으로, 숙성된 와인에서 주로 느껴진다. 포도알에 곰팡이가 피는 병(Pourriture grise)에 감염된 포도로 양조했을 때에는 곰팡이 냄새와 유사한 불쾌한 냄새일 수도 있다.

CHARPENTÉ [샤르팡테] 틀이 잡힌
감미로움과 산도가 균형을 이룬 상태에서 충분하게 탄탄한 탄닌이 있는 레드와인을 칭함.

CHÈVREFEUILLE [셰브르푀유] 인동덩굴
샤르도네, 소비뇽 혹은 향이 약한 품종으로 양조된 화이트와인의 향의 특성.

CIRE [시르] 밀랍
몇몇 그랑 크뤼 샤르도네—푸이이-퓌세(Puilly-Fussé), 샤블리(Chablis) 등—나 그라브(Graves)의 화이트, 달콤한 루아르 와인에서 자주 접할 수 있는 벌집의 향.

CITRON [시트롱] 레몬
당도가 없는 가벼운 어린 화이트와인에서 자주 접할 수 있는 향의 특성.

CITRONNELL [시트로넬] 레몬그라스
레몬보다 섬세한 향으로 종종 가벼운 레드와인이 어릴 적에 나타난다.

COING [쿠엥] 모과
산도가 있건 감미가 있건, 감미로움이 풍부한 화이트와인에 숨겨진 향으로, 농익은 과일이나 콩피한 과일향과 함께 나타난다.

CORPS [코르] 몸
'몸(corps)', '진한(corsé)', '체격(corpulence)' 같은 단어는 탄닌과 감미로움의 두 가지 요소가 지배적인 와인에 사용된다. 형용사 '진한'은 알코올의 풍부함도 내포한다.

COULANT [쿨랑] 흐르는
수렴성이 없고 청량감을 주는 산도와 무거움이 없는 감미로움이 좋은 비율로 존재하는, 마시기 쉬운 와인에 적용하는 용어.

CUIR [퀴르] 가죽
몇 년간 숙성된 고급 레드와인에서 빈번히 접할 수 있는 여러 종류의 가죽향. 방돌(Bandol), 샤토 뇌프 뒤 파프(Châteauneuf-du-Pape), 마디랑(Madiran), 코르통(Corton), 에르미타주(Hermitage), 샹베르탕(Chambertin) 등.

D

DÉCHARNÉ [데샤르네] 야윈
'살(chair)'이 빠진, 즉 감미로움이 사라진 레드와인을 묘사하는 말로 과도하거나 결함이 있게 숙성시킨 결과이다.

DÉLICAT [델리카] 섬세한
특별한 매력이나 특성의 부족함이 없으면서 세련된 구조를 가진 와인을 일컬음.

DESSÉCHÉ [데세세] 말라붙은
절정기 이후 탄닌의 떫은맛이 부각된 와인.

DOUCEUR [두쇠르] 푸근한
약한 당도로 인해 단맛이 감지되지는 않지만 유연함을 느낄 수 있는 와인의 특성.

DUR [뒤르] 단단한
강한 탄닌과 산도의 시너지로, 수렴성과 공격성이 느껴지는 레드와인에 부여. 부드러움을 주는 요소의 약함이나 부족함으로 인해 이러한 특성이 더 부각된다.

E

ÉGLANTINE [에글랑틴] 찔레꽃
가볍지만 매우 세련된 와인에서 종종 나타나는 향.

ÉLÉGANT [엘레강] 우아한
형식적인 미학과 매력을 넘어서, 이 형용사는 무거움이 없는, 일련의 세련됨을 내포한다.

EMPYREUMATIQUE [앙피뢰마티크] 가열향
이 카테고리에는 타르, 그을림, 탄 나무, 캐러멜, 탄 빵 등과 좀 더 약하게는 차, 커피, 카카오, 담배, 비스킷 등의 향이 포함된다. 대중적으로는 '그릴에 구운(grillé)', '탄(brûlé)' 혹은 '훈제한(fumé)' 등의 형용사를 선호하기도 한다.

ÉPAIS [에페] 두꺼운
세련됨과 조화가 결여된 채 탄닌과 결합한 강한 감미로움이 지배하는 레드와인의 특성.

ÉPANOUI [에파누이] 활짝 핀
완숙기에 도달한 와인에 쓰는 형용사. 후각적인 그리고 미각적인 개성의 완벽한 표현을 보여준다.

ÉPICES [에피스] 향신료
매우 다양한 향의 뉘앙스로, 미각적으로 마시기 좋은 시기에 도달한 화이트 혹은 레드와인에서 발견할 수 있는 음식과 제과/제빵에 들어가는 여러 종류의 향신료의 향.

ÉQUILIBRE [에킬리브르] 균형 잡힌
맛을 구성하는 특정 요소의 부각이나 결핍이 없이(화이트-알코올/산도/감미로움, 레드-알코올/탄닌/산도/감미로움) 각 요소가 만족스럽게 상호 보완하는 와인.

ÉTOFFÉ [에토페] 튼실한
충분한 부드러움과 탄닌이 있는 레드와인에
붙이는 형용사로, 과도함 없이 좋은 지속성과
여러 요소들의 풍부함을 갖추었다.

ÉVENT [에방] 김빠진
오크통 비우기(vidange)를 실시할 때 와인에
아무런 보호조치를 하지 않아 발생하는 향의
특성. 일반적으로 이 현상과 더불어 와인은
다른 향도 잃는다.

F

FAIBLE [페블르] 약한
이 형용사는 한편으로는 알코올의 부족을,
다른 한편으로는 어떤 면에서의 약함과 보관의
어려움을 예측케 하는 구성 요소의 결핍을
의미한다.

FANÉ [파네] 시든
광택, 가장 좋은 향의 일부와 청량감을 잃은
와인을 말한다.

FATIGUÉ [파티게] 피곤한
운송이나 흔들림 등의 고난을 겪어 한시적으로
일관성과 활력을 잃은 와인.

FAUVE [포브] 야수의
오래된 레드와인의 부케로 여러 다른 수준으로
나타나는 동물적 뉘앙스. 가장 가볍게는 단지
자연적인 모피의 냄새가 난다. 좀 더 진하게 되면
야생 물새의 냄새 또는 오래된 피노 누아에서는
여우의 냄새가 난다. 어떤 것들은 사냥으로 잡은
동물의 뉘앙스로 간다면, 다른 어떤 것들은
누린내가 나기까지 한다. 리덕션에 의해서 생긴
향은 브리딩만으로도 금방 사라진다.

FENOUIL [프누이유] 펜넬
이 냄새의 개념은 때때로 잘 숙성된 당도가
없는 화이트와인에서 만날 수 있다.

FERMÉ [페르메] 닫힌
부케가 외부로 표출되지 않는 와인.

FERMENT [페르망] 효모
와인이 리(lie)에서 숙성되는 동안 효모의
분해에서 오는 냄새.

FERMETÉ [페르므테] 단단함
탄닌과 산도가 살짝 지배적인 닫힌 레드와인의
특성.

FIGUE [피그] 무화과
익힌 혹은 콩피한 딸기의 향과 자주 결합되는
말린 무화과의 향으로 포트나 바뉠스 같은 레드
뱅 드 리쾨르의 통상적인 구성요소로 매우

작황이 좋은 생산연도의 오래 숙성된 일반적인
레드와인에서도 느낄 수 있다.

FLORAL [플로랄] 꽃의
꽃의 향이 지배적인 와인의 부케의 특성.

FOIN COUPÉ [푸엥 쿠페] 자른 건초
레드와인 특유의 향의 뉘앙스로 발효향에서
미각적으로 숙성된 향으로 넘어가는 단계에서
뚜렷하다.

FONDU [퐁뒤] 녹은
약간 지배적인 감미로움이 다른 모든 느낌들을
감싸는 레드와인에 특히 많이 쓰인다.

FOUGÈRE [푸제르] 고사리
고품질의 화이트와인 특유의 향으로, 부케에
공기감을 준다.

FOURRURE [푸뤼르] 모피
'동물적(animal)' 향 계통으로 이미 숙성이
진행된 레드와인 특유의 향 뉘앙스.

FRAIS [프레] 청량한
유추에 의해 차가움 또는 상쾌하게 하는 효과와
유사한 느낌을 만드는 민트나 레몬그라스 같은
시원한 향.

FRAISE [프레즈] 딸기
나무딸기의 향은 어린 레드와인에서 자주 접할
수 있다. 익힌 혹은 콩피한 딸기의 뉘앙스는 뱅
드 리쾨르나 오래된 레드와인에서 나는 말린
무화과의 특성과 자주 결합된 것을 찾을 수
있다.

FRAMBOISE [프랑부아즈] 라즈베리
코트 드 본(Côte-de-Beaune)의 피노 누아로
만든 와인의 과일 풍미에서 매우 중요한 부케의
한 요소로, 프리뫼르 또는 일반적인 향이
뛰어난 레드와인(보졸레, 코트 뒤 론)에도
존재한다.

FRUITÉ [프뤼테] 과일 풍미가 나는
와인의 부케 중에서 알코올 발효 후 첫 단계로
신선한 과일의 향이 지배적이다. 화이트와인도
사과, 레몬, 바나나 등의 과일 풍미가
뚜렷하지만, 이 단어는 레드나 로제와인에 훨씬
더 자주 사용된다.

FUMÉE [퓌메] 훈제한
굴뚝의 그을음을 연상시키는 냄새로, 페삭
레오냥(Pessac-Léognan) 레드와 코트 드 뉘
(Côte-de-Nuits)의 몇몇 와인에서 꾸준하게
난다. 가열향(empyreumatique) 참조.

FÛT (GOÛT DE) [(구 드) 퓌] 오크의(맛)
오크통이 비어 있는 기간 동안의 관리 실수로
인한 곰팡이, 톡 쏘는 맛, 썩은 냄새 등이
전달되어 와인에서 좋지 않은 풍미가 난다.

G

GARRIGUE [가리그] 가시덤불
비유적 표현으로, 지중해 지역의 레드와인에서
자주 접할 수 있는 강한 향의 말린 허브 향.

GÉNÉREUX [제네뢰] 너그러운
알코올이 풍부한 와인에 적용하는 형용사.

GENÊT [주네] 금작화
스페인 금작화의 노란 꽃은 꽃무우(giroflée)
의 향과 비슷한 강하고 달콤한 향이 나는데,
샤르도네나 귀부 와인에 좋은 향을 구성하는
요소 중 하나이다.

GENIÈVRE [주니에브르] 주니퍼베리
향이 좋은 몇몇 와인에서 이따금 발견되는 향의
특성.

GIBIER (ODEUR DE)
[(오되르 드) 지비에] 사냥감(의 냄새)
탄닌과 산도가 살짝 지배적인 닫힌 레드와인의
특성.

GIROFLE [지로플] 정향
몇 년 숙성된 론 지역의 레드와인에서 만날 수
있는 향.

GOULEYANT [굴레양] 개운한
마시기 쉬운 맛있는 와인.

GRAPPE OU RAFLE (GOÛT DE)
[(구 드) 그라프/라플] 포도송이 또는 꽃자루
(의 맛)
씁쓸하고 풀 같은 특성에서 오는 그다지 기분
좋지 않은 맛으로, 양조 시 분쇄된 포도나무
줄기를 장시간 침용시켜 발생한다.

GRAS [그라] 기름진
와인의 알코올과 당도의 풍부함에서 오는
감미로운 촉감을 지시하는 형용사.

GRENADINE [그르나딘] 석류
침용을 약간 오래한 로제와인의 특징적인 향.

GRILLÉ [그리예] 그릴에 구운
몇몇 향의 묘사 중 독특한 뉘앙스로 '구운 빵'
의 특성은 레드와인에서, '구운 아몬드'는
최고급 화이트와인에서 나는 고급스러운 향
가운데 하나로, 이런 향들은 병 안에서 리덕션
양상을 시작할 때 나타난다.

GROSEILLE [그로제유] 레드 커런트
클레레(clairet)나 프리뫼르의 레드와인에서
종종 찾을 수 있는 향의 특성.

H-I-J

HARMONIEUX [아르모니외] 조화로운
각 맛의 그룹(화이트-알코올/산도/감미로움, 레드-알코올/탄닌/산도/감미로움)이 잘 녹아들어, 전체적으로 유혹하는 느낌을 주는 성공한 와인의 품질 중 한 가지.

HAVANE [아반] 하바나
매우 세련된 레드와인에서 느낄 수 있는 옅게 흔적처럼 존재하는 녹색 담뱃잎의 향.

HERBACÉ [에르바세] 풀의
깎은 잔디나 식물의 녹색 기관을 연상시키는 맛의 특성.

HUMUS [위뮈스] 부식토
덤불이나 낙엽이라고도 묘사되는 향의 특성으로 세련되었지만 이미 숙성이 오래된 레드와인에서 만날 수 있다.

IODÉ [이오데] 요오드의
해변이나 염전의 향을 떠오르게 하는 와인의 향을 일컫는 형용사.

JACINTHE [자생트] 히야신스
소비뇽, 라인강 유역의 품종, 뮈스카 등 향이 강한 화이트와인 품종이 병 안에서 몇 년 숙성되면 만드는 향.

JAMBES(OU LARMES)[장브/라름므] 종아리(또는 눈물)
유리잔을 흔든 후 잔의 안쪽 벽을 따라 흐르는 무색의 방울들로 와인의 알코올과 당도의 풍부함을 알려준다.

JEUNE [죈] 어린
상당 부분의 과일 향과 양조과정에서 오는 상쾌한 맛을 간직하고 있는 모든 와인을 어리다고 간주한다.

L

LACTIQUE (ODEUR) [락티크] 우유의(향)
불명확한 조합이나 젖산 발효의 불완전한 진화에서 오는 냄새로 약간 신선한 치즈나 발효된 치즈의 냄새가 난다.

LARMES [라름므] 눈물
Jambes(종아리) 참조.

LAURIER [로리에] 월계수 잎
시라와 그르나슈 같은 몇몇 지중해성 품종이 병 안에서 숙성되면 나타나는 특징적인 향신료 향.

LICHEN [리켄] 이끼
일부 레드와인에서 나타나는 향의 특성.

LIÉGEUX [리에죄] 코르크 같은
결점이 있는 코르크 마개나 카브의 위생 결핍에 기인한 축축하고 곰팡이 핀 냄새가 나는 코르크의 불쾌한 향.

LIERRE [리에르] 담쟁이
카베르네로 만든 수많은 와인에서 발견되는 향의 특성.

LIMPIDITÉ [램피디테] 투명성
크리스털 같은(cristallin), 반짝이는 (brillant), 투명한(limpide), 가려진(voilé), 유백색의(laiteux), 흐릿한(flou) 또는 뿌연 (trouble) 등 와인 외관의 투명한 상태.

LONG [롱] 긴
한 모금 삼킨 후 입안에서 향의 오랜 지속성이 있는 와인.

LOURD [루르] 무거운
와인의 모든 구성 성분 중에서 와인의 가벼움, 유연성 혹은 상쾌함 등을 없애는 탄닌과 감미로움 같은 요소가 특히 지배적인 와인의 특성.

M

MADÉRISATION [마데리자시옹] 마데라화
산화에 의해 와인은 갈변하고, 마데라 와인의 맛을 띤다. 의도된 것이 아닐 때 이는 심각한 결함이다.

MAIGRE [메그르] 마른
구성 요소들이 많이 결핍된 와인.

MÉLISSE [멜리스] 레몬 밤
레몬 제스트와 유사하지만, 더 은은하고 덜 시큼하다. 이 뉘앙스는 어린 화이트와인에서 발견된다.

MENTHE [망트] 민트
일반적으로 페퍼민트와 프레시 민트 두 가지가 알려져 있다. 일부 화이트와인에서 청량감과 부케의 활기를 주는 구성 요소로 이 특성이 조금 발견된다.

MERCAPTAN [메르캅탕] 메르캅탄
계란 썩은 냄새를 연상시키는 매우 강하고 불쾌한 냄새.

MIEL [미엘] 꿀
벌꿀을 연상시키는 향으로, 감미로운 와인 특히 귀부 와인에서 강하게 나타난다.

MINCE [맹스] 날씬한
여러 가지 구성 요소가 빈약하여 농도가 묽은 와인.

MINÉRAL [미네랄] 미네랄
암석(규석, 백악, 흑연, 편암, 석회 등), 탄화수소(석유) 또는 금속을 연상시키는 향의 카테고리. 미네랄의 느낌은 산도, 순수함, 염도 등 미각으로 느끼는 감각을 묘사한 용어이다.

MIRABELLE [미라벨] 미라벨
매우 작황이 좋은 생산연도 화이트와인의 전반적으로 풍부한 향에서 발견되는 특성으로, 와인의 부케에 상당히 구미가 당기는 향을 가져다준다.

MOELLEUX [모엘뢰] 감미로움
화이트나 로제와인 중 부드러운 미각적 효과를 주는 당분의 은은한 여운을 일컫는다.

MOLLESSE [몰레스] 물컹한
감미로움과 탄닌은 정상적이지만 산도가 부족한 와인의 특성.

MORDANT [모르당] 깨무는
산도와 탄닌이 조금 더 지배적이어서 공격적인 성향이 있는 와인을 일컫는다.

MÛRE SAUVAGE [뮈르 소바주] 야생 오디
잘 숙성되고 여러 종류의 과일 풍미가 풍부한 레드와인의 향의 특성.

MUSCADE [뮈스카드] 육두구
일정 나이대의 귀부 와인과 몇몇 레드와인에서 발견되는 향신료 향.

MUSQUÉ [뮈스케] 사향 냄새가 나는
리덕션 상태에서는 조금 거부감이 들 수 있는 분비물의 향이지만, 브리딩을 통해 매우 기분 좋게 바뀌고 일정 나이대의 여러 그랑 크뤼 레드와인에서 발견된다.

MYRTILLE [미르티유] 블루베리
야생 오디(상단 참조)와 아주 빈번하게 연동되는 향으로 동일한 조건일 때 만날 수 있다.

N

NERVEUX [네르뵈] 까탈스러운, 신경질적인
특히 화이트, 종종 레드와인에서 산도와 감미로움이 각각 강해 대립과 긴장의 느낌이 있는 와인의 물리적 특성.

NET [네트] 깔끔한

후각적/미각적 느낌이 모호함이 없이 솔직하고 정확한 와인인 경우 사용.

NEZ [네] 코

와인의 후각적 특성 전반.

NOISETTE [누아제트] 헤이즐넛

몇 년 숙성된 품질이 좋은 화이트와인에서 자주 접할 수 있는 향의 특성으로 특히 샤르도네에서 잘 나타난다.

O

OIGNON (ODEUR D') [(오되르 드) 오뇽] 양파(의 냄새)

화학적 리덕션에 의해 생성된 향의 특성으로, 매우 오래된 레드와인에서 접할 수 있다.

ONCTUEUX [옹크튀외] 미끌미끌한

탄닌과 산도가 튀지 않으면서, 매우 감미롭고 점도가 높은 와인의 물리적 특성.

ORANGE (ZESTE D') [(제스트 드) 오랑주] 오렌지(제스트)

살짝 말린 듯한 이 물질은 매우 유혹적인 냄새가 나는데, 농익어서 수확된 포도로 만든 화이트와인들에서 유사한 점들을 찾을 수 있다.

ORANGER (FLEUR D') [(플뢰르 드) 오랑제] 오렌지(블로섬)

뮈스카와 같이 향이 뛰어난 화이트와인 품종이 가지는 향의 특성.

P

PAMPLEMOUSSE [팡플무스] 자몽

아직 효모를 제거하지 않은 매우 산도가 높은 스파클링 와인에서 발견할 수 있는 향의 특징이다. 2차 발효와 정제(clarification)를 통해 사라진다. 프로방스의 로제와인에서도 이 계통의 향을 빈번하게 만날 수 있다.

PÂTEUX [파퇴] 텁텁한

강한 수렴성으로 인해 무거움이 가중된 빡빡한 와인.

PÊCHE [페슈] 복숭아

몇몇 향이 뛰어난 화이트와인에서 종종 접할 수 있는 백도/황도/복숭아씨의 맛과 향.

PÊCHER (FLEUR DE) [(플뢰르 드) 페셰] 복숭아 꽃

향이 뛰어난 어린 화이트와인에서 이따금 느껴지는 피스타치오나 비터 아몬드의 냄새와 유사한 매우 섬세한 향.

PERSISTANCE [페르지스탕스] 지속성

와인을 삼켰을 때, 입안에 남아 있거나 혹은 그대로 있는 느낌이 미각적 지속성이다. caudalie(코달리) 참조.

PIERRE À FUSIL [피에르 아 퓌지] 부싯돌

부싯돌의 맛(혹은 규석 조각)은 산도가 있고 가벼운 소비뇽, 뮈스카데, 부르고뉴 알리고테(aligoté), 자케르(jacquère) 품종 고유의 후각적 특성이다.

PIN [팽] 소나무

매우 세련된 몇몇 최고급 레드와인에서 발견되는 향의 특성.

PISTACHE [피스타슈] 피스타치오

비터 아몬드와 유사하지만 좀 더 섬세하고, 매우 세련된 향으로 종종 예민하고 완곡한 부케를 가진 레드와인에서 찾을 수 있다.

PIVOINE [피부안] 작약

약간 후추 비슷한 향이 나는 이 꽃의 향은 이 꽃과 같은 색을 가진 와인에서 난다.

PLEIN [플랭] 가득 찬

충만한 느낌을 주는 균형 잡힌 구성 요소의 풍부함으로 입안을 가득 채우는 듯한 인상을 주는 와인.

POIRE [푸아르] 배

과일 풍미의 부케가 있는 부드러운 화이트와인에서 자주 접할 수 있는 여러 종류의 배의 향.

POIVRE [푸아브르] 후추

코에서는 가장 공기감이 있고 세밀한 양상으로, 입에서의 마지막 단계에서는 뒷맛까지 이어지는 양상으로 나타나는데, 품질 좋은 수많은 레드와인에서 자주 접할 수 있는 향.

POIVRON [푸아브롱] 파프리카

어릴 적에는 과일 풍미가 별로 두드러지지 않는 탄닌이 풍부한 레드와인 품종 특유의 향으로, 특히 구강을 통해서 인지되는 향. 고농축 시, 레드와인에서 느껴지는 녹색 파프리카의 향은 상당수 포도가 미성숙했다는 신호이다.

POMME [폼] 사과

여러 다른 품종의 사과는 독특한 냄새를 갖는데, 강도가 다른 여러 화이트와인에서 발견할 수 있다(뮈스카데, 소비뇽 등).

PRUNEAU [프뤼노] 건자두

'란시오(rancio)'라고도 불리는 향으로 건자두 같은 말린 과일의 향이라 정의된다. 뱅 두 나튀렐의 전형적인 향으로, 숙성이 진행된 레드와인에도 존재한다.

R

RACÉ [라세] 기품 있는

비교할 수 없는 우아함과 품격 있는 최고급 와인.

RÂPEUX [라푀] 까끌까끌한

강도가 있고 지나친 지속성을 가진 탄닌이 구강 점막을 '긁을' 때 느껴지는 과한 수렴성.

RÊCHE [레슈] 까칠까칠한

높은 단계의 수렴성.

RÉGLISSE [레글리스] 감초

몇몇 레드와인의 끝맛에서 자주 접하는 향의 특성.

RÉSINE [레진] 진, 송진

세련되고 고상한 레드와인 부케의 구성 요소로 발사믹 계열 향의 특성.

ROBE [로브] 드레스

와인의 색을 보고 이미지화해 붙여진 이름.

ROND [롱] 둥근

감미로움이 지배적이지만 무겁지 않고 유연하며 모난 곳이 없는 와인.

ROSE [로즈] 장미

여러 품종의 뮈스카와 게부르츠트라미너의 특징적인 1차 아로마. 시든 장미의 뉘앙스는 몇몇 세련되고 오래된 레드와인 부케의 섬세한 느낌.

S

SEC [섹] 달지 않은

당분이 없는 화이트와인에 적용하는 형용사. 달지 않은 화이트와인은 감미로움이 전체의 조화를 해치지 않으면서 숨어 있거나 거의 없다.

SÈVE [세브] 수액

보르도에서 만들어진 전문용어로, 와인이 입안을 통과하는 동안 맛이 풍부한 향의 팽창하는 특성을 표현한다.

SÉVÈRE [세브르] 준엄한
탄닌과 산도의 양자 지배적이면서 떫은 향을
가진 와인.

SOUPLE [수플] 유연한
탄닌과 산도의 후퇴로 인해 과하지 않은
자연적인 감미로움이 나타나는 와인 맛의 특성.

SOYEUX [수아이외] 비단 같은
입안에서 와인과 접촉 시 느껴지는 세련됨을
표현하는 단어.

SUCROSITÉ [쉬크로지테] 달콤함
시음에서 허용되는 신조어로 과일 풍미의
(fruité), 연한(tendre), 그윽한(suave),
달콤한(doux), 감미로운(moelleux), 귀부의
(liquoreux) 등과 같은 와인의 단 느낌의
정도를 표현한다.

 T

TABAC [타바] 담배
조향사의 하바나 뉘앙스와 유사한 녹색 담배나
태우지 않은 담배의 향기는 종종 매우 세련된
최고급 레드와인에서 발견된다.

TANIN [타냉] 탄닌
레드와인의 특성을 만드는 포도의 껍질에서
추출한 물질.

TENDRE [탕드르] 연한
탄닌은 적고, 감미로움과 산도의 조화가 좋아
입안에서 아무런 저항이 없는 와인.

THYM [탱] 타임
프로방스(Provence)와 오트 프로방스(Haute-
Provence)의 와인에서 자주 접할 수 있는 향.

TILLEUL (FLEUR DE) [(플뢰르 드)
티욀] 보리수(꽃)
매우 세련된 부케를 가진 몇몇 화이트와인에서
발견할 수 있는 향.

TRUFFE [트뤼프] 송로(트러플)
최고 품질의 오래된 레드와인에서 접할 수 있는
최고급 향. '화이트 트러플'은 특정 빈티지의
숙성된 화이트나 귀부 와인에서 찾을 수 있다.

TUILÉ [튈레] 기왓장 같은
색깔이 심하게 갈변하여 오래된 기왓장의
색깔을 떠오르게 하는 레드와인의 외관.

 V

VANILLE [바니유] 바닐라
수많은 화이트와 레드의 부케에서 발견되는
향의 특성. 자연적으로 포도의 목질 부분이나
새 오크통에서 나온다.

VÉGÉTAL [베제탈] 식물의
미숙하거나 지나친 추출에서 오는 수렴성을
표출하는 탄닌에서 오는 식물계(허브, 잎)가
연상되게 하는 향.

VELOUTÉ [벨루테] 벨벳 같은
입안에서의 만남이 벨벳의 촉감을 연상시키는
와인.

VENAISON [브네종] 사냥감 고기
Gibier (odeur de)-사냥감(의 냄새) 참조.

VERT ET VERDEUR [베르/베르되르]
녹색의/풋내 나는
녹색 과일에서 유추해낸 표현으로, 약한
감미로움이 화이트, 레드, 로제 와인의 과한
산도를 그대로 보여주는 경우를 일컫는다.

VINEUX [비뇌] 알코올 성분이 강한
알코올의 풍부함이 지나치게 표출되는 와인.

전 세계의 유명한
포도 재배지

LES GRANDS VIGNOBLES DU MONDE

유명 와이너리

전 세계 포도 재배지

50° N

40° N

30° N

CANADA

ÉTATS-UNIS

MEXIQUE

Océan

Océan

0° *Équateur*

Pacifique

BRÉSIL

PÉROU

Atlantique

30° S

CHILI   URUGUAY

ARGENTINE

40° S

Régions viticoles

Mer du Nord

ROYAUME-UNI

Océan Atlantique

PAYS-BAS
BELGIQUE
ALLEMAGNE
LXEMBOURG
Elbe
Rhin
Moselle
RÉPUBLIQUE TCHÈQUE
Champagne
Loire
Danube
SLOVAQUIE
UKRAINE
RUSSIE
Dniepr
FRANCE
Bourgogne
SUISSE
AUTRICHE
HONGRIE
MOLDAVIE
Crimée
GÉORGIE
Rhône
SLOVÉNIE
ROUMANIE
Bordeaux
Piémont
CROATIE
Pô
Danube
Mer Noire
Rioja
Ebre
I T A L I E
Toscane
SERBIE
BULGARIE
PORTUGAL
ESPAGNE
Corse
MACÉDOINE
TURQUIE
Jérez
Îles Baléares
Sardaigne
GRÈCE
SYRIE
CHYPRE
LIBAN
MAROC
ALGÉRIE
TUNISIE
Sicile
Mer Méditerranée
Crète
ISRAËL

KAZAKHSTAN
40° N
AZERBAÏDJAN
JAPON
ARMÉNIE
CHINE
30° N
ÉGYPTE
PAKISTAN
Océan
INDE
Pacifique
ÉTHIOPIE
0°
Océan
Indien
ZIMBABWE
MIBIE
AUSTRALIE
30° S
AFRIQUE DU SUD
40° S
NOUVELLE-ZÉLANDE

전 세계 와인 시장

포도나무는 모든 대륙에 존재하지만, 불규칙하게 분포되어 있다. 포도밭의 면적상으로 유럽이 주도적인 위치(자리)를
차지하지만, 남/북 아메리카, 아시아, 특히 호주와 뉴질랜드 등지에서 포도원의 증가가 관찰된다.
하지만 큰 변화는 주로 소비와 생산에 관한 것이다.

전 세계의 포도원

가장 광범위한 포도원들. 와인과 포도에 관한 국제기구 OIV(Organisation internationale de la vigne et du vin)에 따르면 2014년 기준으로 전 세계에서 750만 헥타르의 땅에 포도가 심어져 있고, 면적 크기로 보면 스페인, 프랑스, 이탈리아, 미국, 포르투갈, 아르헨티나 순이다(수정된 데이터로, 터키, 중국, 이란, 루마니아 등지의 포도원은 포함되지 않았는데, OIV에서 제시한 자료는 포도나무가 심어진 면적들로, 식용 포도, 건조용 포도, 와인 양조용 포도와 증류주용 포도를 구분하지 않기 때문이다).

트렌드의 변화. 전 세계의 포도원은 오랜 기간 하강 추세 이후, 2011년부터 면적이 증가한 것으로 나타났다. 가장 광범위한 유럽의 포도원은 전 세계 포도원 면적의 60%를 차지하는데 그 뒤를 아시아, 아메리카, 아프리카, 오세아니아가 쫓는다. 예를 들면 중국과 같은 몇몇 국가에서 실제 와인 양조에 사용된 포도의 양을 측정하기 어려운 점은 차치하더라도, 우리는 몇 가지 근본적인 변화를 볼 수 있는데, 그중 가장 중요한 사실은 지난 20년 동안 유럽에서의 생산은 감소했고, 남반구와 중국에서의 생산은 늘었다는 점이다.

안정적인 소비. 2009년 미국인들은 전 세계에서 가장 와인을 많이 마시는 사람들이 되었다. 하지만 전반적으로 2009년 이후 전 세계의 와인 소비량이 고착화되는 경향을 보이고 있고, 유럽의 전통적인 와인 대량 생산 및 소비 국가(프랑스, 이탈리아, 스페인, 독일)에서는 줄었으나 미국과 중국의 소비 증가가 이를 상쇄했다. 특히 중국의 비상이 눈길을 끈다. 중국은 2014년에 전 세계에서 7번째로 와인을 많이 소비하는 국가이다.

오늘날 이탈리아는 프랑스, 스페인, 미국, 아르헨티나, 미국, 호주를 제치고 양적인 면에서 세계 1위의 생산국이다. 2014년 전 세계 와인 생산량은 2억 7천만 헥토리터였다.

유럽의 장기 후퇴

프랑스처럼 최종적인 뿌리뽑기나 혹은 최근에 유럽연합에 가입한 국가들의 포도원 재편성과 같은, 유럽 포도 재배국들의 포도나무 뿌리를 뽑는 정책들로 인해 구대륙에서는 해마다 각국의 포도 재배 면적의 크기가 줄어들었다. 그럼에도 불구하고, 쇠퇴는 많이 둔화되었고, 2015년에 유럽이 결정한 재배권과 관련된 새로운 법률로 인해 상황이 바뀔 수 있다. 유럽 공동체의 포도원(28개국)은 2014년에 340만 헥타르를 기록했다. 연간 수확량으로 보면, 때로는 프랑스 때로는 이탈리아가 전 세계 최다 생산국이지만, 스페인의 포도원 면적이 가장 크다.

신세계 국가 포도원의 상황

남아메리카와 오세아니아는 지난 20년간 재배 면적이 증가한 것으로 나타났지만, 이 증가는 멈췄고, 호주와 같은 나라는 2010년 이래로 포도원이 감소한 것으로 나타났다. 아르헨티나, 브라질, 칠레의 포도원은 계속 확장 중이다. 생산 면에서는 최근에 아르헨티나에서 소폭 감소했지만, 칠레의 생산량으로 상쇄됐다. 2013년, 2014년 남미의 와인 생산량은 높은 수준을 유지했다. 호주의 생산량은 수년 전부터 정체되었지만, 뉴질랜드는 2011년 이후 급성장을 하고 있다.

신흥 와인 생산국?

아시아는 계속해서 전 세계 포도 재배지 성장의 주요 거점이다. 중국의 포도 재배는 1998년부터 급성장하고 있는데, 2015년 800,000헥타르에 이를 정도로 활발한 성장세를 이어가고 있다. 비록 대부분이 양조용 포도이지만, 이는 전 세계에서 두 번째에 해당하는 것이다. 중국은 아시아 와인 시장 발전의 주요 원동력이다. 아프리카의 포도 재배지는 고착된 경향이 있다. 생산량 면에서 전 세계 7위이자 아프리카 대륙의 최대 생산국인 남아프리카공화국은 수출로 인해 생산량 증가가 이루어지면서 2011년 이후 조금씩 성장하고 있다.

인도, 유망하지만 제한된 시장

인도라는 시장은 매우 독특한데, 인구의 평균 연령이 매우 낮다(75%가 35세 미만이다). 연간 1,500만 리터로 추산되는 와인 소비량은 (20%는 수입에 의존) 향후 몇 년 동안 급격히 증가할 것으로 예상된다. 나식Nasik과 마하라슈트라Maharashtra의 상리Sangli, 카르나타카Karnataka의 방갈로Bangalore의 세 지역에 인도의 와인 생산자 70명이 분산되어 있다. 인도가 현재 맥주와 증류주(특히 위스키) 등의 알코올 다량 소비 국가이지만, 내수 시장은 매우 큰 와인의 경제적 가치 면에서 유망하다. 실제적인 국내 시장은 3천만 명 정도로, 마하라슈트라, 카르나타카, 델리Delhi의 3개 주에 거주하는 대부분의 소비자들은 가장 부유한 계층

이다. 이 3개의 주에서 전체 인도의 와인 소비량의 75%를 담당한다.

중국, 아시아의 1등 소비국

2014년 중국은 전 세계 와인 소비량의 6.5%를 담당하면서, 세계 5위가 됐다. 그리고 같은 해에 전 세계 최대의 레드와인 시장이 됐다. 이러한 역학 관계는 중국의 포도 재배 지역의 증가(2011년 이후 25% 성장)가 나타내는 것처럼 중국 내 생산량의 증가로 인해 더욱 강화될 것으로 보인다. 현재 프랑스는 미국, 이탈리아, 호주, 칠레 등을 앞서 아시아 국가들의 가장 핵심적인 와인 공급국이다. 또한 홍콩 시장은 동아시아 최고급 와인의 허브가 되어 중요한 자리를 차지하고 있다.

국제무역 : 새로운 상황

2008년과 2009년의 위기 동안 잠시 멈추고 약간의 하락이 있었지만, 국제무역은 2000년 대비해서 금액에서 100%, 양에서 60% 각각 성장했다. 하지만 역학관계는 매우 다르다. 과거의 리더였던 프랑스는 와인 시장 점유율은 감소했지만, 금액 면에서는 이탈리아를 제치고 세계 1위의 와인 수출국이다. 장기적으로 프랑스의 수출량 감소는 신세계의 부상과 이탈리아와 함께 양에서 세계 1위를 차지한 스페인의 수출 증가로 설명된다. 미국 와인을 포함한 신세계의 와인은 20년 동안 전 세계의 모든 시장에서 급부상했다. 이 국가들의 생명력은 문제 삼지 않더라도, 최근의 트렌드는 대조적인 변화를 보여준다. 호주와 아르헨티나의 수출은 정체된 반면 칠레와 뉴질랜드는 계속해서 증가하고 있다. 6대 수입국(독일, 영국, 미국, 프랑스, 러시아, 중국)은 전체 수입량의 거의 50%를 차지한다. 와인 시장은 점점 더 국제화되는 분야로, 프랑스에서 10년 전에는 소비된 와인의 27%가 수입되었다면, 현재는 43% 이상을 차지한다.

주요 와인 생산국		
나라	면적 (단위 :1000헥타르)	생산량 (단위:1000헥토리터)
중부와 서부 유럽		
독일	102	9 209
오스트리아	45	2 250
불가리아	64	747
스페인	1021	38 211
프랑스	792	46 804
그리스	110	2 900
헝가리	65	2 555
이탈리아	690	44 229
포르투갈	224	6 195
체코 공화국	17 (*)	650 (*)
루마니아	192	4 093
크로아티아	35 (*)	2044 (*)
슬로베니아	16 (*)	527 (*)
스위스	15	933

별표로 체크된 수치는 2011년 것으로, 이것들은 제외하고는 2014년 수치이다. (OIV 출처)
이 지역 안의 다른 국가들도 와인을 생산하지만, 생산량이 매우 적거나 최신 수치를 사용할 수 없거나 신뢰할 수 없다. 이 나라를 중요성 순으로 나열하면 슬로바키아, 마세도니아 공화국, 크로아티아, 사이프러스, 보스니아, 룩셈부르크, 영국, 몰타이다.

동유럽-서아시아-중동 지역		
조르지아	57	1 596
이스라엘	9	895
리비아	14	975
몰도바	143	5 948
러시아	63	4 124
터키	508	42 964
우크라이나	84	5 219

- OIV가 발표한 2011년 기준 수치이다. 터키와 리비아의 포도 생산량의 큰 부분은 식용이다.

- 포도원이 있지만 여기에 등장하지 않는 국가는 아프카니스탄, 아르메니아, 아제르바이잔, 요르단, 이라크, 이란, 카자흐스탄, 키르기스탄, 시리아, 타지키스탄, 투르크메니스탄, 우즈베키스탄, 예멘 등이다.

아메리카 지역		
아르헨티나	227	15 197
브라질	89	2 732
칠레	211	10 050
미국	425	22 300

OIV가 발표한 2014년 수치이다. 이 지역 내에는 와인을 생산하는 여러 다른 나라가 있는데, 중요도 순으로, 멕시코, 우루과이, 캐나다, 페루, 볼리비아, 베네수엘라 등이다.

아프리카 지역		
남아공	132	11 316
모로코	48 (*)	3 819 (*)
튀니지	22 (*)	1 496 (*)

OIV가 발표한 2014년 수치이며 *표는 2011년 수치이다.

오세아니아 지역		
호주	152	12 000
뉴질랜드	38	·3 204
아시아 지역		
Chine	799	11 178
Inde	119	170
Japon	19 (*)	1726 (*)

OIV가 발표한 2014년 수치로, 일본만 예외적으로 2011년이다. 중국과 인도의 포도 생산량의 큰 부분은 식용이다.

프랑스

Lille

Somme

Rouen

Caen

Reims

Épernay

Nancy

Strasbourg

Seine

Oise

Paris

Marne

Aube

Meuse

Moselle

Rhin

Rennes

Orléans

Les Riceys

Colmar

Vilaine

Sarthe

Loir

Auxerre

Chablis

Seine

Angers

Loire

Tours

Cher

Dijon

Saône

Doubs

Nantes

Yonne

Beaune

Arbois

Poitiers

Vienne

Creuse

Bourges

Loire

La Rochelle

Mâcon

Océan
Atlantique

Cognac

Clermont-
Ferrand

Roanne

Lyon

Chambéry

Aller

Dordogne

Bordeaux

Rhône

Isère

Grenoble

Valence

Cahors

Lot

Agen

Gaillac

Tarn

Orange

Durance

Auch

Avignon

Nice

Pau

Toulouse

Nîmes

Montpellier

Aix-en-Provence

Garonne

Carcassonne

Marseille

Toulon

Bastia

Narbonne

Aude

Mer
Méditerranée

Perpignan

Ajaccio

N

Régions viticoles

- Alsace et Lorraine
- Champagne
- Vallée de la Loire
- Bourgogne

- Jura
- Savoie
- Vallée du Rhône
- Bordelais

- Sud-Ouest
- Provence
- Languedoc-Roussillon
- Corse

0   100   200 km

보르도의 포도 재배지

보르도⋯ 세상 어디에서건, 이 이름은 와인을 떠올리게 한다. 예외적인 와인과 신화적인 샤토들을 상징으로,
보르도는 전 세계에서 가장 훌륭한 몇몇 와인을 만들고 있다. 이들의 탁월함은 이탈리아, 호주,
캘리포니아에 이르기까지, 외국의 여러 포도원에 영감을 주었다.

오랜 명성

기원. 보르도의 포도원은 로마군이 도착한 기원 1세기 초 태어났다. 보르도의 와인들은 곧바로 유명해져 4세기에 이미 시인 오존Ausone이 칭송한 바 있다.

그러나 보르도 와인의 진정한 비상은 아키텐의 엘레오노르Aliénor d'Aquitaine와 훗날 영국의 왕이 된 앙리2세 플랑타주네Henri II Plantagenêt가 1152년 거행한 결혼식으로 인해 영국과 보르도 와인의 상업 교류가 시작된 12세기에 이루어졌다.

17세기에서 19세기까지. 새로운 상업 시대는 17세기, 증류를 위해 와인을 구매하러 온 네덜란드인들에 의해 시작됐다. 동시대에 오브리옹Haut-Brion과 같은 최고급 샤토가 태어났다. 18세기에 들어 병입된 와인이 판매되기 시작했고, 수출이 확대됐다. 런던 사회는 보르도의 최고급 와인에 대한 자신들의 취향을 표출했고, 영국인들인 메독의 레드와인을 뉴 프렌치 클레레트new French clarets라 불렀다. 메독에서 새로운 포도 재배 방법이 개발됐다. 양조와 와인 보관의 새로운 기술의 출현과 와인 유통의 주인공들인 네고시앙의 영향으로 인해 '플라스 드 보르도place de Bordeaux'는 중요한 역할을 했다(오늘날까지도 이들의 존재감은 뚜렷한데, 지롱드 지방 와인 생산의 대략 75%, 그랑 크뤼의 95%를 판매하고 있다). 19세기는 보르도 포도원의 황금기였는데, 1855년 가론Garonne강 좌안의 계급을 설정한 메독의 그랑 크뤼 클라세가 자취를 남겼다. 하지만 19세기 말, 필록세라와 노균병mildiou에 심하게 공격받았다. 뒤를 이어 1차 세계대전, 경제 공황, 2차 세계대전이 줄을 이었다.

20세기부터 오늘날까지. 포도원이 다시 일어서려면 1950년대까지 기다려야 했다. 그라브Graves, 생테밀리옹Saint-Emilion, 크뤼 부르주아cru bourgeois 등에 새로운 등급체계가 태어났다. 2007년 취소된 크뤼 부르주아의 등급을 제외하고, 이 새로운 등급 체계는 보르도의 우수성을 계속 주장하고 있다. 일부 스캔들(위조)과 보르도의 패권에 야유를 보내기 시작하면서 점점 더 진정성을 갖는 외국의 경쟁자들에도 불구하고, 보르도 와인은 새로운 야망을 위해 조처를 강구하고 있다. 보르도 와인의 프리뫼르 판매는 전 세계 와인계를 좌지우지한다. 2년에 한 번씩 개최되는 국제적인 전문가들의 살롱인 빈엑스포Vinexpo와 모든 포도원의 <공개 개장일portes ouvertes>은 수천 명의 방문객을 불러들인다. 보르도의 포도원들은 자신들의 이미지를 완벽하게 하고, 경쟁에 더 잘 대처하고, 가독성을 높이기 위해 스위트 보르도Sweet Bordeaux(귀부 와인 생산자 조합, p.221 참조)와 2008년부터 시행된 원산지 명칭인 코트 드 보르도Côtes-de-Bordeaux로 나누고 있는데 코트 드 보르도는 11,000헥타르의 총면적과 500,000헥토리터의 생산량으로 보르도 전체 생산량의 1/6을 차지하는 진정한 공격력을 가진 와인이다.

> **숫자로 보는**
> **보르도의 포도 재배지(AOC)**
> 면적 : 111 000 헥타르
> 평균 생산량 : 5 300 000 헥토리터
> 레드 : 86% 로제 : 4%
> 화이트 : 10%
> (CIVB, 보르도 와인 연합회)

> 리부른의 샤토 드 몽바동Château de Monbadon

유용한 정보

보르도에서 가장 오래된 포도원은 샤토 파프 클레망(Château Pape Clément)이다.
시작은 13세기로 거슬러 올라간다. 1299년 베르트랑 드 고트(Bertrand de Goth)가 보르도의 대주교로 명명되었을 때, 그의 손윗 형에게 폐삭의 이 도멘을 받았다. 6년 후, 그는 교황 클레망 5세(Clément V)가 되었고, 여기서 이 샤토의 이름이 유래했다. 그 이후로, 이 샤토는 보르도 최고 와인 가운데 하나를 생산하기를 멈춘 적이 없다.

기후

보르도의 포도원은 온화한 해양성 기후를 가지고 있다. 중요한 랑드 숲forêt des Landes은 서쪽에서 불어오는 바람을 막아주고, 온도를 조절하는 가리개의 역할을 한다. 대서양과의 근접성 덕분에 온난하고 다습한 겨울, 우박을 동반한 천둥, 번개, 차가운 비가 있지만 일찍 시작하는 봄, 최고급 귀부 와인을 만들 수 있게 해주는 풍부한 햇살과 귀부균이 번식하기에 유리한 안개 끼는 가을이 있다.

포도밭 풍경

보르도의 포도원은 지롱드 데파르트망département de la Gironde 전체에 걸쳐 있다. 보르도Bordeaux, 보르도 쉬페리외르Bordeaux Supérieur, 크레망 드 보르도Crémant de Bordeaux 등의 일반 보르도 원산지 명칭의 와인들 전부가 이 범위 안에서 생산된다. '다른' 원산지 명칭은 3개의 넓은 지리적 영역으로 나뉜다.

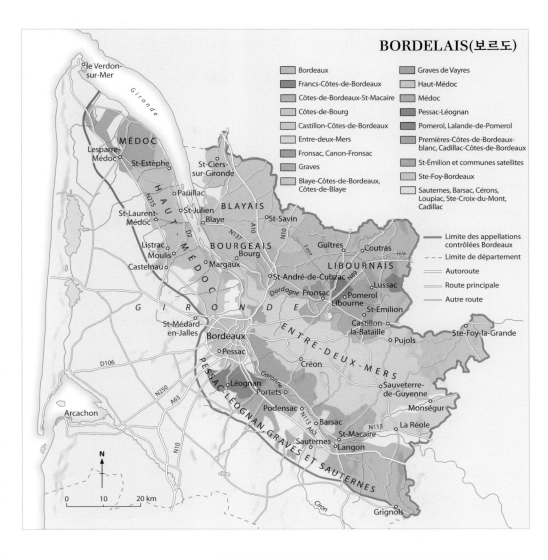

BORDELAIS(보르도)

- Bordeaux
- Francs-Côtes-de-Bordeaux
- Côtes-de-Bordeaux-St-Macaire
- Côtes-de-Bourg
- Castillon-Côtes-de-Bordeaux
- Entre-deux-Mers
- Fronsac, Canon-Fronsac
- Graves
- Blaye-Côtes-de-Bordeaux, Côtes-de-Blaye
- Graves de Vayres
- Haut-Médoc
- Médoc
- Pessac-Léognan
- Pomerol, Lalande-de-Pomerol
- Premières-Côtes-de-Bordeaux-blanc, Cadillac-Côtes-de-Bordeaux
- St-Émilion et communes satellites
- Ste-Foy-Bordeaux
- Sauternes, Barsac, Cérons, Loupiac, Ste-Croix-du-Mont, Cadillac

— Limite des appellations contrôlées Bordeaux
--- Limite de département
Autoroute
Route principale
Autre route

보르도시와 가론강의 좌안. 메독 (보르도시의 북쪽), 그라브, 소테른(보르도시의 남쪽) 지역이 여기에 해당된다. 토양은 주로 여러 종류의 돌멩이로 구성되어 있는데, 여기에 다소 크기 차이가 있는 자갈이 점토, 진흙, 모래에 섞여 있고 일부 지역에는 석회가 섞인 진흙이 있다. 여기서는 레드와인과 당도가 없는 화이트 혹은 귀부 와인을 생산한다. 메독도 두 개의 지역 원산지 명칭인 메독과 오 메독으로 나뉜다. 후자는 명성이 있는 동네 원산지 명칭이 포함된다(알파벳 순으로, 리스트락Listrac, 마고Margaux, 물리스Moulis, 포이약Pauillac, 생테스테프Saint-Estèphe, 생 쥘리앵Saint-Julien), '좌안rive gauche'은 메독의 샤토 라피트 로칠드Château Lafite-Rothschild, 샤토 마고Château Margaux, 샤토 레오빌 라스카즈Château Léoville-Las-Cases, 샤토 코스 데스투르넬Château Cos d'Estournel, 그라브의 샤토 오 브리옹Château Haut-Brion, 소테른의 샤토 디켐Château d'Yquem, 샤토 클리망스Château Climens, 샤토 리유섹Château Rieussec과 같은 진정한 최고급 크뤼와 전 세계적으로 유명한 샤토를 포함한다.

리부른LIBOURNE 항구와 도르도뉴DORDOGNE강의 우안. 이 지역은 북쪽으로는 블라이Blaye와 부르Bourg, 중앙에는 리부른, 생테밀리옹Saint-Emilion, 포므롤Pomerol, 프롱삭Fronsac, 남쪽으로는 카스티옹Castillon까지를 포함한다. 토양에 있어 프롱삭과 생테밀리옹은 석회가 섞인 진흙이 주를 이루고 포므롤은 돌멩이로 구성되어 있다. '우안rive droite'에서는 전 세계적으로 알려진 페트뤼스Petrus, 샤토 레글리즈 클리네Château L'Eglise-Clinet

보르도 와인계의 <스타>

와인을 사랑하는 사람들, 컬렉터, 투기꾼의 상상을 불러일으켜 온 지구를 꿈꾸게 만드는 프레스티지 그랑 크뤼가 10여 개 있다. 각 도멘은 고유한 개성과 영혼이 있다. 메독의 꽃 샤토 마고, '프르미에르 크뤼 쉬페리외르premier cru supérieur'라 적을 수 있는 보르도의 유일한 와인이자 전 세계 귀부 와인의 'best of the best' 샤토 디켐, 과거에 영불해협을 넘어 보르도의 명성을 만들기 위해 많은 것을 한 샤토 오 브리옹, 컬트 와인 페트뤼스, 카베르네 소비뇽의 완전한 예 샤토 라투르Château Latour(포이약), 생테밀리옹의 희귀한 네 개의 프르미에 그랑 크뤼 클라세인 샤토 슈발 블랑, 샤토 오존, 샤토 앙젤뤼스Château Angélus, 샤토 파비Château Pavie, 1855년 등급에서 첫 번째 중의 첫 번째인 샤토 라피트 로칠드(포이약), 1973년 프리미에 크뤼로 승격한, 와인의 품질뿐만 아니라 예술가들의 작품인 레이블로도 유명한 샤토 무통 로칠드가 그 이름들이다.

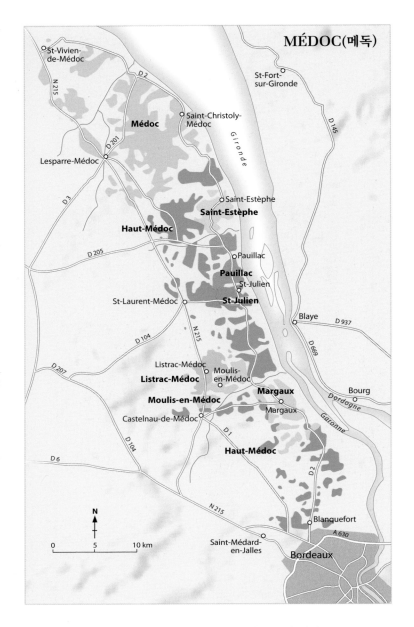

고 유연성이 있으면서 우아한 와인을 만든다.

카베르네 소비뇽. 보르도 레드와인 품종의 스타로, 메독과 그라브의 최고급 와인을 만든다. 잘 성숙되었을 때 수확하면 색깔이 진하고, 세련되면서 다른 와인과 구분되는 극단적인 복합성을 갖는다. 입에서의 지속성, 탄닌의 짜임새, 매우 긴 장기 숙성 가능성으로 잘 알려져 있다. 블렌딩에 각광을 받는데, 현재 보르도 쉬페리외르, 오 메독 그리고 코트 드 보르도의 양조에 사용된다.

카베르네 프랑. 메를로와 경쟁관계를 형성하는 리부른의 최고급 와인용 품종으로 카브에서의 50년 숙성에도 여전히 믿기 힘든 젊음을 간직한 와인을 만든다. 지롱드의 여기저기서 재배된다.

프티베르도PETIT VERDOT. 역사가 깊은 이 레드와인 품종은 메독의 고급 와인에 쓰여, 색깔, 탄닌, 향신료의 향을 준다.

말벡(코CÔT, **오세루아**AUXERROIS**).** 카오르Cahors의 최고급 와인에 들어가는 레드와인 품종으로 과일 풍미와 짜임새를 준다.

세미용. 이 품종은 소테른 지역과 지롱드강 주변에서 생산되는 모든 귀부 와인의 왕이다(이웃인 몽바지악Monbazillac도 동일). 매우 생산성이 높고, 그라브와 앙트르 되 메르 지역에도 역시 널리 퍼져 있다. 세미용 특유의 부드러움과 세련됨은 당도가 없건 감미가 있건 최고급 화이트와인을 만든다. 특히 소비뇽과의 궁합이 좋다.

소비뇽. 보르도의 또 다른 훌륭한 화이트와인 품종이다. 생산성이 높지는 않지만, 짜임새, 청량감, 입안에서의 지속성 때문에 각광을 받는다. 이 품종은 매우 전형적인 풀 냄새를 가진 당도가 없는 화이트와인을 보르도, 페삭 레오냥, 블라이, 앙트르 되 메르 등지에서 생산하는데, 숙성함에 따라 매우 뛰어난 복합성을 보여준다. 귀부 와인의 블렌딩에도 들어간다.

뮈스카델. 보르도의 전통적인 화이트와인 품종으로, 와인에 기분 좋은 꽃향기를 준다. 질병에 대한 극도의 민감성 때문에 멸종 위기에 처해 있다.

진실 혹은 거짓?

보르도의 그랑 크뤼는 50년 이상 숙성할 수도 있다.

진실 비록 점점 더 많은 와인이 과일 풍미와 청량감을 즐기며 어릴 때 마실 수 있도록 양조되고 있지만, 보르도 와인은 5~15년, 20년 이상을 장기 숙성시킬 수 있는 와인이다. 최근 2000년, 2003년, 2005년과 같은 최고 밀레짐의 메독, 생테밀리옹, 포므롤, 그라브와 가장 뛰어난 원산지 명칭(포이약, 마고, 생 쥘리앵)의 그랑 크뤼들은 주름살 하나 없이 50년을 넘길 수 있다.

등이 포므롤에, 샤토 오존Château Ausone, 샤토 슈발 블랑Château Cheval Blanc이 생테밀리옹에 있다.

가론와 도르도뉴강 사이. 이 지역은 앙트르 되 메르Entre-deux-Mers 원산지 명칭의 포도원이 지배적이다. 여기서는 당도가 없는 화이트, 감미로운 화이트, 메를로가 중심이 된 골격이 좋은 레드와인을 생산한다. 토양은 진흙과 돌멩이로 구성되어 있다. 가론강의 우안을 따라 귀부 와인이 유명한 원산지 명칭인 생트 크루아 뒤 몽Sainte-Croix-du-Mont, 루피악Loupiac, 카디악Cadillac 등이 있다.

보르도 최고의 품종

보르도 와인의 블렌딩에는 8가지 주요 품종이 들어간다. 테루아와 도멘에 따라 다른 비율로 사용된다.

메를로. 18세기부터 생테밀리옹에서는 메를로가 언급되었다. 보르도에서 가장 많이 재배되는 품종으로, 생테밀리옹과 포므롤에서는 지배적이고, 코트 드 보르도, 일반 보르도와 보르도 쉬페리외르 등의 양조에 사용된다. 조생종으로, 메를로는 과일 풍미가 나는 둥글둥글하

보르도와 브랜드 와인

1930년 포이약의 샤토 무통 로칠드의 필립 드 로칠드Philippe de Rothschild 남작은 도멘의 프레스티지 와인과 다른 레이블을 붙여 '무통 카데Mouton Cadet'라는 브랜드로 세컨드 와인을 판매하려는 아이디어를 냈다. 성공은 따놓은 당상이었다. 현재 샤토의 양조장에서 보르도의 와인들과는 다른 블렌딩으로 만들어지는 무통 카데는 전 세계에서 판매되는 보르도의 첫 번째 브랜드 와인이다. 그 뒤를 쫓는 브랜드 중 가장 중요한 것들은 바롱 드 레스탁Baron de Lestac, 말르장Malesan, 블래삭Blaissac, 셀리에 디브쿠르Cellier d'Yvecourt, 크루아 도스테랑Croix d'Austéran, 바티스트 드 비냑Batiste de Vignac 등이다.

> 카베르네 소비뇽 품종이 보여줄 수 있는 최상은 보르도 테루아에서 볼 수 있다.

보르도의 와인, 블렌딩한 와인

보르도의 와인은 블렌딩한 와인이다. 이것은 진정한 예술이자, 오래되고 굳건한 전통이다. 사실 광범위한 원산지 명칭이건 혹은 그랑 크뤼 클라세이건 보르도 와인은 일반적으로 여러 품종, 밭, 테루아의 마리아주인데, 그 비율은 수확한 연도, 양조 책임자, 원산지 명칭에서 규정하는 지배적인 품종에 따라 변화하지만 목표는 최상의 균형, 최상의 테루아 표현이다. 원칙적으로 각 병에는 최소한 두 종류의 품종, 대개는 세 종류, 때때로 네 종류의 품종이 들어 있다.

와인의 스타일

보르도 와인의 특징은 다양성이다. 레드, 로제, 당도가 없는 화이트, 귀부 와인 그리고 스파클링 와인 등이 생산된다. 공통적인 포도 품종과 양조 기술의 명백한 일치에도 불구하고 동일한 원산지 명칭 안에서 테루아, 기후, 블렌딩의 차이로 인해 각각의 와인 스타일이 다를 수 있다.

레드. 일반적인 보르도 와인은 가벼운 편으로 과일 풍미를 즐기면서 마신다. 보르도 쉬페리외르는 진하지만 세련된 탄닌이 있는데 병입 후 5년 이내에 마신다. 생테밀리옹, 포므롤, 프롱삭은 진하면서 유연하고 좋은 장기 숙성 능력이 있다. 포이약, 생 쥘리앵은 어릴 적에는 복합적이면서 탄닌이 느껴지지만, 매우 뛰어난 장기 숙성 능력이 있다.

로제. 보르도 로제와 보르도 클레레의 두 원산지 명칭으로 지롱드 데파르트망 전반에 걸쳐서 생산되는 로제와인은 과일 풍미가 좋고, 병입 후 바로 마셔야 한다.

당도가 없는 화이트. 지롱드 데파르트망 전반에 걸쳐서 생산되며 상쾌하고 마시기 쉽다(앙트르 되 메르, 코트 드 보르도 블라이, 광범위한 원산지 명칭인 보르도). 하지만 더 진하고, 힘이 좋으며, 좋은 장기 숙성 능력을 가지는 것도 있다(페삭 레오냥, 그라브).

달콤한, 감미로운 화이트 또는 귀부 와인. 소테른과 샤토 디켐이라는 명칭을 가지고, 소테른, 세롱Cérons, 카디약, 생트 크루아 뒤 몽, 바르삭Barsac, 루피악 등의 원산지 명칭으로 생산된다(대략 3,000헥타르). 하지만 다른 지역(그라브 쉬페리외르Graves Supérieur, 코트 드 보르도 생

PESSAC-LÉOGNAN, GRAVES ET SAUTERNAIS
(프삭 레오냥, 그라브와 소테른)

> 원산지 명칭 마고의 샤토 라스콩브 Château Lascombes 양조장 안의 오크통

1959년 개정되었다. 16개 도멘의 13종의 레드와인과 9종의 화이트와인이 포함된다.

생테밀리옹의 등급. 1855년 등급에 그 어떤 생테밀리옹의 와인도 포함되어 있지 않다. 그래서 영농조합에서 자체적으로 등급을 만들었고, 10년마다 갱신 가능하다. 첫 번째 등급 판정은 1954년에 이루어졌다.

아티장 크뤼CRUS ARTISANS. 1세기 반 동안 존재하다 1930년대에 사라졌다가 1990년 명예를 회복했다. '장인'이라는 단어는 유럽연합에 의해 인정되었고, 등급은 2002년에 제정되었다. '아티장 크뤼'는 가족적 규모의 조직이 포도 재배, 양조, 판매에 이르기까지 모든 것을 책임지는 것을 의미한다. 이 등급에 메독과 오 메독에 위치한 약 340헥타르에 있는 44개의 아티장 크뤼가 있다.

'크뤼 부르주아' 인증. 19세기 메독에서 등장한 크뤼 부르주아는 크뤼 클라세와 아티장 크뤼의 사이의 계급으로 볼 수 있다. 1932년의 첫 번째 공식 리스트에는 490개의 크뤼가 집계되었다. 1980년대에 재도약을 하기까지 사람들에게 잊혀 갔다. 2003년 매우 공식적인 등급이 작성되자마자 법원에 제기되었다. 2007년 무효화되었지만 2009년 새로운 형태로 다시 태어났다. 인증은 2008년 생산연도 와인부터 병에 기록할 수 있다. 더 이상 등급은 아니지만 독립적인 조직에 의해 통제되는 업무 지침서와 시음을 가지고 매년 수여되는 라벨로써 1개의 빈티지에 유효하고, 수확 후 2년 후에 부여된다.

진실 혹은 거짓?

신화와도 같은 페트뤼스는 그랑 크뤼 클라세이다.
거짓 포므롤에는 아무런 등급이 존재하지 않는다. 희소성, 명성, 품질에도 불구하고, 페트뤼스는 그 어떤 등급에도 들어간 곳이 없다 (p.277 참조).

마케르Côtes-de-Bordeaux-Saint-Macaire…)에서도 생산된 몇몇은 훌륭한 장기 숙성 능력이 있다.

스파클링 와인 화이트 또는 로제인 스파클링 와인은 보르도 지역 전체에서 생산되며 몇몇은 유명하다.

보르도의 등급

최초의 등급 선정은 17세기 후반에 이 지역에서 나타났지만, 가장 유명한 것은 1855년의 것으로 메독의 레드와인의 계급을 만들었다. 이후에 다른 등급들이 뒤따랐다. 보르도에는 대략 5,300헥타르의 포도밭에 총 171개의 크뤼 클라세가 있다.

1855년의 등급(메독의 크뤼 등급). 첫 번째부터 다섯 번째 크뤼까지, 총 5개의 카테고리에 61개의 크뤼가 포함된다. 1973년 단 한 번의 수정이 있었는데 2등급이던 샤토 무통 로칠드가 1등급으로 승격되었다.

소테른과 바르삭의 등급. 동일하게 1855년에 제정되었다. 쉬페리외르 1등급이라는 유니크한 등급을 가진 샤토 디켐을 필두로, 11개의 1등급과 14개의 2등급이 있다.

그라브의 등급. 1956년 최초로 창설되어

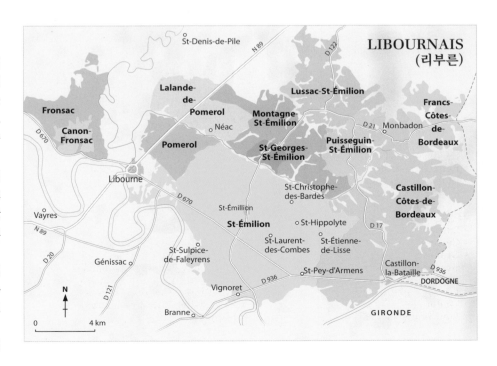

'세컨드' 와인

보르도의 각 샤토는 첫 번째 와인을 만들기 위해, 가능한 최상의 블렌딩을 한다. '첫 번째' (또는 '최고급') 와인에 사용되지 않는 포도는 '두 번째'(때로는 '세 번째', '네 번째') 와인 양조에 사용된다. 이 와인들은 다른 레이블로 판매가 되지만, 일반적으로 훌륭한 품질 대비 매력적인 가격으로 판매된다. 몇몇 세컨드 와인은 종종 첫 번째 와인의 품질을 바짝 뒤쫓는다. 이 세컨드 와인도 최고급 테루아에서 재배된 것을 기억한다면, 지극히 정상적인 일이다.

> <프리미엄> 와인보다 덜 농축되어 있으므로, <세컨드> 와인들은 덜 숙성시켜 마셔야 한다.

몇몇 <세컨드> 와인

Château Ausone : Chapelle d'Ausone

Château Beychevelle : Amiral de Beychevelle

Château Brane-Cantenac : Baron de Brane

Château Cheval-Blanc : Le Petit Cheval

Château Cos d'Estournel : Pagodes de Cos

Château Haut-Brion : Clarence de Haut-Brion

Château Lafite-Rothschild : Les Carruades

Château Lascombes : Chevalier de Lascombes

Château Latour : Les Forts de Latour

Château Léoville-Las-Cases : Clos du marquis

Château Léoville-Poyferré : Pavillon de Léoville-Poyferré

Château Margaux : Pavillon Rouge du Château Margaux

Château Montrose : La Dame de Montrose

Château Mouton-Rothschild : Le Petit Mouton

Château Palmer : L'Alter Ego

Château Pavie-Macquin : Les Chênes de Macquin

Château Pichon-Longueville Comtesse de Lalande : La Réserve de la Comtesse

Château Pontet-Canet : Les Hauts de Pontet-Canet

Château Sociando-Mallet : La Demoiselle de Sociando-Mallet

보르도의 원산지 명칭

지역적/일반적 원산지 명칭
- Bordeaux
- Bordeaux clairet
- Bordeaux rosé
- Bordeaux sec
- Bordeaux supérieur
- Côtes-de-Bordeaux
- Crémant de Bordeaux

가론강의 좌안
- Barsac
- Cérons
- Graves
- Graves supérieur
- Haut-Médoc
- Listrac-Médoc
- Médoc
- Moulis-en-Médoc

- Margaux
- Pauillac
- Pessac-Léognan
- Saint-Estèphe
- Saint-Julien
- Sauternes

가론강의 우안
- Côtes-de-Bourg
- Côtes-de-Blaye
- Blaye
- Blaye-Côtes-de-Bordeaux
- Cadillac
- Cadillac-Côtes-de-Bordeaux
- Canon-Fronsac
- Castillon-Côtes-de-Bordeaux
- Francs-Côtes-de-Bordeaux
- Fronsac

- Lalande-de-Pomerol
- Lussac-Saint-Émilion
- Montagne-Saint-Émilion
- Pomerol
- Puisseguin-Saint-Émilion
- Saint-Émilion
- Saint-Émilion Grand Cru
- Saint-Georges-Saint-Émilion

가론강과 도르도뉴강 사이
- Côtes-de-Bordeaux-Saint-Macaire
- Entre-deux-Mers
- Entre-deux-Mers-Haut-Benauge
- Loupiac
- Sainte-Croix-du-Mont
- Sainte-Foy-Bordeaux

보르도의 크뤼 등급

메독 레드 크뤼 등급 (1855)

Premiers Crus(1등급)
- Château Haut-Brion, *Pessac*
- Château Lafite-Rothschild, *Pauillac*
- Château Latour, *Pauillac*
- Château Margaux, *Margaux*
- Château Mouton-Rothschild, *Pauillac* (*introduit en 1973*)

Seconds Crus(2등급)
- Château Brane-Cantenac, *Cantenac*
- Château Cos d'Estournel, *Saint-Estèphe*
- Château Ducru-Beaucaillou, *Saint-Julien-Beychevelle*
- Château Durfort-Vivens, *Margaux*
- Château Gruaud-Larose, *Saint-Julien-Beychevelle*
- Château Lascombes, *Margaux*
- Château Léoville-Barton, *Saint-Julien-Beychevelle*
- Château Léoville-Las-Cases, *Saint-Julien-Beychevelle*
- Château Léoville-Poyferré, *Saint-Julien-Beychevelle*
- Château Montrose, *Saint-Estèphe*
- Château Pichon-Longueville Baron de Pichon, *Pauillac*
- Château Pichon-Longueville, Comtesse de Lalande, *Pauillac*
- Château Rauzan-Ségla, *Margaux*
- Château Rauzan-Gassies, *Margaux*

Troisièmes Crus(3등급)
- Château Boyd-Cantenac, *Cantenac*
- Château Calon-Ségur, *Saint-Estèphe*
- Château Cantenac-Brown, *Cantenac*
- Château Desmirail, *Margaux*
- Château Ferrière, *Margaux*
- Château Giscours, *Labarde*
- Château d'Issan, *Cantenac*
- Château Kirwan, *Cantenac*
- Château Lagrange, *Saint-Julien-Beychevelle*
- Château La Lagune, *Ludon*
- Château Langoa-Barton, *Saint-Julien-Beychevelle*
- Château Malescot-Saint-Exupéry, *Margaux*
- Château Marquis d'Alesme-Becker, *Margaux*
- Château Palmer, *Cantenac*

Quatrièmes Crus(4등급)
- Château Beychevelle, *Saint-Julien-Beychevelle*
- Château Branaire-Ducru, *Saint-Julien-Beychevelle*
- Château Duhart-Milon, *Pauillac*
- Château Lafon-Rochet, *Saint-Estèphe*
- Château Marquis de Terme, *Margaux*

- Château Pouget, *Cantenac*
- Château Prieuré-Lichine, *Cantenac*
- Château Saint-Pierre, *Saint-Julien-Beychevelle*
- Château Talbot, *Saint-Julien-Beychevelle*
- Château La Tour-Carnet, *Saint-Laurent-en-Médoc*

Cinquièmes Crus(5등급)
- Château d'Armailhac, *Pauillac*
- Château Batailley, *Pauillac*
- Château Belgrave, *Saint-Laurent-Médoc*
- Château Camensac, *Saint-Laurent-Médoc*
- Château Cantemerle, *Macau-en-Médoc*
- Château Clerc-Milon, *Pauillac*
- Château Cos Labory, *Saint-Estèphe*
- Château Croizet-Bages, *Pauillac*
- Château Dauzac, *Labarde*
- Château Grand-Puy-Ducasse, *Pauillac*
- Château Grand-Puy-Lacoste, *Pauillac*
- Château Haut-Bages-Libéral, *Pauillac*
- Château Haut-Batailley, *Pauillac*
- Château Lynch-Bages, *Pauillac*
- Château Lynch-Moussas, *Pauillac*
- Château Pédesclaux, *Pauillac*
- Château Pontet-Canet, *Pauillac*
- Château du Tertre, *Arsac*

소테른과 바르삭 스위트 화이트와인 등급 (1855)

Premier Cru supérieur (1등급 쉬페리에르)
- Château d'Yquem, *Sauternes*

Premiers Crus(1등급)
- Château Climens, *Barsac*
- Château Clos Haut-Peyraguey, *Bommes*
- Château Coutet, *Barsac*
- Château Guiraud, *Sauternes*
- Château Lafaurie-Peyraguey, *Bommes*
- Château Rabaud-Promis, *Bommes*
- Château de Rayne-Vigneau, *Bommes*

- Château Rieussec, *Fargues-de-Langon*
- Château Sigalas-Rabaud, *Bommes*
- Château Suduiraut, *Preignac*
- Château La Tour Blanche, *Bommes*

Seconds Crus(2등급)
- Château d'Arche, *Sauternes*
- Château Broustet, *Barsac*
- Château Caillou, *Barsac*
- Château Doisy-Daëne, *Barsac*
- Château Doisy-Dubroca, *Barsac*

- Château Doisy-Védrines, *Barsac*
- Château Filhot, *Sauternes*
- Château Lamothe, *Sauternes*
- Château Lamothe-Guignard, *Sauternes*
- Château de Malle, *Preignac*
- Château de Myrat, *Barsac*
- Château Nairac, *Barsac*
- Château Romer du Hayot, *Fargues-de-Langon*
- Château Suau, *Barsac*

그라브 와인 등급 (1959)

Premier Grand Cru(1등급 그랑 크뤼)
- Château Haut-Brion (rouge), *Pessac*

Crus classés(크뤼 클라세)
- Château Bouscaut
  (rouge et blanc), *Cadaujac*
- Château Carbonnieux
  (rouge et blanc), *Léognan*
- Domaine de Chevalier
  (rouge et blanc), *Léognan*
- Château Couhins
  (blanc), *Villenave-d'Ornon*

- Château Couhins-Lurton
  (blanc), *Villenave-d'Ornon*
- Château Fieuzal
  (rouge), *Léognan*
- Château Haut-Bailly
  (rouge), *Léognan*
- Château Laville-Haut-Brion
  (blanc), *Talence*
- Château Malartic-Lagravière
  (rouge et blanc), *Léognan*
- Château La Mission-Haut-Brion
  (rouge), *Talence*

- Château Olivier
  (rouge et blanc), *Léognan*
- Château Pape Clément
  (rouge), *Pessac*
- Château Smith-Haut-Lafitte
  (rouge), *Martillac*
- Château La Tour-Haut-Brion
  (rouge et blanc), *Talence*
- Château La Tour-Martillac
  (rouge et blanc), *Martillac*

생테밀리옹 레드와인 등급 (2012)

PREMIERS GRANDS CRUS
(1등급 그랑 크뤼)

Premiers Grands Crus classés A
- Château Angélus, *Saint-Émilion*
- Château Ausone, *Saint-Émilion*
- Château Cheval-Blanc, *Saint-Émilion*
- Château Pavie, *Saint-Émilion*

Premiers Grands Crus classés B
- Château Beau-Séjour-Bécot,
  Saint-Émilion
- Château Beauséjour
  (Duffau-Lagarrosse), *Saint-Émilion*
- Château Belair-Monange,
  Saint-Émilion
- Château Canon, *Saint-Émilion*
- Château Canon-la-Gaffelière,
  Saint-Émilion
- Château Figeac, *Saint-Émilion*
- Château La Gaffelière, *Saint-Émilion*
- Château Larcis-Ducasse,
  Saint-Laurent-des-Combes
- Château Pavie-Macquin,
  Saint-Émilion
- Château Troplong-Mondot,
  Saint-Émilion
- Château Trottevieille,
  Saint-Émilion
- Château Valandraud, *Saint-Émilion*
- Clos Fourtet, *Saint-Émilion*
- La Mondotte, *Saint-Émilion*

GRANDS CRUS CLASSÉS
- Château Balestard La Tonnelle,
  Saint-Émilion
- Château Barde-Haut,
  Saint-Christophe-des-Bardes
- Château Bellefont-Belcier,
  Saint-Laurent-des-Combes
- Château Bellevue, *Saint-Émilion*
- Château Berliquet, *Saint-Émilion*
- Château Cadet-Bon, *Saint-Émilion*
- Château Cap de Mourlin,
  Saint-Émilion

- Château Chauvin, *Saint-Émilion*
- Château Clos de Sarpe,
  Saint-Christophe-des-Bardes
- Château Corbin, *Saint-Émilion*
- Château Côte de Baleau,
  Saint-Émilion
- Château Dassault, *Saint-Émilion*
- Château Destieux, *Saint-Hippolyte*
- Château Faugères,
  Saint-Étienne-de-Lisse
- Château Faurie de Souchard,
  Saint-Émilion
- Château de Ferrand, *Saint-Hippolyte*
- Château Fleur Cardinale,
  Saint-Étienne-de-Lisse
- Château Fombrauge,
  Saint-Christophe-des-Bardes
- Château Fonplégade, *Saint-Émilion*
- Château Fonroque, *Saint-Émilion*
- Château Franc-Mayne,
  Saint-Émilion
- Château Grand Corbin, *Saint-Émilion*
- Château Grand Corbin-Despagne,
  Saint-Émilion
- Château Grand Mayne, *Saint-Émilion*
- Château Grand Pontet,
  Saint-Émilion
- Château Guadet, *Saint-Émilion*
- Château Haut-Sarpe,
  Saint-Christophe-des-Bardes
- Château Jean Faure, *Saint-Émilion*
- Château L'Arrosée, *Saint-Émilion*
- Château La Clotte, *Saint-Émilion*
- Château La Commanderie,
  Saint-Émilion
- Château La Couspaude,
  Saint-Émilion
- Château La Dominique,
  Saint-Émilion
- Château La Fleur Morange,
  Saint-Pey-d'Armens
- Château La Marzelle, *Saint-Émilion*
- Château La Serre, *Saint-Émilion*

- Château La Tour-Figeac,
  Saint-Émilion
- Château Laniote, *Saint-Émilion*
- Château Larmande, *Saint-Émilion*
- Château Laroque,
  Saint-Christophe-des-Bardes
- Château Laroze, *Saint-Émilion*
- Château Le Châtelet, *Saint-Émilion*
- Château Le Prieuré, *Saint-Émilion*
- Château Les Grandes Murailles,
  Saint-Émilion
- Château Montbousquet,
  Saint-Sulpice-de-Faleyrens
- Château Moulin du Cadet,
  Saint-Émilion
- Château Pavie-Decesse,
  Saint-Émilion
- Château Peby-Faugères,
  Saint-Étienne-de-Lisse
- Château de Pressac,
  Saint-Étienne-de-Lisse
- Château Petit-Faurie-de-Soutard,
  Saint-Émilion
- Château Quinault-l'Enclos,
  Libourne
- Château Ripeau, *Saint-Émilion*
- Château Rochebelle,
  Saint-Laurent-des-Combes
- Château Saint-Georges Côte Pavie,
  Saint-Émilion
- Château Sansonnet, *Saint-Émilion*
- Château Soutard, *Saint-Émilion*
- Château Tertre Daugay,
  Saint-Émilion
- Château Villemaurine,
  Saint-Émilion
- Château Yon-Figeac, *Saint-Émilion*
- Clos de l'Oratoire, *Saint-Émilion*
- Clos des Jacobins, *Saint-Émilion*
- Clos La Madeleine, *Saint-Émilion*
- Clos Saint-Martin, *Saint-Émilion*
- Couvent des Jacobins,
  Saint-Émilion

보르도의 유명 와인

보르도에는 수많은 그랑 크뤼와 명성 있는 원산지가 있다.
이 원산지 명칭을 소개하기 위해 이 책은 다음의 순서를 따른다.
우선 지롱드 전역에서 생산되는 보르도의 총칭적 원산지 명칭 다음에,
가론강의 좌안, 그리고 우안, 마지막으로 도르도뉴강과 가론강 사이에
있는 지역 순이다.

AOC BORDEAUX (AOC 보르도)

전 지역

지롱드에서 가장 넓은 면적을 지닌 원산지 명칭이다(44,000헥타르). 대서양 변에 위치한, 가론강과 지롱드 양식장에 의해 두 개로 갈라진 지역으로, 이 원산지 명칭은 220만 헥토리터를 생산하는데, 대부분이 레드와인 이지만, 달지 않은 화이트와인도 생산한다. 테루아의 상태나 서로 다른 주요 품종(메를로, 카베르네)의 현저한 차이가 있다 보니, 이 와인들의 동질성을 찾는 것은 어렵다. 일반적으로 이 와인들은 조화롭고, 마시기 편

하며, 대개 어릴 적에 마신다.

> **주요 품종** 레드는 메를로, 카베르네 프랑, 카베르네 소비뇽, 말벡, 프티 베르도. 화이트는 세미용, 소비뇽, 뮈스카델.

> **토양** 충적토, 자갈, 점토-석회, 규토-점토-모래 충적토.

> **와인 스타일** 블렌딩으로 만들어지는 대부분의 레드와인은 보르도색(전형적인 자주색)의 색깔을 띠고, 붉은/검은 과일(산딸기, 딸기, 블랙 커런트), 꽃(제비꽃) 또는 파

프리카의 지배적인 향에 채소 및 향신료의 향이 곁들여진다. 유연하면서, 과일의 풍미가 있고 부드러우며, 그렇게 진하지 않다. 갈증을 해소시키고 즐거움을 주는 화이트와인은 녹색 빛이 감도는 옅은 금색이다. 과일(시트러스, 복숭아)과 하얀 꽃 향에, 순한 향신료의 향이 더해져 있다. 달지 않고, 힘이 좋으며, 과일 풍미와 함께 균형감이 좋다.

색:	서빙 온도:	숙성 잠재력:
레드, 화이트.	화이트는 10도 전후, 레드는 15~16도.	화이트는 2~3년, 레드는 2~5년.

AOC BORDEAUX SUPÉRIEUR (AOC 보르도 쉬페리외르)

전 지역

일반적인 보르도 AOC와 동일한 지역에서 생산되는 보르도 쉬페리외르는 더 엄격한 생산조건을 따른다. 더 제한적인 산출량, 최소 12개월 숙성(오크 사용의 점진적 증가 추세), 그리고 일반적으로 알코올 도수가 일반 보르도보다 높다.
일반적인 원산지 명칭 보르도와는 달리, 거의 대부분이 레드와인이고 약간의 감미로운 화이트와인을 생산한다.

> **주요 품종** 레드는 메를로, 카베르네 프

랑, 카베르네 소비뇽, 말벡, 프티 베르도. 화이트는 세미용, 소비뇽, 뮈스카델과 약간의 위니 블랑ugni blanc, 메를로 블랑merlot blanc, 콜롱바르colombard 등이다.

> **토양** 일반 보르도 AOC와 동일하다. 충적토, 자갈, 점토-석회, 규토-점토-모래의 충적토.

> **와인 스타일** 좀 더 진한 보르도 색이다. 좀 더 농축되고, 동시에 좀 더 복합적이면서 붉은/검은 과일, 야채, 향신료, 바닐라 향이

난다. 맛은 풍부하면서 농도가 있고, 과일의 풍미가 느껴지며, 짜임새와 함께 어느 정도의 숙성을 요하는 단단한 탄닌이 있다. 끝맛은 과일 풍미 위에 청량감이 있다.
금빛을 띠는 감미로운 화이트와인은 복합적이면서 향기로운 향과 과일 풍미, 생동감 그리고 알코올의 균형이 잘 잡힌 맛이다.

색:	서빙 온도:	숙성 잠재력:
레드, 화이트.	화이트는 8~10도, 레드는 15~16도.	화이트는 3~5년, 레드는 5~10년.

AOC CRÉMANT DE BORDEAUX (AOC 크레망 드 보르도)

1990년에 태어난 원산지 명칭이지만, 스파클링 와인과 관련하여 보르도의 전통을 계속 유지하고 규제한다. 지롱드 전역에서 생산 가능하다. 병내 2차 발효를 하는 방식으로 양조되는데(p.70-71 참조) 거의 대부분(약 30,000헥타르)이 화이트와인이지만, 로제와인도 있다.

> **주요 품종** 화이트는 세미용, 소비뇽, 뮈스카델, 위니 블랑, 콜롱바르. 레드는 카베르네 소비뇽, 메를로, 말벡, 프티 베르도.
> **토양** 자갈, 점토-석회, 규토-점토-모래 충적토.
> **와인 스타일** 멋진 향을 가진 크레망 드 보르도는 세련된 기포가 생기를 주는 옅은 금색이다. 향은 상쾌하고, 하얀 꽃향기를 곁들인 과일 향, 시트러스, 헤이즐넛의 껍질 향이 난다. 짜임새가 있는 맛으로, 부드러운 산도와 향의 복합성이 좋은 균형을 보여준다. 전체적으로 우아하다.

로제 크레망은 조그만 붉은 과일의 유쾌한 향으로 유혹한다.

색:	서빙 온도:	숙성 잠재력:
화이트, 로제.	6~8도.	병입된 해에 마실 것.

AOC BORDEAUX ROSÉ (AOC 보르도 로제)

이 지역 원산지 명칭은 오로지 로제와인만 생산할 수 있다. 매력적이고 개운한 이 와인들은 연간 대략 260,000헥토리터를 생산하고, 프랑스의 다른 로제와인들처럼 순풍에 돛단 듯 성장하고 있다.

> **토양** 모래, 자갈, 점토-석회, 규토-점토-모래 충적토.
> **와인 스타일** 여러 가지 다른 핑크색의 뉘앙스를 띨 수도 있지만, 선명한 핑크색을 가진 보르도 로제는 딸기와 같은 세련된 조그만 붉은 과일, 꽃, 향신료의 향이 난다. 부드럽고 청량감과 과일 풍미가 있는 맛으로, 길게 여운이 남게 해줄 옅은 탄닌의 흔적 위로 풍기는 과일 향 사이에서 좋은 균형감을 보여준다.

색:	서빙 온도:	숙성 잠재력:
로제.	8도 전후.	병입된 해에 마실 것.

보르도 <완전> 쉬페리외르

플 라스 드 보르도place de Bordeaux의 전 그랑 크뤼 네고시앙이었던 도미니크 메느레Dominique Méneret는 2001년 카스티용Catstillon 근처 63헥타르의 도멘을 매입했는데, 그중 27헥타르에는 오로지 메를로만 심어져 있었다. 그 후, 이전에 판매된 와인들과 같은 최고급 와인을 만들기 위해 그는 스테판 드르농쿠르Stéphane Derenoncourt 같은 와인 전문가들의 조언을 계속 수용했다. 결과는 따놓은 당상이었다. 2007년 프리뫼르로 판매된 샤토 드 쿠르테이약Château de Courterillac은 로버트 파커를 유혹하여 100점 만점에 89/91점을 받아 몇몇 그랑 크뤼들을 긴장하게 만들었다. 우수한 품질과 꾸준함으로 빛을 발하는 이 카테고리에 속하는 또 다른 샤토들로는 생-바르브Saint-Barbe, 로뒥Lauduc, 라 베리에르La Verrière 또는 프냉Penin 등이 있다.

AOC BORDEAUX CLAIRET (AOC 보르도 클레레)

전 지역

역사적으로 보르도에서 처음 생산된 와인의 유형인 클레레는 이미 중세에 프랑스인이 영국에 수출하던 가벼운 레드와인이다. 특유의 옅은 색깔을 보고 영국인들은 '프렌치 클라레'라고 불렀다. 지금도 가벼운 침용에 의해서 로제와 레드와인 사이의 중간색을

띤 와인을 이 명칭으로 부른다. 상당히 베일에 쌓인 이 원산지 명칭은 지롱드 전체에 널리 퍼져 925헥타르에서 연간 약 32,000헥토리터를 생산한다.

> **주요 품종** 메를로(절대 우세), 카베르네 소비뇽, 카베르네 프랑, 말벡.

> **토양** 모래, 자갈, 점토-석회, 충적토.
> **와인 스타일** 가벼우면서 개성 있는 보르도 클레레는 밝고 옅은 빨간색이다. 딸기, 레드 커런트, 꽃 향이 난다. 로제치고는 상당히 풍부한 맛이고, 청량감이 있으면서 세련된 구조의 탄닌이 있다.

색:	서빙 온도:	숙성 잠재력:
레드.	6~8도.	2년.

AOC MÉDOC (AOC 메독)

좌안(메독)

라틴어로 '메독'은 '물의 한 가운데'를 의미한다. 사실 이 지역은 길이 80km, 폭 10km의 반도의 형상을 하고 있는데, 서쪽으로는 대서양을, 동쪽으로는 지롱드강을 접하고 있다. 이 원산지 명칭은 5,700헥타르로, 예외적인 지리적 위치를 만끽하고 있다. 남쪽에 자리한 '오-메독haut Médoc'은 최고급 그랑 크뤼 클라세(p.252 참조)들이 모여 있고, 반도의 북쪽에 위치한 '바-메독bas Médoc'이 일반적으로 원산지 명칭 메독이라 불리는 지역이다. 오로지 레드와인만 평균적으로 3천 8백만 병이라는 큰 생산량을 보인다. 아무런

크뤼 클라세가 없다.
> **주요 품종** 카베르네 소비뇽, 메를로, 카베르네 프랑, 말벡, 프티 베르도.
> **토양** 자갈.
> **와인 스타일** 매력적이고 균형이 잡힌 메독의 와인은 짙은 색깔을 띠는데, 어릴 적에는 붉은/검은 과일, 파프리카, 감초, 버섯, 숲속의 땅 냄새가 난다. 짜임새 있고, 풍부한 맛으로 좋은 탄닌이 느껴진다. 시간이 지날수록 향은 동물적이고 구운 냄새로 바뀐다.

색:	서빙 온도:	숙성 잠재력:
레드.	15~17도.	두 번째 해부터 마시기 시작해서 대략 5~10년 정도 가능.

메독과 오-메독의 생산자 셀렉션

MÉDOC(메독)

- **Château Bournac (Civrac-en-Médoc) 샤토 부르낙(시브락-앙-메독)** 기품이 가득 찬 와인으로, 숙성 잠재력이 있다. 이 원산지 명칭의 확실한 아이템.

- **Château Fontis (Ordonnac) 샤토 퐁티(오르도낙)** 세련되고, 우아하며 균형 잡힌 와인.

- **Château La Tour de By (Bégadan) 샤토 라투르 드 비(베가당)** 매우 세련되고 부드러운 와인으로, 훌륭한 장기 숙성 잠재력이 있다.

- **Château Les Ormes-Sorbet (Couquèques) 샤토 레조름-소르베(쿠케크)** 우아하고, 세련되며, 균형 잡히고, 깊은 맛이 있는 숙성 잠재력이 있는 와인.

HAUT-MÉDOC(오-메독)

- **Château Camensac (Saint-Laurent-du-Médoc) 샤토 카망삭(생-로랑-뒤-메독)** 고품질의 와인.

- **Château Caronne Sainte-Gemme (Saint-Laurent-du-Médoc) 샤토 카론 생트-젬(생-로랑-뒤-메독)** 기품이 있고 탄닌이 풍부하며 깊은 맛이 있는 좋은 숙성 잠재력이 있는 와인.

- **Château Clément-Pichon (Parempuyre) 샤토 클레망-피숑(파랑퓌르)** 매우 우아하고 세련된 와인. 샤토 드 콩크라는 세컨드 와인도 있다.

- **Château Preuillac (Lesparre) 샤토 프뢰이약(레스파르)** 짜임새 있으면서 좋은 과일 풍미가 있는 훌륭한 와인.

GRAND VIN DE BORDEAUX

CHÂTEAU
CLÉMENT-PICHON

HAUT-MÉDOC

Mis en Bouteille au Château

2007

VIGNOBLES CLÉMENT FAYAT

AOC HAUT-MÉDOC (AOC 오-메독)

좌안(메독)

가론강 상류의 메독 '반도'의 남쪽에 위치한 이 원산지 명칭은 4,765헥타르에 분포되어 있다. 오로지 레드와인만 생산한다(평균적으로 3,200만 병). 오-메독은 보르도의 최고급 와인들이 속해 있는 곳으로 1855년 5곳이 최고의 그랑 크뤼로 선정되었다. 이 지역 안에서 포이약, 생-쥘리앵, 생테스테프, 마고, 리스트락, 물리스 등의 명성 있는 코뮌 commune급 원산지 명칭을 찾을 수 있다.

> **주요 품종** 카베르네 소비뇽, 메를로, 카베르네 프랑, 말벡, 프티 베르도.

> **토양** 자갈, 점토-석회.

> **와인 스타일** AOC 메독보다 조금 더 진하다. 짙은 석류 빛 색상에, 잘 익은 붉은/검은 과일(블랙 커런트), 부드러운 향신료의 터치, 바닐라, 구운 냄새 등의 유혹적인 향이 난다. 짜임새 있고 풍부한 맛으로, 코에서 감지된 향을 입에서 다시 확인할 수 있으며, 고운 탄닌과 함께 긴 지속성이 있다.

색: 레드.

서빙 온도: 17~18도.

숙성 잠재력: 7~16년.

AOC SAINT-ESTÈPHE (AOC 생테스테프)

좌안(메독)

메독 내 6개의 원산지 명칭 중 가장 북쪽에 위치한다. 로마인의 정복 시기에 태어난 이 포도밭은 사람의 이름이 붙은 동네에 있는데, 북쪽으로는 포이약, 남쪽으로는 오-메독에 둘러싸인 곳이다. 12,000헥타르에서, 탄탄하고 땅 냄새가 나며 육중하고 묵직한 70,000헥토리터의 레드와인만 생산한다. 1855년에 5곳의 포도원이 그랑 크뤼로 선정되었다.

> **주요 품종** 카베르네 소비뇽, 메를로, 카베르네 프랑.

> **토양** 점토질의 자갈.

> **와인 스타일** 남성적이며 힘 좋고 짜임새 있는 생테스테프의 와인은 농축된 색을 띠며, 어릴 적에는 참나리, 검은/붉은 과일, 순한 향신료, 제비꽃 등의 향이 난다. 나이를 먹어가면서 제3기 향인 수렵육, 숲속의 땅 냄새가 난다. 조화롭고 힘이 좋으며 짜임새 있는 맛은 세련되면서 기품이 있고, 촘촘한 탄닌과 함께 하는데, 부드러워지기 위해서 어느 정도의 시간을 필요로 한다. 청량감과 차별화된 맛으로 가득 찬 끝맛을 가진, 최고급 장기 숙성형 와인이다.

색: 레드.

서빙 온도: 16~17도(반드시 디캔팅할 것)

숙성 잠재력: 20년까지.

AOC SAINT-JULIEN (AOC 생-쥘리앵)

좌안(메독)

포이약과 마고 사이에 위치한 생-쥘리앵은 920헥타르로 메독에서 가장 작은 원산지 명칭이지만, 이 지역 샤토들의 개성을 본다면 가장 명성이 높은 원산지 명칭 중 하나이다. 생-쥘리앵과 베이슈벨Beychevelle 코뮌에 분포되어 있는 포도원들은 단지 레드와인만 46,000헥토리터를 생산한다. 이 원산지 명칭은 총 11개의 그랑 크뤼가 있는데 그중 5개가 2등급이다. 와인 스타일은 각각의 샤토마다 다르지만, 공통분모는 힘이 강하고, 농축되어 있다는 것이다.

> **주요 품종** 카베르네 소비뇽, 메를로, 카베르네 프랑.

> **토양** 자갈, 이회암, 조약돌.

> **와인 스타일** 모든 생-쥘리앵의 와인은 조화롭고, 힘이 강하며, 세련되었다. 빽빽한 느낌을 주는 검은색을 띤 보라색이다. 세련되면서 전형적인 향은 검은 과일(블루베리, 블랙 커런트, 오디)의 과육에 말린 자두, 감초, 담배, 훈제 그리고 약간의 동물적 향을 띤다. 풍부하고 환상적인 짜임새를 가진 맛은 균형 잡히고 활기가 있으며, 매우 촘촘하지만 세련되고, 벨벳 같으며 우아한 탄닌이 느껴진다. 끝맛은 여운이 길고, 스파이시하면서 과일 풍미가 있다.

색: 레드.

서빙 온도: 16~18도.

숙성 잠재력: 15~25년. 몇몇 그랑 크뤼는 이보다 더 길다.

샤토 오 브리옹

(CHÂTEAU HAUT-BRION)

오 브리옹의 명성은 여러 세기 전으로 올라가지만, 이것은 작은 수맥으로 가득 찬 독특한 자갈로 구성된
두 개의 산등성이 고지에 위치한 것에서 유래한다. 중세의 문헌들에 의하면, 샤토 오 브리옹의 가치는
고대부터 널리 알려져 있었다는 사실을 확인할 수 있다.

> 장 필립 델마와
룩셈부르크의 로베르

샤토 오 브리옹

135, avenue Jean-Jaurès
33608 Pessac Cedex

면적 : 54헥타르
생산량 : 153,000병/년
원산지 명칭 : 페삭-레오냥Pessac-Léognan
레드와인 품종 : 카베르네 소비뇽, 메를로,
카베르네 프랑, 프티 베르도
화이트와인 품종 : 세미용, 소비뇽

보르도의 최고 연장자

보르도 의회의 유명 인사였던 장 드 퐁탁Jean de Pontac은 1525년 결혼으로 얻게 된 도멘에 적절한 주의를 기울인 첫 번째 인물이었다. 그는 인내심을 갖고 포도원을 성장시키며 1549년, 지금의 레이블에 그려진 샤토(건물)를 건축했다. 1660년 한 카브 관리 대장에 따르면 영국 국왕의 식탁에 이 와인이 제공되었고, 동시대의 영국 작가가 기록한 것처럼 영국 버전의 이름인 '호-브라이언Ho-Bryan'이라는 포도원의 이름으로 등장한 첫 번째 샤토이다. 오 브리옹은 프랑스 혁명 전까지는 항상 혼인을 통해 그 소유가 이 가족 저 가족으로 옮겨 갔다. 1787년, 후에 미국 대통령이 된 토마스 제퍼슨은 이 샤토를 그의 가족과 친구들에게 소개했다. 1801년부터 1804년 사이, 나폴레옹의 외무장관이었던 탈레랑Talleyrand이 소유주가 되었고, 최고의 빈티지를 그 윗사람들에게 바쳤다.

1855년과 예외적인 오 브리옹

도멘을 발전시킨 파리의 은행가 조제프 외젠 라리외Joseph-Eugène Larrieu의 소유가 될 때까지 오 브리옹은 여러 사람의 손을 거쳐 다녔다. 1855년에는 그라브Graves 지역에서 유일하게 선정된 등급의 샤토였을 뿐 아니라 마고, 라피트 로칠드, 라투르와 같은 메독의 테너들과 동급인 1등급 그랑 크뤼에 올랐다. 3세대를 거치면서 양차 세계대전으로 인한 새로운 불확실한 시대까지 포도를 새로 심고, 양조장을 근대화시키고, 양조법을 개선하였다. 프랑스를 사랑하는 미국의 은행가 클라랑스 딜롱이 오 브리옹을 매입했고, 주변의 다른 샤토들처럼 자신 재산의 한 부분을 할애하여 오 브리옹에게 할당하는 것으로 마감했다. 현재 포도나무는 보르도시 중심에서 2km도 안 되는 거리에 있는 페삭에 심어져 있는데, 도심지 기후는 포도들을 조숙하게 만든다.

딜롱Dillon 가문

딜롱 가는 모든 수익을 자신들의 명예를 위해 재투자했다. 포도원의 운영은 델마 가문에 일임했다. 장 베르나르 델마Jean-Bernard Delmas는 '세기의 밀레짐'을 만들어낸 해인 1961년, 아버지의 뒤를 이어 포도원을 넘겨 받았다. 클라랑스Clarence의 손녀로서, 무시Mouchy의 공작부인인 조안 딜롱Joan Dillon은 1975년 도멘의 경영 전체를 맡았다. 열정적이면서 엄격한 이들의 협력은 오 브리옹을 탁월한 경지에 이르게 했다. 생산연도 1989년은 전설의 와인이다. 2000년과 2010년이 그 뒤를 바짝 쫓고 있다. 오늘날엔 룩셈부르크의 로버트 왕자(조안 딜롱의 첫 번째 결혼에서 출생)와 장 필립 델마Jean-Philippe Delmas라는 새로운 듀오가 12년째 호흡을 맞춰가고 있다.

이 순탄한 승계는 이 인상적인 1등급 그랑 크뤼를 꾸준히 이어가게 했다. 오 브리옹에 '작은' 밀레짐은 없다. 이것은 거의 50%의 메를로, 40%의 카베르네 소비뇽, 10%의 카베르네 프랑, 1%의 프티 베르도로 구성된 배합으로 포도원에 확실하게 적용하는 몇 가지 필수 원칙에 기인한다. 장-베르나르는 도멘에 많은 업적을 남겼다. 짧은 발효와 길고 느린 숙성을 택했고, 그러다 보니 오 브리옹이 가장 마지막에 병입하는 그랑 크뤼가 되어 버렸다. 그는 최고의 클론을 선정하기 위해 정밀한 실험과 연구를 수행했고, 이미 30년 전부터 포도나무 한 그루의 포도송이 수에 제한을 두고, 수확 시 엄청난 포도 선별로 산출량의 확실한 감소를 강행했다. 수확된 포도 중 어마어마한 양을 제거하기 시작했는데, 이렇게 함으로써 프리미엄 와인의 농축도를 높일 수 있을 뿐만 아니라 오늘날 클라랑스 드 오 브리옹Clarence de Haut-Brion이라 이름 붙인, 명성이 드높은 세컨드 와인을 생산할 수 있게 되었다. 게다가 딜롱 가의 이 도멘에는 주목할 만한 그랑 크뤼 시리즈가 있다. 30여 년 전, 그들의 이웃이자 그라브에서 유일한 경쟁상대였던 라-미시옹 오 브리옹 La Mission Haut-Brion을 인수 합병했다. 또한, 그들은 세미용과 소비뇽을 바탕으로 보르도에서 가장 명성 있는 달지 않은 화이트와인을 소량 생산하는데, 이는 최고급 부르고뉴 못지않은 풍만함과 미끈한 질감, 미네랄을 지니고 있다.

샤토 오 브리옹, 1등급 그랑 크뤼 클라세, 페삭 레오냥

가장 성공적인 빈티지에서 샤토 오 브리옹은 향의 강도가 벨벳 같으면서 강한 와인으로 변하는 충격적인 인상을 보여준다. 검은 과일, 체리, 담배, 세련된 오크향 또는 볶은 커피의 향이 섞인 특유의 엄청난 복합성은 좋은 청량감과 미네랄 터치를 보여주며 맛이 있고 부드러운 탄닌과 함께 페삭-레오냥의 특징인 매혹적인 훈연향으로 믿을 수 없는 여운을 남긴다. 많은 전문가가 오 브리옹은 그랑 크뤼 중에서도 탁월한 우아함을 가진 와인으로, 외관뿐 아니라 와인의 핵심에 다가갈수록 참을 수 없는 유혹이 있다고 평가한다.

샤토 마고
(CHÂTEAU MARGAUX)

샤토 마고는 그 역사, 평판, 구조 등에 있어 비교할 수 없는 매력을 지닌 와인이다.
이 모든 것이 메독의 이 도멘을 보르도의 우아함과 명성의 화신이 되게 했다.

샤토 마고

33460 Margaux

면적 : 94헥타르
생산량 : 400,000병/년
원산지 명칭 : 마고^{MARGAUX}
레드와인 품종 : 카베르네 소비뇽, 메를로,
카베르네 프랑, 프티 베르도
화이트와인 품종 : 소비뇽 블랑

메독의 비단같이 고운 넥타르

메독의 1등급 중에서 가장 유명하고 '가장 여성스러운' 와인이라고 한다. 작업용 와인인 걸까? 위대한 헤밍웨이는 모델이자 배우로 활동한 예쁘고 도도한 의붓손녀에게 '마고'라는 이름을 지어주었다. 여신의 아름다움과 같은 이 1등급 그랑 크뤼의 품질은 확실하다. 최고의 빈티지에서, 마고는 벨벳 같은 질감의 탄닌으로 시작해서 비교할 수 없는 하모니를 보여준다. 이것은 테루아에서 오는 것인데, 수 세기 동안 최고급 와인을 생산하기 위한 테루아라고 여겨진 라 모트 드 마고^{La Mothe de Margaux}는 주변 지역과 아래쪽의 지롱드강보다 고도가 조금 높기 때문이다. 피에르 드 레스토낙^{Pierre de Lestonnac} 덕분에 16세기 말 지금의 위치와 면적을 획득했다. 이곳의 토양은 오래된 자갈의 깊이와 섬세함이 남다르다.

마고의 탄생

여기서 생산된 비교할 수 없는 와인의 품질을 최초로 보여준 사람은 17세기 초, 레드와인용 품종과 화이트와인용 품종을 분리해서 양조하고, 가장 좋은 밭을 구분했던 재무관 베를롱^{Berlon}이었다. 이렇게 해서 마고가 탄생했다. 이미 18세기, '마고즈^{Margose}'라는 이름으로 런던의 부유한 애호가들을 위한 보르도의 최고급 와인 셀렉션에 등장했고 1771년부터는 크리스티의 판매 카탈로그에도 나왔다. 차기 미국의 대통령이자 프랑스 대사를 지낸 토마스 제퍼슨은 1784년 밀레짐을 주문하여 맛을 본 후, "보르도에서 이보다 더 좋은 와인은 없을 것이다."라고 기록했다. 이후, 혁명의 혼돈을 거친 후, 돈과 명예를 얻은 바스크의 사업가 베르트랑 두아Bertrand Douat가 마고의 소유주가 되었다. 19세기 초, 그는 오래된 요새를 부수고, 외호를 메우고, 건축가 루이 콩브Louis Combes의 도면에 따라 육중한 기둥이 있는 네오-팔라디앙néo-palladien 양식의 새로운 성을 건축했다. 1830년 은행가 알렉상드르 아그도Alexandre aguedo가 다음 소유주가 되었고, 1855년 그랑 크뤼 선정에서 5개의 1등급 샤토 중 하나가 되었다. 1879년 새 소유주 필레-윌Pillet-Will 백작은 '파비용 루즈Pavillon Rouge'라는 세컨드 와인의 선구자를 만들면서 더 발전시켰다. 그 후 대를 이어 양조 책임자였던 그랑즈루Grangerou의 도움으로 필록세라에서 살아남을 수 있었다.

원산지 명칭의 기수

1954년, 코뮌과 샤토의 이름을 따서 마고라는 원산지 명칭이 만들어졌다. 샤토 마고는 수 세기에 걸쳐 실현된 탁월함을 계승하여 메독을 대표하는 포도원이 되었다. 하지만 1970년대의 경제 위기는 보르도의 네고시앙 지네스테Ginestet 가문 휘하에서 몰락하고 있는 도멘을 분리시키도록 압박했다. 엄청난 가격에도 불구하고 수퍼마켓 체인의 선구자이자 펠릭스 포탱Félix Potin의 설립자인 그리스인 이민자 앙드레 망즐로폴로스André Mentzelopoulos는 물러서지 않았다. 그는 유명한 와인 메이커 에밀 페노Émile Peynaud의 조언을 경청했고, 샤토 마고의 재기와 향후 개발 계획을 세웠다. 하지만 3년 후 그는 세상을 떠나고 그의 딸 코린Corinne이 그의 뒤를 이었다. 그녀는 폴 퐁타이예Paul Pontailler를 채용하는 행운을 잡았다. 그는 1983년 입사해 7년 후 사장으로 임명되었다. 엄격함과 영감을 결합한 이 듀오는 도멘을 최고의 자리에 오르게 했다. 1982, 1986, 1990, 1996, 2000, 2005, 2009, 2010의 전설 같은 밀레짐이 꼬리에 꼬리를 물고 이어졌다. 이 밀레짐들은 철저한 선택의 결과였다. 단지 수확량의 40%만이 프리미엄 와인의 블렌딩에 사용되었다. 이 중에서 90%는 고운 혹은 중간 크기의 자갈밭에서 10m 정도까지 뿌리를 내리고 있는 카베르네 소비뇽의 가장 좋은 밭에서부터 온다. 도멘 생산량의 20%를 차지하는 메를로는 최근 들어 보다 엄격한 셀렉션의 영향으로 품질이 좋아진 '파비용 루즈'에 더 많이 사용된다. 그리고 12헥타르에 심어진 소비뇽 블랑으로 양조되는 '파비용 블랑Pavillon Blanc'은 보르도 쉬페리외르의 레이블로 판매되는데, 메독의 최고급 화이트와인으로 명성이 자자하다.

샤토 마고, 1등급 그랑 크뤼 클라세, 마고

와인의 색은 자줏빛을 띤 루비색이다. 붉은 과일, 하얀 꽃, 감초와 토스트 향 등 비교할 수 없이 풍만한 향을 뿜어낸다. 잘 짜여져 켜켜이 쌓인 맛은 꾸밈없고 순수하여, 볼륨감과 더불어 흔치 않은 지속성을 보여준다. 2000년 밀레짐과 관련해 로버트 파커는 최고점을 주면서 "샤토 마고는 힘과 우아함이 완벽하게 결합하면서, 자신의 테루아를 완벽하게 표현한다."라고 묘사했다. 탄닌의 감미로움과 완숙된 카베르네 소비뇽에서 오는 과일의 순수함은 어릴 적에도 마실 수 있는 와인을 만들지만, 탁월한 향의 세련미, 벨벳 같은 텍스처, 끝나지 않는 여운 같은 모든 비밀이 드러나는 시점, 즉 완전히 숙성되었을 때 마시는 것이 좋다.

> 소유주이면서 경영자인
코린 망즐로폴로스

AOC PAUILLAC (AOC 포이약)

토양과 기후의 탁월함, 세기적 포도 영농 노하우 등 지롱드강 좌안 메독의 포도 농사의 수도인 포이약은 진정한 최고급 와인을 생산하기 위한 탁월한 조건들을 모두 갖추고 있다. 1855년 그랑 크뤼 클라세의 1등급 5곳 중 3곳인 라피트, 라투르, 무통뿐 아니라 다른 그랑 크뤼들이 대거 집중되어 있다. 자갈로 구성된 언덕 위에 자리 잡고 있는 포도원은 1,217헥타르에서 몇몇 예외를 제외하고는 오로지 레드와인만 64,500헥토리터를 생산한다(무통 로칠드는 화이트와인을 생산한다). 레드와인들은 샤토 라투르의 근엄함에서부터 샤토 라피트 로칠드의 유연함까지 매우 다른 모습을 보여준다.

> **주요 품종** 카베르네 소비뇽(대부분), 메를로, 프티 베르도, 말벡.

> **토양** 자갈 언덕.

> **와인 스타일** 풍부하고 빽빽하고 깊이가 있는 포이약의 와인은 진한 루비색을 띤다. 섬세하면서 우아하고 복합적이며 검은 과일(그리오트 체리, 블랙 커런트), 꽃(장미, 붓꽃)의 향을 가진 부케는 서양 삼나무, 구운 냄새, 훈연, 가죽, 분향(焚香) 냄새가 난다. 풍부하며 입안을 꽉 채우는 맛에는 진하고 꽉 조이는 탄닌의 짜임새가 있는데 부드럽게 되기 위해서는 시간이 필요하다. 끝맛은 지속적인 과일의 풍미가 있다. 이 지역 와인들은 탁월한 숙성 잠재력이 있다. 단지 기다리는 법을 배울 필요가 있다.

🍷	색:	서빙 온도:	숙성 잠재력:
	레드.	16~18도.	15~25년, 몇몇 그랑 크뤼는 이보다 더 길다.

샤토 코르데이양-바주 Château Cordeillan-Bages

포이약의 이 이름은 아마도 독자들에게는 아무런 의미가 없을 수도 있다. 하지만 샤토의 레스토랑은 미슐랭 스타 셰프인 장-뤽 로샤Jean-Luc Rocha가 진두지휘하는 곳이다. 와인 역시 그의 요리와 같은 눈높이에 있다. 5등급 그랑 크뤼 샤토 랭슈 바주 Château Lynch Bages가 재배하고 양조한 카베르네 소비뇽이 80%를 차지하는 풍만한 와인이다. 이 최고급 와인은 아름다운 짙은 색상을 띠고 있고, 세련되고 복합적인 향은 매력적으로 잘 익은 과일, 향신료(바닐라, 시나몬), 굽거나 토스트한 부케가 어우러져 있다. 풍부하고 입안을 가득 채우는 맛은 세련되고 풍미가 좋은 탄닌이 받쳐준다. 복합적이고, 힘 좋으며 기품이 있는 이 와인은 좋은 숙성 잠재력이 있다.

AOC LISTRAC-MÉDOC (AOC 리스트락 메독)

18세기에 이미 유명했던 리스트락 코뮌은 20세기 초 부흥을 맞이했다. 1913년 이 마을 1,380헥타르의 포도원은 메독 반도의 가장 중요한 포도원 가운데 하나였다. 1930년대의 위기는 이 아름다운 균형을 뒤엎었다. 1957년이 되어서야 리스트락은 원산지 명칭(AOC)의 자격을 획득했고, 메독의 6개의 마을(코뮌) AOC 중 하나가 되었다. 오-메독의 변두리에 위치한 3개의 광대한 소나무 숲이 바람을 막아주고 있고, 이 현상 덕에 포도가 천천히 그리고 일정하게 성숙될 수 있다. 이곳은 오로지 레드와인만 약 375,800헥토리터를 생산한다.

> **주요 품종** 메를로(대부분), 카베르네 소비뇽, 카베르네 프랑, 프티 베르도.

> **토양** 자갈, 진흙-석회.

> **와인 스타일** 리스트락 메독의 와인은 보랏빛을 띠는 어두운 색이다. 향은 강렬한데, 붉은 과일, 발사믹 계열, 향신료의 터치, 바닐라와 토스트한 향 등이 난다. 힘이 좋으면서 조화로운 맛에 더해 멋진 볼륨과 탄닌의 좋은 힘을 느낄 수 있는데, 시간이 지남에 따라 탄닌이 부드러워지면서 둥글둥글하고 우아한 와인으로 바뀐다.

🍷	색:	서빙 온도:	숙성 잠재력:
	레드.	16~18도.	8~12년.

리스트락 : 회춘

- **리스트락 :** 메독 북부의 이 작은 AOC는 새로움으로 가득하다. 다른 원산지 명칭보다 덜 알려졌지만, 메를로가 상당 부분을 차지하는 이곳의 레드와인은 감미로움과 우아함이 특징으로, 매우 매력적인 가성비를 보여준다. 이 AOC의 리더 샤토 클라르크Château Clarke의 발자취 속에, 다른 여러 샤토들도 19세기에 유명했던 소량 생산 화이트와인을 부활시키는 것과 관련된 좋은 아이디어를 가지고 있다.

- **샤토 클라르크(로칠드 가문) :** 이 원산지 명칭의 기준과도 같다. 이 샤토는 1973년에 이곳을 매입한 에드몽 드 로칠드

Edmond de Rothschild 남작 덕분에 부활할 수 있었고, 와인 메이커 미셸 롤랑Michel Rolland의 가담으로 인해 근대성의 최전선에 다다를 수 있었다. 에드몽 남작은 샤토 클라르크의 밭을 너무나 사랑해, 그가 죽으면 이곳에 묻어 달라 부탁했고, 그의 사망 후, 아들 뱅자맹Benjamin이 그 뒤를 이었다. 재능 있는 기술 감독 얀 부크발터Yann Buchwalter가 만든 와인은 그의 야망에 걸맞게 강하고 우아하며 좋은 숙성 잠재력이 있다. 샤토 클라르크는 소비뇽 블랑, 세미용, 뮈스카델을 심은 3헥타르의 밭에서 온 포도로 오크통에 양조한 고품질 화이트와인 르 메를르 블랑Le Merle Blanc의 생산을 단 한 번도 멈춘 적이 없다.

AOC MOULIS-EN-MÉDOC (AOC 물리스-앙-메독)

좌안(메독)

13세기 이래로 포도가 심어져 있는 물리스(610헥타르, 34,750헥토리터)라는 이름은 코뮌 안에 존재하는 수많은 풍차-물랭moulins에서 유래했다. 이 원산지 명칭은 마고의 서쪽 편, 지롱드강에서 떨어진 내륙 쪽으로 12km 길이의 좁은 띠 모양을 하고 있다. 경계를 이루는 소나무 숲이 바람을 막아주어,

이 지역 포도의 좋은 성숙에 유리한 기후를 제공한다. 오로지 레드와인만 생산하고, 그랑 크뤼는 없다.

> **주요 품종** 카베르네 소비뇽, 메를로.
> **토양** 자갈, 진흙, 석회질.
> **와인 스타일** 세련되고 강하며 복합적인 물리스의 와인은 어두운 색채를 띠는 루비

색이다. 향기롭고 풍부한 향은 잘 익은 혹은 콤포트한 붉은 과일의 냄새에 구운 빵, 감초, 제비꽃, 부식토와 숲속의 땅 냄새가 섞여 있다. 조화로우면서 우아한 맛은 둥글고 벨벳 같은 탄닌을 갖고 있다.

색:	서빙 온도:	숙성 잠재력:
레드.	16~17도.	5~15년.

AOC MARGAUX (AOC 마고)

좌안(메독)

신화적인 1등급 그랑 크뤼 샤토 마고는 전 세계를 꿈꾸게 만든다. 하지만 원산지 명칭 마고도 1855년 그랑 크뤼로 선정된 21개의 샤토가 보여주듯 그랑 크뤼가 아주 풍부하다. 초원과 숲으로 이루어진 환경 속에 토양, 자연적으로 탁월한 배수, 지롱드강 하구 근처의 위치 등의 포도가 성숙하기 좋은 조건을 갖추고 있다. 메독의 남쪽, 마고Margaux, 캉트낙Cantenac, 라바르드Labarde, 수상Soussans과 아르삭Arsac의 5개의 코뮌에 걸쳐 1,488헥타르의 포도밭이 있다. 이 AOC는 오로지 레드와인만 78,000헥토리터를 생산하는데, 예외적으로 샤토 마고의 파비용 블랑Pavillon

Blanc은 화이트와인이다.

> **주요 품종** 카베르네 소비뇽(대부분), 메를로, 카베르네 프랑, 말벡, 프티 베르도.
> **토양** 자갈 언덕.
> **와인 스타일** 세련되고 우아한 마고의 와인은 밀도감 있는 루비색에서 숙성되어 감에 따라 석류 빛이 돈다. 매우 섬세하고, 복합적인 향은 붉은/검은 과일, 오크, 송로버섯, 구운, 바닐라 향이 섞인 꽃냄새에, 담배, 제비꽃, 시나몬, 건자두의 향이 뒤따른다. 숙성되면서 점차 숲속의 흙과 버섯의 향으로 진화한다. 조화로우면서 풍부한 맛은 섬세하고 좋은 풍미가 있는 탄닌이 받쳐준

다. 끝맛 역시도 조화로움와 우아함을 보여준다.

색:	서빙 온도:	숙성 잠재력:
레드.	16~17도(디캔팅할 것).	3번째 해부터 마시기 시작, 20년까지.

샤토 디켐
(CHÂTEAU D'YQUEM)

18세기 이후로 기적은 매년 반복된다. 이켐의 사람들은 말똥을 먹고 자란 썩은 포도알로
반짝이는 금색의 강렬하고 풍부하고 섬세한 맛이 입안에서 끝나지 않는 와인을 만든다.
인내와 까다로움, 어마어마하게 축적된 경험, 산 채로 보존된 전통의 열매로, 이 와인은 전 세계에서
가장 뛰어난 귀부 와인으로 명성이 높다. 게다가 병 안에서 25년, 50년, 100년이 지날수록 더 좋아진다.

샤토 디켐

33210 Sauternes

면적 : 100헥타르
생산량 : 100,000병/년
원산지 명칭 : 소테른
화이트와인 품종 : 세미용, 소비뇽 블랑

유익한 균

여기서는 포도주를 공격하는 균인 보트리티스가 와인 생산자의 최고의 동맹이다. 다른 곳에서는 대개 포도나무의 적이지만, 소테른에서는 '고귀한 썩음(귀부)pourriturenoble'으로 평가받는 와인의 친구이다. 소테른의 최고급 품종인 세미용 포도알의 껍질을 공격해 시들게 하여 포도의 주스와 설탕을 농축시키고, 이 과정에서 그 유명한 냄새가 나게 한다. 다른 모든 도멘들에서도 발생하지만, 이 자연의 기적이 발생하기 위한 이상적인 조건을 갖추고 있는 이켐에서는 더 활발하게 발생한다. 점토-석회암질의 토양은 언덕 위라는 지리적 위치에 더해, 포도에 이 현상이 생기게 하기에 적합한 환경을 만든다. 가을이 오면 발아래로 흐르는 시롱Ciron에서 발생한 아침 안개가 포도를 뒤덮고, 이 현상이 귀부균의 번식에 도움을 준다. 그 후 태양과 바람이 이 안개를 분산시켜 포도를 과숙하게 만든다. 포도를 수확하는 일꾼들은 포도밭을 여러 번 훑고 지나가면서 귀부균이 제대로 앉은 포도송이, 포도알만을 수확한다. 이러한 '분류' 작업은 6~10회 정도 반복될 수 있고, 12월까지 수확할 수도 있다.

뤼르-살뤼스의 작품

현지 사람들이 이 귀부균의 '귀족스러움'을 깨닫는 데 오랜 시간이 걸렸다. 16세기 보르도의 유력자였던 소바주Sauvage 가문이 지금의 샤토를 건축했는데 이곳은 오늘날 문화재로 지정되었다. 이 당시 이켐의 영주는 달콤한 와인을 만들기는 했지만, 귀부 와인은 아니었다. 그들이 썩은 포도를 수확하고, 풍부하고 복합적이며 믿을 수 없는 숙성 잠재력을 가진 넥타르를 생산하기 시작한 것은 18세기에 들어서였다. 이 와인은 미합중국의 대사이자 초기 대통령이 될 토마스 제퍼슨을 유혹했고, 그는 미국으로 돌아가 이 와인을 홍보했다. 프랑수아즈-조제핀 소바주 디켐 Françoise-Joséphine Sauvage d'Yquem은 루이-자메데 드 뤼르-살뤼스Louis-Amédée de Lur-Saluces의 아내로, 시집와서 곧 미망인이 되었다. 그녀는 19세기 전반 내내 도멘의 경영을 책임지면서 도멘을 끊임없이 발전시켰다. 1855년 샤토 디켐은 소테른에서 유일하게 '1등급 쉬페리외르'로 선정되었다. 뤼르-살뤼스 후작 가문은 한 세기 반 동안 이것을 소중히 여기고 있다. 80%의 세미용과 20%의 소비뇽이 심어져 있는 130헥타르의 포도밭 중 대략 100헥타르 정도가 생산 중이고, 배수를 위해 100km 길이의 배수로를 설치했다. 포도밭 사이에서 보이는 말의 흔적은 쟁기질을 위한 것이고, 말의 배설물은 퇴비로 사용된다.

가차 없는 선택

산출량은 헥타르당 10헥토리터 미만에 불과하다. 이켐을 정점에 오르게 만든 장본인이자 뤼르-살뤼스 가문의 마지막 경영자인 알렉상드르는 "각각의 포도 한 그루가 단지 한 잔의 와인을 만든다."라고 했다. 선택은 가차 없다. 이켐이라는 레이블을 붙이기에는 품질이 보통 수준에 불과한 밀레짐인 1992년이나 2012년 같은 경우, 아예 와인 생산을 하지 않기도 했다. 카브에서는 인내가 필요하다. 선별된 포도알은 연속적이고 정확한 압착을 통해 포도 주스가 되고, 수많은 예방 조치와 함께 오크통에서 양조된 후, 블렌딩과 병입을 하기 전 3년간 숙성한다.

지난 세기 말, 샤토 디켐은 베르나르 아르노Bernard Arnaud의 차지가 되었다. LVMH(Louis-Vuitton Moët-Hennesy)의 사장은 현명하게도 아무것도 바꾸지 않기로 하고, 명석한 판단 하에 생테밀리옹에서 슈발 블랑을 관리하는 피에르 뤼르통Pierre Lurton에게 도멘의 관리를 맡겼다. 50년 이상 숙성이 계속되고, 한 세기가 지나도 여전히 눈부신 와인을 만난다는 것은 숙연해지는 일이다.

샤토 디켐, 1등급 쉬페리외르, 소테른

샤토 디켐 한 잔을 맛보는 것은 밀레짐에 관계없이 환상적인 경험이다. 수십 년 동안, 와인은 옅은 금색에서 호박색으로 변한다. 시간이 흐름에 따라, 감미로움과 힘, 청량감이 파도치는 파 드 트루아pas de trois가 만드는 특유의 균형을 절대 잃는 법 없이, 결코 무겁거나 이상한 향이 생기지 않고, 풍부함만이 증가한다. 천천히 공기와 접촉하면서, 새로운 한 모금마다 와인은 새로운 향과 놀라운 풍미를 제공한다. 여기서 오렌지 마멀레이드, 설탕에 절인 살구, 구운 파인애플 등의 복합적이고 미묘한 과일의 향이 발견된다. 입 전체를 매혹시키는 느낌의 풍부함을 의미하는 "공작의 꼬리를 만들다faire la queue de paon." 라는 표현은 디켐을 위해 고안된 표현인 것 같다. 숙성될수록 더욱 매력적으로 변모해 가지만, 모든 사람이 다 경험할 수 있는 것은 아니다.

> 페삭-레오냥 원산지
명칭의 샤토 라리베
오 브리옹의 포도밭

AOC PESSAC-LÉOGNAN (AOC 페삭-레오냥)

이 원산지 명칭은 1987년에 있었던 그라브 분할의 결과이다. 메독 탄생 훨씬 이전부터 '보르도의 그라브'는 페삭과 레오냥이라는 두 주요 거점을 중심으로 아름다운 포도 재배 테루아로 널리 알려져 있었다. 보르도 시의 남쪽과 남서쪽 경계에 위치한 카도작Cadaujac, 카네장Canéjan, 그라디냥Gradignan, 레오냥Léognan, 마르시약Martillac, 메리냑Mérignac, 페삭Pessac, 생-메다르-데랑Saint-Médard-d'Eyrans, 탈랑스Talence와 빌나브-도르농Villenave-d'Ornon이라는 10개의 코뮌이 대상인 이 원산지 명칭에는 전설적인 샤토 오 브리옹을 포함한 그라브의 그랑 크뤼 클라세들이 포함된다. 주로 레드와인을 생산하지만(1,300헥타르, 67,000헥토리터) 당도가 없는 화이트와인도 생산한다(265헥타르, 15,000헥토리터).

> **주요 품종** 레드와인은 메를로, 카베르네 소비뇽, 카베르네 프랑, 말벡, 프티 베르도. 화이트는 소비뇽(최소 25%), 세미용, 뮈스카델.

> **토양** 다양한 크기의 자갈, 조약돌.

> **와인 스타일** 풍부하면서 우아한 이 지역의 레드와인은 검은 빛이 감도는 체리색이다. 잘 익은 붉은 과일, 제비꽃과 같은 꽃 향, 훈연향, 구운 아몬드, 나무 수액의 향이 난다. 꽉 차면서 균형 잡히고 짜임새가 있는 맛은 촘촘한 탄닌이 받쳐주고, 과일과 감초 풍미의 끝맛이 있다.

당도가 없는 화이트와인은 가벼운 금색이지만, 시간이 지나면서 점점 짙어진다. 강렬하고 복합적인 향은 복숭아나 천도복숭아 같은 핵과류, 시트러스, 꽃, 헤이즐넛, 벌집의 냄새가 난다. 생동감과 과일의 풍미, 부드러움과 힘이 조화를 이룬 맛으로, 코에서 감지한 향을 끝맛까지 지속적으로 가져간다.

색 :
레드, 화이트.

서빙 온도 :
화이트 8~10도, 레드 16~17도
(경우에 따라서 디캔팅할 것).

숙성 잠재력 :
화이트 3~8년,
레드 10~15년.

샤토 드 프랑스 Château de France

17세기에 건축된 이 건물들은 보르도 역사의 일부분이다. 레오냥의 가장 높은 언덕 중 한 꼭대기에 자리 잡은 샤토 드 프랑스는 기옌Guyenne의 국회의원 타파르Taffard에 의해 연달아 개발되었고, 그 후 가구용 섬유 중개상인이던 장-앙리 라코스트Jean-Henri Lacoste가 뒤를 이은 후, 1971년 베르나르 토마생Arnaud Thomassin이 눈에 띄는 작업을 실시했다. 보르도 그랑 크뤼 연합Union des Grands Crus de Bordeaux의 회원이고 샤토 드 프랑스의 현 경영자인 아르노 토마생은 미셸 롤랑의 컨설팅에 힘입어 샤토 드 프랑스, 샤토 코키야Château Coquillas, 르벡 앙 사보Le Bec en Sabot와 같이 카베르네 소비뇽(60%)과 메를로(40%)를 토대로 한 레드와인과, 소비뇽을 베이스로 한 화이트와인을 만든다(샤토 드 프랑스, 샤토 코키야). 이 와인들은 최고의 페삭-레오냥의 와인들에 이름을 올린다.

GRAND VIN DE GRAVES

MIS EN BOUTEILLE AU CHATEAU

CHÂTEAU DE FRANCE
PESSAC-LÉOGNAN
2007

AOC GRAVES (AOC 그라브)

그라브는 프랑스에서 유일하게 토양을 구성하는 요소인 자갈이 원산지 명칭이 된 경우이다. 가론강의 좌안을 따라 보르도시 남쪽 50km의 띠 모양으로 형성된 포도밭은 3,500헥타르에 달한다. 이것은 곧 다양성을 의미한다. 레드와인이 지배적이긴 하지만, 이 원산지 명칭의 총 생산량의 1/3 이상이 당도가 있거나 혹은 없는 최고급 화이트와인이다. 감미가 있는 화이트와인은 그라브 쉬페리외르Graves Supérieur라는 원산지 명칭으로 판매된다.

> **주요 품종** 레드는 메를로(대부분), 카베르네 소비뇽, 카베르네 프랑. 화이트는 소비뇽, 세미용, 뮈스카델.

> **토양** 자갈.

> **와인 스타일** 우아하면서 관능적인 레드는 진한 석류색이다. 향기롭고 복합적인 향은 꽃, 향신료, 바닐라, 굽거나 훈제한 향이 난다. 길고 풍부한 여운의 잘 짜여진 맛이다. 시간이 지남에 따라 더욱 풍부하면서 복합적인 향으로 발전한다.

청량감이 느껴지는 달지 않은 화이트는 녹색 빛이 감도는 반짝이는 금색을 띤다. 시원함이 느껴지는 향은 하얀 과일, 시트러스, 꽃, 향신료, 벌집의 냄새가 난다. 활기, 부드러움, 기름짐 등이 균형을 이루는 맛이다. 끝맛에서는 과일 풍미, 청량감, 그리고 알코올이 느껴진다.

진한 노란색의 감미가 있는 화이트와인에서는 매우 향기로운 하얀 과일, 시트러스, 아카시아 등이 느껴진다. 잘 짜여지고 풍만한 맛, 과일 풍미가 지속되는 여운이 있다.

색:	서빙 온도:	숙성 잠재력:
레드, 화이트.	당도가 없는 혹은 감미가 있는 화이트 8~10도. 레드 16~17도.	당도가 없는 화이트 2~3년. 감미가 있는 화이트 5~10년. 레드 8년까지.

그라브의 여성들

그라브 포도농업 조합은 여성 조합장을 선발한 프랑스 최초의 조합으로 1991년 선발된 프랑수아즈 레베크Françoise Lévêque는 1997년까지 자리를 지켰다. 현재 그라브 와인 중 일부는 여성이 만들고 있다.

누군가는 포도밭에서 자라고, 누군가는 전혀 다른 업종에서 전환하는 등 각자의 경력이 매우 다채롭다. 그녀들은 열정을 가지고 자신들을 닮은 와인을 만들지만, 여성이 만든 와인이라고 말하는 것은 거부한다. 모두를 명명할 수 없어, 몇 명만 소개한다.

● **카트린 가셰**Catherine Gachet, **샤토 라 투르 데 랑파르**Château La Tour des Remparts(**프레냑**Preignac) 훌륭한 그라브.

● **이자벨 라바르트**Isabelle Labarthe, **샤토 다리코**Château d'Arricaud(**랑디라**Landiras) 활기 넘치고 과일 풍미가 좋은 와인.

● **마리-엘렌 융-테롱**Marie-Hélène Yung-Théron, **샤토 드 포르테**Château de Portets(**포르테**Portets) 화이트와 레드 모두 성공적.

● **카트린 마르탱-라뤼**Catherine Martin-Larrue, **샤토 오 포마레드**Château Haut-Pommarède(**포르테**Portets) 매우 독특한 고품질의 그라브 레드.

AOC CÉRONS (AOC 세롱)

보르도시의 약 40km 남쪽, 바르삭의 북서쪽에 위치한 세롱의 이름은 도시를 면해 흐르고, 귀부균의 번식에 도움을 주는 야간 안개의 근원인 시롱강Ciron에서 왔다. 베일에 싸인 이 와인은(38헥타르) 생산연도와 날씨에 따라, 감미가 있는 와인이나 귀부 와인을 생산한다.

> **주요 품종** 세미용(대부분), 소비뇽, 뮈스카델.

> **토양** 자갈, 모래, 석회.

> **와인 스타일** 금색 옷을 입고 있는 세롱의 와인은 과일(시트러스, 열대 과일, 콩피한 과일), 꿀, 캐러멜, 바닐라, 아카시아 꽃의 강렬한 냄새가 난다. 매우 향이 뛰어나고, 입을 꽉 채우는 풍부함과 관능적인 맛, 매우 지속성이 강한 끝맛이 있다.

색:	서빙 온도:	숙성 잠재력:
화이트.	8도.	약 10년에서 그 이상.

레오빌 바르통과 랑고아 바르통
(LÉOVILLE-BARTON & LANGOA-BARTON)

여러 세기 전, 아일랜드 출신의 바르통 '왕조'는 보르도에 정착했다.
거의 200년 전, 그들은 이곳에서 아름다운 샤토와 멋진 랑고아 도멘을 획득했고 여기에 자신들의 유산을 추가했다.

샤토 레오빌 바르통

33250 Saint-Julien

면적 : 51헥타르
생산량 : 200,000병/년
원산지 명칭 : 생 쥘리앵
레드와인 품종 : 카베르네 소비뇽, 메를로,
카베르네 프랑

샤토 랑고아 바르통

33250 Saint-Julien

면적 : 17헥타르
생산량 : 80,000병/년
원산지 명칭 : 생 쥘리앵
레드와인 품종 : 카베르네 소비뇽, 메를로,
카베르네 프랑

전통의 수호자

시간이 지남에 따라 역사의 아픔, 경제와 상속 관계 법령의 격변에도 불구하고 랑고아 바르통은 한 가족이 가장 오래 소유한 보르도의 포도원이 되었다. 변함없는 사랑과 집착의 드문 예이다. 이것은 또한 바르통 가문의 바뀐 세대들이 자신들의 도멘 운영과 관련해 실행한 선택에 잘 반영되었다. 그들의 와인은 유명한 1855년의 리스트에서 3개의 1등급 바로 다음인 명망 있는 2등급으로 선정되었고, 언제나 메독의 그랑 크뤼 중에서 클래식한 모델로서의 특권을 누려왔다. 그들은 메를로의 유행에 굴하지 않고 자신들의 포도밭 대부분을 여전히 카베르네 소비뇽을 위해 할당하고 있고, 오크통에서 천천히 오래 숙성하여 탄닌이 풍부하고 밀도가 높으며 풍성하면서 깊은 맛이 있는 와인 제조를 계속하고 있다. 이 와인은 큰 숙성 잠재력이 있다.

접근할 수 있는 탁월함

이 가족은 레오빌 바르통, 레오빌 라스카즈^{Léoville Las Cases}, 레오빌 푸아페레^{Léoville-Poyferré}가 공유하고 있던 레오빌의 큰 부분을 매입했을 때 그들의 원칙들을 어기지 않았다. 지금은 딸 릴리안^{Lilian}의 도움을 받고 있는 현명하고 열정적인 앙토니 바르통^{Anthony Barton}의 지휘 아래 레오빌 바르통은 1985년 이후 자신의 원산지 명칭뿐만 아니라 메독 전체에서 가장 뛰어난 와인 중 하나가 되었고, 꾸준하게 1등급 품질의 수준을 보여주고 있다. 다른 샤토들에 비해서 레오빌 바르통은 상대적으로 합리적인 가격으로 남아 있어, 최고급 와인 애호가들에게 보르도의 '가성비 갑'이라고 할 수 있다.

최고의 우아함

51헥타르의 레오빌 바르통의 포도밭은 카베르네 소비뇽 72%, 메를로 20%, 카베르네 프랑 8%로 구성되어 있다. 매년 오크통의 절반을 새것으로 바꾸고, 전통적으로 18~20개월간 숙성한다. 포도나무의 나이와 각별한 보살핌 덕분에 최근 생산된 와인은 환상적인 균형을 보여주었고, 엄청난 성공으로 직결되었다. 수확 시기의 포도는 완벽하게 성숙되고 농축되어 있다. 정수를 뽑아내기 위해 앙토니 바르통은 자신들의 양조법을 수정하여 세련되게 만드는 법을 알고 있었다. 인내와 숙성의 질이 이 세심한 작업을 완성시킨다. 그 덕분에 레오빌 바르통은 엄청나게 복합적이고 미묘한 부케를 자랑한다. 입안에서는 최고의 우아함을 잊는 법 없이 힘과 탄탄한 바디감을 느낄 수 있다. 단지 17헥타르에 불과한 랑고아 바르통은 레오빌과 거의 동일한 수준까지 올라왔지만, 농축도와 풍부함이 조금 떨어진다. 그러나 앙토니 바르통은 동일한 정성을 쏟아부어, 이 역시도 큰 성공을 거두었다.

샤토 레오빌 바르통, 크뤼 클라세, 생 쥘리앵

짙은 자줏빛의 어두운 색깔을 띤 레오빌 바르통은 잘 숙성되어 크리미한 질감과 더불어 단시간에 향과 밀도, 유혹으로 가득 차 있는 모습을 보여준다. 오픈하고 싶은 충동이 일더라도 조금 참자. 시간이 지남에 따라 와인이 화려하게 숙성될 수 있도록 내버려 두어야 한다. 그러면 과일, 향신료에 더해 특징적인 서양 삼나무의 향과 생-쥘리앵의 우아함과 포이약의 힘이 결합된, 활짝 핀 웅대한 와인을 맛볼 수 있다. 랑고아 바르통은 같은 맥락을 유지하지만, 어쩔 수 없이 비교되어 냉혹한 평을 피할 수 없다.

> 앙토니 바르통

도멘 드 슈발리에
(DOMAINE DE CHEVALIER)

그라브 지역의 랑드 숲 가장자리에 위치한 이 도멘은 샤토라는 타이틀이 없지만
보르도에서도 흔치 않은 뛰어난 화이트와 레드를 만든다.

페삭 레오냥

Domaine de Chevalier
102, chemin Mignoy
33850 Léognan

면적 : 45헥타르
생산량 : 120,000병/년
원산지 명칭 : 페삭 레오냥
화이트와인 품종 : 소비뇽 블랑,
세미용
레드와인 품종 : 카베르네 소비뇽,
메를로, 프티 베르도, 카베르네 프랑

절제의 감각

그라브는 보르도시의 남쪽, 가론강과 랑드 숲 사이에 있는 지역이다. 오랜 세월 동안, 지질학적으로 말하자면 하천에 의해 운반되어 토양을 구성해온 다양한 크기의 자갈에서 유래한 그라브라는 원산지 명칭을 가지게 되었고 이는 보르도에서는 매우 특이한 경우이다. 포도나무에 이로움을 주는 특징(배수, 내열 효과)을 갖는 자갈 언덕은 이 지역의 북쪽으로 가면 유별나게 두꺼운데, 그곳이 바로 1987년부터 독자적인 원산지 명칭을 갖게 된 페삭-레오냥이다. 이 원산지 명칭은 해당 지역 내 두 개의 코뮌에서 왔는데, 도시인 페삭과 시골인 레오냥으로, 포도원들은 랑드 숲의 움푹 들어간 곳에 위치한다. 도멘 드 슈발리에가 그중 하나이다. 이 도멘은 소나무 숲의 가장자리에서 절제의 감각과 좋은 취향을 개발한다. 낮고 소박한 흰 석조건물들이 주변 풍광과 잘 어우러져 있는 것은 마치 이 도멘의 와인처럼 보르도식 우아함의 본보기이다. 초창기에 가스코뉴gascogne식 이름인 시발레Chivaley(슈발리에)로 알려진 포도원으로서 이 도멘의 역사는 19세기 중반 시작된 이래로 단지 세 명의 소유주가 뒤를 이었다. 설립자인 장 리카르Jean Ricard, 1953년 크뤼 클라세에 선정되어 최초로 영광스러운 타이틀을 거머쥔 클로드 리카르Claude Ricard, 1983년부터 도멘을 해당 원산지 명칭의 최고자리에 오르게 한 올리비에 베르나르Olivier Bernard가 그들이다. 에너지 넘치는 마지막 소유주는 자신의 생활무대이자 본인을 닮은 장소인 이 도멘을 친근하고 세련된 장소로 만들었다. 30년 동안 많은 투자를 해 최첨단 도구를 구비한, 화려하면서 기능적인 양조장을 만들었고 포도나무의 상당수를 다시 심어 재활성화시켜 천천히 성숙에 도달하게 하는 등 도멘과 관련한 많은 노력을 기울였다.

오트 쿠튀르 와인

"훌륭한 테루아가 없으면 훌륭한 와인이 없다."는 속담처럼, 분석하고 돌보는 것은 언제나 필요한 일이다. 도멘 드 슈발리에가 얼마나 광적으로 헌신해서 포도나무를 돌보는지 알아보기 위해서는 정원처럼 관리하는 포도밭을 산책하는 것만으로도 충분하다. 숲에 근접해 있다는 것은 단순히 풍경의 요소가 아니다. 이것은 기후의 냉각과 가열 효과를 강화시키는 닫힌 공간을 만들어준다. 봄의 서리를 걱정해야 할 필요가 있지만, 포도는 여름에 과숙할 수도 있다. 건물들 주변에 있는 45헥타르의 포도밭은 단 한 명이 소유하고 있는데, 레드와인 품종이 40헥타르, 화이트와인 품종이 5헥타르에 걸쳐 같은 토양 위에 심어져 있다. 양분이 적은 검은색 모래와 작은 하얀 자갈밭이 점토와 자갈 기반 위에 있긴 해도 이상적인 배수가 되는 땅이다. 정확한 수확, 꼼꼼한 분류, 매우 정밀한 양조, 세련된 숙성 방법 외에도 스타 컨설턴트들(드니 뒤부르디외Denis Dubourdieu, 스테판 드르농쿠르Stéphane Derenoncourt)의 조언을 듣는 등 올리비에 베르나르는 화이트와 레드 둘 모두 높은 수준을 유지하기 위해 모든 수단을 동원했다. 풍부하고 드문 세련미를 가진 소량 생산 화이트와인이 도멘의 명성을 만들었다면, 숙성이 진행됨에 따라 매우 보르도스러운 섬세함과 매력을 지닌 레드와인이 장단을 맞추었다.

도멘 드 슈발리에 화이트, 크뤼 클라세, 페삭 레오냥

발효와 숙성을 오크통에서 하는 화이트와인은 보르도의 가장 뛰어난 두 가지 품종, 소비뇽 블랑 75%, 세미용 25%로 만들어진다. 풍부하며 농축된 맛 안에 퍼져 있는 매우 세련되면서 순수하고, 노란/하얀 과일, 부드러운 향신료 등의 향이 입안을 꽉 채우지만, 모순되게도 입안에서는 가벼운 느낌이 남겨진다. 밀도가 높지만 공기감이 있는 가벼운 레이스 같은 이 와인은 수정같이 선명한 산도에서 그 활력을 가지고 와 긴 여운을 남기며 좋은 숙성 잠재력을 가진다.

도멘 드 슈발리에 레드, 크뤼 클라세, 페삭 레오냥

도멘의 최고급 와인은 14~24개월간 오크통에서 숙성되는데, 밀레짐의 잠재력에 따라 새 오크통의 비율이 40~60%까지 가변적이다. 카베르네 소비뇽이 지배적인 레드와인은 순수하면서 우아하다. 밀도 높은 자주색, 검은 과일, 훈제와 오크의 향, 벨벳 같은 질감의 포도를 씹는 듯한 바디, 세련된 탄닌과 좋은 청량감... 균형에 있어서는 클래식하고, 과일의 질에서는 모던하며, 절대 나대는 법이 없이 세련되고 섬세하며 어릴 적에도 마시기 좋은 구성이다.

AOC BARSAC (AOC 바르삭)

이 원산지 명칭은 가론강 좌안의 소테른 북서쪽에 위치한 작은 하천 시롱으로 분리된다. 바르삭은 아침에는 안개가 끼고, 오후에는 햇볕이 내리쬐는 독특한 가을 기후가 있어 귀부병을 일으키는 곰팡이인 보트리티스 시네레아의 번식이 유리하여 최고급 귀부 와인을 만들 수 있다. 1855년 리스트에 10개가 선정되었는데 복합성으로 유명

한 이곳의 와인은 원산지 명칭 바르삭이나 소테른 중 어느 한 가지로 판매될 수 있지만, 소테른의 경우는 소테른 레이블로만 판매 가능하다.

> **주요 품종** 세미용(지배적), 소비뇽, 뮈스카델.

> **토양** 점토, 석회 또는 자갈.

> **와인 스타일** 세련되고 우아하며 기품이

있는 이 지역의 와인은 금색이었다가 시간이 지나면서 호박색으로 바뀐다. 핵과류(복숭아), 열대과일, 꿀, 헤이즐넛, 말린 살구, 콩피한 오렌지, 바닐라, 브리오슈 등의 향이 강렬하다. 이 부케는 입안에서 풍부하고, 기름짐과 청량감의 완벽한 조화로 나타난다. 끝맛이 길게 지속된다.

색:	서빙 온도:	숙성 잠재력:
화이트.	8도 전후.	20년 이상.

AOC SAUTERNES (AOC 소테른)

보르도의 귀부 와인 중에서 가장 명성이 높은 원산지 명칭으로 전 세계 최고의 귀부 와인 중 하나로 간주되는 샤토 디켐(p.245-246 참조)이 엠블럼과도 같다.

1,767헥타르에 이르는 소테른의 포도밭은 보르도 시에서 약 40km 남쪽에 위치한다. 독자적인 원산지 명칭을 가진 바르삭을 포함한 다섯 개의 코뮌을 포함하는데, 서쪽의 소나무 숲은 이 지역을 악천후로부터 보호해주고, 가론강의 존재는 야간 안개 발생에 유리하고, 최고급 귀부 와인을 만드는 데 도

움이 되는 햇볕이 강한 가을 등, 탁월한 기후 조건을 갖추고 있다.

이 원산지 명칭은 오로지 화이트 귀부 와인만 생산한다. 전 세계적으로 사랑받은 이 넥타르는 생산조건이 엄격하여 과숙한 포도를 여러 번에 걸쳐 한 알씩 손으로 수확한다. 강에서 가장 멀리 떨어진 가장 높은 고지대가 가장 좋은 테루아이다. 이곳이 바로 대부분의 그랑 크뤼들이 모여 있는 곳이다.

> **주요 품종** 세미용(대부분), 소비뇽, 뮈스카델.

> **토양** 자갈, 점토-석회, 석회.

> **와인 스타일** 호화로운 '오래된 금색'의 소테른 와인은 숙성이 진행되면서 진한 호박색으로 변하는데 과일, 꽃, 꿀, 향신료, 아몬드 페이스트, 벌집 등의 풍부한 향의 심포니가 믿을 수 없게 복합적이고 강렬하면서도 섬세하다. 풍부하고, 강하고, 입안을 꽉 채우는 맛은 우아하고 새콤달콤한 세련미와 풍부함의 완벽한 조화를 이루고 있고, 매우 지속성이 길다.

색:	서빙 온도:	숙성 잠재력:
화이트.	6~8도.	어릴 때도 마시기 좋지만, 아주 오랜 기간, 100년까지도 숙성 가능.

소테른 셀렉션

샤토 디켐의 뒤를 이은 몇몇의 진정한 최고급 귀부 와인들이 있다.

● **크뤼 바레자**Cru Barréjats(**퓌졸-쉬르-시롱**Pujols-sur-Ciron)

작은 규모의 도멘이지만, 세련미, 향의 순수함과 맛의 깊이가 어마어마하다.

● **샤토 클리망스**Château Climens(**바르삭**Barsac)

아마도 소테른의 와인 중에서 가장 세련되고 귀부 와인의 특징이 가장 뛰어난 와인.

● **샤토 드 파르그**Château de Fargues(**파르그**Fargues)

매우 뛰어나서 1등급으로도 분류될 수 있는 와인.

● **샤토 라 투르 블랑슈**Château La Tour Blanche(**봄**Bommes)

빼어난 부케가 조화로운 와인.

● **샤토 리외섹**Château Rieussec(**파르그-드-랑공**Fargues-de-Langon)

힘과 독특한 개성이 있는 1등급 소테른.

● **샤토 시갈라스-라보**Château Sigalas-Rabaud(**봄**Bommes)

차이나는 세련미

● **샤토 쉬뒤로**Château Suduiraut(**프레냑**Preignac)

우아하고 풍부하며 깊은 맛과 매우 뛰어난 숙성 잠재력을 가진 그랑 크뤼.

AOC BLAYE-CÔTES-DE-BORDEAUX(AOC 블라이 코트 드 보르도)

메독과 가까운 블라이에서는 메독에서 포도를 재배하기 훨씬 전부터 이미 포도가 재배되고 있었다. 보르도의 북쪽, 메독의 맞은편에 위치한 이 포도밭은 약 5,500헥타르인데, 주로 레드와인을 생산한다.

> **주요 품종** 레드는 메를로(70%), 카베르네 소비뇽, 카베르네 프랑, 말벡. 화이트는 소비뇽, 뮈스카델, 세미용.

> **토양** 점토-석회.

> **와인 스타일** 강렬한 루비색의 레드와인은 향신료의 터치가 가미된 붉은/검은 과일의 향과 강한 향이 난다. 유연하면서 조화로운 맛은 부드러운 탄닌이 느껴지고, 후각에서 감지한 향이 길게 지속된다. 녹색 기운

이 감도는 옅은 노란색의 화이트와인은 노란 과일, 시트러스, 금작화의 향이 난다. 활기와 과일 풍미가 균형을 잘 이루었지만, 끝맛에 가서 모두 사라진다.

색 : 레드, 화이트.

서빙 온도 : 레드는 15~16도, 화이트는 10~12도.

숙성 잠재력 : 레드는 3~5년, 화이트는 2~3년.

AOC BLAYE (AOC 블라이)

보르도의 북쪽, 지롱드강의 우안, 블라이시 근처의 보방^{Vauban}이 건축한 성채 주변에 있는 포도밭은 햇볕이 잘 드는 계곡과 언덕에 있다. 이 원산지 명칭은 블라이 코트 드 보르도에 비해 농작물의 밀도나 산출량 등에 있어서 더 엄격한 업무 지침서를 따르고, 오로지 레드와인만 생산한다. 생산량은 매우 적지만, 와인은 더 높은 농축도와 강건함이 있다.

> **주요 품종** 메를로, 카베르네 프랑, 카베르네 소비뇽, 말벡, 프티 베르도.

> **토양** 점토-석회, 자갈.

> **와인 스타일** 레드와인은 깊으면서 반짝이는 색을 가진다. 붉은/검은 과일(산딸기, 딸기, 체리, 오디, 블랙 커런트), 꽃(후추향도는 장미, 제비꽃), 채소(민트, 파프리카), 향신료, 초콜릿, 오크향 등이 난다. 좋은 짜임새와 균형을 가진 강렬한 맛은 실크 같은

탄닌이 받쳐주며, 과일 풍미가 있는 끝맛은 지속성이 좋다.

색 : 레드, 화이트.

서빙 온도 : 화이트 10~12도, 레드 16~17도.

숙성 잠재력 : 병입한 해부터 마시기 시작해서 화이트는 2~3년, 레드는 3~7년.

> AOC 블라이-코트-드-보르도의 샤토 베르티느리
Château Bertinerie의 지하 저장고

샤토 라투르
(CHÂTEAU LATOUR)

절제된 레이블, 단순한 이름, 강하면서 신뢰감을 주는 이미지, 엄청난 명성, 이게 바로 샤토 라투르이다.
수 세기 동안 이 유일무이한 이름은 웅장함과 영속성을 환기시킨다.
길고, 복잡하고 흥미롭고 활기찬 역사를 지니고 있다.

오래된 명성

100년 전쟁 동안 샤토 라투르의 위치는 전략적 관점에서 환상적이었지만, 포도원으로서의 진정한 역사는 1718년 니콜라 알렉상드르 드 세귀르^{Nicolas-Alexandre de Ségur}가 첫 번째 포도를 심으면서 시작되었다. 와인의 명성은 매우 빠르게 국경 너머까지 확장되었다. 1782년 신흥국 미국의 대사 토마스 제퍼슨은 자신의 여행 노트에 라투르의 이름을 언급했고, 몇 병의 와인을 구입했다. 그 당시에도 이미 라투르의 와인은 일반적인 보르도 와인보다 20배가량 비싸게 팔렸다.

1855년 나폴레옹 3세의 명령에 의해 만들어진 등급 분류에서 샤토 라투르는 확정적으로 귀족의 지위를 얻었고, 메독과 그라브에 있는 단지 3개의 다른 샤토와 함께 1등급으로 명명되었다.

영국과 함께한 30년

1963년 샤토 라투르는 영국계 그룹에 매각되었다. 라투르 와인은 늘 일정하기에 와인의 명성은 조금도 빛이 바래지 않았다. 1993년 프랑스인 사업가이자 와인 애호가인 프랑수아 피노^{François Pinault}가 이 포도원을 매입했다. 30년간 영국인들에 의해 성실하게 운영된 후, 포도원은 다시 프랑스의 일부가 되었다.

이상적인 테루아

원산지 명칭 포이약 안에 위치한 라투르 테루아는 탁월함의 모든 기준을 충족시킨다. 포도밭은 80헥타르이다. 샤토 주변에 있는 47헥타르의 담으로 둘러싸인 밭은 큰 중요성을 갖는다. 여기만이 샤토 라투르의 프리미엄 와인을 생산할 수 있다. 자갈로 된 밭은 다른 모든 농작물에게는 양분이 부족할지 모르지만, 포도나무에게는 이상적이다. 빗물이 하천 쪽으로 완벽하게 배수되는 유리한 자갈 '언덕'이다. 완만한 세 개의 경사면은 태양광의 일정한 노출을 가능케 한다. 이곳에서 포도나무는 날씨, 영양분, 필요한 수분 등과 관련된 어떤 돌발적인 사고가 발생해도 고통 없이 지낸다. 또한 지롱드강 근처라는 유리한 입지 조건은 포도들이 이상 기온으로부터도 보호받게 해준다.

포도 품종

식목된 면적의 75%를 차지하는 카베르네 소비뇽이 이곳의 왕이다. 이것은 와인에 탄닌의 구조와 색, 농축도를 준다. 이와 더불어 느리면서 조화로운 숙성이 가능케 되어 결과적으로 매우 뛰어난 장기 숙성 능력을 보여준다. 좀 더 부드럽고 향기로운 메를로는 23%가 사용되는데, 카베르네 소비뇽을 섬세하게 보완한다. 나머지 2%를 구성하는 카베르네 프랑과 프티 베르도는 필요한 경우 최종 블렌딩에 사용된다.

애지중지 재배하는 포도나무

가능한 포도나무의 평균 연령을 높게 유지하기 위해, 각각의 포도나무는 어린 묘목으로 교체되기 이전에 수명이 다하도록 기다린다. 수확기에는 라투르의 이름에 걸맞는 포도가 열리는 나무들만 확인한다. 한 그루의 나무에서 8송이 미만만을 수확하기 위해, 매년 7월 포도의 일부분을 제거하는 '녹색 수확'을 실시하는데, 이렇게 함으로써 더 농축된 포도알을 얻을 수 있다. 세심하게 손으로 수확한 후, 최대한 주의를 기울인 양조과정, 18개월간의 오크통 숙성, 정밀한 병입과정 등을 고려한다면 놀랍도록 멋지게 숙성되는 능력과 생산연도와 관계없는 꾸준한 이 와인의 품질이 그리 놀라운 일이 아니다.

라투르의 맛

샤토 라투르의 프리미엄 와인은 모든 면에서 탁월함이란 것이 무엇인지를 보여준다. 비록 어릴 적에는 근엄한 면이 있지만, 이 1등급 와인은 12년 정도 숙성이 되면 순수한 걸작의 완성을 보여주기 시작한다. 매우 높은 밀도를 보이는 와인의 에센스는 시간이 지남에 따라 완벽한 조화에 도달하기 위해 고품격의 탄닌과 결합한다. 짜임새 있고, 맛이 풍부하며, 지속적이며 지배적인 이 와인은 30년, 40년, 50년 혹은 작황이 좋은 해에는 이보다 더 긴 시간 동안, 환상적으로 숙성될 수 있는 자연적 기질을 타고 났다. 와인의 부케가 완벽하게 피어오르게 하기 위해 디캔팅을 하는 것이 좋다. 18도로 서빙할 때, 포이약의 양이나 붉은색 육류 혹은 수렵육을 곁들이면 좋다. 오랫동안 합당한 명성을 이어온 '세컨드 와인' 레 포르 드 라투르 Les Forts de Latour도 있다. 흠잡을 데 없는 이 와인의 스타일은 샤토 라투르의 정점에 도달하지는 못하지만, 메독의 2등급 와인이 가질 수 있는 매력적인 맛을 보여준다. 15년 정도 장기간 숙성이 가능하고, 역시 디캔팅하는 것을 권한다.

AOC CÔTES-DE-BOURG (AOC 코트-드-부르)

코트 드 부르는 보르도의 전체 포도원 중에서 가장 오래되었다. 19세기에는 메독의 와인이 이 지역의 경쟁 상대였다. 블라이의 남쪽, 마고의 강 건너편, 지롱드강 쪽으로 내리막인 언덕 위에 위치한 원산지 명칭은 15개의 코뮌을 포함한다. '지롱드의 작은 스위스'는 3,950헥타르의 포도밭에서 180,000헥토리터를 생산하는데 대부분이 숙성 잠재력이 있고, 진하면서 매력적인 레드와인이다.

> **주요 품종** 레드는 메를로(지배적), 카베르네 소비뇽, 카베르네 프랑, 말벡. 화이트는 세미용, 소비뇽, 뮈스카델, 콜롱바르.

> **토양** 진흙, 자갈, 모래-점토, 석회.

> **와인 스타일** 투박하지만 매력적인 레드는 깊은 색을 띠고 있고, 신선하거나 절인 검은 과일, 향신료의 향이 나다가 숙성이 진행되면 버섯, 부식토, 수렵육의 냄새가 난다. 화끈하고 강하며 잘 짜인 맛은 실크 같은 탄닌이 받쳐준다. 끝맛이 길고 향기롭다. 달지 않으면서 과일 풍미가 있는 화이트는 옅은 색을 띠며 꽃과 하얀 과일의 향이 매우 강하게 나며 조화롭고 그윽한 과일 풍미와 청량감이 잘 균형을 이룬 맛이다.

색:	**서빙 온도:**	**숙성 잠재력:**
레드, 화이트.	화이트 10도 전후, 레드 16~17도.	화이트 2~3년, 레드는 3년차부터 마시기 시작해서 8년까지.

AOC FRONSAC (AOC 프롱삭)

도르도뉴Dordogne와 일Isle에 접해 있는 매우 오래된 이 포도원의 전성기는 프롱삭의 백작 리슐리외Richelieu의 시절로, 그는 여기에 별장을 세우고 호화로운 파티를 즐겼다. 원산지 명칭은 리부른의 접경까지 약 840헥타르이고, 레드와인만 약 44,000헥토리터를 생산한다.

프롱삭과 생-미셸-드-프롱삭Saint-Michel-de-Fronsac 코뮌에서 생산된 와인은 원산지 명칭 카농-프롱삭Canon-Fronsac으로 판매될 수 있다. 프롱삭에는 공식적인 등급이 없다.

> **주요 품종** 메를로, 카베르네 소비뇽, 카베르네 프랑, 말벡.

> **토양** 충적토(프롱삭의 석회질 사암), 점토-석회.

> **와인 스타일** 진하면서 유혹적인 프롱삭은 유별나게 농축된 루비색이다. 붉은 과일이 지배적인 강렬한 과일, 향신료(후추), 숲속의 흙냄새가 난다. 균형 잡히고, 짜임새 있고, 풍부한 맛은 향기로우면서 단단한 탄닌이 받쳐준다. 부드러워지기 위해서 몇 년이 필요하다.

색:	**서빙 온도:**	**숙성 잠재력:**
레드.	16~17도(디캔팅 추천).	5~10년.

샤토 브레 카농 부셰Château Vrai Canon Bouché와 르 테르트르 드 카농Le Tertre de Canon

필립 드 아제트 묄러Philippe de Haseth-Möller가 프롱삭 마을 고원지대 12헥타르를 매입한 것은 2005년이었다. 독학자인 그는 파비 막캥Pavie Macquin과 카농-라-라가펠리에르Canon-la-Lagaffelère를 포함한 다수의 생테밀리옹 와인에 컨설팅을 하는 스테판 드르농쿠르Stéphane Derenoncourt와 테루아와 포도 품종 매칭 최고의 전문가인 유명한 와인 메이커 클로드 부르기뇽Claude Bourguignon의 도움을 받았다. 이곳 테루아의 전형적인 특성을 간직한, 메를로의 비율이 높은 두 가지의 최고급 와인 브레 카농 부셰와 르 테르트르 드 카농이 그 결과이다.

AOC POMEROL, LALANDE-DE-POMEROL
(AOC 포므롤, 라랑드-드-포므롤)

보르도의 보석 같은 원산지 명칭 포므롤은 전 세계에서 가장 비싸고 귀한 페트뤼스 Petrus로 인해 유명하다. 모순되게도, 아무런 그랑 크뤼 등급 제도가 존재하지 않은 몇몇 원산지 명칭 중 하나이다.

인구 밀집 거주지역이 없는 코뮌인 포므롤의 포도원은 로마시대까지 거슬러 올라간다. 보르도시에서 50km 동쪽, 리부른시 근처에 있다. 일Isle 위쪽 언덕에 있는 813헥타르에서 오로지 레드와인만 31,000헥토리터를 생산한다.

명성 있는 포므롤과 같은 지역이지만 바르반Barbanne이라는 시냇물로 분리된 라랑드-드-포므롤은 두 개의 코뮌 라랑드-드-포므롤과 네악Néac을 포함한다. 이 원산지 명칭은 포므롤과 동일한 품종으로 양조해 매우 유사한 와인을 만드는데, 몇몇은 포므롤과 경쟁할 수 있는 수준이다.

> **주요 품종** 메를로(80~100%), 카베르네 프랑, 카베르네 소비뇽, 말벡.

> **토양** 점토성 자갈.

> **와인 스타일** 강하고 둥글며 유연하며 매우 색이 짙은 포므롤의 와인은 붉은/검은 과일, 향신료, 제비꽃, 담배, 감초, 송로버섯, 수렵육 등의 향이 복합적이며 깊게 나고 나이를 먹으면서 더 복합적이 된다. 감미로움이 가득하고, 볼륨감과 과일 풍미가 나는 맛은 밀도감 있으면서 벨벳 같은 강한 탄닌이 받쳐준다. 끝맛이 길고, 향기로우며 지속성이 있다.

라랑드-드-포므롤은 깊은 붉은색을 띠며, 향이 강하면서 복합적이고, 우아하면서 부드러운 탄닌이 받쳐준다.

색 : 레드.

서빙 온도 : 16~18도(반드시 시음 여러 시간 전에 디캔팅할 것).

숙성 잠재력 : 3년차부터 마시기 시작해서 15~20년 혹은 그 이상.

포므롤 와인 셀렉션

제왕 페트뤼스의 뒤에, 유명하고 환상적인 샤토 레방질L'Évangile, 라 콩세이양트La Conseillante 또는 비외 샤토 세르탕Vieux Château Certan의 뒤를 잇는 고품질 포므롤의 와인들 :

● **샤토 벨-브리즈**Château Belle-Brise (리부른)
우아하고 기품이 있는 포므롤.

● **샤토 벨그라브**Château Bellegrave (포므롤)
매우 전형적인 세련미와 농축도를 가진 와인.

● **샤토 공보드-기요**Château Gombaude-Guillot (포므롤)
클로 프랑스와 샤토 공보드-기요는 하나의 도멘이 생산하는 유기농 와인으로, 힘과 뛰어난 우아함이 아름다운 조화를 보여준다.

● **샤토 라 간**La Ganne (리부른)
가격 대비 좋은 와인이다.

샤토 오존
(CHÂTEAU AUSONE)

보티에 가문의 감독 하에 있는 생테밀리옹의 이 신화적인 도멘은 테루아와 강한 유대를 유지하면서
완벽함에 대한 고집을 극한으로 몰아가며 남들과 다른 독특한 자신만의 발자취를 남겼다.

샤토 오존

Lieu-dit Ausone
33330 Saint-Émilion

면적 : 7헥타르
생산량 : 20,000병/년
원산지 명칭 : 생테밀리옹
레드와인 품종 : 카베르네 프랑, 메를로
특기사항 : 생테밀리옹 프르미에
그랑 크뤼 클라세 A

전설 속으로

샤토 오존은 샤토 슈발 블랑과 함께, 1955년의 첫 번째 공식 그랑 크뤼 리스트에서 최고의 자리에 오르는 영광을 차지했다. 한 세기 이상 숙성된 샤토 오존의 와인을 맛볼 수 있는 진귀한 특권을 누린 전문가들은 여전히 믿을 수 없는 품질을 보여준다고 말한다.

유명한 미국의 비평가 로버트 파커는 진정한 맛의 호화로움을 느끼기 위해서 40~50년의 숙성기간을 거친 현존하는 최고 수준의 빈티지 와인을 맛볼 것을 권한다.

현재 생테밀리옹에는 4개의 도멘이 1등급 A로 선정되었는데, 상당수의 전문가들은 샤토 오존이 다른 3개의 도멘을 앞선다고 본다. 하지만 샤토 오존에도 위기가 없었던 건 아니다.

분쟁의 대상이 된 도멘

1960년대와 70년대, 샤토 오존은 두 가족의 공동소유였다.

실제로 이 두 가족은 모든 면에 있어서 논쟁하곤 했는데, 특히 포도원의 운영과 양조방법에 대해서는 더욱 그랬다. 전문가들은 이를 심하게 비난하곤 했다. 명망 높은 샤토의 지위가 매력을 잃어가는 도멘을 보호할 수는 있었지만, 거북스러운 논쟁까지 피할 수는 없었다.

사태를 마무리 짓고자, 1995년 두 가족 중 하나가 샤토 전부를 인수했고, 대표자 알랑 보티에가 통솔했다.

1998년산 와인부터 샤토 오존은 보르도 최고의 그랑 크뤼 올림푸스에 자신의 자리를 되찾았다.

생산의 비밀

일관성과 작은 규모로 인해, 샤토 오존은 부르고뉴 방식 같은 테루아와 강한 유대 관계를 보여준다. 알랑 보티에는 테루아에 대한 악착같은 수호자로 최고의 테루아는 역사 속에 뿌리박고 있고, 역사적, 경제적, 기후적 불확실성에 특별한 탄력성을 제공한다고 설명한다.

그에게 인간의 역할은 해석을 정제하는 것으로, 다시 말해 최고의 해결책을 추출하기 위해 포도 품종과 기술을 결정하는 것을 의미한다.

샤토 오존은 의심의 여지없이 원산지 명칭에 속한 포도밭 중 가장 잘 알려진 최고의 위치를 차지하고 있다.

조그만 자갈이 표면층을 덮고 있는 석회질 기반의 생테밀리옹 언덕 중턱에 정남향인 7헥타르의 포도밭이 있다.

이곳에 카베르네 프랑과 메를로가 동등하게 심어져 있다.

대개 수령이 높고 포도밭 내 선별방법에서 온, 다시 말해 오로지 본래의 포도나무에서 선택한 카베르네 프랑은 예외적인 품질을 보여준다.

처음부터 알랑 보티에는 최종 블렌딩에 늘 55%가 들어가는 카베르네 프랑을 우선시 하는 것과 세컨드 와인인 라 샤펠 도존의 양조에 들어가는 어린 포도나무의 포도를 배제시키기로 결정했다.

예를 들어 젖산 발효를 스테인리스 탱크가 아닌, 작은 오크통에서 실시하는 것과 같은 완벽함을 고집했고, 산출량을 대폭 감소시켰다.

약 10여 년 전부터 그의 딸 폴린이 합류해 더 선명한 과일 풍미를 발전시키기 위해 몇 가지 수정을 종용했다.

마찬가지로, 숙성에 있어서도 새 오크통의 비율이 100%에서 85%로 바뀌었다.

라 샤펠 도존은 생테밀리옹의 세컨드 와인 중에서 프리미엄 와인과 가장 유사한 멋진 와인 중 하나이다.

샤토 오존, 생테밀리옹 그랑 크뤼 클라세 A

결과는 놀랍지만... 구할 수가 없다. 샤토 오존은 페트뤼스보다 덜 알려져 있고, 아주 조금 저렴하지만, 훨씬 더 귀하다. 매년 단지 20,000병, 작황이 좋은 해일 때 24,000병을 생산한다.

오크통을 사용해 숙성하고(85%는 새 것) 카베르네 프랑이 60%를 차지하는 환상적인 구성은 어릴 적부터 독특한 과육의 씹는 맛과 특징적인 향을 갖는 자신만의 독창성을 보여준다. 운이 좋은 사람들은 탄닌의 고상한 벨벳 같은 질감, 세련되고 끝나지 않는 미네랄의 느낌 등 예외적인 테루아의 표현을 맛볼 수 있을 것이다.

서로를 자극하는 이 마법의 삼중주가 만드는 맛의 미덕은 독특한 오존만의 특징으로 늘 부드러움의 대상이다.

생테밀리옹의 어린 왕자
(LE PETIT PRINCE DE SAINT-ÉMILION)

독학으로 무에서 출발한 장-뤽 튄느뱅은
2012년 1등급이 된 자신의 '차고 와인' 샤토 발랑드로로 1990년대 보르도를 흔들었다.

샤토 발랑드로

6, rue Guadet
33330 Saint-Émilion

면적 : 8.8헥타르
생산량 : 35,000병/년
원산지 명칭 : 생테밀리옹
레드와인 품종 : 메를로, 카베르네 프랑,
카베르네 소비뇽, 말벡, 카르메네르

겨우 1989년에 시작한 역사

생테밀리옹의 네고시앙이자 식당 운영자였던 장-뤽 튄느뱅Jean-Luc Thunevin과 그의 아내 뮈리엘 아르노Murielle Arnaud는 자신들이 원하는 스타일의 와인을 만들고 싶었지만, 포도나무가 없었다. 그리고 그해 퐁가방Fongaban 계곡 안에서 아무도 원치 않던 0.6헥타르의 밭을 찾아냈다.

되살아난 포도나무

뮈리엘은 멋진 수확을 위해 포도나무를 되살리려 애를 썼고, 장-뤽은 보르도식의 쨍한 와인이 아닌 맛이 풍부하고 활짝 핀 와인을 양조했다. 1991년 첫 번째 밀레짐이 승리를 선사했다. 동시다발로 질투와 논쟁이 계속되었는데, 메독의 최고 도멘들이 사용하지 않는 방법으로 만들어진 샤토 발랑드로는 전 세계 시장에서 단지 투기를 목적으로 한 '차고 와인'에 불과했을지도 모른다. 튄느뱅은 웃으며 말했다. "비평가들은 헛된 싸움에 낭비할 시간이 없다. 그들의 관심사는 잔 속에 있는 것이고, 우리는 와인에 대한 열정을 지속했다."

인정

발랑드로는 희귀하고 그래서 당연히 비싸고, 덕분에 이 지칠 줄 모르는 창조자가 규모를 키울 수 있게 해준다. 같은 방법으로 그들은 생테티엔 드 리스Saint-Étienne de Lisse에 여기 저기 분산된 포도밭을 모았다. 이제 거의 9헥타르에 달하는 포도밭의 주인이 된 행복한 그는 "이곳은 소 지으면서 말한다. 이 확장은 품질을 희생시킨 것이 아니라 오히려 그 반대의 결과를 가져왔다. 품질을 고집하는 이 부부의 노력으로 2012년 샤토 발랑드로는 생테밀리옹의 그랑 크뤼 1등급으로 승격되었다. 시장에서 해당 원산지 명칭 와인 중 가장 인기 있는 와인 가운데 하나이다. 보르도 와인 중에서 단시간에 이와 같은 완벽한 성공을 거둔 와인은 없었고, 이는 부러움의 대상이 되었다.

장-뤽 퇸느뱅은 "보르도에는 커다란 움직임이 없었다. 랭슈 바주Lynch-Bages나 르팽Le Pin 같은 몇몇 도멘과 에밀 페노, 미셸 롤랑 같은 몇몇 사람들을 제외하고는 우리는 전통을 답습하는 것에 만족했다."고 지적하면서, "시간의 맥락에서 이곳에 온 것은 매우 운 좋은 일이었다."라고 담담하게 말한다.

위험한 도박

"적은 산출량이 그랑 크뤼를 만든다."는 핵심 개념을 가지고 있던 그는 무일푼이었지만 대출을 받아 60아르의 작은 포도밭을 손에 넣은 '기회' 덕분에 와이너리를 시작할 수 있었다. 한 그루당 포도송이의 수를 제한하기 위해 녹색 수확을 실시하고, 최고의 품질을 유지하기 위해 수확된 포도에서 무작위로 선별해 양조에 사용했다. 그는 웃으면서 이렇게 말했다. "우리는 포도 알맹이 하나하나를 선별하는 방법을 고안해냈고, 심지어 포도알의 지름의 크기에 따른 분류를 하는 기계를 만들기까지 했다."

퇸느뱅이 값을 치른 또 다른 위험한 도박은 과숙한 포도를 수확한 후 양조 기간 동안 정기적인 펀칭pigeage을 실시하여 풍미, 물질, 색을 많이 추출하고, 인내심을 갖고 오크통에서 발효를 마무리지은 후 천천히 새 오크통에서 숙성시키는 것이다. 이렇게 해서 육감적이지만 매우 매혹적인 와인을 얻을 수 있었다. 이런 결과를 얻기 위해 그는 메를로를 택했다. 당연히 생산량은 한정적이어서 매년 약 15,000병을 생산한다. 밀도가 덜 하면서 좀 더 다가가기 쉬운 '비르지니 드 발랑드로' 퀴베를 추가했다. 현재 장-뤽 퇸느뱅의 조언은 매우 높이 평가되고 있고, 주목받는 여러 도멘들이 수혜자가 되었다. 그는 장난기 가득한 얼굴로, 하지만 허풍없이 "내가 보르도를 깨웠다."라고 말한다.

샤토 발랑드로, 프르미에 그랑 크뤼 클라세 B

와인은 새 오크통에서 빈티지의 잠재력에 따라 18~30개월간 숙성시킨다. 병입 전에 콜라주도, 필터링도 하지 않는다. 진한 자줏빛의 어두운 색을 가진 와인으로, 매우 잘 성숙한 검은 과일(블랙 커런트, 오디)의 향이 비강에서 폭발한다. 여기에 모카 커피와 결코 지배적이지 않은 세련된 오크향이 더해진다. 매우 농축되어 있고, 질감이 벨벳 같은 이 와인은 우아함을 더해주는 상쾌함과 지속성, 그리고 뛰어난 숙성 잠재력이 있다. 켜켜이 쌓인 풍만함은 잘 어우러지며 진정한 그랑 크뤼의 성숙도와 과일 풍미를 다시 한 번 돋보이게 하는 맛있는 탄닌이 뒤를 받쳐준다.

> 도멘의 경영자 뮈리엘 아르노와 장-뤽 퇸느뱅

페트뤼스
(PÉTRUS)

2차 세계대전 후까지 그다지 유명하지 않았던 포므롤의 이 작은 도멘은 몇십 년 만에 보르도에서 가장 유명해졌다.
독창적인 테루아뿐 아니라 비범한 재능들의 조화로 단시간에 높이 비약했다.

페트뤼스

3, route de Lussac
33500 Pomerol

면적 : 11.5헥타르
생산량 : 30,000병/년
원산지 명칭 : 포므롤
품종 : 메를로, 카베르네 프랑

신화의 탄생

인상적인 건물도, 요란한 양조장도, 아무런 표지판도, 심지어 이름에 샤토라는 칭호조차도 없는 페트뤼스는 신중함을 연마한다. 하지만 이 포므롤의 스타 도멘은 보르도 계층 구조의 꼭대기에 있다. 이 도멘이 갖고 있는 배타성, 탁월함, 화려함, 희소가치로 인해 그 이름은 전문가나 문외한들 모두에게 잘 알려져 있고, 신화를 되살려내는 힘이 있다. 전쟁 이후 아무런 명성이 없던 페트뤼스가 보르도의 전설이 되는 데는 단지 몇십 년으로 충분했다. 그 당시에 포므롤이라는 원산지 명칭은 주목받지 못하는 일종의 안티-메독으로 명성도 없었고, 페트뤼스를 포함한 가족 경영의 조그만 도멘들로 구성되어 있었다. 19세기에 아르노Arnaud 가문은 첫 번째 교황의 이름을 빌려서 이 지역의 가장 높은 곳에 위치한 10여 헥타르 밭을 매입하여 기반을 닦았다. 1925년, 리부른 기차역 맞은편에 호화로운 숙박시설을 운영하던 에드몽드 루바Edmonde Loubat는 이 도멘의 주변에 관심을 가졌고, 지분을 매입했다. 활기차고, 끈질기고, 직관적인 이 여성 사업가는 이 포도원의 비범한 잠재력을 포착했다. 20년 동안 그녀는 자신의 와인을 알리기 위해 애썼는데 많은 버킹검 궁전을 포함하여 수많은 곳에 영업방문을 하여, 급기야 1947년 엘리자베스 2세의 결혼식에서 영국의 귀족들에게 페트뤼스를 소개할 수 있었다. 이 일이 있기 2년 전, 그녀는 1937년 리부른에 전도유망이라 불리던 중개회사를 차린 통찰력이 있는 젊은 코레즈Corrèze 지방 사람 장-피에르 무엑스와 손을 잡았다. 이 둘은 페트뤼스가 좌안의 최고 샤토들과 어깨를 나란히 할 것이라는 같은 신념을 갖고 있었다.

베루에Berrouet의 발

영국 다음으로, 아무런 등급이나 타이틀이 없는 이 와인의 매력에 푹 빠진 미국의 케네디Kennedy가 페트뤼스 첫 번째 명예대사였다. 장 피에르 무엑스는 견고한 국제무역 네트워크를 구축하는 데 만족하지 않았다. 예외적인 와인 메이커이자 퍼즐의 마지막 한 조각인 장-클로드 베루에Jean-Claude Berrouet를 부르기 전까지 그는 도멘의 고삐를 잡고, 양조자로서의 재능을 보여주었다. 여러 차례 상속 위기 등의 혼돈에도 불구하고, 지난 50년간 페트뤼스는 경매 과열 경쟁에서 메독 최고 샤토들을 뛰어넘어 마침내 정상에 올랐다. 2014년 이래 도멘은 주변 풍경과 어우러지면서 기능적으로 그리고 미적으로 향상된 새로운 양조장을 갖추었다. 세대 교체가 이루어져 장-피에르 무엑스의 아들 장 프랑수아Jean-François와 손자 장 무엑스Jean Moueix가 페트뤼스 지주회사의 대표가 되었고, 절대 실수하지 않는 열정을 지닌 올리비에 베루에Olivier Berrouet는 특별한 테루아에서 태어난 스타일을 보존하면서 아버지의 뒤를 이었다.

비밀의 점토

이른바 점토는 좋은 테루아가 되기 위해서 필요하지만, 특급 테루아가 전적으로 점토질인 경우는 드물다. 하지만 페트뤼스의 밭은 입자가 고운 기적의 점토로 스펀지처럼 물을 배출하거나 간직하고 있어서 식물이 필요로 할 때 스포이드처럼 방울방울 수분을 공급한다. 페트뤼스는 정확하게 11.48헥타르의 포도밭으로, 해발 40미터의 바람이 잘 통하는 언덕 꼭대기에 위치한다. 쇠찌꺼기가 함유되어 표면은 검고, 내부는 붉은 점토질의 토양은 거의 메를로가 독점적(95%)으로 심어져 있는데, 이 품종은 페트뤼스만의 독특한 표현인 세련되고 충만한 부드러움에 이르게 한다. 모든 것은 완벽하게 성숙된 포도를 수확하기 위해서이다. 그 다음은 모든 것이 감성과 감각의 이야기로, 베루에 부자는 의도적으로 장기 숙성을 위한 유혹적이면서 섬세한 스타일을 만들었는데, 그렇다고 허세부리기식의 오크 사용이나 과장됨, 지나친 농축 등은 피했다.

페트뤼스, 포므롤

페트뤼스의 스타일은 무엇보다도 포도의 완벽한 성숙이다. 그리고 맞춤식 숙성으로 빛을 발하게 한다. 언제나 색이 짙은 페트뤼스는 어릴 적에는 벨벳 같은 텍스처와 깊이감, 강하면서 동시에 세련된 탄닌, 꽃 향과 섞인 과일의 향이 반긴다. 극성스럽지는 않지만, 어릴 적에는 때때로 육중한 느낌이 있다가 시간이 이 구조물의 옷을 조금씩 벗기면서 탄닌과 부케를 숙성시켜 완숙 시에는 향신료와 송로버섯의 향을 느낄 수 있다. 신화적인 와인으로, 최소 10년 혹은 그 이상을 기다릴 필요가 있다.

년부터 와인 메이커로
올리비에 베루에

우안(리부른)

AOC SAINT-ÉMILION (AOC 생테밀리옹)

생테밀리옹은 유네스코의 '문화경관'에 선정된 최초의 포도원이다. 또한 세계에서 가장 유명한 포도원 중 하나이다. 도르도뉴강과 대서양에 아주 근접해 있어서 온난한 해양성 기후를 가진다. 5,400헥타르의 포도원은 8개의 코뮌에 분포되어 있는데, 오로지 레드와인만 생산한다.

토양, 태양광 노출, 포도나무의 나이 그리고 포도의 농축도에 따라 양조자들은 생테밀리옹과 생테밀리옹 그랑 크뤼의 두 가지 원산지 명칭으로 판매한다(하단 참조). 1955년 그랑 크뤼 리스트 시스템이 만들어졌는데, 10년마다 업데이트된다는 특징이 있다.

> **주요 품종** 메를로(지배적), 카베르네 프랑, 카베르네 소비뇽.
> **토양** 석회, 점토-석회(프롱삭의 석회질 사암), 자갈 충적토, 모래.
> **와인 스타일** 와인의 짙은 색은 수년에 걸쳐 기왓장 색을 띠는 아름다운 석류색으로 변한다. 복합적인 향은 잘 익은 혹은 설탕에 절인 붉은/검은 과일, 가죽, 부드러운 향신료, 오크-훈연 냄새가 난다. 숙성되면서 숲 속의 흙냄새, 부식토, 수렵육의 향이 추가된다. 꽉 차고, 과육을 씹는 듯하면서 좋은 짜임새를 가지고 있는 맛은 섬세하고 벨벳 같은 탄닌이 뒷받침해준다. 과일 풍미, 향신료, 훈제향을 가진 끝맛이 있다.

색:
레드.

서빙 온도:
16~17도(가급적 디캔팅할 것).

숙성 잠재력:
3년차부터 마시기 시작해서 8~10년 혹은 그 이상.

우안(리부른)

AOC SAINT-ÉMILION GRAND CRU(AOC 생테밀리옹 그랑 크뤼)

이 원산지 명칭은 AOC 생테밀리옹(상단 참조)과 동일한 구역이다. '그랑 크뤼'라는 인증을 받으려면, 와인의 품질과 관련된 준수 사항을 따라야 한다(산출량 40헥토리터/헥타르, 의무적으로 12개월간 오크통 숙성). 이 AOC에는 샤토 앙젤뤼스, 샤토 오존, 샤토 슈발 블랑, 샤토 파비 등 4개의 그랑 크뤼 클라세 A가 있고, 14개의 그랑 크뤼 클라세 B가 있다(p.251 참조).
> **주요 품종** 메를로(지배적), 카베르네 프랑, 카베르네 소비뇽.

> **토양** 석회, 점토-진흙(프롱삭의 석회질 사암), 자갈 충적토, 모래.
> **와인 스타일** 보랏빛을 띠는 생테밀리옹 그랑 크뤼는 잘 익은 검은 과일, 꽃, 건자두, 향신료, 바닐라, 구운 아몬드 등, 매우 향기롭고 복합적이며 농축된 향이 난다. 풍부하면서 좋은 짜임새를 가진 맛은 질 높고 밀도 있는 세련된 탄닌이 뒷받침해준다. 부드럽게 되기까지 숙성을 필요로 한다. 길고 청량감 있으면서 향기로운 끝맛이 있다.

색:
레드.

서빙 온도:
16~18도(가급적 디캔팅할 것).

숙성 잠재력:
7~20년, 크뤼 클라세는 이보다 더 장기 보존 가능.

그랑 크뤼와 '유기농'

 렇게 많지는 않지만, 생테밀리옹 그랑 크뤼 중에서 유기농이나 바이오 다이내믹을 실시하는 포도원이 해마다 증가한다. 그중 열거하자면 다음과 같다. 샤토 퐁로크Châteaux Fonroque와 물랭 뒤 카데Moulin du Cadet(무엑스 Moueix, 생테밀리옹과 리부른), 샤토 프랑-푸레Château Franc-Pourret, 도멘 뒤 오 파타라베Domaine du Haut-Patarabet, 클로 샹트 랄루에트Clos Chante l'Alouette(우줄리아 포도원Vignobles Ouzoulias, 생테밀리옹), 샤토 트라포 Château Trapaud(트라포 가문, 생테티엔 드 리스), 샤토 물랭 드 라녜 Château Moulin de Lagnet(샤트네Chatenet 가문, 생크리스토프 데 바르드 Saint-Christophe des Bardes), 샤토 크로크 미쇼트Château Croque-Michotte(조프리 옹Geoffrion 가문, 생테밀리옹).

생테밀리옹의 위성도시들

생테밀리옹의 경계에 있는 네 개의 코뮌은 자신들의 명칭을 유명한 이웃집 생테밀리옹의 이름 뒤에 붙일 수 있다. 가장 북쪽에 뤼삭 생테밀리옹Lussac-Saint-Émilion(1,440헥타르)이 있다. 포므롤과 생테밀리옹 포도밭의 북쪽 연장선상에 몽타뉴 생테밀리옹Montagne-Saint-Émilion(1,600헥타르), 생조르주 생테밀리옹Saint-Georges-Saint-Émilion(200헥타르)이 있다. 생테밀리옹 고원의 맞은편에는 퓌스갱 생

테밀리옹Puisseguin-Saint-Émilion(745헥타르)이 있다. AOC 생테밀리옹이 정한 동일한 포도 품종을 사용하는데, 각각 자신들만의 개성이 있는 와인을 만들고, 뛰어난 가성비를 보여준다. 그래서 AOC 생테밀리옹보다 현실적 접근성이 좋다.

> **주요 품종** 메를로(지배적, 종종 90%까지), 카베르네 프랑, 카베르네 소비뇽, 말벡.
> **토양** 점토-석회, 반면 뤼삭 생테밀리옹

의 계곡은 점토, 고원은 모래, 산 경사면은 점토-석회로 이루어져 있다.

> **와인 스타일** 뤼삭의 와인은 우아하고 짜임새가 있다. 몽타뉴의 와인은 기품이 있고 알코올이 풍부하며 다른 와인들과의 차별성이 있다. 생조르주의 와인은 진하고 강하며, 퓌스갱의 와인은 진하고 풍만하다.

색: 레드.

서빙 온도: 15~17도.

숙성 잠재력: 5~9년.

AOC FRANCS-CÔTES-DE-BORDEAUX
(AOC 프랑-코트-드-보르도)

코트 드 프랑côtes de Francs이라는 이름은 6세기로 거슬러 올라간다. 507년 부이에 전투 이후, 프랑크 왕국의 첫 번째 왕인 클로비스Clovis는 서 고트족의 왕 알라릭 2세Alaric II와 전쟁을 하고, 아키텐을 차지했다. 프랑크족 군대의 분견대가 주둔하던 장소를 라틴어로 '아드 프랑코스Ad Francos'(프랑크족 소유)라 불렀고, 이는 훗날 '프랑'으로 바뀌었다. 보르도시의 북동쪽 50km에 위치한 이 원산지 명칭은 가장 크기가 작은 명칭 중 하나이면서 가장 동쪽에 있다. 500헥타르의 포도밭은 프랑Francs, 생시바르Saint-Cibard, 타약Tayac의 3개 코뮌을 포함한다. 약 16,000헥토리

터의 레드와인과 소량의 화이트(달지 않은, 감미로운 와인)을 생산한다.

> **주요 품종** 레드는 메를로(지배적), 카베르네 소비뇽, 카베르네 프랑. 화이트는 세미용(다수), 뮈스카델, 소비뇽.
> **토양** '아즈네Agenais'라 불리는 사암 석회질(남쪽), '프롱사데Fronsadais'라 불리는 석회 사암.
> **와인 스타일** 레드는 매우 어두운 붉은 빛깔이다. 농익은 붉은/검은 과일과 향신료의 향이 난다. 부드러우면서 풍부한 맛은 숙성을 필요로 하는 탄닌이 뒷받침해준다. 열대과일, 시트러스, 꿀의 향을 가진 화이트는 풍부하면서 균형이 잘 잡혀 있다.

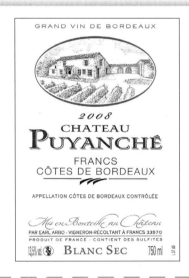

색: 레드, 화이트.

서빙 온도: 화이트 8~10도. 레드 14~16도.

숙성 잠재력: 화이트 1~3년. 레드 3~5년.

AOC CASTILLON-CÔTES-DE-BORDEAUX
(AOC 카스티용-코트-드-보르도)

1453년에 100년 전쟁의 종지부를 찍은 카스티용 전투가 일어났던 역사의 현장인 이 원산지 명칭은 지롱드강의 우안, 생테밀리옹의 동쪽에 위치한 2,300헥타르의 포도원이다. 진하면서 알코올이 풍부한 레드와인

만 100,000헥토리터를 생산한다.

> **주요 품종** 메를로, 카베르네 프랑, 카베르네 소비뇽.
> **토양** 점토-석회, 자갈.
> **와인 스타일** 진한 루비색의 와인으로, 잘

익은 붉은 과일, 건자두, 야채와 향신료의 향이 강하면서 복합적으로 나타난다. 과일 풍미와 짜임새가 있는 맛은 넉넉한 탄닌이 뒷받침해준다.

색: 레드.

서빙 온도: 16~18도.

숙성 잠재력: 5~10년.

AOC ENTRE-DEUX-MERS(AOC 앙트르 되 메르)

계곡들 사이에 패인 고원의 형상을 띤 이 포도원의 이름은 북쪽과 남쪽의 경계를 설정하는 도르도뉴강과 가론강 사이의 지리적 위치에서 유래한다. 1,500헥타르의 광활한 면적에서 연평균 77,000헥토리터의 달지 않은 화이트와인을 생산한다. 이 원산지 명칭은 아르비Arbis, 캉투아Cantois, 에스쿠상Escoussans, 고르낙Gornac, 라도Ladaux, 무랑스Mourens, 술리냑Soulignac, 생피에르 드 바Saint-Pierre-de-Bat, 타르곤Targon의 9개의 코뮌을 포함하는데, 이들은 앙트르 되 메르 오 브노주Entre-deux-Mers-Haut-Benauge라는 원산지 명칭으로 판매해도 된다.

> **주요 품종** 소비뇽(다수), 세미용, 뮈스카델.

> **토양** 규토, 자갈, 진흙.

> **와인 스타일** 산도가 있으면서 부드러우며, 과일 풍미와 청량감이 있는 앙트르 되 메르는 옅은 녹색 기운이 감도는 반짝이는 금빛이다. 레몬, 블랙 커런트 싹의 향에 더해 약간 짭조름한 냄새가 난다. 상당히 긴 끝맛에서 레몬의 향을 느낄 수 있다.

색:	서빙 온도:	숙성 잠재력:
화이트.	8도 전후.	2~3년.

AOC SAINTE-FOY-BORDEAUX(AOC 생트 푸아 보르도)

보르도, 페리고르Périgord, 아장Agen 사이에 위치한 이 오래된 중세 도시는 보르도 포도 재배 지역의 경계이다. 19개의 마을을 포함한 이 원산지 명칭은 도르도뉴강을 바라보는 언덕과 고원의 연장선을 따라간다. 단지 약 300헥타르로, 비밀스러운 원산지 명칭인 생트 푸아 보르도는 전문가들 사이에서 매우 인기가 있다. 레드와인이 절대적으로 많지만, 달지 않은 혹은 감미로운 화이트와인도 드물게 생산한다.

> **주요 품종** 레드는 카베르네 소비뇽, 카베르네 프랑, 메를로. 화이트는 소비뇽, 세미용, 뮈스카델, 소비뇽 그리.

> **토양** 자갈, 모래.

> **와인 스타일** 육감적이면서 강한 레드와인은 체리가 중심이 되는 환상적인 붉은 과일, 가죽, 숲속의 땅 냄새가 난다. 풍부하고 볼륨감 있으면서 강한 맛은 숙성을 필요로 하는 탄탄한 탄닌의 조직이 뒷받침해준다. 끝맛은 길고 향기롭다.

감미로운 화이트와인은 아름다운 진한 호박색이다. 하얀 꽃, 꿀, 옅은 사향이 섬세하게 난다. 부드럽고 풍부하며 미끈한 맛에 좋은 청량감이 더해진다. 끝맛이 매우 길고, 아주 향기롭다.

달지 않은 화이트는 옅은 노란색을 띠며, 생생한 과일 향(시트러스)이 난다. 과일 풍미, 산도, 지방의 조화를 이룬 맛이 있다.

색:	서빙 온도:	숙성 잠재력:
레드, 화이트.	화이트(달지 않은, 감미로운) 8~10도. 레드 16~17도.	달지 않은 화이트 2~3년. 레드 3~6년. 감미로운 화이트 4~7년.

AOC CADILLAC(AOC 카디약)

17세기의 요새인 샤토 드 카디약Château de Cadillac이 압도하는 이 원산지 명칭은 가론강의 우안, 보르도시에서 남서쪽으로 30km 지점에 위치한다. 귀부균이 번식하는 데 유리한 국소 기후의 혜택을 받는다. 22개의 코뮌이 이 원산지 명칭을 사용할 수 있다. 카디약은 좋은 가성비로 인해 보물을 찾을 수 있다. 이 원산지 명칭과 오로지 레드와인만 생산하는 AOC 카디약 코트 드 보르도Cadillac-Côtes-de-Bordeaux와 혼동하지 말아야 한다.

> **주요 품종** 세미용, 소비뇽, 뮈스카델.

> **토양** 점토-석회, 자갈.

> **와인 스타일** 토파즈 색이 감도는 카디약 와인은 꽃, 아카시아, 인동덩굴과 전형적인 특징인 콩피한 과일의 냄새가 난다. 아름다운 입자와 매끈하면서 향기로운 맛은 끝맛에 가서 지속성이 있는 통으로 구운 향을 남긴다.

색:	서빙 온도:	숙성 잠재력:
화이트.	8도.	10~15년, 혹은 그 이상.

'스위트 보르도'

여기, 소테른Sauternes, 바르삭Barsac, 루피악Loupiac, 생트 크루아 뒤 몽Sainte-Croix-du-Mont, 프르미에르 코트 드 보르도Premières-Côtes-de-Bordeaux, 그라브 쉬페리외르Graves Supérieures, 그라브 드 베르Graves de Vayre, 카디약Cadillac, 세롱Cérons, 보르도 모엘뢰Bordeaux Moelleux, 보르도 쉬페리외르Bordeaux Supérieur, 보르도 오 브노주Bordeaux Haut-Benauge, 코트 드 보르도 생마케르Côtes-de-Bordeaux Saint-Macaire, 프랑 코트 드 보르도Franc-Côtes de Bordeaux, 생트푸아 보르도Sainte-Foy-Bordeaux 등 총 15개의 감미로운 혹은 귀부 와인 원산지 명칭이 집결했다. 이는 젊은 대중을 사로잡고, 단지 푸아그라를 위한 것만이 아니라 식탁에서의 존재감을 확인하기 위해 '달콤한 시간', '달콤한 음악', '달콤한 파티' 등으로 세분화하며 고객들을 유혹하는 새로운 시장을 정복하기 위한 것이다. 이

와인들은 '시크하고, 도회적이며, 축제적인 정체성'을 가진 스위트 보르도라는 이름으로 유통되는데 그중 몇몇은 다음과 같다.

● 바르삭의 샤토 오라Château Haura(AOC 세롱) 풍부하고 복합적이며 좋은 맛과 매우 균형이 뛰어난 귀부 와인.

● 생트 크루아 뒤 몽의 샤토 라 그라브Château La Grave(AOC 생트 크루아 뒤 몽) 상티에 도톤 퀴베cuvée Sentiers d'automne는 강하면서 그윽하고 진하다.

● 세롱의 샤토 프티 클로 장Château Petit Clos Jean(AOC 루피악) 퀴베 프레스티주cuvée Prestige는 매력과 우아함과 힘이 모두 가득하다.

● 루피악의 샤토 페뤼셰Château Peyruchet(AOC 루피악) 이 원산지 명칭의 특성을 환상적으로 보여주는 귀부 와인이다.

AOC LOUPIAC(AOC 루피악)

보르도시에서부터 남쪽으로 40km 지점의 작은 언덕들 위에 위치한 344헥타르의 루피악의 포도밭은 탁월한 태양광 노출, 매우 뛰어난 자연 배수 조건을 지니고 있으며 가론강의 존재는 귀부 와인을 만드는 귀부균인 보트리티스 시네레아의 번식에 유리한 조건인 가을 안개를 제공한다.

> **주요 품종** 세미용(대부분), 소비뇽, 뮈스카델.
> **토양** 점토, 자갈.
> **와인 스타일** 알코올이 풍부하면서 매우 세련된 루피악의 와인은 금빛이 감도는 아름다운 노란색이다. 콩피한 과일, 열대과일, 무화과, 진저 브레드(팽 데피스pain d'épice), 노

란 꽃, 꿀, 아카시아, 검은 건포도, 건자두 등의 향이 우아하면서 복합적이다.

색:	서빙 온도:	숙성 잠재력:
화이트.	8도 전후.	20년까지.

AOC SAINTE-CROIX-DU-MONT(AOC 생트 크루아 뒤 몽)

보르도의 남쪽, 소테른의 맞은편에 있는 이 독창적인 원산지 명칭은 같은 이름을 지닌 코뮌 주변의 가파른 산비탈 위에 면적 381헥타르의 포도원을 가지고 있다. 보트리티스 시네레아가 번식하기에 유리한 따뜻한 가을과 밤의 습도가 있는 국지기후가 있다. 감미로운 와인 혹은 귀부 와인 등 오로지 화이트와인만 생산한다.

> **주요 품종** 세미용, 소비뇽, 뮈스카델.
> **토양** 점토-석회, 석회.
> **와인 스타일** 유혹적인 강렬한 금색의 생트 크루아 뒤 몽 와인은 설탕에 조린 과일(복숭아, 살구), 시트러스, 열대과일, 건포도, 무화과, 인동덩굴, 아카시아, 꿀 등의 향이 난다. 미끈하며 풍부하고 매우 향기로운 맛과 그윽하고 코에서 감지한 모든 과일이 매우

길게 지속되는 끝맛이 있다.

색:	서빙 온도:	숙성 잠재력:
화이트.	8~10도.	10년까지, 혹은 그 이상 (하지만 어릴 적에도 마실 수 있다).

부르고뉴의 포도 재배지

상징적인 지역인 부르고뉴는 동일한 이름의 중세 지방이 갖던 영역을 오늘날까지 유지하고 있다.
화이트와 레드 모두, 프랑스와 전 세계에서 가장 뛰어난 와인을 산출하는 확실한 땅을 갖고 있다.
여러 밭들과 그 서열의 복잡성이 매력의 일부이기도 하지만, 문외한들에게는 난해할 수 있다.

수도사, 클로, 복잡한 분류

부르고뉴는 프랑스뿐 아니라 유럽 전체의 남과 북을 잇는 통행로여서 오랫동안 이 지역의 와인을 알리고 유통하는 데 유리하게 작용했다.

수도원의 정착에서 프랑스 혁명까지. 본Beaune 지역에 포도나무가 등장한 것은 기원전 200년 이후로 생각된다. 하지만 부르고뉴 포도원의 진정한 비상은 기독교와 연관이 있는데, 단지 미사 주에 대한 요구뿐만 아니라(13세기까지 영성체는 빵과 와인 두 종류에 한해 실시되었고, 독실한 신자는 매일 영성체를 했다), 중세 시대에는 정착한 수도원들이 영주에게 유증받은 포도나무를 자금 조달 방법으로 이용했다. 미식가였던 수도사들은 비싼 값에 팔기 위해 최고의 와인을 생산하는 밭(또는 '클리마climats')

을 인내심을 가지고 선별했다(p.17 참조). 수도사들은 테루아를 평가하기 위해 심지어 흙을 맛보기까지 했다고 한다. 더 확실하게, 그들은 십일조로 낸 현물(와인)을 시음하면서 밭들의 좌표를 찍었다. 소중한 그들의 '까치밥' 포도를 보호하기 위해 (그리고 이웃과의 분쟁을 피하기 위해), 돌로 된 벽을 세워 부르고뉴의 유명한 '클로clos'를 만들었다.

혁명에서 첫 번째 분류까지. 부르고뉴 와인 생산자에게 프랑스 혁명은 수도원이나 귀족 소유의 도멘에 복수를 할 수 있는 기회였다. 1791년부터 국유재산의 매각과 함께 클로 드 부조Clos de Vougeot처럼 도멘의 붕괴가 시작됐다(p.301 참조). 이 소유권 이전은 특히 지역의 부르주아들과 18세기에 생겨난 최초의 중개업소에 도움이 됐다. 1861년부터 '본의 농업위원회Comité d'agriculture de l'arrondissement de Beaune'의 분류는 원산지 통제 명칭의 근대적 체계를

> ### 숫자로 보는
> ### 부르고뉴의 포도 재배지(AOC)
> 면적 : 28,000헥타르
> 생산량 : 1,400,000헥토리터
> 레드와 로제 :29%
> 화이트 61% · 크레망 : 10%
> **보졸레**
> 면적 : 15,700헥타르
> 생산량 : 800,000헥토리터
> 레드와 로제 : 98%
> 화이트 : 2%
> (BIVB, 2015 ; 인터-보졸레, 2015)

> 본의 오텔-디유는 여러 색을 칠하고 니스를 바른 기와를 올린 지붕으로 유명하다.

오스피스 드 본 (Hospices de Beaune) 의 경매

1452년 니콜라 롤랭Nicolas Rolin과 기곤 드 살랭Guigone de Salins이 가난한 사람들을 돕고 보살피기 위해 만든 오스피스 드 본은 유산으로 받은 그랑 크뤼와 프르미에 크뤼가 60헥타르 이상인 큰 도멘이다. 매년 11월 셋째 주 일요일, 세계 최대의 자선 경매 행사에서 228리터짜리 오크통인 피에스pièce 단위로 이 도멘의 와인이 팔린다. 2005년 이후부터 영국의 경매 회사 크리스티가 기획하는 이 경매는 촛불에 의해 진행된다. 2015년에 1,000만 유로를 기록했던 이 경매의 수익금은 최첨단 종합병원이 된 오텔-디유Hôtel-Dieu의 자금으로 사용된다. 경매를 통해서 얻은 가격은 같은 밀레짐의 부르고뉴 와인의 평균가를 정하는 지표로 사용된다.

> 부르고뉴 한 마을의 수확

예시했다. 여기서 로마네 콩티^{Romanée-Conti}, 클로 드 부조, 샹베르탱 ^{Chambertin} 같은 한수 위 그랑 크뤼 혹은 '테트 드 퀴베^{tête de cuvée}'와 그 랑 크뤼, 프르미에 크뤼를 구별했다. 이 분류는 원산지 명칭 국립 기 구-INAO(Institute national des appellations d'origine)에 의해 그랑 크뤼와 프르미에 크뤼만 남기고, 최상위 등급을 없앰으로 약간 단순화되었다. 원산지 명칭 법령은 1936년에 발효되었는데, 우선 그 랑 크뤼가 지정되고, 코뮌 단위의 명칭이 그 뒤를 따랐다.

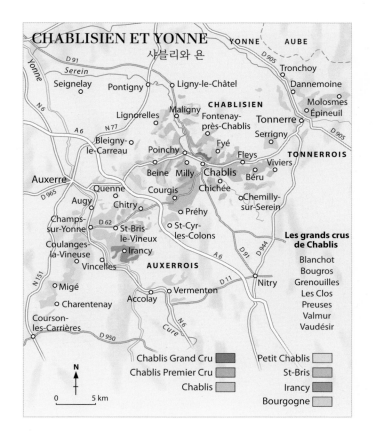

샤블리와 욘^{Yonne}의 포도원

샤블리는 품질 좋은 달지 않은 화이트와인의 본보기로, 산도로 얻어 진 청량감과 과일 풍미는 좀 더 날카롭기는 하지만, 코트 도르^{Côte d'Or} 의 최고급 화이트와인과 상당히 유사하게 양조되었다. 하지만 포도 재배의 북방 한계선인 샤블리에서 와인을 만드는 것은 결코 쉬운 일 이 아니다. 가장 큰 적(敵)은 냉해로, 겨울에 종종 농부들은 포도밭에 석유난로를 설치하거나 식물 주변에 물을 뿌려 냉해로부터 보호하기 위한 얼음이 얼게 한다.

이곳에선 '보누아(본^{Beaune} 출신의 것)^{beaunois}'라 불리는 샤르도네는 특 히 욘의 점토-석회 토양에 잘 적응한다. 샤블리의 프르미에 크뤼(p. 297 참조), 그리고 당연히 그랑 크뤼는 코트 도르의 최고급 화이트의 맞수로, 좀 더 미네랄이 느껴지지만 덜 기름지다. 모든 그랑 크뤼는 샤 블리시의 북동쪽, 페^{Fyé}와 푸앵시^{Poinchy} 사이에 모여 있다.

오세루아^{Auxerrois}와 토네루아^{Tonnerrois}는 욘의 또 다른 포도원으로, 부르 고뉴 코트 생자크^{Bougogne Côte-Saint-Jacques}(과거에는 코토 드 주아니^{Coteaux-de-Joigny})나 부르고뉴 베즐레^{Bougogne Vézelay} 같은 품질 좋은 레드와인을 생 산하는데, 좀 더 남쪽에 위치한 부르고뉴의 유명한 이웃들에 비해 훨 씬 가벼운 스타일의 와인이다.

코트 도르^{La Côte d'Or}

코트 도르는 최북단 디종^{Dijon}에서 본^{Beaune}을 거쳐 상트네^{Santenay}까지 이다. 이곳에서 가장 복합적이고 가장 비싸며 뛰어난 숙성 잠재력이 있는 와인을 생산한다. 주브레 샹베르탱^{Gevrey-Chambertin}, 본 로마네^{Vosne-Romanée}, 포마르^{Pommard}, 뫼르소^{Meursalut}, 퓔리니 몽라셰^{Puligny-Montrachet} 등 의 유명한 마을에서 생산되는데, 이들은 자신들의 원산지 명칭과 '클 리마'를 가지고 있고, 가장 훌륭한 것들은 그랑 크뤼나 프르미에 크 뤼로 분류되어 있다. 2015년 코트 도르의 클리마들은 유네스코의 세 계 유산에 등재되었다. 코드 도르는 북쪽의 코트 드 뉘^{Côte de Nuits}와 남

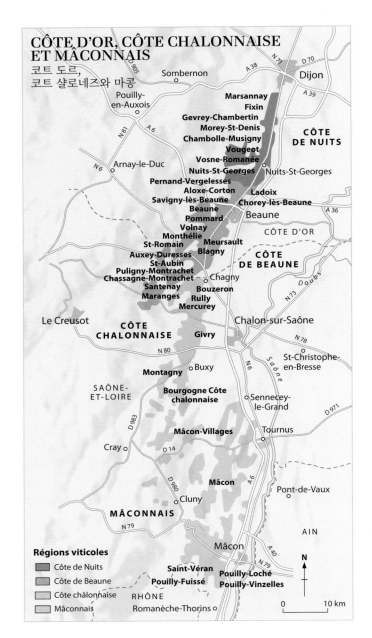

CÔTE D'OR, CÔTE CHALONNAISE ET MÂCONNAIS

코트 도르,
코트 샬로네즈와 마콩

즈Bourgogne Côte chalonnaise를 포함하여 부르고뉴의 광범위한 혹은 지역적 원산지 명칭을 넘어, 부즈롱Bouzeron, 륄리Rully, 메르퀴레Mercurey, 지브리Givry와 몽타니Montagny의 5개의 코뮌 수준의 원산지 명칭을 가지고 있다. 여기서는 레드, 화이트, 크레망을 생산한다.

마콩Le Mâconnais

코트 샬로네즈 남쪽의 이 광활한 포도밭(6,920헥타르)은 AOC 마콩Mâcon으로 화이트와 레드와인을 생산한다. 여러 마을이 자신들의 명칭을 사용하는 것을 허가 받았고, 푸이이Pouilly 같은 몇몇 곳은 큰 명성을 획득했다. 샤르도네에게 완벽한 석회암 산등성이는 물론, 가메에게 유리한 모래 토양 위에 화강암 암석 지역도 존재한다. 비레Viré, 클레세Clessé, 뤼니Lugny 근처의 토양은 가벼운 화이트와인 양조에 좋다. 고도가 가장 높은 언덕과 최고의 낮은 언덕들은 남쪽에 모여 있다. 이곳이 바로 푸이이 퓌세Pouilly-Fuissé나 생 베랑Saint-Véran 같은 맛있는 화이트와인을 만드는 유명한 마을들이 있는 곳이다.

보졸레Le Beaujolais

부르고뉴의 전체 포도밭 중에서 가장 남쪽이면서 가장 면적이 넓은 (15,000헥타르) 보졸레는 마콩의 남쪽에서부터 리옹시 외곽까지 이어진다. 보졸레는 비지니스와 지리적 근접성을 제외하고는 나머지 부르고뉴와 공통점이 드물다. 다른 곳에서는 자주 접하는 석회암이 여기서는 서쪽의 루아르강Loire과 손강Saône을 분리시키는 산맥을 이루는 화강암과 화성암에 자리를 양보한다. 가메 품종이 지배적이다. 바 테이블에서 리옹식 '요깃거리mâchon'에 곁들이기 좋은 '마시기 쉬운 와인vin de soif'을 생산하는 원산지 명칭으로만 여겨지는 지역이지만, 보졸레의 10개의 크뤼에서는 여러 해 숙성이 가능한 최고급 품질의 와인도 생산한다. 일반적으로 청량감 있고, 부드럽고, 과일 풍미를 가진 와인에 사용되는 형용사로, 이 지역의 와인을 묘사할 때 자주 사용되는 '잘 넘어가는gouleyant'이라는 단어만으로 이 지역에서 생산하는 다양한 와인을 설명하기에는 충분하지 않다. 화이트와인의 생산은 지엽적이지만, 대개 품질이 좋다.

쪽의 코트 드 본Côte de Beaune의 두 지역으로 나뉘어져 있다. 전자는 절대적으로 레드와인을, 후자는 레드와 화이트와인 모두를 생산한다. 코트 도르라는 이름은 동양에서 왔다. 종종 제한적이기도 한 태양광에 최대한 노출되기 위해 포도나무들은 동쪽을 바라본다. 샤블리와 마찬가지로, 포도 재배의 북방 한계선으로 매섭고 긴 겨울과 덥고 건조한 여름이 있었는데, 이로 인해 밀레짐 간의 차이가 발생하게 된다. 포도밭은 이회암과 석회암 바위로 구성된 산 경사면에 위치한다. 해발 150~400미터에 포도밭들이 있는데, 가장 좋은 밭은 중턱에 위치하고, 주민들이 거주하는 마을은 일반적으로 하단에 있다.

코트 샬로네즈La Côte chalonnaise

이 지역은 코트 도르의 마지막 마을들의 남쪽 방향 연장선상에 위치한다. 이곳의 지질은 지표에 노출된 석회암과 이회암, 햇볕을 잘 받는 몇몇 산비탈이 코트 도르와 유사하게 있지만, 코트 도르의 깔끔한 지평선과는 달리 언덕과 계곡의 연속이다. AOC 부르고뉴 코트 샬로네

유용한 정보

**보졸레의 주요 품종인 가메는
부르고뉴에서 특정 시기에 금지되었다.**
1395년 필립 르 아르디Philippe le Hardi는
가메의 재배를 금지하고 뿌리 뽑게 했다.
이는 "엄청난 양의 와인을 생산하는 가메로 만든 와인은
인류에게 매우 유해한 성질이 있고, 어마어마하게 끔직한
쓴맛으로 가득 차 있기 때문이다."는 이유였다.
하지만 이 칙령은 거의 적용되지 않았다. 보졸레 지역처럼
가메의 산출량을 통제하면 가메도 매우 뛰어난 최고급 와인을
생산해낼 수 있다!

부르고뉴의 포도 품종

부르고뉴의 3가지 주요 품종은 잘 알려져 있는데, 레드와인 품종은 피노 누아와 가메이고, 화이트와인 품종은 샤르도네이다. 피노 누아와 샤르도네는 전 세계에 널리 퍼져 있지만, 루아르 지역과 스위스를 제외하면 가메는 많이 재배되지 않는다. 알리고테와 소비뇽 블랑(생 브리Saint-Bris), 피노 블랑 또는 세자르César와 같은 몇몇 다른 품종들도 우화적으로 재배된다.

피노 누아. 섬세해서 재배하기 어려운 품종으로 샹파뉴 및 쥐라와 마찬가지로 여기가 북방 재배의 한계선이다. 하지만 특히 코트 도르는 피노 누아의 최상의 결과를 만들어내는데, 전 세계 최고의 와인 중 부르고뉴의 그랑 크뤼가 많이 포함된다.

가메. 너무 높은 생산성으로 인해 이 품종은 나쁜 평판을 얻어야만 했다. 사실 잘못 양조하면 이 품종은 색이 옅고 물에 희석된 듯하며 맛없는

> 보졸레 리볼레Rivolet 마을 근처의 비에이유 모르트Vieille Morte 언덕 주변의 포도밭

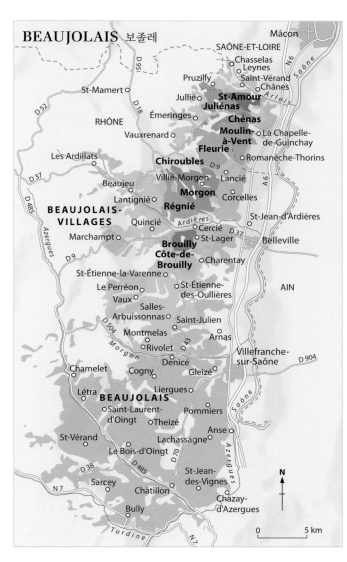

와인을 만들지만, 오로지 탄산 침용(다음 페이지 참조)만이 몇 가지 희귀한 향을 방출할 수 있게 해준다. 산출량을 제한하면 무거움 없이, 상쾌하고 맛있는 와인을 만든다. 그리고 보졸레의 가장 좋은 와인들은 숙성을 통해 코트 도르의 와인들과 비슷해지기도 한다. 현재 시라나 마르슬란marselan(가메와 라이센슈타이너reichensteiner의 교배종) 같은 다른 품종을 도입하여 포도 품종을 다양화시키는 것이 관심거리이다.

샤르도네. 어떤 품종이 부르고뉴와 더 밀접한 관계가 있을까? 국제적인 품종이라면, 단연코 샤르도네이다. 이 품종은 부르고뉴에 널리 퍼져 있는 석회암을 좋아한다. 양조방법, 숙성, 테루아에 따라 향이 엄청나게 다를 수 있다. 오크통에서 숙성한 샤르도네로 만든 부르고뉴 화이트에서는 특히 구운 빵과 버터의 향을 찾아낼 수 있다.

알리고테. 단순한 품종으로, 산도가 있고, 짠맛을 없애주지만 그다지 복합적이지 않으면서 부담 없이 마시기 좋은 와인 생산을 목적으로 한다. 하지만 이 품종을 위한 코뮌급 원산지 명칭인 부즈롱Bouzeron에서 생산되면 깊이감과 복합성이 더해진다.

소비뇽. 루아르가 원산지이고 보르도에서도 재배되는 소비뇽은 욘 지역에서 우화처럼 재배되는데, 생 브리Saint-Bris에서 산도가 있고 향기로운 화이트와인을 생산한다.

부르고뉴식 양조법

부르고뉴 레드와인. 피노 누아는 성숙도와 와인 메이커의 추출에 있어서 미묘한 균형을 요구하는데, 너무 일찍 수확하거나 기온이 낮았던 해에는 채소의 향이 나면서 지나친 산도를 가진 가벼운 와인을 만드는 반면, 너무 늦게 수확하거나 지나친 추출을 했을 경우에는 세련됨이 없이 무겁고, 알코올 도수가 높은 와인을 만든다. 전통적으로 와인 속 탄닌의 조직을 강화시켜준다고 생각되던 포도송이 줄기의 일부를 남겨서 양조했는데, 이 방법은 더 이상 동일하게 퍼져 있지 않다.

오크통 숙성은 특히 최고급 와인들에서 점점 증가하는 추세지만, 보르도보다는 새 오크통의 사용이 적다.

공기와의 접촉을 피하기 위해 오크통에서의 수티라주^{soutirage}는 가능한 하지 않는다. 보르도와 같은 다른 지방들보다 여과과정이 덜 퍼져 있다.

부르고뉴 화이트와인. 화이트와인은 양조가 덜 까다롭다. 코트 도르나 샤블리의 그랑 크뤼 또는 프르미에 크뤼라면 작은 오크통에서 양조를 할 것이다. 총칭적인 샤블리나 마콩의 와인은 청량감과 가벼움, 단순하고 유쾌한 과일의 풍미를 남기기 위해 스테인리스나 시멘트로 만든 탱크에서 양조할 것이다. 복합성을 더하기 위해 젖산발효^{fermentation malolactique}가 끝날 때까지 오크통에서 숙성을 시키기도 한다. 와인은 죽은 효모^{lie}(리) 위에 머무르고, 콜라주^{collage}와 필터링을 최소한으로 줄인다. 일반적으로 그랑 크뤼는 바토나주^{bâtonnage}(나무 막대기를 이용해서 오크통 안의 와인과 리를 섞는 과정)를 실시하는데, 이렇게 함으로써 복합성과 기름짐, 풍부함을 더해준다.

보졸레의 경우. 가메의 신선하고 섬세한 향을 보존하기 위해, 양조자들은 '반탄산 침용^{macération semi-carbonique}'(p.68 참조)이라 불리는 독창적인 기술을 사용한다. 이것은 압착시키지 않은 알알이 떼어낸 포도의 발효에 대한 것이다. 두 과정이 동시에 진행되는데, 탱크 바닥의 포도알은 상부 포도의 무게에 짓눌려 주스를 배출하고, 이 주스가 발효되면서 탄산가스를 방출한다. 이 탄산가스(이산화탄소)가 가득 찬 탱크의 상층부에서는 전조가 되는 냄새와 함께 포도알 전체에서 '세포 내' 변형이 일어난다. 그 후 뱅 드 구트^{vin de goutte}의 배출과 단단한 부분의 압착을 실시한 후, 탱크나 오크통에서 숙성을 시키기 전 발효를 끝마치기 위해 두 가지 포도 주스를 합친다. 이러한 양조 스타일은 포도가 가진 과일 향을 두드러지게 한다. 3~15일 이상 지속되는 탱크에서의

> 메르퀴레의 도멘 쥐이요에서 만드는 클로 데 바로(레드)와 비뉴 드 마이용주(화이트)

침용 기간에 따라 구조가 달라진다. 보졸레 누보의 양조에 사용되는 또 다른 탄산 침용 테크닉은 밀폐되고 탄산가스가 가득 찬 큰 탱크에 포도송이 전체를 넣는것이다. 이 방법은 며칠 만에 세포 내 변형 현상을 최적화시켜 매우 강렬한 과일 향과 적은 탄닌 추출을 동반한다.

원산지 명칭과 크뤼 - 복잡한 시스템

가장 아래 단계는 지역^{region} 원산지 명칭이고 빌라주(마을)급 혹은 코뮌^{commune} 원산지 명칭, 프르미에 크뤼, 그랑 크뤼가 이어진다.

지역 원산지 명칭(APPELLATIONS RÉGIONALES). 이것은 부르고뉴의 여러 포도원에서 온 와인들의 블렌딩(예: 부르고뉴 파스투그랭^{Bourgogne Passetoutgrain})이나 하위 지역(예: 부르고뉴 오트-코트-드-뉘^{Bourgogne Hautes-Côtes-de-Nuits})을 포함한다.

빌라주급 와인(코뮌급 원산지 명칭 APPELLATIONS COMMU-NALES). 한 마을 주변의 테루아와 관련이 있는 원산지 명칭이다. 주브레 샹베르탱 코뮌에서 만든 와인의 레이블에는 <Appellation Gevrey-Chambertin Controlée(통제된 원산지인 주브레-샹베르탱)>이라 기재되어 있다. 하지만 일부 <빌라주급> AOC는 옆 동네에 얹혀산다. 그래서 AOC 뉘 생 조르주^{Nuits-Saint-Georges} 와인은 인접 동네인 프르모^{Premeaux}에서 생산된 것일 수 있다.

프르미에 크뤼. 이 지위는 코트 도르, 코트 샬로네즈 또는 샤블리에 있는 마을의 특정 밭이다. 레이블에는 주브레 샹베르탱 르 클로 생 자크^{Gevrey-Chambertin Le Clos Saint-Jacques}처럼 마을의 이름과 밭의 이름이 함께 표기되어 있다. 프르미에 크뤼의 와인은 본 그레브^{Beaune-Grèves}처럼 단 한 개의 클리마(밭)에서 온 것일 수도 있고, 본 프르미에 크뤼^{Beaune Premier Cru}와 같이 아무런 표시가 없으면 여러 다른 프르미에 크뤼의 블렌딩일 수도 있다.

그랑 크뤼. 완전 독립된 원산지 명칭으로, 그랑 크뤼 이름 뒤에 항상 <Appellation Grand Cru Controlée>라는 문구가 뒤따른다. 예를 들어 그랑 크뤼 레드와인인 로마네 생 비방의 레이블에는 <Romanée-Saint-Vivant, Appellation Grand Cru Controlée>

진실 혹은 거짓?

모든 부르고뉴의 와인은 단일 품종(모노 세파주)이다.

거짓 부르고뉴 파스투그랭은 피노 누아가 1/3이고, 나머지는 가메로 이루어진다. 총칭적인 원산지 명칭 부르고뉴 화이트와 크레망 드 부르고뉴는 샤르도네, 피노 블랑, 알리고테, 믈롱 드 부르고뉴^{melon de Bourgogne} 등이 포함되고, 욘 지역에서는 사시^{sacy}가 추가된다.

타스트뱅^{Tastevin} 기사단 조합

이 유명한 조합의 이름은 중세 시대를 연상시키지만, 사실 상당히 최근에 생겨난 것이다. 1929년의 전 세계 경제공황의 위기로 인해 퇴색해버린 부르고뉴 와인의 명성을 되찾기 위해, 1934년 조르주 패블레^{Georges Faiveley}와 카미유 로디에^{Camille Rodier}에 의해 창설되었다.

조합은 분기별로 <연회>를 거행하는 유명한 샤토 뒤 클로 드 부조^{château du Clos de Vougeot}(포도밭 아님)의 소유주이다. 이 연회를 통해 새로운 조합원들을 가입시킨다(전 세계에 12,000여 명이 있다). 조합 내에는 정치가, 문인, 유명인사, 와인 애호가들이 부르고뉴 와인의 친선대사가 되기 위하여 모여 있다. 1950년 이래, 조합은 <타스트비나주^{tastevinage}>라는 이름 하에 부르고뉴 와인 셀렉션을 기획한다. 비록 병에 로고를 붙이는 것은 이 로고가 낡아빠지긴 했지만, 개념적으로 매우 모던하면서 엄격한 라벨링 과정이다.

라고 적혀 있다. 한 개의 그랑 크뤼가 여러 마을에 걸쳐 있을 수도 있는데, 그랑 크뤼 코르통^{Corton}은 알로스 코르통^{Aloxe-Corton}, 라두아 세리니^{Ladoix-Serrigny} 혹은 페르낭 베르줄레스^{Pernand-Vergelesses}의 밭의 포도에서 온 것일 수 있다.

부르고뉴 와인을 위한 '힌트'는 이름이 짧을수록, 와인은 더 명성이 있다는 것이다. 뮈지니^{Musigny}(그랑 크뤼)는 샹볼 뮈지니^{Chambolle-Musigny}(빌라주)보다 윗 등급이고, 샹베르탱^{Chambertin}(그랑 크뤼)은 주브레 샹베르탱^{Gevrey-Chambertin}(빌라주)보다 윗 등급이다. 하지만 이 법칙에는 예외가 많다….

시장의 주인공들

다른 많은 지역과 마찬가지로 와인 생산은 독립적 와인 생산자, 도매, 협동조합들로 나뉘지만, 중요한 특이성과 특색이 있다.

독립적인 와인 생산자. 부르고뉴의 최고급 와인은 언제나 비싼데, 최정상에 있는 와인들이라면 최근 몇 년 동안의 이런 현상이 사실이 아니라고 반박하지 못할 것이다. 코트 도르는 소규모 독립 와인 생산자들의 왕국으로, 단지 자신들 와인의 명성뿐 아니라 흩어져 있는 '클리마'와 원산지 명칭의 복잡함 때문이다. 1970년대 이후로 생산자 병입이 급증했다. 몇몇의 대규모 도멘(예를 들어 도멘 르루아^{Domaine Leroy}, 도멘 프리외르^{Domaine Prieur}, 도멘 보귀에^{Domaine Vogüé})을 제외하면, 작은 밭의 크기와 시장에서의 큰 수요로 인해, 팔 수 있는 오래된 빈티지의 와인을 갖고 있는 경우가 드물다(때로는 전 해에 수확한 것 외에는 다른 아무것도 없다). 밭의 작은 크기는 또한 동일한 원산지 명칭 하에서 극단적인 이질성을 보여주는 것을 설명하는데, 소규모 양조자

는 안 좋은 생산연도이거나 덜 유리한 상황일 때, 이를 보완하기 위해서 여러 다른 밭의 포도를 블렌딩할 수 있는 능력이 없다. 그래서 최고의 생산자와 최악의 생산자가 나란히 존재하기도 하고, 소비자는 유혹적이면서 종종 동시에 실망시키기도 하는 이름과 원산지 명칭의 미로 속에서 길을 잃기도 한다. 가격도 믿을 만한 지표로서, 같은 명칭의 그랑 크뤼 중에서 눈에 띄게 저렴한 것은 조심스럽게 신중을 기해야 한다. 결과적으로, 샹동 드 브리아이유^{Chandon de Briailles}, 코슈 뒤리^{Coche-Dury}, 콩트 라퐁^{Comtes Lafon} 또는 메오 카뮈제^{Méo-Camuzet} 같은 엘리트 와인 메이커들의 와인은 대부분 가격이 어마어마하고 주로 프랑스 외의 다른 나라 고급 레스토랑에서 판매된다.

부르고뉴의 네고시앙. 다른 지역과 마찬가지로 네고시앙들은 다른 사람이 만든 와인을 판매하는 데 만족하지 않는다. 일반적인 단순 네고시앙과·포도나 포도 주스를 사서 양조하고 블렌딩하고 숙성해서 시장에 내놓는 네고시앙-숙성자^{négociant-éleveur}를 구별해야 한다. 이들이 만든 와인의 균일성이나 일부 숙달된 블렌딩 기술 덕에, 이들이 만드는 대량의 와인은 부르고뉴 특유의 변덕스럽고 분할된 포도밭의 불완전성을 없애준다. 이들은 자신들의 프르미에 혹은 그랑 크뤼 밭을 소유하고 있는데, 이 와인들은 엘리트 와인 메이커가 만든 와인들의 경쟁 상대이다. 하지만 꾸준함은 상을 받을 만하다. 샹파뉴 지방의 브랜드와 동일하게, 부르고뉴의 네고시앙들은 수출의 대부분을 책임진다.

협동조합. 부르고뉴 와인 메이커들의 독립적이고 개인주의적 성향은 생산방식으로서 협동조합이라는 것을 거부할 것이라는 착각을 하게 만든다. 하지만 협동조합은 부르고뉴의 심장인 코트 도르보다 샤블리, 오트 코트, 마콩, 보졸레 등의 '변두리'에서 중요한 역할을 한다. 라 샤블리지엔^{La Chablisienne}, 라 코오페라티브 드 뷔시^{La cooperative de Buxy}, 비뉴롱 데 테르 스크레트^{Vignerons des Terres Secrètes}(마콩) 또는 바이이 라피에르^{Bailly Lapierre}(욘) 등 일부는 탁월하고, 높은 수준의 와인을 생산한다. 현재 협동조합은 최첨단 시설을 갖추고 있고, (흔히 독립 와인 메이커들의 약점인) 조합원들에게 가능한 최고의 포도를 생산하도록 권장한다.

유용한 정보

19세기 말 코트 도르의 여러 마을은 자신들의 코뮌 안에 있는 그랑 크뤼의 이름을 코뮌 이름 뒤에 붙일 수 있는 권리를 획득했다.

1882년 샹볼^{Chambolle}은 샹볼-뮈지니^{Chambolle-Musigny}로, 주브레^{Gevrey}는 주브레 샹베르탱^{Gevrey-Chambertin}, 퓔리니^{Puligny}와 샤샤뉴^{Chassagne}는 유명한 몽라셰^{Montrachet} 이름을 각각 나눠 가졌다. 본^{Vosne}은 자연스럽게 로마네^{Romanée}의 명성을 이용한 반면, 페르낭 베르줄레스^{Pernand-Vergelesses}와 라두아^{Ladoix} 코뮌도 해당되지만, 알록스^{Aloxe}가 코르통^{Corton}을 차지했다.

부르고뉴의 원산지 명칭

** grand cru(그랑 크뤼)   *** appellation communale comportant des premiers crus**(프르미에 크뤼가 있는 코뮌 AOC)

APPELLATIONS RÉGIONALES ET GÉNÉRIQUES (produites dans toute la Bourgogne)
- Bourgogne Aligoté
- Bourgogne Coteaux Bourguignons
- Bourgogne Passetougrain
- Crémant de Bourgogne

CHABLISIEN
- Petit Chablis
- Chablis *
- Chablis Grand Cru **
- Bourgogne Côte-de-Saint-Jacques

AUXERROIS, TONNERROIS ET VÉZELIEN
- Bourgogne Chitry
- Bourgogne Côtes d'Auxerre
- Bourgogne Coulanges-La-Vineuse
- Bourgogne Épineuil
- Bourgogne Tonnerre
- Bourgogne Vézelay
- Irancy
- Saint-Bris

CÔTE DE NUITS
- Bonnes-Mares **
- Bourgogne Hautes-Côtes-de-Nuits
- Bourgogne La Chapelle-Notre-Dame
- Bourgogne Le Chapitre
- Bourgogne Montrecul
- Chambertin **
- Chambertin-Clos de Bèze **
- Chambolle-Musigny *
- Chapelle-Chambertin **
- Charmes-Chambertin **
- Clos de la Roche **
- Clos de Tart **
- Clos de Vougeot **
- Clos des Lambrays **
- Clos Saint-Denis **
- Côte-de-Nuits-Villages
- Échezeaux **
- Fixin *
- Gevrey-Chambertin *
- Grands Échezeaux **
- Griotte-Chambertin **
- La Grande Rue **
- La Romanée **
- La Tâche **
- Latricières-Chambertin **
- Marsannay
- Mazis-Chambertin **
- Mazoyères-Chambertin **
- Morey-Saint-Denis *
- Musigny **
- Nuits-Saint-Georges ou Nuits *
- Richebourg **
- Romanée-Conti **
- Romanée-Saint-Vivant **
- Ruchottes-Chambertin **
- Vosne-Romanée *
- Vougeot *

CÔTE DE BEAUNE
- Aloxe-Corton *
- Auxey-Duresses *
- Bâtard-Montrachet **
- Beaune *
- Bienvenues-Bâtard-Montrachet **
- Blagny *
- Bourgogne Hautes-Côtes de Beaune
- Chassagne-Montrachet *
- Chevalier-Montrachet **
- Chorey-lès-Beaune ou Chorey
- Corton **
- Corton-Charlemagne et Charlemagne **
- Côte-de-Beaune
- Côte-de-Beaune-Villages
- Criots-Bâtard-Montrachet **
- Ladoix-Serrigny ou Ladoix *
- Maranges *
- Meursault *
- Monthélie *
- Montrachet **
- Pernand-Vergelesses *
- Pommard *
- Puligny-Montrachet *
- Saint-Aubin *
- Saint-Romain
- Santenay *
- Savigny-lès-Beaune ou Savigny *
- Volnay *

CÔTE CHALONNAISE
- Bourgogne Côte chalonnaise
- Bourgogne Côtes-du-Couchois
- Bouzeron
- Givry *
- Mercurey *
- Montagny *
- Rully *

MÂCONNAIS
- Mâcon
- Mâcon suivi d'un nom de village
- Mâcon supérieur
- Mâcon-Villages
- Pouilly-Fuissé
- Pouilly-Loché
- Pouilly-Vinzelles
- Saint-Véran
- Viré-Clessé

BEAUJOLAIS
- Beaujolais
- Beaujolais-Villages
- Beaujolais supérieur
- Brouilly
- Chénas
- Chiroubles
- Côte-de-Brouilly
- Fleurie
- Juliénas
- Morgon
- Moulin-à-Vent
- Régnié
- Saint-Amour

부르고뉴의 유명 와인

보졸레의 레드를 제외하고는, 와인 스타일에 있어서 상당히 균일한 지역이 부르고뉴이다. 화이트와인의 경우 더 당도가 없고 미네랄이 느껴지는 북쪽과, 더 기름지고 향기로운 코트 도르의 것은 대부분 샤르도네로 만들어지는데, 이것으로 인해 거의 같은 스타일의, 최소한 같은 가족의 분위기를 갖는다. 레드는 큰 다양성을 보여주는데, 파스투그랭과 코트 드 뉘의 최고급 와인과는 공통점이 거의 없다.

전 지역

AOC CRÉMANT DE BOURGOGNE (AOC 크레망 드 부르고뉴)

부르고뉴에서 스파클링 와인은 19세기부터 양조되었지만, 1975년에 이르러서야 크레 망 드 부르고뉴 원산지 명칭을 사용할 수 있

게 되었다(일반적인 와인처럼 양조하다가 병에서 2차 발효를 시킨다). 이웃인 샤파뉴 와 맞설 수준은 아니지만, 일반적으로 좋은 가성비를 보여준다.

> **주요 품종** 로제는 피노 누아, 가메(최소 20%). 화이트는 샤르도네(최소 30%), 알리 고테, 믈롱melon, 사시sacy.

> **토양** 모든 부르고뉴의 테루아는 샤파뉴 지방처럼 백악질 토양이고, 남쪽은 화강암 질이 섞여 있지만, 석회질의 이회암 토양을 선호한다.

> **와인 스타일** '블랑 드 블랑blanc de blancs'은

하얀 꽃, 시트러스, 청사과의 향이 나는데 시간이 지남에 따라 하얀 과일과 구운 빵의 향으로 바뀐다.

'블랑 드 누아blanc de noir'는 작은 과일(체리, 블랙 커런트, 산딸기)의 향을 뿜어낸다. 입 에서 좀 더 강하고, 지속성이 있는 와인이 다. 숙성을 통해 좀 더 부드러워지면서 알코 올 기운이 표출되고, 견과류 냄새 그리고 때 때로 꿀과 향신료의 향이 난다.

피노 누아로 양조되는 로제는 가메가 들어 갈 수도 있고 안 들어갈 수도 있는데 붉은 과일의 미묘한 향이 있는 섬세한 와인이다.

색:	서빙 온도:	숙성 잠재력:
화이트, 로제.	경우에 따라 4~9도 (아페리티프 또는 반주).	3년~최대 5년.

전 지역

AOC BOURGOGNE PASSETOUGRAIN (AOC 부르고뉴 파스투그랭)

'파스-투-그랭Passe-tout-grain'이라고 쓰기도 하는 1937년에 만들어진 이 원산지 명칭은 부르 고뉴의 전 지역에서 생산가능하고, 2/3의 가 메와 1/3의 피노 누아로 만든다. 와인의 블 렌딩이 아니라 탱크에서 포도의 블렌딩을 한다. 역사적으로 단일 품종(모노 세파주) 와인이 주도해온 지역치고는 상당히 독창적 인 일이다. 접하기 드문 로제는 발효 전에는

수확 후 압착을 하지 않는데, 으깼거나 으깨 지 않은 포도를 탱크에서 양조하여야 한다.

> **주요 품종** 피노 누아, 가메.

> **토양** 피노 누아는 부르고뉴 전반에 걸쳐 서 재배되고 가메는 특히 마콩 지역에서 많 이 재배되는데, 규토, 점토, 모래, 화강암 토 양이다.

> **와인 스타일** 레드의 경우 가메와 피노 누

아의 비율에 따라 다른데, 일반적으로 과일 풍미가 있는 가벼운 '마시기 편한 와인'이 다. 거의 푸크시아(수렴초)에 가까운 보랏 빛을 띠는데, 어릴 적에는 밝은 색채를 보인 다. 로제는 약간 오렌지빛이 감도는 그다지 깊지 않은 색을 띤다. 레드 커런트와 복숭아 등의 맛있는 과일향이 난다.

색:	서빙 온도:	숙성 잠재력:
레드, 로제.	레드/로제 모두 12도.	3년~최대 5년.

AOC CHABLIS, PETIT CHABLIS (AOC 샤블리, 프티 샤블리)

필록세라의 습격 이전에는 작은 도시인 샤블리 주변에서 부르고뉴 총생산량의 1/3을 담당했는데, 이 지역의 달지 않은 화이트와인은 9세기 경부터 잘 알려져 있었다. 부르고뉴 최북단의 포도 재배 지역으로 , 특히 봄의 서리에 노출되어 있다. 전 세계적으로 샤블리는 미네랄이 느껴지는 달지 않은 화이트와인의 동의어이다. 이 호칭은 캘리포니아까지 진출했다.

덜 유명한 AOC 프티 샤블리는 샤블리보다 더 가볍고, 덜 향기롭지만 더 저렴하다!

> **단일 품종** 샤르도네.
> **토양** 키메르지안의 점토-석회질 경사면과 포틀랜드 석회암 고원.
> **와인 스타일** 과거에도 샤블리는 오크통에서 양조와 숙성을 했지만, 새 오크통은 드물었다. 하지만 스테인리스 탱크를 이용한 양조가 새 지평을 열어주었다. 프티 샤블리

는 산도가 있고, 과일 풍미가 나며 직관적이다. 샤블리는 부드러우면서 더 좋은 골격이 있고, 녹색 과일과 시트러스 등의 과일, 꽃 미네랄의 향과 굳건하면서 청량감을 주는 산도가 있다. 3~4년 정도 숙성시키면 복합성과 풍부함이 생긴다.

색:	서빙 온도:	숙성 잠재력:
화이트.	10~11도.	샤블리는 3~6년, 프티 샤블리는 최대 3년.

AOC CHABLIS GRAND CRU, CHABLIS PREMIER CRU
(AOC 샤블리 그랑 크뤼, 샤블리 프리미에 크뤼)

샤블리의 그랑 크뤼와 프르미에 크뤼는 부르고뉴의 최고급 화이트와인으로 손꼽힌다. 블랑쇼Blanchot, 부그로Bougros, 레 클로Les Clos, 그르누이유Grenouille, 프뢰즈Preuses, 발뮈르Valmur, 보데지르Vaudésir 등의 '클리마' 명칭이 샤블리 그랑 크뤼 뒤에 붙는다. 코트 드 본의 화이트와인보다 접근성이 좋은 이 와인들은 크뤼가 붙지 않는 총칭적 샤블리보다 좋은 숙성 잠재력이 있는데, 숙성되면서

복합성과 풍부함이 더해진다. 여러 종류가 있는 프르미에 크뤼 중에서 가장 잘 알아려진 것들은 푸르숌Fourchaume, 몽테 드 토네르Montée de Tonnerre, 몽 드 밀리외Monts de Milieu, 몽맹Montmains, 보쿠팽Vaucoupin 등이다.

> **단일 품종** 샤르도네.
> **토양** 상부 쥐라기의 점토-석회로, 수온이 높고 그다지 깊지 않던 바다가 부르고뉴를 덮고 있던 시절의 굴 껍데기 부스러기들이 아

직 남아 있다.

> **와인 스타일** 여러 다른 크뤼들을 알아차리는 것은 쉬운 일이 아닌데, 와인의 다른 점이 테루아뿐 아니라 포도 재배와 양조 방법에서도 오기 때문이다. 최소 5년간의 숙성 후, 프르미에 혹은 그랑 크뤼 샤블리는 어릴 적의 규석이나 부싯돌의 향이 카모마일, 견과류, 작은 버섯의 향으로 바뀌면서 복합적이고 만개한 와인이 된다.

색:	서빙 온도:	숙성 잠재력:
화이트.	12~14도.	프르미에 크뤼는 최대 10년까지. 그랑 크뤼는 10~15년 혹은 때때로 그 이상.

샤블리 최고의 생산자들

• **라 샤블리지엔(La Chablisienne)** 고품질을 추구하는 이 영농조합은 샤블리 생산의 1/3을 담당한다. 이들이 만드는 와인은 흠잡을 데가 없는데, 프르미에 크뤼들의 가장 수령이 높은 나무를 골라 만든 라 그랑드 퀴베La Grande Cuvée가 좋은 예이다. 이들의 최고 와인은 그랑 크뤼인 샤토 그르누이유Château Grenouilles로 매우 귀해서 많은 사람이 찾는다.

• **도멘 가르니에(Domaine Garnier)** 열정 가득한 젊은 두 형제가 운영하는 24헥타르의 도멘으로, 이곳의 모든 와인들이

추천할 만하다. 탱크에서 혹은 오크통에서 숙성된 와인들은 프티 샤블리에서 그랑 크뤼까지 샤블리의 모든 레벨을 섭렵한다. 특히 과숙된 포도를 수확하여 양조한 그랑 도레Grains Dorés는 강하고 풍만하다.

• **윌리암 페브르(William Fèvre)** 본Beaune의 부샤르 페르 에 피스Bouchard Père & Fils의 자회사인 이 네고시앙은 샤블리 그랑 크뤼의 가장 넓은 면적을 소유하고 있다. 간결하고 매우 순수하며 좋은 숙성 잠재력으로 잘 알려져 있다.

• **도멘 뱅상 도비사(Domaine Vincent Dauvissat)** 샤블리의 신화 중 하나로, 이 도멘은 뱅상 도비사라는 장인의 손에 의해 경영된다. 그의 정밀함과 집착으로 재배되는 12헥타르에서 나오는 와인은 순수함과 강렬함에서 맞설 상대가 몇 없다. 한 방울씩 세어가면서 만드는 그의 그랑 크뤼 레 클로Les Clos와 레 프뢰즈Les Preuses는 매우 인기가 많다.

라 샤블리지엔
(LA CHABLISIENNE)

영농조합인 라 샤블리지엔의 특별함은
그들이 소유한 그랑 크뤼 모노폴과 높은 품질을 위한 노력에 있다 할 것이다.

라 샤블리지엔

8, boulevard Pasteur
89800 Chablis

설립 : 1923년
면적 : 1,200헥타르
생산량 : 비공개
원산지 명칭 : 샤블리
화이트와인 품종 : 샤르도네

최고의 협동조합

300여 명의 조합원과 1,200헥타르의 포도밭을 가진 라 샤블리지엔은 매출에서는 부르고뉴에서 가장 규모가 크고 인지도 면에서도 가장 유명하다. 3,300헥타르에 15개의 프리미에 크뤼와 모노폴인 샤토 그르누이유를 포함한 6개의 그랑 크뤼를 가지고 있는 이 조합은 부르고뉴에서 가장 광범위한 원산지 명칭인 샤블리의 다양성을 잘 보여준다. 이는 와인 영농조합에서 결코 본 적이 없는 일이다. 현재의 조합장인 다미엥 르클레르Damien Leclerc는 "우리에게 샤토 그르누이유를 할당해 준 것은 진정한 정치적 선택이었다."라고 말한다. 하나의 소유주에 의한 7헥타르의 그랑 크뤼는 가격 산정이 불가능하다. 금융권과 공권력의 배려로, 2003년 조합원들은 그랑 크뤼의 소유자들이 모여 있는 럭셔리 클럽에 가입했다. 이 서임식은 10년 먼저 또 다른 전략적 결정의 논리적 전개를 가능케 했다. 네고시앙들에게 75%를 벌크로 판매하는 것 대신 대중들에게 판매하기 위해서 전량을 병입하기로 한 것이다. 걸프전이 발발한 1992년, 주식시장은 요동쳤고, 네고시앙들은 원자재 매입을 고의적으로 <깜빡>하여, 납품하던 소량 생산자들은 판매되지 않은 와인이 저장고에 재고로 쌓이자 그들만큼이나 고통을 받던 라 샤블리지엔 대표의 사무실에 찾아와 고충을 토로했다. 조합은 이들을 택하면서 상업적 독립성을 쟁취했고 완전히 별개의 브랜드가 되었다. 조합은 브랜드의 신뢰도를 보장했다. 대규모 유통회사에 큰소리를 치면서, 더 이상 라 샤블리지엔의 레이블을 슈퍼마켓에서는 볼 수 없게 되었다.

흉년

네고시앙들이 이미 자신의 법을 영세 농민들에게 강요하면서 목을 조르고 있었는데, 샤블리 포도 재배자 조합Union des viticulteurs de Chablis을 설립한 발리트 랑Balitrand 수도원장의 투쟁 덕분에 1923년에 발족된 이 조합은 멋진 행보 를 시작했다. 초기에 라 샤블리지엔은 고귀한 샤블리 테루아 안에 포도나 무 한 그루조차 가지고 있지 않았는데, 원산지 명칭 범위를 코뮌의 경계 밖으로까지 확대하자는 요구에 샤블리 사람들은 냉담한 반응을 보였고, 이는 오히려 소외감을 느낀 샤블리 주변 마을을 불러 모으는 계기가 되 었다. 재앙 속에 하나가 된 조합원들은 이것저것 키우는 농부들이었다. 하지만 당시에는 샤블리조차도 부유하지 않았다. 사실상 가파른 경사 면의 생산은 보잘 것 없었고, 노균병mildiou이나 오이듐균 병oïdium을 피 할 수 있었던 약간의 포도는 5년 중 3년은 봄철 냉해로 날려야 했다. 현 가축을 키우거나 밀을 재배하는 것이 차라리 수익성이 더 나았다. 현 재의 그랑 크뤼 블랑쇼는 1945~50년대에는 황무지이거나 과수원이었 다. 그랑 크뤼 레 클로의 경사면은 아이들의 썰매장으로 활용되었는 데, 매년 얼어붙는 땅이다 보니 말의 먹이를 위해서 꼭대기에는 알팔파 를, 중턱에는 잡곡을 심어 놓았다. 프르미에 크뤼에서는 포도에 부과된 세금을 내지 않기 위해 포도나무를 팔아 버렸다. 푸르숌Fourchaume의 밭 을 헐값에 제안 받았지만 이것을 거절한 종묘업자의 자녀들은 오늘날 몹 시 애석해할 것이다. 현재 푸르숌은 샤블리의 프르미에 크뤼 중에서 가장 주가가 높다. 하지만 1950년대와 1960년대에 횡재한 사람들은 체리나무가 번성한 마을인 생 브리 르 비뇌Saint-Bris-le-Vineux의 이웃들이었다.

풍년

오늘날 번영의 척도가 된 와인 메이커들은 이러한 재앙을 상상하기 힘들 것이다. 난로가 등장 한 1960년대 시동이 걸렸다. 다행히도 5월 새벽의 추위로 얼어붙는 경사면에서 중유와 물분 사의 도움으로 그을음 구름이나 얼음 옷을 입혀 포도나무의 순을 동결에서 살려냈다. 이 작업 은 비용이 많이 들지만, 최소한 부분적으로나마 수확은 보장된다. 오늘날 지구 온난화로 인해 이 마법의 난로들은 역사의 뒤안길로 사라졌다. 결빙되는 5월의 새벽을 위한 물저장소인 벤 호수lac de Beine는 이젠 단지 뱃놀이에만 사용된다.

1980년대 이후, 포도 재배가 일반 농사보다 수익이 좋아졌다. 포도나무는 소를 몰아냈다. 어떤 사람들은 이제는 자신의 와인을 직접 병입하는 것이 더 수익성이 좋다고 주장한다. 조그만 액 체 운반차가 수확기에 포도즙을 수거하기 위해 쉬지 않고 여러 마을들을 돌게 하는 라 샤블리 지엔에 갓 짠 포도 주스를 보내는 것보다 말이다. 자신의 한 평생을 조합의 품에 안겨 산 조합 의 전 이사였던 73세의 롤랑 부르세Roland Bourcey는 좀 거드름을 피우면서 말했다. "내 26헥타르 를 가지고 와인을 만들어서, 그 병에 내 이름이 써 있는 레이블을 보고 싶냐구? 난 그보다 9백 만 병을 생산하는 생산자 중의 한 명이되는 게 더 좋아." 이는 단지 마진이나 고객층, 협동조합 의 문제가 아니라 정신이다. 그는 덧붙였다. "라 샤브는 내 두 번째 가족이야."

라 샤블리지엔, 샤토 그르누이유, 샤블리 그랑 크뤼 그르누이유

이 장소의 명칭은 예전 우편엽서에서 보여주듯이 과거 에 '르 샬레 데 그르누이유le chalet des Grenouilles'라고 불렸다. 더 잘 팔리게 해주는 듣기 좋은 명칭인 '샤토'는 1968년 예전 소유주였던 필립 테스튀Philippe Testut에 의해 부여되었다. 2차 세계대전 이전에 그랑 크뤼 레 클로Les Clos와 그르누이유는 단지 접근이 가능한 부분에만 포도나무가 심어 져 있었다. 역사학자 앙리 카나르Henri Cannard는 1950년대까지 추위에 영향을 받는 부분은 목장이었다고 알려준다. 7.2헥타르의 그르누이유는 무톤Moutonne과 더불어 가장 작은 그랑 크뤼이다. 일조량이 풍부한 남남서향의 언덕 위에 있다. 볼륨이 있고 묵직하며, 다른 것 보다 덜 우아하지만, 어릴 적에 매우 강 한 개성을 발산한다.

AOC FIXIN (AOC 피생)

작은 마을 피세Fixey를 포함하는 코트 드 뉘의 최북단에 있는 이 작은 마을은 애호가들에게는 덜 알려진 고급 레드를 주로 생산하는데, 이 가운데 몇몇은 특성에 있어 주브레 샹베르탱을 떠올리게도 한다. 레 제르블레Les Hervelets, 라 페리에르La Perrière, 르 클로 뒤 샤피트르Le Clos du Chapitre, 르 클로 나폴레옹Le Clos Napoléon 등의 몇몇 프르미에 크뤼를 포함한다.

> **주요 품종** 피노 누아.

> **토양** 갈색 석회암으로, 프르미에 크뤼들에서 상당히 균일하다. 예를 들어 레 제르블레 같은 특정 장소는 이회암도 있다. 그 외의 지역에서는 전체적으로 석회암과 이회암이 분포되어 있다.

> **와인 스타일** 좋은 탄닌 구조가 있고 강하면서 섬세하지만, 공격적이지 않다. 색깔은 진한 편이고, 제비꽃, 블랙 커런트, 그리요트 체리 등의 전형적인 고급 피노 누아의 향이 있다. 몇 년 정도 숙성되면 동물과 향신료의 향으로 바뀐다.

색:	서빙 온도:	숙성 잠재력:
레드.	13~15도.	10~15년.

AOC GEVREY-CHAMBERTIN (AOC 주브레 샹베르탱)

매우 넓은 이 원산지 명칭은 코트 드 뉘에서 가장 유명한 AOC이면서 가장 이해하기 쉬운 것 중 하나이다. 여기는 중심 마을의 이름과 완벽히 다른 이름을 가진 그랑 크뤼가 없다. 샹베르탱Chambertin, 샤름 샹베르탱Charmes-Chambertin, 샹베르탱 클로 드 베즈Chambertin-Clos-de-Bèze, 샤펠 샹베르탱Chapelle-Chambertin, 그리요트 샹베르탱Griotte-Chambertin, 라트리시에르 샹베르탱Latricières-Chambertin, 마지 샹베르탱Mazis-Chambertin, 마주아예르 샹베르탱Mazoyères-Chambertin, 뤼쇼트 샹베르탱Ruchottes-Chambertin 등의 9개의 그랑 크뤼는 총 87헥타르로 다른 어느 마을보다 더 크다. 나폴레옹은 클로 드 베즈의 와인만 마셨던 것으로 유명했는데, 사람들이 말하길 미주아리(물로 희석)로 마셨다고 한다. 그리고 26개의 프르미에 크뤼가 있다.

> **주요 품종** 피노 누아.

> **토양** 고지대에는 얇은 갈색 진흙이 덮고 있는 단단한 암석, 경사면은 이회암과 석회암.

> **와인 스타일** 최고의 주브레 샹베르탱은 강하고, 과일 풍미와 풍부한 탄닌이 있고, 장기 숙성을 가능케 하는 짜임새가 있다. 어릴 적에는 진한 빨강에서 검은색 체리에 이르는 선명한 색이다. 블랙 커런트, 그리요트 체리, 산딸기의 향은 시간이 지남에 따라 카카오, 커피, 숲속 땅 냄새 등으로 바뀐다. 풍부하면서 볼륨감이 지배적인 맛이다. 그랑 크뤼가 실망시키는 일은 드물지만, 짜잘하게 분할된 포도밭으로 인해 종종 품질이 천차만별이다. 유명한 클로 생 자크Clos Saint-Jacques와 같은 몇몇 프르미에 크뤼는 그랑 크뤼와 견줄 만하다.

색:	서빙 온도:	숙성 잠재력:
레드.	14~16도.	10~30년.

AOC MOREY-SAINT-DENIS (AOC 모레 생 드니)

이곳은 주브레 샹베르탱과 샹볼 뮈지니라는 두 유명한 곳 사이에 낀 새우등 같은 조그만 마을이다. 포도밭은 주브레에서 부조에 이르는 작은 석회암 언덕 위에 퍼져 있다. 마을에 있는 두 개의 그랑 크뤼는 부르고뉴의 전형적인 벽으로 둘러싸인 예전 수도원의 클로인데, 모노폴인 클로 드 타르Clos de Tart와 클로 생 드니Clos Saint-Denis이고 프르미에 크뤼인 클로 드 라 뷔시에르Clos de la Bussière도 동일하다. 다른 그랑 크뤼는 클로 드 라 로슈Clos de la Roche와 클로 데 랑브레Clos des Lambrays, 그리고 본 마르Bonnes-Mares의 일부분이다(다른 부분은 샹볼 뮈지니 안에 있다).

모레 생 드니는 단단하고 짜임새 있는 코트 드 뉘의 클래식한 스타일을 따라 장기 숙성이 가능한 레드와인을 만든다. 일반 대중들에게는 덜 알려져서, 이 코뮌급 원산지 명칭은 명성 있는 옆 동네들과 비교해서 좋은 가성비를 갖고 있다.

> **주요 품종** 피노 누아.

> **토양** 석회, 점토-석회.

> **와인 스타일** 생산된 구획에 따라 모레 생 드니의 와인은 주브레 샹베르탱의 남성스러움과 샹볼 뮈지니의 섬세함을 함께 보여준다. 전반적으로 품격과 개성이 넘치는 와인으로, 제비꽃과 딸기의 매우 풍부한 향을 가진 부케는 종종 송로버섯을 떠오르게 한다.

색:	서빙 온도:	숙성 잠재력:
레드.	14~16도.	10~30년.

AOC CHAMBOLLE-MUSIGNY (AOC 샹볼 뮈지니)

클로 드 부조 위로 돌출한 가장 유명한 '클리마'인 뮈지니라는 이름을 샹볼 뒤에 붙일 수 있도록 허가된 것은 단지 1878년이다. 시토Citeaux 수도원의 예전 영지인 샹볼 뮈지니에는 본 마르(모레 생 드니와 공유)와 뮈지니라는 두 개의 그랑 크뤼가 있다. 샹베르탱의 와인보다 더 여성스러운 샹볼 뮈지니의 레드와인은 놀라운 부케와 감미로움이 있어서 일반적으로 코트 드 뉘의 와인 중에서 가장 세련되고, 섬세하고, 우아하다고 평가받는다. 마을 이름을 발음할 때 나는 소리

조차도 우아함과 가벼움을 연상시킨다. 프르미에 크뤼들 역시도 마찬가지로 일류인데, 뮈지니 밭의 아래쪽에 위치한 레자무뢰즈Les Amoureuses가 최고다. 뮈지니 화이트는 우화처럼 존재한다.

> **주요 품종** 피노 누아.
> **토양** 점토질 이회암이 섞인 석회암.
> **와인 스타일** 우아함과 결합된 은근한 힘은 부르고뉴에서 가장 좋은 레드와인의 일부분을 담당하는 빌라주급 샹볼 뮈지니 와인이다. 하지만 모레 생 드니와 주브레 샹베

르탱보다 탄닌이 덜 두드러지고, 유연한 짜임새가 있다. 어릴 적에는 제비꽃과 조그만 붉은 과일 향이 나다가 숙성되면서 더 잘 익고, 향신료의 느낌이 강해지며, 더 동물적이 되어 건자두, 송로버섯, 숲속의 흙냄새 등으로 바뀐다.

색:	서빙 온도:	숙성 잠재력:
레드.	14~16도.	10~20년.

AOC VOUGEOT (AOC 부조)

작은 밭을 수십 명이 소유하다 보니(50헥타르를 80명이 소유) 경사면 상의 위치나 와인메이커의 일하는 방식에 따라 매우 다른 스타일의 와인을 만들지만, 클로 드 부조는 아마도 부르고뉴에서 가장 유명한 기수일 것이다. 하지만 이 마을이 —작은 개울인 부즈Vouge에서 유래한 이름이다— 12세기부터 시토 수도원이 소유한 이 유명한 포도밭으로 요약되는 것은 아니다. 이 중세의 성은 부르고뉴의 타스트뱅 기사단 조합Confrérie des chevaliers du Tastevin de Bourgogne의 본부로 남아 있다(p.297 박스 안 참조).
(종종 비뉴 블랑슈Vigne Blanche라고도 불리는) 프르미에 크뤼인 클로 블랑Clos Blanc에서 화이트와인을 소량 생산하는데, 코트 드 뉘에서는 상당히 드문 일이다.

> **주요 품종** 레드는 피노 누아, 화이트는 샤르도네.
> **토양** 경사면의 상부는 상당히 고운 갈색 석회 토양, 아래쪽으로 내려오면 점토-석회질의 이회암.
> **와인 스타일** 부조의 레드와인은 어릴 적에는 거의 보라색에 가까운 어두운 색과 강하면서 풍부하고 감미로움마저 느껴지는 맛

에, 제비꽃에 블랙 커런트와 같은 작은 과일이 섞인 부케를 느낄 수 있다. 다른 지역의 와인에서도 느낄 수는 있지만, 특유의 흙 냄새는 이 AOC의 와인들을 알아차리게 해준다. 부르고뉴 와인 중에서 가장 미묘한 와인은 아니겠지만, 입안에서의 관능적인 넉넉함과 벨벳 같은 텍스처를 알아차릴 필요가 있다.

달지 않고 상당한 산미가 있는 화이트와인은 작약이나 아카시아 같은 꽃의 향에 구운 빵의 향이 섞여 있다. 맛에서는 알로스-코르통Aloxe-Corton의 와인과 비슷한 상당한 미네랄이 느껴지는데, 코트 드 본의 화이트보다 덜 기름진 스타일이다. 몇 년 지나면 향신료의 향이 더 강해지고 진해진다.

색:	서빙 온도:	숙성 잠재력:
레드, 화이트.	화이트 12~13도, 레드 14~16도.	화이트 5~10년, 레드 10~20년.

도멘 뒤가 피
(DOMAINE DUGAT-PY)

주브레 샹베르탱에 있는 도멘 뒤가 피의 참을성 있는 농부인 베르나르와 그의 아들 로익은
사랑으로 세심하게 포도나무를 돌본다.

도멘 뒤가 피

Rue Planteligone
Cour de L'Aumônerie
21220 Gevrey-Chambertin

설립 : 1923년 도멘 뒤가^{Domaine Dugat}로 설립되어
1994년 도멘 뒤가 피^{Domaine Dugat-Py}로 바뀜
면적 : 10헥타르
평균 생산량 : 35,000병/년
원산지 명칭 : 주브레 샹베르탱
레드와인 품종 : 피노 누아
화이트와인 품종 : 샤르도네

주브레 샹베르탱, 피노 누아의 영혼

80헥타르의 프르미에 크뤼를 포함한 409헥타르의 코뮌급 원산지 명칭인 주브레 샹베르탱은 코트 드 뉘에서 가장 넓은 코뮌이고, 부르고뉴 전체 24개의 그랑 크뤼 가운데 9개가 있다. 6개의 그랑 크뤼가 있는 본 로마네와 함께 가장 유명한 부르고뉴의 피노 누아의 화신이다. 주브레 와인의 역사는 로마인들에 의해 시작되었고, 수도사들에 의해 확실하게 쓰였다. 가문의 뿌리가 12세기까지 거슬러 올라가는 뒤가 가문이 12세기 후반 초창기 고딕 양식의 섬세한 건축 라인이 있는 매우 높은 천장의 창고에서 일하는 것은 놀라운 일이 아니다. 사실 이 사제관^{aumônerie}은 수도원의 지하 저장실이었는데 프랑스 혁명 때 그들이 상속받았다. 수도사들은 이 사제관에 일어나는 조용한 변화를 감지하고 있었다.

베르나르 뒤가, 올드 패션드 와인 메이커

뒤가 가문이 사는 집의 안마당에서 가장 눈에 띄는 점은 아무것도 없다는 것이다. 번쩍거리는 긴 다리 트랙터도, 자랑거리인 농업용 무한궤도 차량도, 신상 살포기도 그 무엇도 없다. 와인 메이커는 아침 7시가 되면 손에 곡괭이를 들고 두벌김을 시작하는데, 혹 방문객이라도 있다면 하루의 일과를 방해받는 것에 불만족스러울 수도 있다. 포도나무 아래에 있는 잡초를 제거하기 위한 오래된 관행인 봄철의 두벌 김매기는 베르나르^{Bernard}와 그의 아들 로익^{Loïc}, 그리고 5명의 직원이 도멘의 11헥타르 포도밭에 있는 11,000그루에 실시하고 있다. 두벌 김매기 전에 가지치기를 시행해야 하는데, 효율적인 재단을 하는 새로운 장비이지만 잔가지에 가장 가깝게 접근하지 못하게 하는 전동식 절단기는 사용하지 않는다. 주변의 와인 메이커들은 정원용 소형 절단기와 톱을 들고 일하는 뒤가 가문을 보면서 어이없어 하기도 하지만, 그들은 스스로의 동작을 제어하고 나무의 경도를 느끼면서, 좀 더 정교하고, 좀 더 깨끗하게 일한다고 자부한다. 아버지 뒤가가 하던 대로 말을 이용한 쟁기질을 하고, 두벌 김매기를 한 후 필요 없는 순을 철저하게 자르고, 기계가 아닌 큰 가위로 가지치기를 한다. 높이 1.8m의 포도나무 열의 윗부분을 자르기 위해 10분 동안 팔을 드는 것은 누구나 할 수 있는 일이라 하더라도, 11헥타르를 같은 높이로 유지한다는 것은 전혀 다른 차원의 이야기이다. 베르나르 뒤가는 말한다. "어쨌든 저는 기계를 사용하지 않을 겁니다. 몸을 써서 세심하게 밭을 갈고, 직전에 두벌 김매기를 해서 토양을 다져주죠."

뼛속까지 부르고뉴 사람

이곳은 더 이상 포도밭이 아니라, 헥타르당 13,000그루가 심어져 있는 정원이라고 할 수 있을 것이다. 베르나르와 로익, 그리고 피^{Py}에서 태어난 어머니 조슬린^{Jocelyne}은 각자 포도나무를 돌보는데, 마치 그들이 보살펴야 하는 오랜 친구 —관절염이 있고 관절도 굳어진— 같은 오래된 포도나무가 많다. 그들은 지난 20년 동안 포도나무를 한 그루도 뽑지 않았는데, 다시 심을 때는 항상 최대한 같은 자리에 심는다. 왜냐하면 오래된 나무들이 어린 나무들을 억압하고 자리 잡지 못하게 하기 위해 격렬하게 싸우기 때문이다. 이 오래된 나무들의 산출량은 필연적으로 매우 낮다. 2014년에 1헥타르당 평균적으로 22~23헥토리터를 생산했는데, 이는 다른 도멘들의 절반 수준이다. 확실히 그의 와인은 비싸지만, 포도밭에 투자한 노동 시간을 계산한다면… 베르나르 뒤가는 이렇게 말한다. "난 내 아버지, 할아버지와 함께 죽도록 일했다." 그의 아들 로익도 마찬가지이다. 이 농부 가문에서는 67세가 되었다고 은퇴하는 일이 없고, 사람들은 항상 열심히 일한다. 1차 세계대전 이후, 그들은 블랙 커런트 재배와 포도씨 판매를 시작했어야만 했다. 하지만 뒤가 가문은 가난하면서 검소한 와인 메이커로 버텼고, 랄루 비즈-르루아^{Lalou Bize-Leroy}의 가문에까지 와인을 판매했다. 1970년대 들어 오크통에 직접 붙이는 오래된 가내 수공업식 시스템인 구멍 두 개 달린 수도꼭지^{chèvre à deux becs}를 이용해 직접 병입하기 시작했다. 당시 초창기 기자들이 마당에 와 있는 것이 목격되기 시작했다. 뒤가 가문도, 기자들도, 서로 놀랄 일이었다. 그의 삶을 통틀어 베르나르는 자신의 와인을 팔기 위해 뉴욕에 딱 한 번 갔었다. 이 점에 있어서도 그는 마찬가지로 예외적이다. 뼛속까지 부르고뉴 사람으로, 자신이 가진 밭 몇 헥타르에 대해서 이야기하지 않고, 그의 '유산'에 대해 이야기한다.

포도나무 가지의 맛

2003년에 유기농 인증을 받은 이 전통 고수자는 '나막신을 신고 아이폰을 사용하는 와인 메이커-장인'이라는 전통과 유행의 물결에 합류한다. 하지만 그는 상관하지 않는다. 추수기가 오면, 수확 날짜를 결정하기 위해 포도를 맛본다. 부르고뉴에서는 모두가 이 습관을 가지고 있다. 하지만 뒤가 가문은 포도알과 포도씨의 느낌에서 멈추지 않는다. 포도 줄기를 입에 넣는다. 누가 포도의 녹색 줄기를 맛볼 생각을 했을까? "어떤 해는 달콤하기도 하고, 민트 향이 나면서 씹는 맛이 있다. 이럴 때는 품질이 좋다. 왜냐하면 색깔이 갈색으로 변하고, 단단한 나무가 되도록 내버려 둘 필요가 없다."고 베르나르는 설명한다. 간단하지만 효과적인 이 작업을 실행하는 사람은 드물다. 2003년 뒤가 가문은 무더위와 포도나무의 너무 빠른 성숙에 놀라지 않았다. "4월부터 평소보다 20센티 이상 더 높게 자라는 잡초를 보면서 무슨 일인가가 벌어지고 있다는 것을 직감했다. 그래서 매우 일찍이 냉장 트럭을 예약했다. 우리는 랄루 비즈-르루아와 더불어 수확기에 이것을 가지고 있던 유일한 사람들이었다. 왜냐하면 다른 모든 트럭들은 병원에서 가지고 갔기 때문이다. 지금 우리의 2003년 와인을 맛보면 열에 익은 포도로 만든, 잼 같은 와인이 아니다."

도맨 뒤가 피, 샤름 샹베르탱, 그랑 크뤼

1900년 샹베르탱에는 그 어떤 소유주도 소유주가 아니었다. 뒤가^{Dugat} 가문은 할머니 볼레노^{Bollenot}의 유산 덕에 17세기부터 샤름^{Charmes} 가족의 소유였다. 최근 들어 덜 유혹적인 부분인 마주아예르^{Mazoyères}까지 넉넉하게 확장된 샤름의 경계와 대조적으로, 뒤가 가문의 포도밭은 샤름의 역사적 중심지이자 주브레 그랑 크뤼의 왕인 샹베르탱 가까이에 있는 '원조 샤름' 안에 위치해 있었다. 이 퀴베는 수령 98년의 나무들로 채워진 작은 밭의 와인이 2/3를 구성하는데, 향신료, 야생의 향이 있고, 벨벳 같으며, 부드럽고, 농축되어 있으며 실크 같은 맛과 질감이 있다. 18~19개월 동안 오크통에서 양조/숙성되었는데, 줄기를 제거하지 않은 포도가 40%를 차지한다.

로마네 콩티
(LA ROMANÉE-CONTI)

코트 드 뉘의 한복판에 있는 1헥타르 80아르 50센티아르의 조그만 밭이 전 세계적인 명성을 누리고 있다.
이 밭이 생산하는 레드와인은 오래전부터 신화의 반열에 올랐는데,
사실 이 와인을 맛 본 사람보다는 이 와인에 대해 이야기하는 사람이 더 많다.

몇백 년 된 역사

로마인들은 이미 이 지역 테루아의 엄청난 잠재력을 감지했다. 후에 시토 수도사들은 더 세심한 관찰을 했고, 1512년부터 이 크뤼의 경계선을 확정했다. 부르고뉴 태생의 루이 15세의 고문이던 콩티Conti 왕자는 1760년 엄청난 가격으로 이 밭을 매입했다. 프랑스 혁명 당시, 콩티 왕자는 자신의 영토와 이 밭을 박탈당했고, 1792년 국유재산으로 매각되었다. 이 사건이 일어난 시점부터 이 포도밭에 라 로마네 콩티라는 최종적인 명칭이 확정적으로 부여됐다.

모든 차이점을 만드는 테루아

로마네 콩티의 와인은 테루아의 원초적 중요성을 보여준다. 모든 부르고뉴가 사용하는 동일한 품종인 피노 누아가 이 작은 땅에서만 독특한 향기와 풍미를 발산한다. 몇 미터 옆에 있는 직접적인 이웃들이 동일한 관심과 동일한 방법으로 재배해서 양조해도 뛰어난 와인이 만들어지겠지만, 로마네 콩티와는 항상 다르다. 이 미스터리는 총체적으로 영구불변의 사실이다.

일출을 마주보는 약간 경사진 포도밭은 이상적인 일조와 완벽한 배수가 이루어진다. 여기야말로 피노 누아의 홈그라운드이고, 완벽하게 자신을 표현한다. 오랫동안 원래의 포도나무를 보존하기 위해 모든 일을 다 했지만, 1945년 수확 이후, 필록세라의 오랜 참화는 포도밭 주인들로 하여금 모든 포도나무를 뽑아내고, 다른 곳처럼 기생충

에 민감하지 않은 대목을 가지고 포도밭의 전부를 새로 심을 것을 요구했다. 그래서 1946년부터 1951년까지 로마네 콩티는 만들어지지 않았다.

포도나무에서 양조장까지 : 오점 없는 여정

현재 도멘의 공동 소유주인 오베르 드 빌렌Aubert de Villaine과 앙리 프레데릭 로크Henri-Frédéric Roch는 바이오 다이내믹의 원칙에서 영감을 얻어 포도나무를 존중하면서 포도밭을 관리한다. 왜냐하면 모든 것은 포도밭에서 시작되기 때문이다. 잘 익고 건강한 포도를 얻기 위해, 일을 수월하게 만들어주긴 해도 토양과 포도나무를 지치게 만드는 화학비료의 사용을 완전히 배제한다. 필수적인 처치법들은 간결하고, 시간을 엄수하고 자연적이어야 하고, 산출량은 엄격한 통제 하에 있다.

수확 시에 매 포도송이는 하나씩 통제를 받는다. 의심이 가거나 충분히 성숙하지 않은 포도는 제거된다. 경우에 따라서 포도는 줄기를 조금 제거하거나 제거하지 않고, 발효는 끝까지 매우 단순하게 계속된다. 이제 와인은 트롱새 숲forêt de Tronçais의 새 오크통 안에서 최소 18개월간 숙성한다.

750ml의 일반 병 외에도 매그넘이나 제로보암 등에 병입되면 엄선된 애호가들과 백여 명의 카비스트에게 제공되기 전에 도멘의 시원한 와인 저장고에서 다시 1년간 숙성한다. 그 후에 느리고 필수적인 숙성에 대한 책임은 구매자들이 진다. 이 와인은 까다롭고, 타협을 허용하지 않기 때문에 흠잡을 데 없는 저장고가 필요하다. 좋은 밀레짐은 최소한 20년 보관할 수 있고, 뛰어난 밀레짐은 30년, 40년 혹은 그 이상도 가능하다.

천의 얼굴을 가진 넥타르

이 전설적인 와인을 충분히 감상하기 위해서 와인은 16도로 서빙되어야 하고, 디캔팅은 필요치 않다. 침전물이 있을지도 모르는 오래된 밀레짐의 와인들은 시음 이틀 전 매우 천천히 와인 병을 직립시키는 것으로 충분하고, 모든 급격한 동작을 피하면서 와인 잔에 따른다. 환상적인 부케를 충분히 즐기기 위해, 튤립 모양의 매우 얇은 크리스털로 만든 잔을 택해야 한다. 절정에 도달했을 때, 로마네 콩티의 와인은 밀도와 부드러움의 독특한 조합의 특징을 드러낸다. 비범한 복합성을 지닌 향은 검은 과일, 절인 그리요트 체리, 블루베리, 숲속의 땅, 금색 담뱃잎을 나타내다가 오크, 부드러운 향신료, 옛날 장미, 러시아의 가죽, 송로버섯의 향으로 바뀐다. 입안에서 풍부함은 부드러움, 세련됨, 그윽함, 녹는 듯한 질감이 되며, 절대 약해지는 법이 없이, 꽃과 감초의 쓰다듬음 같이 긴 여운을 보여준다. 모차르트가 끝나고, 뒤따르는 적막 속에 아직도 계속 모차르트가 들린다.

AOC VOSNE-ROMANÉE (AOC 본 로마네)

남쪽으로는 뉘 생 조르주Nuits-Saint-Georges, 북쪽으로는 샹볼-뮈지니Chambolles-Musigny와 부조Vougeot와 맞닿고 있는 이 원산지 명칭은 본-로마네와 플라제-에세조Flagey-Echezeau의 매력적인 마을의 주변 혹은 위쪽에 있는데, 그랑 크뤼 밭의 명칭과 동일한 이름을 가진 도멘이 모노폴로 소유한 로마네 콩티Romanée-Conti와 라 타슈La Tâche를 포함하여 8개의 그랑 크뤼가 있다(p.304-305 참조). 1992년 프르미에 크뤼에서 그랑 크뤼로 승격한 라 그랑 드 뤼La Grande Rue와 라 로마네La Romanée와 같은 몇몇 그랑 크뤼와 면적 면에서 거의 비슷한 수준인 리슈부르Richebourg, 로마네-생-비방Romanée-Saint-Vivant, 에세조Échezeau, 그랑 제세조Grands-Échezeau는 여러 생산자에 의해 나뉘어져 있다.

그랑 크뤼와 프르미에 크뤼는 마을 위쪽에 모여 있다. 도멘 드 라 로마네 콩티Domaine de la Romanée-Conti가 도달한 판매가의 최고 정점 때문에 본 로마네의 그랑 크뤼는 부르고뉴에서 가장 비싸다. 다행스럽게도 레 말콩소르Les Malconsorts, 레 쉬쇼Les Suchots, 레 숌Les Chaumes, 오 브륄레Aux Brûlées, 레 보 몽Les Beaux Monts과 같은 몇몇 프르미에 크뤼의 품질이 탁월하고, 뛰어난 작황의 해에는 그랑 크뤼들과 견줄만한 훌륭한 와인을 생산한다.

> **주요 품종** 피노 누아.

> **토양** 몇 센티에서 1미터 이상의 깊이가 있는 점토질의 이회암이 섞인 석회암 토양.

> **와인 스타일** 그랑 크뤼들은 언제나 풍부하고, 알코올 도수가 높으며 매우 풍만한데 특히 도멘 드 라 로마네 콩티의 와인이 그렇다. 본-로마네 와인들의 공통적 특징은 탄닌의 짜임새이고, 벨벳 같으면서도 강한 개성과 풍부함이 있다. 몇 년 숙성이 되면, 3차 향(부케)이 생기는데, 향신료와 가죽, 숲속의 땅, 제비꽃의 향이 나타난다.

색: 레드.

서빙 온도: 14~16도.

숙성 잠재력: 10~30년. 최고 생산연도의 경우, 그랑 크뤼는 30년 이상.

코트 드 뉘 최고의 생산자들

네고시앙보다 직접 포도를 재배하는 와인 메이커를 선호할 필요가 있을까? 이것이 고급 부르고뉴 와인 애호가가 직면하는 딜레마이다. 전자는 예외적인 품질이지만, 구할 수가 없다. 후자는 해당 원산지 명칭의 와인 중에서 언제나 최고도 아니고, 가장 좋은 가격대도 아니지만, 네고시앙들의 와인은 일반적으로 상당한 품질을 꾸준히 보여준다. 하지만 부르고뉴 같은 곳에서는 일반성이 딱히 큰 도움이 되지 않으며, 생산자의 지위에 따라 순위를 매기는 것은 상당히 모험적인 일일 것이다. 해결책은? 평가하고, 출처가 확실한 자료를 검토하고, 더 많은 시음을 한다. 단지 참을성이 있는 애호가들만 보상받을 것이다.

● **도멘 패블레**Domaine Faiveley : **레 다모드**Les Damodes, **AOC 뉘 생 조르주 프르미에 크뤼** 냉각 침용maceration à froid 같은 현대적인 방법과 전통적인 방법을 모두 사용하여 양조하고, 지나친 새 오크통의 사용이 없는 이 와인은 진한 색을 가졌는데, 그랑 크뤼가 존재하지 않는 뉘Nuits의 프르미에 크뤼의 최고 중 하나이다.

● **도멘 리제-벨레르**Domaine Liger-Belair : **AOC 리슈부르 그랑 크뤼** 1720년에 설립되었지만, 병작을 하고 있던 이 도멘의 포도나무를 티보 리제-벨레르Thibault Liger-Belair가 인수하기로 결정한 것은 2001년이다. 그는 테루아를 승격시키고자 하는 유일한 목적으로 단 몇 년 만에 이 도멘을 바이오 다이내믹으로 바꾸었다. 환상적인 그의 리슈부르를 한번 맛보면 짧은 시간에 그가 목표에 도달했음을 확인할 수 있다.

● **도멘 메오-카뮈제**Domaine Méo-Camuzet : **AOC 클로 드 부조 그랑 크뤼** 본-로마네의 매우 멋진 이 가족 경영 도멘은 풍부하고 복합적이며 농축된 최고의 부조 와인 중 하나를 생산한다. 클로의 위쪽에 있는 샤토에서 가까운 곳에 있는 탁월한 위치를 보면, 조금도 이상한 일이 아니다.

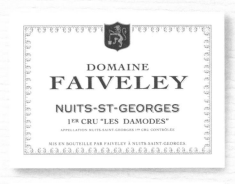

AOC NUITS-SAINT-GEORGES (AOC 뉘 생 조르주)

코트 드 뉘Côte de Nuits라는 이름이 만들어지게 한 작은 마을인 뉘는 와인 중개업에 있어서 오랫동안 본Beaune의 경쟁 상대였다. 비록 패블레Faiveley나 라부레-루아Labouré-Roi 같은 몇몇의 거물 네고시앙이 아직도 건재하지만, 현재 이 업종은 본Beaune이 대세이다.

프르모-프리세Premeaux-Prissey에 있는 뉘 생 조르주를 넘어서 구릉을 따라 7km 거리의 띠 모양으로 형성된 포도밭은 이 지역 와인의 다양성을 설명해준다. 생산량의 거의 전부가 레드와인으로, 그중에서도 피노 누아가 98%를 차지한다. 2%의 극소량 생산으로 희귀한 샤르도네로 만드는 화이트의 품질이 뛰어나다. 그랑 크뤼는 없지만, 40여 개의 프르미에 크뤼가 존재한다.

본Beaune과 같이 뉘 생 조르주도 비록 훨씬 작은 8.8헥타르 규모의 포도밭을 가진 오스피스Hospice가 있다. 이 오스피스의 와인은 좋은 품질을 보여준다.

> **주요 품종** 레드는 피노 누아, 화이트는 샤르도네.

> **토양** 북쪽은 구릉에서 온 충적토 흙더미, 남쪽은 점토와 석회질의 이회암을 포함하는데, 이 모두가 석회질의 기반암 위에 있다.

> **와인 스타일** 본Vosne 근처의 북쪽에서 생산되었는지 또는 프레모 주변의 남쪽에서 생산되었는지에 따라 매우 성격이 다른 레드와인이 만들어진다. 본-로마네와 접해 있는 프르미에 그뤼인 다모드Damodes처럼 북쪽의 와인은 풍만하고 묵직한 향이 있는 반면, 남쪽의 와인은 무거운 토양으로 인해 좀 더 향기롭고 강건하다. 일반적으로 이곳의 와인은 진하고 상당히 강렬한 빛깔을 띠는데, 종종 옅은 보라색이기도 하다. 어릴 적에는 붉은 과일, 블랙 커런트, 감초의 향이 나지만, 숙성되면서 가죽과 송로 버섯의 향으로 바뀐다. 상당히 희귀한 화이트와인은 1~2년이 지나면 아름다운 금색을 보여주는데, 브리오슈를 연상시키는 향은 하얀 꽃의 향으로 바뀌어 간다.

색 :
레드, 화이트.

서빙 온도 :
화이트는 12~13도,
레드는 14~16도.

숙성 잠재력 :
화이트는 4~8년,
레드는 5~10년.

AOC ALOXE-CORTON (AOC 알로스 코르통)

알로스 코르통 마을은 코르통 언덕과 두 개의 그랑 크뤼가 보이는 곳에 위치한다. 면적에 있어 부르고뉴에서 가장 방대하면서 코트 트 본의 유일한 레드와인 그랑 크뤼 코르통과 오로지 화이트와인만 생산하는 코르통 샤를마뉴Corton Charlemagne이다.

황제의 사유재산이었던 코르통 샤를마뉴 포도원은 775년에 솔리외의 참사회collégiale de Saulieu에 기증되었다. 이 신화적 와인에 관한 야사에 의하면, 샤를마뉴는 이 화이트와인이 수염을 더럽히지 않기 때문에 선호했다고도 한다.

> **주요 품종** 레드는 피노 누아, 화이트는 샤르도네.

> **토양** 코르통은 고도에 따라 토양이 가벼워지는 구릉의 동쪽 경사면을 차지하고 있고, 코르통 샤를마뉴는 석회 성분의 비율이 높은 언덕의 남쪽과 남서쪽에 위치한다. 언덕의 하단부는 덜 강하면서 더 부드러운 와인을 생산한다.

> **와인 스타일** 레드와인은 어릴 때에는 테루아 특유의 매우 튀는 맛과 함께 탄닌이 무척 두드러지는데, 병 안에서 몇 년 숙성되면, 과일의 풍미와 향신료 향이 나타난다. 병입 후 5년이 지나고 맛봐야 한다.

전 세계 최고의 화이트와인 중 하나로 손꼽히는데, 어릴 때에는 향신료의 향과 미네랄이 매우 잘 느껴지지만 미묘한 헤이즐넛과 향신료의 향이 최소 5년이 지나야 겨우 나타나기 시작한다. 5~20여 년 보관할 수 있다.

색 :
레드, 화이트.

서빙 온도 :
화이트는 12~14도,
레드는 14~16도.

숙성 잠재력 :
화이트는 10~20년,
레드는 10~30년.

메종 조제프 드루앵
(MAISON JOSEPH DROUHIN)

부르고뉴에서 네고시앙이라는 것은 단지 팔기 위한 와인만 병입하는 수준이 아니다.
로베르 드루앵은 거대한 포도밭을 직접 운영하고 돌보는 열정적인 와인 메이커이기도 하다.

조제프 드루앵

7, rue d'Enfer
21200 Beaune

설립 : 1880
면적 : 78헥타르
생산량 : 비공개
원산지 명칭 : 본
화이트와인 품종 : 샤르도네
레드와인 품종 : 피노 누아

본Beaune 왕조, 드루앵 가문

본은 부르고뉴 와인 중개업의 수도이다. 인구 2만의 번성한 이 도시는 오스피스 드 본이라는 자선 경매로 유명하다. 15세기, 가난한 사람들을 치료하기 위해 지어진 건물에서 매년 11월 셋째 일요일에 경매가 펼쳐진다. 그러나 본은 사람들이 흔히 '무덤이 세 개인 공동묘지'라고 일컫는 네고시앙 가문의 홈 코트이기도 하다. 드루앵 가문과 그들의 호텔(노트르담 대성당 뒤, 뤼당페르-지옥의 길이라는 이상적인 장소에 위치한)은 본에서 양조를 병행하는 와인 중개상 왕조의 일부를 차지한다. 사람들은 이들을 '숙성자'라 칭하는데, 네고시앙에 의해 수확되고, 압착되고, 양조될 포도에서부터 사실상 와인 판매업이 시작되기 때문이다. 로베르 드루앵은 주세Jousset에서 태어났지만, 어릴 적 부모를 모두 여의게 되어, 삼촌 모리스 드루앵Maurice Drouhin에게 입양되고 성장하여 1938년 팔자에도 없던 본에 뿌리를 내리게 되었다. 당시 드루앵 가문은 이미 훌륭한 행적을 보여줬는데, 오수아Auxois 출신의 설립자인 조제프Joseph는 샤블리 출신의 아내를 맞이하며 1918년부터 포도를 매입하여 와인 판매업을 시작했다. 당시에는 모든 것에 말을 이용했다. 동물에게 오랫동안 걸으라고 요구하는 건 어림도 없는 일이어서 모든 포도밭은 본에 위치했다. 이때가 바로 드루앵 가문의 엠블럼이 된 유명한 클로 데 무슈Clos des Mouches를 조제프가 매입했을 때다. 근접지역 원칙의 유일한 예외는 1928년에 매입한 코트 드 뉘의 그랑 크뤼인 클로 드 부조로 '수익이 아닌 명성을 위해서'라고 로베르는 말한다.

가족적 연대기

이렇게 매입한 밭은 19세기 말 필록세라의 참화 이후 다시 포도나무를 심지 않아 상당수가 황무지 상태였기 때문에 와인 메이커는 다시 포도나무를 심을 수밖에 없었다. 드루앵 가문이 만드는 매출은 이 비참한 포도밭에서가 아니라 아무런 어려움 없이 팔아치운 알코올 도수가 높은 코트-뒤-론Côtes-Du-Rhône이나 마데라madère 같은 와인들에서였다. 고급 와인 판매 쪽으로 급선회를 한 것은 삼촌 모리스로, 그는 어린 로베르를 데리고 방방곡곡 돌아다녔다. 이렇게 모리스는 도멘 드 라 로마네 콩티의 독점 판매상이 되었다. 그의 눈부신 경력은 2차 세계대전으로 단절되었는데, 독일인들은 그를 파리의 프렌Fresnes 감옥에 감금했다. 체포되기 전, 본의 와인 저장고의 한 부분에 벽을 세울 수 있는 시간이 있었는데, 로베르는 벽과 다른 부분과의 접합부에 곰팡이가 핀 것처럼 보이게 하기 위해 신선한 시멘트를 검게 만드는 것을 도왔던 것을 기억한다. 독일군이 본을 침공했지만 벽 뒤에 몰래 숨겨두었던 로마네 콩티에 손을 대지는 못했다. 모리스가 감금되었던 7개월 동안, 도멘 드 라 로마네 콩티의 지분이 매물로 나왔지만, 그는 매입할 수가 없었다. 면회실로 조언을 구하러 온 그의 아내에게 구매 후보로 지원하기에는 시대 상황이 너무 불확실하다고 대답했다. 부르고뉴 보석의 공동 소유자가 될 좋은 기회를 놓친 것이다.

로베르 드루앵, 맞춤형 네고시앙

1957년, 24살의 나이로 로베르는 그의 삼촌의 뒤를 이었다. 당시에 도멘은 아직도 말을 이용해 경작했고, 양조학은 걸음마 단계였다. 로베르는 와인에 전념하는 법을 알았고, 아직까지 포도를 싸게 구할 수 있던 샤블리에 투자하는 감각도 갖고 있었다. 자동차가 개발되고 트랙터가 보급되면서 드루앵의 도멘은 본에서 20km 북쪽에 있는 코트 드 뉘까지 확장된다. 화학비료가 시작되었고, 농업학이 한창이었다. 와인의 맛이 물 먹은 듯 밍밍하고 썩기 시작하자 이런 피해와 싸우기 위해 매년 새로운 분자가 출시될 당시, 로베르는 퇴비를 듬뿍 먹어 생기 있는 자신의 푸른 포도나무에 자부심을 느꼈다고 회상한다. 1976년부터 그는 환경을 생각한 농업으로 서서히 방향을 틀었다. 1988년 어느 날 그의 장남 필립Philippe과 함께 낚시를 했을 때(그의 다른 세 자녀 베로니크Véronique, 프레데릭Frédéric, 로랑Laurent 역시도 와인 중개업에 종사한다), 그는 땅속의 벌레를 찾기 위해서 삽질을 했다. 아무것도 없었다. 몇 미터 떨어진 곳에서 두 번째 삽질을 했다. 아무것도 없었다. 토양은 죽어 있었다. 그때 필립이 아버지를 자극했다. 바이오 다이내믹 농법이 도멘에 막 입장하는 순간이었다. 현재 드루앵 가문의 포도나무들은 도멘의 종묘장에서 재배한 것 중에서 고른 것이다. 클로 데 무슈 주변에 시멘트 1그램도 사용하지 않고, 옛날 방식으로 건식 벽돌벽을 세웠다. 포도나무를 한 그루 뽑으면, 오래된 포도 재배 토양을 황폐화시키는 기생충들을 없애기 위해 옛날 방식대로 5년 동안 휴경을 시킨다. 78헥타르의 방대한 규모에 대한 맞춤형 농업인 것이다.

조제프 드루앵, 본 프르미에 크뤼 클로 데 무슈 레드

브랜드가 가지고 있는 78헥타르 중 코트 드 뉘와 코트 드 본에 37헥타르가 있고, 대부분이 그랑 크뤼와 프르미에 크뤼이다. 본의 프르미에 크뤼인 클로 데 무슈는 메종 드루앵의 아이콘이다. 화이트와인의 명성이 높지만, 드루앵 가문은 매우 스타일리시한 레드와인 버전도 제안한다. 포도밭은 포마르 방향 쪽으로 거슬러 올라가는데, 배수가 잘되는 토양과 적은 비율의 모래는 레드와인의 우아한 특성을 잘 설명해준다. 부드럽고 세련되며, 과일, 꽃, 섬세한 향신료의 향이 나는데, 부드러운 입자, 정확한 풍미, 섬세한 탄닌이 입안에서 느껴진다. 의도된 섬세함이 있는 최고급 부르고뉴 와인으로, 몇 년의 숙성을 통해 벨벳 같은 감촉이 생긴다.

CLOS DES MOUCHES JOSEPH DROUHIN

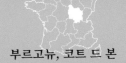

도멘 데 콩트 라퐁
(DOMAINE DES COMTES LAFON)

도미니크 라퐁은 토지 소유자와 농부 가족 사이의 촉매였다.
자신의 가족을 전적으로 와인 메이커가 되도록 만들었고, 뫼르소의 최고 생산자 반열에 오르게 했다.

도멘 데 콩트 라퐁

5, rue Pierre Joigneaux
21190 Meursault

면적 : 13.8헥타르
평균 생산량 : 60,000병/년
원산지 명칭 : 뫼르소
레드와인 품종 : 피노 누아
화이트와인 품종 : 샤르도네

르네 라퐁^{René Lafon}, 구원자

레드와인도 만들지만, 화이트와인의 여왕인 뫼르소는 코트 드 본의 가장 큰 포도 재배 코뮌인데, 북쪽의 볼네^{Volnay}와 그랑 크뤼가 있는 남쪽의 퓔리니^{Puligny}를 잇는 마을이기 때문이다. 비록 그랑 크뤼는 없지만, 볼네의 3배인 316헥타르를 프르미에 크뤼가 차지한다. 그래서 뫼르소에는 마을 등급으로 시작해 그랑 크뤼까지 올라가는 부르고뉴의 원산지 명칭 시스템의 말단 등급으로 팔릴 와인들이 언제나 풍부했다. 뫼르소의 훌륭한 가정에서 성장한 마리 블로크^{Marie Bloch}와 결혼한 쥘 라퐁^{Jules Lafon}(1864년 출생)은 자신이 설립한 이 도멘에 대한 강한 애착을 가지고 있었다. 하지만 마음은 포도 재배에 둔 채, 한 발은 굳건한 엔지니어 전통에, 다른 한 발은 수익성이 좋은 농업에 담구고 있는 상황에서 문제를 해결하는 것은 쉽지 않은 일이었다. 하지만 선구자 쥘이 이룬 이 도멘을 다음 세대에 이르러 놓쳐버리고 말았다. 다시 손자 르네 라퐁은 파산해서 매물로 올라온 포도밭을 살리는 역할을 했다. 르네 라퐁은 주중에는 파리에서 엔지니어로 근무하고, 매주 토요일 14시에 뫼르소에 도착해 주말 내내 고객을 맞이했고, 쉬지 않고 코르크 마개를 오픈하면서 상당히 가난한 동네에 있던 이 도멘에 자신의 소득 전부를 투자했다.

뫼르소의 역경과 영광

현재로서는 믿기 어렵겠지만, 뫼르소는 1960년대에 상당히 가난했다. 도멘이 가지고 있던 볼네의 멋진 프르미에 크뤼 상트노^{Santenots}의 2헥타르에는 알팔파가 심어져 있었다. 도미니크 라퐁^{Dominique Lafon}은 회상했다. "1958년에 5헥타르가 조금 넘는 크기인 12우브레(면적의 단위)가 매물로 나왔었죠." 어느 날, 같은 동네의 한 와인 메이커가 매입을 시도했지만, 그의 아내는 크게 화를 내면서 남편을 제지했다. "당신이 만든 와인은 팔리지 않을 거야! 우편배달부도 차가 있는데, 우리는 없다구!" 12우브레를 사려고 계획했던 돈으로, 이 부부는 디종에서 푸조 203 중고차를 구입했다. 그는 집으로 돌아왔지만 우박이 몰아쳤다. 기름을 넣을 돈이 없어서 이 차는 1년 내내 차고에 처박혀 있었다. 현재 상속세를 줄이기 위해 검소한 가격을 염두에 둔 뫼르소 포도 재배조합의 공식 포도밭 추정가는 1헥타르당 200,000유로(대략 3억 원)에 시작해서 1,000,000유로에 달하고, 가장 좋은 밭은 2,000,000유로까지 간다. 이런 불안정한 상황에서, 르네 라퐁은 여러 소작농에게 포도밭을 위임하면서 도멘이 난관에서 벗어나게 하는 데 성공했다.

그렇게 그의 아들 도미니크는 1986년, 와인에 전념하고자 도멘에 돌아왔고, 그가 왔을 때 트랙터는커녕, 전지 가위 하나도 찾을 수가 없었다.

도미니크 라퐁, 개종자

이제 포도는 도미니크의 열정이다. 귀족의 호칭을 없앤 라퐁 가문의 이 네 번째 백작은 증조부 쥘이 제공한 봉사에 대해 교황이 수여한 칭호와 함께 단단하게 굳은 손을 지니고 있다(그는 성직자들을 세금에서 제외시켰다). 포도 재배에 잔뼈가 굵은 가문의 후손이 아닌 도미니크는 본의 포도 재배 학교인 '라 비티 la viti'에서 교육을 받은 아웃사이더이다. 그는 당시의 지적 형태로 인식된 작업, 우선 처치하고 나중에 생각하기에 놀라움을 느꼈다. 초기에는 한 기술자가 만든 농업 월력에 따라 포도밭에 살포하기 위한 살충제의 처방전을 따랐다. 1989년, 포도밭에서 일한 지 3년이 된 어느 날 저녁 자신의 아내가 "모두가 포도밭에 약을 쳤어. 막내딸하고 산책 나가지 마."라고 이야기하는 것을 들었다. 이는 그에게 매우 충격으로 다가왔다. 자신의 딸이 숨 쉴 수 없는 세상을 만들고 있다는 것을 알았다. 그는 그렇게 유기농으로, 그리고 바이오 다이내믹으로 방향을 틀기 시작했다. 뫼르소는 갑작스러운 미국인들의 관심을 받게 되었고, 그는 수익성과 관련, 여유를 두고 투자를 할 수 있게 해주었다. 포도가 그에게 제공하는 것이 새 오크통에서 오는 헤이즐넛이나 그릴에 구운 향으로 뒤덮는 것을 목표로 하는 것이 아니라는 결론을 도출한 후, 현재 도미니크 라퐁은 무겁거나 알코올 도수를 높이지 않은 우아한 스타일의 와인 생산을 유지한다. 그는 마을의 확고한 스타가 되었고, 그의 도멘은 바이오 다이내믹으로 레드와 화이트와인을 양조하는 법을 배우기 위해 견습하러 오는 젊은이들의 베이스 캠프 역할을 하는데, 왜냐하면 그는 부르고뉴에서 매우 드물게 화이트와 레드 모두에서 출중한 실력을 갖고 있기 때문이다.

도멘 데 콩트 라퐁, 뫼르소 프르미에 크뤼, 클로 들 라 바르 Clos de la Barre

도미니크 라퐁은 1993년까지 지금 도멘이 소유하고 있는 16.80헥타르 밭을 매입했고, 곧바로 유기농으로 전환했다. 이 포도밭들은 네 개의 코뮌에 분산되어 있고, 총 15개의 원산지 명칭으로 생산하고 있다. 클로 드 라 바르는 뫼르소 마을 한가운데 있는 그가 거주하는 집의 뒷마당이다. 2.1헥타르의 밭은 완벽하게 담으로 둘러싸여 있는 모노폴인데, 도멘의 엠블럼이기도 하다. 이 밭은 정동향으로 그다지 깊지 않은 하부의 단단한 기반암 바로 위에 점토질 토양으로 구성되어 있다. 클로 드 라 바르는 정화되고, 날씬하며, 청량감뿐만 아니라 향의 순수함이 뛰어난 도멘의 스타일을 잘 구현한다. 뫼르소의 다른 와인들보다 항상 긴장감이 있고 날이 선 클로 드 라 바르는 어릴 적에는 아름다운 시트러스의 향이 잘 느껴지고, 이 와인을 최고급 뫼르소로 만들어 주는 특유의 광채를 발한다.

> 도멘의 경영자 도미니크 라퐁

AOC LADOIX-SERRIGNY (AOC 라두아-세리니)

디종Dijon에서 떠났을 때, 코트 드 본에서 처음으로 만나는 마을인 라두아의 경사면에는 알로스-코르통Aloxe-Corton과 페르낭-베르줄레스Pernand-Vergelesses와 함께 공유하는 그랑 크뤼인 코르통Corton과 코르통-샤를마뉴Corton-Charlemagne가 있다. 최근에 이나오INAO는 알로스의 프르미에 크뤼를 연상시키는 오트-무로트Hautes-Mourottes를 포함하여 레드와인을 생산하는11개의 밭을 프르미에 크뤼로 승격시켰다. 전체 생산량의 20%를 차지하는 화이트와인은 좋은 품질을 보인다.

> **주요 품종** 레드는 피노 누아, 화이트는 샤르도네.

> **토양** 자갈이 섞여 있고, 석회암과 상당한 이회암.

> **와인 스타일** 최고 품질의 레드는 코르통을 연상시키지만, 충만함이나 골격에서는 그랑 크뤼를 기대해서는 안 된다. 볼륨감 있는 유질과 산딸기, 그리오트 체리, 향신료 특히 숙성됨에 따라 카카오의 향이 난다. 화이트는 버터와 함께 나는 식물의 강한 향이 당황스럽게 만들 수도 있다. 어쨌거나 근처에 있는 본Beaune의 고급 화이트와인이 갖는 힘과 풍부함은 없다.

색 :
레드, 화이트.

서빙 온도 :
화이트는 11~12도,
레드는 14~16도.

숙성 잠재력 :
화이트는 5~10년,
레드는 10~15년.

AOC BEAUNE (AOC 본)

매력 있고 부유한 중세도시 본은 여러 세기에 걸쳐 코트 도르의 와인 판매를 통해 부를 축적한 것이 잘 느껴진다. 관광과 문화의 중심인 이곳은 11월 셋째 주 일요일에 거행하는 오스피스 드 본Hospice de Beaune의 경매 행사시에, 이 지역의 중심이 된다(p. 288 참조).
409헥타르의 넓은 원산지 명칭으로, 수많은 프르미에 크뤼가 있고, 그중 클로 데 무슈Clos des Mouches, 클로 뒤 루아Clos du Roi, 부샤르 페르 에 피스Bouchard Père & Fils가 그레브Grèves 밭 안에 가지고 있는 비뉴 드 랑팡-제쥐Vigne de l'Enfant-Jésus와 같이 그랑 크뤼와 경쟁할 만한 것들도 있다. 원칙적으로 88%를 차지하는 레드와인 생산이 주이지만, 희귀한 화이트와인 중에서 조제프 드루앵Joseph Drouhin의 클로 데 무슈Clos des Mouches 같은 것은 눈여겨볼 만하다.

> **주요 품종** 레드는 피노 누아(98%), 화이트는 샤르도네.

> **토양** 해발 200~300미터에서는 두껍지 않은 갈색 토양과 쇠찌꺼기가 섞인 이회암으로 구성된 석회암 기반을 볼 수 있다. 경사면의 하단부는 점토-석회질이다.

> **와인 스타일** 힘이 좋은 레드와인은 붉은/검은 과일의 향을, 진하고 상당히 우아한 탄닌이 뒷받침해준다. 숙성이 되면 전형적인 부르고뉴의 향은 숲속의 땅, 송로버섯, 옅은 향신료의 향으로 변한다.
화이트와인은 좀 더 단순하고, 어릴 적 마시기에 좋지만, 종종 최고 품질의 프르미에 크뤼는 이웃인 샤사뉴Chassagne나 퓔리니Puligny의 와인과 경쟁할 만하다.

색 :
레드, 화이트.

서빙 온도 :
화이트는 12~14도,
레드는 14~16도.

숙성 잠재력 :
화이트는 5~10년,
레드는 6~10년.

AOC POMMARD (AOC 포마르)

부르고뉴의 최고급 와인의 동의어나 다름없는 이름 중 하나로, 본의 남쪽에 있는 이 마을은 오로지 레드와인만 생산하고, 그랑 크뤼가 없다. 남쪽으로는 볼네, 북쪽으로는 본과 접경을 이루는 포도밭은 넓은 리본의 형상을 띤다. 27개의 프르미에 크뤼는 모두 포마르 마을 주변에 있는데, 그중에서 레 제프노Les Épenots와 레 루지앵Les Rougiens을 최고로 꼽는다. 가장 최초인 1936년에 원산지 명칭을 획득했다.

> **단일 품종** 피노 누아.

> **토양** 갈색 석회암 토양과 때때로 쇠찌꺼기가 있는 충적암 및 자갈 파편으로 구성된 점토-석회암.

> **와인 스타일** 진한 색깔을 가진 와인으로, 강렬한 향과 좋은 농축도가 숙성을 가능케 해준다. 블랙 커런트, 레드 커런트, 체리 등 과일의 향이 뛰어난 부케는 숙성이 됨에 따라 숲속의 땅, 가죽, 초콜릿과 함께 좀 더 동물적인 향으로 진화한다.

색 :
레드.

서빙 온도 :
14~16도.

숙성 잠재력 :
5~15년.

AOC VOLNAY (AOC 볼네)

마을은 경사면의 상당히 상부에 위치하고, 포도밭은 마을 양쪽의 하부에 펼쳐져 있다. 볼네는 남서쪽에는 뫼르소Meursault와 몽텔리 Monthélie, 북동쪽에는 포마르Pommard에 둘러싸여 있다.

이 원산지 명칭은 레드와인만 생산하는데, 이 지역 내에서 양조된 화이트는 뫼르소의 레이블로 판매될 수 있다. 카이유레Caillerets, 샹팡Champans, 클로 데 셴Clos des Chênes, 클로 데 뒥Clos des Ducs 등의 프르미에 크뤼는 섬세함과 세련미가 돋보이게 양조된 품질로 명성이 높다. 또 다른 프르미에 크뤼인 상트노Santenots는 뫼르소 코뮌에서 생산되지만, AOC 볼네로 판매된다.

> **단일 품종** 피노 누아.

> **토양** 경사면의 상단부는 매우 석회암질이고, 중간과 하단부는 좀 더 자갈밭이다.

> **와인 스타일** 어린 볼네의 와인에서는 제비꽃과 딸기의 섬세한 향이 나지만 숙성함에 따라 건자두, 향신료 등으로 복합성이 두드러지며 감미로움이 생긴다. 선천적으로 타고난 우아함은 지나친 숙성으로 와인이 좀 꺾여도 사라지지 않는다.

색 :	서빙 온도 :	숙성 잠재력 :
레드.	14~16도.	5~15년.

AOC MONTHÉLIE (AOC 몽텔리)

샤토를 가지고 있는 이 오래된 마을은 뫼르소의 언덕 위에 있다. 오랫동안 클뤼니 수도원의 소속이었다. 마치 한 잔을 '원샷'하는 것처럼, 부르고뉴 사람들은 이 이름을 단숨에 '몽틀리'라고 발음해 버린다. 1980년대 중반까지 이 마을의 와인, 특히 레드는 소박하면서 투박하다고 여겨졌다. 이후 능력 있는 와인 메이커들이 자신들 밭의 잠재력을 끌어내는 법을 알게 됨에 따라 최고의 와인들은 개성과 짜임새와 향을 갖게 되었고, 마침내 좋은 가성비로 인해 인기가 높아졌다. 몽텔리의 9개의 프르미에 크뤼 중에서 가장 유명한 것은 쉬르 라 벨Sur la Velle과 레 샹 퓌이요Les Champs Fulliot이다.

> **주요 품종** 레드는 피노 누아, 화이트는 샤르도네.

> **토양** 이회암과 붉은 점토로 덮힌 석회암 기반.

> **와인 스타일** 상당히 가볍고 섬세한 레드와인은, 이웃이자 사촌인 볼네의 와인 같은 여성스러움이 있다. 붉은/검은 과일의 섬세한 향에 작약, 제비꽃 등의 꽃 향이 더해지고 숙성됨에 따라 숲속의 땅, 향신료 계통의 향으로 진화한다. 어릴 적에도 은은하면서 종종 부드럽기까지 한 탄닌이 있다.

어릴 때만 좀 덜할 뿐, 화이트는 뫼르소를 연상시키는데, 좀 더 가볍고, 덜 농축되어 있다. 향의 복합성이 떨어지지만 좀 더 꽃의 향이 난다.

색 :	서빙 온도 :	숙성 잠재력 :
레드, 화이트.	화이트는 10~12도, 레드는 14~16도.	레드/화이트 모두 5~10년.

AOC AUXEY-DURESSES (AOC 오세-뒤레스)

'옥세'가 아니라 '오세'라고 발음해야 하는 이 마을은 예전에 클뤼니 수도원의 소속으로, 남쪽의 뫼르소, 북쪽의 몽텔리, 서쪽의 생-로맹Saint-Romain 사이의 오트 코트로 올라가는 좁은 계곡에 위치한다. AOC 관련 법령이 생기기 전에는 이 작은 마을의 와인은 종종 볼네와 포마르의 와인으로 판매되었다. 무시하지 못할 양의 화이트와인도 있지만, 특히 이 마을에서 생산되는 마시기 좋은 레드와인의 가격이 코트 드 본의 와인치고는 대체로 합리적이다.

> **주요 품종** 레드는 피노 누아(70%), 화이트는 샤르도네.

> **토양** 몽텔리 쪽은 레드와인을 위한 테루아로서, 자갈 토대 위에 석회질의 이회암이다. 화이트와인은 르 발le Val과 몽 멜리앙mont Mélian 밭의 미세한 석회암이다.

> **와인 스타일** 레 뒤레스Les Duresses와 클로 뒤 발Clos du Val 같은 프르미에 크뤼는 산딸기 맛이 나는 아름다운 레드와인으로, 몇몇 볼네 와인과 비교가 된다. 구운 빵과 헤이즐넛의 맛이 있는 최고의 화이트들은 충분한 지방이 있으면 뫼르소가 부럽지 않지만 더 어릴 때 마셔야 한다.

색 :	서빙 온도 :	숙성 잠재력 :
레드, 화이트.	화이트는 12~14도, 레드는 14~16도.	레드/화이트 모두 5~10년.

AOC MEURSAULT (AOC 뫼르소)

기름지면서 풍만한 화이트와인의 동의어로 샤르도네가 보여줄 수 있는 최고의 와인을 만들어 부르고뉴 화이트의 엠블럼과도 같은 마을이다.

뫼르소에는 그랑 크뤼는 없지만, 총 21개에 달하는 프르미에 크뤼가 있다(레 샤름^{Les} Charmes, 레 페리에르^{Les Perrières}, 레 구트 도르 ^{Les Gouttes d'Or} 등). 생산량이 많아 종종 품질의 차이가 있으므로 프르미에 크뤼가 아니라면 우선적으로 생산자를 믿어야 한다.

도멘 프리외르^{Domaine Prieur}의 클로 드 마즈레 ^{Clos de Mazeray}와 같은 환상적인 레드가 있긴 하지만, 이 동네에서 레드와인을 만들 것이란 생각은 좀 괴상망측할 수도 있다(4% 미만의 포도나무가 레드와인용 품종). 여기서 생산되는 레드와인은 이웃 마을인 블라니^{Blagny}

의 원산지 명칭으로 판매될 수 있다. 블라니에서 생산되는 화이트와인은 생산된 자리에 따라 뫼르소 또는 퓔리니-몽라셰의 원산지 명칭으로 판매될 수 있다.

> **주요 품종** 레드는 피노 누아, 화이트는 샤르도네.

> **토양** 석회질의 이회암.

> **와인 스타일** 생산량의 96%가 화이트이다. 프르미에 크뤼에서는 가장 세련되고 농축된 와인을 만든다. 빌라주급 와인은 개성이 좀 부족하다. 강하고 지속력이 있는 향을 가진 이 와인들은 훌륭하게 숙성이 된다. 어릴 적의 부케는 고사리, 보리수나무, 하얀 꽃등, 꽃과 채소의 향이 은은하게 나지만 숙성되면서 헤이즐넛, 견과류, 꿀, 그리고 특유의 버터의 향으로 진화한다. 입안에서는 기름진

맛이 지배적이지만, 진짜배기 뫼르소는 은근하지만 언제나 존재감이 느껴지는 산도가 주는 꼭 필요한 청량감과 지방 사이의 균형을 유지해야 한다. 레드는 블라니 혹은 세련미에 있어서는 볼네와 약간 비슷하지만, 매우 적은 생산량이다. 솔직히 뫼르소에서 레드와인을 만들려면 확고한 의지가 필요하다.

색:	서빙 온도:	숙성 잠재력:
화이트, 레드.	화이트는 12~14도, 레드는 14~16도.	레드는 5~10년, 화이트는 10~15년.

LES VINS DE PULIGNY ET DE CHASSAGNE(퓔리니와 샤사뉴의 와인들)

우편엽서에서나 볼 듯한 풍경을 가진 이 두 코뮌은 부르고뉴에서, 그리고 전 세계에서 가장 뛰어난 화이트와인의 상당수를 보호한다는 자부심을 공유한다(몽트라셰가 아니라 몽-라셰라고 발음한다). 몽라셰^{Montrachet}, 슈발리에-몽라셰^{Chevalier-Montrachet}, 비엥브뉘-

바타르-몽라셰^{Bienvenues-Bâtard-Montrachet}, 바타르-몽라셰^{Bâtard-Montrachet}, 크리오-바타르-몽라셰^{Criots-Bâtard-Montrachet}가 그들이다. 몽라셰는 8헥타르, 정확히 7.99헥타르밖에 안 되고, 소유주들 중 소수만이 1헥타르 이상을 가지고 있다. 감미롭고, 비강을 관통하며 정신을 혼미하게 만드는 부케를 가진 이 와인의 희소성은 왜 소수의 애호가들만이 이 와인을 맛본 것을 자랑할 수 있는지를 잘 설명해준다. 단지 최고 수준의 전문가들만이 슈발리에 몽라셰와 맛이 좀 더 진한 몽라셰를 구별할 수 있다. 몽라셰가 슈발리에 몽라셰를 압도한다 할지라도 근소한 차이이다.

그랑 크뤼 이외에도, '빌라주'급 AOC인 샤사뉴-몽라셰와 퓔리니-몽라셰의 레이블로 화이트뿐만 아니라 레드도 생산한다. 이상하게도 확실히 주목할 가치가 있는 샤사뉴-몽라셰는 어쨌든 레드와인으로 더 알려져 있긴 하지만, 이 원산지 명칭 생산량의 60%는 화이트와인이다.

> **주요 품종** 레드는 피노 누아, 화이트는

샤르도네.

> **토양** 불그스름한 이회암으로 덮인 석회암 기반 혹은 척박한 돌투성이인 토양.

> **와인 스타일** 그랑 크뤼에서 생산되는 화이트는 강하고 숙성을 필요로 하는데 5년이 되기 전에 개봉하는 것은 경솔한 일로, 10년 뒤에 오픈할 것을 추천한다. 버터, 진저 브레드, 헤이즐넛, 견과류 등의 향이 나는 부케는 풍부하고 아찔하다. 입안에서도 풍부함과 유질감이 잘 느껴지는데, 그다지 기대하지 않았던 엄청난 청량감을 제공하는 산도에 의한 좋은 균형을 늘 보여준다. 퓔리니의 레 퓌셀^{Les Pucelles}, 레 카이유레^{Les Caillerets}, 샤사뉴에서는 앙 레미이^{En Remilly} 같은 프르미에 크뤼들도 일반적으로 탁월하다.

체리나 블랙 커런트 같은 붉은/검은 과일의 향을 가진 레드와인은 강하고 탄닌이 풍부하다. 클로 피투아^{Clos Pitois}, 모르조^{Morgeot}, 라 말트루아^{La Maltroye} 등이 샤사뉴 최고의 프르미에 크뤼들 중 하나이다. 대개 좋은 가성비를 보여준다.

색:	서빙 온도:	숙성 잠재력:
화이트, 레드.	화이트는 12~14도, 레드는 14~16도.	레드는 5~15년, 화이트는 10~30년.

AOC SANTENAY, MARANGES (AOC 상트네, 마랑주) 코트 드 본

코트 드 본의 남쪽 끝에서, 레드와인 품종이 다시 땅을 차지한다. 여러 개의 프르미에 크뤼가 있고, 애호가들은 이 지역에서 좋은 와인을 구입할 수 있다. 덜 강하기 때문에 이 와인들은 좀 더 빨리 마실 수 있지만, 최고의 와인들은 매우 양질의 피노 누아 특유의 과일 풍미와 우아함이 있다. 상트네 마을은 여러 주거 밀집 지역과 촌락으로 구성되는데, 레미니Remigny 마을과 함께 원산지 명칭 상트네를 공유한다. AOC 마랑주는 드지즈-레-마랑주Dezize-lès-Maranges, 상피니-레-마랑주Sampigny-lès-Maranges, 셰이이-레-마랑주Cheilly-lès-Maranges가 공유한다. 이 원산지 명칭에는 6개의 프르미에 크뤼가 포함된다.

> **주요 품종** 레드는 피노 누아, 화이트는 샤르도네(13%).

> **토양** 경사면 상부는 석회암질 토양이지만, 하부로 내려오면서 이회암과 섞임.

> **와인 스타일** 레드와인은 작약, 제비꽃 같은 꽃의 향과 붉은 과일, 감초 등의 향이 섞여 있다. 단단한 탄닌은 종종 투박하기도 하지만, 입안을 꽉 채운다. 활기 넘치고 청량감이 있는 화이트는 미네랄과 꽃의 향이 나는데 숙성되면서 채소와 견과류의 향으로 진화한다.

색: 화이트, 레드.

서빙 온도: 화이트는 10~12도, 레드는 14~16도.

숙성 잠재력: 레드와 화이트 모두 5~10년.

코트 드 본의 최고 생산자 셀렉션

● **도멘 샹동 드 브리아이유**Domaine Chandon de Briailles, **코르통 화이트**Corton blanc, **AOC 코르통**Corton **그랑 크뤼** 사비니Savigny에 있는 니콜레Nicolay 가문이 소유한 아름다운 도멘으로, 코르통 특히 브르상드Bressandes에 매우 좋은 밭을 가지고 있다. 여기서는 매우 멋지고, 완벽하게 전통적인 스타일의, 장기 숙성을 위한 와인을 만드는데, 완벽하게 즐기기 위해서는 기다려야 한다.

● **메종 조제프 드루앵**Maison Joseph Drouhin, **클로 데 무슈**Clos des Mouches, **AOC 본**Beaune **프르미에 크뤼** 본에 위치한 이 포도원은 1920년대 이 클로를 야금야금 매입했는데, 화이트와 레드 모두에서 이 원산지 명칭의 가장 뛰어난 와인들 중 하나를 생산한다.

● **도멘 자크 프리외르**Domaine Jacques Prieur, **클로 데 상트노**Clos des Santenots, **AOC 볼네**Volnay **프르미에 크뤼** 1988년 라브뤼에르Labruyère 가문에서 매입한 21헥타르의 광활한 도멘으로 부르고뉴 최고의 테루아를 여럿 가지고 있고, 특히 그랑 크뤼 몽라셰에도 한 개의 밭이 있다. 이 도멘의 볼네 클로 데 상트노는 균형과 세련미의 좋은 예이다.

● **도멘 자도**Domaine Jadot, **클로 드 말트**Clos de Malte, **AOC 상트네 프르미에 크뤼** 자도 가문의 상속받은 밭에서 생산되는 와인으로, 이 프르미에 크뤼는 화이트와 레드 모두 매우 성공적이다. 루이 자도는 도멘 뒤 뒥 드 마장타Domaine du Duc de Magenta의 와인 역시 유통시키는데, 샤사뉴와 퓔리니의 여러 프르미에 크뤼가 모인 어벤져스 같은 와인이다.

● **도멘 르플레브**Domaine Leflaive, **레 퓌셀**Les Pucelles, **AOC 퓔리니-몽라셰**Puligny-Montrachet **프르미에 크뤼** 코트 드 본의 가장 아름다운 화이트와인 전문 도멘으로, 안-클로드 르플레브Anne-Claude Leflaive의 지휘 아래 모든 밭이 유기농으로 재배된다. 이 도멘의 프르미에 크뤼들은 거의 그랑 크뤼 수준인데, 그중에서도 레 퓌셀의 명성이 가장 높다. 불행하게도 가격은 그다지 좋은 편이 아니다.

● **도멘 루이 라투르**Domaine Louis Latour, **코르통 그랑세**Corton Grancey, **AOC 코르통 그랑 크뤼** 현재 도멘의 와인 탱크가 있는 본부로, 1749년 그랑세 백작에게서 매입하여 라투르 가문의 약간 '프라이빗 코르통Corton privé'의 성격이 있는데 '코르통'이라는 이름 뒤에 '그랑세'라는 명칭을 덧붙일 수 있는 특권을 쟁취했다. 이 도멘의 코르통-샤를마뉴 그랑 크뤼도 역시 1순위이다.

AOC MERCUREY (AOC 메르퀴레)

메르퀴레는 부즈롱^{Bouzeron}, 륄리^{Rully}, 지브리^{Givry}, 몽타니^{Montagny}와 함께 코트 샬로네즈의 5개의 코뮌급 원산지 명칭 중 하나로 가장 유명하다. 이 원산지 명칭은 메르퀴레와 생-마르탱-수-몽테귀^{Saint-Martin-sous-Montaigu}의 두 코뮌에 펼쳐져 있다. 북쪽에 인접한 륄리보다 세 배 더 큰 640헥타르의 포도밭에서 약간의 화이트도 생산하지만 여기서는 레드가 주를 이룬다.

가장 유명한 앙토넹 로데^{Antonin Rodet}를 포함한 몇몇 네고시앙과 잘 운영되고 있는 우수한 도멘들이 있다. 좋은 생산자가 만든 메르퀴레는 부르고뉴치고(!) 뛰어난 가성비를 보여주는데, 여러 해 숙성도 가능하다.

이나오^{INAO}에 의해서 32개의 밭이 프르미에 크뤼로 지정되었지만, 아무런 지정을 받지 않은 다른 밭들도 명성이 자자하다. 최고의 포도밭을 꼽자면 클로 뒤 루아^{Clos du Roy}, 클로 부아양^{Clos Voyen}, 레 샹 마르탱^{Les Champs Martin}, 클로 데 바로^{Clos des Barraults}, 클로 레베크^{Clos l'Évêque} 등이다.

> **주요 품종** 레드는 피노 누아, 화이트는 샤르도네와 알리고테.

> **토양** 지면으로 노출된 석회암과 이회암.

> **와인 스타일** 청량감이 있는 화이트와인은 미네랄이 느껴지고, 꽃과 향신료의 향이 난다. 이웃 코트 도르의 와인보다는 접근성이 좋은 가격이지만, 덜 복합적이고 덜 강하다. 어렸을 적에는 닫혀 있지만, 섬세한 레드와인은 산딸기, 딸기, 체리를 연상시키는 향이 난다. 숙성되면서 향신료, 동물적인 향으로 진화한다.

색 : 레드, 화이트.	**서빙 온도 :** 화이트는 10~12도, 레드는 14~16도.	**숙성 잠재력 :** 화이트는 3~6년, 레드는 4~8년.

코트 샬로네즈^{Côte Chalonnaise}의 최고 생산자 셀렉션

• **도멘 라고**^{Domaine Ragot}, **AOC 지브리**^{Givry} 총 9헥타르 중 7헥타르에 피노 누아를 재배하는 지브리에 있는 이 도멘은 니콜라 라고^{Nicolas Ragot}가 경영하는데, 이 지역 테루아의 재미있는 스펙트럼을 보여준다. 어릴 적부터 마실 수 있는, 과일을 씹는 듯한 맛을 가진 이곳의 와인들은 가성비를 중시하는 애호가들에게 흥미로울 것이다. 프르미에 크뤼는 관리를 필요로 한다.

• **도멘 페블레**^{Domaine Faiveley}, **라 프랑부아지에르**^{La Framboisière}, **AOC 메르퀴레**^{Mercurey} 코트 드 뉘의 뛰어난 와인 메이커로 메르퀴레에도 포도밭이 있는데, 특히 클로 뒤 루아^{Clos du Roy}나 클로 데 미글랑^{Clos des Myglands}과 같은 최고의 프르미에 크뤼들이다. 라 프랑부아지에르라는 이름이 시사하듯 붉은 과일을 떠오르게 하는 맛있는 와인으로 특유의 벨벳 같은 질감이 있다.

• **도멘 드 빌렌**^{Domaine de Villaine}, **알리고테-부즈롱**^{Aligoté-Bouzeron}, **AOC 부즈롱**^{Bouzeron} 도멘 드 라 로마네 콩티^{Domaine de la Romanée-Conti}의 경영인 부부가 운영하는 21헥타르의 도멘으로, 생산량의 2/3가 화이트와인이다. 알리고테 품종으로 만드는 그의 부즈롱은 이 품종으로는 복합적인 와인을 생산할 수 없다고 생각하는 회의론자들을 설득할 것이다. 정확하고 선명한 륄리^{Rully} 역시도 언급할 만하다.

• **샤토 드 샤미레**^{Château de Chamirey}, **AOC 메르퀴레** 드비야르^{Devillard} 가문이 소유한 40헥타르의 포도밭을 가진 오래되고 큰 도멘이다. 뛰어난 6개의 프르미에 크뤼를 포함하는데, 풍만하고 볼륨 있는 피노 누아로 양조한다.

• **미셸 쥐이요**^{Michel Juillot}, **클로 데 바로**^{Clos des Barraults}, **AOC 메르퀴레 프르미에 크뤼** 대부분이 메르퀴레에 위치한 약 32헥타르의 포도밭이 있는 가족 경영 도멘이다. 손으로 수확하고, 양조는 매우 전통적인 방식으로 한다. 매우 일관된 수준을 보여주는데, 그중에서 메르퀴레의 프르미에 크뤼 레드와인인 클로 뒤 루아^{Clos du Roi}는 강하면서 세련되어 언급할 필요가 있다.

마콩^{Mâconnais}의 최고 생산자 셀렉션

- **도멘 코르디에**^{Domaine Cordier}, **비에이유 비뉴**^{Vieilles Vignes}, **AOC 푸이이-퓌세**^{Pouilly-Fussé} 바닐라, 하얀 꽃, 꿀 등의 복합적인 향이 나는 이 와인은, 이 향을 뒷받침해주는 지방과 산도가 있다.

- **도멘 귀펜-세이넨**^{Domaine Guffens-Heynen}, **AOC 마콩-피에르클로** ^{Mâcon-Pierreclos} 플랑드르^{Flandre}와 부르고뉴가 과거에는 하나였던 것을 잊지 않은 벨기에 커플이 1976년에 설립한, 잘 나가는 소규모 도멘이다. 여기서 생산하는 마콩-피에르클로와 푸이이-퓌세는 이 지역의 가장 멋진 와인이다.

- **도멘 자크 에 나탈리 소메즈**^{Domaine Jacques et Nathalie Saumaize}, **라-**

비에이유 비뉴 데 크레슈^{La Vieille Vigne des Crèche}, **AOC 생-베랑** ^{Saint-Véran} 50년 수령의 포도나무의 포도로 양조하여 오크통에서 숙성시킨 우아한 퀴베로, 풍부하면서 지방과 상쾌함의 균형이 있는 와인이다.

- **도멘 드 라 봉그랑**^{Domaine de la Bongran}, **트라디시옹**^{Tradition}, **AOC 비레-클레세**^{Viré-Clessé} 장 테브네^{Jean Thévenet}는 종종 AOC 인가위원회가 문제를 제기하게 만든 "마콩에서도 늦게 수확하여 양조를 할 수 있음"을 증명했다. 어쨌거나 그는 계속해서 과숙한 포도로 양조하여 매우 독창적인 와인을 만든다.

AOC MÂCON, MÂCON-VILLAGES (AOC 마콩, 마콩-빌라주)

마콩

마콩은 부르고뉴 남부의 심장이다. 이 지역은 코트 샬로네즈와 솔뤼트레^{Solutré} 암반 사이의 40여 킬로미터에 분포되어 있다. 이 지역은 코트 도르보다 더 남쪽이어서 기후가 덜 혹독하다.

레드와인은 AOC 마콩으로 판매될 수 있고, 알코올 도수가 일정 도수 이상이면 마콩 쉬페리외르^{Mâcon Supérieur}도 가능하다. 비록 피노 누아가 허용되었지만, 대부분의 레드와인은 가메로 만든다. 화이트와인은 100% 샤르도네이다.

약 스무 개 정도의 마을이 AOC 마콩 다음에 마을의 이름을 병기할 수 있다. 특히 샤르도네^{Chardonnay}, 뤼니^{Lugny}, 프리세^{Prissé}, 이제^{Igé},

로셰^{Loché}, 라로슈-비뇌즈^{La Roche-Vineuse}, 피에르클로^{Pierreclos} 등의 경우이다. AOC 마콩-빌라주는 오로지 화이트와인만 해당된다. 279 헥타르의 원산지 명칭 비레-클레세^{Viré-Clessé}는 2002년 마콩-비레^{Mâcon-Viré}와 마콩-클레세^{Mâcon-Clessé}로 대체되었다.

> **주요 품종** 레드는 가메와 피노 누아, 화이트는 샤르도네.

> **토양** 피노 누아는 갈색 석회암 토양을 좋아하는 반면, 가메는 보졸레와 유사한 화강암 토양을 선호한다. 모래, 점토, 규토질의 토양에는 샤르도네가 더 적합하다.

> **와인 스타일** 화이트와인은 오크통에서 숙성되었는지 스테인리스 탱크에서 숙성되

었는지에 따라 상당히 다르다. 오크통에서는 복합성과 풍부함을 얻을 수 있지만, 청량감과 생기를 잃게 할 수 있다. 스테인리스에서는 과일 풍미와 단순함에 초점을 맞춘다. 후자가 마콩 화이트를 더 잘 보여준다. 색깔이 옅고, 상쾌하며, 가볍고, 깔끔하여 미각을 피곤하지 않게 식욕을 돕게 한다.

피노 누아로 만든 레드와인은 부르고뉴 원산지 명칭으로 판매될 수 있다(요구되는 비율의 가메가 섞였으면 파스투그랭^{Passetougrain}으로도 가능하다). 맛과 산도가 있는 로제는 약간 새콤달콤한 작은 붉은 과일의 향이 난다.

색: 레드, 로제, 화이트

서빙 온도: 화이트와 로제는 10~12도, 레드는 14~15도.

숙성 잠재력: 3~6년.

AOC POUILLY-FUISSÉ (AOC 푸이이-퓌세)

마콩

퓌세^{Fussé}, 솔뤼트레^{Solutré}, 베르지송^{Vergisson}, 샹트레^{Chaintré}에서 생산되는 푸이이-퓌세는 푸이이로 시작되는 세 개의 원산지 명칭 중 다른 두 개인 푸이이-로셰^{Pouilly-Loché}, 푸이이-뱅젤^{Pouilly-Vinzelles}보다 많은 생산량으로 인해 더 잘 알려져 있다. 여기에서 마콩 지역 최

고의 화이트와인을 생산하는데, 클뤼니 수도사들이 여기에서도 양조를 해서 오래전부터 유명세가 있었다.

> **주요 품종** 샤르도네.
> **토양** 점토-석회암질 경사면.
> **와인 스타일** 부르고뉴의 클래식한 화이

트와인 스타일 속에서 지방, 미네랄과 산도가 잘 잡힌 균형을 보여준다. 상당수가 오크통에서 숙성되어 강하고 힘이 좋은 이 와인들은 숙성이 잘 되고, 최고조에 달했을 때 최고급 샤르도네의 부케를 느낄 수 있다.

색: 화이트.

서빙 온도: 10~12도.

숙성 잠재력: 3~6년.

도멘 조제프 뷔리에
(DOMAINE JOSEPH BURRIER)

프레데릭-마르크 뷔리에는 큰 부동산 소유주이자 소박한 와인 메이커의 상속자로 "도멘을 변치 않게 할 것"이라는
확고한 신조를 가졌다. 그는 현재 푸이이-퓌세를 부르고뉴 프르미에 크뤼로 만들기 위해 투쟁 중이다.

조제프 뷔리에

Beauregard
71960 Fuissé

면적 : 44헥타르
생산량 : 비공개
원산지 명칭 : 푸이이-퓌세
레드 와인 품종 : 가메, 피노 누아
화이트와인 품종 : 샤르도네

17대

푸이이-퓌세는 마콩의 엔진이다. 800헥타르의 포도 재배 면적은 3,300헥타르의 샤블리의 뒤를 이어 부르고뉴에서 두 번째로 큰 코뮌급 원산지 명칭이다. 푸이이-퓌세는 네 개의 마을로 구성되는데, 퓌세 (원산지 명칭 생산량의 1/3), 솔뤼트레-푸이이^{Solutré-Pouilly}(1/3), 베르지송^{Vergisson}(1/4), 샹트레^{Chaintré}(15%) 등이다. 유명한 솔뤼트레 암반과 베르지송의 하단부에 위치해 있는데, 로마시대 스타일의 기왓장, 갈매기, 아몬드 나무, 하얀 자갈 등 프로방스^{Provence}의 분위기가 나며 리옹까지는 겨우 60여 킬로미터 정도이다. 이 원산지 명칭은 보졸레에도 한 다리를 걸치고 있어, 화강암 지맥이 이곳까지 도달한다. 총 44헥타르에 달하는 거대한 샤토 드 보르가르^{Château de Beauregard}와 다른 두 개의 가족 소유 도멘을 경영하는 프레데릭-마르크 뷔리에는 보졸레의 레드와 퓌세의 화이트 양쪽에 뿌리를 내린 가계도가 있는데, 모자이크 같은 테루아의 대표로 소개받아 마땅하다. 왜냐하면 가메의 본고장에서 뷔리에 가문은 17대에 걸쳐 포도나무를 재배하고 있기 때문이다. 1899년 포도주 상인의 후손인 마르크 뷔리에^{Marc Burrier}는 마콩 출신의 외동딸 잔 데제르^{Jeanne Deshaires}와 결혼했지만, 그녀는 일찍이 과부가 되었다. 그래서 잔은 보르가르의 언덕 꼭대기에 위치하여 주변과 바위들의 탁월한 전망이 있는 현재 뷔리에 가문의 홈코트인 자신의 부모의 집에 사내아이 네 명을 데리고 왔다.

다음 세대에 들어, 그 사내아이들 중 하나인 조제프^{Joseph}는 보르가르에서 내려다보이는 부유한 저택인 샤토 드 퓌세^{Château de Fuissé}의 딸과

결혼했다. 곡괭이가 무엇인지도 모르면서, 단지 넥타이에 정장만 하고 다니던 조제 프는 시의적절한 동맹 한 방 덕에 도멘의 면적을 세 배로 확장시키고, 푸이이-퓌세 에 20헥타르를 갖게 됐다. 뷔리에 가문은 부동산과 당시의 가장 중요한 매출을 발 생시키던 소작농장에 끊임없이 변화를 주었다.

끈기와 야망

하지만 세대마다 상황은 복잡해졌다. 프레데릭-마르크Frédéric-Marc 대에 이르러서 는 상속인이자 손주가 17명에 이르렀다. 오로지 프레데릭-마르크만이 밭에서 일했고, 나머지 가족은 자신들의 밭을 세를 주었다. 이 와인 메이커는 그의 대 리인이고, 나머지 가족들은 5년마다 그를 포도원의 우두머리로 세웠다. 솔직 히 그는 단순한 최고 결정권자가 아니라 수익성이 없음에도 불구하고 휴경기 연장의 필요성, 산출량 감소, 유기농 전환 결정 여부 등의 내용을 가족에게 보 고하고 지분이 있는 사촌들을 설득해야 했다. 하지만 프레데릭-마르크는 끈기 가 있었다. 본Beaune의 네고시앙 루이 자도Louis Jadot에서 화려한 경력을 쌓은 후, 1999년 가족의 도멘에 돌아와, 야심찬 포도 재배를 할 것이라고 공개적으로 표 명하고, 160개의 밭을 유기농으로 전환했다. 농사의 결과는 참담했다. 산출량이 25% 감소했다. 주주들은 충격에 휩싸였다. 보르가르에서 쟁기질이 시작됐고, 그 다음에는 손에 곡괭이를 들었다. 인건비가 폭등했다. 하지만 주주들은 야심찬 자신 들의 사촌을 지지했고 지원했다. 현재 샤토 드 보르가르는 이 원산지 명칭의 믿고 사 는 레이블 중 하나가 되었고, 이제 프레데릭-마르크는 푸이이-퓌세의 몇몇 명칭을 프 르미에 크뤼로 승격시키려는 최후의 전투를 시작했다. 베르지송이나 솔뤼트레의 유명한 암벽 의 엄청난 경사면이건 보르가르의 고원이건, 이상하게도 레이블 상에는 평야에서 자란 포도와 아무런 구별이 없다. 2차 세계대전으로 인해, 잘못된 장소에 경계선이 그어졌다. 여러 달 동안 자신 의 원산지 명칭의 기록을 조사한 프레데릭-마르크는 이렇게 말했다. "점령된 지역인 코트 도르Côte d'Or에 서 포도나무에 대한 소유세를 내는 것을 피하기 위해 무제한적으로 프르미에 크뤼로 여기저기 지정되는 동안, 점령되지 않은 지역이었던 푸이이-퓌세는 농업부 장관이 등급 지정을 위해 요구한 양질의 포도밭 리스트를 보내지 않았다. 이는 마을들 간의 질투심이 고조되는 것을 방지하기 위함이었다."

프르미에 크뤼를 찾아서

"유행을 쫓지 말자." 평화주의자의 이 슬로건은 협동조합과 중개상 간의 협업을 수월하게 만들었고, 만 족스럽게도 뛰어난 샤르도네의 가격을 코트 도르보다 훨씬 낮출 수 있었다. 1999년 도멘에 온 이후로 프 레데릭-마르크 뷔리에는 이제는 50여 개가 된 도멘들과 함께 트렌드를 뒤엎는 것을 멈추지 않는다. "이 러한 판정에 대해 알아보지 않는 것은 부당하다고 여기면서 살았다. 2007년 나는 이것에 대해 말하기 시 작했다. 그리고 2010년 공식적으로 이 서류를 접수했다. 하지만 그 당시 이곳의 프르미에 크뤼는 와인 메이커들의 기억 속에 있지 않았는데, 65%의 푸이이-퓌세는 클리마에 대한 아무런 언급 없이 중개상들 에게 벌크로 판매되고 있었다." 그러나 베르지송, 솔뤼트레, 퓌세의 새로운 세대의 와인 메이커들은 싸 우기 위해 필요한 시간을 잘 알고 있었다. 스스로 와인 메이커라고 주장할 때, 인내심은 어떤 경우에라도 필요한 덕목이다. 프레데릭-마르크 뷔리에는 말했다. "아버지께서는 늘 포도나무를 뽑으면 토양 을 쉬게 해야 한다고 하셨다. 아버지는 7년의 휴경을 권장했다. 나무를 뽑자마자 다 시 심는, 즉 휴경을 실시하지 않은 와인 메이커는 포도나무를 한해살이 식물처럼 재배한다. 이 사람은 이 직업을 이해하지 못한 것이다. 나는 5년 동안 휴경을 하 고, 50년을 살게 하기 위해 다시 심는다. 나는 단지 머물다 가는 사람일 뿐이다."

조제프 뷔리에, 샤토 드 보르가르, "베르 크라VERS CRAS", 푸이이-퓌세

프레데릭-마르크 뷔리가 수장인 도멘의 포트폴리오는 생-베랑Saint-Véran의 7헥타르, 보졸레의 12헥타르(플뢰리Fleurie, 물랭-아-방Moulin-à-Vent, 모르공Morgon, 생-타무르Saint-Amour, 시루블Chirouble) 등 총 43헥타르이다. 그는 2013년 유기농 인증을 받은 이웃 샤토 드 클로Château de Clos도 최근에 인수했다. 레 크라Les Cras 는 상직적으로는 빙 둘러싼 샤토 드 보르가르의 포토밭이고, 일 반적으로는 푸이이-퓌세의 포도밭인데, 이 밭은 사람들이 마콩의 프르미에 크뤼에서 기대하는 전형적인 석회암 산등성이 위에 있 기 때문이다. 점토가 샤르도네에게 무거움이 아닌 힘과 꿀의 향 을 주는 만큼, 석회암은 와인에 산도와 활기를 주고, 그래서 장 기 숙성에 적합하다. 노출된 석회암판과 1961년, 1964년에 심 어진 수령이 높은 포도나무들의 궁합이 좋다. 이것들이 도 멘에서 가장 오래된 나무들이다. 이 포도나무들은 장기 숙성을 위한 세련된 화이트를 만드는데, 언제나 잘 익은 포도향에 유혹적인 시나몬, 하얀 꽃, 향 신료의 향이 어우러져 있고, 농축된 맛 은 끝까지 정확한 방향성을 보여준다.

AOC BEAUJOLAIS, BEAUJOLAIS-VILLAGES (AOC 보졸레, 보졸레 빌라주)

포도밭들은 손-에-루아르Saône-et-Loire에 위치한 라-샤펠-드-갱셰La Chapelle-de-Guinchay만 제외하고 론Rhône 데파르트망département에 있다. 포도나무가 해발 500~600미터까지 펼쳐져 있는 아름다운 경사면이 손Saône 계곡을 굽어본다.

1950년대에 발효된 조기 판매를 허용하는 규제 결정을 활용하여 AOC 보졸레는 보졸레 누보로서 전 세계적으로 인기를 끌었다. 보졸레는 수확 후 단지 몇 주 후인 11월 셋째 주 목요일 시장에 풀린다. 장기 숙성 없이 쉽게 마실 수 있는 레드와인의 이미지에 공헌한 이 급작스러운 인기는 양날의 칼이 되었고, 이 지역 최고의 와인 메이커들은 고급 와인 메이커로서 더 진지하게 받아들여지고 싶어 했다. 보졸레 누보는 보졸레의 '엘리트' 브루이Brouilly, 셰나Chénas, 시루블Chiroubles, 코트-드-브루이Côte-de-Brouilly, 플뢰리Fleurie, 쥘리에나Juliénas, 모르공Morgon, 물랭-아-방Moulin-à-Vent, 레니예Régnié, 생-타무르Saint-Amour 등의 10개의 크뤼를 잊어서는 안 된다.

> **주요 품종** 레드와 로제는 가메, 화이트는 샤르도네.

> **토양** 가메의 과일 풍미와 매력을 발산하게 해주는 제3기와 제4기 충적암으로 이루어진 화강암 토양.

> **와인 스타일** 보졸레 누보 특유의 청량감과 즉각적인 즐거움은 자연스럽게 요깃거리나 주전부리들과 함께할 운명이다. 보졸레나 보졸레 '빌라주'는 상쾌한 와인으로, 레드 커런트 같은 붉은 과일, 신선한 포도, 향신료의 향이 나서 식사 내내 곁들이기 좋고, 일반적으로 샤퀴트리나 단순한 음식들과 좋은 궁합을 보여준다.

보졸레 화이트는 극소량이 만들어지는데, 대개 아주 좋은 품질을 보인다(로제는 더 좋다). 비록 가메의 과즙이 투명하지만, 화이트는 샤르도네로 양조되는데, 잘 만들어진 경우 마콩의 와인들과 비교할 만하다.

색:	서빙 온도:	숙성 잠재력:
레드, 로제, 화이트.	레드는 15~16도, 화이트와 로제는 10~12도.	3~5년.

AOC JULIÉNAS (AOC 쥘리에나)

쥘리에나는 보졸레에서 가장 역사가 오래된 몇몇 포도밭을 포함한다. 경사가 급하면서 높은 고도의 산 경사면은 포도의 탁월한 성숙을 가능케 한다.

손강의 지류가 있는 손-에-루아르와 론 데파르트망에 걸쳐 있는 이 원산지 명칭은 남향의 모베즈Mauvaise 계곡을 마주본다. 병합된 두 이웃 마을 쥘리에Jullié와 에메랭그Emeringues로 인해 생-타무르보다 두 배 더 넓은 537헥타르에서 포도가 재배된다. 라 보티에르La Bottière, 레 카피탕Les Capitans, 레 셰르Les Chers와 레 파클레Les Paquelets와 같은 클리마는 매우 명성이 높다.

> **주요 품종** 가메.

> **토양** 화강암.

> **와인 스타일** 쥘리에나의 와인은 생-타무르보다 좀 더 단단하면서 덜 세련되었다. 수확 후 2~4년차에 마신다.

색:	서빙 온도:	숙성 잠재력:
레드.	14~16도.	3~5년.

AOC MOULIN-À-VENT (AOC 물랭-아-방)

언덕 꼭대기 위에 있는 풍차에서 유래된 명칭으로, 일반적으로 보졸레 최고의 크뤼로 간주된다. 본Beaune의 네고시앙들은 실수하지 않았는데, 루이 자도Louis Jadot도 여기에 포도밭이 있다. 확실히 보졸레 중에서 장기 숙성에 가장 적합하고, 가장 고가이다. 일부 생산자들은 오크통에서 숙성을 시켜 와인의 짜임새와 숙성 잠재력을 높이기도 하는데, 이 원산지 명칭에서는 흔치 않은 일이다.

> **주요 품종** 가메.

> **토양** 화강암으로 된 하부 토양은 망간이 풍부한 모래로 덮여 있는데, 와인에 매우 독특한 특성을 부여한다.

> **와인 스타일** 진한 루비색을 띠는 최고의 와인이 가진 인상적인 짜임새와 밀도는 10년 넘게 지속된다. 숙성이 진행되면서 몸통과 기품으로 인해 코트 도르의 몇몇 와인을 연상시킨다.

색:	서빙 온도:	숙성 잠재력:
레드.	14~16도.	10~15년.

AOC SAINT-AMOUR (AOC 생-타무르)

마콩에서 남쪽으로 몇 킬로미터 떨어진 곳에 위치한 생-타무르는 보졸레의 크뤼 중에서 가장 북단에 있고, 가장 크기가 작다. 대부분의 포도나무는 해발 240~320미터 사이의 경사면에 동남동향을 바라보고 있다. 포도밭이 302헥타르로 제한되어 생산량이 감소되기는 했지만 이런 이름을 가지고 와인의 판매가 시원찮다니 놀랄 만한 일일 것이다. 몇몇 생산자가 샤르도네로 화이트와인을 만드는데, AOC 생-베랑Saint-Véran으로 판매된다.

> **주요 품종** 가메.

> **토양** 원산지 명칭은 손-에-루아르Saône-et-Loire 데파르트망 남쪽의 화강암 경사면에 위치한다.

> **와인 스타일** 가볍고 섬세한 과일 향이 난다. 어릴 적 마시기 위해 양조되기도 하지만, 2~3년 후 상태가 더 좋아진다.

색:	서빙 온도:	숙성 잠재력:
레드.	14~16도.	3~5년.

보졸레의 최고 생산자 셀렉션

● **도멘 데 자크**Domaine des Jacques, **AOC 물랭-아-방** 코트 드 본의 네고시앙이 물랭-아-방에서 무엇을 할까? 루이 자도는 부르고뉴 스타일의 최고급 와인을 만들기 위해 1996년 이 멋진 도멘을 인수했다. 수확의 일부분은 10개월 동안 오크통에서 숙성시키는데, 이렇게 함으로 와인에 복합성을 주고 더 오랜 숙성능력을 얻을 수 있다.

● **도멘 뒤 비수**Domaine du Vissoux, **플뢰리 퐁시에**Fleurie Poncié, **AOC 플뢰리** 피에르-마리 셰르메트Pierre-Marie Chermette는 보당을 하지 않은 그의 보졸레 퀴베들로 알려졌는데, 자연스럽게 맛있는 와인을 얻기 위해서는 산출량을 제한하고, 완벽하게 성숙한 포도를 수확하는 것이 더 간단하다는 사실을 증명했다.

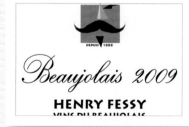

이 도멘의 모든 와인은 추천할 만한데, 탄탄하고, 정확하며 마시기 좋은 플뢰리와 물랭-아-방을 특히 언급하고 싶다.

● **도멘 장 푸알라르**Domaine Jean Foillard, **모르공 코트 뒤 피**Morgon Côte du Py, **AOC 모르공** 장 푸알라르는 토양에 대한 존중과 최신 기술을 합쳐 몇 년 숙성 후 통통하고 복합적인 진짜 모르공 와인을 생산한다.

● **샤토 뒤 물랭-아-방**Château du Moulin-à-Vent, **AOC 물랭-아-방** 2009년 파리네Parinet 가문이 인수한 39헥타르의 이 도멘은 각각의 밭 단위로 퀴베를 생산하는데, 빠른 속도로 이 지역의 최고 도멘들과 장단을 맞추어 모던하면서 활력이 넘치는 와인을 만들었다.

샹파뉴의 포도 재배지

샹파뉴는 축제와 축하를 위한 대표적인 와인이다. 샹파뉴는 세계를 정복했고, 샹파뉴만의 라이프스타일을 창조했다.
신비한 기원에서부터 제조 그리고 최고 수준의 각 브랜드가 조심스럽게 간직하고 있는 블렌딩의 예술에 이르기까지
모든 것이 이 마법의 일부분이다. 샹파뉴는 전 세계에 가장 잘 알려진 와인이자 가장 많이 위조되는 와인으로,
단지 샹파뉴 지방에서만 생산될 뿐, 그 외의 다른 어떤 지역도 제조가 불가능하다.

기포의 발명에서 근대적 도전까지

프랑스 여기저기의 다른 포도 재배 지역처럼, 샹파뉴의 시작도 로마 군대에 빚을 지고 있다. 5~6세기의 수도사들, 특히 베네딕트 수도사들이 샹파뉴의 발전에 공헌했다. 이 와인들은 프랑스 궁정에 제공되었고, 루이 14세가 매우 좋아했다. 당시의 샹파뉴는 우리가 현재 알고 있는 작은 기포가 있는 와인과는 아무런 상관이 없다. 매우 가볍고 산도가 있는 레드와인이거나 기포가 없는 화이트와인이었다.

첫 번째 샹파뉴. 17세기 후반 발포성과 관련한 매우 점진적인 숙달이 이루어진 후, 샹파뉴의 신화가 시작되었다. 전통은 동 페리뇽Dom Pérignon에게 샹파뉴의 아버지 자격을 부여했는데 이 수도사가 샹파뉴의 기포와 관련하여 아무것도 '발명하지' 않았지만, 그는 특히 블렌딩을 이용해 생산기술을 완성하는 데 큰 공헌을 했다. 18세기에 들어 최초의 대규모 양조장들이 생겨났고, 이때부터 이들에 의해 샹파뉴의 명성이 전 세계에 알려졌다. 이미 이 당시에도 이 포도원들은 좀 더 균일한 퀴베를 만들기 위해 블렌딩을 선호했다. 19세기 말 필록세라가 포도원을 파괴했고, 20세기 초반은 경제적 위기로 점철되었다. 1911년의 위기는 아직도 기억 속에 있다. 그당시 포도밭을 복원하기 위해

숫자로 보는
샹파뉴의 포도 재배지

면적 34,000 헥타르
생산량 : 309,000,000병

(CIVC, 2015)

생산과 양조의 조건들이 제정되었는데 이는 지금까지도 여전히 유효한 것들이다.

환경을 존중하는 선택. 포도나무의 뿌리와 환경에 대한 염려 때문에, 샹파뉴 지역은 2,000년부터 포도 재배에 대해 재고를 거듭했다. 환경을 생각한 농업 또는 유기농은 대규모 생산업체, 협동조합 그리고 독립 와인 메이커 모두의 관심사의 일부가 되었다. 블렌딩의 본고장인 샹파뉴 지방을 개방하면서, 샹파뉴에 존재하는 여러 테루아의 뉘앙스를 표현할 수 있는 다양한 와인 생산을 가능하게 했다. 몇몇 정치/경제적 동요에도 불구하고, 스파클링 와인 시장은 위기를 겪지 않고, 눈부신 발전을 보이고 있다. 공급은 가까스로 수요를 충족시키고 있어, 원산지 명칭과 관련된 숙고가 오늘날 논의의 대상이다.

기후와 토양

샹파뉴 지역은 파리에서 북동쪽 150km 떨어진 곳에 펼쳐져 있다. 프랑스의 최북단에 있는 포도 재배 지역으로, 포도 재배 북방 한계선에 위치해 있다. 오브Aube, 오트-마른Haute-Marne, 마른Marne 데파르트망과 앤Aisne과 센-에-마른Seine-et-Marne 데파르트망 내의 일부 코뮌을 합쳐 총 5개의 데파르트망 내의 319개 코뮌에 있는 해발 90~350m의 경사면에 위치해 있다.

기후. 한편으로는 가혹한 대륙성 기후의 영향으로 종종 포도밭을 파괴하는 서리가 내리는 추운 겨울과 매우 뜨거운 태양광이 작렬하는 여름이 있고, 다른 한편으로는 대서양의 영향에 의한 높은 습도로 인해 상대적으로 온화하다.

토양. 샹파뉴 와인 품질의 핵심은 석회암 토양이다. 포도의 성숙과 관련하여 중요한 역할을 하는 습도와 온도의 뛰어난 조정자인

> 샹파뉴 포도원의 겨울
가지치기하는 모습.

샹파뉴 지방의
원산지 명칭
. . . .

- Champagne(샹파뉴)
- Coteaux champenois(코토 샹프누아)
- Rosé des Riceys(로제 데 리세)

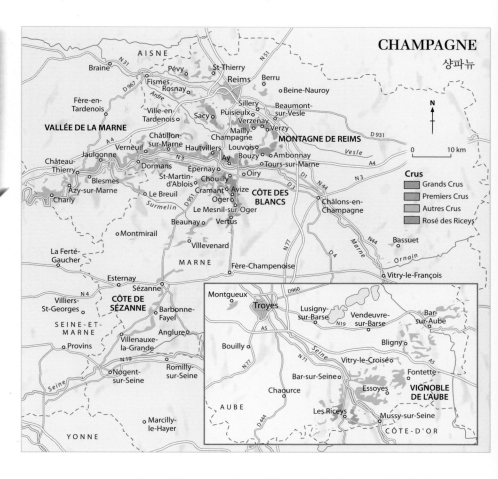

백악질 하부 토양 위에 대부분 모래와 점토로
구성되어 있다. 게다가 백악 토양은 와인을
숙성시키고 보존하기 위한 깊은 지하 저장고를 팔
수 있게 해주었다.

포도밭의 풍경

몽타뉴 드 렝스^{Montagne de Reims}. 에페르네^{Épernay}와
렝스^{Reims} 사이에 숲으로 덮인 넓은 경사면이다.
일부 지점에서는 70%까지 차지하는 피노 누아의
왕국이지만, 샤르도네와 피노 뫼니에도 재배한다.
'그랑 크뤼'로 분류된 마을이 가장 많은 지역이다.

코트 데 블랑^{Côte des Blancs}. 에페르네의 남쪽에 위치한
샤르도네가 주름잡는 땅으로, 크라망^{Cramant}과 르 메닐-쉬르-오제
^{Le Mesnil-sur-Oger}에 위치한다. 베르튀^{Vertus} 같은 일부 마을에서는 AOC

두 개의 전설적 이름, 두 개의 상품명

루이 14세와 같은 해인 1639년에 태어나 같은 해인 1715년
에 세상을 떠난 동 페리뇽은 에페르네 근처의 수도원의 와인
저장고와 포도밭의 관리자로, 포도밭과 샹파뉴를 잘 다루는
법에 대해 집필했다. 그가 기포가 있는 샹파뉴를 고안해 내
지는 않았지만, 이 양조학자는 시대를 앞서 샹파뉴 양조의
기본인 품종과 크뤼(밭)를 블렌딩하는 법을 개발했다. 오늘
날 동 페리뇽은 1936년에 첫 출시한 모에트 에 샹동의 생산
연도가 있는 프레스티지 퀴베의 상품명이기도 하다.

또 하나의 다른 '동^{dom}'인 뤼나르^{Ruinart}(1657~1709)는
묘비와 비문을 연구하는 '골동품' 학자였다. 그는 1696년에
오빌리에 수도원에서 동 페리뇽을 만났다. 사람들은 그가
삼촌이자 샹파뉴 뤼나르의 설립자인 니콜라 뤼나르^{Nicolas Ruinart}에게 영감을 주었다고 생각한다. 샹파뉴에서 가장
역사가 오래된 메종인 뤼나르는 그에게 경의를 표하기 위해
프레스티지 퀴베를 헌정했다.

코토 샹프누아^{Coteaux Champenois} 레이블로 기포가 없는 고급 레드와인을
생산한다.

발레 드 마른^{Vallé de Marne}. 에페르네 동쪽에 있는 샤토 티에리^{Château Thierry}
의 서편에 펼쳐져 있다. 여기는 레드와인 품종, 특히 피노 뫼니에가
지배적이다. 몇 개의 그랑 크뤼가 있다.

비뇨블 드 로브^{Vignoble de l'Aube}. 트루아^{Troyes}의 남서쪽에 100km 범위에
펼쳐져 있다. 이회암 하부 토양을 갖는 지역에서는 대체로 피노
누아를 재배하는 추세이다. 이 지역의 남쪽에 원산지 명칭 로제 데
리세^{Rosé des Riceys}가 있다.

코트 드 세잔^{Côte de Sézanne}. 코트 데 블랑의 남쪽 연장선상에 위치한
지역으로 1960년대부터 포도 재배를 시작했다. 샤르도네의
본고장으로, 여기서는 풍부한 맛을 지닌 포도가 나온다.

포도 품종과 와인의 스타일

7가지 품종이 허용되지만, 화이트는 샤르도네, 레드는 두 종류의
피노, 이 세 가지 품종이 전체의 99%를 차지한다.

샤르도네^{Chardonnay}. 전체 포도밭의 30%를 차지하는 샤르도네는
우아하면서 세련되고, 활기와 혼을 보여주고, 꽃과 종종 미네랄의
섬세한 향이 있다. 숙성을 가능케 만들어준다.

피노 누아^{Pinot Noir}. 전체 포도밭의 38%를 차지하는데, 블렌딩 시
몸통과 힘, 지속성을 가져다준다.

피노 뫼니에^{Pinot Meunier}. 나머지 32%를 차지한다. 풍미(특히 과일)를
준다. 부드러움과 함께 강렬한 부케가 있다.

블렌딩된 와인

샹파뉴는 전통식 혹은 '샹파뉴식' 양조법으로 만들어진다(p.70-71 참조). 오로지 샹파뉴 지방만 '샹파뉴식 방법méthode champenoise'이라는 말을 사용할 수 있다.

샹파뉴는 대표적인 블렌딩 와인이다. 비록 증가 추세이지만, 소량의 샹파뉴만이 하나의 포도밭 또는 한 마을의 포도로 만들어진다. 마찬가지로 여러 크뤼나 여러 해의 와인을 블렌딩하기도 한다. 사실상 레드와인 품종은 언제나 화이트로 양조된다. 매년 양조 책임자는 브랜드의 이미지와 품질에 걸맞게 양조한다.

샹파뉴의 종류

품종, 블렌딩, 가당량, 숙성 등에 따라서 샹파뉴의 종류를 구분한다.

블랑 드 블랑BLANC DE BLANCS **샹파뉴.** 블렌딩 법칙의 예외로 유일하게 샤르도네만으로 양조되는데 극단적인 세련미가 있는 와인이다.

블랑 드 누아BLANC DE NOIRS **샹파뉴.** 레드와인 품종인 피노 누아와 피노 뫼니에로만 만들어진다. 블랑 드 블랑보다 훨씬 더 희귀하다. 강하고 알코올이 느껴지는 와인 같은 성격의 샹파뉴가 만들어지는데, 특히 피노 누아 한 가지만으로 양조되었을 때 더욱 그렇다.

진실 혹은 거짓?

샹파뉴는 750ml 병에서 숙성이 더 잘 된다.

거짓 경험상 샹파뉴는 1.5L 용량의 매그넘에서 숙성이 더 잘 된다. 더 잘 익어가고, 더욱 오랜 숙성이 가능하다.

크뤼의 등급

샹파뉴의 레이블에 드물게 크뤼의 이름이 표시되지만, 샹파뉴 지방 사람들이 백분율로 나타내 포도의 값을 결정하는 '크뤼의 등급'이라 부르는 엄격한 분류 시스템의 지배를 받는다. 샹파뉴를 생산하는 총 319개의 마을 중에서, 전체 지역에 대해 설정된 기본 가격의 100%를 받을 수 있도록 분류되는 특권을 누리는 17개의 마을은 '그랑 크뤼' 타이틀을 요구할 수 있다. 99~90%로 분류된 44개의 마을은 '프르미에 크뤼'라는 명칭을 사용할 수 있다. 이론적인 측면과는 거리가 먼 이 분류는 포도 품질의 수준을 결정하고, 부분적으로 테루아의 서열을 반영한다.

로제Rosé **샹파뉴.** 샹파뉴 지방은 희귀한 AOC 중 하나로, 로제와인을 만들기 위해 화이트와인과 레드와인을 섞는 곳이다. 10~20%를 차지하는 피노 누아로 만드는 레드와인도 당연히 샹파뉴 지방에서 생산된 것이어야 한다. 또 다른 형태의 로제 샹파뉴는 단기간의 침용 후 침출로 만들어진다. 세련미가 있는 이 종류의 샹파뉴는 선풍적인 인기를 끌고 있고, 대부분의 생산자들이 현재 자신들의 포트폴리오에 한 개 정도의 로제를 갖고 있다.

생산연도가 없는 샹파뉴. 밀레짐이 없는, 좀 더 정확히 여러 밀레짐이 블렌딩된 샹파뉴이다.

생산연도가 있는 샹파뉴. 매우 작황이 좋은 해에만 생산되고, 최소 3년 죽은 효모와 함께 숙성시켜야 한다. 매우 전형적이고 짜임새가 있는 최고급 샹파뉴로, 장기 숙성을 해야 한다.

> 양조장에서 병을 돌리는 사람들은 효모 찌꺼기가 병 주둥이에 모이게 하기 위해 매일 5만 병까지 회전시킨다.

퀴베 스페샬CUVÉE SPÉCIALE, **퀴베 프레스티지**CUVÉE DE PRESTIGE. 일반적으로 최고의 밑술에서 셀렉션한 것으로, 이 독특한 샹파뉴는 대개 독창적이면서 세련된 병에 담겨 있다. 대부분이 장기 혹은 초장기 숙성이 필요하다. 매우 중요한 순간을 위한 와인이다. 유명한 퀴베들이 많지만, 로드레Roederer의 크리스털Cristal, 폴 로제Pol Roger의 서 윈스턴 처칠Sir Winston Churchill, 로랑-페리에Laurent-Perrier의 퀴베 그랑 시에클Cuvée Grand Siècle, 뤼나르Ruinart의 동 뤼나르Dom Ruinart 등을 언급할 만하다.

그랑 크뤼 또는 프르미에 크뤼 샹파뉴. 17개의 코뮌이 그랑 크뤼, 44개의 코뮌이 프르미에 크뤼 명칭을 사용할 수 있다(다음 쪽 박스 안 참조).

최근에 효모 찌꺼기를 제거한RÉCEMMENT DÉGORGÉ(RD) **샹파뉴.** 불순물을 제거하기 전 아주 오랜 기간 동안 선반에서 숙성시킨 샹파뉴이다. RD는 이 종류를 고안해 낸 볼랭제Bollinger의 등록상표이다.

브뤼트 나튀르BRUT NATURE / **도자주 제로**DOSAGE ZÉRO / **'농 도제**NON DOSÉ'. 설탕을 추가하지 않은, 혹은 리터당 3g 정도 첨가한 샹파뉴이다. 달지 않아, 매우 곧고 청량감이 있다.

샹파뉴 엑스트라-브뤼트EXTRA-BRUT. 브뤼트 나튀르이지만 리터당 6g 미만의 설탕이 첨가되어 바로 앞에 나온 것보다 둥글둥글하다.

샹파뉴 브뤼트BRUT. 가장 많이 소비되는 샹파뉴로, 리터당 15g 미만의 설탕이 포함되어 있다.

샹파뉴 엑스트라-드라이EXTRA-DRY. 리터당 12~20g의 설탕이 첨가된 샹파뉴로, 기분 좋은 상쾌함이 느껴진다.

> 랭스의 메종 로드레의 카브에 있는 퓌피트르pupitre에 기울여 숙성 중인 병들.

최고 메이커들의 샹파뉴 셀렉션

- **볼랭제**Bollinger**(아이**Aÿ**).** 샹파뉴의 학교이다. 모방이 불가능하고, 섞여 있어도 식별 가능한 스타일은 신화와 같은 세 개의 퀴베인 스페샬 퀴베, 라그랑다네La Grande Année 그리고 에르데RD-Récemment Dégorgé를 통해 항상 일관된 메종의 명성을 만들었다. 비밀요원 007이 가장 좋아하는 샹파뉴.

- **빌카르-살몽**Billecart-Salmon**(마뢰이-쉬르-아이**Mareuil-sur-Aÿ**).** 세련됨, 조화 그리고 균형이 두드러지는 스타일.

- **뒤발-르루아**Duval-Leroy**(베르튀**Vertus**).** 매우 희귀한 샹파뉴인 로제 드 새녜로 유명.

- **샹파뉴 고세**Champagne Gosset**(아이**Aÿ**).** 밀도감 있고 강한 퀴베 셀레브리스Cuvée Célébris와 매우 멋진 와인 맛을 보여주는 그랑 로제.

- **자크송**Jacquesson**(디지**Dizy**).** 우량주.

- **크루그**Krug**(랭스**Reims**).** 누군가에게는 대표적인 샹파뉴이고, 다른 누군가에게는 가장 복잡한 와인 중 하나이다(p.334~335 참조). 그랑드 퀴베Grande Cuvée, 클로 뒤 메닐Clos du Mesnil, 브뤼트 로제Brut rosé가 유명하다.

- **로랑-페리에**Laurent-Perrier**(투르-쉬르-마른**Tours-sur-Marne**).** 생산연도가 없는 브뤼트, 가당을 하지 않은 윌트라 브뤼트Ultra Brut, 경탄을 불러일으키는 신화적인 퀴베 그랑 시에클르Cuvée Grand Siècle.

- **샹파뉴 드라피에**Drappier**(위르빌**Urville**).** 오브Aube의 뛰어난 메종으로 피노 누아가 생동감있고 강렬하다. 가당을 하지 않은 뛰어난 샹파뉴가 있다.

- **루이 로드레**Louis Roederer**(랭스**Reims**).** 기품이 있고, 곧으면서 조화로운 샹파뉴의 환상적인 시리즈가 있는데, 프레스티지 퀴베 '크리스털Cristal'은 전 세계적으로 유명하다.

- **모에트 에 샹동**Moët & Chandon**(에페르네**Épernay**).** 빠뜨릴 수 없는 샹파뉴 메이커. 생산연도가 없는 브뤼트 엥페리알Brut impérial은 전 세계 최다 판매 샹파뉴로 가볍고 과일 풍미가 좋다. 수퍼 셀럽 동 페리뇽은 이제 모기업에서 독립적인 레이블이 되었다.

- **샤를르 아잇칙**Charles Heidsieck**(랭스**Reims**).** 꾸준함과 숙성에 있어서 환상적인, 가장 뛰어난 브뤼트 샹파뉴 중의 하나를 생산하는 랭스의 메종.

- **폴 로제**Pol Roger**(에페르네**Épernay**).** 매우 탁월한 세련미가 있는 와인으로, 윈스터 처칠이 가장 좋아했던 샹파뉴.

- **뤼나르**Ruinart**(랭스**Reims**).** 가장 역사가 오래된 샹파뉴 메종으로 샤르도네가 잘 느껴지는 일련의 샹파뉴를 생산하는데, 특히 블랑 드 블랑 동 뤼나르Blanc de blancs Dom Ruinart는 눈여겨볼 만하다.

- **살롱**Salon**(르 메닐-쉬르-오제**Le Mesnil-sur-Oger**).** 퀴베 에스Cuvée S는 단일품종, 단일 밭에 언제나 생산연도가 있는 독특한 샹파뉴이다.

- **뵈브-클리코-퐁사르당**Veuve Clicquot-Ponsardin**(랭스**Reims**).** 오렌지빛이 도는 노란 레이블로 유명한 생산연도가 없는 브뤼트는 특색이 있는 샹파뉴이다. 메종의 명성을 만든 여인에게 오마주를 표한 그랑드 담Grande Dame도 마찬가지이다.

샹파뉴 섹SEC/**드미-섹**DEMI-SEC. 이름과는 달리 리터당 17~40g의 설탕이 포함되어 디저트에 곁들이기에 좋다.

샹파뉴 두DOUX. 매우 희귀한 샹파뉴로 리터당 55g 이상, 유별나게 설탕이 많이 첨가된 샹파뉴이다.

고급 메종과 샹파뉴 생산자들

명성은 의무를 동반한다. 샹파뉴 지방은 다르게 재배한다. 여기에는 샤토도 없고, 도멘도 없고, '메종maison'들과 브랜드가 존재한다.

최고의 메종들. 이들이 바로 샹파뉴의 역사를 쓴 주역들로, 노하우, 예술, 그리고 프랑스식 전통을 영속시킨다. 이들 중 가장 강력한 것들은 프랑스 주식 시장에 상장되어 있다. 우두머리는 LVMH로 동 페리뇽Dom Pérignon, 모에트 에 샹동Moët & Chandon, 뵈브 클리코-퐁사르댕 Veuve Clicquot-Ponsardin, 메르시에Mercier, 크루그Krug, 뤼나르Ruinart 등으로 5,700만 병을 생산하는 제국이다. 랑송Lanson BCC 그룹(베세라 드 벨퐁Besserat de Bellefond, 부아젤Boizel, 샤누안 프레르Chanoine Frère, 필리포나 Philipponnat, 드 브노주De Venoge, 알렉상드르 보네Alexandre Bonnet)과 브랑켄-포므리 모노폴Vranken-Pommery Monopole 그룹(포므리Pommery, 브랑켄Vranken, 아잇칙 모노폴Heidsieck Monopole, 샤를르 라피트Charles Lafitte) 또는 로랑-페리에Laurent-Perrier 그룹(로랑-페리에Laurent-Perrier, 드 카스텔란De Castellane, 들라모트Delamotte, 살롱Salon) 등이 그 뒤를 잇는다. 동일하게 명성이 높지만, 가족적 규모의 경영을 하는 앙리오Henriot, 폴 로제Pol Roger도 있다. 300여 개의 메종이 존재하는데, 모두가 포도밭을 소유한 것은 아니다. 대다수가 다른 포도밭에서 포도를 구매한다.

직접 재배 와인 메이커의 샹파뉴CHAMPAGNES DE VIGNERONS. 흔히 이들은 큰 메이커의 대척점에 있다. 이 샹파뉴들은 한 사람, 하나의 크뤼, 하나의 테루아의 표현이다. 테루아에 초점을 둔 샹파뉴의 부상은 최근의 현상으로, 자신의 포도밭에서 나온 포도를 직접 양조하는

직접 재배 와인 메이커의 샹파뉴 셀렉션

● **피에르 지모네**Pierre Gimonnet(**퀴**Cuis). 코트 데 블랑에서 재배한 포도로 만든 독창적이고 눈여겨볼 만한 와인들.

● **마리-노엘 르드뤼**Marie-Noëlle Ledru(**앙보네**Ambonnay). 3~5년 동안 효모 찌꺼기와 함께 숙성한 샹파뉴들은 훌륭한 밀도감이 있다.

● **자크 슬로스**Jacques Selosse(**아비즈**Avize). 샹파뉴 지방에서 가장 유명한 포도원 중 하나의 수장이다. 바이오 다이내믹 방식으로 재배된 포도로 만드는 뛰어나면서 맛있는 그의 샹파뉴는 이곳의 테루아를 매우 잘 드러낸다.

● **폴 바라**Paul Bara(**부지**Bouzy). 부지의 피노 누아가 높은 비율로 블렌딩된 특색이 있는 값진 퀴베들.

● **에글리-우리에**Égly-Ouriet(**앙보네**Ambonnay). 우아함과 풍부한 알코올의 개성이 뚜렷한 부지의 레드와인과 가당을 적게 한 최고급 샹파뉴들.

● **피에르 몽퀴**Pierre Moncuit(**르 메닐-쉬르-오제**Le Mesnil-sur-Oger). 미네랄, 순수함, 테루아의 특성이 잘 느껴지는 샹파뉴.

● **로즈 드 잔**Roses de Jeanne(**셀-쉬르-우르스**Celles-sur-Ources). 세련미와 우아함이 돋보이는 세드릭 부샤르Cédric Bouchard의 샹파뉴.

● **장-피에르 플뢰리**Jean-Pierre Fleury(**쿠르트롱**Courteron). 샹파뉴 지방의 바이오 다이내믹 선구자로, 우아함과 세련미로 가득하고 향기로운 테루아를 환상적으로 표현하는 샹파뉴.

● **라르망디에-베르니에**Larmandier-Bernier(**베르튀**Vertus). 좋은 밭에서 나온 균형이 잘 잡힌 샹파뉴로 훌륭한 가성비를 보여준다.

● **드 수자**De Sousa(**아비즈**Avize). 지속성과 깊이감이 뛰어난 로제는 샹파뉴에서 대적할 수 있는 상대가 별로 없다.

● **아그라파르 에 피스**Agrapart & Fils(**아비즈**Avize). 상쾌하고 깊이감 있는 차별화된 블랑 드 블랑은 눈여겨볼 만하다.

● **자크 보포르**Jacques Beaufort(**앙보네**Ambonnay). 유사요법homéopathie 과 아로마 테라피로 돌보는 포도로 양조한 과일 풍미와 테루아가 녹아든 샹파뉴로 이와 유사한 샹파뉴가 드물다.

● **프랑수아즈 브델**Françoise Bedel(**크루트-쉬르-마른**Crouttes-sur-Marne). 유기농으로 재배한 포도로 양조한 일련의 샹파뉴들로 주목할 만하다.

● **조르주 라발**Georges Laval(**퀴미에르**Cumières). 3헥타르 규모의 조그만 도멘으로 독특하면서 강하고 알코올이 풍부한 샹파뉴를 생산한다.

> 발레 드 라 마른Vallée de la Marne 아이Aÿ 주변의 포도밭

레이블의 몇몇 특성

샹파뉴의 독특함은 레이블에까지 나타난다. 여기서는 '통제된 원산지 명칭'이라는 문구의 기재 자체가 의무사항이 아니다. 병입자의 업무상 분류와 고전적 문구들이(p.108 참조) 의무적으로 기재되어 있어야 한다. 이것은 일반적으로 레이블 하단에 작은 글씨로 써 있다(p.111 참조).

NM : 네고시앙-취급자(négociant-manipulant). 네고시앙이나 네고시앙 메종이 포도를 수확하거나 구입하여 자신들의 창고에서 양조한다.

RM : 수확자-취급자(récoltant-manipulant). 와인 메이커가 양조해서 직접 와인을 판매한다.

RC : 수확자-조합원(récoltant-coopérateur). 포도 재배자는 자신이 속한 조합이 양조하도록 자신의 포도를 제공한 후 병입된 와인의 전부 혹은 일부를 받아서 판매한다.

CM : 취급을 하는 조합(cooperative de manipulation). 조합에 의해 양조되고 판매된다.

SR : 수확자의 기업(société de récoltants). 상당히 드문 경우로, 독립적 와인 메이커들의 연합으로 양조와 판매를 공통적으로 담당한다.

ND : 네고시앙–유통자(négociant-distributeur). 다른 작업에 의해 병입된 병을 구매하는 네고시앙으로 자신의 레이블을 붙여서 판매한다.

MA : 구매자 브랜드(marque d'acheteur). 와인을 구매한 회사의 이름으로 판매되기 위하여 주문 생산한 것으로, 흔히 대규모 유통업체에서 판매되는 샹파뉴의 경우이다.

슬로스Selosse, 에글리Égly, 베셀Vesselle, 플뢰리Fleury 등의 새로운 와인 메이커 세대가 주도하고 있다. 프랑스에서 가장 럭셔리한 와인의 생산자들과 경쟁할 수 있는 혁신적이고 역동적인 수천 명의 메이커가 있다. 이들은 샹파뉴 총생산량의 25%를 담당한다. 대부분 15헥타르 미만의 작은 밭이지만 세대에서 다음 세대로 이어진다. 이 와인들은 대부분 포도원에서 직접 판매가 된다.

양조 협동조합. 최근 들어 배로 증가했다. 상트르 비니콜 샹파뉴 니콜라 쾨이야트Centre Vinicole Champagne Nicolas Feuillatte, 위니옹 샹파뉴Union Champagne, 알리앙스 샹파뉴Alliance Champagne, 코오페라티브 레지오날 데 뱅 드 샹파뉴Coopérative Régionale des Vins de Champagne 등이 가장 중요한 것들이다. 일반적으로 이들이 만드는 샹파뉴는 합리적이고 보편적이어서 모든 사람들이 좋아할 수 있는 스타일로, 가볍고 좋은 과일 풍미와 균형이 있다. 니콜라 쾨이야트의 팔므 도르Palme d'Or처럼 프레스티지한 퀴베나 카스텔노Castelnau(CRVC)의 생산연도가 있는 샹파뉴처럼, 각별한 정성을 기울인 스페샬 퀴베도 생산한다. 팔메르Palmer나 마이이 그랑 크뤼Mailly Grand Cru와 소규모에서도 매우 흥미 있는 와인을 생산해낼 수 있다.

'기포가 없는' 샹파뉴

스파클링 와인과 더불어 샹파뉴의 두 개의 원산지 명칭에서 발포성이 없는 와인을 생산한다.

코토 샹프누아 Coteaux Champenois. 이 원산지 명칭은 샹파뉴 전체에 펼쳐져 있다. 달지 않고 스파클링이 아닌 화이트, 로제, 레드가 있다. 화이트는 상쾌하고 가벼우면서 좋은 청량감이 받쳐준다. 로제는 우아하면서 세련되고 작황이 좋은 해에는 잘 성숙한 피노의 과일 풍미와 탄탄한 짜임새가 있다. 가장 유명한 것은 피노 누아의 그랑 크뤼인 부지Bouzy 코뮌의 이름을 달고 나온다. 베르튀Vertus, 앙보네Ambonnay, 아이Aÿ, 퀴미에르Cumières와 마찬가지로, 원산지 명칭 다음에 코뮌의 명칭을 추가할 수 있는 권리가 있다.

로제 데 리세 Rosé des Riceys. 프랑스 최고의 로제 중에 하나로, 이 희귀한 와인은 샹파뉴의 남쪽인 오브Aube의 석회암과 키메리지세kimméridgien 이회암 토양에서 생산된다. 피노 누아를 단기 침용시켜 양조하는데, 유명한 '리세의 맛'이 나오게 하기 위해 정확한 순간에 멈출 필요가 있다. 풍부하면서 촘촘하고 매우 세련되면서 복합적인 아름다운 향을 가진 와인으로, 순수한 즐거움이 있다.

샹파뉴 아그라파르
(CHAMPAGNE AGRAPART)

미네랄의 맛이 느껴지는 샹파뉴, 이것이 메종 아그라파르를 돋보이게 하는 신기한 특징이다.
이 '미네랄'이 이 메종의 극단적인 세련미의 시작일 것이다.
포도나무와 토양에 실시한 작업이 맺은 독보적인 보물이다.

샹파뉴
메종 아그라파르

57, avenue Jean-Jaures
51190 Avize

설립 : 19세기 말
면적 : 12헥타르
생산량 : 100,000병/년
원산지 명칭 : 샹파뉴
포도 품종 : 샤르도네, 피노 누아

샤르도네의 전당

파리에 에펠탑이 있다면 샹파뉴에는 코트 데 블랑Côte des Blancs이 있다. 불가피한 사실이다! 지역의 이름은 이곳에서 주인처럼 군림하고 있는 화이트와인 품종 샤르도네에서 비롯된다. 거의 15km에 달하는 능선의 기복은 북동에서 남서를 가로지르는 축으로 에페르네Épernay에서 베르제르-레-베르튀Bergère-les-Vertus까지 이른다. 두 끝을 사랑Saran 언덕과 애메산Mont Aimé에 접하고 있는 코트 데 블랑은 녹색 솜뭉치로 이루어진 것 같은 풍경으로, 잡곡 농사가 전환되는 평야 지역까지 펼쳐진다. 백악이 퍼져 있는 경사면에서는 전부 포도가 재배된다. 경사도가 변화는 곳에 단지 몇몇 마을이 드문드문 있을 뿐이다.

샹파뉴의 크뤼 등급에 의해 그랑 크뤼로 분류된 17개의 마을 중에 슈이이Chouilly, 우아리Oiry, 크라망Cramant, 아비즈Avize, 오제Oger와 메닐-쉬르-오제Mesnil-sur-Oger의 6개의 마을이 코트 데 블랑에 있다. 이들 중에 아비즈 마을은 가장 작지만 가장 유명한 곳 중 하나이다. 북부의 산등성이 중턱에 위치한 아비즈는 거의 노출되다시피 한 순수한 백악토양이어서 샤르도네 재배에 적합하다.

메시지를 전달하기 위한 삶

메종 아그라파르는 아비즈에서 탄생했다. 19세기 말 아르튀르 아그라파르Arthur Agrapart에 의해 설립되어 그의 손자 피에르Pierre에 의해 1950년대 전성기를 구가하던 이 메종은 파스칼 아그라파르Pascal Agrapart의 지휘 하에 반드시 고려해야 하는 모델이 되었다. 파스칼 아그라파르가 포도에 각별한 주의를 기울여 실시한 작업은 아비즈, 오제, 크라망과 우아리에 펼쳐진 12헥타르의 포도밭에서 이루어진다. 파스칼은 초기 경작에 대한 확신의 열렬한 수호자이기 때문에 가족 소유의 밭을 열심히 경작한다.

1980년대 그가 경영을 물려받았을 때, 이 밭들은 사실 아무런 제초제에도 노출된 적이 없었다. 제초제를 사용하지 않고 경작한 토양에서 자란 포도가 더 양질의 와인을 만들어준다는 보고가 결정적이었다. 그때부터 지적/물리적인 오랜 연구 작업이 와인 메이커의 일상생활을 차지했다. 경작은 포도나무로 하여금 뿌리를 강화시킨다. 기반암인 백악과의 접촉을 통해 와인은 독특한 특징을 선사하는 여러 무기염이 만드는 메시지를 받아들인다. 30번의 수확 후에도 파스칼 아그라파르는 이 미네랄에 대한 연구를 계속하고 있고, 조만간 그의 아들과 후손에게 토양의 비밀을 전달해주는 일을 하고 싶다고 밝혔다.

미네랄이라고 하셨어요?

미네랄은 아마도 와인 용어 중에서 가장 많이 사용되는 단어일 것이다. 와인 애호가의 숫자만큼이나 다양한 정의를 가진 것이 미네랄이라는 단어이다! 파스칼 아그라파르에 의하면, 여러 해에 걸친 경작을 통해 어렵게 획득한 미네랄이야말로 그의 모든 샹파뉴에 나타나는 짭짤하면서 청량감을 느끼게 하는 풍미들의 기원이다. 게다가 이것은 이 와인 메이커가 매년 밀레짐이 있는 퀴베를 생산하는 이유이다.

샹파뉴 아그라파르, 퀴베 테루아CUVÉE TERROIR

매우 섬세하고, 빼어난 향의 풍부함을 가진 샹파뉴로, 무척 청량감 있는 향으로 마무리된다. 유일무이한 이 와인 메이커의 세계를 합리적인 가격에 접해볼 수 있다.

샹파뉴 아그라파르, 퀴베 미네랄CUVÉE MINÉRAL

크라망과 아비즈의 오래된 포도나무는 매우 풍부한 맛을 가진 샹파뉴를 생산한다. 짭짜름한 냄새는 보편적으로 존재한다. 이 이름에 걸맞는 유일한 샹파뉴!

샹파뉴 아그라파르, 퀴베 베뉘스CUVÉE VÉNUS

1959년에 아비즈에 심어진 오래된 포도나무들이 있는 밭을 경작하도록 허가받은 유일한 말 베뉘스에 대한 오마주로, 보기 드문 향의 강렬함과 엄청난 세련미가 공존하는 샹파뉴이다. 샹파뉴 애호가들의 가장 큰 행복을 위해 즐거움은 절대 멈추지 않을 것만 같다.

CHAMPAGNE
AGRAPART
AVIZE

샹파뉴 볼랭제
(CHAMPAGNE BOLLINGER)

메종 볼랭제는 1884년, 샹파뉴 최초로 영국 궁정의 공식 납품업체 인증 마크인
로얄 워런트(Royal Warrant)를 받았다. 메종 볼랭제는 샹파뉴에서 유일하게
시간과 산업계의 법칙에 맞서며 몇 백 년된 노하우를 통해 그들의 명성을 만들었다.

샹파뉴 볼랭제

20, boulevard du Maréchal
de Lattre de Tassigny
51160 Aÿ

설립 : 1829년
면적 : 164헥타르
생산량 : 비공개
원산지 명칭 : 샹파뉴
포도 품종 : 피노 누아, 샤르도네,
피노 뫼니에

하나의 포도원, 하나의 품종, 하나의 보물

아이Aÿ 마을의 한 가운데 위치한 볼랭제는 양조에 필요한 포도의
대부분을 자급자족하는 드문 메종 가운데 하나이다. 거의 모두가
그랑 크뤼나 프르미에 크뤼로 분류되는 총 164헥타르의 포도밭은
샹파뉴 볼랭제의 뼈대를 구성한다. 여기서는 피노 누아가 왕좌에
군림한다. 세심한 재배를 요구하는 귀하면서 까탈스러운 이 품종은
블렌딩의 60%를 차지한다. 필록세라 이전의 피노 누아가 심어진 총
36아르의 두 개의 밭 쇼드 테르Chaudes Terres와 클로 생-자크Clos Saint-Jacques
는 볼랭제의 보석의 근원이다. 무조건적으로 대목을 사용하게 만든
19세기 후반의 필록세라의 피해를 입지 않은 이 포도나무는 여전히
대목을 사용하지 않고 있고, 휘묻이 방법에 의한 수작업을 계속하고
있다. 작황이 최고인 해에는 이 피노 누아 100%로 만들어진 비에이유
비뉴 프랑세즈Vieilles Vignes Françaises를 5,000병 미만으로 생산해낸다.
역사로 채워진, 위협받는 다양성의 보증인인 이 자연 유산은 오늘날
샹파뉴 볼랭제의 핵심이다. 십 년 전부터 대부분의 포도밭에는
잡초가 심어졌고, 토양이 경작되었다. 아이에 있는 샹파뉴 메종의
최고급 퀴베의 탄생에 필요한 깊이감을 주는 향수를 자극하는 오래된
농사법이다.

나무로 대동단결!

샹파뉴에서 유일하게 아직도 정규직 오크통 제작자가 있는 메종 볼랭제는 와인의 대부분을 오크통(3,500토노^{tonneau})에서 발효시키기 위해 스테인리스 스틸에 저항하기로 결심했다. 포도에서 흘러나오는 첫 번째 주스는 최고의 숙성 잠재력을 가지고 있는데, 나무와의 접촉을 통해 본연의 모습을 드러낼 수 있어, 메종 볼랭제는 오크통만 사용한다. 이 지루한 과정은 기술적 진보의 편안함이나 유행에 자리를 내준 적이 없는 탁월함으로 가는 오랜 여정의 단지 첫 번째 단계일 뿐이다. 모든 비축 와인은 매그넘에 담겨 보관된다. 750,000개의 매그넘으로 채워진 거대한 도서관은 연도와 밭으로 분류되어 있는데, 여기가 바로 볼랭제의 기억이다. 각각의 와인은 코르크 마개를 닫아서 숙성시켜 나무가 가져다주는 장점을 더 오래 누리게 한다. 매년 당해의 와인은 이 '도서관'의 와인의 일부와 블렌딩되어 영구적으로 고정된 스타일 스페샬 퀴베^{Spécial Cuvée}를 태어나게 한다. 생산연도가 있는 샹파뉴나 R.D. 역시도 코르크 마개로 닫아 숙성되는데, 몇 년이 지나면 노화의 흔적으로부터 샹파뉴를 보호해주는 코르크 마개 리덕션의 장점을 누리기 위함이다.

<자크 부인>

스코틀랜드 출신인 엘리자베스 볼랭제^{Elisabeth Bollinger}는 메종의 역사에 크게 한 획을 그었다. 남편 자크 볼랭제^{Jacques Bollinger}가 사망했을 때, 그녀는 고작 42세였다. 홀로 메종의 우두머리가 된 '자크 부인'은 비즈니스적으로 환상적인 결과를 만들어냈다. 그녀는 또한 놀라운 예언자이기도 하다. 1950년대 스테인리스 스틸 혁명 시, 오크통을 보존하기 위해 저항한 것도 그녀였다. 샹파뉴의 진정한 유산을 성역화시킨 비에이유 비뉴 프랑세즈의 첫 번째 밀레짐을 1969년에 만든 것도 그녀이다. 예외적인 그랑 다네^{Grande Année}를 8년간 숙성시킨 퀴베 R.D.도 그녀의 작품이다.

샹파뉴 볼랭제 스페샬 퀴베^{SPÉCIAL CUVÉE}

이것은 메종의 엠블럼 같은 퀴베이다. 높은 비율의 피노 누아가 포함되어서 포도원을 잘 대표한다. 미묘하면서 맛있고 우아함 뒤에 청량감 있는 마무리가 있다. 기초적인 수준에서 이것보다 더 잘 만들기는 어려울 것이다.

샹파뉴 볼랭제 그랑 다네 로제^{GRANDE ANNÉE ROSÉ}

그랑 다네 자체도 귀한데, '로제'일 때는 레드와인을 생산하는 신화적인 코트-오-장팡^{Côte-aux-Enfants}의 피노 누아 덕분이다. 엄청나게 풍부한 향을 가진 최상급의 샹파뉴이다.

샹파뉴 볼랭제 에르데^{R.D.}(또는 레사망 데고르제^{Récemment Dégorgé})

첫 번째 밀레짐인 1952년부터, 단지 24개의 밀레짐만이 퀴베 R.D.를 만들 수 있었다. 예외적으로 뛰어나지만 극소량만 생산되는데, 샹파뉴의 탁월함을 증명하는 엠블럼과도 같다. 기막힌 샹파뉴이다.

> 1971년까지 메종을 경영했던 '릴리^{Lily}' 볼랭제

샹파뉴 동 페리뇽
(CHAMPAGNE DOM PÉRIGNON)

독특한 블렌딩의 매력적인 결과인 동 페리뇽은 각각의 향의 세계가 존재하는 시간, 공간으로의 여행이다.
오빌리에의 유명한 저장고 관리인의 선물인 이 샹파뉴는
지금껏 경험해보지 못한 강렬한 향으로 영원히 사랑받을 것이다.

샹파뉴 동 페리뇽
9, avenue de Champagne
51200 Épernay

설립 : 1921년
면적 : 비공개
생산량 : 비공개
원산지 명칭 : 샹파뉴
포도 품종 : 피노 누아, 샤르도네

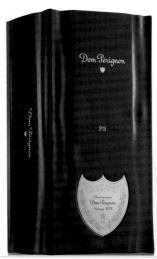

독특한 탄생

동 페리뇽은 최초로 상품화된 프레스티지 샹파뉴이다. 비록 로드레 Roederer의 크리스털 Cristal이 1876년에 만들어졌지만, 첫 번째로 상품화된 밀레짐은 1945년으로, 모에트 에 샹동이 첫 번째 동 페리뇽을 출고시키고 난 뒤 9년 후의 일이다. 1930년대 중반 영국의 유통기업 사이먼 브라더 Simon Brother & Co의 100주년(1835~1935) 기념 파티를 위해 모에트 에 샹동은 1926년 샹파뉴 300병을 배송했다. 이 영국 기업은 자신들의 우수고객에게 감사의 표시로 이 와인들을 보냈던 것이다. 100주년 기념 특별 레이블을 부착한 이 병 속에 18 세기 병 모양, 문장 모양의 레이블 등 애호가들이 익히 알고 있는 동 페리뇽의 모든 것을 담았다. 단지 동 페리뇽이라는 이름만 뺐다. 예외적으로 이 퀴베는 "사이먼 브라더 컴퍼니 100주년(1835~1935) 기념을 위해 특별히 배달된 샹파뉴"라 불렸다. 대서양 너머에서 이 샹파뉴를 이야깃거리로 만들었고, 눈에 띄는 수요를 창출했다. 1936 년 11월에는 뉴욕에 100상자를 보냈다. 동일한 레이블을 사용하는 데서 오는 문제로 인해, 모에트의 마케팅 담당 임원 로베르-장 드 보귀에 Robert-Jean de Vogüé는 동 페리뇽이라는 새로운 브랜드를 창조하기로 결심했다. 론칭을 위해 환상적인 1921년산이 선택되었다.

조각 같은 와인

과거에 동 페리뇽은 17세기 베네딕트 수도사 피에르 페리뇽Pierre Pérignon 이 저장고 관리인으로 일했던 오빌리에 수도원 포도밭의 포도만 독점적으로 사용해 생산했다. 뛰어난 시음가였던 피에르 페리뇽은 "전 세계에서 가장 뛰어난" 와인을 생산한다고 말했다. 의심의 여지없이 샹파뉴 지방에서 가장 유명한 이름의 계승자에게 영감을 준 야망이다. 이 위대한 와인을 위해 헌정된 수도원의 포도밭은 오늘날 1820년대 모에트 에 샹동에 매입되었다. 이 역사적인 포도나무를 제외하면, 모든 포도는 최상의 일조 환경에 있는 그랑 크뤼로부터 온다.

동 페리뇽은 샤르도네와 피노 누아가 거의 1:1 비율로 들어가는 클래식한 블렌딩으로 메종의 상징적인 양조 책임자인 리샤르 조프루아Richard Geoffroy에 의해 고안된 독특한 프로세스이다. 화가가 조화롭게 여러 색을 섞어 사용하는 것처럼 블렌딩이 포도 품종들 간의 상호보완적인 특성을 조율하는 기술이라면, 리샤르 조프루아의 블렌딩 방식은 차라리 최고의 테루아에서 태어난 매우 조밀하고 풍부한 맛의 와인 속의 조각과 비슷하다. 이 마름질의 두 가지 장점은 밀레짐을 단순한 역사적 준거로 만들어주고, 숙성도에 관계없이 동 페리뇽의 충만함을 만드는 완벽한 균형을 얻게 해준다.

충만함, 시간으로의 여행

동 페리뇽은 모순적인 샹파뉴이다. 어려도 맛이 있지만, 숙성되면 환상적이다. 애호가에게는 보이지 않는 이 부조리는 리샤르 조프루아에 의해 만들어진 충만함이라는 멋진 콘셉트 덕분에 명백해졌다. 일정한 간격으로 같은 밀레짐의 동 페리뇽을 출시하면서, 리샤르 조프루아는 애호가들에게 각각의 향의 세계가 완벽하게 표현된 시공을 초월한 여행을 제공한다.

2000년대 중반에 출시된 1998년의 P1(첫 번째 충만함Plénitude Première)을 맛볼 수 있고, 이제는 2010년대 중반에 출시된 1998년의 P2를 즐길 수 있다.

샹파뉴 동 페리뇽 2002

꽉 찬 맛이 있는 동 페리뇽으로 풍부함은 세련미와 균형을 통한 조절된 힘에 의해 완화되었다. 마음이 사로잡혀 향후 몇 십 년 동안은 다른 그 어떤 유혹에도 넘어가지 않을 것이다.

샹파뉴 동 페리뇽 로제 2004

어마어마한 과일 폭탄으로, 모양새는 단순해 보이지만, 맛과 풍미의 조각이 켜켜이 쌓여 아주 세련된 와인이다. 동 페리뇽 스타일 로제의 결정판.

샹파뉴 동 페리뇽 1990 P3(세 번째 충만함)

물아일체를 경험할 수 있는 귀한 시음 순간. 완벽한 일체감과 완결된 느낌. 동 페리뇽 최고의 밀레짐 중 하나로, 리샤르 조프루아가 양조한 첫 번째 밀레짐.

> 양조 책임자 리샤르 조프루아

크루그에 의한 샹파뉴의 예술
(L'ART DU CHAMPAGNE PAR KRUG)

1843년 메종 크루그는 샹파뉴의 세계에 첫발을 디뎠다. 시간이 지남에 따라 이 메종은
탁월함과 프레스티지의 정점에 오른 명성을 획득하고, 보존하는 법을 알게 되었다.
이것은 메종의 설립자인 조안-조제프 크루그가 만든 진실성과 완벽함의 끈질긴 선택의 결과이다.

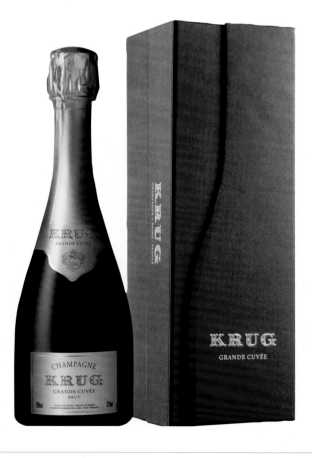

가족의 6대째가 항상 같은 열의와 열정으로 포도를 재배한다. 시간의 흐름 속에 진화를 보장하고, 와인의 복잡성을 풍부하게 하기 위한 작은 오크통에서의 1차 발효, 예술 같은 블렌딩 이후 최소 6년에 달하는 긴 숙성 기간 등의 모든 과정이 탁월함을 낳고 그 누구도 따라할 수 없는 특징을 남긴다.

메종의 엠블럼 그랑드 퀴베 Grande Cuvée

메종이 갖고 있는 가장 큰 힘 중 하나는 가장 좋은 밭에서 나온 오래된 와인들의 거대한 비축분이다. 시원한 저장고에서 숙성되고 있는 이 발포성이 없는 와인들은 메종 크루그의 진정한 엠블럼인 그랑드 퀴베의 블렌딩에 정기적으로 사용된다. 생산연도가 없기 때문에 샹파뉴의 여러 다른 지역의 밭들을 조합하고, 이전 연도들의 와인을 사용하며, 샤르도네, 피노 누아, 피노 뫼니에의 3가지 품종을 크루그의 상징적인 스타일에 맞추어 해마다 적합한 비율로 블렌딩한다. 50종류, 경우에 따라서는 이것 이상의 와인이 최종 구성에 들어간다! 그랑드 퀴베는 살짝 금빛을 띠면서 반짝이고, 매우 섬세하면서 끊임없는 기포가 잔 안에서 소용돌이친다. 풍부한 부케에는 노란 과일, 잘 익은 시트러스, 구운 헤이즐넛, 브리오슈와 하얀 꽃의 향이 느껴진다. 입안에서 풍부한 알코올, 향, 진한 맛의 밀도감이 오랫동안 지속된다. 미세한 기포가 문자 그대로 과일의 감미로움 속에 녹아든다. 이 모든 것이 끊임없는 청량감과 드물게 접하는 미네랄의 터치에 힘입어 빈틈없이 계속된다. 풍부함과 복합성에서 이 샹파뉴는 숙련된 미각을 요구한다. 명상과 축하의 와인으로, 식사에 곁들일 때

이 샴파뉴는 기교를 부린 갑각류, 크림(또는 지롤 버섯)을 곁들인 육류나 가금류뿐만 아니라 통으로 구운 조그만 사냥 요리 등에 곁들일 수 있다.

생산연도가 있는 크루그

생산연도가 있는 크루그 또는 크루그 빈티지Krug Vintage는 당연히 다른 기준에 부합한다. 비축분 와인에 도움을 청할 수 있는 문제가 아니다. 비록 특정 해의 작황이 강요하는 기후적 속박이 있지만, 포도의 성숙도, 여러 다른 테루아에서 재배된 세 가지 품종의 적절한 블렌딩 비율 등을 조합해서 크루그의 스타일을 만들어낸다. 작은 오크통에서 발효를 시키는 동안, 와인의 변화를 가까이에서 관찰한다. 새 와인을 매일 맛본다. 블렌딩의 결정적인 순간에는, 해당 밀레짐과 고유의 맛에 동시에 충실한 와인을 만들기 위해, 구성원 중 한 명도 빠짐없이 참석한 크루그 가족은 같은 해의 기포가 없는 와인에서 폭넓은 선택을 할 수 있다. 매우 뛰어난 숙성 능력을 가진 이 샴파뉴들은 와인 저장고에서 20~30년을 보낸 후에도 여전한 청량감으로 사람들을 놀라게 한다.

크루그 로제

로제는 새로운 퀴베로의 진화에 대한 메종의 의지를 보여주는 제품군의 하나이다. 첫 번째 크루그 로제는 환상적인 밀레짐인 1976년에 태어났다. 1983년의 첫 번째 시음에서 즉각적인 성공을 알렸다. 언제나 세심하게 진행되는 블렌딩에는 껍질과 함께 양조된 소량의 피노 누아가 포함되는데, 현저하게 느껴지는 피노 누아 특유의 좀 더 진한 풍미와 뉘앙스를 와인에 제공한다. 파인 다이닝의 최고급 요리와의 마리아주를 위해 만들어진 이 와인 같은 샴파뉴는 지금뿐 아니라 앞으로도 언제나 크루그의 정신을 반영할 것이다.

클로 뒤 메닐CLOS DU MESNIL과 클로 당보네CLOS D'AMBONNAY

블랑 드 블랑인 클로 뒤 메닐과 블랑 드 누아인 클로 당보네라는 뛰어난 두 가지 희귀품이 포트폴리오를 완성한다. 크루그 가문은 1971년에 샤르도네가 심어져 있던 1.85헥타르의 클로 뒤 메닐을 매입했는데, 지형은 1698년 이후 손대지 않은 상태였다. 이 와인은 예외적인 밀레짐에만 생산되고, 아무런 블렌딩을 하지 않는다. 크루그의 극치다! 가장 순수하고 가장 완성도 높은 샴파뉴 중 하나이다. 좀 더 희귀하고, 거의 기상천외한 클로 당보네는 오로지 피노 누아만 심어진 0.685헥타르 규모의 클로가 만들어내는 예외적인 결실이다. 구릿빛이 감도는 금색의 와인으로 맛과 향의 풍부함이 뛰어나다. 무엇으로 더 메종 크루그를 증명할까?

메종 크루그의 경영자
리비에 크루그

샹파뉴

샹파뉴 루이 로드레
(CHAMPAGNE LOUIS ROEDERER)

"별들로부터 떨어지는 어두운 빛." 코르네이유는 용기의 투명함이 이 놀라운 내용물을 가리는 듯한
크리스털 샹파뉴에 환상적으로 잘 어울린다. 차르의 퀴베를 본떠서, 루이 로드레는 겉모양은 속였지만,
애호가를 속이지는 않았다. 멀리 있는 별들이 이렇게 포도와 가까웠던 적은 절대 없다.

샹파뉴 루이 로드레

21, boulevard Lundy
51722 Reims Cedex France

설립 : 1776년
면적 : 240헥타르
생산량 : 비공개
원산지 명칭 : 샹파뉴
포도 품종 : 피노 누아, 샤르도네,
피노 뫼니에

예언자

1833년 메종을 상속받은 루이 로드레는 샹파뉴 지방의 관습과 풍습의
배후를 공격했다. 상거래가 무역의 사냥터지기라면, 포도원은 와인
메이커의 손에 달려 있다. 그러나 루이 로드레는 1845년에 그랑
크뤼 포도밭 15헥타르를 매입했다. 생산의 모든 단계를 제어하는
것을 걱정하여, 그는 와인 메이커가 되면서 두 개의 직업을 합치기로
결정했다. 이 미래를 내다보는 정책은 현재 그의 이름을 붙인 메종의
중요한 성공의 계기가 되었다. 현재 루이 로드레의 포도밭은 240
헥타르에 달하고, 이는 필요로 하는 포도 양의 70%에 해당한다.
메종이 생산하는 생산연도가 있는 샹파뉴 퀴베는 오로지 가족이
소유한 포도밭에서 자란 포도만 독점적으로 사용하는 예외적인
상황이다. 이런 천혜의 상황임에도 불구하고, 메종 로드레는 그
뿌리인 포도로 돌아오면서 그의 성공을 이루게 한 전위적이고도
기업가적인 역동성을 계속 유지하고 있다.

포도나무에서 별들에게까지

2000년대 이후, 루이 로드레의 대표와 소유주인 장-밥티스트 레카이용
Jean-Baptiste Lécaillon과 프레데릭 루조Frédéric Rouzaud의 추진력 아래, 메종의
포도밭은 바이오 다이내믹으로 전환했다. 20헥타르는 인증을 받았고,
52헥타르는 변환 중이다. 음력 주기를 고려한 유기농법인 바이오

다이내믹은 생산성을 위한 재배의 시대에는 뒤처진 고전적인 처치법을 멀리하면서 늘 듣고 관찰하는 좋은 의미의 농부를 연상시킨다. 이 노천 실험실을 활용하면서, 로드레는 포도밭을 갱신하고 식물의 다양성을 보존하기 위해 포도밭 내 선별방법을 유지한다. 단기적으로는 파악할 수 없는 효과를 가진 이 접근 방식은 기후적/환경적 측면을 고려하면 필수적인 선택이다. 전략의 중심에 늘 포도나무를 마음에 새기며 메종 로드레는 샹파뉴 품질을 위해 진화라는 새로운 시각을 제시했다. 그리고 샹파뉴 로드레는 가능한 최고의 와인이라는 절대적인 목표를 연구하는 계속되는 역사라는 점을 상기시키며 미래의 계승자들에게 유리한 비옥한 땅을 준비한다.

루이 로드레 크리스털

거대 자산가들의 격찬을 받는 크리스털은 마케팅에서 성공한 상품이다. 이것의 역사와 본질을 아는 것은 반드시 유쾌하지만은 않은 일이다. 1876년 러시아의 알렉상드르 2세의 주문으로 생산된 차르를 위한 스페샬 퀴베는 여러 세기를 넘어 예외적인 퀴베로 남아 있다. 현재 샹파뉴의 병은 더 이상 크리스털이 아니고, 샹파뉴 자체도 덜 달다. 일부가 바이오 다이내믹으로 재배되는 포도는 극단적으로 섬세한 기포를 얻기 위해 샹파뉴 지방의 평균적인 수확일보다 늦게 수확한다.
이미 6년을 효모 찌꺼기와 함께 숙성되어 매우 농축된 크리스털은 잠재력을 보여주는 것을 시작하기 위해서 병입된 후 추가적으로 6년을 더 요구한다. 화려한 명성 뒤에는, 기다릴 줄 아는 사람들만이 맛볼 수 있는 크리스털이라는 이름에 걸맞는 감춰진 비밀이 있다.

샹파뉴 루이 로드레, 생산연도가 있는 퀴베 블랑 드 블랑

그랑 크뤼 메닐Mesnil과 아비즈 Avize에서 재배된 포도로 구성되는 이 퀴베는 비록 깊이감은 떨어지지만, 참을 수 없을 정도로 크리스털과 비슷하다! 가볍게 올라오는 뮈스카의 향은 순수함에서 탁월하지만, 블랑 드 블랑은 그보다 입안에서의 리듬이 압도적이다. 믿어지지 않는 크리미함이 절대 무거움으로 빠지는 일이 없이 미각을 무한정 뒤덮는다. 천재적인 인간과 백악 토양 최고 포도밭의 환상적인 조합이다.

샹파뉴 루이 로드레, 퀴베 브뤼트 프르미에

피노 누아 40%, 샤르도네 40%, 피노 뫼니에 10%로 구성된 브뤼트 프르미에는 천재적인 로드레를 멋지게 상징적으로 보여준다. 풍부하면서 청량감 있고, 크리미하면서도 에너지가 넘치는데, 각각의 요소, 그것도 반대되는 요소가 함께 존재해 복합적이면서 맛있게 조화를 이룬 결과를 만든다.

샹파뉴 루이 로드레, 퀴베 크리스털

블렌딩에서 우위를 점하고, 완벽하게 성숙되었을 때 수확되는 피노 누아는 크리스털의 핵심으로, 이 엄청난 퀴베에 깊이감과 풍부함을 선사한다.

> 메종의 경영자
프레데릭 루조

샹파뉴 팔메르 에 코
(CHAMPAGNE PALMER & Co)

모든 와인 애호가는 언젠가 최고급 와인을 맛보고자 하는 꿈이 있다.
하지만 가장 열정적인 사람들조차도 막상 지불해야 하는 돈 앞에선 주춤하게 마련이다.
합리적인 가격으로 엄청나게 훌륭한 와인을 경험하는 게 아직도 가능할까? 대답은 '그렇다'이다.
그러기 위해서 이목을 끌지 않는 샹파뉴 메종 팔메르의 철문을 열고 들어가 볼 필요가 있다.

샹파뉴 팔메르 에 코

67 rue Jacquart, 51100 Reims

설립 : 1947년
면적 : 390헥타르
생산량 : 비공개
원산지 명칭 : 비공개
포도 품종 : 샤르도네, 피노 누아,
피노 뫼니에

사람과 포도

1947년에 역사가 시작되었다. 프르미에와 그랑 크뤼로 분류된 포도밭의 소유주 7명이 최고 품질의 포도를 생산하고 구입하기 위해 연합했다. 1년 후 팔메르라는 브랜드가 아비즈^Avize에서 시작되었다. 성공에 대한 자신감으로, 이 신생 메종은 여기에 동참하고 싶어 하는 수많은 와인 메이커들을 유혹했다. 하지만 선별과정은 냉정했고, 단지 최고의 테루아만이 환영받았다. 65년이 지났고, 메종 팔메르는 성장했다. 이제는 랭스에 자리를 잡은 메종 팔메르는 <팔메르 패밀리> 자격 취득의 상징인 모자이크 같은 390헥타르의 테루아를 자신감에 찬 눈빛으로 바라본다.

포도원의 핵심은 몽타뉴 드 랭스의 동쪽 오르막을 차지하고 있는 가장 명성이 뛰어난 그랑 크뤼에 있다. 필요로 하는 포도의 주요 공급원인 이곳은 40%의 피노 누아와 50%의 샤르도네를 생산하고, 잘 알려지지 않은 코트 드 세잔^Côte de Sézanne과 환상적인 포도밭이 있는 코트 데 바르^Côte des Bars가 나머지를 보충한다. 10%를 차지하는 피노 뫼니에의 홈코트인 발레 드 마른^Vallée de Marne은 샹파뉴의 풍경 안에서의 이 여행을 매듭짓는다. 이 예외적인 패치워크는 시간이 지남에 따라 양조과정을 통해 모습을 드러나게 할 팔메르 스타일의 바탕이다. 왜냐하면 여기에 바로 메종 팔메르의 진짜 비밀이 있기 때문이다.

시간의 갈채

단지 최고의 와인만 선택받는다. 최고급 샹파뉴가 되기를 목표로 하는 이 와인들은 활짝 피기 위해 여러 해의 숙성을 요구한다. 브뤼트 레제르브^{brut Réserve}는 다섯 개의 다른 밀레짐이 포함될 수 있고, 생산연도가 있는 퀴베들은 판매되기 전까지 10년을 기다려야 한다. 이 기다림의 고집은 오래된 밀레짐에서 완벽하게 보인다. '기울여서 거꾸로' 보관된 병들의 진화는 시간 속에 멈춘 것만 같다. 이 희귀한 샹파뉴들은 주문에 의해서만 효모 찌꺼기를 제거하고 병입되어 판매된다. 1959년, 1961년, 1979년, 1989년 등이 와인 창고의 보물로 손꼽힌다. 기다려준 사람들에게 보답하기 위해 세월을 흘려 보내야만 했던 이 샹파뉴들은 진정 기억에 남는 와인으로, 시간의 갈채를 받는 샹파뉴 팔메르가 최고 중의 최고라는 증거이다.

큰 병

제로보암^{Jéroboam}, 마튀잘렘^{Mathusalem}, 살마나자르^{Salmanazar}, 발타자르^{Balthazar}, 나뷔쇼도노소르^{Nabuchodonosor}… 이 거대한 크기의 병들은 섬세하게 다루어져야 하는데, 흔히 다른 병에 옮겨 담는 좀 더 안전하고 단순한 방법으로 대체된다. 이 과정은 기압을 조정한 저장고에서 최종 용기가 필요로 하는 만큼 병목에 쌓인 효모 찌꺼기를 제거하고(예를 들어 제로보암 한 병을 위해서는 750ml 4병이 필요) 그 후 이 일반 병에 담긴 샹파뉴를 최종 용기(제로보암)에 옮겨 담는다. 메종 팔메르는 다른 병으로 옮겨 담기를 하지 않는 매우 드문 메종 중의 하나이다. 판매되는 큰 병들은 샹파뉴가 실제로 그 안에서 숙성된 병들이다. 이것은 상당한 작업을 포함하는데, 병 돌리기는 손으로 해야 하고, 병목에 쌓인 찌꺼기는 '한방에' 제거해야 한다. 하지만 이로써 비교 불가능한 결과를 낳고, 힘든 작업은 영원히 보상받는다.

샹파뉴 팔메르 퀴베 아마존

1995년, 1996년, 1998년, 1999년산의 블렌딩으로, 최소 10년 숙성된 샹파뉴 아마존은 명상으로 초대한다. 잔 속에서 변화를 하고, 매우 뛰어난 지속성이 있는 이 샹파뉴는 시트러스, 열대 과일, 부드러운 향신료, 꿀, 캐러멜에 버무린 아몬드(프랄랭^{pralin}) 등의 매우 복합적인 향을 갖는다. 최고급 샹파뉴이다.

샹파뉴 팔메르 퀴베 브뤼트 레제르브

세 가지 품종을 블렌딩한 이 샹파뉴는 생산연도가 없는 샹파뉴에서는 접하기 쉽지 않은 복합성이 있다. 맛이 있으면서 공기감이 있고, 향기로우면서 섬세한 이 샹파뉴는 이것을 구성하는 여러 밀레짐들이 완벽하게 공생하면서 상호보완한다.

샹파뉴 팔메르 퀴베 블랑 드 블랑

몽타뉴 드 랭스에서 재배된 샤르도네가 주를 이루는 이 퀴베는 향의 풍부함과 입안에서의 뛰어난 지속성으로 경탄을 자아낸다. 애호가들은 '라 콜렉시옹 팔메르^{La Collection Palmer}'에서 10년 숙성된 이 퀴베를 발견할 수 있다.

> 메종 팔메르의 경영자
레미 베르비에

샹파뉴 피에르 제르베
(CHAMPAGNE PIERRE GERBAIS)

'미래를 준비하기 위해 과거를 돌아볼 줄 아는 것'은 4대째 와인 메이커이고 코트 데 바르의 상징과도 같은
피에르 제르베의 좌우명일 것이다. 순종 피노 블랑과 같은 유일한 유산의 상속자로서 이들의 샹파뉴는
역사가 담긴 청량감 있는 맛이다.

샹파뉴 피에르 제르베

13, rue du Pont
10110 Celles-sur-Ource

설립 : 1930년
면적 : 18.5헥타르
생산량 : 비공개
원산지 명칭 : 샹파뉴
포도 품종 : 피노 누아, 샤르도네,
피노 블랑

CHAMPAGNE

PIERRE ⏀ GERBAIS

Celles-sur-Ource

가장 부르고뉴스러운 샹파뉴

랭스Reims에서 170km 남쪽의 오브Aube 데파르트망 안에 있는 코트
데 바르Côte-des-Bars는 샹파뉴의 최남단으로, 거의 파리 근교와 맞닿고
있고, 접경지역인 부르고뉴와 빈번한 교류가 이루어지는 곳으로
샹파뉴에서 가장 눈여겨볼 만한 포도 재배 지역 중 하나이다.
이 지명은 이곳의 급경사면에서 유래했는데 켈트어로 '정상'을
의미하는 단어 '바르Bar'가 말하듯, 이 포도 재배 지역의 가장 차별화된
요소는 지형의 굴곡이다. 마치 실크 조각이 구겨진 것 같이 시냇물과
하천으로 패인 코트-데-바르는 다양한 모습을 보이는데, 이는 시간이
흐름에 따라 포도나무와 와인 메이커가 햇볕을 받는 법을 알게
되었기 때문이다. 코트 데 바르의 또 다른 특이한 점은 지질구조이다.
샹파뉴로 유입된 지질의 뿌리는 부르고뉴로, 키메리지세와 포틀랜드
시기의 이회암 속에 잠겨 있다. 유명한 샤블리의 포도 재배 지역과
동일하다. 이러한 특성으로 인해 샹파뉴뿐만 아니라 기포가 없는
와인, 특히 레드와 로제 역시도 유명해질 만하다.
코트 데 바르는 혼합된 풍경이 있는 곳으로 초창기는 부르고뉴에서,
부흥기는 샹파뉴에서 보내면서, 어려움을 딛고 1927년 최종적인
명칭을 부여받았다. 자신들의 포도가 고유의 이름을 달지 않은
채 샹파뉴에 납품되는 것을 보면서 상처를 받은 오브 지방의 와인
메이커들이 1911년의 폭동을 포함한 오랜 싸움 끝에 획득한 것이다.

근대화를 위한 전통

바르-쉬르-센Bar-sur-Seine에서 멀지 않은 셀-쉬르-우르스Celles-sur-Ource의 조그만 마을에 있는 피에르 제르베의 샹파뉴가 바로 이 풍부하고 비옥한 유산이다. 제르베 가문은 발레 드 루르스vallée de l'Ource를 내려다보는 산 경사면 위, 18.5헥타르의 포도밭을 가지고 있는데, 제르베 가문의 자부심인 이곳이 과거에는 부르고뉴였음을 상징적으로 말해주는 것은 바로 이곳에 희귀 품종인 순종 피노 블랑과 샹파뉴 지방의 고귀한 품종인 피노 누아와 샤르도네가 교대로 심어져 있기 때문이다.
윌리스Ulysse는 1세대 개척자들에 포함된다. 양차 세계대전에서 살아남은 그는 첫 번째로 샹파뉴 되기를 시도했던 사람이다. 마을에서 빠뜨릴 수 없는 인물로, 그는 마주치는 사람마다 "샹파뉴를 마시지 않으면 넌 절대로 남자가 될 수 없어!"라고 말하는 버릇이 있었다.
그의 손자 피에르Pierre는 포도밭 선정에 결정적이었다. 은총과도 같은 테루아의 모자이크를 가지게 된 덕분에 현재 그의 이름을 단 샹파뉴가 만들어졌다. 피에르의 아들 파스칼Pascal은 포도밭의 환경과 관련된 혁명의 기원이었다. 1996년부터 자연적인 포도 재배 법칙을 시작하면서, 포도원의 유산을 이어나갔다. 현재 파스칼은 그의 아들 오렐리앙Aurélien에게 인수인계를 실시했다. 그는 부르고뉴의 여러 최고급 도멘에서의 경험을 바탕으로, 오크통 숙성 같은 기술을 사용하면서 세련된 와인에 관한 전문지식을 보탰다. 가족의 유산을 의식한 오렐리앙은 그의 아들을 후계자로 지목했다.

상징적인 포도 품종 : 순종 피노 블랑

제르베 가문은 샹파뉴 지방의 전체 포도 생산량 중 0.3% 미만인 피노 블랑 포도나무를 가진 드문 포도밭 가운데 하나를 갖고 있는데, 가장 오래된 나무는 100세가 넘었다. 발레 드 루르스의 각 경사면에 심어진 피노 블랑은 남쪽 경사면인지 혹은 북쪽 경사면인지에 따라 어떤 때는 풍부하고 이국적인 포도가 열리기도 하고 또 어떤 때는 상쾌하고 레몬향이 나는 포도가 열리기도 한다. 이런 상호 보완성에 대한 자신감을 바탕으로 파스칼 제르베는 1996년부터 오리지날l'Originale이라는 예외적인 샹파뉴를 생산한다. 피노 블랑 100%로 양조된 첫 번째 샹파뉴이다. 매년 3,000병만 생산된다.

샹파뉴 피에르 제르베, 퀴베 프레스티지

오로지 샤르도네만으로 양조된 이 샹파뉴는 피노 누아로 유명한 지역에 대한 진정한 도전이다. 이국적이고, 세련되면서 청량감 있는 이 샹파뉴는 코트 데 블랑의 그랑 크뤼를 부러워할 필요가 없다.

샹파뉴 피에르 제르베, 퀴베 오리지날

독특하고 독창적이며 선구자적인 샹파뉴로 꼭 경험해볼 필요가 있다. 이 엄청난 기품이 느껴지는 원조 피노 블랑 100% 샹파뉴를 묘사하자면 하고 싶은 말이 많아진다. 애호가들 사이에서 전원 합의를 얻은 희귀한 샹파뉴.

샹파뉴 피에르 제르베, 퀴베 레제르브

50% 피노 누아, 25% 샤르도네, 25% 피노 블랑으로 블렌딩된 이 샹파뉴는 도멘의 명함과도 같다. 조금도 의심할 여지없이, 식도락과 독창성을 겸비한 가성비의 종결자이다. 가당을 덜한 엑스트라브뤼트 버전은 샹파뉴에 조예가 깊은 사람의 미각도 만족시킬 것이다.

알자스, 쥐라,
사부아의 포도 재배지

알자스(Alsace), 로렌(Lorraine), 쥐라(Jura), 사부아(Savoie), 뷔제(Bugey)… 동쪽의 포도 재배지들은
규모면에서는 프랑스에서 가장 작지만, 예를 들어 전 세계적으로 유명한 샤토 샬롱과 같은
독창적인 와인처럼, 그 포도 품종의 독창성과 다양성에 있어서는 유일하고 뛰어난 곳이다.

알자스

골짜기와 경사면으로 이루어진 좁은 띠 모양의 알자스 포도밭은 총연장 170km 정도 되는데, 남쪽의 탄Thann에서 북쪽의 마를렌하임Marlenheim 연결선의 서쪽에 위치한다. 포도 품종, 와인 스타일 그리고 게부르츠트라미너, 리슬링, 뮈스카, 피노 누아 등 와인이 어떤 품종으로 만들어졌는지 명확하게 알 수 있는 원산지 명칭 시스템 등, 이 지역만의 차이점이 있다. 단일 품종 와인, 그랑 크뤼 그리고 크레망, 단지 3개의 원산지 명칭만 있다.

어제와 오늘의 역사

포도를 가지고 온 로마 군대에 의해 조성된 알자스의 포도밭은 이미 중세 시대부터 전성기를 구가했다. 거대 네고시앙의 출현과 함께 17세기까지 번영기가 이어졌다. 하지만 전쟁과 독일에 의한 합병 그리고 필록세라 등이 역동성을 가져다준

**숫자로 보는
알자스의 포도 재배지**

면적 : 15,500헥타르
생산량 : 1,150,000헥토리터
화이트 : 90%
레드, 로제 : 10%

(CIVA, 2015)

계기이기도 했다. 1차 세계대전이 끝나가던 1918년, 포도밭들은 품질에 힘을 쏟으며 재건되기 시작했다. 1970년대부터 장 피에르 프릭Jean-Pierre Frick 같은 선구자적 와인 메이커들의 추진으로 알자스는 유기농을 약속했다. 알자스 전체 포도밭 면적의 14%인 2,200헥타르에서 280명의 포도 재배자들이 유기농 또는 바이오 다이내믹으로 포도를 재배한다. 알자스는 유기농 전환이 가장 많이 진행된 포도 재배 지역 중 하나이다.

포도 농장의 풍경

기후. 보주Vosges 산맥에 의해 보호받는 알자스는 더운 봄, 건조하고 일조량이 풍부한 여름, 따뜻하면서 긴 가을, 그리고 추운 겨울이 있는 대륙성 기후로, 특히 포도 재배에 유리하다.

토양. 화산암, 사암, 화강암, 편마암, 편암, 이회-석회암, 점토-이회암, 황토 등 최소 13가지의 토양 스타일이 있는데, 대부분이 좁게 뒤얽혀 있다. 이 큰 다양성은 같은 포도 품종으로 매우 다양한 스타일의 와인을 생산할 수 있게 해준다.

포도 품종과 와인 스타일

알자스는 진정한 포도 품종 컬렉션을 갖고 있는 것에 대해 자부심을 가질 만하다. 그 가운데 몇은 알자스에만 존재한다.

리슬링 LE RIESLING. 왕의 품종이다. 산도와 기품이 있는 이 품종은 레몬, 인동동굴, 레몬그라스, 자몽 등 매우 특징적인 부케가 있으며, 좋은 미네랄이 느껴진다. 숙성이 진행되면, 탄화수소(휘발유)의 향이 난다.

게부르츠트라미너 LE GEWURZTRAMINER. 독일어와 알자스어로 이 이름은 '향신료 향이 나는 트라미너'를 의미한다. 이 품종은 진하면서 매우 독창적인 개성을 표출하는데, 장미, 리치의 냄새가 지배적인 엄청나게 풍부한 향이 있다. 여기에 하얀 과일, 열대 과일, 향신료의 풍미가 더해진다.

> 리크비르 Riquewihr
근처의 포도밭

유용한 정보

전통적으로 알자스를 로렌과 연계시킨다.
왜냐하면 이 지역에는 뱅 그리vin gris로 유명한 코트-드-툴Côtes-de-Toul이 있는데, 이는 직접 착즙한 로제와인으로 꽃과 붉은 과일의 향이 난다.

단일 품종 와인의 종말?

그랑 크뤼와 관련한 알자스의 규정은 한 개의 테루아, 한 개의 품종이다. 만일 와인 메이커가 이것을 준수하지 않으면, 원산지 명칭을 잃게 된다. 하지만 일부가 용단을 내렸다. 마르셀 데스Marcel Deiss의 경우가 그렇다. 그는 바이오 다이내믹으로 관리하는 테루아의 표현을 강화하여 와인을 돋보이게 하는 것에 만족하지 않았다. 그는 섞어 심기를 결정하고, 한 테루아 안에 품종을 식별할 수 없는 여러 품종을 같이 심고, 블렌딩을 했다. 모든 알자스 품종을 블렌딩한 뷔르그Burg와 리슬링, 게부르츠트라미너, 피노 그리를 블렌딩한 그라스베르그Grasberg를 포함한 여러 블렌딩 와인들이 큰 성공을 거두었다.

피노 그리LE PINOT GRIS. 부드러우면서 짜임새 있고, 풍부하면서 복합적인 와인을 만드는데, 향신료의 향이 옅게 섞인 혼종 교배한 과일향이 난다.

뮈스카LE MUSCAT. 뮈스카 아 프티 그랭muscat à petits grains, 뮈스카 드 프롱티냥muscat de Frontignan이라고도 불리는 뮈스카 달자스muscat d'Alsace와 뮈스카 오토넬muscat ottonel의 두 품종이 있는데, 대개 블렌딩에 사용된다. 이 품종들은 달지 않으면서 신선한 포도의 강렬한 맛과 향이 난다.

실바네르LE SYLVANER. 기분 좋게 마실 수 있는, 가볍고 상쾌하며, 아카시아의 향이 은근하게 나는 와인의 시발점으로 미네랄과 식물적인 향과 멋진 산도가 있다.

피노 블랑LE PINOT BLANC. 엄청난 증가 추세인 이 품종은 과일과 꽃의 다채로운 향이 나는 상쾌하면서 부드러운 와인을 만든다.

피노 누아LE PINOT NOIR. 알자스의 유일한 레드와인 품종이다. 로제나 레드로 양조된다. 레드로 양조될 경우, 대형 오크통에서 숙성되는데 부르고뉴 레드와인보다 깊이감은 떨어지지만, 체리를 연상시키는 전형적인 과일 풍미가 있다. 이 와인들은 작황이 매우 뛰어난 해에는 놀라운 수준을 보여준다.

클레브네르 드 아일리겐슈타인KLEVENER DE HEILIGENSTEIN. 이것은 사바냥 로즈savagnin rose 그 이상도 그 이하도 아니다. 이 품종은 바-랭Bas-Rhin의 5개의 코뮌에서만 재배된다.

알자스만의 독특한 와인

여러 가지 문구가 레이블에 보충될 수 있다.

'장티GENTIL**'와 '에델츠비커**EDELZWICKER**'.** 여러 가지 품종을 블렌딩한 마시기 편한 두 종류 와인이다. AOC 알자스 뒤에 두 가지 중 하나의 명칭이 뒤따른다.

'방당주 타르티브VENDANGES TARDIVES**'와 '셀렉시옹 드 그랭 노블**SÉLECTION DE GRAINS NOBLES**'.** 원산지 명칭은 아니지만, AOC 알자스 혹은 알자스 그랑 크뤼에 이어서 붙는 세부사항으로, 리슬링, 게부르츠트라미너, 피노 그리, 뮈스카를 늦수확해 당도가 유별나게 높은 귀부 와인이나 감미가 있는 와인에만 붙일 수 있다. 전 세계의 최고급 귀부 와인들과 어깨를 나란히 할 수 있는 이 비범한 와인들은 반세기 넘게 숙성이 가능하다.

뱅 드 글라스VINS DE GLACE**(아이스바인).** 일부 와인 메이커들이 기온이 영하 7~10도인 12월이나 1월에 수확을 하여 양조하기를 시도했다. 프랑스의 법령에서는 누락되었지만, 이 넥타르는 고가에 판매된다.

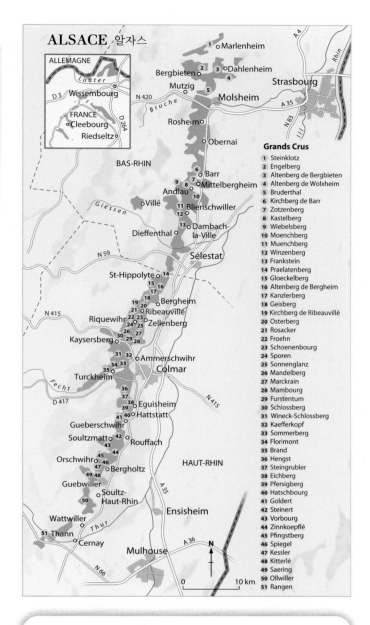

ALSACE 알자스

Grands Crus

1 Steinklotz
2 Engelberg
3 Altenberg de Bergbieten
4 Altenberg de Wolxheim
5 Bruderthal
6 Kirchberg de Barr
7 Zotzenberg
8 Kastelberg
9 Wiebelsberg
10 Moenchberg
11 Muenchberg
12 Winzenberg
13 Frankstein
14 Praelatenberg
15 Gloeckelberg
16 Altenberg de Bergheim
17 Kanzlerberg
18 Geisberg
19 Kirchberg de Ribeauvillé
20 Osterberg
21 Rosacker
22 Froehn
23 Schoenenbourg
24 Sporen
25 Sonnenglanz
26 Mandelberg
27 Marckrain
28 Mambourg
29 Furstentum
30 Schlossberg
31 Wineck-Schlossberg
32 Kaefferkopf
33 Sommerberg
34 Florimont
35 Brand
36 Hengst
37 Steingrubler
38 Eichberg
39 Pfersigberg
40 Hatschbourg
41 Goldert
42 Steinert
43 Vorbourg
44 Zinnkoepflé
45 Pfingstberg
46 Spiegel
47 Kessler
48 Kitterlé
49 Saering
50 Ollwiller
51 Rangen

알자스의 원산지 명칭

• **Alsace**
• **Crémant d'Alsace**
• **Alsace Grand Cru** suivi du nom de l'un des 51 lieux-dits :
> *Altenberg de Bergbieten*
> *Altenberg de Bergheim*
> *Altenberg de Wolxheim*
> *Brand*
> *Bruderthal*
> *Eichberg*
> *Engelberg*
> *Florimont*
> *Frankstein*
> *Froehn*
> *Furstentum*
> *Geisberg*

> *Gloeckelberg*
> *Goldert*
> *Hatschbourg*
> *Hengst*
> *Kaefferkopf*
> *Kanzlerberg*
> *Kastelberg*
> *Kessler*
> *Kirchberg de Barr*
> *Kirchberg de Ribeauvillé*
> *Kitterlé*
> *Mambourg*
> *Mandelberg*
> *Marckrain*
> *Moenchberg*
> *Muenchberg*
> *Ollwiller*
> *Osterberg*
> *Pfersigberg*

> *Pfingstberg*
> *Praelatenberg*
> *Rangen*
> *Rosacker*
> *Saering*
> *Schlossberg*
> *Schoenenbourg*
> *Sommerberg*
> *Sonnenglanz*
> *Spiegel*
> *Sporen*
> *Steinert*
> *Steingrubler*
> *Steinklotz*
> *Vorbourg*
> *Wiebelsberg*
> *Wineck-Schlossberg*
> *Winzenberg*
> *Zinnkoepflé*
> *Zotzenberg*

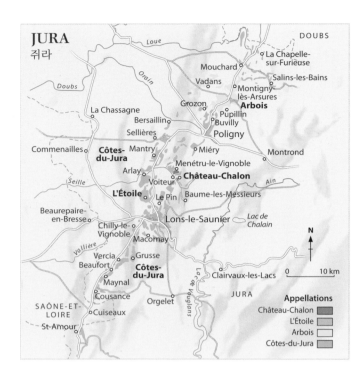

쥐라

손Saône강의 다른 한 편, 즉 부르고뉴의 맞은편에 위치한 쥐라는 평야와 산 사이에 80km 길이의 띠 모양을 하고 있다. 근대 양조학의 아버지 파스퇴르의 고향인 이곳은 특히 뱅존vin jaune 으로 유명하지만, 비교할 수 없이 다채로운 레드, 로제, 당도가 있거나 없는 화이트, 그리고 스파클링까지 생산한다.

포도 농장의 풍경

기원전 1세기에 시작된 쥐라의 포도 재배는 5~6세기의 수도원들에 의해 발전했다. 19세기 말에 20,000헥타르에 달한 포도밭은 필록세라 때문에 황폐화되었지만, 와인 메이커들은 품질에 주력했고, 1936년 아르부아Arbois가 프랑스의 첫 번째 AOC를 획득했다.

기후와 토양. 쥐라는 혹독한 겨울, 춥고 습한 봄, 무더운 여름, 햇볕이 풍부한 가을로 특징지어지는 반 대륙성 기후로, 포도나무의 성장과 성숙에 유리하다. 일반적으로 남서향을 바라보는 포도밭은 르베르몽Revermont의 해발 200~500m의 산 경사면에 펼쳐져 있다. 점토, 이회암, 이회-석회암, 석회암 더미, 충적토가 반복되는 형태의 매우 다양한 토양으로 구성되어 있다.

쥐라의 원산지 명칭

- Arbois
- Arbois-Pupillin
- Côtes-du-Jura
- Château-Chalon
- Crémant du Jura
- L'Étoile
- Macvin du Jura

**숫자로 보는
쥐라의 포도 재배지**

면적 : 1,900헥타르
생산량 : 80,000헥토리터
화이트 : 41%
레드와 로제 : 25%
크레망 : 25%
기타 : 9%

(CIVJ, 2014)

포도 품종과 와인 스타일

쥐라에는 독특한 다섯 가지의 품종이 있는데, 이곳은 이 품종들의 홈 코트로 개성이 뚜렷한 독창적인 와인을 생산한다.

풀사르POULSARD (또는 플루사르PLOUSSARD). AOC 아르부아에서 특히 많이 생산되는 품종으로 맑은 루비색을 띠고, 탄닌이 적으며 조그만 붉은 과일향이 향신료, 숲속의 땅 냄새로 바뀐다.

트루소TROUSSEAU. 강렬한 루비색이 특징으로, 붉은/검은 과일과 후추 계열의 향신료의 향이 나고, 좋은 숙성 잠재력을 가져다주는 탄탄한 탄닌이 뒷받침해 준다. 빈번히 피노 누아, 풀사르 등과 함께 양조된다.

피노 누아PINOT NOIR. 이 지역에서 피노 누아는 테루아의 영향이 느껴지는 개성 있는 와인을 만드는데, 산딸기, 블랙 커런트, 향신료의 향이 난다.

사바냥SAVAGNIN. 쥐라를 '대표'하는 화이트와인 품종으로, 유명한 뱅존vin jaune의 기원이다. 풍부한 향의 다채로움은 사과에서 구운 아몬드, 녹색 호두에서 밀, 커리에서 커피 향까지 보여준다. 우이야주ouillage(p.78 참조)를 하거나 안 하거나, 단독으로 혹은 샤르도네와의 블렌딩으로 양조되었느냐에 따라 매우 개성이 뚜렷하고, 짜임새가 있는 와인이 되며 장기 숙성에 적합하다.

샤르도네CHARDONNAY. 가장 많이 재배되는 품종으로 전체 포도밭 면적의 절반을 차지한다. 여기서는 만개한 꽃의 향이 나며, 상쾌하고, 좋은 짜임새가 있는 개성이 뚜렷한 와인을 만든다.

쥐라만의 독특한 와인

전설과도 같은 뱅존뿐 아니라, 쥐라에는 마크뱅 뒤 쥐라Macvin du Jura와 뱅 드 파유vin de paille라는 또 다른 두가지 독특한 와인이 있다.

마크뱅. 발효한 포도 주스 2/3에 쥐라 지방의 브랜디 1/3을 섞어 주정강화시킨 뱅 드 리쾨르vin de liqueur이다. 18개월간 오크통에서 숙성을 시키면 과일의 감미로움과 알코올의 힘이 좋은 균형을 이룬다.

뱅 드 파유. 매우 독특한 양조방식을 만드는 감미로운 와인이다(p.66 참조).

> 뱅존의 숙성 기간 중에는 표면에 효모에 의한 얇은 막이 형성된다.

뱅존. 오로지 사바냥 품종으로만 양조된다. 늦은 수확을 한 후 당도가 없는 화이트로 양조되어 신비로운 변화를 일으키는 228리터 용량의 오크통에서 숙성을 시킨다. 이때 우이야주를 실시하지 않아 와인의 표면에 효모의 얇은 막이 형성되는데, 와인을 식초로 만드는 초산균 감염으로부터 보호해주고, 흉내 낼 수 없는 '존의 맛gout de jaune'을 가져다준다. 6년 3개월이 지나야 병입이 가능한데, 1리터의 와인을 숙성시키면 이 기간 동안 증발되고 남은 와인의 퍼센티지를 의미하는 620ml 용량의 클라블랭claclin에 담긴다.

사부아

일반적으로 사부아는 안타깝게도 와인보다는 이 지역의 만년설과 빙하로 더 잘 알려져 있다. 호수와 산, 잡곡 농사를 짓는 평야와 작은 골짜기 속의 목장 사이에 있는 사부아의 포도 재배 지역은 레만 호수lac Léman에서 샹베리Chambéry에 걸친 해발300~600m에 위치한다. 다양한 스타일의 매력적인 와인을 생산하는데 대부분은 현지에서 소비된다.

포도 농장의 풍경

대륙성 기후를 갖는 사부아는 매서운 겨울, 무더운 여름과 햇볕이 내리 쬐는 인디안 서머가 있는데 수많은 호수들로 인해 어느 정도 완화가 된다. 토양은 매우 복잡하게 구성되는데, 충적된 석회암 돌더미가 우위를 점하는 가운데, 빙하에 실려 떠내려 온 퇴적 자갈과 석회질의 사암도 존재한다. 19세기에 총 면적이 8,000헥타르에 달하는 전성기를 구가했다. 하지만 필록세라로 인해 2,000헥타르 미만으로 줄어들었다. 느린 속도로 회복이 이루어졌으나 1950년대부터 가속이 붙어 그 이후 계속 증가 중이다 (2015년 2,200헥타르).

숫자로 보는 사부아의 포도 재배지

면적 : 2,200헥타르
생산량 : 122,000헥토리터
화이트 : 70%
레드와 로제 : 25%
크레망 : 5%

(사부아 와인조합, 2015)

포도 품종과 와인 스타일

사부아는 매우 독창적인 여러 토착 품종이 있는데, 특히 화이트에서 매우 특색이 있는 와인을 생산한다.

자케르JAQUÈRE. 가장 많이 재배되는 화이트 품종으로 기포가 있거나 (크레망 드 사부아crémant de Savoie) 혹은 없는 상쾌하고 가벼운 와인을 만든다. 아빔Abymes과 아프르몽Apremont 크뤼의 주요 품종이다.

루세트ROUSSETTE(또는 알테스ALTESSE). 엄청난 증가 추세의 이 품종은 향신료의 향과 과일 풍미가 있는 풍부한 와인을 만든다. AOC 루세트 드 사부아Roussette de Savoie의 기초가 된다.

루산ROUSSANNE(혹은 베르주롱BERGERON). 극소량 생산되는 이 품종은 고급 와인을 생산하는데 종종 비범한 수준의 장기 숙성형도 있다. 시냥 지역에서 AOC 시냥-베르주롱Chignin-Bergeron 레이블로 판매되는 와인이 특히 그렇다.

사부아의 원산지 명칭

• **Vin de Savoie**
크뤼의 이름이 있기도 하고 없기도 하다.

• **Roussette de Savoie**
크뤼의 이름이 있기도 하고 없기도 하다.

• **Crémant de Savoie**

• **Roussette de Seyssel**

인접한 소규모 포도 재배 지역

쥐라와 사부아 사이에 위치한 뷔제Bugey는 세르동Cerdon, 몽타뉴Montagnieu, 벨레Belley의 세 개의 생산 구역 안에 500헥타르에 걸쳐져 있는데, 석영-석회질과 석영-점토질 토양으로 이루어져 있다. 사부아와 부르고뉴의 품종으로 기포가 없는 화이트나 스파클링 화이트를 생산한다. 특별히 뷔제-세르동Bugey-Cerdon을 언급하고자 하는데, 선조들의 방식으로 양조되어 발포성이 있는 화이트와 로제를 생산한다(p.70 참조).

샤슬라CHASSELAS. 전체 포도밭의 70%를 차지하고, 마랭Marin, 마리냥Marignan, 리파유Ripaille, 크레피Crépy 크뤼의 유일한 품종이다.

몰레트MOLETTE. 색깔이 옅고 가볍지만 상당히 알코올이 느껴지고 매우 좋은 과일 풍미에 허브의 향이 더해진다. 높은 산도로 인해 스파클링 와인인 세셀 무쇠Seyssel mousseux의 양조에 들어간다.

그랭제GRINGET. 쥐라의 사바냥과 비교 대상으로, 유명한 스파클링 무쇠 대즈mousseux d'Ayze를 만든다.

샤르도네. 1960년대 유입되어 이제 사부아 전역에서 재배된다. 단독으로 혹은 블렌딩되어 사용되어 산도 있는 과일 풍미의 와인을 만든다.

가메. 지배적인 레드와인 품종으로, 상쾌하고 가벼운 와인을 만든다. 쇼타뉴Chautagne에서 가장 좋은 품질이 생산된다.

몽되즈MONDEUSE. 매우 오래된 품종으로, 전통적으로 좋은 짜임새가 있는 탄닌이 풍부한 와인을 만드는데, 특히 아르뱅Arbin에서 단일 품종으로 양조된다.

페르상PERSAN. 역사가 오래된 품종으로 거의 멸종되었다. 현재 콩브 드 사부아Combe de Savoie와 모리엔Maurienne의 일부 와인 메이커들에 의해 다시 재배되고 있는데, 탄닌이 느껴지는 색상이 진한 장기 숙성형 와인을 만든다.

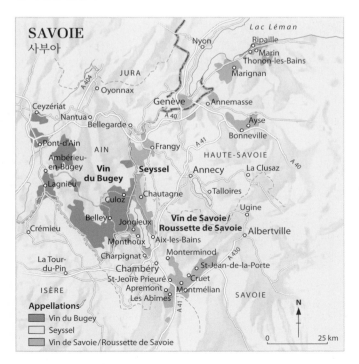

SAVOIE
사부아

Lac Léman
Nyon
Ripaille
Marin
Thonon-les-Bains
Marignan
JURA
Oyonnax
Genève
Annemasse
Ceyzériat
Nantua
Ayse
Bellegarde
Bonneville
Pont-d'Ain
Frangy
HAUTE-SAVOIE
AIN
Ambérieu-en-Bugey
Vin du Bugey
Seyssel
La Clusaz
Lagnieu
Annecy
Chautagne
Talloires
Culoz
Ugine
Crémieu
Belleyo
Jongieux
Vin de Savoie/Roussette de Savoie
Albertville
Monthoux
Aix-les-Bains
La Tour-du-Pin
Charpignat
Monterminod
Chambéry
St-Jean-de-la-Porte
St-Jéoire Prieuré
Cruet
ISÈRE
Apremont
Montmélian
Les Abimes
SAVOIE

Appellations
☐ Vin du Bugey
☐ Seyssel
☐ Vin de Savoie / Roussette de Savoie

N
0 25 km

알자스, 쥐라, 사부아의 유명 와인

작은 포도밭, 하지만 훌륭한 와인들. 알자스, 쥐라, 사부아에는 진정한 최고급 와인이 있다. 그중에는 전 세계 최고로 꼽히는 것들이 몇 있다.

AOC ALSACE (AOC 알자스)

알자스의 원산지 통제 명칭 중 가장 중요한 위치를 차지하는데, 알자스 전 지역을 포함하고, 92%를 차지하는 화이트의 비중이 높다. 레이블에 품종이 명시될 경우, 해당 품종 100%로 양조된 것이고, 알자스 뮈스카, 알자스 리슬링, 알자스 게부르츠트라미너, 알자스 피노 누아, 알자스 실바네르 등과 같이 원산지 명칭 뒤에 품종명이 뒤따른다. 품종명이 명시되지 않은 경우는 여러 품종을 블렌딩한 것으로, 알자스 에델츠비커Edelzwicker나 장티Gentil라는 이름으로 판매된다.

> **주요 품종** 리슬링, 실바네르, 게부르츠트라미너, 피노 블랑, 피노 그리, 뮈스카, 피노 누아.
> **토양** 편암, 화강암, 화산암, 이회-석회암.
> **와인 스타일** 화이트는 일반적으로 당도가 없고, 과일 풍미가 느껴지고, 향이 좋으면서 각 품종 특유의 특성이 드러난다. 게부르츠트라미너는 강하고 풍부하며 짜임새가 있는 장미와 리치의 향이 나는 와인을 만든다. 리슬링은 색깔이 밝으며, 산도가 있고 직선적이면서 탄화수소 즉 석유 혹은 완곡하게 '미네랄'과 시트러스의 향이 난다. 뮈스카는 마치 과일을 깨문 것 같은 느낌을 주는 와인으로, 신선한 포도와 열대 과일의 향이 난다. 피노 블랑은 강하면서 꽃, 하얀 과일의 강렬한 향이 난다.

피노 누아로 만드는 알자스의 레드와인은 새콤하면서 레드 커런트와 체리의 향이 난다. 과일은 씹는 듯한 텍스처는 숙성이 진행되면서 잘 익은 붉은 과일과 동물적인 향이 옅게 난다.

방당주 타르티브vendange tardive(VT, 늦수확 와인)나 셀렉시옹 드 그랭 노블selection de grains nobles(SGN)은 비범한 향의 농축도를 보여주는 최고급 와인이다(p.343 참조).

색 :
화이트, 레드.

서빙 온도 :
화이트는 8~10도.
레드는 12~14도.

숙성 잠재력 :
뮈스카는 당해에 마실 것. 게부르츠트라미너, 리슬링, 피노 블랑은 1년 이상 숙성된 후부터. 피노 누아는 1~5년. VT와 SGN 화이트는 2~10년 이상.

AOC CRÉMANT D'ALSACE (AOC 크레망 달자스)

AOC 등급 와인 중에서 프랑스에서 가장 많이 판매되는 스파클링 와인으로, 크레망 달자스는 인기가 있다. 병입 후 2차 발효를 실시하는 방법으로 양조된다.

> **주요 품종** 화이트는 피노 블랑, 피노 그리, 리슬링, 샤르도네 등이 블렌딩으로 혹은 단독으로 사용(후자의 경우는 레이블에 명시). 로제는 피노 누아.
> **토양** 화강암, 규토, 사암, 이회암.
> **와인 스타일** 알자스 스파클링은 가볍고, 부드러우며 하얀 과일과 꽃의 향이 난다.

색 :
화이트, 로제.

서빙 온도 :
6~8도로 아주 차게.

숙성 잠재력 :
당해에 마실 것.

AOC ALSACE GRAND CRU (AOC 알자스 그랑 크뤼)

이 원산지 명칭은 품종보다는 테루아에 더 비중을 두는데, 왜냐면 알자스 최고의 테루아들을 돋보이게 하는 것을 목적으로 하기 때문이다. 엄격한 지질학적, 기후적 기준에 따라 51개의 테루아를 선정했다. 포도 재배, 품종 선택, 산출량, 알코올 함량, 양조방법 등과 관련된 엄격한 여러 원칙에 부합해야 한다. 이 와인들은 전체 생산량의 4%에 해당한다. 밀레짐과 크뤼의 명칭 외에도 레이블에 품종이 명시되어야 하지만, 알탕베르그 드 베르그하임Altenberg de Bergheim 과 캐퍼코프Kaefferkopf 등은 블렌딩이 허용되어 있어 예외적으로 품종이 명시되지 않는다.

> **주요 품종** 리슬링, 게부르츠트라미너, 피노 그리, 뮈스카. 단 예외적으로 조츤베르그Zotzenberg만이 실바네르 사용을 허가받았다.

> **토양** 편마암, 화강암, 화산암, 이회-석회암, 사암.

> **와인 스타일** 51가지의 그랑 크뤼를 다 묘사하는 것은 불가능한데, 알자스 최고의 이 화이트와인들은 각 테루아의 강한 특성으로 인해 각각 너무 다르다. 태어나 테루아의 명성을 드높이는 이 와인들은 일반적으로 기품이 있고, 강하고 뛰어난 숙성 능력이 있다.

색:	**서빙 온도:**	**숙성 잠재력:**
화이트.	시원하지만 이가 시릴 정도는 아닌 8도선.	모든 그랑 크뤼는 10~15년. VT나 SGN의 경우는 15~20년, 최고의 밀레짐에서는 이보다 더.

AOC CHÂTEAU-CHALON (AOC 알자스 샤토-샬롱)

계곡 위의 바위 부벽 위에 위치한 샤토 샬롱은 뱅존의 요람이자 뱅존을 위해 전적으로 헌정된 유일한 원산지 명칭이다. 원산지 명칭은 4개의 코뮌, 50헥타르에서 생산연도에 따라 대략 1,500헥토리터를 생산하는데, 왜냐하면 작황이 좋은 해에만 와인을 생산하기 때문이다. 그렇지 않은 해에는 샤토-샬롱은 존재하지 않는다.

> **단일 품종** 사바냥.

> **토양** 편마암, 화강암, 화산암, 이회- 석회암, 사암.

> **와인 스타일** 때로 어리둥절하게 만드는 모방할 수 없는 와인으로, 호두, 사과, 커리, 버섯 등이 섞인 향이 난다. 기름지면서 동시에 깔끔한 맛으로, 극단적으로 긴 여운이 남는다 ("<공작의 꼬리>를 가졌다"고 묘사한다).

색:	**서빙 온도:**	**숙성 잠재력:**
화이트.	14~16도.	50~100년.

알자스의 우수 생산자 셀렉션

● **카브 데 비뉴롱 드 파펜하임**Cave des vignerons de Pfaffenheim 알자스에서 가장 역동적이고 가장 많은 수상을 한 협동조합으로, 가격과 만족도 면에서 매우 뛰어난 와인들을 만든다.

● **도멘 도프 에 이리옹**Domaine Dopff & Irion(리크비르 Riquewihr). 진정성이 담긴 여러 와인을 생산하는데, 특히 캐퍼코프Kaefferkopf의 게부르츠트라미너, 루즈 도트로트Rouge d'Ottrott, 크레망 달자스 로제 등은 언급할 필요가 있다.

● **도멘 위젤**Domaine Hugel(리크비르Riquewihr). 1639 년에 설립된 알자스에서 가장 유명한 메종 중 하나이다. <VT>와 <SGN>은 구차한 다른 설명이 필요 없이 매우 뛰어나다.

● **도멘 피에르 프릭**Domaine Pierre Frick(파펜하임 Pfaffenheim). 바이오 다이내믹으로 재배된, 매우 순수한 맛의 와인으로 반드시 맛보아야 한다.

● **도멘 오스테르타그**Domaine Ostertag(엡피그Epfig). '과일', '돌' 그리고 '시간'이 만든, 진정 성공한 와인이다.

● **도멘 제피 랑트만**Domaine Seppi Landmann(리크비르 Riquewihr). 게부르츠트라미너와 리슬링으로 양조한 VT와 SGN은 관심을 기울일 만하다.

● **메종 트림바크**Maison Trimbach(리보빌레Ribeauvillé). 예외적인 게부르츠트라미너와 리슬링 특히 클로 생트-윈Clos Sainte-Hune은 매우 훌륭하다.

● **도멘 바인바크**Domaine Weinbac (카이제르스베르그 Kaysersberg). 인상적인 와인들을 생산하는데, 특히 감미로운 와인들은 전 세계 최고 중 하나이다.

● **도멘 진드-움브레쉬트**Domaine Zind-Humbrecht (뛰르카임Turckheim). 바이오 다이내믹으로 재배되는 그랑 크뤼들은 테루아의 명성을 드높인다.

● **마르셀 데스**Marcel Deiss(베르가임Bergheim). 알자스의 최우수 도멘 중 하나이다. 유기농으로 재배되는 그랑 크뤼들은 언제나 비범하다.

알자스

도멘 앙드레 오스테르타그
(DOMAINE ANDRÉ OSTERTAG)

와인 메이커이자 시인이기도 한 반항적인 앙드레 오스테르타그는 그랑 크뤼 뮌쉬베르그(Muenchberg)의
A360P 퀴베를 통해서 반 순응주의자적인 본인의 비전을 명확하게 밝혀냈다.

도멘 앙드레 오스테르타그

87, rue de Finkwiller
67680 Epfig

설립 : 1966년
면적 : 14.4헥타르
생산량 : 100,000병/년
원산지 명칭 : 알자스
레드와인 품종 : 피노 누아
화이트와인 품종 : 리슬링,
게부르츠트라미너,
피노 그리, 실바네르,
피노 블랑, 뮈스카

뮌쉬베르그의 비밀이 밝혀지다

바-랭Bas-Rhin에는 51개의 알자스 그랑 크뤼 중 14개가 있다. 이 데파르트망은 알자스의 남쪽 부분인 오-랭Haut-Rhin에 비해 상대적으로 부족한 그랑 크뤼의 숫자에 종종 부끄러워한다. 북쪽의 와인 메이커들이 매우 정확하게 지적한 것처럼, 대중이 잘못 알고 있는 사실은 북쪽 데파르트망도 남쪽만큼이나 고급 품종이 잘 자라는 퇴적성의 오래된 지층이 풍부하다는 것이다.

주요 도로에서 약간 떨어진 셀레스타Sélestat에서 멀지 않은 곳에 위치한 그랑 크뤼 뮌쉬베르그는 특별히 풍요로운 테루아로, 앙드레 오스테르타그가 시들어가는 실바네르 포도나무의 하단부를 뽑다가 우연히 발견했다. 그는 포도나무의 그루터기를 뽑아내면서 하부 토양의 분홍색 사암층에서 석회석 지맥이 섞여 있다는 것을 눈여겨 봤다. 이 지역은 막 그랑 크뤼로 분류되었고, 아무도 어떤 와인이 생산될지를 몰랐다. 다수는 생산성과 채산성이 높은 경사면의 하단부만 가지고 평가했지만, 소수의 와인 메이커만이 토양의 척박함으로 인해 자연적으로 최대 산출량이 정해진 이 척박한 경사면 테루아를 믿었다. 그는 예상치 못했던 이 석회지맥 위에 알자스의 고급 포도 품종인 화강암의 고행자 리슬링과 귀부 와인의 왕 게부르츠트라미너, 그리고 난해한 공생식물인 피노 그리를 심었다. 앙드레 오스테르타그의 말에 의하면 당시 피노 그리는 고래 같은 두 가지 스타 품종 사이의 싸움에 새우등 같은 자리 매김을 하고 있었는데, 피노 그리는 대개 달거나 힘이 없다고 평가되었다.

첫 번째 수확을 한 1987년, 드디어 무명에서 벗어날 수 있었다. 1989년부터 도멘은 뮌스베르그에서 걸작 피노 그리 SGN을 수확했는데, 한 번에 이루어진 수확에서 잠재적 알코올 도수가 28.5도가 나왔다. 여기서는 포도가 빨리 완숙되고, 9월부터 귀부균이 번식한다는 것이 명백해졌다. 이제 가장 뛰어난 품종들의 경주장에 어린 피노 그리가 참가했다.

반 순응주의자 앙드레 오스테르타그

와인도, 와인 메이커도 기질이 있다. 앙드레 오스테르타그는 스테인리스나 시멘트로 된 탱크를 선호하던 업계 동료들과 반대로 오크통에 자신의 와인을 숙성시켰다. 이 오크의 맛은 그의 오랜 친구이자 뫼르소 화이트의 전문가 도미니크 라퐁Dominique Lafon에게서 왔는데, 그는 공들여 만들어 복합적인 맛을 갖는 오크통에서 양조한 와인을 앙드레가 좋아하게 만들었다. 하지만 알자스에서 오크통은 좋지 않은 평판을 가지고 있었다. 오크를 지지하는 앙드레 오스테르타그는 오크가 가져다주는 향(구운 향, 헤이즐넛의 향)과 오크가 와인에 산소를 공급해주므로, 오크에 대한 이전의 평판이 잘못되었다고 말한다. 업계 동료들조차도 그의 이야기를 귀담아 듣지 않았고, 그랑 크뤼 명칭을 수여하기 위한 가입 시험, 즉 승인 시음회에서 뮌스베르그의 피노 그리를 불합격시켰다. 그들은 1991년산은 '너무 오키'하고, 2000년산은 '품종의 특성이 불충분하게 나타남', 그리고 연이어 다섯 번도 동일하게 평가했다. 20년이 지난 후 앙드레 오스테르타그는 "오크에 대한 공포를 정신 분석하는 것만으로도 충분했을 것이다. 알자스는 유행과 그 속에서 영혼을 보존하는 법을 알았지만, 자신들의 정체성에 대한 위협으로 여겨 오크통을 거부했다."고 평한다.

포도밭의 정원사 앙드레 오스테르타그

이 인증 시음회는 단지 행정적인 절차였지만, 판매와 관련해서는 큰 장애물이었다. 하지만 앙드레 오스테르타그는 이 퀴베의 판매 촉진을 위해 해당 토지 대장 상의 포도밭에 지번 A360P라는 이름을 붙이며 이를 저항의 상징으로 만들었다. 그는 A360P는 "무관용에 저항하기 위한 생존 코드"라고 말하면서, 2013년 밀레짐의 레이블에 십자가에 못 박힌 예수와 포도 묘목의 실루엣을 담고 손 글씨로 "분홍 사암의 한가운데 늙은 떡갈나무(오크)처럼 홀로 서 있지만 자유롭다."고 적었다.
현재 오스테르타그는 탁월함의 상징이 되었고, 그의 와인은 더는 검열의 수모를 겪지 않는다. 현명한 그는 글쓰기, 후미진 곳에 둥지를 튼 티티새를 감시하기, 그리고 캉티드Candide가 말하는 것처럼 정원 경작하기를 담당한다. 그는 자신의 밭을 '포도 정원'이라 부르는데, 세심하게 바이오 다이내믹으로 관리되는 작은 면적의 밭은 크지 않은 규모여서 아침에 일하기 시작할 때면 그 끝을 볼 수 있다. 그는 자신의 검은 수첩을 늘 지니고 있는데, "오로지 포도만 하늘로 간다. 시는 거기서 살 수 있게 해준다."라고 수첩에 적었다.

> 도멘의 대표 앙드레 오스테르타그

트림바크
(TRIMBACH)

피에르 트림바크(Pierre Trimbach)는 알자스 포도밭의 한가운데인 리보빌레의
역사가 깊은 12대째 네고시앙 가문이다.
13대도 명확히 드러나는 중이다.

도멘 트림바크

15, route de Bergheim
68150 Ribeauvillé

설립 : 1926년
면적 : 50헥타르
평균 생산량 : 1백만 병/년
원산지 명칭 : 알자스
레드와인 품종 : 피노 누아
화이트와인 품종 : 리슬링, 피노 그리,
게부르츠트라미너, 피노 블랑,
실바네르, 뮈스카

피에르 트림바크, 넘버 12의 자부심

리보빌레Ribeauvillé와 리크비르Riquewihr는 알자스 포도 재배의 중심이다. 이 부유한 두 마을은 알자스 지방의 51개의 크랑 크뤼 중 13개의 거점 도시이다. 최고봉을 포함한 다른 높은 봉우리들 덕분에 보주 산맥이 만드는 자연적 장애물은 서쪽에서 오는 비로부터 이곳을 보호하며, 이 지역을 알자스에서 가장 혜택 받는 지역이 되게 해준다. 이 두 마을은 알자스에서 가장 중요한 네고시앙들의 본거지로, 위겔Hugel은 리크비르에, 트림바크는 리보빌레에 있다. 사실 이 두 가문의 가계도에는 종종 교차점이 있다. 게다가 현재 위겔의 본사는 트림바크가 폐업한 지점 사무실로, 이곳에서 마지막 직원은 절약한다고 곳곳에 밝힌 촛불을 꺼놓는 바람에 나선형 계단에서 더듬더듬 내려가다가 추락사했다. 남아 있는 트림바크 가문은 1919년 허영의 표식인 점판암과 목재 골조로 된 작은 종이 울리는 인상적인 조그만 탑이 있는 리보빌레의 동네에 정착했다. 혹시 포도밭에서 일하는 일꾼들을 감시하긴 위한 망루였을까?

피에르 트림바크는 한 발은 포도밭에 걸치고 있던 앞선 11대의 긴 이야기를 즐겨 한다. 왜냐하면 부르고뉴처럼 알자스의 네고시앙은 큰 포도밭의 소유자이기도 하다. 하지만 본Beaune과는 반대로, 알자스의 고전적인 네고시앙은 엄격하게 포도의 구입에만 몰두한다. 크레망을 제외하고서는 포도 주스나 병입된 와인의 구매는 금지되어 있다. 경계도 역시 잘 정의되어 있는데, 타인에게 구매한 포도는 네고시앙 와인의 저급 와인을 만들어야 하고, 경사면에 심어진 도멘의 포도는 도멘의 고급 와인을 만드는 데 사용되어야 한다.

트림바크의 깃발, 리슬링

현재 도멘은 쉴로스베르그Schlossberg의 화강암, 그랑 크뤼 로사케르Rosacker
의 석회암, 그리고 유명한 퀴베 프레데릭 에밀cuvée Frédéric-Émile의 기원인
집 뒷편의 이회암-석회암-사암밭을 운영한다. 피에르 트림바크는
1979년 도멘에 들어와, 양조자인 아버지 베르나르Bernard와 삼촌
위베르Hubert의 뒤를 이어 양조를 하기 시작했다. 이 두 사람은 지금도
지하 와인 저장고 속을 거닐고 있다. 1950년대에 다른 네고시앙들이
지역 양조 협동조합에 매각되었지만, 이 11대 손들은 도멘의 독립성을
유지하는 법을 알았다. 이 당시 도멘은 12헥타르의 좋은 테루아를
가지고 있었다. 현재 도멘에는 거의 유기농으로 재배하는 45헥타르의
포도밭이 있다(고전적인 살충제와 관련된 문제에서 유연성을 갖기
위해 레이블 상에 따로 명시되지는 않았다).

피노 누아의 미래

13대의 시대가 도래했다. 피에르의 딸 안Anne은 수출 담당자로 일하고 있고,
포도 재배-양조 전문학교 준학사 학위(BTS) 소유자인 그녀의 사촌 쥘리앵Julien도
합류했다. 이 젊은이들은 이미 정남향 경사면에 있는 포도 품종을 바꾸게 만드는 지구
온난화의 위협을 직면해야 할 것이다. 알자스의 미래는 피노 누아일까? 포도나무를 빽빽하게
심어서 포도의 활력을 자연적으로 제한되게 하는 부르고뉴 방식에 따라, 트림바크는 확신을
가지고서 베르가임의 정서향 산등성이에 피노 누아를 심었다. 따라서 미래는 레드와인과
수출에 있다 할 수 있겠다. 이는 명성 있는 브랜드 와인을 쟁취하기 위해 오래된 도멘을
바로바로 매입하는 대량 벌크 와인 생산업체의 증가 위협 속에 살고 있는 트림바크와 같은
독립 네고시앙의 유일한 출구이다.

도멘 트림바크, 클로 생트-윈CLOS SAINTE-HUNE, 알자스 리슬링

트림바크는 위나비르Hunawihr의 그랑 크뤼 로사케르
Rosacker 안에 있는 1.67헥타르의 클로를 200년 넘게 갖고
있다. 수령이 대략 50년 정도 되는 포도나무로 구성된 이
포도밭은 석회암이 지배적인 토양과 남남동의 일조를 갖고
있다. 이 테루아는 리슬링에 독특한 미네랄을 제공하는데,
특별한 강력함을 보여준다. 꽃과 시트러스의 활기 있고
촘촘한 향과 시음하는 시간 내내 변화하는 미네랄이 있다.
환상적인 산도가 가져다주는 쟁한 맛과 숙성됨에 따라
풍만함과 과육을 씹는 것 같은 느낌이 발달한다. 5년 숙성
전에는 절대 판매되지 않지만, 완벽하게 잘 익은 맛을
위해서는 이보다 더 많은 시간을 필요로 한다.

> 트림바크 가족 사진. 위베르
트림바크, 그의 조카 장과
피에르, 그리고 그의 딸 안.

알자스

진드 움브레쉬트가 해석한 랑겐 드 탄

(LE RANGEN DE THANN PAR ZIND HUMBRECHT)

가파르고 돌덩어리 투성이인 랑겐 드 탄은 알자스에서 가장 남쪽에 위치하면서 가장 경사가 급한 경사면이다.
레오나르 움브레쉬트를 상징적인 생산자로 만든 그랑 크뤼의 이름이 여기서 왔다.

도멘 진드 움브레쉬트

4, route de Colmar
68230 Turckheim

설립 : 1959년
면적 : 40헥타르
생산량 : 비공개
원산지 명칭 : 알자스
레드와인 품종 : 피노 누아
화이트와인 품종 : 리슬링, 게부르츠트
라미너, 피노 그리, 뮈스카 아 프티 그
랭muscat à petits grains, 뮈스카 오토넬muscat
ottonel, 샤르도네, 오세루아auxerois

움브레쉬트의 수직 버전, 랑겐 드 탄

51개의 알자스 그랑 크뤼 중, 랑겐Rangen은 가장 유명하면서 동시에 가장 끔찍하다. "이미 경사가 수직인데 한 번 더 직각으로 치솟는다." 등반가 조르주 리바노Georges Livanos의 묘사는 이곳에 적용되는데, 붉은 빛을 띠는 갈색 돌덩어리인 '매우 고운 사암grauwacke'으로 이루어진 산과 같은 내리막은 하이킹하는 사람들이 아닌 포도 농부들의 이동 통로이다. 랑겐은 알자스에서 가장 남쪽에 위치한 포도 재배 지역이다. 튀르Thur강을 발아래 내려다보는 계곡의 끝부분과 탄Thann에 위치한다. 중세 시대에 이곳은 유럽 전체에서 명성이 자자했다. 하지만 재배하는 것이 너무 고통스럽고 산출율이 너무 낮아서 20세기 초반 필록세라 이후에 잊혀졌다. 레오나르 움브레쉬트는 이곳이 황무지였던 1960년대 여기에 관심을 가진 유일한 사람으로, 중세의 평가는 그렇게 좋았었는데 왜 지금은 이렇게 잊혀졌는지에 대해 의문이 생겼다. 레오나르에게는 자신의 믿음을 확립시켜주는 중세의 문헌과 여기서 와인을 계속 생산하는 외톨이 와인 메이커 자기 자신의 빈약한 증언뿐이었다. 왜냐하면 탄에 있는 화학 공장과 그곳들의 높은 급여는 포도밭에서 일하던 일손들을 떠나게 했기 때문이다. 날카로운 돌조각인 '매우 고운 사암' 비탈에서 그는 와인 만들기를 재개했다.

시대에 역행하여

튀르카임의 이 와인 메이커는 유명했던 랑겐의 와인이 무엇이었을지 웅얼거리며 자신의 아내 주느비에브^{Geneviève}와 함께 장차 도멘의 계승자가 될 올리비에^{Olivier}의 유모차를 밀면서 망가진 철길 위를 산책했다. 당시 알자스는 진흙 평야에서 자란 게부르츠트라미너와 실바네르를 리터 단위 벌크로 만들어 판매하는 데 중점을 두었다. 이러한 추세와는 반대로, 1976년부터 레오나르 움브레쉬트는 자신의 마음속에 있는 작은 예배당의 이름을 가진 가족 소유의 모노폴 클로 생-튀르뱅 뒤 랑겐^{Clos Saint-Urbain du Rangen} 같이 경사도가 90%에 이르는 정남향의 가장 좋은 밭들을 사들이기 시작했다. 스스로를 안심시키기 위해 이 와인 메이커는 리크비르^{Riquewihr}의 유명한 네고시앙 장 에글^{Jean Hegel}이 한 말, "진실은 잔 속에 있다."를 반복했다. 그들의 와인은 여기에 심어진 리슬링의 사투리를 섞어가며 화답하기 시작했다. 이 와인들은 포도밭만큼이나 현기증이 났다. 계곡에서 불어오는 바람은 이곳의 내리쬐는 태양광을 조금 냉각시켜 높은 산도를 지켜주지만, 그의 와인은 화산 지역 테루아의 불같은 영혼을 담고 있다. 실제로 존재하는 당도를 입안에서 못 느끼게 만드는 농축도와 알자스 특유의 미네랄을 가지고 있다.

"백 가지 사소함이 모여 한 가지 위대함을 만든다."

이후 랑겐은 다른 일부 와인 메이커들에 의해 포도가 재배되었지만, 큰 몫은 중세 시대의 전설을 부활시킨 움브레쉬트 가족에게로 돌아왔다. 현재까지도 올리비에와 레오나르 움브레쉬트는 그들의 포도밭을 개선시키는 일을 멈추지 않는다. 이제는 권양기로 경작할 수 있게 단구의 방향보다는 비탈의 방향으로 포도를 심는다. 어쨌거나 그 어떤 말(馬)도 이 경사를 오르길 바랄 수 없다. 그는 말한다. "나는 날렵한 수확자들을 고르지." 그 어떤 양동이도 균형을 잡을 수 없어 조금만 방심하면 굴러 떨어진다.

하지만 도멘은 절대 큰 실수를 저지르지 않았고, 원색의 파란 눈을 가진 79세의 레오나르는 아무것도 허투루 하지 않는다. 그의 좌우명은 "백 가지 사소함이 모여 한 가지 위대함을 만든다."이다. 바이오 다이내믹으로 관리되는 도멘은 말의 분뇨로 만든 퇴비를 구하기 위해 장거리 이동을 하고, 가능한 인간의 개입을 최소화한 양조방식의 최적화를 위해 4번이나 구리 탱크를 바꿨다. 움브레쉬트 가문의 2헥타르와 진드 가문의 4헥타르로 시작한 도멘 진드-움브레쉬트는 현재 40헥타르를 넘어선다. 레오나르의 아버지는 네고시앙에게 판매를 하는 중개인이었는데 원산지를 무시했다. 와인이 고지대에서 왔건 저지대에서 왔건 평지에서 왔건 신경을 안 썼다. 레오나르는 회상했다. "아버지께서는 제가 좋은 포도 재배자가 아니라고 하셨어요. 왜냐하면 아버지에게는 좋은 포도를 생산하는 게 중요했으니까요. 제가 구매를 주저할 때면 처가어른들은 '땅을 사라, 그건 절대 빚을 지는 게 아니야'라고 하셨는데 그분들의 지지를 받아 제게도 기회가 왔던 겁니다." 현재 탄의 공장들은 문을 닫았지만, 포도는 자라고 있다. 화산이 복수를 한 셈이다.

도멘 진드 움브레쉬트, 클로 생-튀르뱅, 알자스 그랑 크뤼, 랑겐 드 탄

도멘은 총 40헥타르의 포도밭이 있는데 그중 랑겐 드 탄의 클로 생-튀르뱅의 5.5헥타르가 포함된다. 여기서 리슬링, 피노 그리와 경사면 하단에 있는 강가의 몽테뉴^{Montaigne} 길가에 세워진 이 지역 이름의 기원인 성당 주변 대략 50아르 정도에서 게부르츠트라미너를 재배한다. 그랑 크뤼 랑겐 드 탄 자체는 총 18.81헥타르이다. 알자스에서 유일하게 화산암 토양과 매우 독특한 하부 토양을 가진 그랑 크뤼로, 올리비에와 레오나르 움브레쉬트는 여기서 부싯돌, 훈연, 이탄(피트) 향과 함께 토양의 풍부한 미네랄에서 오는 거의 짭짤하게 느껴지는 산도가 있는 와인을 만든다. 원칙적으로 리슬링은 매우 건강할 때 수확되어 당도가 없으면서 미네랄이 느껴지는 와인을 생산한다. 좀 더 일찍 성숙하는 피노 그리는 거의 매년 귀부 현상이 나타난다. 랑겐에서 다른 품종보다 조금 늦게 완숙에 도달하는 게부르츠트라미너 역시도 매우 자주 귀부 현상이 나타난다. 랑겐에서 생산되는 와인들은 전반적으로 농축되어 있고, 여운이 길며, 뛰어난 장기 숙성 능력이 있다. 그리고 거의 과일을 깨무는 듯하면서 탄닌이 느껴지는 아주 전형적인 마무리로 다른 와인들과 확연히 구분된다.

쥐라의 생산자 셀렉션

● **샤토 다를레**Château d'Arlay (**아를레**Arlay). 쥐라에서 가장 유명한 생산자 가운데 하나. 여기서 만드는 화이트와 뱅존은 엄청나다.

● **도멘 앙드레 에 미레유 티소**Domaine André et Mireille Tissot (**몽티니-레-자르쉬르**Montigny-lès-Arsures). 유기농 와인으로, 아르부아의 화이트인 퀴베 라 마이요슈Cuvée La Mailloche와 뛰어난 뱅 드 파유 스피랄Spirale이 있다.

● **도멘 베르테-봉데**Domaine Berthet-Bondet (**샤토-샬롱**Château-Chalon). 뛰어난 뱅존과 코트-뒤-쥐라 화이트.

● **도멘 앙리 메르**Domaine Henri Maire (**아르부아**Arbois). 쥐라의 엠블럼과 같은 존재인 앙리 메르는 이 지역이 잃어버렸던 명성을 되찾게 했다. 여러 가격대의 매우 훌륭한 와인들로 가성비마저도 최고 수준이다.

● **도멘 피에르 오베르누아**Domaine Pierre Overnoy **– 엠마뉘엘 우이용**Emmanuel Houillon (**퓌피양**Pupillin). 유기농으로 재배하고 무수아황산을 첨가하지 않은 레드와 강렬한 화이트, 엄청나게 순수한 뛰어난 와인들이다.

● **레 프뤼티에르 비니콜**Les frutières vinicole (**아르부아**Arbois, **부아퇴르**Voiteur, **퓌피양**Pupillin, **카보 데 비야르**Caveau des Byards). 이 협동조합은 다양한 수준의 매우 뛰어난 가성비를 가진 와인을 만든다.

● **미셸 가이에**Michel Gahier (**몽티니-레-자르쉬르**Montigny-lès-Arsures). 여기서 만드는

내추럴 와인과 여러 퀴베의 순수함은 기억할 만하다.

쥐라

AOC ARBOIS (AOC 아르부아)

쥐라 총생산량의 40%를 담당하는 가장 중요한 AOC로 아르부아 주변의 13개 코뮌에 퍼져 있는데, 오로지 퓌피양만 원산지 명칭 이후에 코뮌의 명칭을 덧붙일 수 있다. 트루소와 풀사르에 특화된 테루아로, 특히 레드로 유명한 원산지 명칭이지만, 여기서는 화이트, 뱅존, 뱅 드 파유와 크레망도 생산한다.

> **주요 품종** 화이트는 샤르도네, 사바냥. 레드와 로제는 풀사르, 트루소, 피노 누아.
> **토양** 점토와 석회암 더미.
> **와인 스타일** 알코올과 탄닌이 풍부한 레드는 붉은/검은 과일, 동물적인 향이 풍부하면서 좋은 지속성이 있다. 샤르도네로

양조한 화이트는 과일, 꽃, 향신료, 호두, 꿀 등의 향이 난다. 사바냥으로 양조한 화이트는 좀 더 풍만한데 호두, 향신료의 향이 나며, 좋은 여운을 남긴다.

색:
화이트, 레드.

서빙 온도:
화이트와 로제는 8~10도.
레드는 14~16도. 뱅존은 14~16도.
뱅 드 파유는 7~10도.
스파클링은 6~8도.

숙성 잠재력:
크레망은 당해에 마실 것.
화이트는 1~3년. 레드는 3~5년.
뱅 드 파유는 10년 이상.
뱅존은 50~100년.

쥐라

AOC CÔTES-DU-JURA (AOC 코트-뒤-쥐라)

쥐라에서 가장 넓은 원산지 명칭으로 북쪽의 살랭Salins에서 남쪽의 생-타무르Saint-Amour까지 매우 여러 테루아가 섞여 있다. 105개의 코뮌이 포함되는데 부아퇴르Voiteur, 폴리니Poligny, 주뱅제Gevingey, 아르부아Arbois 등이 가장 유명한 곳들이다. 확실히 이곳은 화이트가 강세로 당도가 있는 것/없는 것, 기포가 있는 것/없는 것 모두를 생산한다. 레드와 로제, 뱅존, 뱅 드 파유 등 쥐라 와인의 모든 스타일을 생산한다.

> **주요 품종** 화이트는 샤르도네, 사바냥. 레드는 풀사르, 트루소, 피노 누아.
> **토양** 점토와 석회암 더미.
> **와인 스타일** 테루아, 양조 방법, 블렌딩에

따라 매우 다른 여러 스타일의 화이트를 생산하지만 샤르도네로 만드는 꽃향기가 나는 상쾌한 화이트와 '사바냥스러운' 화이트, 이렇게 크게 두 가지로 나뉜다. 레드는 탄닌과 알코올이 느껴지는 부드러운 와인으로 붉은/검은 과일의 향이 난다. 뱅 드 파유는 열대 과일과 견과류의 향이 난다.

색:
레드, 화이트,
로제.

서빙 온도:
화이트와 로제는 8~10도.
레드는 14~15도. 뱅존은 14~16도.
뱅 드 파유는 7~10도.
스파클링은 6~8도.

숙성 잠재력:
크레망은 당해에 마실 것.
화이트는 1~3년. 레드는 3~5년.
뱅 드 파유는 10년 이상.
뱅존은 50~100년.

AOC VIN DE SAVOIE (AOC 뱅 드 사부아)

사부아

사부아 지방의 주요 원산지 명칭이다. 이 명칭은 단독으로 쓰일 수도 있지만, 아빔Abymes, 아프르몽Apremont, 아르뱅Arbin, 애즈Ayze, 쇼타뉴Chautagne, 시냥Chignin, 시냥-베르주롱Chignin-Bergeron, 크레피Crépy, 크뤼에Cruet, 종지외Jongieux, 마리냥Marignan, 마랭Marin, 몽멜리앙Montmélian, 리파유Ripaille, 생-장-드-라-포르트Saint-Jean-de-la-Porte, 생-주아르-프리외레Saint-Jeoire-Prieuré 등의 '크뤼'라고 불리는 16개의 마을 명칭과 함께 쓰이기도 한다. 4개의 데파르트망에서 이 원산지 명칭으로 생산되는 와인은 여러 가지 품종일 수 있다.

AOC 뱅 드 사부아는 전체 생산량의 70%가 당도가 없는 화이트와인이고, 나머지는 레드, 로제, 스파클링 와인 등이 차지한다. 공급에 비해 수요가 많은데, 산악 동네의 성격이 있는 이 와인의 상당 부분은 생산지에서 숙성되지 않은 채 소비된다. 하지만 일부는 몇 년 숙성해볼 가치가 있다.

> **주요 품종** 화이트는 자케르, 알테스 또는 루세트, 샤슬라, 몰레트, 그랑제, 루산. 레드는 몽되즈, 피노 누아, 가메 누아.
> **토양** 석회암 더미, 빙하에 실려 떠내려온 퇴적 토사.

> **와인 스타일** 아름다운 보라색을 띠는 몽되즈로 만든 레드와인은 산에서 자라는 야생과일, 제비꽃, 매우 두드러진 향신료의 향이 난다. 떨떠름하면서 지속성이 있는 탄닌은 숙성됨에 따라 마시기 좋게 부드러워진다. 자케르로 만든 화이트는 가볍고, 조금도 당도가 없고, 과일 풍미가 난다. 루산으로 만든 화이트는 하얀 꽃과 열대 과일의 향이 나고, 좀 더 짜임새가 있고 오랜 기간 숙성이 가능하다. 루세트로 만든 화이트와인은 빼어난 세련미가 있다.

색: 레드, 화이트, 로제.

서빙 온도: 화이트와 로제는 8~10도. 레드는 12~13도.(몽되즈로 만든 레드 와인은 15~17도). 스파클링은 6~8도.

숙성 잠재력: 스파클링은 당해에 마실 것. 화이트와 로제는 2년을 넘기지 말 것. 레드는 2~6년.

AOC ROUSSETTE DE SAVOIE (AOC 루세트 드 사부아)

사부아

론강을 따라 프랑지Frangy와 종지외Jongieux 사이에 포도밭이 펼쳐져 있다. 이 원산지 명칭은 품종에서 유래한다. 루세트 드 사부아는 프랑지, 마레스텔Marestel, 몽테르미노Montreminod, 몽투Monthoux 등의 네 가지 지리적인

명칭을 덧붙일 수 있다. 이 원산지 명칭은 오로지 루세트로 만든 기포가 없는 화이트와인에만 적용된다.
> **주요 품종** 루세트, 알테스라고도 불림.
> **토양** 석회암 더미, 빙하에 실려 떠내려

온 퇴적 토사.
> **와인 스타일** 빼어난 세련미가 있는 이 와인은 청량감과 생동감이 풍부하고, 견과류, 호두의 향이 지속성을 가지고 나타난다.

색: 화이트.

서빙 온도: 6~8도.

숙성 잠재력: 당해에 마실 것, 하지만 몇 년 정도 숙성해볼 수도 있다.

사부아와 뷔제Bugey의 생산자 셀렉션

● **샤토 드 리파유**Château de Ripaille (**리파유** RIPAILLE). 산도가 있고 과일 풍미가 있는 샤슬라로 미네랄이 느껴지고, 긴 여운이 있다.

● **샤토 드 라 비올레트**Château de la Violette (**레 마르슈**Les Marches). 자케르로 만든 매우 우아한 화이트.

● **도멘 라파엘 바르투치**Domaine Raphaël Bartucci (**메리냐**Mérignat). 뷔제를 대표하는 와인으로, 유기농으로 재배된 세르동 로제는 기분좋고 맛있는 작은 기포가 있다.

● **도멘 벨뤼아르**Domaine Belluard (**애즈**Ayze).

섬세한 스파클링과 그랑제로 만드는 기포가 없는 와인.

● **도멘 뒤파스키에 에 피스**Domaine Dupasquier et Fils (**종지외**Jongieux). 매우 균형이 잘 잡힌 루세트.

● **도멘 루이 마냥**Domaine Louis Magnin (**아르뱅** Arbin). 뛰어난 몽되즈와 장기 숙성을 위한 훌륭한 베르주롱.

● **도멘 앙드레 에 미셸 케나르**Domaine André et Michel Quénard (**시냥**Chignin). 가메와 몽되즈로 만든 눈여겨볼 만한 레드와 아빔Abymes과 시냥-베르주롱Chignin-Bergeron의 화이트.

● **도멘 드 리딜**Domaine de l'Idylle (**크뤼에**Cruet). 정확하고 생기 있으며 미네랄이 느껴지는 매우 아름다운 와인 시리즈.

스테판 티소,
투르 드 퀴롱의 기사
(STÉPHANE TISSOT, LE CHEVALIER À LA TOUR DE CURON)

쥐라의 스타 와인 메이커 스테판 티소는 아르부아에 있는 역사적인 포도밭인 투르 드 퀴롱을 부활시켰고
쥐라의 상징인 이 포도밭을 조심스럽게 복원했다.

도멘 앙드레 에 미레유 티소

39600 Montigny-les-Arsures

면적 : 50헥타르
생산량 : 150,000병/년
원산지 명칭 : 아르부아
레드와인 품종 : 피노 누아,
트루소, 풀사르
화이트와인 품종 :
샤르도네, 사바냥

소유권 이양의 역사

북쪽의 살랭-레-뱅Salins-les-Bains에서 아르부아, 폴리니, 샤토-샬롱, 레투알을 거쳐 남쪽의 생-타무르까지 쥐라의 포도밭은 대략 80여km에 펼쳐져 있다. 1936년 5월 15일 법령에 의해 창설된 원산지 통제 명칭에 의해 아르부아는 프랑스에서 가장 오래된 AOC이다. 12개 코뮌의 955헥타르를 포함하는데, 실제적으로 포도 재배는 약 850헥타르에서 이루어진다. 이 거대한 패치워크는 거의 300헥타르를 소유했던 앙리 메르Henri Maire에 의해 오랫동안 운영되었다. 메르 가문의 가세가 기울면서, 최근 들어 부르고뉴의 부아세Boisset에게 인수되었다. 포도나무는 팔렸고, 오래 숙성된 와인들은 여기저기의 경매에 올라왔다. 아르부아의 이 전설은 단지 앙리 메르의 지역인 라 피네트La Finette와 투르 드 퀴롱이라고도 불리던 스테판 티소가 부활시키기 위해 전념한 투르 카노Tour Canoz에 국한된다. 오랫동안 포도 재배를 한 가문의 어린 후계자와 부동산 점령에 열중한 나이 많은 파리의 식자재 유통업자 사이에는 문화적인, 그리고 세대적인 격차가 있었다. 하지만 2001년 스테판이 앙리에게서 퀴롱의 포도밭을 매입했을 때, 앙리는 그에게 "눈물이 났지만, 한 편으로는 이 밭을 소유하게 된 것이 당신이어서 만족스럽다."라고 말했다. 베네딕트와 스테판 티소는 어릴 적부터 알고 있던 이 장소에 대한 열정을 가지고 있었다. 어린 스테판은 탑을 따라 있는 굽은 길로, 살랭의 귀중한 포도를 운반하는 데 사용된 소금길 방향으로 가는 마른 돌담을 따라

뛰곤 했다. 그는 벽을 보호하기 위한 가건물을 짓기까지 했다. 20년 후, 황무지 한가운데 있던 황폐화된 탑은 불법 거주자들의 먹이로 전락했다. 왜냐하면 앙리 메르는 경사면, 고원 또는 한 덩어리로 된 부동산 매입에 대한 열정이 있었지만, 이 네고시앙은 수익성이 있는 밭을 선호해 평지에 포도를 심었기 때문이다.

재건된 클로

스테판 티소는 1992년에 가족이 소유한 20헥타르의 포도밭을 책임지는 와인 메이커가 될 차례가 되었다. 클로의 안쪽을 산책하면서, 자신의 포도와 클로 안의 포도의 성숙도를 비교했다. 놀라운 사실은, 퀴롱의 샤르도네는 더 색이 진하고, 과즙이 풍부했고, 원하는 만큼 성숙하다는 점이었다. 그의 갈망이 꿈틀대기 시작했지만, 딱히 희망은 없었다. 앙리 메르를 상징하는 핵심이었기 때문에, 그를 꿈꾸게 할 그 어떤 기회도 없었다. 하지만 행운은 더 이상 이 나이든 네고시앙에게 미소 짓지 않았고, 스테판은 클로의 포도원이 매물로 나왔다는 사실을 우연히 알게 되었다. 앙리 메르 도멘의 대표인 방코^{Banco}를 만나 2헥타르쯤 되는 황무지 매입 계약서에 서명을 했다. 그리고 체계적으로 야금야금 경사면을 매입하면서 조금씩 확장해 나갔다. 일부는 10년, 또 다른 곳들은 50년 동안이나 재배되지 않았었다. 2001년 밀레^{Millet} 박사의 가족에게서 탑까지 매입하면서 마침내 매우 오래된 이 도멘을 하나가 되게 만들었다. 2002년 7월, 클로의 역사적인 품종인 샤르도네를 심었다. 현재 스테판 티소는 정성을 쏟아 부어 복원시킨 탑 주변의 9헥타르를 홀로 운영한다.

헥타르당 27,000그루

약간의 점토가 섞인 가장 순수한 바욕절의 석회암 기반 바로 위에 탑이 있는데, 이것이 클로 드 라 투르 드 퀴롱으로 하여금 아르부아의 테루아 중에서 가장 부르고뉴스럽게 만드는 것이다. 불법 거주자들을 내보내고 1920년대와 동일하게 페인트칠을 하고 굴뚝의 상인방에 그들의 이니셜인 B&ST(베네딕트 & 스테판)을 새겼다. 이 커플은 아르부아와 반짝이는 돌 첨탑들이 내려 보이는 남쪽의 경사면에 위치한 이 엄청난 유산이 다 모이게 하는 데 10년을 투자했다. 앙리 메르가 건드리지 못했던, 접근성 떨어지는 조그만 밭에 포도를 심었고, 이 마법과도 같은 장소에 대해 스테판은 "내 네번째 자식이다."라고 했다. 그는 한꺼번에 심는 재래방식을 택했는데, 이는 1헥타르당 사바냥 27,000그루에 해당한다. 포도송이를 건드리지 않기 위해 안에 들어갈 때는 옆걸음질을 치면서 양손을 번쩍 들고 간다! 티소 가문의 자부심인 이 클로에서는 독특한 퀴베를 생산하는데 왜냐하면 처음부터 베네딕트와 스테판이 각각의 장소를 분리시켰기 때문이다. 언젠가 아르부아의 프르미에 크뤼가 될지도 모르는 견본이기도 하다. 50헥타르의 포도밭을 일구는 스테판 티소의 머릿속에 가득한 프로젝트와 대담한 양조방법은 앙리 메르의 정신적 아들이라 할 만한 이유이기도 하다.

도멘 앙드레 에 미레유, 클로 드 라 투르 드 퀴롱, 아르부아

스테판 티소는 자신의 50헥타르의 밭을 유기농법으로 재배하면서 재배 책임자를 두지 않는데, '포도밭 안에 양손을 간직하기' 위해서이다. 석회암 더미의 토양에 헥타르당 12,000그루가 심어진 76아르의 클로 드 라 투르 드 퀴롱은 별도로 판매된다. 나머지 8.2헥타르에서 나오는 포도는 트루소 생귈리에^{Singulier}, 아르부아 샤르도네 레 그라비에^{Les Graviers}와 피노 누아 수퀴롱^{Sous Curon}에 블렌딩된다. 2015년부터 생산된 떼거지로 심은 밭의 포도는 '테라스 드 퀴롱^{Terrasses de Curon}'이라는 이름으로 팔리는 독특한 와인을 생산한다. 매우 석회질인 이 땅에서 자란 샤르도네는 직선적이고 깔끔하며 꽃, 시트러스, 견과류의 선명한 향으로 가득 차 있고, 강렬하고 환상적인 퀴베는 입안에서 독특하게 뿜어내는 영롱한 산도가 퍼지게 한다.

> 도멘의 대표인 베네딕트와 스테판 티소.

루아르의 포도 재배지

루아르 강기슭은 프랑스의 포도 재배 지역 중에서 가장 범위가 넓다.
지역에 따라 다양한 맛과 텍스처의 와인을 생산하는데 각기 너무나 달라서
공통적인 특징을 찾는 것은 어려운 일이다.

오베르뉴Auvergne 산맥에서
방데Vendée의 백사장까지

루아르의 포도 재배 지역은 프랑스에서 가장 긴 강줄기 주변에 형성되어 있다. 루아르강은 포도가 거의 자라지 않는 해발 1,300미터의 중앙 산맥 남쪽에서 발원해, 서쪽에 있는 바다까지의 여정에서 선회를 시작하는 중간 지점, 해발 고도가 단지 200여 미터에 불과한 상세르Sancerre와 푸이이Pouilly에 도착한다. 서쪽으로 계속되는 여정은 오를레앙Orléans 숲을 따라 흐르다 해발 고도 50여 미터인 투렌Touraine, 앙주Anjou, 소뮈르Saumur의 넓은 평야를 거친다. 그리고 앙스니Ancenis를 지나 대서양에 바로 인접한 페이 낭테Pays nantais에 이른다.

약 1,000km에 이르는 이 강은 지형학적으로 매우 다양한 지역을 횡단하면서 기후의 변동과 와인의 성격에 영향을 미치는 포도 품종을 결합시킨다.

와인을 위한 시간의 유산

포도밭의 기원은 로마 시대까지 거슬러 올라간다. 4세기 투르Tours의 주교였던 생 마르탱Saint Martin은 종교적 요구와 질병의 치료를 위해

숫자로 보는
루아르의 포도 재배지

면적 : 52,000헥타르
생산량 : 2,900,000헥토리터
화이트 : 52%
레드 : 26%
로제 : 16%
스파클링 : 6%

(www.vinsvaldeloire.fr)

와인을 비축하면서 포도 재배의 발전에 기여했다. 10세기부터, 수도원과 수녀원의 포도 재배를 담당한 수도승들은 포도의 정착에 기여했다. 훗날 영국의 왕이 될 앙주의 백작 앙리2세 플랑타주네Henri II Plantagenêt는 12세기 앙주의 와인을 자신의 궁정에 제공했다. 시간이 흘러 15~16세기 동안 루아르의 샤토들과 이 성들을 소유한 왕족들은 품종을 선별하고 재배법을 정제하면서 와인의 품질을 개선하고자 하는 포도 재배자들을 격려했다. 19세기 중반까지, 루아르의 와인은 낭트Nantes의 항구를 통한 네덜란드와의 무역을 통해 비약적인 발전을 이루었다. 하지만 다른 곳들과 마찬가지로 필록세라가 포도밭을 황폐화시켰다. 포도밭은 20세기가 되어서야 부활했는데, 당시의 슬로건은 품질이었다. 상세르, 부브레Vouvray, 캥시Quincy 등이 첫 번째 AOC에 포함되었다.

품질의 혁명

현재 루아르에는 거의 70개에 가까운 원산지 명칭이 있다. 이 지역은 AOC급의 화이트와인 생산에서 프랑스 일등이고, 샹파뉴를 제외한 스파클링 와인의 생산 역시도 첫 번째이다. 수십 년 전부터 루아르는 테루아의 진정한 부활을 목격했다. 산출량을 줄이고 포도 재배에 신경을 썼으며, 양조와 숙성에 있어서 더 많은 주의를 기울임으로써 와인의 평균적인 품질 향상을 가져오는 가시적인 결실을 맺었다.

이러한 품질 혁명은 젊고 능력 있는 새로운 와인 메이커들에 의해 일어났다. 다양한 분야에서 일하던 그들은 자신들의 전공을 바꾸면서 이 분야에 뛰어들었다. 그들은 해외에서 경험을 쌓는 등, 이전 세대보다 더 훌륭한 교육을 접하고자 하는 노력을 계속했다.

포도 재배 지역

루아르 강기슭은 각각의 정체성과 와인 스타일을 가지고 있는 여러 하위 지역으로 나뉜다. 이 포도밭들은 급수원으로 루아르뿐만 아니라 셰르Cher, 앵드르Indre, 알리에Allier 그리고 비엔Vienne 과 같은 지류와도 접해 있다.

상트르(중앙)Centre의 포도밭. 오베르뉴Auvergne의 산 북쪽에서 시작되어 부르주

ANJOU ET PAYS NANTAIS
앙주와 페이 낭테

Bourges의 외곽에 펼쳐져 있고 지앙Gien 주변까지 이어진다. 여기는 소비뇽으로 만든 화이트와인이 지배적이고 가장 유명한 원산지 명칭은 상세르와 푸이이-퓌메Pouilly-Fumé 등이 있다.

투렌Touraine. 오를레앙의 서쪽에서 시작해 소뮈르Saumur의 경계에 있는 시농Chinon에 까지 이른다. 이 지역은 다수의 원산지 명칭을 포함한다. 여러 다른 와인 스타일의 AOC 투렌을 넘어, 부드럽고 과일 풍미가 넘치는데, 최고의 해에 최고의 생산자가 양조하면 최고의 와인이 만들어진다는 카베르네 프랑으로 만든 레드와인으로 알려진 세농과 부르괴이Bourgueil가 있다. 이들의 대항마인 화이트는 투르의 동쪽에 있는 루아르강의 양편에서 서로 마주보고 있는 부브레와 몽루이Montlouis이다. 여기서 슈냉 블랑은 달지 않은/달콤한, 기포가 있는/기포가 없는 뛰어난 화이트를 만든다. 그런가 하면 이 지방의 핵심은 크레망 드 루아르crémant de Loire뿐 아니라 부브레와 몽루이-쉬르-루아르Montlouis-sur-Loire의 무쇠mousseux와 페티양pétillant과 같은 루아르 강기슭에서 생산하는 스파클링 와인의 상당수를 생산한다는 것이다.

앙주Anjou**와 소뮈르**Saumur. 이 넓은 지역은 낭트Nantes에서 동쪽으로 20여 km 떨어진 곳에 펼쳐져 있는데, 루아르강을 따라 소뮈르와 앙제에까지 달한다. 여기서 슈냉 블랑으로 만든 달지 않은 화이트와인인 사브니에르Savennières나 감미로운 혹은 귀부 와인인 코토-뒤-레이옹Coteaux-du-Layon이나 코토-드-로방스Coteaux-de-l'Aubance와 같은 유명한 원산지 명칭을 만날 수 있다. 소뮈르를 둘러싼 지역에서는 레드와인과 스파클링 와인도 생산한다.

유용한 정보

전통적으로, 오베르뉴의 와인은
루아르 강기슭의 와인과 관계가 있다.
코트-도베르뉴Côtes-d'Auvergne, 코트-뒤-포레즈Côtes-du-Forez,
코트-로아네즈Côte-Roannaise, 생-푸르생Saint-Pourçain 등의
원산지 명칭이 해당된다.

페이 탕테 Pays nantais**와 방데**Vendée. 대서양과 가까운 낭트의 초입과 방데의 일부 지역 포도밭에서는 상당히 청량감 있고 향기로운, 달지 않은 화이트를 생산하는데, 모둠 해산물에 곁들이기에 완벽하다. 원산지 명칭 뮈스카데Muscadet에서는 믈롱 드 부르고뉴melon de Bourgogne라는 품종에서 나온 최상의 와인을 생산하는데 상쾌하면서 가볍고, 효모 찌꺼기와 함께 숙성시켰을 경우에는 종종 살짝 톡 쏘는 기포가 느껴지기도 한다. 일부 뮈스카데는 환상적으로 숙성된다. 남서부Sud-Ouest에서는 폴-블랑슈folle-blanche라고 알려진 말부아지malvoisie로 만든 코토 당스니Coteau-d'Ancenis의 화이트는 청량감이 돋보이며, 원산지 명칭 그로-플랑 뒤 페이 낭테Gros-Plant du Pays nantais에서는 블렌딩한 새콤한 와인을 생산하는데 지역 음식과 궁합이 좋다. 루아르강에서 남서쪽으로 약간 떨어져 있는 원산지 명칭 피에프 방데엥Fiefs Vendéen과 마뢰이Mareuil, 빅스Vix, 브렘Brem, 피소트Pissotte 등의 크뤼는 종종 매우 흥미로운 레드와 몇몇 화이트를 생산한다.

루아르 강기슭에서의 지구 온난화

2003년은 시음자와 포도를 동시에 힘들게 했는데 폭염 속에 쏟아지는 햇볕과 이상 고온으로 와인 역사에 족적을 남겼다. 이후, 와인 메이커들은 미래에 있을 지구 온난화와 그 결과를 감수해야 할 필요성을 확신하면서 기후 변화에 대한 자문을 하기 시작했다. 2007년부터, 루아르 강기슭은 지구 온난화의 효과를 예측하기 위해 CNRS가 실시하는 광범위한 프로그램의 실험지역 중 하나가 되었다. 이 연구의 관심사항은 와인 메이커에게 재배방법을 변경하거나 대목, 클론 혹은 이러한 변화에 적응할 수 있는 새로운 품종의 도입과 같은 새로운 선택을 제안하기 위해 미래의 기후를 모의 실험하는 것이다. 연구결과 보고서는 2003년과 같은 일부 밀레짐에서는, 확실한 남쪽 지방 품종인 그르나슈 누아grenache noir가 소뮈르Saumur에서 성숙할 수 있을 것이라고 한다. 원산지 명칭의 정체성을 거의 변질시키지 않으면서, 미래의 포도 품종 선택과 관련한 법령은 확실히 현재의 것과 다를 것이다.

> 여러 국지 기후, 다양한 품종과 토양이 다채로운 루아르 와인의 기원이다.

루아르 강기슭의 토양

루아르 강기슭의 지리적 면적은 매우 다양한 토양과 하부 토양을 가질 수 있게 해준다. 수원인 중앙산맥^{Massif Central}의 고대의 화강암 언덕들에는 몇몇 포도밭이 존속하고 있다. 가메는 흥미롭게 이 테루아를 표현한다.

좀 더 북쪽의 상트르-루아르^{Centre-Loire}(중앙 루아르)의 토양은 석회암과 점토가 지배적이다. 소비뇽 블랑의 본거지로 상세르와 푸이이-퓌메 등에서, 일조와 토양의 종류(백악, 이회질 백토, 규소질 점토)에 따라 상당히 미묘한 차이가 있는 와인을 만든다.

세 번째 지역은 루아르강의 중심부와 작은 지천의 유역을 포함한다. 수많은 와인 저장창고를 품고 있는 투렌, 소뮈르 등으로, 크림색 석회암으로 이루어진 백토와 앙주 지역 토양의 특성인 편암의 고향이다. 슈냉 블랑과 카베르네 프랑이 여기서 잘 자란다. 하천들의 물살에 파인 강바닥은 여기에 심어진 포도나무가 최적화된 배수를 하게 하는 경사면을 형성했다.

페이 낭테는 퇴적/변성/분화작용에 의해 형성된 토양으로 구성된 오래된 아르모리크 산맥^{Massif Armoricain} 기반 위에 있다.

품종

루아르 강기슭에서 재배되는 여러 품종은 와인 메이커로 하여금 다양한 스타일의 와인을 만들게 해준다. 이곳에서는 한 생산자가 레드와 화이트 또는 기포가 있는 와인과 기포가 없는 와인을 모두 만드는 것이 흔한 일이다. 부브레의 슈냉과 놀랄 만큼 순수한 과일 풍미를 가진 상세르의 피노 누아와 같이 일부 품종은 다른 곳에서는 만나기 쉽지 않은 수준에 있다.

지배적인 품종들. 상트르^{Centre}(중앙)의 포도밭에서는 화이트와인을 위해 약간의 샤르도네와 특히 소비뇽을, 레드와인을 위해서는 피노 누아와 가메를 재배한다. 투렌에서 페이 낭테까지의 화이트는 슈냉과 믈롱 드 부르고뉴(오로지 AOC 뮈스카데), 레드는 카베르네 프랑이 주품종이다.

일부 희귀 품종들. 알려진 품종들 이외에, 이 지역 곳곳에서는 맛을 보게 되면 좋아할 수밖에 없는 몇몇 희귀 품종을 발견할 수 있다. 뢰이^{Reuilly}에서는 피노 그리로 맛있고도 활기 넘치는 로제를 만든다. 트레살리^{tressalier}에는 생-푸르생^{Saint-Pourçain} 화이트 와인에 독창성을 주고, 피노 도니스^{Pineau d'Aunis}를 가지고 방돔 지역 ^{Vendômois}에서 레드와 로제를 생산한다. 피노 뫼니에와 동의어인

진실 혹은 거짓

상세르의 화이트는 숙성시키지 않고, 차갑게 마신다.

거짓 슈냉과 마찬가지로 소비뇽으로 양조되어 오크통에서 숙성시킨 몇몇 상세르의 화이트는 15년 이상 저장고에서 숙성시킬 수 있다.

> 소뮈르-샹피니^{Saumur-Champigny}
원산지 명칭 구역 안의 소제
^{Sanzay}에 있는 포도나무들.

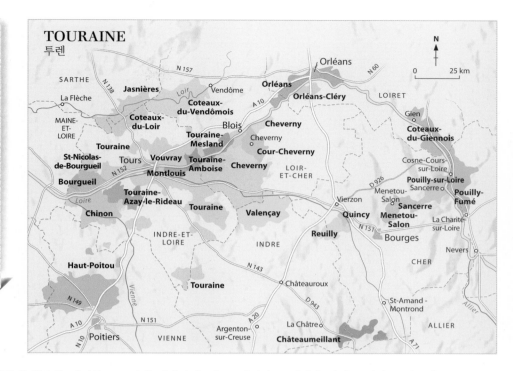

그리 뫼니에gris meunier는 오를레앙의 로제와 관련해 중요한 자리를 차지한다. 피노 그리의 사촌인 말부아지malvoisie는 코토 당스니Coteaux d'Ancenis에서 특유의 풍부함이 느껴지는 와인을만든다.

네고시앙과 소유주들

루아르는 작은 도멘들로 이루어진 지역으로, 보르도보다는 부르고뉴에 가깝다. 협동조합이 거의 없고, 와인 메이커 조직은 전체 생산량의 2/3를 차지하는 개인이 직접 운영하는 양조장으로 구성된다. 어쨌건 루아르는 명성에서나 가격에서 부르고뉴에 비할 바가 못 된다. 이런 이유로, 이 지역은 고급 혹은 최고급 와인의 마르지 않는 샘으로, 대부분이 매우 합리적인 가격이고, 와인 스타일의 다양성과 풍부함으로 보면 프랑스에서 가장 매력 있는 지역 중 하나이다. 네고시앙의 일은 매우 중요해서, 루아르 와인 판매의 50% 이상을 담당한다. 특히 뮈스카데 같은 일부 지역에서는 매우 중요한 역할을 한다.

루아르의 원산지 명칭

APPELLATIONS RÉGIONALES
(지역 원산지 명칭)
• Rosé de Loire
• Crémant de Loire

VIGNOBLE DU CENTRE(상트르 포도밭)
• Châteaumeillant
• Coteaux-du-Giennois
• Menetou-Salon
• Orléans
• Orléans-Cléry
• Pouilly-sur-Loire
• Pouilly Fumé (ou Blanc Fumé de Pouilly)
• Quincy
• Reuilly
• Sancerre

TOURAINE(투렌)
• Bourgueil
• Chinon
• Cour-Cheverny
• Cheverny
• Coteaux-du-Vendômois
• Coteaux-du-Loir
• Jasnières
• Montlouis-sur-Loire

• Saint-Nicolas-de-Bourgueil
• Touraine
• Touraine-Amboise
• Touraine-Azay-le-Rideau
• Touraine Chenonceau
• Touraine-Mesland
• Touraine-Noble-Joué
• Touraine Oisly
• Valençay
• Vouvray

ANJOU ET SAUMUROIS(앙주와 소뮈르)
• Anjou
• Anjou blanc
• Anjou Coteaux-de-la-Loire
• Anjou Gamay
• Anjou mousseux
• Anjou-Villages
• Anjou-Villages-Brissac
• Bonnezeaux
• Cabernet d'Anjou
• Cabernet de Saumur
• Coteaux-de-l'Aubance
• Coteaux-du-Layon
• Coteaux-du-Layon-Chaume
• Coteaux-de-Saumur
• Quarts-de-Chaume

• Rosé d'Anjou
• Saumur
• Saumur-Champigny
• Saumur mousseux
• Saumur Puy-notre-Dame
• Savennières
  suivi ou non d'un nom de lieu-dit
• Vins du Thouarsais

PAYS NANTAIS, VIGNOBLES VENDÉEN ET POITEVIN
(페이 낭테, 비뇨블 방데엥과 푸아트뱅)
• Coteaux-d'Ancenis
• Fiefs Vendéens
• Gros-Plant nantais
• Haut-Poitou
• Muscadet
• Muscadet-Sèvre-et-Maine
• Muscadet-Coteaux-de-la-Loire
• Muscadet-Côtes-de-Grandlieu

AUVERGNE(오베르뉴)
• Côtes-d'Auvergne
• Côte-Roannaise
• Côtes-du-Forez
• Saint-Pourçain

루아르의 유명 와인

강줄기를 따라 상트르(Centre)에서 페이 낭테(Pays nantais)에 이르기까지 루아르 강기슭의 모든 포도 재배 지역에는 지나칠 수 없는 원산지 명칭이 있다.

AOC REUILLY (AOC 뢰이이)

이 포도밭의 기원은 7세기의 생-드니^{Saint-Denis} 수도원의 수도승들에게서 찾을 수 있을 것이다. 당시에는 오로지 부르주^{Bourges}를 목표로 했던 이곳의 와인들은 프랑스 전역과 주변 국가에까지 조금씩 이름이 알려지게 되었다.

이 원산지 명칭은 부르주의 남동쪽에 위치한 셰르^{Cher}와 앵드르^{Indre} 두 개의 데파르트망의 245헥타르에 펼쳐져 있다. 뢰이이, 상세르^{Sancerre}, 메느투-살롱^{Menetou-Salon} 등은 상트르의 포도밭 중 세 가지 색의 와인을 다 생산하는 유일한 AOC들이다.

> **주요 품종** 화이트와인은 소비뇽. 로제는 피노 그리와 피노 누아. 레드는 오로지 피노 누아.

> **토양** 석회질의 이회암과 모래로 구성된 경사면은 새콤한 향과 이상적인 깊이감이 있는 와인을 만들어준다.

> **와인 스타일** 무시하지 못할 비중의 피노 그리로 만드는 로제는 좋은 맛으로 가득 찬 와인이다. 화이트와인은 조화롭고 아주 향기롭다. 피노 누아로 양조된 레드는 맛, 상쾌함, 과일 풍미로 유혹한다.

색:	서빙 온도:	숙성 잠재력:
화이트, 로제, 레드.	화이트와 로제는 8~10도. 레드는 16도.	2~4년.

AOC QUINCY (AOC 캥시)

부르주에서 몇 킬로미터 동쪽에 위치한 캥시는 이 지역에서 가장 오래된 포도 재배 지역이다. 또한 1936년 루아르의 포도밭 중에서 최초로 AOC로 선정되었다.

이 원산지 명칭은 캥시와 브리네^{Brinay} 두 개의 코뮌 290헥타르에 퍼져 있다. 소비뇽 품종은 시토^{Cîteaux} 수도사들에 의해 노트르-담 드 보부아^{Notre-Dame de Beauvoir} 수녀원에 심어졌다.

> **단일 품종** 소비뇽.

> **토양** 모래-자갈, 붉은 모래 지층 위의 모래, 점토의 양의 차이가 있는 진흙-모래 지층 위의 모래 등, 세 종류의 토양이 있다.

> **와인 스타일** 이곳의 와인은 당도가 없고, 세련되며, 부드러우면서 활기가 있다. 옅은 색깔이지만 반짝이면서 투명한 색을 띤다. 자몽 같은 시트러스, 하얀 꽃, 생생한 식물의 향이 나고, 생기와 솔직한 느낌, 직관적인 과일 풍미를 띤 맛이 난다.

색:	서빙 온도:	숙성 잠재력:
화이트.	8~10도.	2~5년.

좋은 가성비를 가진 '즐거운' 와인들

당도가 없는 화이트

- AOC 코토-뒤-지에누아Coteaux-du-Giennois : 에밀 발랑Émile Balland(콘-쉬르-루아르Cosne-sur-Loire)
- AOC 몽루이-쉬르-루아르Montlouis-sur-Loire : 클로 드 라 브르토니에르Clos de la Bretonnière, 도멘 드 라 타이유 오 루Domaine de la Taille aux Loups (몽루이-쉬르-루아르 Montlouis-sur-Loire)
- AOC 오를레앙Orléans : 렉셀랑스L'Excellence, 클로 생-피아크르Clos Saint-Fiacre (마로-오-프레Mareau-aux-Prés)
- AOC 푸이이 퓌메Pouilly Fumé : 도멘 미셸 레드 Domaine Michel Redde (생-앙들랭Saint-Andelain)
- AOC 상세르Sancerre : 플로레스 에 뉘앙스Florès et Nuance, 도멘 뱅상 피나르Domaine Vincent Pinard(뷔에Bué)

화이트 스파클링

- AOC 몽루이-쉬르-루아르Montlouis-sur-Loire

: 브뤼트 트라디시오넬Brut traditionnel, 도멘 프랑수아 시댄Domaine François Chidaine(몽루이-쉬르-루아르Montlouis-sur-Loire)

- AOC 부브레Vouvray : 브뤼트 메토드 트라디시오넬Brut Méthode traditionnel, 도멘 뒤 클로 노댕Domaine du Clos Naudin (부브레Vouvray)
- 품질 좋은 스파클링 와인 : 퀴베 뤼드빅 안Cuvée Ludwig Hahn, 도멘 드 레퀴Domaine de l'Écu (르 랑드로Le Landreau)

로제

- AOC 상세르Sancerre : 도멘 프랑수아 코타 Domaine François Cotat(샤비뇰Chavignol)

레드

- AOC 시농Chinon : 레 바렌 뒤 그랑 클로Les Varennes du Grand Clos, 도멘 샤를 조게Domaine Charles Joguet(시농Chinon)

- AOC 오를레앙-클레리Orléans-Cléry : 클로 생-피아크르Clos Saint-Fiacre(마로-오-프레Mareau-aux-Prés)
- AOC 상세르Sancerre : 아 니콜라À Nicolas, 도멘 파스칼 에 니콜라 르베르디Domaine Pascal et Nicolas Reverdy(맹브레Maimbray), 도멘 프랑수아 코타Domaine François Cotat(샤비뇰Chavignol), 도멘 프랑수아 크로셰Domaine François Crochet(뷔에Bué)

AOC SANCERRE (AOC 상세르)

상트르

상트르 포도밭의 간판과도 같은 원산지 명칭이다. 상세르 주변의 2,900헥타르에 달하는 산 경사면과 비탈에 위치한다. 가장 좋은 테루아인 샤비뇰Chavignol이나 뷔에Bué 같이 오래전부터 생산되는 와인의 좋은 품질로 잘 알려져 있다.

> **주요 품종** 화이트는 오로지 소비뇽. 레드와 로제는 오로지 피노 누아.

> **토양** 이 원산지 명칭은 백악, 이회질 백토, 규석으로 구성된 모자이크와 같은 토양에 펼쳐져 있는데, 이로 인해 와인은 복합적인 향을 갖는다.

> **와인 스타일** 오랫동안 과일 풍미의 새콤하면서 청량감 있는 와인을 일컫는 이 원산지 명칭의 와인은 단일 밭에서 나온 포도인지 아니면 블렌딩한 퀴베인지 혹은

스테인리스 탱크에서 아니면 오크통에서 양조/숙성했는지에 따라 다양한 스타일의 와인을 생산한다. 과일 풍미가 있는 활기 있는 와인에서부터 장기 숙성이 가능한 강한 퀴베까지 다채롭다.

색:	서빙 온도:	숙성 잠재력:
화이트, 로제, 레드.	화이트, 로제는 8~10도. 레드는 16도.	2~15년.

AOC POUILLY FUMÉ (OU BLANC FUMÉ DE POUILLY)
(AOC 푸이이 퓌메, 또는 블랑 퓌메 드 푸이이)

상트르

원산지 명칭 푸이이 퓌메는 아주 오래전부터 소비뇽의 진정한 보석상자로 여겨졌다. 미네랄과 이 품종의 수정같이 맑은 순수함을 살리는 이상적인 동반자인 규석 토양이 있는 생-앙들랭Saint-Andelain 언덕이다.

> **단일 품종** 소비뇽.

> **토양** 상세르와 비슷하게, 이 원산지 명칭은

시간과 자연이 만든 작품의 진정한 증거인 매우 다양한 토양 위에 펼쳐져 있다. 석영, 석회질 이회암과 규석은 와인 메이커의 관점에서 와인을 위한 최고의 토양이다.

> **와인 스타일** 언제나 토양과 연관이 있다. 석회질 이회암 토양에서 만들어진 와인은 허브 차와 하얀 과일 같은 상당히 직관적인 향으로

사랑받는다. 석영은 미네랄과 이국적인 느낌을 준다. 규석은 돌의 냄새가 받쳐주는 미네랄이 뻗쳐 나오게 한다.

색:	서빙 온도:	숙성 잠재력:
화이트.	8~10도.	2~15년.

AOC MENETOU-SALON (AOC 메느투-살롱)

부르주Bourges의 북쪽에 위치한 이 원산지 명칭은 남서쪽에 위치한 상세르의 연장선상에 있다. 10여개의 코뮌 550헥타르의 포도밭에서 상세르와 상당히 유사한 와인을 세 가지 색 모두에서 생산하는데, 대개 훨씬 매력적인 가격에 판매된다. 현재 도멘 앙리 펠레Domaine Henri

Pellé나 도멘 필립 질베르Domaine Philippe Gilbert 와 같은 매우 재능 있는 몇몇 와인 메이커들 덕분에 어느 정도 유명해졌다.

> **주요 품종** 화이트는 소비뇽 블랑. 레드와 로제는 피노 누아.

> **토양** 키메르지세의 석회 침전물.

> **와인 스타일** 상쾌하고, 과일 풍미와 꽃의

향이 나는 소비뇽이다. 일부는 오크통에서 숙성되는데 좋은 결과가 나온다. 로제는 피노 누아의 과일 풍미와 상쾌함을 지니고 있고 레드는 단순하고 과육을 씹는 듯한 것에서부터 좀 더 짜임새 있는 것까지 다양한 스타일이 존재한다.

색 :	서빙 온도 :	숙성 잠재력 :
화이트, 로제, 레드.	화이트와 로제는 8~10도. 레드는 16도.	1~10년.

AOC JASNIÈRES (AOC 자니에르)

65헥타르의 미니 포도밭으로, 루아르에서 가장 오래된 원산지 명칭 중 하나이다. 강에서 살짝 벗어난 곳에 위치한 이 원산지 명칭은 오래전부터 슈냉만으로 미네랄이 느껴지는 와인을 생산했는데, 좋은 숙성 잠재력이 있다.

> **단일 품종** 슈냉.

> **토양** 정남향을 바라보는 이 포도밭은 규석 조각과 백악이 박혀 있는 토양으로 열을 반환시켜 포도의 완벽한 성숙이 가능케 한다.

> **와인 스타일** 이 원산지 명칭에서는 좋은 산도와 모과의 향이 있으며 고귀하게 쭉 뻗은 맛을 가진 당도가 없는 화이트와 벌집, 모과잼, 아카시아 꿀의 향이 나며 균형과 조화를 이룬 당도가 있는 감미로운 와인을 생산한다.

색 :	서빙 온도 :	숙성 잠재력 :
화이트.	감미로운 화이트 8~10도. 달지 않은 화이트 10~12도.	달지 않은 화이트는 3~15년. 감미로운 화이트 혹은 귀부 와인은 10~30년.

AOC VOUVRAY, MONTLOUIS-SUR-LOIRE (AOC 부브레, 몽루이-쉬르-루아르)

투르Tours 근처에 있는 부브레(2,200헥타르)와 몽루이-쉬르-루아르(385헥타르)는 '쌍둥이' 같은 두 개의 원산지 명칭으로, 루아르강을 끼고 서로 마주보고 있다. 루아르 강기슭의 최고급 화이트와인의 원천이다. 슈냉은 여기서 천재적 재능을 발휘하여 당도가 없는 것에서부터 스파클링, 감미로운 화이트에 이르기까지 여러 가지 스타일의 와인을

만든다.

> **단일 품종** 슈냉.

> **토양** 부브레와 몽루이-쉬르-루아르는 백악으로 된 토양 위에 있는데, 상당히 부드러운 석회질의 이 돌은 아주 쨍한 미네랄이 담긴 테루아의 메시지를 와인에 전한다. 슈냉을 위한 최고의 테루아로 여겨진다.

> **와인 스타일** 이 두 개의 원산지 명칭의

저력은 정교하게 재단된 달지 않은 화이트와 공기감이 느껴지는 당도를 가진 드미-섹, 감미로운 화이트 그리고 활력을 주는 기포가 있는 스파클링까지 모두 생산할 수 있다는 것이다. 향에 있어 이 두 개의 원산지 명칭의 전형적인 특성인 아카시아 꿀의 향 위에 모과, 카모마일, 베르가모트 등이 느껴진다.

색 :	서빙 온도 :	숙성 잠재력 :
화이트.	스파클링이나 감미로운 화이트는 8~10도. 달지 않은 화이트는 10도.	달지 않은 화이트는 3~10년. 감미로운 와인은 7~30년(작황이 좋은 해에는 이보다 더 길다).

AOC CHINON (AOC 시농)

2,400헥타르의 광대한 이 원산지 명칭은 루아르강의 남쪽 강변, 부르괴이^{Bourgueil}의 맞은편에 있는 시농 주위에 펼쳐져 있다. 매우 사랑스러운 깊이감과 탄닌의 세련미가 있는 카베르네 프랑의 진수가 느껴지는 레드와인을 주로 생산한다.

> **주요 품종** 레드와 로제는 카베르네 프랑과 카베르네 소비뇽. 화이트는 슈냉.

> **토양** 석회암. 베롱^{Véron} 구역은 규토가 섞인 점토질 언덕과 모래 언덕이 있다.

> **와인 스타일** 카베르네 프랑의 모든 면과 섬세함을 보기 위해서 레드는 몇 년 동안 숙성할 필요가 있다. 오디, 블랙 커런트, 엘더베리 꽃의 향이 난다. 시간이 지나면서 훈연이나 향신료의 향으로 변화한다.
화이트는 풍부한 텍스처와 백악과 부싯돌의 풍미 사이의 균형을 선사한다. 로제는 대중이 이 원산지 명칭에 기대하는 훌륭한 맛을 보여준다.

색: 화이트, 로제, 레드.	서빙 온도: 화이트와 로제는 8~10도. 레드는 16도.	숙성 잠재력: 화이트와 로제는 3~5년. 레드는 3~20년.

AOC BOURGUEIL, SAINT-NICOLAS-DE-BOURGUEIL
(AOC 부르괴이, 생-니콜라-드-부르괴이)

루아르강 오른쪽 강변의 소뮈르^{Saumur} 위에 위치한 이 원산지 명칭의 레드와인은 짜임새와 깊이감으로 인해 사랑받는다. 특히 숙성과 관련한, 최근 수년간의 품질 향상이 이루어졌고, 열정적인 와인 메이커들로 인해 급부상하고 있다.

> **주요 품종** 카베르네 프랑, 카베르네 소비뇽.

> **토양** 상당수의 포도밭은 산 경사면에 위치한다. 지역 내 다른 곳의 토양에 비해 모래의 함유량이 월등한데 와인의 힘에 영향을 미치는 점토가 군데군데 섞여 있다.

> **와인 스타일** 반짝이는 루비색의 레드는 오디와 자두의 향이 나고, 탄탄하면서 잘 추출된 탄닌이 느껴지는 맛으로 매우 섬세하다. 확실하게 이 와인의 본질을 알기 위해서는 몇 달 혹은 몇 년 동안 숙성시킬 필요가 있다.

색: 레드.	서빙 온도: 16도.	숙성 잠재력: 3~20년.

AOC COTEAUX-DU-LAYON (AOC 코토-뒤-레이옹)

루아르 강기슭의 감미로운 와인에 있어서 대표적으로 참고할 만한 원산지 명칭 중 하나이다. 앙제^{Anger} 근처에 위치한 1,400 헥타르의 포도밭은 루아르의 지천인 레이옹의 강변 양쪽에 펼쳐져 있는데 가을이 되면 포도밭을 덮은 안개로 인해 잘 성숙한 슈냉의 포도알 위에 귀부 현상이 나타나게 만든다. 이 원산지 명칭에 포함되는 마을 중 최고 품질을 생산하는 곳은 크뤼의 자격이 있고, 볼리유-쉬르-레이옹^{Beaulieu-sur-Layon}, 패-당주^{Faye-d'Anjou}, 라블레-쉬르-레이옹^{Rablay-sur-Layon}, 로슈포르-쉬르-루아르^{Rochefort-sur-Loire}, 생-토뱅-드-뤼녜^{Saint-Aubin-de-Luigné}, 생-랑베르-뒤-라테^{Saint-Lambert-du-Lattay} 등은 레이블에 마을의 이름을 표시할 수 있다. 편암과 사암 토양 위의 정남향 경사면에 위치한 AOC 코토-뒤-레이옹-숌^{Coteaux-du-Layon-Chaume}은 2007년부터 숌^{Chaume}의 테루아를 좀 더 정확하게 분류하기 위해 만들어졌다. 프리미에 크뤼의 레벨로 간주된다.

> **단일 품종** 슈냉.

> **토양** 진정한 '멜팅 팟'으로 석회암과 편암, 사암이 섞여 있는데, 여기서 슈냉은 매우 다채로운 느낌과 다양한 면을 보여준다.

> **와인 스타일** 오로지 감미로운 와인만 생산하는데, 단지 당도의 차이가 있을 뿐이다. 각각의 와인 메이커는 자신의 스타일로 슈냉을 표현한다. 매우 균형이 잘 잡힌 감미로운 와인뿐만 아니라 확실한 당도가 있는 귀부 와인도 생산한다. 향에 있어서, 미라벨^{mirabelle}, 렌-클로드^{reine-claude} 등의 자두, 모과 등의 콩피한 향에 브리오슈의 향, 숙성이 됨에 따라 송로버섯의 향이 섞인다.

색: 화이트.	서빙 온도: 8~10도.	숙성 잠재력: 5~50년.

도멘 프랑수아 시댄
(DOMAINE FRANÇOIS CHIDAINE)

프랑수아 시댄과 그의 아내 마뉘엘라는 수년 전부터 도멘의 요람인 몽루이와
최근에는 루아르강의 다른 한 편인 부브레에서 품질로 확실한 차이를 만들어냈다.

라 카브 앵솔리트

30, quai Albert Baillet
37270 Montlouis-sur-Loire

설립 : 1989년
면적 : 37헥타르
생산량 :
150,000병/년
원산지 명칭 : 몽루이
레드와인 품종 : 코^{côt},
그롤로^{grolleau}, 카베르네 프랑,
피노 도니스^{pineau d'aunis}
화이트와인 품종 : 슈냉 블랑,
소비뇽 블랑

강의 양편

솔직함과 열정을 가진 프랑수아 시댄은 와인 메이커라는 이 환상적인 직업 외에 다른 일은 꿈도 꾸지 않았다. 1989년 독립할 때까지, 영혼을 다해 가족이 운영하던 몽루이의 도멘에서 농부로 시작한 이래, 그가 이 업에 발을 담군 지 이제 30여 년이 되었다. 시간의 흐름 속에 포도밭 매입이 계속되었고, 그의 이름을 단 도멘은 계속된 확장으로 현재 몽루이에 20, 부브레에 10, 투렌에 7을 합해 총 37헥타르가 되었다. 2000년대에 들어와 그는 강의 반대편 부브레에 포도 재배를 시작했고, 그의 아내 마뉘엘라는 몽루이 쪽의 루아르 강변에 '라 카브 앵솔리트'라는 시음을 위한 조그만 와인창고를 열었다. 그는 10여 년 전부터 투렌^{Touraine}에서 레드와 화이트와인 포도를 사서 조그맣게 네고시앙 비즈니스도 하고 있다.

직업 철학

루아르 화이트의 빠질 수 없는 존재감을 뽐내는 원산지 명칭 몽루이의 도멘 드 라 타유 오 루^{Domaine de la Taille aux Loups}의 작키 블로^{Jacky Blot}와 함께 또 하나의 기둥 역할을 하는 프랑수아 시댄은 20여 년 전부터 자신의 밭들을 유기농으로 전환하고 싶어 했다. 그리고 연구의 결과가 보여준 것처럼 자연스럽게 모든 밭을 유기농으로 바꿨다. 달지 않은

화이트에서 귀부 와인에 이르기까지, 왕좌에 오른 품종 슈냉을 돋보이게 하기 위해, 경작과 여러 번의 분류를 실시하는 손 수확 등의 까다로운 재배 방법은 도멘의 여러 퀴베가 보여주고자 하는 각각의 테루아의 특수성을 잘 나타나게 하는 최상의 결과물을 얻을 수 있게 해준다. 몽루이에서 대부분의 포도나무는 백악으로 이루어진 하부 토양과 규토가 섞인 점토질의 토양이 있는 위소Husseau에 위치해 있는데, 와인에 멋진 미네랄의 풍미를 주는 이 작고 검은 규토의 이름을 따서 '레 튀포Les Tuffeaux'혹은 '레 슈아지유Les Choisilles' 퀴베를 만들어 이 점을 부각시키고 있다.

끝없는 길

프랑소와 시댄은 첫 번째 밀레짐을 만들고 있는 것이 아니다. 밀레짐은 매년 이어지지만, 그 어느 해도 비슷하지 않다는 것을 알게 되었고, 최근 들어 업계 동료들과 함께 이 고통스러운 사실을 직시했다. 최근 몇 년은 몽루이와 부브레의 와인 메이커들에게 특히 어려움이 많았다. 2013년, 우박이 부브레에 있는 도멘의 밭과 몽루이 포도밭의 40%를 가열 차게 강타했다. 피해를 입은 포도밭을 돕기 위해 위니옹 데 장 뒤메 티에Union des Gens du Métier(전문 장인 연합)의 주선으로 크리스티에서 자선 바자회를 개최했다. 다행스럽게도 와인 메이커의 끝없는 길은 멋진 프로젝트를 만나게 했고 스페인에서 세 명의 친구를 만나게 되는 좋은 인연으로 이어졌다. 마침내 그는 부야스Bullas 옆의 무르시에Murcie 지방에서 템프라니요와 무르베드르를 블렌딩한 레드와 마카뵈macabeu 단일 품종 화이트와인을 생산하게 되었다. 슈냉을 중심으로 스페인 태양 아래 정착한 루아르의 이 훌륭한 도멘은 아직도 갈 길이 창창하다.

품종의 놀라운 표현들

몽루이 레 부르네Montlouis Les Bournais의 활기와 즐거운 청량감, 클로 뒤 브뢰이Clos du Breuil의 미네랄, 메토드 트라디시오넬Méthode Traditionnelle의 스파클링, 그리고 감미로운 와인까지 도멘의 여러 와인을 통해서 슈냉의 모든 면을 볼 수 있다. 도멘의 모든 와인은 순수하고 깔끔하며, 좋은 균형뿐 아니라 기분 좋은 과육의 입자, 아름다운 텍스처를 가지고 있다. 거의 짭짤하다고 느껴지는 미네랄에서 꽉 찬 풍만함까지, 와인들은 아름답고 순수하며, 강렬하고 맛있다. 꾸준하게 비범한 품질의 여러 와인을 통해 애호가들에게 슈냉의 모든 뉘앙스와 모든 장점을 전해준다.

대표 프랑수아 시댄

루아르

도멘 뒤 클로 노댕
(DOMAINE DU CLOS NAUDIN)

원산지 명칭 부브레의 엠블럼인 이 도멘은 슈냉 품종과 사랑에 빠져 있으며,
와인과 음식의 마리아주에 열정을 가진 필립 포로(Philippe Foreau)의 지휘 아래
루아르 강기슭에서 빠뜨릴 수 없는 도멘 중 하나가 되었다.

도멘 뒤 클로 노댕

14, rue de La Croix-Buisée
37210 Vouvray

면적 : 12헥타르
생산량 : 45,000병/년
원산지 명칭 : 부브레
화이트와인 품종 : 슈냉 블랑

부브레의 매력

비록 이름은 이렇지만, 이 도멘은 부르고뉴나 샹파뉴에 있는 클로와
비슷한 점은 하나도 없고, 단지 예전 소유주가 만든 이름을 인수했을
뿐이다. 필립 포로의 조부모가 이 도멘을 설립했다. 1983년 도멘에
왔을 때, 자신들의 와인을 병으로만 판매하던 선조들의 방식을 따라,
당시로서는 매우 드물던 최고 품질에 오른 그 와인들의 명성 만들기를
멈추지 않았다. 루아르강의 웅장한 강변 위에 위치하여 포도 농사의
오랜 전통을 계승해온 부브레는 투르^{Tours}에서 멀리 떨어지지 않은
루아르의 샤토들을 잇는 관광지 루트 상에 있다는 것과 루아르
지역 포도 품종의 왕좌에 오른 슈냉의 상당량을 생산한다는 것에
의기양양해 할 수 있다. 당도가 없거나 혹은 조금 있는 와인, 아주
달콤한 와인과 스파클링 와인, 이 모두에 환상적인 품종으로, 원산지
명칭 부브레의 총생산량에서 스파클링 와인이 60%를 차지한다.

고공비행하는 와인

클로 노댕에서는 토양, 포도 그리고 매년 바뀌는 밀레짐을 존중한다.
까탈스러운 재배 방법, 경작, 살충제 사용 금지, 손수확뿐만 아니라
양조에 있어서도 보당은 말할 것도 없고, 인위적인 산도 조절이나
젖산 발효 등도 마찬가지이다. 필립 포로는 "고객의 요구가 아니라

매년의 작황이 가진 잠재력에 답한다."고 말한다. 도멘은 매년 약간의 스파클링과 당도가 없거나 혹은 조금 있는 와인, 달콤한 와인, 그리고 귀부 와인을 생산하는데, 너무도 유명한 퀴베인 '구트 도르Goutte d'Or'는 오로지 단 두 번, 1947년과 1990년에만 생산했다. 페뤼슈Perruches라는 매우 좋은 테루아에 위치해 있는데, 와인에 비단 같은 텍스처를 만들어주는 점토와 '부싯돌'의 풍미를 주는 규토가 표면을 형성하는 토양에서 와인이 생산된다. 균형이 도멘의 키워드로, 깊이감과 매우 순수한 표현력, 그리고 아름다운 산도와 여운은 어느 누구를 막론하고 그냥 지나칠 수 없게 만든다.

슈냉의 마법

다른 지역과 마찬가지로, 젊고 능력 있는 와인 메이커들의 노력에 의해 포도밭은 변하고 있고, 기본으로 돌아와 '최고의 반열에 오른 것'들을 존경어린 눈빛으로 응시하고 있다. 클로 노댕은 바이오 다이내믹의 선구자 중 하나인 도멘 위에Domaine Huet의 노엘 팽게Noël Pinguet와 함께 원산지 명칭 부브레를 정상에 오르게 한 와이너리 중 하나에 속한다. 의심의 여지없이 이 모든 와인은 앙주Anjou와는 완전히 다른 모습을 보여주는데, 애호가들에게 진정한 최고급 와인을 선사해주는 슈냉이라는 품종에 대한 무조건적인 사랑에서 나왔다. 여기서 생산하는 당도가 있는 와인들은(드미 섹demi-sec 혹은 모엘뢰moelleux) 공기감이 있으면서 조금의 무거움도 없고, 줄타기를 하는 듯한 균형과 환상적인 힘과 관능적 쾌감을 지닌 명품 와인이다. 음식과 와인의 성공적인 마리아주의 동반자인 이 감미로운 와인은 현 소유주가 열정을 쏟는 것 중 하나로, 환상적으로 음식과 와인이 서로 교감하는 미각적 추억들을 오랫동안 떠오르게 한다. 섬세한 미각과 탁월한 후각을 가진 필립 포로는 발산되는 여러 향들을 순식간에 감지해낸다. 음식과의 최상의 궁합을 발견하는 일은 그에게 커다란 즐거움을 선사하는데, 성공적인 마리아주는 그를 미소 짓게 만들고, 특히나 자신의 와인과 함께 할 때는 더욱 그렇다.

은총 받은 슈냉

퀴베에 따른 완벽한 균형, 완벽한 중심을 만드는 제어된 산도, 입안에서의 청량감, 부싯돌을 연상시키는 춤추는 것 같은 미네랄의 긴장감 등, 달지 않은 화이트와 풍부한 맛의 감미로운 와인들이다. 도멘의 와인은 긴 여운과 환상적인 복합성, 그리고 그 어느 것도 운에 맡기지 않은 완벽한 제어로 사람들에게 깊은 인상을 남긴다. 그 어떤 슈냉보다도 유혹적인 와인 중의 하나인 스파클링 와인은 강렬한 만큼이나 정교하고, 도멘의 다른 훌륭한 와인들과도 어깨를 나란히 한다.

알퐁스 멜로,
도멘 드 라 무시에르

(ALPHONSE MELLOT, DOMAINE DE LA MOUSSIÈRE)

상세르의 매우 오래된 멜로 가문은 당도가 없으면서 활기를 주는 화이트와인으로 유명한
이 원산지 명칭의 가치 상승에 한몫을 했다. 상세르의 정중앙에 위치한 도멘은 레드와인의 정석이기도 하다.

도멘 드 라 무시에르

3, rue Porte César
18300 Sancerre

면적 : 38헥타르
생산량 :
300,000병/년
원산지 명칭 : 상세르
레드와인 품종 :
피노 누아
화이트와인 품종 :
소비뇽

200년 된 알퐁스

상세르는 상트르-루아르Centre-Loire의 가장 광범위하면서 동시에 가장 잘알려진 AOC이다. 구릉지가 내려다보이는 아름다운 요새, 종종 장관을 만드는 내리막 경사면, 군데군데 흩어진 작은 마을들도 있지만, 활기 있고 향기로우며 다른 지방 혹은 다른 나라와의 경계를 넘어선 명성이 자자한 화이트와인이 있다. 1980년대에는 동네 와인 바의 '한잔 술'이었던 이 와인은 좋은 기회를 포착해 건전한 경쟁을 하면서 역사적 리더들의 활약으로 수준을 높였다. 의심의 여지없이 멜로 가문은 이 스토리의 일부이다. 200년 전부터 멜로 가문 각 대의 장손은 설립자의 이름 그대로 알퐁스라는 이름을 이어왔다. 1881년 그들 중 하나가 여행객들이 이 지역의 와인을 즐길 수 있는 여관을 상세르에 오픈하자는 좋은 아이디어를 냈다. 그리고 1946년 에드몽 알퐁스Edmond Alphonse는 브라스리와 최고급 레스토랑에 상세르의 맛을 전파하는 와인 바를 파리에 열었다. 이제 그 여관은 더는 존재하지 않고 와인 바는 매각되었지만, 그 어느 때보다 알퐁스 가문은 상세르의 최고급 와인을 찾는 애호가들을 기쁘게 해준다. 지금의 '아버지' 알퐁스는 1970년대에 도멘의 경영을 시작해, 1988년 22헥타르를 유기농으로 전환했다. 그의 '아들' 알퐁스는 부르고뉴와 칠레에서 경험을 쌓고 1990년대 아버지 팀에 합류했다. 가문의 역사에서 가장 뛰어난 재능을 가진 그는 자신의 여동생 엠마뉘엘Emmanuelle과 함께 도멘을 공동 경영하고 있다.

최고급 화이트, 최고급 레드

원산지 명칭 구역의 정중앙에 있는 키메리지세 토양 위 36헥타르의 포도밭은 유기농으로 관리된다. 적은 산출량, 포도의 최대 성숙, 경작을 통해 토양에 활기를 넣기 등 소비뇽의 과일 풍미와 청량감을 위해 밭은 늘 주의 깊게 관리되지만, 특히 제네라시옹Génération과 에드몽Edmond이라 이름 붙은 최고급 퀴베를 생산하는 몇몇 밭을 분리해 밭마다 세세한 비밀을 푸는 방법을 알아나갔다. 어떤 빈티지이건, 소비뇽 특유의 떫고 풋풋한 향을 느낄 수 없는데, 언제나 포도가 흠잡을 수 없는 성숙도에 도달하게 하여 오크통에서 숙성을 해도 무리가 가지 않기 때문이다. 농축되고 장기 숙성을 위해 재단된 피노 누아로 양조한 도멘의 레드와인은 해당 원산지 명칭 내에서 비교할 수 있는 대상이 드문데, 부르고뉴의 와인을 결연한 눈빛으로 곁에서 주시하고 있다. 간단히 말해서, 뛰어난 레드와 맑은 화이트처럼 차이가 분명한 여러 수준의 와인을 통해서 멜로 가문은 가장 정교하고 상세르의 이미지에 부합하는 와인들을 생산한다. 이 도멘의 매우 뛰어나면서 희귀한 와인들을 맛보고 싶을 수도 있지만, 한 생산자를 평가하려면 가장 낮은 수준의 것부터 평가할 필요가 있는데, 레드와 화이트는 모두 마치 모범 답안과도 같다. 아들 알퐁스는 샤리테-쉬르-루아르Charité-sur-Loire의 밭은 잠시 잊고, 몇 년 전 부르고뉴의 뱅상 정테Vincent Geantet와 함께 인접한 테루아에 열정을 쏟아 샤르도네와 피노 누아를 재배 중이다.

도멘 알퐁스 멜로, 라 무시에르, 상세르 화이트

도멘에서 생산하는 와인의 중심인 라 무시에르는 대량으로 생산하는 와인이다. 품종의 세련미를 잘 표현하고 뛰어난 일관성을 보여준다. 스테인리스 탱크와 오크통에서 발효시킨 이 퀴베는 품종 특유의 과일과 꽃의 잘 성숙된 향과 부드러우면서 순수한 맛, 산도에서 오는 활기를 느낄 수 있다. 피노 누아로 만든 라 무시에르 레드 역시도 같은 매력을 가지고 있다. 붉은 과일, 향신료, 은은한 오크향 같이 동일한 유혹적인 향과 부드러운 탄닌, 상쾌함을 간직한다. 과일에 초점을 맞춘 매우 좋은 피노 누아가 느껴지는 와인이다.

고귀한 테루아 클로 루자르 Clos Rougeard

한세기가 넘도록 샤세Chacé에 있는 클로 루자르에서는 루아르 강기슭의 최고급 레드와인을 생산하고 있다. 이전 세대에서 푸코Foucault 형제들은 원산지 명칭 소뮈르-샹피니Saumur-Champigny와 코토-드-소뮈르Coteaux-de-Saumur로 극소량 수공업 방식으로 루아르의 가장 아름다운 와인을 생산했다. 레드와인 품종인 카베르네 프랑과 모든 화이트와인의 단일 품종인 슈냉의 본모습을 드러내게 하기 위해 모든 방법이 동원됐다. 토양에 덜 자극적인 처리를 하기 위해 화학이나 인공합성 물질은 배제되었다. 경작된 모든 밭에 잡초가 자라게 하고, 품질을 유지하기 위해 산출량을 고의적으로 낮췄다. 그래서 가장 적합하게 성숙한 포도만 수작업으로 수확한다. 양조와 관련해서 나디 푸코Nady Foucault는 간결하게 "우리의 작업 방식은 시간이 걸립니다."라고 말한다. 프랑스에서는 드물게 24~36개월의 매우 긴 숙성 시간을 갖고 나면, 1953년, 1937년, 1921년, 그리고 마법과도 같은 1900년 빈티지가 보여주듯, 이 와인들은 몇 십 년 혹은 몇 백 년을 견딜 준비가 되어 있다.

앙주-소뮈르

AOC SAUMUR, SAUMUR-CHAMPIGNY(AOC 소뮈르, 소뮈르-샹피니)

이 두 원산지 명칭은 소뮈르 주변의 여러 코뮌에 펼쳐져 있다. 2,600헥타르에 달하는 AOC 소뮈르에서는 달지 않은 화이트와 레드 그리고 스파클링 와인을 생산한다. 1,500헥타르 규모의 AOC 소뮈르-샹피니는 오로지 레드와인만 두 가지 스타일을 만든다. 네고시앙들은 숙성시키지 않고 마시는 부드러운 와인을 생산하고, 독립적인 와인메이커들은 클로 루자르Clos Rougeard처럼(바로 위 참조) 장기 숙성을 목표로 만든다.

> **주요 품종** 화이트는 슈냉, 소비뇽, 샤르도네. 레드는 카베르네 프랑, 카베르네 소비뇽, 피노 도니스.

> **토양** 소뮈르의 포도밭은 전체적으로 백악이 풍부한 하얀 토양이다. 원산지 명칭 소뮈르-샹피니의 밭은 훨씬 풍요롭고 깊은데, 백악뿐만 아니라 점토-석회암과 규석-점토도 있다.

> **와인 스타일** 소뮈르의 스파클링은 기포의 세련미, 섬세한 향, 공기 같은 텍스처로 유혹한다. 동일한 원산지 명칭으로 카바르네와 가메로 레드 스파클링을 만드는데 호기심을 유발한다. 정성을 들여 양조하고 숙성시킨 화이트는 과즙이 풍부한 과일과 마편초(레몬 버베나verveine)의 향이 난다. 입안에서는 백악에서 오는 미네랄이 전면에 등장한다.

소뮈르-샹피니의 레드는 깊이감이 돋보인다. 새콤달콤한 검은 과일, 훈제한 나무, 부드러운 향신료의 향과 우아한 느낌이 있다. 소뮈르의 레드는 좀 더 부드럽고 농축되어 있다.

색 :
화이트, 레드.

서빙 온도 :
기포가 있거나 없는 화이트 또는 로제는 8~10도. 레드는 16도.

숙성 잠재력 :
화이트는 3~10년.
레드는 5~20년.

앙주-소뮈르

AOC SAVENNIÈRES (AOC 사브니에르)

미식계의 왕자 퀴르논스키Curnonsky는 사브니에르를 전설적인 몽라셰Montrachet, 샤토 디켐Château d'Yquem, 샤토-샬롱Château-Chalon과 같은 수준으로 분류했다. 사브니에르는 앙제의 포도 재배계에서 예외적이라 해도 과언이 아니다. 루아르강의 물줄기의 흐름을 바라보는 곳에 이상적으로 위치한 130헥타르의 포도밭은 사브니에르, 부슈멘Bouchemaine, 라 포소니에르La Possonnière, 세 개의 코뮌에 흩어져 있다. 와인은 언제나 농익은 포도로 만들어지는데, 각각의 병은 진정으로 특별한 시음의 순간이다. 로슈-오-무안Roche-aux-Moines과 쿨레-드-세랑Coulée-de-Serrant이라 이름 붙인 것은 별개의 원산지 명칭이다.

> **단일 품종** 슈냉.

> **토양** 원산지 명칭은 루아르강과 직각을 이루는 경사면에 위치해 있는데, 모래 속에 편암이 촘촘하게 박혀 있다. 상당히 독특한 이 토양은 슈냉의 고귀한 엄격함을 보여주게 한다.

> **와인 스타일** 사브니에르의 와인은 시간을 필요로 한다. 초창기에는 그다지 이목을 끌지 못하지만, 최소한 저장고에서 10년을 기다리면 미라벨, 모과, 살구와 같은 과즙이 풍부한 노란 과일의 향을 선물한다. 마치 탄닌이 있는 것 같은 느낌을 입안에 남긴다. 사브니에르는 우아한 쌉쌀함에서 오는 탄탄한 텍스처와 짭짤한 인상을 남긴다.

색 :
화이트.

서빙 온도 :
10~12도.

숙성 잠재력 :
10~50년.

AOC QUARTS-DE-CHAUME, AOC BONNEZEAUX
(AOC 카르-드-숌, AOC 본조)

만약 루아르 강기슭에 그랑 크뤼 분류가 존재한다면, 이 두 개의 원산지 명칭이 당연히 첫 번째 자리를 차지할 것이다. 90헥타르의 본조는 코토-뒤-레이옹 테루아의 가장 좋은 자리에 위치한다. 40헥타르의 그랑 크뤼인 카르-드-숌은 루아르 강가에 있다. 레이옹의 곡류천이 만드는 국지기후 속에 있는데, 기원이 중세시대까지 거슬러 올라가는 이 원

산지 명칭은 포도 품종 슈냉의 가치를 드높인다. 애호가의 눈에 이 두 개의 원산지 명칭은 시간을 뛰어넘는 최고급 귀부 와인의 정수들이다.

> **단일 품종** 슈냉.

> **토양** 사암과 편암으로 구성된 토양은 귀부현상을 촉진하는 레이옹의 아침 안개와 공범이다.

> **와인 스타일** 카르-드-숌이건 본조건, 저장고에서 숙성되는 동안 조금씩 정제되고 미묘하게 변하는 잔당의 풍부함이 인상적이다. 어릴 때 맛을 보면, 베르가모트, 콩피한 시트러스, 소나무 꿀, 모과의 향이 뿜어져 나온다. 10~20년 정도 숙성이 되면, 백악, 배로 만든 쨈, 페이스트리, 하얀 송로버섯의 다채로운 향이 나타난다.

색 :	서빙 온도 :	숙성 잠재력 :
화이트.	10~12도.	10~50년.

AOC MUSCADET-SÈVRE-ET-MAINE (AOC 뮈스카데-세브르-에-멘)

낭트Nantes의 주변에 위치한 원산지 명칭 뮈스카데는 6,000헥타르의 광범위한 포도밭을 점유한다. 루아르 강기슭에서 가장 규모가 큰 이 원산지 명칭은 와인에 살짝 기포가 생기게 하거나 특히 더 많은 볼륨과 향을 선사하는 '쉬르 리sur lie' 숙성방법을 명예롭게 만들었다. 숙성하지 않고 마시는 단순하고 활기찬 와인에서부터 오랜 기간 숙성시켜 복합적이지만 때로는 뛰어난 가성비를 보여주는 와인까지 이 지역은 여러 스타일의 와인을 생산한다.

> **단일 품종** 믈롱 드 부르고뉴('뮈스카데'라고도 불림).

> **토양** 편암, 운모편암, 반려암뿐만 아니라 작은 비율의 화강암까지 매우 다양하다.

> **와인 스타일** 최고는 스테인리스 탱크에서 매우 오랜 숙성을 한 것으로 입안에서의 존재감과 깊이감이 있다. 푸드르foudre 같은 큰 용량을 가진 용기에서 숙성된 것은 저장고에서의 숙성과 관련한 보장된 미래가 있다.

막 자른 허브 꽃, 보리수 등의 향에 시트러스와 하얀 과일의 향이 더해진다. 입안에서는 느껴지는 청량감은 미뢰에 활기를 준다.

색 :	서빙 온도 :	숙성 잠재력 :
화이트.	8~10도	3~20년.

몇몇 최고급 퀴베

달지 않은 화이트

- AOC Anjou : Les Rouliers, Richard Leroy (Rablay-sur-Layon).

- AOC Blanc Fumé de Pouilly : Silex, Dagueneau, Didier Dagueneau (Saint-Andelain).

- AOC Montlouis-sur-Loire : Stéphane Cossais, Maison Marchandelle (Montlouis-sur-Loire).

- AOC Sancerre : Clos La Néore, Edmond Vatan (Chavignol).

감미로운 화이트와인

- AOC Coteaux-de-Saumur : Clos Rougeard (Chacé).

- AOC Montlouis-sur-Loire : Domaine François Chidaine (Montlouis-sur-Loire).

- AOC Vouvray moelleux : Romulus, Domaine de la Taille aux Loups (Montlouis-sur-Loire) ; Domaine du Clos Naudin (Vouvray).

- AOC Quarts-de-Chaume : Château de Suronde (Rochefort-sur-Loire).

레드와인

- AOC Chinon : L'Huisserie, Domaine Philippe Alliet (Cravant-les-Coteaux).

- AOC Sancerre : Charlouise, Domaine Vincent Pinard (Bué) ; Belle Dame, Domaine Vacheron (Sancerre).

- AOC Saumur : Les Arboises, Romain Guiberteau (Mollay).

- AOC Saumur-Champigny : Les Poyeux, Clos Rougeard (Chacé).

루아르

도멘 파트릭 보두앵
(DOMAINE PATRICK BAUDOUIN)

왕좌에 오른 루아르 포도 품종의 열렬한 수호자인 파트릭 보두앵은 최고의 슈냉 해석자 가운데 하나이다.
앙주 지역 레이옹의 핵심에 그의 이름을 딴 도멘은 1990년 그가 인수한 이후 품질 향상이 멈추지 않고 있다.

도멘 파트릭 보두앵

Prince
49290 Chaudefonds sur Layon

면적 : 13.5헥타르
생산량 : 45,000병/년
원산지 명칭 : 앙주
레드와인 품종 : 카베르네 프랑
화이트와인 품종 : 슈냉 블랑, 소비뇽 블랑

고향으로의 귀환

몽상가의 시선과 수다스러운 시인의 감수성을 가진 파트릭 보두앵은 열성적인 와인 메이커로, 열정적으로 일에 열중하며 비즈니스에 있어서는 항상 새로운 프로젝트에 투자한다. 앙제에 있는 레이옹강에서 아주 가까이에 있는 코뮌인 쇼드퐁Chaudefonds의 '신사의 운하canal de Monsieur'(운하를 파는 것을 허용한, 훗날 루이 18세가 될 루이 16세의 동생이 이와 같이 불렀다.) 근처에 외증조부 쥐비Juby 가문에 의해 도멘이 설립되었다. 파트릭 보두앵은 코토-뒤-레이옹의 퀴베 '마리아 쥐비Maria Juby'를 통해 그들에게 오마주했다. 파트릭은 앙제에서 태어났지만, 처음부터 와인 메이커였던 것은 아니다. 누구든 한 사람의 인생에 하나의 직업만 있지 않은 것처럼, 그는 포도밭을 경작하기 위해 생업이던 책방의 문을 닫고 푸근한 고향으로 내려왔다. 그리고는 1990년 가족이 가지고 있던 도멘을 넘겨 받아 모든 것을 재창조했다. 의심의 여지없이 첫 사랑은 그 무엇보다 강하다. 파트릭 보두앵은 자신이 좋은 선택을 했다는 것을 늘 실감한다. 현재 10헥타르의 슈냉, 3.5헥타르의 카베르네 프랑과 소비뇽 등, 유기농으로 인증 받은 총 13.5헥타르를 소유한 도멘의 수장으로, 그는 앙주, 코토-뒤-레이옹, 카르-드-숌, 사브니에르 등의 원산지 명칭으로 깐깐한 고집이 담긴 와인을 생산한다. 그는 또한 2008년 유기농으로 인증 받은 포도를 구매해서 양조하는 작은 규모의 네고시앙 비즈니스도 시작했다.

슈냉을 향한 열정

루아르의 정체성을 본질로 하는 왕좌에 오른 품종인 슈냉은 반드시 맛보아야 하는 달지 않은 엄청난 화이트뿐 아니라 균형 잡히고 상쾌함이 가득한 감미로운 와인 그리고 드미 섹과 스파클링까지 포도주 양조 분야 거물의 손에 의해 만들어진다. 파트릭은 스스로를 "테루아와 뛰어난 밀레짐을 보여주는 영사기와 같다."라고 말하기를 좋아한다. 이 품종에 대한 열정과 지식으로 가득 찬 그는, 동료들 곁에 선 슈냉의 기수로서, 마법과도 같은 이 품종이 직면한 위협에 대해서 경고한다. 그는 로제와 코토-뒤-레이옹에 자리를 빼앗겨 점점 줄어드는 달지 않은 앙주의 화이트와인 감소 추세에 긴장을 늦추지 않고 있다. 달지 않은 화이트를 위한 면적이 줄어들고 있기 때문이다. 품질만 일정하다면 크뤼 제도 덕분에 슈냉은 그 가치에 합당한 위치를 되찾을 수 있을 것이다.

깊이 있는 작업

루아르 최고의 도멘 중 하나로 알려지는 것은 하루아침에 될 수 있는 일이 아니다. 파트릭 보두앵은 겸손한 자세로 각 밭의 세세한 점들을 꼼꼼히 알아가면서, 천천히, 하지만 확실하게 자신의 일을 20년 동안 꾸준히 이어나가고 있다. 그는 자신이 사랑하는 '검은 앙주'에 대해서 자세히 설명하는 것을 좋아한다. 이는 아르모리크Armorique 산맥의 동쪽 끝에 있는 편암 테루아를 말하는 것으로, 석회의 특성이 잘 나타나는 '하얀 앙주' 의 반대 개념이다. 특이성에 대한 이 존중은 소중히 여기는 그의 테루아의 자식과도 같은 도멘이 양조하는 '테루아의 와인'에서 일관성 있게 발견된다.

순수함, 상쾌함, 균형

달지 않은 앙주의 화이트와인은 순수하고 긴장감이 있으며 우아함이 묻어난다. 시음자들은 상쾌함, 강직함, 환상적인 과일의 순수함이라는 공통분모 위에서 퀴베에 따라 미네랄, 아름다운 쌉쌀함, 과육이 씹히는 듯한 느낌, 깊이감으로의 여행을 떠난다. 추가로 설탕을 넣지 않고 대신 재능을 듬뿍 넣은 감미로운 와인들에서는 힘, 텍스처, 상쾌함과 균형이 보여진다. 매우 깔끔하면서 빛을 발하는 맛이다. 과일을 중심에 둔 레드와인은 포도를 씹는 듯한 즐거움에 더해 질감과 생동감의 균형을 잘 이루었다.

> 도멘의 대표인 파트릭 보두앵

론의 포도 재배지

리옹과 마르세유 사이, 서쪽으로는 마시프 상트랄, 동쪽으로는 알프스, 남쪽으로는 지중해에 맞닿아 있는
론 지방은 이중성을 지니고 있는데, 이는 화강암 토양 위의 단일 품종인 북쪽 지역과
석회암 토양 위의 여러 품종인 남쪽 지역을 포괄하기 때문이다. 남쪽은 북쪽보다 일조량이 더 많으며
바람은 총체적인 역동성에 있어 믿음을 저버리지 않는 일관성을 보여준다.
이 지역 품종의 전 세계적 유행과 이 지역 생산자의 재능은 현재 거두고 있는 성공의 이유를 잘 설명해준다.

지리적 위치

원산지 명칭은 6개의 행정구역(데파르트망)에 분포되어 있다. 북에서 남으로 (1)론Rhône의 코트-로티Côte-Rôtie, (2)루아르Loire의 샤토-그리에Château-Grillet, 콩드리유Condrieu, 생-조제프 Saint-Joseph의 일부, (3)아르데슈Ardèche의 생-조제프의 다른 일부, 코르나스Cornas, 코트-뒤-비바레 Côte-du-Vivarais, (4)드롬Drôme의 에르미타주 Hermitage, 크로즈-에르미타주Croze-Hermitage, 디Die 등이다. 남쪽으로는 뱅소브르Vinsobre, 그리냥 레자데마르Grignan-les-Adhémar와 함께 프로방스 Provence 쪽 드롬에서 시작된다. (5)보클뤼즈Vaucluse 의 샤토뇌프-뒤-파프Châteauneuf-du-Pape, 지공당스Gigondas, 바케라스Vacqueyras, 봄-드-브니즈Beaumes-de-Venise, 방투Ventoux, 뤼베롱Luberon 및 (6)가르Gard의 동쪽에 리락Lirac, 타벨Tavel, 코스티에르-드-님Costières-de-Nîmes 등이다.

숫자로 보는 론의 포도 재배지

면적 : 69,000헥타르
생산량 : 3,100,000헥토리터
레드 : 79%
로제 : 15%
화이트 : 6%

(앵테르-론Inter-Rhône, 2014)

격렬한 지리적 역사

마시프 상트랄과 알프스의 충돌로 생성된 론 지방은 지중해에 의해 매워진 지구대(地溝帶)이다. 3억 년 전 마시프 상트랄의 화산 활동에 의해 북쪽의 화강암 암반이 형성되었다. 남쪽은 특히 미래의 굴곡인 당텔 드 몽미라이 Dentelles de Montmirail와 방투산mont Ventoux을 형성하게 될, 석회암으로 구성된 하천과 바다의 퇴적물이 연속되는 커다란 대양의 만에 위치한다. 좀 더 화강암이 두드러진 북쪽과 좀 더 석회암이 두드러지는 남쪽의 성격이 이미 정해졌다. 4천만 년 전 알프스의 융기(조산운동) 는 두 개의 산맥 사이의 계곡을 붕괴시켰고, 이곳이 지중해에 의해 범람되었다. 이러한 지질운동이 여러 번 반복되었다. 침수가 될 때마다 새로운 퇴적물이 생성되었고, 매번 물이 빠질 때 하천은 수백 미터에 달하는 하상을 만들었다. 이때 계곡의 측면에 단구를 형성했고, 단구들 사이의 경사면에 여러 물질을 혼합했다.

토양과 와인 스타일

론 지방은 크게 몇 개의 스타일을 만드는 네 가지 테루아로 나뉜다.
화강암. 코트-로티, 콩드리유, 코르나스, 샤토-그리에, 생-조제프, 에르미타주 등의 론 북부에서는 기반암과 퇴적암으로 존재하는데, 화이트와 레드와인에 미네랄의 풍미와 함께 장기 숙성 잠재력을

> 초미니 원산지 명칭인 샤토-그리에(4헥타르)는 비오니에로 만든 뛰어난 화이트와인으로 유명하다.

반복되는 가뭄

남쪽은 좀 더 햇볕과 바람이 있고, 북쪽은 좀 더 서늘하고 비가 많은 점 등, 일부 기후적 차이가 있지만, 가뭄 현상은 론 지방의 전체 포도밭에 영향을 미쳤다.
2003년부터 2008년 사이, 점점 수확일이 빨라지는 것으로 판단하건대, 지구 온난화 현상의 영향으로 인해 강수량의 감소가 누적되었다. 산출량의 감소, 일부 포도나무의 고사는 때때로 균형 잡히지 못한 와인 맛으로 나타난다.
수분 부족은 작물의 생명에 더 큰 보살핌을 필요로 하기 때문에, 이로 인해 화학비료의 사용이 줄기도 한다.

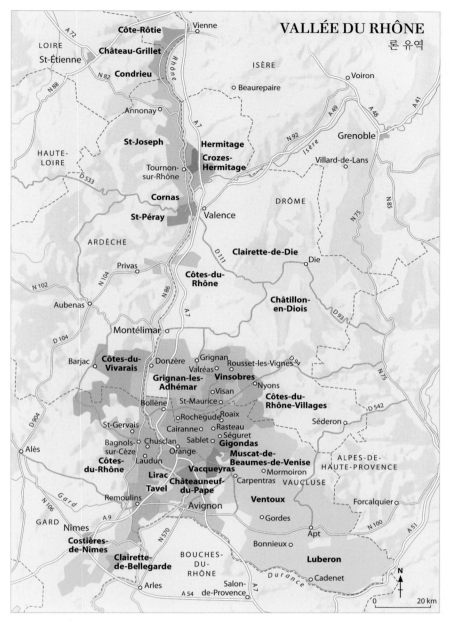

VALLÉE DU RHÔNE
론 유역

뛰어난 와인 메이커들이 만든 좋은 가격대의 와인

30~70유로 사이 가격대의 론 지방 프레스티지 와인을 생산하는 와인 메이커들은 어린 포도나무에서 만든 와인 및 인기가 덜한 원산지 명칭이나 뱅 드 페이^{vin de pays}(IGP) 등의 방법을 통해, 자신들의 와인을 맛볼 수 있게 하는 합리적 가격의 와인도 생산한다. 이들 중에는 피에르 가이아르^{Pierre Gaillard}, 프랑수아 빌라르^{François Villard}, 이브 강글로프^{Yves Gangloff}, 도멘 자메^{Domaine Jamet}, 도멘 셰즈^{Domaine Chèze}, 도멘 드 보카스텔^{Domaine de Beaucastel}, 도멘 뒤 비유 텔레그라프^{Domaine du Vieux Télégraphe} 등이 있다.

이 토양은 세련미가 느껴지는 화이트와 레드를 만든다. 하지만 이 토양은 특히 남부의 샤토뇌프-뒤-파프, 코토-드-디, 타벨 등지에서 기반암을 이루는 침전물이다. 화이트와 로제와인은 향기롭고 충분한 청량감을 갖고 있다. 또한 남부의 당텔 드 몽미라이와 방투산의 굽이치는 지형의 경사면에 석회암 더미로도 발견된다. 이 경우에 코트-뒤-론, 봄-드-브니즈, 지공다스, 바케라스, 코트-뒤-방투처럼 알코올이 느껴지는 레드와인을 생산한다.

포도밭의 역사

제공한다.

(모래 형태의) 규토. 생-조제프, 크로즈-에르미타주 등의 북부에서는 화강암의 분해에서 발생하고, 남쪽 끝의 샤토뇌프-뒤-파프, 리락 등의 남쪽 끝에서는 단구 상에서 바다와 하천의 퇴적물의 형태로 존재한다. 이 종류의 토양은 와인에 세련미와 공기감을 선사한다. 때때로 남부에 위치한 샤토뇌프-뒤-파프, 리락, 코스티에르-드-님, 타벨 등지에서 이 규토가 큰 돌멩이의 형태로 존재하는데, 열의 보존과 재방출 현상을 통해 포도를 성숙하게 만든다. 이 토양은 당연히 성숙한 탄닌이 강하면서 알코올이 느껴지는 레드와인을 만든다.

점토. 북부의 에르미타주, 크로즈-에르미타주, 생-조제프에서는 화강암의 분해에서 만들어졌고, 남부의 봄-드-브니즈, 뱅소브르, 지공다스, 바케라스, 코트-뒤-론의 남쪽에서는 해양 혹은 빙하에서 온 이회암이다. 토양 안의 점토는 샤토뇌프-뒤-파프의 큰 돌멩이가 재방출하는 열에 의해 달궈진 포도를 완화시킨다. 이 토양에서 만들어진 화이트, 로제, 레드와인은 풍부하면서 짜임새가 있다.

석회암. 북부 에르미타주와 생-페레^{Saint-Péray}의 빙하에서 조금 발견된다.

그리스/로마에서부터. 남쪽 마르세유 주변은 기원전 4세기 무렵, 그리스 시대에 이미 포도를 재배했던 것으로 보인다. 북쪽의 비엔^{Vienne} 지역에는 서기 0년 즈음 알로브로지카^{Allobrogica} 품종으로 만들어졌을 것으로 예측되는 '송진의 맛^{goût de poix}'으로 유명한 와인이 있었다. 지중해 지역 품종이 좀 더 추운 기후에 적응에서 오는 다른 맛이었다. 로마 제국의 몰락은 지중해 항구 근처와 리옹에 와인을 공급하던 북쪽을 제외하고 판로를 잃은 론 포도 재배업의 발전을 멈추게 했다.

교황의 시대에서부터 필록세라의 위기까지. 14세기 교황의 아비뇽 유수는 샤토뇌프-뒤-파프, 타라스콩^{Tarascon}, 아비뇽, 아를^{Arles} 등지의 포도 재배를 활성화시켰다. 포도는 늘 이탈리아나 스페인의 고대 품종이었다. 여러 세기 동안, 일부 그랑 크뤼를 제외하고 대부분은 산지에서 소비되었다. 19세기 후반 엄청난 진화가 일어났다. 필록세라가 대부분의 포도밭을 황폐화시켰고, 특히 프로방스가 심한 타격을 입었다. 같은 시기에, 가르, 보클뤼즈, 랑그독 주변

> 코트-브륀Côte-Brune은 론 북부 코트-로티를 구성하는 두 개의 명성 있는 포도밭 중 하나이다.

지역의 기생충이 번식할 수 없는 모래 토양 지역에서는 빠른 속도로 포도나무를 다시 심었다. 지나친 생산에 기인한 위기는 협동조합의 탄생을 이끌어냈는데 이는 현재까지도 이어지고 있으며 특히 프랑스 남부지방이 활발하다.

집단적 경쟁심과 연관된 지역

론 지방은 프랑스의 포도 재배 조직과 원산지 명칭의 생성에 매우 큰 역할을 했고 지금까지도 원산지 통제 명칭 시스템에 대한 믿음을 계속 보여준다.

와인을 만드는 남작. 1차 세계대전의 영웅이자 이후 샤토뇌프-뒤-파프의 규수와의 결혼으로 와인 메이커가 된 피에르 르 루아 드 부아조마리에Pierre Le Roy de Boiseaumarié 남작(1890~1967)은 법정에서 이 원산지 명칭의 특성을 알리기 위한 싸움을 했고, 1933년 법령으로 규정하게 만들었다. 원산지 명칭의 지리적 범위, 품종, 사용, 재배방법, 최저 알코올 도수, 수확시의 분류 등이 담긴 집단적으로 제작한 업무 지침서는 이후 프랑스의 모든 AOC 법령집의 모델이 되었다. 그의 활동은 1937년 법령의 통제를 받게 된 옛날식으로 명명한 코트-뒤-론에까지 영향을 주었다. 그는 코트-뒤-론 조합의 의장직을 역임했다. 그리고 그는 국립 원산지 명칭 기구Institut National des Appellationsd'Origine(이나오INAO)의 창설에 참여해 1946~1967년까지 의장직을 맡았고, 포도와 와인 국제 사무소Office international de la vigne et du vin의 소장도 겸임했다(p.22 참조).

통제된 원산지 명칭에 대한 믿음. 이후, 통제된 원산지 명칭의 획득은

포도밭 전체에 집단적인 동기를 부여해 자신들의 특성과 품질을 알리고자 했다. 광범위한 원산지 명칭 이후, 전에는 단지 코트-뒤-론 빌라주에 속했던 지공다스와 생-조제프가 1970년대 독자적인 AOC가 되었다. 바케라스, 뱅소브르, 봄-드-브니즈 등 수많은 원산지 명칭이 이 뒤를 따랐고, 2015년 라스토Rasteau와 캐란Cairanne까지 이어졌다.

내추럴 와인 버전

프랑스의 모든 포도 재배 지역과 마찬가지로, 론에서도 소수의 와인 메이커들이 화학 비료 미사용, 인간의 간섭 최소화, 이산화황 사용 금지 등으로 정의되는 '내추럴' 와인이라는 방법을 통해 자신을 알리고 있다. 이러한 와인들은 독창적인 향이 나고 자유로우며 다양한 맛이 난다. 론 북부에는 도멘 다르 에 리보Domaine Dard et Ribo, 도멘 드 뤼시Domaine de Lucie, 크리스토프 퀴르타Christophe Curtat, 라 타슈La Tache, 텍시에Texier, 스테팡Stéphan, 알르망Allemand 등이 있고, 남부에는 그라므농Gramenon, 르 마젤Le Mazel, 라 수테론La Soutéronne, 마르셀 리쇼Marcel Richaud, 엘로디 발므Élodie Balme, 라 페름 생-마르탱La Ferme Saint-Martin, 숌-아르노Chaume-Arnaud, 랑글로르L'Anglore 또는 카브 데스테자르그Cave d'Estézargues 등이 있다.

코트-로티의 조상을 찾아서!

코트-로티의 와인 메이커 브리지트 로크^{Brigitte Roch}와 질베르 클뤼제^{Gilbert Clusel}는 종묘업자가 가지고 있는 시라의 다섯 가지 변종에 대해 한정적이라는 느낌을 항상 받아왔다. 그래서 그들은 1990년, 조부모들이 심은 가장 수령이 높은 포도나무에 존재하는 30여 개 토착 유전자를 번식시켰다. 이 원산지 명칭 내의 생산자들 사이에서 이 일은 이어졌고, 포도 품종 보존소를 설립했으며, 새로 여러 다른 변종을 심는 운동이 진행 중이다. 와인은 좀 더 복합적이고, 탄닌이 두드러지며, 복제된 동일 품종만으로 만든 와인보다 더 장기간 숙성이 가능하며 이 다양성은 질병의 번식을 제한한다.

> 샤토 뇌프-뒤-파프의 큰 돌멩이들은 낮에 태양열을 보관했다가 밤이 되면 열기를 포도나무에 돌려준다.

트렌디한 품종

전 세계적인 유행에 더불어 앵글로-색슨 국가들에서 론 지방의 와인들은 큰 관심을 불러 일으켰다. 더운 날씨로 인해, 신세계 와인과 같은 농축된 과일의 맛이 날 수 있기 때문이었다. 론의 세 가지 품종은 현재 매우 인기가 있다. 이 지역 토착품종인 시라는 호주와 남아공, 캘리포니아에서 많이 재배된다. 유전적 분석은 시라가 사부아^{Savoie}의 품종인 몽되즈 블랑슈^{mondeuse blanche}와 피노 누아의 먼 조상일지도 모르는 아르데슈 지역의 레드와인 품종 뒤레자^{dureza}의 교배를 통해 태어났음을 알려준다.

마찬가지로 몽되즈 블랑슈의 후손인 비오니에는 미국, 아르헨티나, 남아공 등지에서 재배되고 있다.

남부 지방의 중요한 품종인 그르나슈는 원산지인 스페인, 특히 카탈로냐, 나바르^{Navarre} 그리고 리오하^{Rioja} 등지에서 아주 각광을 받고 있은데, 이것이 다른 품종의 매력을 가리는 것은 아니다. 쓸쓸하지만 너무나 매력적이면서 재배가 어려운 무르베드르^{mourvèdre}, 마시기 쉬운 와인에 완벽한 가벼운 맛의 생소^{Cinsault}, 농익었을 때 맛이 좋은 카리냥^{carignan} 등이 레드에 사용된다. 화이트와인에는, 풍만한 그르나슈 블랑^{grenache blanc}, 꽃내음이 나는 클레레트^{clairette}, 풍만한 마르산^{marsanne}과 부르불렝크^{bourboulenc}, 향기로운 루산^{roussanne}과 뮈스카, 유질감이 좋은 롤^{rolle} 등이 있다.

진실 혹은 거짓?

론의 남부에서만 감미로운 와인을 생산한다.

거짓 뮈스카 드 봄-드-브니즈와 라스토의 뱅 두 나튀렐뿐만 아니라 에르미타주의 뱅 드 파유^{vin de paille}는 진짜 호기심을 유발한다. 이 와인은 쥐라와 마찬가지로, 당도를 농축시키기 위해 수확 후 3개월 동안 건조시킨다. 생산단가가 매우 높고, 극소량이 생산되는 독특한 와인으로, 버섯과 열대 과일의 향이 난다.

최근의 빈티지

수확시기의 집중호우로 매우 열악했던 2002년과 전반적으로 조금 떨어지는 2008년을 제외하고, 1998년부터 2010년 사이에 론 지방은 좋은 빈티지들이 인상적으로 줄기차게 이어졌다. 2005년, 2007년, 2009년, 2010년은 매우 작황이 좋았던 해로, 포도의 성숙된 맛이 있으며 강하고 장기 숙성 능력이 뛰어난 레드와인을 생산했다. 다음에 뒤를 이은 빈티지들, 특히 2013년과 2014년은 좀 더 들쭉날쭉해서, 지구 온난화가 언제나 포도의 최적화된 성숙에 도움을 주지 않는다는 사실을 여실히 보여주었다.

론의 원산지 명칭

- Cairanne
- Côtes-du-Rhône
- Côtes-du-Rhône-Villages
- Beaumes-de-Venise
- Château-Grillet
- Châteauneuf-du-Pape
- Châtillon-en-Diois
- Clairette de Die
- Condrieu

- Cornas
- Costières-de-Nîmes
- Coteaux-de-Die
- Côte-Rôtie
- Côtes-du-Vivarais
- Crémant de Die
- Crozes-Hermitage
- Duché d'Uzes
- Gigondas
- Grignan-les-Adhémar
- Hermitage, vin de paille

- Lirac
- Luberon
- Muscat de Beaumes-de-Venise (VDN)
- Rasteau (vin doux naturel), rancio
- Saint-Joseph
- Saint-Péray
- Tavel
- Vacqueyras
- Ventoux
- Vinsobres

론의
유명 와인

북부 론 계곡은 론 데파르트망의 남쪽 비엔 근처에서 시작해서
루아르와 이제르를 거쳐 아르데슈의 북쪽과 드롬 데파르트망의
발랑스 근처까지 이른다. 남부 론은 보클뤼의 절반과 드롬,
가르의 동쪽과 보클뤼즈의 아비뇽 주변을 포함한다.

AOC CÔTES-DU-RHÔNE, CÔTES-DU-RHÔNE-VILLAGES
(AOC 코트-뒤-론, 코트-뒤-론-빌라주)

코트-뒤-론은 지역 원산지 명칭이다. 뤼베롱, 방투, 코트-뒤-비바레, 그리냥-레-자데마르, 코스티에르-드-님과 디의 몇몇 AOC를 제외하고, 론 계곡에서 생산되는 모든 와인들은 이 명칭을 사용할 수 있다. 쉬스클랑Chusclan, 로당Laudun, 마시프 뒤쇼Massif d'Uchaux, 플랑 드 디유Plan de Dieu, 퓌이메라스Puyméras, 로애Roaix, 로슈귀드Rochegude, 루세-레-비뉴Rousset-les-Vignes, 사블레Sablet, 생-제르베Saint-Gervais, 생-모리스Saint-Maurice, 생-팡탈레옹-레-비뉴Saint-Pantaléon-les-Vignes, 세귀레Séguret, 시냐르그Signargues, 발레아Valréas, 비장Visan 등 16개의 마을은 코트-뒤-론-빌라주 AOC에 각 마을의 명칭을 덧붙여서 사용할 수 있다.

코트-뒤-론 AOC의 거의 대다수가 남부에서 생산된다. 레드와 로제의 77%, 화이트의 84%가 가르와 보클뤼즈에서 생산된다.

> **주요 품종** 로제와 레드는 그르나슈 누아, 시라, 무르베드르, 카리냥, 생소, 쿠누아즈counoise, 뮈스카르댕muscardin, 카마레즈camarèse, 바카레즈vaccarèse, 픽풀 누아picpoul noir, 테레 누아terret noir, 그르나슈 그리grenache gris, 클레레트 로즈clairette rose 등이, 화이트는 그르나슈 블랑, 클레레트, 마르산, 루산, 부르불렁크, 비오니에, 위니 블랑ugni blanc, 픽풀 블랑picpoul blanc 등이 사용된다.

> **토양** 론 지방은 북쪽은 화강암이, 남쪽은 석회암이 지배적인데 점토와 모래는 양쪽

모두에서 확실한 존재감을 드러낸다. 포도 재배 지역은 기반암과 높이가 다른 단구로 나뉘어져 있다.

> **와인 스타일** 농축되고 진한 레드는 잘 익은 붉은 과일과 가시덤불의 향이 난다. 향기롭지만 전통적으로 무겁게 양조한 화이트와인은 온도제어 기술의 향상에 힘입어 점점 더 마시기 쉬운 스타일로 바뀌고 있다. 로제는 프로방스의 것보다 좀 더 풍만하다. 코트-뒤-론 빌라주의 레드는 잘 익은 과일 풍미와 종종 두드러지는 향신료에서 오는 뜨끈한 느낌, 부드러우면서 지속력 있는 탄닌이 느껴진다. 각각의 마을마다 저마다의 다른 스타일을 보여줄 수도 있다.

색 :	**서빙 온도 :**	**숙성 잠재력 :**
화이트, 로제, 레드.	화이트와 로제는 8~12도, 레드는 12~16도.	로제와 화이트는 3년, 레드는 3~6년.

AOC CÔTE-RÔTIE (AOC 코트-로티)

가파른 경사면에 위치한 276헥타르의 이 숨겨진 원산지 명칭은 론에서 가장 북쪽에 있다. 여기서는 대부분이 오크통에서 숙성시킨 최고급 레드와인을 생산한다. 초기의 활짝 열린 모습에서, 3년 정도 지나면 닫혔다가 7~8년차가 되었을 때 다시 활짝 열리는 양상을 보여준다.

> **주요 품종** 이곳에서는 '스린serine'이라고 불리는 시라와 비오니에.

> **토양** 남쪽은 화강암, 북쪽은 편암.

> **와인 스타일** 농축된 검은 과일, 커피, 감초, 초콜릿과 같은 느낌이 나지만, 이 지역 테루아 특유의 성격이 잘 드러난다. 운모편암으로 이루어진 북쪽의 코트 브륀Côte

Brune은 좀 근육질이고, 점토-모래 토양으로 이루어진 남쪽의 코트 블롱드Côte Blonde는 좀 더 섬세하다.

색 :	**서빙 온도 :**	**숙성 잠재력 :**
레드.	16도.	최소 15년.

AOC CONDRIEU (AOC 콩드리유)

168헥타르가 완전히 화강암으로 구성된 이 원산지 명칭은 오로지 비오니에로 만든 화이트와인을 생산한다. 테루아에 따라서 다른 여러 모습을 보여주는 이 품종은 와인 메이커의 재능에 따라 미네랄을 잘 느낄 수 있게 하는 와인을 만든다. 빈티지에 따라, 매우 소량의 감미가 있는 혹은 귀부 와인을 생산하기도 한다. 향과 부드러운 질감으로

인해, 숙성이 덜 된 어릴 적부터 마시기 좋은 와인이다. 일부는 오크통에서 양조된다.

> **단일 품종** 비오니에.
> **토양** 미네랄이 두드러지는 와인을 만드는 흑운모가 섞인 화강암(또는 백운모), 좀 더 알코올이 풍부한 와인을 만드는 모스크바 화강암(또는 흑운모).
> **와인 스타일** 이 품종은 하얀 꽃, 백후추,

복숭아, 살구와 종종 미네랄의 향이 나는 다채롭고 풍부한 향을 보여준다. 감미로우면서 부드러운 맛은 풍만하며 향을 제공한다.

색:	서빙 온도:	숙성 잠재력:
화이트.	10~12도.	과일 풍미가 뛰어난 것은 4~5년, 미네랄의 풍미가 뛰어난 것은 10년.

AOC SAINT-JOSEPH (AOC 생-조제프)

레드와 화이트를 생산하는 1,200헥타르의 이 원산지 명칭은 북쪽의 콩드리유에서 시작해 남쪽은 에르미타주의 맞은편, 코르나스의 바로 위까지 펼쳐져 있다. 이 AOC는 모브Mauve와 투르농Tournon 코뮌에 걸쳐 있는 생-조제프 언덕에서 유래하는데, 이 와인이 왜 예전에는 '모브의 와인vin de Mauve'이라 불렸는지 설명해준다.

이 명칭 안에는 여러 다른 테루아가 섞여 있어 이로 인해 불규칙한 생산물을 만들기도 한다. 잘 알려진 코르나스, 코트-로티 또는

에르미타주 지역의 최우수 도멘들은 점점 더 생-조제프의 포도밭을 매입하고 있다. 이들이 여기서 만드는 와인은 흥미로운 가성비를 보여준다. 이 원산지 명칭의 중앙부는 그다지 유명하진 않지만, 상당히 많은 놀라움이 숨어 있다.

> **주요 품종** 레드는 시라, 화이트는 마르산과 루산.
> **토양** 부분적으로 AOC 코트-뒤-론과 유사하지만, 종종 점토로 분해된 화강암으로 이루어진 곳도 있다.

> **와인 스타일** 레드와인은 일반적으로 붉은/검은 과일, 꽃(제비꽃), 약한 훈연향과 신선함이 주는 과일을 깨무는 듯한 느낌, 부드러우면서 후추-감초가 생각나는 마무리가 있다. 전체 생산량의 9%를 차지하는 화이트는 점토질 토양에서 특유의 유질감을 만드는데, 특히 루산이 높은 비율로 사용될 경우 더 두드러지지만 무거운 경우는 드물다.

색:	서빙 온도:	숙성 잠재력:
레드, 화이트.	화이트는 10~12도, 레드는 12~16도.	3~10년.

론의 뛰어난 와인 메이커

애호가들에게는 오래전부터 잘 알려진 에르미타주, 코트-로티, 샤토 뇌프-뒤-파프의 와인들은 론에서 가장 명성이 뛰어난 삼두마차로, 도멘이나 퀴베에 따라 한 병에 25~100유로로 혹은 그 이상의 가격대가 형성된다. 북쪽은 코트-로티를 유명하게 만든 네고시앙 기갈Guigal, 이제는 론 테루아 전역에 걸쳐 여러 레벨의 와인을 만든다. 좀 더 시간이 지나 콩드리유의 뛰어난 와인으로도 명성이 자자한 마틸드 에 이브 강글로프Mathilde et Yves Gangloff와 같은 고집 있는 여러 도멘들이 그와 합류했다.

에르미타주의 메종 자불레maison Jaboulet와 더불어 미셸 샤푸티에Michel Chapoutier는 유기농 혹은 바이오 다이내믹으로 재배된 포도로 양조한 자신의 비범한 퀴베로로 인정받았다. 좀 더 남쪽의 모래로 된 테루아의 샤토 라야스Château Rayas와 둥근 돌 덩이 토양의 샤토 드 보카스텔Château de Beaucastel은 샤토뇌프-뒤-파프의 가장 인기 있는 두 도멘이다.

메종 기갈
(MAISON GUIGAL)

코트-로티 포도밭의 부활은
모범적이면서 매혹적인 운명의 기갈 가문과 불가분의 관계이다.

이. 기갈

Château d'Ampuis
69420 Ampuis

면적 : 38헥타르
생산량 : 5,500,000병/년
원산지 명칭 : 코트-로티
레드와인 품종 : 시라
화이트와인 품종 : 마르산,
루산, 비오니에

아름다운 역사

기갈 가문의 역사는 와인 세계의 다른 가문들과 같이 동화에 가깝다. 이 이야기는 코트-로티의 가파른 경사면, 샤토 당퓌, 기갈 가문을 배경으로 한다. 1930년대에는 필록세라와 경제 위기에서 살아남은 몇 개의 포도나무만이 태양빛에 타고 있는 황량한 땅이었다. 필록세라 위기가 닥치기 몇 년 전인 1924년, 어린 에티엔 기갈은 지역의 역사적인 네고시앙인 비달 플뢰리 Vidal Fleury의 농부로 채용되었다. 그의 첫 번째 수확은 16세 때였는데, 그는 라 튀르크 la Turque 포도밭에서 등짐으로 양조장까지 포도를 운반했다. 1940년대는 내내 불황이 계속되었다. 코트 로티 한 병이 살구 1킬로그램의 가격과 같은 11프랑에 판매되었는데, 들어간 노동과 와인의 품질에 비하면 터무니없는 가격이었다. 그러는 동안, 양조 책임자가 된 에티엔 기갈은 이미 1세기 전에 훗날 이 경사면이 매우 유명해질 것을 굳게 믿었다. 1946년 자신의 메종을 설립하고, 기존의 관행을 적은 산출량, 포도의 분류, 오랜 숙성 등을 통해 획기적으로 바꾸면서 비범한 운명의 토대를 마련했다. 하지만 1962년 그가 실명을 하게 되면서 단지 17살밖에 안 된 아들 마르셀에게 가업을 승계했다. 그 역시 선구자의 관점과 진정한 상업적 재능을 갖고, 메종을 발전시켰다. 그는 아버지가 일을 시작했던 비달 플뢰리를 1985년에 매입하고, 어머니가 직원으로 일하던 샤토 당퓌를 1995년에 인수했다. 그의 활동으로 인해 코트-로티는 북부 론 최고급 와인의 뛰어난 맛을 되찾으며 전 세계의 애호가들을 다시 불러 모았다.

작은 밭과 포도 구매를 통한 양조

마르셀 기갈과 현재 대표직을 맡고 있는 그의 아들 필립이 공동 경영하는 도멘은 콩드리유와 에르미타주에 있는 보물 같은 밭들과 도멘 그리파Grippat(생-조제프, 에르미타주), 발루이Vallouit(코트-로티, 에르미타주, 생-조제프, 크로즈-에르미타주), 봉스린Bonserine(생-조제프) 등을 매입했다(봉스린은 메종 기갈과 독립적으로 운영된다). 2003년 이래로, 샤토 당퓌에서 도멘의 최고급 와인 숙성에 사용될 800개가 넘는 새 오크통을 매년 생산하는 오크통 제조장을 보유하고 있는데, 이는 3헥타르에 달한다. 기갈은 남북부 론 지방에서 구매한 포도로 양조한 와인에, 쉽게 알아볼 수 있는 도멘 특유의 붉은색 마크를 부착해서 판매한다. 광범위하게 배포되는, 상당히 믿음이 가는 이 와인은 품질에 대해 고집 있는 파트너로 함께 일하는 포도 재배자들로부터 시작된다. 기갈의 가장 큰 장점은 코트-로티의 라 튀르크, 라 물린La Mouline, 라 랑돈La Landonne, 콩드리유의 라 도리안La Doriane, 에르미타주의 엑스 보토Ex Voto와 같은 신화적인 밭의 퀴베들을 꿈꾸게 하는 것인데, 접근할 수 있는 가격대로 론 지방 테루아의 다양성을 느낄 수 있는 와인이어서 매우 추천할 만하다.

기갈, 코트-뒤-론 레드

도멘의 신화적인 퀴베 중 하나를 선택할 수도 있겠지만, 이 기초적인 코트-뒤-론은 기갈이 갖고 있는 재능의 또 다른 면을 잘 보여준다. 거의 전 지구상에 공급할 수 있는 수백 만 병을 대량생산하는 아주 합리적인 가격의 와인으로, 검증된 품질과 함께 론의 특성을 잘 드러낸다. 시라의 전문가답게 기갈은 이 퀴베의 블렌딩에서도 중요하다. 이 코트-뒤-론은 과숙되지 않은 과일, 멋진 향신료의 향, 그리고 부드러운 탄닌과 남아 있는 상쾌함 사이의 맛있는 균형을 보여주고 있다.

도멘의 전 대표인 마르셀 기갈과 현 대표이자 와인 메이커인 그의 아들 필립

론 지방

샤토 다케리아
(CHATEAU D'AQUÉRIA)

타벨은 로크모르(Roquemaure)에서 멀지 않은 론의 우안에 위치한다.
프랑스 혁명 이전, 이 지역의 와인이 너무 인기가 있어, 위조품을 방지하기 위해 와인이 담긴 오크통에
표식을 남길 필요가 있었다. 이것이 코트-뒤-론의 출생 증명서였다.

샤토 다케리아
Route de Pujaut
30126 Tavel

면적 : 68헥타르
생산량 : 380,000병/년
원산지 명칭 : 타벨
레드와인 품종 : 그르나슈 누아, 시라,
무르베드르, 생소
화이트와인 품종 : 그르나슈 블랑,
클레레트, 부르불렁크, 루산,
픽풀, 비오니에

프랑스의 첫 번째 로제

우리는 가르 데파르트망 안의 타벨 지역에 위치한 프랑스의 첫 번째 로제의 땅, 좀 더 자세히 말해 선신기(鮮新期)의 모래로 구성된 가장 독창적인 땅에 있는 타벨의 최고 대사인 샤토 다케리아에 있다. 18세기의 이 우아한 건물은 포도밭 한가운데 있는 소나무와 실편백나무의 그늘 아래 이탈리아식으로 정원수를 다듬은 정원 안에 자리 잡고 있다.

짜임새 있는 로제

와인은 쉬지 않고 있다. 평균 수령 35세의 68헥타르의 포도밭은 현재 브뤼노Bruno와 뱅상 드 베즈Vincent de Bez 형제가 소중하게 보살피는 대상이다. 브뤼노는 포도밭을 담당하고, 뱅상은 양조장을 책임진다. 이들은 1920년 이래로 40년 동안 이 비범한 포도밭을 유지하고 복원하기 위해 온 힘을 다한 폴 드 베즈Paul de Bez의 합당한 상속자이다. 그들의 타벨은 이 원산지 명칭의 전통에 충실하다. 색깔이 옅은 로제와인에 대한 유혹에 굴하지 않은 단기침출로 만들어지는 이 로제는 산딸기와 체리 사이의 깊고 반짝이는 색을 보여준다. 더 중요한 것은, 장기 숙성을 위한 진정한 능력을 제공하는 짜임새를 가지고 있다는 것이다. 이것은 침용에 대한 완벽한 숙달의 결과이다.

복잡한 블렌딩

모든 품종은 두 개씩 양조된다. 강하고 과일 풍미가 있는 그르나슈 누아가 퀴베의 45%를 차지하면, 두 번째 품종은 화이트로 우아함과 꽃의 향을 주는 클레레트가 20%를 담당한다. 그런 다음 세련미를 위한 생소, 짜임새를 위해 무르베드르와 시라, 그리고 부르불렁크와 픽풀로 보충한다. 타벨 외에 샤토는 화이트와 레드 모두 뛰어난 리락과 코트-뒤-론도 생산한다.

샤토 다케리아, 리락 레드

핏빛의 아름다운 루비색을 가진 와인으로 타임, 로즈마리, 커리 플랜트, 시스투스와 같은 지중해의 허브와 붉은 과일 잼의 향이 난다. 풍만한 맛은 기름짐과 과일을 씹는 듯한, 마치 잘 익은 무화과를 맛보는 듯하다. 매우 상쾌한 끝맛은 시트러스를 떠오르게 한다. 과일 풍미를 위해 오크통을 사용하지 않았다.

샤토 다케리아, 타벨 로제

7개의 품종이 블렌딩된 이 퀴베는 24시간의 침용을 통해 색, 향, 풍만함을 얻는다. 레드 커런트, 가시덤불, 후추의 향이 난다. 입안에서는 인상적으로 훌륭한 맛이 느껴진다. 좋은 맛, 기름짐, 강하면서 짜임새 잡혀 있는 이 최고급 로제는 향신료, 타임, 오레가노, 비터 오렌지와 부싯돌의 다채로운 향이 난다. 여운이 있고, 풍부한 이 로제는 단순하게 마시기 쉬운 와인이 아닌 만찬을 위한 진짜배기 와인으로, 잔 안에서 진화하고 시음자와의 대화에서 매력을 뿜어낸다.

AOC HERMITAGE (AOC 에르미타주)

탱Tain 코뮌이 독점하고 있는 136헥타르의 에르미타주 언덕은 커다란 공간적 단위와 놀라운 지질학적 복합성을 동시에 가지고 있다. 이것은 각 와인 메이커로 하여금 매우 작은 규모의 특정 밭에서 나온 포도로 만들거나 흥미 있는 블렌딩을 하는 등의 자신만의 스타일을 만들 수 있게 해준다. 프랑스 최고의 화이트 중 하나인 에르미타주 화이트는 전체 생산량의 25% 정도를 차지하는데, 대부분 마르산 품종으로 만든다. 어린 과일의

풍미를 선호하는 애호가라면 디캔팅을 할 수 있고, 인내심을 가진 애호가라면 맛보기까지 7~15년을 기다려야 한다.

> **주요 품종** 레드는 시라, 화이트는 마르산과 루산.

> **토양** 언덕은 론강에 의해 마시프 상트랄과 분리된 화강암 블록의 기원이다. 작은 성당이 있는 이 화강암 산맥은 AOC의 동편에 나타나는데, 여기가 최고급의 근엄한 레드와인이 만들어지는 곳이다.

75%를 차지하는 중앙과 서편은 여러 개의 충적층으로 덮여 있다. 석회암, 점토 혹은 모래 퇴적물로 구성된 지역은 대개 화이트와인 품종이 재배된다.

> **와인 스타일** 토양의 큰 복합성, 정남향, 오크통 숙성은 금작화, 아카시아, 버터, 하얀 과일, 감초, 호두, 용담속, 송로버섯의 향이 나는 화이트와인을 만든다. 대개 유질감이 있고, 초콜릿향이 섞인 검은 과일, 감초, 후추, 향신료, 장미꽃 등의 향을 가진 레드는 매우 긴 여운이 있다.

색:	서빙 온도:	숙성 잠재력:
레드, 화이트.	화이트는 12도, 레드는 16~17도 (6년 미만의 와인은 1~2시간 전에 디캔팅).	화이트는 10년 이상, 레드는 20년 이상.

AOC CROZES-HERMITAGE (AOC 크로즈-에르미타주)

1,500헥타르에 달하는 론 북부의 광활한 원산지 명칭으로 에르미타주가 이곳의 그랑 크뤼에 해당한다고 말하기도 하는데, 와인 스타일의 다양성이 흥미롭다. 1937년에는 500헥타르로 제한되었지만, 1950년대에 확장하면서 단구와 경사면에까지 확대되었다. 이런 확장에도 불구하고, 대부분 뛰어난 일정함과 매우 좋은 가성비를 보여준다. 오크통 숙성을 유도하는 풍만한

품종인 마르산의 비중이 높은 이 지역의 최고급 화이트와인은 알아둘 필요가 있다.

> **주요 품종** 레드는 시라, 화이트는 마르산과 루산.

> **토양** 샤시Châassis의 테루아는 점토-모래 충적토로 이루어져 있고, AOC의 북부는 에르미타주와 마찬가지로 화강암질이다. 또한 석회암 지대와 라르나주Larnage 구역에는 매우 희귀한 하얀 점토인 고령토로 된

부분도 있다.

> **와인 스타일** 샤시 지역은 클래식한 와인을 생산하는데, 맛있으면서 과일과 향신료의 균형 잡힌 기분 좋은 향과 매우 부드러운 바디를 가진다. 하지만 화강암과 고령토 지역에서는 좀 더 탄닌이 느껴지는 장기 숙성을 위한 와인도 생산한다.

색:	서빙 온도:	숙성 잠재력:
레드, 화이트.	화이트는 10~12도, 레드는 12~16도.	3~10년.

크로즈-에르미타주의 우수 도멘 셀렉션

- **도멘 콩비에**Domaine Combier (**퐁-드-리제르**Pont-de-l'Isère). 유기농으로 재배된 포도로 만드는 화이트와 레드는 정교하고 장기 숙성에 알맞다.

- **도멘 레 브뤼예르**Les Bruyères (**보몽-몽퇴**Beaumont-Monteux). 바이오다이내믹을 추구하는 이 도멘은 맛있으면서 온화한 레드와인을 생산한다.

- **도멘 알랭 그라이요**Alain Graillot (**퐁-드-리제르**). 우아하고 짜임새 있으면서, 진정한 숙성 잠재력이 있는 시라의 교과서.

- **도멘 프라델**Pradelle (**샤노-퀴르송**Chanos-Curson). 부드럽고 벨벳 같은 질감의 클래식한 스타일을 가진 레드와 화이트.

- **얀 샤브**Yann Chave (**메르퀴롤**Mercurol). 그의 와인은 테루아의 특징과 와인이 주는 즐거움의 완벽한 결합을 보여준다.

- **캬브 드 탱**Cave de Tain (**탱-레르미타주**Tain-l'Hermitage). 이 AOC의 가장 큰 생산자로, 이 협동조합은 잘 만든 와인을 생산하는데, 특히 밭 단위로 만든 퀴베들이 흥미롭다.

AOC CORNAS (AOC 코르나스)

130헥타르의 조그만 포도밭이지만 확실한 성격이 있는 원산지 명칭이다. 정남쪽을 바라보는 에르미타주와 코트-로티와의 차이점은 코르나 포도밭의 일부는 동향인데, 이로 인해 좀 더 투박하고, 마시기 좋게 열릴 때까지 좀 더 오랜 시간을 필요로 한다. 하지만 이 현상은 도멘에 따라 다르고, 가장 전통적인 도멘들은 수확시 포도알을 송이에서 분리시키지 않는데, 이로 인해 좀 더 억세면서 8~10년을 기다려야 하는 와인을 생산한다. 반면 포도알을 분리시키는

도멘들은 좀 더 부드러운 탄닌을 가졌지만 개성의 부족함이 없고, 숙성을 통해 더 좋아지는 와인을 생산한다.

> **주요 품종** 시라.

> **토양** 대부분은 화강암이지만, 생-조제프와의 경계에 위치한 샤이요^{Chaillots} 언덕에는 베르코르^{Vercors}에서 시작되는 석회암 지대가 몇 있다.

> **와인 스타일** 코르나는 훈연, 검은 과일의 향이 지배적이지만, 석회암이 많은 밭은 과일의 향이 좀 더 나지만 입안에서는

꺼칠꺼칠한 와인을 생산한다. 숙성되면서 멘톨과 샤냥감, 후추 등의 매우 독특한 뉘앙스가 생겨난다.

색:	서빙 온도:	숙성 잠재력:
레드.	16도.	20년 이상.

AOC CÔTES-DU-VIVARAIS (AOC 코트-뒤-비바레)

비록 아르데슈^{Ardèche} 데파르트망에 위치해 있지만, '론 남부'의 첫 번째 원산지 명칭으로, 레드나 화이트 모두 그르나슈 품종이 다수를 차지한다. 코트-뒤-비바레는 320헥타르의 작은 원산지 명칭이지만 독창적인 개성과 매우 좋은 가격이라는 흥미를 끌 만한 두 가지 이유가 있다.

> **주요 품종** 레드와 로제는 그르나슈 누아, 시라, 카리냥, 생소, 화이트는 그르나슈 블랑, 마르산, 클레레트.

> **토양** 아르데슈 협곡 주변의 점토 위에 석회암 자갈 토양이 있는데, 표면은 뜨겁지만, 내부는 시원하다. 이로 인해 이 지역은 똑같은 햇볕을 받지만 론 지방의

다른 곳보다 가뭄의 피해를 덜 받는다.

> **와인 스타일** 이 지역의 와인은 론 지방의 다른 곳들과 매우 다른 와인을 생산한다. 남부 론의 모든 와인처럼 농축되어 있지만, 상쾌함이 뒤를 받쳐주고 있다.

색:	서빙 온도:	숙성 잠재력:
레드, 로제, 화이트.	로제와 화이트는 8~10도, 레드는 14도.	로제와 화이트는 3년, 레드는 3~8년.

가성비가 좋은 남부 론의 와인들

● **카브 드 라스토(라스토)**^{Cave de Rasteau(Rasteau)}. 이 협동조합은 세 가지 색으로 코트-뒤-론을 생산하는데, 특히 레 비기에^{Les Viguiers} 시리즈는 관심을 가질 만하다.

● **도멘 부아송(캐란)**^{Domaine Boisson(Cairanne)}. 레드, 화이트 모두 오점이 없는 와인.

● **도멘 드 라 부아스렐(생-르메즈)**^{Domaine de la Boisserelle(Saint-Remèze)}. 가성비 좋은 코트-뒤-비바레 화이트, 로제, 레드.

● **도멘 장 다비(세귀레)**^{Jean David(Séguret)}. 유기농으로 재배된 그르나슈로 만든 매우 좋은 레드.

● **도멘 쿨랑주(부르-생-앙데올)**^{Coulange(Bourg-Saint-Andéol)}. 뛰어난 여성 와인 메이커가 만든 정교한 스타일의 코트-뒤-론.

● **도멘 브뤼세(캐란)**^{Brusset(Cairanne)} 캐란의 매우 뛰어난 와인 메이커로 매우 현실적인 가격의 코트-뒤-론과 방투도 생산한다.

● **도멘 드 뒤르방(봄-드-브니즈)**^{Durban(Beaumes-de-Venise)}. 뛰어난 가성비를 가진 전형적인 AOC 봄-드-브니즈 와인.

● **도멘 드 그랑주 블랑슈(블로박)**^{Grange blanche(Blovac)}. 매우 편안한 라스토!

● **도멘 테르 데 샤르동(벨가르드)**^{Terre des Chardons(Bellegarde)} 환상적인 8유로짜리 코스티에르-드-님.

● **니콜라 크로즈(생-마르탱-다르데슈)**^{Nicolas Croze(Saint-Martin-d'Ardèche)} 매우 맛있는 코트-뒤-론.

도멘 생 콤
(DOMAINE SAINT-COSME)

과거와 현재 사이 지공다스의 숙련된 와인 메이커 루이 바뤼올(Louis Barruol)은
교과서 같으면서, 장기 숙성이 되는 와인을 생산한다.

도멘 생 콤

La Fouille et les Florets
84190 Gigondas

면적 : 22헥타르
생산량 : 90,000병/년
원산지 명칭 : 지공다스
레드와인 품종 : 그르나슈 누아, 시라,
생소, 무르베드르
화이트와인 품종 : 클레레트, 비오니에,
마르산, 픽풀

전통의 맛

물론 루이 바뤼올은 최근의 포도 재배 기술이 가져다준 정확함을
좋아하지만, 그가 갑자기 자신의 저장고 구석에 있는 로마 시대의
유물을 보여주려 한다면, 이 유물들이 도멘의 와인의 전통성 전부를
보여주기 때문이라고 할 것에 속지 마시라. 이 와인들은 같은 화법으로
말하고 어느 정도의 숙성을 거친 후에 맛을 봐야 한다. 맛있는
와인을 만드는 전통 양조법에 뿌리 내린 생 콤의 와인은 서두르면 안
된다. 오로지 효율성만을 지키기 위한 구습은 버리고, 루이는 수확
후 분류를 한다. 하지만 그보다 앞서 그의 아버지는 1970년대부터
유기농 경작을 시작했다. 더 오래전인 1717년 당시의 '바뤼올'
은 자신들의 1714년산은 '탁월하다'고 평가했고, 다른 빈티지들에
대해서는 '매우 평범한' 혹은 '삼킬 수는 있는' 등의 표현으로 자가
비평했다. 생 콤에서는 약간의 자조가 섞인 과거와 미래를 섬세하게
섞는 정신을 더 잘 이해할 수 있다. 그리고 이것이 지금의 존재를 있게
하는 가장 확실한 방법이다.

포도 재배의 2000년

1490년, 바뢰올 가문의 직계 조상인 에스프리 바통Esprit Vaton은 덩텔 드 몽미라이Dentelles de Montmirail의 어귀에 자리를 잡았다. 그는 남아 있는 로마 시대의 도시에 집을 지었다. 2세기에 세워진 코르넬리우스 농장에는 와인을 재배하기 위한 기초와 저장고의 일부만 조금 남아 있었다. 이후 15세대가 지나는 동안, 양조를 위해 사용되던 금속 탱크는 항상 있었다. 루이 바뢰올은 1992년 부모의 뒤를 이었고, 2007년 저장고를 확장했다. 22헥타르의 포도밭에 있는 포도나무의 평균 수령은 60세이다. 이 나무들은 지공다스 AOC의 주된 토양인 석회암 더미와 산화 코발트, 이회암과 점토에 분산되어 있다. 도멘의 이름은 4세기에 건립된 생 콤과 생 다미엥Saint-Damien이라는 로마 시대 예배당에서 왔다. 여러 문헌들이 증명하듯 이 예배당은 중세 시대부터 포도를 재배해온 조그만 규모의 르 포스트Le Poste라고 이름 붙여진 장소 안의 포도나무에 둘러싸여 있다.

생 콤의 땅 한 뼘, 돌멩이 하나마다 스토리가 있다. 와인 역시도 시간이 지남에 따라 뛰어난 복합성을 갖게 된다. 생 콤의 어떤 퀴베이던지 병입 후 몇 년 안 되서 오픈해서는 안 된다. 너무 '날것'이기 때문이다. 이곳의 와인은 기다려야 하고, 시간을 할애해야 한다. 르 클로Le Claux와 같은 퀴베가 10여 년 숙성되면 이 인내가 얼마나 환상적인지 보여줄 것이다.

샤토 생 콤, 르 클로, 지공다스 레드

수령이 높은 그르나슈를 12개월간 오크통(30% 새것)에서 숙성시킨 퀴베이다. 이 늙은 그르나슈는 왈가왈부하기를 좋아하지 않는다. 이 와인이 가진 엄청난 섬세함과 향의 복합성을 깨우기 위해서는 천천히 숨 쉬게 할 필요가 있다. 하지만 한번 산소와 접촉하고 나면, 검은 과일 젤리, 체리, 백후추, 축축한 지하실 등의 향이 나타난다. 마찬가지로 맛도 과일 풍미의 폭발이 느껴지고, 벨벳 같은 탄닌으로 실크와도 같은 감촉이 있어서 와인은 섬세한 진미가 된다. 남쪽의 와인이지만 세련되면서 우아해, 기다릴 필요가 있는 와인이다.

도멘 조르주 베르네
(DOMAINE GEORGES VERNAY)

불과 30년 만에, 완벽히 잊힌 비오니에라는 품종을 세계적 스타로 발돋움시킨 포도밭이 있다.
이것은 처음부터 믿음을 잃지 않았던 한 와인 메이커, 조르주 베르네의 업적이다.

도멘 조르주 베르네

1, route Nationale
69420 Condrieu

면적 : 22헥타르
생산량 : 120,000병/년
원산지 명칭 : 콩드리유
레드와인 품종 : 시라
화이트와인 품종 : 비오니에

콩드리유의 '교황'

콩드리유는 18세기에는 명성을 누리다 19세기 후반 잊힌 후, 20세기에 들어서서 부활한 역사의 산물이다. 또한 필록세라, 양차 세계대전 그리고 인구 유출 등으로 인해 사람들에게 잊힌 아찔한 산비탈을 다시 살려낸 베르네 가문의 역사이기도 하다. 양차 세계대전 이후, 조르주 베르네는 전체 원산지 명칭의 1/4에 달하는 1헥타르에 아버지가 심은 비오니에가 있는 가족 도멘의 경영을 시작했다. 오래전부터, 체리와 살구나무에 비해 포도나무는 부속 작물의 처지로 전락했다. 그러다 두 명의 뛰어난 셰프가 조그만 도멘이 공급할 수 있는 능력을 넘어서는 양의 와인을 주문했다. 조르주 베르네는 뛰어난 유질뿐만 아니라 향을 갖고 있는 금빛의 이 최고급 프레스티지 화이트와인 품종을 다시 심고, 선순환을 일으켰다. '콩드리유의 교황'은 경쟁을 예고했다. 현재 이 원산지 명칭은 170헥타르에 달한다. 베르네 도멘은 9헥타르를 소유하고 있는데, 코트-로티Côte-Rôtie와 생-조제프Saint-Joseph에 있는 밭들도 추가되었다.

구출된 구원자

이탈리아 문학을 전공하고 싶었던 크리스틴 베르네Christine Vernay는 조금도 와인 메이커가 될 운명이 아니었다. 아마도 대중들은 그녀의 열정으로부터 나온 세련미, 그녀의 개성을 넘어서는 비범한 코트-로티의 메종 루즈Maison Rouge에서 이런 그녀의 문학적 감수성을 느낄 수 있을 것이다. 하지만 이 모든 게 하루아침에 이루어진 것이 아니다. 1990년대 중반, 조르주Georges는 와인 메이커라는 자신의 천직을 그만두기로 결심했다. 그의 아들들은 포도밭을 떠났고, 다시는 포도밭으로 돌아오지 않을 거라 다짐하고 각자의 직업에 전념했다. 세 자녀 중에서 아버지의 부름에 저항할 수 없었던 크리스틴만 남았다. 콩드리유가 바로 그녀의 집이다. 마치 푸르스트가 어린 시절을 보낸 마들렌과도 같았다. 매각은 논외의 문제였고, 크리스틴은 1996년 가족이 소유하고 있는 포도원에 들어와, 아무런 장애 없이 포도 재배와 양조를 배웠다. 그녀의 아버지는 그녀에게 자유를 주었다. 포도밭은 조금씩 유기농으로 전환되었다. 크리스틴은 그녀가 태어나기 이전부터 함께했던 이 테루아들을 세밀히 연구했고, 자기희생을 하면서 극단적이고 까다롭지만 열정적인 포도 재배와 관련한 모든 농사일을 도맡았다. 그녀는 새로운 퀴베를 창조해 매체의 찬사를 받았고, 그리고 마침내 거기에 그녀의 이름을 걸었다. 콩드리유의 가장 뛰어난 퀴베인 코토 드 베르농Coteau de Vernon과 레 샤이예Les Chaillees 역시도 코트-로티의 대표 목록 중 하나이다.

도멘 베르네, 코토 드 베르농, 콩드리유

1940년 이전 크리스틴 베르네의 할아버지가 심고, 1960년대 그녀의 아버지가 재배한 포도나무와 현재 그녀가 경작하고 있는 이 환상적인 포도밭은 여러 세대를 연결하고 있다. 이 와인은 녹색의 기운이 감도는 옅은 금색이다. 미네랄의 향취에는 뜨겁게 달구어진 돌이 품은 살구, 인동덩굴, 제비꽃의 향이 더해진다. 입에서는 섬세함과 힘이 동시에 느껴지는데, 꽃, 과일, 구운 풍미가 이어지고, 농축되면서 잘 잡힌 바디가 느껴진다.

도멘의 대표,
리스틴 베르네

샤토 드 보카스텔
(CHÂTEAU DE BEAUCASTEL)

페랭(Perrin) 가문은 샤토뇌프-뒤-파프의 이 거대하고 아름다운 도멘을 꾸준하게 유지하고 경영하는데,
장기 숙성을 위한 최고급의 레드와인뿐 아니라, 수령이 100년 넘는 포도로 만든 화이트와인 역시도 유명하다.

샤토 드 보카스텔

Chemin de Beaucastel
84350 Courthezon

면적 : 100헥타르
생산량 : 300,000병/년
원산지 명칭 : 샤토뇌프-뒤-파프
레드와인 품종 : 무르베드르,
그르나슈, 시라, 생소, 바카레즈,
쿠누아즈, 테레 누아,
뮈스카르댕, 픽풀
화이트와인 품종 : 루산, 클레레트,
부르불렁크, 피카르당, 픽풀

샤토뇌프-뒤-파프의 전설

마르크^{Marc}, 피에르^{Pierre}, 토마스^{Thomas}, 세실^{Céecile}, 샤를^{Charles}, 마티유^{Matthieu}와 세자르^{César}. 이들은 샤토 드 보카스텔과 페랭 가문이 소유한 포도원을 지휘하고 있는 5대째의 수장들이다. 이들은 각자의 전문 분야에서 아버지 프랑수아^{François}와 장-피에르^{Jean-Pierre}의 세심한 주의 하에 성장하고 있다. 1909년 피에르 트라미에^{Pierre Tramier}가 도멘을 인수했고 100년이 조금 넘는 세월, 다섯 대에 걸쳐 도멘을 지켜왔다. 훨씬 더 오래된 보카스텔의 문장은 이 장소의 기원을 우리에게 상기시킨다. 이 가족은 16세기 중반 단순한 곳간을 매입했는데, 1세기 후 천주교 개종에 대한 감사의 표시로 루이 16세가 피에르 드 보카스텔을 쿠르테종 마을의 책임자로 지목하자 이곳을 호화로운 저택으로 변형시켰다.

100헥타르와 13개의 품종으로 이루어진 포도원

1950년부터 포도밭은 유기농으로 전환되었고 1974년부터는 바이오 다이내믹 방식으로 관리되었다. 최신 기술에 관심을 가지면서도 전통적인 방법으로 재배할 수 있었던 것은 이곳이 가족 경영이었기 때문이다. 피에르 트라미에^{Pierre Tramier}의 사위인 피에르 페랭^{Pierre Perrin}은 포도나무를 심고 양조장을 지었다. 그의 아들 자크도 동일한 방향성을 유지하면서 새로운 양조 기술을 고안했다. 그르나슈의 과생산 경고는 잊어버리고, 이 둘은 초기의 품종 비율을 소중하게 유지했다. 이 변치 않는 의지는 수령 100세가 넘은 유명한 루산을 포함하여 현재 허용된 13가지 품종을 사용할 수 있게 해주었을 뿐 아니라, 레드와인에 자신의 존재감을 확실하게 드러내는 높은 비율의 무르베드르를 블렌딩할 수 있게 해주었다. 포도밭이 100여 헥타르에 달하지만, 30여 헥타르는 언제나 생산을 하지 않고 있는데 왜냐하면 매년 2헥타르의 포도가 뽑히고, 다른 2헥타르에 포도가 심어진 후 10년간의 휴경을 실시하기 때문이다. 샤토 주변을 녹색으로 뒤덮게 하는 한 명이 소유한 이 100헥타르 중 3/4은 샤토뇌프-뒤-파프의 레이블을 붙일 수 있다. 지리적으로는 유사하지만 도로에 의해 분리된 쿠둘레Coudoulet라는 이름을 달고 있는 나머지 1/4은 오로지 코트-뒤-론 AOC로 판매되어야만 하지만, 샤토뇌프-뒤-파프의 DNA를 가지고 있다.

샤토뇌프-뒤-파프 화이트

수령 100세가 넘는 루산으로 양조한 아이콘과 같은 최고급 남부 화이트와인으로 10년을 기다릴 가치가 있지만 어릴 적에도 즉각적인 매력이 넘친다. 구릿빛 도는 금색의 이 와인은 벌꿀, 밀랍, 하얀 꽃의 향을 갖고 있다. 유질감은 풍부함과 복숭아, 헤이즐넛, 장미꽃 잼, 사프란, 후추의 풍미를 제공한다. 짭짤한 기운은 이 테루아가 먼 옛날 해저 기층이었음을 넌지시 알게 해준다. 귤, 금귤, 라임 등의 시트러스에 의한 밀도감 있는 청량감에 미묘한 쓴맛이 더해진 새콤달콤함으로 이어진다.

샤토뇌프-뒤-파프 레드

그르나슈와 무르베드르가 지배적으로 블렌딩된 이 퀴베는 어릴 적부터 매력을 뽐내지만, 몇 년 숙성이 되어야 본 모습을 드러낸다. 보랏빛 도는 석류색을 띠는 와인으로 향신료와 견과류의 미묘한 향이 난다. 상쾌함이 살아 있는 과일 풍미는 입안에 가득 찬 볼륨을 선사한다. 체리의 과육과 붉은 과일 젤리의 맛있는 풍미가 섞여 있다. 토양의 큰 돌멩이처럼 묵직한 미네랄의 파장과 함께 향신료의 느낌은 과일의 풍미에 의해서 더 부각된다.

AOC VINSOBRES (AOC 뱅소브르)

2005년 가장 최근에 생긴 두 개의 원산지 명칭 중 하나로, 뱅소브르는 성공적이다. 배수가 잘 되는 토양으로 구성된 440 헥타르의 제한된 면적은 해발 500 미터까지의 고지대에 위치하며 주변 지형에 의해 미스트랄로부터 보호받는 기후를 가지고 있어 좋은 짜임새를 가진 와인을 만든다. 최근에 생긴 모든 원산지 명칭들과 마찬가지로, 이 지역은 좋은 가성비를 보여준다. 특이한 점으로 수령 7년 미만의 포도나무로는 이 원산지 명칭의 와인을 만들 수 없다고 자세하게 규정했는데, 이는 상당히 까다로운 편이다.

> **주요 품종** 그르나슈 누아(최소 50%), 시라, 무르베드르 등에 더해 5% 화이트와인 품종.

> **토양** 자갈과 모래가 섞인 점토.

> **와인 스타일** 붉은/검은 과일의 향이 나는 와인으로, 깊이감 있는 미네랄이 뒷받침해준다. 무겁지 않으면서 좋은 짜임새가 느껴진다.

색:	서빙 온도:	숙성 잠재력:
레드.	14~16도.	8~10년.

AOC GIGONDAS (AOC 지공다스)

이 원산지 명칭은 덩텔 드 몽미라이 Dentelles de Montmirail의 북서쪽에 위치하고, 포도밭은 산맥의 측면을 따라 해발 100~500미터 사이에 분포되어 있다. 레드와인은 수확 후 3년 후부터 마시기 좋고, 좋은 빈티지는 때때로 5년을 필요로 한다. 로제와인도 생산한다.

> **주요 품종** 그르나슈 누아(대다수), 시라, 무르베드르와 카리냥을 제외한 론 지방의 다른 품종들.

> **토양** 모래와 석회자갈이 섞인 붉은 점토.

> **와인 스타일** 전반적으로 알코올 도수가 높고, 붉은 과일의 향과 탄닌의 짜임새가 좋다.

색:	서빙 온도:	숙성 잠재력:
레드, 로제.	로제는 8~10도, 레드는 14~16도.	8~10년.

AOC CHÂTEAUNEUF-DU-PAPE (AOC 샤토뇌프-뒤-파프)

이 원산지 명칭이 해당 지역 내에서 발견되는 공통적 양조방법에 의해 원래의 영역으로 좀 더 한정되었다면 이는 특정 지질학적 상관관계가 있기 때문이다. 현재 이것은 샤토뇌프의 유명한 13가지 품종, 특히 레드의 다양한 8가지 품종에 한하는데, 현재 대부분의 도멘은 그르나슈 누아가 매우 지배적인 와인을 생산하고 있다. 샤토뇌프의 레드와인은 생산연도에 따라 5~10년을 기다려야 한다. 레드와인과 마찬가지로 대부분이 오크통에서 숙성된 화이트와인은 파인 다이닝을 위한 와인이지만, 구입하는 대로 숙성 없이 마실 수도 있다.

> **주요 품종** 레드는 그르나슈 누아, 시라, 무르베드르, 테레 누아, 쿠누아즈, 뮈스카르댕, 바카레즈, 생소. 화이트는 픽풀 블랑, 클레레트, 루산, 부르불렁크, 피카르당.

> **토양** 석회 퇴적물 기반 위에, 알프스의 규암과 규토를 응결시켜 론 지방에 큰 돌멩이를 형성하기 이전에 우르곤계(조개껍데기)가 모래로 침전되었다.

> **와인 스타일** 석회질의 테루아는 상쾌함을 지닌 향기로운 화이트와인을 생산하기에 적합하다. AOC 남쪽 지역에서 강하게 나타나는 큰 돌멩이로 구성된 점토는 알코올이 풍부하고 깊이가 있으면서 짜임새 좋은 클래식한 스타일의 샤토뇌프-뒤-파프를 생산한다. 하지만 최근 들어 AOC의 북서부에 위치한 모래로 구성된 테루아의 가치를 재조명하는 추세인데, 섬세하고 공기감이 느껴지는 향신료 향이 나는 와인을 만든다.

색:	서빙 온도:	숙성 잠재력:
레드, 화이트.	화이트는 10~12도. 레드는 14~16도 (어린 와인은 1~2시간 전에 디캔팅할 것).	화이트는 10년 이상. 레드는 20년 이상.

AOC BEAUMES-DE-VENISE (AOC 봄-드-브니즈)

가장 최근인 2005년에 새로 만들어진 AOC로, 지공다스나 바케라스의 포도 재배 지역과 마찬가지로, 덩텔 드 몽미라이의 어귀에 위치한다. 특히 등급 적합 여부 승인만 아니라 생산 조건의 관점에서 매우 아방가르드한 AOC 규정으로 인해 와인 품질이 뛰어난 일관성을 갖고 있다. 포도밭의 해발 고도는 레드와인에 과육을 씹는 듯한 텍스처와 상쾌함을 주는데 이것이 이 지역 와인의 특징이다.

> **주요 품종** 그르나슈 누아(최소 50%), 시라(최대 25%), 코트-뒤-론의 모든 품종과 화이트와인 품종(최대 5%).

> **토양** 덩텔 드 몽미라이에서 내려온 석회암 자갈 또는 모래가 섞인 점토. 2억 년 전의 중생대 3첩기 테루아는 염화 나트륨, 석고, 점토, 석회암 등이 섞여 있다.

> **와인 스타일** 농익은 붉은 과일과 체리의 향에 흥미로운 미네랄의 짜임새가 자주 있다. 테루아에 따라서, 점토 토양은 세련미가, 석회 자갈 토양은 농축미가 그리고 3첩기 테루아는 뛰어난 짜임새와 세련미가 더해진 장기 숙성 잠재력이 있다.

색:	서빙 온도:	숙성 잠재력:
레드.	14~16도.	2~10년. 3첩기 지역에서 만든 와인은 5년 휴지기와 15년 정도.

AOC VACQUEYRAS (AOC 바케라스)

덩텔 드 몽미라이의 서쪽에 위치한 1,400 헥타르의 AOC 바케라스는 바로 북쪽에 인접한 지공다스와 매우 인접해 있지만, 좀 더 더운 기후로 인한 와인의 스타일에서 차이가 난다. 화이트는 병입 후 바로 마실 수 있고, 레드는 3~6년 정도 숙성 가능하다.

> **주요 품종** 레드와 로제는 그르나슈 누아 (최소 50%), 시라, 무르베드르. 화이트는 그르나슈 블랑, 클레레트, 부르불렁크, 마르산, 루산, 비오니에.

> **토양** 모래와 석회 자갈이 섞인 붉은 점토.

> **와인 스타일** 검은 과일과 훈연, 동물의 향이 나는 와인들로 끝맛에서 감초와 후추 향이 느껴진다.

색:	서빙 온도:	숙성 잠재력:
레드, 로제, 화이트.	화이트는 8~10도, 레드는 14~16도.	로제는 3년, 화이트는 7~8년, 레드는 8~10년.

샤토 드 라 가르딘 Château de la Gardine

샤토뇌프-뒤-파프 도멘의 스타일은 세련미와 힘의 성공적인 조화이다. 샤토뇌프 코뮌에 위치한 도멘은 석회암, 모래, 큰 돌멩이가 섞인 점토 등 세 가지의 테루아가 섞여 있는데, 이로 인해 화이트와 레드 모두 매우 균형이 잘 잡히고, 지역 스타일을 대표할 수 있는 와인을 생산한다. 균형을 찾는 것은 양조 방법과 관련된 작업이기도 하다. 발효 전 저온 침용이나 일부 퀴베에 적용한 완벽한 포도줄기를 제거하는 것과 같은 최신 기술들을 적용하면서도 파트릭, 필립과 막심 브뤼넬은 품종의 구별 없이 아무 포도나무나 '마구잡이'로 심던 시절 사용되던 샤토뇌프식의 품종 블렌딩 기술을 개발하고 있다. 균형은 환상을 막지 못하지만 도멘은 무수아황산을 첨가하지 않은 위험한 양조법으로 발생하는 불안을 의미하는 '파란 공포'라 이름 붙여진 퀴베를 몇 년 전부터 생산한다. 샤토뇌프-뒤-파프의 와인은 언제나 고가이지만, 샤토 생-로크 Château Saint-Roch의 레이블로 저렴한 가격의 AOC 리락 화이트, 로제, 레드와 맛있는 AOC 코트-뒤-론을 추가해 포트폴리오를 풍부하게 만들었다.

르 클로 몽톨리베
(LE CLOS MONT-OLIVET)

가족이 조용하게 운영하는 이 도멘은 태양광을 듬뿍 받았지만 절제된 와인을 생산하는데,
숙성이 됨에 따라 샤토뇌프-뒤-파프의 와인 가운데 가장 유혹적인 얼굴을 보여준다.

르 클로 몽톨리베

3, chemin du Bois de la Ville
84 230 Châteauneuf-du-Pape

면적 : 32헥타르
생산량 : 180,000병/년
원산지 명칭 : 샤토뇌프-뒤-파프
레드와인 품종 : 그르나슈, 시라, 생소,
카리냥, 쿠누아즈, 바카레즈,
뮈스카르댕, 픽풀 누아, 테레 누아.
화이트와인 품종 : 부르불렁크, 루산,
비오니에, 클레레트, 그르나슈 블랑,
픽풀 블랑, 피카르당.

가족의 역사

감람산(몽 데 졸리비에Mont des Oliviers)이 16세기 공증된 문서에 나타났
지만, 클로 뒤 몽톨리베의 설립을 보기 위해서는 20세기 초까지
기다려야 한다. 샤토뇌프-뒤-파프의 한 포도밭 소유주의 딸인 마리
조세Marie Jausset와 결혼한 세리냥-뒤-콩타Sérignan-du-Comtat의 시민, 세라팽
사봉Séraphin Sabon이 1932년 도멘을 만들었다. 3대가 지나, 그들의
증손자인 셀린, 밀렌, 다비드 그리고 티에리는 가족 유산의 운명을
돌보고 있다. 이들의 집은 샤토뇌프-뒤-파프 마을의 동네 어귀에
있다. 포도 재배와 양조를 위해 물리학을 포기한 티에리는 포도 재배-
양조학 BTS(준 학사자격)과 남아공과 호주에서의 견습을 마치고
집으로 돌아왔다. 현재의 와인 메이커인 그가 2001년 완전히 자신의
스타일로 만든 첫 번째 퀴베를 만들기 위해서는 몇 년을 기다려야
했다. 일하는 방식은 그와 함께 조심스럽게, 하지만 끊임없이 변화
했다. 그리고 세대마다 각각의 변화방법을 도입했다. 티에리는
이렇게 말한다. "모든 것을 다 알고 있다고 말하면서는 목표에 도달할
수 없었을 것이다. 내 증조부는 이미 완성된 와인 한 병을 만들 줄
알았다. 하지만 나는 내 와인이 내 아버지나 삼촌의 그것과는 다를
것을 알고 있었다." 상호존중은 가족사에 남아 도멘의 바람직한
진화를 이끌고 있다.

포도밭 패치워크

30여 헥타르에 펼쳐져 있는 포도밭에서 2/3는 샤토뇌프-뒤-파프로, 나머지는 코트-뒤-론과 뱅 드 프랑스의 레이블로 총 10개의 퀴베를 생산한다. 매우 조각조각 나뉜 포도밭은 이 원산지 명칭의 거의 모든 종류의 토양, 국지기후, 일조방향을 가지고 있다. 북쪽의 팔레스토르 Palestor에서 몽탈리베Montalivet와 다른 여러 지역을 거쳐 동쪽의 크로Crau 에 이르기까지, 포도밭들은 100 세가 넘은 그르나슈, 무르베드르, 시라, 뮈스카르댕, 쿠누아즈, 바카레즈 등 허가가 된 거의 모든 포도 품종의 견본집과도 같다. 양조를 통해 라이트모티프를 곁들여 이 비범한 미니-테루 아의 패치워크를 와인에 우러 나오게 한다. 남쪽 와인의 프로필을 가진 와인을 만들기 위해 지중해 기후의 강한 태양광을 집중시키지만, 결코 우아함을 희생시키지 않는다. 다른 와이너리에서 보여주는 과장된 표현이 없는 퀴베를 만들고, 양조에서 오는 재질의 선택에 있어서도 항상 생산연도를 고려한다. 여기서 만든 와인의 최고의 조력자는 시간이고, 막 병입한 와인을 맛보는 실수가 있어선 안 된다. 참을성 없는 사람들의 욕구를 충족시키기 위해 병입 후 몇 개월 지나면 마실 수 있도록 만든 르 프티 몽Le Petit Mont 을 제외하고는 여러 해 동안의 숙성을 필요로 한다.

라 퀴베 뒤 파페 LA CUVÉE DU PAPET, 샤토뇌프-뒤-파프 레드

1989년에 시작된 도멘의 엠블럼과도 같은 이 퀴베는 최고의 해에만 생산되는데, 10여 년 혹은 그 이상이 지나야만 본 모습을 보여준다. 견과류, 무화과, 대추야자, 헤이즐넛, 약간의 캐러멜 등이 섞인 매우 복합적인 향을 가지고 있다. 놀라운 상쾌함이 있는데, 탄닌을 녹여버린 풍부한 과즙은 벨벳 같은 텍스처로 쌓여 있다. 섬세한 쓴맛에 의한 청량감이 있는 과일 풍미의 여운에 몇몇 향신료가 첨가되는 최고급 와인이다.

르 프티 몽 LE PETIT MONT, 샤토뇌프-뒤-파프 레드

2005년 첫 출시된 도멘에서 가장 최근에 만들어진 샤토뇌프-뒤-파프인 르 프티 몽은 95%의 어린 그르나슈와 5%의 시라를 블렌딩하여, 새것을 사용하지 않은 여러 크기의 오크통에서 숙성시킨다. 핏빛의 루비색을 띠는데, 콩피한 체리와 아몬드 페이스트의 향이 난다. 으깬 붉은 과일의 풍미와 상쾌함이 섞인 매력적인 맛은 비단처럼 고운 탄닌으로 덮여 있지만, 약간의 껄껄함이 좀 더 풍미를 만드는 볼륨을 제공한다.

메종 샤푸티에
(MAISON CHAPOUTIER)

매우 활력적인 미셸 샤푸티에는 전 세계적으로 좋은 평판을 가진 자신의 작품을 만들기 위해
론 지방의 오래된 이 네고시앙 회사를 부활시켰다.

엠. 샤푸티에

18, avenue Dr Paul Durand
26 000 Tain

면적 : 240헥타르
생산량 : 8,000,000병/년
원산지 명칭 : 에르미타주
레드와인 품종 : 시라, 그르나슈(다수).
화이트와인 품종 :
비오니에, 마르산(다수).

실행하고 희망하라

"실행하고 희망하라"는 샤푸티에 가문의 문장(紋章)이자 신조이다. 1808년 설립된 이 메종은 현재의 소유주인 미셸 사푸티에의 추진력 덕분에 론 지방에서 빠뜨릴 수 없는 주연이 되었다. 에르미타주의 가장 중요한 곳에 위치한 환상적인 포도밭의 상속자이니 그는 독학으로 얻은 자신의 '도구'인 에너지, 열정, 테루아의 표현에서 오는 우월함에 대한 강한 신념를 가지고 잠자는 미녀를 깨웠다. 그의 첫 번째 작업은 포도밭에 대한 세심한 연구였는데, 특히 에르미타주에서는 그가 소유한 여러 밭을 토양의 형상에 따라 격리시켰다. 이것들은 최고 수준의 와인을 만드는 밭 단위의 최고급 퀴베를 생산할 수 있게 해주었다. 와인에서 테루아의 흔적에 대한 강박에 가까운 추구는 당연히 포도 재배와 관련된 모든 관행을 재검토하게 만들었다. 유행이 생기기 훨씬 전인 1990년대부터 포도는 유기농으로, 그리고 바이오 다이내믹으로 재배되었다. 이러한 기본 원칙을 바탕으로, 미셸 샤푸티에는 "각 와인은 고급이건 저급이건 자신의 원산지와 생산연도를 반영한다."라는 단 하나의 소신을 가지고, 생산하는 와인의 범위를 재구성하고 점진적으로 확장했다.

지구의 정복

론 지방은 새로운 발견과 프로젝트에 대한 그의 입맛을 맞추기에는 역부족임이 단 시간에 드러났다. 그는 루시용^{Roussillon}의 도멘 빌라-오^{Bila-Haut}를 합병했고, 호주로 가서 최고의 생산자들과 연합한 후, 빅토리아에 있는 도멘 투르농^{Tournon}을 매입했다. 가장 최근에는 포르투갈에서 자신의 새 놀이터를 발견했고 마콩에 있는 메종 트레넬^{Maison Trénel}을 인수하는 동시에 론 지방의 네고시앙 조합의 의장직을 맡았으며, 2014년에는 론 지방 와인의 요식업계 종사자 조합의 의장도 역임하고 있다. 그에게는 자원이 부족하지 않다. 언론으로부터의 찬사, 경제적 성공, 세계적 명성 등이 따라오는 그의 삶의 여정에 오류란 없다. 와인에 관해 말하자면, 론 계곡 전부와 국내 및 전 세계를 망라하는 재배 지역으로 그 생산 범위가 넓다. 가장 단순한 코트-뒤-론 벨르뤼슈^{Belleruche}에서부터 기분 좋은 크로즈-에르미타주를 거쳐 에르미타주, 코트-로티, 샤토뇌프-뒤-파프의 밭 단위 최고급 퀴베에 이르기까지 도멘의 밭에서 재배한 포도로 만든 와인이건 구매한 포도로 만든 와인이건 흔치 않은 일관성을 보여준다. 호주의 시라즈나 포르투갈의 좋은 퀴베의 애호가들 역시도 기뻐할 것이다. 메종은 매우 높은 수준의 품질을 유지하면서 4년 만에 생산량을 두 배로 증가시키는 놀라운 결과를 보여주고 있다.

르 메알^{LE MEAL}, 에르미타주 레드

이것은 도멘이 소유한 리유-디 메알에서 나오는 밭 단위 퀴베로, 정남향의 일조방향과 큰 돌멩이와 점토로 이루어진 토양으로 된 경사면에 위치한다. 평균 50세의 나이 든 시라는 어릴 적에 깊고 색이 짙으며 농익은 향에 훈연향이 더해진 와인을 생산한다. 입안에서는 강하고, 풍만하며 부드러운 탄닌이 좋은 짜임새와 감춰진 청량감을 느낄 수 있다. 시간은 이 아름다운 질감이 밖으로 나오게 하는데, 탄닌을 세련되게 만들고 어릴 적의 과일 풍미를 매우 전형적인 부케인 벽난로의 아궁이, 사냥감, 가죽, 콩피한 과일로 변화시킨다.

> 메종의 소유주, 미셸 사푸티에

AOC TAVEL (AOC 타벨)

론 지방에서 로제만 생산하는 유일한 원산지 명칭인 타벨은 세 가지 스타일의 테루아로 이루어져 있는데, 향기롭거나, 짜임새가 있고 색이 짙거나, 좀 가벼운 포도 주스를 만든다. 그 결과 색깔이 옅고 가벼운 프로방스 스타일의 로제와는 상당히 다른 와인을 생산한다. 이 와인들은 확실히

파인 다이닝을 위한 로제로, 색깔이 짙고 맛이 풍부하며 석류와 향신료의 향이 난다. 트렌드와는 거리가 있지만, 이 차이를 전면에 내세워 이 원산지 명칭 내에서 점점 더 뛰어난 와인들이 많이 등장하고 있다.

> **주요 품종** 그르나슈, 생소, 클레레트, 픽풀, 칼리토르, 부르불렁크, 무르베드르,

시라, 카리냥.

> **토양** 석회 또는 편암 자갈, 큰 돌멩이가 섞인 점토, 모래 토양.

> **와인 스타일** 강하고, 색이 짙은 로제, 끝맛이 길어 음식에 곁들이기에 좋다.

색:
로제.

서빙 온도:
8~10도.

숙성 잠재력:
5년.

AOC LIRAC (AOC 리락)

1947년 AOC 등급이 된 리락은 론 남부의 여러 다른 테루아를 종합한다. 다섯 배 더 큰 샤토뇌프가 일관된 품질 덕분에 돈이 되는 시장을 만들었지만 리락은 약간 희석된 엔트리 레벨과 이 뛰어난 테루아의 가치를 드러내 보이고자 하는 기존 샤토뇌프 생산자의 좀 더 까탈스러운 도멘의 와인으로 양분되어 있다. '최고급 도멘의

부담 없는 와인'과 친숙한 애호가들에게 기쁨을 주는 적당한 가격의 와인이다.

> **주요 품종** 레드와 로제는 그르나슈 누아 (최소 40%), 시라, 무르베드르, 생소, 카리냥. 화이트는 클레레트, 그르나슈 블랑, 부르불렁크, 위니 블랑, 픽풀, 마르산, 루산, 비오니에.

> **토양** 석회암 무더기, 모래, 큰 돌멩이가

섞인 점토.

> **와인 스타일** 리락의 와인은 알코올 도수가 높고, 향기로우며 어느 정도 짜임새가 있다.

색:
레드, 로제,
화이트.

서빙 온도:
로제와 화이트는 8~10도.
레드는 14~16도.

숙성 잠재력:
로제는 3년. 화이트는 3~6년.
레드는 3~10년.

AOC VENTOUX (AOC 방투)

예전의 AOC 코트-뒤-방투가 2008년 방투로 이름이 바뀌었다. 방투산의 어귀에서는 전통적인 지중해의 풍경을 만날 수 있다. 이 지역의 특이한 점은 매우 일교차가 큰 여름으로 아침에는 5~10도이지만, 오후에는 30~40도까지 상승하는데, 이것은 포도 탄닌의 최적화된 숙성을 가능하게 해준다. 그 결과, 매우 독특한 맛이 나는데, 이것은 이 지역에서 생산되는 테이블 와인(방투의 뮈스카)에까지도 나타난다. 코뮌의 이름을 달고 있는 코트-뒤-론-빌라주보다 더 넓은 5,900헥타르에 이르는 면적과 명성의 부족으로

일반적으로 낮게 책정되는 가격으로 인해 어려움을 겪고 있다. 그럼에도 불구하고 이 원산지 명칭에는 리더로서 그리고 점점 더 역동적인 협동조합원으로서의 역할을 할 수 있는 뛰어난 와인 메이커들이 존재한다. 현재 이 AOC는 좋은 가성비를 가진 레드와인의 놀랄 만한 저장창고이다. 이 사실은 화이트와인도 마찬가지다.

> **주요 품종** 레드와 로제는 그르나슈 누아, 시라, 생소, 무르베드르, 카리냥, 픽풀 누아, 쿠누아즈. 화이트는 클레레트, 그르나슈 블랑, 루산.

> **토양** 대부분은 석회암.

> **와인 스타일** 화이트와 레드 모두 매우 잘 익은 과일의 향과 입안에서는 상쾌함이 느껴진다.

색:
레드, 로제,
화이트.

서빙 온도:
로제와 화이트는 8~10도.
레드는 14~16도.

숙성 잠재력:
화이트는 3~5도,
레드는 3~8도.

AOC LUBERON (AOC 뤼베롱)
론[남부]

론과 프로방스를 있는 가교와 같은 3,300헥타르가 넘는 방대한 원산지 명칭이다. 몇 년 전부터 로제와인 생산으로 방향을 틀어, 생산의 다수를 차지한다. 사실 테루아에 통일성이 없어, 이 지역은 오크통에서 숙성시킨 최고급 퀴베부터 별다른 특징 없는 와인까지 매우 다른 수준의 레드와인을 생산한다. 점점 더 많은 수의 재능 있는 와인 메이커들이 생겨나고 있다.
> **주요 품종** 로제와 레드는 그르나슈 누아(최소 60%), 무르베드르, 카리냥, 생소. 화이트는 그르나슈 블랑, 위니 블랑, 클레레트, 롤, 부르불렁크, 루산, 마르산.
> **토양** 석회암이 지배적.
> **와인 스타일** 알코올 도수가 있는 레드는 상당수가 오크통에서 숙성되었다. 중간 수준 농도의 로제와인은 프로방스 와인보다 좀 더 부드러움이 있다. 이 지역의 특산품인 화이트는 때때로 지나치게 오크를 사용하여 숙성한 것도 있지만, 흥미로운 성공작들도 있다. 롤을 포함한 론의 클래식한 품종으로 만들어졌다.

 색: 레드, 로제, 화이트.　**서빙 온도:** 로제와 화이트는 8~10도. 레드는 14~16도.　**숙성 잠재력:** 로제는 3년. 화이트는 3~8년. 레드는 3~10년.

AOC COSTIÈRES-DE-NÎMES (AOC 코스티에르-드-님)
론[남부]

행정적으로는 랑그독-루시용에 위치한 4,100헥타르의 광활한 이 원산지 명칭은 지리적으로는 론 지방에 포함된다. 좋은 가성비를 보이는 도멘과 이 지역의 전반적인 품질을 끌어올리는 견인차 역할을 하는 몇몇 도멘들이 있다.
> **주요 품종** 레드와 로제는 시라, 그르나슈, 무르베드르, 카리냥, 생소. 화이트는 그르나슈 블랑, 마르산, 루산, 클레레트, 부르불렁크, 마카뵈, 롤.
> **토양** 표면에는 규토와 규암으로 구성된 샤토뇌프의 큰 돌멩이와 고운 자갈이 섞여 있지만, 점토층은 상당히 얇아서, 매우 배수가 잘 되는 모래가 지배적이다.
> **와인 스타일** 론 지방 와인 전체에서 접할 수 있는 매우 농축되고 농익은 과일의 향이 나지만, 좀 더 짜임새가 가볍고, 탄닌이 적어 그다지 숙성하지 않고 빨리 마실 수 있는 와인이 생산된다. 유질감이 잘 느껴지는 화이트는 성숙되는 시점을 정확히 컨트롤했으면 매우 흥미로울 수 있다.

 색: 레드, 로제, 화이트.　**서빙 온도:** 레드는 14~16도, 로제와 화이트는 8~10도.　**숙성 잠재력:** 로제는 3년, 화이트는 3~5년, 레드는 3~8년.

AOC MUSCAT DE BEAUMES-DE-VENISE (AOC 뮈스카 드 봄-드-브니즈)
론[남부]

랑그독-루시용에서 생산되는 같은 종류의 와인에 비해 12,000헥토리터라는 매우 적은 양이 생산되는 이 뮈스카는 오로지 알이 작은 뮈스카(뮈스카 아 프티 그랭)로만 양조된다. 발효 초기에 주정 강화를 시켜, 이 품종이 갖고 있는 향의 순수함을 보존하기 위해 대다수가 스테인리스 탱크에서 숙성된다. 몇몇 밭에는 붉은 뮈스카가 아직 있는데, 이 포도들로 뮈스카 드 봄-드-브니즈 레드와 로제를 생산한다.
> **주요 품종** 뮈스카 아 프티 그랭.
> **토양** 모래 혹은 석회암 자갈이 섞인 점토.
> **와인 스타일** 아카시아, 글라디올러스, 보리수, 장미, 제비꽃 등의 꽃향과 살구, 모과, 콩피한 오렌지 껍질, 레몬, 배, 망고 등의 과일 향에 멘톨, 주니퍼베리, 감초, 그리고 여러 향신료의 향이 난다. 쓴맛과 콩피한 끝맛이 뒤따른다. 레드와 로제는 레드 커런트의 귀여운 향이 난다.

 색: 레드, 로제, 화이트.　**서빙 온도:** 10도.　**숙성 잠재력:** 5~10년.

남서부 지방의 포도 재배지

동쪽은 랑그독-루시용, 서쪽은 보르도를 두고 가운데 끼여 있는 남서부 지역은
프랑스에서 가장 다채로운 지역으로, 테루아, 포도 품종, 원산지 명칭 등에 큰 다양성이 있다.
10개의 데파르트망에 분산되어 있는 이 지역은 자신들만의 개성을 개발하면서
매우 좋은 가성비를 가진 진정한 보석을 생산한다. 와인 세계화 시대의 거대한 자산이다.

포도원의 역사

프랑스의 수많은 다른 포도 재배 지역처럼 로마 점령기, 이 지역에 포도 재배가 전수되었다. 중세부터 카오르Cahors, 마디랑Madiran, 가이약Gaillac 같은 일부 와인들은 프랑스의 왕족들 사이에서 매우 인기가 있었고, 이 평판은 영국, 네덜란드를 포함한 전 유럽에 퍼졌다. 하지만 아직 그들의 와인이 유통되기도 전, 강력하고 명성 높은 이웃 보르도는 이 지역 와인이 그들의 항구에 접근조차 하지 못하게 막았다. 19세기 말, 필록세라는 거의 모든 포도 재배 지역을 파괴했다. 1970년대에 이르러 품질과 특성에 천착한 열정적인 와인 메이커 및 역동적인 와인 생산 조합의 지휘 아래 이 지역은 부활했다.

**숫자로 본
남서부의 포도 재배지**

면적 : 26,000헥타르
생산량 : 1,000,000헥토리터
레드 : 56%
화이트 : 26%
로제 : 18%

(IVSO, I.V.B.D 프랑스,
FranceAgriMer)

포도 재배 지역

남서부는 서로 이질적인 포도 재배 지역이간 하나 그래도 크게 네 개의 지역으로 묶을 수 있다.

베르주락BERGERAC 주변 : 도르도뉴Dordogne 강변 양쪽을 따라 베르주락, 몽바지약Monbazillac, 페샤르망Pécharmant, 몽라벨Montravel 등이 포함된다.

가론GARONNE의 포도밭 : 가론 강변 양쪽을 따라 보르도의 상류에 위치한 랑공Langon에서 아정Agen까지 펼쳐져 있다. 코트-드-뒤라스Côtes-de-Duras, 코트-뒤-마르망데Côtes-du-Marmandais, 뷔제Buzet 등이 있다.

<고지대>의 포도밭 : 툴루즈의 북서쪽에 위치한 이 지역은 가이약, 프롱통, 카오르 등이 포함된다.

피레네의 포도밭 : 아두르Adour와 피레네 사이에 위치한 최남단 지역으로 이 지방의 스타급 원산지 명칭인 마디랑Madiran, 이룰레기Irouléguy, 파슈랑-뒤-빅-빌Pacherenc-du-Vic-Bilh, 쥐랑송Jurançon 등이 포함된다.

기후와 토양

가론강 유역, 바스크 지역, 피레네 지역의 기후가 다 다르다. 대륙성 혹은 산악 기후의 뚜렷한 영향이 느껴지는 해양성 기후로 습도가 높은 봄과 겨울, 무더운 여름, 길고 햇볕이 풍부한 가을이

> 카오르 지역의 샤토 드 오트-세르Château de Haute-Serre의 포도밭

남서부 지방 IGP 와인 상황

남서부 지방 와인 생산의 가장 큰 부분은 여기에 속한 수많은 IGP 와인에서 온다. 그것들 중에서, 의기양양한 코트 드 가스코뉴Côtes de Gascogne는 생산량의 70% 이상인 700,000헥토리터를 수출한다. 이 IGP 생산량의 85%를 차지하는 매우 매력적인 가격대의 가볍고, 산도가 있으면서 향기로운 화이트와인은 아르마냑으로 인해 오랫동안 심려가 깊었던 제르스Gers 와인 메이커들의 미소를 되찾게 해주었다.

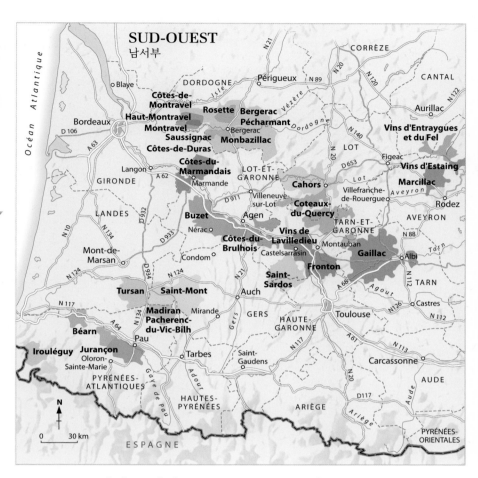

있다. 토양은 석회질의 사암, 석회암, 여러 하천과
지천에 의해 형성된 단구의 충적층으로 이루어진
다양성이 특징이다.

포도 품종

보르도의 품종이 토착 품종과 만나 이 지방 와인의
특성을 만든다.

콜롱바르LE COLOMBARD. 자몽과 열대 과일의 향이 있는
당도가 없는 화이트와인을 생산한다.

뒤라스LE DURAS. 특히 가이약에서 가장 많이 사용되는
품종으로, 섬세한 탄닌과 후추 같은 향신료의 향이 있는 가벼운
레드를 만든다.

페르 세르바두LE FER SERVADOU. '피낭크pinenc' 또는 '브로콜braucol'
이라고도 불리는 바스크 지방이 기원인 이 품종은 매우 색이 진하고
과일 풍미가 있으며, 탄닌이 두드러진 레드와인을 생산한다.

그로 망상LE GROS MANSENG. 피레네 주변 지역의 품종으로, 당도가 없는
화이트와인에 사용되지만, 쿠르뷔와 프티 망상과 블렌딩하여 귀부
와인을 만들기도 한다.

랑 드 렐(또는 루엥 드 뢰이)LE LEN DE L'EL (OU LOIN DE L'OEIL). 가이약과
가이약-프르미에르-코트의 기초가 된다.

말벡LE MALBEC. '오세루아auxerrois' 또는 '코côt'로도 알려진 이 품종 특유의
색깔과 향을 카오르의 와인에 제공한다.

모작LE MAUZAC. 가이약의 주품종으로, 힘과 사과, 배를 연상시키는
향을 갖고 있다. 당도가 없는 화이트와인과 스파클링 와인의 양조에
사용된다.

네그레트LA NÉGRETTE. 프롱통의 품종은 제비꽃과 감초를 떠올리는
향신료의 향이 매우 향기롭다.

프티 망상LE PETIT MANSENG. 쥐랑송의 명성을 만든 피레네 지역의
품종으로, 건조(파스리야주)를 통해 매우 뛰어난 세련미와 시나몬,
콩피한 과일, 열대 과일, 꿀, 시트러스의 껍질 등의 매우 독특한 향을
가진 매우 당도가 높은 감미로운 와인을 만든다.

타나트LE TANNAT. 베아른Béarn 지방의 품종으로 베아른, 마디랑,
이룰레기 등의 여러 원산지 명칭의 블렌딩에 사용된다. 매우 색깔이
짙고, 탄닌이 두드러지면 산딸기의 향이 난다. 박스 안 참조.

와인 스타일

남서부는 레드, 로제, 화이트 그리고 여러 다른 스타일의 감미로운 와인
등 매우 다양한 와인을 생산한다. 타나트, 말벡, 두 종류의 카베르네
등으로 양조한 레드와인은 강하고 짜임새가 있으며, 두드러진 탄닌과
함께 향신료의 느낌이 있는 장기 숙성형 와인들이다. 숙성하지 않고
빨리 마실 수 있는 좀 더 가벼운 와인도 생산하는데 이들 중 일부는
보르도의 와인을 연상시킨다. 당도가 없는 화이트와인 역시도 매우
다양한 느낌을 연출한다. 대부분은 매우 균형이 잘 잡혀 무겁게
느껴지지 않으며 상쾌하고 품종과 숙성 방법에 따라 다른 종류의 향을
가지고 있다. 당도가 있는 화이트는 세련되면서 우아한데, 풍부함에
있어서 이들 중 일부는 이웃인 소테른에 견줄 만하다.

남서부의 원산지 명칭

- Béarn
- Béarn-Bellocq
- Bergerac
- Brulhois
- Buzet
- Cahors
- Coteaux
  du Quercy
- Côtes-de-Bergerac
- Côtes-de-Duras
- Côtes de Millau
- Fronton
- Entraygues-
  le-Fel

- Estaing
- Côtes-du-
  Marmandais
- Côtes-de-
  Montravel
- Gaillac
- Gaillac doux
- Gaillac
  mousseux
- Gaillac-
  Premières-
  Côtes
- Haut-Montravel
- Irouléguy

- Jurançon
- Jurançon sec
- Madiran
- Marcillac
- Monbazillac
- Montravel
- Pacherenc-
  du-Vic-Bilh
- Pécharmant
- Rosette
- Saint-Mont
- Saint-Sardos
- Saussignac
- Tursan

남서부 지방의 유명 와인

마디랑, 쥐랑송, 가이약과 같은 스타급 원산지 명칭 외에도,
이 지방은 독창성, 특징, 높은 만족도를 가진
수많은 원산지로 가득 차 있다.

AOC BERGERAC, CÔTES-DE-BERGERAC
(AOC 베르주락, 코트-드-베르주락)

베르주락

모든 품종을 가져다 좀 더 부드러운 와인을 만드는 보르도의 경계에 있는 페리고르Périgord의 한복판에 위치한 베르주락의 포도밭은 도르도뉴강 양쪽 기슭을 따라 10~15킬로미터 거리에 달하는 뛰어난 일조량의 경사면과 고원 위 8,000헥타르에 펼쳐져 있다. 진정한 테루아의 모자이크로 레드와 화이트와인을 생산한다. 좀 더 생산단가가 높은 코트-드-베르주락 레드는 이 원산지 명칭의 고급 와인들이다. 코트-드-베르주락 화이트는 오로지 감미로운 화이트와인이다.

> **주요 품종** 레드와 로제는 카베르네 소비뇽, 카베르네 프랑, 메를로, 말벡, 페르 세르바두, 메리유mérille. 화이트는 세미용, 소비뇽, 뮈스카델, 옹덩크ondenc, 슈냉, 위니 블랑.
> **토양** 도르도뉴의 북쪽은 점토-석회암, 모래. 남쪽은 석회질의 사암, 이회암과 석회암.
> **와인 스타일** 레드는 세련되고 부드럽고, 마시기 쉬우면서 딸기, 블랙 커런트와 여러 다른 붉은 과일의 풍미가 충분히 있다. 대개 오크통에서 숙성한 코트-드-베르주락은

좀 더 탄닌이 두드러지고, 잘 익은 과일, 탄내, 향신료 등의 복합적인 향이 난다. 장기 숙성이 가능하다. 단기 침출 방식으로 양조된 로제는 연어의 아름다운 색깔과 산딸기나 나무딸기를 씹는 듯한 느낌과 더불어, 매우 뛰어난 청량감이 있다. 당도가 없는 화이트는 상쾌하고, 산도가 있고, 기분 좋은 향과 여운이 입안에 남는다. 코트-드-베르주락의 감미로운 화이트는 상쾌함, 세련됨, 부드러움과 뛰어난 향이 잘 조화를 이루고 있다.

색 :	서빙 온도 :	숙성 잠재력 :
레드, 로제, 화이트.	감미로운 화이트는 8도선, 당도가 없는 화이트와 로제는 10~12도, 레드는 15~17도.	로제는 병입 후 1년 이내, 화이트와 레드는 2~3년, 코트-뒤-베르주락은 5~6년.

AOC MONBAZILLAC (AOC 몽바지약)

베르주락

이 지방에서 가장 오래된 포도 재배 지역이다. 일정 기간 동안 잊혔던 몽바지약은 자신의 명성을 되찾아, 현재 도르도뉴 유역의 모든 와인 중에서 가장 유명한 와인이다. 베르주락 남쪽의 퐁포르Pomport, 루피냑Rouffignac, 콜롱비에Colombier, 생-로랑-데-비뉴Saint-Laurent-des-Vignes, 몽바지약 등 다섯 개의 코뮌에 있는 도르도뉴 기슭의 급경사면에 포도밭이 펼쳐져 있다.

온화한 기후는 귀부 와인을 만드는 귀부균의 번식이 빨리 이루어진다. 작황이 좋은 해에는, 몽바지약의 와인, 특히 '셀렉시옹 드 그랭 노블sélection de grains nobles'은 소테른의 일부 와인들과 견줄 수 있다.
> **주요 품종** 세미용, 소비뇽, 뮈스카델.

> **토양** 점토가 많이 함유된 점토-석회암.
> **와인 스타일** 맑은 금색의 이 감미로운 와인은 하얀 꽃, 견과류(아몬드, 헤이즐넛), 꿀, 부드러운 향신료의 복합적인 향이 있다. 생동감과 힘의 좋은 균형을 보여주는데, 길고 향기로운 여운이 있다.

색 :	서빙 온도 :	숙성 잠재력 :
화이트.	6~8도.	5~30년, 혹은 그 이상.

AOC BUZET (AOC 뷔제)

가론 유역

가론 주변의 포도 재배 지역 중에서 가장 오래되고 가장 유명한 원산지 명칭이다. 필록세라에 의해서 완전히 사라질 뻔했던 이곳은, 생산량의 거의 전부를 담당하는 강력한 조합인 비뉴롱 드 뷔제의 포도 재배자들이 억척스럽게 포도밭을 재건하기 위한 노력을 계속한 덕분에 살아남았다. 현재 AOC에는 가론강의 왼편 강둑과 랑드 숲의 경계에 펼쳐진 2,000헥타르의 포도밭이 포함되고, 세 가지 색 모두를 생산하지만, 레드가 큰 비중을 차지한다.

> **주요 품종** 레드와 로제는 메를로, 카베르네 프랑, 카베르네 소비뇽. 화이트는 세미용, 소비뇽.

> **토양** 자갈이 섞인 점토-석회암, 진흙-모래.

> **와인 스타일** 레드는 강하면서 풍만하고, 붉은/검은 과일, 향신료, 훈연향 등이 나며, 좋은 탄닌 구조가 뒷받침해준다. 숙성되면서 탄닌이 부드러워지고 숲 속의 흙, 부식토, 사냥감의 냄새로 진화한다. 보르도의 와인과 견줄 만하다. 화이트는 상쾌하고 과일, 하얀 꽃의 향이 있다. 로제는 매우 향기롭다.

색:	서빙 온도:	숙성 잠재력:
레드, 로제, 화이트.	화이트와 로제는 8~10도. 레드는 15~17도.	로제와 화이트는 1~2년, 레드는 3~6년.

AOC CAHORS (AOC 카오르)

고지대의 포도밭

거의 검은색에 가까운 색으로 인해 영국인들이 '검은 넥타이'라는 별칭으로 부르던 카오르의 와인은 프랑수아 1세와 러시아 궁정의 사랑을 받았고, 동방 정교회의 미사주로 사용되었다. 프랑스에서 가장 오래된 와인 중에 하나이다. 원산지 명칭은 케르시Quercy의 남쪽에 위치한 로Lot 강의 양쪽 기슭의 4,000헥타르를 포함하고, 여기서 레드와인만 150,000헥토리터를 생산한다. 샤토 드 세드르의 파스칼 베르에그Pascal Verhaeghe의 주도하에 일부 생산자들은 품질 좋은 와인을 생산하기 위한 매우 엄격한 업무지침서를 마련하기 위해 '카오르 엑셀랑스'라는 품질 관리서를 작성했다.

> **주요 품종** 말벡(또는 오세루아, 코), 메를로, 타나트.

> **토양** 로강 주변의 충적토, 돌멩이, 석회암. 그 외 지역은 점토-석회암.

> **와인 스타일** 전통적으로 카오르는 강하고 알코올이 풍부한 와인이다. 검은색에 가까운 짙고 빽빽한 석류 색을 띤다. 알코올에 절인 붉은 과일의 향에 더불어 말벡으로 양조한 와인에서 매우 전형적으로 나타나는 핵과류의 향이 있다. 숙성이 되면서, 탄닌은 부드러워지고, 말린 자두, 초콜릿, 부식토, 감초 등의 복합적인 향으로 바뀌고, 입안에서 여운이 오래 지속된다. 요사이 메를로의 비율이 높아져 좀 더 부드럽고 마시기 쉬운 카오르의 와인도 생산된다.

색:	서빙 온도:	숙성 잠재력:
레드.	15~17도(디캔팅 권장).	3~15년, 또는 뛰어난 빈티지는 그 이상.

AOC FRONTON (AOC 프롱통)

고지대의 포도밭

툴루즈의 와인이다. 타른Tarn과 가론Garonne 사이에 위치한 1,600헥타르에 달하는 프롱통의 포도밭은 와인에 자신만의 개성을 주는 지역 토착 품종인 네그레트négrette가 자라기 좋은 토양을 가지고 있다. 레드와 로제를 합쳐 70,000헥토리터를 생산한다.

> **주요 품종** 네그레트, 카베르네(프랑과 소비뇽), 시라, 가메, 페르 세르바두fer servadou, 말벡, 생소.

> **토양** 자갈, 진흙-모래, 철분이 풍부한 '루제rougets'.

> **와인 스타일** 레드는 네그레트 특유의 부드러움과 우아함이 잘 드러난다. 깊은 루비색을 띠고, 붉은 과일, 제비꽃, 작약 등의 꽃, 감초, 후추와 같은 향신료의 향이 난다. 산미가 느껴지는 로제는 붉은 과일, 열대 과일, 하얀 꽃 등의 향이 섞여 있다.

색:	서빙 온도:	숙성 잠재력:
레드, 로제.	로제는 8~10도. 레드는 15~17도(디캔팅 권장).	로제는 당해에 마실 것. 레드는 4~5년.

도멘 플라졸
(DOMAINE PLAGEOLES)

플라졸 가문은 타른강의 양쪽 강변에 위치한,
프랑스에서 가장 오래된 포도 재배 지역인 가이약의 뛰어난 명예대사이다.

도멘 플라졸

Très Cantous
81140 Cahuzac-sur-Vere

면적 : 27헥타르
생산량 : 90,000병/년
원산지 명칭 : 가이약
레드와인 품종 : 프뤼늘라르prunelard,
모작 누아mauzac noir, 뒤라스duras,
시라, 브로콜braucol
화이트와인 품종 : 모작, 베르다넬verdanel,
루엥 드 뢰이l'oin de l'oeil, 옹덩크ondenc,
뮈스카델

플라졸 스토리

플라졸 가문이 가이약에 정착한 것은 오래전 일이다. 오래된 선조인 쥘Jules은 1820년 4헥타르를 매입했다. 도멘의 최근 역사는 각각이 혁혁하게 기여한 4세대 안에서 이루어진다. 이 이야기에서 지역 품종을 보존하는 데 핵심적인 역할을 한 마르셀 플라졸Marcel Plageoles을 언급해야 한다. 이 지역에서 빠뜨릴 수 없는 인물인 그 아들 로베르Robert는 이 소중한 유산의 결실을 맺게 했다. 동시에 그는 가이약의 기억이고 핵심인사이자 훼방꾼이다. 모두가 복제를 부르짖을 때, 포도밭 내 선별방법의 열렬한 옹호자였던 그는 절단할 가지를 선별하기 위한 노력을 하는 대신, 나이 많은 포도나무의 뿌리를 찾으면서 지역의 테루아를 이해함과 동시에 몽플리에Montpellier에 있는 포도 품종 컬렉션을 정기적으로 방문했다. 매력적이면서 독창적인 와인을 생산하는 옹덩크나 프뤼늘라르prunelart 같은 지역 토착 품종의 복원이 바로 그의 업적이다. 그의 아들 베르나르Bernard와 며느리 미리암Myriam은 1990년대부터 조금씩 아버지의 뒤를 이어 성과를 이루었고, 최근 들어 이들의 아들도 합류하여 포도밭의 면적을 27 헥타르로 확장하고, 유기농으로 전환했으며, 와인의 다변화를 이루었다.

흥미로운 와인 시리즈

플라졸 가문은 지난 100년의 준비기간을 통해 자신들이 선택한 토착 품종으로 만든 단일 품종 와인 컬렉션을 통해 와인 애호가들이 독창성 있는 이 AOC에 흥미를 느끼게 만들었다. 뱅 드 프랑스^{Vin de France} 하위 등급을 만들면서까지 말이다. 베르나르 플라졸은 모든 시리즈의 양조법을 다듬었는데, 이 가운데 대략 15가지에 달하는 모든 퀴베가 추천할 만하다. 도멘은 특히 화이트 품종이 보여줄 수 있는 모든 와인에 있어 그 명성을 이루었다. 이는 달지 않은, 감미로운, 기포가 있는 등의 와인은 물론이고 놀라운 숙성 능력을 보이는 뱅존과 동일한 방식으로 양조된 독창적인 뱅 드 부알^{Vin de Voile}에 이르기까지 거의 모든 화이트와인을 총망라한다. 모작^{mauzac} 품종, 좀 더 자세히 말하면 여러 변형이 가능한 모작 품종들의 모든 결과물을 보여주는데, 그중 건조 방식으로 만드는 감미로운 와인 뱅도탕^{Vin d'Autan}은 걸작이다. 베르다넬 verdanel, 루엥드뢰이^{l'oin de l'oeil}, 옹덩크 또는 뮈스카델로 양조한 감미로운 와인들의 뛰어난 순수함과 균형은 특별히 언급할 만하다. 이제 레드와인을 말해보자. 프뤼늘라르^{prunelard}, 모작 누아, 뒤라스, 시라, 브로콜 등은 언제나 단일품종으로 양조된다. 목표는 가장 솔직한 특징을 추출하는 것이다. 이를 위해 토착 효모를 사용하고 가식적인 맛이 나지 않도록 인간이 개입하지 않는 숙성을 통해 속이 편하면서 상쾌하고 향신료의 향이 나는 와인이 생산된다. 그리고 프뤼늘라르 품종은 추가적인 짜임새가 있는 와인을 만든다.

도멘 플라졸, 모작 나튀르

도멘의 엠블럼과도 같은 이 스파클링 와인은 발효가 이루어지지 않은 당의 일부를 그대로 둔 병에서의 2차 발효를 끝마치는 가이약 방식으로 양조된다. 100% 모작으로 만들어져 진실하면서도 축제 분위기가 나는 부드러운 기포를 가진 이 와인은 품종 특유의 사과와 배의 향과 부드러우면서 청량감 있고, 과일의 맛을 끌어올리는 매우 옅은 감미가 돈다.

도멘 플라졸, 뮈스카델, 가이약 두

단독으로 양조되는 일이 드문 까탈스러운 뮈스카델은 여기서 최고의 결과물을 보여주는데, 콩피된 과일이나 사향(머스크)의 향이 나고, 풍만하면서도 동시에 공기감이 느껴지는 텍스처가 입에서 느껴지는데 이 모든 것을 완벽한 청량감이 뒷받침해준다. 완숙에 도달했지만 무겁지 않은 감동적인 맛이다.

> 도멘의 대표, 베르나르 플라졸

샤토 뒤 세드르
(CHÂTEAU DU CÈDRE)

미디-피레네 지역에 있는 원산지 명칭 카오르의 첨병인 샤토 뒤 세드르는
이 지역 동편의 로(Lot)강에 의해 형성된 포도밭에 위치하는데,
특이한 점은 최고급 와인들과 어깨를 나란히 할 수 있는 수준의 와인을 만드는
말벡 품종이 매우 지배적인 비율을 차지한다는 점이다.

샤토 뒤 세드르

Bru
41700 Vire-sur-Lot

면적 : 27헥타르(화이트는 1.5헥타르)
생산량 : 130,000병/년
원산지 명칭 : 카오르
레드와인 품종 : 말벡, 메를로, 타나트
화이트와인 품종 : 비오니예,
뮈스카델, 소비뇽, 세미용

포도밭의 부활

카오르 와인의 명성은 눈으로 보이는 밀도로 인해 '검은 와인'
이라 불리던 중세 시대로 거슬러 올라간다. 이 와인은 그 탄탄한
특성으로 인해 운송을 잘 견딜 수 있어서 영국의 식탁뿐만 아니라
러시아의 황제(차르)의 궁정에까지 보내지기 위해 보르도 항을 통해
수출되었다. 필록세라에 의해 완전히 황폐화되기 전인 19세기에만
이 지역의 포도밭 면적은 65,000헥타르에 달했는데, 이는 현재
보르도 전체 포도 재배 면적의 절반에 해당한다. 이후 공을 들여
포도나무를 다시 심었지만, 1956년의 이변적인 냉해로 인해 다시
한 번 망가졌다. 새로운 재난으로 인해 차질이 빚어진 AOC 승급은
1971년이 되어서야 이루어졌다. 말벡 품종이 심어진 석회질 고원에
제대로 투자한 도멘들 덕분에 과거의 명성을 되찾았으며 현재 4,500
헥타르에 걸쳐 생산 중이다.

태동

벨기에 출신의 레옹 베르에게 Léon Verhaeghe가 로 Lot에 정착한 것은 1950
년대였다. 그의 아들 샤를은 이것저것 심어진 자갈투성이 작은 규모의
척박한 땅에 포도를 심으면서 샤토 뒤 세드르에 첫발을 대디뎠다.
품질을 담보로 한 이러한 방식은 비옥한 포도밭에서나 시도되던 것으로 포도의 생산성에 중점을 두던 당시로서는 일반적이지 않은 것이었다. 도멘은 1973년 빈티지부터 시작해서 단지 일부만 병입시키는 부차적인 생산에 만족해야 했다. 도멘은 1988년 아들인 장-마르크와 파스칼에게 유증되었다.

테루아와 포도나무

카오르의 포도밭은 로강의 하안단구에서 서서히 상승하는 계단식 지형에 위치한다. 샤토 뒤 세드르 포도밭의 절반인 14헥타르는 풍부하고 짜임새가 있는 와인을 만드는 데 가장 적합하다고 판명된, 세 번째 단구라고 불리는 가장 높은 고도에 있다. 13헥타르의 나머지 절반은 세련된 와인을 생산하는 데 적합한 석회암 더미 원뿔이라고 불리는 석회질 고원의 내리막 끝자락 두 개의 밭에 위치한다. 대부분이 1980년에 만들어졌고, 도멘 포도나무의 상당수가 포도밭 내 선별방법에 의한 것이다. 이 양심적인 포도 재배는 2000년부터 유기농을 따랐지만, 인증서는 2012년이 되어서야 유효 판정을 받았다.

서로 보완하는 형제

도멘의 경영과 관련해서는 완벽한 업무 분담이 이루어져, 장-마르크는 포도 재배를, 그리고 파스칼은 양조를 책임진다. 파스칼은 매우 높은 평가를 받는 캘리포니아의 세인츠버리^{Saintsbury} 와이너리에서 양조와 숙성의 경력을 쌓았다. 가족의 도멘으로 돌아와 그의 경험을 살려 초기의 빈티지들부터 샤토 뒤 세드르를 품질 향상의 여정에 오르게 했다. 그때부터 도멘은 부러움을 사게 하는 해당 원산지 명칭 리더 지위 획득에 이르기까지 성장을 멈추지 않았다. 매번 야망의 새로운 레벨을 보여주는 퀴베의 창조를 통해 이러한 행보에 방점을 찍었다. 포도 재배의 최상의 잠재력을 가진 토양에서 만들어진 르 세드르는 1996년, 그리고 완벽주의 철학에 입각한 GC는 2000년에 태어났다. 비범한 또 이 카오르의 와인들은 보여주기식의 외향적인 표현에 불과한 것이 아니라 균형과 우아함이 집약된 모습을 보여준다. 1995년부터 파트너 재배자들의 포도를 가지고 작은 규모로 접근성 좋은 가격대의 네고시앙 와인을 생산하는데, 이는 단지 엘리트주의가 베르에게 형제의 유일한 사명이 아님을 설명한다.

샤토 뒤 세드르, 르 세드르, 카오르

1996년은 카오르의 정체성이 고공행진을 하게 만든 이 퀴베의 첫 번째 빈티지이다. 오로지 말벡으로만 구성된 이 퀴베는 도멘의 특성을 만드는 두 테루아인 고지대 단구의 힘과 경사면의 세련미가 잘 드러나 조화를 이룬다. 더욱이, 나이 많은 포도나무는 추가적인 진액을 제공한다. 이 와인은 인내심을 요하는 제조방식인 장시간 양조 후 대략 2년간 부르고뉴의 오크통에서 숙성시킨다. 자연이 자신의 자리를 차지하는 철학과 심사숙고를 거친 기술의 열매인 르 세드르는 비교할 수 없는 균형, 깊은 과일 풍미, 강하면서 조화로운 텍스처, 확실한 장기 숙성 잠재력을 가지고 있다. 이 와인은 카오르 테루아의 뛰어남을 훌륭하게 표현하는 명예대사이다.

> 샤토의 수장인 파스칼과
장-마르크 베르에게

프티 망상의 정수, 도멘 코아페
(LE DOMAINE CAUHAPÉ, QUINTESSENCE DU PETIT MANSENG)

쥐랑송의 와인 메이커 앙리 라몽퇴는 자연이 스스로 원하는 때,
매우 정교한 작업으로 탄생하는 매혹적인 넥타르, 명품 퀴베 캥테상스 뒤 프티 망상의 양조자이다.

도멘 코아페

Quartier Castet
64360 Monein

면적 : 43헥타르
생산량 : 200,000병/년
원산지 명칭 : 쥐랑송
화이트와인 품종 : 프티 망상,
그로 망상, 쿠르뷔courbu,
카마랄레camaralet, 로제lauzet

피레네 기슭에 흐르는 액체 황금

"이것은 극단적인 수확법의 결실입니다." 앙리 라몽퇴Henri Ramonteu는 도멘의 정점에 있는 퀴베인 '캥테상스 뒤 프티 망상Quintessence du Petit Manseng'에 대해 이렇게 고백한다. "우리는 12월, 혹은 크리스마스, 심지어 1월까지 여러 번 포도밭을 훑으면서 수확하지요." 귀부균이 번식하지 않는 이곳에서는 건조를 통해 포도의 당도가 급등하고, 예기치 않게 향이 농축된다. 따라서 산출량은 매우 낮아 헥타르당 대략 8헥토리터 수준이다. 테루아는 탁월하다. 해발 400미터 협곡에 위치한 40%의 황토로 구성된 점토-규토질의 토양은 프티 망상에게 힘과 활기를 제공한다. 이 협곡은 정남향으로 태양이 빛나고 푄foehn 바람이 거침없이 분다. 협곡 사이의 스페인에서 불어오는 늦가을의 더운 바람은 포도의 성숙을 가속시키고, 냉해는 포도의 껍질을 시들게 하고 산성 장력을 보존시킨다. 이 기적적인 결과를 얻기 위해, 자연을 돕기 위한 많은 노력을 기울여야 한다. 그는 이렇게 말한다. "우리는 이 밭들에 원예를 합니다. 포도송이의 꼬리는 건조를 극대화시키기 위해 하나하나 집게에 집어놓죠. 매 포도송이 이파리 하나씩 조심스럽게 잎을 제거해서 태양빛이 투과하게 만들어주고, 포도의 껍질을 단단하게 해야 합니다. 그렇게 하지 않으면 포도는 이 과정을 버틸 수가 없습니다. 그리고 새들이 우리들보다 먼저 수확하는 것을 막기 위해 포도나무를 망으로 덮어 놓지요."

환상적인 풍부함

그렇다고 수확이 보장된 것은 아니다. 악전후일 경우 모두 다 날리거나 기대치보다 품질이 떨어질 수도 있다. 앙리 라몽퇴는 말한다. "캥테상스는 10년에 6번 정도 만듭니다. 2012년과 2013년에는 생산하지 못했어요." 여러 번에 걸친 분류를 통한 손 수확이 이루어지면, 포도는 작은 바구니를 이용하여 이동되고, 새 오크통 속에서 발효되고, 2년 동안 숙성된다. 이 환상적인 풍부함은 지나치게 오크의 느낌이 나지 않게 하면서 입안에서의 매혹적인 텍스처를 갖게 하는 등 이런 숙성법이 주는 장점을 뽑아낸다. 결과는 놀랍다. 도멘 코아페의 43헥타르에서 앙리 라몽퇴는 감미가 있거나 없는 다른 8가지 퀴베를 더 생산한다. 달지 않은 것 중에서 비할 데 없이 강한 향을 가졌지만 조화로운 라 카노페la Canopée가 있다. 완벽한 성숙 상태에서 수확되어 오크통에서 발효되고 쉬르 리sur lies 방식으로 숙성된 프티 망상은 노란 과일과 향신료의 강렬한 향이 나고, 풍부한 맛과 좋은 풍미를 가지며 시트러스 향이 어우러진 길고 상쾌한 여운을 남긴다. 독창적이면서 동시에 매혹적인 당도가 없는 최고급 화이트와인 중 하나이다.

도멘 코아페, 캥테상스 뒤 프티 망상, 쥐랑송

이 퀴베는 품종의 특성과 테루아를 살리면서 전 세계 최고의 감미로운 와인들과 어깨를 나란히 한다. 놀라운 산도는 감미가 절대 무겁지 않은 이상적인 균형을 만드는데, 폭발적인 향은 확대되어 끝이 없이 나온다. 풍만하면서 고운 질감에 잘 익은 살구, 콩피한 서양 모과, 세드라 제스트, 구운 시트러스, 그릴에 구운 것 같은 혹은 플라리네의 풍미가 조금씩 섞여진다. 오랜 지속성이 곁들여진 이러한 관능미는 이 와인을 아무것도 곁들이지 않고 서서히 맛을 음미하는 '명상을 위한 와인'으로 만든다. 최근의 빈티지 중에서는 2011년이 매우 추천할 만하다. 구매자는 자신의 일생 동안 내내 이 와인을 즐길 수 있을 것이다. 하지만 기회를 못 잡아 이 와인을 열지 못한다면 참 아쉬운 일일 것이다. 제조자에 의하면, 25년 정도 기다리길 권한다.

대표인 앙리 라몽퇴

스타급 협동조합

협동조합은 사라져가는 원산지 명칭의 르네상스에 중요한 역할을 했고 지금도 계속 하고 있다. 가스코뉴^{Gascogne}에서 가장 큰 협동조합인(생-몽^{Saint-Mont}과 크루제이유^{Crouseilles} 카브를 합병했다) 플래몽^{Plaimont}과 같은 몇몇 생산자들은 목표를 매우 높게 잡아, 생-몽, 마디랑, 파슈랑-뒤-빅-빌^{Pacherenc-du-Vic-Bilh}의 뛰어남을 세상이 알게 했다. 다른 협동조합 가운데 금액과 품질에서 모두 만족도를 보이는 곳으로는 이룰레기^{Irouléguy} 카브인 레 비뉴롱 드 뷔제 ^{Les Vignerons de Buzet}, 마르망데^{Marmandais} 카브인 비노발리^{Vinovalie}(가이약, 프롱통), 베르티코^{Berticot}(코트-드-뒤라스) 등을 언급할 만하다.

AOC GAILLAC (AOC 가이약)

고지대의 포도밭

과거에는 스파클링 화이트와인으로 유명했던 이 지역은 이 지방에서 가장 오래된 포도밭 중 하나이다. 또한 남서부 지방에서 가장 방대한 3,300헥타르의 면적이 있다. 가이약은 풍부하면서 매우 광범위한 와인을 만드는데, 레드, 로제, 달지 않은 화이트, 스파클링 화이트(무쇠 ^{mousseux}, 페를랑^{perlants}), 감미가 있는 화이트 등이다. 병입 후 숙성하지 않고 마시는 누보 스타일로 화이트, 레드도 만든다. 원산지 명칭 가이약-프르미에르-코트^{Gaillac-Premières-Côtes}는 달지 않은 화이트이다.

> **주요 품종** 레드는 뒤라스, 브로콜(페르

세르바두^{fer servadou}), 가메, 시라, 네그레트, 카베르네 프랑. 화이트는 모작, 랑드렐 뮈스카델, 소비뇽, 옹덩크, 세미용.

> **토양** 타른강의 왼편 자갈로 구성되어 레드와인에 적합하다. 오른편은 화강암과 석회암으로 이루어져 화이트와인에 유리하다.

> **와인 스타일** 달지 않은 화이트는 우아 하고 산도가 있으며 상쾌하다. 모작 품종의 전형적인 향인 청사과와 배의 향이 난다. 입안에서는 가벼운 질감과 함께 아주 약한 발포성이 느껴진다. 가이약의 특산물인 기포가 있는 달지 않은 화이트인 페를랑의 가벼운 기포는 모작이나 랑드렐의 자연적인

향을 끌어올리면서 활기, 청량감 등을 강화시켜준다. 감미가 있는 화이트는 콩피한 사과, 꿀, 무화가, 하얀 꽃 등의 향이 난다. 전통적인 방식 혹은 가이약 방식(p.70 참조) 으로 만드는 무쇠는 사과의 향과 기포의 세련미로 유혹한다. 산도가 있고 상쾌한 로제는 뛰어난 부케가 향기롭다.

11월 셋째 주 목요일부터 판매가 가능한 프리뫼르 스타일의 레드는 단일 품종인 가메의 전형적인 조그만 붉은 과일의 향을 상쾌한 맛이 받쳐준다. 전통적인 레드는 검은 과일, 향신료의 향과 어느 정도의 짜임새, 부담 없는 맛, 좋은 균형이 느껴진다.

색 :
레드, 화이트,
로제.

서빙 온도 :
감미로운 화이트와 무쇠는 6~8도.
달지 않은 화이트와 로제는 8~10도.
레드는 12~17도.

숙성 잠재력 :
프리뫼르 레드는 출고된 해의 겨울이 끝나기 전에 마실 것. 로제, 무쇠, 달지 않은 화이트는 당해에 마실 것. 감미로운 화이트 는 2~3년. 전통적인 레드는 2~5년.

AOC PACHERENC-DU-VIC-BILH(AOC 파슈랑크-뒤-빅-빌)

피레네의 포도밭

가스코뉴 지방의 말로 파슈랑크-뒤-빅-빌은 '오래된 도시의 줄 세운 말뚝'을 의미한다. 언덕과 골짜기로 이루어진 원산지 명칭 마디랑과 동일한 구역 내의 9,000헥타르의 작은 원산지 명칭으로 오로지 당도가 없는 혹은 감미로운 화이트와인만 생산한다.

> **주요 품종** 아뤼피악^{Arrufiac}, 프티 망상, 프티 쿠르뷔^{petit courbu}, 그로 망상, 소비뇽, 세미용.

> **토양** 점토-규토, 충적토.

> **와인 스타일** 연속적인 분류에 의한 과숙 포도를 수확해 만드는 파슈랑크는 청량감이

있고 레몬과 콩피한 자몽, 열대 과일, 견과류의 매력적인 향이 나며 새콤달콤하고 상쾌한 맛이 있다.

색 :
화이트.

서빙 온도 :
감미로운 와인은 6~8도.
달지 않은 와인은 10~12도.

숙성 잠재력 :
달지 않은 와인은 당해에 마실 것.
감미로운 와인은 5~10년.

AOC MADIRAN (AOC 마디랑)

1970년대에 파리에서 유행이 되기 전에 마디랑의 와인은 오랫동안 생-자크-드-콩포스텔Saint-Jacques-de-Compostelle 순례자들의 와인이었다. 포Pau의 북동쪽에 있는 베아른Béarn의 한복판에 위치한 1,300헥타르 이 원산지 명칭은 피레네 산맥 기슭의 단구상에 층층이 펼쳐져 있다. 오로지 매우 독특한 탄닌의 힘을 갖은 타나트 품종의 전형성이 매일 잘 느껴지는 레드와인만 65,000헥토리터를 생산한다.

> **주요 품종** 타나트, 카베르네 프랑, 카베르네 소비뇽, 페르 세르바두.

> **토양** 점토-석회암, 규토, 자갈.

> **와인 스타일** 농축되고 탄닌이 두드러지는 마디랑은 산딸기, 검은 과일, 향신료, 트러플 등의 매우 전형적인 향이 나고 이를 존재감 있는 탄닌과 풍부한 알코올이 뒷받침해준다. 숙성되면서, 탄닌은 부드러워지고 향신료의 향이 강화되면서 구운 향, 건자두 같은 검은 과일의 향에 감초와 가벼운 멘톨의 향이 추가된다. 좋은 짜임새 덕분에 매우 뛰어난 숙성 능력을 가지고 있다.

색:	서빙 온도:	숙성 잠재력:
레드.	16~17도(반드시 디캔팅할 것).	1~5년. 최고 생산자들의 좋은 빈티지는 10~15년.

AOC JURANÇON, JURANÇON SEC
(AOC 쥐랑송, 쥐랑송 섹)

앙리 4세는 한 방울의 쥐랑송 와인과 마늘 한 알로 세례를 받았다고 역사는 말한다. 뒷배경에 피레네 산맥을 두고 있는 포도밭은 포의 경계에 숲과 초원이 있는 고도 300미터의 단구에 1,000헥타르에 걸쳐 펼쳐져 있다. 이 원산지 명칭은 오로지 화이트와인만 약 38,000 헥토리터를 생산한다. 이 지역의 감미로운 와인은 프랑스 최고 중의 하나로 꼽힌다. 1996년부터 AOC 쥐랑송은 늦수확에 의한 감미로운 와인만 생산할 수 있다. 달지 않은 화이트를 위해 쥐랑송 섹이라는 또 다른 원산지 명칭이 존재한다.

> **주요 품종** 그로 망상, 프티 망상, 쿠르뷔.

> **토양** 이회암-점토-석회암 또는 규토-석회암, 역암.

> **와인 스타일** 매우 뛰어난 향을 표현하는 쥐랑송은 레몬, 살짝 콩피한 자몽, 여러 가지 열대과일, 잔잔한 꿀의 향이 난다. 끝맛은 길면서 풍미가 깊다. 쥐랑송 섹은 꽃, 열대과일의 향을 좋은 산도가 뒷받침해준다.

색:	서빙 온도:	숙성 잠재력:
화이트.	쥐랑송은 8~10도. 쥐랑송 섹은 10~12도.	쥐랑송은 2~10년, 좋은 빈티지는 15년. 쥐랑송 섹은 3~4년.

AOC IROULÉGUY (AOC 이룰레기)

피레네 아틀랑티크Pyrénées-Atlantiques 데파르트망 바스크 지방의 한가운데 위치한 이 AOC에서 과거 포도나무는 이 지역의 여왕이었고, 생산량은 1,000,000 헥토리터가 넘었다. 현재 여기는 매우 소규모의 포도 재배 지역으로 전락했다. 스페인과의 경계에서 멀지 않은 다섯 개의 코뮌과 생-테티엔-드-바이고리Saint-Étienne-de-Baïgorry 경사면 측면에 짝 달라붙은 이 원산지 명칭은 대부분은 레드와인을 생산하지만, 매우 인기가 있는 로제와 화이트도 만든다.

> **주요 품종** 레드와 로제는 타나트, 카베르네 프랑, 카베르네 소비뇽. 화이트는 그로 망상, 프티 망상, 프티 쿠르뷔.

> **토양** 점토-석회암, 점토-규토, 붉은 자갈.

> **와인 스타일** 진한 보라색의 레드는 약간 야생적인 검은 과일, 제비꽃, 향신료의 향이 나고 부드러운 탄닌이 뒷받침해준다. 끝맛이 길고 향기롭다. 로제는 산도와 과일 풍미가 있고 기분 좋은 상쾌함과 붉은 과일의 향이 난다.

색:	서빙 온도:	숙성 잠재력:
레드, 로제, 화이트.	로제와 화이트는 8~10도. 레드는 15~17도.	로제와 화이트는 2년 내에 마실 것. 레드는 5~8년.

랑그독과 루시용의 포도 재배지

이 두 지방이 프랑스에서 가장 오래된 곳으로 꼽힌다. 이 둘은 오랫동안 그저 그런 와인을 생산하는 곳이라는 이미지로 인해 고통 받았다. 현재 이 두 지방은 프랑스 전체 생산량의 1/3을 담당하고 있고, 당연히 이 와인들은 재평가되어야 할 가치가 있다.

랑그독(LANGUEDOC)

랑그독은 모자이크 같은 포도밭과 매우 다양한 종류의 와인 생산으로 인해 프랑스에서 상당히 독특한 지역이다. 최근 30년 동안의 엄청난 도약 후에, 이 지역은 애호가들에게 상당히 매력적인 사냥터가 되었다. 코르비에르Corbieres, 랑그독Languedoc, 미네르부아Minervois의 세 가지 원산지 명칭이 판매량의 75%를 차지한다.

어제와 오늘

그리스인들이 기원전 6세기에 이 지역에 포도나무를 가지고 왔지만, 로마제국의 광대한 속주 갈리아 나르본넨시스를 만든 도미티엥Domitien 황제 치하의 로마인들이 포도밭을 개발했다. 서고트족의 점령과 같은 역사의 우여곡절에도 불구하고, 9세기 라그라스Lagrasse, 콘Caunes에 이르는 수도원의 확장 덕분에 포도밭은 유지되었다. 1681년 미디 운하의 개통과 19세기 철로의 개발은 포도 재배의 비약적 발전을 가능케 했다. 하지만 19세기 말 필록세라는 포도밭을 전멸시켰다. 포도밭은 다시 태어났지만 품질은 생산성을 위해 희생되었다. 현재 이 포도 재배 지역은 정체성과 진정성을 되찾았고, 주도적 역할을 확인시켜 주고 있다.

숫자로 본 랑그독-루시용의 포도 재배지

면적 : 69,000헥타르
생산량 : 1,400,000헥토리터
레드 : 78%
화이트 : 10%
로제 : 12%

(CIVL CIVR, FranceAgriMer)

포도 재배 지역

랑그독의 포도밭은 가르Gard, 에로Herault, 오드Aude, 세 데파르트망에 분포되어 있다. 동쪽의 님Nimes에서부터 서쪽의 카르카손Carcassonne까지 북쪽으로는 마시프 상트랄의 지맥과 맞닿아 있고, 남쪽으로는 지중해와 코르비에르 산맥에 이르는 지방이다. 편암, 큰 자갈로 이루어진 단구, 사암, 이회암, 석회암, 충적토 등 매우 다양한 종류의 토양은 확실한 자신들만의 특성을 가진 와인을 생산한다. 고온의 여름과 비정기적인 강우, 강풍을 가진 지중해성 기후는 지방의 단일성을 보장하고 포도의 훌륭한 성숙을 가능케 한다.

포도 품종과 와인 스타일

지중해와 보르도의 품종이 사용된다.

레드와인을 위한 주요 품종. 본고장에서의 카리냥은 짜임새, 바디감 그리고 상쾌함을 제공한다. 그르나슈는 풍부한 알코올과 다양한 향을 주고, 시라는 탄닌, 향 그리고 짜임새를 갖게 한다. 무르베드르는 진하고, 복합적이며, 장기 숙성 잠재력이 있는 와인을 만든다. 생소는 특히 로제와인 양조에 사용된다.

화이트와인을 위한 주요 품종. 그르나슈 블랑은 진하고 부드러우며, 산도가 낮고 상당히 긴 여운이 있는 와인을 만든다. 마카뵈maccabeu는 달지 않으면서 색이 진하고, 상당히 기름지면서 세련된, 상대적으로 미묘한 과일 향을 준다. 픽풀은 산도와 청량감을, 부르불랑크는 상쾌하면서 꽃의 향기가 나는 와인의 시발점이다. 샤르도네(리무), 마르산도 재배되는데 루산, 롤과 블렌딩된다.

> 카르카손 근처의 포도밭

랑그독의 원산지 명칭

- Blanquette de Limoux
- Cabardès
- Clairette du Languedoc
- Corbières
- Corbières-Boutenac
- Crémant de Limoux
- Faugères
- Fitou
- La Clape
- Languedoc
- Languedoc avec dénomination
- Limoux
- Malepère
- Minervois
- Minervois-La Livinière
- Muscat de Frontignan
- Muscat de Lunel
- Muscat de Mireval
- Muscat de Saint-Jean-de-Minervois
- Picpoul de Pinet
- Saint-Chinian
- Saint-Chinian Berlou
- Saint-Chinian Roquebrun
- Terrasses du Larzac

달지 않은 와인과 감미가 있는 와인(뱅 두 나튀렐). 일반적으로, 랑그독의 레드와인은 아름다운 석류색을 띤다. 강하고, 알코올 도수가 높으며, 튼튼하고, 점점 더 우아해지는 추세이다. 마스 드 도마 가삭Mas de Daumas Gassac과 같은 몇몇은 진정한 최고급 와인으로 알려져 있다. 이 지방은 풍부하면서 기름진 화이트, 블랑케트 드 리무Blanquette de Limoux, 크레망 드 리무Crémant de Limoux와 같은 스파클링뿐만 아니라 뮈스카 드 뤼넬Muscat de Lunel, 뮈스카 드 프롱티냥Muscat de Frontignan과 같은 눈여겨볼 만한 품질의 몇몇 뱅 두 나튀렐도 생산하지만, 그 양이 매우 적다.

LANGUEDOC ET ROUSSILLON
랑그독과 루시용

* L'astérisque signale les sous-appellations de l'AOC Languedoc.
NB. Depuis 2007, l'AOC Languedoc est étendue à l'ensemble du territoire du Languedoc et du Roussillon.

루시용의 원산지 명칭

• Banyuls
• Banyuls Grand Cru
• Collioure
• Côtes-du-Roussillon
• Côtes-du-Roussillon-Les Aspres
• Côtes-du-Roussillon-Villages
• Maury
• Muscat de Rivesaltes
• Rivesaltes

루시용(ROUSSILLON)

바뇔스Banyuls, 모리Maury, 리브잘트Rivesaltes와 같은 비범한 뱅 두 나튀렐(VDN)의 고향이다. 프랑스 VDN의 80%를 생산하지만, 고품질의 전통적인 레드, 로제, 화이트 역시도 만든다.

간략한 역사

와인 거래는 지금으로부터 그리스 시대까지 거슬러 올라간다. 루시용의 와인은 중세 시대부터 알려지기 시작했지만, 진정한 발전은 17세기 중반부터였다. 하지만 필록세라는 포도밭의 상당 부분을 황폐화시켰고, 경제적 위기를 불러일으켰다. 품질 우선으로 복원을 시작했고, 1936년 리브잘트, 바뇔스, 모리가 AOC 등급을 획득함으로 이에 대한 보상을 받았다.

포도 재배 지역

북으로는 코르비에르 산맥, 서쪽으로는 카니구Canigou, 남쪽으로는 알베르Albères 산맥으로 구성된 지중해를 바라보는 스타디움과 같은 포도밭이다. 유별나게 햇볕이 풍부한 지중해성 기후로 온화한 겨울과 더운 여름이 있다. 검은색/갈색 편암, 화강암질 모래, 점토-석회암 등 매우 다양한 토양으로 구성되어 있다.

품종과 와인 스타일

품종. 이 지역에서는 레드와 로제는 카리냥, 그르나슈 누아, 무르베드르, 시라, 생소, 화이트는 그르나슈 블랑, 마카뵈, 루산, 마르산 등의 모든 지중해성 품종을 만날 수 있다. 금색을 띠는 기름지고, 세련되고 상당히 향기로우면서 산도가 높은 말부아지 뒤 루시용 블랑슈나 당도가 없으면서 색이 진한 와인을 만드는 그르나슈 푸알뤼grenache poilu라고도 불리는 르도네르 플뤼lledoner pelut와 같은 몇몇 토착 품종들도 있다. 매우 풍부한 향을 가진 뮈스카 달렉상드리Le muscat d'Alexandrie나 뮈스카 아 프티 그랭 등은 뱅 두 나튀렐의 블렌딩에 사용된다.

뱅 두 나튀렐. 그르나슈(바뇔스, 모리)나 뮈스카(리브잘트, 뮈스카 드 리브잘트)로 만든 이 와인들은 강하고, 우아하면서 꽃의 향이 난다. 매우 불공정하게 잘못 알려진 이 와인들은 '졸인 와인'이나 '식전주용 싸구려 와인'의 부정적인 이미지 때문에 아직까지 고통받고 있다. 이것은 유감스러운 일로, 이 와인은 뛰어난 숙성 잠재력을 지닌, 미식에 어울리는 최고급 와인으로서 충분히 재발견할 가치가 있기 때문이다.

전통적인 와인. 레드는 세련되고 가벼우며, 숙성시키지 않고 어릴 때 마시거나, 코트-뒤-루시용 빌라주와 같이 강하고 농축되고 좋은 숙성 능력이 있다. 로제는 세련미와 힘을 겸비하고 있다. 보기 드문 화이트와인은 향기롭고, 과일 풍미가 나며 균형이 잘 잡혀 있다.

랑그독과 루시용의 유명 와인

면적에 있어서 전 세계에서 가장 중요한 지방 중 하나로, 뛰어난 와인을 생산한다. 뱅 두 나튀렐을 포함하여 이 와인들 중 일부는 그 와인의 특성만으로 매우 인기가 많다.

AOC LANGUEDOC (AOC 랑그독)

지방 단위 원산지 명칭인 랑그독은 2007년 코토-뒤-랑그독으로 바뀌었다. 이 명칭은 랑그독과 루시용의 모든 영역을 포함하고, 여기서 레드, 로제, 그리고 일부 화이트를 생산한다. 페즈나Pezenas, 그레 드 몽플리에Grès de Montpellier, 픽-생-루Pic-Saint-Loup, 소미에르Sommieres, 카브리에르Cabrieres, 라 메자넬La Mejanelle, 몽페루Montpeyroux, 카투르즈Quatourze, 생-크리스톨Saint-Christol, 생-드레제리Saint-Drezery, 생-조르주-도르크Saint-Georges-d'Orques, 생-사튀르넹Saint-Saturnin 등 이 원산지 명칭은 특정 테루아에 해당하는 지리적 명칭으로 구분된다. 이들 중 몇몇은 조만간 독립적인 AOC가 될 것이다.

> **주요 품종** 레드와 로제는 그르나슈 누아, 시라, 무르베드르, 생소, 카리냥, 르도네르. 화이트는 그르나슈 블랑, 클레레트 블랑슈, 부르불렁크, 픽풀 블랑, 루산, 마르산, 롤, 비오니예.

> **토양** 석회암, 편암, 자갈.

> **와인 스타일** 전통적인 방식으로 양조했느냐 혹은 탄산 침용 방법으로 양조 했느냐에 따라 레드는 붉은 과일에 향신료의 향이 깃든 부드럽고 가벼운 스타일이거나 가죽, 견과류, 미네랄의 향이 나면서 좀 더 농축되어 있고, 탄닌의 존재감이 더욱 느껴지는 스타일일 수도 있다. 로제는 부드러우면서 꽃과 과일의 향이 난다. 화이트는 상쾌하고 좋은 풍미가 있는데, 노란색/하얀색 꽃, 꿀, 향신료, 가시덤불의 향이 난다.

색 :
레드, 로제,
화이트.

서빙 온도 :
화이트와 로제는 8~10도.
가벼운 레드는 12~14도.
농축된 레드는 15~17도.

숙성 잠재력 :
화이트는 당해에 마실 것.
로제는 1~2년,
레드는 2~4년(종종 8년까지).

AOC CORBIÈRES (AOC 코르비에르)

코르비에르의 포도밭은 오드Aude 데파르트망의 한가운데인 카르카손, 나르본Narbonne, 페르피냥, 키양Quillan이 만드는 사각형 안의 17,200헥타르에 펼쳐져 있고, 레드와인이 대부분을 차지한다.

다양한 토양은 몽타뉴 달라릭Montagne d'Alaric, 생-빅토르, 퐁프루아드Fontfroide, 케리뷔스Queribus, 부트낙Boutenac, 테르메네스Termenes, 레지냥Lezignan, 라그라스Lagrasse, 시장Sigean, 뒤르방Durban, 세르비에스Servies 등의 11개의 테루아에 의해 부각되었다. 부트낙은 2005년부터 독자적인 AOC로 승급되었다.

> **주요 품종** 레드와 로제는 그르나슈, 시라, 무르베드르, 카리냥, 생소. 화이트는 그르나슈 블랑, 부르불렁크, 마카뵈, 마르산, 루산, 베르멘티노vermentino.

> **토양** 편암, 석회암, 사암, 이회암.

> **와인 스타일** 와인과 토양의 다양성으로 인해 코르비에르의 와인을 한 마디로 묘사하기는 어렵다. 레드는 강하고, 짜임새가 있다. 검은 과일, 향신료, 절인 과일, 가시덤불의 향이 나고, 섬세한 탄닌이 뒷받침을 해준다. 여운이 긴 뒷맛이 있다. 숙성되면서, 커피, 카카오, 숲속 땅, 부엽토, 사냥감 등의 향으로 발전한다. 탄소(침용) 양조법은 좀 더 가볍고 과일 풍미가 나는 와인을 만든다.

로제는 강하고 향기로우며 과일의 풍미가 있다. 화이트는 세련되며 섬세한 하얀 꽃, 열대 과일의 향의 나며 부드럽다.

색 :
레드, 로제,
화이트.

서빙 온도 :
화이트와 로제는 10~12도,
레드는 16~18도(디캔팅할 것).

숙성 잠재력 :
화이트와 로제는 1~2년.
레드는 3~10년, 혹은 15년.

AOC BLANQUETTE DE LIMOUX (AOC 블랑케트 드 리무)

프랑스에서 가장 오래된 스파클링 와인이다. 역사는 16세기까지 거슬러 올라가는데, 리무 근처의 생-틸레르Saint-Hilaire 수도원의 수도승에 의해 1531년 양조법이 확립되었다.

피레네 산맥을 등지고 있는 카르카손 남쪽의 오드 계곡에 걸친 경사면에 위치한 포도밭은 1,800헥타르의 면적에서 전통적인

혹은 조상 대대로의 방식에(p.70 참조) 따라 만들어진 블랑케트 50,000헥토리터를 생산한다. 독자적인 원산지 명칭을 가진 이 스파클링은 브뤼트, 섹, 드미 섹 등이 있다.

> **주요 품종** 전통적인 방식 블랑케트라고 불리기도 하는 모작(최소한 90%), 슈냉, 샤르도네. 조상 대대로의 방식은 모작만.

> **토양** 점토-석회암, 자갈, 이회암, 사암.

> **와인 스타일** 섬세하고 작은 기포가 있는 스파클링으로 잘 익은 사과, 하얀 꽃 등의 향이 나며 매우 여운이 긴 뒷맛이 있다.

색:	서빙 온도:	숙성 잠재력:
화이트.	6~8도.	1~3년.

AOC MINERVOIS (AOC 미네르부아)

이 원산지 명칭은 지혜의 여신 미네르바에서 온 듯하다. 남으로는 미디 운하, 북으로는 몽타뉴 누아에 이르는 5,000헥타르의 계단식 밭에서 부드러운 와인, 과일 풍미가 나는 와인, 짜임새 있는 와인, 숙성 잠재력이 있는 와인 등, 매우 다른 스타일의 와인이 생산된다.

이 AOC는 상당수가 레드이지만 화이트와 로제도 만든다. 이 원산지 명칭의 한

가운데에 있는 6개의 코뮌으로 이루어진 미네르부아-라 리비니에르Minervois-La Liviniere 는 랑그독 최초의 '마을 단위(village)' 원산지 명칭이다.

> **주요 품종** 레드와 로제는 시라, 무르베드르, 그르나슈, 카리냥, 생소, 테레 누아, 픽풀 누아. 화이트는 마카뵈, 부르불렁크, 클레레트, 그르나슈, 베르멘티노, 뮈스카.

> **토양** 돌멩이, 사암, 편암으로 이루어진

단구, 석회암 토양.

> **와인 스타일** 강렬한 석류색을 띤 레드는 복합적인 향과 농축미가 특징적이다. 붉은/검은 과일, 가시덤불, 향신료, 감초, 제비꽃 등의 향을 여운이 긴 탄닌이 뒷받침해 준다. 로제는 상당히 강하지만 상쾌하다. 화이트는 하얀 과일과 열대 과일의 향이 균형이 잘 잡힌 맛 안에서 느껴진다. .

색:	서빙 온도:	숙성 잠재력:
레드, 로제, 화이트.	화이트와 로제는 10~12도. 레드는 16~17도.	화이트와 로제는 당해에 마실 것. 레드는 5~8년.

랑그독의 생산자 셀렉션

블랑케트 드 리무BLANQUETTE DE LIMOUX

● **블랑케트 베리유(로크타이야드)** Blanquette Beirieu(Roquetaillade). 전통을 최대한 존중한 조상 대대로의 방식으로 만들어진 뛰어난 블랑케트로 이산화황이 첨가되지 않았다.

● **샤토 리브-블랑크(세피)** Château Rives-Blanques (Cépie). 뛰어난 블랑케트와 기포가 없는 환상적인 화이트와인들.

코르비에르CORBIÈRES

● **카스텔모르(앙브르-에-카스텔모르)** Castelmaure(Embres-et-Castelmaure). 유별나게 역동적인 생산조합으로, 매력적인 가성비를 보여줌.

● **샤토 페쉬-라트(라그라스)** Château Pech-Latt (Lagrasse). 이 원산지 명칭의 메이저급 중 하나.

랑그독LANGUEDOC

● **샤토 퓌에쉬-오(생-드레제리)** Château Puech-Haut (Saint-Drézéry). 뛰어난 레드와인들.

● **도멘 페르-로즈(생-파르구아르)** Domaine Peyre-Rose (Saint-Pargoire). 랑그독에서 가장 인상적인 크뤼 중 하나.

● **클로 마리(로레)** Clos Marie (Lauret). 픽-생-루의 비범한 도멘.

미네르부아MIBERVOIS

● **도멘 장-바티스트 세나(트로스 미네르부아)** Domaine Jean-Baptiste Sénat (Trausse Minervois). 강렬하며 복합적이고, 폭발적인 과일 풍미가 있는 환상적인 퀴베들.

● **도멘 피에르 크로(바덩스)** Domaine Pierre Cros (Badens). 강하고 알코올이 풍부한 와인.

도멘 도필락
(DOMAINE D'AUPILHAC)

도멘 도필락은 랑그독에서 지난 30년간 일어난 변화를 여실히 보여준다.
5대째의 와인 메이커인 실뱅 파다는 자신의 와인을 만든 첫 번째 인물이다.
그의 할아버지가 키운 포도는 생산조합의 퀴베 속에 이름 없이 섞여 들어갔지만,
실뱅의 포도는 그에 의해 한 땀 한 땀 와인으로 빚어졌다.

도멘 도필락

28, rue du Plô
34150 Montpeyroux

면적 : 28헥타르
생산량 : 125,000병/년
원산지 명칭 : 랑그독 몽페루
레드와인 품종 : 무르베드르, 카리냥,
시라, 그르나슈, 생소
화이트와인 품종 : 루산, 마르산,
그르나슈 블랑, 롤

스파르타식 설립

실뱅 파다Sylvain Fadat는 1989년 도멘을 설립했다. 시작은 스파르타식이었다. 초기의 빈티지들은 덮개도 없는 트럭 짐칸에서 양조되었다. 그에게 있어, 포도 재배는 그 어떤 일보다 우선이었다. 실뱅은 포도의 성숙도를 잘 조절하기 위해 직접 손으로 수확했고, 화학적 생산요소를 금지했다. 유기농으로 인증받은 지 비록 몇 년 되지 않았지만, 시작부터 그의 포도는 영혼 깊숙이 이미 유기농이었다. 오필락Aupilhac이라는 이름은 해발 100미터 남서향 단구 상의 13.5헥타르 면적을 가진 그의 첫 번째 포도밭 이름에서 빌렸다. 그의 무르베드르, 카리냥, 시라, 그르나슈, 생소는 오래된 카스텔라 드 몽페루Castellas de Montpeyroux의 쇠락을 지켜봤다. 여기서 포도를 재배한다는 것은, 그 기원이 갈리아 나르본넨시스까지 거슬러 올라가면, 의심의 여지없이 1000년 이상의 역사를 가진 유산을 계승하는 것이다. 그리고 몽페루의 특징인 지중해의 공기가 세벤Cévenne의 시원함을 만나는 이 특별한 테루아를 보여주는 것이다.

상쾌한 맛을 찾아서

하지만 실뱅 파다는 단지 하나의 와인, 하나의 테루아에 국한되어 재배할 사람이 아니다. 1998년, 그는 더 풍부한 맛을 내기 위해 더

높은 해발 350미터 석회질 고원 위, 가시덤불로 된 황무지 계단식 밭의 한 가운데 위치한 코칼리에르Cocalieres에 있는 8헥타르의 포도밭을 매입했다. 여기에 루산, 마르산, 롤, 그르나슈 블랑, 그르나슈 누아, 시라, 무르베드르를 심었다. 지중해 태생이거나 혹은 아니거나 이곳의 고도와 북향 일조는 더 높은 알코올 도수와 산도의 균형을 가능케 했다. 그는 이렇게 강조했다. "와인의 깊이감은 줄어들지 않은 채, 전반적인 향은 더 상쾌해졌습니다."

예술가 입맛의 폭이 넓어지다

이 새로운 뉘앙스들을 더해 그는 새로운 조합을 시도할 수 있게 되었다. 도멘의 전통적인 퀴베에 특정 밭의 포도로만 양조된 퀴베인 '레 코칼리에르Les Cocalieres'와 라 보다La Boda라 이름 붙인(아내 데지레의 고향 스페인의 언어 중 하나인 카스틸라어로 '결혼'을 의미함) 두 퀴베의 블렌딩이 그것이다. '보다'는 견고한 결혼이다. 20년도 더 숙성된 오래된 빈티지들이 시음에서 보여주듯, 강렬한 인상을 주지만 심사숙고한 고심의 흔적이 역력한데 이는 실뱅이 언제나 스테인리스 탱크, 작은 오크통 혹은 큰 오크통에 모든 품종과 모든 테루아를 하나씩 따로 따로 양조하기 때문이다. 실뱅 파다는 단지 여기에 머무르지 않는다. 최근 들어서, 코칼리에르보다 해발 고도가 조금 낮은 곳에 있는 2.5헥타르에 소작료를 내고 생소를 재배하는데, 현재 그는 이 포도를 가장 기초 단계의 와인인 루 마제Lou Maset에 사용하고 있지만 더 부드러운 과일 풍미를 주기 위해 언젠가 도멘 도필락 퀴베의 블렌딩에 사용할 수도 있을 것이다.

도멘 도필락, 레 코칼리에르, 랑그독-몽페루

고지대에서 자란 남도의 트리오 시라, 무르베드르, 그르나슈로 만들어진 와인. 검은 과일의 상당한 밀도감이 있지만 날카로운 향이 난다. 10년이 넘게 숙성된 빈티지들이 증명하듯이 매우 강렬하면서 꽉 찬, 아주 좋은 숙성 잠재력이 있는 와인이다.

도멘 도필락, 라 보다, 랑그독-몽페루

남쪽과 북쪽 혹은 저지대와 고지대, 오필락의 파란 이회암과 코칼리에르의 현무암과 석회암에서 재배된 무르베드르와 시라가 블렌딩된 와인으로 30개월의 장기간 침용 후 300리터의 오크통에서 2년 넘게 숙성된 와인이다. 테루아의 클래식한 향이 난다. 잘 익은 붉은 과일, 오디, 체리, 가죽, 향신료, 가시덤불 등. 입에서는 화려한 맛이 나는데, 강하고 농축되어 있으며 잘 성숙하여 부드러운 질감을 가진 탄닌, 과일을 씹는 것 같은 텍스처, 그리고 엄청난 상쾌함이 느껴진다. 태양빛과 서늘함, 강함과 탱탱함, 묵직함과 감미로움... 모든 것이 단지 놀라울 뿐이다.

마스 쥘리앵
(MAS JULLIEN)

마스 쥘리앵이라는 이름은 랑그독 와인 부흥의 상징으로 1980년대부터 견인차 역할을 해온 와인 가운데 하나였다.
이 와인은 오늘도 감각적이면서 실력 있는 와인 메이커인 올리비에 쥘리앵 덕에 역동적으로 활동하고 있다.

마스 쥘리앵

Route de Saint-André,
34725 Jonquières

면적 : 20헥타르
생산량 : 70,000병/년
원산지 명칭 : 테라스 뒤 라르작
레드와인 품종 : 카리냥, 그르나슈,
무르베드르, 시라
화이트와인 품종 : 카리냥 블랑,
슈냥 블랑, 마르산, 비오니예

랑그독의 얼굴

알려져 있듯, 올리비에 쥘리앵은 랑그독의 얼굴이다. 꼼꼼하고 정확하며 인간적인 그는 동료들을 경쟁의 시각으로 보지 않고 늘 같은 목표를 향해 ─꾸준히 와인을 개선하기, 포도밭의 운영, 생물적 다양성, 블렌딩, 최적의 성숙도를 찾기 등─ 지침 없이 질주한다. 시설이 잘 갖추어지고 기능적이지만 역사에 있어서는 오히려 보조적인 양조장은 종키에르 평야에 위치하고 있다. 바이오다이내믹으로 재배되는 20여 헥타르의 포도밭은 대부분이 이보다 높은 곳에 위치한다. 이 밭들은 테라스 뒤 라르작^{Larzac} 지역 내, 종종 수십여 킬로미터 떨어져 있기도 한 여러 곳에 나누어져 있다. 이곳은 멋진 이정표와도 같은 해발 850미터의 몽 보딜^{Mont Baudile}과 함께, 동명의 고원에서 내려오는 서늘함이 크게 영향을 미치는 테루아, 아니 마이크로-테루아에 가깝다. 여름에는 일교차가 20도를 넘는데, 이는 포도가 천천히 점진적으로 성숙하게 만들어주고, 마찬가지로 향의 복합성과 와인의 상쾌함에 도움을 준다.

지중해 지역에 내린 뿌리

랑그독의 와인 메이커 가문 태생의 올리비에 쥘리앵은 포도밭에서뿐 아니라 그의 퀴베 중 하나의 이름이기도 한 '에타 담^{états d'âme}(정신 상태)' 에서까지 그의 지중해적인 뿌리를 요구한다. 모든 것에 있어 오픈 마인드인 그는 자갈 함유량에 다소 차이가 있는 석회암, 규토, 사암 등 각각의 토양과 일조방향에 따른 여러 다른 퀴베를 생산한다. 또한 품종과 밭의 구성은 시간이 지남에 따라 발전하지만, 그의 리스트에서 완전히 사라지지는 않는다. 항상 테루아 표현과 최대로 다채로운 면을 찾는 올리비에 쥘리앵은 그가 현재 가지고 있는 것보다 더 많은 포도나무를 되팔았다. 올리비에의 오른팔인 장-바티스트 그라니에 ^{Jean-Baptiste Granier}의 도움을 잊어서는 안 되는데, 남도 테루아와 나이 든 카리냥에 푹 빠진 그는 '비뉴 우블리에^{Vignes Oubliées}(잊힌 포도밭)' 라는 작업에 동참했다. 지중해 감수성의 세련되고, 성숙했지만 상쾌한 레드와인은 나이가 들어갈수록 깊이감과 달아오르는 매력을 선사한다.

마스 쥘리앵, 퀴베 카를랑^{CUVÉE CARLAN}, 테라스 뒤 라르작^{TERRASSES DU LARZAC}

라르작에서 부는 바람으로 인해 서늘한 기후를 가진 이 밭은 그르나슈, 생소, 시라, 카리냥 등이 재배되는 도멘에서 가장 고지대에 위치한 밭 중 하나로, 몽페루 ^{Montpeyroux}와 아르보라^{Arboras}의 북쪽에 위치한 생-프리바^{Saint-Privat} 에 있다. 토양은 사암과 규토가 비슷한 비율로 구성되어 있다. 고지대에서 포도는 성숙하기 위한 시간을 가질 수 있다. 와인 메이커는 부드러운 양조와 지나친 추출과 같은 자신의 방법으로 자연을 주무른다. 중간 크기의 오크통에서 쉬르리 방식으로 1년간 숙성 후 병입된다. 이 모든 것들이 훈연 향에 더해, 검은 과일과 검은 후추가 섞인 듯한 향을 낸다. 풍부한 맛, 액체가 아닌 고체인 듯한 매우 독특한 텍스처, 매우 세련된 입자의 탄닌 등이 느껴진다. 강도는 상쾌함에 의해 중화되어 있다.

> 도멘의 경영자인
올리비에 쥘리앵

도멘 클라벨
(DOMAINE CLAVEL)

2015년 도멘 피에르 클라벨은 30주년을 맞았다. 도멘 클라벨은 랑그독 이름과 함께 성장했으며,
랑그독을 대표하는 도멘 중 하나가 되었다.

도멘 클라벨

Mas de Perie
34820 Assas

면적 : 33헥타르
생산량 : 미확인
원산지 명칭 : 랑그독 픽 생-루
Pic Saint-Loup, 랑그독 라 메자넬
La Mejanelle, 랑그독 그레 드 몽플리에
Grés de Montpellier

레드와인 품종 : 시라, 그르나슈,
무르베드르, 카리냥
화이트와인 품종 : 루산,
그르나슈 블랑, 비오니예,
카리냥 블랑, 마르산, 베르멘티노,
클레레트, 뮈스카

선구자와 같은 도멘

26세에 도멘을 시작한 피에르 클라벨은 처음에는 거의 존재감이 없던 환경에서 서서히 진화해나갔다. 실뱅 파다와 올리비에 쥘리앵 같은 단지 몇몇 인물들만이 두각을 나타냈다. 랑그독을 새로운 엘도라도로 만들기 위한 이 선구자들은 지중해 기후학의 도움을 받아 테루아를 연구하고 이해하는 일을 시도했다. 피에르 클라벨은 몽플리에 접경에 위치한 라 메자넬의 몇 개의 밭을 소작으로 일구었는데, 이곳은 양질의 와인을 제공하는 평범하지 않은 땅이었다. 지질학적 기원으로 설명하자면 이곳의 토양을 이루는 큰 돌멩이들은 샤토뇌프-뒤-파프의 그것과 동일하다는 것이다. 하지만 이곳의 날씨는 달라서, 가까이에 있는 지중해의 물보라는 해발 50여 미터 정도의 굴곡을 이루는 지형으로 된 해안 접경 지역의 기후를 온난하게 만들어준다. 여기가 바로 고급 와인들 사이에서 명함을 내밀게 한 도멘의 으뜸이자 코파Copa라고도 불리는 '코파 상타Copa Santa'의 땅이다. 이 수준에 도달하는 일은 쉽지 않은데, 타성적 관행에 정반대되는 일들, 가령 포도나무 솎아주기, 잎 제거하기, 아주 잘 익었을 때 수확하기 등과 같은 일을 해야만 했다. 경험은 결과를 맺었고, 믿기 힘든 품질의 시라를 얻게 되었다. 보르도에서 공수한 샤토 마고의 중고 오크통에서의 18개월간 숙성이라는 실험을 통해, 환상적인 개선이 이루어져 알코올이 풍부하고, 벨벳 같은 텍스처를 가진 매우 향기로운 시라가 탄생한 것이다.

메자넬에서 픽 생-루까지

피에르와 그의 아내 에스텔은 메자넬의 일부분을 보존시켰다. 몽플리에Montpellier의 도시 확장으로 인해 이 포도밭의 면적은 줄었지만, 그래도 코파를 생산하기 위한 공간은 충분했다. 결국, 관심은 내부로 쏠렸다. 픽 생-루의 기슭에 오로지 애정을 가져주기만을 바라는 작은 포도밭이 있었는데 부부는 단숨에 이 밭에 마음을 빼앗겨 포도밭에 새로운 역사를 쓰고 싶다는 욕망이 생겼다. 피에르는 "베푼 사랑만큼 돌려주는 너그러운 테루아"라고 말했다. 생-장-드-퀴퀼Saint-Jean-de-Cuculles에 있는 14헥타르는 도멘이 운영하는 다른 포도밭들과 같이 바이오 다이내믹으로 빠르게 전환했다. 숲으로 둘러싸인 이곳은 포도나무가 석회암 붕적층에 뿌리를 내린 영혼의 안식처처럼 보인다. 에스텔은 양조를 책임지고, 피에르와 함께 포도밭을 돌본다. 그들의 두 아들 마르탱Martin과 앙투안Antoine은 경영자로서의 견습 여행을 마친 후에 아사스로 돌아와 부모가 쓰고 있는 역사책에 새로운 장을 펼치고 있다.

본 피오슈, 랑그독 픽 생-루

주품종 시라에 무르베드르와 그르나슈가 보충된 블렌딩으로, 큰 오크통과 계란 모양의 콘크리트 탱크에서 숙성된 와인이다. 공기감이 좋은 이 퀴베는 체리, 산딸기와 같은 붉은 과일, 가시덤불, 부엽토, 소나무, 솔잎의 향이 난다. 맛있고, 세련되게 딱 떨어지는 실크와 같은 감촉의 탄닌, 우리가 원하는 바로 그 향기로움, 과육의 질감, 상쾌함, 향신료의 느낌이 나는 끝맛이 있다.

라 코파, 랑그독 라 메자넬

도멘의 역사적인 퀴베로 시라와 20% 미만의 그르나슈로 구성되어 크고 작은 오크통에서 숙성된다. 짙은 색과 야생 베리, 가시덤불, 달궈진 돌, 깊은 향, 파도의 물보라의 깊은 향이 난다. 존재감 있는 빽빽한 느낌이지만 실크와 같은 감촉의 탄닌은 맛에 입체감과 과일과 꽃의 풍미를 가진 끝맛을 주는 풍부한 질감의 과육을 씹는 듯한 텍스처를 선사한다.

> 도멘의 경영자인 피에르 클라벨

AOC CÔTES-DU-ROUSSILLON, CÔTES-DU-ROUSSILLON-VILLAGES
(AOC 코트-뒤-루시용, 코트-뒤-루시용-빌라주)

루시용 전체에 걸친 6,200헥타르의 지방급 원산지 명칭이다. 주로 레드와인을 생산하지만, 로제와 드물게 화이트도 만든다.

코르비에르 산맥과 라 테트la Tet 사이의 루시용 북부는 레드와인만 생산하는 코트-뒤-루시용-빌라주의 본고장이다. 카라마니Caramany, 라투르-드-프랑스Latour-de-France, 레케르드Lesquerde, 토타벨Tautavel 네 개의 마을 이름은 원산지 명칭 등에 덧붙여서 쓸 수 있다.

> **주요 품종** 레드와 로제는 카리냥, 그르나슈 누아, 무르베드르, 시라, 르도네르. 화이트는 마카뵈, 그르나슈 블랑, 말부아지, 마르산, 루산.

> **토양** 화강암, 편암, 석회암.

> **와인 스타일** 강하면서 알코올이 풍부한 레드는 야생 과일과 미네랄의 향이 난다. AOC 코트-뒤-루시용-빌라주는 잼으로 만든 과일, 가시덤불, 감초의 복합적인 향을 부드러운 탄닌이 뒷받침해준다. 강렬한 지중해의 맛이다. 단기 침출 방식으로 만드는 로제는 진한 과일 풍미가 있다. 낮은 산도의 화이트는 꽃과 하얀 과일의 향이 난다.

색: 레드, 로제, 화이트.

서빙 온도: 화이트와 로제는 10도, 레드는 15~16도.

숙성 잠재력: 화이트와 로제는 당해에 마실 것. 레드는 2~5년.

AOC RIVESALTES (AOC 리브잘트)

이 원산지 명칭은 카탈란어로 '강의 상류rives hautes'를 의미하는 도시의 명칭에서 유래한다. 대부분은 루시용 안에 들어가지만, 일부는 코르비에르 지역에 위치한 이 AOC는 뱅 두 나튀렐에 있어서 가장 중요한 원산지 명칭이다. 2,700헥타르의 면적에서 레드와 화이트를 합해 300,000헥토리터를 생산한다. 원산지 명칭에 '그르나grenat', '앙브레ambré', '오르 다주hors d'age' 등의 추가적인 문구가 보충될 수 있다.

주의해야 할 것은 AOC 리브잘트와 AOC 뮈스카 드 리브잘트를 혼동해서는 안 된다는 것이다. 후자는 전자와 동일한 영역 내에서 생산되는 화이트 뱅 두 나튀렐로, 매우 향이 뛰어난데, 뮈스카 달렉상드리muscat d'Alexandrie와 뮈스카 아 프티 그랭petits grains으로 양조된다.

> **주요 품종** 그르나슈(누아 또는 블랑), 마카뵈, 루시용의 말부아지.

> **토양** 편암, 석회암, 진흙.

> **와인 스타일** 어린 리브잘트는 살짝 과숙된 신선한 붉은 과일의 향을 부드러운 탄닌이 받쳐준다. 리브잘트 '튈레tuilé'는 캐러멜, 가벼운 향신료, 오렌지 껍질, 카카오, 살구, 모과, 커피, 호두 등의 향이 난다. 리브잘트 '오르 다주'는 양조 후 최소 5년 숙성시켜야 하지만, 대부분이 이보다 훨씬 더 오래 숙성되어 나온다.

색: 레드, 화이트.

서빙 온도: 12~16도.

숙성 잠재력: 10~20년, 혹은 그 이상.

최고 품질의 뱅 두 나튀렐 생산자

모리MAURY

● **도멘 드 라 쿰 뒤 루아(모리)**Domaine de la Coume du Roy (Maury). 탁월한 질감, 놀라운 밀도감, 농축도, 향의 깊이감을 가진 와인.

● **마스 아미엘(모리)**Mas Amiel (Maury). 환상적인 모리, 뛰어난 뮈스카 드 리브잘트와 좋은 품질의 달지 않은 루시용의 와인 모두 와인뿐만 아니라 레이블에 이르기까지 우아함이 돋보인다.

바뉠스BANYULS

● **도멘 뒤 마스 블랑(바뉠스-쉬르-메르)**Domaine du Mas Blanc (Banyuls-sur-Mer). 원산지 명칭 바뉠스와 콜리우르의 최고급 와인을 생산하는 역사적인 도멘.

● **도멘 드 라 렉토리(바뉠스-쉬르-메르)**Domaine de la Rectorie (Banyuls-sur-Mer). 레퍼런스가 되는 진정한 최고급의 뛰어난 바뉠스와 원산지 명칭 콜리우르Collioure로 세 가지 색 모두 환상적인 와인을 생산한다.

● **도멘 뒤 트라지네르(바뉠스-쉬르-메르)**Domaine du Traginer (Banyuls-sur-Mer). 유기농 포도로 만든 강하고 진한 와인.

리브잘트RIVESALTES

● **도멘 카즈(리브잘트)**Domaine Cazes (Rivesaltes). 절대 실망시키지 않는 도멘으로, 조화롭고 맛있으며 좋은 기법이 느껴지는 바이오 다이내믹 농법으로 만든 와인.

AOC MAURY (AOC 모리)

루시용의 북서쪽 아글리^{Agly} 계곡의 한가운데 있는 이 포도밭은 모리와 인접한 세 개의 코뮌을 포함하는데, 더 넓은 원산지 명칭인 리브잘트와 코트-뒤-루시용-빌라주 안의 섬과 같다. 오랫동안 달콤한 와인 생산자의 정체성을 가졌지만, 2011년부터 달지 않은 와인도 생산한다. 뱅 두 나튀렐의 경우, 그르나^{grenat}와 같이 산소와의 접촉을 피해 숙성한 후 빨리 병입하는 스타일과 튈레, 오르다주, 란시오와 같이 날씨의 변화에 그대로 노출시킨 오크통이나 큰 유리병에서 산소와 오랜 시간 접촉시켜 숙성한 스타일이 있다.

> **주요 품종** 그르나슈 누아(최소 75%), 그르나슈 그리/블랑, 마카뵈.

> **토양** 편암.

> **와인 스타일** 그르나 스타일의 레드 모리는 폭발적이고 아찔한 붉은/검은 과일과 초콜릿의 향이 난다. 유질감이 느껴지고, 포도과육 같은 촘촘한 질감의 탄닌과 길고 향기로운 끝맛이 있다. 기왓장 색을 띠는 모리 란시오는 캐러멜,

훈연, 구운 빵, 견과류, 콩피한 과일, 차, 호두, 커피, 카카오의 향이 난다. 유질감이 느껴지고,

부드러운 탄닌과 코에서 느꼈던 향기로움이 계속되는 멋진 지속성이 있다.

색 :	서빙 온도 :	숙성 잠재력 :
레드, 화이트.	어린 와인은 12~14. 오래된 와인은 14~16도 (빈티지는 디캔팅할 것).	5~10년, 최고급의 것은 20~30년.

AOC BANYULS, BANYULS GRAND CRU (AOC 바뉠스, 바뉠스 그랑 크뤼)

이 역사적인 포도밭은 기원전 5세기 카르타고 시대까지 거슬러 올라간다. 스페인 국경 근처 지중해 연안에 위치한 이 뱅 두 나튀렐 전문 원산지 명칭은 바뉠스, 콜리우르^{Collioure} 포르-방드르^{Port-Vendres}와 세르베르^{Cerbère} 코뮌을 포함한다. 가파른 단구 상의 1,100헥타르에서 대략 29,000헥토리터를 생산한다. 모리와 마찬가지로, 바뉠스도 두 종류로 구분한다. 과일 풍미와 상쾌한 맛을 보존하기 위해 빠르게 병입한 리마주^{rimages}와 스테인리스 탱크나 큰 유리병에서 숙성시켜 초콜릿, 커피, 건자두의 복합적인 맛을 가진 란시오가 있다. 바뉠스 그랑 크뤼는 동일한 지역에서 생산되지만, 일반 바뉠스는 12

개월인 반면 그랑 크뤼는 30개월의 숙성 후 시장에 나온다.

> **주요 품종** 그르나슈 누아(바뉠스는 50%, 바뉠스 그랑 크뤼는 75%), 그르나슈 그리, 그르나슈 블랑, 카리냥, 마카뵈.

> **토양** 편암.

> **와인 스타일** 리마주 스타일의 어린 와인은 핵과류, 블루베리, 오디의 향이 난다. 자연적으로 달콤하고 감미로우며 매우 긴 여운이 있다. 병입한 후 시간이 지난 리마주는 매우 향기롭고 균형이 잘 잡힌 커피, 초콜릿 등의 구운 향, 가죽 냄새 등에 감초, 커피, 차, 견과류, 부드러운 향신료의 향이 강렬하게 난다. 부드럽고

감미로운 맛이다. 시간이 지남에 따라, 금빛을 띤 적갈색으로 바뀌고, 향은 더 복합적이 되지만, 호두와 캐러멜 등의 구운 향은 오랫동안 지속된다.

바뉠스 그랑 크뤼는 강한 와인으로 항상 조리한 과일, 향신료, 모카 등의 세 가지 향이 발달된다.

색 :	서빙 온도 :	숙성 잠재력 :
레드, 화이트.	어린 와인은 12~14도, 숙성된 와인 14~16도.	10~20년, 혹은 그 이상.

도멘 드 라 렉토리
(DOMAINE DE LA RECTORIE)

1984년 콜리우르에 있는 가족의 환상적인 포도밭으로 돌아온 파르세 형제는
자신들의 도멘을 루시용의 거물이 되게 만들었다.

도멘 드 라 렉토리

65, avenue du Puig del Mas
66650 Banyuls-sur-Mer

면적 : 29헥타르
생산량 : 80,000병/년
원산지 명칭 : 콜리우르, 바뉠스
레드와인 품종 : 그르나슈 누아,
카리냥, 시라, 무르베드르
화이트와인 품종 : 그르나슈 그리,
그르나슈 블랑

산과 바다 사이

산과 바다 사이에 있는 파르세Parcé 가문의 포도밭은 늘 있었던 것만 같다. 퓌그 델 마스 주변의 색이 짙은 편암 절벽을 등반하면서, 그들은 고요한 보물과도 같은 자신들의 시대가 도래하기를 기다렸다. 마크와 티에리는 1984년에 이르러 더 이상 자신들의 포도를 바뉠스의 협동조합에 가져가지 않고, 직접 양조하기로 결정했다. 코트 베르메유Côte Vermeille에서 멀리 떨어진 곳에서 어린 시절을 보낸 후, 1978년에는 마르크가, 그리고 5년 후에는 그의 동생이 합류하며 그렇게 위대한 귀환이 이루어졌다. 그들은 자치권을 획득하기 전, 포도밭을 확장해야 했다. 포도밭은 유산으로 받은 7헥타르에서 30여 개의 밭으로 나뉜 30여 헥타르가 되었다. 편암은 땅에 공통적으로 있기 때문에 일조 방향, 경사도, 해발고도, 포도 품종에 따라 나눈 마이크로-테루아별로, 그들은 균일한 양조를 실시하고 있다. 풍부한 햇볕을 받는 포도밭 중에서 바다와의 접근성은 중요한 역할을 한다. 콜리우리에서 생산하는 '코테 메르Coté Mer'와 '코테 몽타뉴Coté Montagne'는 이것을 자명하게 보여준다. 오래전에 심어진 포도나무가 대부분을 차지하고, 그르나슈 누아, 그리 또는 블랑, 카리냥 등이 50년마다 앞서거니 뒤서거니 한다. 1981년과 1990년에는 그르나슈, 시라, 무르베드르가 새롭게 심어졌다. 모든 포도나무는 유기농으로 재배되고, 말이나 노새를 이용해 경작된다.

무결점 와인들

도멘 드 라 렉토리는 현재 장-엠마뉘엘의 아들 티에리가 경영한다. 2001년 모리에는 도멘 드 라 렉토리에서 독립한 라 프레셉토리 드 상테르낙La Preceptorie de Centernach이 설립되어 마르크의 아들인 조제프가 운영한다. 도멘의 이름은 양조장에서 몇 블록 옆에 있는 로마네스크 양식으로 지어진 예배당에서 나왔다. 이 양조장에서는 헥타르당 20~25 헥토리터의 낮은 산출량이지만 해마다 80,000병 정도가 나온다. 생산의 핵심은 콜리우르의 레드이지만, 파르세 가족은 화이트나 로제에서도 뛰어남을 증명하고 있으며, 과육이 씹히는 것 같은 레드에서 환상적으로 산화된 것에 이르기까지 모든 스타일의 매혹적인 바뉠스를 만들어 낸다. 모든 와인들은 무결점으로 엄격한 양조와 정확한 재배에 의한 테루아의 섬세함을 뽐낼 뿐이다.

라르질 콜리우르 화이트 L'ARGILE
COLLIOURE BLANC

오크통에서 발효되고 죽은 효모 (쉬르 리)와 함께 숙성된 이 퀴베는 90%의 그르나슈 그리와 과거에는 주정강화 와인의 양조에만 사용되던 그르나슈 블랑 10%가 블렌딩되어 있다. 어릴 적에는 노란 기운이 감도는 녹색 빛을 띤다. 시트러스의 껍질, 미라벨 자두, 안젤리카(당귀), 그린 올리브, 바다 내음, 입안에 미네랄의 느낌을 남기는 문지른 돌 등의 향이 난다. 세련되고 미네랄의 풍미를 가진 청량감 있는 남쪽 지방의 고급 와인이다.

도멘 드 라 렉토리, 퀴베 테레즈 레그CUVÉE THERESE REIG, 바뉠스

일반적 성숙도에서 수확하여 스테인리스 탱크에서 짧게 7개월 숙성시켜 병입된 리마주 스타일의 바뉠스로, 농축된 과일 풍미가 있다. 그르나슈 누아와 카리냥의 블렌딩이다. 검붉은 루비색으로 벨벳 같은 질감이 보이는데 검은 체리, 무화과, 그린 올리브, 담배 뉘앙스의 향신료가 섞인 찌꺼기 향들이 난다. 촘촘하게 짜인 탄닌과 강하고 과육을 씹는 듯한 맛이 동시에 느껴지며 완벽하게 지속되는 감미로움이 있다.

> 과거와 현재의 도멘을 대표하는 티에리와 장-엠마뉘엘 파르세

도멘 바케르
(DOMAINE VAQUER)

지역의 특성이 잘 살아 있는 일련의 와인에서 나타나듯이, 도멘 바케르는 아스프르(Aspres) 지방에서
가장 뛰어나게 해석한 와인의 하나로 우아함을 겸비했다.

도멘 바케르

1, rue des écoles
66300 Tresserre

면적 : 17헥타르
생산량 : 38,000병/년
원산지 명칭 : 코트 뒤 루시용, 리브잘트
레드와인 품종 : 그르나슈,
카리냥, 시라
화이트와인 품종 : 그르나슈 블랑,
그르나슈 그리, 루산, 마카뵈,
뮈스카

아스프르 Les Aspres

카니구 Canigou 봉우리 근처, 테크 Tech 와 테트 Têt 사이, 달궈진 돌덩어리가
만드는 카탈로뉴식 메마름, 태양빛에 빛나는 석회 자갈, 말라붙은
모래가 섞인 점토, 이런 것들이 아스프르를 말해준다. 산등성이
꼭대기와 계곡에 수분 부족을 겪고 있는 포도밭 풍경이 나타난다.
하지만 이 건조하고 메마른 토양은, 이 지역이 없애고자 하지만 잘
없어지지 않는 고정관념과는 거리가 먼 우아함과 세련됨이 공존하는
결과물을 만든다. 트레세르 Tresserre 의 주변에는 도멘 바케르의 마카뵈,
루산, 카리냥, 시라 그르나슈가 재배된다. 현재는 프레데리크 바케르
Frédérique Vaquer 혼자서 이것들을 양조한다. 그녀의 남편 고 베르나르와
함께 그들은 루시용에서 섬세하게 과일 풍미가 살아 있는 와인을
만들겠다는 야심찬 야망을 품었다. 알코올이 풍부한 와인이지만,
고운 비단 같은 탄닌 속에 상쾌함과 미네랄의 긴장감이 알코올의
존재감과 균형을 이룬 와인. 생각은 현실로 이루어졌고, 프레데리크는
이 무모한 꿈에 도달한 것에 자부심을 느낀다. 결과는 그 어떤 관용도
용납하지 않았다.

페르낭 바케르 Fernand Vaquer 의 회상

도멘의 역사는 1차 세계대전 바로 직전 시작되었다. 베르나르의
증조할아버지는 딸을 위해 포도밭을 매입했는데, 후에 딸은 유명한

럭비선수 페르낭 바케르와 결혼했고 그 이름을 아들에게 물려주었다. 2차 세계대전이 끝날 무렵, 페르낭 바케르 주니어는 갓 17살이었다. 그는 아버지와 함께 포도 농사를 하기로 결정했고, 카리냥을 새로 심었다. 이 품종은 현재 엑셉시옹Exception과 엑스프레시옹Expression 퀴베에 들어간다. 1968년 그는 루시용에서 직접 병입하는 선구자적인 와인 메이커 가운데 하나가 되었다. 와인 숙성에 대한 염려로, 이 소중한 와인들은 세르다뉴Cerdagne와 비슷한 해발 고도에 위치한 산속에 있는 가족 농장에 보관했다. 그의 오래된 와인 하나를 열면, 농익은 맛이지만 그 안에 있는 상쾌함과 과일 풍미의 존재감에 놀라게 된다. 아버지의 뒤를 잇기 전에 베르나르는 디종에서 양조학을 공부했고, 1985년 프레데리크를 만났다.

프레데리크 바케르의 스타일

2001년부터 프레데리크 바케르가 주도권을 잡았다. 부르고뉴 태생의 양조학자인 그녀는 강인함과 우아함이이라는 도멘의 스타일을 더욱 확고히 했다. 여러 퀴베들의 확실한 캐릭터 속에서 강인함이 잘 느껴진다. 이 두 가지 성격은 까다로운 땅이지만 귀를 기울이면 최고를 선사하는 아스프르 테루아의 메아리를 만든다. 부르고뉴스러운 터치는 우아함과 혀에 감기는 맛이라는 독특한 뉘앙스를 가져다준다. 넉넉하면서 부드럽게 혀를 쓰다듬는 감미로움은 달지 않은 와인과 마찬가지로 도멘의 뱅 두 나튀렐인 뮈스카와 리브잘트를 멋진 디저트로 만들어준다.

리브잘트 오르 다주 앙브레

와인을 추출한 뒤 동일한 양의 가장 어린 와인을 채워 넣는 솔레라solera 방법으로 만든 뱅 두 나튀렐이다. 붉은 황토색의 이 와인은 그릴에 구운 향, 담배, 커피, 솔잎, 구운 피스타치오 등의 향이 난다. 상쾌한 맛으로 놀라게 하고, 말린 무화과, 말린 자두, 백후추, 해조류, 호로파, 말린 자두 등의 복합적인 향이 지속된다. 독특한 긴장감으로 인해 멋진 쓴맛과 감미로움 사이의 균형이 뛰어나다.

렉셉시옹, 코트-뒤-루시용 루즈 레 자스프르

그르나슈, 시라, 카리냥으로 블렌딩된 이 퀴베는 품종에 따라 콘크리트 탱크나 재사용 오크통에서 12개월간 숙성시킨 것이다. 이는 와인 전반에 걸친 균형을 유지하면서 질감과 농도를 높였다. 렉셉시옹은 강하면서 우아한 도멘의 스타일을 완벽하게 보여준다. 보랏빛이 도는 석류색에서부터 자주색까지의 짙은 색상을 띤다. 체리 등의 강렬한 과일, 야생, 바다, 향신료 등의 향이 복합적으로 나타난다. 과일을 씹는 듯한 맛, 감초, 향기로운 풀의 맛에 세드라cédrat의 맛이 두드러진 상쾌함을 보여준다.

2001년부터 ...벤의 경영을 맡은 ...레데리크 바케르

제라르 베르트랑
(GÉRARD BERTRAND)

카리스마 넘치는 랑그독의 생산자 제라르 베르트랑의 경력은 20년 전부터 이 지역에서 드러난 역동성을 잘 보여준다.
비범한 퀴베와 브랜드 와인까지, 그 와인들은 현대적인 랑그독의 모습을 전부 반영한다.

제라르 베르트랑

Route de Narbonne Plage
11100 Narbonne

면적 : 600헥타르
생산량 : 15,000,000병/년
원산지 명칭 : 코르비에르
레드와인 품종(지배적) : 그르나슈,
시라, 카리냥, 무르베드르, 메를로,
말벡, 카베르네 프랑
화이트와인 품종(지배적) :
샤르도네, 비오니예,
부르불렁크, 루산

항구성과 현대성

랑그독이 아무런 영혼도, 그 어떤 개성도 없는 테이블 와인을 전 세계에 배출하는 공장과도 같던 시절이 그리 먼 옛날이 아니다. 한 세대 동안 아연실색하게 할 정도로 모든 것이 빠른 속도로 바뀌었다. 포도나무는 경사면으로 올라갔고, 포도 품종이 크게 수정되었으며, 이 지역이나 다른 지역에서 온, 더 잘 훈련되고 역동적이며 때때로 정복자적인 기질이 있는 와인 메이커들은 훨씬 더 좋아진 기초 위에서 세계를 정복하기 위한 새로운 마인드를 불어넣었다. 이 혁명을 보여주는 하나의 인생행로가 있다면, 그건 제라르 베르트랑의 삶이다. 그는 이 지역에 대한 신의를 지키며 와인에 자신의 이름을 내걸었는데, 이제 이 와인은 전 세계적인 브랜드가 되어 100개 이상의 국가에서 약 15,000,000병이 판매되고 있다. 그의 근육질 체구는 프랑스 주경기장과 나르본을 호령하던 최고의 럭비 선수였던 그의 첫 번째 삶을 떠올리게 한다. 그는 럭비를 통해서 배운, 절대 패배를 인정하지 않는 경쟁의식과 인간을 평가하는 능력 그리고 인맥을 계속 간직하고 있다. 어릴 적, 그는 여름이면 코르비에르에 작렬하는 태양 아래 빌마주Villemajou에 있는 가족의 도멘에 내려와 이미 이 지역의 잠재력을 간파해 선구자의 역할을 담당했던 아버지 곁에서 일을 했다. 1987년 아버지의 급작스러운 사망으로 인해 그는 와인 계에 발을 담그게 되었다. 그리고 30년이 지난 지금 그는 랑그독과 루시용에 있는 진정한 와인 제국의 수장이 되었다. 그의 성공은 한 지역을 집중해서 재정비하고 랑그독의 정신을 그대로 간직하면서 생산을 현대화시킨 방정식의 해법을 찾은 것에 기인한다.

랑그독의 모든 면

가족이 운영하던 작은 사업에서 출발했지만, 제라르 베르트랑은 이제 600헥타르에 달하는 포도밭을 경영하고 있다. 도멘 빌마주 (코르비에르), 샤토 로스피탈레Chateau L'Hospitalet(랑그독), 도멘 드 시갈뤼스Cigalus(IGP 오드), 라빌 베르트루Laville Bertrou(미네르부아), 도멘 드 레글르(리무), 라 소바존(테라스 뒤 라르작), 라 수죌Soujeole(말페르), 애그 비브Aigues Vives(코르비에르) 등이다. 2004년부터는 유기농법을 실시하고 있다. 그리고 현재 포도밭의 거의 절반 정도가 바이오 다이내믹으로 운영된다. 양조 면에서도, 정확성, 깔끔한 과일 풍미, 스마트한 오크통 사용 등 과거 이 지역에 부족했던 엄격함을 빠르게 보여줬다. 이와 같은 엄격함은 황이 첨가되지 않은 와인의 다양한 선택 폭을 제시할 수 있게 해주었다. 인상적인 여러 도멘들의 포트폴리오는 제라르 베르트랑으로 하여금 빛나는 레드, 모던한 화이트, 비범한 주정강화 와인 등 랑그독 루시용의 모든 면을 보여주는 가능성을 열어주었다. 본인의 이름이 새겨진 레이블을 달고 대량 유통업체를 통해 판매가 이루어지는 대규모의 네고시앙 비즈니스도 추가했다. 그의 또 다른 강점은 클로 도라Clos d'Ora, 르 비알라 Le Viala, 라 포르주La Forge, 로스피탈리타스L'Hospitalitas, 또는 오래된 리브잘트처럼 개성이 뚜렷한 뛰어난 퀴베뿐 아니라 꾸준히 좋은 품질을 유지하며 광범위하게 유통되는 저가 와인도 제공한다는 것이다. 제라르 베르트랑은 와인 투어에서도 역동적인 면을 보여주었는데, 샤토 드 로스피탈레Chateau de l'Hospitalet를 와인, 접객, 재즈가 융합된 명소로 만들었다. 요약하자면, 국가대표 럭비팀의 세 번째 라인맨이 와인계에서 하나의 기둥이자 국제적 거물이 된 셈이다.

제라르 베르트랑, 샤토 라빌 베르트루,
CHATEAU LAVILLE BERTROU
, 퀴베 아미랄
CUVÉE AMIRAL
, 미네르부아 라 리비니에르
MINERVOIS LA LIVINIERE

시라, 그르나슈, 카리냥을 블렌딩하여 12개월간 오크통에서 숙성시켜 미네르부아 '크뤼'의 혼을 돌아오게 했다. 감미로우면서 잘 성숙한 야생 베리류, 따듯한 커피, 감초향의 젤리, 제비꽃 등의 향이 난다. 부드러운 텍스처, 입안을 뒤덮는 뜨겁고 지중해적인 풍미, 감미로운 탄닌과 과하지 않은 오크 등이 느껴진다. 합리적인 가격대이면서 제라르 베르트랑의 노하우를 잘 보여주는 와인으로, 모던함과 테루아의 표현이 균형을 이룬다.

프로방스와 코르시카의 포도 재배지

프로방스와 코르시카는 프랑스에서 가장 오래된 포도밭이다.
수식어처럼 따라 다니는 휴양지에서의 여름철 갈증 해소용 와인의 이미지와는 달리, 놀라움들이 숨어 있다.

프로방스(PROVENCE)

태양, 휴가, 로제… 이것이 프로방스의 이미지이다. 사실 생산량의 85%가 로제이다. 하지만 프로방스의 포도밭을 단지 이 하나에 국한시켜서는 안 된다. 왜냐하면 둘러볼 만한 가치가 있는 최고급 레드와 고품질의 화이트도 생산하기 때문이다.

아주 오래된 포도밭

포도 문화는 기원전 6세기 페니키아인 혹은 포세아에인에 의해 프로방스에 유입되었고 —역사학자들이 아직도 확실히 얘기하진 못하지만— 이렇게 만든 프로방스의 포도밭은 프랑스 최초의 포도밭이다. 포도 농사는 발전했고, 거대 수도원의 영향력 아래서 조화롭게 번성했다. 15세기부터 포도밭은 페스트, 전쟁 등 여러 재앙들을 겪어야 했다. 아직 이것들로부터 제대로 회복도 되기 전 19세기에 닥친 필록세라는 모든 노력을 물거품으로 만들었다. 20세기에 들어와 모든 원산지 명칭에서 단지 '품질'이라는 유일한 슬로건을 걸고 재건이 이루어졌다.

기후와 토양

니스, 마르세유, 생-레미-드-프로방스Saint-Remy-de-Provence에 이르는 광활하게 펼쳐진 프로방스의 포도밭은 태양광이라는 변함없는

공통분모 외에 위도, 지형에 따라 해양성 기후 또는 대륙성 기후와 같은 큰 기후적 차이가 있다. 모르Maures 산맥의 토양은 화강암과 편암, 카시스 석회암 등 매우 다양하다.

포도 품종

지형과 기후의 다양성은 여러 포도 품종에 나타나는데, 전통적인 품종과 토착 품종이 공존하고 있다.

주요 레드와인 품종. 레드 못지않게 로제에도 자주 사용되는 그르나슈는 부드러움과 매력, 우아한 붉은 와일의 향을 가져다준다. 생소는 상쾌함, 세련됨, 과일 풍미를 로제와인에 주는 반면 티부랑tibouren은 풍부한 향을 만든다. 방돌의 스타 품종 가운데 무르베드르는 힘과 복합성, 향신료의 향을 전하는 반면, 카리냥은 상쾌함이 있는 향신료 향이 나는 와인을 만든다.

주요 화이트와인 품종. AOC 벨레AOC Bellet와 코르시카에서 특히 존재감을 자랑하는 롤rolle은 시트러스와 배의 향이 나고, 기름지며 균형 잡히고 세련된 와인을 만든다. 클레레트는 좋은 향을, 부르불렁크는 세련됨과 부드러움을 가져다준다.

와인 스타일

코트-드-프로방스Côtes-de-Provence, 코토-댁-상-프로방스Coteaux-d'Aix-en-Provence, 코토-바루아Coteaux-Varoi이 세 원산지 명칭이 생산의 핵심을 담당한다. 로제와인은 일반적으로 과일, 꽃의 향이 나고 달지 않고 상쾌하다. 하지만 좀 더 복합적이고 짜임새 있으며 풍만하고 좀 더 향신료의 향이 나는, 파인 다이닝과 어울릴 수 있는 로제도 있다. 레드와인은 두 개의 큰 카테고리로 나뉜다. 개운하면서 과일 풍미, 붉은 과일과 꽃의 향이

숫자로 보는 프로방스의 포도 재배지

면적 : 28,500헥타르
생산량 : 1,500,000헥토리터
로제 : 88%
레드 : 9%
화이트 : 3%

(CIVP, FranceAgriMer)

PROVENCE
프로방스

ALPES-DE-HAUTE-PROVENCE

VAUCLUSE
Avignon · Gordes · Forcalquier · Peyruis · Entrevaux · Villars-sur-Var · Levens
Rhône · St-Rémy-de-Provence · N 100 · Cavaillon · Apt · Manosque · Castellane · St-Auban
Coteaux-de-Pierrevert
Les Baux-de-Provence · Arles · Pertuis · Riez · ALPES-MARITIMES · Bellet
Coteaux-d'Aix-en-Provence · Salon-de-Provence · Rians · VAR · Grasse · Fayence · Nice
Istres · Aix-en-Provence · Barjols · Salernes · Draguignan · Antibes
BOUCHES-DU-RHÔNE · Palette · Trets · Argens · Cannes
Martigues · Étang de Berre · Brignoles · Vidauban · Côtes-de-Provence · St-Raphaël
Marseille · Coteaux-Varois-en-Prevence · Grimaud · Mer Méditerranée
Aubagne · Signes · Cuers · Collobrières
Cassis · La Ciotat · Bandol · Toulon · Le Lavandou · Hyères · Iles d'Hyères

N
0 20 km

프로방스의 원산지 명칭

- Bandol
- Bellet
- Cassis
- Coteaux-d'Aix-en-Provence
- Coteaux-de-Pierrevert
- Coteaux-Varois-en-Provence

- Côtes-de-Provence 뒤에 다음의 지명 중에 하나가 올 수도 있음 : Fréjus, La Londe, Sainte-Victoire, Pierrefeu
- Les Baux-de-Provence
- Palette

나는, 숙성시키지 않고 마시는 타입과 좀 더 공을 들여 더 농축되어
있고, 탄닌이 더 두드러지며 좋은 숙성 잠재력이 있는 타입이다.
화이트의 경우 일반적으로 좋은 향의 복합성과 기분 좋은 유질감을
가지고 있다.

프로방스는 뱅 퀴vin cuit(익힌 와인)도 생산하는데, 향과 질감을
농축시키기 위하여 포도즙을 장시간 가열한다. 이 와인은 그 어떤
원산지 명칭에도 포함되지 않는다.

코르시카 (CORSE)

코르시카 와인의 배경

2,500년 넘는 역사를 가진 코르시카의 포도밭은 그리스와
로마의 영향력 아래 발전했다. 17세기, 포도밭은
영토의 큰 부분을 차지했고, 포도 농사는 인구의
거의 대부분의 핵심 수입원이었다. 하지만
다른 곳들과 마찬가지로 필록세라에 의해
황폐화되었다. 포도밭이 부활하기 위해서는
북아프리카에서 귀화하는 사람들이 생겨난
1960년대까지 기다려야 했다. 과도한 생산성
위주의 시기가 지난 후, 마침내 이곳은 품질과
개성을 가지게 됐다.

**숫자로 보는
코르시카의 포도 재배지**

면적 : 2,600헥타르
생산량 : 110,000헥토리터
레드 : 33%
로제 : 55%
화이트 : 12%

(CIVP, Corse)

기후와 토양

단지 하나의 섬이기에 앞서 코르시카는 험준한 산맥이다. 바다와
산이 복합된 영향을 미치는 온화한 지중해 기후가 있어 특히
포도의 성숙에 유리하다. 이 요동치는 지형 위에, 큰 다양성이
있는 테루아가 존재한다. 동쪽은 편암, 서쪽과 남쪽의 해안은
화강암 토양으로 이루어져 있다.

코르시카의 원산지 명칭

- Ajaccio
- Muscat du Cap-Corse
- Patrimonio
- Vin de Corse(뒤에 지명이 올 수도 있음)

포도 품종과 와인 스타일

포도 품종. 그르나슈, 시라 등의 지중해성 품종 옆에, 상당량의
독특한 포도 품종이 코르시카에서 재배된다. 키안티Chianti 지방의
산지오베제 품종과 연관이 있는 니엘뤼치오nielluccio는 파트리모니오
Patrimonio의 레드와인의 밑바탕으로 작은 붉은 과일, 제비꽃, 향신료,
살구의 향이 난다. 또 하나의 레드와인 품종인 시아카렐로sciacarello
는 코르시카의 남부 화강암 토양에서 주로 재배된다.
뛰어난 세련미와 잊지 못할 후추의 향을 보여준다.
화이트와인 품종 중에서, 가장 개성 넘치는
것은 말부아지라고도 불리는 베르멘티노
vermentino이다. 매우 전형적이고, 강한 꽃의 향,
상당히 기름진 와인을 만든다. 개성이 강한
로제와인의 양조에도 사용된다.
코르시카의 로제와 화이트와인은 풍부한
향과 좋은 균형을 가지고 있는데 숙성시키지
않고 마신다. 레드와인은 일반적으로 가볍지만
파트리모니오 혹은 아작시오Ajaccio의 레드는 농축된 탄닌,
긴 끝맛이 있고, 몇 년간의 숙성이 가능하다.

> 코르시카 북쪽의
파트리모니오 포도밭은
바람을 잘 막아주는
특권지역을 차지하고 있다.

프로방스와 코르시카의 유명 와인

크건 작건 프로방스의 원산지 명칭들은 특히 로제로 이름났지만, 레드와 화이트도 관심을 가질 만한 충분한 이유가 있다. 코르시카에도 햇볕을 듬뿍 먹은 와인들과 양질의 뮈스카가 있다.

AOC CÔTES-DE-PROVENCE (AOC 코트-드-프로방스)

매우 광범위한 이 원산지 명칭은 바르Var, 부슈-뒤-론Bouches-du-Rhone, 알프-마리팀Alpes-Maritimes의 세 개의 데파르트망 안의 가르단Gardanne에서 생-라파엘Saint-Raphaël에 이르는 19,500헥타르에 걸쳐 있다. 지리적, 기후적 특성이 다른 여러 테루아가 모자이크를 형성하고 있다.

생트-빅투아르Sainte-Victoire산, 보세Beausset 분지, 고지대의 석회암 언덕, 내륙의 계곡, 해안 접경 등 자연적으로 다섯 구역으로 나뉜다. 총생산량의 87%, 그리고 프랑스 내에서 판매되는 로제의 거의 절반에 해당하는 로제로 특히 유명하지만, 품질 좋은 레드와 일부 화이트와인도 생산한다.

샤토 미뉘티Minuty, 샤토 생트-로즐린Sainte-Roseline, 샤토 생트-마르게리트Sainte-Marguerite, 샤토 드 라 클라피에르Clapière, 도멘 드 로메라드l'Aumérade, 클로 시본Cibonne, 도멘 드 리모레스크Rimauresq, 샤토 루빈Roubine, 샤토 뒤 갈루페Galoupet, 샤토 드 생-마르탱Saint-Martin, 샤토 생-모르Saint-Maur, 클로 미레유Mireille, 샤토 드 셀Selle, 샤토 드 브레강송Brégançon, 샤토 드 모반Mauvanne, 도멘 드 라 크루아Croix, 도멘 뒤 누아예Noyer, 도멘 뒤 자스 데스클랑Jas d'Esclans 등 총 18개의 크뤼 클라세가 있다.

> **주요 품종** 레드와 로제는 그르나슈, 시라, 카리냥, 무르베드르, 티부랑, 생소, 카베르네. 화이트는 클레레트, 세미용, 위니 블랑, 롤.

> **토양** 자갈.

> **와인 스타일** 대부분 창백한 색을 띠는 로제는 기분 좋으면서 미묘한 붉은 과일, 스트러스, 꽃, 향신료의 향이 난다. 레드는 부드럽고 가벼운데 조그만 붉은 과일, 꽃의 향이 나고 강하면서 매우 우아하다. 입안에서 검은 과일, 가시덤불, 향신료의 향이 복합적으로 난다. 화이트는 조화롭고 상쾌함과 기름짐 사이에서 섬세한 균형이 느껴진다.

색 :
레드, 로제, 화이트.

서빙 온도 :
화이트는 6~8도,
로제는 8~12도,
레드는 16~17도(디캔팅 추천).

숙성 잠재력 :
로제는 출시된 당해 여름에 소진.
화이트는 당해에 마실 것. 레드는 3년,
크뤼 클라세는 10~12년.

AOC COTEAUX-VAROIS-EN-PROVENCE (AOC코토-바루아-앙-프로방스)

이 원산지 명칭은 남쪽의 생트-봄Sainte-Baume 산맥과 북쪽의 베시옹Bessillons 사이에 있는 프로방스 정중앙 28개의 코뮌에 펼쳐져 있다. 대륙성 기후의 해발 350미터 경사면에 위치한다. 여기서는 특히 로제가 중심이지만, 화이트와 레드도 생산한다.

> **주요 품종** 레드와 로제는 시라, 그르나슈, 무르베드르, 생소, 카베르네 소비뇽. 화이트는 클레레트, 그르나슈, 롤, 세미용, 위니 블랑.

> **토양** 점토-석회암.

> **와인 스타일** 은은한 색을 가진 로제는 딸기, 산딸기 등의 붉은 과일, 향신료, 가시덤불의 향이 나고, 상쾌함과 좋은 균형이 느껴진다.

짜임새 있고, 볼륨감이 느껴지는 레드는 꽃, 붉은 과일, 그리고 식물성의 향이 난다. 제 맛을 다 보여주기 위해서는 약간의 시간을 필요로 한다.

화이트는 섬세하면서 세련되게 꽃, 과일, 시트러스의 향이 나고, 상쾌함과 부드러움 사이의 좋은 균형이 있다.

색 :
레드, 로제, 화이트.

서빙 온도 :
화이트는 6~8도.
로제는 8~12도.
레드는 16~18도.

숙성 잠재력 :
로제는 당해에 마실 것.
화이트는 1~2년.
레드는 3~8년.

AOC BANDOL (AOC 방돌)

툴롱의 초입에 위치한, 프랑스에서 가장 오래된 포도밭 중 하나이다. 단구 상에 위치한 8개의 코뮌, 1,500헥타르에 펼쳐져 있다. 개성 있는 최고급 레드와인으로 유명하지만, 생산량의 다수는 로제와 화이트이다.

> **주요 품종** 레드와 로제는 무르베드르 (최소 50%), 그르나슈, 생소, 시라, 카리냥. 화이트는 부르불렁크(최소 60%), 클레레트, 위니 블랑.

> **토양** 규토-석회암

> **와인 스타일** 'B'가 새겨진, 최소 18개월 오크통에서 숙성한 레드와인은 강하고, 검은 과일, 가시덤불, 솔밭의 향이 난다. 숙성이 진행되면, 작약꽃, 향신료, 감초의 향으로 발전하면서 매우 향기로운 끝향을 남긴다. 로제에서는 붉은 과일과 향신료의 향이 느껴진다. 좀 더 생산량이 적은 화이트는 꽃과 하얀/노란 과일의 향이 나고, 세련미가 넘친다.

색:
레드, 로제,
화이트.

서빙 온도:
로제는 8~10도.
화이트는 9~11도.
레드는 16~18도.

숙성 잠재력:
화이트와 로제는 1~3년.
레드는 10년 혹은 그 이상.

AOC CASSIS (AOC 카시스)

툴롱의 초입에 위치한, 프랑스에서 가장 자주 미스트랄이 몰아치는 매력적인 작은 항인 카시스 근처에 위치한 포도밭은 칼랑크Calanques와 해발 400미터, 프랑스에서 가장 높은 절벽인 카나유Canaille 곶 사이의 215헥타르에 펼쳐져 있는데 매운 이름난 화이트뿐 아니라 로제와 레드도 생산한다.

> **주요 품종** 레드와 로제는 그르나슈, 카리냥, 무르베드르, 생소. 화이트는 클레레트, 마르산, 부르불렁크, 소비뇽 블랑, 테레 블랑, 위니 블랑.

> **토양** 석회암

> **와인 스타일** 어린 화이트와인은 상쾌한 맛과 하얀 과일, 시트러스의 향에, 바로 옆에 있는 바다의 향이 은은하게 그리고 끝까지 지속적으로 난다. 숙성이 되면 꿀의 향이 나면서 와인은 좀 더 부드러워지고, 감미로워진다. 가볍고 부드러운 로제는 과일, 꽃의 향이 매력적으로 난다. 매우 생산량이 적은 레드에서는 월계수, 타임 등의 식물(허브), 블랙 커런트 같은 검은 과일,향신료, 감초 등의 향을 느낄 수 있다.

색:
레드, 로제,
화이트.

서빙 온도:
화이트와 로제는 8~10도.
레드는 15~17도.

숙성 잠재력:
로제는 당해에 마실 것.
레드는 3~5년.
화이트는 최고 8년.

최고 품질의 뱅 두 나튀렐 생산자

● **샤토 드 피바르농(라 카디에르-다쥐르)** Château de Pibarnon(La Cadière-d'zur). 원산지 명칭 방돌의 최고급 클래식 와인 중 하나로 깊이감 있고, 균형이 잘 잡혀 있다.

● **샤토 뒤 그로노레(라 카디에르-다쥐르)** Château du Gros'oré(La Cadièred'Azur). 원산지 명칭 방돌의 특징을 아주 잘 표현한 와인.

● **샤토 라 칼리스(퐁트베스)** Château La Calisse(Pontevès). 코토-바루아-앙-프로방스에서 생산되는 매혹적이고 귀한 레드와인.

● **클로 생트-마그들렌(카시스)** Clos Sainte-Magdeleine(Cassis). 원산지 명칭 카시스의 간판주자로 끝내주게 맛있는 개성 만점의 와인을 생산.

● **도멘 생-앙드레 드 피기에르(랄롱드)** Domaine Saint-André de Figuière(Lalonde). 원산지 명칭 코트-드-프로방스로, 세 가지 색 와인 모두에서 매우 좋은 품질로 꾸준히 생산.

● **도멘 드 가르벨(가레우)** Domaine de Garbelle(Garéoult). 힘과 풍부한 알코올에서 비범함을 보여주는 코토-바루아-앙-프로방스의 레드와인.

● **도멘 오베트(생-레미-드-프로방스)** Domaine Hauvette(Saint-Rémy-de-Provence). 원산지 명칭 코토-댁-상-프로방스에서 빠뜨릴 수 없는 도멘으로 유기농으로 재배한 최고급 와인을 생산.

● **도멘 라비가(드라기냥)** Domaine Rabiega(Draguignan). 원산지 명칭 코트-드-프로방스의 최고 도멘 중 하나로, 테루아를 아주 잘 표현한 와인을 만드는데 그중 클로 디에르Clos Dière가 특히 뛰어나다.

● **레 메트르 비뉴롱 들 라 프레스킬 드 상-트로페(가생)** Les Maîtres Vignerons de la Presqu'île de Saint-Tropez(Gassin). 매우 좋은 품질을 가진 일련의 코트-드-프로방스로, 그중 샤토 드 팡플론Château de Pampelonne의 레드는 색이 짙고, 풍부하며, 촘촘하고 풍부하다.

프로방스

도멘 드 트레발롱
(DOMAINE DE TREVALLON)

프로방스와 카마르그 사이의 도멘 드 트레발롱은 원산지 명칭 레 보-드-프로방스의 으뜸 와인 메이커인
독창적이고 결단력 있는 엘루아 뒤르바크가 있었기에 가능했다. 그는 남프랑스를 가장 잘 표현한
레드와인 중 하나를 생산하는 일을 계속하며 자신의 독무대를 펼치고 있다.

도멘 드 트레발롱

Avenue Notre-Dame du Château
13103 Saint-Étienne-du-Grès

설립 : 1973년
면적 : 17헥타르
생산량 : 60,000병/년
원산지 명칭 : IGP 알피유
레드와인 품종 :
카베르네 소비뇽, 시라
화이트와인 품종 : 마르산, 루산,
클레레트, 그르나슈 블랑,
샤르도네

뿌리

1955년, 화가이자 조각가인 르네 뒤르바크^{René Dürrbach}는 알피유 산맥의 북쪽 경사에 위치한 생-에티엔-뒤-그레스 근처에 있는 트레발롱 농장을 매입했다. 60헥타르 규모의 이곳은 재배는 생각조차 할 수 없는 가시덤불과 솔밭으로 덮인 땅이었다. 1973년 그의 아들 엘루아(23세)는 이곳을 상속받아 독학으로 와인을 공부하면서 이곳에 포도를 심기로 결정했는데 자갈과 돌멩이 투성이인 이곳의 상태로 봐서는 무모한 계획으로 보였다. 하지만 그는 단호하게 행동으로 옮겼고, 토양을 경작하기 위해서 필요에 따라 강경한 방법을 동원하기도 했다. 다이너마이트와 포크레인을 써가며 처음 3헥타르로 시작했는데, 이 밭에서 1976년 VDQS 등급인 코토-데-보-드-프로방스로 첫 번째 레드와인을 생산했다.

건립

그의 포도밭을 만들기 위해 엘루아 뒤르바크는 프로방스에서 (거의) 카바르네-소비뇽만으로 된 와인을 만들겠다는 야망을 가진 혁신적인 한 사람에게서 영감을 얻었다. 이 사람은 바로 오-메독의 그랑 크뤼 클라세 중 하나인 샤토 라 라^{권Château La Lagune}를 운영하다 보르도를 떠나 이곳에 온 조르제 브뤼네^{Georget Brunet}였다. 그는 1960년 액-상-

프로방스의 북쪽에 샤토 비뉼로르Château Vignelaure를 설립했는데, 이 보르도 품종의 높은 비율이 만드는 비전형적인 특성으로 인해 나중에 이 지역의 스타 도멘이 된다. 그의 발자취를 따라, 엘루아도 장기 숙성형 와인을 만들기 위해 이 품종을 선택했고, 친구인 조르주 브뤼네의 밭에서 포도밭 내 선별 방법을 통해 얻은 포도나무로 시작했다. 좀 더 지역적인 유형 내에 머무를 수 있는 레드와인을 만들기 위해, 이성적으로 판단하여 북쪽 일조 방향을 가진 테루아에 가장 적합한 품종인 시라를 골랐다. 여기서도 포도는 서서히 성숙해지고 시라의 본고장인 북부 론에서 얻는 균형에 가까워진다. 동일한 깐깐함으로, 시라 품종의 포도나무는 코트-뒤-론의 전설적인 와이너리인 샤토 퐁살레트Château Fonsalette에서 공수했다. 트레발롱의 레드는 이 두 품종이 반반으로 구성되는데, 모든 프로방스 레드와인 전반에 걸쳐 눈에 띄는 블렌딩이다.

AOC에서의 축출

보-드-프로방스Baux-de-Provence가 자신만의 AOC를 획득하고 코토-댁-상-프로방스와 분리된 1995년, 카베르네-소비뇽이 허용된 20%를 초과했다는 이유로 도멘 드 트레발롱은 도마에 올랐다. 보의 테루아의 정체성에 해로운 카베르네의 사용을 예견한 입법부의 정신에서 나온 규정으로 볼 때 그의 포도밭의 50%는 사실상 분명히 규정에 저촉되는 일이었다. AOC의 규정에 맞추기 위한 30년의 시간이 걸렸어도, 그는 자신의 모든 노력을 문제 삼는 행위에 순응하는 것을 거부했고, 결국 자신의 와인이 뱅 드 페이 카테고리로 강등되는 것을 보아야 했다. 이 등급의 격하는 다수의 국민들의 삶에 울려 퍼지는 메아리와 같은 파장을 불러일으켰다. 이로 인해 도멘은 이미 전 세계적인 명성을 얻게 되었다.

새로운 운명

등급 강등의 에피소드는 도멘의 이미지나 제품 판매에 큰 영향을 미치지 않은 반면 그의 팬덤이 이 금지된 맛에 더 열광하게 만들었다. 설령 영향을 받았다 하더라도 그는 포기하지 않았고, 아무런 규정도 참조하지 않은 채 단지 테루아와 자신의 직관적인 통찰력만으로 만든 그의 화이트 콘셉트가 보여주듯 자유롭게 자신의 방식으로 일하는 것을 고집했다.

도멘 드 트레발롱, IGP 알피유ALPILLES

도멘 드 트레발롱은 단지 한 종류의 레드를 생산하는데, 어떤 의미로는 절대 와인처럼 고안되었다. 하지만 그 어떤 특성도 강요받거나 그 어떤 술수를 표출하지 않았다. 그의 콘셉트는 줄기와 잎을 제거하지 않은 포도에서 출발해 황이나 합성 효모처럼 일반적으로 사용되는 첨가제를 제외하고 줄기째 양조하는 완전함의 본보기이다. 최초의 물질을 보존하기 위하여 사실상 아무런 핸들링없이 2년 동안 크고 작은 오크통에서 숙성이 이루어진다. 같은 우려에서, 필터링은 하지 않고, 살짝 콜라주만 하고 병입한다. 이러한 처방과 주의는 빈티지에 따라 와인에 뛰어난 표현 기질, 혈기, 열정을 전해준다.

도멘 탕피에
(DOMAINE TEMPIER)

이 도멘의 성공은 툴롱(Toulon)의 동쪽, 바르 데파르트망의 해안선에 위치한 원산지 명칭 방돌의 성공과 관련이 있다.
이곳의 토양, 온화한 기후, 높은 일조량은 무르베드르 품종이 환상적으로 성숙하게 만들어
프로방스에서 유일한 장기 숙성형 와인을 만든다.

도멘 탕피에

1082, chemin des Fanges
83330 Le Plan du Castellet

설립 : 1834년
면적 : 40헥타르
생산량 : 150,000병/년
원산지 명칭 : 방돌
레드와인 품종 : 무르베드르, 그르나슈,
생소, 카리냥, 시라
화이트와인 품종 : 클레레트, 위니 블랑,
부르불렝크, 롤, 마르산

무르베드르 또는 방돌의 영혼

도멘 탕피에는 1834년, 페로^{Peyraud} 가문에 의해 설립되었는데,
방돌이 항구와 와인 무역과 관련, 오크통 제작에 열을 올려 유명하던
시절이었다. 19세기 말경, 포도나무의 질병인 필록세라에 의해 이
번영기는 막을 내렸고, 다른 곳과 마찬가지로 이 지역의 포도밭도
파괴되었다. 도멘은 점진적으로 다시 태어났고 시간이 지나 '유서
깊은 방돌의 생산자 조합'이 만들어진 1939년 확고해졌다. 방돌이
AOC 등급을 획득한 1941년이 터닝 포인트가 되었다. 이러한 발전
과정의 주인공 가운데 1945년부터 1982년까지 이 조합의 조합장을
역임한 도멘 탕피에의 와인 메이커 뤼시앵 페로^{Lucien Peyraud}가
있다. 이런 평가는 그가 보르도의 크뤼 클라세나 부르고뉴의 그랑
크뤼와 동등한 장기 숙성이 가능한 레드와인의 특성을 만들어주는
까탈스러운 규정들을 원산지 명칭에 적용했기에 가능했다. 이 야심의
중심에는 지중해의 품종인 무르베드르가 있는데, 방돌의 석회암
토양 위에서 강하고 탄닌이 두드러지며, 장기 숙성이 가능한 와인을
만든다. 높은 비율로 이 품종을 사용해야 한다는 의무조항은 원산지
명칭 규정에 포함되었다.

미래를 내다본 와인 메이커

뤼시앵 페로^{Lucien Peyraud}는 1941년부터 1982년까지 도멘 탕피에의 경영을 맡았다. 그리고 그의 두 아들 장-마리^{Jean-Marie}와 프랑수아^{Francois}가 뒤를 이었다. 뤼시앵 페로가 책임을 맡던 시기, 80%라는 매우 높은 비율의 무드베드르로 구성된 퀴베 스페샬에서 특히 빛을 발하는 균형과 완전무결함이라는 도멘의 스타일이 정해졌다. 이 와인은 여러 명이 소유하고 있는 밭의 최고만으로 블렌딩된 것으로, 그 가운데 몇몇은 이미 개별적으로 양조되었다. 특정 테루아에서만 만들어진 퀴베를 실현하자는 생각이었는데, 이 생각은 1970년대 후반 구체화되었다. 도멘의 상징과도 같은 트리오인 라 미구아^{La Migoua}, 라 투르틴^{La Tourtine}, 카바사우^{Cabassaou}는 이렇게 탄생했고, 전 세계의 와인 애호가들에게 진정한 아이콘이 되었다. 본질적인 품질을 떠나, 테루아에 의해 만들어진 와인이자 무르베드르를 위해 현명하게 맞춰진 와인이었다. 라 미구아를 제외하고, 이 품종은 높은 비율로 블렌딩되는데, 각 생산연도에 따라 조정된다.

위대한 유산의 연속성

2000년은 도멘 역사의 전환점이었는데, 직접 경영을 하던 페로 가문이 일선에서 물러나고 농업 기술자인 다니엘 라비에^{Daniel Ravier}에게 도멘이 위임되었다. 방돌의 다른 도멘에서 이미 경험을 쌓았던 그는 업무 수준에 적합한 전문성을 보여주었고 연속성을 전제로 하면서 여러 변화를 일으켰다. 그의 경력은 특히 포도밭에 주의를 기울이게 했는데, 특히 전설적인 테루아는 더욱 주의를 기울여 관리했다. 유기농 전환이 강제적이지는 않았지만, 유기농 원칙에서 한 걸음 더 나아간 포도 관리가 이루어졌고 이제는 바이오 다이내믹의 원칙에 입각해서 재배한다. 제조는 서서히 그리고 부드럽게 양조한 후에 전통적인 숙성 방법인 큰 오크통을 이용하는 예전의 방법을 고수했다. 이러한 조건 하에서는 각 테루아의 요소들이 풍부하게 살아나고 세련됨과 자연스러움 사이의 균형에 있어서 맞설 상대가 없고, 꾸밈이 없으면서 시간을 초월한 스타일을 계승하는 와인이 만들어진다.

신화와도 같은 트리오

포도가 자란 장소에서 이름을 딴 라 미구아와 라 투르틴의 첫 번째 생산연도는 1979년이다. 보세^{Beausset} 코뮌에서 자란 포도로 만든 라 미구아는 대략 50%라는 상대적으로 적은 무드베드르의 블렌딩 비율로 인해 도멘의 다른 와인들과는 성격이 다르다. 테루아의 다양한 지형과 마찬가지로, 에너지가 가득 차 있지만 은은한 와인이다. 카스틀레^{Castellet} 주변의 단구상의 좋은 일조량은 무르베드르에게 있어서는 최상의 재배지로, 여기서 라 투르틴은 우아하며 장기 숙성이 가능한 와인을 만든다. 더 풍부한 일조량을 가진 이곳의 하단부는 극소 생산량의 카바사우 퀴베를 생산하는데, 더 뛰어난 숙성 잠재력을 가지고 있다. 첫 번째 생산연도는 1987년이다.

> 도멘의 대표인
다니엘 라비에

뒤페레-바레라Dupéré-Barrera, 소규모 네고시앙, 최고급 와인

역사적으로 프로방스는 유명한 네고시앙들의 무대는 아니지만, 각자의 재능과 개성을 가지고 프로방스 테루아를 해석하는 몇몇 수준 높은 소규모 업체가 있다. 와인에 열정을 가진 엠마뉘엘 뒤페레Emmanuelle Dupéré와 로랑 바레라Laurent Barrera는 2000년 소규모 고급 네고시앙 회사를 창업했다. 코트 드 프로방스에 유기농으로 운영되는 5헥타르 도멘의 공동 소유자인 이들은 프로방스와 론의 뛰어난 와인 메이커들과 신뢰 관계를 구축했다. 구매하는 포도나 와인에 있어서 매우 꼼꼼한 그들은 노와트Nowat 퀴베처럼 접근성 있는 가격대지만 화이트, 레드 모두 환상적이고 개성 만점인 데일리 와인을 생산한다.

Nowat
Côtes de Provence

프로방스

AOC COTEAUX-D'AIX-EN-PROVENCE (AOC 코토-댁상-프로방스)

액-상-프로방스는 15세기 르네René 영주의 도시로, 도시 주변에 왕을 위한 와인 생산지를 경작했다. 현재 이 광대한 포도밭은 부슈-뒤-론Bouches-du-Rhône 데파르트망을 뒤덮고 있다. 숲과 가시덤불 사이에 위치한 악천후로부터 보호받은 경사면 상의 2,600헥타르의 면적에서 로제와 레드, 화이트와인을 생산한다.

> **주요 품종** 레드와 로제는 그르나슈, 카베르네-소비뇽, 카리냥, 무르베드르, 생소, 시라, 쿠누아즈. 화이트는 클레레트, 롤, 부르불렁크, 위니 블랑, 그르나슈, 세미용, 소비뇽.
> **토양** 점토-석회암.
> **와인 스타일** 가볍고 부드러우면서 섬세하고 은은한 로제는 기분 좋은 상쾌함의 기반 위에 딸기, 복숭아 등의 과일, 보리수 같은 꽃, 미네랄의 다채로운 향이 난다. 기름지면서 풍부한 맛의 레드는 제비꽃, 식물, 약간의 향신료 등의 향이 나고, 입안까지 지속된다. 상쾌하고 우아하며 향기로운 화이트는 꽃, 과일, 시트러스의 향이 난다.

색 :	서빙 온도 :	숙성 잠재력 :
레드, 로제, 화이트.	화이트는 6~8도. 로제는 8~12도. 레드는 16~18도.	화이트는 1~2년. 로제는 2~5년. 레드는 2~6년.

코르시카

AOC PATRIMONIO (AOC 파트리모니오)

코르시카섬의 북서쪽 생-플로랑Saint-Florent만에 위치한 산과 바다로 빚어져 해풍으로부터 보호받는 곳에 위치한 1,000헥타르 미만의 포도밭이다. 특히 레드와인으로 유명하지만, 로제와 극소량의 고품질 화이트도 생산한다.

> **주요 품종** 레드와 로제는 니엘뤼치오niellucio, 시아카렐로sciacarello, 그르나슈. 화이트는 베르멘티노vermentino, 위니 블랑.
> **토양** 석회암으로 덮은 편암.
> **와인 스타일** 높은 비율의 니엘뤼치오 레드와인은 알코올에 절인 붉은 과일과 향신료의 강한 향이 나고, 풍부하고 높은 알코올 도수의 맛이 느껴진다.
로제는 향신료, 딸기, 체리 등의 신선한 과일의 맛있는 향이 풍부한 알코올 위에서 느껴진다.
베르멘티노 품종이 매우 전형적으로 느껴지고 전반적으로 고른 품질을 보여주는 화이트는 당도가 없고 산미가 있으며, 하얀 꽃, 열대 과일, 말린 허브의 향이 강하게 나고, 세련된 상쾌함이 느껴진다.

색 :	서빙 온도 :	숙성 잠재력 :
레드, 로제, 화이트.	화이트는 7~8도. 로제는 8~10도. 레드는 15~16도.	로제는 당해에 마실 것. 화이트는 2년 정도. 레드는 3~8년.

AOC VIN DE CORSE (AOC 뱅 드 코르스)

산맥을 등지고 있는 포도밭으로 1,900 헥타르에서 90,000헥토리터 중 화이트와 로제, 그리고 대다수의 레드를 생산한다. 코르시카섬 전체에서 생산될 수 있지만 대부분은 동쪽 해변에서 생산되고, 사르텐 Sartène, 피가리Figari, 포르토-베키오 Porto-Vecchio, 칼비Calvi 등 테루아의 이름을 덧붙일 수 있다.

> **주요 품종** 레드와 로제는 니엘뤼치오, 시아카렐로, 그르나슈. 화이트는 베르멘 티노, 위니 블랑.
> **토양** 화강암, 편암.
> **와인 스타일** 레드와인은 붉은 과일, 가시덤불, 향신료의 향이 진하게 나고 입안까지 지속된다.
대부분이 베르멘티노 품종으로 만드는

화이트는 꽃과 과일, 시트러스, 열대 과일의 풍부한 향이 나고 좋은 상쾌함이 느껴진다. 로제는 상쾌하며 산미가 있고, 식물의 옅은 향 위에 강한 꽃의 향이 난다.

색:	서빙 온도:	숙성 잠재력:
레드, 로제, 화이트.	화이트와 로제는 8~10도. 레드는 15~17도.	화이트와 로제는 1~2년. 레드는 4~9년.

AOC MUSCAT DU CAP-CORSE (AOC 뮈스카 뒤 캅-코르스)

뮈스카는 코르시카의 아주 오래된 특산품이다. 1,300헥토리터 정도의 적은 생산량으로 인해 희귀한 그리고 섬세한 이 뱅 두 나튀렐은 섬 북쪽 끝에 위치한 AOC 파트리모니오와 뱅 드 코르스-코토-뒤-캅-코르스의 80헥타르의 밭에서 나온다. 그리고 '파시토passito'라는 지역 특산물로,

주정강화가 아닌 파스리야주passerillage(건조) 방법으로 생산한다.
> **주요 품종** 뮈스카 블랑 아 프티 그랭.
> **토양** 코르시카 곳은 편암, 파트리모니오는 석회암 더미.
> **와인 스타일** 주정강화를 통해 만드는 뮈스카 뒤 캅-코르스는 뛰어난 세련미를

가진 와인이다. 무화과 코랜트 포도 등의 말린 과일, 열대 과일, 시나몬 같은 향신료 등의 복합적인 향이 풍부하게 매우 지속적으로 나고, 상쾌함과 풍부한 알코올 사이의 균형이 느껴진다.

색:	서빙 온도:	숙성 잠재력:
화이트.	8~10도.	10년.

코르시카의 생산자 셀렉션

- **클로 달세토(사리-도르치노)** Clos d'Izeto (Sari-d'Orcino). AOC
아작시오에서 개성이 강한 레드, 로제, 화이트와인을 생산.

- **도멘 아레나(파트리모니오)** Domaine Arena (Patrimonio). AOC
파트리모니오에서 생산하는 매우 순수한 화이트, 레드, 로제, 그리고 뮈스카 뒤 캅-코르스 그로테 디 솔레.

- **도멘 콩트 페랄디(메자비아)** Domaine Comte Peraldi (Mezzavia). AOC
아작시오의 믿을 수 있는 생산자.

- **도멘 레치아(포지오 돌레타)** Domaine Leccia (Poggio-d'Ietta). AOC
파트리모니오의 메이저 도멘으로 달지 않은 화이트와 레드는 이 테루아를 돋보이게 한다.

- **도멘 드 토라치아(포르토-베키오)** Domaine de Torraccia (Porto-Vecchio).
유기농으로 생산된 매우 경쟁력 있는 뱅 드 코르스 레드와인.

도멘 아레나
(DOMAINE ARENA)

어디서 출발을 했건 도멘 아레나에 우연히 가게 되기는 쉽지 않은데, 파트리모니오로 가는 길은 멀지만 장관을 이룬다.
포지오 돌레타(Poggio d'Oletta)의 해안 도로에서의 전망은 숨이 멎게 만든다. 사람들은 종종 아름다운 자연이 최고의
와인을 만든다고 한다. 이 속담은 파트리모니오가 낳은 앙투안 아레나에 의해 검증되고 있다.

코르스-파트리모니오

Domaine Arena
Morta Maïo
20253 Patrimonio

면적 : 14헥타르
생산량 : 55,000병/년
원산지 명칭 : 파트리모니오
레드와인 품종 : 니엘뤼치오
화이트와인 품종 : 베르멘티노,
뮈스카, 비앙코 젠틸레bianco gentile

비범한 동네의 비범한 가족

와인 메이커 가족에서 태어났지만 앙투안 아레나는 포도 재배를
선택하지 않았다. 프랑스 본토(코르시카는 섬)에서 법학 공부를
마치고 고향으로 돌아온 1975년이 되어서야 자신의 아버지가 걸었던
길을 걷기로 결정했다. 그 당시 거의 모든 걸 새로 만들었어야 했는데,
AOC 파트리모니오가 갓 태어났을 때이다. 이 밭은 로마 시대부터
유명했었지만, 그 후로 네비오에 많은 시간이 흘렀다. 특히 1960
년대 생산성 우선주의는 지역의 생산을 불안정하게 만들었다.
앙투안이 정착하던 시기, 테이블 와인 소비량의 감소는 코르시카
포도 재배업의 미래를 매우 위태롭게 만들었다. 앙투안은 품질을
높임으로써 이 상황에서 탈출할 수 있다고 생각했다. 그와 그의 아내
마리아는 산출량 경주에 참여하기보다는 뛰어난 와인을 생산함으로
파트리모니오에 있는 3헥타르 규모 밭의 장점을 돋보이게 하기로
결정했다. 당시로서는 대담한 도박이었다.

포도 품종… 그리고 포도밭

그렇게 하기 위해, 그들은 당연히 원산지 명칭에서 요구하는 품종을
사용했다. 레드는 산지오베제의 사촌인 니엘뤼치오와 화이트는
프로방스에서 롤이라 불리는 베르멘티노이다. 하지만 매우 향이
뛰어난 사르데냐의 오래된 품종으로, 코르시카 포도밭 연구소에

의해 밝혀진 비앙코 젠틸레를 최초로 심은 것도 아레나이다. 순식간에 앙투안은 파트리모니오의 여러 다른 면을 시험하는 선두주자가 되었다. 석회암이 지배적이고 백악, 혼합 석회, 점토 지역 등으로 구성되었지만 보기보다 훨씬 균일한 토양이다. 포도 품종이 와인 메이커의 팔레트 안의 물감이지만 국소 테루아는 빛과 뉘앙스를 가져다준다. 앙투안은 포도밭들을 매입해서 포도나무를 다시 심어나갔다. 그렇게 도멘의 포도밭을 3헥타르에서 14헥타르로 확장했는데 이 가운데 중요한 밭 두 개가 있다. 점토가 섞인 석회암의 3헥타르의 밭인 그로테 디 솔레Grotte di Sole는 정남향으로 2헥타르의 니엘뤼치오와 1헥타르의 베르멘티노가 재배된다. 정동향의 밭인 카르코는 석회암의 비율이 매우 높아 특히 베르멘티노(2헥타르)에 적합하다(니엘뤼치오는 1헥타르). 1987년과 2003년(상부)에 심어진 카르코의 베르멘티노를 제외하고는 이 밭들의 포도들은 1950년대에 심어졌다. 모르타 마이오 퀴베는 2001년에 심어진 니엘뤼치오로 만들어진다.

시대를 앞서간 유기농

앙투안이 가장 중시하는 또 다른 하나는 토양에 많은 시간을 투자할수록 더 좋은 와인이 만들어진다는 사실이다. 코르시카에 공식적으로 유기농이라는 것이 존재하지도 않던 시절, 도멘은 이미 유기농으로 운영됐다. 현재까지도 이곳에서는 화학제품을 사용하지 않고 황의 사용을 최소화하며, 토착 효모만 사용한다. 포도밭은 자연적으로 경작되는데, 아무런 화학약품 처리를 하지 않고 양의 퇴비, 즙을 짠 포도 찌꺼기 등 모든 자연적인 첨가물을 사용하고 있다. 몇 년 전부터 아들인 앙투안-마리Antoine-Marie와 장-바티스트Jean-Baptiste는 부모님과 함께 도멘을 이끌고 있다. 세대가 바뀌어도 엄격함은 그대로이다. 가족의 모험은 계속된다.

도멘 아레나DOMAINE ARENA, 파트리모니오 그로테 디 솔레 레드, PATRIMONIO GROTTE DI SOLE ROUGE

어떤 생산연도이건, 이 와인은 언제나 니엘뤼치오의 특성인 강한 탄닌과 우아함의 믿을 수 없는 조화와 향신료의 느낌이 섞인 놀라운 상쾌함을 보여준다. 단순히 밭에 따라 다른 뉘앙스를 보이는 것이 아닌 실크 장갑 속의 강철 손과 같다. 니엘뤼치오는 터프할 수 있다. 아레나 가족의 예술은 추출을 마스터하여 이 상황을 제어하는 데서 비롯한다.

도멘 아레나, 파트리모니오 카르코 화이트 PATRIMONIO CARCO BLANC

진액, 꽃, 하얀 과일로 가득 찬 이 와인은 지중해 지역의 와인 중 우리가 찾을 수 있는 가장 뛰어난 세련된 모델 중의 하나이다. 입안에서의 기름기와 마지막에 느껴지는 옅은 짭짤 쌉쌀함 역시도 뛰어나다.

> 장-바티스트 아레나가 도멘에 합류했다.

이탈리아

Régions viticoles

- Nord
- Centre
- Sud et Îles
- Frontière
- Limite de région

N

0   100   200 km

VAL D'AOSTE

PIÉMONT

Turin

Asti

Gênes

LIGURIE

Mer Ligurienne

LOMBARDIE

Côme

Milan

Adda

Lac de Garde

Pô

Modène

ÉMILIE-ROMAGNE

Bologne

Adige

BOLZANO

TRENTIN-HAUT-ADIGE

Trente

VÉNÉTIE

Vicence

Vérone

Venise

Piave

FRIOUL-VÉNÉTIE JULIENNE

Trieste

Reno

Ravenne

SAINT-MARIN

Pise

Florence

Arno

TOSCANE

Montepulciano

Tibre

Pérouse

OMBRIE

LATIUM

Rome

MARCHES

Ancône

Mer Adriatique

Pescara

ABRUZZES

MOLISE

Foggia

CAMPANIE

Naples

Bari

POUILLES

BASILICATE

Tarente

CALABRE

SARDAIGNE

Cagliari

Mer Tyrrhénienne

Mer Méditerranée

PANTELLERIA

SICILE

Palerme

Catane

Messine

Reggio di Calabria

Mer Ionienne

이탈리아의 포도 재배지

이탈리아는 전 세계 와인 생산량의 15% 이상을 담당한다. 지구상 여섯 병의 와인 중 한 병은 이탈리아 태생이다.
예술과 문화의 땅이자 풍미와 음식의 생생한 기억이 있는 이탈리아 반도는 각 지역의 지리적 다양성과
풍부한 역사 덕분에 훌륭한 전통과 지역 특산품으로 가득 차 있다.

다양하면서 어리둥절하게 만드는 와인

프랑스 와인 전문가가 이탈리아에 있는 와인 상점에 가면 어리둥절해지기 십상이다. 프랑스에는 보르도나 부르고뉴 특유의 병 모양이 존재하지만, 이탈리아에서는 절대 생산지역의 특성을 드러내는 일이 없이 각각의 와인 메이커는 자신만의 미적 영감에 따라 병의 모양을 결정한다. 키안티^{Chianti} 지방의 짚으로 둘러싸인 피아스크^{fiasque} 병만이 유일하게 전형적인 타입의 병인데, 이 병도 보르도 스타일의 병으로 바뀌면서 토스카나 지방에서 사라지고 있다.

레이블을 읽는다고 비밀의 베일을 벗길 수 있는 것은 아니다. 키안티, 바롤로^{Barolo}, 마르살라^{Marsala} 등 가장 유명한 원산지 명칭을 제외하고, 74개의 DOCG, 330개의 DOC, 120개의 IGT, 셀 수 없이 많은 레퍼런스, 비노 등급의 브랜드 와인들이 와인 초보자를 어리둥절하게 만든다. 와인과 증류주의 원산지 명칭의 수에 있어, 이탈리아와 프랑스가 전 세계적으로 선두를 달린다. 가격대도 매우 다양하다. 와인 병을 열 때의 놀라움을 어떻게 예측할 수 있을까?

와인은 가벼울까? 진할까? 달지 않을까 혹은 달콤할까? 기포가 있을까? 이 와인은 식전주로 좋을까? 아니면 식사에 곁들이는 것이 좋을까? 어떤 음식하고 잘 어울릴까?

이탈리아 와인을 이해하고 좋아하려면 포도 품종의 이름, 토양과 기후의 모자이크, 여러 다른 지역 포도밭과 인간의 역사 등, 티르 부숑만큼이나 귀중한 몇몇 키워드를 아는 것이 도움이 된다.

숫자로 보는 이탈리아의 포도 재배지

면적 : 690,000헥타르(양조용 포도)
와인과 포도 주스 :
47,000,000헥토리터
(2010년부터 2014년까지의 평균)
화이트 : 55%
레드와 로제 : 45%
(Assoenologi, Istat, OIV)

포도밭의 긴 역사

고대의 기원. 이동하는 덩굴인 포도나무의 여정은 소아시아에서 시작되었다. 고대 그리스는 포도를 좋아했고, 에트루리아인들에게 포도의 발효를 가르쳤다. 로마 시대의 수많은 문서는 와인의 제조 방법, 로마 약학 아카데미가 설정한 크뤼의 등급, 부유한 갈리아인들에게 고가로 수출한 와인 등에 대해 기술하고 있다. '와인 한 항아리에 노예 한 명'이라는 묘사는 시칠리아의 디오도르^{Diodore}를 놀라게 했다. 서기 79년 로마와 나폴리 사이의 유명한 테루아인 캄파니아는 폼페이의 베수비오 화산 분화로 고통을 겪었다. 화산재 아래 묻혀버린 이 도시는 포도나무를 지탱했던 기둥들의 흔적을 보여준다. 와인 메이커들은 수천 년 동안 노하우를 발전시켰고 계승시켰다. 안티노리^{Antinori} 가문은 1385년부터 26대에 걸쳐 포도주를 양조했는데, 이들뿐만 아니라 역사가 그 이름을 기억조차 하지 못하는 이탈리아의 창조적 와인 가문은 셀 수 없이 많다.

현대의 세 가지 위기…. 필록세라, 과다 산출, 맛의 세계화라는 세 가지 위험 요소가 연속적으로 이탈리아의 와인 유산을 위협했다. 원하는 포도나무 품종의 뿌리에 기생충에 저항성이 있는 미국산 포도나무 뿌리를 접붙여 심음으로 첫 번째 위기인 필록세라는 19세기 말 해결되었다. 하지만 어떤 품종을 고를 것인가? 지역의 사투리로 발음되고 그 지방 외에는 아무도 알지 못하는 선조들의 품종을 고를까? 수출시 협상에 유리하고 더 높은 생산성을 가진 메를로나 샤르도네와 같은 프랑스의 유명한 품종들을 할 것인가? 베네치아, 시칠리아, 토스카나 등의 전 지역에 걸쳐 이런 '국제적인' 품종들이 대량으로 심어졌다. 20세기 내내, 이런 다양한 품종의 두 번째 위기는 '벌크 와인'의 시대를 만들어, 이탈리아는 혼합주를 만들기 위한 테이블 와인을 배 한 척 가득 채워 수출했다. 높은 알코올 도수와 진한 색을 가진 이 와인들은 아직까지도

> 시칠리아에 있는
플로리오사의 오크통 제작

> 이탈리아 북동쪽에
위치한 알토-아디제Alto Adig의
경사면에 있는 포도밭.

국내 생산량의 1/3을 차지한다. 이 와인들을 '피자집의 피케트piquette (포도주를 만들면서 나온 찌꺼기에 물을 섞어 만든 술)'라고 평가하는 것은 합당하지 않을 것 같다. 솔직히 섬세하지는 않지만, 어쨌거나 이 와인들은 그래도 적절한 하우스 와인을 제공한다. '벌크'가 반드시 저질의 동의어는 아니다. 여러 생산자들은 소비자들이 직접 병입할 수 있도록 노즐이 달린 용기에 담아서 자신들의 와인을 판매하고 있다.

병의 시대. 현재 이탈리아 시장은 진화했다. 사람들은 '조금 덜 마셔도 더 좋은 와인'을 마신다. 포도밭의 면적은 1980년 1,230,000헥타르에서 2014년 690,000헥타르로 줄었다. 벌크 와인의 챔피언들인 풀리아Pouilles, 시칠리아Sicile, 에밀리아-로마냐Emilie-Romagne, 아브루초Abruzzes는 품질을 높이고 직접 병입해 판매하기 위해 저가의 수출용 와인을 줄였다. 해외 시장을 사로잡기 위해, 일부 와인 메이커들은 국제 시장에서 원하는 방향으로 와인을 생산해 단맛이나 오크의 향을 강조하기도 하는데, 기본적 원재료의 표준화에 대한 우려의 목소리가 종종 들린다. 다른 와인 메이커들은 이탈리아의 뛰어난 다양성을 활용해, 현지 품종을 다시 사용하기 시작했다.

북부 지방

만약 이탈리아가 균일한 기후를 가진 음침한 평원이었다면 전 세계에 걸친 이동하는 덩굴의 여정 안에서 이렇게 이탈리아에 얽매이진 않았을 것이다. 사실 이탈리아는 서로 다른 기후를 가진 각각의 지역이 각각의 포도 품종을 재배하여 뛰어난 생물 다양성을 가진 매우 드문 나라 중의 하나이다. 발레 다오스타Val d'Aoste, 트렌티노-알토-아디제Trentin-Haut-Adige, 프리울Frioul 등은 산악 기후를 가지고 있다. 해발 1,200 미터 이상의 발레 다오스타의 포도나무는 유럽에서 가장 고지대에서 재배된다. 와인에서도 재배환경의 기후가 느껴지는데, 대개 긴장감과 청량감을 제공한다. 국소기후의 모자이크와 북쪽 지역의 다양한 포도 품종은 멋진 발견을 하게 해준다.

문자적으로 '산의 발'을 의미하는 피에몬테Piéemont 지역의 포도나무는 헤이즐넛 나무도 키우는, 지형 변화가 심한 언덕에서 재배된다. 저지대는 쌀농사를 짓는 포Pô 평야가 펼쳐져 있다. 비옥한 충적토, 알프스의 물, 그리고 햇볕은 롬바르디아와 베네치아 등지에서 헥타르당 15,000리터에 이르는 높은 산출량을 보여주었다. 좀 더 농축된 포도즙을 얻기 위해 바롤로와 같은 원산지 명칭들에서는 헥타르당 5,200리터 미만으로 제한했다. 총 20개의 지방 중에서, 피에몬테, 롬바르디아, 트렌티노, 베네치아, 프리울, 에밀리아-로마냐의 6개의 지방이 이탈리아 와인 생산의 절반을 담당하고, DOCG의 절반 이상을 차지하고 있다.

진실 혹은 거짓?

이탈리아는 전 세계에서 가장 많은 양의 와인을 생산한다.

진실 프랑스가 재탈환할 수 있는 타이틀이지만, 최근의 평균에서는 이탈리아가 지구상 가장 생산량이 많은 국가이다. 면적에 있어서는 스페인이 소유한 포도밭의 면적이 가장 넓다.

중부 지방

이탈리아 '농업의 중심'인 토스카나의 언덕은 유명한 키안티^{Chianti}를 낳았다. 이 이름은 그리스인들에게서 양조를 배워 로마인들에게 전승시킨 에트루리아인(또는 투스키인)에서 유래한다. 그리스어 비노스^{vinos}는 에트루리아어 그리고 로마어(라틴어) 비눔^{vinum}이 되었고, 후에 프랑스어 뱅^{vin}으로 바뀐다. 20세기 들어, 토스카나는 '수퍼 토스칸'의 탄생을 맞이했는데, 카베르네 소비뇽과 카베르네 프랑 등의 품종으로 만들어진 고급 와인들이다. 보르도 와인의 엄청난 애호가인 인치자 델라 로케타^{Incisa della Rocchetta} 후작은 1940년대 사시카이아^{Sassicaia}의 첫 번째 병을 양조했다(p.468~469 참조). 안티노리^{Antinori} 가문의 솔라이아^{Solaia}와 같은 다른 창조적인 와인 메이커들이 뒤를 이었고, 이 새로운 스타일의 와인을 공식화하기 위해 원산지 명칭 볼게리^{Bolgheri}가 제정되었다. 또 하나의 야심은 토스카나 테루아의 품질을 알리는 것이었다. 아드리아해 해변에서 아펜니노 산맥의 만년설까지 로마의 태양 아래 라티움

Latium, 아브루초^{Abruzzes}, 몰리세^{Molise}는 매우 다양한 기후와 토양을 가지고 있다. 오랜 포도 재배 지역인 이곳은 수천 년 전부터 주요한 와인 시장의 역할을 하고 있는 수도 근처라는 지리적 이점을 누리고 있다.

남부 지방

남쪽은 햇볕보다는 물이 부족하다. 캄파니아의 화산 토양, 풀리아^{Pouilles}, 바실리카타^{Basilicate}, 칼라브리아^{Calabre}의 건조한 언덕은 지역의 전형성을 보여주려고 노력하고, 이탈리아 반도의 이 지역을 포도나무의 땅을 의미하는 '오노트리아^{Oenotria}'라고 부른 고대 그리스와의 문화적 근접성을 주장한다. 진한 색, 풍부한 알코올을 가진 벌크 와인의 중요한 생산자였던 이 지방은 진화하고 있다. 협동조합과 개인 소유의 대규모 양조장은 대형 유통망에 공급되는 저가의 와인을 생산하는 반면, 소규모 생산자들은 지역 품종을 가지고 '틈새' 와인을 양조한다.

> 몬탈치노 근처의 생안티모
Sant'Antimo 수도원 주변에
위치한 토스카나의 언덕

섬

지중해 기후에서, 섬은 딴 세상이다. 산이 많은 사르데냐Sardaigne는 스페인 강점기의 품종을 유지하고 있다. 활화산이 있는 시칠리아는 에트나 화산의 눈 덮인 산기슭의 독특한 토양을 가지고 있다. 섬 남쪽 파치노Pachino의 검은 해변에는 튀니스Tunis(튀니지의 수도)보다 위도 상 더 남쪽에 위치한 포도밭이 있는데, 건조한 기후와 해풍은 노균병이나 오이듐 등의 습도와 관련 있는 곰팡이에 의한 질병의 번식이 제한적이다. 북쪽의 포도밭보다 상대적으로 화학제품을 덜 사용할 수 있어서 시칠리아가 유럽 전체에서 가장 광범위하게 '유기농'을 실시하는 지역이 되게 해주었다. 이탈리아의 최남단 포도밭은 시칠리아와 아프리카 사이의 판텔레리아Pantelleria로, 포도알이 자연적으로 포도나무 위에서 건조된다.

이탈리아의 유명한 20가지 품종

북쪽에서 남쪽까지 1,200킬로미터에 달하는 국토가 가진 극단적으로 다양한 토양과 기후는 이탈리아 포도밭에서 다양안 생물이 서식하는 첫 번째 이유이다. 또 다른 이유는 사람인데, 19세기까지 이탈리아 반도는 호전적이고 독립된 작은 주들로 짜여진 조각보였다. 각각의 주에서는 여러 세대에 걸쳐 와인 메이커들이 자랑스럽게 지역의 품종을 선별하고 재배하여 차별화했다.

이탈리아 와인을 이해하는 데는 표시된 포도 품종이 귀중한 길잡이가 된다. 이런 내용은 주로 레이블이나 후면 레이블에 담긴다. DOC 카노나우 디 사르데냐Cannonau di Sardegna, 몬테풀치아노 다브루초Montepulciano d'Abruzzo 등과 같이 p.360~373에 언급된 원산지 명칭의 1/3은 지역 명칭과 포도 품종 이름이 결합되어 있다. 메를로, 샤르도네 등, 입양된 프랑스 품종들은 이탈리아화된 부분이 있다. DOC와 DOCG 등급의

캄파니아의 거인 포도나무

포도나무는 고대 그리스인들이 땅바닥에서 직접 자라게 두었던 유연한 덩굴이다. 그 후, 고대의 와인 메이커들은 이탈리아에서는 알베레로alberello, 프랑스에서는 고블레gobelet라고 불리는 작은 크기의 나무 모양을 고안했다. 바람과 포도나무 자체의 무게로 인해 부드러운 어린 가지들이 부서지는 것을 방지하기 위해, 매달 수 있는 지지대를 찾아야 했다. 가장 잘 알려진 것은 나무 기둥으로, 플리네Pline(서기 23~79년)가 기술한 고대의 유명한 팔레르노 와인의 이름은 '포토poteau(기둥)'에서 왔다. 다른 전략은, 살아 있는 포플러(백양목) 나무에 덩굴이 달라붙게 하는 것이다. 캄파니아에 있는 아베르사Aversa 근처의 아스프리니오asprinio 품종의 포도나무는 1세기 넘게 '포플러 나무와 결혼'했는데, 높이 15미터 이상에 위치한 포도나무의 곁가지를 꼭 껴안고 있다. 수확 시에는 사다리를 이용한다.

> 키안티의 주요 품종인
산지오베제의 포도송이

여러 원산지 명칭들에 포함되기 시작했다.

알리아니코AGLIANICO. 캄파니아, 바실리카타, 몰리세, 풀리아에서 주로 재배되는 레드와인 품종으로 아마도 엘레니코ellenico라는 이름의, 식민지를 개척하러 온 그리스 본국인들에 의해 유입된 것 같다. 껍질을 벗겨 화이트와인, 스파클링 와인, 건조시켜 스위트 와인, 그리고 '리제르바riserva' 형태로도 양조된다.

아르네이스ARNEIS. 피에몬테의 화이트 품종으로 달지 않은 와인, 혹은 때때로 건조시켜 스위트 와인으로도 양조된다. 피에몬테 지방의 사투리로 '좀 노는 여자, 장난꾸러기'를 의미한다.

바르베라BARBERA. 피에몬테의 레드와인 품종으로, 이탈리아 전역에서 재배된다.

보나르다BONARDA. 피에몬테, 롬바르디아, 에밀리아-로마냐의 여러 원산지 명칭에서 사용되는 레드와인 품종으로, 스파클링 또는 기포가 없는 일반적인 와인으로 양조되고, 때때로 식용으로도 재배된다.

브라케토BRACHETTO. 피에몬테의 가벼운 레드와인 품종으로, 탄닌이 약하고 기포가 약하게 있다.

카노나우CANNONAU. 프랑스어로 '그르나슈'라고도 불리는 사르데뉴에서 재배되는 레드와인 품종으로, 높은 알코올 도수가 나온다. 로제와인으로, 그리고 뱅 두 나튀렐로도 양조된다.

돌체토DOLCETTO. 피에몬테의 레드 품종으로, 상쾌하고, 과일 풍미와 탄닌이 느껴진다.

팔랑기나FALANGHINA. 캄파니아의 화이트 품종으로, 로마인들은 유명한 팔레르노Falerno의 양조에 사용했을 것이다.

피아노 다벨리노FIANO D'AVELLINO. 진한 노란색의 화이트와인을 만드는 생산성이 낮은 품종으로, 멸종의 위기에서 최근에 살아났다.

프리울라노FRIULANO. 오랫동안 토카이 프리울라노tocai friulano로 알려졌던 화이트와인 품종으로 프리울리와 베네토주에서 재배된다.

글레라GLERA. 베네치아의 화이트와인 품종으로, 밀폐된 스테인리스 탱크에서 '엑스트라 드라이', '브뤼트', '드라이' 스파클링으로 양조된다. 자동 폐쇄 압력 탱크를 사용하는 이 방법은 프랑스에서는 샤르마Charmat, 이탈리아에서는 마르티노티Martinotti에 의해 고안되었다. 건조시켜 알코올 16도의 스위트 와인으로도 양조된다.

그레코 디 투포GRECO DI TUFO. 캄파니아의 화이트와인 품종. 이탈리아에는 그레코라는 이름으로 불리는 여러 품종이 있는데, 아마도 포도나무의 기원인 그리스에 대한 오마주인 듯하다. 멸종 위기에 처했지만, 최근 트렌드에 맞게 개량되었다.

인촐리아INZOLIA. 마르살라Marsala, 혼합 포도주의 양조에 사용되는 화이트와인 품종으로, 현재 와인 메이커들이 단일 품종(100%) 스타일인 '인 푸레자in purezza' 또는 샤르도네, 소비뇽 블랑, 그레카니코 등의 다른 화이트와인과 블렌딩된다. 엘베 섬, 라티움, 토스카나에서는 '안소니카ansonica'라고 불린다.

람브루스코LAMBRUSCO. 롬바르디아와 에밀리아-로마냐에서 재배되는 레드와인 품종으로, 로마인들은 육림되는 숲(브루스쿰bruscum)의 변두리(라브룸labrum)에서 자라는 야생 포도를 비티스 라브루스카vitis labrusca라 불렀다.

몬테풀치아노MONTEPULCIANO. 아브루초, 마르케, 라티움 등의 중부 지방의 강렬한 레드와인 품종.

모스카토MOSCATO. 이탈리아 전역에 매우 널리 퍼진 화이트와인 품종으로, 기포가 없는 와인, 스파클링 와인, 건조시킨 스위트 와인, 늦수확한 스위트 와인 등으로 양조한다. 레드와인도 있다.

네비올로NEBBIOLO. 피에몬테와 롬바르디아의 레드와인 품종으로, 높은 고도에서는 천천히 성숙한다. 10월 중순 혹은 11월에, 가을 안개(네비아nebbia)가 낄 때 수확을 하는데, 여기서 이름이 유래했다. 석회암 토양을 좋아한다.

네로 다볼라NERO D'AVOLA. 야생의 향이 나는 시칠리아를 상징하는 레드와인 품종이다. 카베르네, 메를로, 시라와 같이 좀 더 '현명한' 품종들과 블렌딩되거나 강한 임팩트를 좋아하는 애호가들을 위해 단독으로 양조된다. 이 품종으로 만든 달콤한 레드와인도 있다. 시칠리아의 20여 개의 원산지 명칭의 양조에 포함된다.

프리미티보PRIMITIVO. 유전적으로 캘리포니아의 진판델과 동일한 레드와인 품종. "오래전에 헤어진 쌍둥이 형제들이다"라고 풀리아의 와인 메이커들은 말한다. 가장 먼저 성숙하여 수확되는 데서 이름이 왔다.

산지오베제SANGIOVESE. 주피터의 피를 의미하는 상귀스 요위스sanguis Jovis라는 라틴어에서 이름이 유래했다. 토스카나를 상징하는 레드와인 품종으로, 중부와 이탈리아 남부의 섬에서도 재배된다. 외모와 산출량에서 차이가 나는 여러 클론들이 존재한다.

자신의 와인에 가치를 부여할 줄 아는 나라

이탈리아에서 와인은 문화적 정체성을 가진 요소로서, 단순한 하나의 상품 그 이상이다. 관광안내 책자는 수도원의 프레스코화, 치즈, 전형적인 육가공품(샤퀴트리), 로시니의 오페라, 컨템포러리 조각과 옛날 채소 등과 함께 와인에도 경의를 표한다. 도시, 지역, 와인 메이커 조합 등의 지역적 주체와 상공회의소, 이탈리아 무역 협회ICE) 등의 국가적 주체는 셀 수 없이 많은 브로슈어, 소개장, 고급 저서, 가이드, 지도뿐만 아니라 이탈리아어와 영어로 운영되는 www.enoteca-italiana.it 와 같은 인터넷 사이트도 제작한다. 스트라데 델 비노^{strade del vino}(와인의 길)는 일반인들에게 포도밭과 오픈된 식당에 이르는 여정을 알려준다.

레이블 읽기

심미적 메시지. 와인은 세계를 돌아다니는 농산품이다. 모든 사람이 와인의 정체를 아는 홈그라운드를 떠날 때는 자기소개서가 필요하다. 과거 로마인들인 이미 항아리에 생산자의 이름, 장소, 와인 스타일을 적은 '레이블'을 팠다. 현재 쨍하는 파란색 병에 담긴 일부 저가 화이트 와인은 젊은 연령대의 소비자를 타깃으로 한다. 약간의 치장과도 같은 합성소재 병마개의 색깔은 레이블의 꾸밈과 대체로 잘 어울린다. 바롤로와 같은 프레스티지 와인은 옛날 느낌의 정숙한 혹은 컨템포러리한 엘리트의 느낌이 나는 레이블을 부착한다. 진열대 선반에서 선택받기 위해선 눈에 띄어야 한다는 목표를 가지고 시각적 전술을 구사한다.

품질의 피라미드. 총 세 단계로 구성되는데(p.96 참조), 프랑스의 AOC에 해당되는 DOCG(Denominazione di origine controllata e garantita, 병목에 붙은 숫자가 매겨진 보라색 딱지로 알아볼 수 있음)와 DOC(Denominazione di origine controllata), 뱅 드 페이에 해당되는 IGT(Indicazione geografica tipica) 그리고 테이블 와인과 같은 비노^{vino}이다. DOC-DOCG, IGT, 비노 등은 매년 이탈리아 총 생산량의 1/3씩을 각각 책임진다.

품질 보증? IGT나 테이블 와인보다 더 적은 산출량으로 만들어진

> 시에나의 한 식료품점

DOC, 특히 DOCG는 원칙상 더 풍부하고 농축된 향을 보여준다. 와인 메이커는 양조시 가장 좋은 밭에서 나온 포도를 가장 좋은 퀴베에 할애한다. 원산지 명칭이 갖는 의의는 생산 방법을 정하여 소비자로 하여금 본인이 이미 좋아했던 스타일을 재구매하거나 또는 여러 생산자들 사이에서 최소한의 공통분모를 발견할 수 있게 하는 것이다. 하지만 수많은 창의적인 와인 메이커들은 원산지 명칭을 신경 쓰지 않고 독창적인 와인을 창조한다. 왜 일부 IGT 등급의 와인이 DOCG 와인보다 고가인지를 설명해준다. 최고의 클래식보다는 다소 독특한 와인을 좋아할 수 있는 자유를 소비자에게 제공한다. 다른 와인 애호가들을 위해서, 환경에 대한 존중 정신이 담긴 유기농 포도로 양조한 오가닉 와인도 있다. 이탈리아는 유대교인들을 위한 인증된 코셔 와인도 생산한다.

이탈리아 와인과 관련된 몇 가지 용어

레이블에서 접할 수 있는 몇몇 단어들이다.

amabile(아마빌레): 어느 정도 감미가 있는

amaro(아마로): 쓴(혹은 조금도 당도가 없는)

asciutto(아시우토): 살짝 감미가 있는

bianco(비앙코): 화이트

cantina(칸티나): 양조장, 와인 저장고

cantina sociale(칸티나 소시알레): 포도농업 협동조합

chiaretto(키아레토): 클레레(가벼운 로제 와인)

classico(클라시코): 특정 원산지 명칭의 역사적 중심이 되는 곳에서 자란 포도로 만든

cerasuolo(체라주올로): 짙은 색깔의

로제와인(체리 색깔 수준)

consorzio(콘소르치오): 한 지역 내의 와인 메이커들의 그룹

dolce(돌체): 달콤한

frizzante(프리잔테): 기포가 있는

gradi(그라디): 알코올 도수

invecchiato(인베키아토): 오래된

in purezza(인 푸레차): 다른 품종과 블렌딩하지 않은 순수한 단일 품종 와인

metodo classico(메토도 클라시코): 이론적으로는 샹파뉴와 동일한 전통적인 방식으로 만든 스파클링 와인

nero(네로): 짙은 색깔의 레드와인

novello(노벨로): 새로운

passito(파시토): 건조시킨 포도로 만든 디저트를 위한 와인(포도송이를 작은 바구니에 담거나 줄에 매달아 건조)

recioto(레치오토): 베네치아에서 만든 일부 건조시킨 포도로 만든 와인에 붙이는 문구

riserva(리세르바): 원산지 명칭에서 정한 특정 기간만큼 숙성시킨 와인

rosato(로사토): 로제

rosso(로소): 레드

secco(세코): 달지 않은

spumante(스푸만테): 기포가 있는

tenuta(테누타): 도멘, 샤토와 같은 개념

vendemmia(벤뎀미아): 생산연도, 빈티지

vendemmia tardiva(벤뎀미아 타르디바): 늦수확한

이탈리아의 유명 와인

이탈리아의 와인을 맛보는 것은 이탈리아 반도의 역사와 국지 기후를 관통하는 여행이다. 진정한 모자이크인 원산지 명칭 지도에는 테루아, 포도 품종이 보여주는 생물적 다양성과 자연과 인간이 만드는 풍경의 다양성이 어우러진 연금술이 담겨 있다.

아오스타

VALLE D'AOSTA DOC (DOC 발레 다오스타)

스위스와 프랑스 사이에 끼여 있는 이탈리아에서 가장 작은 지방으로, 이탈리아어와 프랑스어가 공용어이다. 산동네 와인 메이커들은 유럽에서 가장 고지대에 위치한 포도밭을 일군다. 이 독특한 테루아의 작은 생산량은 이탈리아 와인 생산량 가운데 일부분을 차지하지만, 그래도 '아르비에Arvier의 지옥'이나 '프티트 아르빈Petite Arvine'과 같이 30여 개의 카테고리를 가진다. 말린 포도로 만든 와인이 유명하지만, 생산량이 적다.
> **주요 품종** 원산지 명칭은 피에몬테의 22가지(네비올로, 돌체토, 모스카토 등), 프랑스 명칭(샤드로네, 피노, 가메 등), 독일(뮐러 트루가우 등), 그리고 지역 고유 품종(프티트 루즈, 프티트 아르빈, 비엔vien, 말바지아malvasia 등)을 허가한다.
> **토양** 산악 단구로 몇몇은 해발 1,200미터를 넘는 곳에 위치한다.
> **와인 스타일** 이 지방의 유일한 DOC로, 발레 다오스타는 산악 기질을 가진 와인들이 다 모여 있는 파노라마를 보여준다. 해발 고도는 와인에 청량감과 긴장감, 기분 좋은 산도 그리고 모르젝스Morgex와 라 살La Salle의 화이트는 최소한 9도, 기본적인 레드는 9.5도의 낮은 알코올 도수를 제공한다.

색 :	서빙 온도 :	숙성 잠재력 :
레드(옅은 색), 화이트, 로제.	화이트와 로제는 8~10도. 레드는 14~15도.	1~2년.

피에몬테

ASTI SPUMANTE DOCG (DOCG 아스티 스푸만테)

인기 있는 이 원산지 명칭은 다른 스타일의 스파클링 뮈스카를 여럿 보여준다. 포도나무는 아스티, 쿠네오Cuneo, 알레산드리아Alessandria 지방의 석회질 언덕과 평야를 뒤덮고 있다. 아직 포도의 당분이 남아 있을 때 양조 중인 스테인리스 탱크를 냉각시켜 발효가 멈추게 한다. 알코올 도수는 7~9.5도 사이에 정착한다. 만약 효모가 모든 당분을 다 알코올로 바꾸게 둔다면 알코올 도수는 12도에 이른다. 그 후 기포의 생성은 대부분 밀폐된 탱크에서 샤르마-마르티노티Charmat-Martinotti 방법(p.71 박스 안 참조)으로 이루어지지만, 종종 전통적 방법인 병 안에서 이루어지기도 한다.
질 낮은 양조방법이나 잘못 관리된 와인이 아스티 스푸만테의 명성에 흠집을 내곤 했다. 하지만 매우 저렴한 가격의 이 스파클링 와인은 낮은 알코올 도수, 감미로움, 청량감 등으로 최근엔 인기가 있는 편이다.
> **주요 품종** 고대 로마인들이 우바 아피나uva apiana라 부르던 벌이 좋아하는 달콤한 뮈스카.
> **토양** 석회질의 언덕과 평야.
> **와인 스타일** 기포는 세련되고, 옅은 노란색을 띠며 투명하다. 향이 뛰어난 품종답게 강렬한 과일향을 뿜어낸다. 아스티 스무만테는 달지 않은 디저트, 수분이 적은 케이크, 파네토네panettone와 헤이즐넛을 베이스로 하는 피에몬테의 파티스리와 잘 어울린다.

색 :	서빙 온도 :	숙성 잠재력 :
화이트.	6~8도.	2년 미만.

BAROLO DOCG (DOCG 바롤로)

'산기슭'에서 태어난 바롤로는 이탈리아에서 가장 고급스럽고 귀한 와인 중 하나이다. 흔히들 부르고뉴와 비교하는데, 여러 세기에 걸쳐 연구된 영토의 북쪽 끝에 있는 테루아에서 둘 다 단일 품종으로 양조된 와인이다. 양조 스타일, 상쾌함, 숙성 잠재력 그리고 고가의 가격대가 집결되어 있다. 게다가 종종 바롤로의 병 모양은 부르고뉴의 스타일을 빌리기도 한다. 최소한 13도의 알코올 도수를 갖는 이 와인은 3년, 그리고 '리세르바' 등급은 5년간 오크통에서 숙성된다. 바롤로 치나토Barolo Chinato는 기나나무 껍질로 가향을 했다. 연간 6백 만 병이 양조되는 '와인의 왕, 왕들의 와인'은 이탈리아 총량의 1/1000 정

도의 제한된 양만 생산된다. 네비올로 품종으로 만드는 바롤로의 사촌인 바르바레스코Barbaresco는 비슷한 품질이지만 가격이 더 높다. 네비올로 품종으로 만든 와인 중 알부냐노Albugnano, 보카Boca, 브라마테라Bramaterra, 카레마Carema, 레소나Lessona, 가티나라Gattinara, 겜메Ghemme, 네비올로 달바Nebbiolo d'Alba, 로에로Roero 등의 가격이 좀 더 접근성이 좋다.

> **주요 품종** 네비올로.

> **토양** 랑게의 점토-석회질의 언덕.

> **와인 스타일** 어리더라도 일반적으로 오렌지 혹은 기왓장색이 감도는 강렬한 석류색을 띠는 바롤로는 제비꽃, 말린 장미, 잼, 브렌디에 재워 말린 자두 등의 강렬한 향이

난다. 입안에서 익힌 과일, 감초, 향신료 등의 두터우면서 부드러운 향, 약한 산도, 탄닌 그리고 긴 여운이 느껴진다. 양조 스타일과 오크통에서의 숙성기간의 길이에 따라 상쾌함 혹은 진한 향이 지배적이 된다.

색 :	서빙 온도 :	숙성 잠재력 :
레드.	16~17도.	10~30년.

FRANCIACORTA DOCG (DOCG 프란치아코르타)

푸만테로, 현재 2,800헥타르의 포도밭에서 매년 14,000,000병이 생산된다. 샹파뉴보다 더 까다롭게, 이 원산지 명칭은 헥타르당 9톤으로 산출량을 한정하고 있고, 반드시 최소한 18개월간 죽은 효모lies와 함께 숙성시켜야 한다. 발포성이 없는 화이트와 레드인 DOC 테라 디 프란치아코르타Terre di Franciacorta와 혼동해서는 안 된다.

> **주요 품종** 면적의 80%가 샤르도네(샹파뉴 지방은 단지 26%), 15% 피노 누아, 5% 피노 블랑.

> **토양** 알프스 산맥의 평원과 산의 중간 지대의 퇴석 언덕, 자갈.

> **와인 스타일** 약한 녹색 혹은 금색 빛이 감도는 밀짚 같은 노란색의 와인은 상쾌한 꽃과 과일의 향이 난다. 입안에서는 부드러움과 북쪽 지역의 스파클링 와인보다 약한 산도가 느껴진다. 생산자들은 "프란치아코르타에서는 덜 익은 포도는 절대 문제가 되지 않는다. 오히려 그 반대일 것이다!"라고 말하면서 조금의 망설임 없이 샹파뉴의 와인 메이커들을 조롱한다.

1960년경, 샹파뉴의 애호가였던 롬바르디아의 사업가들은 그들만의 스파클링 와인을 생산하기로 결정했다. 하지만 이 지방은 와인보다는 공장으로 더 유명한 곳이었다. 그들은 프란치아코르타 내의 포도밭에 투자하고, 현대적인 양조장을 건설하고, 양조가와 기술자 양성을 위한 교육에 자원을 투입했다. 이렇게 프란치아코르타는 탄생했다. 단순한 스파클링 와인이 사용하는 밀폐된 탱크에서가

아니라, 2차 발효와 기포 생성은 반드시 전통적인 방식의 병 안에서 이루어져야 한다. 최소 알코올 도수는 11.5도이다. 블랑 드 블랑 혹은 사텐sateen(크레망)은 반드시 화이트와인 품종으로 만들어져야 하고, 로제는 최소 15%의 피노 누아가 블렌딩되어야 한다. 생산연도가 있는 프란치아코르타는 최소한 레이블에 명시된 생산연도의 포도가 85% 포함되어야 한다. 이탈리아에서 가장 고급스러운 스

색 :	서빙 온도 :	숙성 잠재력 :
화이트, 로제.	10도.	2~5년.

도멘 로베르토 보에르치오
(DOMAINE ROBERTO VOERZIO)

랑게(Langhe)의 수많은 언덕 한가운데 있는 라 모라(La Morra) 코뮌에 위치한 이 피에몬테의 스타 도멘은
사랑을 담은 네비올로와 바롤로 테루아에 대한 전문적인 능력을 키우고 있다.

로베르토 보에르치오

Località Cerreto, 7
12064 La Morra

면적 : 22헥타르
생산량 : 40,000~60,000병/년
원산지 명칭 : 바롤로
레드와인 품종 : 네비올로, 바르베라,
돌체토, 메를로

보에르치오, 아버지와 아들

혼작농의 아들인 로베르토 보에르치오는 1980년대에 거의 아무것도 없는 상태에서 시작했다. 지금은 이탈리아에서 최고급 레드와인의 성지가 되었지만, 당시에는 알려지지 않은 마을인 라 모라에 위치한, 가족이 소유하고 있던 2헥타르가 전부였다. 이탈리아와 피에몬테의 지도에서 바롤로를 발견할 수 있게 만든 소수의 인물들이 여기에 동참했다. 도멘은 1986년에 설립되었고, 1990년대 초반부터 성공을 거두기 시작했다. 그의 아들 다비드David가 합류한 뒤, 보에르치오 부자는 끊임없이 도멘 와인의 우수성에 대한 명성을 유지하고 있다. 연간 40,000~60,000병의 적은 양이 간신히 생산되고, 가격은 폭등했지만, 언제나 타고난 겸손함을 바탕에 두고 분별력 있게 처신했다. 포도밭은 조금씩 확장돼 22헥타르에 이르며 바롤로의 스타인 네비올로와 피에몬테의 특산품인 바르베라와 돌체토 그리고 약간의 메를로 등의 레드와인 품종을 재배한다.

바롤로, 또 하나의 부르고뉴

지중해에서 뛰쳐나온 알프스 산맥이 시작되는 지점으로 경사도의 차이가 있는 언덕들의 끊임없는 교착이 이루어지고, 자욱한 안개 속 라 모라(해발 550미터)와 같은 마을들로 덮여 있는 이곳은, 주변 포도밭들에 파노라마 같은 전망을 제공한다. 시야에 담기는 곳 끝까지 포도밭들이 바둑판처럼 펼쳐져 있다. 바롤로는 일조 방향, 고도, 서쪽은 좀 더 가볍고 동쪽은 좀 더 치밀한 토양 등, 모든 뉘앙스로 구성된 패치워크이다. 로베르토 보에르치오는 복합성과 미세함에 있어 부르고뉴를 연상시킬 수밖에 없는 이 흥미로운 모자이크의 환상적인 암호 해독자이자 선구자이다. 부르고뉴와 마찬가지로, 바롤로도 레이블 상에 크뤼의 이름이 나타난다. 보에르치오 도멘은 바롤로의 서편에 위치한 브루나테Brunate, 체레퀴오Cerequio, 라 세라La Serra 혹은 라 모라의 남쪽에 있는 로케 델 아눈치아타Rocche dell Annunziata 등, 네비올로라는 포도를 주제로 여러 변주곡을 만들 수 있는 몇몇 가장 유명한 크뤼들의 밭을 모은다.

네비올로의 본질

피노 누아와 마찬가지로, 네비올로는 테루아, 생산연도 그리고 와인 메이커의 재능을 훌륭하게 검증하고 낙관을 찍는다. 피노 누아처럼, 네비올로로 만든 와인은 상대적으로 색이 옅지만, 최고급 퀴베들은 최고의 경지에 도달한 복합성을 숨기고 있다. 하지만 이 품종은 과함의 경계선에 있는 탄닌, 산도, 알코올이 만드는 독특한 힘을 가지고 있고, 보에르치오 가족의 천재성은 이 격정을 조화시키는 법을 알고 있었다. 그들은 우선 포도밭에 대해 이야기할 것이다. 헥타르당 8,000그루의 높은 재배 밀도와 화학적 합성제품을 거의 사용치 않아 건강한 밭에 가혹한 녹색 수확을 실시하는데, 평균적으로 포도나무 한 그루당 1.5킬로 미만의 포도를 수확하여 두 병이 간당간당하게 생산된다. 건강하고, 잘 익어 농축된 포도가 바로 이곳에서 생산되는 바롤로의 특별한 농축도와 강렬함의 열쇠이다. 반칙과도 같은 원재료를 사용한 이 와인은 반드시 저장고에서 서서히, 스스로 성숙할 시간을 가져야 한다. 오랫동안 새 오크를 거의 사용하지 않은 크고 작은 오크통에서 숙성시키다 다시 스테인리스 탱크로 옮겨 숙성을 계속하고, 병입하여 숙성을 마무리한다. 시장에 나오기 전 다해서 3년 이상을, 그리고 귀한 리제르바는 9년을 숙성시킨다.

외유내강, 벨벳 장갑을 낀 강철 주먹

탄닌의 힘과 비단 같은 텍스처가 주는 우아함의 매혹적인 파라독스. 이는 보에르치오의 와인을 맛볼 때는 구태의연하지만 불러올 수밖에 없는 표현이다. 와인 메이커에 의하면 최소 5년, 이 와인의 궁극의 우아함을 맛보길 원한다면 이보다 훨씬 더 오랜 기간을 기다리면, 네비올로는 훈연향, 우린 차, 옛날 장미, 콩피한 과일, 감초, 가죽 등 모든 향의 뉘앙스와 도멘의 모든 와인에서 느낄 수 있는 순수하면서 상쾌한 농축미를 전달해준다. 두 개 밭의 포도를 블렌딩해 9년의 숙성을 거친 후 시장에 나오는 포사티 카제 네레 리제르바Fossati Case Nere Riserva는 위에 언급한 것들에 대한 훌륭한 예이다. 뿐만 아니라 라 세라La Serra 또는 이보다 짧게 숙성하지만 과일의 풍미가 사람들을 유혹하는 귀하고 인기 있는 브루나테Brunate도 같은 밭 단위로 양조한다.

도멘의 대표인 로베르토 보에르치오 Roberto Voerzio

안젤로 가야
(ANGELO GAJA)

가장 매스컴을 많이 타는 이탈리아의 생산자인 피에몬테 태생의 안젤로 가야는
이탈리아와 와인을 이어주는 오랜 러브 스토리의 가장 멋진 페이지 한 장을 장식했다.

사령관

이탈리아의 포도 재배업은 가야가 피에몬테를 위해 이룬 업적뿐 아니라 이탈리아 와인의 전 세계적 위상을 확립시켜준 것만으로 그에게 동상이라도 세워줄 수 있을 것이다. 그가 농사를 시작할 때인 1960년대 이탈리아는 최고급 와인을 찾는 애호가들에게 제공할 만한 것이 많지 않았다. 안젤로 가야는 고대 로마 시대에까지 거슬러 올라가야 기억나는 최고급 와인의 자부심을 조국에 되돌려준 몇 안 되는 생산자 가운데 하나이다. 70년이 지나도록 무궁무진하고 피로를 느끼지 않는 이탈리아 와인의 수호자는 토스카나와 1869년 이래 가야 가문의 요람인 피에몬테 바르바레스코Barbaresco의 도멘에 초창기와 동일한 에너지를 쏟아붓고 있다. 언덕 위에 자리 잡은 이 평화롭고 매력적인 마을은 와인에 의해, 그리고 와인을 위해 존재하는 곳이다. 1960년대, 비아 토리노 36번지에서는 혁명이 일어났는데, 바로 양조와 경제학을 전공한 그가 아버지 지오바니Giovanni가 가족 경영의 도멘에 합류한 것이다. 그는 바르바레스코의 좋은 밭을 매입해 개간했고, 자신의 아들에게 고급 와인의 맛과 완성도 있는 결과물이 무엇인지 알게 해주었다.

개혁자

가지치기 기술, 녹색 수확, 젖산발효 기술, 온도 조절, 최적의 포도 성숙, 현대적 숙성 방법, 프랑스 오크통 사용… 안젤로 가야는 모든 혁신에서부터 비롯된다. 기존 관습에 개혁을 실시하는 동시에, 양조법의 정확성과 정밀성에 힘입어 와인 안에서 자신이 다듬어 사람들을 열광케 할 수 있는 피에몬테 아이덴티티에 대한 변치 않는 애정을 지켰다. 부르고뉴식으로 소리 산 로렌조Sorii San Lorenzo, 소리 틸딘Sorii Tildin 등의 밭 단위 퀴베를 통해 변덕스럽지만 동시에 매혹적인 품종인 네비올로의 정수를 추출하면서, 그는 바르바레스코의 스타일을 심도 있게 리모델링했다. 가족과 피에몬테의 역사를 상기시키는 이름이 담긴 세련되고 모던한 레이블은 빠른 속도로 전 세계에 알려졌고, 안젤로 가야를 이탈리아 와인의 정점에 오르게 했다. 네비올로의 전문가로서, 그는 바롤로의 매력을 지나칠 수 없어 포도밭을 매입하고 스프레스Sperss, 콘테이자Conteisa 또는 드라고미스Dragomis라고 명명된 스타 퀴베를 생산했다. 가야는 이른바 럭셔리 브랜드가 되었다. 그의 명성은 그로 하여금 네비올로의 땅에 샤르도네, 카베르네 소비뇽, 소비뇽 블랑을 심는 것이나 원산지 명칭 랑게Langhe가 적힌 레이블을 붙여 그의 대표적인 와인을 생산하는 것과 같은 대담한 시도를 가능케 했다.

토스카나로의 소환

동시에 이 혈기왕성한 토스카나인은 또 다른 꿈을 좇고 있었다. 토스카나와 그곳의 풍경 그리고 그곳에서 군림하고 있는 포도 품종 산지오베제. 1994년, 그는 100% 산지오베제로 만들어지는 부드러운 렌니나Rennina와 강건한 수가릴레Sugarille라는 두 퀴베가 탄생하는 몬탈치노의 25헥타르를 인수했다. 2년 후, 그는 크게 각광을 받고 있던 볼게리Bolgheri의 해변 지방에 관심을 가졌다. 기나긴 협상 후, '협상의 집'을 의미하는 카'마르칸다Ca' Marcanda라고 이름 붙인 한 도멘을 매입했다. 여기에 오로지 보르도의 품종만으로 11헥타르의 포도밭을 조성하고, 고급 양조 시설을 설비했다. 메를로와 카베르네가 블렌딩된 카마르칸다 퀴베는 2000년에 태어났고, 표준으로 자리 잡았다. 언제나 활기차고 건강한 그의 길동무인 양조가 구이도 리벨라Guido Rivella의 지원 덕에, 안젤로 가야는 자신의 소통 기술과 감각으로 종종 프렌치 악센트를 가지기도 하는 이탈리아의 테루아를 인구에 회자시킨다. 그의 와인은 80개가 넘는 국가에 할당 방식으로 한 방울 한 방울 판매가 이루어지고, 전 세계의 파인 다이닝 레스토랑의 와인 리스트를 장식하고 있다. 뒤를 이어, 그의 자녀들은 이미 안장에 올라타, 자신의 아버지가 이룬 훌륭한 업적을 따를 준비가 되어 있다.

야 가문의 가족 사진

OLTREPÒ PAVESE DOCG (DOCG 올트레포 파베제)

'포Pò의 반대편'이라는 이름이 말하듯이 파비에Pavie 근처에 위치한 이 원산지 명칭은 20여 개의 크뤼를 포함한다. 여기서 화이트, 로제, 레드, 화이트 스파클링 또는 보나르다와 같은 레드 스파클링, 스위트 와인뿐 아니라 놀랍게도 산구에 디 쥬다Sangue di Giuda와 부타푸오코Buttafuoco라는 호기심 가는 두 가지 와인도 생산한다. '유다의 피'를 의미하는 산구에 디 쥬다라는 우스꽝스러운 이름은 최소 12도의 알

코올 도수가 있지만 마시기 너무 쉬워 '배신자'와도 같은 데 기인하는데, 달콤한 스파클링 레드와인이다. 문자적으로는 '불을 뿜음'을 의미하는 부타푸오코는 마찬가지로 알코올 도수 12도의 강렬하면서 진하고, 흔히 기포가 있는 와인이다. 본의 아니게 재발효가 이루어진 와인이 자신의 지위를 획득했다.

> **주요 품종** 레드는 바르베라Barbera, 크로아티나croatina, 피노 누아, 우바 라라uva rara, 베스

폴리나vespolina, 카베르네 소비뇽. 화이트는 샤르도네, 코르테제, 말바지아, 모스카토, 피노 그리, 리슬링 이탈리코, 리슬링 레나노riesling renano, 소비뇽.

> **토양** 퇴적성 언덕과 점토질 토양.

> **와인 스타일** 모든 스타일의 와인이 생산된다. 식사용 반주, 식전주로 적합한 스파클링, 디저트와 잘 어울리는 달콤한 스파클링 등이 있다.

색 :	서빙 온도 :	숙성 잠재력 :
화이트, 로제, 레드.	화이트와 로제는 8~10도. 레드는 14~16도.	2~3년.

VALPOLICELLA DOCG (DOCG 발폴리첼라)

생산 양에서 이탈리아 4위인 발폴리첼라는 매년 2천 만 병 이상을 생산하고 베네토는 그중 상당량을 수출한다. 최소 알코올 도수 11도의 식사에 곁들이기 좋은 레드와인이다. '수페리오레superiore'는 12도의 알코올 도수가 있고 1년 숙성이 되어 있다. '클라시코classico'라는 명칭은 원산지 명칭이 만들어진 역사적인 지점에서 생산되었음을 의미한다. 발판테나Valpantena라는 영역의 호칭도 존재한다.

발폴리첼라를 건조시킨 포도로 만드는 디저트 와인(스파클링 와인인 스푸만테spumante도 있음)인 레치오토 델라 발폴리첼라Recioto della Valpolicella와 혼동하지 말아야 한다.

> **주요 품종** 코르비나 베로네제Corvina veronese (40~70%), 론디넬라rondinella(20~40%), 몰리나라molinara에는 네그라라 트렌티나, 로시뇰라, 산지오베제, 바르베라 외에 허가된 다른 품종들이 블렌딩될 수 있다. 다음에 이어져

나오는 바르돌리노Bardolino는 이와 동일한 지역에서, 동일한 품종으로 만들어진다.

> **토양** 비옥한 충적 평야.

> **와인 스타일** 강렬한 루비색을 가진 와인으로 체리와 같은 붉은 과일과 쌉쌀한 아몬드의 특징적인 향이 느껴진다. 달지 않은 맛과 벨벳 같은 텍스처, 과일의 풍미, 옅은 쌉쌀한 맛과 향신료의 느낌이 입안에서 감지된다.

색 :	서빙 온도 :	숙성 잠재력 :
레드.	16~17도.	3~5년.

BARDOLINO DOC (DOC 바르돌리노)

매년 대략 3천 만 병에 달하는 생산량의 가르데Garde 호숫가의 이 레드와인은 특히 누보 스타일의 '노벨로novello' 덕분에, 이탈리아에서 가장 잘 알려진 와인 가운데 하나가 되었다. 레드와 로제 사이의 '키아레토chiaretto'는 포도의 색이 담긴 껍질을 포도 주스와 함께 좀 더 짧은 시간 동안 침용시켜서 얻는다.

1년간 숙성시킨 DOCG 바르돌리노 수페리오레Bardolino Superiore는 최소 알코올 도수가 12도에 이른다. '클라시코'라는 명칭은 원산지 명칭이 만들어진 역사적인 지점에서 생산되

었음을 의미한다. 19세기 초까지, 포도 주스는 물이 스미지 않는 암석에 판 구덩이에서 석판을 덮어 발효시켰다.

> **주요 품종** 코르비나 베로네제Corvina veronese(35~65%), 바디와 색상을 위한 론디넬라(10~40%)rondinella와 몰리나라molinara. 향을 위한 로시뇰라rossignola, 바르베라, 산지오베제, 가르가네카garganeca, 메를로, 카베르네 소비뇽. 바로 위에 나오는 발폴리첼라와 동일한 품종들이다.

> **토양** 비옥한 충적 평야와 퇴적성 언덕.

> **와인 스타일** 맑은 루비색과 체리향을 가진 이 와인은 마시기 쉽고, 가벼우며 입안에서 과일 풍미가 느껴진다.

색 :	서빙 온도 :	숙성 잠재력 :
레드와 '키아레토'.	14~15도.	1~3년.

베네토

SOAVE DOC, RECIOTO DI SOAVE DOCG (DOC 소아베, DOCG 레치오토 디 소아베)

이탈리아의 화이트와인인 소아베는 키안티와 아스티의 뒤를 이어 세 번째로 잘 알려져 있다. 매년 소아베에서는 6천 만 병을 생산하는데 이 가운데 65%가 수출된다. 베네토 와인 컨소시엄 연합(UVIVE Unione Consorzi Vini Veneti DOC e DOCG)의 회장인 루치아노 피오나는 "지구상 어딘가에 있는 가게에 이탈리아 와인이 있다면, 그중에는 베네토의 와인이 있을 것이다!"라고 말한다. 소아베는 도시의 이름이자 '감미로운, 섬세한'을 뜻하는 단어이기도 하다. 거의 '누보'인 이 와인은 수확한 해의 12월 1일 시장에 출하된다. 좀 더 오래 숙성시킨 '클라시코'는 원산지 명칭의 역사적인 지역 또는 콜리 스칼리제리 Colli Scaligeri 테루아에서 생산된다. DOCG 소아베 수페리오레는 종종 오크통에서 숙성되어 바닐라의 향이 나기도 한다. 최소한 3개월 동안 병입 숙성 후 시장에 나온다. 수확일자에 따라 당해 11월 1일부터 2년간 숙성된 DOCG '리제르바'는 적어도 12.5도의 알코올 도수가 나와야 한다. DOCG '리제르바 클라시코'도 있다.

동일한 원산지 명칭 구획 안에서 DOCG 레치오토 디 소아베도 만들어지는데, 부분적으로 건조시킨 포도로 만드는 매우 달콤한 와인이다. 양조하기 전 몇 달 동안 습도를 피해 포도를 조그만 통에 담거나 줄에 매달아둔다. 3월 압착 시에 처음 100킬로의 포도는 대략 20킬로의 포도 주스를 만드는데 500밀리리터 와인의 가격이 왜 이토록 비싼지 이해할 수 있는 대목이다.

> **주요 품종** 가르가네가 Garganega(최소 70%), 트레비아노 디 소아베/피노 블랑/샤르도네(25~35%)와 지역의 다른 화이트와인 품종.

> **토양** 비옥한 충적 평야.

> **와인 스타일** 소아베는 녹색이나 금빛이 감도는 밀짚 같은 노란색이다. 꽃의 향이 계속 이어지면서 사과, 복숭아, 레몬, 자몽 등의 풍미가 입안에서 느껴진다. 청량감 있고, 달지 않으며 약간 쌉싸름한 와인이다. 레치오토는 말린 자두, 콩피한 과일, 리치 등을 연상시키지만 과하게 달지는 않다.

색:	서빙 온도:	숙성 잠재력:
화이트.	8~10도.	'수페리오레', '리제르바' 등의 품질에 따라 1~4년.

이탈리아 최고의 와인은 무엇인가?

소에놀로지(ASSOENOLOGI*)는 포도를 재배하는 대기업부터 시간제 소작농과 자신의 정원에서 자란 포도를 생산조합에 가져다 파는 개인을 다 합쳐서 이탈리아 전국에 양조용 포도를 재배하는 사람이 70만 명이 있는 것으로 집계한다. 비록 내수용 생산이 활발하게 이루어지고, 양조학적으로나 민족학적인 면에서 심도 있는 연구를 할 만한 가치가 있을지 모르지만, 모두가 자신들의 포도를 양조하지는 않는다.

만일 상품으로 판매되는 와인에 한정한다면, 이탈리아 최고의 와인은 무엇일까? 인터넷 상에 존재하는 여러 순위 매기기가 이 질문에 대한 대답을 시도한다. 매년 와인 스펙테이터는 수천 병의 와인을 맛보고, 이 잡지의 전 세계 최우수 100대 와인에 10~20개의 이탈리아 와인을 선정한다. 2006년에는 브루넬로 디 몬탈치노 Brunello di Montalcino가 전 세계 최우수 와인에 뽑히기까지 했다. 와인 스펙테이터가 12~13달러의 프로세코 Prosecco나 바르베라 Barbera를 선택한 적도 있지만, 선정되기 위해서는 품질은 당연한 것이고, 가격은 70~100 달러 사이여야 한다. 그랜드 테이스팅 페스티벌, 두에밀라비니 델라이스 Duemilavini dell'AIS, 레스프레소 L'Espresso, 감베로 로소 Gambero Rosso, 마로니 Maroni 가이드, 베로넬리 Veronelli 가이드 등은 공신력 있는 가이드들이다. 시빌리타 델 베레 Civiltà del bere 매거진은 와인에 대한 평을 종합한 구이다 델레 구이데 데이 비니 Guida delle guide dei vini를 발간한다.

이탈리아 최고의 장인들 중에서, 각 지방별로 몇 몇의 이름을 소개한다.

- Val d'Aoste(발레 다오스타) : les Crêtes.
- Piémont(피에몬테) : Fratelli Cavallotto, Giacomo Contero, Gaja, Bruno Giacosa, Massolino.
- Lombardie(롬바르디아) : Bellavista.
- Trentin-Haut-Adige(트렌티노-알토-아디제) : Cantina Bolzano, Kellerei Kaltern, Tenuta San Leonardo.
- Toscane(토스카나) : Antinori, Castello del Terriccio, Colle Massari-Podere Grattamacco, Montervertine, Ornellaia, Petrolo, Podere Il Carnasciale, Poliziano, San Guido, Tenimenti Luigi D'Alessandro.
- Ombrie(움브리아) : Arnaldo Caprai, Còlpetrone.
- Marches(마르케) : Ercole Velenosi.
- Campanie(캄파니아) : Galardi, Mastroberardino, Montevetrano.
- Basilicate(바실리카타) : Basilisco.
- Sicile(시칠리아) : Abbazia Santa Anastasia, Donnafugata, Palari.

*Associazione Enologi Enotecnici Italiani, www.assoenologi.it

마지 아그리콜라
(MASI AGRICOLA)

마지는 베네토주 발폴리첼라(Valpolicella) 와인 생산의 정수인 유명한 아마로네(Amarone)의 기원이 되는
아파시멘토(appassimento)와 리파소(ripasso)의 현대적 시스템을 체계화했다.

마지 아그리콜라

Via Monteleone, 26
37015 Gargagnago di Valpolicella

면적(베로네 지방) : 960헥타르
생산량 : 비공개
원산지 명칭 : 아마로네 델라 발폴리첼라
Amarone della Valpolicella

레드와인 품종 : 코르비나^{corvina},
론디넬라^{rondinella}, **몰리나라**^{molinara},
오젤레타^{oseleta}

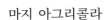

베로나 스쿨

베로나에 위치한 마지 포도원은 18세기 이래로 베네토, 특히 베로네
지방에 방대한 포도밭을 소유하고 있다. 여기서 지역의 모든 스타일의
와인이 생산되지만, 이미지는 가장 뛰어난 전문 분야 중의 하나이자
역사의 주역인 아마로네에 집중된다. 마지는 개별적으로 양조하는
바이오 아르마론^{Vaio Armaron}, 마차노^{Mazzano} 또는 캄폴롱고^{Campolongo}
와 같은 몇몇의 환상적인 퀴베가 만들어지는 발폴리첼라^{Valpolicella}
의 여러 다른 크뤼에 많은 정성을 기울인다. 마지는 가족의 이름이
아닌 발폴리첼라의 조그만 마을 이름이다. 이 포도원은 보스카이니
^{Boscaini} 가문이 소유하고 있다. 오래전부터, 발폴리첼라의 제1품종인
코르비나를 필두로 지역 품종의 개발과 홍보에 중점을 두고 있다.
마지는 아르헨티나에 코르비나를 심고 말벡과 블렌딩하여 놀라운
결과를 얻었다. 더 놀라운 것은, 대표인 산드로 보스카이니^{Sandro Boscaini}
가 발폴리첼라의 '지나친 아마로네화'에 반대 투쟁을 하는 것인데,
이는 마지가 확실한 전문 포도원으로 자리매김하도록 아마로네가
계속 귀하면서 고급스러운 특산품으로 남을 수 있게 하기 위해서이다.

아파시멘토appassimento의 섬세함

아파시멘토는 고대 로마 시대부터 베네토주에서 실시되었다. 이 방법은 일반적으로 수확 후 환기가 잘 되는 곳에서 철망이나 바구니 안에 포도를 담아 건조시키는 것이다. 여러 주가 지나면, 포도는 수분의 1/3을 잃고, 당분과 탄닌이 농축된다. 코르비나는 이 건조 과정 중에 귀부균에 감염될 수도 있다. 매해 1월경, 이 포도를 발효시키는데, 대략 50여 일이 걸린다. 그리고 나서 이 와인은 오크통에서 숙성된다. 만약 모든 당분이 완전히 발효되어 와인이 달지 않으면 아마로네라고 하고, 당분이 남아 있으면, 레치오토라고 부른다. 마지는 두 가지 모두에서 뛰어난 와인을 만든다. 1980년대에 마지는 아마로네를 양조하고 나온 포도껍질을 발폴리첼라의 달지 않은 와인과 함께 재발효시켜 만드는 리파소의 양조 기술도 재해석했다. 이 양조법을 통해 알코올 도수가 조금 상승하고, 추출량이 증가한다. 그 후, 이 와인은 지난해 아마로네를 담았던 오크통에서 긴 숙성을 거치는데, 종종 2년이 넘기도 한다. 마지는 포도껍질 즉 아마로네의 마르를 일정 비율의 아파시멘토의 포도로 대체했다. 와인은 좀 더 힘이 좋아지는데 특히 더 복합적이 되고 텍스처와 풍부함이 증가한다. 이 기술 덕분에 콤포피오린Compofiorin 퀴베는 크게 성공했다.

마지 아마빌레 델리 안젤리지
MASI AMABILE DEGLI ANGELI, 레치오토 델라 발폴리첼라 클라시코
RECIOTO DELLA VALPOLICELLA CLASSICO

'아마빌레'는 '달콤함'을 의미한다. 포도송이는 150일 동안 체 위에 펼쳐 건조시켜, 포도가 가지고 있는 수분의 절반 이상을 증발시킨다. 발효가 끝날 때에는, 14도의 알코올 도수와 함께 리터당 90그램의 설탕이 남는다. 석류색을 띤 이 와인은 시나몬, 감초, 소두구의 강한 향이 바로 감지된다. 검은 체리와 블랙 커런트 등의 붉은/검은 과일의 농축된 주스가 입안에 흐르고 풍부하면서 빽빽하고 매우 긴 여운이 지속된다. 확실한 당도가 있지만, 탄닌과 잘 어우러져 있다.

마지MASI, 세레고 알리기에리 바이오 아르마론SEREGO ALIGHIERI VAIO ARMARON, 아마로네 델라 발폴리첼라 클라시코
AMARONE DELLA VALPOLICELLA CLASSICO

포도나무는 해발 300미터의 모래 토양으로 구성된 단구에서 재배된다. 코르비나, 론디넬라, 몰리나라 품종의 포도알을 건조시킨 후, 부분적으로 포도송이의 줄기를 제거한 다음, 조심스럽게 착즙한다. 발효 후, 와인은 3년간 큰 오크통에서 숙성된다. 짙은 루비색과 체리, 시나몬, 육두구의 향을 가진 이 와인은, 잔류 당분이 없음에도 불구하고, 입안에서 말린 살구와 자두, 멘톨과 솔가지의 상쾌함이 만나 감미로운 느낌을 전해준다. 힘 좋고, 알코올이 풍부하며, 입안에서의 여운이 매우 긴 와인이다.

PROSECCO DI CONEGLIANO VALDOBBIADENE DOC
(DOC 프로세코 디 코넬리아노 발도비아데네)

이탈리아인들은 미네랄 워터, 화이트, 로제, 레드와인 속의 기포를 좋아한다. 특히 이탈리아 북부 지방에서 스파클링 와인을 전문으로 하는 와인 바인 프로제케리아proseccheria를 자주 볼 수 있다. 이탈리아의 거의 전역에서 스푸만테를 생산하지만 트레비소 지방의 코넬리아노와 발도비아데네가 이곳 스파클링인 프로세코로 가장 유명하다. 스푸만테는 프리찬테보다 거품이 더 풍부하다. '브뤼트', '엑스트라드라이', '드라이' 스타일로 양조되고, 최소한 10.5도의 알코올 도수를 보여준다.

> **주요 품종** 글레라Glera, 베르디조verdiso, 비앙케타, 페레라, 샤르도네, 피노 블랑, 피노 누아.
> **토양** 높은 산출량을 가능케 하는 비옥한 충적 평야.

> **와인 스타일** 기포가 가득한 밀짚 같은 노란색을 띤 와인이다. 프로세코는 과일의 향을 가진 달지 않고 청량감이 느껴지는 와인이다. 식전주 또는 축하주로 잘 어울리는 프로세코는 생선 요리, 파스타, 리소토 등의 음식과도 잘 어울린다.

색:	서빙 온도:	숙성 잠재력:
화이트.	8~10도.	1~2년.

AMARONE DELLA VALPOLICELLA DOC (DOC 아마로네 델라 발폴리첼라)

베네토의 와인 메이커들은 고대 베니스의 국제 무역 감각을 유지해 왔다. 이탈리아에서 가장 생산량이 많은 지역으로 이탈리아 와인 수출액의 30%를 담당한다. 하지만 베네토는 아마로네 델라 발폴리첼라와 같이 독특한 양조법으로 유명한 한정된 수량의 '틈새' 와인도 생산한다.

손 수확된 레드와인 품종의 포도알을 철망 위에 올려 1~3개월간 건조시키는데 이렇게 함으로써 설탕의 농축도를 높일 수 있다. 이 건조된 포도를 압착하여 발효시키면, 전통적인 감미로운 와인을 얻을 수 있다. 아마로네 양조의 독창성은 모든 당분이 완벽하게 알코올로 바뀔 때까지 발효가 지속된다는 것이다. 이렇게 알코올 도수 15~16도의 달지 않은 와인을 얻을 수 있다. 최소 2년간의 숙성이 실시된다.

> **주요 품종** 코르비나 베로네제(40~70%), 론디넬라(20~40%), 몰리나라, 바르베라, 네그라라, 트렌티나, 로시뇰라, 산지오베제.
> **토양** 비옥한 충적 평야.
> **와인 스타일** 석류색을 띠는 이 와인은 잘 익은 붉은 과일, 건자두, 건포도, 체리잼, 정향, 시나몬 등의 향신료 향이 난다. 과일로 만든 브랜디와 유사한 강렬한 풍미가 느껴진다.

색:	서빙 온도:	숙성 잠재력:
레드.	16~17도.	높은 알코올 도수 덕분에 15년 정도까지 가능.

이탈리아 와인과 음식의 마리아주
- 사르데뉴 식당주인의 관점 -

사르데뉴에 있는 레스토랑 폰타나로사Fontanarosa는 200가지가 넘은 와인 리스트로 인해, 파리에서 가장 유명한 이탈리아 파인 다이닝 레스토랑 중 하나이다. 직설적인 성격의 플라비오 마샤Flavio Mascia는 고객에게 어떻게 안내할까? 이탈리아에서 흔히 볼 수 있는 것처럼, 특정 지역의 음식을 고를 때 그 지역의 와인을 추천할까? 그가 단지 사르데뉴의 와인만 판매하지 않기 때문에 그건 아닌 것 같다. 어떻게 음식과 와인을 페어링할까? 그가 좋아하는 생산자들은 누구일까? 그의 방법에 대해서 들어보자. "생산자의 이름을 거론하는 것은 큰 실수죠. 어떤 와인은 폴렌타polenta를 위한 와인이라는 등 상투적인 이야기는 하지 않는 게 좋습니다. 점심에는 가벼운 와인을, 저녁에는 바디가 있는 와인을 제안합니다. 알코올 도수에 대한 이야기라기보다는 입안에서의 임팩트에 대한 것이죠. 몇몇 질문을 하고 고객들을 잘 관찰하면서 그들이 음식에 더 흥미가 있는지 아니면 와인에 더 관심이 있는지 알아보기 위해 노력합니다. 이건 두 가지 다른 접근 방식이죠. 마찬가지로, 고객이 원하는 가격대도 알아냅니다. 저는 고객에게 좋아하는 어떤 와인이 있으면 이름을 적어두고, 인터넷에서 그 도멘을 검색해보고 이해하기 위해 노력하라고 조언을 하곤 하죠. 더 나아가 양조자의 이름과 그가 생산한 다른 와인을 찾아보는 것도 좋습니다. 한마디로 말해서 레이블을 읽어보라고 권하죠."

ALTO ADIGE DOC - SÜDTIROL DOC (DOC 알토 아디제-수드티롤)

기이한 역사를 가진 셋방살이 원산지 명칭으로, 1919년까지 이 지방은 오스트리아의 영토였다가 나폴레옹 1세 시절에는 잠시 프랑스의 일부가 되었다. 현재 볼차노Bolzano 자치주는 단지 1/4만이 이탈리아어 사용자이고, DOC 레이블은 복잡하기 그지없다. 원칙적인 '원산지 명칭-품종명'은 의무적으로 두 가지 언어인 독일어와 이탈리아어로 쓰여 있어야 한다. 그래서 DOC 알토 아디제Alto Adige 피노 비앙코Pinot bianco와 DOC 쉬트티롤Südtirol 바이스부르군더Weissburgunder는 동일한 와인을 일컫는다. 그리고 나서 콜리 디 볼차노Colli di Bolzano, 메라네제Meranese, 산타 마달레나Santa Maddalena, 테를라노Terlano, 발레 이자르코Valle Isarco 또는 발레 베노스타Valle Venosta 등의 6개의 하위 지역 명칭이 이탈리아어와 중요한 시장인 독일을 위해 독일어로 적혀 있다. 좀 더 정확한 위치를 알려주는 비냐vigna, 그백스gewachs, 바크스툼wachstum 등의 문구도 사용할 수 있다. 복잡함은 여기서 멈추지 않는데 이 원산지 명칭은 단일 품종과 두 개의 품종 블렌딩(카베르네 라그라인lagrein, 카베르네 메를로, 메를로-라그라인)을 위해 20여 가지의 품종을 허용하는데, 이것도 두 가지 언어로 적혀 있다. 이 지방에서는 '늦 수확한' 스푸만티와 일부 로제도 생산한다. '리세르바' 문구는 최소 2년 이상 숙성한 와인에 부여된다.

> **주요 품종** 나폴레옹 대장정 길의 살아 있는 흔적인 독일, 이탈리아, 프랑스의 20여 가지 품종.

> **토양** 알프스의 언덕, 단구에 위치한 산악 포도밭.

> **와인 스타일** 생산량의 55%를 차지하는 화이트와인은 상쾌하고 향기롭다. 나머지 45%를 차지하는 레드는 가벼우면서 맑다.

색:	서빙 온도:	숙성 잠재력:
화이트, 로제, 레드.	화이트, 스파클링, 로제는 8~10도. 레드는 14~15도.	1~2년.

COLLI ORIENTALI DEL FRIULI DOC (DOC 콜리 오리엔탈리 델 프리울리)

이 원산지 명칭은 우디네Udine 지방에서 생산하는 기포가 있는/없는 또는 감미로운 와인 등 30여 가지 스타일의 와인을 포함한다. 화이트가 60%, 레드가 40%를 차지한다. 이 DOC는 두 개의 하위 지역인 치알라Cialla와 로자초Rosazzo를 포함한 지리적 원산지와 85% 이상 포함된 특정 품종이 표시된다. 콜리 오리엔탈리 델 프리울리 리볼라 지알라Colli orientali del Friuli Rosazzo Ribolla gialla는 로자초 지역에서 생산되고, 화이트 품종인 리볼라 지알라가 85% 이상 포함되었음을 의미한다. 와인 메이커들은 블렌딩에 있어서 더 큰 자유를 원해서, 콜리 오리엔탈리 델 프리울리의 일반 화이트와인으로 생산한다. 레드도 마찬가지로 원산지 명칭의 원칙을 따른다. 화이트와인인 콜리 오리엔탈리 델 프리울리 돌체는 말린 포도로부터 얻는다. '리제르바' 문구는 최소 2년간 숙성한 와인과 관련 있는데, 치알라 지역에서 '리제르바' 문구를 달기 위해서는 4년을 필요로 한다.

> **주요 품종** 화이트는 소비뇽, 트라미네르 아로마티코traminer aromatico, 베르두초 프리울라노verduzzo friulano, 샤르도네, 말바지아, 피노 블랑,

피노 그리, 토카이 프리울라노tocai friulano(현재는 프리울라노라는 이름으로 불린다.) 레드는 카베르네, 카베르네 프랑, 카베르네 소비뇽, 피노 누아, 피뇰로pignolo, 스키오페티노schioppettino, 레포스코 노스트라노refosco nostrano, 레포스코 달 페둔콜로 로소refosco dal peduncolo rosso, 타체렌게tazzelenghe. 와인 메이커들은 이런 여러 품종을 수집하는 것을 좋아한다!

> **토양** 수많은 국지 기후가 있는 알프스산과 아드리아해의 경사면.

> **와인 스타일** 프리울리 지방은 완벽하게 마스터한 양조기술로 얻은 상쾌하면서 미네랄의 풍미가 느껴지고 알코올 도수가 낮은 와인으로 유명하다. 하얀 꽃과 레몬, 자몽과 같은 시트러스의 향이 굴이나 기름진 생선과 잘 어울린다. 확실한 노하우를 이용하여 만든, 상쾌하면서 가볍고 미네랄이 느껴지는 레드는 화이트만큼 유명하지는 않다. 그럼에도 불구하고 일부 와인 메이커들은 오크통에서 숙성시켜 좀 더 강렬하고 진한 스타일의 와인을 만든다.

색:	서빙 온도:	숙성 잠재력:
화이트, 레드.	화이트 8~10도. 레드 14~15도.	1~3년.

토스카나

도멘 마르케지 안티노리
(DOMAINE MARCHESI ANTINORI)

피렌체의 문서보관소 자료에 의하면, 1385년에 설립된 안티노리는
전 세계에서 가장 역사가 오래된 와인 제조 가문이다. 하지만 가장 기본적인 품질의 와인부터
티냐넬로(Tignanello), 솔라이아(Solaia)와 같은 최고급 와인에 이르기까지
현재 이 가문이 거둬들인 성공이 말해주듯 이 노포는 진화하는 법을 알고 있었다.

도멘 마르케지 안티노리

Piazza degli Antinori, 3
50123 Florence

설립 : 1385년
면적(토스카나) : 610헥타르
생산량 : 비공개
원산지 명칭 : IGT 토스카나,
키안티 클라시코, 볼게리,
브루넬로 디 몬탈치노
레드와인 품종 : 산지오베제,
카베르네 소비뇽, 카베르네 프랑,
메를로, 시라, 프티 베르도.
화이트와인 품종 : 베르멘티노,
말바지아, 트레비아노

한 가문과 한 도멘

안티노리는 가문이자, 동시에 토스카나라는 지방의 동의어이기도 하다. 키안티, 몬탈치노Montalcino, 산 지미냐노San Gimignano, 몬테풀치아노Montepulciano 등, 이 지역은 역사가 있는 최고의 테루아를 지니고 있는데, 바로 여기서 안티노리 가문은 티냐넬로Tignanello와 함께 이탈리아 와인 제조사에 가장 아름다운 한 페이지를 썼다. 테누타 티냐넬로Tenuta Tignanello의 역사는 14세기로 거슬러 올라간다. 도멘은 피렌체에서 30킬로미터 남동쪽에 있는 키안티 클라시코의 한복판에 위치해 있다. 총 147헥타르의 포도밭이 있고, 그중 티냐넬로가 정확히 말해 47헥타르를 차지하고 있다. 포도밭은 해발 350~450미터 사이의 완만한 언덕에 자리 잡고 있는데, 풍부한 일조량과 더불어 뛰어난 향을 갖게 해주는 낮과 밤의 심한 일교차를 누리고 있다. 산지오베제, 카베르네 소비뇽, 카베르네 프랑, 그리고 지역 품종인 말파지아와 트레비아노의 밭들이 나란히 있다. 토양은 대부분 선신세(플라이오세)의 이회암으로 구성되어 있다.

한 사람

테누타 티냐넬로^{Tenuta Tignanello}는 19세기 중반부터 안티노리 가문의 소유가 되었다. 20세기 초까지 여러 밭을 매입하는 등의 많은 투자를 했다. 전쟁 중에 안티노리 마을이 폭격을 받아, 안티노리 가문은 티냐넬로로 피난을 갔고, 이것은 그들에게 큰 마음의 상처로 남았다. 보르도의 품종을 유입시킨 것은 세계대전 이전이었고, 이 '신성모독죄'를 범한 것이 바로 마르케제 니콜로^{Marquese Niccolo}이다. 하지만 1939년에 태어난 그의 아들인 피에로가 이 업적을 유명하게 만들었다.

1966년 그가 도멘을 지휘하기 시작했을 때, 와인계는 달아오르고 있었다. 현대 양조학의 도래로, 포도나무는 새로운 지평을 정복하기 위해 움직였다. 모두가 양지바른 곳에 한 자리씩 차지하는 꿈을 꿨고, 이탈리아도 마찬가지였다. 피에로는 토스카나에서 보르도의 그랑 크뤼에 견줄 만한 크뤼를 한두 가지 만들기로 결정했다. 1971년부터 이탈리아 최초로 오크통에서 양조되고 산지오베제가 80~85%의 높은 비율을 차지하는 티냐넬로와 카베르네가 대부분인 솔라이아라는 두 개의 크뤼를 하나의 도멘에서 생산하기 시작했다.

하나의 철학

마르케제는 토스카나 품종의 잠재력을 확신하기도 했지만 또한 그의 야망에 부합하는 포도밭의 혜택도 입었다. 포도밭은 고대 라티푼디움의 여기저기 흩어진 전통적인 혼종 농법이 아닌, 잘 관리되고, 균일한 품질의 밭들로 구성되었다. 전통에 대해서 말하자면, 그는 산도를 낮추기 위해 말린 포도를 첨가하는 고베르노^{Governo} 방식에서 벗어나는 것으로 시작했다. 젖산발효법을 일반화시켜 원하는 결과에 도달했다. 뿐만 아니라, 화이트와인을 키안티 와인에 첨가하는 리카졸리^{Ricasoli} 방법도 그만두었다. 그는 모든 도멘의 포도 성숙, 양조, 숙성에 혁신을 불러 일으켰다. 그는 테누타에 세심한 숙성을 위한 프랑스의 최고급 소형 오크통뿐 아니라 슬로베니아의 양질의 대형 오크통을 들여왔다. 그의 꿈을 실현하기 위해, 피에로는 아버지가 영입한 양조가인 지아코모 타키스^{Giacomo Tachis}에게 의지했다. 그는 그 유명한 에밀리 페노^{Émile Peynaud}에게서 블렌딩 기술을 배웠다. 티냐넬로 안에는 비록 보르도의 DNA가 흐를지언정, 이는 명실공히 토스카나의 와인이다.

마르케지 안티노리, 티냐넬로, IGT 토스카나

티냐넬로의 진정한 트레이드 마크는 균형이다. 모든 빈티지에서 12개월—오크통, 12개월—유리병 숙성을 거친 와인의 우아함을 느낄 수 있는 와인이다. 솔라이아가 매우 인상적이라면, 티냐넬로는 유혹적이다. 산지오베제에서 산도 있는 아름다운 골격이 온다면, 조금 블렌딩된 두 가지의 카베르네는 짜임새 안의 밀도를 증가시킨다. 하지만 입고 있는 외투가 남다르다. 벨벳 같이 부드러운 오크의 향, 상쾌하면서 동시에 관능적인, 하지만 너무 날이 서지도, 너무 부드럽지도 않은 맛이 있다. 피렌체, 파리, 뉴욕을 거니는 이탈리아 신사가 연상된다.

CINQUE TERRE DOC (DOC 친퀘테레)

제노바만 주변에 초승달의 모양을 띤 소규모의 리구리아Ligurie는 지방별 와인 생산량에서 끝에서 두 번째를 차지한다. 전체 생산량의 2/3가 화이트와인인 친퀘테레는 발레다오스타처럼 곡예사 와인 메이커들에 의해 만들어지는데, 포도나무들이 암반의 측면과 해안 단구에서 재배되지만, 고도는 조금 더 낮고 햇볕은 더 강렬하다. 지중해 리비에라 지방의 포도나무 중 일부는 물보라를 맞지만, 다른 일부는 좀 더 높은 고도에 위치한다. 다섯 개의 지역이 와인을 생산하기 때문에 이러한 이름이 붙었다. 건조한 포도로 만드는 친퀘테레 샤케트라Cinque Terre Sciacchetrà도 있다.

> **주요 품종** 보스코Bosco(최소한 40%), 알바롤라albarola 또는 베르멘티노vermentino(최소한 40%) 외 기타 지방 화이트와인 품종.
> **토양** 산과 지중해 사이의 급경사 단구.
> **와인 스타일** 노란 밀짚 색을 띠고, 달지 않으면 꽃과 과일의 향이 난다. 감미가 있는 친퀘테레 샤케트라는 호박 빛이 감도는 금색의 와인으로 꿀과 살구의 향이 난다. 강한 치즈 혹은 블루치즈, 너무 달지 않은 디저트, 살짝 새콤한 과일들과 잘 어울린다.

색 :	서빙 온도 :	숙성 잠재력 :
화이트.	식전주로 마시는 달지 않은 혹은 감미가 있는 화이트는 8~10도. 디저트와 함께 마시는 감미로운 화이트는 12도.	1~3년.

LAMBRUSCO DI SORBARA DOC (DOC 람부르스코 디 소르바라)

에밀리아-로마냐Emilie-Romagne의 비옥한 넓은 평야에서는 람브루스코Lambrusco라는 독창적이면서 저렴한 레드와인이 대량으로 생산된다. 아스티 스푸만티의 제조법(p.452 참조)을 떠올리는데, 냉각을 통해 발효를 중지시키고, 효모가 모든 당분을 알코올로 바꾸게 하기 전에 여과를 한다. 알코올 도수가 11.5도에 도달하기를 기다리는 대신, 최종 도수를 단지 8~9도 정도로 낮게 잡아 잔당이 특유의 감미로운 맛을 가져다준다. 밀폐된 스테인리스 탱크에서의 2차 발효는 기포가 발생하게 한다. 상당한 양이 수출되는 이 와인은 농담조로 '이탈리아의 코카콜라'라고 불린다. 이 와인은 젊은 세대들이 감미로움 그리고 기포를 통해 와인에 입문하게 도와준다. 그라스파로사grasparossa 품종이 85% 정도 들어가는 람부르스코 그라스파로사 디 카스텔베트로나Lambrusco grasparossa di Castelvetro 소규모 생산자들에 의해 양조되는 고급 퀴베와 같이 다른 형태의 람부르스코 원산지 명칭이 있다.

> **주요 품종** 람브루스코 디 소르바라Lambrusco diSorbara, 람부르스코 그라스파로사lambrusco grasparossa, 람부르스코 살라미노lambrusco salamino.
> **토양** 점토질의 충적 평야.
> **와인 스타일** 과일, 사탕의 향이 나는 스파클링 와인으로 가볍고, 상쾌하고, 달콤하다. 식전주, 샤퀴트리나 안티파스티 혹은 디저트와 함께 즐길 것을 권한다.

색 :	서빙 온도 :	숙성 잠재력 :
레즈, 로제.	12~13도.	1년.

BRUNELLO DI MONTALCINO DOCG (DOC 브루넬로 디 몬탈치노)

수천 년 전통에서 만들어진 다른 원산지 명칭들과는 다르게, 토스카나 테루아에서 태어난 이 레드와인은 최근 발명품이다. 필록세라가 절정에 달한 1870년 즈음, 페루치오 비온디-산티Ferruccio Biondi-Santi는 포도나무를 다시 심었고, 큰 오크통과 병 안에서 장기 숙성을 시킨 와인이라는 도박을 감행했다. 당시 이 지역의 와인은 숙성하지 않은 채로, 또는 스파클링 형태로 소비되었다. 브루넬로 디 몬탈치노의 첫 번째 생산연도는 1888년이었다. 이 와인의 발명은 이 지역의 선구자적 와인 메이커들에 의해 100년 후 탄생한 사시카이아Sassicaia(p.468~469 참조)와 솔라이아 같은 '수퍼 토스칸supertoscans'을 예고했다. 브루넬로 디 몬탈치노는 수확 후 6년 지나, '리제르바'는 7년 지나 시장에 풀린다. 두 가지 모두 다 의무적으로 최소한 2년 동안은 큰 오크통에서, 이후에는 병에서 숙성된다.

> **주요 품종** 산지오베제(지역에서는 '브루넬로'라고 불림).
> **토양** 언덕 상의 점토-석회암.
> **와인 스타일** 석류 빛을 띠는 루비색의 이 와인은 잼, 바닐라, 향신료 향이 나는 붉은 과일의 향이 퍼진다. 입에서는 강한 풀바디의 과일향과 탄닌이 느껴지고 여운이 길다.

색 :	서빙 온도 :	숙성 잠재력 :
레드.	16~17도.	10~20년.

CHIANTI DOCG (DOCG 키안티)

이탈리아에서 가장 유명한 와인은 운송 시에 병을 보호해주는 밀짚에 쌓인 병인 피아스크fiasque로 단번에 알아볼 수 있다. 최근에는 보르도 스타일의 유리병에 담겨 판매되는 경향이다. 키안티는 토스카나의 광범위한 지역에서 생산되지만, 콜리 아레티니Colli Aretini, 콜리 피오렌티니Colli Fiorentini, 콜리 세네지Colli Senesi(시에나), 콜린 피자네Colline Pisane(피사), 몬탈바노Montalbano, 몬테스페르톨리Montespertoli, 루피나Rùfina 등의 지역에서 포도가 재배된 경우에는 레이블에 제한된 지리적 명칭을 자세히 명시한다. 3개월 동안의 유리병 숙성을 포함해서, 적어도 2년 이상 숙성되고, 알코올 도수가 12도를 넘으면 '리제르바'라는 명칭을 추가할 수 있다. 붉은 원 안의 수탉 로고가 병목에 붙여진, 원산지 명칭 핵심부의 더 제한된 지역 '클라시코'라는 명칭과 혼동하지 말아야 한다. '리제르바 클라시코'는 동일한 숙성 기간이지만, 알코올 도수가 12.5도에 달해야 한다. 과거에 데퀴바주décuvage(양조통에서 꺼내기) 이후 실시하는 '고베르노governo' 과정은, 와인에 약간 건조된 포도를 첨가하는데, 이로 인해 느린 2차 발효가 이루어지면서 와인의 알코올 도수가 증가하고, 부드러움과 약한 기포가 발생한다.

> **주요 품종** 산지오베제(최소한 75%), 카나이올로 네로canaiolo nero, 트레비아노 토스카노, 말바지아 델 키안티.

> **토양** 언덕 상의 점토-석회암.

> **와인 스타일** 석류 빛을 띠는 선명한 루비색의 키안티는 제비꽃의 향과 달지 않은 맛을 가진다. 잼, 바닐라, 시나몬, 가죽의 향을 쉽게 접할 수 있다. 약한 탄닌과 벨벳 같은 감촉이 느껴진다.

색:	서빙 온도:	숙성 잠재력:
레드.	와인의 숙성연도와 복합성에 따라 15~17도.	5~7년.

VERDICCHIO DEI CASTELLI DI JESI DOC (DOCG 베르디키오 데이 카스텔리 디 예지)

베르디키오 데이 카스텔리 디 예지를 포함해 이탈리아의 총 9개의 원산지 명칭이 화이트 품종인 베르디키오를 사용한다. 예지 지역에서 재배된 포도로 만들고 알코올 도수가 11.5도에 달하는데, 스푸만테와 건조한 포도로 만드는 파시토도 존재한다. 6개월 동안의 유리병 숙성을 포함하여 최소한 총 24개월을 숙성하고, 알코올 도수가 12.5도에 달하면, '리제르바'라는 명칭을 획득한다. 스푸만테도 동일한 명칭을 사용할 수 있다. 예전 지역의 와인에 '클라시코'라는 명칭을 붙일 수 있는데, '수페리오레'는 12도, '리제르바 클라시코'는 12.5도의 알코올 도수가 의무이다. 마르케 지방에서 생산되는 베르디키오 디 마텔리카Verdicchio di Matelica는 가까운 친척뻘 된다.

> **주요 품종** 베르디키오 비앙코와 함께 최대 15%까지 다른 화이트 품종이 블렌딩될 수 있다.

> **토양** 산과 바다 사이의 언덕.

> **와인 스타일** 녹색 빛이 감도는 노란 밀짚 색의 와인으로 과일과 꽃의 향이 난다. 상쾌하면서 옅은 쌉쌀함이 입안에서 느껴진다.

색:	서빙 온도:	숙성 잠재력:
화이트.	8~10도.	1~2년.

ORVIETO DOC (DOC 오르비에토)

로마 근처에서 생산되는 이 화이트와인은 교황, 왕족, 수많은 로마 귀족에게 사랑받았다. '클라시코'라는 명칭은 원산지 명칭 가운데 역사적인 지역에서 생산되었고, '수페리오레'는 최소한 12도의 알코올 도수를 가지며 수확한 다음 해의 3월 1일 이후에 판매된다. 10월 1일 이후에 수확된 포도로 만드는 DOC 오르비에토는 '벤뎀미아 타르티바vendemmia tardiva(늦수확한)'라는 명칭을 사용할 수 있다.

> **주요 품종** 그레케토Grechetto, 트레비아노 토스카노trebbiano toscano, 카나이올로 노스트라노canaiolo nostrano, 지역의 화이트와인 품종.

> **토양** 점토-석회질의 언덕.

> **와인 스타일** 기분 좋은 꽃내음이 나는데, 달지 않으면서 옅은 쌉쌀함이 느껴진다. 생선 요리, 리소토, 파스타 등과 잘 어울린다.

색:	서빙 온도:	숙성 잠재력:
화이트.	8~10도.	1~2년.

진정한 '수퍼 토스카나' 사시카이아
(SASSICAIA, LE ≪ SUPERTOSCAN ≫)

"이 돌들 위에 내 포도밭을 만들리라." 1944년 마리오 인시자 델라 로케타(Mario Incisa della Rocchetta) 후작은 이렇게 말했으리라 짐작해본다. 보르도 와인에 미친 그는 보르도 최고 품종인 카베르네 소비뇽을 심기로 결정했는데, 그라브(Graves)의 테루아와 지중해 근처 시에나(Sienne) 근처 토스카나에 있는 자신의 밭 테누타 산 구이도(Tenuta San Guido)가 유사하다고 판단했기 때문이다. 토스카나 방언으로 사시카이아는 '돌밭'을 의미한다. 모든 것을 다 설명해준다.

시작

최초의 1.5헥타르의 포도밭은 필립 드 로칠드^{Philippe de Rothschild} 남작이 로케타^{Rocchetta} 후작에게 선물한 샤토 무통 로칠드^{château Mouton-Rothschild}에서 가져온 카베르네 소비뇽을 추가로 심어 1헥타르가 더 늘어났다. 뜻깊은 응원의 메시지였다. 1948~1968년까지 20년 동안, 여기서 생산된 와인들은 단지 후작의 가족들이 마셨을 뿐이었다.

초창기 도멘에서 생산하는 와인들은 그다지 매력이 없었지만, 포도나무가 나이를 먹고, 저장고의 와인이 숙성이 되어감에 따라, 이 와인들에서 흥미로움과 상품성이 보이기 시작했다. 100% 보르도의 품종으로 만들어진 토스카나의 와인은 받아들이기 힘든 일이었다. 이 와인은 이탈리아 원산지 명칭 체계에서 가장 하급인 비노 다 타볼라^{vino da tavola} 등급만 가능했다.

새로운 발견

1977년 영국의 와인 전문지 디캔터^{Decanter}는 런던에서 전 세계 최고의 카베르네를 선발하는 블라인드 시음을 기획했다. 최고의 시음가들이 여기에 참가했다. 메독과 그라브를 포함한 수많은 전 세계 유명한 와인들을 제치고, 1974년 사시카이아가 왕좌를 차지했다. 즉시 이 비전형적이고 황당한 '신흥' 와인은 와인계 전설의 전당에 결정적인 자리매김을 했다.

1983년 후작의 사망 이후, 그의 아들 니콜로^{Nicolo}가 이 정열을 계승했다.

1994년 마침내 볼게리 사시카이아^{Bolgheri Sassicaia}라는 완전히 새로운 DOC급 원산지 명칭이 제정되어 공식적으로, 논란의 여지없는 승인을 획득했다.

본보기가 되는 포도밭

현재 포도밭은 60헥타르에 달하며 85%의 카베르네 소비뇽과 15%의 카베르네 프랑으로 구성되어 있다. 조각난 도멘의 포도밭들은 자갈로 덮인 경사면에 펼쳐져 있고, 해풍으로부터 잘 보호받고 있다. 여기서는 오로지 보르도식 믹스(p.51 참조)를 기초로 한 포도밭 관리방법만이 실시될 뿐이다. 포도밭 가까이에 있는 수많은 숲들이 벌레들과 같은 자연의 포식자들로부터 포도밭을 보호해준다. 이러한 장점들에 엄격한 가지치기와 '녹색' 수확을 통해 포도의 농축도와 품질에 해로운 지나친 생산량을 억제하려는 노력이 더해진다.

세심한 양조와 장기 숙성

수확을 하고, 세심한 주의를 기울여 양조한 후, 와인은 225리터짜리 오크통에 담긴다. 매해, 40%의 새 오크통이 사용된다. 프랑스의 알리에^{Allier} 데파르트망의 숲에서 자란 오크로 제작된 통은 섬세한 와인의 숙성을 위한 최고의 수단 중 하나로 널리 알려져 있다. 와인은 이 오크통 안에서 24개월 동안 숙성된다. 병입 후 6개월 동안

추가적인 숙성을 거친 후, 전 세계로 나간다.

장기 숙성형 넥타

사시카이아는 최고급 보르도와 동일하게 취급받는다. 비록 보르도스러운 프로필을 가지고 있지만, 라틴 스타일 특유의 우아함과 매력을 보여준다. 올곧게 카베르네 소비뇽과 카베르네 프랑으로 만들어져 육중하거나 엄격한 면을 보여줄 수도 있다. 하지만 지중해의 기후는 이 와인에 두말할 나위 없는 감미로움을 준다. 시간과 인내심이 궁극의 조화를 통한 화룡점정을 찍으면서 모든 나머지를 만든다. 보르도에 있는 먼 사촌들처럼, 사시카이아는 절정에 도달하기 위해 8~12년의 숙성 시간을 요구하기 때문에 흠잡을 데 없는 컨디션의 저장고에서 보관되어야 한다. 이 와인의 장기 숙성 능력은 좋은 생산연도일 때, 그 어떤 약점도 드러내지 않고 수십 년간 최상의 상태를 유지할 수 있다.

감동의 절정에서

그 유명한 블라인드 시음에서 사시카이아가 최고 중 하나가 될 수 있었음을 쉽게 이해할 수 있다. 하지만 최고의 저명한 와인들 속에서 사시카이아를 알아보는 것이 그렇게 쉬운 일일까? 최고의 시음가들은 기꺼이 당혹감을 인정한다. 모든 최고급 와인은 공통적으로 즐거움에 더해, 때때로 감동을 선사한다. 자신이 태어난 땅의 문화적 풍부함에 충실한 이 최고급 토스카나 와인은 이제 세계 최고 와인의 신전에 들어가게 되었다.

> 사시카이아 창립자의 아들,
니콜로 인시자 델라 로케타
Nicolò Incisa della Rocchetta 후작

MONTEPULCIANO D'ABRUZZO DOC (DOC 몬테풀치아노 다브루초)

토스카나의 한 도시와 이름이 같은 몬테풀치아노 품종은 이탈리아의 수많은 지역에 존재하고, 몇몇 원산지 명칭에 사용되지만, 아브루초Abruzzes에서만은 좀 더 각별한 의미를 갖는다. DOC 몬테풀치아노 다브루초는 최소한 11.5도의 알코올 도수를 가져야 하고, 5개월간 규정대로 숙성되어야 한다. '리제르바'의 경우, 12.5도의 알코올 도수와 2년간의 탱크 숙성이 필수적이다. 좀 더 고급인 DOCG 몬테풀치아노 콜리네 테라마네Montepulciano Colline Teramane는 테라모Teramo 지역에서 생산되고, 12.5도의 알코올 도수를 보

여주어야 한다. 2년간, 그리고 '리제르바'는 3년간 숙성되어야 하는데, 그중 1년은 오크나 밤나무 통에서, 그리고 6개월은 병에서 숙성되어야 한다.

> **주요 품종** 몬테풀치아노. 다른 품종이 최대 15%까지 블렌딩될 수 있는데, 대개 산지오베제가 사용된다.

> **토양** 해발 2,914미터의 아펜니노Apennins 산맥에서 아드리아해까지, 점토-석회암, 충적토, 모래, 자갈 토양.

> **와인 스타일** 강렬한 루비색의 몬테풀치아노 다브루초는 붉은 과일, 감초, 향신료의

향이 난다. 강건하면서, 과일 풍미가 나고, 탄닌이 느껴지는 맛이 난다.

	색 :	서빙 온도 :	숙성 잠재력 :
	레드, 체라주올로 cerasuolo(체리색)	16~17도.	10년 혹은 그 이상.

TREBBIANO D'ABRUZZO DOC (DOC 몬트레비아노 다브루초)

쉽게 볼 수 있는 이 원산지 명칭은 포도 품종과 지리적 영역의 결합이다. 트레비아노는 봄비노 비앙코bombino bianco나 파가데비트pagadebit와 같은 여러 동의어로 알려진 화이트와인 품종이다. 이 원산지 명칭은 아브루초 지방의 4개의 하위 지역 아퀼라Aquila, 키에티Chieti, 페스카라Pescara, 테라모Teramo에 펼쳐져 있다. 이 지방은 매우 다양한 지리적 조건으로 유명한데, 아드리아해에서부터 아

펜니노 산맥까지 걸쳐 있기 때문이다.

> **주요 품종** 트레비아노 다브루초 또는 트레비아노 토스카노trebbiano toscano(최소 85%)에 지역의 다른 화이트와인 품종.

> **토양** 해안 평야와 산 사이에 있는 점토-석회암, 충적토, 모래, 자갈 등의 여러 가지 토양.

> **와인 스타일** 트레비아노 다브루초는 편하게 마시는 와인이다. 녹색 빛이 감도는 밀

짚 같은 노란색이고, 강렬한 과일, 꽃의 향이 나지만 달지 않다.

	색 :	서빙 온도 :	숙성 잠재력 :
	화이트	10~12도.	1~2년.

GRECO DI TUFO DOCG (DOCG 그레코 디 투포)

그레코는 피아노fiano, 알리아니코aglianico, 팔랑기나falanghina와 함께 마스트로베라르디노Mastroberardino나 프란체스코 파올로 아발로네Francesco Paolo Avallone(빌라 마틸데Villa Matilde)와 같은 캄파니아의 와인 메이커들이 최근 트렌드에 맞춰 되살리고 있는 멸종위기에 처한 품종 중 하나이다.

그리코 디 투포는 나폴리의 북동쪽에 위치한 투포Tufo 근처에서 양조되는 화이트와인

이다. 병내 2차 발효를 시켜 '브뤼트brut'나 '엑스트라-브뤼트extra-brut'의 스푸만테spumante로도 생산한다.

> **주요 품종** 그레코Greco와 코다 디 볼페 비앙카coda di volpe bianca가 최소한 85%가 포함되고 나머지는 지역의 다른 화이트와인 품종과 블렌딩된 것.

> **토양** 화산토, 충적토.

> **와인 스타일** 금빛이 감도는 밀짚 같은 노

란색의 그레코 디 투포는 복숭아와 파인애플의 향이 난다. 기분 좋은 산도와 약간의 레몬 풍미가 입안에서 느껴진다. 식사에 곁들이기 좋지만, 상쾌함과 풍부한 향으로 인해 식전주로도 제격이다.

	색 :	서빙 온도 :	숙성 잠재력 :
	화이트.	8~10도.	2~3년.

TAURASI DOCG (DOCG 타우라지)

에너지 넘치는 이 레드와인은 아마도 다른 같은 색의 다른 품종과 연관된 것으로 예상되는 알리아니코aglianico 단일 품종으로 양조된다. 나폴리의 동쪽 아벨리노Avellino 지방에서 만들어진다. DOCG 규정은 최소 1년간의 오크통 숙성을 포함한 총 3년간, 그리고 '리제르바'는 4년의 숙성을 부과한다. 알코올 도수도 12도, 리제르바는 12.5도를 최소한으로 한다.

> **주요 품종** 알리아니코aglianico.

> **토양** 화산토, 충적토.

> **와인 스타일** 어린 와인이라도, 오래된 와인에서 나타나는 오렌지 빛이 감도는 루비 색을 띤다. 검은 체리, 시나몬, 바닐라, 육두구의 강렬한 향과 탄닌의 좋은 구조감이 느껴진다.

색:	서빙 온도:	숙성 잠재력:
레드.	16~17도.	10년 혹은 그 이상.

CASTEL DEL MONTE DOC (DOC 카스텔 델 몬테)

바리Bari 지방의 상징적인 기념물 중 하나는 포도 품종을 기반으로 조합한 풀리아의 이 원산지 명칭에 자신의 이름을 빌려주었다. 카스텔 델 몬테 리제르바Riserva와 카스텔 델 몬테 봄비노 네로Bombino nero는 DOCG 등급이다. 카스텔 델 몬테 알리아니코Aglianico는 최소한 90% 이상 이 품종으로 구성되어야 한다. '리제르바'는 1년간의 오크통 숙성을 포함해서 총 2년간의 숙성을 필요로 한다. 동일한 원칙을 적용하여, 이 원산지 명칭은 카스텔 델 몬테 봄비노 네로, 카스텔 델 몬테 카베르네, 카스텔 델 몬테 피노 네로Castel del Monte Pinot nero, 카스텔 델 몬테 우바 디 트로이아Castel del Monte Uva di Troia와 같은 레드와 로제와인들을

포함한다. 일반 명칭인 카스텔 델 몬테 로소Castel del Monte rosso는 최소한 65%의 알리아니코, 몬테풀치아노 또는 우바 디 트로이아가 최대 35%의 다른 품종과 블렌딩된다.
화이트 역시도 동일하다. 원산지 명칭 카스텔 델 몬테 뒤에 품종명이 따라오면, 최소한 90%가 포함되어야 한다. 일반 명칭인 카스텔 델 몬테 비앙코는 최소한 65%의 봄비노 비앙코bombino bianco, 샤르도네 또는 팡파누토pampanuto가 지역의 다른 화이트와인 품종과 블렌딩된다.

> **주요 품종** 화이트는 봄비노 비앙코, 샤르도네, 피노 비앙코, 소비뇽. 레드는 알리아니코, 알리아니코 로사토, 봄비노 네로, 카베르네, 피노 네로(피노 누아), 우바 디 트로이아.

> **토양** 석회, 사력층, 충적층.

> **와인 스타일** '리제르바'를 제외하고는 일반적으로 그다지 세심하게 만들어지지 않은 와인들로, 독특함을 자랑하는 지역 품종으로 만들어진 저렴한 가격대의 다양한 와인들이다.

색:	서빙 온도:	숙성 잠재력:
화이트, 로제, 레드.	화이트와 로제는 8~10도. 레드는 14~15도. '리제르바'는 16~17도.	화이트와 로제는 1년. 레드와 '리제르바'는 3년.

CIRÒ DOC (DOC 치로)

칼라브리아Calabre는 포도 재배와 관련한 영광스러운 과거가 풍부하다. 고고학자들은 이 지방에서 테라코타로 만든 '비노둑vinoduc'으로 추정되는 파이프라인의 흔적을 발견했다. 산에서부터 이오니아 해안과 티레니아 해안 기슭에 이르는 여러 국소기후를 가진 산악 지방이다. DOC 치로는 낮은 해상 언덕에서 시작된다. 최근 몇 년간, 칼라브리아는 과거와 달리 과숙한 포도로 만든 알코올 도수 높고, 산화된 와인을 더 이

상 생산하지 않았다. 최신 양조 기술과 발효 온도 조절 덕분에 치로는 과일 풍미와 상쾌함이 증가했다. '클라시코'라는 명칭은 치로와 치로 마리나의 가장 역사가 오래된 지역에서 생산되었음을 알려준다. '수페리오레'는 알코올 도수가 13.5도를 상회한다는 것을, '리제르바'는 2년간 숙성시켰음을 의미한다.

> **주요 품종** 최소한 95%의 갈리오포gaglioppo에 종종 화이트와인 품종인 트레비아

노 토스카노trebbiano toscano나 그레코greco와 블렌딩된다. 지역 생산량의 90%가 레드나 로제이다.

> **토양** 아펜니노의 석회암, 화강암 바위, 충적층.

> **와인 스타일** 강렬한 루비색의 와인으로 붉은 과일, 야생 과일, 잼의 향이 난다. 달지 않으면서, 진하고, 열기가 느껴지면서 벨벳 같은 감촉이 느껴진다.

색:	서빙 온도:	숙성 잠재력:
레드.	15~16도.	3~5년('리제르바'는 10년까지).

CANNONAU DI SARDEGNA DOC (DOC 카노나우 디 사르데냐)

사르데냐^{Sardaigne}는 오랫동안 스페인에 의해 점령되었으며, 이곳의 상징적인 레드와인은 스페인이 원산지이고, 프랑스에서는 그르나슈라고 불리는 카노나우^{cannonau}로 만들어진다. DOC 카노나우는 올리에나^{Oliena}, 카포 페라토^{Capo Ferrato}와 예르추^{Jerzu}라는 3개의 하위 지역으로 나뉜다. 최소한 7개월간 숙성

되고, 12.5도의 알코올 도수를 가진다. '리제르바'는 2년간 숙성되고, 최소한 13도의 알코올 도수가 나온다. 이 원산지 명칭에서는 로제와인도 생산한다.

> **주요 품종** 카노나우와 다른 지역 품종들.
> **토양** 복합적인 로마 시대의 점토-석회암 침전물, 화강암, 3기 화산암, 평야에서 발견

되는 4기 충적층.

> **와인 스타일** 석류 빛을 띠는 루비색의 와인으로, 성숙한 과일과 향신료의 향이 난다. 달지 않으며, 탄닌이 느껴지며, 코에서 감지된 잼의 향을 다시 한 번 만날 수 있고 여운이 길다.

색:	서빙 온도:	숙성 잠재력:
레드, 로제.	로제는 8~10도, 레드는 16~17도.	로제는 1~2년, 레드는 3~5년.

ALCAMO DOC (DOC 알카모)

트라파니^{Trapani}와 팔레르모^{Palerme}에 위치한 원산지 명칭 알카모는 화이트, 레드, 로제, 스파클링(화이트와 로제), '늦수확한 감미로운', 프리뫼르 등 여러 스타일의 와인을 생산한다. '클라시코'라는 명칭은 유서 깊은 지역에서 생산되었음을, '리제르바'는 일반적인 와인보다 더 오랜 숙성을 했음을 의미한다. DOC 명칭 다음에 품종명이 나오면 최소한 85% 이상이 포함된 것으로서, 알

카모 그레카니코^{Alcamo Grecanico}는 그레카니코 품종이 최소한 85% 포함된 것을 알려준다. DOC 알카모 비앙코^{Alcamo bianco}는 카타라토^{catarratto}(최소한 60%), 인촐리아^{inzolia}와 기타 지역의 다른 화이트와인 품종이 블렌딩되었다.

> **주요 품종** 화이트는 인촐리아(안소니카^{ansonica}라고도 불림), 카타라토^{catarratto}, 샤르도네, 그레카니코^{grecanico}, 그릴로^{grillo}, 뮐러

투르가우^{muller-thurgau}, 소비뇽. 레드는 카베르네 소비뇽, 칼라브레제^{calabrese} 또는 네로 다볼라^{nero d'Avola}, 메를로, 시라.

> **토양** 화산암, 석회암, 점토와 모래.

> **와인 스타일** 녹색 빛이 감도는 밀짚 같은 노란색이 옅게 나타나는 와인으로 과일의 향이 난다. 약한 산도와 상쾌함이 느껴진다. 레드는 좀 더 여러 스타일이 있다.

색:	서빙 온도:	숙성 잠재력:
화이트, 로제, 레드.	화이트와 로제는 8~10도, 레드는 복합성에 따라 14~17도.	화이트와 로제는 1~2년, 레드는 3년.

MARSALA DOC (DOC 마르살라)

재발효가 일어나거나 와인이 식초로 변질되지 않게 하면서, 어떻게 와인을 장거리 운송할까? 가장 오래된 해결책 중 하나는 '주

정강화' 즉 방부제의 역할을 하는 알코올을 와인에 첨가하는 것이다. 18세기, 영국의 상인 존 우드하우스^{John Woodhouse}는 이 원칙에 입각하여 영국과 전 세계로 마르살라 와인의 수출을 확대했다. 가당한 포도 주스까지 첨가한 이 주정강화 와인은 예전의 명성을 조금 잃었는데, 더 이상 감미로운 와인이 유행이 아니고 요리에 사용하는 것에 가치를 부여하지 않기 때문이다. '피네^{fine}'(1년 숙성), '수페리오레'(2년), '수페리오레 리제르바'(4년), '베르지네^{vergine}' 또는 '솔레라스^{soleras}'(5년), '솔레라스 스트라베키오^{soleras stravecchio}'(10년) 등의 마르살라가 있다.

> **주요 품종** 화이트는 그릴로^{Grillo}, 카타라토^{catarratto}, 인촐리아^{inzolia}, 다마스키노^{damaschino}. 레드는 피냐텔로^{pignatello}, 칼라브레제^{calabrese}, 네렐로 마스칼레제^{nerello mascalese}, 네로 다볼라^{nero d'Avola}.

> **토양** 화산암, 석회암, 점토, 모래.

> **와인 스타일** 화이트는 금색, 호박색이고, 레드는 루비의 색깔을 띤다. 콩피한 과일과 브랜디에 담군 과일의 향이 마르살라의 특징적인 향이다. '달지 않은'부터, 조금 감미로운(리터당 40g 이하), 드미-섹(리터당 41~99g), 달콤한(리터당 100g 이상)까지 감미로움에 차이가 있다.

색:	서빙 온도:	숙성 잠재력:
화이트(호박색), 레드.	식전주는 6~8도, 디저트는 14~15도.	카테고리에 따라 5~20년.

에트나^{Etna} 화산 아래 <내추럴> 와인

프랑크 코르넬리슨^{Frank Cornelissen}은 유기농 포도로 양조하고 모든 단계에서 인간의 간섭을 최소로 하는 '내추럴' 와인을 만드는 와인 메이커 중 하나이다. '인공 이스트를 사용하지 않고, 필터에 여과하지 않았으며, 황을 첨가하지 않은' 이 와인들은 뿌연 색상과 '휘발성 산도'라고 부르는 극히 미세하게 느껴지는 식초의 맛에서 오는 기분 좋은 상쾌함으로 알아차릴 수 있다. 에트나 화산 근처의 그의 양조장에서 프랑크는 잔을 가득 채우고, 손가락을 그 안에 담근다. 와인이 잔 밖으로 넘친다. "우리가 뭔가 첨가하면, 다른 무언가는 반드시 제거해야 한다." 화학비료나 살충제를 사용하지 않으면서, 도멘이 가지고 있는 10헥타르의 포도밭에서 단지 1만 병의 매우 적은 산출량을 얻는다. "나는 포도밭에 제초제나 살충제를 사용하지 않는데, 왜냐하면 포도나무가 스스로 방어하길 바라서이다. 와인에도 마찬가지다. 이산화황을 사용하지 않고 와인이 잘 보존되려면, 뛰어난 농축도와 미네랄이 필요하다." 수확 시, 테라코타 항아리 안에서 포도의 발효가 일어나게 하기 위해, 상품화된 표준 효모를 사용하지 않는다. "내 효모는 양조장의 공기 안에 존재한다." 이렇게 하여 꽃, 과일, 미네랄의 복합적인 향을 가진 에너지가 가득한 와인을 만든다. 프랑크 코르넬리슨은 병당 10~150유로로 사이 가격대의 와인 생산량 중 95%를 수출한다.

ETNA DOC (DOC 에트나)

시칠리아

교황 식스토 5세^{Sixte V}의 주치의였던 안드레아 바치^{Andrea Bacci}는 1596년 그의 저서 <데 나투랄리 비노룸 이스토리아^{De Naturali vinorum historia}>에 카타네 테루아의 화산재의 품질과 농업의 관계에 대해 이미 기술했다. 검은 모래가 지배적인 이 산악 지역은 실제로 미네랄이 특히 풍부하다. 유럽에서 가장 큰 화산이자 전 세계에서 가장 활발한 활동을 보이는 에트나의 정상은 해발 3,345미터이다. 이는 습한 국지기후를 만들고 비옥한 토양을 제공한다. 원산지 명칭 에트나는 밀로^{Milo} 코뮌에서 3가지 색의 와인을 생산한다(이름만 같지, 밀로의 비너스상이 있는 그리스의 그 섬이 아님!).

> **주요 품종** 화이트는 카리칸테^{Carricante}, 카타라토 비앙코^{catarratto bianco}, 트레비아노, 미넬라 비앙카^{minella bianca}(에트나 화이트 '수페리오레'는 카리칸테로 양조). 레드와 로제는 네렐로 마스칼레제^{nerello mascalese}, 네렐로 만텔라토^{nerello mantellato}, 카푸치오^{cappuccio}(로제에는 적은 비율의 화이트 와인 품종의 사용을 승인함).

> **토양** 화산토.

> **와인 스타일** 녹색 혹은 금색 빛이 도는 노란 밀짚 색의 화이트는 달지 않고, 상쾌하며, 과일 풍미가 난다. 최소 11.5도, '수페리오레'는 최소 12도의 알코올 도수를 가진다. 루비색을 띠는 레드는 향신료와 건자두, 블랙 커런트 같은 검은 과일의 향이 난다. 달지 않으며 진한 맛이 느껴진다. 좋은 과일 풍미를 가진 로제는 가볍고 청량감이 있다.

색:	서빙 온도:	숙성 잠재력:
화이트.	8~10도.	2~3년.

MOSCATO DI PANTELLERIA DOC (DOC모스카토 디 판텔레리아)

판텔레리아섬

주정강화를 시키지 않은 이 '자연적으로 달콤한 와인'은 매우 일찍이 이 섬의 유명인사가 되어 전 유럽에 수출되었다. 시칠리아와 아프리카 사이에 위치한 판텔레리아섬의 포도밭에서는 포도가 빨리 성숙하고 포도 위에서 혹은 수확 후 빨리 건조가 이루어진다. 이 화이트 뮈스카는 최소한 알코올 도수가 15도에 이른다. 포도송이를 건조시켜 양조하면서 포도 브랜디로 주정강화를 시킨 판텔레리아 파시토 리쿠오로조^{Pantelleria passito liquoroso}와 혼동하지 말아야 한다.

> **주요 품종** 지빕보^{zibibbo}라고도 불리는 알렉산드리아 뮈스카^{Muscat d'Alexandrie}.

> **토양** 화산토.

> **와인 스타일** 매우 맑은 금색을 띠는 이 달콤한 화이트는 뮈스카의 전형적이고 뛰어난 향이 강렬하게 난다. 입안에서는 견과류, 살구, 꿀의 풍미가 펼쳐진다. 식전주로도 좋지만, 푸아그라와의 매칭 역시도 훌륭하다. 쿠엣취^{quetsches} 자두 파이와 같이 당도가 낮고, 산미가 있는 디저트와도 좋은 궁합을 보인다. 블루치즈와 우아한 조화를 보인다. 시가와도 잘 어울린다.

색:	서빙 온도:	숙성 잠재력:
화이트.	8도.	1~2년.

스페인

La Corogne
GALICE
Oviedo
Saint-Jacques-
de-Compostelle
Santander
ASTURIES
CANTABRIQUE
Txakoli
de Bizkaia
Txakoli
de Getaria
Bilbao
PAYS
BASQUE
Saint-
Sébastien
Rías
Baixas
Ribeira
Sacra
Bíérzo
Vitoria
Pampelune
Ampurdán-
Costa Brava
Vigo
Ribeiro
León
Logroño
Rioja
Navarre
Pyrénées
CATALOGNE
Miño
Valdeorras
Burgos
LA RIOJA
Somontano
Monterrei
CASTILLE-LÉON
Cigales
Huesca
Costers
del Segre
Pla de Bages
Valladolid
Ribera
del Duero
Campo
de Borja
Saragosse
Alella
Douro
Lérida
Priorato
Barcelone
Toro
Cariñena
Tarragone
Rueda
Calatayud
Terra Alta
Penedès
Salamanque
Mondéjar
ARAGÓN
Conca de
Barberà
Tage
MADRID
Tarragone
Madrid
Los Vinos de
Madrid
PORTUGAL
Méntrida
UTIEL
VALENCE
Mer
Méditerranée
Tage
Tolède
Requena
ESTRÉMADURE
La Mancha
Valence
CASTILLE-LA MANCHE
Júcar
Mérida
Guadiana
Almansa
Valencia
Ribera del
Guadiana
Valdepeñas
Valdepeñas
Jumilla
Alicante
Yecla
Alicante
Cordoue
Bullas
MURCIE
Murcie
Binissalem
Condada
de Huelva
Guadalquivir
Montilla-Moriles
Palma
Huelva
Genil
Séville
ANDALOUSIE
Pla í Llevant
MAJORQUE
Grenade
Jerez/Xérès
Málaga
ÎLES BALÉARES
Jerez de la
Frontera
Málaga
Cadix

Océan
Atlantique

Régions viticoles

Denominación de origen (DO)

Denominación de origen
calificada (DOC)

Limite de communauté autonome

Frontière

N

0   100   200 km

Océan Atlantique
Lanzarote
Valle de
la Orotava
Tacoronte-
Acentejo
La Palma
Valle de Güímar
Ycoden
Daute-Isora
Abona
El Hierro
CANARIES
N
0   100 km

스페인의 포도 재배지

오랜 기간의 암흑기를 거친 후, 현재 스페인은 세계 최고의 포도 재배 지역 중 하나로 자리매김하고 있다.
이 성공은 정체성이 뚜렷한 테루아들, 토착 품종 존중, 합당한 원산지 명칭, 생산 방법의 빠른 현대화와
줄어들지 않는 역동성 등에 기인하는 것이다.

어제와 오늘 사이

풍부하고 오래된 역사. 스페인의 포도 재배 역사는 포도원의 풍경을 조금씩 구상하여 풍부하게 한 정복자들, 십자군 그리고 민족 간의 계승에 의해 만들어졌다. 페니키아인들은 기원전 7세기에 말라가^{Málaga}와 카디스^{Cadiz} 지방에 스페인 최초의 포도나무를 심었다. 기원전 3세기말에 스페인에 도착한 로마인들은 가지치기 기술, 발효 과정, 당시 오크통 대신 암포라 항아리에서 이루어지던 와인의 숙성 등을 스페인 사람들에게 가르쳐주었다. 아랍인들에 의해 화려함으로 가득 찬 품종인 알렉산드리아 뮈스카 ^{muscat d'Alexandrie}는 8세기에 스페인에 정착하기 위해 북아프리카 마그레브^{Maghreb} 지방을 떠났을 것이다.

필록세라의 시대. 스페인 포도 재배 지역에 이 진딧물이 유입 되었을 때, 폐허의 흔적을 보게 되었다. 저항성이 있는 미국 품종의 뿌리 위에 유럽 품종의 줄기를 이식했다. 와인 메이커들은 포도나무를 다시 심기 위해 애썼다. 오늘날 가장 유명한 양조장은 대부분이 이 시기에 시작된다.

최근의 변화. 20세기 후반 동안, 과거 벌크로 판매되는 익명의 와인 생산자였던 이 나라는 양질의 와인 생산국으로 발돋움했다. 1970년대, 리오하^{Rioja} 지방 와인의 원활한 수출이 시작되었고, 베가-시실리아^{Vega-Sicilia}(p.482-483 참조)와 같은 양조장의 와인과 발데페냐스^{Valdepeñas}, 카탈로니아 ^{Catalogne} 같은 지방의 와인들이 그 뒤를 따랐다. 1980년대, 스페인 와인은 진정한 품질 혁명을 경험했다. 각각이 확연히 구별되는 와인을 생산하는 17개의 자치지방으로 구성된 국가의 포도 재배 환경이 바뀌었다.

숫자로 보는 스페인의 포도 재배지
면적 : 1,021,000헥타르
(평균) 생산량 :
37,000헥토리터
레드 : 52%
화이트 : 24%
로제 : 17%
스파클링 : 4.5%
주정강화 : 2.5%
(OI)

> 카탈로니아 지방
단구상의 포도밭

지형과 기후

스페인은 해발 650미터의 메세타^{Meseta}라는 광대한 중앙 고원을 중심으로, 산맥들에 의해 사방에 국경이 형성된다. 최고급 와인들은 높은 고도에서 잘 자라는 품종으로 만들어진다(리오하^{Rioja}는 해발 800미터에까지 이른다). 이 포도밭들은 뛰어난 일조량과 더불어 야간의 낮은 온도 덕분에 폭염으로 고통 받지 않는다. 스페인 최고의 와인들은 대부분 마드리드의 북쪽에서 생산되는데, 서쪽에서 동쪽 순으로 갈리스^{Galice}, 도루^{Duero} 강기슭, 에브로^{Èbre}강, 카탈로니아 등지이다. 최적의 입지는 주로 상대적으로 척박한 토양과 점토질 하부 토양을 가진 산악 기슭 지역이다. 반면 에브로강과 도루강 기슭은 충적토가 풍부하다.

기후도 역시 다양하다. 서부 지방은 대서양의 영향으로, 선선하면서 습하다. 중부와 북부 지방은 더운 여름과 추운 겨울이 있는 대륙성 기후를 보인다. 동쪽과 남쪽 해안은 지중해 기후의 특색이 나타난다.

> 안달루시아에 있는 보데가 곤살레스 비아스
Bodega Gonzáles Byass의 포도밭

포도 재배 지역의 모습

스페인의 포도 재배 지역은 면적에 있어서 전 세계 1위이다. 포도나무는 거의 모든 곳에 존재한다.

갈리스^{GALICE}와 바스크^{BASQUE} 지방. 가장 북쪽에 위치한 포도밭들이다. 대서양의 영향이 기후, 어업을 기초로 한 경제와 생선과 궁합이 좋은 가볍고 달지 않은 와인에 나타난다.

나바르^{NAVARRE}, 리오하^{RIOJA}, 아라곤^{ARAGON}. 스페인의 북쪽, 에브로강 상류 기슭에 위치한 이 지방들은 무엇보다 오랜 숙성을 필요로 하는 강한 레드와 묵직한 화이트를 생산한다.

카탈로니아^{CATALOGNE}. 지중해에 접해 있는 북동쪽의 이 지방은 스페인 와인 산업의 아방가르드를 형성했다. 항상 역동적인 이곳의 포도밭은 대부분이 바르셀로나 남쪽의 해안 평야와 내부 언덕들에 위치한다. 레드와인으로 유명하지만, 카탈로니아는 스페인을 대표하는 스파클링 와인인 카바의 요람이기도 하다.

카스티유 레온^{CASTILLE-LÉON}. 도루강 기슭의 전통적인 포도 재배 지역이다. 대륙성 기후지만 하천 유역은 온화하다. 이곳의 레드와인은 풍만하면서 강하고, 달지 않은 화이트는 바디감이 있다. 바로 이 곳이 진화적인 리베라 델 두에로^{Ribera del Duero}가 만들어지는 곳이다(p.484 참조).

안달루시아^{ANDALOUSIE}. 스페인의 최남단인 이 지방은 하나의 방대한 자치지역이다. 전설적인 셰리(헤레스^{xérès}) 와인은 오랜 기간 산소와 접촉시키는 숙성법으로 만들어진다(p.74 참조). 지속적인 발전으로, 원산지 명칭 몬티야-모릴레스^{Montilla-Moriles}와 콘다도 데 우엘바^{Condado de Huelva}는 주정강화를 하거나 혹은 하지 않은 달콤한 와인과 약간의 달지 않은 와인을 생산한다. 소멸 직전까지 갔던 말라가(p.478 참조)는 여러 다른 품질의 감미로운 와인 생산을 계속하고 있다.

다른 지역들. 스페인 최고의 와인들은 위에 언급한 북쪽 지방에서 생산되지만, 중부와 남부에도 많은 포도나무가 재배된다. 카스티야-라 만차^{Castille-La Manche}의 광대한 평원과 메세타 고원에 위치한 비노스 데 마드리드^{Vinos de Madrid} 그리고 발렌시아^{Valence}와 무르시아^{Murcie} 자치지역으로 구성된 레반테^{Levante}는 전통적으로 일상적으로 소비되는 와인을 생산했다. 현대화된 이 포도밭들은 계속 발전 중이며, 현재 뛰어난 가성비를 보이고 있다. 발레아레스^{Baléares}와 카나리아^{Canaries} 제도 등의 스페인령 섬에서는 소규모로 와인을 생산하고 있다.

유용한 정보

**유럽 전체에서 스페인의 실질 산출량이 가장 낮다.
평균 산출량은 헥타르당 25헥토리터이다.**
매우 놀라운 이 수치는 주변국들과 비교할 때
매우 낮은 수준이다(프랑스 평균은 헥타르당 70헥토리터).
여러 포도 재배 지역에 너무 오래된 포도나무가
많다는 것과 와인에게는 이롭지만
포도에게는 힘든 삶을 살게 하는
혹독한 기후 조건 등
때문이다.

보존된 유산, 품종

스페인은 자국 내 포도농사 역사의 한 부분을 구성하는 토착품종을 보존하는 법을 알고 있었다. 이 품종들은 원산지 명칭들을 가장 잘 표현하며, 수많은 개성을 가진 와인을 발견할 수 있게 해준다.

아이렌AIRÉN. 전 세계에서 가장 많이 재배되고 있는 화이트 품종으로 스페인 남부 카스티야-라 만차Castille-La Manche에서 발견할 수 있다. 단순하지만, 청량감 있고 향이 뛰어난 와인을 만든다.

알바리뇨ALBARIÑO. 강한 개성을 가진 이 화이트 품종은 과일향의 활기와 뛰어난 상쾌함으로 사랑받는다. 원산지 명칭 리아스 바이사스Ríias Baixas의 큰 부분이 속한 스페인 북서부 갈리스Galice 지방이 본고장이다.

카리녜나CARIÑENA. 프랑스에서는 카리냥carignan이라는 이름으로 알려진 이 레드 품종은 향신료의 향과 탄닌, 상쾌함이 특징으로, 카탈로니아에서 대량 생산된다. 때때로 프리오라트Priorat와 마수엘로mazuelo라는 이름으로 리오하의 블렌딩에 사용된다.

고데요GODELLO. 수 년 동안 관심 밖으로 떠났던 이 화이트 품종은 최근 들어 아주 확실한 귀환을 했다. 감미로운 텍스처, 굵은 돌과 자갈의 낌새가 느껴지는 미네랄로 인해 사랑받는다. 원산지 명칭 발데오라스Valdeorras, 비에르소Bierzo 등에서 사용된다.

멘시아MENCIA. 군침을 돌게 하는 새콤달콤한 붉은 과일의 향이 어릴 적부터 나는 레드 품종이다. 몬테레이Monterrei, 발데오라스Valdeorras, 리베이로Ribeiro와 리베이라 사크라Ribeira Sacra 등의 원산지 명칭이 유명하다.

팔로미노와 페드로 히메네즈PALOMINO ET PEDRO XIMÉENEZ. 한 통속인 이 두 화이트 품종은 DO 헤레스Xérès에서 볼 수 있다. 팔로미노가 자연적인 활기를 가져다준다면, 지역의 호칭인 '페에키스PX'는 다양한 향과 언제나 뚜렷한 존재감이 느껴지는 감미로움을 표출한다.

템프라니요TEMPRANILLO. 단지 한 개만 간직해야 한다면 아마도 이 품종일 것이다. 스페인 포도 재배업의 기수인 이 레드 품종은 짙은 색에 항상 탄닌이 확실하게 뒷받침하는 와인으로, 상쾌함뿐 아니라 뛰어난 균형을 자랑한다. 원산지 명칭 리베라 델 두에로Ribera del Duero에서 진정한 경지를 보여준다. 틴토 피노tinto fino, 센시벨cencibel, 틴토 델 파이스tinto del pais, 틴토 데 토로tinto de Toro, 틴토 데 마드리드tinto de Madrid 등의 여러 이름으로 불린다.

진실 혹은 거짓?

대부분의 스페인 화이트와인은 과하게 태양광에 노출된 것이 느껴지고, 결과적으로 알코올 도수가 매우 높다.

거짓 갈리스Galice나 바스크basque 지방과 같은 북쪽 지방에서는 활기를 주는 낮은 알코올 도수의 와인을 생산하는데 리아스 바이사스Ríias Baixas나 차콜리Txakoli 지역의 와인들에서는 시트러스와 꽃의 향이 난다.

와인 스타일

유명한 헤레스Xérès와 같은 주정강화 와인으로 명성이 높은 스페인은 레드, 로제, 화이트 그리고 가장 서민적인 수준에서 최고로 세련된 레벨의 스파클링 와인 등도 생산한다. 새콤달콤한 탄닌이 있는 경쾌한 레드는 원산지 명칭 리베이라 사크라Ribeira Sacra나 갈리스Galice의 몬

> 세라믹 벽 위에 새긴 말라가 광고.

구원받은 말라가Málaga

포도 브랜디로 주정강화시킨 안달루시아의 와인인 말라가는 리조트 단지 건설과 건포도에 대한 시장의 수요가 커지자 이 지역의 양조용 포도 재배 산업이 위협받으면서 사라질 뻔한 위기에 처해 있었다. 1980년대부터 새로운 와인 메이커 세대들이 이 원산지 명칭의 주도권을 잡았다. 말라가는 복합성과 달콤한 와인, 시럽, 농축 포도즙의 추가로 얻은 달콤함이 느껴지는 감미로운 화이트와인이다. 말라가는 솔레라solera 시스템(p.74 참조)에 따라 코노스conos 라고 하는 밤나무 통에서 숙성되는데 이는 헤레스의 양조와 비견할 만하다. 품질은 이 통 안에서의 오랜 숙성에 달려 있다. 최상품은 병 안에서 수십 년 혹은 수백 년 보관될 수 있다. 숙성 기간에 따라 말라가Málaga(6~24개월), 말라가 노블레Málaga Noble(2~3년), 말라가 아녜호Málaga Añejo(3~5년), 말라가 트라사녜호Málaga Trasañejo(5년 이상) 등의 여러 카테고리로 분류된다. 마찬가지로 도라도dorado(금색)에서 네그로negro(검은색)까지 색깔로도 분류된다. 1995년 이후, 이 지방에서는 달지 않은 화이트(말라가 블랑코 세코Málaga Blanco Seco)와 주정강화를 하지 않은 자연적으로 달콤한 와인, 그리고 DO 시에라스 데 말라가Sierras de Málaga에서 세 가지 색 모두 달지 않은 와인 등을 생산한다.

> 나바라의 에스텔라 근처 보데가 세뇨리오 데 아린사노 ^{Bodega Señoríio de Arinzano}의 와인 숙성고

테레이^{Monterrei} 등에서 만든다. 구조감과 볼륨이 있는 화이트는 주로 프리오라트^{Priorat}(p.488 참조), 토로^{Toro}(p.481 참조) 또는 리베라 델 두에로^{Ribera del Duero}(p.484 참조)에서 찾을 수 있다. 리아스 바이사스 ^{Rías Baixas}(p.480 참조), 차콜리^{Txakoli}(p.80 참조), 나바라^{Navarre}나 리오하 (p.485 참조)에서는 활기 있고 달지 않은 화이트를 양조한다. 페네데 스^{Penedèes}, 나바라 또는 무르시아^{Murcie}에서는 화이트나 레드 품종을 건 조해서 만든 몇몇의 환상적인 와인을 생산한다. 톡 쏘는 기포가 있 는 스파클링인 카바는 원칙적으로 카탈로니아에서 생산된다(p.493 참조). 양조 방법은 샴파뉴와 동일하지만, 품종이 다르다. 세계적으 로 알려진 화이트 주정강화 와인인 헤레스는 달지 않게 탄생되었지 만, 현재는 당도가 조금도 없는 것에서 단것까지 모든 맛의 스타일 이 다 존재한다. 이 와인은 그 이름을 셰리라고 붙인 영국인들에 의 해 크게 사랑받았었는데, 이 매혹적인 맛은 양조 시 생성되는 프로르 ^{flor}라고 불리는 독특한 효모막^{voile de levure}에 기인한다(p.74, p.492 참 조). 전 세계에서 자연적으로 이 플로르 형성이 또 다른 유일한 한 지 방은 프랑스의 쥐라로, 뱅존^{vin jaune}의 양조과정에서 핵심적인 역할을 한다(p.345 참조).

비노스 데 파고스^{vinos de pagos}

스페인의 원산지 명칭 시스템은(p.96 참조) 프랑스의 것과 유사하다. 비노스 데 파고스는 최상위 품질 단계이다. '테루아의 와인'이라고도 불리는 이 와인들은 말하자면 거장의 와인이다. 오랜 기간의 관찰과 시음으로 범위가 한정된, 미세한 국지기후를 갖는, 매우 작은 크기의 이 테루아에서 생산자 단 한 명의 작업이 빛을 발한다. 프랑스에서는 이런 와인들을 '모노폴^{monopoles}'이라 칭하는데, 단 한 명의 생산자로 이루어진 포도 재배 지역과 원산지 명칭으로, 모든 시음자들이 격찬하는 부르고뉴의 로마네 콩티^{Romanée-Conti}, 론의 샤토-그리예^{Château-Grillet}, 루아르의 쿨레 드 세랑^{Coulée de Serrant} 등이다. 비노스 데 파고스는 특히 카스티유-라 만차^{Castille-La-Manche}에 많은데 그중에서 마르케스 데 그리뇬^{Marqués de Griñón}, 마누엘 만사네케^{Manuel Manzaneque}, 도미니오 데 발데푸사^{Dominio de Valdepusa}, 핀카 엘레스^{Finca Elez} 등이 유명하다.

스페인의 유명 와인

역동적인 스페인의 포도밭은 다양한 와인을 생산하며 전 세계 시장에서 눈부신 성장을 했다. 북에서 남쪽 순으로, 주요 원산지 명칭과 각각의 특징을 소개한다.

TXAKOLI DO (DO 차콜리)

빌바오Bilbao와 성 세바스티안Saint-Séebastien 지방의 '녹색 스페인'이라는 별명을 가진 바스크 지방 정중앙의 이 원산지 명칭은 비스카이아Bizkaia, 헤타리아Getaria, 알라바Alava 등, 세 개의 지리적 명칭을 포함한다. 대서양 인근의 포도밭은 경사면 자락에 위치해 있는데, 풍부한 강수량과 온화한 햇살이 뚜렷한 기후 조건을 가진 가파른 언덕에 매우 넓게 분포해 있다.

> **주요 품종** 화이트는 온다리비 수리Ondarribi zuri, 레드는 온다리비 벨차ondarribi beltza.
> **토양** 포도밭은 화강암이 거의 전부를 이루는 토양도 있지만, 그중 몇몇은 석회암 밭에 있다.
> **와인 스타일** 이 원산지 명칭의 거의 전부가 화이트지만, 과일풍미를 즐기며 양조해 빠른 시간에 마시는 레드도 드물지 않다. 은빛에 가까운 맑은 색을 가진 차콜리 화이트는 그라니 스미스 청사과, 시트러스 제스트의 향이 나며 입안에서는 면도날 같은 활기가 느껴진다.

색 :
화이트, 레드.

서빙 온도 :
화이트는 8~10도.
레드는 16~18도.

숙성 잠재력 :
화이트는 3~5년,
레드는 3~7년.

RÍAS BAIXAS DO (DO 리아스 바이사스)

이 DO는 갈리시아 남부에 위치해 있으며, 포르투갈 국경과 거의 인접해 있다. 바예 델 살네스Valle del Salnes, 콘다도 델 테아Condado del Tea, 오 로살O Rosal 등의 생산지역이 있다. 이 지방의 경제는 와인과 관련된 풍부한 역사 덕분에 유지된다.

> **주요 품종** 화이트는 알바리뇨Albariño, 로레이루loureiro, 트레이샤두라treixadura, 카이뇨 브랑코caiño blanco, 토론테스torrontés, 고데요godello. 레드는 카이뇨 틴토caiño tinto, 소우손sousón, 에스파데이로espadeiro, 브란세야온brancellaon, 멘시아mencia, 로레이루loureiro.
> **토양** 이 지방은 가까이에 있는 바다의 영향이 두드러진다. 석회암, 백악, 암석 더미 등 미네랄이 느껴지는 화이트와인을 양조하기에 유리한 토양이다.
> **와인 스타일** 이 원산지 명칭으로 생산되는 와인의 거의 전부가 화이트인데, 옅은 노란색 혹은 맑은 금빛을 띠고 복숭아나 살구 같은 과일의 향이 어릴 적부터 매우 강하게 느껴진다.

성숙됨에 따라 렌-클로드나 미라벨 같은 자두계열의 향이 매우 뚜렷해진다. 미네랄 증진제인 염분*의 기반 위에 짜인 맛은, 긴 여운을 남긴다.

(* 해안 지방의 포도는 해풍을 받아 포도 껍질에 미세하게 염분이 있다. 그래서 특유의 염도가 느껴진다. 역주).

색 :
화이트,
레드(1% 이하).

서빙 온도 :
화이트는 10도,
레드는 16도.

숙성 잠재력 :
레드는 3~5년,
화이트는 5~7년.

VALDEORRAS DO (DO 발데오라스)

발데오라스는 포르투갈 국경과 대서양 사이의 오렌세Orense 지방의 남쪽에 펼쳐져 있다. 최근 몇 년 전부터, 재능 있는 와인 메이커를 유치하는 데 성공한 이 DO는 미네랄과 구미를 당기는 입안에서의 존재감으로 인해 많은 관심을 불러일으키는 화이트를 생산한다. 레드와인은 전체 생산량에서 매우 작은 부분만을 차지한다. 바다 근처에 위치했기 때문에 습도가 높은 기후는 포도의 성숙에 이상적이다. 포도밭들은 인상적이게 산의 측면뿐만 아니라 계곡의 중심부까지 펼쳐져 있다.

> **주요 품종** 화이트는 고데요Godello, 팔로미노palomino, 도냐 블랑카doña blanca. 레드는 멘시아mencia.

> **토양** 화강암과 점판암 토양은 와인에 기름짐과 구성지면서 긴장감과 올곧은 맛을 준다.

> **와인 스타일** 화이트는 꽃과 배, 미라벨 같은 하얀 과일의 향이 난다. 흥미로운 미네랄과 상쾌함이 있고 촉감은 조밀하다. 멘시아 품종으로 만들어 보랏빛이 도는 자주색의 레드는 새콤달콤한 조그만 붉은 과일의 향, 비단 같은 탄닌과 흥겨운 맛이 있다.

색:
화이트, 레드.

서빙 온도:
화이트는 10도,
레드는 16도.

숙성 잠재력:
레드는 3~5년,
화이트는 5~7년.

TORO DO (DO 토로)

1987년에 설립된 이 DO는 10년도 채 되지 않아 최고급 와인 생산을 위한 최고의 장소 중 하나가 되었다. 평균 수율은 헥타르당 15헥토리터에 불과하지만, 스페인에서 가장 심한 일교차로 포도의 이상적인 성숙도를 가능케 한다.

> **주요 품종** 화이트는 말바지아Malvasia와 베르데호verdejo. 레드와 로제는 틴토 데 토로tinto de Toro와 가르나차garnacha.

> **토양** 해발 600~800미터 사이의 고지대에 위치한 포도밭으로, 이곳의 매우 추운 밤은 주로 점토-규토로 이루어진 토양으로 하여금 열에너지와 포도나무가 필요로 하는 무기질을 정확하게 균형 잡게 해준다.

> **와인 스타일** 틴토 데 토로tinto de Toro 100%로 만들어진 레드와인이 놀랍다. 거의 검은색에 가까운 어두운 석류 빛이 눈길을 끈다. 가죽, 축축한 땅, 오래된 물감 등의 따뜻한 뉘앙스의 향은 과즙이 풍부한 과일의 풍미로 이어진다. 농축된 맛은 감미로우면서 벨벳같이 부드러운 촉감과 결합된다. 본보기가 될 만한 우아함과 만난 일련의 구운 향이나 향신료의 향도 약간 느낄 수 있다. 화이트와 로제와인은 좀 더 클래식한 특성을 가지고 있다.

색:
화이트, 로제,
레드.

서빙 온도:
화이트와 로제는 8~10도,
레드는 16도.

숙성 잠재력:
5~20년.

원산지 명칭 토로Toro의 꽃, 누만시아Numanthia

고도 650미터 이상에 위치한 DO 토로는 고원과 언덕 사이에 펼쳐져 있다. 템프라니요tempranillo로 알려진 틴토 데 토로는 여기서 과즙이 풍부한 검은 과일과 향신료의 향이 나는 깊이감을 가진 에너지 넘치는 와인을 생산한다. 누만시아-테르메스Numanthia-Termes 와이너리는 이 풍경 속에서 유독 빛난다. 1998년에 설립된 이 도멘은 우선 뛰어난 포도밭의 진가를 살릴 줄 아는 에구렌Eguren 가족의 역사이다. 실제로 도멘이 소유한 대략 40헥타르는 최고급 와인을 만들 수 있는 오래된 나무로 구성된 특별한 유산이다. 각각의 병은 매우 섬세하게 관리되는데, 매우 낮은 산출량, 극단적인 포도의 성숙도, 각별한 주의를 기울인 양조 등은 와인으로 하여금 접하기 어려운 벨벳 같은 부드러움과 여운을 갖게 한다. 뿌리 이식을 하지 않은 필록세라 이전의 포도만으로 양조된 테르만시아Termanthia 퀴베의 최근 빈티지들은 스페인에서 가장 뛰어난 와인 중 하나로 평가받는다.

베가 시실리아
(VEGA SICILIA)

만약 스페인에 하나의 전설적인 도멘이 있다면, 그건 당연히 베가 시실리아이다.
카스티야 이 레온의 바야돌리드(Valladolid)시 근처에 위치한 도멘은 200헥타르에 펼쳐져 있고,
해발 700미터에서 두에로(Duero)강을 굽어보고 있다.

핀카 베가 시실리아

47359 Valbuena de Duero
Valladolid

면적 : 210헥타르
생산량 : 250,000병/년
원산지 명칭 : 리베라 델 두에로 Ribera del Duero
레드와인 품종 : 템프라니요 tempranillo,
카베르네 소비뇽, 메를로

히스패닉 아이콘 연대기

이 연대기는 1848년 발부에나 Valbuena 후작이 재정적 난관에 봉착해 자신의 도멘 중 일부를 돈 토리비오 레칸다 Don Toribio Lecanda에게 팔면서 시작된다. 그의 아들 엘로이 Eloy는 이 밭을 상속받고 보르도 여행길에서 가지고 온 카베르네, 카르메네르 carménère, 말벡과 기타 다른 품종들을 심었다. 가축사육, 과수원과 도기 생산이라는 독특한 비즈니스로 살아가던 도멘에 있어 이는 분명히 엉뚱한 생각이었다. 19세기말, 레칸다 가문도 동일한 재정적 어려움으로 도멘을 에레로 Herrero 가문에 매각했다. 암울한 스토리가 계속 이어져 에레로 가문은 필록세라로 인해 타격을 받은 리오하의 생산자 코스메 팔라치오 Cosme Palacio에게 도멘을 임대해야 했다. 10년의 시간이 흘러, 에레로 가문은 모든 재산을 회수했다. 그러나 코스메의 경영 대리인이었던 쵸민 가라미올라 Txomin Garramiola가 정착시킨 시스템은 에레로 가문과 교류하는 매우 부유한 상류층 사람들을 만족시켰다. 결국 그는 도멘에 남았고, 우니코 Unico와 발부에나 Valbuena라는 두 퀴베를 만들어 가까이 지내는 사람들과 VIP 들에게 제공했다. 구매하고자 하는 사람들은 높은 가격을 지불했다. 스페인에서 가장 비싼 와인의 신화가 시작되었다. 1933년 쵸민 가라미올라의 사망 후, 도멘은 붕괴했다. 새로운 베가 시실리아와 전 세계에서 가장 최고급 와인인 유니코가 다시 빛을 발하는 것을 보기 위해서는 1982년 알바레스 가문의 매입까지 기다려야 했다. 이 지역으로서는 상당히 궁금증을 유발하는 이름인 '엘 파고 데 라 베가 산타 세실리아 이 카라스칼 el pago de la Vega Santa Cecilia y Carrascal'은 너무 길고 복잡해서 기억하기도, 발음하기도 어려워 아마도 도멘 이름의 이니셜을 딴 것 같다. 이렇게 '베가 시실리아'라는 이름이 태어났다.

명불허전 우니코

우니코는 분명히 수십 년 전 최초이자 최고의 스페인 와인의 대사였다. 당시 스페인에서는 해변과 파에야paëllas 정도가 이야깃거리였고, 단지 몇몇 리오하의 와인만이 소수의 전문가들의 사랑을 받았다. 1970년대 들어, 우니코가 인구에 회자되기 시작했다. 이 와인은 국경을 넘어 절대미각의 사람들을 놀라게 했다. 전설적인 양조가문인 마리아노 가르시아Mariano Garcia의 합류는 새로운 열광자들에게 와인의 이미지를 더욱 격상시켰다. 2015년까지 하비에 아우자스 로페스데카스트로Javier Ausáas Lóopez de Castro가 그의 뒤를 이었다.

석회암 경사면과 점토질 단구에 위치한 210헥타르의 테루아를 무시하는 건 아니지만, 우니코를 독특하게 만드는 것은 무엇보다 양조이다. 이게 바로 80%의 템프라니요와 블렌딩된 메를로와 카베르네 소비뇽을 승화시킨다. 포도밭에는 제초제도 살충제도 사용되지 않고, 오로지 구리와 유황만이 여기에 낄 수 있고, 토양의 척박함을 개선시키는 부엽토 정도도 추가할 수 있다. 원뿔 모양의 대형 오크통에서 15일간의 발효 후, 숙성은 1월부터 시작된다. 와인은 50%는 프랑스산, 또 다른 50%는 미국산인 새 오크통에 옮겨져, 필요로 하는 시간만큼 그 안에 머문다. 양조 책임자는 언제 재사용 오크통으로 옮길지를 결정한다. 그 후, 그는 우니코의 숙성을 완성하기 위해 다시 한 번 원뿔 모양의 대형 오크통으로 옮긴다. 7년간의 오크통 보관 이후, 다시 병 안에서 3년, 즉 총 10년의 숙성을 한다. 보르도의 그랑 크뤼와 맞먹는 가격대의 우니코의 세컨드 와인인 발부에나Valbuena는 좀 저렴한 대안이다. 마찬가지로 저렴하지만, 좀 더 현대적 스타일인 알리온Alión은 100% 템프라니요로 양조되었다. 또한 도멘은 퀴베 핀티아Pintia가 참고 기준으로 자리 잡은 원산지 명칭 토로에도 투자를 실시했다.

베가 시실리아VEGA SICILIA, 우니코UNICO, 리베라 델 두에로RIBERA DEL DUERO

10년 숙성 후, 이 퀴베는 향신료와 섬세한 과일 젤리의 향과 함께 서서히 잠에서 깨어난다. 감미로우며, 복합적인 맛은 놀라운 상쾌함과 콩피한 과일, 부드럽고 감미로운 향신료, 향기로운 식물들, 시트러스, 녹아서 변모된 오크향 등의 인상적인 향의 팔레트를 제공한다. 단순한 넉넉함, 명백한 매력, 켜켜이 쌓인 탄닌, 비현실적이리만큼 상쾌한 느낌의 공기감 있는 균형 등 모든 것이 마치 마법에 의한 것처럼 균형을 이룬다. 진정한 최고급 와인의 표징인 향의 폭발이 지속되고, 더 계속 지속된다.

> 도멘의 CEO인 파블로 알바레스Pablo Alvarez

BIERZO DO (DO 비에르소)

칸타브리아^{Cantabrie} 산맥 기슭에 위치한 비에르소는 평균 고도 해발 500미터 이상의 평야와 산에 걸쳐 펼쳐져 있는데, 이것은 완벽한 일교차를 보장해준다. 멘시아^{mencia} 품종의 본고장으로 인상적인 레드와인을 생산한다.

> **주요 품종** 화이트는 고데요^{Godello}, 도냐 블랑카^{doña blanca}, 말바지아^{malvasia}, 팔로미노^{palomino}, 샤르도네. 레드와 로제는 멘시아^{mencia}, 가르나차^{garnacha}(그르나슈), 템프라니요^{tempranillo}, 카베르네 소비뇽, 메를로.

> **토양** 이 원산지 명칭의 평균 고도는 상당히 높고 산들이 가까워 토양은 원칙적으로 충적토이지만, 석회암으로도 구성되어 있다. 이 토양은 느린 성숙과 깊은 미네랄을 와인에 보장한다.

> **와인 스타일** 최근 멘시아 품종으로 양조한 레드의 약진으로 인해 화이트와 로제에 그늘이 드리워졌다. 시작부터 거의 불투명에 가까운 어두운 색을 보이는 레드는 좀 더 농축되고 깊은 검은 체리나 블랙 커런트 잼의 향이 나지만 훈연과 미네랄의 향으로 진화한다. 잠재력을 모두 보기 위해 몇 년의 숙성을 필요로 하는 풍부하고, 조밀한 탄닌이 입안에서 느껴진다.

색:
화이트, 로제, 레드.

서빙 온도:
화이트와 로제는 8~10도,
레드는 16도.

숙성 잠재력:
화이트와 로제는 3~5년,
레드는 5~15년.

RIBERA DEL DUERO DO (DO 리베라 델 두에로)

주로 레드와인만 생산하는 이 원산지 명칭은 리오하와 더불어 스페인에서 가장 유명하다. 진정한 스페인식 노하우의 상징으로 새로운 빈티지가 나올 때마다 과거보다 최근 들어 좀 더 이베리코 반도의 여왕의 자리에 이 원산지 명칭이 얼마나 적합한지 그리고 최고 와이너리의 요람인지를 증명하고 있다. 신화적 도멘인 베가 시실리아^{Vega-Sicilia}(p.482-483 참조)는 1864년부터 이곳에서 시작되었다.

와인의 나이에 따른 스페인식 분류(p.96 참조)의 가장 좋은 예 중 하나가 이 DO로, 와인에 대한 가장 선명한 비전을 제시한다. 따라서 12개월이 되기 전에 병입한 '호벤^{joven}'은 어릴 적 마신다. 숙성 기간의 증가 순서대로, 12개월의 오크통을 포함 총 2년간 숙성한 '크리안사^{crianza}', 1년간의 오크통을 포함 총 3년간 숙성한 '레제르바스^{reservas}', 생산연도가 특별히 좋을 때만 만드는 2년간의 오크통, 3년간의 유리병, 즉 총 5년간 숙성시킨 '그란 레제르바스^{gran reservas}' 등이 있다.

> **주요 품종** 레드는 틴토 피노^{Tinto fino}, 카베르네 소비뇽, 메를로, 말벡, 가르나차^{garnacha}(그르나슈). 화이트는 알비요^{albillo}(거의 생산하지 않음).

> **토양** 고지대에 위치한 이 테루아의 큰 부분은 충적토, 백악, 석회암인데, 유례없는 촉감을 와인에 제공한다.

> **와인 스타일** 레드와인은 조그만 검은/붉은 과일, 부드러운 향신료, 이국적인 나무, 훈제한 육류, 말린 장미 등의 향이 난다. 리베라 델 두에로는 흥미롭게 열정적이다. '크리안사' 급의 와인은 맛있는 텍스처와 매력적인 틴토 피노의 표현 사이의 적당한 절충안이다. '레제르바스'와 '그란 레제르바스'는 훨씬 더 깊고, 풍부하며, 복합적이고 부드러운 와인들이다.

색:
레드, 화이트.

서빙 온도:
화이트는 10도,
레드는 16도.

숙성 잠재력:
빈티지와 와이너리에 따라
10~50년 혹은 그 이상.

RIOJA DOC (DO 리오하)

스페인 북부에 위치한 에브라Ebre강의 양쪽 강변을 덮고 있는 리오하 지방은 이 원산지 명칭을 서쪽에서 동쪽으로 가로지르는 작은 하천인 오하강Rio Oja에서 그 이름이 유래됐다. 19세기, 보르도의 와인은 리오하의 생산자들에게 큰 영감을 주었다. 필록세라의 위기 동안, 그들 중 몇몇은 새로운 기술과 노하우를 가지고 돌아오기 위해 보르도로 이주했다. 리베라 델 두에로Ribera del Douero와 마찬가지로, 정확한 품질 관리를 보장하는 매우 엄격한 숙성 컨트롤 시스템의 지배를 받는다. 아무런 추가 언급이 없는 리오하는 작은 오크통에서 몇 개월 숙성된 것이다. 리오하 크리안사Rioja Crianza는 1년간의 오크통을 포함 총 최소 2년간 숙성되었다. 리오하 레제르바Rioja Reserva는 1년간의 오크통을 포함 총 최소 3년간 숙성되었다. 리오하 그란 레제르바Rioja Gran Reserva는 최소 2년 오크통과 최소 3년 병 안에서 숙성되었다.

> **주요 품종** 화이트는 그르나슈 블랑, 비우라viura, 말바지아malvasia. 레드와 로제는 템프라니요tempranillo, 그르나슈 누아grenache noir, 그라시아노graciano, 마수엘로mazuelo.

> **토양** 토양의 대부분은 대륙성 기후에 크게 영향을 받은 점토-석회암 위에 펼쳐져 있다. 리오하의 테루아 중 하나인 리오하 바하Rioja Baja는 석회암이 지배적인 리오하 알라베자Rioja Alavesa에 비해 철분을 함유한 점토의 비중이 훨씬 높다.

> **와인 스타일** 화이트 와인은 원칙적으로 그르나슈 블랑 존재를 기반으로 한다. 맑은 색조와 함께 신고배, 복숭아와 같은 하얀 과일과 촉촉한 조약돌의 향이 난다. 기름진 맛과 풍부함이 지배적이다.

최근 몇 년 동안, 레드는 과거의 높은 알코올 도수와 진화된 스타일을 조금씩 상실하

고 있다. 보라색 빛이 감도는 석류색을 띠고 향의 양상은 원산지 명칭의 눈부신 개성을 환상적으로 표출한다. 잘 숙성되면 사냥감이나 동물적 향 같은 3기 향, 오디 잼, 흩뿌린 카카오 등의 향과 함께 좋은 짜임새와 활기가 특징이다. 로제는 상쾌함과 과일의 맛있는 풍미 사이에서 줄다리기를 한다.

색:
화이트, 로제, 레드.

서빙 온도:
화이트는 8~10도,
레드는 16도.

숙성 잠재력:
화이트와 로제는 3~15년,
레드는 5~20년.

NAVARRA DO (DO 나바라)

DO 시스템이 제정될 때부터 존재한, 가장 잘 알려진 원산지 명칭 중 하나이다. 프랑스 쪽 피레네에서 60킬로미터 남쪽에 위치한 원산지 명칭은 팜펠루네Pampelune의 북쪽, 로그로뇨Logroño의 서쪽, 시엘라 델 몽카요Sierra del Moncayo의 남쪽까지를 포함한다. DO안에는 바야 몬타냐Baja Montaña, 티에라 에스테야Tierra Estella, 발디사르베Valdizarbe, 리베라 알타Ribera Alta, 리베라 바야Ribera Baja 등의 여러 생산 지역이 존재한다. 11,500헥타르 이상의 방대한 테루아는 리오하의 경계에 거의 맞닿아 있다.

> **주요 품종** 화이트는 비우라Viura, 샤르도네, 모스카텔 데 그라노 메누도moscatel de grano menudo, 말바지아malvasia. 레드와 로제는 가르나차garnacha(그르나슈), 템프라니요tempranillo, 카베르네 소비뇽, 메를로, 마주엘로mazuelo, 그라시아노graciano.

> **토양** 포도밭은 언제나 인상적인 넓은 면적에 펼쳐져 있다. 이 포도밭들은 에브라강을 따라 북북을 향하면서 언덕과 더 높은 곳 방향으로 위치해 있다. 토양만큼이나 일조 방향도 다양하다. 점토가 있지만 특히 모래와 와인의 중요한 미네랄의 느낌을 주는 석회가 무시할 수 없는 비율로 존재한다.

> **와인 스타일** 화이트는 대부분 청량감 있고 새콤달콤하며, 훌륭한 과일 풍미가 느껴진다. 기름짐과 풍부함을 위해 오크통에 머무르게 하는 '부르고뉴식' 숙성을 한 샤르도네가 눈여겨볼 만하다.

새로운 발견과 희귀한 퀴베 애호가들은 원산지 명칭에서 양조를 허용한 감미로운 와인을 맛볼 수 있다. 몇 년 전부터, 뮈스카 아 프티 그랑으로 양조한 와인의 생산이 이루어지고 있다. 건조시킨 포도로 만든 이 와인은 오감을 위한 진정한 감미로움이다.

레드와인은 다양한 블렌딩의 표현이다. 템프라니요와 그르나슈가 지배적이지만, 메를로와 카베르네 소비뇽이 포도밭의 1/3을 차지하고 있다. 이 지역의 수많은 레드와인들은 부드러운 탄닌과 스파이시한 숲 향과 더불어 좋은 품질의 과실을 보여주고 있다.

색:
화이트, 로제, 레드.

서빙 온도:
화이트와 로제는 8~10도,
레드는 16도.

숙성 잠재력:
화이트와 로제는 3~10년,
레드는 5~15년.

보데가스 토레스
(BODEGAS TORRES)

유럽의 최고 브랜드 와인인 보데가 미구엘 토레스는 소규모의 가족 기업으로 남아 있다.
글로벌 기업을 만든 미구엘 토레스 세니오르(Miguel Torres Senior)는
지역의 포도 품종과 테루아를 재발견하기 전, 우선 국제적인 품종에 사활을 걸었다.

미구엘 토레스
6. 08720 Vilafranca del Penedès

설립 : 1870년
면적 : 1,300헥타르
생산량 : 비공개
원산지 명칭 : 페네데스Penedès
(주요) 화이트와인 품종 :
샤르도네, 소비뇽 블랑,
리슬링, 파라예다
(주요) 레드와인 품종 :
카베르네 소비뇽,
그르나슈,
템프라니요, 메를로,
시라, 카베르네 프랑,
카리냥, 케롤querol,
피노 누아

국제적 공인

1943년에 태어난 미구엘은 1960년대 초반 프랑스에서 양조학을 공부하기 시작했다. 학위를 받은 후에는 스페인으로 돌아왔다. 이 당시 가족들은 마스 라 플라나la Plana의 빌라프란카 델 페네데스 Vilafranca del Penedes 주변의 포도밭을 매입하고 포도나무를 다시 심기로 결정했다. 그 당시에는 냉장창고라는 것이 없었지만 고지대에는 허용 가능한 범위 내의 냉기가 존재했기 때문에, 토레스 가문은 고도가 높은 곳에 새로운 도멘의 오픈을 결정했다. 여러 다른 나라들의 품종을 테스트해 보았는데 다양한 성공을 거두었다. 리슬링과 피노 누아는 실패했지만, 장 레옹Jean Léon에 의해 이미 유명해진 카베르네 소비뇽은 큰 성공을 거두었다. 지금까지도 그란 코로나스Gran Coronas라고 불리는 첫 번째 빈티지는 1970년이었고 이 와인은 1979년 와인 올림피아드 (올랭피아드 뒤 뱅Olympiades du Vin)에서 수상했다. 놀라운 일이었다. "이 수상 소식을 알려준 것은 고객들이었습니다. 그 당시, 우리는 정말 몰랐거든요." 거의 알려지지 않은 곳에 심은 어린 카베르네 소비뇽이 본토에서 자란 최고급 보르도와 겨뤘다는 사실이 믿어지지 않았다. 토레스 가문이 외국 품종을 선택한 것에 놀란 사람들에게 그는 말했다. "당시 지역 품종은 합당치 않은 곳에 심어져 잘못 재배되고 있었고, 산출량이 너무 많았습니다. 어떤 방식으로건, 원점으로 되돌릴 필요가 있었죠." 스페인은 점차로 와인 관련 최고의 국가 중 하나로 도약하고 있다.

포도밭의 재발견

시간이 흐름에 따라 미구엘 토레스는 자신의 기업과 함께 진화했다. 1982년, 그는 몽펠리에에서 1년 동안 다시 양조학을 공부했는데, 이번에는 포도 농사까지 포함해서였다. 그를 불타오르게 만드는 테루아 효과라는 주제에 대해 심도 있게 공부하고, 포도나무를 더 잘 다루기 위해 '포도'라는 식물을 더 잘 이해할 수 있는 기회였다. 지금은 이것이 당연한 것처럼 보일 수 있지만, 1982년 당시로서 미구엘 토레스는 선구자 가운데 하나였다. 그는 카탈로니아로 돌아와, 포도원을 다시 점검했고, 포도 품종, 토양, 기후의 관계를 더 잘 이해하려고 노력했다. 그는 살충제와 살균제의 사용량을 줄였다. 그 결과, 산출량은 줄었지만, 품질은 제값을 했다. 완벽주의자인 토레스는 한 걸음 더 나아가고 싶었다. 그는 지구 온난화와 수자원 관리라는 주제에 관심을 가졌다. 그는 생산성이 떨어진다는 이유로 필록세라 이후 버림받은, 하지만 질병에 더 잘 견디고 기후에 더 잘 적응하는 카탈로니아의 오래된 품종을 파고들었다. 그는 잊힌 포도를 재발견하기 위해 오랜 경험이 있는 와인 메이커들에게 도움을 청했다. 그는 이 품종들을 분리시켜 재배 면적을 확장하고, 소량의 퀴베로 양조했다. 이 퀴베들이 만족스러우면, 그는 이 품종들을 가장 유명한 와인을 포함하여 도멘의 와인들에 조금씩 넣었다. 그가 발견한 마을의 이름을 딴, 탄닌이 풍부한 케롤querol 품종은 이렇게 해서 그란스 무라예스Grans Muralles 의 블렌딩에 점점 더 많이 포함되었다. 한편 토레스 가문은 칠레와 캘리포니아에도 포도밭을 경영하기 시작했다. 스페인에서도 카탈로니아를 벗어나 리오하Rioja, 루에다Rueda 그리고 리베라 델 두에로Ribera del Duero까지 확장했다. 경영을 맡은 새로운 세대인 아들 미구엘 주니어Miguel Junior 와 미레이아 토레스Mireia Torres는 나무는 튼튼한 뿌리 위에서만 잘 자란다는 아버지의 방식을 그대로 고수하고 있다.

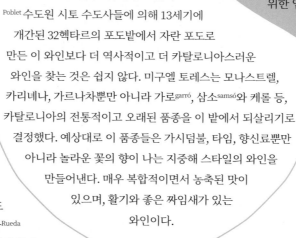

미구엘 토레스, 그란스 무라예스, 콩카 데 바르베라
GRANS MURALLES, CONCA DE BARBERA

지역 정신의 위대한 상징인 포블레 Poblet 수도원 시토 수도사들에 의해 13세기에 개간된 32헥타르의 포도밭에서 자란 포도로 만든 이 와인보다 더 역사적이고 더 카탈로니아스러운 와인을 찾는 것은 쉽지 않다. 미구엘 토레스는 모나스트렐, 카리녜나, 가르나차뿐만 아니라 가로garró, 삼소samsó와 케롤 등, 카탈로니아의 전통적이고 오래된 품종을 이 밭에서 되살리기로 결정했다. 예상대로 이 품종들은 가시덤불, 타임, 향신료뿐만 아니라 놀라운 꽃의 향이 나는 지중해 스타일의 와인을 만들어낸다. 매우 복합적이면서 농축된 맛이 있으며, 활기와 좋은 짜임새가 있는 와인이다.

미구엘 토레스, 마스 라 플라나
MAS LA PLANA, 페네데스PENEDÈS

석회암과 자갈로 이루어진 그다지 넓지 않은 29헥타르의 바로 그 카베르네 소비뇽! 1979년 파리에서 열린 와인 올림피아드에서 그란 코로나스라는 이름으로 라투르Latour, 피숑-랄랑드Pichon-Lalande와 미시옹 오 브리옹 Mission Haut Brion을 제친 바로 그 와인이다.

마스 라 플라나MAS LA PLANA

타고난 품격 외에도, 이 와인은 엄청나게 균일한 품질이라는 장점을 보여준다. 와인에서는 조그만 나무열매, 트러플, 가죽의 향이 난다. 훈연한 맛이 감지되고, 우아하고, 세련되며 잘 가공되었지만 매우 존재감이 있는 탄닌이 느껴진다. 탄탄하지만 유연한, 완벽한 운동선수와도 같은 이 와인은 기다릴 용기가 있는 사람들을 위한 엄청한 숙성 잠재력이 있다.

> 토레스 가문의 가족사진

CAMPO DE BORJA DO (DO 캄포 데 보르하)

아라곤 지방은 끝이 없는 에브라강을 가로지르며 어마어마한 면적을 차지하고 있다. DO 나바라Navarre의 남쪽 끝에 위치한 원산지 명칭 캄포 데 보르하는 '지방'을 의미하는 단어 캄포campo에서 왔는데, 오래된 도시 보르하를 둘러싸고 있다. 이 원산지 명칭은 이 테루아에서 생산할 수 있는 와인의 품질과 고귀함을 아주 잘 보여준다. 포도밭의 평균 해발고도는 500미터 선이다. 완만한 경사의 언덕이 군데군데 박힌 선형 면적에 형성된 다양한 모습을 가진 와인 재배지이다.

> **주요 품종** 레드와 로제는 가르나차Garnacha, 템프라니요tempranillo, 마주엘로mazuelo, 카베르네 소비뇽, 메를로, 시라. 화이트는 마카뵈maccabeu, 모스카텔moscatel, 샤르도네.

> **토양** 산화철의 흔적이 있는 상당히 갈색을 띄는 석회암.

> **와인 스타일** 원산지 명칭의 명성을 만든 가르나차가 지배적인 레드와인이 중심이다. 보랏빛의 불투명에 가까운, 꽉 찬 것 같은 색을 띄는 와인으로, 알코올에 재운 오디, 블루베리, 무화과의 향이 나는데 입안에 들어오면 좋아할 수밖에 없는 짜임새가 있다. 부드러운 탄닌은 감미롭게 부드러운 벨벳 같은 질감의 텍스처로 바뀐다.

소량 생산되는 화이트와 로제는 상쾌함과 새콤달콤하며 활력을 되찾게 하는 향이 특징이다.

색 :
화이트, 로제, 레드.

서빙 온도 :
화이트와 로제는 8~10도,
레드는 16도.

숙성 잠재력 :
달지 않은 화이트는 3~5년, 달콤한
화이트와 란시오는 7~10년, 레드는 7~20년.

PRIORAT DOC (DO 프리오라트)

카탈로니아 여왕의 자리에 오른 원산지 명칭이다. 20년 전 프리오라트의 와인은 박스에 담겨 1리터에 1유로로 판매되었지만 현재 가장 뛰어난 퀴베들은 한 병에 500유로를 넘어선다. 자신의 테루아를 표현하는 깊이 있는 와인을 생산하기 위해 이 DOC는 스스로 변했다. '크리안사crianza'라는 명칭이 붙은 화이트/레드 모두 최소한 6개월 동안 오크통에서 숙성된 와인이다. '그란 레제르바스'는 시장에 풀리기 전에 24개월은 오크통에, 36개월은 유리병 안에서 숙성된다.

> **주요 품종** 화이트는 그르나슈 블랑, 마카뵈, 파레야다parellada, 슈냉chenin, 비오니예, 페드로 히메네스pedro ximénez. 레드는 카리네나cariñena, 가르나차Garnacha(그르나슈), 카베르네 소비뇽, 메를로, 피노 누아, 시라, 템프라니요, 투리가touriga.

> **토양** 해발 200미터에서 900미터 넘게까지 단구와 고원이 연속적으로 번갈아 등장하는 곳으로, 편암과 화강암으로 이루어진 토양.

> **와인 스타일** 아직도 소량 생산되는 달지 않은 화이트는 그르나슈 블랑을 통해 이 테루아의 '진면목'을 보여준다. 달콤한 또는 란시오 스타일의 화이트는 제대로 맛있지만, 생산량은 전설에 등장할 수준이다.

자줏빛을 자랑하는 레드와인은 레드 커런트 잼, 오디, 향신료의 향이 난다. 강하면서 볼륨 있고, 농익은 탄닌이 느껴지고 검은 과일, 향신료, 감초와 연필심의 풍미가 난다.

색 :
화이트, 레드.

서빙 온도 :
달지 않은 혹은 감미로운 화이트는
10~12도, 레드는 16도.

숙성 잠재력 :
달지 않은 화이트는 3~5년.
달콤하거나 란시오 스타일의 화이트는 7~10년,
레드는 7~20년.

스페인 최고 10대 와이너리의 추천

- Agustí Torelló(아구스티 토레요) - DO Cava
- Bodega Aalto(보데가 알토) - DO Ribera del Duero
- Bodega Alvaro Palacios(보데가 알바로 팔라시오스) - DOC Priorat
- Bodegas Arzuaga(보데가 아르수아가) - DO Ribera del Duero
- Bodegas Chivite(보데가 치비테) - DO Navarra
- Bodegas Numanthia-Termes(보데가 누만시아-테르메스) - DO Toro
- Bodega San Roman(보데가 삼 로만) - DO Toro
- Bodegas Vega-Sicilia(보데가 베가 시실리아) - DO Ribera del Duero
- Clos Mogador(클로스 모가도르) - DOC Priorat
- Vall Llach(발 야치) - DOC Priorat

PENEDÈS DO (DO 페네데스)

25,000헥타르에 펼쳐져 있는 이 상징적인 원산지 명칭은 카탈로니아의 상당 부분을 덮고 있다. 알트 페네데스^{Alt Penedes}, 바이스 페네데스^{Baix Penedes}, 가라프^{Garraf} 등 여러 하위 지역이 있다. 넓은 면적은 여러 다른 스타일의 와인을 만들 수 있게 해준다.

> **주요 품종** 화이트는 마카뵈, 파레야다^{parellada}, 사렐-로^{xarel-lo}, 모스카텔, 샤르도네, 소비뇽, 게부르츠트라미너, 리슬링, 슈냉. 레드와 로제는 템프라니오, 그르나슈, 카리

녜나, 모나스트렐, 카베르네 소비뇽, 메를로, 피노 누아, 시라.

> **토양** 지리적 방대함은 수많은 종류의 토양으로 분류된다. 고지대에서는 대부분을 이루는 석회암이 뛰어난 상쾌함을 가진 와인을 생산할 수 있게 해준다. 이곳에는 백악과 화강암도 존재한다. 평야의 토양은 점토-모래 토양이 지배적이다.

> **와인 스타일** 화이트와인은 여러 다른 스타일로 양조된다. 샤르도네나 소비뇽과 같

은 국제적 품종은 오크향이 진한 스타일까지 포함해 모든 스타일의 와인을 양조할 수 있게 해준다. 향의 수준과 텍스처도 모두 다르다.

레드와인의 경우, 진한 색, 자두, 블랙 커런트, 향신료의 향을 가진 와인을 만드는 데 적합한 숙성 위주의 양조를 한다. 탄닌의 구조는 품종의 블렌딩에 따라 다르지만, 상당히 부드럽고 매끄럽다.

색 :	서빙 온도 :	숙성 잠재력 :
화이트, 로제, 레드.	화이트와 로제는 8~10도, 레드는 16도.	로제는 1~3년. 달지 않은 화이트는 3~10년, 레드는 7~10년.

VALDEPEÑAS DO (DO 발데페냐스)

이 원산지 명칭은 톨레데^{Tolède}산맥과 시에라 데 세구라^{sierra de Segura} 사이의 28,000헥타르에 펼쳐져 있다. 세 가지 색의 와인 모두를 대개 원산지 명칭의 클래식하고 올곧은 관점에 맞춰 양조한다.

> **주요 품종** 화이트는 아이렌^{airén}, 마카뵈. 레드와 로제는 센시벨^{cencibel}, 그르나슈, 카베르네 소비뇽.

> **토양** 발 데 페냐스^{Val de peñas}는 '돌맹이의 계곡'을 의미한다. 사막 같은 불모의 환경과 그 위에 흩어져 있는 포도밭을 쉽게 연상할 수 있다. 가장 유망한 밭들은 백악과 석회암 토양 위이다.

> **와인 스타일** 화이트와인은 아이렌과 마카뵈 듀엣으로 만들어진다. 아이렌이 상쾌함과 활기를 가져다준다면 마카뵈는 풍부함

과 볼륨 그리고 뛰어난 미네랄의 풍미를 선사한다.

레드와인은 대부분 템프라니오의 지역명인 센시벨로 만들어지는데, 조밀하고 깊고, 벨벳 같은 텍스처의 와인 애호가들에게 매력 있는 놀라움을 선사할 것이다.

색 :	서빙 온도 :	숙성 잠재력 :
화이트, 로제, 레드.	화이트와 로제는 8~10도, 레드는 16도.	달지 않은 화이트와 로제는 3~5년, 레드는 8~10년.

JUMILLA DO (DO 후미야)

스페인 남동쪽 레반테^{Levant} 지방에 위치한 후미야는 27,000헥타르 이상의 면적에 펼쳐져 있다. 건조한 땅과 풍부한 일조량으로 인해, 일부 지역의 풍경은 달 표면과 유사하다.

> **주요 품종** 화이트는 아이렌, 마카뵈, 모스카텔, 말바지아, 페드로 히메네즈^{pedro ximenez}. 레드는 모나스트렐^{monastrell}, 가르나차(그르나슈), 템프라니오, 카베르네 소비뇽, 메를

로, 시라.

> **토양** 돌과 백악으로 이루어진 토양은 여러 무기질들을 포도에 전해주어 포도가 이상적으로 활짝 열린 모습을 보이게 해준다.

> **와인 스타일** 이곳의 여러 다른 품종의 향의 진가를 살리기 위한 방법으로 화이트와 로제가 양조된다. 알코올이 풍부하여 활기를 갖고 있다. 하지만 가장 흥미로운 와인은 레반테의 태양열 아래서 큰 어려움 없이 성

숙하는 모나스트렐(무르베드르)로 만든 레드로, 강하고 볼륨 있으며 향신료의 풍미가 느껴진다. 예전의 건조 방식을 이용해, 이곳의 와인 메이커들은 유질감 있는 달콤한 와인도 만드는데, 라즈베리, 자두, 무화과를 말린 향과 함께 감미로운 맛이 이상적으로 균형을 이룬 와인이다. 당도 역시도 절대 무겁지 않고 조화롭다.

색 :	서빙 온도 :	숙성 잠재력 :
화이트, 로제, 레드.	화이트와 로제는 8~10도, 레드는 15도.	달지 않은 화이트와 로제는 3~5년, 레드는 7~30년.

보데가스 루스타우
(BODEGAS LUSTAU)

어떻게 상당히 단순한 테루아에서 그다지 향기롭지 않은 팔로미노(palomino) 품종을 가지고,
이렇게 복합적이고 이렇게 다양한 종류의 와인을 헤레스(Jeres)에서 만들 수 있게 되었을까?
그리고 특히 루스타우의 와인들처럼?

보데가 루스타우, 헤레스

Calle Arcos, 53
11402 Jerez de la Frontera, Cádiz

설립 : 1896년
면적 : 65헥타르
생산량 : 420,000병/년
원산지 명칭 : 헤레스Xérès
품종 : 팔로미노, 뮈스카,
페드로 히메네스

복합적인 테루아

의심의 여지없이 이곳의 테루아는 보이는 것처럼 그렇게 단순하지만은 않다. 안달루시아의 남쪽, 타오르는 태양, 완만한 언덕… 이 모든 것들에 뉘앙스가 없는 것처럼 보인다. 하지만 대서양에서 부는 바람에 노출되어 있고, 특히 만자니야Manzanilla 지방에서는 짭짜름함이 느껴진다. 또한 가장 인기 있는 백색의 알바리사albarizas 석회암 토양, 모래 그리고 바후barros라고 불리는 무거운 점토의 세 가지 유형의 토양이 있다. 하지만 헤레스Jerez의 마법은 우선 숙성에 있고, 특히 플로르flor라 부르는 효모막의 제어가 이 지역 와인의 특성을 만들어준다. 그리고 시간이라는 요소도 잊어서는 안 된다. 셰익스피어도 무척 좋아했던 헤레스(프랑스어로는 제레스Xérès, 영어로는 셰리Sherry라고 불림)는 근대 역사에서 수출을 위한 최초의 최고급 와인 중 하나로, 16세기부터 런던의 네고시앙들이 이 와인의 국제적 전파에 공헌했다. 스페인 사람들도 마찬가지였는데, 특히 보데가 루스타우는 이 유산을 보존하기 위해 노력했다.

<알마니스타Almanista>

설립자인 돈 호세 루이스Don José Ruiz는 제3자를 위해 헤레스 와인을 숙성시켜주는 '숙성 대행인'인 와인 메이커였다. 의심의 여지없이 진정한 원조 가운데 하나인 이 기원은 루스타우 알마세니스타스Lustau Almacenistas의 직계를 통해 계속 이어진다. 블렌딩되지 않은 8가지의 크뤼는 여러 생산자들 가운데 루스타우의 양조가인 마누엘 로사노Manuel Lozano에 의해 선택된다. 500밀리리터 병으로 판매되는데, 레이블에는 생산자명, 생산된 병(보타bota)의 수, 와인 스타일이 명시되어 있다. 루스타우는 '에스페시알리스타스Especialistas', '솔레라스Soleras', 30년이 넘은 보르스VORS, 트레스 엔 라마Tres en Rama 등 여러 다른 등급도 판매한다. 브랜디와 헤레스 식초는 말할 것도 없다. 가장 달지 않은 것에서 가장 단것까지, 짭짜름한 것에서 햇 아몬드의 맛이 나는 것까지, 헤이즐넛 향에서 카카오 향까지, 피노Fino에서 올로로소Oloroso까지, 만자니야Manzanilla에서 아몬티야도Amontillado와 PX에 이르기까지 루스타우는 단지 하나의 스타일이 아니라, 헤레스 '갤럭시'의 다양성 그 자체이다.

<헤레스 갤럭시>

이해를 돕기 위해, 헤레스는 크게 두 가지 타입이 있다. 너무 빠른 산화로부터 와인을 보호하기 위해 효모막을 앉히는 피노Fino, 만자니야Manzanilla와 아몬티야도Amontillado, 그리고 부분적 혹은 아예 앉히지 않는 올로로소Oloroso와 크림cream이다. 또한 날카로운 산도와 짭짤한 향을 특징으로 하는 구체적 명칭을 가진 만자니야의 원산지 산루카르 데 바라메다Sanlucar de Barrameda라는 독특한 지리적 영역도 알아두어야 한다. 하지만 그 어떤 가이드도 헤레스Jerez나 산루카르Sanlucar에 있는 보데가의 와인 저장고를 방문하는 것만큼 <헤레스 갤럭시>의 모든 다양성을 잘 설명해줄 수는 없다.

보데가스 루스타우, 루스타우 만자니야 파피루사
LUSTAU MANZANILLA PAPIRUSA

향을 맡기 전까지는 매우 창백한 색으로 인해 조금도 그 힘을 연상할 수 없다. 대양의 큰 숨결은 아몬드, 호두, 청사과, 건포도의 향뿐만 아니라 뒤를 이어 호로파, 후추, 큐민의 향을 가져다준다. 이 모든 것이 상쾌하면서 동시에 복합적이다. 약간의 짭짤함이 물보라처럼 흩뿌려지면서 대미를 장식한다.

보데가스 루스타우, 이스트 인디아 솔레라EAST INDIA SOLERA

달달한 페드로 히메네스로 주정강화시킨 올로로소인 이 퀴베는 알코올 도수가 20도에 달하고 달콤한 맛이 나서 크림 스타일에 속한다. 예전에는 이 스타일 와인의 오크통이 인도로 가는 항로를 달리는 배의 무게 조절 역할(사대沙袋)을 했고 배의 흔들림이 와인을 숙성시켰다. 화이트 품종으로 만든 와인치고는 놀라우리만치 짙은 붉은색을 띠는 호박색이다. 순한 혹은 매콤한 향신료, 후추 등 향도 동양을 연상시킨다. 아몬드, 말린 무화과, 올리브, 콩피한 오렌지, 커피, 세드라의 향과 더불어 특유의 유질감이 놀랍다. 맛의 끝이 보이지 않는 와인이다.

YECLA DO (DO 예클라)

이 남쪽의 원산지 명칭은 최근의 빈티지들에서 품질의 진정한 복귀를 일궈냈다. 바로 옆에 있는 DO 후미야Jumilla보다 재배 면적 면에서는 작은 규모이지만, 완벽한 성숙도로 인해 애호가들의 각별한 사랑을 받는 와인을 생산하는 캄포 아리바Campo Arriba와 캄포 아바호Campo Abajo라는 두 개의 지역을 포함하고 있다.

> **주요 품종** 화이트와인은 아이렌, 마카뵈, 메르세구에라merseguera, 소비뇽 블랑. 레드와 로제는 무르베드로의 동의어인 모나스트렐monastrell(블렌딩 시 최소한 75% 함유), 템프라니요, 가르나차(그르나슈), 카베르네 소비뇽, 메를로, 시라.

> **토양** 남쪽의 일부 다른 원산지 명칭처럼, 예클라는 상쾌함과 균형을 가져다주는 백악과 석회암 토양 위에 자리 잡고 있다.

> **와인 스타일** 화이트와 로제는 매우 폭발적인데, 햇볕을 듬뿍 먹은 활기 있는 텍스처와 새콤달콤함이 특징이다. 강렬한 석류색, 자주색을 띠는 레드는 밀도 있고, 강하면서 넉넉한 탄닌과 향신료, 초콜릿, 약간의 발사믹 향에서 오는 탄탄한 짜임새가 있다.

색 :	서빙 온도 :	숙성 잠재력 :
화이트, 로제, 레드.	화이트와 로제는 8~10도, 레드는 16도.	달지 않은 화이트와 로제는 3~5년, 레드는 3~10년.

XÉRÈS DOC (DO 헤레스)

스페인의 최남단 안달루시아에 위치한 원산지 명칭 헤레스는 1933년 DOC 등급을 획득했다. 몇 세기 전부터 유명한 이 와인은 일찍이 맛의 품질로 영국인들을 만족시켰다. 다른 테루아에서는 밍밍한 향과 별다른 흥미가 안 생기는 와인을 만드는 팔로미노palomino 품종이 여기서는 이상적 환경을 만난 듯싶다.

> **주요 품종** 두 품종이 있는데, 한 가지는 팔로미노 블랑palomino blanc 또는 리스탄listan이라고도 불리는 팔로미노 피노palomino fino는 포도밭의 90%를 차지하고 있다. 다른 한 가지는 '페에키스PX'라고 짧게 줄여 불리는 페드로 히메네스pedro ximénez로, 달콤한 와인 생산에 더 많이 사용된다.

> **토양** 주로 '알비리자스albarizas'라 불리는 석회암으로 이루어진 토양과 하부 토양이 지배적이다. 길고 더우며 매우 건조한 여름철에 이 토양의 수분 보유 능력이 핵심적이다.

> **와인 스타일** 이 원산지 명칭의 복합성과 다양성은 와인 스타일에 있다. 조금도 달지 않으면서 산도가 있는 헤레스 피노Xérès Fino가 있는가 하면, 제3기 향이 풍부하면서 거의 시럽에 가까운 헤레스 올로로소 크림Xérès Oloroso Cream도 있다. 달지 않고 가벼운 피노와 더 색이 짙고 강한 올로로소라는 두 카테고리의 헤레스가 있다. 피노는 플로르라

는 효모막(p.74 참조)이 필요하고, 올로로소는 필요 없다.

- 피노Finos. 조금도 달지 않고, 아몬드와 호두 껍질의 향이 있고, 가장 낮은 알코올 도수를 갖고 있다. 숙성시키지 않고 매우 어릴 때 마신다. '페일 크림pale cream'은 당도가 조금 있는 피노를 의미한다. 만자니야Manzanilla는 해안에 위치한 소규모 원산지 명칭 산루카르 데 바라메다Sanlúcar de Barrameda에서 생산되는 피노이다.

- 올로로소Olorosos. 16~18도에 이르는 알코올 도수와 플로르 없이 오크통 내에서 산화 숙성을 한다는 것이 피노와의 다른 점이다. 견

과류, 몰트, 구운 향, 초콜릿, 가죽, 좀 더 진한 발사믹 계열의 향 등이 난다.

- 아몬티야도Amontillado. 주정강화를 시킨 후, 산화가 일어나는 환경에서 숙성시킨 피노이다. 이 과정에서 피노와 올로로소 사이의 향의 특성이 발생한다.

- 페드로 히메네스는 미디움이나 크림 같은 일부 헤레스의 산도를 낮추기 위해 사용되고 또한 유질감이 있고 리터당 500그램 이상의 당분이 함유된 매우 당도가 높으며 희귀한 헤레스인 '둘세스 나투랄레스Dulces Naturales'의 생산에 사용된다.

색 :	서빙 온도 :	숙성 잠재력 :
화이트.	피노는 8~12도, 올로로소는 14도.	피노는 1~3년, 올로로소는 7~100년.

PLA Í LLEVANT DO (DO 플라 이 야반)

마요르카Majorque섬에 위치한 소규모의 원산지 명칭이다. 스페인 치고는 매우 아담한 400헥타르 미만으로, 강한 햇살과 바다 공기가 뛰어난 품질의 수확을 가능케 하는 규칙적인 기후에서 와인을 숙성시키는 13개의 와이너리가 있다. 섬의 모든 풍부함을 담고 있는 토착 품종을 기반으로 한다는 점에 주목할 만하다.

> **주요 품종** 화이트는 프렌살Prensal, 모스카텔moscatel, 마카뵈, 파레야다parellada, 샤르도네. 레드와 로제는 카예트callet, 포고네우fogoneu, 템프라니요, 만토 네그로manto negro, 모나스트렐monastrell, 카베르네 소비뇽, 메를로.

> **토양** 포도밭은 이상적인 수분 보유를 보장하는 백악 블록이 군데군데 박혀 있는 백악질 토양에 자리 잡고 있다.

> **와인 스타일** 뮈스카 아 프티 그랭muscats à petits grains과 알렉산드리아 뮈스카muscats d'Alexandrie가 꽃을 피우기 위한 완벽한 테루아인 듯하다. 대개 달지 않게 양조되어, 이 두 품종은 라벤더, 미모사 꽃의 향과 활기를 주고 향기로운 풍미를 입안에 남긴다. 로제 와인 역시 큰 관심을 가질 만하다. 짙은 색으로 눈길을 끌고, 콩피한 오렌지, 새 가죽, 옅은 훈연 향 등이 난다. 입안에서는 기름짐과 풍만함이 느껴진다. 지중해 와인의 넉넉함은 레드에서 만날 수 있다. 대부분 카예트callet와 템프라니요로 양조되어, 석류색을 띠고 매력적인 초콜릿 향 베이스 위에 오디 잼, 카카오 등의 향이 난다. 탄탄하면서 잘 성숙한 탄닌의 질감이 입안에서 확실하게 감지된다.

색:
화이트, 로제, 레드.

서빙 온도:
화이트와 로제는 8~10도, 레드는 15도.

숙성 잠재력:
화이트, 로제, 레드 모두 3~5년.

CAVA DO (DO 카바)

스페인 사람들에 의해 '샴파냐champaña'라는 별명이 붙여진, 이베리코 반도에서 가장 유명한 스파클링 와인은 카탈로니아어 '카베cave'에서 유래했다. 이 기원은 샹파뉴champagne보다 훨씬 늦다. 첫 번째 문헌 기록은 1872년으로 거슬러 올라가는데 유명한 보데가 코르도니우bodega Cordoniu의 호세 라벤토스José Raventos는 샹파뉴 지방 여행 후 지역 품종을 가지고 이 유명한 발포성 음료에 상응하는 것을 생산하기로 결정했다. 수많은 시도와 연구 끝에, 산 사두르니 다노이아San Sadurni d'Anoia에 있는 자신의 창고에서 개발에 성공했다. 카바는 카탈로니아 지방의 DO 페네데스Penedes에서 주로 생산되지만, 아라곤Aragon, 에스투레마두라Estremadure, 리오하Rioja, 나바라Navarre, 바스크 지방, 발렌시아 지방에서도 생산 가능하다. 33,000헥타르 이상으로 그 범위가 매우 방대하다.

> **주요 품종** 화이트는 샤르도네, 마카뵈, 말바지아, 파레야다parellada, 샤렐로xarello. 로제는 가르나차(그르나슈), 모나스트렐monastrell, 트라파트trepat, 피노 누아.

> **토양** 넓은 면적으로 인해 상당히 다양한 토양 종류가 존재하지만, 많은 생산자들은 가장 섬세한 기포는 와인에 필요한 미네랄과 성숙도를 줄 수 있는 석회암, 백악질의 토양에서 태어난다는 데 생각을 모은다.

> **와인 스타일** 여러 종류의 카바들의 공통적 특징은 반짝거리는 옅은 색이다. 캐모마일, 노란 과일, 견과류 또는 나무 선반 위에서의 숙성에 기인한 비스킷 등의 향이 옅게 난다. 일반적으로 부드러우면서 청량감 있는 맛이지만, 샹파뉴보다는 활기가 부족하다. 특유의 세련됨과 청량감을 주는 샤르도네는 3개의 주요 품종 마카뵈maccabeu, 파레야다parellada, 시아렐로xarello와의 블렌딩에서 점점 더 입지를 넓히고 있다.

색:
화이트, 로제.

서빙 온도:
퀴베와 와인의 숙성 단계에 따라서 8~12도.

숙성 잠재력:
3~15년.

알바로 팔라시오스
(ALVARO PALACIOS)

25세 때 알바로 팔라시오스는 땡전 한 푼 없었지만 맹렬한 의욕을 가지고
카탈로니아 프리오라트의 언덕 위의 잊힌 포도밭을 되살리기 위해 고향 리오하를 떠났다.
현재 그는 야심차게 전 세계를 정복하고 있는 새로운 스페인 와인의 상징이자
그의 컬트 와인인 에르미타(Ermita) 덕에 가장 유명한 인물이 되었다.

오토바이와 맞바꾼 늙은 포도나무

"내 삶은 와인과의 러브 스토리야…" 9명의 형제자매 중 7번째인 알바로 팔라시오스Alvaro Palacios는 이 말을 즐겨 한다. 그의 가문은 4세기 전부터 리오하에 확고하게 뿌리내렸지만, 다른 곳의 하늘들이 그에게 영광과 명성을 선사했다. 1980년대에 그는 스페인의 열악한 농업과 와인 메이커의 삶을 받아들이는 것에 대해 주저했던 사실을 기억한다. 하지만 와인 메이커로서의 기질이 유전자에 있어서였는지, 그는 보르도의 무엑스Moueix(페트뤼스Pétrus) 가문에서 지내는 동안 나이테를 만드는 것처럼 매년 몇 번씩이나 와인 맛을 보면서 '그랑 크뤼의 마법'에 압도되었는데, 그로부터 몇 년이 흐르자 그의 와인에 대한 사랑은 더욱 분명해졌다. 그는 스페인으로 돌아와 오크통 무역업을 시작했고, 수많은 길들을 누비고 다니면서 수년간의 고립으로 인해 휴면 상태였던 스페인 포도밭의 환상적인 잠재력을 인지했다. 자신의 아버지와 일해오던 르네 바르비에René Barbier가 그에게 카탈로니아의 남쪽에 있는 프리오라트Priorat의 잊힌 포도밭에서의 모험을 제안했을 때 그는 즉각적으로 자신의 오토바이를 팔아버리고 그곳으로 떠났다. 프리오라트에서 그는 수 세기 동안 이곳을 드나들던 수도사 와인 메이커들의 정신세계만큼이나, 버려진 상태에 있던 늙은 포도나무에 매료되었다. "로마인들이 포도밭을 만들었지만, 포도 농사에 고귀함과 품위를 부여한 것은 수도사들이었어요." 그는 유럽의 전통적인 최고 수준의 포도밭들에서, 수도사들이 결정적인 역할을 했음을 알았다. 타라고나Tarragone에서 50킬로미터 서쪽에 위치한 카탈로니아에 있는

프리오라트의 포도밭은 바다의 영향을 막는 언덕으로 이루어진 준엄한 환경의 한가운데 박혀 있다. 1989년, 가파른 경사로 인해 버려졌던 이 단구들은, 멋진 포도밭 전망이 되었다.

기념비적인 포도밭

해발 고도에 의해 완화된 열기, 건조한 여름을 가진 지역에서 필요로 하는 수분 공급을 조절할 수 있는 편암으로 구성된 척박한 토양, 나이 많은 그르나슈와 카리냥 품종의 포도나무 등 그 잠재력에 대해서는 의심의 여지가 없다. 지역의 또 다른 유명인사인 르네 바르비에René Barbier를 포함한 동업자들과 함께 알바로 팔라시오스는 여러 가지 일을 시작했고, 1990년 포도 매입과 포도밭 인수를 시작했다. 모두가 그의 길을 따랐다. 1993년 훗날 에르미타Ermita라 불릴, 작은 예배당으로 덮인 1.7헥타르의 작은 밭을 매입할 수 있는 기회가 주어졌다. 알바로 팔라시오스는 이 만남에서 한눈에 반했던 일을 기억한다. 여름의 무더위로부터 포도나무를 보호해주는 이상적인 북동향의 일조방향과 60도에 이르는 스펙타클한 경사 위에 위치한 '기념비적'이고 '마음을 사로잡는' 포도밭이었다. 매우 나이 많은 그르나슈 누아grenache noir의 첫 번째 양조 후 그는 강하면서 동시에 생동감 있는 역설적인 와인을 발견했다. "무더위와 건조함을 매우 청량감 있는 액체로 바꿀 수 있는 유일한 품종이었어요." 비평가들은 화려하면서 농축되고 뛰어난 균형과 깊이감이 있는 이 인상적인 밭 단위 와인에 즉각적으로 열광했다. 알바로 팔라시오스의 카리스마과 그의 능수능란한 의사소통이 그 나머지를 담당했다. 에르미타는 빠른 속도로 스페인 와인의 아이콘이자 프리오라트 르네상스의 상징이 되었다. 여러 포도밭의 포도를 블렌딩하는 것을 원칙으로 하던 스페인에서, 특정 테루아의 정체성과 표현에 초점을 맞춘 그의 과감한 접근 방식은 혁명의 시작을 의미했다. 이 철학은 그로 하여금 2000년 인수한 가족이 운영하던 리오하의 도멘과 그의 조카 리카르도 페레스 팔라시오스Ricardo Perez Palacios와 함께 대서양 근처 비에르소Bierzo 지방의 보데가 데센디엔테스 데 호타 팔라시오스bodega Descendientes de J. Palacios에서 또 다른 성공을 거두게 해주었다. 그의 머릿속에서는 테루아가 품종보다 우선한다고 해도, 그르나슈, 멘시아, 그라시아노 데 알파로graciano de alfaro 또는 오래된 모나스트렐monastrell(무르베드르) 등의 토착 품종의 재발견을 위해 노력했다. 이처럼 이 스페인 와인 양조계의 신동은 이베리아 반도의 와인 메이커들 사이에서 새로운 물결을 일으키는 롤 모델이 되었다.

도멘의 경영자인
바로 팔라시오스

포르투갈

Viana do Castelo
Minho
MINHO
Braga
1
TRANSMONTANA
2
2
2
Tâmega
Tua
Douro
Régua
Porto
Vila Nova de Gaia
Douro
DURIENSE
3
Océan
Atlantique
4
8
5
Aveiro
Viseu
Guarda
6
7
Mondego
BEIRAS
Coimbra
Zêzere
8
Castelo Branco
9
Leiria
ESTREMADURA
Tage
10
11
RIBATEJANO
21
Portalegre
Santarém
18
12
14
13
Sorraia
15
Sintra
17
Lisbonne
Borba
16
20
ALENTEJANO
Estoril
19
Évora
Setúbal
21
Sado
TERRAS DO SADO
21
Beja
Guadiana
ALGRAVE
22
23
24
25
Faro

Zones d'appellation contrôlée (DOC)

1 Vinho Verde
2 Trás-os-Montes
3 Porto et Douro
4 Távora-Varosa
5 Lafões
6 Bairrada
7 Dão
8 Beira Interior
9 Encostas de Aire
10 Lourinhã
11 Òbidos
12 Alenquer
13 Arruda
14 Torres Vedras

15 Bucelas
16 Carcavelos
17 Colares
18 Ribatejo
19 Setúbal
20 Palmela
21 Alentejo
22 Lagos
23 Portimão
24 Lagoa
25 Tavira
26 Madeira
27 Biscoitos, Pico, Graciosa

Frontière
Région de production du vinho regional (vin de pays)

N

0   50   100 km

Graciosa
27
AÇORES
Terceira
27
Pico
27

MADÈRE
26
Funchal

포르투갈의 포도 재배지

유럽의 끝에 위치한 포르투갈은 비교적 좁은 땅에서 매우 다양한 와인을 생산한다.
수 세기 전부터 포르투(Porto)와 마데이라(Madeira) 같은 포트와인(주정강화 와인)으로 유명하지만,
현재는 더욱 매력적인 고급 달지 않은 레드와인과 화이트와인을 생산하고 있다.

포도 재배의 오랜 역사

포르투의 상업. 포르투갈의 와이너리 역사는 로마 시대까지 거슬러 올라가지만, 포르투갈 와인이 어느 정도 인정을 받기 시작한 것은 오랜 세월이 지난 후였다. 12세기부터 영국과 맺은 무역관계는 포르투갈에 포도밭이 개발되는 원동력이었다. 오랜 기간 두 나라 간의 수요와 공급으로 인해, 18세기에 와서 포트 와인을 탄생시켰는데, 도루^{Douro} 계곡에서 생산되는 짙은 색의 이 레드와인은 상인들이 장기간의 해상 운송 과정에서 변질되는 것을 피하기 위해 주정강화를 시키면서 탄생한 와인이다. 이 지역은 1756년부터 세계 최초로 원산지 통제 명칭과 관련된 매우 세부적인 법규를 마련했다. 이는 프랑스 AOC 체계 제정보다 179년이나 앞선 것이다. 1974년 혁명까지 포르투갈의 경제적 낙후와 정치적 고립으로 포도 재배 방식이 변하지 않아 포르투갈의 훌륭한 포도 자원은 거의 손상되지 않았다.

최근의 발달. 1986년 포르투갈의 유럽연합 가입은 항상 견인차 역할을 했던 역사적으로 중요한 가문들, 때로는 근대화된 협동조합, 혹은 1990년대부터 급증한 킨타스^{quintas}라 불리는 개인 도멘의 생산자들에

숫자로 보는 포르투갈의 포도 재배지

면적 : 218,000헥타르
생산량 : 6,100,000헥토리터
레드 & 로제 : 69%
화이트 : 31%

(포도밭과 와인 협회, 포도 재배 및 와인 국제 사무국(OIV), 2014)

게 독특한 활력을 불어넣었다. 몇몇 포도 재배 지역에는 포도나무를 새로 심거나 새로운 포도 재배 지역이 생겨나는가 하면, 알렌테주와 같이 특별한 포도 재배 전통이 없던 지방들은 모든 종류의 실험이 이루어지는 장소였다. 그럼에도 불구하고 포르투갈은 과거의 관습에 따라 운영되는 가족 경영 포도원과 최첨단 도멘이 공존하는 양면적 모습을 보여주고 있는데, 이와 같은 현실은 첨단 기술의 급속한 확산으로 인해 점차 사라지는 추세이다.

지형과 기후 : 대조를 보이는 나라

때로는 극명하게 구분되는 대조를 보여주는 땅인 포르투갈의 모습은 와인에서도 그대로 나타난다. 포르투갈 전체 면적에 비하면 포르투갈의 포도 재배 면적은 넓다. 218,000헥타르의 포도밭이 중앙과 북동쪽의 고산지대를 제외한 전체 영토에 분포되어 있다.

포르투갈은 동서 방향으로는 비교적 좁지만 600킬로미터나 되는 긴 해안을 갖고 있다. 따라서 해안, 특히 북쪽 지역은 풍부한 강수, 해풍으로 인한 선선한 기온, 그리고 울창한 식생 등, 대서양의 영향을 강하게 받는다. 이러한 영향력은 동쪽으로 갈수록 급격히 약화된다. 북

> 도루^{Douro} 계곡의 도멘

쪽 지방은 산이 울타리의 역할을 하여 다량의 다습한 공기가 유입되는 것이 차단되며 여름이나 겨울의 극한의 날씨로 인해 황량한 풍경이 펼쳐진다. 포르투갈을 둘로 나누는 테주Tejo 강의 남쪽에 도달하면 지형이 평평해 지는데, 약간의 굴곡이 있는 이곳의 넓은 평야들은 여름철의 태양광과 건조함에 시달린다.

북부 지방

북쪽의 포도밭은 도루 계곡에서 북쪽과 북동쪽 국경까지 펼쳐 있다. 바로 여기에서 가장 넓은 면적을 차지하면서 가장 유명한 두 원산지 명칭을 만날 수 있는데, 완전히 상반된 특징을 가지는 비뉴 베르드Vinho Verde와 포르투Porto이다.

비뉴 베르드VINHO VERDE. 포도 재배 지역 비뉴

> 매년 수백 명이 도루 계곡의 쏟아지는 태양 아래 포도를 수확한다.

베르드는 대서양을 바라보는 거대한 원형극장처럼 생겼다. 풍부하고 무성한 식생을 자랑하는 습한 기후의 이 포도 재배 지역은 다양한 토착 포도 품종 덕분에 가볍고 산도가 있는 혹은 미세하게 발포성이 있는 달지 않은 화이트와인으로 명성이 자자하다.

도루DOURO **그리고 포르투**PORTO. 동쪽으로 갈수록 푸른 평원은 도루와 포르투 포도 재배 지역이 펼쳐져 있는, 높지는 않지만 산세가 험한 황무지의 풍광으로 점차 바뀐다. 이 두 DOC는 도루강과 그 지류들을 따라, 약 100킬로미터 내륙의 레젠데Resende 근처에서 스페인 국경까지 같은 원산지 명칭 범위에 속한다. 물의 흐름이 깊은 계곡의 편암 토양을 침식시켰다. 산 중턱에 돌로 둑을 쌓거나, 최근에는 비탈에 단구를 만들어 포도나무를 계단식으로 심었다. 약간의 알코올을 첨가한 포르투(포트) 와인은 강하고 알코올 도수가 높으며 향신료의 향이 난다. 포르투는 건조하고 혹독한 기후, 여름에 특히 뜨거운 온도를 견뎌야 하는 황량하고 돌투성이의 웅장한 포도밭에서 생산된다. 1990년대부터 이 지방의 도루 DOC는 포르투 와인과 같은 포도 품종으로 드라이 레드와인을 내놓고 있다.

트라스우스몬테스TRÁS-OS-MONTES. 최근 2006년에 DOC를 획득한 포르투갈 북동쪽 끝에 위치한 이 포도 재배 지역은 광활한 지역 등급 원산지 명칭인 트란스몬타누에 둘러싸여 있다. 협동조합이 주로 생산한다.

네 가지 와인 카테고리

포르투갈에서 상표를 정할 때는 원산지명을 따르는 것이 오랫동안 대세였던 데 반해, 포르투갈의 구매자들은 원산지 명칭보다 제품 혹은 생산자 이름을 선호한다. 그럼에도 불구하고 유럽의 요구에 따라 법령으로 네 개의 카테고리, 즉 DOC(Denominação de origem controlada), 사라져가고 있는 IPR(Indicação de proveniência regulamenrada), 지역 등급 와인(Vinho regional), 테이블 와인(Vinho) 등과 같이 유럽 연합의 요구대로 법적으로 구분시켰다. 이러한 구분이 와인의 등급을 나타내는 것처럼 여겨지지만, 수많은 생산자들은 특히 포도나무 품종의 선택에 있어 더 자유로운 지역 등급 와인을 선호한다.

중부 지방

도루와 세투발Setúbal 반도 사이에 위치한 포도 재배 지방에서 매년 포르투갈 와인의 40%가 생산되는데, 그중 반은 테이블 와인이다. 이 지방은 몇 가지 유명한 DOC 와인을 생산하는데, 북쪽의 베이라스Beiras, 테주Tejo, 리스본Lisboa, 그리고 세투발Setúbal 반도 등 네 개의 지역 등급 와인 생산지역으로 나뉜다. 이 지역에서는 토착 품종에 더해 국제적인 품종을 재배할 수 있다.

바이라다BAIRRADA. 습한 농촌 지방인 이곳은 포르투갈의 동쪽 대서양 연안과 화강암 언덕 사이에 있으며 다옹Dão DOC와 인접해 있다. 18세기에 평판이 높았던 이 지방은 루이스 파투Luis Pato와 같이 앞을 내다본 몇몇 생산자들의 노력 덕분에 오늘날 잠재력이 재발견되고 있다(루이스 파투의 와인은 지역 등급 명칭 베이라스로 판매된다). 점토 석회암질이 주성분인 토양에서 주요 품종인 바가baga로 이 지방 특유의 레드 와인을 만드는데, 어린 시기의 엄격한 와인이 진하고 좋은 짜임새의 와인이 되는 데에는 시간이 필요하다.

다옹DÃO. 동쪽으로 바이라다와 인접한 다옹 DOC는 협동조합들이 모든 원산지 명칭 와인의 양조 독점권을 상실한(1989년) 이후 대격변을 겪고 있다. 현재 이 지역에선 포르투갈에서 가장 성공적인 레드와인과 질 좋고 매력적인 화이트와인이 생산된다. 화강암 고원지대 위치한 이 포도 재배 지역은 세라 두 카라물루Serra do Caramulo 산맥 덕분에 대서양의 영향을 받지 않는다. 와인 스타일은 부드러운 것부터 강한 것까지 다양하며 좋은 짜임새를 가지고 있다.

테주TEJO. 타구스강이 가로지르는 테주 지방은 좋은 품질의 카베르네 소비뇽과 시라를 포함해서 대부분의 테이블 와인과 'Vinho Regional Tejo'라는 지역 등급 원산지 명칭으로 여전히 생산한다. 테주 DOC 와인은 이 지역에서 생산되는 전체 와인의 10%도 되지 않지만, 토착 포도 품종의 진가를 보여준다.

리스본LISBOA **주변의 포도 재배 지역.** 예전에 에스트레마두라Estrémadura 지방에 속했던 리스본 주변의 포도 재배 지역들은 리스본 북쪽의 30여 킬로미터에 달하는 해안선 일대를 포함한다. 대부분의 포도 재배 지역에서(22,000헥타르) 일상적인 와인을 생산하며 이 지방에서 생산되는 9가지 DOC는 생산량의 5%에 그친다. 대부분의 지역이 인지

도를 높이는 데 어려움을 겪고 있는데, 카르카벨루스^{Carcavelos}와 쿨라리스^{Colares}와 같이 리스본 외곽에 위치한 역사적인 몇몇 DOC는 도시화로 인해 사라질 위기에 처해 있다. 리스본 북쪽의 부셀라스^{Bucelas}도 같은 운명에 놓일 뻔했지만 아린투^{arinto} 품종으로 생산한 산미가 있고 향이 진한 화이트와인의 유행 덕분에, 현재는 사라질 위기에서 벗어났다.

남부 지방과 섬들

세투발^{SETÚBAL} 반도의 포도 재배 지역. 이 지방은 세투발 반도와 사두^{Sado}강 하구 남쪽의 포도 재배 지역으로 이루어졌다. 세투발 반도는 상대적으로 온화한 대서양 기후의 혜택을 보는 반면, 세투발 동쪽, 사두의 비옥한 평야에 위치한 곳의 기후는 훨씬 덥다. 이곳에는 팔멜라^{Palmela} DOC와 세투발 DOC 두 개만 있다. 팔멜라는 부드럽고 상대적으로 과일향이 풍부한 와인을 생산하는 레드와인 품종인 카스텔라옹^{castelão} (현지에서는 페리키타^{periquita}라고 불림) 품종 재배지이고, 세투발은 세투발 뮈스카^{muscat} 품종으로 생산한 달콤한 화이트와인이 유명하다. 현재 생산되는 와인의 둘 중 하나는 포도 품종의 선택이 훨씬 자유로운 세투발 반도^{Península de Setúbal} 지역 등급 와인이다. 다양한 토착 품종 혹은 국제적인 품종으로 생산한 화이트와인은 10년 전부터 급격히 발전했다. 레드와인은 카스텔라옹이 지배적이지만, 점차 카베르네 소비뇽, 시라, 아라고네스^{aragonês}, 혹은 투리가 나시오날^{turiga nacional}과 경쟁하고 있다.

알렌테주^{Alentejo}와 알가르베^{Algarve}의 포도 재배 지역. 알렌테주는 주민이 많지 않지만 포르투갈의 약 1/3을 차지할 정도로 넓은 지방이다. 덥고 건조하며, 여름엔 몹시 더운 기후의 이 지방은 드넓은 농지에서 생산하는 코르크로 유명했다. 현재는 강하면서 볼륨감이 있는 모던

한 스타일의 레드와인과 화이트와인을 생산한다. 이 지방의 와인은 알렌테주 지역 등급 와인과 알렌테주 DOC로 구분할 수 있는데, 후자는 독자적인 8개의 하위 지역 DOC로 구성된다. 협동조합의 영향력이 여전히 매우 크지만, 알렌테주가 가진 이 활력은 특히 지금까지의 성공에 크게 기여한 소규모 혹은 대규모 개인 투자자들의 공이다. 포르투갈 최남단에 위치한 1,700헥타르 규모의 작은 포도 재배 지역 알가르베^{Algarve}는 관광 인프라의 개발로 축소되고 있지만, 현대화된 도멘들이 카스텔라옹, 네그라 몰레^{negra mole}, 혹은 시라 품종으로 부드럽고 과일향이 풍부한 레드와인을 주로 생산한다.

섬의 포도 재배 지역. 아조레스 제도^{Açores}와 마데이라^{Madère}의 포도 재배지역이 차지하는 면적은 넓지 않지만, 전 세계에서 유일한 제조방식과 탁월한 장기숙성 능력이 있는 오랜 역사를 가진 주정강화 와인에 마데이라는 이름 넉자를 남겼다. 다음 페이지 박스 안 설명 참조.

기가 막히게 풍부한 포르투갈 품종

포르투갈은 오랜 시간 고립되어 세상의 유행과 단절된 덕분에 놀라울 정도로 다양한 포도 품종을 온전하게 간직하고 있다. 유럽연합 가입으로 포르투갈 와인에 대한 국제적인 관심이 모아지자 관련 기관은 명칭을 정리하고 포도 품종의 다양성을 조사해야 했다. 그렇게 해

포르투 양조과정

포도는 라가레스^{lagares}라 불리는 석재 탱크에 넣어 발로 밟거나 기계를 이용하여 압착한다. 발효 과정 중, 포도즙에 알코올을 넣어 발효를 막는다. 효모의 작용을 막고 포도의 천연 당분의 일부를 보존하기 위해 총량의 약 10% 정도의 증류주를 발효 중에 첨가하여 포도즙을 주정강화시킨다. 독립 생산자의 경우, 자신들의 도멘의 와인인 킨타^{quinta}만 양조하고, 자체적으로 숙성시킨다. 하지만 명성 있는 포트와인 생산자들은 다르다. 수확한 다음 해의 봄이 되면, 와인은 도루 하구 포르투 맞은편에 있는 빌라 노바 디 가이아^{Vila Nova de Gaia}에 옮겨져 푸드르^{foudre}, 피파스^{pipas}(약 630리터 용량의 나무통), 혹은 바리크^{barrique} 등의 용량이 다른 목재통에 담겨 숙성된다. 네고시앙이 보유한 높은 습도의 숙성고는 도루 계곡의 여름 무더위를 피할 수 있어서 천천히 숙성되게 해준다.
숙성 방식과 기간은 만들고자 하는 와인의 특성에 따라 달라진다(p.396 참조).

> 레드 포르투는 루비^{Ruby}와 토니^{Tawny} 두 그룹으로 구분된다. 화이트 포르투 생산은 미미하다.

유용한 정보

포르투갈은 전 세계 코르크 떡갈나무 숲의 1/3 이상을 소유하고 있다. 그중 약 70%가 코르크 마개 세계 제일 생산자인 알렌테주^{Alentejo} 지방에 있다.

> 포르투갈 남쪽 알렌테주 Alentejo 지방에서는 건조하고 드넓은 평원에서 포도가 자란다.

서 현재 341개의 품종이 확인됐는데, 그중 상당수는 포르투갈 외에서는 전혀 알려지지 않은 것이다. 몇몇 국제적인 품종으로 훌륭한 결과물을 얻을 수 있지만(시라, 카베르네 소비뇽 혹은 샤르도네), 무엇보다 포르투갈 와인의 장점은 다양한 토착 품종에 있다.

레드 품종. 토리가 나시오날은 현재 매우 인기 있는 레드와인 품종이다. 다웅Dão이 원산지인 이 품종은 주로 포트와인과 달지 않은 도루

레드와인의 중추적인 역할을 하지만 알렌테주나 테주 같은 다른 지방에서 진가를 발휘한다. 이 품종은 탄닌이 느껴지는 진하고 강렬한 맛의 와인을 만든다. 현지에서는 아라고네스aragonês 혹은 틴타 로리스tinta roriz라고 불리는, 포르투갈에서 가장 많이 재배되는 품종인 스페인의 템프라니오tempranillo는 상당히 진하고 토리가 나시오날보다 부드러운 와인을 만든다. 생명력이 강하고 만생종인 바가baga는 바이라다Bairrada의 주품종으로 탄닌이 느껴지고 산도가 있으며, 매우 짜임새가 있고 장기 숙성에 접한한 짙은 색의 와인을 생산한다. 트린카데이라trincadeira는 알렌테주Alentejo와 같은 남쪽의 따뜻하고 건조한 테루아와 틴타 아마렐라tinta amarela라는 이름으로 도루 지방의 경사면에서 잘 자란다. 이 품종이 잘 성숙했을 때는 장기 숙성이 가능한 짙은 색과 향신료의 향을 가진 와인을 만든다. 카스텔라웅castelão 혹은 페리키타periquita는 남쪽에서 가장 많이 재배되는 레드와인 품종으로 과일의 풍미와 청량감으로 사랑받는다.

화이트 품종. 화이트와인의 경우, 로레이루loureiro와 특히 알바리뉴alvarinho는 비뉴 베르드 지방에서 매우 인기 있는 품종인데, 상쾌하고, 강렬한 향이 느껴지는 와인을 만든다. 청량감 있고 향이 강한 비칼bical은 스파클링과 기포가 없는 바이라다 화이트와인을 만드는 인기 있는 품종이다. 이 품종은 강하고 뛰어난 품질로 가장 전도유망한 화이트 품종 중 하나인 엔크루자두encruzado와 함께 다웅Dão에 블렌딩된다. 아린투arinto는 대부분의 포도 재배 지역에서 볼 수 있지만, 상쾌하고 레몬의 풍미가 있는 와인으로 유명한 부셀라스Bucelas에서 그 진가를 보여준다. 페르낭 피레스fernão pires는 포르투갈에서 가장 많이, 특히 중앙과 남쪽에서 재배되는 화이트 품종으로 부드럽고 알코올 도수가 높은 와인을 생산한다.

변치 않는 마데이라 와인

모로코에서 640킬로미터 떨어진 먼 바다 위에 있는 포르투갈의 섬 마데이라의 포도 재배 지역과 이곳의 와인은 귀족들의 테이블에 진상되며 18세기에 황금기를 맞이했다. 하지만 19세기에 오이듐균과 필록세라, 전통적으로 가지고 있던 시장의 상실과 생산성 중심의 저급 품종 사용으로 인해 차츰 명성을 잃었고, 결국 조리용으로 전락하고 말았다. 오늘날 마데이라의 포도 재배 지역은 작은 밭들이 모인 400헥타르 규모이다. 오랜 역사가 있는 몇몇 도멘에서는 여전히 다양한 당도의 주정강화 와인인 고급 마데이라의 전통을 잇고 있다. 마데이라의 독특한 성격은 숙성 방법과 관련이 있다. 3개월 동안 스테인리스 탱크에 혹은 2년 동안 직사광선을 받는 지붕 아래 다락방에 보관하여 와인의 온도가 45도까지 상승하게 한다. 최상품은 생산연도가 있는 빈티지 또는 프라스케이라인데 오크통에서 최소 20년 이상 숙성되어야 한다. 이 와인들은 강하고 알코올 도수가 높으며, 산도가 있다. 캐러멜, 가죽, 콩피한 과일, 말린 과일, 바닷가 내음, 발사믹 등 쉽게 접할 수 없는 복합성과 지속성이 있는 향을 갖는다.

포르투갈의 유명 와인

현재 포르투갈은 혁신 중이며, DOC이건 지역 등급 와인 지역이건
모든 지방에서 훌륭한 생산자가 등장하고 있다.

DOC PORTO (DOC 포르투)

포르투 DOC는 포르투갈 북쪽 도루 강기슭에 인접해 있는 한정된 지역에서 생산된 화이트와 레드 주정강화 와인에만 해당된다. 면적은 250,000헥타르이지만 실제로 포도가 재배되는 면적은 43,000헥타르이다. 서쪽의 바이샤 코르구Baixa Corgo와 1756년 첫 번째 법령의 대상이었던 역사의 중심 시마 코르구Cima Corgo, 그리고 동쪽의 도루 수페리오르Douro Superior의 세 개의 지역으로 나뉜다.

원산지 명칭 포르투는 엄격한 밭의 등급부터 승인을 위한 심히 까다로운 시음까지 각 생산 단계마다 세계에서 가장 엄격한 통제가 실시된다. 편암질 토양, 포도 숙성기 동안의 매우 덥고 건조한 기후, 적합한 품종 등의 현지의 지리적 조건, 그리고 다양한 포르투 스타일에 결정적 역할을 하는 숙성 방법과 양조기술에 따라 와인의 성격이 결정된다.

> **주요 품종** 레드는 토리가 나시오날touriga nacional, 틴투 캉tinto cão, 틴타 로리스tinta roriz, 틴타 바로카tinta barroca, 토리가 프랑카touriga franca. 화이트는 세르시알sercial(이스가나 캉esgana cão), 폴가샹folgasão, 베르델류verdelho, 말바지아malvasia, 라비가투rabigato, 비오지뉴viosinho, 고베이유gouveio.

> **토양** 도루 강기슭과 지류의 편암질 토양에서만 포르투를 생산할 수 있다.

> **와인 스타일** 레드는 감미롭고 강하면서 강렬하다. 입안 가득 부드러운 열감과 충만함을 느끼게 해준다. 레드 포르투는 크게 두 가지 계열이 있다.

- **포르투 토니**Porto Tawny. 이 와인은 오크통에서 오랜 숙성을 거친다. 제어된 산화를 통해, 토니라는 단어가 의미하듯 '붉그스름한' 혹은 '호박색'을 띠게 되고, 커피, 호두, 마른 과일, 무화과, 서양 삼나무 등의 숙성에서 오는 강한 향을 가지는데 시간이 지남에 따라 더 우아해지고 복합적이 된다. 대부분은 숙성연도가 다른 와인들을 블렌딩하여 만드는데, 와인의 평균 연령은 법으로 정한 최소 연령을 넘겨야 한다. 오크통에서 최소 3년 숙성한 토니, 7년 숙성한 토니 리저브Tawny Reserve, 10, 20, 30, 혹은 40년 숙성된 토니순으로 고급이다. 최소 7년 숙성시킨 콜라이타Colheita는 여러 해의 와인을 혼합하지 않은 단일 밀레짐 와인으로 레이블에 표시된다.

- **포르투 루비**Porto Ruby. 포르투 토니와 달리 포르투 루비는 어릴 적의 '루비' 색을 유지한다. 이 와인은 병입 전, 비교적 짧게 오크통에서 혹은 스테인리스 탱크에서 숙성된다. 어릴 적에는 색이 짙고 매우 강렬하며, 잘 익은 검은/붉은 과일, 향신료의 향을 머금고 있다. 가장 야심차게 만들어진 와인은 고급 와인치고는 매우 강한 탄닌의 짜임새를 입 안에서 느낄 수 있다. 루비 혹은 루비 리저브Ruby Reserve는 상대적으로 탄닌이 덜 두드러지고 과일 풍미가 강렬하며 활력이 넘치는 어린 와인이다. LBVLate Bottled Vintage는 단 하나의 밀레짐에 수확된 후, 숙성 후 4~6년 사이에 병입된다. 이 와인은 최상위 카테고리인 빈티지보다 더 부드럽다. 빈티지 포르투는 특별히 작황이 좋은 해에 수확된 포도로 양조 후, 2~3년 숙성을 거쳐 병입되는데, 레이블에 생산연도가 표시되어 있다. 강렬함과 탄닌의 짜임새 덕분에 LBV와 빈티지 포르투는 수십 년의 숙성이 가능하다. 와인 컬렉터들의 국제적 마켓에서 빈티지 포르투는 최고급 보르도 혹은 부르고뉴와 동급으로 거래된다. 매우 적은 양만 생산되는 화이트 포르투는 화이트 양조용 포도만으로 양조해서 오크통에 숙성된다. 이런 화이트 포르투는 드미 섹 또는 달콤한 와인이 될 수 있는데, 일반적으로 부드럽지만 레드 포르투와 같은 복합성은 없다. 로제 포르투는 최근에 생산됐다.

> **주요 생산자** 바로스Barros, 부르메스테르Burmester, 처칠Churchill, 크로프트Croft, 도우Dow, 폰세카Fonseca, 구드 캠벨Gould Campbell, 페레이라Ferreira, 그라함Graham, 니에푸르트Niepoort, 킨타 두 크라스투Quinta do Crasto, 킨타 두 노발Quinta do Noval, 킨타 두 발 D. 마리아Quinta do Vale D. Maria, 라무스 핀투Ramos Pinto, 안드레센Andresen, 테일러 프라디게이트Taylor Fladgate, 워레스Warre's.

색 :
레드, 로제,
화이트.

서빙 온도 :
화이트는 11~14도,
레드는 15~17도.

숙성 잠재력 :
화이트는 처음 몇 년간,
레드는 50년까지.

DOC DOURO (DOC 도루)

이 원산지 명칭은 DOC 포르투의 생산지역과 동일하다. 도루에서는 지역 내에서의 소비를 위해 여전히 달지 않은 레드와 화이트 와인을 생산하지만, 포르투 생산에 필요한 것 이상으로 수확된 포도나 질이 떨어지는 포도로 만들었다. 1950년대부터 바르카 베냐Barca Velha 퀴베을 생산해온 페레이라Ferreira 나 킨타 두 크라스투Quinta do Crasto와 같은 몇몇 포르투의 도멘은 달지 않은 고급 레드와인 생산 잠재력을 간파했다. 이 스타일의 와인 양조를 위한 전용 포도 재배 지역에서 생산된 포도 사용이 증가함에 따라, 이 지방은 빠르게 달지 않은 와인 생산지로 인정받게 되었다. 도루 와인은 포르투와 같은 품종의 포도로 생산하는데 몇 가지 주요 품종이 있다.

> **주요 품종** 레드는 토리가 나시오날touriga nacional, 틴투 캉tinto cão, 틴타 로리스tinta roriz, 틴타 바로카tinta barroca, 토리가 프랑카touriga franca, 트린카데이라trincadeira, 소우자옹souzão. 화이트는 말바지아malvasia, 라비가투rabigato, 비오지뉴viosinho, 고베이유gouveio.

> **토양** 편암.

> **와인 스타일** 전체 생산의 80%를 차지하는 레드와인에는 매우 다양한 스타일이 있다. 일반적으로 색이 짙고, 붉은 또는 매우 농익은 검은 과일, 자두, 규석이나 편암과 유사한 미네랄 등의 강렬한 향이 나며 강하고 탄닌이 두드러진다. 때로는 미네랄에서 오는 좋은 청량감을 보여주는데, 오크통 숙성에도 아주 적합하다. 화이트와인은 향이 있고 부드럽다. 가장 좋은 것은 놀라울 정도의 밸런스와 신선한 느낌을 주고 알코올 도수가 매우 적당하다.

> **주요 생산자** 알베스 디 수사Alves de Sousa, 바르카 베냐Barca Velha, 킨타 두 코투Quinta do Côtto, 킨타 두 크라스투Quinta do Crasto, 킨타 두 포주Quinta do Fojo, 킨타 두 파사도루Quinta do Passadouro, 킨타 디 라 로사Quinta de la Rosa, 킨타 디 로리스Quinta de Roriz, 킨타 두 벨라 도나 마리아Quinta do Vela Dona Maria, 킨타 두 발라두Quinta do Vallado, 니에푸르트Niepoort, 소그라프Sogrape, 라무스 핀투Ramos Pinto, 와인 앤 소울Wine and Soul, 프라츠 앤 시밍턴Prats and Symington.

	색:	서빙 온도:	숙성 잠재력:
	레드, 화이트.	화이트는 9~12도, 레드는 14~16도.	화이트는 3~5년, 레드는 10년 이상.

DOC VINHO VERDE (DOC 비뉴 베르드)

포르투갈 북서쪽에 위치한, 1908년에 시작된 유서 깊은 DOC 비뉴 베르드는 가장 넓은 면적으로 가장 인지도가 높다. 숙성하지 않고 마셔서 '녹색verde' 와인이라고 이름 붙은 비뉴 베르드는 가볍고 상쾌하며 향기로운 화이트 와인을 떠오르게 하지만, 이 지방의 화이트 와인과 비슷한 스타일의 레드와인과 몇몇 로제 및 화이트 스파클링 와인도 생산한다. 북쪽의 미뉴Minho강, 남쪽의 도루강, 그리고 동쪽의 산맥으로 경계가 생성되는 이 DOC의 면적은 38,000헥타르에 달한다. 대서양과 면한 이 지방은 1,200밀리미터의 연강수량으로 인해 포도나무의 생장이 활발한데, 정자나 페르골라pergola 위에 포도나무 가지의 덩굴이 기어오르게 하는 전통적인 재배법을 사용하지만 최근 들어서는 이보다 낮은 높이에서 재배한다. 이 원산지 명칭은 지리적 그리고 문화적 기준에 따라 9개의 하위 지역으로 나뉜다. 북쪽 몽상Monção 지역은 특히 알바리뉴alvarinho 품종(스페인의 알바리뇨albariño)으로 생산한 화이트와인으로 유명하다.

> **주요 품종** 화이트는 알바리뉴, 아린투arinto, 아베수avesso, 아잘azal, 바토카batoca, 로레이루loureiro, 트라자두라trajadura. 레드는 알바레냥alvarelhão, 아마랄amaral, 보라사우borraçal, 이스파제이루espadeiro, 파제이루padeiro, 페드라우pedral, 라부 디 아뉴rabo de anho, 비냥vinhão.

> **토양** 비옥하지 않은 화강암이 지배적인 산성 토양.

> **와인 스타일** 화이트와인은 알코올 도수가 낮고 긴장감이 있으며 녹색 사과, 시트러스, 꽃의 향이 난다. 상쾌한 느낌은 약간의 미세한 기포로 인해 더 강화될 수 있다. 대부분의 레드와인은 색이 짙고, 산도가 있으며 부드러운 탄닌과 함께 과일의 풍미가 느껴진다.

> **주요 생산자** 팔라시오 다 브라제이라Palácio da Brejoeira, 폰티 디 리마ponte de Lima, 킨타 두 아메알Quinta do Ameal, 킨타스 디 멜가소Quintas de Melgaço, 리겐고 디 멜가소Reguengo de Melgaço, 소그라프Sogrape, 카사 디 빌라 베르드Casa de Vila Verde, 아벨레다Aveleda, 파소 디 텍세이로Paço de Teixeiró.

	색:	서빙 온도:	숙성 잠재력:
	화이트, 레드.	화이트는 8~12도, 레드는 14~15도.	화이트는 2년, 레드는 3년.

베이라

도멘 루이스 파투
(DOMAINE LUIS PATO)

도멘 루이스 파투는 포르투갈 북쪽의 리스본과 포르투 사이에 위치한 원산지 명칭 바이라다(Bairrada)에 속해 있다.
토착 품종의 수호자인 이 도멘은 포르투갈에서 가장 창의적인 생산자로서 뛰어난 테크닉으로 토착 품종을 다룬다.

도멘 루이스 파투

Adega Luis Pato
8, rua da Quinta Nova
3780-017 Amoreira da Gândara

설립 : 19세기
면적 : 60헥타르
생산량 : 350,000병/년
원산지 명칭 : 바이라다^{Bairrada}
레드와인 품종 : 바가^{baga}, 토리가 나시오날
^{touriga nacional}, 틴투 캉^{tinto cão}
화이트와인 품종 : 마리아 고메스
^{maria gomes}, 비칼^{bical}, 세르시알^{cercial},
스르시알리뉴^{sercialinho}

바이라다^{Bairrada}, 바가^{baga}의 땅

원산지 명칭 바이라다는 대서양과 가까운 지방인 베이라 알타^{Beira Alta}와 와이너리가 많은 원산지 명칭 다옹^{Dão} 사이에 있다. 기후는 대서양의 영향으로 온난하고 비가 많이 오며, 토양은 점토 석회질 혹은 사질이다. 이곳에선 무엇보다 특히 토착 레드와인 품종인 바가^{baga} 로 스파클링 와인을 생산한다. 전통적인 생산 조건에서 이 품종으로 만든 레드와인의 경우, 어릴 때는 그다지 매력적이지 않은데, 상당한 기간의 숙성을 필요로 한다. 대부분의 생산자가 핸디캡으로 여겼던 이런 유전적 특성은 2003년 이 품종의 사용을 제한할 목적으로 다른 이베리아 품종 혹은 국제적인 품종에 유리하게 원산지 명칭 통제에 관한 법령의 수정을 이끌어냈다. 이것이 루이스 파투^{Luis Pato}가 DOC 바이라다의 외부에 자리를 잡은 이유이기도 하다. 예외를 제외하고, 그의 반항적이면서 창조적 성향에 적합한 규제사항이 적은 베이라 지역 명칭^{Vinho Regional Beiras}으로 생산할 것이다.

대담하고 혁신적인 포도 재배자

1986년 루이스 파투는 18세기부터 포도 재배를 해온 가족 소유의 킨타 두 리베이리뉴^{Quinta do Ribeirinho}를 물려받았다. 이 포도원은 아모레이라 다 간다라^{Amoreira da Gândara}라는 작은 지역에 위치하며 현재는 여러 명에 의해서 포도가 재배되는 한 포도 재배 지역의 중심이 됐다. 조금씩 재구성된 오래된 모노폴로, 현재는 거의 수령 100년에 가까운 바가 품종이 재배되고 있는 비냐 바로사의 예와 같이, 연속적인 확장의 결과물인 이 도멘은 신중하면서 탁월함을 목표로 하는 운영으로서 입증되었다. 다시 말해 이 도멘의 명성은 토속적인 와인에 찌든 지역에서 혁명을 수행한 와인 메이커의 진보적인 태도에 전적으로 기인한다. 그는 포도밭에서 그리고 양조장에서의 일련의 참신한 방법을 통해 혁명을 수행했다. 이제는 널리 인정받고 유포된 그의 기술들이지만, 당시 전통이 강한 포도 재배 지역 내에서는 솔직히 아무도 관심을 가지지 않았다. 옛 관습을 고집하지 않으면서도 조상 대대로 내려오는 품종을 활용하는 이 기술은 융통성이 있으며 가장 까다로운 요구사항의 기준에 부응할 수 있다. 이러한 변화 속에서 가장 큰 승리자는 그의 손에 의해 탄생한, 누구도 부인할 수 없는 수준에 도달한 바가 품종이다.

반복되는 반순응주의

루이스 파투는 토착 품종의 뛰어남을 입증했지만, 일반적으로 일상적인 화이트와인을 생산하는 마리아 고메스maria gomes와 같이, 거의 알려지지 않은 다른 포르투갈 품종도 세상에 알렸다. 그의 창의성이 발휘된 분야는 레드와인인데, 각기 다른 열여섯 개의 퀴베를 통해 보기드문 폭넓음과 깨어 있는 정신을 보여주었다. 이 일련의 퀴베들은 도멘의 상징과도 같은 밭에서 나온 '클래식', 어릴 적 마실 수 있는 와인 또는 반대로 장기 숙성을 위한 와인 혹은 정체성이 조금 떨어지는 와인 등으로 나뉘는데, 각각의 퀴베는 확연한 차이를 보여주는 특성을 가진다. 가장 놀라운 와인은 화이트와인 양조용 포도만을 사용해서 듣도 보도 못한 방법으로 만든 레드와인이다! 또 다른 것은 기발한 양조 과정이 동원된 스파클링과 레드와인으로 동일한 바가 품종이지만 각 와인이 요구하는 성숙도에 따라 두 번에 걸쳐 수확한 포도로 생산된다. 여기에 더해 황을 첨가하지 않은 퀴베는 가장 트렌디한 주제에 대한 관심을 보여주고 있다. 다른 카테고리의 와인의 경우에도, 규범에서 벗어난 그의 재능과 솜씨가 언제나 발휘되는데, 그중 하나는 압착하지 않고 오로지 자연적으로 발생한 포도 주스로만 생산한 스파클링 와인이다. 그는 스위트 와인조차도 늦수확한 포도로 양조하는 관습과는 다르게 만드는데, 아이스 와인의 양조 방법을 응용하여, 이르게 수확한 포도를 압착한 후 인공적으로 냉동시키는 방법을 사용한다!

수백 년 전통의 현대적인 고급 와인

루이스 파투가 고안한 와인의 모더니즘은 종종 먼 과거에서 그 시발점을 찾을 수 있다. 점토 석회질 토양에 뿌리박은, 이미 19세기 중반에 명성을 얻은 화이트와인 화이트 비냐 포르말Vinha Formal의 경우가 그렇다. 그는 부르고뉴와 같은 방법을 동원하여 비칼이라는 이 지역만의 토착품종의 영광스러웠던 과거를 재조명했는데, 이 품종을 가지고 숙성을 통해 뛰어난 미네랄의 느낌을 선사하는 볼륨감 있는 와인을 만들었다. 레드와인 킨타 두 리베이리뉴 페 프랑쿠Quinta do Ribeirinho Pé Franco는 필록세라가 출현하기 전에 전 유럽의 포도 재배지역에서 자랐던 접붙이지 않은 포도나무에서 자란 포도로 양조된 퀴베인데, 필록세라 이전 시대 와인의 좋은 표본이 된다. 이 질병의 위험을 최소화하기 위해 모래 토양에서 재배되는 2.5 헥타르 규모의 바가는 뛰어난 균형이 함께한 농축미, 놀랍도록 실키한 질감을 통해 단호한 야심을 보여준다.

> 시음 중인 도멘의
대표 루이스 파투

킨타 두 노발
(QUINTA DO NOVAL)

1715년에 설립된 킨타 두 노발은 보르도에서 그랑 크뤼 클라세가 갖는 의미를 갖는 포르투이다. 킨타 두 노발은 나시오날(Nacional)이라 명명된 뛰어난 빈티지 퀴베와 더불어 종전 아성의 무너짐이 없이 그 명성을 지키고 있다.

킨타 두 노발 비뉴스

Av. Diogo Leite, 256
4400 111 Vila Nova de Gaia

설립 : 1715년
면적 : 145헥타르
생산량 : 800,000병/년
원산지 명칭 : 포르투 Porto
레드와인 품종 : 토리가 나시오날
touriga nacional, **토리가 프랑카**touriga
franca, **틴타 로리스**tinta roriz, **틴투 캉**
tinto cão, **틴타 바로카**tinta barroca, **틴타 프
란시스카**tinta francisca, **소우자옹**sousão

1931년의 《화룡점정》

우선 노발Noval은 시마 코르구Cima Corgo의 해발 100~350미터 사이의 경사면이라는 환상적인 입지조건 위에 돌담으로 지탱되는 145 헥타르에 이르는 계단식 포도밭을 가진 도멘이다. 이런 천혜의 환경은 뛰어난 와인을 생산하기에 안성맞춤이다. 초기 소유주 중 하나는 18세기 포르투갈의 국무총리인 폼바오 후작Marquis de Pombal 으로, 1756년에 공표된 포르투의 지방 경계선을 정한 인물이다. 노발 역사에 흔적을 남긴 또 다른 두 명의 거물은 네고시앙인 안토니오 호세 다 실바Antonio José Da Silva와 딱 들어맞는 이름을 가진 바스콘셀로스 포르투Vasconzelos Porto라는 이름으로 잘 알려진 그의 사위다. 이 두 인물은 20세기로 전환되는 시기에, 그리고 1960년대까지 포도밭을 재편성하고 저장고를 재건축하면서 도멘에 새로운 도약을 시도했다. 1914년 전쟁 직전부터 노발은 포르투 와인계에서 "모델같은 도멘"이 되었고, 당시에는 주로 영국인들이었던 와인 애호가들의 환호를 받기 시작했다. 그리고 1931년에 '결정타' 한 방을 날렸다. 1929년은 전 세계 공황에 영향을 받은 네고시앙들이 힘들었던 해로, 시장에 풀린 1927년산의 판매되지 않은 엄청난 재고로 인해서 새로운 밀레짐의 와인을 판매할 수 있을지 매우 의심스러웠다. 노발은 자신들의 1931 년산을 가지고 빈티지Vintage라는 퀴베를 생산할 것을 결정했다. 와인의

품질을 생각한다면, 이것은 대영제국 전체와 그 너머까지 브랜드의 명성을 확립시킨 신의 한 수였다.

군계일학 나시오날^{Nacional}

현재 도멘은 악사 밀레짐^{Axa Millésimes}에 속해 있다. 프랑스 보험사의 자회사 대표이자 노발의 대표인 크리스티앙 실리^{Christian Seely}의 세심한 보살핌을 받고 있다. 대기업의 치마폭에 둘러싸인 이 영세기업의 양조장과 특히 포도나무를 새로 심는 큰 투자로 인해 포도밭에 대규모의 자본이 투입되었다. 동시에 이 TF팀은 도멘의 정체성을 보존하는 데 중점을 두었는데, 특히 접붙이지 않은 포도나무의 포도로 양조한 퀴베인 명성이 자자한 '나시오날'을 통해서 였다. 장기보존 된 이 와인은 시장에서 가뿐히 4,000유로로 육박한다. 크리스티앙 실리는 노발의 다른 와인의 전철을 따르지 않고 나시오날만의 길을 걷게 만들었다. 접붙이지 않은 포도나무는 다른 양태를 보이는데, 포도 자체가 다르고, 그의 말처럼 "우리가 포도밭에서나 혹은 양조장에서 무엇을 하든" 다른 결과를 보여준다. 나시오날을 다른 와인들과 다르게 핸들링하진 않지만, 1963년, 1994년, 1996년, 1997년, 2000년 그리고 2003년처럼 생산연도에 따라 엄청난 와인이 생산된다. 가격 면에서 접근성이 좋은 와인으로는 여러 종류의 숙성기간이 있는 토니^{Tawnies}가 있는데, 10년 숙성된 것은 포르투 최고급 양조장이 생산한 것 중 최고의 가성비를 자랑하고, 오로지 도멘의 포도나무에서 수확된 포도로 양조하여 '오크통^{pipas}'에서 최소 7년 숙성시킨 후 주문을 받으면 병입시키는 밀레짐이 있는 포르투인 콜라이타^{Colheitas}가 있다. 지향점은 우아함이다. 좀 더 유명세를 타고 있는 빈티지의 경우, 깊은 과일의 풍미, 질감, 탄닌, 당도, 알코올의 뛰어난 조화와 균형이 놀랍다.

킨타 두 노발 콜라이타
QUINTA DO NOVAL COLHEITA **1986**

금색이 감도는 불의 색과 비슷하다. 말린 아몬드와 같은 견과류, 무화과 등의 향이 매우 강렬하다. 잘 익은 과일, 캐러멜의 맛과 비단같이 유려한 질감을 느낄 수 있다. 매우 감미로운 탄닌은 부드러운 열감은 서서히, 하지만 물밀듯이 미각으로 몰려든다.

킨타 두 노발 빈티지^{QUINTA DO NOVAL VINTAGE}
1997

진한 루비색을 띤다. 검은 체리, 멘톨, 제비꽃, 미네랄, 옅은 담배향이 우아하게 난다. 상쾌함, 균형, 긴장감, 품격 있는 탄닌, 미네랄이 입안에서 오래 지속된다. 기품 있는 탄닌과 복합적인 향, 테루와의 미네랄, 완벽한 주정 강화 기술 등 한마디로 신화적인 와인이다.

도멘의 경영자인
스티앙 실리^{Christian Seely}

DOC BAIRRADA (DOC 바이라다)

1979년 설립된 바이라다 DOC는 대서양 연안과 다웅과의 경계를 이루는 동쪽의 언덕들 사이, 베이라스Beiras 지방에 위치한다. 기후는 온화하고 연강수량 1,600밀리미터로 매우 습해서 포도나무 질병이 생기기 쉽다.

다른 작물들의 경작지 가운데에 있는 포도 재배 지역의 면적은 12,000헥타르이다. 레드와인이 전체 생산의 70%를 차지한다. 주품종인 바가는 블렌딩 시 최소 50% 이상이 포함되어야 한다. 달지 않은 화이트와인의 품질은 매우 향상됐으며, 이 지방에는 아린투 품종으로 만든 스파클링 와인의 전통을 보존하고 있다. 루이스 파투와 같이 스타 와인 메이커들은 베

이라스 지방등급 와인Vinho regional Beiras이라는 원산지 명칭으로 생산한다.

> **주요 품종** 레드는 바가, 알프루-샤이루alfro-cheiro, 카마라트camarate, 카스틀랑castelão, 하엔jaen, 토리가 나시오날, 아라고네스aragonês, 카베르네 소비뇽, 메를로. 화이트는 페르낭 피레스fernão pires, 아린투arinto, 세르시알cercial, 샤르도네.

> **토양** 상당히 무겁고 비옥한 점토 석회질과 모래 토양.

> **와인 스타일** 젊은 레드와인은 산도와 탄닌이 특히 강한 거친 와인이 되며, 그렇기 때문에 장기보존이 가능하다. 완숙한 레드

와인은 훨씬 다채롭다. 현대적인 스타일은 (포도 최적의 성숙도, 포도알 수확…) 최근에 등장한 더 현대적 스타일의 와인은 부드럽고 달콤하며 더 쉽게 접근할 수 있다.

화이트와인은 신선하고 향이 강하며(감귤류, 꽃, 잔디), 안정적인데, 특히 아린투 품종으로 생산한 와인이 그렇다.

> **주요 생산자** 카브 알리안사Caves Aliança, 카사 디 사이마Casa de Saima, 카브 상 주앙Caves São João, 루이스 파투, 킨타 디 바쇼Quinta de Baixo, 킨타 두 포소 두 로부Quinta do Poço do Lobo, 킨타 다 리고다이라Quinta da Rigodeira, 시도니우 디 소사Sidónio de Sousa, 소그라프Sogrape.

색 :	서빙 온도 :	숙성 잠재력 :
화이트, 레드.	화이트는 9~12도, 레드는 15~17도.	화이트는 3년, 레드는 10년(혹은 그 이상).

DOC DÃO (DOC 다웅)

원산지 명칭 바이라다 동쪽, 베이라 알타Beira Alta에 위치한, 1908년 설립된 DOC 다웅Dão은 이 지방을 가로지르는 강에서 이름을 빌렸다. 이 지방은 해발 400~700미터 사이, 20,000헥

타르의 달하는 포도밭이 있는 화강암 고원들로 이루어 졌다. 이 지방을 감싸고 있는 산맥은 특히 서쪽의 경우, 이 지방을 대서양의 영향으로부터 보호해준다. 겨울에는 춥고 습하며 여름에는 매우 덥고 건조하여 좀 더 대륙성 기후의 성질을 띤다. 전체 생산의 약 80%를 차지하는 레드와인은 토리가 나시오날touriga nacional과 알프루샤이루alfrocheiro가 주요 품종인데, 종종 단일 품종으로 생산되기도 하지만, 틴타 로리스tinta roriz 혹은 스페인에서는 멘시아mencía라고 불리는 하엔jaen과 같은 다른 품종들과 블렌딩되기도 한다. 화이트와인은 몇몇 스파클링 와인처럼 엔트루자두encruzado가 주요 품종인데, 종종 비칼bical, 세르시알sercial, 혹은 말바지아 피나malvasiz fina와 블렌딩된다.

> **주요 품종** 레드와 로제는 알프루샤이루alfrocheiro, 알바리뉴, 틴타 로리스tinta roriz, 바스타르두bastardo, 하엔, 루페트rufete, 틴투 캉tinto cão, 토리가 나시오날, 트린카데이라trincadeira. 화이트는 바르셀barcelo, 세르시알, 엔크루자두encruzado, 말바지아 피나malvasiz fina, 라부 디

오베냐rabo de ovelha, 테란테스terrantez, 우바 캉uva cão, 베르델류verdelho.

> **토양** 편암질, 사질, 화강암질 토양.

> **와인 스타일** 모던한 다웅의 와인은 1989년 독점권이 폐지된 협동조합 시대에 생산한 보잘 것 없는 와인에 대한 기억을 잊게 했다.

레드와인 스타일은 여러 가지가 있지만, 좋은 품질의 다웅 와인은 잘 익은 붉은 혹은 검은 과일, 향신료, 오크(오크통에서 숙성시켰을 경우), 때로는 꽃의 향기가 난다. 일반적으로 입안에서 볼륨감이 있고 짜임새가 좋으며 탄닌이 느껴지고 상당히 상쾌한 느낌을 주며, 장기 숙성이 가능하다. 엔크루자두encruzado가 주성분인 화이트와인은 향이 강하고(노란 과일), 진하고 상당히 걸쭉하지만 밸런스가 좋다. 약간 가볍고 향이 풍부한 로제 와인도 있다.

> **주요 생산자** 카브 알리안사Caves Aliança, 다웅 술Dão Sul, 킨타 두스 카르발라이스Quinta dos Carvalhais, 킨타 다스 마이아스Quinta das Maias, 킨타 다 페야다Quinta da Pellada, 킨타 두 페르디강Quinta do Perdião, 킨타 두스 로케스Quinta Dos Roques, 킨타 디 사에스Quinta de Saes.

색 :	서빙 온도 :	숙성 잠재력 :
화이트, 레드, 로제.	화이트는 9~12도, 로제는 10~12도, 레드는 14~16도.	로제는 당해에 마실 것, 화이트는 4년, 레드는 10년.

DOC ET VINHO REGIONAL ALENTEJO (DOC 알렌테주와 지역 등급 와인)

알렌테주Alentejo는 포르투갈의 중부와 남부에 걸쳐 위치한 매우 넓은 지역이다. 포도밭의 면적은 23,000헥타르에 불과하지만, 와인은 협동조합뿐 아니라 신흥 와인 메이커들의 활력 덕분에 최근 10년 동안 눈에 띄는 쾌거를 이룩했다.

이 지역은 레겐구스Reguengos, 보르바Borba, 레돈두Redondo, 비디게이라Vidigueira, 에보라Évora, 그란자 아마렐레자Granja-Amareleja, 포르탈레그르Portalegre, 모라Moura 등 8개의 하위 지역으로 나뉘는데, 각각의 독자적인 DOC를 사용할 수 있지만, 전체 수확량의 절반 이상을 알렌테주 지역 등급 와인으로 생산한다.

기후는 매우 덥고 건조하다. 풍부한 일조량 덕분에 완숙된 포도를 수확할 수 있지만, 포도밭에 관개시설을 설치해야 하고, 특히 화이트와인의 경우 다른 지방보다 일찍 수확해야 할 필요가 있다.

> **주요 품종** 레드는 알리칸트 보셰Alicante bouschet, 아라고네스aragonês, 카베르네 소비뇽, 모레투, 페리키타periquita, 시라, 틴타 카이아다tinta caiada, 토리가 나시오날, 트린카데이라trincadeira. 화이트는 안탕 바즈antão vaz, 아린투, 라부 디 오벨라rabo de ovelha, 로페이루roupeiro, 페르낭 피레스fernão pires.

> **토양** 점토, 모래, 화강암, 편암.

> **와인 스타일** 지역 등급 와인에 50개가 넘는 품종이 허용된 지역의 와인 스타일은 다양할 수밖에 없지만, 레드와인은 충만함, 과일 풍미의 성숙도, 열정적인 힘으로 유혹한다. 어릴 때부터 매력적인 가장 탄닌이 강한 와인들의 숙성 능력은 중간 수준이다. 화이트와인은 볼륨감이 있고, 부드러우면서 강하다.

> **주요 생산자** 보르바의 아데가 협동조합Adega Cooperativa de Borba, 포르탈레그레의 아데가 협동조합Adega Cooperativa de Portalegre, 레돈두의 아데가 협동조합Adega Cooperativa de Redondo, 코르테스 드 시마Cortes de Cima, 킨타 두 모루Quinta do Mouro, 에르다드 다 말라디냐 노바Herdade da Malhadinha Nova, 에르다드 두 모샹Herdade do Mouchão, 소그라페Sogrape, 킨타 두 카르무Quinta do Carmo, 킨타 두 몬테 도이로Quinta do

Monte d'Oiro.

색:	서빙 온도:	숙성 잠재력:
화이트, 레드.	화이트는 9~12도, 레드는 15~16도.	화이트는 4년, 레드는 10년.

지오르즈 두스 산토스Georges Dos Santos의 사랑스러운 다섯 와인

리옹에서 수입업-카비스트(ANTIC WINE, ONLY GEROGES)
최고의 주불 포르투 와인 대사

• **마리아 고메즈**Maria Gomes, **베이라스**Beiras **지역 등급 와인(루이스 파투**Luis Pato**).** 대표적인 갈증해소용 와인. 원기를 북돋으며 과일 풍미, 미네랄이 느껴지는 직선적인 맛의 저렴한 화이트와인. 해산물, 갑각류, 사프란, 올리브 오일 등이 들어가는 지중해 요리와 어울린다.

• **도실 로라이루**Docil Loureiro, **화이트 비뉴 베르드(니에푸르트**Niepoort**).** 로레이루loureiro 품종의 순수함, 폭발적인 맛, 시트러스의 향, 야들야들하면서 동시에 청량감이 느껴지고, 마무리에서 부드러움이 멋지게 나타나는 포르투갈을 대표하는 시그니처 와인 중의 하나. 여름철 음식을 곁들여서 친구들과 함께 마실 수 있는 와인.

• **퀴베 에그제코**Cuvée Ex æquo**(벤투**Bento**와 샤포티에**Chapoutier**).** 밀도감 있고, 검은 과일, 훈제한 베이컨, 검은 올리브, 엘더베리의 농축된 향이 느껴진다. 에스트레마두라Estrémadure지방의 일조량을 머금은 이 와인은 이 지방의 포르쿠 프레투porco preto와 같은 그릴에 구운 고기 요리에 때때로 곁들여 진다.

• **포르투 빈티지**Porto Vintage**(킨타 두 노발** Quinta do Noval**).** 빈티지에 대해 여러분이 생각하는 기준을 잊게 할 만큼 강력하고 기념비적인 최고의 그랑드 메종. 놀라운 힘이 있는 바디에서 나오는 시스터스ciste(지중해 연안의 관목) 향과 신선함이 있다.

• **포르투 빈티지**Porto Vintage **(킨타 두 베수비우**Quinta do Vesuvio**).** 수백 년 된 포도나무로 여러 와이너리에서 생산한, 풍부하고 부드러운 독특한 느낌을 주는, 신비한 맛의 엄청난 와인이다.

독일

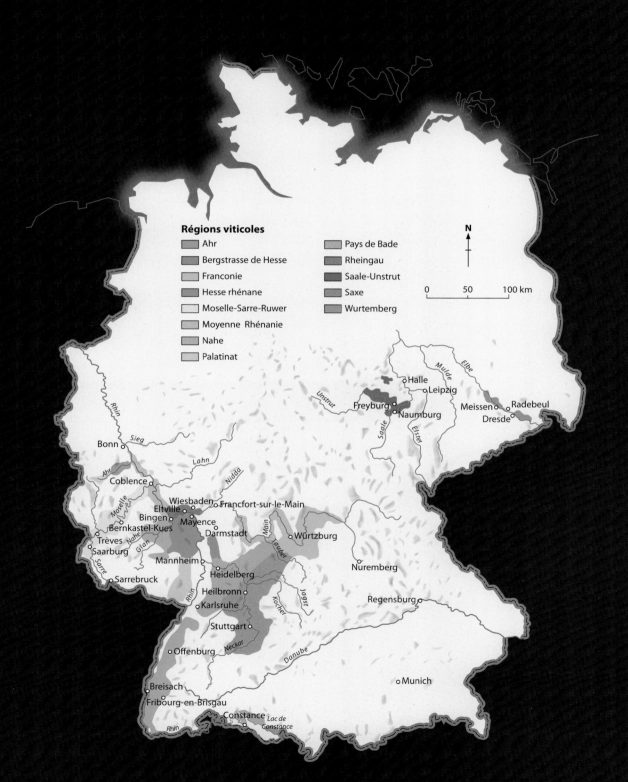

Régions viticoles

- Ahr
- Bergstrasse de Hesse
- Franconie
- Hesse rhénane
- Moselle-Sarre-Ruwer
- Moyenne Rhénanie
- Nahe
- Palatinat
- Pays de Bade
- Rheingau
- Saale-Unstrut
- Saxe
- Wurtemberg

N

0   50   100 km

Halle
Leipzig
Freyburg
Naumburg
Meissen
Radebeul
Dresde

Bonn
Sieg
Rhin
Ahr
Coblence
Lahn
Nidda
Moselle
Wiesbaden
Francfort-sur-le-Main
Eltville
Bingen
Mayence
Bernkastel-Kues
Nahe
Darmstadt
Glan
Trèves
Saarburg
Sarre
Mannheim
Main
Tauber
Würtzburg
Heidelberg
Nuremberg
Sarrebruck
Heilbronn
Kocher
Jagst
Karlsruhe
Rhin
Regensburg
Stuttgart
Neckar
Offenburg
Danube
Munich
Breisach
Fribourg-en-Brisgau
Constance
Lac de
Constance
Rhin

Unstrut
Saale
Elster
Mulde
Elbe

독일의 포도 재배지

비록 몇몇 시중에 유통되는 와인들이 실망스러울 수도 있지만, 최고 수준의 독일 와인들은
세계 최고의 와인 중 하나이며, 최근 젊은 와인 메이커들의 노력은 좋은 전조를 보이고 있다.

독일의 포도 재배

포도 농사의 시작은 아르^{Ahr} 지역은 기원전 3세기, 라인^{Rhin}과 모젤^{Moselle} 지역은 기원전 1세기까지 거슬러 올라간다. 로마제국 멸망 후, 샤를마뉴 대제가 나타날 때가 되서야 새로운 포도밭이 등장했다. 중세 시대에는 많은 수녀원과 수도원이 생겨나면서 와인의 품질이 개선되었다. 독일의 포도 재배 지역은 11세기와 16세기 말 사이 발전해 면적이 300,000헥타르에 달했다. 하지만 17세기의 종교전쟁은 포도밭의 상당 부분을 훼손시켰다. 필록세라(1874년), 노균병과 오이듐균의 출현으로 포도밭은 100,000헥타르로 줄어들었고 이는 대략 현재 독일 와인의 생산 면적이다.

숫자로 보는
독일의 포도 재배지
면적 : 102,000헥타르
생산량(평균):
8,700,000헥토리터
화이트 : 61%
레드와 로제 : 39%
(Wines of Germany, 2015)

힘든 기후 환경

독일 와인은 포도를 재배하는 데 있어 제한된 조건 하에서 만들어진 결과물인데, 낮은 알코올 함량과 때때로 매우 높은 산도의 원인이 된다. 서늘한 날씨로 인해 잘 익은 포도를 수확하기 힘들고 기상이변은 한 해의 노력을 물거품으로 만들 수도 있다. 와인 메이커들은 가장 일조량이 뛰어난 곳에 포도를 심어 이 핸디캡을 극복하고 있다.

최근 수십 년 동안 연평균 기온을 2도가량 상승시킨 지구 온난화는 독일의 포도 농사에 유리하게 작용하여 보다 성숙한 포도를 수확할 수 있게 해주며, 지금까지는 소량에 불과했던 레드와인 품종을 심을 수 있게 해주고 있다.

> 작스^{Saxe}에 있는 마이슨^{Meissen}
근처 포도원에서의 작업

미니 독일 와인 용어

여기 레이블에서 볼 수 있는 몇 가지 단어를 소개한다 :

Grauburgunder(그라우부르군더) : 피노 그리
Halbtrocken(할프트로큰) : 드미 섹, 약간 당도가 있는.
Eiswein(아이스바인) : 아이스 와인
Erzeugerabfüllung(에조이거라풀룽) : 생산자가 직접 병입.
Grosses/Erstes Gewâchs(그로세스/에스테스 게벡스) :
그랑/프르미에 크뤼
Schwarzriesling(슈바르츠리슬링) : 피노 뫼니에
Spätburgunder(슈페트부르군더) : 피노 누아
Spätlese(슈페트레제) : 늦수확 (하지만 이 언급이 있는
와인은 드라이 와인보다는 좀 더 달다는 의미이다)
Süss(쉬스) : 부드러운(사실 달콤한 와인이라는 뜻)
Trocken(트로켄) : 달지 않은, 섹^{sec}
Weingut(바인구트) : 도멘
Weinkellerei(바인켈러라이) : 양조장
Weissburgunder(바이스부르군더) : 피노 블랑
Winzergenossenschaft(빈처게노센샤프트) : 협동조합

책의 뒷면에 나오는 전문용어에서 더 많은
독일어를 참조하세요.

> 바카라 근처(라인란트 중부), 라인강을 마주한 포도밭 언덕

강 따라 늘어선 포도나무

독일에는 전통적인 13개 포도 재배 지역(안바우게비테^{Anbaugebiete})이 있고 이것은 다시 구역(베라이헤^{Bereiche})으로 분할된다. 포도밭의 대부분은 독일 서부와 남부에 있는데 강 유역을 따라 굽이굽이 형성되어 있다. 수원을 확보하는 것의 중요성을 알기 위해 주요 포도 재배 지역이 어디에 위치해 있는지 지도를 보는 것만으로도 충분하다.

바데^{Bade} 포도 재배 지역은 절대 라인강에서 멀어지지 않는다. 네카^{Necker}강과 그 지류는 만하임^{Mennheim}에 있는 라인강에 합류하기 전, 뷔르템베르크^{Wurtemberg}의 경사면들을 굽이굽이 지난다. 다른 지류인 마인^{Main}강은 프랑켄^{Franconie} 포도 재배 지역 안에 통로를 만든다. 하이델베르크^{Heidelgerg} 북쪽에 위치한 작은 지역인 헤센^{Hesse}의 베르그슈트라세^{Bergstrasse}는 라인강 유역을 바라보고 있는데, 그 반대편에 팔츠^{Palatinat} 지방이 펼쳐져 있다. 바로 북쪽에는 동과 북이 강과 맞닿아 있는 라인

강 유역 헤센주^{Hesse rhénane}가 있고, 강의 우안에 라인가우^{Rheingau} 포도 재배 지역이 있다. 라인강 협곡 위의 급경사지에 위치한 포도 재배 지역이 미텔라인^{Mittelrhein}을 구성한다. 다른 지류인 나헤^{Nahe}강은 포도 재배 지역의 이름으로도 쓰인다. 독일을 넘어서 전세계적으로 가장 유명한 지방인 모젤^{Moselle}은 자레^{Sarre}강과 루버^{Ruwer}강을 따라 형성된 포도밭들을 아우른다. 독일의 서쪽에 위치한 아름다운 아르^{Ahr} 지방은 거의 포도 재배 북방 한계선에 위치한다. 동쪽의 잘레^{Saale}-운슈트루트^{Unstrut}는 이 지역을 가로 지르는 이름은 두 하천의 이름에서 유래한다. 끝으로, 작센주^{Saxe}의 포도 재배 지역은 엘베^{Elbe}강 유역에 있다.

널리 알려진 포도 품종

19세기 말부터, 오래전부터 재배하던 포도 품종을 접목시키면서, 연구자들은 병에 덜 민감하고 대량 수확이 가능하고 당도가 높은 개성 있는 와인을 생산할 수 있는 다양한 품종을 개발했다. 현재 전통적인 품종과 다양한 교배종이 함께 재배되고 있다. 최근 15년간 있었던 특기할 만한 사실은 피노 누아, 카베르네 소비뇽 등의 레드와인 품종이 증가한 것인데, 전체 재배 면적의 36%를 차지하고 있다.

진실 혹은 거짓?

독일산 화이트와인은 대부분 달콤하다.

거짓 예전에는 그랬지만 최근 독일에서는 훌륭한 품질의 당도가 조금 있는 드미 섹^{demi-sec}과 당도가 없는 섹^{sec}한 화이트와인을 생산한다. 품종과 토양의 좀 더 나은 짝짓기는, 최근 몇 년간의 지구 온난화까지 가세되어 과거보다 더 농익은 포도를 수확하게 해주었다. 와인 메이커는 더 이상 보당을 할 필요가 없어졌고, 발효를 통해서 섹이나 드미-섹 와인을 생산할 수 있게 되었다.

유용한 정보

독일은 세계에서 가장 좋은 아이스바인을 생산하는 나라 가운데 하나이다. 건강하고 잘 성숙한 포도를 압착기에 넣어서 적어도 영하 7도가 되게 하려면 포도밭의 대기 온도가 영하 10도일 때 수확해야 한다. 저온 추출법^{cryoextraction}(p.62 참조)은 금지되어 있다. 와인은 약 8%의 알코올 도수를 가진다. 미네랄이 주는 좋은 풍미에서 오는 뛰어난 상쾌함에 더해 건살구, 시트러스, 캐러멜라이즈된 사과, 포르치니 버섯, 검은 무, 팔각, 설탕에 절인 생강, 꿀 등 여러 미묘한 향을 뿜어낸다. 이 와인들은 수십 년간 보존이 가능하다.

> 리슬링 포도송이

> 트롤링거 포도송이

클래식 화이트 품종. 독일 화이트와인의 기준점이 되는 품종은 리슬링이다. 리슬링은 햇볕이 풍부한 가을 동안 완숙할 수 있어서 여러 다른 카테고리의 와인을 만든다. 특히 모젤의 중류 지역Mittelmosel과 라인가우Rheingau의 가장 좋은 자리를 차지하고 있다. 두 가지 비니페라vinifera의 교배를 통해 얻은 품종의 도래로, 초기에 리슬링은 설 곳을 잃었지만, 현재 점유하고 있는 면적은 안정적이다. 또 다른 클래식한 품종인 실바네르의 몰락은 훨씬 심각하다. 프랑켄Franconie 지역에서 많이 재배되지만, 가장 큰 재배 지역은 라인강 헤센주에 위치한다. 포도밭의 위치가 좋고 수확량이 잘 통제되면, 농축되고 산도가 있으며, 숙성이 잘 되는 달지 않은 화이트와인을 얻을 수 있다. 이곳에서 바이스부르군더weissburgunder(피노 블랑), 룰란데ruländer라고 불리기도 하는 그라우부르군더grauburgunder(피노 그리), 그리고 샤르도네도 재배된다.

화이트 교배 품종. 첫 교배 품종인 밀러 투르가우müller-thurgau는(p.35 참조) 적은 산출량으로 통제를 하면 품질 좋은 화이트와인을 만든다. 와인의 품질로 평가한다면 최상급 교배품종인 쇼이레베scheurebe는 팔츠Palatinat 지방에서 좋은 결과물을 보여준다. 이 와인은 향과 고급스러운 산미, 그리고 훌륭한 숙성 잠재력으로 인정받았다. 꾸준한 산출량으로 사랑받는 케르너kerner는 리슬링과 유사하게 과일과 엘더베리의 꽃, 벌초한 잔디 등의 식물성 향이 나고 약간 스파이시한 감미로움이 특색인 와인을 만든다. 당분 함량으로 인해 종종 이 와인은 슈페틀리슨Spätlesen이나 아우슬리슨Auslesen처럼 '늦수확한' 와인 카테고리에 들어간다.

클래식 레드 품종. 주품종에는 20년간 그 면적이 세 배가 된 슈페트부르군더spätburgunder(피노 누아)와 가벼운 느낌의 와인을 만드는 블라우어 포르투기저blauer portugieser가 있다. 또한 트롤링거trollinger, 슈바르츠리슬링schwarzriesling(피노 뫼니에)와 잠트로트samtrot(피노 뫼니에 변종)

도 재배한다.

레드 교배 품종. 최근의 교배종인 돈펠더dornfelder는 놀라운 비약을 이루어 두 번째로 가장 많이 재배되는 레드와인 품종이다. 이 품종으로 만든 와인은 석류색을 띠며 오디, 체리, 자두 등의 붉은 과일의 향이 난다. 입안에서는 부드러운 탄닌과 함께 쌉싸름한 초콜릿 풍미가 느껴진다. 1971년에는 아콜론acolon이, 1927년에는 도미나domina가 태어났는데, 두 가지를 합쳐서 재배 면적은 900헥타르 미만이다. 탄닌이 확실한 강한 와인을 만들 수 있는 레겐트regent(교배종)은 다소간 성공을 거두어 가장 많이 심긴 레드 품종 중에서 6번째 자리를 차지하고 있다.

수확자-소유자와 협동조합 양조장

바데-뷔르템베르크Bade-Wurtemberg는 예외로 하고, 가장 품질이 좋은 와인의 대부분은 개인이 운영하는 도멘이거나 라인라트-팔츠Rheinland-Pfalz, 헤센Hesse, 바비에르Bavière 등의 주 또는 이보다 작은 지자체가 운영하는 양조장에서 만들어진다. 협동조합은 조합들에게 즙이나 와인이 아닌 오로지 포도만 받는다. 이들은 국내 총생산량의 1/3 이상을 담당한다. 바덴-뷔르템베르크에서 협동조합은 모든 종류의 와인을 생산한다. 뿐만 아니라, 협동조합에서 생산하는 와인의 품질과 스타일은 각 조합의 상업 정책에 따라 다를 수 있다. 최근의 트렌드는 '생산자에 의해서 병입된'을 의미하는 에조이거라풀룽Erzeugerabfüllung이라는 문구를 레이블 적으면서, 좀 더 좋은 와인을 만들어 좀 더 비싸게 팔려는 의지를 보여준다.

품질 추구

지구 온난화, 좀 더 뛰어난 품질 생산성을 가진 클론을 이용한 선별방법, 젊은 와인 메이커 교육을 위한 노력 등이 와인의 품질을 높이는 데 기여했다.

공식적인 기준. 원산지가 독일 와인의 등급을 정하는 첫 번째 기준이라면, 두 번째는 포도즙의 당분 함량에 따른 공식적인 분류이다. 이 공식적인 서열은 포도가 잘 익을수록, 더 좋은 와인이 나온다는 추론에 근거한다. 프랑스의 뱅 드 타블르와 같은 바인wein, 뱅 드 페이인 란트바인Landwein, 한정된 지역에서 생산하는 고품질 와인인 쿠베아QbA Qualitatswein bestimmter Anbaugebiete, '품질 인증'이 붙은 와인인 프레디카츠바인Prädikatswein 등으로 분류된다. 이 중 프레디카츠바인은 수확시 성

레이블에 표기된 '클래식'과 '셀렉션'

도이치 바인인스티투트(Deutsches Weininstitut)는 와인의 성격을 좀 더 쉽게 이해하기 위해 새로운 두 가지 카테고리를 고안했다. 레이블 상에 '클래식'과 '셀렉션'으로 표기되는데, 오로지 단일 품종으로 만든 달지 않은 고품질 화이트 와인만 해당된다. '클래식' 카테고리는 품종명, 생산자명, 생산된 지방, 생산연도 등이 적혀 있다. '셀렉션' 카테고리는 생산된 포도 재배 지역의 명칭까지 추가적으로 요구한다. 여기에 더해 수확방법, 산출량, 잠재적인 최소한의 알코올 함량 등 생산원칙과 관련된 좀 더 자세한 요구사항까지 밝힐 의무가 있다.

유용한 정보

오스트리아와 동일하게 독일에서도 스파클링 와인을 젝트^{Sekt}
라고 부른다. 800여 개의 양조장이 현재 대략 4억 병가량의
젝트를 매년 생산한다. 만약 레이블에 도이체 젝트^{Deutscher Sekt}라고
적혀 있으면, 이 와인은 단지 독일에서 수확된 포도로만 생산된
것이다. 이 카테고리에서 몇몇 희귀한 고품질의 와인을 만날 수
있다. 사실, 젝트의 거의 대부분이 공장에서 대량생산되는데,
특정 브랜드의 이름을 달고 매우 저가에 판매된다. 소량생산되는
개인 양조장의 빈처젝트^{Winzersekt}만이 고가에 판매된다.
밀레짐이 있는 젝트의 경우, 해당연도에 수확된 포도가 최소한
85% 함유되어야 한다.

숙도를 나타내는 6가지 명칭 중 한 가지를 명시할 수 있다.(p.98 참조).
품질을 목표로 한 재배 기술. 그럼에도 불구하고, 일부 와인 메이커들
은 소비자들의 새로운 요구에 부흥하기 위해, 달지 않은 와인을 생산
하고 자연적인 감미가 있는 와인을 포기하면서 전통을 재고했다. 이
트렌드는 와인 메이커들로 하여금 산출량을 제한하게 만들었고, 통
상적으로 잔당에 의해 만들어지던 균형은 농축도가 대신하게 했다.
여러 도멘들은 '유기농^{bio}'이나 바이오 다이내믹으로 전환했고, 에코
뱅^{Ecovin}, 비오란트^{Bioland}, 나투르란트^{Naturland}, 데메터^{Demeter}, 가^{Gäa}와 같
은 인증 기관 중 하나에 가맹했거나 하지 않은 와인 메이커의 숫자
가 매년 증가하고 있다.

품질 보증 레이블과 메달

이것들은 레이블 상에서 혹은 직접 와인 병에서 볼 수 있다.

날개가 펼쳐진 독수리. 독일 와인 협회VDP^{Verband Deutscher}
^{Prädikatsweingüter}의 엠블럼이다. 이 조직은 프레디카츠바인
생산자 연합으로, 이 날개는 최고 품질의 와인을 상징하지만,
수많은 최고급 와인 생산자들이 이 조합의 멤버는 아니다.
2002년, VDP는 최고의 양조용 포도 생산지 등급 분류
시스템을 적용하기로 결정했다. 그로세스 게백스^{Grosses}
^{Gewächs} 또는 에르테스 게백스^{Erstes Gewächs}는 프랑스의 그랑
크뤼나 프르미에 크뤼에 해당되는데, 품종, 산출량, 성숙도,
양조기술 등 생산과 관련된 강제적 사항에 따라야 한다.

마카롱 또는 병목 장식. 지역의 심사위원단에 의해 상을
받은 와인에 대해 독일 농업협회^{DLG}^{Deutsche Landwirtschafts-}
^{Gesellschaft}가 수여한 금, 은, 동 메달이다.

여러 색깔의 와인 품질 보증 인장^{Weinsiegel}. 이것도
독일농업협회에 의해 수여된다. 노란색은 달지 않은 트로켄
^{Trocken}, 녹색은 드미섹인 할프트로켄^{Halbtrocken}, 빨간색은 기타
다른 와인들에 붙여진다.

> 랑켄 지방에 있는 한
와인 창고. 오른쪽에 지역
특산 와인인 복스보틀
^{Bocksbeutel}이 보인다.

독일의
유명 와인과 지역

와인 품질의 개선은 독일 내수와 수출 시장에서의 수요를 증대시켰다.
2013년, 특히 미국, 영국, 네덜란드, 스웨덴, 노르웨이 등지에 수출된 와인은
130만 헥토리터에 달했다. 북에서 남으로 독일 와인의 주요 생산지와
그 와인을 소개한다.

SAALE-UNSTRUT ET SAXE (SACHSEN) (잘레-운슈트루트와 작스(작센))

이 두 포도 재배 지역은 20여 년 전 동독에 포함되어 있었다. 765헥타르 규모의 잘레-운슈트루트는 동명의 두 개의 하천 유역에 위치한다. 500헥타르의 작스 포도 재배 지역은 드레스덴Dresde을 남북으로 가로 지르는 엘베강Elbe의 물줄기를 따라 펼쳐져 있다. 이 지역들은 대부분 달지 않은 혹은 드미 섹 화이트와인을 생산한다. 레드와인 품종은 전체 면적의 20% 미만을 차지한다. 독일 통일 이후, 와인의 품질이 눈에 띄게 향상되었다.

> **주요 품종** 화이트는 뮐러 투르가우müller-thurgau, 바이스부르군더weissburgunder(피노 블랑), 리슬링, 실바네르. 레드는 포르투기저portugieser, 돈펠더dornfelder, 슈페트부르군더spätburgunder.

> **토양** 잘레-운슈트루트 지역은 분리된 석회암, 다양한 사암, 점토 황토, 구리 슬레이트, 작센 지역은 편암, 화강암, 강 모래로 덮인 황토층과 사암.

> **와인 스타일** 잘레-운슈트루트의 화이트는 사과, 레몬 제스트, 호두 등의 과일과 매우 청량감 있는 미네랄의 향이 느껴진다. 포르투기저로 만든 레드와인은 오디, 체리 등의 검은 과일, 제비꽃, 주니퍼베리, 팔각의 향이 난다. 뮐러-투르가우로 양조된 작스의 화이트는 사과, 복숭아, 호두의 향이 나는 반면, 리슬링에서는 사과, 살구, 시트러스, 조그만 하얀 꽃의 향과 멋진 미네랄이 느껴진다. 돈펠더로 만든 레드에서는 붉은 과일, 제비꽃, 카카오의 향이, 슈페트부르군더에서는 붉은 과일, 숲속 흙, 후추의 향이 난다.

> **최고급 크뤼** 잘레-운슈트루트 : 프라이부르크 에델아커Freyburg Edelacker, 카르스도르프 호어 그레테Karsdorf Hohe Gräte, 바트 쾨젠 잘호이저Bad Kösen Saalhäuser, 바트 줄차 조넨베르크Bad Sulza Sonnenberg, 고제커 데칸텐베르크Gosecker Dechantenberg, 횐슈테트 크라이스베르크Höhnstedt Kreisberg, 카첸 닥스베르크Kaatschen Dachsberg, 나

움부르크Naumburg(조넨에크Sonneneck, 슈타인마이스터Steinmeister), 슐프포르테 쾨펠베르크Schulpforte Köppelberg, 바이쉬츠 뉘센베르크Weischütz Nüssenberg. / 작센 : 드레스드너 엘브헹에Dresdner Elbhänge, 마이센Meissen(카피텔베르크Kapitelberg, 로젠그룬헨Rosengründchen, 페스터비츠 요흐회슐뢰셴Pesterwitz Jochhöchschlösschen, 필니츠 쾨니글리혀 바인베르크Pillnitz Königlicher Weinberg, 라데보일Radebeul(요하니스베르크Johannisberg, 슈타인뤼켄Steinrücken), 슐로스 프로쉬비츠Schloss Proschwitz, 조이슬리츠 하인리히스부르크Seusslitz Heinrichsburg, 바인뵐라 겔러트베르크Weinböhla Gellertberg.

> **주요 생산자** 잘레-운스트루트 : 귄터 보른Günter Born, 구섹Gussek, 클라우스 뵈메Klaus Böhme, 뤼츠켄도르프Lützkendorf, 베르나드 파비스Bernard Pawis, 클로스터 포르타Kloster Pforta, 취링어 바인굿 바트 줄차Thüringer Weingut Bad Sulza. / 작센 : 클라우스 찜멀링Klaus Zimmerling, 슐로스 프로쉬비츠 프린츠 쭈어 리페Schloss Proschwitz Prinz zur Lippe, 빈첸츠 리히터Vincenz Richter.

AHR (아르)

560헥타르의 이 지방의 이름은 여기를 가로 지르는 강에서 유래했는데 라인강과의 합류점 근처에 있다. 급경사면에 위치한 포도밭

의 토양은 점토질 편암으로 피노 누아로 양조된 뛰어난 레드와인을 만든다. 화이트와인 품종은 전체 재배 면적의 단지 15% 정도이다.

> **주요 품종** 레드는 슈페트부르군더spätburgunder(피노 누아), 포르투기저portugieser 그리고 도미나domina. 화이트는 리슬링.

> **토양** 점토질 편암.

> **와인 스타일** 피노 누아로 만든 레드와인은 검은 과일과 향신료의 깊은 향이 난다. 뛰어난 밀레짐일 때, 숙성 잠재력이 20여 년에 달한다. 포르투기저는 체리, 산딸기, 블랙 커런트, 자두 등의 과일, 향신료, 가죽의 향과 입안에서 나무 타는 향이 느껴지는 와

인을 만든다. 일반적으로 드미 섹이나 달콤하게 만드는 리슬링은 사과, 살구, 시트러스, 나무 딸기 등의 과일, 아카시아 꽃, 회향, 미네랄의 향을 뿜어낸다.

> **최고급 크뤼** 아르바일러 로젠탈Ahrweiler Rosenthal, 알텐아르 에크Altenahr Eck, 데르나우 하르트베르크Dernau Hardtberg, 하이머스하임 부르크가르텐Heimersheim Burggarten, 노이엔아르 쉬펄라이Neuenahr Schieferlay, 발포르츠하임Walporzheim(게르카머Gärkammer, 크로이터베르크Kräuterberg).

> **주요 생산자** J.J. 아데노이어J. J. Adeneuer, 도이처호프-코스만-헬레Deutzerhof-Cossmann-Hehle, 마이어-네켈Meyer-Näkel, 장 슈토덴Jean Stodden.

MOYENNE RHÉNANIE (MITTELRHEIN) (라인강 중부(미텔라인))

470헥타르의 이 지방은 라인강 우안 쾨닉스 빈터Konigswinter 포도 재배 지역이 있는 본Bonn의 남쪽에서 시작해 바트 회닝겐Bad Honningen과 코블렌츠Coblence 주변의 팔렌다르Vallendar 근처를 지나, 나사우Nassau 주변, 특히 보파르Boppard, 세인트 구아Saint Goar, 바하라흐Bacharach 등의 마을이 위치한 라인강의 가장 로맨틱한 부분에 다다른다. 강도 높은 수작업이 필요한 매우 가파른 경사면 위에서 포도가 재배된다. 이 지방은 전 세계적으로 잘 알려진 늦수확한 와인으로 유명하다. 피노 누아로 만든 레드와인은 재배되는 포도의 비율에

서 14%가량밖에 안 되지만 증가 추세이다.

> **주요 품종** 화이트는 뮐러 투르가우müller-thurgau, 리슬링(66%), 레드는 슈페트부르군더spätburgunder(피노 누아).

> **토양** 판암과 경사암.

> **와인 스타일** 리슬링으로 달지 않은, 드미섹, 매우 높은 품질의 감미로운 와인을 만드는데, 시트러스, 카모마일, 엘더베리, 미네랄 강한 향신료의 향이 나고, 매우 뛰어난 숙성 잠재력을 가지고 있다. 레드의 경우, 어릴 때 마시는 것이 좋다.

> **최고급 크뤼** 바하라흐 한Bacharach Hahn, 보

파르트 함 포이얼레이Boppard Hamm Feuerlay, 엥엘휠 베른슈타인Engelhöll Bernstein, 오버베젤 욀즈베르그Oberwesel Ölsberg, 슈테에그 장트 요스트Steeg St. Jost.

> **주요 생산자** 디딩어Didinger, 프리드리히 바스티안Friedrich Bastian, 토니 요스트-하넨호프Toni Jost-Hahnenhof, 독토어 란돌프 카우어Dr. Randolf Kauer, 라니우스-크납Lanius-Knab, 헬무트 메이즈Helmut Mades, 마티아스 뮐러Matthias Müller, 아우구스트와 토마스 페를August et Thomas Perll, 랏첸베르거Ratzenberger.

MOSELLE (모젤)

독일에 흐르는 모젤은 지류인 루버Ruwer와 자레Saare와 함께 독일에서 가장 로맨틱한 포도 재배 지역이다. 총 8,700헥타르의 포도밭 중 1/4은 강을 내려다보는 아찔한 경사면에 위치한다. 이곳은 모젤, 루버, 자레 3개의 하위 지역으로 분류되지만, 2009년부터 오로지 '모젤'만이 레이블 상에 표기된다.

과거 수 세기 동안의 선선한 날씨는 와인 메이커들로 하여금 화이트와인 품종만 재배하게 만들었다. 심하게 보당을 한 형편없는 화이트도 있지만 모젤에는 최고급 화이트 와인도 있다. 20세기 초반, 늦수확한 리슬링이나 아이스바인은 종종 소테른의 최고급 와인의 가격을 능가했다. 현재 달지 않은 최고급 리슬링은 가벼움과 상쾌함을 즐기기 위해 어릴 때 마시는 것도 좋지만, 매혹적이고 복합적인 와인으로 숙성시켜 마시는 것도 좋다. 스위트 리슬링 —슈페트레제Spätlese, 아우스레제Auslese, 베렌아우스레제Beerenauslese, 트로켄베렌아우스레제Trockenbeerenauslese 그리고 아이스바인Eiswein— 은 30년 혹은 그 이상으로 숙성시킬 수 있다. 이제 피노 누아나 돈펠더dornfelder 같은 레드 와인 품종도 여기저기 재배하기 시작했다.

> **주요 품종** 화이트는 뮐러 투르가우müller-thurgau, 리슬링, 레드는 돈펠더dornfelder와 슈페트부르군더spätburgunder.

> **토양** 모젤 위쪽은 석회질, 중부 모젤은 편암, 테라센모젤Terrassenmosel 지역은 사암 섞인 석회질, 자레Sarre는 편암.

> **와인 스타일** 당도가 없건 혹은 감미로운 와인이건 최고급 리슬링은 사과, 복숭아, 살구, 시트러스 등의 과일, 엘더베리 꽃과 같은 꽃, 회향, 큐민 등의 향신료의 향 등 다채로운 향의 스펙트럼을 보여준다. 뛰어난 미네랄까지 가세하여, 상쾌하고 지속적인 맛을 보인다.

> **최고급 크뤼** 모젤 지역 : 베른카스텔 독토어Bernkastel Doctor, 브라우네베르그Brauneberg(유퍼와 조넨우어Juffer et Sonnenuhr), 에르덴Erden(프렐랏과 트렙헨Prälat et Treppchen), 그라아허 힘멜라이히Graacher Himmelreich, 피이슈포르터 골트트뢰프헨Piesporter Goldtröpfchen, 트리텐하이머 아포테케Trittenheimer Apotheke, 위르찌거 뷔르츠가르텐Ürziger Würzgarten, 벨러너 조넨우어Wehlener Sonnenuhr, 비닝엔 울렌Winningen Uhlen. / 자레 지역 : 칸쩸 알텐베르그 에트 회레커Kanzem Altenberg et Hörecker, 샤르츠호프베르그Scharzhofberg, 오버레멜 휘테Oberemmel Hütte, 옥펜 복슈타인Ockfen Bockstein, 자부르크 라우쉬Saarburg Rausch, 제리히Serrig, 빌팅어 브라우네 쿠페Wiltinger Braune Kuppe / 루버 지역 : 아이텔스바흐 카르트호이저호프베르크Eitelsbach Karthäuserhofberg, 카젤 니쓰엔과 케어나겔Kasel Nies'chen et Kehrnagel, 막시민

그륀하우스 압츠베르크와 헤렌베르크Maximin Grünhaus Abtsberg et Herrenberg.

> **주요 생산자** 모젤 지역 : 슐로스 리저Schloss Lieser, 프리츠 학Fritz Haag, 라이히스그라프 폰 케젤슈타트Reichsgraf von Kesselstatt, 비트베 독토어 타니쉬 에르벤Witwe Dr. Thanisch Erben, 독토어 루젠Dr. Loosen, 마르쿠스 몰리토르Markus Molitor, 요하네스 요제프 프륌Joh. Joseph Prüm. / 자레 지역 : 폰 오테그라벤von Othegraven, 폰 회벨von Hövel, 판 폴크쟁Van Volxem, 에곤 뮐러 쭈 샤르츠호프Egon Müller zu Scharzhof, 르 갈레Le Gallais, 라이히스그라프 폰 케젤슈타트Reichsgraf von Kesselstatt, 포르스트마이스터 겔츠-찔리켄Forstmeister Geltz-Zilliken, 독토어 바그너Dr. Wagner, 슐로스 자르슈타인Schloss Saarstein. / 루버 지역 : 카르트호이저호프Karthäuserhof, C. 폰 슈베르체 슐로스켈러라이C. von Schubert'sche Schlosskellerei.

에곤 뮐러와 샤르츠호프
(EGON MÜLLER ET LE SCHARZHOF)

에곤 뮐러처럼 한 사람의 이름이 하나의 크뤼와 이렇게까지 긴밀하게 연관되어 있는 경우는 드물다.
1897년부터 뮐러 가문이 소유한 빌팅겐(Wiltingen)의 샤르츠베르크(Scharzhofberg)는
모젤의 신화이자 '독일의 로마네 콩티'라고 불린다.

에곤 뮐러

Scharzhof
54459 Wiltingen

설립 : 1797년
면적 : 16헥타르
생산량 : 비공개
원산지 명칭 : 모젤
화이트와인 품종 : 리슬링

역사

독일 쪽 모젤의 트리어^{Trèves} 남쪽 경사면에 위치한 29헥타르의 포도밭 샤르츠호프베르크에는 오랜 역사가 있다. 이곳이 성 마틴 수도원의 수도사들의 손에 들어가기 전 로마인들이 포도를 심었다. 크뤼('Lage')의 개념이 필수적인 독일에서 이곳은 매우 오래된 명성이 있었다. 옛 문헌들에서는 1340년대부터 그 품질에 대해 언급하고 있다. 프랑스 혁명 당시, 도멘은 민간에 이양되었는데, 도멘의 포도밭 중 일부인 약 8헥타르의 샤르츠호프는 뮐러의 조부 코크^{Koch} 씨가 매입했다. 이 가문에서는 4대 전부터 에곤^{Egon}이라는 이름을 붙이는 전통이 자리 잡았다. 현재의 에곤은 1991년 그의 아버지 뒤를 이었다. 이 포도밭의 역사보다 더 인상적인 것은 위치이다. 정남향을 바라보는 포도밭은 울퉁불퉁한 요새의 측보에 120미터의 폭으로 펼쳐져 있는데, 밭의 최상부의 고도는 해발 310미터에 이른다. 멀지 않은 곳에 있는 자레^{Sarre}강은 모젤과 만나기 전 큰 고리 형태를 이룬다. 룩셈부르크와 프랑스 국경에 매우 인접해 있다. 샤르츠호프베르크에서는 리슬링이 왕이다. 뮐러 가문의 포도밭에서 1/3가량은 필록세라 전에 심은 여전히 접목시키진 않은 포도나무이다. 이 포도나무들은 헥타르당 10,000그루가 심어졌다. 나머지는 전쟁 이후에 심은 것인데, 1945년 미군 비행기의 추락으로 인해 포도밭이 부분적으로 훼손되었다.

포도의 가혹한 선별

수십 년 전부터, 에곤 뮐러 가문은 달지 않은 와인을 포함한 그들의 와인이 보여주는 농축도와 숙성 능력을 바탕으로 명성을 쌓아왔다. 에곤 4세는 두 가지 요소가 이것을 설명해준다고 하는데, 하나는 테루아로, 석영이 포함된 점판암 토양, 포도밭의 일조방향, 경사면의 고도에 따라 여러 다른 성숙도를 얻게 해주는 온도차 등을 포함하고 또 다른 하나는 와인 메이커의 의지와는 상관없는 적은 산출량이다. 샤르츠호프베르크는 헥타르당 60헥토리터 미만인데, 신화와도 같은 퀴베로 세계에서 가장 고가의 와인 가운데 하나인 트로켄베렌아우스레제 TBA Trockenbeerenauslese의 산출량은 이보다 더 훨씬 낮다. 1991~1994년, 1998년 그리고 2002년에는 생산되지 않았는데, 이 퀴베가 매년 생산되지 않는 것은 탁월함에 먹칠을 하지 않기 위해서임에 의심의 여지가 없다. 에곤 뮐러는 수확 시 포도밭 안에서 선별작업을 실시한다. 각 수확자는 귀부병에 걸린 포도를 별도로 보관하는데, 이 포도로 간신히 600리터 정도되는 TBA를 생산할 수 있다. 당도를 고려할 때, 발효되기 위해서는 최소 6개월이 필요하다! 이 넥타르 1킬로를 생산하기 위해서는 대략 50킬로의 포도가 필요하다. 유기농은 아니지만, 이 포도밭에서 제초제와 같은 화학비료는 최소로 사용된다. 양조장에서 이 포도를 발효시키고 1,000리터짜리 오래된 오크통에서 숙성시킨다. 나머지는 자연의 몫이다.

에곤 뮐러 샤르츠호프베르게 카비네트 EGON MULLER, SCHARZHOFBERGER KABINETT
리슬링, 모젤

해를 거듭할수록 이 달지 않은 리슬링은 뛰어난 상쾌함, 과일과 점판암 느낌의 미네랄 사이의 깔끔하면서 섬세한 향, 놀라운 긴장감, 순수함과 강렬함의 결합이라는 도멘의 스타일에 충실한 면모를 보여준다. 참고적으로 몇몇 밀레짐은 무시할 수 없는 비율의 귀부병 걸린 포도가 들어가는데, 이로 인해 와인에 복합성이 더 생긴다. 조금은 독특한 '입문 단계'답게, 이 와인도 10여 년의 인내 후에 맛보아야 할 것이다.

에곤 뮐러 샤르츠호프베르게 트로켄베렌아우스레제 EGON MULLER, SCHARZHOFBERGER TROCKENBEERENAUSLESE
리슬링, 모젤

이 와인에서 당도와 산도 사이의 마술과도 같은 균형을 경험할 수 있다. 꿀, 모과, 레몬에서 헤이즐넛, 카모마일을 지나 차에 이르기까지 향의 복합성은 너무나 뛰어나다. 입안에서는 엄청난 농축미가 느껴진다. 믿을 수 없이 긴 여운에서 코로 감지했던 향을 다시 만날 수 있는데, 그 와중에 옅은 짭짤함도 느낄 수 있다. 장기 숙성과 관련하여 그 어떤 의구심이 들지 않는데, 40년이 지난 와인을 지금 마셔도 매우 훌륭하다. 유일한 단점이라면, 매년 극소수의 병만 판매되어, 그 가격이 매우 높다는 것이다.

> 와인 메이커 에곤 뮐러 3세

RHEINGAU (라인가우)

3,100헥타르에 달하는 이 포도 재배 지역은 리슬링으로 양조한 품질 좋은 달지 않은 그리고 감미로운 화이트와인과 피노 누아로 만든 레드와인으로 세계적 명성을 누리고 있다.

> **주요 품종** 화이트는 리슬링(78%), 레드

는 슈페트부르군더(피노 누아).

> **토양** 이회암, 자갈이 주를 이루는데, 종종 이 지방의 동쪽은 모래-점토와 점토, 서쪽은 사암, 석영, 점토성 편암.

> **와인 스타일** 좋은 밀레짐일 때, 리슬링은 어릴 적 우아함을 보여준다. 숙성됨에 따라 복합성과 뛰어난 균형이 생긴다. 전 세계 최고의 와인 중 하나이다. 레드와인도 일반적으로 우수한 숙성능력이 있는데, 예를 들어 슈페트부르군더(피노 누아)에서는 체리, 모과 젤리, 말린 살구, 시나몬의 향이 난다.

> **최고급 크뤼** 오스만스하우젠 횔렌베르크Assmannshausen Höllenberg, 할가르텐Hallgarten(헨델베르크Hendelberg, 융퍼Jungfer), 하텐하임 슈타인베르크Hattenheim Steinberg, 호흐하임 횔레Hochheim Hölle, 요하니스베르크 횔레Johannisberg Hölle, 슐로스 요하니스베르크Schloss Johannisberg, 로이히 카펠렌베르크Lorch Kapellenberg, 키트리히Kiedrich(그래펜베르크Gräfenberg, 투름베르크Turmberg), 라우엔탈Rauenthal(바이켄Baiken, 논

넨베르크Nonnenberg), 뤼데스하임Rüdesheim(베르크 카이저슈타인펠스Berg Kaisersteinfels, 베르크 로제네크Berg Roseneck, 베르크 슐로스베르크Berg Schlossberg, 베르크 로틀란트Berg Rottland), 예주이텐가르텐 슐로스 폴라츠Jesuitengarten Schloss Vollrads, 빙켈 예주이텐가르텐Winkel Jesuitengarten.

> **주요 생산자** 슈타츠바인귀터 도메인 오스만스하우젠Staatsweingüter Domaine Assmannshausen, 아우구스트 에저August Eser, J.B. 베커J.B. Becker, 게오르그 브로이어Georg Breuer, 요아힘 플리크Joachim Flick, 아우구스트 케젤러August Kesseler, 헤시쉐 클로스터 에버바흐Hessische Kloster Eberbach, 프란츠 퀸스틀러Franz Künstler, 요하니스호프-요하네스 에저Johannishof-Johannes Eser, 그라프 폰 카니츠Graf von Kanitz, 요제프 라이츠Josef Leitz, 로버트 쾨니히Robert König, 퓌어스트 뢰벤슈타인Fürst Löwenstein, 페터 야콥 퀸Peter Jakob Kühn, 크베르바흐Querbach, 발트하자 레스Balthasar Ress, 슐로스 요하니스베르크Schloss Johannisberg, 로베르트 바일Robert Weil.

슐로스 요하니스베르크Schloss Johannisberg

독일 포도 재배 지역 중에서 으뜸 중 하나인 라인가우Rheingau에 위치한 단지 35헥타르의 이 도멘은 라인강을 내려다보는 경사면 상의 빼어난 자리에서 리슬링을 재배한다. 밀레짐과 카비네트Kabinett, 슈페트레제Spätlese, 아우스레제Auslese 등의 품질 등급에 따라, 오렌지, 레몬, 자몽, 사과, 복숭아 등의 과일, 헤이즐넛, 아몬드, 시나몬, 코리앤더 등의 향신료의 향이 매우 복합적으로 나타난다. 원당귀, 건초, 민트 등의 식물성 향도 느껴진다. 과일, 산도, 바디의 좋은 균형과 함께 잘 잡힌 짜임새가 있다. 숙성 잠재력은 일반적으로 달지 않은 화이트는 약 15년, 감미로운 것은 최소한 30년에 달한다. 전통적으로 와인의 품질 등급에 따라 다른 색의 캡슐로 병 뚜껑을 감싸는데, 빨간 색의 로트락Rotlack은 카비네트, 녹색의 그륀락Grünlack은 슈페트레제, 분홍색의 로자락Rosalack은 아우스레제, 은색의 질버락Silberlack은 에르테스 게백스Erstes Gewächs VDP, 노란색의 로자-골트락Rosa-Goldlack은 베렌아우스레제Beerenauslese 또는 골드락Goldlack은 트로켄베렌아우스레제Trockenbeerenauslese를 나타낸다.

NAHE (나헤)

나헤강은 빙겐Bingen에서 라인강과 만난다. 빙겐을 둘러싸고 있는 포도 재배지는 4,100헥타르가 넘는다. 여기서는 주로 화이트와인을 생산한다. 증가 추세인 레드와인 품종 로제와인Weissherbst 생산을 위함이다.

> **주요 품종** 화이트는 리슬링, 뮐러 투르가우müller-thurgau, 실바네르sylvaner, 그라우부르군더grauburgunder(피노 그리). 레드는 돈펠더dornfelder와 슈페트부르군더spätburgunder.

> **토양** 자갈로 구성된 단구, 사암, 점토, 편암.

> **와인 스타일** 과일과 미네랄의 향이 나는 리슬링은 일반적으로 장기 숙성이 가능한데

모젤이나 라인가우의 화이트를 연상시킨다. 과일과 향신료의 향을 가진 로제와인은 어릴 때 마시는 것이 좋다. 특히 피노 누아로 만든 레드와인은 붉은 혹은 검은 과일의 다양한 향, 숲속의 흙, 향신료 등의 향이 난다. 레드와인은 좋은 숙성 잠재력을 가지고 있다.

> **최고급 크뤼** 바트 크로이츠나흐Bad Kreuznach(브뤼케스Brückes, 칼렌베르크Kahlenberg), 도르스하임Dorsheim(피터맨센Pittermännchen, 골트로흐Goldloch), 랑엔론즈하임 로텐베르크Langenlonsheim Rothenberg, 몬칭엔Monzingen(할렌베르크Halenberg), 뮌스터-자름스하인Münster-Sarmsheim(다우텐플란처

Dautenpflänzer), 니더하우젠Nieder hausen(헤르만스베르크Hermannsberg), 슐로스뵈켈하임Schlossböckelheim(펠젠베르크Felsenberg), 트라이젠 바스타이Traisen Bastei.

> **주요 생산자** 독토어 크루시우스Dr. Crusius, 굿츠페어발퉁 니더하우젠-슐로스뵈켈하임Gutsverwaltung Niederhausen-Schlossböckelheim, 된호프Dönnhof, 융Jung, 슐로스굿 디일Schlossgut Diel, 테쉬Tesch, 크루거-룸프Kruger-Rumpf, 매던Mathern, 괴텔만Göttelmann, 뷔르거마이스터 쉬바인하르트Bürgermeister Schweinhardt, 폰 라크니츠von Racknitz, 프린츠 쭈 잘름-달베르크쉐스Prinz zu Salm-Dalberg'sches, 쉐퍼-프뢸리히Schäfer-Fröhlich.

HESSE RHÉNANE (RHEINHESSEN) (라인 헤센)

26,500헥타르의 라인 헤센은 독일에서 가장 큰 포도 재배 지역이다. 이곳은 라인강 좌안에 위치해 있는데, 북서쪽의 빙겐Bingen에서 남쪽의 보름스Worms까지를 포함한다. 1970년대 산출량 위주의 여러 교배종의 식목과 리브프라우밀크Liebfraumilch라는 이름의 수출을 위한 저품질 대량생산은 이 지방의 이미지를 어둡게 했다. 현재 헤센 지방은 중급에서 고급까지의 달지 않은, 드미 섹, 감미로운 화이트 와인을 생산한다. 라인강의 단구를 의미하는 라인테라센Rheinterrassen은 가장 좋은 밭들로, 이 지방의 동편에 펼쳐져 있는데, 전체 면적의 10%를 차지한다. 라인가우에서 고품질 와인을 생산하는 유명한 도멘들과 어깨를 나란히 할 만한 도멘들이 바로 이곳에 자리잡고 있다.

> **주요 품종** 화이트는 리슬링, 뮐러 투르가우, 실바네르, 그라우부르군더(피노 그리). 레드는 돈펠더, 포르투기저, 슈페트부르군더(피노 누아).

> **토양** 동쪽은 황토와 고운 모래로 구성된 이회암, 서쪽은 석영분암.

> **와인 스타일** 품종에 따라 다양하다. 예를 들어 뮐러 투르가우의 와인은 과일향이 품부하고(사과, 살구, 호두, 복숭아, 감귤류), 다양한 채소향이나(쐐기풀, 딱총나무 꽃, 바질) 향신료(큐민, 겨자, 아니스, 고수) 향이 난다.

> **최고급 크뤼** 빙어 샤를라흐베르크Binger Scharlachberg, 플뢰어스하임-달스하임Flörsheim-Dalsheim(뷔르겔과 후바커Bürgel et Hubacker), 나켄하임 로텐베르크Nackenheim Rothenberg, 니르슈타인Nierstein(브루더스베르크Brudersberg, 욀베르크Ölberg, 페텐탈Pettenthal), 베스트호펜 키르쉬슈필Westhofen Kirchspiel, 보름스 립프라우엔슈티프트-키르쉬엔스튁Worms Liebfrauenstift-Kirchenstück.

> **주요 생산자** 클라우스 켈러Klaus Keller, K. F. 그뢰베K. F. Groebe, 군덜로흐Gunderloch, 키싱어Kissinger, 크루거-룸프Kruger-Rumpf, 퀼링-길로트Kühling-Gillot, 만츠Manz, 미하엘-판네베커Michael-Pfannebecker, 샬레스Schales, 장트 안토니St. Antony, 바그너-슈템펠Wagner-Stempel, 비트만Wittmann.

BERGSTRASSE DE HESSE (HESSISCHE BERGSTRASSE) (헤센의 베르그슈트라세)

450헥타르의 이 작은 포도 재배 지역은 이 지점에서 강폭이 200미터에 달하는 라인강에 의해 보름스Worms에서 분리된 오덴발트Odenwald의 가장자리에 위치해 있다. 이 포도 재배 지역의 주요 부분은 다름슈타트Darmstadt의 남쪽에서 시작된다. 이곳에서 냉해는 드물지만, 강수량이 풍부하다. 포도 재배 지역의 대부분은 정부가 운영하는 도멘 베르그슈트라세Domaine Bergstrasse와 벤스하임Bensheim 지자체 소유이다.

이 지방에서는 주로 화이트와인을 생산한다. 좋은 품질의 QbA와 모든 레벨의 프레디카츠바인Pradikatswein 그리고 아이스바인도 만들어진다. 이곳의 리슬링은 라인가우의 리슬링에 필적할 품질이 있는데, 생산양이 적어 이 지역 밖에서는 만나기 어렵다. 최근 십여 년간 뮐러 투르가우는 부분적으로 피노 누아와 피노 그리로 대체되었다.

> **주요 품종** 화이트는 리슬링, 그라우부르군더(피노 그리), 뮐러 투르가우. 레드는 슈페트부르군더(피노 누아)와 돈펠더.

> **토양** 토양은 균일하지 않고 모래, 점토, 석회암, 황토 또는 분쇄된 화강암으로 구성.

> **와인 스타일** 그라우부르군더는 보통 사과, 배, 레몬 제스트, 아몬드, 호두 등의 견과류, 카모마일 꽃, 셀러리악, 시나몬의 향이 난다.

> **최고급 크뤼** > 최고급 크뤼 벤즈하임Bensheim, 칼크가세Kalkgasse, 헤펜하임Heppenheim, 켄트게리히트와 슈테인코프Centgericht et Steinkopf.

> **주요 생산자** 도멘 베르그슈트라세Domaine Bergstrasse, 바인굿 데어 슈타드 벤즈하임Weingut der Stadt Bensheim, 베르그슈트라세 빈쩌 에게Bergstrasser Winzer eG.

FRANCONIE (FRANKEN) (프랑켄)

프랑켄은 라인강의 동쪽, 울창한 숲으로 덮인 독일 한 가운데에 위치한다. 6,100헥타르의 포도 재배 지역은 남쪽과 동쪽의 일조방향을 갖는 마인강과 그 지류를 따라 집중되어 있다. 프랑켄 포도 재배 지역은 마인피어레크Mainviereck, 마인드라이에크Maindreieck, 슈테이거발트 슈페리어Steigerwald superieur의 세 개 지역을 포함한다. 일부 협동조합에서 생산하는 와인의 수준이 높지 않지만, 일반적으로 독일의 내수시장에서는 품질로 잘 알려진 반면, 외국에서는 덜 유명한 편이다. 잔존 당분이 4그램 미만의 달지 않은 와인인 프랑키쉬 트로켄Fränkisch trocken이 절반 이상을 차지한다. 둥글고 짧달막한 작은 병인 복스보틀Bocksbeutel은 생산량의 약 절반가량을 차지하는 이 지방 최고의 와인을 담는 데 일반적으로 사용된다.

> **주요 품종** 화이트는 밀러 투르가우, 실바네레, 바쿠스. 레드는 도미나, 슈페트부르군더(피노 누아).

> **토양** 여러 가지가 섞인 사암, 석회암, 트리아스기 석고.

> **와인 스타일** 프랑켄의 최상급 퀴베는 실바네레, 도미나, 슈페트부르군더 품종으로 양조된다. 350년 전부터 프랑켄 지역에서 재배되는 실바네레는 개성과 숙성 잠재력이 있는 와인을 생산한다. 사과, 시트러스의 제스트, 배, 호두, 살구 등의 과일, 엘더베리 꽃, 건초 등의 꽃, 큐민, 겨자가루 등의 향신료와 미네랄의 향이 난다. 도미나로 양조되는 레드와인은 카시스, 오디, 자두 등의 붉은 과일, 산딸기잼, 시나몬, 정향 등의 향신료, 그리고 쌉쌀한 초콜릿의 향을 느낄 수 있다.

> **최고급 크뤼** 뷔르그슈타트 켄트그라펜베르크Bürgstadt Centgrafenberg, 카스텔 슐로스베르크Castell Schlossberg, 에션도르프 룸프Escherndorf Lump, 홈부르거 칼무스Homburger Kallmuth, 입호펜 율리우스-에히터-베르크Iphofen Julius-Echter-Berg, 클링엔베르크 슐로스베르크Klingenberg Schlossberg, 란더스아커 퓔벤Randersacker Pfülben, 뷔르츠부르크Würzburg(이너레 라이스테와 슈타인Innere Leiste et Stein).

> **주요 생산자** 비켈-슈툼프Bickel-Stumpf, 뷔르거슈피탈Bürgerspital, 퓌어스틀리히 카스텔쉐스 도메인아트Fürstlich Castell'sches Domäneamt, 루돌프 퓌어스트Rudolf Fürst, 호르스트 자우어Horst Sauer, 미하엘 프뢸리히Michael Fröhlich, 율리우스슈피탈Juliusspital, 퓌어스트 뢰벤슈타인Fürst Löwenstein, 쉬밋츠 킨더Schmitt's Kinder.

BADE (BADEN) (바덴)

15,800헥타르에 달하는 바덴 포도 재배 지역은 콘스탄스Constance 호수에서 시작해 하천들과 블랙-포레스트를 지나 북쪽의 프랑켄까지 거의 300킬로미터에 달하는 라인강을 따라 펼쳐져 있다. 여기에는 타우베탈Taubertal의 일부인 바디셰스 프랑켄란트Badisches Frankenland, 헤센의 베르그슈트라세 남쪽에 위치한 바디셰 베르그슈트라세Badische Bergstrasse, 칼스루에Karlsruhe 동부와 포르츠하임Pforzheim 사이에 있는 크라이히가우Kraichgau, 바덴바덴에서 오펜부르크Offenburg 남쪽을 포함하는 오트나우Ortenau, 오펜부르크 남쪽에서 프리부르크Fribourg 남쪽을 포함하는 브라이스가우Breisgau, 프리부르크의 북서쪽에 위치한 카이저슈툴Kaiserstuhl, 카이저슈툴 남쪽에서 프리부르크의 서쪽을 포함하는 투니베르크Tuniberg, 프리부르크의 남쪽에서부터 발레Bâle까지의 마르크그래플러란트Markgräflerland 그리고 남쪽의 보덴호수Bodensee 등 9개의 하위 지역이 속해 있다.

> **주요 품종** 화이트는 밀러 투르가우, 그라우부르군더(피노 그리), 리슬링, 구트델gutedel, 바이스부르군더(피노 블랑). 레드는 도미나, 슈페트부르군더(피노 누아).

> **토양** 10여 가지 다양한 종류의 토질.

> **와인 스타일** 리슬링, 특히 오트나우Ortenau의 리슬링은 좋은 과일의 풍미가 있는데, 건초, 엘더베리 꽃, 카모마일, 민트 등의 꽃, 회향, 코리앤더, 생강 등의 향신료의 향이 난다. 독일에서 생산되는 와인 중에서도 가장 강한 와인들 중 하나이다.

> **최고급 크뤼** 보덴제 지역 : 메르스부르크 리셴Meersburg Rieschen/ 브라이스가우 지역 : 봄

바흐 좀머할데Bombach Sommerhalde, 헤클링엔 슐로스베르크Hecklingen Schlossberg, 말터딩엔 비넨베르크Malterdingen Bienenberg / 오트나우 지역 : 노이바이어 마우어베르크Neuweier Mauerberg, 두어바흐Durbach(욀베르크Ölberg, 플라우엘라인Plauelrain, 슐로스 그롤Schloss Grohl, 슐로스베르크Schlossberg, 슐로스 슈타우펜베르크Schloss Staufenberg), 라우프 굿 알젠호프Lauf Gut Alsenhof 노이바이어 슐로스베르크Neuweier Schlossberg, 발트울름 파베르크Waldulm Pfarrberg / 카이저슈툴 지역 : 블랑켄호른베르크 독토어가르텐Blankenhornsberg Doktorgarten, 부르크하이머 포이어베르크Burkheimer Feuerberg, 이링엔 빙클러베

르크Ihringen Winklerberg, 오버베르겐 바스가이게Oberbergen Bassgeige, 오버로트바일 헹켄베르크Oberrotweil Henkenberg / 마르크그래플러란트 지역 : 에프링엔-키르헨 오엘베르크Efringen-Kirchen Oelberg, 이슈타인 키르쉬베르크Istein Kirchberg.

> **주요 생산자** 안드레아스 라이블레Andreas Laible, 베르허Bercher, 엥기스트Engist, 그라프 볼프 메터니히Graf Wolff Metternich, 굿 나겔포르스트Gut Nagelforst, 독토어 헤거Dr. Heger, 하인리히 멘레Heinrich Männle, 야콥 두이인Jakob Duijn, 슐로스 노이바이어Schloss Neuweier, 쉬바르처 아들러Schwarzer Adler, 잘바이Salwey, 슈티글러Stigler, 베게 두어바흐WG Durbach.

베른하드 우버Bernhard Huber의 와인(바덴)

바덴의 브라이스가우Breisgau 포도 재배 지역에 있는 30헥타르의 이 가족 경영 도멘은 우수한 품질의 화이트와인과 특히 슈페트부르군더(피노 누아) 레드와인으로 유명하다. 말테딩겐Malterdingen(비넨베르크Bienenberg), 헤클링겐Hecklingen(슐로스베르크Schlossberg) 그리고 봄바흐Bombach(좀머할데Sommerhalde) 코뮌의 가장 좋은 밭에서 자연에 대한 최대한의 존중을 기본정신으로 포도가 재배된다. 뮈스카를 제외한 화이트와인은 달지 않게 양조된다. 피노 누아는 재배되는 포도나무의 2/3를 차지한다. 와인은 어린junge Reben 혹은 나이가 많은 포도나무alte Reben의 포도로 생산된다. 리저브를 의미하는 <R>이 레이블에 적힌 경우, 화이트와인은 6~8개월, 레드와인은 18개월 오크통에서 숙성되었음을 의미한다. 매우 품위 있는 스파클링 와인도 생산한다.

PALATINAT (PFALZ) (팔라티나트, 팔츠)

23,500헥타르의 팔츠 지방은 라인강 서쪽에 남북으로 약 80킬로미터의 길이로 펼쳐져 있다. 이 지역은 미텔하르트Mittelhaardt, 도이치 바인슈트라세Deutsche Weinstrasse, 주드리히 바인슈트라세Südliche Weinstrasse의 3개의 지역으로 분할된다. 가장 좋은 지역은 팔츠 숲 동쪽 경사면을 따라 이어져 있다. 이곳은 질 좋은 화이트와인,

특히 개성이 강하고 미네랄이 느껴지며 대부분 진하면서 동시에 매우 섬세한 리슬링으로 명성이 높다. 레드와인은 품질과 생산량에서 커다란 발전을 보이고 있다.

> **주요 품종** 화이트는 리슬링, 뮐러 투르가우. 레드는 돈펠더, 포르투기저, 슈페트부르군더.

> **토양** 매우 다양하다. 여러 가지 중에서 잡색사암(반사통), 황토 등.

> **와인 스타일** 고급 리슬링은 장기 숙성에 적합한 와인으로 복숭아, 사과, 호두, 살구, 파인애플, 엘더베리 꽃, 민트, 회향, 코리앤더 등의 향과 함께 매우 뛰어난 미네랄의 풍미를 가지고 있다.

> **최고급 크뤼** 바트 뒤르크하임 미헬베르크Bad Dürkheim Michelsberg, 비르크바일러Birkweiler(카스타니엔부쉬Kastanienbusch, 만델베르크Mandelberg), 다이데스하임 호엔모르겐Deidesheim Hohenmorgen, 호엔모르겐Hohenmorgen, 두트바일러Duttweiler, 포르스트Forst(예주이텐가르텐Jesuitengarten), 키르헨슈튁Kirchenstück, 운게호이어Ungeheuer), 기멜딩엔 만델가르텐Gimmeldingen Mandelgarten, 하르트 뷔르거가르텐Haardt Bürgergarten <브로이멜 인 덴 마우언Breumel in den Mauern>, 쾨닉스바흐 이디히Königsbach Idig, 쉬바이겐 카머베르크Schweigen Kammerberg, 지벨딩엔 임 존넨샤인Siebeldingen im Sonnenschein.

> **주요 생산자** 아함 메어쥔Acham-Magin, 게하이머 라트 독토어 폰 바서만-요르단Geheimer Rat Dr. von Bassermann-Jordan, 베르그돌트Bergdolt, 프리드리히 베커Friedrich Becker, 요제프 비파Josef Biffar, 독토어 뷔르클린-볼프Dr. Bürklin-Wolf, A. 크리스트만A. Christmann, 독토어 다인하르트Dr. Deinhard, 기스-뒤펠 크닙서Gies-Düppel Knipser, 코엘러-룹레히트Koehler-Ruprecht, 게오르그 모스바허Georg Mosbacher, 뮐러-카토어Müller-Catoir, 페핑엔-푸어만-아이마엘Pfeffingen-Fuhrmann-Eymael, 외코노미라트 렙홀츠Ökonomierat Rebholz, 라이히스라트 폰 불Reichsrat von Buhl, 게오르그 지벤 에르벤Georg Siben Erben, 독토어 베르하임Dr. Wehrheim.

WURTEMBERG (WÜRTTEMBERG) (부템베르크)

11,300헥타르의 부템베르크 포도 재배 지역은 바드 메르겐타임Bad Mergentheim(타우베탈Taubertal)에서 시작해 남쪽으로 내려오면서 하일브론Heilbronn을 거쳐 렘스탈Remstal과 슈트트가르트Stuttgart, 남으로는 투빙겐Tübingen과 뢰트링겐Reutlingen까지 이어진다.

> **주요 품종** 화이트는 리슬링, 케르너kerner. 레드는 트롤링거trollinger, 슈바르츠리슬링schwarzriesling(피노 뫼니에), 렘베르거lemberger, 슈페트부르군더(피노 누아).

> **토양** 매우 다양하다. 트리아스기를 지나온 석회질, 이회암질, 자갈투성이, 점토질 토양 등.

> **와인 스타일** 레드와인으로 트롤링거는 체리, 자두, 쌉쌀한 아몬드, 레드 커런트, 렌틸콩, 비트 등의 식물성 향과 더불어 끝에서는 땔감의 향이 느껴진다.

> **최고급 크뤼** 바트 칸슈타트 쭈커를레Bad Cannstatt Zuckerle, 뵈닝스하임 존넨베르크Bönnigheim Sonnenberg, 펠바허 렘믈러Fellbacher Lämmler, 하일브론 슈티프츠베르크Heilbronn Stiftsberg, 호엔바일슈타인 슐로스벤게르트Hohenbeilstein Schlosswengert, 클라인보트바르 쥐쓰문트Kleinbottwar Süssmund, 나입페르크 슐로스베르크Neipperg Schlossberg, 파펜호펜 호엔베르크Pfaffenhofen Hohenberg, 쉬나이터 알텐베르크Schnaiter Altenberg, 쉬바이건 루테Schwaigern Ruthe, 슈테트너 브로트바써Stettener Brotwasser, 슈테트너 풀버메혀Stettener Pulvermächer, 운터튀르크하임Untertürkheim(깁스Gips, 헤르쪼겐베르크Herzogenberg), 베렌베르크 베렌베르크Verrenberg Verrenberg.

> **주요 생산자** 알딩어Aldinger, 그라프 아델만Graf Adelmann, 에른스트 다우텔Ernst Dautel, 드라우츠-아블Drautz-Able, J. 엘방어J. Ellwanger, 칼 하이들러Karl Haidle, 퓌어스트 쭈 호엔로에-외링엔Fürst zu Hohenlohe-Öhringen, 슐로스굿 호엔바일슈타인Schlossgut Hohenbeilstein, 라이너 쉬나이트만Rainer Schnaitmann, 바흐트슈테터Wachtstetter, 슈타츠바인굿 바인베르크Staatsweingut Weinsberg, 뵈르박Wöhrwag.

스위스, 오스트리아, 헝가리
그리고 다뉴브강에서 흑해까지 이어지는 나라들

o Linz   Vienne o

AUTRICHE

Bâle o o Zurich   o Innsbruck

o Berne   Graz o

SUISSE

o Lausanne

Genève

o Miskolc

o Debrecen

Budapest o

HONGRIE

Régions viticoles
- Suisse
- Autriche
- Hongrie

N

0   100   200 km

스위스, 오스트리아, 헝가리
그리고 다뉴브강에서 흑해까지
이어지는 나라의 포도 재배지

아주 오래전, 코카서스(Caucase) 산맥에 등장한 포도나무는 중앙 유럽과 발칸 반도로 뻗어나갔다.
스위스에서 흑해까지, 대륙성 기후의 특성에 영향을 받는 이 포도 재배지들에서는 화이트와인이 주를 이룬다.

스위스

스위스의 경제적 고립주의는 국내 소비를 위주로 하는 일반적인 혹은 고품질의 독특한 와인 생산을 가능케 했다.

조각조각 나뉜 포도밭

로마 시대로 거슬러 올라가는 스위스의 포도 재배 지역은 다른 유럽 국가들과 마찬가지로 종교의 영향 아래서 발전했다. 가파른 지형과 풍부한 일조량을 가진 곳을 찾은 결과, 평균 0.4헥타르의 초소형 포도밭들로 이루어졌다. 예전에는 화이트와인만을 생산했던 스위스는 마침내 레드와인의 생산이 더 많아졌다. 주요 포도 재배 지역은 르 발레Le Valais, 뇌샤텔Neuchâtel, 보Vaud, 제네바 등의 프랑스어를 공용어로 사용하는 주들에 퍼져 있다.

숫자로 보는
스위스의 포도 재배지
면적 : 14,800헥타르
생산량 : 약 1,000,000헥토리터
레드 : 52%
화이트 : 48%

(농업 연방 사무국Office fédéral de l'agriculture, 2015)

르 발레Le Valais

스위스의 첫 포도 재배 지역이 자리 잡은 르 발레주는 매우 흥미로운 와인을 생산한다. 스위스 남쪽, 제네바 호수 동쪽에 있는 4,900헥타르에 달하는 포도밭은 론Rhône강을 따라 가파른 경사면에 위치해 있는데, 대부분은 해발 고도가 600미터를 넘지 않는다(해발 1,100미터의 비스퍼터미넨Visperterminen의 단구는 유럽 전체를 통틀어 제일 높은 고도에서 포도나무가 자라는 곳이다). 산을 계단식 밭으로 조성해 포도나무에 최적화된 일조량을 확보했다. 포도의 수분을 증발시키는 늘 부는 바람과 낮은 습도의 날씨의 혜택을 보기 위해서는 경사면의 굴곡 사이사이 포진시킨 매우 작은 크기의 밭을 둘러싼 돌로 된 벽을 유지 관리해야 했다. 이제 전체 생산량의 60% 정도를 레드와인이 차지한다. 가장 많이 재배되는 피노 누아와 가메를 블렌딩한 돌Dôle은 매

우 인기 있는 대중적인 가벼운 레드와인인데, 직접 압착하여 로제와인을 양조할 수도 있다. 시라와 위만humagne은 강하고 짜임새 있는 와인을 만든다. 가마레gamaret는 매우 큰 진전을 보여주고 있다. 주요 화이트 품종으로 샤슬라chasselas의 이 지역 명칭인 팡당fendant, 이곳에서 요하니스베르크Johannisberg라고 불리는 실바네르Sylvaner, 뒤를 이어 스위스에서 가장 흥미로운 달지 않은 혹은 감미로운 와인을 만들게 해주는 프티트 아르빈petite arvine의 수확 면적이 한창 증가하는 추세이다.

뇌샤텔Neuchâtel과 세 개의 호수들

뇌샤텔Neuchâtel 호수를 둘러싼 포도밭들은 비엔Bienne과 모라Morat 호수 주위 베른Berne주까지 펼쳐져 있다. 이 모두는 대략 300헥타르에 달하는데 15년 전부터 급속도로 줄어들고 있다. 이곳에서는 주로 레드와인을 생산한다. 호수의 북쪽면과 수직을 이루는 뇌샤텔의 포도 재배 지역은 30킬로미터 거리에 퍼져 있다. 해발 430~ 600미터 사이의 평균 고도는 온화하면서 선선한 날씨, 그리

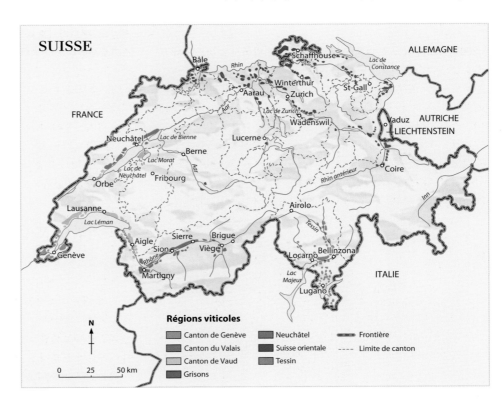

> 발레주 시옹Sion시
> 근처의 포도밭 풍경

고 포도의 수분을 증발시키는 바람은 좋은 성숙도를 보장해주는데, 특히 피노 누아로 하여금, 자고새의 눈Œil de Perdrix이라 불리는 가벼운 로제 와인을 생산케 해준다. 원산지 명칭 뇌샤텔 외에, 20여 개의 코뮌급 원산지 명칭도 있다. 여기에는 포도주를 생산하는 18개의 코뮌이 있는데, 각각이 품종이나 테루아와 관련된 특징을 잘 보여주고 있다. 이 지방은 대체로 산지 내에서 소비되는 샤슬라 품종으로 만든 뿌옇고 여과를 하지 않은 와인으로 특히 유명하다. 또한 실바네르sylvaner, 뮐러 투르가우müller-thurgau, 샤르도네, 리슬링 그리고 지역 교배종인 도랄doral로 만든 와인도 생산한다.

보Vaud주(州)

3,800헥타르의 규모로 인해 포도 재배 면적에 있어서 스위스에서 두 번째로 큰 주인 보Vaud는 화이트 품종이 65% 이상을 차지한다. 레만 호수lac de Genève 북쪽 호반 위의 계단식 단구에서 포도가 재배된다. 이곳의 풍광, 특히 유네스코 세계유산으로 등재된 라 코트La Côte와 라보Lavaux 지역은 장관을 이룬다.

오랫동안 샤슬라Chasselas가 지배적이었지만, 가메, 피노 누아 또는 중급 정도의 숙성 수준을 가진 와인을 만드는 가라누아garanoir와 가마레gamarret와 같은 지역 품종으로 생산되는 레드와인도 품질이 좋다. 더 북쪽으로, 뇌샤텔 호수 남쪽 끝에는 봉빌라르Bonvillars와 코트 드 로르브côte de l'Orbe의 포도 재배 지역은 이 지역의 가장 훌륭한 크뤼로 손꼽힌다.

유용한 정보

발레Valais주에는 20,000명의 와인 생산자가 있다.
포도 재배자 가족들의 모든 구성원을 포함할 경우이다. 이는 포도밭이 아주 작은 크기임을 설명한다. 와인의 대부분은 협동조합이나 네고시앙을 통해 판매된다. 가장 중요한 도멘을 소유하고 있는 와인 메이커들은 병입된 와인을 판매한다.
(출처 : OIV)

스위스 와인의 등급

스위스에서 원산지 명칭 법규는 각 주의 관할 아래 있다. 통일된 법령이 없기 때문에, 전문가가 아닌 경우 레이블을 이해하기가 쉽지 않다. 이 계급 체계는 해당 지역 외부 와인과의 블렌딩과 같은 생산과 관련된 좀 더 엄격한 제제를 받는 지방 또는 주의 명칭, 그리고 더 세분화된 코뮌급 원산지 명칭을 포함한다. '그랑 크뤼grand cru'(보Vaud와 발레Valais) 또는 '프르미에 그랑 크뤼1er grand cru'(보Vaud와 제네바Genève) 같은 등급 표시는 해당 주의 관할이기 때문에, 동일한 표시라도 지역에 따라 다른 의미를 갖는다.

제네바주(州)

1,400헥타르에 달하는 제네바주의 포도밭은 아르브Arve 하천이 끝나는 곳이자 론Rhône강이 시작되는 레만 호수의 남쪽 끝에 위치한 평원에 펼쳐져 있다. 역동적인 이 지역에는 스위스에서 가장 뛰어난 몇몇 와인 메이커들이 있다. 전통적인 품종인 가메, 피노 누아뿐 아니라 증가 추세인 가마레, 가라누아garanoir, 메를로 등의 다양한 품종으로 양조된 레드와인이 제네바 총 생산량의 60%를 차지한다. 화이트와인들은 주로 샤슬라chasselas와 샤르도네로 생산된다.

티치노(테신)Tessin주(州)

이탈리아어를 공용어로 사용하는 주이지만, 페르골라식 재배방법을 보는 것은 쉽지 않다. 레드와인의 특성은 충분한 일조량 덕에 이탈리아 와인의 특성과 비슷하다. 메를로가 지배적인데, 멘드리시오토Mendrisiotto나 스코토세네리Sottoceneri와 벨린조나Bellinzona 주변의 햇살이 잘 들고 바람으로부터 보호받은 석회질의 언덕 위에서 진가를 발휘한다. 소량이긴 하지만 카베르네 소비뇽도 재배된다. 때때로 블렌딩되기도 하는 약간 '스위스식 보르도' 같다고 할 수 있는 이 와인들은 경제적으로 여유가 있는 이탈리아인들이 좋아하는데, 이로 인해 가격대가 높은 편이다.

진실 혹은 거짓?

스위스는 쥐라Jura 와인도 생산한다.

거짓 바젤Bâle의 동남쪽, 알자스Alsace의 남쪽에 위치한 스위스의 쥐라주에는 포도밭이 거의 없지만, 소규모 생산자들에 의해 대략 40,000리터의 와인이 생산된다. 이 와인들은 해당 와인의 품종 이름으로 판매될 뿐이지 프랑스의 쥐라 AOC 와인과 경쟁 관계가 아니다.

독일어권의 포도밭

스위스의 북쪽과 동쪽에 있는 독일어권 주(州)의 대부분은 조각조각 난 조그만 포도 재배 지구를 가지고 있다. 일반적으로 와인들은 생산된 지역 내에서 소비된다. 선선한 기후와 높은 고도를 감안하면 쥐리히, 샤프하우젠Schaffhouse, 장크트갈렌Saint-Gall 그리고 그라우뷘덴Grisons 근처에 있는 포도밭들은 포도를 건조시키는 남쪽 바람인 푄foehn 덕분에 늦게나마 성숙에 도달할 수 있다. 피노 누아는 그라우뷘덴에 있는 마이엔펠트Maienfeld나 쥐리히 호반에 있는 슈태파Stäfa 같은 곳에서 종종 매우 훌륭한 결과로 이어진다.

오스트리아

오스트리아 와인들은 훌륭한 품질을 보여주지만 외국에서는 잘 알려지지 않은 편이다. 그런데 오스트리아에는 견고한 와인 양조 전통이 있는데 그 역사가 2,000년 이상 된 것으로 추측된다. 대표 품종은 그뤼너 펠트리너grüner veltliner이다. 포도밭들은 헝가리, 슬로바키아, 체코와 슬로베니아의 국경을 따라 오스트리아의 동남쪽에 집중해 위치해 있다.

바스 오스트리아Basse-Autriche

오스트리아 동쪽, 다뉴브강이 가로지르는 바스 오스트리아(니더외스터라이히Niederösterreich)는 주요 와인 생산지이다. 여러 다른 하위 포도 재배 지역이 포함되어 있다.

바인비어텔WEINVIERTEL. 체코와 슬로바키아 국경을 따라 뻗어 있는 13,000헥타르의 포도밭에서는 오스트리아 와인의 30%가량을 생산한다. 어릴 때 소비되는 화이트와인은 달지 않고 가벼우며 산도가 있다. 이곳에서는 스파클링 와인과 몇몇 '아이스바인'도 생산된다. 체코 국경에 위치한 레츠Retz와 팔켄슈타인Falkenstein 근처의 화강암질의 토양에서는 뛰어난 레드와인이 만들어진다.

테르멘레기온THERMENREGION. 빈Wien 남쪽에 있는 '온천 지역'이라는 뜻의

숫자로 보는 오스트리아의 포도 재배지

면적 : 44,000헥타르

평균 생산량 : 2,300,000헥토리터

화이트 : 67%

레드 : 33%

(austrianwine, 2015)

이 이름은 이곳에 위치한 수많은 온천 때문인데, 온천욕을 하고 난 사람들이 화이트와인을 시원하게 한잔 하는 일을 쉽게 볼 수 있다. 여기서는 거의 전적으로 화이트와인이 생산되는데, 달지 않고 향기로우며 산도가 있다. 로트키플러Rotgipfler와 자르판들러zierfandler라는 두 가지 토종 품종으로 블렌딩한 굼폴츠키르셴Gumpoldskirchen은 오랫동안 오스트리아에서 가장 유명한 와인 중 하나였다. 타텐도르프Tattendorf에서는 블라우어 포르투기저blauer portugieser 그리고 츠바이겔트zweigelt로 만드는 몇 가지 제대로 만든 레드와인을 생산한다.

바하우WACHAU. 니더외스터라이히Niederösterreich 북서쪽에 있는 1,260헥타르에 달하는 포도밭은 빼어난 풍광을 자랑하는 다뉴브강의 가파른 계곡을 따라 화산 토양에 계단식으로 펼쳐져 있다. 이 지역에서는 유명한 달지 않은 화이트와인을 생산하는데, 종종 블렌딩되기도 하는 그뤼너 펠트리너grüner veltliner와 리슬링으로 힘 좋은 장기 숙성형 와인을 만든다. 향기로운 실바네르로 만든 슐루크Schluck도 사랑받는다.

크렘스탈KREMSTAL과 **캄프탈**KAMPTAL. 바하우Wachau 북동쪽, 크렘스krems 시를 둘러싸고 다뉴브강의 지류인 캄프Kamp를 따라 이어지는 단구는 화산과 황토로 된 땅으로, 이곳에서는 리슬링과 그뤼너 펠트리너grüner veltliner가 재배된다. 이곳 와인은 바하우에서 생산되는 넥타를 떠오르게 한다. 종종 늦수확한 포도로 양조되기도 하는, 오스트리아 최상급 리슬링 중 일부도 이 지역 태생이다.

도나우란트-트라이젠탈-카르눈툼DONAULAND-TRAISENTAL-CARNUNTUM. 크렘스와 빈 사이, '다뉴브의 땅' 또는 '도나우란트'라고 불리는 이곳은 특히 그뤼너 펠트리너로 만든 화이트와인으로 유명하다. 빈을 지나 다뉴브강을 따라가면, 츠바이겔트zweigelt로 만든 레드와인으로 명성이 높은 도나우란트 카르눈툼Donauland Carnuntum을 만난다. 클로스터노이브루크Klosterneuburg 프란체스코 수도원은 오스트리아에서 가장 큰 도멘을 소유하고 있는데 여기서는 와인 시음 센터와 양조학교도 운영하고 있다.

부르겐란트Burgenland

헝가리 국경 근처 노이지들러Neusield 호수 주변 평지에는 12,800헥타르의 규모를 가진, 오스트리아에서 제일 큰 포도 재배 지역 가운데 하나가 있다. 이 지역은 미텔부르겐란트Mittelburgenland, 노이지들

> 웰치리슬링Welschriesling은 오스트리아 대부분의 포도밭에서 재배되는 화이트 품종이다.

유용한 정보

바하우Wachau **지방에서는 드라이한 화이트와인의 분류 시스템을 사용한다.** 이 시스템의 기원은 소규모의 생산자들이 만든 비네아 바하우 연합Association Vinea Wachau이다. 10.7도로 가장 알코올 함량이 낮은 와인이고, 약 11.5도의 페더슈피엘Federspiel이 그 뒤를 잇는다. 독일의 달지 않은 슈페트레제Spätlese와 동급인 가장 풍부한 스마라트Smaragd는 최소 알코올 함량이 12%는 되어야 한다. 일반적으로 이 와인들은 뛰어난 테루아에서 적은 산출량을 유지시킨 늦수확한 포도로 만들어진다. 성공적으로 양조될 때, 이 와인들은 매우 뛰어나고 환상적으로 숙성된다. 포도가 재배된 유명한 밭의 이름이 레이블에 표시되는데 '리트Ried(싱글 빈야드)'라는 단어와 함께 적혀 있다.

> 스티리Styrie 도멘에서의
> 포도 수확

러시Neusiedlersee, 쥐트부르겐란트Südburgenland, 노이지들러시-위겔란트Neusiedlersee-Hügelland 등 4개의 하위 지역으로 나눠져 있다.

건조하고 일조량이 풍부한 여름이 지나가면, 포도나무는 호수에서 발생하는 가을 안개에 젖는다. 서쪽 호반에 위치한 루스트Rust 지역에는 귀부균 생성에 유리한 환경이 조성되어 전 세계에서 가장 뛰어난 감미로운 와인 중 하나로 평가받는 아우스부르크Ausbruch의 생산이 가능하게 된다(p.534 참조). 이곳의 와인은 리슬링, 웰치리슬링welschriesling, 바이스부르군더weissburgunder, 뮐러 투르가우müller-thurgau 및 매우 향기로운 뮈스카 오토넬muscat ottonel로 만든다. 미텔부르겐란트에서는 블라우프랑키슈blaufränkisch 품종으로 좋은 품질의 레드와인을 생산한다.

(p.534 참조)

스티리아La Styrie

슈타이어마르크Steiermark는 슬로베니아 북쪽과 부르겐란트Burgenland주의 남서쪽에 펼쳐진 험준한 지형의 광활한 지역이다. 세 군데의 포도 재배 지역은 대략 4,200헥타르에 달한다.

주요 생산지인 남쪽의 쥐트슈타이어마르크Südsteiermark는 웰치리슬링welschriesling, 피노 블랑, 뮐러 투르가우müller-thurgau, 리슬링, 머스캣muskateller, 소비뇽, 쇼이레베scheurebe 등의 여러 품종으로 스티리아 최고의 화이트와인을 만든다. 햇살을 잘 받는 남향의 가파른 경사면에서 포도나무가 재배되는데, 종종 해발 600미터 가까이 되는 곳도 있다. 남동쪽의 쥐트오스츠슈타이어마르크Südoststeiermark에서는 가벼운 화이트와인을 선보이는데, 우수한 게뷔르츠트라미너Gewurztraminer뿐 아니라 여기서는 모리용morillon이라고 불리는 샤르도네, 그리고 소비뇽으로 좋은 품질의 화이트와인도 만든다. 서쪽, 그라츠Graz시와 슬로베니아 국경 사이에 위치한 베스트슈타이어마르크Weststeiermark는 특히 실허Schilcher라고 불리는 로제와인으로 명성이 높은데, 블라우어 빌트바허blauer wildbacher 품종으로 만들어 어릴 때 주로 마시는 약간 시큼한 로제로 생산량은 매우 적은 편이다.

빈Wien 주변 지역

수도 빈 주변에는 약 700헥타르에 달하는 포도밭이 있다. 여기서 생산되는 와인의 대부분은 현지에서 소비된다. 그린칭Grinzing, 누스도르프Nussdorf 등 빈 외곽에 있는 포도를 재배하는 마을들에는 활기 있는 선술

(p.98 참조)

진짜일까 거짓일까?

오스트리아 와인은 한 가지 품종으로 만든다.

거짓 많은 지역이 특정 품종으로 만든 와인으로 특화되어 있긴 하지만, 많은 오스트리아 화이트와인들은 다양한 품종으로 블렌딩되는데, 특히 그뤼너 펠트리너grüner veltliner와 리슬링riesling이 많다.

원산지 명칭과 법령

오스트리아에는 19개의 원산지 명칭이 있다. 크렘스탈Kremstal, 캄프탈Kamptal, 바그람Wagram, 바인피어텔Weinviertel, 바하우Wachau, 카르눈툼Carnuntum, 트라이젠탈Traisental, 테르멘레기온Thermenregion, 베스트슈타이어마르크Weststeiermark, 쥐트슈타이어마르크Südsteiermark, 노이지들러시Neusiedlersee, 노이지들러시-위겔란트Neusiedlersee-Hügelland, 미텔부르겐란트Mittelburgenland, 쥐트부르겐란트Südburgenland, 쥐트-오스트슈타이어마르크Süd-Oststeiermark, 비엔Wien, 그리고 니더외스터라이히Niederösterreich, 부르겐란트Burgenland와 슈타이어마르크Steiermark 등인데 후자 세 곳은 지방 원산지 명칭이다.

오스트리아는 전반적으로 다른 유럽 국가의 법령을 따른다(p.98 참조). 품종 표기와 함께 포도의 성숙도가 나타나야 하는 품질 등급 표기도 병행되는데, 이는 독일에서 적용하는 것과 마찬가지이다.

오스트리아는 DACDistrictus Austriae Controllatus 카테고리를 만들어, 단일 품종으로 만든 지역 대표 와인일 경우에 이 DAC가 적용된다. 오스트리아에는 총 9개의 와인이 해당된다.

(현재 14개의 DAC가 존재한다. https://www.austrianwine.com/our-wine/strategy-for-origin-marketing/dac-districtus-austriae-controllatus/dac-regions. 역주.)

집이 넘쳐난다. 특히 아코디언 소리가 흘러나오는 호이리겐Heurigen은 와인 메이커들이 자신의 와인을 파는 장소로, 과일의 풍미가 느껴지는 저가의 어린 화이트와인을 선보인다. 대부분은 게미슈터 샤츠Gemischter Satz로, 같은 구획에서 재배된 여러 다른 품종을 블렌딩한 와인이다.

헝가리

판노니아Pannonie라고 불렸던 시절에 이 지역에 포도나무를 처음으로 심은 것은 아마 로마인들이었을 것이다. 9~10세기 아시아에서 넘어온 유목민들로 구성된 헝가리는 터키 강점기를 포함하여 이후 수 세기 동안 포도 재배 산업을 발전시켰다. 오스트리아에 합병된 18세기부터 유럽 전역에 헝가리의 가장 유명한 와인인 토카이Tokaj의 유통이 가능케 됐다.

50년 동안의 공산주의 시절, 포도밭은 생산자에게 수입이 보장되는 협동조합에 의해 운영되었지만, 공산주의 붕괴 후 소규모 와인 메이커들은 시장경제의 원리를 따라오지 못했고, 헝가리 포도 재배 지역의 재편이 이루어져 면적의 30%가 줄어들었다. 최근 몇 년 동안 가족이 경영하는 수많은 도멘이 탄생했고, 그중 일부는 눈여겨볼 만한 좋은 품질의 와인을 생산한다. 헝가리의 남쪽에 위치한 빌라니Villány 지역의 와인 메이커는 큰 성공을 거두었다. 특히 토카이 지역에는 역사가 있는 중급 규모의 수많은 도멘이 있는데, 외국 자본의 투자를 받기도 했다. 협동조합, 과거에는 국영이었으나 사유화된 포도 농

숫자로 보는 헝가리의 포도 재배지
면적 : 65,000헥타르
생산량 : 2,700,000헥토리터
화이트 : 70%
레드 : 30%

(OIV, 2015)

장, 헝가리 또는 외국 자본에 의해 신설된 기업 등의 소규모 생산자에게서 포도를 구매하는 대기업도 있다.

토카이-헤겨이야Tokaj-Hegyalja : 와인계의 왕이 있는 나라

헝가리 북동쪽에 위치한 5,500헥타르에 달하는 토카이 산악지역은 풍부한 향과 청량감으로 이미 루이 14세 때부터 인기있던 가장 유명한 와인을 생산한다. 와인의 왕 또는 왕의 와인인 토카이는(p.534 참조) 우선 감미로운 와인 또는 약간 당도가 있는 드미 섹demi-sec 와인으로 알려져 있다. 그 주요 품종은 풀민트furmint로, 보드로그Bodrog강 계곡에 가을 안개가 끼면 귀부병이 발생한다.

전 세계에서 가장 뛰어난 감미로운 와인 중 하나인 토카이는 놀라운 숙성 잠재력을 보여준다. 가장 훌륭한 밀레짐일 때는 200년 동안의 숙성이 가능하다! 또한 토카이라는 명칭의 달지 않은 전통적인 와인도 있는데, 소비자의 선택을 어렵게 만든다.

그 외의 포도 재배 지역

에게르EGER 지역. 부다페스트 북동쪽, 마트랄리야-에그리Mátraalja-Egri에는 작은 개인 생산자가 운영하는 다수의 양조장이 있다. 에게르의 '황소의 피'라는 별명을 가진 에그리 비카바Egri Bikavérd의 가장 유명한 와인은 케코포르토kékoportó와 카베르네 소비뇽으로 만든 레드로 상당히 가볍고 과일 풍미가 있다.

벌러톤BALATON 호수 주변. 헝가리 서쪽, '헝가리해'라고 불리는 벌러톤 호수와 맞닿은 화산 토양의 언덕에서는 이탈리안 리슬링의 지역명인 올라스리슬링olaszrizling, 뮈스카오토넬muscat ottonel, 피노 그리와 동일한 수르케바라트szürkebarát로 양조한 화이트와인을 생산한다. 최상급 와인은 바다쵸니Badacsony 지역에서 나온 것들이다.

소프론SOPRON 지방. 오스트리아 국경 근처, 소프론시 주변은 지형의 기복이 심한데, 케프푸랑코슈kékfrankos, 피노 누아, 그리고 카베르네 소비뇽으로 양조한 레드와인으로 유명하다. 오스트리아의 노이지들러 호수를 헝가리에서는 페르퇴 호수Fertö Tó라고 부르는데, 동쪽 호반에서 양질의 화이트와인을 생산한다.

빌라니-시크로슈VILLÁNY-SIKLÓS. 헝가리의 남쪽 끝, 페치Pécs시 근처에 위치하는 이 구역은 카베르네 소비뇽, 메를로, 그리고 케코포르토kékoportó로 만든 부드러운 레드와인으로 유명한 곳 중 하나이다.

섹사르드SZEKSZÁRD. 섹사르드시를 둘러싸

> 헝가리 남쪽 하요슈Hajós 마을, 코바주 보르하스Kovács Borház 도멘에 있는 조각 장식된 대형 오크통 (푸드르foudre).

고 있는 이 포도 재배 지역은 에게르Eger처럼 '황소의 피'라고 불리는 레드와인으로 유명하다. 산출량이 과한 카다르카kardaka가 오랫동안 전통적인 품종이었지만, 점점 더 메를로, 카베르네 소비뇽, 그리고 케코포르토로 대체되고 있다. 레아니바르Leányvár 마을, 암반 지하를 파서 만든 3층으로 된 와인 저장고는 반드시 방문해야 한다.

다뉴브에서 흑해까지

1990년대 초 소비에트 사회주의 연방 공화국의 붕괴는 오스트리아에 뒤이어 다뉴브강 주변국들과 과거 소련 포도 재배 지역의 풍경을 크게 바꾸어 놓았다. 예전에는 집단 운영되었던 헝가리, 루마니아, 슬로베니아의 포도밭들은 서유럽 금융기업의 지원을 통해 부분적으로 사유화되었지만, 불가리아와 구 소련의 몇몇 나라는 호흡을 가다듬는 데 더 많은 시간을 필요로 했다.

루마니아

192,000헥타르의 면적에서 4,000,000헥토리터라는 대량의 와인을 생산하는 국가인 루마니아는 오랫동안 소련에 저급 와인을 제공하는 주요 국가 가운데 하나였다. 전통적인 판로의 상실은 유럽의 재정 지원을 통한 양조업의 심도 있는 개편을 일으켰다. 대부분의 재배 지역에서 포도의 뿌리가 뽑혔고, 가장 확실하게 성공 가능성이 높은 구획에만 포도의 재식목이 집중됐다. 양조 설비는 기초적인 수준에서부터 최신의 테크놀로지까지 천차만별이었는데, 몇몇 양조장은 외국 자본의 투자를 받았기 때문이다. 공산주의 시절 토지를 수용당했던 소유주들은 양질의 와인 생산이라는 야망에 더해 때로는 자본을 투자해 자신들의 도멘을 되찾았다. 그 가운데 가장 매력적인 지방은 루마니아의 중남부에 있는 레드와인으로 유명한 델루 마레Dealu Mare, 부쿠레슈티Bucarest 서쪽에 화이트와인으로 유명한 조그만 드라가샤니Dragasani 지역, 트란실바니아Transylvanie의 타르나베Tarnave와 오랫동안 스위트 와인으로 유명한 루마니아 북동쪽에 위치한 코트나리Cotnari 등이 있다(p.535 참조).

불가리아

1970년대, 불가리아에서 재배된 카베르네 소비뇽은 독일과 영국, 스칸디나비아에서 저가의 보르도 와인들과 겨뤘다. 공산주의가 막을 내린

> 불가리아의 한 포도밭에서 손으로 직접 수확하고 있다.

후 불가리아는 필수적인 현대화가 이루어지지 않아 와인 생산량의 급감을 경험해야 했다. 불가리아의 양조용 포도 재배업은 이 낙오를 만회하지 못했지만, 포도 재배 지역의 재정비를 실시하고 있다.

매우 오래된 포도 재배의 나라. 호메로스의 일리아드가 말하듯, 이미 3,000년 전부터 트리키아인들이 여기서 와인을 생산했다는 것을 보면 불가리아는 유럽에서 가장 오래된 포도 재배 국가 중 하나이다. 오랫동안 내수시장 판매를 목적으로 하던 불가리아의 양조용 포도 재배업은 공산주의가 끝날 무렵 괄목할 만한 비약을 이루었는데, 한편으로는 소련의 강한 수요와 다른 한편으로는 영국과 독일에 불가리아의 와인을 대량 판매하는 미국 회사 펩시코Pepsico와의 파트너십 덕분이다.

큰 잠재력, 빈약한 인프라. 고도의 영향으로 포도 재배에 더 적합하게 서늘해진 지중해성 기후와 척박한 토양은 포도 재배지로서의 잠재력이 있지만 와인 시장에서 의미있는 기업이 50개 미만일 정도로 불가리아는 인프라가 부족하다. 1990년대 후반 서둘러 진행한 민영화와 1947년 이전의 원소유주에게 반환된 토지는 운영을 위한 인프라의 부족으로 대부분 방치되었다. 농사에 더 많은 정성을 기울이는 것이 관심사인 수많은 소규모 생산자들을 납품업체로 두거나 혹은 자가 포도밭을 소유한 대규모 와인 생산자들을 중심으로, 현재 양조용 포도 재배업은 재정비되고 있다. 불가리아는 주변국들에 와인 생산의 일부분을 수출하기 시작했다. 불가리아의 르네상스는 토착품종 또는 국제적인 품종을 이용한 양질의 와인 생산이라는 야망을 가진 새로운 도멘들의 설립에 의해 이루어지고 있다. 최근 들어 좋은 테루아에 포

몰도바moldave 공화국의 '보물', 크리코바Cricova

루마니아와 우크라이나 사이에 있는 구 소련 공화국의 일부인 몰도바는 가히 지하 도시라 불릴 만한 저장고를 가지고 있다. 깊이 35~60미터의 이 과거 채굴장은 전통적인 방법으로 스파클링 와인의 생산을 가능케 하는 일정한 온도를 유지한다. 유네스코 문화유산에 등재된 이곳에서는 몰도바뿐 아니라 전 세계, 그중 일부는 아주 오래된 와인들도 보관하고 있다. 몰도바의 최우선 관광지인 크리코바에는 포도 품종의 이름을 지닌 길이 있다. 이 길은 폭 6~8미터에 총 연장이 100 킬로미터가 넘는다. 전체 면적은 53제곱킬로미터이다.

> 슬로베니아의 북동쪽 슈타예르스카^{Stajerska} 지역에 있는 포도밭

랑, 바르베라, 그리고 이탈리아 국경에서 재배하는 레포스코^{refosk} 품종으로, 특히 아드리아해 연안과 사바강 유역에서 만들어진다. 사바강 주변 지역에서는 치첵^{cvicek} 같은 토착품종으로 마시기 편한 로제를 생산한다.

조지아

흑해 연안 코카서스 지방의 구 소련공화국연방의 일부였던 이곳을 기점으로 신석기 시대 말 포도나무가 유럽 전체로 전파된 것으로 추정하고 있다. 수백 가지 토종 품종을 가진 조지아의 포도학 관련 지식의 풍부함은 이를 잘 설명할 것이다. 와인 문화는 조지아에 잘 정착했고 실생활과도 매우 밀접하다. 2006년 러시아의 금수조치로 인해 조지아는 주요 고객을 가차 없이 잃고 말았다. 조지아는 정부의 지원을 받아 포도 재배 및 와인 양조업의 근대화를 가속하고 대체 시장을 찾으며 활로를 모색했다. 새로운 법령은 하위 지역이 있는 6개의 주요 양조용 포도생산 지역을 정하고, 품질에 따른 법적 등급 체계를 마련했다. 수출을 목표로 한 와인들에 현대적 양조법을 적용하면서도 조지아는 오래전부터 이들의 와인을 차별화시켜주던 요소들을 고수했는데, 레드뿐 아니라 화이트와인도 껍질째로 양조하여 탄닌이 남게 하지만, 상당수의 와인에서 특유의 감미로움이 느껴지게 하는 양조방법과 크베브리^{Kvevri}라 불리는 큰 항아리에 담아 땅에 묻는 숙성방법 등의 전통들이다. 조지아에는 수입 품종이 거의 없고, 대신 다양한 토착 품종이 있다. 가장 인기 있는 품종들은 카헤티^{Kakheti}주 포도밭의 70%가량을 차지할 정도로 많이 심어져 있는데 화이트는 르카치텔리^{rkatsiteli}, 레드는 사페라비^{saperavi} 등이다.

도나무를 재식목한 이 포도 재배 지역들이 장차 불가리아에서 가장 흥미로운 와인들을 생산할 것임에는 의심의 여지가 없다.

주요 품종. 주요 레드 품종에는 파미드^{pamid}, 마브루드^{mavrud}, 멜니크^{melnik}, 카베르네 소비뇽, 메를로, 가메, 피노 누아가 있다. 화이트 품종으로는 르카치텔리^{rkatsiteli}, 디미아트^{dimiat}, 뮈스카 오토넬^{muscat ottonel}, 미스켓 루즈^{misket rouge}(레드 머스켓), 샤르도네, 리슬링, 게뷔르츠트라미너, 알리고테, 실바네르가 있다.

생산과 법규. 100,000헥타르에 달하는 불가리아의 와이너리에서는 900,000헥토리터의 레드와인과 600,000헥토리터의 화이트와인을 생산하는데, 그 가운데 상당량은 증류주이다. 27개의 지역 원산지 명칭이 존재한다. 유럽연합의 법규를 따르도록 되어 있는 자국 법령은 테이블 와인과 뱅 드 페이를 구분하는데, 원산지와 품종 표기, 통제된 지역 명칭 와인(DGO), 그리고 일종의 슈퍼 DGO인 '콘트롤리랑^{Controliran}' 표시 등이 따른다.

슬로베니아

1991년 구 유고슬라비아와 분리된 짧은 역사를 가진 나라로 이탈리아, 오스트리아, 크로아티아 사이에 위치한다. 15개 지방, 약 16,000헥타르의 포도 재배 지역은 서쪽으로는 아드리아해에 면하고, 동쪽으로는 드라바^{Drave}강과 사바^{Save}강 유역을 따라 펼쳐져 있다. 와인은 대체로 품질이 좋은 편인데, 포드라프스키^{Podravski}처럼 고도의 영향으로 이상적인 기후를 누리는 지방의 화이트와인이 특히 양질이다. 슬로베니아의 와인 메이커들은 달지 않은 화이트와인뿐 아니라, 리슬링과 피노 그리의 다양한 블렌딩으로 만든 '아이스 와인'과 '늦수확한' 와인도 생산한다. 최고 품질의 레드와인은 메를로, 카베르네 프

크로아티아

최근에 유럽연합에 가입한 크로아티아는 드라바^{Drave}강과 다뉴브강이 만드는 국경의 안쪽인 크로아티아 내륙과 아드리아해를 따라 펼쳐진 해안 사이 여기저기 분포된 포도 재배지의 운영에 있어서 발전하고 있다. 29,000헥타르의 면적에서 재배하는 크로아티아의 잠재력은 유망한데, 활발한 와인 생산자들이 이를 증명하고 있다. 크로아티아는 스파클링, 스위트, 그리고 달지 않은 화이트와인을 생산하는데, 특히 크로아티아 내륙에서는 그라세비나^{Graševina}, 리슬링, 피노 그리뿐 아니라 최근들어 샤르도네, 소비뇽 같은 품종까지 이용한다. 아드리아해 연안에서는 지중해 스타일의 진한 레드와인을 생산한다. 가장 눈여겨볼 만한 것으로는 강하면서 좋은 짜임새를 가진 와인을 만들어 큰 잠재력을 가진 플라바츠 말리^{plavac mali}가 달마티아^{Dalmatie} 지역에서 생산된다. 바비치^{babić}, 메를로, 시라와 그르나슈도 재배된다. 이스트라^{Istrie} 반도는 화이트 품종인 말바지아와 양질의 레드와인을 생산하는 품종인 테라노^{teran}의 본고장이다.

스위스, 오스트리아 그리고 다뉴브강-흑해 연안 주변국들의 유명 와인

오스트리아와 스위스가 서유럽의 기준에 맞춰 와인을 생산한다면, 생산량이 매우 대조적인 동-유럽에 위치한 소련 연방국들은 슬로베니아를 제외하고는 사정이 다르다.

AOC CHAMOSON GRAND CRU (AOC 샤모종 그랑 크뤼)

스위스 (발레)

론강의 다소 가파른 언덕에 위치한 427헥타르의 샤모종은 발레Valais주에서 가장 넓은 포도 재배 지역이다. AOC 발레에 속한 샤모종 그랑 크뤼는 여러 토양과 국지기후가 있는데, 소유주가 1,200명이나 되다 보니 매우 잘게 조각난 포도밭들에서 39개의 품종이 재배된다.

샤모종 그랑 크뤼는 생산량의 대부분을 레드와인이 차지하지만, 실바네르, 샤슬라, 프티트 아르빈으로 양조된 화이트와인도 마찬가지로 좋은 평을 받고 있다. 모두 손수확으로 이루어지며 AOC 등급을 획득하기 위해서는 매우 엄격한 법규를 따라야 한다.

> **주요 품종** 화이트는 라인강 유역의 최고급 와인과 유사한 특징으로 인해 지역명이 요하니스베르크johannisberg인 실바네르, 프티트 아르빈. 레드는 가메, 피노 누아, 시라.
> **토양** 석회가 지배적인 흙더미, 충적토.
> **와인 스타일** 녹색빛이 감도는 밝은 지푸라기 색깔의 달지 않은 화이트를 만드는 실바네르는 시간이 지남에 따라 금빛을 띤다. 입안에서는 구운 아몬드의 향과 옅은 산미,

좋은 미네랄의 풍미가 느껴진다, 숙성될수록 구운 향, 과일의 풍미가 더 강해진다. 늦수확을 통해 감미롭게 양조한 버전도 있다. 레드와인은 대체적으로 부드러우면서 과일 풍미가 느껴지는데, 시라와 위마뉴 품종으로 만든 와인만 예외적으로 좋은 짜임새를 보여준다.

색:	서빙 온도:	숙성 잠재력:
화이트, 레드.	화이트는 8도~10도, 레드는 14~17도.	화이트와 레드 모두 5~6년 정도이지만, 최고의 생산연도일 때 15년까지 가능.

AOC DÉZALEY GRAND CRU (AOC 데잘레 그랑 크뤼)

스위스 (보)

53헥타르밖에 되지 않는 이 원산지 명칭은 보Vaud주 내의 라보Lavaux 지방 한가운데에 있는 퓌두puidoux에 위치한다. 샤슬라로 만든 화이트와인만을 생산한다.

레만호에서 반사된 햇볕으로 온도가 상승하는 아찔한 경사면에서 포도나무가 자라는데, 계단식으로 조성된 포도밭의 벽이 햇볕을 반사시키고 온기를 축적한다. 이 국소기후는 샤슬라 특유의 향을 잘 나타나게 해줄 뿐만 아니라, 데잘레의 추위를 지연시켜 포도의 완숙에 유리하게 작용한다. 어렸을 적

에는 과일과 꽃의 향이 나고 숙성이 되면서 훈제, 미네랄, 꿀의 향으로 바뀌는 확실한 개성이 있는 와인을 생산하게 하는 것이 바로 이 '만들어진' 기후임을 자연의 오랜 관찰 끝에 알게 되었다.

> **단일 품종** 샤슬라.
> **토양** 빙산의 침식은 데잘리의 경사면을 만들었고, 매우 점토질이면서 석회가 풍부한 토양을 만드는 퇴적 토사의 잔해를 '역암(礫岩)' 지층 사이에 남겼다.
> **와인 스타일** 데잘레 그랑 크뤼는 깊이감,

힘, 구운 향, 훈연향, 아몬드와 꿀의 향, 그리고 해에 따라 약간의 과일 또는 꽃의 향이 나는 특징이 있다. 특유의 구운 향이 나타나기 전 2~3년 동안은 좋은 상쾌함을 지니고 있다.

색:	서빙 온도:	숙성 잠재력:
화이트.	8도~10도.	일반적으로 4년~8년. 매우 좋은 해일 경우 10년까지 가능.

RUSTER AUSBRUCH DAC (루스터 아우스부르크 DAC)

루스터의 주변에서는 루스터 아우스부르크라는 명칭을 가진 전 세계에서 가장 품질이 뛰어난 감미로운 와인 몇가지가 생산되는데, 토카이 아수Tokaj Aszú(아래 참조)와 비슷한 양조방법으로 만들어 진다. 노이지들러Neusiedl 호수 근처는 여름에는 덥고 건조하며 가을에는 호반에 안개가 발생하는 특징적인 기후가 매우 정기적으로 나타나 귀부병의 발병을 가능케 한다.

> **주요 품종** 바이스부르군더Weissburgunder (피노 블랑), 웰치리슬링welschriesling, 룰렌더ruländer(피노 그리), 뮈스카 오토넬, 풀민트.

> **토양** 노이지들Neusiedl 호숫가와 평지 또는 경사면의 모래.

> **와인 스타일** 매우 농축되고 향기로운 감미로운 화이트와인은 향신료와 뮈스카 품종의 향이 난다. 숙성될수록 황갈색으로 색이 짙어지고 향신료 향이 뚜렷해진다.

색:	서빙 온도:	숙성 잠재력:
화이트.	8도~12도.	최상의 빈티지는 100년 이상 숙성 가능.

KREMSTAL DAC (크렘스탈 DAC)

2,000헥타르에 달하는 이 원산지 명칭은 크렘스Krems와 멀지 않은 곳에 있는 다뉴브강의 중부에 펼쳐져 있다. 지리적·기후적 특성에 따라 여러 지역으로 분할되어 있음에도 불구하고, 리슬링과 그뤼너 펠트리너grüner veltliner로 만든 뛰어난 화이트와인은 이 포도 재배 지역 전체를 관통하는 정체성이다. 2007년 원산지 명칭 지위의 획득으로 크렘스탈은 이 지역의 특징이자 생산자들에게 활기를 불어넣어주는 꾸준한 품질로 인해 바하우Wachau와 함께 오스트리아에서 가장 유명한 생산지가 되었다. 이곳이 바로 그뤼너 펠트리너의 본고장이다.

> **주요 품종** 리슬링과 그뤼너 펠트리너.
> **토양** 화강암질과 황토로 된 흙더미.

> **와인 스타일** 리슬링으로 양조된 달지 않은 화이트와인은 귀부향이나 오크향이 없이, 우아하고 직선적이며 미네랄이 느껴진다. 그뤼너 펠트리너로 만든 달지 않은 화이트와인은 다른 면모를 보여주는데, 오크통에서 숙성되었을 수도 있는 힘이 강한 퀴베들에서는 산미와 과일 풍미, 후추향이나 미네랄이 느껴진다.

색:	서빙 온도:	숙성 잠재력:
화이트.	8도~12도.	빈티지와 도멘에 따라 5~20년.

TOKAJ (토카이)

헝가리 현지에서는 토카이-헤거이야Tokaj-Hegyalja라고 부르는 토카이Tokaj 산록 지방에서는 감미로운, 약간 당도가 있는 드미 섹, 달지 않은 와인을 생산하는데 모두 '토카이Tokaji' 또는 헝가리어로 '데 토카이de Tokaj'라는 명칭이 붙다보니 와인 비전문가인 일반 대중들에게 모종의 혼동을 야기할 수 있다. 귀부병에 감염된(아수aszú) 포도에서 자연스럽게 흘러나온 포도 주스를 '에스첸치아Eszencia'라고 부르는데, 이 고가의 환상적인 당분 농축 넥타를 양조하여 가장 유명한 감미로운 와인 토카이 아수Tokaj aszú를 만든다. 귀부병에 감염된 포도는 푸토노슈puttonyos라는 단위로 나뉘어 포도 주스 또는 와인에 첨가한다. 압착 이후, 오크통에서 장기간의 발효를 거친다. 각각의 오크통에 첨가된 푸토노슈의 양에 의해 당분의 농축과 와인이 품질이 결정된다. 2014년부터 실시된 법령에 의해 가장 농축도가 높은 5~6 푸토노슈의 와인만 아수라는 명칭의 표기를 허가한다. 산화가 된 것일 수도 혹은 안 된 것일 수도 있는, 좀 더 단순하면서 드미 섹인 토카이 사모로드니Szamorodni(헝가리어로 '그냥 그대로'를 의미)도 생산한다. 또한 원산지 명칭 토카이를 사용하는 산도가 있고 밝은 색상을 띤 고품질의 달지 않은 화이트와인도 찾아볼 수 있다.

> **주요 품종** 풀민트, 뮈스카 오토넬, 하르슈레벨류hárslevelü.
> **토양** 황토, 점토-석회질과 화산토.
> **와인 스타일** 알코올이 거의 없는 에스첸치아Eszencia는 리터당 250그램이 넘는 당분 농축액이다. 토카이 아수Tokaj aszú의 당도는 최소한 리터당 120g이 되어야 한다. 힘이 있고 농축된 맛이 느껴지는 와인으로 풍부하면서 복합적인 향이 있는데, 풍미의 생기와 강렬함을 증가시키는 산도는 당도로 인해 무거워진 입맛을 가볍게 만들어준다. 여러 세대에 걸쳐 숙성이 가능하고 시간이 지남에 따라 짙은 호박색을 띠게 된다.

색:	서빙 온도:	숙성 잠재력:
화이트.	8도~10도.	최고의 빈티지는 수십 년간 보존 가능.

동유럽 와인의 르네상스

주요한 업적

프랑스 시장에 헝가리의 토카이를 상품화시킨 선두주자이자 루마니아의 코트나리 그라사Cotnari Grasa의 프랑스 내 독점 판매권을 가지고 있는 리옹을 거점으로 한 회사 디오니스Dionis의 오너인 장-프랑수아 라고Jean-François Ragot가 숨은 진주를 찾아 동유럽을 헤집고 다닌 지 20년이 넘었다.

그는 열정적으로 말한다. "양조장 경영에 있어 해결해야 할 법적인 문제가 남아 있긴 해도, 토카이는 이미 진가를 발휘했다. 루마니아는 엄청난 잠재력을 가지고 있지만, 여전히 할 일이 많다."

사실 그는 직접 재배 혹은 구매를 통해 토카이 와인을 양조하기 위한 양질의 포도를 조달하는 데 아무런 어려움이 없었지만, 루마니아에서는 이보다 훨씬 더 힘들었는데, "루마니아인들의 마인드는 차우셰스쿠 시대에 머물러 있다."고 설명하면서, "과거 사회주의 경제체제에 있던 동유럽 국가 중 다음 기대주는 불가리아일 것이다"라고 그는 예상한다. 슬로베니아는 비록 소량이지만 흠잡을 데 없는 결과물을 통해 이미 역량을 보여줬다.

KARST (카르스트)

슬로베니아 해안의 포도 재배 지역 : 프리모르스키 비노로드니 라존(PRIMORSKI VINORODNI RAJON))

석회질 하부토양 속에 흐르는 하천으로 구성된 지형을 의미하는 지질학계의 용어 카르스트는 슬로베니아 남서쪽에 위치한 아드리아 해안과 이탈리아 국경 사이에 있는 이 카르스트 지방에서 유래했다. 로마 시대부터 재배되온 포도는 오랫동안 명맥만 유지해오다 슬로베니아의 유럽연합 가입으로 새로운 도약을 하게 되었다. 560헥타르에 이르는 포도밭에서 150,000헥토리터의 와인을 생산한다. 레포슈크refosk라고 불리고 프리울Frioul 지역에서도 재배되는 테라노teran 품종으로 만든 레드와인이 특히 유명하다. 이 품종은 색이 짙고 알코올 도수가 낮으며 산미와 단단한 탄닌이 있으면서 붉은 과일과 체리의 향이 나는 와인을 만든다. 가벼운 로제와인과 달지 않은 화이트와인도 생산한다.

> **주요 품종** 레드와 로제는 테라노Teran 또는 리포스크refosk, 메를로, 카베르네 프랑. 화이트는 이탈리안 리슬링, 소비뇽, 피노 그리.
> **토양** 황토, 석회질과 붉은 점토질.
> **와인 스타일** 레드와인은 색이 짙고 새콤달콤하며 붉은 과일의 향이 나면서 알코올 도수는 낮다. 로제와인은 가볍고, 달지 않은 화이트와인은 과일향이 난다.

색:	서빙 온도:	숙성 잠재력:
레드, 로제, 화이트.	화이트와 로제는 8~12도, 레드는 14~17도.	레드는 2~10년, 로제와 화이트는 1~3년.

COTNARI GRASA (코트라니 그라사)

루마니아

과거 감미로운 화이트와인으로 매우 유명했던 루마니아 북동쪽 끝 몰도바Moldavie 공화국 근처에 위치한 소규모의 코트나리 포도 재배 지역이 가진 잠재력은 고스란히 남아 있지만, 이 지역은 50년간의 사회주의 집단 생산체제에서 비롯된 심각한 태만으로 고통받고 있다. 고품질의 와인으로 양조되어야 할 귀부병에 감염된 포도들이 필요로 하는 선별 작업을 항상 거치지 않다 보니 비록 동일한 레이블을 달고 있지만 매우 다른 와인이 만들어진다.

> **주요 품종** '귀부병'을 발병시키는 보트리티스 시네레아Botrytis cinerea의 감염에 유리한 그라사Grasa(헝가리의 풀민트furmint와 유사), 페테아스카 알바feteasca alba, 프랑쿠사francusa, 타모이아사 로마네스카tamaioasa romaneasca.

> **토양** 황토와 점토-석회질 토양으로 구성된 가파른 언덕으로 일조량이 풍부.
> **와인 스타일** 일정하지 않다. 품질 좋은 감미로운 와인과 그저 그런 와인이 동일한 레이블로 판매될 수도 있다. 최상의 와인은 뮈스카의 풍미가 특징인데, 숙성됨에 따라 향신료향이 생겨난다.

색:	서빙 온도:	숙성 잠재력:
화이트.	8~12도.	와인에 따라 다르다 (최상품은 20년 이상).

Détroit de Gibraltar

Rabat

Casablanca

Fès
Meknès

MAROC

Marrakech

Oran

Alger

Constantine

Annaba

Tunis

Sousse

Sfax

TUNISIE

ALGÉRIE

지중해 주변과 북아프리카

Mer Noire

MACÉDOINE Edirne
Thessalonique Istanbul
Keşan
THESSALIE LIMNOS Bursa Ankara Kızılırmak
GRÈCE Lac de Van
Lamia TURQUIE Malatya
Izmir
Athènes SAMOS Lac Tuz Tigre
Patrai Aydin Konya
PÉLOPONNÈSE PAROS Adana Seyhan
Mer Égée RHODES Alep Euphrate
Mer Nicosie SYRIE
éditerranée Iràklion CRÈTE CHYPRE Homs
LIBAN
Beyrouth Damas
ISRAËL
Tel Aviv-Jaffa
Gaza Jérusalem
Mer Morte
Suez
ÉGYPTE Le Caire

지중해 주변과 북아프리카의
포도 재배지

동쪽의 지중해는 언제나 포도 재배를 위한 땅이었다. 포도나무는 그리스와 키프로스처럼
강력한 기독교 전통이 있는 나라들에서 가장 많이 재배되지만, 레바논과 이스라엘도 품질면에서는 뒤지지 않는다.
식민지배와 관련된 역사가 있는 북아프리카의 일부 포도 재배 지역은 현재 상당한 수준에 올라와 있다.

그리스

오랫동안 소나무의 송진으로 향을 낸 화이트와인인 레치나^{Retsina}와 함께 선술집에서 마시는 싸구려 와인의 동의어로 여겨졌던 그리스 와인은 20년 전부터 품질에 있어 비약적 발전을 했다.

고대로 거슬러 올라가는 포도밭

그리스 와인의 역사는 나라의 역사만큼 오래되었다. 크레타섬^{Crète}에서 3천 년 이상 된, 세계에서 가장 오래된 포도 압착기의 흔적이 발견되었다. 그리스인들은 포도나무와 와인과 관련된 문화를 지중해 주변에 전파시킨 장본인들이었다. 기원전 13세기에서 11세기까지 포도 재배지의 확장이 마케도니아를 포함한 고대 그리스 문명권에서 대규모로 이루어졌다. 1차 세계대전 전날 끝이 난 오스만 왕조의 긴 점령기 동안 그리스 와인의 생산량은 감소했지만, 그리스인들은 터키인들에게 언제나 추앙받던 권력 있는 동방 정교회의 책임 하에 생산된 와인 음용을 한 번도 멈춘 적이 없다.

**숫자로 보는
그리스의 포도 재배지**
면적 : 양조용 포도는 69,760헥타르,
식용포도와 건포도용은 65,740헥타르
생산량 : 3,500,000헥토리터
화이트 : 60%
레드와 로제 : 40%

(그리스 경제부
Ministère grec de l'Économie)

현재의 포도 재배지

그리스 와인은 20세기 내내 지속된 침체기를 거쳐, 유럽연합에 가입한 이후부터 큰 경제적 잠재력을 가진 대기업의 추진력으로 말미암아 품질이 현저히 향상되었다. 최근 10년 동안 '국제적인' 품종의 식목, 젊은 양조-숙성 전문가 양성을 위한 유럽 최고 학교에서의 교육, 국제적 수요에 대한 면밀한 조사 등으로 인해 매우 수준 높은 와인의 생산이 가능해졌다.

현대적 외형의 매우 분할된 포도 재배 지역. 와인의 약 30%는 그리스의 여러 다른 곳에 양조 시설을 소유한 생산자-네고시앙 대기업이 소규모 도멘에서 포도를 구입하여 양조하고 판매한다. 주요 포도 재배 지역을 중요한 순서대로 열거하면 펠로폰네소스 반도^{Péloponnèse}, 크레타섬^{Crète}, 마케도니아^{Macédoine}, 트라키아^{Thrace}, 테살리아^{Thessalie}, 에게해의 섬들이다.

품종. 푸블리우스 베르길리우스^{Publius Vergilius Maro}는 모든 품종을 열거하는 것이 불가능하다고 기록했다. 현재 300종 이상이 집계되고 있다. 레드는 아기오르기티코^{agiorgitiko}, 림니오^{limnio}, 할키디키^{halkidiki}, 시노마브로^{xinomavro}, 만딜라리아^{mandilaria}, 마브로다프니^{mavrodafni}, 그르나슈,

> 그리스에서 포도나무는 대개
파골라^{Pergola*}로 재배된다.

유용한 정보

유럽연합에 가입하기 훨씬 전에 그리스는 프랑스의 AOC 시스템에 영감을 받았다. 그래서 '뮈스카 드 파트라^{Muscat de Patras}'처럼 일부 아펠라시옹에 프랑스 이름을 붙이기까지 했다. 현재는 지리적 표시가 없는 와인과 지리적 표시가 있는 와인으로 나뉜다. 지리적 표시가 있는 와인은 네 개의 카테고리로 나뉘는데, 두 개의 IGP^{Indication Géographique Protégée}(보호받은 지리적 표시)를 가지는 토피코이 외누이^{Topikoi oenoi}(IGP 또는 뱅 드 페이^{vin de pays})와 외누이 오노마시아스 카타 파라도시^{Oenoi Onomasias Kata Paradosi}(레치나^{retsina}처럼 그리스의 전역에서 생산 가능한 스타일이 와인을 지칭하는 IGP) 그리고 두 개의 AOP^{APPELLATION D'ORIGINE PROTÉGÉE}(원산지 명칭 보호)를 가지는 OPAP(외누이 오노마시아스 프로엘레프세오스 아노테라스 포이오티타스^{Oenoi Onomasias Proelefseos Anoteras Poiotitas})와 OPE(프랑스의 AOC에 해당하는 외누이 오노마시아스 프로엘레프세오스 엘렌호메니^{Oenoi Onomasias Proelefseos Elenhomeni})가 있다. OPAP와 OPE가 뮈스카^{muscat}와 마브로다프네^{mavrodaphne}로 만든 감미로운 와인 등의 유명한 와인들과 원산지 명칭을 통합하지만, 그리스의 최고급 와인들은 토피코이 외누이^{Topikoi oenoi}로도 생산된다. 2005년부터 크뤼의 이름과 오크통에서 숙성시킨 기간을 명시할 수 있다(레제르브^{Réserve} 또는 그랑드 레제르브^{Grande Réserve}).

---

* Pergola : 식물이 타고 올라가도록 만든 아치형 구조물.

카베르네 소비뇽, 메를로, 시라 등이고, 화이트는 샤르도네, 뮈스카 아 프티 그랭muscat à petits grains, 로디티roditis, 아시르티코assyrtico, 모쇼필레로moschofilero, 소비뇽, 알렉산드리아 뮈스카muscat d'Alexandrie 등이다.

펠로폰네소스 반도

그리스 남쪽의 이 작은 반도는 최초의 포도 재배 지역이다. 60,000헥타르의 포도밭 중 반도 북쪽의 파트라Patras와 코린트Corinthe 근처에 위치한 22,000헥타르에서 주로 양조용 포도를 생산한다. 원산지 명칭과 관련하여(앞 페이지의 박스 내용 참조), 이 지방은 뮈스카 드 파트라Muscat de Patras, 뮈스카 리옹 드 파트라Muscat Rion de Patras, 마브로다프니 드 파트라Mavrodafni de Patras 등의 3가지 OPE와 만티니아Mantinia, 네메아Nemea, 파트라Patras 등의 3가지 OPAP를 생산한다.

> 파트라스Patras에 있는 와인 창고의 저장통에 장식된 조각은 아주 오래된 그리스 와인의 기원을 상기시킨다.

가장 유명한 원산지 명칭은 네메아Nemea이다. 코린트만 근처에 위치한 가장 넓고 가장 오래된 지방 원산지 명칭이기도 하다. 네메아는 지역 포도 품종인 아기오르기티코agiorgitiko('생 조르주saint-georges')가 중심이 되는 레드와인을 생산하지만, 시라, 카베르네 소비뇽, 메를로와 같은 국제적인 레드 와인 품종이 재배가 점점 늘어나고 있다.

하지만 펠로폰네소스 와인 중 뮈스카의 친척뻘이면서 달지 않은 와인을 만드는 품종인 모쇼필레로moschofilero로 양조된 화이트와인이 지배적이다. 아카이아Achaia현의 파트라Patras 주변에서는 뮈스카로 만든 화이트 뱅 드 리쾨르vin de liqueur와 마브로다프네mavrodaphne로 만든 주정강화 레드와인이 생산된다. 올림피아Olympie 지역에서는 로디티스roditis로 만든 달지 않은 로제와인도 만들어진다.

마케도니아와 트라키아

총 15,000헥타르에 달하는 이 두 지역은 그리스 북쪽에 있는 알바니아, 구 유고슬라비아, 불가리아, 터키와 국경을 맞대고 있다. 이곳은 기복이 심한 지형과 종종 있는 혹독한 겨울로 인해 그리스의 타지방보다 좀 더 대륙성 기후의 성격을 띠는 것을 특징으로 한다. 여기서는 주로 레드와인을 생산하는데, 마케도니아의 가장 유명한 OPAP로서 숙성 잠재력이 뛰어난 나우사Naoussa를 만드는 시노마브로xinomavro 품종이 사용된다.

트라키아Thrace와 할키디키 반도Chalcidique에서는 주로 블렌딩해서 만들어지는 화이트와인이 있는데, 지역의 이름을 그대로 딴 할키디키halkidiki 품종이 포함된다. 트라키아에는 OPE도 OPAP도 없지만, 이 지방의 와인들은 부타리Boutari, 찬탈리Tsantali와 같은 네고시앙 브랜드를 달고 주로 레스토랑에 판매된다.

도서 지역

크레타섬LA CRÈTE. 약 10,000헥타르의 재배 지역을 가진 이 섬은 면적상 그리스에서 두 번째이다. 수천 년의 역사를 가진 포도 재배 지역은 뒤늦게 1970년대에 필록세라의 피해를 입었지만 조금씩 재건되었다. 다른 곳과 마찬가지로 미국산 대목(臺木)을 사용했지만, 와인 메이커들은 현명하게도 몇몇 토착품종을 대목을 시킨 포도나무와 접목시켰다. 크레타섬은 특히 레드와인을 생산하는데, 이라클리오Héraklion 주변에서는 코치팔리kotsifali, 만딜라리아mandilaria, 리아티코liatiko 품종으로, 하니아Canée 주변에서는 로메이코romeiko 품종으로 만든다. 가장 유명한 화이트와인은 섬의 서쪽에 있는 사이티아Sitia 지방에서 생산된다.

기타 섬들. 크레타섬의 북쪽에 위치한 환상적인 산토리니는 아시르티코assyrtico 품종이 사용된 그리스 최고의 몇몇 화이트와인들을 생산한다. 에게해의 섬들은 뮈스카로 만든 감미로운 와인으로 명성이 높은데, 특히 사모스Samos섬과 렘노스Lemnos섬의 와인이 유명하다. 품질이 천차만별인데, 어떤 것은 주정강화를 시킨 뱅 두 나튀렐이거나, 어떤 것은 햇볕에 말린 포도로 만든 전통적인 화이트와인이다.

레치나Retsina

약한 산도를 가진 송진의 향이 나는 이 전형적인 그리스의 화이트와인은 알레프Alep 지역의 조그만 송진 조각을 포도 주스에 첨가할 수 있는 예외 규정의 혜택을 유럽연합으로부터 얻었다. 그 기원은 고대로 거슬러 올라가는데, 운반을 위해 테라코타 항아리를 석고와 송진의 혼합물로 밀봉하면 와인에서 독특한 맛이 났다. 가격이 저렴한 이 와인은 반 병 크기 또는 유리 주전자에 담아 메제mezze(여러가지 한입거리 음식)와 같이 서빙한다. 좀 더 세련된 레치나 로제와인도 존재하는데, 로디티스roditis 품종으로 펠로폰네소스에서 생산된다.

키프로스

매우 오랜 역사가 있는 키프로스의 포도 재배 지역은 과거에는 섬 전체에 분포되어 있었지만 현재는 키프로스 공화국 영토의 남서쪽에 집중되어 있고 북키프로스 터키 공화국 영토에는 거의 존재하지 않는다.

포도 생산 지역과 생산

11,000헥타르가 넘는 포도 재배 지역은 대부분 섬의 남서쪽에 위치한다. 최근 수십 년 동안 상당수의 포도나무가 뽑혔는데, 특히 판로를 찾기 어려운 특징 없는 와인을 생산하는 평야의 포도나무들이 발근되었다. 반면, 유럽연합의 출자 덕분에, 트로도스Trodos 산맥의 남쪽 경사면과 같이 강한 잠재력을 가진 지역에서 포도 재배가 다시 시작되었다. 십자군 시대부터 키프로스는 주정강화 레드와인인 코만다리아Commandaria로 유명한데 그 품질은 천차만별이다. 주정강화 이후, 스페인의 솔레라solera 시스템에 따라 오크통에서 최소 2년 동안 숙성된다. 최상품의 경우 알코올 도수가 높은 이 와인은 검은색을 띠며 강렬하고 복합적인 향이 난다.

포도 품종

지역의 두 가지 주요 품종은 레드 품종인 마브로mavro('검정'을 의미함)와 화이트 품종인 시니스테리xynisteri로, 특히 코만다리아Commandaria 와인에 사용된다. 감소하였음에도 불구하고 마브로는 전체의 50%를 차지하는데, 상당히 부드러우면서 달지 않은 레드와인을 생산한다. 25%를 차지하는 시니스테리는 고지대에서 재배시 흥미로운 달지 않은 화이트와인을 생산하는데 외래 품종들과 블렌딩될 때 기본이 된다. 지역의 다른 품종들 중에는 색이 짙고 탄닌이 풍부하여 좋은 평판을 가진 와인을 만드는 마라테프티코maratheftiko와 또 다른 레드와인 품종인 오프탈몬ofthalmon 등이 있다. 가장 많이 재배되는 다른 품종은 카베르네, 무르베드르, 시라, 그르나슈, 생소, 알렉산드리아 뮈스카, 샤르도네 등이다.

> 카파도키아Cappadoce에서는 포도나무들이 심각한 온도 변화를 겪어야 한다. 여름은 뜨겁고 건조하며 겨울은 매우 혹독하다.

근동

터키, 레바논, 시리아, 이스라엘 등의 근동 국가들의 포도 재배 전통은 매우 오래되었는데, 적어도 고대 그리스-로마까지 거슬러 올라가고, 의심의 여지가 없이 팔레스타인의 가나안족과 메소포타미아 문명권(티그리스강과 유프라테스강) 민족들보다 더 오래되었다. 하지만 수 세기에 걸쳐 아랍과 터키의 정복자들은 포도 재배가 소수의 유대인과 기독교인들만이 누릴 수 있는 특혜가 되게 했다. 따라서 현재 레바논과 이스라엘에 포도밭이 존재하는 것은 당연한 일이다.

터키

터키에는 1,000종이 넘는 포도 품종이 있지만 그중 수십 종만이 와인 생산에 사용된다. 포도의 대량 생산국인 터키는 생산량의 극소량만을 양조에 쓰고, 수확량의 대부분을 식용과 건포도용으로 사용한다. 그럼에도 불구하고 아르메니아인, 유대인을 중심으로 한 소수의 기독교인뿐 아니라, 이슬람교도 중 비열성적인 일부 엘리트들 사이에서는 와인 한모금 걸치는 것이 언제나 유행이었기 때문에, 와인은 터키 문화의 일부를 차지했다. 오늘날 억압적인 법률체계 안에서, 양조용 포도 재배 산업은 좀 더 낫게 양조된 와인, 현대적인 양조장 그리고 지역 테루아에 대한 연구의 시작으로 실현된 새로운 역동성을 보여주며 십여개의 양조장이 생산을 주도한다. 포도밭의 소유주들은 독자적인 포도 재배자들에게서 포도를 매입하기도 하면서 대부분의 포도 재배 지방에서 와인을 생산한다. 이와 더불어 유명한 컨설턴트의 영입을 주저하지 않는 새로운 엘리트들의 제안을 따르는 소규모 도멘들이 나타났다. 마르마라Marmara, 카파도키아Cappadoce, 에게Égée는 가장 활발한 재배 지역으로 생산의 핵심을 담당한다. 외래 품종과 종종 블렌딩하는 지역 품종들은 터키 와인의 독창성을 보장한다. 가장 흥미로운 레드와인은 짙은 색을 띠고 탄닌이 풍부하며 매우 좋은 짜임새를 가지는 보가즈케레bogazkere와 좀 더 부드러운 외쿠즈괴주ökuzgözu, 칼레식 카라시kalecik karasi이다. 화이트와인은 술타니예sultaniye와 나린스narince가 가장 인기가 있다. 소비뇽 블랑은 궁합이 잘 맞는 석회질의 테루아인 카파도키아에서 매우 귀추가 주목되는, 달지 않은 화이트와인을 생산한다.

이스라엘

와인은 언제나 히브리(유대인) 문화의 일부였다. 19세기 말 최초의 유대인 이주지역 중 하나인 리숀레지온Rishon-le-Zion의 모래밭에 포도밭을 형성했다는 것은 놀랄 일도 아니다. 카르멜Carmel이라는 상표로 판매되던 시럽과 같은 레드와인이 주를 이루었다. 1980년대 초반이 되어서야 이스라엘인들은 충분히 서늘한 기후를 가진 골란Golan 고원의 토양을 개발하면서 좋은 품질의 와인을 만들기 시작했다.

여기에 바로 5,500헥타르에 달하는 포도밭의 대부분이 있지만, 관개 시설은 이스라엘의 중앙에서도 좋은 품질의 레드와인 생산을 가능케 한다. 수증기로 생산설비를 소독하고, 오로지 자연적인 와인 양조용 재료를 사용하여 유대교 랍비에 의해 화이트와 레드 코셔^{kasher} 와인이 생산된다. 많은 이스라엘 와인들은 기술적으로 상당히 중립적인 특성을 가졌으나 그중 일부는 호평을 받고 있다. 카스텔^{Castel} 도멘의 흔적 속에서, 현재 신세대 소규모 생산자들은 우아하고 개성 있는 와인을 생산 중이다.

레바논

레바논은 의심의 여지없이 근동 지방 최고의 와인을 생산하는 나라이다. 일부, 특히 베카^{Beqaa} 고원에서 생산되는 와인들은 시음자들 사이에서 매우 고품질 와인으로 평가된다. 최근 많은 도멘들이 설립되었고, 일부는 막강한 자금력을 가지고 있다. 이 신세대는 베카의 고지대 평야에 집중된 레바논 포도 재배 지역의 실질 잠재력을 가장 잘 활용한다. 최근에 레바논 산과 바트로운^{Batroun}의 지역의 경사면이 포도나무 식목의 대상이 되었다. 덥고 건조한 기후 덕에 레드와인 품종은 완전한 숙성에 이르는데, 특히 레바논 최고의 여러 와인들에서 카베르네 소비뇽과 시라의 특성이 잘 나타난다. 그 외의 레드와인 품종들 중에는 생소, 메를로, 카리냥, 그르나슈, 무르베드르 또는 피노 누아 등이 있다. 화이트는 지역 품종인 마르베^{marveh}와 아니스 향이 나는 증류주^{eau-de-vie}인 아락^{arak}에도 사용되는 오베이디^{obeidi} 외에 샤르도네, 뮈스카, 비오니에, 클레레트^{clairette} 등이 가장 많이 재배된다.

2016년 기준, 양조를 위한 2,000헥타르의 포도밭에 43개의 도멘이 있다. 샤토 무사르^{Château Musar}와 같은 몇몇 도멘들은 오래전부터 좋은 평판을 가지고 있고, 좀 더 최근에는 소규모 포도원인 아티바이아^{Atibaia} 또는 발^{Baal} 같은 다른 도멘들도 매우 수준 높은 와인을 생산한다.

북아프리카

프랑스 식민지와 몰타, 스페인, 이탈리아 출신의 수많은 거주자들이 있었기 때문에 주로 마그레브 지방의 세 나라에 포도 재배 지역이 존재하게 되었다. 오늘날 알제리에서는 재배 면적이 계속 감소하고 있고, 튀니지는 유지 중이며 최근 품질 향상을 위한 실제적인 노력을 시작한 모로코에서는 증가 추세에 있다.

알제리

1962년 독립할 때까지 알제리는 '프랑스' 최대의 와인 생산 지방이었다. 알코올 도수가 높고 색은 짙은 반면, 산도가 부족한 이 와인들은 생소^{cinsaut}, 카리냥^{carignan}, 그르나슈^{grenache} 등 남부의 품종으로 양조되며, 때로는 부족한 활력를 보충하기 위해 보르도와 부르고뉴를 포함한 프랑스 다른 지역의 와인들과 블렌딩되었다. 독립 이후부터 메데아^{Médéa}, 틀렘센^{Tlemcen}, 마스카라^{Mascara} 등 12개의 원산지 명칭으로 분류된 알제리의 포도 재배 지역은 품질과 생산량이 지속적으로 감소하고 있다.

> 튀니지의 포도밭 전경

튀니지

카르타고 시대부터, 그리고 식민지 시대에도 포도를 재배해온 튀니지에는 아름다운 포도 재배 지역이 있는데, 대개 이탈리아 출신 소작인들에 의해 경작되었다. 오늘날 튀니지 북쪽에서 재배되는 양조용 포도는 총 10,000헥타르를 넘지 않는다. 가장 높이 평가받는 와인은 켈리비아^{Kelibia} 지역의 달지 않은 뮈스카^{muscats}이다.

모로코

마그레브의 세 나라들 중 모로코는 고급 와인을 생산할 수 있는 포도 재배 지역을 갖기 위해 최근 몇 년 동안 가장 많은 노력을 기울였다. 48,000헥타르의 포도밭 중 25%만이 와인 양조용이다. 생산량은 340,000헥토리터까지 증가했는데, 대부분이 레드와인이다. 14개의 원산지 보증 명칭(AOG^{Appellations d'Origine Garantie})과 단 하나의 원산지 통제 명칭(AOC^{Appellation d'Origine Contrôlée})이 있다.

포도 재배의 중심은 카사블랑카 지방과 아틀라스^{Atlas} 산맥 기슭 고지대에서 모로코 최고의 레드와인을 생산하는 메크네스^{Meknès}/페스^{Fès}이다. 이 지역은 게루안^{Guerrouane}, 베니 엠티르^{Beni M'tir}, 그리고 유일한 AOC인 코토 드 라틀라스^{Coteaux de l'Atlas}를 포함한 여러 원산지 명칭으로 나뉜다. 생소, 그르나슈, 카리냥, 알리칸트 부셰^{alicante bouschet}, 위니 블랑, 클레레트 등의 전통적인 품종에 더하여 카베르네, 메를로 또는 시라와 같은 국제적인 품종도 유입되었다. 최고의 레드와인은 일조량이 풍부한 포도밭에서 자란 과일의 충만함을 보여준다. 프랑스에서 인기 있는 로제와인인 그리 드 불라우안^{gris de Boulaouane}도 생산하는데, 거의 색을 띠지 않는다.

지중해 주변과 북아프리카의 유명 와인과 지역

현재 소비량과 명성이 국경선을 넘는 와인을 가장 많이 생산하는 나라는 그리스이다. 하지만 레바논과 이스라엘의 최고의 와인과 이보다는 조금 품질이 떨어지는 터키 와인도 수출되고 있다.

OPAP NAOUSSA, AMYNTEON, GOUMENISSA (OPAP 나우사, 아민테온, 구메니사)

그리스(마케도니아)

이 세 가지 원산지 OPAP는 그리스에서 가장 인기있는 와인을 생산한다. 나우사Naoussa의 생산지역은 벨리아Velia산의 남동쪽 경사면에 위치하고, 아민테온Amynteon과 구메니사Goumenissa 포도 재배 지역은 대부분 해발 650미터 까지의 고지대에 있다. 바다와의 인접성과 높은 고도는 더운 여름을 완화시키고 상대적으로 많은 강수량은 와인에 세련미를 준다.

> **주요 품종** 나우사는 시노마브로Xinomavro, 구메니사Goumenissa와 아민테온Amynteon은 네고스카negosca와 시노마브로.

> **토양** 종종 가파르기도 한 경사면 언덕 위는

석회질 또는 점토-석회질.

> **와인 스타일** 시노마브로로 만드는 레드와인은 전통적으로 색이 진하고 짜임새가 있으며, 탄닌이 풍부하면서 장기 숙성이 가능하다. 절정에 도달했을 때 향신료, 가죽, 숲속 땅의 향 등의 복합적인 향이 난다.

색:	서빙 온도:	숙성 잠재력:
레드, 로제.	로제는 10~12도, 레드는 13~16도.	로제는 1~2년, 레드는 5~8년.

OPAP CÔTES-DE-MELITON (OPAP 코트 드 멜리톤)

그리스(할키디키)

할키디키Chalcidique의 세 개 반도에 걸친 중부 능선에서 바다를 내려다보는 경사면에 펼쳐진 300헥타르 규모의 소규모 원산지 명칭인 코트 드 멜리톤은 그리스 OPAP에서 가장 높게 평가받는 것 중 하나이다. 레드와 화이트 모두 대부분 최고급 와인으로, 가장 좋은 레스토랑의 와인 리스트를 장식하는 최고가의 그리스 와인이다.

> **주요 품종** 레드는 림니오limnio, 카베르네 소비뇽, 카베르네 프랑, 화이트는 아티리athiri, 로디티스roditis, 아시르티코assyrtiko.

> **토양** 석회암으로 구성된 급경사면.

> **와인 스타일** 달지 않은 레드와인은 부드럽고 풍만하면서 동시에 매우 과일의 풍미가 뛰어난데, 숙성이 진행됨에 따라 향신료의 향이 난다. 달지 않은 화이트는 기름지고, 풍부하며, 구운 향, 시트러스의 향 등이 나는데, 입안에서 긴 여운을 남긴다.

색:	서빙 온도:	숙성 잠재력:
레드, 화이트.	화이트는 10~12도, 레드는 13~16도.	화이트는 5~8년, 레드는 6~10년.

OPAP NEMEA (OPAP 네메아)

그리스(펠로폰네소스 반도)

OPAP 네메아는 가장 오래되고 가장 방대한 면적을 가진 그리스의 원산지 명칭이다. 네메아는 펠로폰네소스 북쪽, 코린트만golfe de Corinthe과 사로니크만golfe Saronique에 맞닿은 완만한 경사면에 펼쳐져 있다. '헤라클레스의 피'라는 별명을 가지는 이 와인은 대부분 레드와인이지만 로제와인도 생산한다. 포도 재배지역은 해발 230~900미터에 위치한다.

> **주요 품종** 아지오지티코Agiorgitiko에 15~20%의 다른 품종이 블렌딩됨.

> **토양** 석회질의 자갈이 많은 언덕.

> **와인 스타일** 네메아에서는 달지 않은, 옅은 감미가 있는, 감미로운 와인을 생산한다. 달지 않은 레드와인은 색이 짙고 탄닌이 두드러지지 않지만 강하고, 풍만하며 성숙한 과일과 향신료의 강렬한 향이 난다.

색:	서빙 온도:	숙성 잠재력:
레드.	15~17도.	5~10년.

마음을 사로잡는 터키 와인

터키에서 생산되는 포도의 극히 낮은 비율이 양조에 사용되지만 흠잡을 데 없는 품질의 와인이 점점 더 많아지고 있다. 또한 트라키아Thrace에 자리 잡은 기업 돌루카Doluca는 터키의 모든 지역에서 생산되는 포도들로 해마다 수백 만 병의 와인을 생산한다. 레드와인 퀴베 중의 하나로 쿠르디스탄Kurdistan의 디야바키르Diyarbakir와 엘라지그Elazig 지역의 포도 품종으로 만들어진 돌루카 외젤 카브 키르미즈Doluca Özel Kav Kirmiz로 유명해졌는데, 2004년 터키의 일간지 휘리예트Hürriyet가 개최한 시음회에서 1등을 차지했다. 카라클리데레Kavaklidere는 현재 터키 제1의 와인 생산기업이다. 600헥타르 이상의 포도밭을 소유하고 있으며 터키 내의 여러 지역에서 포도를 조달한다. 현대적이면서 좋은 자문단을 갖춘 이 기업은 터키가 갖은 여러 품종의 특성을 잘 보여주는 매우 여러 스타일의 와인을 생산하는데, 이 중 20%는 수출한다.

Boğazkere
DIYARBAKIR
2004
KAVAKLIDERE®
KIRMIZI SEK SARAP·RED DRY WINE
Alk. hacme % 13,5 Kavaklıdere Şarapları A.Ş. 06750 Akyurt·Ankara·Türkiye 750ml.

레바논

VINS DE LA BEQAA (베카의 와인)

대부분의 고품질 레바논 와인은 베카의 평원에서 생산된다. 샤토 크사라Château Ksara, 샤토 무사르Château Musar, 샤토 케프라야Château Kefraya와 같은 가장 유명한 이름에 최근에 생긴 많은 도멘이 추가되었다. 대부분의 와인 메이커들은 세 가지 색의 와인을 생산한다.

> **주요 품종** 국제적인 품종을 포함해서 약 20가지의 품종이 있는데, 레드와 로제는 카베르네 소비뇽, 메를로, 시라. 화이트는 샤르도네, 소비뇽, 뮈스카가 있다.

> **토양** 황토가 대부분인 척박한 땅.

> **와인 스타일** 장기 숙성에 매우 적합한 최고급 레드와인으로 강하고 탄닌이 풍부하며 과일의 풍미가 느껴진다. 카베르네 소비뇽으로 만든 와인은 더운 날씨에 잘 익은 과

일의 매력을 보여주면서 동시에 진정한 우아함을 갖고 있다. 로제와인은 과일의 풍미가 느껴지면서 강하다. 몇몇의 장기 숙성형 화이트와인은 숙성되면서 특유의 강한 특성과 함께 향신료와 멘톨의 풍미가 나타난다.

색:	서빙 온도:	숙성 잠재력:
레드, 화이트, 로제.	화이트와 로제와인은 10~12도, 레드와인은 15~18°C(최고급 와인은 서빙하기 30분 전에 디캔팅한다).	최고급 와인(샤토 무사르Château Musar)은 20년까지.

메크네스Meknès 와인의 르네상스

1990년대 중반부터 프랑스의 네고시앙 피에르 카스텔Pierre Castel의 추진 하에 모로코 메크네스 주변의 포도 재배 지역들은 완전히 재정비되었다. 남쪽의 아틀라스 산맥 지맥과 북쪽의 제르운Zerhoun산 사이 모래 또는 점토-석회질의 토양 위에 위치한 이 재배지는 포도의 성숙에 유리한 덥고 습한 기후를 가지고 있다. 베니 엠티르Beni M'Tir, 제르운Zerhoune, 게루안Guerrouane 등의 세 가지 원산지 보증 명칭(AOGappellations d'origine garantie)에 포함되는 넓은 포도밭에서 시라, 카베르네 소비뇽, 메를로 등을 재배한다. 도멘 사하리 루즈Sahari rouge와 베니 엠티르Beni M'Tir의 도멘 라로크Larroque는 현대적인 레드와인으로, 부드러우면서 기분 좋은 과일의 품질을 보여준다.

미국과 캐나다

Vancouver

Seattle

WASHINGTON
Portland
Columbia

OREGON

IDAHO

NEVADA

Salt Lake City

San Francisco

UTAH

CALIFORNIE

Los Angeles

ARIZONA

NOUVEAU-
MEXIQUE

COLOMBIE-
BRITANNIQUE

Fraser

ALBERTA

SASKATCHEWAN

Montagnes Rocheuses

MONTANA

WYOMING

COLORADO

Colorado

Rio Grande

MANITOBA

C A N A D A

DAKOTA
DU NORD

Missouri

DAKOTA DU SUD

NEBRASKA

KANSAS

Kansas City

OKLAHOMA

Arkansas

TEXAS

ONTARIO

MINNESOTA

WISCONSIN

IOWA

É T A T S - U N I S

MISSOURI

ILLINOIS

St Louis

ARKANSAS

MISSISSIPPI

LOUISIANE

Houston

Chicago

MICHIGAN

Detroit

INDIANA

KENTUCKY

TENNESSEE

Mississippi

ALABAMA

QUÉBEC

Québec

Toronto

Montréal

St-Laurent

NEW YORK

OHIO

Ohio

Washington

VIRGINIE
OCCIDENTALE

CAROLINE
DU NORD

CAROLINE
DU SUD

GÉORGIE

MAINE

Hudson

VERMONT

NEW HAMPSHIRE

Boston

MASSACHUSETTS

RHODE ISLAND

CONNECTICUT

New York

NEW JERSEY

DELAWARE

MARYLAND

VIRGINIE

PENNSYLVANIE

NOUVEAU
BRUNSWICK

ÎLE
DU PRINCE-
ÉDOUARD

NOUVELLE-
ÉCOSSE

Océan
Atlantique

La Nouvelle-Orléans

FLORIDE

Miami

Océan
Pacifique

M E X I Q U E

Golfe du Mexique

N

Régions viticoles

Vignobles

Frontière

Limite d'État

0   500 km

미국과 캐나다의 포도 재배지

북미의 와인 생산은 주로 서해안에 집중되어 있다. 만약 캘리포니아가 독립된 나라였다면, 전 세계 4위의 와인 생산국이 되었을 것이다. 30년 전부터 캘리포니아 와인 중 몇몇은 전 세계 최고 와인 중에 하나라는 것을 증명해왔다. 이보다 소박한 규모인 캐나다의 포도 재배 지역은 99%가 온타리오(Ontario)주와 브리티시 컬럼비아(Colombie Britannique)주에 집중되어 있다.

미국

미국은 세계에서 네 번째로 와인을 많이 생산하는 나라로 가장 중요한 소비 시장 중 하나이다. 미국은 약 300년 전부터 와인을 생산해왔지만, 본격적으로 와인 산업이 발전하기 시작한 것은 제2차 세계대전 이후였다. 생산지는 주로 캘리포니아(약 90%), 워싱턴, 뉴욕 그리고 오리건Oregon 등의 네 개의 주에 집중되어 있다. 막대한 투자와 경쟁력 있는 연구 덕분에, 현대적이고 역동적인 이 새로운 산업은 매우 높은 수준에 도달했다. 하지만 미국 사회에서는 와인이 차지하는 위상이 아직 유럽에 비해 너무 동떨어져 있다. 연간 1인당 와인 소비량은 12리터로 프랑스의 1/4 수준이다.

숫자로 보는 미국의 포도 재배지

면적 : 398,000헥타르
생산 : 19,200,000헥토리터
레드와 로제 : 55%
화이트 : 45%

(Wine Institute & OIV, 2006)

바이킹 시대에서 현대까지

야생 포도의 나라, 빈랜드 Vinland. 레이프 에이릭손Leifr Eiríksson이라는 바이킹이 기원 1000년경 미국의 동해안에 정말로 발을 들여놨는지 확실하게 알 수는 없지만, 중세의 몇몇 문헌에는 야생 포도나무가 군데군데 자라는 푸르른 풍경의 "빈랜드Vinland"라는 나라에 대한 묘사가 있다.

유럽으로부터의 이주자와 동해안에서의 경험의 시간. 16세기 이후 유럽인들이 미국을 식민화했을 때, 당시 미국 땅에는 비티스 라브루스카Vitis labrusca와 비티스 리파리아Vitis riparia와 같이 비티스vitis 종에 속하는 포도나무가 있었지만 비티스 비니페라Vitis vinifera는 존재하지 않았다. 비록 동해안의 기후는 습했지만, 그들은 토종 포도로 와인 양조를 시도했다. 이렇게 만들어진 와인은 '팍시foxy'하다고 묘사되는, 그다지 유쾌하지 않은 동물의 누린내

> 나파 밸리는 미국에서 가장 유명한 양조용 포도 재배지이다.

가 났다. 시간이 더 지나서 유럽의 이주자들은 여러 종류의 비티스 비니페라를 들여와 토종 품종과 교배하였는데, 아직도 동해안에서 많이 재배되고 있는 교배종들을 탄생시켰다. 하지만 순종의 비티스 비니페라를 심는 시도들은 모두 실패했다. 당시에는 몰랐던 이 반복되는 실패의 원인은, 훗날 유럽의 포도 재배 지역을 파괴시킨 필록세라 바스타릭스Phylloxera vastatrix라는 진딧물 때문이었다.

포도 재배지의 확산. 이러한 어려움에도 불구하고, 18세기와 19세기 무렵 수많은 교배종 포도나무로 이루어진 포도밭들은 동쪽과 남동쪽, 이어서 남쪽 지방으로 확대되었다. 서해안은 별도의 발전 양상을 보였다. 18세기 스페인에서 온 프란체스코 수도사들은 여러 종의 비티스 비니페라

> 미국에서는 포도 수확 시 기계를 사용하는 경우가 많다.

를 유입시켰고, 1769년에 샌디에고 근처에 첫 와이너리를 설립했다. 1850년부터 캘리포니아는 다양한 유럽 품종의 성공적인 이식과 동해안에서 넘어오는 끊임없는 이주자들의 행렬 덕분에 괄목할 만한 발전을 보여주는 무대가 되었다. 30년 후 필록세라의 출현은 이러한 확장에 제동을 걸지 못 했다. 왜냐하면 토착 품종의 뿌리에 비니페라 종을 대목시키는 방법을 이미 유럽에서 알아냈기 때문이다.

금지법 시대에서 현대까지. 만약 급성장하는 산업을 망친 금주법이 없었더라면 현재 미국의 포도 재배산업은 어떤 양상을 띠었을지 궁금하다. 1920년부터 1933년까지 종교행사를 목적으로 하는 와인을 제외하고 '알코올이 함유된 음료의 제조와 판매 및 유통'을 전면적으로 금지시켰다. 결과적으로 수많은 주들이 회복이 어려운 반세기 동안의 침체에 빠지게 되었다. 하지만 1960년대는 부활을 예고했다. 캘리포니아에 자국 혹은 외국인 소유의 와이너리들이 증가했다. 막대한 산

출량과 대량생산을 목적으로 하는 양조용 포도 재배업과 병행하여, 관심 있는 와인 메이커들의 의해 고품질의 와인 생산 분야도 매우 역동적으로 발전하고 있다. 오늘날, 미국 전역에서 와인 메이커의 수는 꾸준히 증가하고 있다. 와인 애호가의 요구에 따라 와인의 품질은 지속적으로 향상되고 있다.

와인 시장의 구성

법령. 미국은 연방제 국가로 주에 따라 어느 정도 법이 다를 수 있다. 각각의 주는 알코올이 함유된 상품의 유통과 소비에 대해 개별적인 규정을 정할 권리가 있다. 예를 들면 1933년부터 금주법 시행이 전국적으로 해제되었음에도, 일부 지역은 알코올의 판매 금지를 여전히 고수하고 있다. 연방정부 차원에서, 와인과 관련된 법규는 주류,담배 세금 무역국(ATTBAlcohol and Tobacco Tax and Trade Bureau)에 의해 통제되고, 주류, 담배, 화기, 폭발물 단속국(ATFBureau of Alcohol, Tobacco, Firearms and Explosives)에 의해 시행된다. 연방법령이 관장하는 범위에는 레이블의 승인, 연방 과세와 공식 생산지역(AVAAmerican Viticultural Areas) 등이 포함된다.

AVA. 생산자들이 생산 지역을 식별하고 보호할 수 있도록, 미국의 법령은 원산지 명칭 시스템인 AVA, 즉 인증된 생산 지역을 제정했다(p.100 참조). 1981년에 나파 밸리Napa Valley가 첫 번째 AVA의 공식적인 승인을 획득한 후, AVA는 몇 배로 증가했다. 현재 234개 이상의 AVA가 있는데, 테루아에 좀 더 세련되게 접근하려는 움직임에 주목하고 있다. 나아가 레이블 상에 나타나는 품종이나 퀴베의 이름, 지역의 언급 등이 표준이 되었다. 단 하나의 골짜기에서 카운티 전체 혹은 한 개의 카운티의 경계선을 넘어서기까지 각 크기가 매우 다르다.

와인을 생산하는 주들

미국 대부분의 주에는 포도 재배 지역이 있다. 전반적으로 품질이 향상되었지만, 이들의 생산이 품질면에서 언제나 큰 의미를 갖는 것은

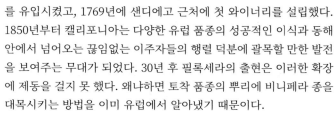

미국 와인의 이름

브랜드나 이름을 통해 생산자를 식별하기보다는 북미의 와인은 품종을 통한 식별이 가장 일상적이다. 이러한 접근법은 1930년대 뉴욕의 와인 유통업자 프랭크 슌메이커Frank Schoonmaker의 아이디어에서 시작되었다. 이 방법은 샤블리Chablis, 버건디Burgundy, 포트Port, 셰리Sherry나 소테른Sauternes과 같은 유럽 생산 지역의 이름을 모방하던 방식을 점진적으로 대체해갔다. 특히 고급 와인들 사이에서 점점 확산되는 여러 품종이 블렌딩된 와인의 경우에는 도멘, 밭의 이름 등이 신분증의 역할을 한다.

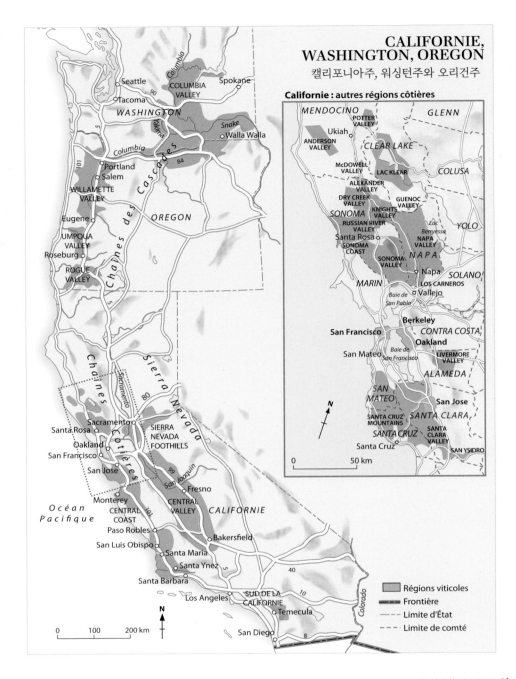

CALIFORNIE, WASHINGTON, OREGON
캘리포니아주, 워싱턴주와 오리건주

Californie : autres régions côtières

아니다. 서해안 있는 캘리포니아주, 워싱턴주와 오리건주 등의 3개 주에서 수출용 와인의 대부분을 생산한다. 캘리포니아주 홀로 미국 와인의 90%를 생산한다. 비록 동해안과 오대호 주변의 여러 주에서 생산되는 와인이 해당 지역 내에서만 소비된다고 하더라도 관심을 가져볼 만하다. 뉴욕주, 오하이오주, 버지니아주, 조지아주 등을 예로 들 수 있다. 과거 토착 품종들을 재배했던 이 주들은 세이블seyval, 세이벨seibel과 바코baco 같이 필록세라나 다른 질병에 저항할 수 있도록 프랑스에서 개발된 교배종 도입의 혜택을 봤다. 남동부의 텍사스주나 뉴멕시코주의 포도 재배 지역도 빠르게 확장되고 있다.

캘리포니아

2016년 기준 캘리포니아에는 대략 248,000헥타르에 이르는 포도밭이 있다. 포도 재배 지역들은 북에서 남으로 1,000킬로미터에 걸친 다른 지역에 흩어져 있다. 한 나라의 규모라고 해도 과언이 아니다. 만일 캘리포니아주를 한 나라로 가정한다면, 전 세계에서 네 번째, 유럽 대륙 밖에서는 첫 번째 생산국이 될 것이다. 이 지리적 규모는 다양한 기후를 동반하여 모든 형태, 모든 스타일의 와인 생산을 가능케 해준다. 최상의 재배 지역들은 샌프란시스코만 북쪽의 소노마Sonoma, 나파Napa 카운티와 더불어 샌프란시스코시의 남쪽 산타 크루즈Santa Cruz 등에 있고, 로스앤젤레스까지 해안선을 따라 군데군데 포진해 있다.

샌프란시시코만의 북쪽 지역. 나파 밸리(p.55 참조) 지역 조건의 다양성 때문에, 여러 하위 지역으로 분리시키는 것이 합당하다. 소노마 카운티는 이보다 더 방대하다. 좀 더 기온이 높은 알렉산더 밸리Alexander Valley나 드라이 크릭 밸리Dry Creek Valley(p.554 참조)와 같이 북쪽과 동쪽에 위치한 AVA는 카베르네 소비뇽, 메를로, 진판델, 소비뇽 등으로 풍만한 와인을 생산한다. 중부의 그린 밸리Green Valley, 서부의 러시안 리버 밸리Russian River Valley(p.554 참조), 소노마Sonoma와 나파Napa에 걸쳐 있는 로스 카르네로스Los Carneros(p.558 참조) 등지의 좀 더 서늘한 기후 덕분에 샤르도네와 피노 누아로 멋진 와인을 만들 수 있다. 해안선 상에서는 포도 재배 지역이 좀 더 분산되어 있다. 태평양 근처, 북부의 멘도치노Mendocino 카운티는 스파클링 와인의 본고장이 되었는데, 프랑스 샹파뉴의 수많은 양조 기업들은 기본적인 와인을 위한 피노 누아와 샤르도네 재배의 이상적인 조건을 여기서 찾았다. 좀 더 내륙의 클리어 레이크Clear Lake 카운티는 좀 더 건조한 기후여서 카베르네 소비뇽과 소비뇽 블랑 재배에 완벽하게 어울린다.

중부와 남부 해안. 캘리포니아의 중부와 남부의 포도 재배 지역은 샌프란시스코에서 산타 바라바Santa Barbara, 더 남쪽으로는 만을 끼고 있

Régions viticoles
Frontière
Limite d'État
Limite de comté

1976년, <파리의 심판>

1976년 영국 와인 유통업자 스티븐 스퍼리어Steven Spurrier는 파리에서 몇몇 최고급 프랑스 와인과 캘리포니아 와인의 블라인드 시음회를 기획했다. 결과는 놀랍게도 모든 분야에서(카베르네 소비뇽으로 만든 레드와인, 샤르도네로 만든 화이트와인) 부르고뉴나 보르도의 유명한 와인들보다 높은 점수를 받으며 캘리포니아 와인들이 이긴 것이다. '파리의 심판'이라 명명된 이 시음회에서 캘리포니아 와인은 품질을 증명했다. 몇몇 사람들은 우승자가 버티지 못할 것이라 예상했지만, 1986년과 2006년, 두 차례에 걸쳐 동일한 와이너리의 동일한 밀레짐으로 캘리포니아 와인이 우승했다.

멕시코의 포도 재배지

멕시코는 아메리카 대륙에서 제일 오래된 와인 생산국이다. 1521년부터 첫 번째 이주자들에 의해 포도나무가 재배되었다. 1960년대에 포도 재배는 지속가능하게 개발되었다. 포도 재배 지역은 30,000헥타르에 이르지만 그중 단지 20% 만이 와인 생산을 위한 것이고, 나머지는 식용이나 증류를 위한 것이다. 7개 지방에서 상당한 양의 포도를 생산한다. 제일 유명한 와인들은 멕시코 북부의 캘리포니아 바하 Baja California에서 생산되는데, 그 양은 멕시코 와인의 90%에 이른다. 이 지방은 국경 너머 미국의 캘리포니아주의 연장선상에 있다. 매우 건조한 이곳의 기후는 캘리포니아의 북쪽에 있는 소노마 Sonoma에 견줄 만하다. 포도 재배에 매우 적합한 곳이지만 관개가 필요하다. 가장 많이 재배되는 품종들은 국제적인 클래식한 품종들인데, 레드는 카베르네 소비뇽, 메를로, 말벡, 시라이고 화이트는 샤르도네, 소비뇽 등이다. 하지만 레드는 진판델, 네비올로, 바르베라, 템프리요, 시라 등과 화이트는 팔로미노, 콜롱바르와 슈냉 등의 다른 품종도 역시도 찾아볼 수 있다.

> 워싱턴주에 있는 야키마 밸리 Yakima Valley 포도 재배지

는 샌디에고 San Diego 근처까지 펼쳐져 있다. 몬터레이 Monterey 카운티는 관개를 필요로 하는 건조한 기후 속에서 샤르도네와 리슬링을 생산한다.

샌프란시스코와 로스앤젤레스 사이 중간 즈음 위치하는 파소 로블레스 Paso Robles는 시라, 그르나슈 그리고 특히 무르베드르 품종이 사용되는 '프랑스 론 Rhône 지방'식 블렌딩이 유행이다. 캘리포니아 최남단 산타 바바라와 산타 이네즈 Santa Ynez 주변의 포도 재배 지역에서는 산을 넘어 온 대서양의 차가운 공기가 밀려 들어와 양질의 피노 누아와 샤르도네의 수확을 가능케 해준다.

센트럴 밸리 Central Valley와 대량 생산. 바다의 영향을 받지 않는 동부에 위치한 캘리포니아의 주도 프레즈노 Fresno 주변에 방대한 센트럴 밸리가 있다. 로디 Lodi를 둘러싼 경사면 상의 캘리포니아에서 가장 수령이 높은 몇몇 포도나무가 생산하는 최고급 와인을 제외하고, 매우 고온 건조한 이 지역은 대부분 저급의 와인을 생산한다.

워싱턴주

캐나다와 국경을 맞대고 있는 워싱턴주는 13,500헥타르의 포도 재배 지역을 가진, 미국의 두 번째 와인 생산지이다. 포도 외에도 전통적으로 여러 과일을 재배하는 내부의 계곡들은 캐스케이드 Cascades 산맥 덕분에 저온 다습한 해안으로부터 보호받고 있다. 하지만 이 현상과 병행하여, 거의 사막에 가까운 하절기의 가뭄 동안 워싱턴주의 일부는 주변의 산에 비축된 물로 관개를 할 필요가 있다.

1970년부터 워싱턴주의 와인 산업의 확장은 급진적인데, 1969년에는 두 개밖에 없던 와이너리가 오늘날에는 890개 이상이다. 공식적으로 13개의 AVA가 생겼다. 이 주에서는 샤르도네, 소비뇽 블랑, 리슬링, 게뷔르츠트라미너 등으로 양조한 과일의 풍미가 느껴지는 모든 품질 수준의 화이트와인뿐 아니라 보르도의 품종과 시라로 양조한 과일 풍미의 가벼운 것부터 강한 것까지 다양한 스타일의 레드 와인도 생산한다.

> 오리건주 로그 밸리Rogue Valley에서의 포도나무 깎기

오리건주

워싱턴주와 캘리포니아주 사이에 있는 오리건주는 아주 최근 들어서야 와인과 관련된 잠재력이 있다는 것을 알게 되었다. 샤르도네와 피노 누아의 생산을 위한 서늘한 기후를 조사하러 온 몇몇 선구자들의 주도에 따라 처음으로 정착한 것이 1960년대이다. 그 이후 피노 누아는 케스케이드 산맥의 서쪽 경사면 상의 명당 자리를 차지했다. 40년 동안 오리건주는 무더위를 좋아하지 않는 이 품종과 그리고 동일한 조건의 혜택을 보는 화이트와인과 관련하여 상당히 분명한 명성을 얻었다. 70개 이상의 품종, 그중 상당수가 실험적으로 재배되고 있다. 오리건주의 전체 생산량은 매우 적지만, 대부분 소규모인 600개 이상의 와이너리가 생산 중이며, 18개 이상의 AVA가 있다.

뉴욕주

뉴욕주는 미국의 세 번째 와인 생산지로서 여러 교배종이나 비니페라 품종으로 양조한다. 동해안과 오대호 지방 사이에 위치한다. 이 지역은 여러 미국 품종과 교배종이 번성하는 지역으로, 화이트와인은 오로라aurora, 카유가cayuga, 세이블seyval, 세이벨seibel, 레드와인은 바코 누아baco noir, 마레샬-포슈maréchal-foch 등이 이미 진가를 보여줬다. 감소 중이지만 언제나 다량 생산되는 비티스 라브루스카 품종 와인의 양으로 인해 전체 생산량은 여전히 많다.

뉴욕주는 캐나다 온타리오Ontario주와 국경을 접하고 있는데, 비슷한 기후적 특성뿐 아니라 나이아가라-온-더-레이크Niagara-On-the-Lake 지역의 와인 생산지를 서로 공유하고 있다(다음 페이지 참조). 핑거 레이크Finger Lakes는 뉴욕주에서 가장 중요한 생산 지역으로, 풍부한 수량에서 비롯된 온화한 기후는 리슬링과 같은 비티스 비니페라 품종을 포함한 포도 재배에 유리하기 때문이다. 혹독한 겨울 추위에 견딜 수 있는 포도나무의 능력이 선택의 주요 요인이 된다.

와인을 생산하는 다른 주들

대부분의 주에서 와인을 만들지만, 적은 생산량으로 인해 지역 내에서의 소비를 목적으로 한다. 게다가, 여러 주의 법령은 주경계 외부로 와인을 운송하는 것을 금지하기 때문에, 새로운 시도를 해볼 용기를 조금도 북돋아주지 않는다. 그럼에도 불구하고 몇 가지 예외가 있는데, 우선 텍사스주와 버지니아주이다.

뉴욕주처럼 텍사스주와 버지니아주도 비티스 비니페라Vitis Vinifera 품종의 재배 면적이 증가 중이다. 위치상 텍사스주는 멕시코에서 온 스페인 선교사들의 식민지였던 남서부의 주들과 연관된 전통을 가지고 있다. 필록세라 이후, 1880년대 황폐화된 유럽의 포도밭을 부활시키기 위한 재식목 작업 시, 텍사스 태생의 여러 품종을 최초의 대목으로 보낸 사람이 바로 먼슨Munson이라는 텍사스의 식물학자였다.

텍사스주에는 대략 1,600헥타르의 포도밭에 거의 350여 개의 와이너리가 있다. 이 수치는 21세기 초부터 매우 빠른 속도로 증가하여, 이 방대한 주를 미국의 다섯 번째 와인 생산지가 되게 하였다. 텍사스 전체에서 와인을 생산하지만, 핵심적인 포도 재배 지역은 덜 습하고 야간에는 서늘해지는 기후를 가진 서부와 고지대에 위치한다. 텍사스주에는 8개의 AVA가 있다. 버지니아주는 동해안의 두 번째 와인 생산주이다. 6개의 AVA가 있고, 여러 하위 지역에서 토착 품종, 교배종 그리고 비티스 비니페라를 재배한다.

유용한 정보

미국의 기후는 윈클러 & 아메린(Winkler & Amerine) 시스템을 기준으로 해서 특징을 정한다.

이것은 봄에 평균 기온이 10도가 되면 포도나무가 생장하기 시작하는 것을 깨달았던 21세기의 오귀스트 피라미스 드 캉돌A. P. de Candolle이라는 프랑스 과학자의 관찰에서 영감을 받은 것이다. 이 연구에서 출발해, 1944년 캘리포니아 데이비스Davis 대학교의 과학자인 윈클러와 아메린은 포도나무가 생장 중인 7개월 동안 <온도/날>의 수를 가지고 기후를 분류했다. 너무 단순화시켰다는 비판을 받기도 하지만, 이 시스템은 여전히 참고로 많이 쓰이고 있다.

그렇게 나온 분류는 다음과 같다.

레벨 1지역 : 500도 미만/일
레벨 2지역 : 501~600도/일
레벨 3지역 : 601~700도/일
레벨 4지역 : 701~800도/일
레벨 5지역 : 801~900도/일

이 지표로 볼 때 보르도의 평균 기후는 제3지역에 해당된다.

캐나다

캐나다의 포도 재배 지역은 이웃 미국보다 규모가 작은데, 99%가 온타리오주Ontario와 브리티시 컬럼비아주Colombie-Britannique에 있다(극히 한정된 양이 퀘벡Quebec과 같은 몇몇 다른 지역에서 생산된다). 에피소드의 한 토막이나 장식할 법했던 와인 산업이 최근들어 급성장한 것은 다음의 세 가지 이유 때문이다. 비티스 비니페라Vitis vinifera의 재배가 어려운 혹독한 기후. 알코올의 생산과 소비를 엄격하게 통제했던 청교도주의(전면 금지 포함). 결과적으로 비티스 비니페라 혹은 양질의 교배종 재배에 적합한 기후 지역의 뒤늦은 발견.

**숫자로 보는
캐나다의 포도 재배지**
면적 : 12,000헥타르
생산 : 1,500,000헥토리터
레드와 로제 : 45%
화이트 : 55%

(Canadian Vintners
Association 2015)

상대적으로 늦은 시작, 하지만 빠른 성장

캐나다의 현대적인 양조용 포도 재배업은 1950년대에 온타리오주 브라이트 와인즈Brights Wines사의 리슬링, 샤르도네와 함께 시작되었다. 1974년에 이르러서야 도널드 지랄도Donald Ziraldo와 칼 카이저Karl Kaiser가 온타리오주 남쪽 나이아가라-온-더-레이크Niagara-on-the-Lake에 이니스킬린 와인즈Inniskillin Wines를 설립하면서부터 세계적인 생산국의 지위를 갖게 되었다. 오스트리아 태생의 카이저는 자국의 포도 재배와 양조 방법을 사용하여 세이블seyval 같은 교배종을 통한 아이스바인 생

산에 있어 이 지역의 기후가 가진 주목할 만한 가능성을 보여주었다. 이후 후발 주자들이 그를 따랐고, 아이스바인은 지역 특산물로 자리잡아 수출에 파란불이 켜졌다. 그 후 1979년 브리티시 컬럼비아주 오카나간 밸리Okanagan Valley에 수막 릿지 와이너리Sumac Ridge Winery를 설립하여, 이곳이 캐나다의 주요 생산 지역이 되게 하는 시발점을 마련했다. VQA 즉 빈트너스 퀄리티 얼라이언스Vintners Quality Alliance라는 품질을 보증하는 레이블을 통해 최고의 생산자들을 선발하고, 비티스 비니페라나 훌륭한 교배종을 사용한 와인 생산을 의무화했다 (p.102 참조).

나이아가라-온-더-레이크와 오카나간 밸리

수천 킬로미터 떨어진 이 두 지방이 캐나다 총생산량의 거의 전부를 차지한다. 나이아가라 지방은 아이스바인으로 특화되었지만, 리슬링, 샤르도네, 교배종으로 훌륭한 품질의 달지 않은 화이트와인도 생산한다. 게다가 캐나다 내수 시장에서 수입산 화이트와인보다 국내산을 선호하는 경향이 있다. 오카나간 밸리가 개발된 이후 발생한 기온의 상승은 최근에 심어진 레드와인 품종으로부터 좋은 와인을 생산할 수 있게 해주었다. 500개에 달하는 와이너리들 덕분에 캐나다의 생산량은 20년 전보다 10배 상승했다!

얼어붙은 포도로 만든 와인, 아이스바인

캐나다는 세계 제1의 아이스바인 생산국인 만큼, 그들에게 아이스바인은 귀하고 특별하다. 포도잎이 떨어진 후 12월이나 1월에 첫 서리가 내릴 때까지 오랫동안 포도는 포도나무에 매달려 있다. 얼었다 녹았다를 반복하면서, 일종의 탈수현상이 발생하여 포도의 당분, 산 및 기타 무수 구성요소 등 포도알의 모든 성분의 강한 농축이 일어난다. 수확 시점에서 압착되는 포도주스의 양은 일반적으로 수확된 포도의 5~10%에 지나지 않는다. 아직 얼어 있는 포도를 압착기에 넣기 위해, 이 귀중한 포도들은 기온이 약 영하 10도까지 떨어지는 밤에 수확된다. 압착으로 얻어진 매우 높은 당도를 가진 진한 포도주스는 수개월 동안 매우 천천히 발효되어 화이트와인 혹은 드물게 레드와인을 만드는데, 알코올 도수가 10~12도로 상대적으로 낮지만 매우 향기롭고 아주 높은 당도를 가진 와인이 된다. 아이스바인은 퀘벡주, 브리티시 컬럼비아주, 특히 온타리오주의 나이아가라-온-더-레이크 지역에서 생산된다. 이 제조기술은 1980년대 처음으로 이니스클린 와이너리의 공동설립자인 칼 카이저에 의해 도입되었다. 'Icewine'이라는 용어가 등록될 정도로 캐나다에게 있어서 아이스바인의 생산은 중요한 의미를 갖는다.

> 포도나무가 어는 것을 방지하는 얼음막을 만들기 위해 오카나간 밸리에서는 포도나무에 물을 뿌린다.

미국과 캐나다의 유명 와인과 지역

알래스카를 제외한 미국의 모든 주들이 와인을 생산지만 캘리포니아, 워싱턴, 오리건, 뉴욕 등의 단지 네 개의 주만 주 경계를 넘어서 지속적으로 소비되는 상당량의 와인을 생산한다. 여기서 소개하는 가장 중요한 '밸리'들로 구성된 캘리포니아주는 미국 와인의 대략 90%를 생산한다. 캐나다의 생산량은 아직 적지만, 증가 추세이며 점점 그 품질이 향상되고 있다.

WASHINGTON (워싱턴주)

캐나다와 국경을 맞대고 있는 북서쪽 끝에 위치한 워싱턴주는 캘리포니아주에 이어 미국에서 두 번째로 와인을 많이 생산하는 곳인데, 신흥 포도 재배지 중에 하나인 만큼 매우 빠른 속도로 포도 재배 지역이 확장되고 있다. 주요 생산 지역은 해안에서 250킬로미터 떨어진 내륙에 위치한다. 태평양의 다습한 공기를 캐스케이드 산맥이 차단하기 때문에 거의 모든 재배 지역에서 관개를 필요로 한다. 종종 우리를 놀라게 하는 것은 이 지역의 위도가 보르도와 부르고뉴의 중간 지점과 비슷하다는 것이다. 대륙성 기후로 인해 여름과 겨울, 낮과 밤에도 큰 온도 차이가 발생한다. 포도의 색과 맛의 강렬함이 때로 인상적이다. 이탈리아의 안티노리Antinori 또는 독일의 루젠Loosen 같은 명망 있는 외국 투자자들은 이 지역의 잠재력에 확신을 가진다.

> **가장 유명한 생산지(AVA)** 컬럼비아 밸리Columbia Valley, 호스 헤븐 힐스Horse Heaven Hills, 레틀스네이크 힐스Rattlesnake Hills, 레드 마운틴Red Mountain, 왈라 왈라 밸리Walla Walla Valley, 야키마 밸리Yakima Valley.

> **주요 품종** 레드와인은 메를로, 카베르네 소비뇽, 시라, 카베르네 프랑, 산지오베제, 템프라니요. 화이트와인은 샤르도네, 리슬링, 소비뇽 블랑, 세미용, 피노 그리.

> **토양** 밸리는 황토와 충적토. 경사면은 석회질 토양 및 화산 토양.

> **와인 스타일** 레드와인과 화이트와인 모두 생산되는데 일반적으로 매우 강렬한 풍미를 보여준다. 이렇게 북부에 위치한 포도 재배 지역에서 생산된 와인치고 몇몇은 상당한 강도에 도달한다.

> **주요 생산자** 카이유스Cayuse, 샤토 생트 미셸Château Sainte Michelle, 콜 솔라레Col Solare, 델릴Delille, 에콜 41Ecole 41, 호그 셀러스Hogue Cellars, 하야트 바인야즈Hyatt Vineyards, 키오나Kiona, 레오네티Leonetti, 맥크리 셀러스McCrea Cellars, 퀼세다 크릭Quilceda Creek, 앤드류 윌Andrew Will, 우드워드 캐년Woodward Canyon.

OREGON (오리건주)

미국의 네 번째 와인 생산지인 오리건주의 포도 재배 지역은 대도시들에서 상당히 멀리 떨어져 있다. 포도 재배 현황은 여러 계곡으로 이루어진 이곳의 지형의 모습과 유사하게도 소규모 생산자 단위로 군데군데 나뉘어 있다. 이웃한 캘리포니아주와 워싱턴주에 비해 서늘한 기후와 먼 거리는 왜 오리건주의 와인 산업의 발전이 늦었는지를 설명해준다. 포도밭들의 일조 조건이 포도를 완숙에 이르게 하기에 종종 치명적이다. 그리고 서늘한 기후임에도 불구하고 계곡 내부의 여름 가뭄이 일상적이다. 오리건주는 화이트와인 품종과 피노 누아에 상당히 특화되어 있다(부르고뉴의 메종 드루앵Maison Drouhin이 윌라메트 밸리Willamette Valley에 도멘을 설립했다).

> **가장 유명한 생산지(AVA)** 애플게이트 밸리Applegate Valley, 레드 힐 더글러스 카운티Red Hill Douglas County, 로그 밸리Rogue Valley, 스네이크 리버 밸리Snake River Valley, 서던 오리건Southern Oregon, 윌라메트 밸리Willamette Valley, 그리고 여러 밸리들이 워싱턴주에까지 연결돼 있다.

> **주요 품종** 레드와인은 피노 누아와 시라. 화이트와인은 샤르도네, 피노 그리, 게뷔르츠트라미너, 리슬링, 알바리노.

> **토양** 석회암 또는 화산암 기반의 복합적인 퇴적암.

> **와인 스타일** 서늘한 기후답게 화이트와인이 주를 이루는데, 힘보다는 세련미가 두드러진다.

> **주요 생산자** 애머티Amity, 아가일Argyle, 보 프레르Beaux Frères, 브릭 하우스Brick House, 크리스톰Cristom, 도멘 드루앵Domaine Drouhin, 도멘 서린Domaine Serene, 이리 바인야즈Eyrie Vineyards.

COMTÉS DE MENDOCINO ET LAKE (멘도치노와 레이크 카운티)

캘리포니아주 광활한 북쪽 지역에는 앤더슨 밸리Anderson Valley 외에도 여러 AVA들이 있는데 종종 겹쳐치는 면적이 있어서 이해하기 어렵다. 멘도치노Mendocino의 동부는 해양성 기후와 대륙성 기후의 특징이 한 해 동안 모두 나타날 수 있다. 윈클러Winkler 시스템을 기준으로 할 때, 이곳의 기후는일반적으로 3지역에 해당된다.(p.438 박스 참조). 가장 좋은 포도 재배지는 경사면에 위치한

다. 레이크 카운티의 상부는 고도로 인해서 확실하게 더 서늘한 기후여서 2지역에 속한다. 궤녹 밸리Guenoc Valley처럼 하부는 멘도치노 동부의 기후와 비슷하다.

> **주요 품종** 레드와인은 피노 누아, 카베르네 소비뇽, 메를로, 잔판델, 프티트 시라. 화이트와인은 샤르도네, 소비뇽 블랑.

> **토양** 화산암, 편암, 점토, 붉은 충적토 등 매우 다양.

> **와인 스타일** 일조조건과 고도의 다양성이 반영되어, 상쾌한 것부터 힘 좋은 것까지 다양하다.

> **주요 생산자** 펫저Fetzer, 궤녹 와이너리Guenoc Winery, 히든 셀러스Hidden Cellars, 켄달-잭슨Kendall-Jackson, 코녹티Konocti, 맥도웰 밸리 바인야즈McDowell Valley Vineyards, 파르두치Parducci.

멘도치노 카운티의 3개 도멘

· **펫저**Fetzer 멘도치노에 본사와 주요 포도 재배 지역을 가진 펫저는 이 지역 유기농 포도 재배의 선구자로서 대량생산을 실시한다. 1992년부터 와인/증류주 생산 대기업인 브라운-포맨Brown-Forman의 자회사가 되었지만, 와인의 품질은 저하되지 않은 것 같다.

· **켄달-잭슨**Kendall-Jackson (**앤더슨 밸리**Anderson Valley) 캘리포니아주의 수많은 주요 생산자들과 마찬가지로 이 도멘은 여러 하위 지역에 포도 재배 지역들을 소유하고 있고, 매우 다양한 종류의 와인을 생산한다. 레이크 카운티에 있는 포도 재배 지역은 샌프란시스

코에서 변호사로 활동했던 제스 잭슨Jess Jackson이 1974년에 설립한 이 기업의 역사적인 본부이다. 꾸준한 품질을 보이며 매우 대중성이 돋보이는 와인을 생산한다.

· **로드레 에스테이트**Roederer Estate (**앤더슨 밸리**Anderson Valley) 샹파뉴에 본사를 둔 멋진 회사는 1982년 이곳에 자리잡은 이후 오로지 직접 소유한 포도밭에서 수확된 피노 누아와 샤르도네로 스파클링 와인 생산에 주력하고 있다. 이 양조장의 스파클링 와인은 미국에서 가장 훌륭하고 세련된 것으로 평가받는다.

ANDERSON VALLEY (앤더슨 밸리)

앤더슨 밸리는 캘리포니아주의 북쪽 멘도치노 카운티에 있다. 이 분지는 두 산맥 사이에 끼어 있어 폭이 1킬로미터가 넘는 곳이 드물 정도로 좁은데, 위치에 따라 큰 기후 차이를 보인다. 밸리(분지)의 기저부는 일조량이 부족하여 좀 더 서늘한 반면, 안개층보다 더 높은 고도에 위치한 밸리의 상부는 더 풍부한 일조량이 있다. 분지의 기저부에만 머무는 여행자는 카베르네나 메를로처럼 진판델도 기저부에 있는 다른 포도 이상의 좋은 성숙도에 도달할 수 있을 것이라고 의심하지 않을 것이다.

> **주요 품종** 레드와인은 피노 누아, 카베르네 소비뇽, 메를로, 진판델. 화이트와인은 샤르도네, 게뷔르츠트라미너, 리슬링, 소비뇽 블랑, 피노 그리.

> **토양** 밸리에서는 점토, 충적층, 자갈. 경사면에서는 덜 비옥하고 더 높은 산도의 토양.

> **와인 스타일** 기후의 차가 있지만, 전반적으로 세련되고 상쾌하다. 포도 재배 지역의 작은 위치 차이로 매우 다른 와인이 만들어질 수 있다.

> **주요 생산자** 그린우드 릿지Greenwood Ridge, 켄달-잭슨Kendall-Jackson, 나바로Navarro, 로드레 에스테이트Roederer Estate, 샤펜버거Scharffenberger(스파클링 와인).

RUSSIAN RIVER VALLEY (러시안 리버 밸리)

세쿼이아séquoia 나무가 주변을 에워싼 이 아름다운 밸리(분지)는 힐즈버그Healdsburg시 남부, 동쪽에서 서쪽까지 뻗어가고, 특히 안개가 자주 끼는 서부는 태평양에서 들어오는 차가운 공기를 맞는다. 이곳의 기후는 기포가 없는 와인이나 좋은 품질의 스파클링 와인에 사용되는 샤르도네와 피노 누아와 궁합이 좋다. 대략 600헥타르에서 생산이 이루어지지만 포도 재배 지역이 확대되고 있다.

> **주요 품종** 레드와인은 피노 누아(면적의 30%), 진판델, 메를로, 카베르네 소비뇽. 화이트와인은 샤르도네(면적의 40%), 소비뇽 블랑.

> **토양** 매우 배수가 잘 되는 사암과 편암이 섞인 프랜시스캔 콤플렉스franciscan complex 스타일이지만 모래가 더 섞여 옅은 색의 토양을 가진 초크힐Chalk Hill과 같은 일부 지역들은 차이가 있다.

> **와인 스타일** 시원한 기후 덕분에 세련되고 강렬한 샤르도네와 피노 누아가 생산된다.

> **주요 생산자** 데 로치De Loach, 페라리-카라노Ferrari-Carano, 개리 페렐Gary Farrell, 아이언 호스Iron Horse, 키슬러Kistler, 마카신Marcassin, 마리마 토레스Marimar Torres, 마탄자스 크릭Matanzas Creek, 피터 미카엘Peter Michael, 파이퍼 소노마Piper Sonoma(스파클링 와인), 로치올리Rocchioli, 소노마-커트러Sonoma-Cutrer, 윌리엄스 셀리렘Williams Selyem.

ALEXANDER VALLEY (알렉산더 밸리)

소노마 카운티Sonoma county의 북부, 러시안 리버의 동쪽에 위치해 있는 알렉산더 밸리는 남쪽 끝에 힐즈버그Healdsburg시가 있고, 밸리(분지)의 방향은 해안선과 평행을 이룬다. 6,000헥타르가 넘는 포도 재배 지역은 나파와 소노마를 분리시키는 마야카마스Mayacamas산맥과 해안 지역 사이에 펼쳐져 있다. 기후는 러시안 리버보다 고온이고, 다양하다. 거의 모든 품종이 완숙에 도달하며, 그로 인해 러시안 리버보다 다양한 품종을 재배할 수 있다. 하위 지역인 드라이 크릭Dry Creek에는 캘리포니아주에서 가장 수령이 높은 진판델이 재배되고 있다.

> **주요 품종** 레드와인은 카베르네 소비뇽, 진판델, 메를로, 시라, 그르나슈. 화이트와인은 샤르도네, 소비뇽 블랑, 마르산. 비오니에.

> **토양** 지역에 따라 다소 자갈이 섞인 충적토. 경사면의 토양은 매우 다양함.

> **와인 스타일** 국지기후와 품종의 다양성으로 인해 이 지방을 주도하는 스타일을 규정하기 어렵다. 드라이 크릭에는 매우 수령이 높은 진판델이 있는데, 강하고 복합적인

와인으로 유명하다.

> **주요 생산자** 클로 뒤 부아Clos du Bois, 코폴라Coppola, 갈로 패밀리Gallo Family, 개리 파렐Gary Farrell, 가이서 픽Geyser Peak, 한나Hanna, 조던Jordan, 레이븐우드Ravenswood, 릿지Ridge(리튼 스프링스 앤 가이서빌Lytton Springs & Geyserville), 로드니 스트롱Rodney Strong, 세게지오Seghesio, 실버 오크Silver Oak, 시미Simi, 트렌타두에Trentadue.

소노마 카운티의 두 도멘

• **세게지오**Seghesio**(알렉산더 밸리)** 이 가족적 기업에 소노마 포도 재배 지역의 역사가 담겨 있다. 훗날 다른 와인 메이커들을 위한 양조 전문가가 되기 전에, 19세기 이탈리아에서 건너온 세게지오 가문은 먼저 협동조합에 가입해 혼작을 했다. 세게지오 가문의 지금 세대는 오로지 자신들의 포도밭에서 나온 포도로만 양조한 와인 생산과 관련된 모든 것에 초점을 맞추면서 사업의 방향을 수정했다. 농축된 진한 포도의 맛이 피어오르는 진판

델처럼, 이 와인들 중 몇몇은 소노마 최고의 와인으로 손꼽힌다.

• **소노마 커트러**Sonoma-Cutrer **(러시안 리버)** 피노 누아와 샤르도네 두 가지 품종에 특화된 이 도멘은 오래전부터 캘리포니아주의 가장 훌륭한 샤르도네 중 하나인 "레 피에르Les Pierres" 퀴베를 생산한다. 도멘의 모든 와인은 장기 숙성이 가능하다.

SONOMA VALLEY (소노마 밸리)

소노마 밸리는 샌프란시스코 베이 북쪽, 나파의 서쪽에 위치한다. 이곳의 지형은 매우 다양하다. 포도나무가 거의 대부분을 차지하는 나파와는 달리, 소노마는 조그만 포도 재배 지역과 다른 형태의 농업이 섞여 있다. 와인 생산은 19세기 중반으로 거슬러 올라간다. 즉, 나파가 포도 재배를 시작하기 이전이다. 소노마 마운틴Sonoma Mountain의 하위 지역은 높은 고도에서 비롯된 밤의 서늘함과 낮의 일조량이 동시에 있어 흥미롭다.

> **주요 품종** 레드와인은 피노 누아, 카베르네 소비뇽, 메를로, 시라 진판델. 화이트와인은 샤르도네, 소비뇽 블랑, 세미용.

> **토양** 계곡은 사암, 편암과 산에서 굴러 떨어진 자갈이 섞인 프랜시스캔 콤플렉스franciscan complex 스타일. 산에는 화산암과 변성암.

> **와인 스타일** 소노마 마운틴의 카베르네와 진판델은 힘과 섬세함이 잘 어우러져 있다. 밸리(분지)에서 생산되는 와인은 샌프란시스코 베이로부터의 거리에 따라 다양한 스타일이 존재한다.

> **주요 생산자** 클라인Cline, 군들라흐 분슈Gundlach Bundschu, 한젤Hanzell, 켄우드Kenwood, 마탄자스 크릭Matanzas Creek, 레이븐우드Ravenswood.

NAPA VALLEY (나파 밸리)

길이 60킬로미터, 최대 6킬로미터 너비의 이 나파 밸리(분지)의 와인은 캘리포니아주 전체의 4%밖에 생산되지 않지만, 대중들에겐 그 자체로 캘리포니아 와인의 상징이다. 나파는 마야카마스Mayacamas 산맥에 의해 서쪽의 소노마와 분리된다. 태평양의 영향은 나파밸리의 남쪽 끝에 위치한 샌프란시스코 베이 쪽에서 진입한다. 이로 인해 좀 더 서늘한 남부와 동/서가 산에 막힌 북부 캘리스토가Calistoga 주변 분지 사이에 현저한 기후의 차가 발생된다. 나파의 남쪽, 고유한 AVA가 있는 로스 카르네로스Los Carneros 지역은 소노마 밸리까지 이어진다. 나파의 넓은 외곽지역에는 캘리스토가Calistoga, 러더퍼드Rutherford,

스택스 립Stag's Leap, 마운트 비더Mount Veeder, 오크빌Oakville 또는 하웰 마운틴Howell Mountain 등의 수많은 아주 조그만 AVA들이 산재해 있다. 이런 원산지 명칭들은 반드시 나파와 함께 레이블에 표시되어야 한다.

> **주요 품종** 레드와인은 카베르네 소비뇽, 메를로, 카베르네 프랑, 진판델, 산지오베제. 화이트와인은 샤르도네, 소비뇽 블랑.

> **토양** 30 종류 이상의 토양이 있다. 밸리는 약간의 자갈, 밸리 북쪽과 경사면은 충적토의 점토와 자갈, 때때로 화산암.

> **와인 스타일** 카베르네 소비뇽이나 메를로로 양조한 레드와인의 꽉 차고 풍부한 풍미는 나파 와인 스타일의 기준이 되었지만,

포도밭의 위치, 품종의 다양성과 생산자에 따라 미묘한 차이가 있다.

> **주요 생산자** 베링거Beringer, 케이크브레드Cakebread, 케이머스Caymus, 샤토 몬텔레나Château Montelena, 클로 페가스Clos Pegase, 클로 뒤 발Clos du Val, 코리슨Corison, 다이아몬드 크릭Diamond Creek, 프리마크 아베이Freemark Abbey, 할란Harlan, 헤이츠Heitz, 헤스 컬렉션Hess Collection, 조지프 펠프스Joseph Phelps, 뉴 톤New ton, 오퍼스 원Opus One, 로버트 몬다비Robert Mondavi, 루비콘Rubicon, 슈람스버그Schramsberg(스파클링 와인), 쉐이퍼Shafer, 스태그스 립 와인 셀러스Stag's Leap Wine Cellars, 스토리북 마운튼Storybook Mountain.

나파 밸리의 도멘 셀렉션

• **로버트 몬다비**Robert Mondavi 비록 로버트 몬다비는 2008년 세상을 떴지만, 나파가 전 세계에서 가장 뛰어난 포도 재배 지역 가운데 하나가 되도록 그 누구보다 확실하게 많은 업적을 남긴 그 사람에게 보내는 경의의 의미로 그의 이름을 단 와이너리는 남았다(p.556~557 참조). 카베르네 소비뇽과 특히 '퓌메 블랑Fumé blanc'이라 부르는 소비뇽 블랑이 도멘을 대표하는 와인이다.

• **클로 뒤 발**Clos du Val 1970년대 존 고엘렛John Gollet이라는 사업가가 설립한 이 도멘은 초기부터 도멘의 경영인인 프랑스인 베르나르 포르테Bernard Portet의 경영 철학을 따랐다. 대개 다른 나파의 와인보다 평균적인 알코올 도수와 추출도는 낮은 편이지만 매우 숙성이 잘 된다.

• **다이아몬드 크릭**Diamond Creek 이곳은 각각의 포도밭에서 재배된 포도를 포도밭별로 각각 양조한 한 선구자 중의 하나이다. 퀴베는 레드 록 테라스Red Rock Terrace, 그레이블리 메도우Gravelly Meadow, 와이너리 레이크Winery Lake와 볼카닉 힐Volcanic Hill 등 각 밭의 이름을 지니고 있다. 매우 강렬하고 힘 있는 와인들이다.

• **조지프 펠프스**Joseph Phelps 이 도멘은 시라, 그르나슈, 무르베드르, 비오니예 등, 론Rhône 지방의 품종을 양조한 선구자이다. 카베르네 배커스Cabernet Backus와 보르도의 블렌딩 방식을 따른 인시그니아Insignia로 말미암아 이 도멘은 나파에서 가장 뛰어난 생산자 중에 하나로 꼽히게 되었다.

캘리포니아의 거물, 오퍼스 원
(OPUS ONE UN GRAND DE CALIFORNIE)

캘리포니아

새로운 전설을 창조하고 있는 오퍼스 원은 최고의 신세계 와인 중 하나로까지 손꼽힌다.
보르도의 필립 드 로칠드 남작과 미국의 로버트 몬다비라는 강한 신념을 가진 두 인물의 콜라보가
캘리포니아의 환상적인 테루아를 만나 이 와인은 탄생했다.

현재 샌프란시스코의 북부, 특히 나파 밸리의 땅은 양조용 포도 재배에 매우 훌륭한 테루아로 인정받았다. 수십 년 전부터, 이곳에서 생산된 와인들은 훌륭한 수준에 도달하였고, 이는 1976년의 유명한 <파리의 심판>(p.548 참조)을 포함하여 수많은 블라인드 테이스팅에서 입증되었다.

프랑스 귀족과 미국 와인 메이커

필립 드 로칠드Philippe de Rothschild는 샤토 무통 로칠드Château Mouton Rothschild의 주인으로 기억된다. 그의 재능과 끈기로 말미암아, 1973년 2등급 크뤼였던 그의 와인을 1등급 크뤼로 만들었는데, 이는 1855년 보르도 그랑 크뤼 등급이 발표된 이래 유일한 수정이었다. 그의 딸 필리핀 드 로칠드Philippine de Rothschild 남작부인도 같은 열정을 가지고 아버지의 뒤를 이었다. 한편, 로버트 몬다비Robert Mondavi는 1960년대 중반 이후 캘리포니아 포도 재배 지역의 역사적인 리더였다. 그는 훌륭한 와인을 만들고자 하는 의지만 있다면 캘리포니아에서도 훌륭한 와인을 만들 수 있음을 증명했다. 완고하면서 동시에 겸손했던 그는 스스로 "임무"라고 여겼던 것을 절대 포기하지 않았다. 그의 아들들도 그의 길을 뒤따랐다.

1970년 하와이에서 만난 이 두 사람은 대화를 나눴고 서로 이해했다. 1978년 로버트 몬다비가 남작의 집을 방문했다. 두 사람은 캘리포니아에 포도 재배 지역을 함께 만드는 데 의견을 모았다. 1979년부터 무통의 양조장 주인은 나파 밸리를 방문해서, 샤토 무통 로칠드의 방법을 적용해 새로운 와인을 창조했다.

도멘의 탄생

1980년, 이 둘의 콜라보는 대중들의 경악 속에서 공식적으로 발표됐다. 1983년 양측의 요구사항에 부합하는 나파 밸리 내의 다른 테루아도 선정되었다. 그들은 기억하기 쉽고 대서양 양편에 있는 미국과 프랑스 두 나라 모두에서 쉽게 발음할 수 있는 이름을 심사숙고했다. 음악 애호가였던 남작은 '오퍼스Opus'라는 이름을 제안했고, 최초의 콜라보 와인인 것을 고려해 '오퍼스 원'이라는 이름을 최종적으로 채택했다. 1984년에 두 밀레짐(1979년, 1980년)의 와인이 대중에게 공개되었다. 성공은 즉각적이었고, 언론과 와인 전문가들의 호평이 이어졌다. 능력자 두 명이 훌륭한 테루아에서 협업을 하니 명품의 탄생은 당연한 일이었다. 이들은 1991년부터 화려한 새 양조장에서 직접 양조한다.

양조장의 모든 설비는 와인을 최고 수준으로 유지한다는 단 하나의 기준을 충족시키고자 한다.

보르도 품종들

언제나처럼 모든 것은 포도나무에서 시작된다. 거의 대부분을 차지하는 품종은 캘리포니아에서 좋은 결과물을 보여주는 카베르네 소비뇽이다. 카베르네 프랑과 메를로, 그리고 최근 들어 말벡과 프티 베르도도 소량 재배된다. 모든 품종은 보르도 태생인데, 밀레짐에 따라 다른 비율로 최종 블렌딩에 포함된다. 애정어린 손길에 의해 수확이 이루어진다. 당도를 감소시켜주는 서늘한 온도의 덕을 보기 위해 종종 야간에도 실시한다. 양조장에서 포도가 도착할 때부터 철저하게 검사되어 상한 포도알이나 이파리는 수작업으로 일일이 제거한다.

세심한 양조 과정

발효 후, 색과 향과 관련된 요소를 잘 추출하기 위해 40일 이상도 갈 수 있는 퀴베종을 실시한다. 이어서 프랑스산 새 오크통에 담겨 17~20개월 동안 숙성시킨다. 전통적이면서 와인에 자극을 주지않은 방식으로 와인을 다룬다. 예를 들어 와인에 정제가 필요하다면, 여과와 같은 방법은 생각조차 하지 않는다. 오래된 방법인 계란 흰자를 사용하는 콜라주를 실시한다. 거품 낸 흰자를 와인에 섞으면, 와인 안에 떠다니는 모든 미세한 부유물 입자와 함께 오크통 바닥으로 떨어진다.

장기 숙성형 와인

모두 성공적이었던 지난 30년 동안의 밀레짐으로 오퍼스 원의 장기 숙성 능력은 증명됐다. 와인의 성숙은 병 안에서 몇 년 동안 지속되고, 20~30년이 지났을 때 절정을 보여준다. 언제나 테이스팅 2시간 전에 디캔팅을 함으로 더 좋은 와인을 맛볼 수 있다. 16도의 온도로 잔에 따라 붉은 살의 육류나 사냥으로 잡은 가금류에 곁들이면 완벽한 마리아주를 즐길 수 있다. 풍부하고 농밀하며 매우 향기로운 이 와인은 매우 잘 익은 탄닌이 입안에서 느껴지고 멋진 하모니와 진정한 기품이 무엇인지 여실히 보여준다.

2008년 5월 세상을
난 로버트 몬다비

LOS CARNEROS (로스 카르네로스)

로스 카르네로스는 나파 밸리와 소노마의 남쪽 끝을 잇는 지역이다. 두 밸리를 분리시키는 마야카마스 산맥 남쪽 지맥 상에 로스 카르네로스가 위치한다. 샌프란시스코 베이에서 밀려오는 태평양의 영향을 직접 받기 때문에 나파나 소나마보다 서늘한 기후가 있다. 동쪽으로 부는 시원한 공기의 주동선 내에 위치해 있기 때문에 바람도 많이 분다. 이런 조건들로 인해 상당히 구획 정리가 잘 되어 있고, 상쾌함이라는 기반 위에 균형이 녹아 있는 스파클링과 화이트와인 생산에 매우 적합한 AVA이다. 수많은 가장 세련된 샤르도네가 로스 카르네로스에서 생산된다.

> **주요 품종** 레드와인은 피노 누아, 메를로, 시라 진판델. 화이트와인은 샤르도네.

> **토양** 석회암 기반 위의 매우 얇고 비옥하지 않은 단단한 점토의 하부 토양. 곳곳에 망간이 풍부한 퇴적성 광혈이 있다.

> **와인 스타일** 와인은 섬세하면서 때론 상당히 활기가 있다. 캘리포니아 스타일에서 조금 거리가 있는 샤르도네를 생산한다. 훌륭한 피노 누아 와인도 만들어진다.

> **주요 생산자** 스파클링 와인 : 카르네로스Carneros(태탱저Taittinger), 글로리아 페레Gloria Ferrer(플레익세네트Freixenet). 기포가 없는 와인 : 아카시아Acacia, 부에나 비스타Buena Vista, 퀴베종Cuvaison, 클라인Cline, 세인츠버리Saintsbury, 슈그Schug. 유의점 : 타지역의 좋은 와인 메이커들이 카르네로스 와인을 자신들의 포트폴리오에 포함시킨다.

로스 카르네로스 도멘 셀렉션

· **부에나 비스타**Buena Vista 헝가리 이민자 아고스톤 하라스시Agoston Haraszthy가 1857년 설립한 캘리포니아 최초의 와이너리 중 하나이다. 암흑기를 지나 부에나 비스타는 1979년 부활했다. 몇 년 전부터 도멘의 네임 밸류에 어울리는 훌륭한 수준의 와인들을 다시 생산하기 시작했다.

· **클라인 셀러스**Cline Cellars 카르네로스는 특히 샤르도네와 피노 누아에 집중하는데 소노마에 본사를 둔 클라인은 이와 다르게 무르베드르, 바르베라, 카리냥 등 지중해 품종 재배라는 선구자적인 업적뿐만 아니라, 콘트라 코스타Contra Costa라는 다른 지방에 있는 포도밭에서 재배한 진판델로 양조한 환상적인 와인으로 특히 유명하다.

· **글로리아 페레**Gloria Ferrer 스페인 카탈로니아의 카바cava 프레익세네트Freixenet 그룹에 속해 있는 이 도멘은 풍부하면서도 상쾌한 스타일을 가진 캘리포니아 최고의 스파클링 와인 중 하나로 유명하다. 기포가 없는 와인들도 생산한다.

· **슈크**Schug 갈로Gallo, 조지프 펠프스Joseph Phelps와 같은 유명한 캘리포니아 와인 메이커들 아래서의 수많은 경험을 바탕으로, 독일 태생의 발터 슈그Walter Schug는 서늘한 기후에서 재배된 포도로 만든 고품질 소량 생산 와인의 전문가가 되기를 결심했다. 활기 있고 우아한 그의 샤르도네는 카르네로스 스타일을 대표하는 모델이다.

SANTA CRUZ MOUNTAINS (산타 크루즈 마운틴)

샌프란시스코시 남쪽에 있는 이 산악 지방은 곳곳이 장관이다. 캘리포니아 해안 전체를 지진에 떨게하는 산 안드레아스San Andreas 단층을 가로지는 이 지역은 한쪽은 태평양, 다른 한쪽은 전 세계 최대의 하이 테크놀로지 센터 중의 하나인 실리콘 밸리가 있는 산 호아킨 밸리라는 두 개의 세상에 양다리를 걸치고 있다. 지역 기후는 고도와 각 포도밭의 일조 방향에 달렸지만, 나파나 소노마에 비해 훨씬 서늘한 것이 일반적인 추세이다.

대부분의 포도 재배 지역은 안개가 발생하는 고도보다 더 고지대에 위치해 있으며, 고도에서 비롯한 서늘한 밤이 있어 포도가 상대적으로 서서히 완숙에 이른다.

> **주요 품종** 레드와인은 카베르네 소비뇽, 피노 누아, 메를로, 진판델, 시라. 화이트와인은 샤르도네, 마르산, 루산.

> **토양** 기반암의 분해로 생성되는 메마르고 척박한 편암 토양으로, 이 지방만의 특징이다.

> **와인 스타일** 대부분 고도와 포도밭의 일조 방향에 달려 있다. 릿지Ridge를 포함한 일부 도멘들은 캘리포니아에서 가장 고도가 높은 포도 재배 지역 내에 있다. 그래서 보다 북쪽에 있는 나파의 와인보다 알코올 도수가 낮은 편이다.

> **주요 생산자** 알그렌Ahlgren, 바제토Bargetto, 보니 둔Bonny Doon, 데이비드 브루스David Bruce, 마운트 에덴Mount Eden, 릿지Ridge.

산타 크루즈의 두 도멘

· **보니 둔**Bonny Doon 와인계에서 랜달 그람Randall Grahm만큼 독창적인 사람도 드물다. 그의 와인 이름은 철학적이거나 해학적 레퍼런스가 가득한데, 이건 단지 빙산의 일각일 뿐이다! 그는 카베르네와 샤르도네의 포화에 대한 대안인 품종 다양화의 선구자 중 하나로, 우선 론 지방의 품종을, 이어서 이탈리아의 품종을 재배했다. 결과적으로 그의 와인 스타일은 몇몇 이탈리아 또는 론 지방 와인과 비슷하다.

· **릿지**Ridge 몬테벨로Ridge Vineyards의 산 정상에 본사를 두고 있는 릿지 와이너리는 캘리포니아에서뿐 아니라 전 세계에서 가장 뛰어난 생산자 중의 하나이다. 보르도 품종의 블렌딩인 1973년산 몬테벨로 퀴베는 1976년 '파리의 심판'에서 3위를 한 후(p.548 참조), 최근의 <재격돌remake>에서 다시 한 번 승리를 거두었다. 릿지의 와인은 매우 합당한 알코올 함량과 장기 숙성 능력으로 자주 다른 와인들과 구별된다. 19세기에 설립된 이 와이너리는 지난 40년 동안 이곳의 멘토였던 폴 드레이퍼Paul Draper(p.31 참조)가 있었기에 이런 성공을 거둘 수 있었다.

> 몬터레이 지역의 포도 재배지

MONTEREY (몬터레이)

캘리포니아주(센트럴 코스트)

산타 크루즈 지방의 남쪽에 몬터레이가 이어진다. 태평양과 바람의 영향을 많이 받아 서늘한 기후를 보인다. 카멜 밸리Carmel Valley나 아로요 세코Arroyo Seco 같은 보다 작은 AVA 몇 개를 포함한다. 살리나스 밸리Salinas Valley와 같은 지역 중앙부의 생산량 중 상당 부분은 공장에서 찍어내는 저가형 와인에 사용되지만, 아로요나 산타 루치아Santa Lucia 또는

단지 한 명의 생산자로 이루어진 원산지 명칭인 칼론Chalone처럼 고지대에 위치한 감춰진 지역들은 샤르도네와 피노 누아로 멋진 와인을 생산할 수 있다.

> **주요 품종** 레드와인은 피노 누아. 화이트와인은 샤르도네, 리슬링, 소비뇽 블랑, 게뷔르츠트라미너.

> **토양** 밸리는 충적토로 이루어진 가벼운

토양. 산타 루치아처럼 경사면은 좀 더 복합적이고 종종 석회질이 섞인 토양.

> **와인 스타일** 고지대에서 생산되는 와인들이 흥미로운데, 활기가 있고 상쾌하며, 상당히 향기롭다.

> **주요 생산자** 칼레라Calera, 칼론Chalone, 제켈Jekel, 로크우드Lockwood.

ENTRE PASO ROBLES ET SANTA YNEZ
(파소 로블레스와 산타 이네즈 사이)

북쪽으로 몬터레이, 남쪽으로 산타 바바라까지 펼쳐져 있는 이 지방은 대부분 최근에 만들어져 포도나무의 수가 증가 추세를 보이는 몇몇 기대주 AVA를 포함한다. 단지 땅값이 나파보다 싸서가 아니라, 때로는 더 서늘하기도 한 기후의 다양성을 가지고 있다. 이 지역들은 일반적으로 약간의 고도가 있으며 태평양 쪽으로 열려 있는 밸리 안에 위치한다. 지역의 기후는 다양한 품종의 재배를 가능케 한다.

> **주요 품종** 레드와인은 피노 누아, 시라, 무르베드르, 그르나슈. 화이트와인은 샤르도네, 마르산, 비오니에, 소비뇽 블랑, 피노 블랑.

> **토양** 과거의 심해저로 다소 석회질이며 pH 7 중성에 가깝다. 토양은 점토, 모래, 충적토로 구성.

> **와인 스타일** 파소 로블레스는 시라, 그르나슈, 무르베르드 등의 론 지방 품종이 전문이다. 부르고뉴와 비슷한 기후를 가진 산타 이네즈Santa Ynez나 산타 마리아Santa Maria는 조금도 무겁지 않고 멋진 샤르도네를 생산한다.

> **주요 생산자** 알반Alban, 오 봉 클리마Au Bon Climat, 바이런Byron, 에드나 밸리 와이너리Edna Valley Vineyards, 페스 파커Fess Parker, 파이어스톤Firestone, 쿠페Qupé, 샌포드Sanford, 타블라스 크릭Tablas Creek.

센트럴 코스트의 두 도멘

· **오 봉 클리마(솔방)**Au Bon Climat(Solvang) 이 도멘의 이름에서 이미 부르고뉴에서 영감을 받았음을 알 수 있다. 사실 이 도멘의 소유주인 짐 클렌데넨Jim Clendenen은 캘리포니아에서 테루아의 개념을 가장 열렬히 지지하는 사람들 중 한 명이다. 오 봉 클리마는 산타 마리아 AVA 내의 그의 소유인 비엔 나시도Bien Nacido 포도밭을 포함한 여러 군데의 서늘한 지역에서 재배한 샤르도네와 피노 누아를 전문으로 한다.

· **타블라스 크릭(파소 로블레스)**Tablas Creek(Paso Robles) 타블라스 크릭은 샤토뇌프 뒤 파프Châteauneuf-du-Pape의 셀럽 샤토 드 보카스텔Château de Beaucastel의 소유주인 페랭Perrin 가문과 미국 수입업자인 로버트 하스Robert Haas가 만든 조인트 벤처이다. 이 지방 명칭의 기원인 태평양과 분리시켜 주는 고개들로 인해 굴곡이 있는 지형상에 위치한 이 아름다운 지방의 기후는 도멘의 전문분야인 론 지방의 품종에 적합하다.

LODI, SIERRA FOOTHILLS, EL DORADO ET LE RESTE DE CENTRAL VALLEY
(로디, 시에라 풋힐스, 엘도라도 그리고 센트럴 밸리 나머지 부분)

센트럴 밸리는 북쪽의 샤스타Shasta산의 지맥에서부터 남쪽으로는 로스앤젤레스에서 약 100킬로미터 떨어진 베이커스필드Bakerfield까지 약 640킬로미터에 걸쳐 펼쳐져 있다. 이곳은 캘리포니아 전체에서 단연 최다 생산량을 보인다.

전세계 최대의 생산자이자 아직까지도 가족 경영 체제를 고수하는 갈로Gallo와 같은 미래의 거물들이 1920대경부터 바로 여기에 자리를 잡았다. 하지만 이런 기업형 대량 생산자들과 더불어 밸리 주변 산과 언덕들의 일부분을 차지하는 소규모 하위 지역들이 개발되고 있다. 독자적 AVA를 가지고 있는 로디, 시에라 풋힐스, 엘 도라도의 포도밭은 수령이 높은 포도나무, 특히 진판델로 매우 수준 높은 와인을 생산하고 있다.

> **주요 품종** 레드와인은 진판델, 시라, 카베르네 소비뇽, 산지오베제. 화이트와인은 샤르도네, 슈냉 블랑, 소비뇽 블랑.

> **토양** 밸리에 충적토와 종종 모래로 구성. 경사면과 군데군데의 화산지대는 매우 다양함.

> **와인 스타일** 전반적으로 평범한 밸리의 와인과 소수의 고지대의 포도밭에서 생산되는 농축되고 세련된 와인이 큰 대조를 보인다.

> **주요 생산자** 아마도르Amador, 드라이 크릭Dry Creek, 갈로Gallo, 테르 루즈Terre Rouge.

OKANAGAN VALLEY (오카나간 밸리)

현재 브리티시 컬럼비아주는 3,900헥타르의 포도밭을 가져 온타리오Ontario주의 나이아가라-온-더-레이크Niagara-on-the-Lake 지방에 이어 캐나다에서 두 번째이다.

기후 측면에서 볼 때, 국경 반대쪽에 있는 미국 워싱턴주 포도 재배 지역의 북쪽 연장선상에 있다. 이 긴 밸리의 남부는 비를 가져오는 서쪽에서 부는 바람을 캐스케이드 산맥이 막아 반사막 기후의 특색을 보인다. 밸리의 상당 부분을 차지하는 오카나간 호수는 겨울의 추위로부터 포도밭을 보호해준다. 주변의 산들은 낮과 밤의 심한 일교차를 발생시킨다.

> **주요 품종** 레드와인은 메를로, 카베르네 소비뇽, 카베르네 프랑, 가메, 피노 누아. 화이트와인은 샤르도네, 소비뇽 블랑.

> **토양** 빙하 퇴적물의 잔해와 현무암, 석회암, 화강암, 편마암 등의 매우 복합적인 토대 위에 침식성 화산 출물.

> **와인 스타일** 일교차로 인해 무겁진 않지만 매우 성숙한 와인을 만날 수 있다. 이 지방의 비교적 짧은 역사와 품종의 다양성으로 인해 상당히 다채로운 스타일의 와인을 생산한다.

> **주요 생산자** 블루 마운튼Blue Mountain, 체다 크릭Cedar Creek, 잭슨-트릭스Jackson-Triggs, 말리보어Malivoire, 미션 힐Mission Hill, 오소유즈 라로즈Osoyoos Larose(보르도 지역 샤토 그뤼오-라로즈Château Gruaud-Larose와의 파트너십), 퀘일스 게이트Quail's Gate, 샌드힐Sandhill, 수막 릿지Sumac Ridge.

PÉNINSULE DU NIAGARA (나이아가라 반도)

나이아가라 폭포 근처, 온타리오 호수 지류에 위치한 이 지역은 약 5,500헥타르의 포도밭을 가져 캐나다에서 가장 중요한 와인 생산 지방이 되었다는 것은 놀랄 만한 일이다. 이곳을 북위 45도선이 가로지른다는 것을 알면 이해가 쉬울 것이다. 즉, 이는 보르도와 같은 위도 상에 위치해 있는 것이다. 오대호와 그보다 적은 양이겠지만 나이아가라강이 발생시키는 막대한 수분의 영향은 일부 포도 품종이 확연하게 혹독한 기후 속에서 성숙할 수 있게 해준다.

이 반도는 세계 최대의 아이스바인 생산지이지만, 리슬링 품종을 필두로 점점 더 달지않은 화이트와인과 레드와인도 생산한다. 나파 밸리와 비슷한 크기의 이 지방은 빈트너스 퀄리티 얼라이언스Vintners Quality Alliance(VQA) 통제하의 10여 개 하위 원산지 통제 명칭을 제정했다.

> **주요 품종** 레드와인은 피노 누아, 시라, 가메, 카베르네 프랑. 화이트와인은 세이블, 비달, 리슬링, 샤르도네.

> **토양** 빙하 바다, 경사면은 석회암.

> **와인 스타일** 전반적으로 가벼운 달지 않은 화이트와인과 산도와 당도가 매우 농축된 아이스바인 사이에는 매우 큰 차이가 있다.

> **주요 생산자** 케이브 스프링Cave Spring, 클로 조단Clos Jordanne, 헨리 오브 펠햄Henry of Pelham, 이니스킬린Inniskillin, 필리터리Pillitterri.

오소유즈 라로즈Osoyoos Larose

- 프랑스와 캐나다의 조인트벤처 -

생쥘리엥Saint-Julien의 2등급 그랑 크뤼인 샤토 그뤼오 라로즈Château Gruaud-Larose와 도멘 이니스킬린Inniskillin의 파트너십에서 탄생한 오소유즈 라로즈는 브리티시 컬럼비아주 오카나간 밸리에서 메를로, 카베르나 프랑, 카베르네 소비뇽, 말벡, 프티 베르도 등의 보르도 품종을 블렌딩한 와인을 생산한다. 오소유즈 호수를 굽어보는 포도밭이 있는 이 작은 양조장은 보르도 주변의 묘목상에서 선별한 포도나무, 프랑스산 오크통, 양조 컨설턴트 미셸 롤랑Michel Rolland과 알랭 쉬트르Alain Sutre의 조언 등 프랑스의 노하우를 적극 활용하고 있다. 현재 이곳의 와인 메이커는 마티유 메르시에Mathieu Mercier이다.

칠레

Elqui

Limarí

Choapa

Aconcagua

○ Valparaíso

Casablanca

○ Santiago

Maipo

San Antonio
et Leyda

○ Rancagua

Cachapoal

Colchagua

Curicó   ○ Curicó
          ○ Molina

○ Talca

Maule

Itata
        ○ Chillán

○ Concepción

Los Angeles ○

Bío-Bío

Malleco

Océan
Pacifique

ARGENTINE

COQUIMBO

ACONCAGUA

VALLÉE CENTRALE

RÉGIO DU SUD

N

0   100 km

칠레의 포도 재배지

칠레는 좋은 가성비를 가진 표준화되어 잘 양조된 단일 품종의 와인을 생산하는 국가이다.
10년 전부터 칠레 최고의 와인들은 레드는 깊이감과 강렬함을, 화이트는 세련미와 상쾌함을 얻으면서
한 단계의 도약을 했다. 칠레는 단지 좋은 와인의 땅일 뿐만 아니라, 고급 와인의 땅이 되었다.

5세기 동안의 포도 재배 역사

1970년대 말, 카탈로니아 출신 미구엘 토레스Miguel Torrès는 엄청난 경제적 성공의 출발 신호를 보내는 칠레에서의 모험을 시도한 최초의 사람들 중 하나였다.

그보다 더 4세기 앞서, 스페인의 프란시스코 데 카라반테스Francisco de Carabantes 형제는 칠레에 최초의 포도나무를 심었고, 18세기 이후 중요한 와인 수출국이 되었다. 그 다음 세기부터 프랑스의 품종들이 재배되었다. 19세기에는 활기 있고 현대적이었던 칠레의 포도 재배는 1950년대 들어서면서부터 과잉 생산이라는 위기를 직면한 결과, 세계적인 무대에 다시 오르기까지 25년 동안 엄청난 양의 포도나무가 뽑혀야 했다.

칠레의 기적은 포도 재배에 특화된 자연, 낮은 생산비, 역사적인 도멘이나 외국 투자자들 또는 신세대 양조장(보데가bodega) 등 칠레가 가진 테루아의 자세한 특성을 알아내는 데 점점 더 관심이 있는 모든 생산자들의 활력의 성공적인 만남에서 비롯되었다.

숫자로 보는 칠레의 포도 재배지

면적 : 145,000헥타르
생산량 : 12,800,000헥토리터
레드 : 70%
화이트 : 30%

(Ministerio de
la Agricultura, 2015)

바다와 산이 만나는 포도 재배지

확장되는 포도 재배지들. 칠레는 북에서 남으로 4,300킬로미터에 이르는 길고 좁은 땅으로, 서쪽엔 태평양, 동쪽엔 북부의 사막과 남부의 빙하가 있는 안데스 산맥Cordillère des Andes이 있다. 포도 재배 지역들은 주로 수도 산티아고Santiago 주변의 넓은 구역인 센트럴 밸리Central Valley에 집중되어 있지만, 북쪽의 리마리Linari와 엘키Elqui, 남쪽의 비오비오Bío-Bío까지 펼쳐져 있다. 십여 년 전, 대부분의 포도나무는 비옥하면서 경작하기 쉬운 안데스 산맥과 해안선 주변 산맥 사이의 평야에 심어졌다. 안데스의 산록지대 서쪽 경사면이나 태평양 근처의 보다 서늘한 지방 등 큰 잠재력을 가진 새로운 땅으로 옮겨갔다. 전반적으로 비옥하면서 가벼운 토양은 모래, 점토, 석회가 섞여 있지만, 안데스 산맥의 경사면은 화강암으로 이루어져 있고 더 척박하다.

포도나무에 이상적인 기후. 칠레의 포도 재배 지역들은 포도가 성숙하는 데 이상적인 기후를 갖고 있다. 꾸준한 일조량과 적은 강수량의 지중해성 더운 기후인데, 강한 일교차를 발생시키는 서쪽, 특히 해안

프랑 드 피에 포도가 자라는 땅

"프랑 드 피에franc de pied"는 접붙이지 않음을 의미하는데, 이는 전 세계의 다른 포도 재배 지역과 비교한다면 예외적인 일로서 필록세라 이후 대부분의 포도나무는 자연적으로 이 진딧물에 대한 저항능력이 있는 미국산 대목과 접목되었기 때문이다. 칠레의 이 예외적인 사례는 의심의 여지없이 지리적 고립에 의한 것도 있지만, 아마도 토양 내의 높은 구리 함량, 관개를 위해 포도밭을 침수에 이르게 하는 관행 때문이었을 수도 있다. 그러나 좀 더 확실한 것은 엄격하게 식물과 관계된 모든 수입품을 검역하는 관계 당국의 경각심 때문이었을 것이다.

> 아콩카과Aconcagua 밸리에 있는 에라주리즈Errazuriz 도멘의 와인 숙성고.

> 콜차과 Colchagua 밸리에 있는 카사 라포스톨 Casa Lapostolle의 포도밭 관리 작업.

선을 따라서 유입되는 훔볼트 Humboldt의 냉기와 동쪽 안데스 산맥에서 내려오는 야간의 한기에 의해 균형 잡힌다. 여름의 물 부족은 유일한 자연적 결함으로, 센트럴 밸리는 반 사막화되고 있다. 따라서 대부분의 포도 재배 지역에 관개가 필요하다.

포도 품종과 와인 스타일

작렬하는 태양빛과 밤의 서늘함의 맞교대는 부드럽지만 무겁지 않고, 산뜻하면서 강렬한 과일의 풍미를 가진 농익은 칠레의 와인 스타일을 이해하게 해주는 열쇠이다.

화이트와인 품종의 엄청난 성장에도 불구하고, 칠레는 포도 재배 면적의 75%를 차지하는 레드와인의 나라이다. 화이트와 레드를 합쳐서 50여 종의 품종이 재배되고 있지만, 단지 7개의 품종이 거의 전체의 85%를 차지한다. 15,000헥타르를 점유하고 있는 파이스 país나 알렉산드리아 뮈스카 muscat d'Alexandrie 같은 몇몇 품종이 스페인 식민지 시절의 잔재로 남아 있지만, 주류를 이루는 국제적인 품종이 그 어느 때보다도 대세이다.

레드와인 품종. 44,000헥타르에 달하는 카베르네 소비뇽은 부드러운 탄닌이 느껴지고, 검은 과일, 향신료, 멘톨의 향이 나는 잘 익은 와인을 만든다. 보르도의 다른 두 가지 품종인 메를로와 카르메네르 carménère는 각각 12,400헥타르, 11,300헥타르를 차지하고 있다. 이 와인들은 부드러움과 벨벳 같은 텍스처, 종종 강한 식물성 향이 난다. 빠르게 증가하고 있는 시라, 피노 누아, 말벡 등에 대한 새로운 관심에 집중하고 있다.

화이트와인 품종. 대부분의 수출용 화이트와인들은 샤르도네와 소비뇽, 두 품종으로 만들어진다. 11,600헥타르를 차지하는 샤르도네는 부드럽고 다소 노란 과일향이 나는 와인을 만든다. 샤르도네의 자리를 차지할 정도로 매우 발전한 소비뇽이지만, 이 무시하지 못할 비율은 유사 품종인 소비뇽 베르 sauvignon vert나 소비뇨나스 sauvignonasse에 의한 것일 수도 있다. 가장 서늘한 지역에서는 때때로 지배적인 식물성 향이 있고 균형이 잘 잡혀 마시기 좋은 와인을 생산한다.

포도 재배 지역

북에서 남으로, 칠레의 포도 재배 지역은 코킴보 Coquimbo, 아콩카과 Aconcagua, 센트럴 밸리와 남부 지역, 이렇게 크게 네 지역으로 나뉘는데, 각 지역은 대부분 동서 방향의 밸리와 일치하는 하위 지역으로 다시 나뉜다. 가장 북쪽의 코킴보는 포도를 가지고 피스코 pisco라 불리는 지방주를 생산하는 엘키 Elqu와 비록 재배 면적은 적지만 가장 큰 잠재력을 가진 리미리 Limari 사이에 펼쳐져 있다. 좀 더 남쪽의 아콩카과는 카사블랑카 Casablanca와 산 안토니오 San Antonio의 서늘한 밸리에서 생산되는 칠레에서 가장 호소력 있는 화이트와인 덕분에 큰 지지를 받고 있다. 100,000헥타르가 넘는 센트럴 밸리의 포도 재배 지역은 산티아고 Santiago에서 남쪽의 마울라 Maule 밸리에까지 이른다. 칠레 양조용 포도 재배 산업의 중심으로, 생산의 대부분이 이곳에 집중되어 있고, 칠레 와인 양조산업의 거물의 상당수가 이 지역 내의 마이포와 콜차 밸리에 자리 잡고 있다. 이타타 Itata와 비오-비오 Bío-Bío 지역을 포함하는 남부 지방은 오랫동안 파이스 país 같은 전통 품종의 본고장이었으나, 풍부한 일조량이 있지만 서늘한 이곳의 기후가 만든 장래가 촉망되는 화이트와인이 최근 들어 떠오르고 있다.

카르메네르 carménère의 '재발견'

아르헨티나엔 말벡이 있고, 우루과이엔 타나트가 있지만 칠레는 품종에 있어서 딱히 <틈새시장>이 없었다. 프랑스의 두 과학자인 장 미셸 부르시코 Jean-Michel Boursiquot와 클로드 발라 Claude Valat에 의해 칠레에 있는 몇 그루의 메를로가 카르메네르와 동일한 것으로 공식적으로 판별되었다. 원산지가 보르도로 카베르네 계열의 다른 가족인 이 품종은 필록세라의 위기 이후에 지롱드 지방에서 쫓겨났다. 19세기부터 칠레에 이식되어 현재는 자신 고유의 이름으로 다시 태어났다. 깊이감과 잘 익은 과일, 감초, 파프리카나 숲 속의 땅 냄새 등의 식물성 향을 유혹적으로 발산한다.

칠레의
유명 와인과 지역

칠레의 와인 메이커들은 오랫동안 여러 지방에서 동일 품종을 수확해 블렌딩한 구준한 결과로, 신뢰할 수 있는 단일 품종 와인에 집중했다. 현재 대부분의 칠레 와인은 레이블 상에 이름이 등장하는 밸리, 종종 밭 단위까지, 점점 더 지리적으로 한정된 지역에서 생산된다.

VALLÉE DE MAIPO (마이포 밸리)

마이포는 칠레에서 가장 유명한 이름이다. 이 밸리는 안데스 산맥부터 해안 산맥까지 펼쳐져 있는데, 이 원산지 명칭의 거의 중심에 있는 산티아고를 둘러싸고 있다. 수도와의 근접성은 19세기에 산티아고의 부유한 가문들이 거대한 도멘을 설립하는 데 유리하게 작용했다. 이 기업들이 산타 리타나 콘차 이 토로와 같은 현재의 거물들이 되었다. 12,500헥타르의 포도밭에서 카베르네 소비뇽, 메를로, 카르메네르 등의 보르도 레드와인 품종이 호령하고 있다. 덥고 건조한 지중해성 기후로, 미약한 강수량마저도 겨울에 집중된다. 이 지방은 여러 구역으로 나뉜다. 가장 고지대에 위치한 알토 마이포Alto Maipo는 안데스 산맥의 영향을 받는다. 경사면에 위치한 포도밭은 심한 일교차로 인해 짜임새가 좋은 레드와인을 생산한다. 산티아고의 남쪽과 남서쪽에 있는 센트럴 마이포Central Maipo와 퍼시픽 마이포Pacific Maipo의 척박한 토양은 보다 더운 날씨에서 좀 더 부드럽고 과일풍미가 나는 잘 익은 와인을 만든다.

> **주요 품종** 레드와인은 카베르네 소비뇽, 메를로, 카르메네르, 시라. 화이트와인은 샤르도네 그리고 소비뇽 블랑.
> **토양** 점토와 석회로 구성된 충적토와 화강암
> **와인 스타일** 마이포는 잘 익은 과일, 향신료, 멘톨, 유칼립투스의 향이 나고 풍부한 짜임

새가 있으며, 알마비바와 같이 매우 농축된 몇 몇 와인에서는 단단한 탄닌이 느껴지는 카베르네 소비뇽의 품질로 유명하다. 다른 레드 품종들은 잘 익고 과일풍미가 나며, 부드러운 와인을 생산한다. 화이트 중에서는 일부 샤르도네가 매우 기분 좋은 과일 풍미의 부드러움으로 주의를 집중시킨다. 다른 레드 품종들도 과일향이 나는 잘 익고 부드러운 와인을 생산한다.

> **주요 생산자** 알마비바Almaviva, 콘차 이 토로Concha y Toro, 쿠지노 마쿨Cousino Macul, 산타 알리시아Santa Alicia, 산타 카롤리나Santa Carolina, 산타 리타Santa Rita, 운두라가Undurraga, 비네도 차드윅Vinedo Chadwick.

칠레의 그랑 크뤼 알마비바Almaviva

1883년 마이포 밸리Maipo Valley에 설립된 역사적인 보데가 콘차 이 토로Concha y Toro는 1997년 칠레에서 <최고급> 와인을 생산하려는 야심으로 보르도의 필립 드 로칠드Philippe de Rothschild 남작과 손을 잡았다. 해가 거듭될수록 전 세계의 언론들은 칠레 와인 특유의 과일의 충만함과 최고급 보르도 와인의 세련미가 결합된 이 인상적인 퀴베에 설득당하고 말았다. 불과 10년 만에 이 도박에서 승리를 거뒀고, 알마비바는 최고급 신세계 와인 서클이라는 폐쇄적인 모임에 합류했다. 카베르네 소비뇽이 주를 이룬 이 보르도 스타일 블렌딩 와인은 산티아고 남쪽에서 약 30킬로미터 떨어진 푸엔테 알토Puente Alto에 위치한 85헥타르의 포토밭에서 생산된다. 멋진 신축 양조장에서 양조되는 이 와인은 새 오크통에서 17~18개월의 오랜 숙성을 거친다. 깊이감과 복합성이 있는 엄청나게 농축된 이 와인은 모던하면서 유혹적이고 에너지 넘치는 과일 풍미를 입안에 전달하는데, 이 와인에서 잘 느껴지는 짜임새는 장기 숙성에 안성맞춤이다.

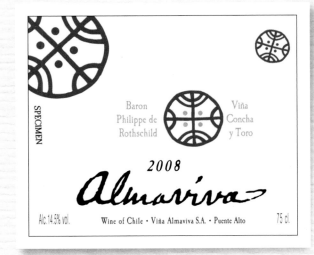

본 지벤탈Von Siebenthal

포 도밭 면적에 있어서 그 기준이 수백 혹은 수천 헥타르인 나라에서 20헥타르를 가진 이 조그만 도멘은 <난쟁이>처럼 보인다. 이 도멘은 15년 전부터 칠레 와인의 괄목상대할 만한 상품 다변화를 이루어낸 조그만 독립 도멘의 일부이다. 아콩카과 밸리에 자리 잡은 열정에 사로잡힌 예전 스위스 변호사 마우로 폰 지벤탈Mauro von Siebenthal은 1998년 안데스 산맥과 태평양 중간지점에 위치한 팡케우에Panquehue에 몇 구획의 밭을 매입했다. 포도를 심을 위치의 선택은 품종의 특징에 맞추어 카베르네 프랑과 메를로는 점토-석회질 토양에, 카베르네 소비뇽, 시라, 카르메네르와 프티 베르도는 자갈로 이루어진 경사면에 이루어졌다. 농축된 포도의 맛과 향신료의 풍미가 느껴지는 카르메네르 100%인 카르메네르 레세르바Carmenere Reserva와 시라로 양조하여 풍부하면서 군침나게 향기로운 카라반테스Carabantes에 그 결과가 나타난다.

VALLÉE DE COLCHAGUA (콜차과 밸리)

센트럴 밸리의 라펠Rappel 지방은 북부의 칼차포알Cachapoal과 남부의 콜차과Colchagua의 두 구역으로 나뉜다. 콜차과는 최근 10년간 확장되었는데, 23,000헥타르에 달하는 포도밭에 레드와인 품종이 95%를 차지한다. 이곳은 더운 기후가 있지만, 태평양에서 서쪽으로 부는 냉기로 인해 기온이 떨어진다. 밸리와 산록지대에 우선적으로 심어진 포도나무는 현재 해발 1,000미터까지의 경사면을 조금씩 차지해가고 있다. 보르로 품종들은 콜차과에서 클로 아팔타Clos Apalta, 몬테스 알파Montes Alpha와 같은 최고급 칠레 와인 중 일부를 탄생시킴으로 충분히 입증되었고, 시라와 말벡 역시도 전망이 밝다.

> **주요 품종** 레드와인은 카베르네 소비뇽, 메를로, 카르메네르, 시라. 화이트와인은 샤르도네.
> **토양** 점토와 석회로 구성된 충적토와 화강암.
> **와인 스타일** 콜차과는 풍부하고 육감적인 잘 익은 레드와인으로 유명하다. 가장 많이 재배되는 카베르네 소비뇽은 의심의 여지없이 장기 숙성이 가능한, 꽉 찬 와인을 만들지만, 농축된 포도의 맛이 가득한 메를로나 수령이 높은 말벡으로 양조하여 유난히 강렬하고 짜임새가 좋은 와인과 같은 몇몇 지역 특산 와인도 있다. 주로 샤르도네로 만드는 화이트와인은 전반적으로 부드럽고, 단순하며 에너지가 넘친다.
> **주요 생산자** 카사 라포스톨Casa Lapostolle, 카사 실바Casa Silva, 에라수리스 오바유Errazuriz

센트럴 밸리

Ovalle, 구엘벤추Guelbenzu, 엘 아라우카노El Araucano(뤼르통Lurton), 로스 바스코스Los Vascos, 루이스 펠리페 에드워즈Luis Felipe Edwards, 산타 헬레나Santa Helena, 시겔Siegel, 비냐 몬테스Viña Montes, 뷰 마넨Viu Manent.

VALLÉE DE CASABLANCA (카사블랑카 밸리)

최근에 개발된 포도 재배지인 카사블랑카는 25년 전만 해도 포도나무가 한 그루도 없던 곳이다. 상쾌하고, 세련되며 균형이 잘 잡힌 화이트와인을 생산할 수 있는 온화한 기후를 가진 지방의 가치를 살리려는 열망에 부합하고자 이곳이 급부상했다. 이 포도 재배 지역은 산티아고와 발파라이소Valparaíso 항구 사이에 있는 해안 근처 4,000헥타르 이상의 면적 위에 펼쳐져 있다. 포도 재배 지역을 아침 안개로 뒤덮는 태평양의 영향을 크게 받는 기후로, 다른 곳에서는 예외적인 봄의 서리가 이곳에서는 진정한 위협이다. 필수사항인 관개를 위한 시추 비용이 재배 면적 확대의 걸림돌 중 하나이다. 굴곡 심한 지형으로 된 해안 산맥의 경사면과 단구상에 포도 재배 지역이 펼쳐져 있다.

> **주요 품종** 레드와인은 피노 누아, 메를로, 카르메네르. 화이트와인은 샤르도네와 소비뇽.
> **토양** 모래질, 석회암, 화강암.
> **와인 스타일** 샤블랑카는 샤르도네와 소비뇽 블랑으로 만든 달지 않은 화이트와인으로 특화되어 있는데, 전반적으로 우아하고 상쾌하며, 과일 그리고 종종 소비뇽 블랑에서는 식물성 향이 난다.
매우 소수의 레드 품종이지만, 최근 들어 피노 누아는 상당히 충만되어 있고, 과일 풍미가 있으면서 상쾌함을 동시에 갖춰 좋은 품질의 가능성을 보여줌으로 돌파구를 마련했다.
> **주요 생산자** 콘차 이 토로Concha y Toro, 코노 수르Cono Sur, 로마 라르가Loma Larga, 퀸테이Quintay, 산타 리타Santa Rita, 베라몬테Veramonte.

아콩카과

아르헨티나, 브라질, 우루과이

VENEZUELA

COLOMBIE

ÉQUATEUR

PÉROU

Amazone

Rio Madeiro

BRÉSIL

Vale
São Francisco

São Francisco

Brasília

BOLIVIE

PARAGUAY

Paraná

Rio de Janeiro

Océan
Pacifique

Salta

Salta

Catamarca

R. Salado

La Rioja
San Juan
Mendoza

Mendoza

San Rafael

Buenos Aires

A R G E N T I N E

La Pampa
Río Negro

Neuquén

R. Negro

São Paulo

Vale Do Rio
Do Peixe

Vale Dos
Vinhedos

Fronteira

URUGUAY

Montevideo

Río de la Plata

Planalto
Serrano

Serra
Gaúcha

Serras Do
Sudeste

Océan
Atlantique

CHILI

Rio Deseado

Régions viticoles

- Brésil
- Argentine
- Uruguay

N

0   1 000 km

아르헨티나, 브라질, 우루과이의 포도 재배지

약 15년간 남아메리카 양조용 포도 재배 산업의 상황은 크게 바뀌었다. 아르헨티나 와인은 세계 시장 진출에 성공했다. 한편 브라질과 우루과이는 현대화와 와인 품질 향상에 대한 의지를 보여주었다.

아르헨티나

한 세대 동안, 와인 생산국의 이미지와 프로필이 근본적으로 바뀔 수 있다. 바로 아르헨티나의 경우인데, 이 역사 깊은 포도 생산국은 1980년대 말까지 명성도, 매력도 없는 와인을 쏟아냈다. 20여 년 후, 전 세계 유일의 방대한 고지대 포도 재배 지역으로 유명한 멘도사Mendoza는 놀랍도록 강렬한 와인을 선보이고 있다.

급속한 현대화

1990년 아르헨티나는 이웃 칠레의 성공을 부러운 시선으로 바라보았다. 16세기 중반 포도 재배를 시작한 이후 이 두 나라는 오랫동안 비슷한 길을 가다 1970년대 들어와 내수시장의 소비 급감에서 비롯된 과잉생산의 위기를 겪었다. 칠레는 수출로 방향을 전환한 반면, 아르헨티나는 고질적인 경제 문제로 인해 교착 상태에 빠졌다. 이후 프랑스의 모엣 샹동Moët & Chandon을 포함한 일부 선구자들의 예를 따라, 남미에 있는 이 와인계의 거인이 깨어났다. 현지인/외국인 투자자들에 의해 전통적인 양조장에는 리노베이션을 실시했고, 새로운 도멘

숫자로 보는 아르헨티나의 포도 재배지

면적 : 227,000헥타르
생산량 : 15,000,000헥토리터
레드 : 64%
화이트 : 33%
로제 : 3%

(Inst. nacional de vitivinicultura, 2015)

들이 등장했다. 포도 재배 지역은 축소되었고 재배하는 포도 품종은 완전히 바뀌었다. 더 까다로워진 내수시장의 요구에 맞춰 와인은 정갈해지고 과일 풍미가 향상되었다. 생산량의 75%가 국내에서 소비되지만, 지난 5년간 수출은 2배 이상 증가했다.

남미에서 가장 넓은 포도 재배지

270만 제곱킬로미터의 넓은 면적을 가진 아르헨티나의 양조용 포도 재배 지역(227,000헥타르)은 북쪽의 살타Salta에서 남쪽의 파타고니아Patagonie 지역까지 비교적 좁지만 1,500킬로미터 이상의 기다란 띠 모양인 안데스 산맥의 동쪽 지맥에 집중되어 있다. 주요 생산 지역, 특히 멘도사Mendoza의 포도밭은 고원과 가파른 산록지대에 까마득하게 펼쳐져 있다.

고지대에 위치한 포도 재배지. 아르헨티나의 으뜸 패를 한 단어로 요약하면, 고도이다. 포도 재배 지역은 해발 평균 900미터에 위치하고, 북쪽의 살타는 3,000미터에 이르러 정점에 달한다. 멘도사는 대부분 600미터에서 1,100미터 사이에 있다. 이 고도에 존재하는 20도에 달하는 일교차와 더불어 특히 야간의 서늘한 기온은 햇볕에 포도가 '타지' 않고 모든 향 잠재력을 간직하게 해준다. 이런 건조하고 건강한 환경 덕분에, 포도송이는 쉽게 성숙에 도달하고, 아르헨티나의 포도

> 살타Salta주 에스테코Esteco
> 보데가의 포도나무

아르헨티나의 원산지 명칭

아르헨티나의 법령은 좋은 품질의 와인을 위해 원산지 명칭 통제 DOC^{Denominación de Origen Controlada}와 지리적 표시 IGI^{Indicación Geográfica}가 있는 와인으로 구분했다. DOC 등급은 루한 데 쿠요^{Luján de Cuyo}와 산라파엘^{San Rafael}, 단지 2개가 멘도사 지방에 존재한다. 생산의 대부분은 180가지가 넘는 IG 등급에서 나오는데, 1개의 IG의 크기는 멘도사와 같이 한 지방 전체, 발레 데 우코^{Valle de Uco}와 같이 하위 지역, 혹은 비스타 플로레스^{Vista Flores}와 같이 좀 더 국지적인 지역일 수 있다.

> 멘도사의 주카르디 파일리아 보데가^{Bodega Familia Zuccardi}는 다양한 레벨의 레드와인과 화이트와인을 생산한다.

재배 지역은 거의 창궐하지 않았던 필록세라를 포함하여, 완전히 사라질 수는 없는 몇몇 포도나무의 질병으로부터 보호받는다.

기후와 토양

남부는 예외적이지만, 건조함이 포도 재배 지역 기후의 특징이다. 연간 강수량이 250mm 이하인 경우가 매우 자주 있지만, 이 비는 포도나무가 성장하는 시기에 집중되어 있고, 여름철 대기의 온도는 늘 40도에 육박한다. 예정된 시각에 극적으로 내리는 우박의 에피소드와 같이 겨울은 혹독하게 춥고, 서리는 상당히 잦다. 눈이 녹아서 발생한 물로 포도밭의 관개가 이루어진다. 포도밭을 범람시키는 예전 관습은 점적주입(點滴注入) 방식으로 대체되고 있다. 대부분의 토양은 자갈, 석회, 점토의 기층 위에 모래의 함유량이 높은 척박한 충적토이다.

다양한 품종의 포도나무

아르헨티나에서 포도 재배는 450년 이상의 역사가 있다. 주로 스페인, 이탈리아, 포르투갈, 프랑스가 원산지인 현재 재배 중인 116개 품종은 16세기 이래 유럽에서 유입된 이주민의 다양한 흐름을 잘 보여준다. 비록 몇 가지 품종이 주종을 이루지만 이 품종의 다양성은 칠레 품종의 단순함과 대조되며(p.565 참조), 아르헨티나의 와인 메이커들에게 큰 가능성을 제시한다. 장밋빛 껍질의 크리오야^{criolla}, 세레사^{cereza}, 모스카텔 로사다^{moscatel rosada} 등의 전통적인 품종이 여전히 재배 면적의 29%를 차지하지만, 레드와인 품종에 밀려 감소하고 있다.
레드와인 품종. 1868년 프랑스의 농학자 푸제^{Pouget}에 의해 유입된 말벡^{malbec}은 아르헨티나의 상징적인 품종이 되었다. 40,000헥타르를 차지하는 생산성 좋은 이 품종은 최상품의 경우 볼륨감 있고 강하며 잘 익은 와인을 만든다. 롬바르디아^{Lombardia}가 원산지인 보나르다^{bonarda}는 짙은 색의 부드러우면서 과일 풍미가 있는 와인으로 사랑받는다. 카베르네 소비뇽은 상당 기간 상쾌함을 간직할 수 있는 짜임새 좋고 충만하며, 넉넉한 향이 느껴지는 와인을 제공한다. 매우 유행인 시라의

뒤를 이어 메를로와 템프라니요가 그 뒤를 따른다.
화이트와인 품종. 여전히 가장 많이 재배되는 페드로 히메네스^{pedro guiménez} 외에, 부드러우면서 꽃과 신선한 포도의 향이 강렬한 와인을 만들어 다시 유행하기 시작하는 지역 품종 토론테스^{torrontés}와 강하고, 때로는 알코올 함량이 풍부하며, 노란 혹은 열대 과일과 향신료의 풍부한 향이 느껴지는 샤르도네의 매우 다른 스타일의 와인을 만드는 두 가지 품종이 두각을 나타낸다. 고지대에서 재배되는 소비뇽은 확실한 관심의 대상이다.

포도 재배지

북부의 살타^{Salta}, 후후이^{Jujuy}, 카타마르카^{Catamarca} 등의 포도를 재배하는 3개의 작은 지방 중 오로지 살타만이 관심을 가질 만한 와인을 생산한다(p.574 참조). 좀 더 남쪽의 라 리오하^{La Rioja}는 토론테스 리오하노^{torrontés riojano}, 알렉산드리아 뮈스카^{muscat d'Alexandrie}로 양조한 화이트와인을 전문으로 생산하지만 수출은 거의 이루어지지 않는다. 라 리오하와 멘도사 사이에 위치한 47,000헥타르의 산 후안^{San Juan}은 아르헨티나의 두 번째 와인 생산 지방이다. 포도밭의 대부분은 매우 덥고 건조한 기후지만 관개시설이 된 작은 밸리(분지)에 위치한다. 달지 않은 화이트, 로제, 그리고 주정강화 와인을 주로 생산하는 산 후안은 서서히 레드와인 생산으로 전환하고 있다. 대부분의 최고급 레드와인을 생산하는 멘도사 지방은 아르헨티나의 양조용 포도 재배업의 중심이다(p.575 참조). 남부의 파타고니아^{Patagonia}에 있는, 합쳐서 4,000헥타르 미만인 리오 네그로^{Rio Negro}와 네우켄^{Neuquén} 지방은 대서양의 영향을 받는다. 더 서늘하고 습도가 높은 기후와 석회질 토양은 말벡, 메를로 혹은 토론테스 품종으로 더 활기 있고 상당히 강렬한 와인을 생산한다. 리오 네그로 밸리의 고지대와 같은 몇몇 지역은 현재 투자자들의 관심을 끌어모으고 있다.

브라질

· ·

2014년 약 89,000헥타르의 포도 재배 면적을 가진 브라질은 아르헨티나와 칠레의 뒤를 이어 남아메리카에서 세 번째 와인 생산국이다. 16세기부터 포도 재배를 위해 몇 번의 시도를 했지만, 20세기 초가 되어서야 가시적인 결과물이 나오기 시작했고, 1970년대에 모엣 에 샹동Moët & Chandon 혹은 마티니 앤 로시Martini & Rossi와 같은 대기업의 진출에 힘입어 첫 고급 와인들이 출시되었다.

포도 재배지

발리 두 상 프란시스쿠Vale do São Francisco에 위치한 북동부의 와이너리를 제외하면 대부분의 브라질 포도나무는 브라질 남부 산타 카타리나Santa Catarina와 리우 그란데 두 술Rio Grande do Sul에서 재배된다. 38,000헥타르의 리우 그란데 두 술이 가장 중요한데, 브라질 와인 생산에 있어서 가장 흥미로운 지방이다. 이곳의 포도 재배 지역은 세하르 가우슈Serra Gaúcha와 프론테이라Fronteira라는 두 개의 하위 지역에 집중되어 있다.

세하르 가우슈는 브라질 와인 대부분을 생산하며, 브라질 유일의 원산지 명칭 발리 두스 비네두스Vale dos Vinhedos 포도 재배 지역을 포함한다. 연간 1,750밀리미터의 강수량과 무겁고 배수가 잘 되지 않는 토양은 고급 와인 생산에 걸림돌이 된다. 우루과이와의 국경을 따라 펼쳐져 있는 하위 지역 프론테이라Fronteira는 적당한 강우량과 배수가 잘되는 사질의 토양 등 훨씬 유리한 조건을 갖고 있다.

숫자로 보는 브라질의 포도 재배지

면적 : 89,000헥타르
생산량 : 2,700,000헥토리터
레드 : 80%
화이트 : 18%
로제 : 2%

(OIV 2015)

포도 품종과 와인

특히 세하르 가우슈Serra Gaúcha의 매우 습한 기후는 여전히 많이 자라고 있는 이사벨isabella과 보르구borgo처럼 질병에 강한 교배종을 재배하게 만들었다. 하지만 인상적인 사실은 프론테이라Fronteira 지방에 카베르네 소비뇽, 메를로, 시라, 모스카토 브랑코moscato branco, 샤르도네, 타나트tannat, 카베르네 프랑 등의 비티스 비니페라vitis vinifera종을 심은 것이다.

브라질의 전통적 방식 혹은 밀폐된 탱크 내에서 2차 발효시키는 방식cuve close으로 양조한 스파클링 와인으로 명성을 얻은 건 사실이지만 (p.71 박스 참조), 생산의 대부분은 상쾌하고 속이 편하며 상당히 알코올 함량이 낮은 스타일인데 잘 성숙한 포도로 만들어 졌을 때에는 매혹적일 수 있는 달지 않은 레드와인이다.

기억해야 할 주요 생산자. 샹동Chandon, 다우 피조우Dal Pizzol, 돈 로린도Don Laurindo, 미올로Miolo, 모란자Mioranza, 피자투Pizzato, 사우톤Salton.

> 브라질 발리 두스 비네두스
Vale dos Vinhedos 도멘의 포도 수확

우루과이

남미 대륙에서 1인당 가장 많은 와인 소비량을 가진 국가 중 하나로, 18세기까지 거슬러 올라가는 양조용 포도 재배의 전통은 우루과이에 매우 깊게 뿌리를 내리고 있다. 남미에서 생산량 4위인 우루과이는 생산하는 와인의 대부분을 자체적으로 소비하지만, 레드와인의 높은 수준으로 인해 대부분이 브라질로 수출된다.

포도 재배지

우루과이는 풍부한 일조량, 연간 1,000밀리미터의 많은 강수량, 선선한 밤이 있는 해양성 기후의 특색을 보인다. 습도와 점토질의 매우 비옥한 토양으로 인해 때로는 지나치게 잎이 무성해지는데, 이것만 잘 통제한다면 대체로 포도 재배에 좋은 환경이다.

> 우루과이에서 루아야식 코르동 cordon de Royat 으로 재배되는 포도나무

약 8,500헥타르의 포도 재배 지역은 2,400명의 포도 재배자가 소유하고 있는데 이들은 자신들의 포도를 우루과이의 272명의 와인 메이커들에게 판매하고, 재배자의 약 10% 정도는 수확한 포도의 일부를 수출한다. 카넬로네스 Canelones, 몬테비데오 Montevideo, 콜로니아 Colonia, 산 호세 San José 등의 주요 포도 재배 지역은 전부 수도 근처의 남쪽 해안에 위치하지만, 작은 포도 재배 지역들은 리오 데 라 플라타 Rio de la Plata 강의 좌안과 브라질과 맞닿은 국경 근처의 중부와 북부에 산재되어 있다.

포도 품종과 와인

우루과이에 70개의 품종이 있는 것으로 조사되었지만, 그중 몇 가지 품종만이 많이 재배된다. 총면적의 약 1/4을 차지하고 있는 타나트는 품종의 특성이 정확히 드러나는 레드뿐 아니라 로제 그리고 개성 있는 클라레테 clarete(클레레) 와인을 만든다. 프랑스 남서부가 원산지인 잘 알려지지 않은 이 품종은 19세기 바스크 이주민에 의해 유입되었다. 뒤를 이어 메를로, 카베르네 쇼비뇽, 카베르네 프랑 등이 가장 많이 재배되는 레드와인 품종인데, 레드 혹은 로제로 양조된다. 화이트 품종에서는 위니 블랑 ugni blanc이 단연 가장 많이 재배되지만 달지 않은 최고급 화이트나 스파클링 와인은 소비뇽 블랑, 샤르도네, 비오니에 viognier 혹은 뮈스카 품종으로 만들어진다.

우루과이의 와인은 고급 품질의 와인 VCP Viño de calidad preferente와 일반 와인 VC Viño común, 두 개의 카테고리로 판매된다. 특히 타나트 품종으로 양조된 레드와인들이지만, 때로는 메를로, 카베르네 소비뇽 혹은 카베르네 프랑과 블렌딩된다. 최고급 와인은 견고한 탄닌과 깊은 상쾌함, 높지 않은 알코올 함량을 가져 육중하면서도 유혹적인데 이로 인해 우루과이의 와인은 이웃한 아르헨티나의 강한 와인보다는 유럽의 표준에 좀 더 가깝다.

라틴 아메리카의 다른 나라들

비록 생산량이 많진 않지만, 라틴 아메리카의 국가들은 그 기원이 16세기 스페인의 식민지 시대까지 거슬러 올라가는 양조용 포도 재배 산업을 유지하고 있다. 에콰도르, 콜롬비아, 파라과이, 베네수엘라, 볼리비아의 전체 포도 재배 면적은 수천 헥타르인데, 습한 아열대 혹은 적도 기후의 특성을 가진 고지대 특히 볼리비아는 해발 2,800미터에서 포도가 재배된다. 달지 않은 와인, 감미로운 와인 혹은 피스코 pisco처럼 와인을 바탕으로 한 주류는 이사벨라와 같은 교배종, 크리오야 criolla, 모스카텔 moscatel과 같은 전통적인 품종 혹은 다른 비티스 비니페라 vitis vinifera 품종으로 만들어진다.

페루는 남미 대륙의 네 번째 생산국으로, 십 년 전부터 와인 생산이 급격히 증가했다. 비록 대부분이 증류되지만, 달지 않은 와인의 품질도 빠른 속도로 향상되고 있다. 포도 재배 지역은 태평양으로부터 내륙으로 70킬로미터 들어간 곳에 위치한 타카마 Tacama 지역을 포함하는 이타 Ita 해안 지방에 집중되어 있다. 태평양에서 오는 냉기로 냉각되는 반사막 기후의 특성을 가진 이 지방의 척박한 토양에서 재배되는 포도는 안데스 산맥의 저수로 관개된다. 페루에서 가장 오래된 도멘 중 하나인 타카마 domaine Tacama는 1960년대부터 프랑스의 양조 전문가로부터 컨설팅을 받아 타나트, 말벡, 프티 베르도, 소비뇽, 샤르도네, 슈냉 혹은 알비야 albilla 품종으로 좋은 품질의 와인을 생산한다.

아르헨티나, 브라질, 우루과이의 유명 와인과 지역

아르헨티나에서는 멘도사와 조금 덜 알려져 있지만 카파야테Cafayate를 포함한 살타Salta만이 진정한 명성이 있다. 우루과이는 지역 구분 없이 타나트로 양조한 레드와인으로 잘 알려져 있다. 브라질은 본보기가 될 만한 몇몇 생산자들 덕분에 조금씩 무명에서 벗어나고 있다.

SALTA (살타)

아르헨티나 북쪽의 작은 포도 재배 지역들 중 3,000헥타르 규모의 살타 정도만 알렉산드리아 뮈스카muscat d''Alexandrie와 크리오야 치카criolla chica의 교배종으로 추정되는 지배적인 품종인 토론테스 리오하노torrontés riojano로 양

조한 달지 않은 화이트와인의 품질 덕분에 이름을 알리고 있다. 가장 유명한 구역은 카파야테Cafayate시 인근 칼차키에스Calchaquíes 밸리인데 해발 약 1,500미터, 가장 높은 곳은 3,000미터 이상에 포도밭이 있어 세계에서 가장 고지대에 위치한 포도 재배 지역이다. 모래 토양과 대륙성 기후는 멘도사와 매우 유사하다. 큰 일교차로 인해 화이트와인 품종은 충분한 산도를 유지한 상태로 완숙에 이른다. 토론테스 외에도 카베르네 소비뇽, 말벡, 타나트 등의 몇 가지 레드와인 품종으로도 만족스러운 결과를 얻고 있다.

> **주요 품종** 레드와인은 카베르네 소비뇽, 말벡, 타나. 화이트와인은 토론테스 리오하노torrontés riojano, 샤르도네, 슈냉.

> **토양** 모래.

> **와인 스타일** 토론테스 품종으로 양조한 화이트와인은 뮈스카와 유사하게도 싱싱한 포도, 꽃, 감귤류 혹은 향신료 등의 풍부하면서 특징적인 향으로 강한 개성을 보여준다. 상당히 높은 알코올 함량과 함께 부드러움과 풍만함이 입안에서 느껴진다. 대부분은 달지 않지만, 일부는 잔당이 남아 있어, 품종 특유의 부드러움이 강화된다. 어릴 때 마시는 와인으로 반드시 8~10도 사이에 서빙되어야 한다. 대부분의 아르헨티나산 고급 레드와인이 공유하는 과일의 품질이 느껴지는 향기롭고 강렬한 레드와인을 생산한다.

> **주요 생산자** 에스페란사 에스테이트Esperanza Estate, 에차르트Etchart, 콜로메Colomé, 트라피체Trapiche, 오. 푸르니에O. Fournier, 테라사스 데 로스 안데스Terrazas de los Andes.

보데가 프랑수아 뤼르통Bodega François Lurton

보르도에 포도밭을 소유한 대가족 출신의 자크Jacques와 프랑수아 뤼르통François Lurton은 전 세계에서 가장 좋은 테루아를 선별하여 가격 대비 품질 좋은 와인 생산을 목표로 1988년 회사를 설립했다. 소수만이 멘도사의 고지대에 위치한 포도 재배 지역의 잠재력을 알던 시절인 1992년부터 이 두 형제는 아르헨티나에 발을 담갔다. 3년 후, 우코Uco 밸리의 고지대에 그 어떤 포도나무도 재배되지 않는 해발 1,100미터의, 척박하지만 건강하고 배수가 잘 되는 비스타 플로레스Vista Flores에 첫 번째 밭을 매입했다. 형이 떠난 뒤로 프랑수아가 소유한 136헥타르의 포도밭이 있는 아르헨티나는 현재 '뤼르통 제국l'empire Lurton'의 중심이다. 그는 피에드라 네그라Piedra Negra라 이름 붙은 강렬한 과일 풍미가 있는 엔트리 레벨부터 보데가의 가장 뛰어난 밭에서 재배된 말벡을 토대로 양조한 야심찬 퀴베인 매우 뛰어난 차카에스Chacayes에 이르기까지 완벽하게 양조되어 매우 신뢰할 만한 일련의 와인을 선보인다.

MENDOZA (멘도사)

멘도사 지방에는 아르헨티나 포도 재배 면적의 75%, 즉 60,000헥타르가 멘도사시 남쪽과 동쪽에 포진해 있다. 포도밭은 북에서 남으로 300킬로미터에 달하는데, 해발 500~1,700미터에 자리 잡고 있다. 고도에 의한 큰 일교차와 함께 여름에는 매우 덥고 건조하며, 겨울은 혹독하게 추운 대륙성 기후이다.

남쪽의 산 라파엘San Rafael, 동쪽의 산 마르틴San Martin 그리고 북쪽의 라 바예La Valle 등의 저지대에서는 전통적인 품종으로 일상적인 화이트와 로제와인을 생산한다. 양질의 와인 대부분은 멘도사시의 남부와 남서부에 흐르는 멘도사강의 양쪽 강변이 포함된 센트럴 밸리와 더 남쪽에 총 연장 80킬로미터에 달하는 발레 데 우코Valle de Uco에서 생산된다.

> **주요 품종** 레드와인은 말벡, 보나르다bonarda, 카베르네 소비뇽, 시라, 메를로, 템프라니오. 화이트와인은 페드로 히메네스pedro giménez, 토론테스torrontés, 샤르도네, 알렉산드리아 뮈스카, 슈냉, 위니 블랑, 소비뇽 블랑.

> **토양** 센트럴 밸리는 자갈이 섞인 사질의 척박한 토양, 고지대에 있는 몇몇 지역은 석회질 이지만, 발레 데 우코는 모래와 진흙으로 구성된 얕은 토양이다.

> **와인 스타일** 잘 익은 과일과 향신료, 감초의 진한 향이 나는 말벡으로 양조한 레드와인은 풍만하고 감미로우며, 농축도에 따라 다소 강한 탄닌이 느껴진다. 최고 수준의 퀴베들은 5~10년 동안 숙성이 가능하다. 카베르네 소비뇽은 잘 익은 검은/붉은 과일의 강렬한 향, 때때로 멘톨과 같은 식물성 향이 나고 일반적으로 부드러운 탄닌이 느껴지는 풍부한 맛의 와인을 만든다. 화이트와인의 경우 샤르도네는 풍만하고 향기로우며 대개 풍부한 알코올이 있다.

> **주요 생산자** 알타 비스타Alta Vista, 알토스 라스 오르미가스Altos Las Hormigas, 파브르 몽마이유Fabre Montmayou, 카테나 사파타Catena Zapata, 슈발 데스 안데스Cheval des Andes, 클로스 데 로스 시에테Clos de Los Siete, 돈 크리스토발Don Cristobal, 에차르트Etchart, 파밀리아 수카르디Familia Zuccardi, 프랑수아 뤼르통François Lurton, 몬테비에호Monteviejo, 노르톤Norton, 오. 푸르니에O. Fournier, 테라사스 데 로스 안데스Terrazas de los Andes, 트라피체Trapiche.

미올루Miolo, 브라질의 아방가르드

이탈리아계 이주민 주세페 미올루Guiseppe Miolo가 발리 두스 비녜두스Vale dos Vinhedos 내의 벤투 곤사우베스Bento Gonçalves에 도멘을 설립한 것이 1897년이다. 삼대 동안, 그의 후손들은 포도를 파는 데에만 집중하다 보니 겪게 된 과잉생산의 위기는 1990년대부터 자신들이 직접 와인을 양조하게 만들었다. 유명한 컨설턴트들의 컨설팅을 받는 고급 품종 도입의 선구자인 미올루는 고급 와인에 있어서 브라질의 잠재력을 보여주는 척도이자 증거가 되었다. 다섯 개의 지방에서 품질 좋은 일련의 와인을 생산하여 현재 브라질에서 가장 규모가 큰 와인 양조 기업 중 하나로 성장했다. 캄파냐Campanha 지방의 포도로 양조한 킨타 두 세이발Quinta do Seival는 브라질 밖의 나라에서 미올루의 평판을 얻게 해주었지만, 카베르네로 양조한 여러 주목할 만한 퀴베와 세련미가 뛰어난 화이트 스파클링도 생산한다.

LES VINS DE TANNAT (타나트로 양조한 와인)

우루과이 와인의 이미지는 레드와인 품종인 타나트 또는 아리아게harriague와 매우 밀접한 관련이 있다. 현재 이 품종은 전체 포도밭 면적의 20% 이상을 차지하고 있는데, 특히 남부에 위치한 카넬로네스Canelones와 몬테비데오Montevideo라는 두 개의 주요 생산지역에서 재배된다. 해안 지역의 비옥한 토양과 습한 기후와의 궁합이 좋다. 타나트는 종종 로제로도 양조되지만, 좋은 짜임새로 특히 잘 알려진 레드와인은 칠레나 아르헨티나의 와인과는 다른 스타일의 독특한 '틈새시장' 와인을 찾는 수입업체들의 마음을 샀다.

> **주요 품종** 타나트이지만 때로는 카베르네 소비뇽, 메를로 혹은 카베르네 프랑과 블렌딩된다.

> **토양** 점토와 모래.

> **와인 스타일** 다동일한 품종이 주를 이룬 마디랑Madran과 마찬가지로(p.399 참조) 우루과이의 타나트는 짙은 색을 띠고, 검은 과일, 감초, 향신료, 종종 젖은 나무나 멘톨의 향이 나는 와인을 만든다. 어렸을 적에는 단단한 탄닌으로 인해 입안에서 상당히 육중하지만, 풍부한 상쾌함과 과하지 않은 알코올 함량으로 인해 이웃 아르헨티나 와인과 강한 와인에 비해 유럽의 기준에 더 가깝다. 오크통에서 숙성되거나 메를로, 카베르네 프랑 등의 다른 품종들과 블렌딩되면, 더 부드러워진다. 풍부한 탄닌과 산도는 10년 정도 장기 숙성이 가능케 하는데, 절정에 다다랐을 때 담배, 향신료, 숲속의 흙 등의 매력적인 향을 발산한다.

> **주요 생산자** 보우사Bouza, 카라우Carrau, 카스티요 비에호Castillo Viejo, 데 루카De Lucca, 후아니코Juanico, 마리샬Marichal, 레다Leda, 피사노Pisano, 피조르노Pizzorno, 스타그니아리Stagniari.

카테나 자파타
(CATENA ZAPATA)

새로운 포도 재배 지역을 만들고, 새로운 기술, 새로운 품종과 새로운 고객층을 끌어들여
19세기 말 이탈리아계 이주민들은 아르헨티나의 양조용 포도 재배업에 활력을 불어넣었다.
1902년 멘도사에 말벡을 심은 니콜라스 카테나는 이런 선구자 가운데 하나였다.
하지만 이런 가족 경영 기업을 1980년대부터 아르헨티나 양조업계의 거물로 성장시킨 것은 그의 손자였다.

카테나 자파타

J. Cobos s/n,
Agrelo, Luján de Cuyo, Mendoza

설립 : 1902년
면적 : 600헥타르
생산량 : 비공개
원산지 명칭 : 멘도사
레드와인 품종 : 말벡,
카베르네 소비뇽, 메를로,
카베르네 프랑, 시라, 피노 누아
화이트와인 품종 : 샤르도네,
세미용, 소비뇽, 비오니에,
게뷔르츠트라미너

고지대에 위치한 테루아의 정복

자신이 운영하던 벌크 판매를 위한 포도생산 기업을 매각한 니콜라스 카테나Nicolas Catena는, 아르헨티나는 품질보다 가격이 먼저인 시장이라고 생각하는 동료들의 일반적인 불신을 뒤로 한 채 세련된 와인의 개발에 모든 노력을 기울였다. 하지만 그는 멀리 내다보았다. 그는 해외여행을 통해 캘리포니아 와인들에 익숙해졌고, 안데스 근처의 새로운 포도 재배 지역 개발과 수출에 초점을 맞췄다. 포도 재배 책임자의 걱정에도 불구하고, 니콜라스는 고지대에 위치한 건조한 지역에서의 말벡의 잠재력을 확신했다. 그는 자신이 '정의'한 아르헨티나 말벡의 뛰어남이 인정받는 것을 느꼈다. 그의 새로운 경작지는 그가 옳았음을 입증했다. 그 후 샤르도네와 카베르네 소비뇽을 위한 최적의 장소를 찾기 위해 노력했다. 시간과 전통에 의해 모든 것이 성문화되고 신성시된 유럽에서는 새로운 테루아의 정복, 선택의 기로, 성찰, 연구, 결과를 알 수 없는 노력과 필수적인 실패 등으로 채워질 수 있는 이러한 '백지' 상태에 대한 도전은 상상하기 어렵다.

카테나 자파타 아드리아나 빈야드 말벡 괄탈라리 CATENA ZAPATA ADRIANNA VINEYARD MALBEC GUALTALLARY, 멘도사

니콜라스와 라우라 카테나에 의하면, 바예 델 우코 Valle del Uco 내의 건조한 괄탈라리 Gualtallary 지방에 위치한 아드리아나 Adrianna 의 모래, 조약돌, 석회질 자갈로 이루어진 매우 척박한 토양과 1,450미터의 해발고도는 멘도사에서 가장 서늘한 지역 중 하나이자 말벡을 위한 아르헨티나 최고의 테루아 중 하나로 만들었다. 와인은 보랏빛이 감도는 거의 검정에 가까운 색을 띤다. 자두, 장미꽃, 잘 익은 그리요트 체리의 향이 난다. 감미로우면서 벨벳 같은 텍스처가 느껴지고 풍만하지만 알코올의 함량이 너무 높지도 않다. 끝맛에서 카카오, 모카, 레즈베리 등이 시나브로 느껴지는데, 환상적으로 녹아든 탄닌과 함께 이 모든 것들이 카테나 자파타 와인의 트레이드 마크이다.

첫 승리

1990년대 중반, 라 피라미드 La Pirámide 에서 재배된 카베르네 소비뇽과 카테나 알타 Catena Alta 의 투풍가토 Tupungato 에서 재배된 샤르도네는 첫 성공을 거두었다. 2000년대 초, 니콜라스의 딸 라우라 Laura 의 합류와 더불어, 고지대에서 자란 말벡이 모든 이의 관심을 끌었다. 최상의 포도나무만 선별하여 니콜라스의 어머니의 이름을 따 '레 플랑 자파타'라 명명한 퀴베는 과일의 품질을 조금 더 향상시킬 수 있게 해주었고, 각각의 밭 단위 와인을 탄생케 했다.

하나의 도멘과 여섯 개의 포도원

현재 카테나 자파타 도멘은 북쪽에서 남쪽으로 안젤리카 노르테 Angelica Norte, 라 피라미드 La Pirámide, 도밍고 Domingo, 아드리아나 Adrianna, 니카시오 Nicasio, 그리고 안젤리카 서르 Angélica Sur 등 여섯 개의 포도원에 흩어져 있다. 이곳들은 해발 920~1,450미터 사이 에 분포해 있다.

카테나 자파타에서 생산되는 일련의 와인들은 여러 테루아의 포도가 블렌딩된 것뿐만 아니라 밭 단위로 생산된 와인까지 다양하다. 다음의 두 가지 와인은 이 메종의 x 축과 y축을 잘 보여준다.

니콜라스 카테나 자파타 NICOLAS CATENA ZAPATA, 멘도사, 아르헨티나

이 퀴베는 라 피라미드 La Pirámide, 도밍고 Domingo, 아드리아나 Adrianna 와 니카시오 Nicasia 등의 네 개의 포도원에서 생산된 카베르네 소비뇽 75%와 말벡 25%가 블렌딩되었다. 생산 과정은 매우 복잡하여, 적어도 210 가지의 미세 양조 공정(마이크로 비니피케이션 micro-vinification)을 포함한다. 첫 번째 생산연도인 1997년은 아르헨티나 와인 역사의 작은 혁명과도 같았다. 국제대회의 블라인드 테이스팅에서 프랑스와 캘리포니아의 최고급 카베르네 소비뇽을 눌러 탱고의 나라에서 생산되는 와인에 와인 애호가들의 관심이 집중됐다. 짙은 색을 띠고, 검은 과일, 꽃, 모카가 매우 밀집된 것처럼 느껴지는 향이 난다. 매우 풍부하면서, 단단하고, 탄닌에 의해 부드러움이 배가된다. 끝맛에 이르러서 검은 과일, 무화가, 페퍼민트 등의 향이 올라와 놀랍도록 구미가 당긴다.

> 도멘의 수장인 라우라와 니콜라스 카테나 부녀

Coastal region
Stellenbosch
Franschhoek
Tulbagh
Paarl-Wellington
Constantia
Swartland
Durbanville

Breede River Valley
Worcester
Robertson

Olifants River

Districts non rattachés à une région
Hermanius, Overberg
Walker Bay
Klein Karoo

Lutzville
Vredendal
Lamberts Bay
Clanwilliam
Elands Bay
Citrusdal

Olifants

PROVINCE DU CAP

Sutherland

Beaufort West

Berg
Piketberg
Moorreesburgg
Tulbagh
Yzerfontein
Malmesbury
Ceres
Wolseley
Matjiesfontein
Laingsburg
Prince Albert
Ladismith
Calitzdorp
De Doorns
Oudtshoorn
Wellington
Worcester
Montagu
Paarl
Robertson
Ashton
Barrydale
George
Cape Town
Franschhoek
Bonnievale
Swellendam
Le Cap
Stellenbosch
Villiersdorp
Riversdale
Strand
Riviersonderend
Heidelberg
Mosselbaai
Kleinmond
Caledon
Brée
Hermanus
Bredasdorp

Cap de
Bonne-Espérance

False Bay

Océan
Atlantique

Walker Bay

Cap Agulhas

0   25   50 km

남아프리카
공화국

남아프리카공화국의 포도 재배지

남아프리카공화국에서의 와인 생산량은 아프리카 대륙에서 단연 1위이다. 양조를 위한 포도 재배의 전통은 17세까지 거슬러 올라가지만, 세계 시장에서 남아공 와인의 성공은 인종차별정책 아파르트헤이트(apartheid)의 종료와 동시에 이루어졌다. 오랫동안 정치적, 경제적으로 고립되어 있었지만, 인종차별정책의 종료 이후, 남아공은 와인산업을 현대화시키고, 이렇게 생산된 와인을 전 세계의 경쟁무대에 올리기 위한 진정한 역동성을 보여주었다. 남아공에서는 가성비가 매우 뛰어난 와인뿐 아니라, 고급 와인도 생산한다.

오랜 포도 재배의 역사

희망봉Cap 지방의 포도 재배는 17세기 네덜란드 식민 통치기부터 시작했는데, 이 해안 지방은 아시아로 향하는 선박들의 보급을 위한 기항지였기 때문이다. 1652년에 희망봉에 도착한 첫 번째 총독 얀 반 리베크Jan Van Riebeeck의 임무는 이 지방의 토지를 활용하여 최초의 포도 재배 지역으로 개발하는 것이었다. 1688년부터 1690년 사이, 프랑스 위그노 교도 200가구의 도착에 힘을 얻은 남아공의 양조용 포도 재배 산업은 일차 고객인 영국인들 덕분에 번성했다. 1886년에 발생한 필록세라는 오랜 기간 난국을 초래했고, 영국인들과 아프리카 민족 사이의 갈등으로 심화되었다. 20세기 심각한 대량생산의 문제 이후, 1940년 와인 양조 협동조합 연합회 KWVKooperatiewe Wijnbouwers Vereniging는 남아공의 양조 관련 분야의 전권을 획득했다. 아파르트헤이트에서 비롯된 국제무대에서의 고립은 남아공을 1980년대 와인계에서 일어난 큰 발전과 거리를 두게 만들었다. 1991년 이 정책의 폐지로 인해 마침내 세계를 향한 남아공의 문호를 개방시켜주었다. 내수시장이 축소됨에 따라 자연스럽게 방향을 바꾼 와인 메이커들은 수출에서 큰 성과를 거두고 있다.

숫자로 보는 남아프리카공화국의 포도 재배지

면적(양조용 포도) : 99,000헥타르
생산 : 11,000,000헥토리터
레드 : 44%
화이트 : 56%

(SAWIS, OIV, 2015)

지리적 조건

남아공은 남위 35° 부근의 아프리카 대륙의 남쪽 끝에 위치한다. 해안 지역의 기후는 다소 덥고 건조하지만, 벵겔라Benguela의 남극 한류와 바다의 영향으로 많이 완화된다. 그래서 남아공의 100,000헥타르의 포도밭들은 주로 해안 지역에 포진해 있고, 바다에서 100km 이상 내륙으로 들어간 곳에 위치한 포도 재배 지역은 거의 없다. 지중해성 기후에서 나타나는 덥고 건조한 여름과 5월에서 9월까지의 온화하면서 습한 겨울의 상당히 뚜렷한 두 계절이 연속된다. 지방마다 매우 다른 강우량은 같은 지방 내에서도 계절에 따라 큰 차이를 보이는데 그로 인해 다수의 구역에서 관개가 필수적이다.

포도 품종

다른 신세계 와인 생산국들처럼 남아공은 시장의 수요에 적합한 와인을 만드는 법을 알고 있었다. 과거에는 많은 양이 양조용으로 사용되던 화이트와인의 생산이 월등히 지배적이었다. 아무런 개성 없는 드미섹부터 매우 뛰어난 달지 않은 혹은 감미로운 와인을 만들 수 있는 스틴steen이라고 불리는 슈냉이 여전히 가장 넓은 재배 면적을 차지하고 있다. 콜롱바르colombard에 이어 소비뇽 블랑과 샤르도네는 중요한 화이트와인 품종이다. 30년 전부터 레드와인 품종의 재배가 늘어나, 전체 재배 면적의 45%를 레드와인 품종이 차지하고 있다. 주로 카베르네 소비뇽, 시라즈와 1925년 남아공에서 생소cinsaut와 피노 누아를 교배해서 얻은 피노타주pinotage로 양조된다. 소량이 재배되지만, 피노 누아는 남아공의 가장 서늘한 지역에서 훌륭한 와인을 만들어낼 수 있다.

생산 지역

가장 북쪽에 위치한 지역은 올리판츠 리버Olifants River이다. 이곳의 포도 재배 지역은 대서양을 따라 뻗어 있는 올리판츠 밸리의 여기저기에 분포해 있다. 지금까지도 이곳에서 벌크로 생산되는 와인의 대부분은 증류용으로 사용된다.

스워틀랜드Swartland와 툴바흐Tulbagh는 더 남부에 위치한다. 남동쪽에 있는 툴바흐와 인접한 우스터Worcester 지방은 남아공 총생산량의 1/4을 담당한다. 서쪽에 있는 우스터와 인접한 동부의 로버트슨Robertson은 내륙

> 팔Paarl '구역district' 에 위치한 도멘의 녹색 수확

> 그루트 콘스탄시아Groot Constantia 도멘의 포도밭

에 위치해 덥고 건조한 기후로 인해 관개가 필수적이다. 석회가 풍부한 이곳의 땅은 화이트와인 품종에서 좋은 결과물을 만들어내지만, 최근 들어 레드와인 생산량이 급격히 증가하고 있다. 동부에 펼쳐져 있는 클라인 카루Klein Karoo의 방대한 구역은 덥고 매우 건조한 기후로 품질 좋은 주정강화 와인 생산을 가능케 하지만, 생산량 자체는 매우 적다. 북쪽의 스와틀랜드Swartland와 동쪽의 우스터Worcester 사이에 있는 케이프타운Cape Town의 팔Paarl '디스트릭트district'는 남아공 총생산량의 15%를 담당한다. 오랫동안 주정강화 와인의 생산지였지만, 현재는 고품질의 달지 않은 화이트와 레드와인을 생산하고 있다. 팔Paarl의 남동쪽에는 프란쵸크Franschhoek라는 소규모 포도 재배 지역이 있다.

남아공 총생산량의 10%밖에 차지하지 않지만, 가장 유명한 지방은 스텔렌보쉬Stellenbosch이다. 이 지역은 프란쵸크의 서쪽과 팔 남쪽에서 시작해 대서양을 면하고 있는 폴스 베이False Bay항과 서쪽에 있는 케이프타운 쪽으로 펼쳐져 있다. 산으로 둘러싸여 있어 다채로운 지형을 보여준다. 온화한 기후와 겨울에만 집중된 강우량은 거의 이상적이다. 남아공의 최고급 레드와인 중 상당수가 화강암질 토양으로 이루어진의 산의 경사면에서 나온다.

작은 지방인 더반빌Durbanville은 스텔렌보쉬 북서쪽의 연장선상에 위치한다. 이 곳의 포도 재배 지역은 대서양에서 불어오는 차가운 바람을 맞는 도츠버그Dortsberg 산맥의 경사면에 분포해 있다. 더 남쪽으로 가면, 케이프타운과 분리시켜주는 테이블 마운틴Table Mountain의 뒷편에 '워드ward' 단위로 구성된 오랜 역사를 가진 소규모 포도 재배 지역인 콘스탄시아Constantia가 있다. 계속해서 남쪽으로 더 내려가면 동쪽으로 뻗은 해안을 따라 남아공에서 가장 서늘한 포도 재배 지역인 워커베이Walker Bay와 엘림Elim이 있는데, 화이트와인 품종뿐만 아니라 피노 누아 재배에도 적합하다.

와인의 원산지 : 명칭의 단계

남아공의 양조용 포도 재배 산업의 편성을 이해하려면, 지방과 지역의 원산지 명칭 단계를 이해할 필요가 있다. 1973년 도입한 <와인의 원산지> 시스템은 여러 지방을 재결합시키는 4단계의 지리적 단위로 설정되었는데, 예를 들면 큰 단위에서 작은 단위 순서로 가장 중요한 웨스턴 캡Western Cap, 이어서 지방region, 디스트릭트district, 워드ward 등이다(p.103 참조).

주정강화 와인에 국한된 보베르그Boberg, 브리드 리버 밸리Breede River Valley, 클라인 카루Klein Karoo, 코스탈 리젼Coastal Region, 올리팬츠 리버Olifants River, 최근에 탄생한 케이프 사우스 코스트Cape South Coast 등의 6개의 공식적인 지방이 현재 존재한다.

열거한 각각의 지방은 다시 좀 더 국소화되고 지리적, 양조적 관점에서 일관성을 가진 지구들로 구성된 여러 구역으로 재분할된다. 워드는 이 디스트릭트의 하위 지역이다. 토양과 기후의 기준에 따라 구분되는 워드는 특정한 특성을 가진 와인을 생산할 수 있어야 한다.

이 책에 소개된 남아공에서 가장 잘 알려진 원산지 명칭의 대부분은 일반적으로 디스트릭트이지만, 스텔렌보쉬Stellenbosch, 프란쵸크Franschhoek, 콘스탄시아Constantia 등처럼 때로는 워드이다. 수출되는 고급 와인의 대부분은 달링Darling, 팔Paarl, 스텔렌보쉬Stellenbosch, 티이거버그Tygerberg 등의 수많은 디스트릭트를 포함하는 코스탈 리젼Coastal Region에서 생산된다.

남아프리카공화국의 유명 와인과 지역

스텔렌보쉬(Stellenbosch)를 필두로, 가장 유명한 지방은 대부분의 수출용 고급 와인을 생산하는 곳이다. 하지만 오늘날 남아공에서 가장 중요한 요소는 더 서늘한 기후를 가져 좀 더 세련미 넘치는 와인을 생산할 수 있는 새로운 지방의 개발이다.

CONSTANTIA (콘스탄시아)

'워드ward' 등급인 이곳은 폴스 베이False Bay와 케이프타운을 분리시키는 산맥의 남동쪽 경사면에 위치한다. 대략 500헥타르의 포도밭을 단지 7개의 도멘이 운영하는 규모로 축소되었지만, 남아공에서 처음 포도 재배를 시작한 곳이 바로 이곳이기 때문에 지금 가진 위상에 대한 충분한 자격이 있다.

1685년에 설립된 콘스탄시아 도멘은 그 이름을 케이프의 두 번째 네덜란드 지방 총독이자 스텔렌보쉬Stellenbosch라는 이름의 기원인 시몬 반 데르 스텔Simon Van der Stel의 아내의 이름에서 유래한다. 18세기 750헥타르에 달했던 포도밭은 이후 분할되었다. 현재 여러 가족 기업들이 분할된 각자의 몫을 경영한다. 산에서 내려오는 차가운 공기와 '케이프 닥터Cape Doctor'라 불리는 대양에서부터 불어오는 차가운 바람에 의한 상당히 서늘한 기후는 보르도의 품종, 특히 이 지역의 특산품인 소비뇽 블랑에 매우 적합하다. 연간 대략 1,000밀리미터의 강우량으로 인해 관개가 필요 없다.

> **주요 품종** 화이트와인은 소비뇽 블랑, 레드와인은 카베르네 소비뇽, 메를로.

> **토양** 주로 선(先)캄브리아기의 매우 오래된 것이다. 테이블 마운틴Table Mountain의 남쪽 경사면은 고도에 따라 경사도가 달라진다.

> **와인 스타일** 비교적 서늘한 기후를 가진 작은 크기의 이 '워드'는 소비뇽 블랑 특유의 상쾌함이 잘 느껴지는 화이트와인을 생산한다. 이런 이유로 레드와인에서 약간 '식물성' 향이 날 수 있다.

> **주요 생산자** 부이텐페르바크슈팅Buiten verwachting, 그루트 콘스탄시아Groot Constantia, 클라인 콘스탄시아Klein Constantia, 콘스탄시아 글렌Constantia Glen, 스틴버그Steenberg.

STELLENBOSCH (스텔렌보쉬)

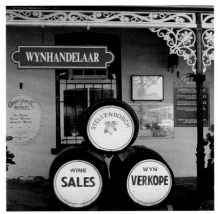

남아공의 모든 원산지 명칭 중, 디스트릭트 등급인 스텔렌보쉬는 확실히 외국에서 가장 잘 알려져 있지만, 포도밭의 면적면에 있어서도 가장 규모가 크다. 이런 상황으로 인해 남아공의 모든 '디스트릭트'급 중 뛰어난 와인 메이커의 편중이 가장 심하다. '네덜란드식 케이프Cape Dutch'라는 스타일에 찬사를 보내는 건축물들이 가득한 동명 도시의 대학교 내에는 포도 재배-양조학부와 좋은 성과를 보여주는 연구 센터가 있다. 스텔렌보쉬의 지형적, 기후적 다양성과 화이트와 레드와인의 양조를 위해 재배되는 수많은 포도 품종을 고려한다면, 이곳의 와인을 한 가지 스타일로 한정짓기가 어렵다. 포도 재배 지역의 고도 그리고/또는 대양과의 근접성에 따라 와인은 또 달라진다.

> **주요 품종** 화이트는 슈냉 블랑, 샤르도네, 소비뇽 블랑, 콜롱바르colombard, 레드는 카베르네 소비뇽, 시라즈, 메를로, 피노타주pinotage.

> **토양** 매우 오래된 토대를 가진 매우 다양한 토양인데, 케이프 지방은 전 세계에서 가장 오래된 지질학 구조를 가진 곳 중 하나이기 때문이다. 가벼운 모래 토양에서 산록지대의 화강암까지 여러 구성을 보인다. 지형 또한 대부분 매우 기복이 심하다.

> **와인 스타일** 시라와 피노타주로 최고급 레드와인 중 일부를 만들긴 하지만, 스텔렌보쉬가 국제적 명성을 얻은 것은 풍만하고 세련된 카베르네 소비뇽과 이 품종을 중심으로 한 블렌딩 와인 덕분임이 분명하다. 화이트와인들은 일반적으로 향이 좋고 풍부하다.

> **주요 생산자** 베예스클루프Beyerskloof, 코르도바Cordoba, 드 트라포드De Trafford, 에르니 엘스Ernie Els, 그레인지허스트Grangehurst, 잉웨Ingwé, 카프지히트Kaapzicht, 카논콥Kanonkop, 미어러스트Meerlust, 모르겐스터Morgenster, 라츠 패밀리Raats Family, 루데라Rudera, 루퍼트와 로칠드Rupert & Rothschild, 루스텐버그Rustenburg, 뤼스트 앙 브레데Rust en Vrede, 텔레마Thelema, 토카라Tokara, 워터포드Waterford, 위트킥Uitkyk, 베르겔레겐Vergelegen.

OVERBERG, WALKER BAY, CAPE AGULHAS (오버베르그, 워커 베이, 케이프 아굴라스)

다른 신세계 와인 생산국들처럼 좀 더 서늘한 기후를 가진 곳을 찾기 위한 의미 있는 움직임이 몇 년 전부터 남아공에서도 일어났다. 더운 기후의 단점인 상대적으로 높은 알코올 도수를 제한하는 것, 포도의 자연적인 산도를 보존하는 것, 서늘한 기후에서 잘 자라는 품종을 재배하는 것이라는 세 가지를 목표로 한다. 이 요인들은 당연히 서로 관련이 되어 있다.

그리고 고지대, 특히 대서양과 인도양이 만나는 희망봉 주변 지역과 같이 서늘한 밤공기가 있는 해안지역에서의 재배가 증가추세이다. 이제는 케이프 사우스 코스트Cape South Coast 지방에 속한 '워드' 등급의 오버베르크Overberg, 워커 베이Walker Bay, 케이프 아굴라스Cape Agulhas 등이 이 경우에 해당된다. 이곳들은 스텔렌보쉬Stellenbosch와 폴스 베이False Bay의 남동쪽 해안을 따라 배열되어 있다. 케이프 아굴라스는 아프리카 대륙의 최남단에 있음을 기억해야 한다.

> **주요 품종** 화이트는 소비뇽 블랑, 샤르도네, 레드는 피노 누아.

> **토양** 선(先)캄브리아기(紀)의 매우 오래된 토양이다.

> **와인 스타일** 아프리카 대륙 남부의 서늘함이 잘 나타나는 활기가 있고, 상쾌한 와인을 생산하는데, 화이트와인이 대부분이다.

> **주요 생산자** 아굴라스 와인즈Agulhas Wines, 부샤르 핀레이슨Bouchard Finlayson, 해밀턴 러셀Hamilton Russell, 로몬드Lomond, 뉴튼 존슨Newton Johnson, 라카Raka.

PAARL ET FRANSCHHOEK (팔과 프란쵸크)

스텔렌보쉬와 다른 '디스트릭트district'들처럼 매우 넓은 코스탈 리젼Coastal Region에 포함된 팔Paarl은 스텔렌보쉬의 북쪽 연장선상에 있는데, 대양으로부터의 거리로 인해 좀 더 고온의 기후를 가진다. 그래서 팔은 오랫동안 내수시장에서 사랑받는 포트와인 스타일의 주정강화 와인을 전문으로 했다. 현재 시라와 프랑스 론 지방의 다른 품종들로 만든 훌륭한 와인 덕분에 더욱 다양한 와인을 생산하고 있다. 프란쵸크 밸리는 팔의 남동쪽 연장선상에 있는데 시몬스버그Simonsberg산에 의해 스텔렌보쉬와 나누어진다. '프랑스인들의 지역le coin des Français'을 뜻하는 이 지역명은 17세기 프랑스의 종교전쟁의 결과 도망쳐 온 수백 명의 위그노(프랑스의 칼뱅파) 교도의 도착에서 비롯되었다. 라 모트La Motte, 그랑드 프로방스Grande Provence, 몽 로셀Mont Rochelle, 샤모니Chamonix, 카브리에르Cabrière 등과 같은 몇몇 도멘의 이름들이 이를 증명한다.

> **주요 품종** 화이트는 슈냉 블랑, 샤르도네, 소비뇽 블랑, 콜롱바르, 레드는 카베르네 소비뇽, 시라즈, 메를로, 피노타주pinotage, 생소cinsaut.

> **토양** 산록지대는 화강암질, 다른 곳은 모래와 점토.

> **와인 스타일** 와인은 인접한 스텔렌보쉬의 와인들보다 알코올 도수가 높은 편인데, 지형적 상황, 특히 고도에 따라 차이가 발생해 단순히 일반화시킬 수는 없다.

> **주요 생산자** 뵈켄후츠클루프Boekenhoutskloof, 페어뷰Fairview, 글렌 카를루Glen Carlou, 네터부르그Nederburg, 포큐파인 리지Porcupine Ridge, 빈우든Veenwouden.

남아프리카공화국의 고전주의, 카논콥Kanonkop

카논콥 또는 '대포 한 발(르 쿠 드 카농le coup de canon)'은 스텔렌보쉬의 모델과도 같은 도멘으로 남아공 와인과 관련해서 최고의 명예대사로 꼽힌다. 이 도멘은 1910년, 여러 명의 장관을 배출한 자우어Sauer 가문에 의해 만들어졌다. 4대째인 요한Johann과 폴 크리지Paul Krige가 현재 시몬스버그Simonsberg 산 지맥에 위치한 100헥타르 규모의 도멘을 경영하고 있다. 이 도멘은 산출량 제어, 최상의 숙성 상태일 때에 수확과 양조에 있어서는 전통적인 시멘트 탱크에서의 무리하지 않은 추출, 새 오크통의 합리적 사용 등의 몇몇 원칙을 고수하면서 아파르트헤이트의 종료 이전에 세운 명성에 어긋나는 일을 단 한 번도 하지 않았다. 카베르네 소비뇽, 메를로, 카베르네 프랑 등의 보르도 품종은 여기에 스텔렌보쉬의 기후가 선사하는 바디가 가미된 매우 클래식한 보르도스러운 와인을 만든다. 폴 자우어Paul Sauer나 카베르네 소비뇽 같은 도멘의 훌륭한 퀴베들은 장기 숙성을 염두에 두고 만들어졌고, 피노타주pinotage 품종으로 양조한 블랙 라벨Black Label은 다른 곳에서는 접하기 어려운 복합성과 깊이감을 가진다.

코스탈 리젼

클라인 콘스탄시아
(KLEIN CONSTANTIA)

마리 앙투아네트, 나폴레옹 보나파르트, 제인 오스틴 그리고 찰스 디킨스의 공통분모는 무엇일까?
이 네 사람은 모두 남아프리카의 끝에서 생산된 달콤한 넥타르인 콘스탄스(Constance) 와인의 진정한 애호가였다.

클라인 콘스탄시아

Klein Constantia Rd
Cape Town, 7848

설립 : 1685년
면적(토스카나) : 146헥타르
생산량 : 비공개
원산지 명칭 : 코스탈 리젼Coastal Region
레드와인 품종 : 카베르네 소비뇽,
카베르네 프랑, 메를로,
시라, 프티 베르도, 말벡
화이트와인 품종 : 소비뇽 블랑,
샤르도네, 리슬링,
뮈스카 드 프롱티냥muscat de Frontignan

부흥

세인트 헬레나Sainte-Hélène 섬으로 유배 보내진 나폴레옹은 이 와인을 일년에 1,200리터 이상씩 소비했다. 제인 오스틴Jane Austen은 이 와인을 『이성과 감성(Raison et sentiments)』에서 사랑의 아픔을 위한 특효약으로 묘사했다. 게다가 19세기 초반, 희망봉에서 생산되는 이 넥타르 한 병은 이켐Yquem 한 병보다 더 비싼 가격에 거래되었다. 필록세라가 유입되었고, 포도나무들은 뿌리째 뽑혔다. 남아프리카의 진정한 불사조인 콘스탄스의 와인이 다시 태어나는 것을 보기 위해서는 1980년까지 기다려야 했다.

300년의 역사

그루트 콘스탄시아Groot Constantia 도멘은 케이프 식민지colonie du Cap의 첫번째 총독이자 스텔렌보쉬에 자신의 이름을 남긴 시몬 반데르 스텔Simon Vander Stel에 의해 설립되었다. 아프리카의 가장 오래된 포도 재배지역인 이곳에 포도나무를 심기로 결정한 것도 바로 그였다. 포도밭에 인접한 아름다운 하얀 건물과 환상적인 정원과 같은 네덜란드의 유산을 간직하고 있다. 시간이 지나면서 이 거대한 도멘은 그루트 콘스탄시아Groot Constantia, 클라인 콘스탄시아Klein Constantia, 콘스탄시아 위치흐Constantia Uitsig를 포함한 여러 도멘으로 분할되었다.

방치와 부활

콘스탄시아도 소비뇽, 세미용, 샤르도네, 양질의 리슬링으로 대개 달지 않은 화이트와인을 주로 생산하는 케이프 반도 입구의 코스탈 리젼Coastal Region에 있는 디스티릭트district 내의 하나의 '워드ward'이다. 바다와의 인접성과 해발 300미터의 상당히 높은 고도는 뛰어난 향과 산도를 만드는 데 도움이 되는 서늘한 온도를 보장한다. 하지만 콘스탄스 와인이라는 이름으로 3세기 동안 이 지역의 명성을 만든 감미로운 와인 양조에 사용되던 프롱티냥Frontignan과 로즈rose 뮈스카의 재배 면적은 현재 상당히 축소되었다. 클라인 콘스탄시아Klein Constantia 는 수십 년 동안 방치되었던 이 와인을 부활시키는 데 많은 기여를 했다.

'예전 스타일이지만 덜 달게(Old style but less sugar)'

2012년부터 클라인 콘스탄시아는 보르도의 브뤼노 프라Bruno Prats와 위베르 드 부아르Hubert de Boüard를 포함한 네 명의 외국인 투자자들에게 인수되었다. 현지 도멘의 실제 대표는 스웨덴 출신이지만 와인 메이커인 매튜 데이Matthew Day 는 남아공 태생이다. 그는 콘스탄스 와인을 과거와 연결해준 카리스마 넘치는 양조 책임자 아담 메이슨Adam Mason의 뒤를 이었다. 오늘날 19세기에 생산되었던 와인의 품질에 대한 정확한 아이디어를 얻은 것은 어렵기 때문에 모든 비교가 상당히 위험하다. 한 가지 확실한 것은 아치로 된 천장을 가진 지하 숙성고 위의 완만한 경사가 있는 테루아와 클론을 포함하여 포도 품종이 동일하다는 것이다. 이왕 할 바에는 제대로 하기 위해, 콘스탄스 와인은 18세기에 사용되었던 오리지날 병을 사용한다. 현재 포도밭에는 관개가 이루어지는데, 누군가는 여기서 모던한 콘스탄스 와인의 '바디감 부족'에 대한 설명을 찾는다. 이것은 의심의 여지없이 포도나무의 수령뿐만 아니라 현재 소비자들의 미각을 마비시키지 않고자 하는 확고한 의지에서 온다. 간략하게 말하면, 콘스탄스 와인은 이 와인이 가진 역사와 이 와인이 만드는 아름다운 센세이션으로 유혹하는 노스탤지어의 와인이다.

클라인 콘스탄시아KLEIN CONSTANTIA

이 와인은 완숙의 초기 단계에 수확된 포도 일부와 대부분의 쪼글쪼글해진 포도알이 블렌딩된 상당히 복합적인 와인이다. 프랑스산 오크통과 헝가리산 아카시아 나무통에서 30여 개월의 숙성을 거친다. 오렌지 제스트, 말린 살구, 세드라 잼 등의 매우 향기로운 향을 가진 이 와인은 리터당 120~150그램이라는 풍부한 당분에도 불구하고 뉘앙스와 가벼움이 주는 놀라운 균형을 소유하고 있다. 감미로우면서 복합적으로, 세련되면서 여운이 남는 이 환상적인 뮈스카는 시간과 공간으로 떠나는 여행 초대장이다.

> 와인 메이커, 매튜 데이Matthew Day

AUSTRALIE

Perth

Sydney

Océan Indien

AUSTRALIE-MÉRIDIONALE

QUEENSLAND

Brisbane

GRANITE BELT
INVERELL

Barwon

NOUVELLE-GALLES DU SUD

Darling

Macquarie

UPPER HUNTER
Port Macquarie

MUDGEE
Hunter
LOWER HUNTER VALLEY
Newcastle

Great Dividing Range

CLARE VALLEY
RIVERLAND

Murray

BAROSSA VALLEY
EDEN VALLEY

Adélaïde
ADELAIDE HILLS
McLAREN VALE

Mildura

Lachlan

Murrumbidgee

MURRUMBIDGEE

ORANGE

COWRA

Sydney

MURRAY RIVER VALLEY

Murrumbidgee

Murray

Canberra

VICTORIA

TUMBARUMBA

SOUTHERN FLEURIEU

PYRENEES

BENDIGO

RUTHERGLEN

TERRITOIRE DE LA CAPITALE AUSTRALIENNE

PADTHAWAY
GRAMPIANS

MACEDON

WRATIONBULLY

BALLARAT

GOULBURN VALLEY

COONAWARA

FAR SOUTH-WEST

Melbourne

YARRA VALLEY

PÉNINSULE DE MORNINGTON

Océan Pacifique

● Région viticole importante
═══ Limite d'État

Détroit de Bass

NORTH PERTH REGION

SWAN VALLEY

Perth
DARLING RANGE

AUSTRALIE-OCCIDENTALE

Launceston

SOUTH WEST COASTAL REGION

TASMANIE

MARGARET RIVER

GREAT SOUTHERN

WARREN BLACKWOOD

Hobart

Albany

Océan Indien

N

0   250   500 km

호주의 포도 재배지

20년 사이 호주의 포도 재배 지역은 거의 세 배가 되었고 호주산 와인들은 전 세계 어디에서나 볼 수 있다.
호주 생산자의 강점은 역동성, 조직, 소비자의 입맛에 맞춘 와인을 만들 수 있는 능력에 있다.
하지만 호주는 테루아의 특성을 담은 최고급 와인도 생산할 뿐 아니라,
수령이 오래된 포도나무의 보고(寶庫)이기도 하다.

어제의 시작과 오늘날의 진보

유럽에서 가져온 포도나무. 1820년과 1850년 사이 호주 남동부 지방의 시드니, 멜버른, 애들레이드Adelaide 등의 신흥도시 주변에 포도 재배지가 급격하게 늘어났다. 19세기 내내, 구대륙의 포도 품종을 가져오려는 개인들의 시도가 배로 증가했다. 이민자들, 탐험가들, 농부들이 유럽에서 비티스 비니페라 몇 그루를 가지고 왔다.

영국 시장을 겨냥한 생산. 빅토리아Victoria주는 1877년 필록세라가 출현하기 전까지 호주 와인 생산의 중심지였다. 이어서 사우스 오스트레일리아주South Australia는 영국에서 많이 소비되는 주정 강화 와인의 생산과 머레이Murray 밸리의 관개 시스템 개발 덕택으로 괄목상대하게 발전하였다. 1930년경에는 생산량의 75%가

> **숫자로 보는 호주의 포도 재배지**
>
> 면적 : 150,000헥타르
> 생산량 : 12,000,000헥토리터
> 레드 : 64%
> 화이트 : 36%
>
> (오스트레일리아 통계국Australian Bureau of Statistics - OIV 2015)

이 지역에서 온 것이었으며 수출은 영국연방Commonwealth이 제공하는 판로 덕분에 순조롭게 진행되었다. 1927년부터 1939년까지 영국 시장에서 호주 와인은 양적으로 프랑스 와인을 앞섰고, 프랑스 와인은 2005년이 되어서야 리더의 자리를 되찾았다. 와인업계에 변화가 시작된 것은 2차 세계대전 이후였다. 달지 않은 화이트와인의 수요가 증가했고, 특히 스테인리스 탱크와 온도 관리 시스템의 도입 덕택으로 양조 제어 기술이 점점 발전했다.

내수 시장의 증가와 고급 와인의 등장. 1980년대 내수 시장의 성장은 생산 증가의 주요 원동력이 되었다. 이 수요에 부응하기 위해 품질이 낮은 지역의 와인도 포함시켜 생산량을 증가시켰다. 벌크 혹은 진공포장 비닐봉투에 담은 백-인-박스Bag-in-box 판매가 생산의 80%를 차지했다.

1990년대부터 진보된 기술의 빠른 보급과 더 나은 포도 품종의 선택으로 와인의 품질이 매우 발전했다. 꾸준한 품질을 가진, 믿을 수 있는 저가의 와인을 공급하면서 상업적 효율성에 집중한 와인 산업은 호주 와인이 빠른 속도로 해외 시장을 정복하게 해주었다. 이런 규격화된 생산과는 별도로, 독립적 도멘들은 점점 더 강한 지역적 정체성을 가진 자신의 와인을 내세우기 시작했다. 호주는 현재 세계 여섯 번째 생산국이고 네 번째로 큰 와인 수출국이다.

> 여러 포도 재배지들이 가뭄으로 어려움을 겪고 있어서 더욱 시원한 기후의 지역을 찾고 있다.

물 부족 문제

메마른 이 거대한 대륙 국가에서 포도 재배 지역은 인구분포와 마찬가지로 남부와 해안 지역, 특히 남동쪽의 1/4에 밀집해 있다. 겨울과 봄에 비가 많이 내리긴 하지만 여름은 특히 덥고 건조하다. 이것은 특히 서호주Western Australia와 남호주South Australia의 일부 지방에 해당된다. 가장 건조한 지방들에서 물 부족은 여전히 가장 큰 걱정거리로 남아 있고, 관개 시설에 의지하는 것이 절대적으로 필요하다. 빅토리아주와 사우스 오스트레일리아주 경계에 위치한 거의 사막과 같은 혹서 기후의 리버랜드Riverland 구역은 관개시설 덕분에 광활한 포도 재배 지역으로 변신하여 호주 와인의 50%에 가까운 양을 생산하고 있지만, 계속되는 가뭄과 점진적으로 고갈되는 머레이Murray 강을 고려할 때, 이 시스템의 한계가 명백히 보인다.

> 사우스 오스트레일리아주
맥라렌 베일McLaren Vale
에 위치한 올리버힐
Oliverhill 도멘의 포도밭

기후와 포도 품종

호주는 풍부한 일조량, 낮은 습도, 바다의 영향, 국지적인 산악지역 등, 포도 농사에 있어서 거의 이상적이라고 할 수 있는 지리적 조건을 누리고 있다. 호주인들은 기후를 포도 재배지로서의 잠재력의 기본 요소로 생각해 왔지만, 이제는 토양, 일조방향, 밭의 고도 등도 많이 고려하고 있다.

샤르도네는 소비뇽 블랑, 세미용, 콜롱바르, 리슬링에 앞서 화이트와인의 대부분을 차지한다. 시라즈shiraz라고 불리는 시라는 호주의 가장 중요한 레드와인 품종이다. 19세기에 도입된 시라즈는 단일 품종으로 사용되거나 카베르네 또는 증가 추세인 그르나슈, 마타로mataro라고 불리는 무르베드르mourvèdre와 블렌딩되어 호주 와인 중에서 가장 성공한 여럿을 생산한다. 카베르네 소비뇽, 메를로, 피노 누아의 재배 면적도 증가되고 있다. 이 품종들 외에도 화이트는 베르데호verdelho, 비오니에viognier, 마르산marsanne, 레드는 무르베드르, 산지오베제sangiovese, 바르베라barbera, 카베르네 프랑 또는 프티 베르도 등에 의해 품종 다양화가 시작되었다.

과거에는 각각의 생산자들이 지역의 기후와 상관없이 다양한 품종으로 생산하려고 애썼지만, 클레어 밸리Clare Valley의 리슬링, 쿠나와라Coonawarra나 마가렛 리버Margaret River의 카베르네 소비뇽, 바로사 밸리Barossa Valley의 시라즈처럼 현재는 지방의 조건에 더 잘 맞는 특정 품종 전문화가 심화되고 있다.

원산지 통제 명칭 시스템

1993년에는 지리적 명칭GIGeographical Indications이라는 등급이 제정되었다. 이 등급은 지역zone, 지방région, 하위 지방sous-région 등으로 구성된다. 지역zone은 가장 넓은 단위로, 예를 들어 뉴 사우스 웨일즈, 빅토리아, 퀸스랜드 및 남호주 등의 호주 남동쪽의 여러 주에서 생산된 포도를 블렌딩하여 만든 와인에 적용시킬 수 있는 남동부 오스트레일리아South Eastern Australia와 같이 여러 개의 주, 빅토리아와 같이 단 한 개의 주 또는 센트럴 빅토리아Central Victoria와 같이 한 주의 하위 지방을 통합한다. 이어서 90여 개에 달하는 지방 또는 하위 지방이 있다. 쿠나와라Coonawarra와 같은 일부 지방에서는 지역 간 불분명한 경계로 장기적인 법적 분쟁이 일어나기도 했다.

시원한 기후를 찾아서

가뭄에 연관된 애로사항들 때문에 호주의 와인 메이커들은 20년 전부터 끊임없이 고급 와인 생산에 좀 더 유리한 서늘한 기후를 가진 곳을 찾고 있다. 이 기간 동안 태즈메이니아Tasmanie를 비롯한 호주 최남단 해안 지역뿐 아니라 웨스턴 오스트레일리아주와 빅토리아주 내에서도 포도 재배 면적이 빠르게 확장됐다.

> 빅토리아주의 캐스카트 릿지Cathcart Ridge 도멘

뉴사우스웨일스주Nouvelle-Galles du Sud

주 남동부의 뉴사우스웨일즈주는 가장 역사가 깊으면서 가장 생산량이 많은 지방 중 하나이다. 이곳은 계속해서 발전하고 있으며 생산량은 해를 거듭할수록 증가하고 있다. 시드니 북쪽 200킬로미터 지점에 이 지방의 셀럽이자 시라즈와 세미용 와인으로 유명한 헌터 밸리Hunter Valley(p.592 참조)가 있다. 헌터 밸리 남서쪽에 위치한 하위 지역인 머지Mudgee(p.592 참조)는 바다의 영향을 많이 받는 헌터 밸리보다 더 건조하고 더 더운 기후를 가지고 있다. 더 남쪽에 있는 소규모의 오렌지 지역zone d'Orange은 카노볼라스Canobolas산에 위치한 서늘한 기후의 경사면이 갖은 잠재력에 이끌려 최근 대기업의 투자 대상이 되었다. 좀 더 내륙 쪽, 즉 서쪽 방향에 머럼비지Murrumbidgee강의 물을 이용하여 관개한 큰 지구는 세미용과 트레비아노trebbiano(위니 블랑)로 만드는 일상적인 와인을 만든다. 규모는 작지만 좋은 결과물을 보여주는 캔버라Canberra 포도 재배 지역 외에도 주의 남동부에는 스노위Snowy 산맥의 서늘한 기후의 덕을 보는 툼바룸바Tumbarumba 구역의 훌륭한 잠재력에도 주목해야 한다.

유용한 정보

최근 들어 와인에 대한 취향에 관심을 기울인 대부분의 나라와 마찬가지로, 호주는 와인 콩쿠르에서 큰 자리를 차지한다. 엄중하게 조직된 이런 콩쿠르들은 수상한 와인들에게 좋은 홍보 플랫폼을 제공한다. 호주 전체 또는 각 지방에서 주최하는 이런 콩쿠르들은 특정 품종으로 만들어진 와인으로 제한하거나 모든 카테고리의 와인을 망라할 수 있다.

빅토리아주Victoria

뉴사우스웨일스주의 남쪽에 있는 빅토리아주는 호주 포도 재배 면적의 17%를 차지하는데, 확연히 다른 성향을 가진 가지고 여러 지방으로 나뉘어 있다.

북동부 빅토리아의 유난히 더운 기후는 루터글렌Rutherglen에서 뮈스카 또는 뮈스카델을 이용하여 훌륭한 감미로운 와인의 생산을 가능케 해준다. 더 남쪽에 있는 킹 밸리King Valley의 고지대 포도 재배 지역은 더 서늘한 기후를 가져 리슬링, 샤르도네, 카베르네 소비뇽이 많이 재배된다. 빅토리아주의 남동쪽에는 아직까지 재배가 활발하지는 않지만 비약적인 발전을 하고 있는 광대한 깁스랜드Gippsland 지대가 펼쳐져 있다.

바다의 영향을 많이 받는 빅토리아의 최남단에서는 피노 누아와 샤르도네로 상당히 우아한 와인을 생산한다. 깁스랜드의 서쪽에 있는 포트 필Port Philipp만(灣)의 주변 지방들도 비슷한 조건을 갖고 있다. 바로 여기가 모닝톤Mornington(p.594 참조)과 야라 밸리Yarra Valley(p.593 참조) 같은 몇몇 유명 지역들의 본고장이다. 더 북쪽에 위치한 센트럴 빅토리아에는 벤디고Bendigo 지역과 시라즈, 카베르네 소비뇽을 주로 재배하는 굴번 밸리Goulburn Valley가 있다. 빅토리아주의 북서부는 이 주에서 생산되는 포도의 매우 큰 부분을 담당하고 있다. 견디가 힘든 더위가 있고, 관개는 반드시 필요하다. 뮈스카 고르도 블랑코muscat gordo blanco와 술타나sultana는 아직도 많이 재배되고 있지만, 전체 생산에서 차지하는 비중은 감소 추세에 있다. 남쪽의 웨스턴 빅토리아에서 기후가 온화해진다. 그램피안Grampians 지역은 주로 스파클링 와인과 테이블 와인을 생산하지만, 리슬링과 시라즈로 양조한 와인들의 미래가 기대된다.

태즈메이니아La Tasmanie

태즈메이니아는 빅토리아 남쪽의 큰 섬이다. 최근까지도 시원하고 바람이 많이 부는 이곳의 기후는 스파클링 와인의 생산에만 유리하다라고 생각되었지만, 몇 년 전부터 그리고 아마도 전 세계 곳곳의 기온을 상승시키는 지구 온난화의 영향으로 인해 이곳에서도 기포가 없는 매우 뛰어난 화이트 와인과 앞으로가 기대되는 피노 누아를 생산한다.

사우스 오스트레일리아주 ^{Australie-Méridionale}

사우스 오스트레일리아주는 머레이^{Murray} 밸리를 따라 늘어선 리버랜드^{Riverland}에서 생산되는 어마어마한 양의 대중적인 와인 생산으로 인해 호주의 양조용 포도 재배 생산량의 50% 정도를 책임지고 있다. 하지만 바다에서 불어오는 온화한 기운을 맞이하는 해안 근처 지역에 이곳의 진정한 풍요로움이 있다.

남동부에 있는 패서웨이^{Padthaway}나 래튼불리^{Wrattonbully} 같은 라임스톤 코스트^{Limestone Coast}의 몇몇 구역도 떠오르고 있지만, 쿠나와라^{Coonawarra}(p.601 참조)의 명성과 어깨를 나란히 하기에는 아직 멀었다. 북쪽으로 해안을 따라가면, 남북 방향으로 뻗은 산맥에 붙은 플뢰리외^{Fleurieu}, 바로사^{Barossa}, 로프티 산맥^{Mount Lofty Ranges}의 하위 지역에 다다른다. 이곳들에는 지중해성 기후에서 시라즈와 카베르네 소비뇽으로 양조한 훌륭한 레드와인이 생산되는 맥라렌 베일^{McLaren Vale}(p.600 참조) 같은 몇몇 주목할 만한 구역들이 있다. 더 북쪽에 위치한 더운 기후의 발로사 밸리^{Barossa Valley}는 진하고 충만한 와인을 만드는 매우 수령이 높은 시라즈 품종의 본고장이다. 메독 지방의 카베르네 와인과 마찬가지로, 이곳의 와인은 호주 시라즈에 있어서 일종의 와인 스타일의 시금석과 같다. 동쪽의 바로사와 맞다은 에덴 밸리^{Eden Valley}(p.600 참조)는 리슬링으로 더 잘 알려져 있다. 더 북쪽에 자리잡은 로프티 Lofty 산맥은 바다의 영향이 줄어들면서 좀 더 대륙성 기후의 성격을 보인다. 그보다 더 북쪽으로 가면, 고도로 인해 더 서늘한 기후를 가진 클레어 밸리^{Clare Valley}는(p.594 참조) 뛰어난 카베르네 소비뇽과 리슬링을 선보인다.

웨스턴 오스트레일리아주 ^{Australie-Occidentale}

웨스턴 오스트레일리아주는 주 생산량의 7%만을 차지한다. 하지만 1997년부터 사업성 검토 중인 여러 구역을 포함하여 이 지방이 가진 역동성을 보여주면서 그 규모가 세 배로 확대되었다. 스완 밸리^{Swan Valley}와 같은 북동부의 매우 더운 지역, 마가렛 리버^{Margaret River}의 좀 더 온화한 지역, 그레이트 서던^{Great Southern}과 같은 확실히 서늘한 지방이 뒤섞인 이곳의 기후는 심한 대조를 보인다.

마가렛 리버(p.601 참조)는 매우 트렌디한 지방으로 최근 들어 여러 대기업이 이곳에 자리를 잡았다. 해안선 상에서 더 동부에 위치한 그레이트 서던(p.601 참조)은 리슬링, 샤르도네, 피노 누아 등 서늘한 기후에서 잘 자라는 품종들의 장래가 유망한 곳 중 하나이다.

주목받고 있는 다른 지방들 중에는 마가렛 리버와 그레이트 서던 사이에 위치한 펨버튼^{Pemberton}은 장래가 기대되는 샤르도네가 재배되고 있고, 서해안에 있는 마가렛 리버의 연장선 상에 펼쳐진 조그래페^{Geographe}는 카베르네 소비뇽과 시라즈로 양조한 우아한 와인을 생산한다.

> 빅토리아주 루터글렌 Rutherglen에 있는 캠벨스 Cambells 와이너리의 양조장

호주의 유명 와인과 지역

대량소비를 위해 생산되는 와인에 있어 원산지의 자세한 지리적 표기는 예외적이다. 이 와인들의 대부분은 여러 지방에서 수확된 포도로 만들어진다. 기술은 이런 공장형 생산에 적용되어 신뢰할 수 있는 결과를 얻었지만, 호주 역시도 점점 더 와인의 특성에 대한 뚜렷한 표시로 여겨지는 더 한정된 수많은 지방을 분류했다.

HUNTER VALLEY (헌터 밸리)

호주에서 가장 큰 도시인 시드니의 북쪽 뉴캐슬 항 상류에 위치한 헌터 Hunter 지방은 같은 헌터강 주변에 펼쳐져 있다. 이 지역은 북쪽의 '어퍼 헌터 Upper Hunter'와 남쪽의 '로어 헌터 Lower Hunter'를 포함하는데, 분리된 두 곳이지만, 강에 의해 연결되어 있다. 덥고 상당히 습한 기후는 최고급 와인을 만들기에

는 이상적이지 않아 보일 수도 있지만, 그럼에도 불구하고 헌터 밸리는 호주 포도 재배의 요람이라고 할 수 있으며 항상 좋은 품질의 와인을 생산하는데, 호주 와인 중 가장 독특하다고 할 수 있는 세미용으로 양조한 장기 숙성형 화이트와인이 있다.

> **주요 품종** 화이트와인은 세미용, 샤르도네. 레드와인은 카베르네 소비뇽, 시라즈.

> **토양** 척박하고 배수가 잘 되는 충적토.

> **와인 스타일** 헌터 밸리의 훌륭한 세미용은 호주 최고의 달지 않은 화이트와인 중 하나이다. 대부분 스테인리스 탱크에서 양조되며 뛰어난 숙성 능력이 있다. 매우 이른 시기에 수확된 이 포도들은 가볍고 알코올 도수가 낮으며 훌륭한 산도를 갖춘 와인을 선사한다. 숙성이 진행되면서 구운 빵, 견과류, 꿀 등 매우 복합적이면서 흉내 낼 수 없는 향이 난다. 일반적으로 샤르도네는 좀 더 밀도 있고 부드럽다. 시라즈의 경우, 강하고 부드러운 것에서부터 상당히 상쾌하면서 탄닌이 느껴지는 것까지 다양한 스타일이 있다.

> **주요 생산자** 브로큰우드 Brokenwood, 드 보르톨리 De Bortoli, 에반스 패밀리 Evans Family, 마운트 뷰 에스테이트 Mount View Estate, 로스버리 릿지 Rothbury Ridge, 타이렐스 Tyrell's, 와이담 에스테이트 Wyndham Estate.

MUDGEE (머지)

머지는 동쪽에 접해 있는 그레이트디바이딩산맥 Great Dividing range에 의해 헌터 밸리와 분리된다. 이곳에는 덥고 건조한 기후가 있어 대부분 관개가 필요하다. 이웃 지방만큼의 명성은 없지만 헌터 밸리의 최고 생산자들은 이 구역에서 다량의 포도를 공수해간다.

> **주요 품종** 화이트와인은 샤르도네, 피노 그리, 비오니에. 레드와인은 카베르네 소비뇽, 메를로, 시라즈.

> **토양** 사질 충적토와 점토.

> **와인 스타일** 가장 흥미로운 와인은 메를로 또는 시라즈와 블렌딩하거나 또는 하지 않은 카베르네 소비뇽인데 강하면서 알코올이 풍부하고 매우 잘 익은 과일, 카카오, 유칼립투스의 향이 난다. 시라즈로 만든 와인도 이와 비슷한 스타일을 보인다. 오래전부터 재배된 샤르도네는 헌터 밸리에서 세미용으로 양조한 와인과 유사한 스타일로 밀도감이 있고, 향기로우며, 좋은 숙성 능력을 보여준다.

> **주요 생산자** 헌팅턴 에스테이트 Huntington Estate, 몬트로즈 Montrose, 포에츠 코너 Poet's Corner.

HEATHCOTE (히스코트)

이 작은 포도 재배 지역은 빅토리아의 중심부, 굴번밸리Goulburn와 벤디고Bendigo 사이에 위치해 있다. 처음 포도나무를 심은 것은 1860년대로 거슬러 올라가지만, 1970년대가 되어서야 생산자들이 이 지방의 잠재력에 면밀한 관심을 갖게 되었다. 이런 생산자들이 여전히 몇 안 되지만, 대개 매우 높은 명성을 가지고 있고 이들이 만든 와인은 매우 인기가 있다.

포도 재배 지역은 해발 150~350미터 사이의 중간 고도에 위치한 경사면 위에 2,000헥타르 미만의 면적을 뒤덮고 있다. 카멜 산맥Mount Camel Range의 영향을 받은 기후는 주변의 지역들보다 더 시원하고 더 습하며 더 많은 바람이 분다. 레드와인 품종, 특히 시라즈와 카베르네 소비뇽은 지역 생산의 주를 이룬다.

> **주요 품종** 레드와인은 카베르네 소비뇽, 메를로, 시라즈.
> **토양** 석회질 위에 분해된 붉은 흙(캄브리아기의 그린스톤cambrian greenstone)과 붉은 점토.

> **와인 스타일** 시라즈는 강하면서 농축되어 있고, 부드러운 탄닌이 느껴지며 아주 강렬한 붉은 과일, 체리, 자두의 향과 함께 종종 청량감을 가져다주는 멘톨의 향이 나기도 한다. 종종 메를로와 블렌딩되는 카베르네 소비뇽 역시도 풍부하면서 알코올 도수가 높고, 민트와 유칼립투스의 향이 느껴진다.

> **주요 생산자** 콜리반 밸리 와인즈Coliban Valley Wines, 데드 호스 힐Dead Horse Hill, 그린스톤Greenstone, 재스퍼 힐Jasper Hill.

YARRA VALLEY (야라 밸리)

멜버른에서 동쪽으로 차를 타고 한 시간이 채 걸리지 않는 곳에 위치한 야라 밸리는 빅토리아주에서 가장 유명한 포도 재배 지방이다. 해발 50~400미터 사이의 다양한 고도 상에, 국지적으로 가파른 경사면이 있는 밸리의 지형은 상당히 복합적이지만, 와인 스타일은 시원하고 다습한 기후의 영향을 더 많이 받는다. 야라는 호주 최고의 몇몇 스파클링 와인과 양질의 샤르도네와 피노 누아로 유명하다.

> **주요 품종** 화이트와인은 샤르도네. 레드와인은 카베르네 소비뇽, 피노 누아, 시라즈.
> **토양** 북쪽은 점토질과 모래로 된 진흙, 남쪽은 화산성의 붉은 흙.
> **와인 스타일** 최고 품질의 스파클링 와인은 전통적인 방법으로 만들며 세련되고 청량감이 느껴진다. 샤르도네는 일반적으로 균형감이 좋으며, 다른 와인들보다 덜 풍성하지만 상쾌하고 견과류, 노란 과일의 향이 난다. 최고의 레드와인은 시라즈로 만드는데, 종종 입안 가득 채우는 것 같은 과일의 풍미가 매우 뛰어나다. 또한 피노 누아의 경우 체리, 붉은 과일의 풍미와 함께 향신료의 향이 나며 활기가 있다.

> **주요 생산자** 콜드스트림 힐스Coldstream Hills, 드 보르톨리De Bortoli, 다이아몬드 밸리Diamond Valley, 도멘 샹동Domaine Chandon, 도미니크 포테트Dominique Portet, 힐크레스트Hillcrest, 메티어Metier, 마운트 메리Mount Mary, 타라와라Tarrawarra, 야라 야라Yarra Yarra, 야라 예링Yarra Yering.

지아콘다Giaconda, 매우 높은 품질의 아주 작은 도멘

1970년대 공학 엔지니어였던 릭 킨즈브루너Rick Kinzbrunner는 와인과 관련된 업종으로 진로를 바꾸기로 결심했다. 10년 동안 그는 전 세계를 돌아다니며, 캘리포니아의 데이비스 대학교université de Davis, 스택스 립Stag's Leap, 그리고 페트뤼스Petrus를 포함하여 보르도에 있는 무엑스Moueix 가문의 양조장 등에서 경험과 지식을 연마한 후, 호주의 브라운 브라더스 밀라와Brown Brothers Milawa 도멘에서 보조 와인 메이커의 자리를 맡았다. 1982년, 비치워스Beechworth라는 빅토리아주 북동부에 잘 알려지지 않은 지방에 그의 첫 번째 포도나무를 심었고, 1986년 첫 와인을 생산했다. 매우 작은 규모에도 불구하고, 지아콘다는 호주에서 가장 유명한 이름 중 하나가 되었고 그의 와인들은 금값에 팔려 나갔다. 4헥타르의 아주 조그만 포도밭에서 이 장인은 토착 효모 사용, 여과 생략 등 가능한 한 가장 자연적인 양조법과 특히 세심한 숙성 과정을 통해 강하고 복합적인 와인을 만들어낸다. 낭투아Nantua라는 샤르도네 퀴베와 워머 바인야드Warmer Vineyard라는 시라즈 퀴베는 풍부하면서 강한 스타일의 호주 와인 중에서 최고 중 하나이다.

PÉNINSULE DE MORNINGTON (모닝턴 반도)

빅토리아주 남쪽 끝부분에 위치한 모닝턴 반도는 서늘한 기후를 찾는 생산자들이 최근에 관심을 두고 조사한 지역들 중 하나이다. 바다에 둘러싸인 바람이 많이 부는 이 지역은 좋은 일조량과 매우 온난한 기후 덕에 포도나무들은 물에 대한 아무런 스트레스도 받지 않는다. 소수의 생산자들은 샤르도네와 피노 누아를 위시해서 이 조건과 궁합이 좋은 품종으로 세련되면서 상쾌한 와인을 생산하기 위해 이 천혜의 땅을 급속도로 개발했다.

> **주요 품종** 화이트와인은 샤르도네, 피노 그리, 비오니에. 레드와인은 카베르네 프랑, 카베르네 소비뇽, 메를로, 피노 누아.

> **토양** 배수가 좋은 촘촘한 모래, 점토, 화산에서 나온 비옥한 붉은 토양.

> **와인 스타일** 샤르도네는 활기가 있고 시트러스, 견과류의 향이 난다. 피노 그리는 최근 들어 붐이 일었다. 레드 중에서 피노 누아로 만든 와인들은 상쾌하면서 붉은 과일, 체리 등의 과일 풍미를 갖는데, 숙성시키지 않고 어릴 때 마시는 것이 좋다. 보르도의 포도 품종은 무루덕 밸리Mooroodu Valley와 같이 가장 더운 구역들에서 재배되는데, 상당히 가볍고 탄닌이 거의 느껴지지 않는 와인들을 생산한다.

> **주요 생산자** 드로마나Dromana, 쿠용Kooyong, 몬탈토Montalto, 무루덕Mooroodu, 파링가Paringa, 스토니어Stonier, 텐 미니츠 바이 트렉터Ten Minutes by Tractor, 티갈란트T'Gallant, 야비 레이크Yabby Lake.

TASMANIE (태즈메이니아)

지구 온난화와 가뭄으로 피해를 입은 호주의 대규모 생산 지역들은 좀 더 서늘하고 다습한 기후에 대한 조사를 실시했는데, 태즈메이니아에서 최고의 해답 중 하나를 발견했다. 호주의 남동쪽 끝부분의 남부에 위치한 이 광활한 섬에서 생산자의 수가 증가하고 있는데, 대부분이 소규모이다. 포도 재배 지역은 모두 섬의 북쪽 또는 남동쪽 해안에 위치한다.

때로는 매우 바람이 많은 서늘한 기후는 화이트와인 품종과 피노 누아, 또한 스파클링 와인의 생산에 적합하다(뉴질랜드의 남쪽 섬과 동일한 위도선 상에 위치한다).

> **주요 품종** 화이트와인은 샤르도네, 리슬링, 소비뇽 블랑, 세미용. 레드와인은 카베르네 프랑, 카베르네 소비뇽, 가메, 피노 누아.

> **토양** 오래된 사암과 압축된 이회암 그리고 장소에 따라 강의 충적토와 비옥한 화산토.

> **와인 스타일** 서늘한 기후에서 생산된 와인의 대부분은 훌륭한 자연적인 청량감이 있다. 비약적인 발전을 하고 있는 품종인 샤르도네와 피노 누아로 양조한 스파클링 와인은 활기와 세련된 향이 난다. 리슬링은 쨍하는 산도가 있는데 장기 숙성에 적합하고, 특히 향이 뛰어나면서 긴장감이 있는 양질의 소비뇽 블랑은 말보로Marlborough(p.606 참조)의 것과 비슷한 스타일이다.

피노 누아는 생(生) 붉은 과일, 향신료의 향이 나고 짜임새가 있다.

> **주요 생산자** 베이 오프 파이어즈Bay of Fires, 클로버 힐Clover Hill, 프레이시네트Freycinet, 얀츠Jansz(기포성), 메도우뱅크Meadowbank, 파이퍼스 브룩Pipers Brook, 타마르 릿지Tamar Ridge.

CLARE VALLEY (클레어 밸리)

로프티Lofty 산맥의 북부에 위치한 클레어 밸리Clare Valley는 오르락내리락하는 지형이 만드는 풍경으로 인해 호주에서 가장 매력적인 포도 재배 지역 중 하나이다. 낮은 덥고 밤은 서늘하지만, 이곳에서는 고도와 마찬가지로 일조량도 중요한 역할을 한다.

1990년대 말 최초로 스크루캡을 사용한 것이 이 지방의 와인 메이커들이었다. 클레어 밸리는 우선 리슬링으로 명성을 얻었지만, 카베르네 소비뇽과 시라즈 등의 레드와인 품종도 좋은 반응을 얻고 있다.

> **주요 품종** 화이트와인은 리슬링, 세미용. 레드와인은 카베르네 소비뇽, 그르나슈, 말벡malbec, 시라즈.

> **토양** 석회암 위에 붉은 점토, 북부는 비옥한 충적토, 서부는 모래와 석영.

> **와인 스타일** 클레어 밸리의 달지 않은 리슬링은 단단하며 강한 산도와 시트러스, 미네랄을 연상시키는 향이 있다. 어릴 적에는 육중한 맛이 나지만 장기 숙성이 가능하다. 강렬한 화이트와인 외에도 이 지방은 매우 잘 익은 붉은 과일의 진한 풍미와 향신료의 향이 나고, 좋은 짜임새를 가진 시라즈와 최상품의 경우 검은 과일, 멘톨, 담배 등의 향의 복합성, 균형, 장기 숙성 능력으로 유명한 카베르네 소비뇽을 생산한다.

> **주요 생산자** 그로셋Grosset, 짐 베리Jim Barry, 킬리카눈Kilikanoon, 리싱검Leasingham, 미첼Mitchell, 하록스 마운틴Mount Horrocks.

BAROSSA VALLEY (바로사 밸리)

바로사 밸리Barossa Valley는 아델레이드Adélaïde의 북동쪽에서 채 50킬로미터가 되지 않는 곳에 위치해 있다. 호주에서 가장 유명한 와인 생산지인 바로사 밸리의 포도 재배의 시작은 19세기 실레시아Silésie로부터의 이민의 물결로 거슬러 올라가는데, 그 흔적들이 아직도 매우 뚜렷하게 관찰된다.

현재 이 지방은 호주에서 양질의 와인을 생산하는 가장 큰 구역으로 여러 규모의 생산자들이 포진해 있는데, 그중 펜폴즈Penfolds를 포함한 호주의 몇몇 거물급과 대부분 명성이 자자한 수많은 중간 규모의 도멘들이다.

매우 수령이 높은 시라즈, 몇몇 그루의 그르나슈, 무르베르드와 함께 카베르네 소비뇽, 샤르도네, 그리고 리슬링 등이 최근 들어 재배되기 시작했다. 기후는 매우 덥고 건조해, 와인들에서 이런 풍부한 일조량이 느껴진다.

> **주요 품종** 화이트와인은 샤르도네, 리슬링, 세미용. 레드와인은 카베르네 소비뇽, 그르나슈, 메를로, 무르베드르, 시라즈.

> **토양** 점토와 모래로 구성된 진흙.

> **와인 스타일** 레드와인은 강하고, 잘 숙성되고, 때로는 풍만하기도 하지만 수령이 높은 포도나무vieilles vignes의 포도로 만든 것일 때는 매우 깊이감이 있고, 또한 좋은 숙성 능력이 있다. 특히 시라즈는 바디감과 과일의 풍미와 함께 보기 드문 충만함에 도달한다. 화이트와인은 좀 더 부드럽고 감미롭지만, 고지대에서 재배된 일부 리슬링은 섬세함과 우아함을 선사한다. 또한 포트와인 스타일의 매우 좋은 주정강화 와인도 생산한다.

> **주요 생산자** 찰스 멜톤Charles Melton, 그랜트 벌지Grant Burge, 카에슬러Kaesler, 올랜도Orlando, 펜폴즈Penfolds, 피터 레만Peter Lehmann, 락포드Rockford, 세인트 할레트St. Hallett, 세펠트Seppelt, 얄룸바Yalumba, 울프 블라스Wolf Blass, 터키 플랫Turkey Flat, 토브렉Torbreck.

바로사 밸리Barossa Valley의 도멘 토브렉Domaine Torbreck

호주라는 나라의 크기로 봤을 때 소규모 생산자인 토브렉Torbreck은 호주 남부의 바로사 밸리에서 가장 알려진 이름 중 하나이다. 비록 설립자인 데이비드 파웰David Powell이 도멘을 떠나긴 했지만, 이 도멘을 이론의 여지없이 이 지방의 레퍼런스 중 하나로 만들었다. 론Rhône의 와인에 매료당한 이 열정적인 세계 여행가는 1990년대에 초 바로사 밸리의 다른 포도원들에서 일했는데, 잠들어 있는 진정한 보물인 수령이 높은 포도나무들을 대량으로 뽑아 버리던 시절에 이런 포도나무들을 돌보는 일을 맡았다. 1994년 그는 토브렉 도멘을 세우고 믿을 수 있는 생산들에게서 포도를 매입해 조그만 창고에서 그의 첫 번째 퀴베를 양조했다. 확실한 맛과 수령이 높은 포도나무에 대한 전문지식이 결합된 이 장인적인 접근법은 강하고 알코올 도수가 높은 시라즈의 애호가들 사이에서 토브렉이라는 이름을 단시일에 알려지게 하였다. 그 후 도멘은 도약하기 시작했다. 1890년에 심은 시라즈 고목과 함께 근사한 새 양조장을 갖추었다. 데이비드 파웰은 2013년 도멘을 떠났지만, 그의 후계자들은 그가 남긴 유산을 잘 관리하면서 여과하지 않은 풍부한 맛, 과육을 씹는 듯한 느낌과 시라즈를 중심으로 그르냐슈와 마타로mataro(무르베드르), 때때로 코트 로티Côte-Rôtie에서와 같이 약간의 비오니에가 블렌딩되어 만드는 깊이감 등 토브렉 스타일을 변함없이 고수하고 있다.

펜폴즈 그레인지
(PENFOLDS GRANGE)

사람들은 차고(가라주Garage)의 와인은 알고 있다. 그렇다면 곳간(그레인지Grange)의 와인은?
이 호주 와인은 보르도의 최상위 샤토들만큼이나 명성이 높다. 하지만 하나의 크뤼에 불과하다.

펜폴즈 그레인지

Tanunda Road, Nurioopta
South Australia 5355

설립 : 1844년
면적 : 2000헥타르
생산량 : 비공개
원산지 명칭 : 사우스 오스테레일리아
레드와인 품종 : 시라즈(시라), 카베르네 소비뇽,
무르베드르, 피노 누아, 산지오베제
화이트와인 품종 : 샤르도네, 피노 그리,
소비뇽 블랑, 세미용, 비오니에

슈베르트의 행보

때는 1951년. 펜폴즈Penfolds의 새로운 와인 메이커 막스 슈베르트Max Schubert는 유럽, 특히 보르도에서 학업을 마친 후 호주로 돌아왔다. 그때까지는 강화 와인으로만 알려져 있던 펜폴즈에 와인 양조학oenologie이라는 이름이 붙은 새로운 과학적 방법을 적용하여 생산을 다각화하는 것에 초점을 맞췄다. 그는 작은 오크통에서 숙성시켜 병 안에서 더 오랜 장기 숙성이 가능한 와인을 만들고자 하는 야심이 있었고, 1952년부터 현실화되었다. 하지만 여전히 슈베르트는 블렌딩에 대해서 망설이고 있었다. 1953년 그는 100% 카베르네 소비뇽과 시라 87%, 카베르네 소비뇽 13%의 블렌딩이라는 두 가지 버전을 제안한다. 생산연도에 따른 약간의 차이는 있지만, 후자는 미래를 위해 결국 선택될 것이었다. 처음에 이 와인은 그레인지 에르미타주Grange Hermitage라 불렸다('에르미타주'는 호주인들에게 시라의 동의어였다). 원산지 명칭 보호법과 관련하여 유럽 당국의 압력을 받아 1990년이 돼서야 이 명칭을 포기했다.

완고함의 미덕

경험은 짧게 끝날 수도 있을 뻔했다. 막 시작했을 때, 첫 번째 와인에 대한 비평은 비교적 신중했는데 1957년, 펜폴즈의 경영진은 슈베르트에게 이 퀴베의 생산을 금지했다. 하지만 그는 완고했고 1959년까지 비밀리에 계속해서 이를 이어갔다. 그해, 첫 번째 생산연도의 와인이 오랜 단잠에서 깨어나 와인이 열리기 시작하면서 진정한 품질을 보여주었다. 슈베르트에게 생산재개를 요청했던 경영진과 마찬가지로 언론도 180도 자세를 전환했다. 1957년~1960년 사이의 와인 판매가 증명한 것처럼, 이어지는 다음 해 동안에도 생산은 절대로 중단되지 않았다. 1973년 은퇴한 막스 슈베르트는 1994년 세상을 떠날 때까지 계속 그레인지에 신경쓰고 있었다.

1962년부터 그레인지는 여러 국제 경연대회에 모습을 드러냈고, 특히 1955년산 빈티지는 오랜 동안 금메달을 50개 이상 받았다. 1971년산 와인은 파리에서 열린 와인 올림피아드에서 전 세계 최고의 시라들을 밟고 일어섰다. 와인의 명성이 마침내 시작되었다. 호주 와인에 대한 권위 있는 가이드인 랑톤Langton은 각 출판물마다 이 와인을 '특별exceptionnel' 등급으로 분류했다. 영국에서부터 미국에 이르기까지 가장 인기 있는 와인 평가자들의 수첩에 가장 높은 점수가 매겨졌다. 그리고 내셔널 트러스트 오브 사우스 오스트레일리아National Trust of South Australia는 이 와인을 주의 유산 목록에 등재시켰다.

하나의 크뤼, 어떤 크뤼?

사람들은 그레인지에 대해서 호주 최고의 그랑 크뤼라고 자주 말한다. 엄밀히 말하면, 특정 포도원이 아니기 때문에 정확한 말이 아니다. 와인은 아들레이드Adelaide 근처 매길Magill 도멘에서 양조되지만, 펜폴즈는 어떤 밭에서 재배된 포도라도 이곳에서 양조되게 할 수 있는 권리가 있다. 매년 작황에 따라 구성에 의문이 제기된다. 생산연도에 따라 시라의 비율은 89~100%로 달라진다. 마찬가지로, 예를 들면 2000년도에는 100%를 차지하던 바로사 밸리Barossa Valley의 포도가 종종 맥 라렌Mc Laren이나 패서웨이Padthaway의 포도들로 보충되기도 한다. 레이블에는 매우 간결하게 '사우스 오스트레일리안 시라즈South Australian Shiraz'와 'Bin 95'만 표기되어 있다.

펜폴즈 그레인지 PENFOLDS GRANGE
사우스 오스트레일리안 시라즈 빈 95
SOUTH AUSTRALIAN SHIRAZ BIN 95

거의 오로지 시라로만 양조된 펜폴즈의 이 신화적인 퀴베는 대개 약간의 카베르네 소비뇽이 블렌딩된다. 미국산 오크통에서 20개월 동안 숙성된다. 매우 성숙된 향은 콤포트한 검은 과일을 연상시킨다. 매우 풍부하고 강한 맛과 함께 굳건한 탄닌이 매우 쉽게 입안을 뒤덮는다. 좋은 숙성 잠재력도 커서 '맛보기 수준'은 일반적으로 6~8년 후에 시작되는데, 모든 걸 시간에 맡겨야 한다.

도멘 헨슈케
(DOMAINE HENSCHKE)

호주와 바로사 지방의 상징인 수령이 높은(vieilles vignes) 시라는 헨슈케 가문에서 환상적인 명예대사를 발견했다.
60년 넘게, 이 가족은 에덴 밸리에서 호주의 신화적인 몇몇 퀴베를 정성스레 다듬고 있다.

도멘 헨슈케

Henschke, Keyneton S.A.
5353, Australie

면적 : 105헥타르
생산량 : 540,000병/년
원산지 명칭 : 에덴 밸리
레드와인 품종 : 시라, 카베르네 소비뇽,
그르나슈, 피노 누아, 네비올로,
바르베라, 무르베드르,
카베르네 프랑, 메를로
화이트와인 품종 : 샤르도네,
리슬링, 세미용, 소비뇽 블랑,
비오니에, 게뷔르츠트라미너,
뮈스카

6대 스티븐Stephen과 프루Prue

이 훌륭한 와인 메이커 가문의 인생역정에서, 한 포도 재배 지역의 역사를 함축적으로 읽게 된다. 이것은 유럽의 관점에서 보자면, 영혼 없는 대량 생산으로 와인 세계를 장악하는 대규모 와이너리를 가진 충동적 세대의 아주 단순한 비전이었다. 하지만 호주의 양조용 포도 재배 산업은 최근에 생겼건 가족과 역사의 강한 전통을 가졌건 모든 규모의 생산자들로 인해 더욱 복잡하고 미묘한 차이를 보여준다. 헨슈케 가문은 19세기 거친 이민의 역사이자 요한 크리스티안 헨슈케 Johann Christian Henschke의 역사인데, 그는 자신이 태어난 실레지아Silésie 를 떠나 호주로 오는 과정에서 부인과 아이를 잃은 후, 시라(호주식 이름 시라즈)로 만든 최고급 와인으로 애호가들에게 소중한 지방이 된 호주 남부 바로사Barossa에서 인생 2막을 시작한 것이다. 선구자였던 그는 케인튼 구역에 포도나무 몇 그루를 심고, 산의 측면을 파서 조그만 수공예적인 양조장을 만드는 등의 기반을 닦은 후, 각 세대가 자신들의 돌을 놓았다. 1891년 미래의 힐 오브 그레이스Hill of Grace가 포함된 밭을 매입하고, 1920년대에 첫 번째 발효 탱크를 설치하였으며, 1950년대부터 달지 않은 첫 번째 와인과 밭 단위의 개별 양조를 시작했다. 이후 호주 와인이 겨우 알려지기 시작했을 즈음, 그의 와인은 호주 국내뿐 아니라 전 세계적으로 알려졌다. 6 대째인 스티븐과 프루 헨슈케는 1980년대 초에 도멘의 고삐를 움켜 잡았다. 포도 재배는 프루가, 양조는 스티븐이 책임졌는데, 독일, 가이젠하임Geisenheim, 보르도, 부르고뉴 등에서의 여러 경험, 그리고 둘이 공통적으로 가지고 있는 엄격함과 과학적 호기심으로 이 커플의 노하우는 풍부해졌다. 30년에 걸친 그들의 실험정신과 완벽함을 위한 노력은 도멘을 호주의 와인 서열에서 최상위에 올려놓았다.

전 세계 유일의 고목 vieilles vignes

1981년 아델레이드 Adelaïde의 선선한 구역에 포도밭을 매입한 이후, 포도 재배지는 확장되었지만, 도멘의 중심은 여전히 아델레이드의 북동쪽 70킬로미터 떨어진 바로사에 있는 여러 지방들 중 하나인 에덴 밸리 Eden Valley에 있다. 포도밭은 유칼립투스 숲과 과수원, 언덕들이 만들어내는 고즈넉한 풍경이 있는 고지대에 위치한 에델스톤 Edelstone 산기슭까지 펼쳐져 있다. 여기에서 헨슈케 가족은 미국산 포도나무 뿌리와 접목시키지 않은 100년도 더 된 매우 수령이 높은 보물과도 같은 시라즈 고목을 잘 보살피고 있다. 바이오 다이내믹 방식의 포도 재배, 토양 관리, 잡초 심기, 뜨겁고 건조한 여름에 이 지역에서 필수적인 관개 대신 토양을 짚으로 싸서 습도를 유지시키는 것 등, 프루 헨슈케는 이 유산을 소중하게 다루면서 편집증적 주의를 기울여 분석한다. 양조장에서 스티븐은 매우 수령이 높은 포도나무가 가져다주는 깊이감과 질감이라는 도멘의 최고급 와인이 갖추어야 할 특성과 기후가 만들어낸 보기 드문 농축도를 보여주는 포도를 전해 받는다. 30여 종의 와인과 10여 종의 품종 중에서, 1950년대 이후 꾸준하게 뛰어난 숙성 능력을 증명하면서 도멘의 명성을 만든 힐 오브 그레이스 Hill of Grace와 마운트 에델스톤 Mount Edelstone의 두 가지 밭 단위 퀴베는 왕좌에 올랐다.

헨슈케 HENSCHKE, 힐 오브 그레이스 HILL OF GRACE, 에덴 밸리 EDEN VALLEY

호주의 아이콘인 힐 오브 그레이스는 가장 오래된 포도나무의 수령이 150년이 넘는다고 주장하는, 거의 세계 유일의 시라즈가 재배되는 포도밭이다. 적은 산출량, 대형 오크통에서의 오랜 숙성, 여과과정 생략 등은 놀라운 깊이, 농축도, 비단 같은 텍스처와 매우 잘 익은 과일 풍미의 바탕 위에 서양 삼나무, 향신료, 향기로운 허브 등 모든 향의 뉘앙스를 점진적으로 보여주는 와인을 만든다. 벨벳 같은 텍스처, 잘 익고 부드러운 탄닌, 풍부함과 지속성은 이 와인으로 하여금 매우 오랜 장기 숙성을 하게 만든다.

수케 가족 사진 : 스티븐
, 프루 Prue, 안드레아스
, 저스틴 Justine, 요한 Johann

EDEN VALLEY (에덴 밸리)

바로사 밸리Barossa Valley보다 더욱 고지대인 해발 370~500미터 사이에 위치하는 에덴 밸리는 유명한 이웃인 바로사 밸리보다 더욱 서늘한 기후를 가지고 있다. 이 언덕 지역은 화이트와인으로 명성이 자자하다. 특히 19세기 독일에서 온 이민자들이 심은 리슬링 재배의 오랜 전통이 있다. 샤르도네도 재배되는데, 부드러우면서 강렬한 와인을 만든다. 레드와인의 경우, 에덴 밸리는 시라즈의 본고장인데, 헨슈케의 힐 오브 그레이스를 포함한 호주 최고의 몇몇 와인의 기반이 되는 곳이다.

> **주요 품종** 화이트와인은 샤르도네, 리슬링. 레드와인은 카베르네 소비뇽, 시라즈.

> **토양** 진흙, 점토, 때로는 자갈과 석영이 섞인 모래.

> **와인 스타일** 리슬링은 단단하고, 활기가 있으면 시트러스, 규석 등의 향이 나고 숙성 능력이 뛰어나다. 시라즈는 설탕에 재운 과일, 향신료, 키르슈나 유칼립투스의 향이 난다. 알코올 도수가 높고 부드러우면서 감미로운 짜임새를 가지고 있다. 어릴 때부터 매력을 발산하는 최상품의 시라즈는 농축미, 깊이감, 긴 여운 등과 함께 뛰어난 장기 숙성 능력을 가지고 있다.

> **주요 생산자** 헤기스Heggies, 헨슈케Henschke, 레오 버링Leo Buring, 퓨시 베일Pewsey Vale.

ADELAIDE HILLS (아델레이드 힐스)

아델레이드 힐스는 아델레이드의 동쪽 그리고 맥라렌 베일의 북쪽에 위치한 포도 재배 지역이다. 이곳의 특수성은 기후에 있는데 바다에서 가깝고 고도가 600미터 이상 되기 때문에, 사우스 오스트레일리아주에서 가장 시원한 곳 가운데 하나이다. 그래서 가장 유명한 두 개의 하위 지역인 렌스우드Lenswood와 피카딜리Piccadilly 같은 남부에서 특히 지배적인 샤르도네와 소비뇽 블랑을 선두로, 이 지방은 화이트와인 품종 재배에 좋은 잠재력을 가지고 있다. 북쪽의 더 더운 지역에서, 종종 메를로와 블렌딩하는 카베르네 소비뇽은 좋은 수준의 성숙도에 도달한다.

> **주요 품종** 화이트와인은 샤르도네, 리슬링, 소비뇽 블랑. 레드와인은 카베르네 소비뇽, 메를로, 피노 누아.

> **토양** 모래와 진흙.

> **와인 스타일** 아델레이드 힐스는 녹색 과일, 시트러스 종종 열대 과일 등의 향과 활기 있고, 어릴 적 마시는 호주 최고의 소비뇽 블랑 와인들 중 몇몇을 생산한다. 샤르도네는 역시 매우 많이 재배되는 피노 누아와 블렌딩되어 스파클링 와인 생산에 자주 사용된다.

> **주요 생산자** 냅슈타인 렌스우드Knappstein Lenswood, 넵펜스Nepenthe, 페탈루마Petaluma, 쇼 앤 스미스Shaw & Smith.

MCLAREN VALE (맥라렌 베일)

로프티 산맥Mount Lofty Ranges이 동쪽에 닿아 있고, 바다를 훤히 내다보는 맥라렌 베일의 규모는 작더라도, 포도 재배의 사명은 오래 되었다. 녹색으로 뒤덮인 기복이 있는 지형과 지중해성 기후는 대부분 높은 수준에 도달한 수많은 독립 와이너리를 끌어들였다. 일조량은 일반적으로 넉넉한 편이지만, 일조 방향, 고도, 바다의 영향 정도 등에 따른 국지적인 기후의 다양성이 크다.

> **주요 품종** 화이트와인은 샤르도네, 소비뇽 블랑. 레드와인은 카베르네 소비뇽, 그르나슈, 메를로.

> **토양** 모래가 많은 충적토, 모래, 진흙.

> **와인 스타일** 맥라렌 베일은 어렸을 적부터 매력 있는 풍부하고 진하면서 넘쳐나는 과일 풍미가 있는 레드와인의 지방이다. 카베르네 소비뇽은 매일 잘 익은 검은 과일을 떠오르게 하는데, 향신료, 카카오의 향이 나며, 매우 부드러운 탄닌이 있다. 시라즈는 짙은 색, 농축된 과일, 풍부한 알코올 도수 등이 주는 왕성한 악센트를 특징으로 한다. 시라즈와 블렌딩될 수도 있는 수령이 높은 그르나슈는 감미로우면서 깊고, 잼으로 만든 과일이나 키르슈의 향이 나는 와인을 만든다.

> **주요 생산자** 클라렌턴 힐스Clarendon Hills, 다렌베르그D'Arenberg, 젬트리Gemtree, 하디스 레이넬라Hardy's Reynella, 미톨로Mitolo, 와이라 와이라Wirra Wirra.

COONAWARRA (쿠나와라)

사우스 오스트레일리아주 남동쪽 끝부분에 있는 이 지방은 호주 최고 카베르네 소비뇽의 전당들 중 하나이다. 서풍이 지나가고 남극 공기의 흐름으로 냉각되는 이곳은 해안에서 80킬로미터 떨어져 있는데, 온화한 해양성 기후를 보인다.

호주에서는 유일한 경우로, 오랜 법적 투쟁 끝에, 두꺼운 석회암 기반 위의 얇은 층의 붉은색 흙으로 구성된 '테라로사terra rossa'라 불리는 특별한 토양에 의한 경계선이 정해졌다. 북에서 남으로 약 15킬로미터의 길이에 2킬로미터의 좁은 폭으로 된 띠 모양의 땅이 포도 재배 지역의 토양이 된다.

쿠나와라의 명성은 1960년대에 처음 심은 카베르네 소비뇽에 의해 생겼는데, 이로 인해 시라즈는 퇴색하게 되었지만, 지금도 여전히 샤르도네, 리슬링과 함께 재배되고 있다.

> **주요 품종** 화이트와인은 샤르도네, 리슬링. 레드와인은 카베르네 소비뇽, 메를로, 시라즈.

> **토양** 석회암 위에 부스러지는 붉은 점토 '테라 로사'.

> **와인 스타일** 카베르네 소비뇽은 강렬하고, 블랙 커런트, 유칼립투스의 향이 나며, 호주의 다른 카베르네보다 좀 더 짜임새 있고, 상쾌하면서 상당히 단단한 탄닌을 가진 와인을 만든다. 이 와인들은 일반적으로 흥미 있는 장기 숙성 능력을 가지고 있다. 시라즈도 비슷한 양상을 띠는데, 더 고온인 다른 지방의 와인들보다 과일 풍미와 상쾌함이 더 두드러지는 와인을 생산한다.

> **주요 생산자** 카트눅Katnook, 파커Parker, 와인스Wynns, 제마Zema.

MARGARET RIVER (마가렛 리버)

퍼스Perth에서 남쪽으로 대략 250킬로미터 지점에 위치한 이 지방은 1980년대 이전에는 거의 포도 재배를 하지 않았지만, 여기의 잠재력을 일깨운 케이프 멘텔레Cape Mentelle와 컬렌Cullen 등의 몇몇 선구자들에 의해 이곳의 명성은 멈추지 않고 커져만 갔다. 뜨겁고 건조한 지중해성 기후지만, 삼면에 접한 대양의 덕택으로 내륙 지역들보다 더욱 온난하고 습도가 높다. 배수가 잘 되는 자갈과 모래로 구성된 토양은 이 지방에 명성을 가져다준 카베르네 소비뇽과 매우 궁합이 좋다.

> **주요 품종** 화이트와인은 샤르도네, 소비뇽 블랑, 세미용. 레드와인은 카베르네 소비뇽, 메를로, 시라즈.

> **토양** 모래와 자갈.

> **와인 스타일** 종종 메를로와 블렌딩되는 카베르네 소비뇽은 매우 뛰어난데, 성숙하고 우아하며, 최상품은 정점에 도달했을 때 메독의 와인에 가까운 섬세함과 복합성을 보여준다.

화이트와인의 경우, 일반적으로 세미용과 블렌딩되는 소비뇽 블랑은 균형이 잘 잡히고, 부드러우며 식물성 향이 두드러지는 와인을 만든다.

> **주요 생산자** 케이프 멘텔레Cape Mentelle, 컬렌Cullen, 그렐린Gralyn, 주니퍼 에스테이트Juniper Estate, 리우윈Leeuwin, 모스 우드Moss Wood, 피에로Pierro, 바스 펠릭스Vasse Felix, 부아야제Voyager.

GREAT SOUTHERN (그레이트 서던)

알바니Albany, 덴마크Denmark, 프랭클랜드 리버Frankland River, 마운트 바커Mount Barker, 포론그룹스Porongorups 등의 수많은 하위 지방이 있는 가장 최근에 생긴 지역 가운데 하나인 이 광대한 포도 재배 지역은 호주에서 가장 넓은 면적을 가졌지만, 현재 낮은 밀도로 포도나무가 재배된다. 호주의 남서쪽 끝 상당 부분을 덮고 있는 이 지역은 웨스턴 오스트레일리아주에서 가장 서늘한 지역이다.

바다와의 인접성, 남쪽이라는 지리적 위치로 인해 밤에는 매우 서늘하고 낮에는 좋은 일조량을 가진다. 강우량은 마가렛 리버보다 적은 편이다. 덴마크와 알바니의 두 하위 지방은 대양의 강한 영향을 받는다. 웨스턴 오스트레일리아주의 다른 쪽에 기반을 둔 많은 생산자들이 그레이트 서던의 포도를 매입한다(20년 전에 이곳에서 재배하던 것은 대부분 사과였다).

> **주요 품종** 화이트와인은 샤르도네, 리슬링, 소비뇽 블랑, 세미용. 레드와인은 카베르네 소비뇽, 피노 누아, 시라즈.

> **토양** 모래와 자갈로 구성된 척박한 충적토, 편마암과 화강암이 바탕이 된 충적토, 덴마크 구역은 비옥한 충적토.

> **와인 스타일** 가장 성공한 레드와인 중 카베르네 소비뇽으로 만든 와인은 호주 와인 치고는 유별나게 단단하며 짜임새가 있고, 시라즈로 만든 와인은 뛰어난 과일 풍미와 균형이 좋다.

화이트와인의 경우, 샤르도네는 상쾌하고 때로는 좋은 짜임새를 가진 와인을 만드는 반면, 리슬링은 높은 산도와 시트러스의 강렬한 향이 난다.

> **주요 생산자** 알쿠미Alkoomi, 채츠필드Chatsfield, 하워드 파크Howard Park, 마운트 트리오Mount Trio, 플랜테이지Plantagenet, 웨스트 케이프 호우West Cape Howe.

뉴질랜드

Île du Nord

NORTHLAND

Whangarei

Waiheke Island

AUCKLAND

Auckland

Te Kauwhata

Hamilton

Waihou

Waikato

WAIKATO

Tauranga

Baie de Plenty

BAIE DE PLENTY

Rangitaiki

GISBORNE

Gisborne

Lac Taupo

Wanganui

TARANAKI

MANAWATU-WANGANUI

Rangitikei

HAWKE'S BAY

Napier

Hastings

Hawke's Bay

Wanganui

Palmerston North

WELLINGTON

Wairarapa

Martinborough

Wellington

Baie de Tasman

Nelson

Wairau

NELSON

Blenheim

MARLBOROUGH

Clarence

Alpes du Sud

WEST COAST

Waimakariri

Christchurch

CANTERBURY

Kawarau

OTAGO

Clutha

Dunedin

SOUTHLAND

Invercargill

Île Stewart

Océan Pacifique

Île du Sud

Régions viticoles

- ● Principales régions productrices de vin
- • Autres régions productrices
- ⊟ Limite de région

N

| 0 | 100 | 200 km |

뉴질랜드의 포도 재배지

포도 재배 지역의 규모가 작음에도 불구하고, 세상 끝자락에 있는 이 섬나라는
탁월한 향의 청량감이 있는 와인들로 세계 시장에서 당당히 자리매김하는 데 성공했다.
바로 가장 대중적인 소비뇽 블랑을 위시해서 샤르도네, 피노 누아 같은 품종로 양조한 뉴질랜드 와인들은
신세계 와인에서 독자적인 위상를 점하고 있다.

급격한 변화

지금은 눈부시게 발전했지만, 뉴질랜드가 포도 재배로 성공하기까지
는 오랜 시간이 걸렸다. 1819년 첫 번째 포도나무를 심은 이후, 이곳의
습한 기후에서 포도나무에 큰 피해를 줄 수 있는 질병과
싸우고, 주류의 판매와 유통을 오랫동안 감독하거나
제한했던 청교도적, 금주론적 경향과 싸워 이겨
야 할 필요가 있었다. 미국산 교배종을 대체하
기 위한 비티스 비니페라Vitis Vinifera 품종들의 도
입, 말보로Malborough와 같은 새로운 지방에 대한
조사, 과거에 주류를 이뤘던 감미로운 와인에
서 달지 않은 와인으로의 방향 전환 등 1970년
대 진정한 전환기를 맞이하게 되었다.
포도 재배 지역의 4분의 1이 사라지는 1986년의 조
정 이후, 샤르도네, 소비뇽 블랑 같은 품종의 식목과 완
벽한 기술적 숙달로 지금의 뉴질랜드의 명성을 있게 한 매우 향기롭
고 상쾌한 스타일의 등장과 더불어 변화는 계속되었다. 1999년부터

600%의 수출 성장과 현저한 내수 소비의 상승에 의해 생산량이 네
배로 증가했다.

숫자로 보는
뉴질랜드의 포도 재배지
면적 : 35,000헥타르
생산량 : 2,340,000헥토리터
레드와인 : 25%
화이트와인 : 75%
출처: (New Zealand Winegrowers),
OIV (2015)

기후

뉴질랜드는 남북으로 1,500킬로미터에 걸친 북
섬과 남섬으로 구성되어 있다. 해양성 기후로,
서쪽에서 불어오는 습한 바람과 남극에서 불
어오는 찬 바람의 영향을 받는다. 이웃한 호
주보다 더 시원하고 더 온난하며 특히 서해안
지역은 훨씬 더 습하다. 최초로 포도 재배가 번
성했던 최북단 지방은 덥고 습한 아열대 기후의
양상을 보인다. 남극에 가까운 남부는 더 선선하지
만 일조량이 풍부해서, 활기있고 향기로운 와인 생산에
완벽하다.

> 북섬에 있는 혹스베이Hawke's
Bay 지방의 포도밭 풍경

토양

대부분의 토양이 배수가 잘 안 되는 무거운 점토여서 습한 기후와 맞물려 종종 이상한 시점에 포도잎이 무성해져 결과적으로 질병에 노출될 확률이 높아지고 여러 와인들에서 감지되는 식물성 향이 나게 만든다. 반면, 말보로Malborough나 혹스베이Hawke's Bay 등지와 같이 배수가 매우 잘되는 일부 자갈 지역에서는 관개 시설이 필수적이다.

> 포도나무 위에 때로는 보호망을 쳐서 새들이 열매를 쪼아 먹지 못하도록 하고 있다.

포도 재배 지역

북섬. 오랫동안 북섬은 포도 생산에 집중해 왔으나, 보다 시원하고 좀 더 습도가 낮은 남섬의 포도 재배 지역의 비약적 증가로 인해 상대적인 비중은 감소했다. 뉴질랜드 전체 11개의 포도 재배 지방 중 7개가 북섬에 있다. 최북단에 있는 노스랜드Northland와 오클랜드Auckland의 작은 지방들은 보르도 품종으로 레드와인을 생산하는데, 이 중에는 작은 섬 와이헤케Waiheke에서 생산하는 환상적인 퀴베들도 있다. 북부 끝 지점에 있는 지역에서는 훌륭한 퀴베에서 오는 것도 있다. 와이카토Waikato와 베이 오브 플렌티Bay of Plenty의 작은 지역들은 소비뇽 블랑으로 전환했다. 생산량으로 3위인 동해안의 기스본Gisborne 지방은 강한 샤르도네의 본고장이지만, 몇몇의 탁월한 게뷔르츠트라미너도 찾을 수 있다. 해안에서 좀 더 남쪽에 위치한 혹스베이는 매우 좋은 수준의 일련의 레드와인과 화이트와인을 생산한다(p.606 참조). 웰링턴Wellington 지방의 포도 재배 지역은 마틴버러Martinborough를 하위 지역으로 둔 와이라라파Wairarapa 디스트릭트에 위치해 있다. 소비뇽 블랑과 피노 누아 덕분에 5년 동안 두 배로 확장되었지만 900헥타르도 안 되는 좁은 면적의 마틴버러는 더없는 명성을 날리고 있다.

남섬. 뉴질랜드 와인의 절반 이상을 생산하는 섬 북쪽의 말보로 지방은 뉴질랜드 와인 양조업의 숨통이자 대부분의 최고급 소비뇽 블랑의 본고장이 되었다(p.606 참조). 북서쪽의 넬슨Nelson 지역도 현재 재배지의 50%를 차지하고 있는 이 품종의 열풍에서 예외가 아니었다. 와이파라(p.607 참조) 밸리와 함께 캔터베리Canterbury 지역도 여러 품종 중에서 매혹적인 리슬링이나 샤르도네, 피노 누아 등으로 인해 급성장 중이다. 대륙성 그리고 산악 기후가 맹위를 떨치는 최남단 오타고Otago는 오랫동안 생산자들이 물러나게 만들었지만, 몇몇의 환상적인 피노 누아로 인해 미래가 기대되는 구역이 되었다.

포도 품종과 와인 스타일

신세계의 모든 나라 중에서 뉴질랜드는 가장 선선한 기후의 혜택을 보고 있고, 현재의 선택은 이러한 조건들에 잘 어울리는 품종들로만 이루어져 있다. 1990년대부터, 현재 총 재배 면적의 80% 이상을 차지하고 있는 소비뇽 블랑과 샤르도네, 특히 최근에는 피노 누아로 인해 리슬링을 제외한 독일 품종들은 거의 사라졌다.

화이트 품종. 뉴질랜드에서 생산되는 와인 중 75%가 화이트와인이다. 2015년 20,000헥타르에 걸쳐 재배되고 있는 소비뇽 블랑은 스타 품종의 위상을 확인하고 있다. 주로 스테인리스 탱크에서 양조와 숙성이 이루어지는데, 상쾌하고 활기가 있으며 풍부한 향을 가진 어릴 적 마시기 좋은 뉴질랜드 화이트와인의 전형을 보여주고 있다. 격차는 있지만, 뒤를 잇는 샤르도네의 재배 면적도 안정화되고 있다. 이 품종은 강렬함이 있으며 일부에 한해서 오크통 숙성을 견딜 수 있는 와인을 만든다. 대개 피노 누아와 블렌딩되어 스파클링 와인으로 양조되면 진정한 섬세함을 가져 이 가운데 최상품은 양질의 샴파뉴와 견줄 만하다. 주로 현지에서 소비되는 피노 그리, 리슬링, 게뷔르츠트라미너 등은 말보로, 와이파라와 오타고 등의 선선한 지방에서 급성장 중이다. 주로 달지 않은 와인이지만, 몇몇의 매우 희귀하면서 뛰어난 감미로운 와인으로도 양조된다.

레드 품종. 오로지 카베르네 소비뇽만이 1832년에 있었던 식목의 역사성을 내세울 수 있겠지만, 언제나 좋은 수준의 성숙도에 도달하는 것에 대한 어려움이 이 품종의 쇠퇴를 설명해준다. 이제 카베르네 소비뇽은 메를로와 특히 남섬에서 비약적 발전을 하는 5,500헥타르 면적의 피노 누아에 상당히 밀렸다. 카베르네와 메를로로 양조하여 장기 숙성에 적합하고 보르도의 스탠다드와 상당히 유사한 우아한 스타일의 몇몇 퀴베는 레퍼런스로 남는다 하더라도, 놀랍도록 상쾌하며 강렬하고 향의 순수함을 가진 최고급 레드와인은 단연 피노 누아이다.

뉴질랜드의
유명 와인과 지역

지리적 명칭 시스템은 대개 품종의 이름과 함께 레이블 상에 명시되는
지방, 때로는 하위 지방에 기초한다. 그러나 세계적으로 이름난 말보로와
오타고를 제외하면, 뉴질랜드에서는 그 무엇보다 생산자의 이름이 곧
레퍼런스이다.

HAWKE'S BAY (혹스 베이)

4,700헥타르의 면적을 가져 뉴질랜드에서 두 번째인 혹스베이는 북섬의 동부 해안에 자리 잡고 있다. 이곳의 지형은 서풍으로부터 포도 재배 지역을 보호해주는 해안선을 따라가는 산맥과 비옥한 해안 평야로 구성되어 있다. 혹스베이는 뛰어난 일조량과 연간 890밀리미터의 적당한 강우량이 있다. 화이트 품종이 주류를 이루는데, 최근에 재배 면적상 소비뇽 블랑이 샤르도네를 왕좌에서 내려오게 했다. 이 지방은 또한 자갈에 의한 복사열이 많은 토양에서 재배된 메를로와 카베르네 소비뇽이 만드는 훌륭한 레드와인을 생산하는 보루 중 하나이다.

> **주요 품종** 화이트와인은 소비뇽 블랑, 샤르도네, 피노 그리. 레드와인은 메를로, 피노 누아, 카베르네 소비뇽, 시라.

> **토양** 비옥한 진흙-자갈 토양과 굵직한 자갈의 척박한 토양이 번갈아 나타난다.

> **와인 스타일** 혹스 베이는 우아하면서 짜임새 있고, 단단하지만 오크통에서 숙성시키면 부드러워지는 탄닌을 가졌으며, 좋은 숙성 잠재력이 있는 메를로와 카베르네로

양조된 레드와인들로 유명하다.

요즘 유행하는 피노 누아와 시라는 포도 자체의 뛰어난 과일 풍미가 있는 어릴 때 마시기 좋은 와인을 생산한다. 소비뇽 블랑과 호주 최고의 샤르도네는 남섬에서 생산한 것보다 더 풍부하고 볼륨이 있는데, 일부는 오크통에서 양조해도 좋은 결과물을 낸다.

> **주요 생산자** 빌란시아Bilancia, 크래기 레인지Craggy Range, 에스크 밸리Esk Valley, 밀스 리프Mills Reef, 새크리드 힐Sacred Hill, 테 마타Te Mata, 테 아와Te Awa, 트리니티 힐Trinity Hill.

MARLBOROUGH (말보로)

1973년, 이 지방 최초의 포도 재배 지역이 남섬의 북동부 끝에 조성됐다. 그 후 말보로는 23,200헥타르의 면적으로 뉴질랜드 최대이자 최고로 유명한 포도 재배지가 되었다. 이 지역은 길고 넓은 와이라우Wairau 밸리와 그 주변을 아우르고 있고, 좀 더 남쪽의 아와티어Awatere 밸리 지역도 급속히 발전하고 있다. 봄철 서리를 제외하면, 낮에는 일조량이 매우 많고 밤에는 서늘해지는 이상적인 조

합의 기후를 가지고 있다. 말보로는 뉴질랜드 소비뇽 블랑을 유명하게 만들었고, 전체 면적의 상당 부분인 18,000헥타르를 할애하고 있지만, 매우 설득력있는 피노 누아와 샤르도네, 그리고 훌륭한 리슬링 와인도 일부 생산한다.

> **주요 품종** 화이트 와인은 소비뇽 블랑, 샤르도네, 피노그리, 리슬링. 레드와인은 피노 누아.

> **토양** 진흙과 자갈로 구성되어 있는데, 북

쪽은 비교적 척박하면서 배수가 잘되고, 남쪽은 좀 더 비옥하며 배수성이 떨어진다.

> **와인 스타일** 품종에 관계없이, 모든 와인들은 향의 강렬함과 청량감을 그 특징으로 한다. 소비뇽 블랑은 활기 있고 시트러스, 녹색 과일, 잔디와 같은 신선한 식물성 향이 매우 강하고, 생기를 주는 산도와 종종 입안에서 큰 존재감을 느끼게 해주는 멋진 볼륨을 지니고 있다. 양질의 샤르도네는 균형이 좋고 상쾌하며 우아함과 강렬함의 정점에 도달할 수 있는 자질을 갖추고 있다. , 우아함과 농도의 최고점에까지 도달할 수 있는 와인들이다. 어릴 때 마시기 좋은 피노 누아는 활력을 주는 과일 풍미와 기분 좋은 산도를 가지고 있다.

> **주요 생산자** 클라우디 베이Cloudy Bay, 델타Delta, 프롬Fromm, 헤르조그Herzog, 잭슨 에스테이트Jackson Estate, 킴 크로포드Kim Crawford, 스테이트 란트State Landt, 테라빈TerraVin, 토후 와인즈Tohu Wines, 빌라 마리아Villa Maria, 와이라우 리버Wairau River.

CANTERBURY/WAIPARA (캔터베리/와이파라)

남섬의 동해안에 있는 말보로의 남쪽에 위치한 이 지방의 포도 재배 면적은 1,500헥타르로, 5년 동안 3배로 확장됐다. 크라이스트처치Christchruch를 둘러싼 넓은 평야로 구성된 캔터베리 지역과 크라이스트처치에서 북쪽으로 50킬로미터 정도 떨어져 위치한 와이파라 구릉 지역, 이렇게 두 개의 하위 지방을 포함하고 그 명칭이 레이블에 포기된다. 선선한 기후, 바람, 풍부한 일조량, 낮은 습도, 가볍고 척박한 토양의 조합은 생산량의 대부분을 차지하고 특히 와이파라 지역에서

현재 눈부신 성장세를 보이고 있는 리슬링과 피노 누아에 이상적이다.

> **주요 품종** 화이트와인은 리슬링, 소비뇽 블랑, 피노 그리, 샤르도네. 레드와인은 피노 누아.

> **토양** 남쪽은 충적토, 진흙, 자갈. 북쪽은 점토, 진흙, 석회.

> **와인 스타일** 이 지방에서 생산되는 와인의 절반은 단단하고 산도가 높으며, 직선적이면서 부싯돌, 레몬 등의 향이 나고 최상품의 경우는 반짝임이 돋보이는 색을 가진 리슬링이 차지한다. 이 지방의 또 다른 전문 분야인 피노 누아가 완숙 상태로 수확되었을 때, 과일 풍미가 있고 향신료의 향이 나며 활기차고 상쾌하며 종종 매우 순수한 와인을 만든다. 활기있고 향기로운 소비뇽 블랑과 좋은 짜임새를 가진 샤르도네도 생산한다.

> **주요 생산자** 벨힐Bell Hill, 마운트포드Mountford, 페가수스 베이Pegasus Bay, 와이파라 힐즈Waipara Hills, 와이파라 웨스트Waipara West.

CENTRAL OTAGO (센트럴 오타고)

센트럴 오타고는 전 세계에서 가장 남쪽에 위치해 있으며, 남섬 내륙에 있는 유일한 포도 재배 지역이다. 뉴질랜드 총생산량의 5%밖에 책임지지 않는 이 산악 지방은 생산량의 80%를 담당하는 피노 누아의 탁월한 품질 덕분에 몇 년 만에 가장 매력적인 곳 중 하나로 부상했다. 2002년부터 재배 면적은 빠르게 증가하여 2,000헥타르에 달하며, 와이너리의 숫자도 6배로 증가했다. 밸리의 기저부와 여러 일조 방향을 가진 경사면에서 재배되는 포도나무는 냉해의 위험 때문에 해발 300미터 이상의 고도로 올라가는 경우는 드물다. 짧고 건조하며 풍부한 일조량을 가진 여름과 낮과 밤의 심한 일교차가 있는

대륙성 기후이다. 다른 곳에 비해 포도가 성숙에 도달하는 시간이 짧지만, 극도로 강력한 태양광은 피노 누아의 성숙에 우수한 조건을 제공한다.

> **주요 품종** 화이트와인은 피노 그리, 샤르도네, 리슬링, 소비뇽 블랑. 레드와인은 피노 누아.

> **토양** 북동부의 와이타키 밸리Waitaki Valley 지역은 석회질의 포획암이 섞인 편암질 기반 위에 자갈이 섞인 황토.

> **와인 스타일** 오타고에는 여러 스타일의 피노 누아가 있지만, 대개 매우 잘 익은 붉은 과일의 매우 풍부한 향과 함께 향신료와 숙성의 스타일과 숙성 기간에 따라 달라지는 오크 숙성 특유의 향이 느껴진다. 알코올 도수가 높고 농축된 와인으로 잘 익은 과일의 강렬한 풍미로 유혹한다. 대부분은 탄닌이 거의 느껴지지 않지만, 큰 존재감과 쨍한 색을 만들어 주는 상쾌한 산도 높은 짜임새를 가지고 있다. 가장 농축이 잘 된 와인들은 어릴 적부터 매우 매력적이지만, 5~10년 동안 숙성도 가능하다. 화이트와인은 대부분 활기가 있고 향기롭다.

> **주요 생산자** 아니스필드Annisfield, 챠드 팜Chard Farm, 펠튼 로드Felton Road, 마운트 에드워드Mount Edward, 마운트 모드Mount Maude, 마운트 디피컬티Mt Difficulty, 올센Olssens, 록번Rockburn.

클라우디 베이Cloudy Bay, 선구자적 도멘

클라우디 베이는 말보로Marlborough에 위치한 와이라우Wairau강 하구에 있는 만(灣)의 이름이다. 또한 호주의 카르페 멘텔Carpe Mentelle 도멘에서 온 데이비드 호넨David Hohnen과 케빈 쥬드Kevin Judd가 설립한 뉴질랜드에서 가장 유명한 도멘의 명칭이기도 하다. 흔히 연상되는 주변에 있는 산들의 광경 중 하나를 그림으로 담은 레이블을 통해, 1985년에 설립된 이 도멘은 뉴질랜드 국내의 표준이자 전 세계의 표준이 된 상쾌하면서 향기로운 소비뇽 블랑과 말보로라는 이 천혜의 지방의 대중화에 매우 크게 기여했다. 밀레짐이 진행되는 동안, 이 와인은 시트러스, 녹색 과일, 열대 과일, 신선한 식물의 넘쳐나는 향과 양질의 뉴질랜드 소비뇽 블랑 특유의 활기를 주는 산도를 간직한 채, 세련됨과 우아함이 증가했다. 설립 당시보다 포도밭은 놀랍게 확장되었고, 생산은 풍부해져 좋은 결과물을 만드는 여러 와인이 있지만, 그중에 오크통에서 양조된 뉴질랜드에서 가장 세련되면서 반향이 있는 샤르도네, 순수하면서 청량감 있는 피노 누아, 세련됨이 인상적인 스파클링 와인 펠로루스Pelorus 등이 있다.

일본,
중국, 인도

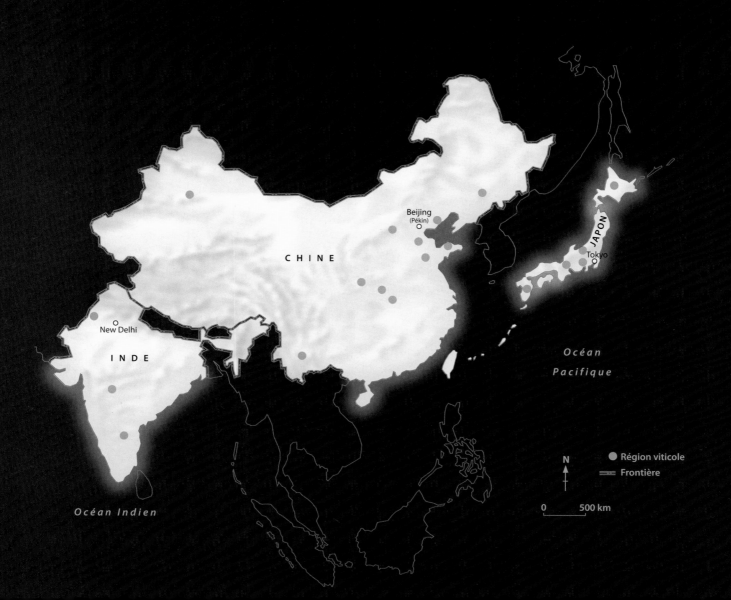

Beijing
(Pékin)

CHINE

JAPON

Tokyo

New Delhi

INDE

Océan
Pacifique

N

● Région viticole

═══ Frontière

0   500 km

Océan Indien

일본, 중국, 인도의 포도 재배지

지난 수십 년간 아시아에서의 와인 소비는 크게 증가했으나, 극히 소수의 국가만이 의미 있는 와인 생산업을 하고 있다. 일본과 인도의 포도 재배 지역의 규모는 크지 않지만, 중국은 인상적인 속도로 발전하고 있다.

일본

일본에서는 8세기부터 포도를 재배하기 시작했지만 16세기 포르투갈 선교사들이 일본에 오기 전까지 와인 소비와 관련하여 증명된 바가 거의 없다. 약 300년 후, 야마나시Yamanashi 지방에서 야마다 히로노리Yamada Hironori와 타쿠나 노리히사Takuna Norihisa에 의해 최초의 근대적인 와인 양조 도멘이 설립됐지만, 1980년대에 들어와서야 본격적인 와인 열풍이 불기 시작했다.

포도 재배지

총 19,000헥타르의 포도 재배 면적 중 단지 10%만이 와인 생산에 이용된다. 거의 일본 열도 전부에 포도 재배 지역이 존재하지만, 면적의 대부분은 주인 혼슈Honshu에, 특히 생산량의 40%를 담당하는 토쿄 서쪽에 위치한 야마나시와 나가노Nagano 지방에 집중되어 있다. 장마와 태풍의 영향을 받는 매우 습한 기후와 비옥한 산성 토양은 품질 좋은 포도 생산의 이상적인 조건과는 거리가 멀었다. 여기에 대처하기 위해 포도 재배자들은 독특한 재배 기법을 사용하고 적절한 품종을 선택한다.

품종. 교배종인 교호kyoho, 캠벨 얼리campbell early, 베일리 A 뮈스카muscat bailey A 또는 델라웨어delaware 등은 카베르네, 메를로, 뮐러 투르가우Müller-thurgau, 샤르도네 등의 수입 품종들과 함께 재배되지만, 가장 쉽게 접할 수 있는 와인들은 비티스 비니페라의 토착 품종인 코슈koshu로 양조된다. 후지산에서 가까운 야마나시에서 장밋빛 껍질을 가진 이 품종으로 가벼우면서 우아하고 마시기 좋은 화이트와인을 생산한다. 몇몇의 최고급 와인은 배수가 잘 되는 카추누마Katsunuma 지역의 경사면에서 생산되는데, 전설에 의하면, 코슈 품종의 첫 번째 포도나무는 중국에서 온 불교 승려들에 의해 이곳에 8세기에 심어진 것이라 한다.

주요 생산자. 뤼미에르Lumière, 만Manns, 마그레-아루가Magrez-Aruga, 샤토 메르클랑Château Merclan, 삿포로Sapporo, 쉬젠Shizen, 산토리Suntory.

> **현재 아시아에서는 일본이 가장 복잡한 시장이다.** 대부분의 와인은 수입되지만, 포도 재배에 그다지 유리하지 않은 자연환경 속에서 와인 양조하는 법을 터득한 생산들에 의해 지역에서 생산되는 소량을 간직한다.

중국

15년쯤 전만 해도, 중국에서 개인의 와인 소비는 거의 전무한 수준이었다. 현재 1인당 연간 소비량은 0.5리터에 달한다. 이 수치는 유럽의 소비 성향에 비하면 매우 낮은 수준이지만, 수 세기 동안 문화적으로 와인에 폐쇄적이었던 나라인 점을 감안한다면 획기적인 변화라 할 수 있다. 게다가 상당한 규모의 숨겨진 시장도 있을 것으로 예상한다! 최근 중국 도시들의 빠른 서구화는 와인 수입량의 대폭 증가, 세계 8위를 점하는 중국 생산량의 극적 증가, 최근 양조용 포도 재배 지역의 빠른 확장 등의 변화를 잘 설명해준다.

포도 재배지

베이징Pékin, 톈진Tianjin, 특히 대규모 와인 업체 장위Changyu나 만리장성Great Wall 등의 본사가 있는 허베이성Hebei과 산둥성Shandong 등 중국 포도 재배지는 동부 지방에 주로 형성되어 있다. 보하이Bohai만으로 향하고 있는 풍부한 일조량의 산둥반도의 경사면은 기후적 과

> 중국 신장Xinjiang 자치구 튀르판Turfan 시 근교의 포도 수확

코슈에 매료된 보르도 출신 생산자

프랑스 및 전 세계에 35개의 포도 재배지를 가지고 있는 보르도인 베르나르 마그레즈Bernard Magrez는 코슈 품종에 매료되어 카추누마Katsunuma에 있는 일본 최고의 코슈 전문가 중 하나인 유지 아루가Yuji Aruga와 협력했다. 마그레즈-아루가Magrez-Aruga로 이름 붙인 이 퀴베는 상쾌하고, 향기로우며, 투명한 색을 가져, 이 일본 토착 품종의 매우 기분 좋은 예시이다.

> 인도 카르나타카^{Karnataka}주 뱅갈로어^{Bangalore} 북부 그로버^{Grover} 도멘의 포도 수확

잉을 완화시켜주는 바다의 영향으로 인해 흥미로운 잠재력을 가지고 있다. 최근에 일어난 포도 재배 산업의 발전으로 비약적 성장을 하는 새로운 지방들이 생겨났다. 샨시^{Shangxi}와 특히 닝시아^{Ningxia} 지역에 모든 이목이 집중되어 있다. 지방 정부의 재정 지원을 통한 황하로부터의 관개 시설에 의해 얼마 전까지만 해도 거의 사막 같았던 닝시아의 토지를 사용할 수 있게 되었다. 이제는 포도밭이 넓은 면적을 차지하고 있는데, 진흙 토양에, 반건조 성향의 강한 대륙성 기후여서 겨울에는 파괴적인 영하의 날씨가 되기 때문에 포도나무를 땅속에 묻어야 한다. 덥고 건조한 여름은 좋은 조건에서 포도가 성숙하게 해주는데, 보르도의 영향을 받아 특히 카베르네 소비뇽과 메를로가 주종을 이루고 있다. 중국과 해외 투자가들은 이 지방에 대규모 투자를 실시했고, 점점 더 늘어나는 콩쿠르에서 수상한 중국의 수많은 퀴베들은 닝시아에서 생산된 것이다. 발전하고 있는 여러 다른 지방들 중에서 북서쪽 끝에 위치한 신장^{Xinjiang} 자치구는 현재 식용 포도를 대량으로 생산하는 지방이지만, 현재는 와인 양조업체들에 러브콜을 보내고 있다.

표준에 가까운 와인

와인 생산은 장유^{Changyu}, 다이너스티^{Dynasty}, 만리장성^{Great Wall}, 이 세 개의 거대 업체에 강하게 집중되어 있으며, 이 가운데 몇몇은 해외 파트너들과의 합작 투자(조인트 벤처) 계약의 혜택을 받는다. 이런 지식의 전수가 조금씩 결실을 맺어, 얼마 전까지만 해도 정통 양조법과는 거리가 먼 방식으로 만들어지던 중국 와인들은 국제적 표준에 가까워지고 있다. 중국 소비자들도 조금씩 까다로워지고 있고 중국의 대도시에는 점차 와인 문화가 생겨나고 있다. 취향의 고급화는 현대적 도멘의 출현에서 시작되었는데, 닝시아의 작은 민간 도멘 실버 하이츠^{Silver Heights}나 샨시의 그레이스 빈야드^{Grace Vineyard} 같은 몇몇은 그 명성을 쌓기 시작했다. 수많은 투자자들의 마음을 사로잡은 급성장기의 중국의 포도 재배 지역은 선택의 기로에 있다.

주요 생산자. 카타이^{Catai}, 장유, 샤토 준딩^{Château Junding}, 드래곤 할로우^{Dragon Hollow}, 그레이스 빈야드, 만리장성, 후아동^{Huadong}.

인도

인도는 이미 기원전 4세기에 와인을 생산했다고 고문헌이 입증하고 있지만, 인도 역사의 여러 다른 시기에 걸쳐 용인되어 왔음에도 불구하고, 종교적인 금지는 다른 술들과 마찬가지로 오랫동안 와인을 반사회적이고, 미심쩍은 음료로 여겼다.
획기적 성장. 도시의 중산층과 상류층의 서구화는 와인에 대한 인식을 바꾸었고, 지난 10년 동안 극적 성장을 이룬 시장을 만들었다. 외국 와인의 수입에 부과되는 세금과 현지 생산자에게 제공되는 편의성은 지난 수년간 생산량을 두 배로 증가시켰다. 포도 재배 지역은 120,000헥타르에 달하지만, 단지 몇 천 헥타르만이 와인 양조용 포도 재배에 사용된다.

주인공들

2014년 기준, 인도 전체 93개의 와이너리 중 75개가 포진해 있는 마하라슈트라^{Maharashtra}주 뭄바이^{Bombay} 동부와 북동부에 생산이 집중되어 있는데, 이곳의 기후는 포도 재배가 가능한 조건을 갖추고 있으며, 이보다 작은 규모로 이웃한 카르나타카^{Karnataka}주에도 분포되어 있다. 지금은 폐업한 인다쥬^{Indage} 그룹은 1985년에 전통적인 양조법으로 만든 스파클링 화이트와인인 오마르 카이얌^{Omar Khayyam}을 처음으로 출시했다. 중요한 두 생산자가 인다쥬 그룹의 뒤를 이었는데, 프랑스-인도 합작 투자 업체인 그로버 빈야드^{Grover Vineyards}와 특히 술라^{Sula}는 1997년에 설립된 인도 최대 생산자로 기포가 없는 와인의 훌륭한 품질로 두각을 나타냈고 그중 소비뇽 블랑이 큰 성공을 거두었다. 소비뇽, 샤르도네, 슈냉 블랑, 카베르네 소비뇽, 메를로, 시라, 레드 진판델 등의 국제적인 품종 재배에 우선순위를 두었다.
포도 재배지 인수 금지에도 불구하고, 인도 시장의 유망한 잠재력에 새로운 투자가들이 몰려들었다. LVMH 그룹 산하 샹동 인디아^{Chandon India}는 마하라슈트라주 나식^{Nashik} 지방의 포도원에서 매입한 포도로 스파클링 와인을 생산하고 있다. 현재 단일 품종 와인의 레퍼런스와도 같은 프라텔리^{Fratelli}는 마하라슈트라주에, 페르노 리카르^{Pernod Ricard}는 나식에, 유나이티드 스피릿츠 리미티드^{United Spirits Limited}도 역시 투자했고, 수출에도 어느 정도 성공했다.

주요 생산자. 술라 빈야드^{Sula Vineyards}, 그로버 빈야드^{Grover Vineyards}, 프라텔리^{Fratelli}, 페르노 리카르 인디아^{Pernod Ricard India}, 샹동 인디아^{Chandon India}, 포시즌 와인^{Four Saisons Wines}.

참고 자료

전문용어

이 전문용어는 p.228~235에 언급된 시음 관련 어휘를 제외한 와인 세계의 특정한 어휘의 정의를 내린다.
외래어에서 온 것은 다음의 약자의 형태로 표기한다. 독=독일어, 스=스페인어, 이=이탈리아어, 포=포르투갈어, 영=영어.
따로 필요한 프랑스어 발음은 [ ] 안에 표기해두었다.

A

ABBOCCATO 아보카토(이)
옅은 감미가 있는 와인.

ACIDE ACÉTIQUE [아시드 아세티크] 아세트산
모든 와인에서 소량으로 발견되는 산. 과도할 경우, 와인이 식초가 된다.

ACIDE CITRIQUE [아시드 시트리크] 구연산
과일과 시트러스에 풍부한 산. 포도에도 존재하지만 적은 양이다. 화이트와인, 특히 귀부 와인에 많이 다량 함유되어 있다. 와인에 구연산을 첨가하는 것은 규제 대상이다.

ACIDE LACTIQUE [아시드 락티크] 젖산
와인의 젖산 발효 중 발생하는 산이다.

ACIDE MALIQUE [아시드 말리크] 말산
청포도에 많이 포함되어 있는 불안정한 상태의 말산은 포도가 성숙하면 감소한다. 청사과의 떫은맛으로 인식된다. 알코올 발효가 완료되면, 말산은 젖산으로 변형된다.

ACIDE TARTRIQUE [아시드 타르트리크] 주석산
와인에서 가장 강력한 산도를 가진 가장 고급스러운 산으로 식물계에서는 잘 발견되지 않는다. 포도알 안의 주석산은 수확 시까지 감소한 후, 기후 조건에 따라 달라진다.

ACIDITÉ [아시디테] 산도
와인은 주석산, 말산, 구연산, 젖산 등 유기산이 풍부하다. 시음하는 동안, 산도는 중요한 역할을 한다. 산도는 와인에 감미로움을 주는 구성요소인 당분, 알코올, 글리세린 등을 부분적으로 감추고 보완하는 반면 탄닌과 결합 시에는 시큼하고 떫은 느낌을 가중시키는 시너지를 창조한다. 산도가 과하거나 제대로 보완되지 못할 때, 활기, 미숙 그리고 떫음과 같이 연속적으로 인지된다. 반면에 감소하거나 와인의 감미로움에 묻히면, 무기력하거나 무겁게 느껴진다. 적정량보다 조금 많을 때는 상쾌함을 제공하고, 조금 부족할 때는 와인을 부드럽게 해준다.

ADEGA 아데가
포르투갈의 양조장.

ALCOOL 알코올
와인의 중요한 요소 중 하나인, 에틸 알코올은 알코올 발효의 결과이다. 효모의 효소 대사는 포도 주스 안의 당분을 알코올, 탄산가스 그리고 열로 변형시킨다. 와인의 알코올 함량은 포도즙 안의 당분과 첨가한 설탕의 '양에 따라 최소 7~15% 이상까지 다양하다. 15도 이상일 때는 일반적으로 주정강화를 한 것이다. 알코올 도수 1도를 얻으려면, 화이트와인의 경우 리터당 17g, 레드 와인의 경우 18g이 필요하다.
» Chaptalisation 보당 참조.

AMABILE 아마빌레(이)
아보카토abboccato보다 더 달콤한 와인.

AMERTUME [아메르튐] 쌉쌀함
맛을 구성하는 네 가지 요소 중 하나.

AMONTILLADO 아몬티야도(스)
피노fino로 시작해 올로로소olorosso로 변화된 헤레스Xérès 와인 스타일 중 하나. 호박색을 띠는 이 와인은 숙성됨에 따라 견과류의 향이 난다.

AMPÉLOGRAPHIE [앙펠로그라피] 포도학
포도 품종에 대한 분류와 연구를 하는 학문.

ANHYDRIDE SULFUREUX(SO₂) [앙이드리드 쉴퓌뢰] 무수아황산
전통적으로 와인 메이커들은 수많은 장점을 가진 무수아황산을 사용해왔다. 왜냐하면 수확한 포도에서 발생하는 때 이른 발효를 억제하고, 효모의 선택을 제지/활성화하며, 미생물과 박테리아를 제거하고, 산화로부터 보호하며, 용해 능력과 더불어, 젖산 발효를 막을 수 있고, 달콤한 와인들이 병 안에서 재발효되는 것을 방지하는 소중한 조력자이기 때문이다.

ANTHOCYANES [앙토시안] 안토시아닌
레드와인의 색을 만드는 붉은색 색소. 어린 와인의 보랏빛은 상당히 불안정한 폴리페놀 성분의 안토시아닌 분자가 만드는 거의 독자적인 색인데, 숙성이 진행되면 폴리페놀 성분을 가진 또 다른 요소인 탄닌과 결합하여 루비색의 적색으로 바뀐다.

APPELLATION D'ORIGINE CONTRÔLÉE(AOC) [아펠라시옹 도리진 콩트롤레] 원산지 통제 명칭
원산지 통제 명칭은 이나오(INAO)의 규정 안에서 확립된 지역과 품종에서 생산한 프랑스 와인에 적용된다. 유럽연합의 기준과 비교하면, 원산지 보호 명칭(AOPAppellation d'Origine Protégée) 범주에 속한다. AOC급의 와인은 생산 영역, 포도 품종, 획득해야 할 최소 당도, 알코올 함량, 헥타르당 기초 수확량, 포도나무 가지치기, 재배 방법, 양조 방법 등의 규정을 준수해야 한다.

APPELLATION D'ORIGINE PROTÉGÉE(AOP) [아펠라시옹 도리진 프로테제] 원산지 보호 명칭
프랑스의 원산지 통제 명칭에 상응하는 유럽 내 여러 국가 곧, 유럽연합에서 사용하는 호칭.

ARÔMES [아롬] 향
이 용어는 코와 입의 감각기관이 인지하는, 와인에서 내뿜는 향을 의미한다. 품종의 향, 발효의 향 그리고 발효 이후 숙성의 향으로 구분된다.

ASSEMBLAGE [아상블라주] 블렌딩
여러 와인을 혼합하는 작업. 블렌딩은 각각의 요소가 개별적으로 있을 때보다 함께 해서 더 좋은 결과를 만들기 위함이다.

AUSBRUCH 아우스부르크(독)
당도에 있어서 베렌아우스레제Beerenauslese와 트로켄베렌아우스레제Trockenbeerenauslese 사이의 오스트리아 와인 스타일.

AUSLESE 아우스레제
늦수확 혹은 때때로 귀부병에 걸려 당분의 높은 농축도를 가진 포도를 수확해 만드는 독일 와인. 아우스레제는 달수도 있고, 달지 않을 수도 있다.

B

BAG IN BOX 백 인 박스
벌크 와인의 판매와 보관(개봉 후 6개월까지)을 위해 빈번히 사용되는데, 종이박스 내부에 수축 가능한 진공 비닐 봉투에 밸브가 달려 있다.

BAN DES VENDANGES 방 데 방당주

과거의 수확 개시일이었다. 현재, 방 데 방당주는 보당이 허용되는 날짜이다. 이 날짜는 이나오(INAO), 해당 원산지 명칭 조합에 의해 제안되고 해당 지자체의 장에 의해 결정된다.

BARRICA 바리카(스)

대략 225리터의 용량을 가진 스페인의 오크통.

BARRIQUE 바리크(작은 오크통)

지역마다 다른 용량을 가진 오크통으로, 부르고뉴에서는 228리터, 보르도에서는 225리터(보르도에서 4개의 바리크는 1개의 큰 오크통(토노 tonneau)), 투렌-앙주에서는 232리터이다.

BÂTONNAGE 바토나주

숙성 중 작은 오크통이나 스테인리스 탱크 바닥에 쌓인 죽은 미세한 효모를 부유시키는 작업으로, 좀 더 복합적이고, 부드럽고, 기름진 와인을 만들게 해준다.

BEERENAUSLESE 베렌아우스레제(독)

늦수확이나 귀부병에 감염돼 매우 당도가 높은 포도로 만든 오스트리아나 독일의 와인.

BEREICH 베라이히(독)

포도 재배 지역.

BIODYNAMIE [비오디나미] 바이오 다이내믹

행성의 움직임과 식물의 성장 사이의 상호작용을 고려한 유기농의 형태. 인간의 개입 시점에 대한 정확한 달력과 미네랄이나 유기물에 기초한 요소를 기반으로 한다.

BIOLOGIQUE [비올로지크] 유기농

모든 화학 합성 물질의 사용을 배제한 포도농사의 형태.

BLANC [블랑] 화이트와인

화이트 양조용 포도나 색 없는 포도즙을 가진 레드용 품종을 압착해서 얻은 주스나 즙을 알코올 발효해서 만든 와인.
» Vinification 양조 참조.

BLANC DE BLANCS 블랑 드 블랑

화이트 품종으로 만든 화이트와인.

BLANC DE NOIRS 블랑 드 누아

레드 품종으로 만든 화이트와인.

BLUSH 블러시(영)

로제를 의미하는 영어 단어.

BODEGA 보데가(스)

양조장이나 저장고를 의미하는 스페인어.

BOTRYTIS CINEREA 보트리티스 시네레아

포도를 공격하는 기생 곰팡이. '회색 부패'라고 부르는 약간의 보트리티스는 퀴베종 시 발효 과정에 도움을 준다. 레드의 경우 10~15%, 화이트의 경우 20% 이상 높은 비율로 감염되었을 때, 수확에 해를 끼친다. 특정 기상 조건 하에서 매우 높은 비율로 감염되었을 때 흔히들 '귀부'라고 하는데, 이때 독특한 형태의 과숙이 이루어져 포도의 주스가 농축이 된다. 이렇게 보트리티스에 감염된 포도는 소테른이나 헝가리의 토카이와 같은 명성이 유명한 달콤한 와인을 만든다.

BOUCHON 부숑

병을 밀봉하기 위해 사용되는 원통 모양의 코르크 혹은 합성소재. 코르크의 품질은 다양하다. 저급의 코르크는 코르크 페이스트와 함께 사용한다.

BOUCHONNÉ 부쇼네

코르크 냄새가 매우 강한 와인을 지칭할 때 사용한다. 일반적으로 이런 와인은 마실 수가 없다. 이 돌이킬 수 없는 현상은 코르크에 나타나는 일부 특정 곰팡이의 번식과 관련이 있다.

BOUILLIE BORDELAISE
[부이이 보르들레] 보르도식 믹스

지난 세기 노균병 치료를 위해 밀라르데 Millardet에 의해 개발된 황산구리와 석회(칼슘)에 기초한 처방. 현재 구리가 함유된 합성제품으로 점점 대체되고 있다.

BOUQUET 부케

와인이 발산하여 코에서 감지되는 복합적이고 기분 좋은 향의 총체.
» arômes 향 참조.

BOURBE 부르브

포도 찌꺼기로 가득 찬 착즙된 포도 주스의 일부.
» debourbage 데부르바주 참조.

BRANCO 브란쿠(포)

화이트.

BRUT 브뤼트

스파클링 와인에 적용되는 이 용어는 리터당 0~12그램 정도의 아주 적은 양의 당분이 있는 것을 의미한다. '브뤼트 제로 brut zéro'와 '브뤼트 앵테그랄 brut intégral'은 조금도 감미가 없음을 의미한다.

C

CAPSULE [캅쉴] 캡슐

금속 혹은 다른 재료로 만든 코르크 덮개. 원래는 주석합금으로 만들었던 이 캡슐은 현재 플라스틱으로 만든 것까지 있다. 이 용어는 스파클링 와인의 2차 발효 시에 사용하는 '병 뚜껑 bouchon couronne'도 지칭한다.

CAPSULE CONGÉ [캅쉴 콩제]
상품반출 허가증 캡슐

운송허가를 취득했음을 증명하는 관인이 찍힌 캡슐.

CAUDALIE 코달리

» p. 230 와인 용어 참조.

CAVA 카바(스)

전통적인 방법으로 양조된 스페인의 스파클링 와인의 총칭.

CENTRIFUGATION [상트리퓌가시옹]
원심분리

포도즙이나 와인의 정제 작업 중 원심력을 이용하여 무거운 입자를 제거하는 기술. 이 과정은 포도즙에서 데부르브 débourbe(포도 찌꺼기) 제거, 새로 만든 와인의 정제 또는 콜라주의 앙금을 제거하는 데 사용한다.

CEP [셉] 포도나무 그루터기

1년 이상 된 포도나무의 목질 부분.

CÉPAGE [세파주] 품종

비티스 비니페라 Vitis vinifera 속의 포도 품종들. 전 세계적으로 수천 가지가 있다.

CHAI [셰] 양조장

양조하는 곳, 작은 오크통 또는 스테인리스 탱크 숙성 또는 병에 담긴 포도 저장고.

CHAMBRER [샹브레] 실온에 맞추기

지하에 있는 카브가 서늘하던 시절, 영구적으로 난방이 되지 않았던 방에서 식사를 하던 시절, 와인을 실온에 맞춘다는 것은, 연중 대부분의 기간 동안 실내 온도가 18도가 되지 않았던 방으로 카브에 있던 와인을 가지고 오는 것을 의미했다. 오늘날에는 보관용 온도에 있는 와인을 꺼내 서방 온도까지 점진적으로 이르게 하는 것이 타당하다.

CHAPEAU 샤포

레드와인 양조의 경우, 샤포는 발효 중 이산화탄소의 방출로 인해 껍질, 씨, 가지, 과육 등의 고체가 포도즙의 표면까지 밀려 올라가 형성한 부분이다. 색과 향의 좋은 추출을 얻기 위해, 침용을 제어하는 것이 중요하다. 이 유명한 샤포를 휘젓고, 뒤섞고, 가라앉히려는 수많은 시스템이 존재하는 이유는 와인의 액체와 고체 사이의 더 나은 대화를 위해서이다.

CHAPTALISATION [샵탈리자시옹] 보당

이 용어의 기원이 된 프랑스의 화학자 샵탈 Chaptal

에 의해 장려된 보당은 좀 더 높은 알코올 함량의 와인을 얻기 위해, 발효 전 당분이 모자란 포도즙에 사탕수수, 비트, 수정 농축 포도즙의 당분을 첨가하는 기술이다.

CHARMAT 샤르마

당분과 효모를 첨가하여 스테인리스 탱크에서 스파클링 와인을 양조하는 방법이다. 2차 발효는 '폐쇄된 탱크'에서 진행된다.

CHÂTEAU 샤토

특정 도멘에서 생산된 와인을 지칭하는 용어로, 이와 같이 지칭된 도멘의 성이나 저택과 일치하는 건물이 언제나 있는 것은 아니다. 해당 지역의 토지대장 상에 존재하는 실제의 샤토보다 와인 레이블에 존재하는 샤토의 수가 훨씬 더 많다.

CLAIRET 클레레

침출방식에 의해 얻어진 보르도의 가벼운 레드/로제와인.

CLARIFICATION [클라리피카시옹] 정제

와인의 투명함을 만드는 작업들의 총체. 원심분리, 여과, 콜라주 등의 여러 다른 과정이 사용될 수 있다. 정제는 향후의 혼탁해짐과 찌꺼기 형성을 방지하기 위해 와인의 물리-화학적 그리고 미생물학적 안정화 과정으로 보충되어야 한다.

CLASSICO 클라시코(이)

특정 포도 재배 지역/원산지 명칭의 핵심 부분에서 생산된 와인.

CLAVELIN 클라블랭

쥐라의 와인 특히 뱅존vin jaune에 사용되는 병. 우이야주ouillage를 실시하지 않고, 효모막을 남긴 채 오크통에서 6년을 숙성하면, 많은 증발 향으로 인해 초기의 1,000밀리리터의 와인 중 620밀리리터가 남는데, 이것을 상징적으로 표현해 용량을 정했다.

CLIMAT 클리마

부르고뉴에서 이 용어는 단지 특정 지역에 뚜렷한 기후 조건뿐만 아니라 일부의 프르미에 크뤼를 포함한 각 동네의 다양한 리유-디를 의미한다. 그럼에도 불구하고 프르미에 크뤼가 아닌 일부의 리유-디는 '프르미에 크뤼' 등급과 혼돈을 유발할 여지가 없다는 조건 하에 코뮌급 원산지 명칭과 함께 클리마의 명칭을 레이블에 표기할 수 있다. 뫼르소Meursault의 레 부셰르Les Bouchères는 레이블에 적힌 것처럼 프르미에 크뤼의 클리마이지만 레 나르보Les Narvaux는 원산지 명칭 뫼르소에 속한 단순한 클리마이다.

CLONE 클론

꺾꽂이나 접목을 통한 무성번식에 의해 얻은 한 그루의 포도나무.

» Sélection clonale 클론을 이용한 선별방법 참조.

CLOS 클로

담벼락으로 둘러싸인 포도밭 구획. 이 용어는 이것이 정당화될 수 있는 통제된 명칭의 와인에만 국한된다. 해당 와인은 전적으로 담으로 둘러싸인 밭에서 나온 포도로만 양조되어야 한다. 만약 이 벽이 시간이 지남에 따라 사라진다 하더라도, 이 명칭이 언제나 해당 와인에 부여된 것이었다면 와인은 계속 이 호칭을 사용할 수 있다.

COLLAGE 콜라주

병입 전에 실시하는 와인의 정제 과정. 와인 속에 부유중인 불순물들과 콜로이드colloïde가 결합(콜로이드 응집)해 이것들이 중력에 의해 용기의 바닥으로 떨어지게 하는 것이다. 거품 낸 흰자, 생선의 콜라겐, 카제인, 벤토나이트(점토) 같은 제품의 도움을 받는다. 이어서 와인을 추출하는데, 이때 대부분 여과를 거친 후 병입된다.

COLLERETTE 콜르레트

병의 어깨 부분에 붙은 레이블로 대개 와인의 생산연도를 표시한다.

COLORANTS [콜로랑] 색소

안토시아닌, 탄닌 그리고 안토시아닌과 탄닌의 화합물로 구성된 폴리페놀 성분이다. 어린 레드와인의 색은 자유로운 안토시아닌의 분자 때문이다. 숙성이 진행됨에 따라, 안토시아닌이 탄닌과 결합 및 응결되어 와인에 기왓장 같은 톤을 준다.

COMPLANTATION [콩플랑타시옹] 합식

동일한 밭에 여러 품종을 혼합해서 심는 방식.

CONGÉ [콩제] 상품반출 허가증

운송 중인 주류에 동반되는 세금 관련 문서로 납세창구에서 발급한다. 일부 생산자와 네고시앙들은 납세창구에서 위임받은 상품반출 허가 장부를 가지고 있다. 다른 생산자들은 각 병의 마개에 부착된 상품반출 허가증 캡슐을 사용한다.

CONSERVATION DES VINS [콩세르바시옹 데 뱅] 와인의 보관

와인은 보관 규칙이 제대로 적용되지 않으면, 안 좋게 바뀔 수도 있는 불안정한 환경이다. 이 규칙들은 초산균을 포함한 미생물의 공격과 특히 공기와 열에 의한 물리 화학적 변성으로부터 와인을 보호하는 것을 목표로 한다. 병입이 되고 나면, 와인의 보관 기간은 카브의 질뿐만 아니라, 당연히 와인 자체의 품질에도 달려 있다.

COULURE [쿨뤼르] 꽃떨이

추위, 비, 이른 봄 등의 악천후로 인해 꽃가루를 통한 꽃의 씨방의 수정 실패. 꽃떨이는 식물 내 당의

재분배 장애를 유발한다. 꽃이나 포도가 시들거나 일정하지 않게 자라거나 아예 자라지 않게 만든다.

COUPAGE 쿠파주

정해진 특성을 가진 제품을 얻기 위해 원산지가 다른 와인이나 다른 품종을 혼합하는 행위. 이 작업은 동일한 원산지나 동일한 크뤼의 와인을 혼합하는 블렌딩과는 다르다.

CRÉMANT 크레망

전통적인 방법에 따라 양조되는 와인이지만 샹파뉴(5kg/cm²)보다 압력이 낮다(2.5~3kg/cm²).

CRIANZA 크리안사(스)

오크통에서 숙성시킨 스페인 와인으로 con crianza는 '숙성'을 의미.

CRU 크뤼

이 용어의 첫 번째 의미는 독특하고 독창적인 와인을 생산할 수 있는 한정된 영역을 가리킨다. 이 의미는 현재 부르고뉴의 '클리마'라는 단어와 일치한다. 반면 보르도에서는 특정 포도원과 연관이 있는데, 단지 토양뿐만이 아니라 결과적으로 포도 품종 선택과 인간의 노하우도 관련이 있다. 크뤼를 구성하는 모든 것을 포함한 도멘과 샤토이다. 샹파뉴에서는, 수확된 포도의 가격을 정하기 위한 크뤼의 등급을 말한다. 각각의 구역은 최고의 명성을 가진 '100% 크뤼'에 대한 백분율을 적용받는다. 그랑 크뤼grand cru, 프르미에 크뤼premier cru, 크뤼 클라세cru classé 등 여러 다른 호칭들이 일부 원산지 명칭을 뒤따른다. 이러한 호칭들은 원산지 명칭의 규정에 의해 정의되고 그랑 크뤼, 프르미에 크뤼 등의 생산과 관련한 특정 조건이나 농업부가 승인한 등급을 기초로 한다. 이러한 등급들은 메독, 페삭-레오냥, 소테른, 생테밀리옹에서 작성되었다.

CRU BOURGEOIS 크뤼 부르주아

매년 새로 열리는 시음회와 방문 심사에 의해 획득되는 메독 지방의 레드와인에 한정된 명칭.

CUBITAINER 퀴비테네르

개인에게 판매되는 벌크 와인을 담기 위해 빈번하게 사용되는 종이박스 안에 담긴 비닐 용기로 용량은 5~33리터이다. 용기의 벽면이 약간 다공성인 퀴비테네르는 와인의 일시적인 보관에만 사용될 수 있다.

CUVAISON(OU CUVAGE) 퀴베종(또는 퀴바주)

와인 생산의 필수 단계로, 수확된 포도에서 추출한 포도즙을 스테인리스 탱크에 채우는 것, 발효, 레드와인 양조 시의 르몽타주remontage 그리고 에쿨라주écoulage 등에 해당된다.

» Décuvage 데퀴바주 참조.

CUVES [퀴브] 탱크

10~수천 헥토리터에 이르는 다양한 용량을 가

진 와인을 담는 용기. 와인 양조와 숙성 그리고 보관에 두루 이용된다. 나무, 돌, 시멘트, 강철, 스테인리스 스틸, 유리, 유리 섬유, 플라스틱 등의 여러 소재가 탱크의 제작에 사용된다. 양조용 탱크는 피자주pigeage와 자동 르몽타주remontage를 위한 여러 액세서리가 장착되어 있다.

CUVÉE 퀴베

블렌딩 여부를 떠나서 상당히 독특한 와인과 연관되는 셀렉션. 샹파뉴에서 '라 퀴베'는 첫 번째 착즙으로 얻어낸 포도즙으로 양조한 와인을 의미한다.

D

DÉBOURBAGE 데부르바주

포도즙의 발효 전 포도 주스에서 부르브bourbe(찌꺼기)를 분리시키는 작업.

DÉBOURREMENT [데부르망] 발아

포도나무의 눈의 팽창과 개방이 일어나는 식물의 생장 사이클 중 한 순간.

DÉCANTATION [데캉타시옹] 윗술뜨기

퇴적물과 찌꺼기에서 맑은 액체를 분리하는 작업. 최고급 와인이나 생산연도가 있는 포트와인에 실시하는데, 원래의 병을 기울여서 물병이나 카라프에 천천히 흐르게 한다.

DÉCLASSEMENT [데클라스망] 등급 격하

한 와인의 원산지 명칭을 삭제하는 것과 관련된 결정. 생산자의 자유로운 선택의 결과이거나 전문가의 의견에 따라 프랑스 정부의 감독관에 의해 결정될 수도 있다. 와인의 심각한 변질에 뒤따른 결정이다. 또한 생산자는 자신의 와인이 합법적으로 가지고 있는 원산지 명칭보다 좀 더 광범위한 명칭을 주장할 수 있는데, 이를 후퇴(repli)라고 한다.

DÉCUVAISON(OU DÉCUVAGE) 데퀴베종(또는 데퀴바주)

알코올 발효가 끝나면 이어지는 작업. 화이트와인은 단순히 다른 용기로 옮기면 된다. 포도의 껍질, 씨, 종종 잎이 있는 채로 발효되는 레드와인의 경우, 데퀴바주 작업은 좀 더 복잡하다. 우선 탱크의 최하단부의 밸브를 개방하여 액체를 얻고(뱅 드 구트vin de goutte를 획득), 액체가 거의 없는 부분에서 압착기를 이용하여 착즙한다(뱅 드 프레스vin de presse를 얻는다). 이 압착 작업 후의 찌꺼기로 남는 고체부분이 마르marc이다.

DÉGORGEMENT 데고르주망

샹파뉴 방식에서 가장 중요하면서 섬세한 단계로 병내 2차 발효 중 침전된 효모 찌꺼기를 제거하는 것이다.

DEGRÉ ALCOOLIQUE [드그레 알콜리크] 알코올 도수

와인 안의 에틸 알코올의 함량를 계산하면, 와인의 알코올 도수를 알 수 있다(% vol.로 표시됨).

DEMI-SEC 드미-섹

일반적으로 데고르주망 이후 첨가하는 리쾨르 덱스페디시옹liqueur d'expedition의 7~10%에서 오는 32~50그램의 설탕(어느 정도 가수분해됨)이 함유된 스파클링 와인의 카테고리.

DÉPÔT [데포] 침전물

와인에서 접할 수 있는 단단한 분자. 화이트와인은 무색의 주석산 결정이고 레드와인은 주로 탄닌과 색소이다.

DÉSHERBAGE [데제르바주] 잡초 뽑기

포도나무의 제초는 성장과 포도의 성숙기 동안 우발적으로 발생하는 모든 식물을 제거하는 것이다.

DESSERT(VIN DE) [(뱅 드 데세르)] 디저트(용 와인)

이 용어는 미스텔mistelle, 감미로운 와인, 달콤한 와인, 뱅 두 나튀렐vins doux naturels 같은 와인에 사용된다. 이 와인들은 식전 또는 식사를 시작하며 맛을 보지만, 디저트의 곁이 제자리이다.

DO(denominación de origen) 데오(스)

프랑스 AOC에 상응하는 스페인의 시스템이다.

DOC(denominación de origen calificada) 데오체(스)

DO보다 상급 카테고리이다. 리오하Rioja와 프리오라트Priorat, 단지 두 개의 지방만 이 명칭에 해당한다.

DOC(denominação de origem controlada) 데오세(포)

프랑스 AOC에 상응하는 포르투갈의 시스템이다.

DOC(denominazione di origine controllata) 디오치(이)

프랑스 AOC에 상응하는 이탈리아의 시스템이다.

DOCG(denominazione di origine controllata e garantita) 디오치지(이)

이탈리아의 DOC에 추가되는 보증으로 이 와인들은 시음되었고, 승인받았음을 의미한다.

DOMAINE 도멘

포도밭을 경영하는 지리적·법적 사업체. 하나의 도멘은 포도밭, 건축물, 포도의 재배와 와인의 양조에 필요한 장비로 구성된다.

DOSAGE 도자주

샹파뉴의 데고르주망 이후, '브뤼트brut'(최대 12그램/리터), '엑스트라 드라이extra dry'(12~17그램/리터), '섹sec'(17~32그램/리터) 또는 '드미-섹demi-sec'(32~50그램/리터), '두doux'(50그램 이상) 등 샹파뉴의 종류에 따라 당분 함량이 다른 '리쾨르 덱스페디시옹liqueur d'expedition'이라 불리는 달콤한 리큐어를 첨가한다.

DOUX [두] 달콤한

당분 함량이 45그램/리터 이상인 와인에 적용되는 용어.

E

ÉCHELLE DES CRUS [에셸 데 크뤼] 크뤼의 등급

매년 포도의 가격을 정하게 해주는 샹파뉴 지방의 코뮌의 분류. 최고의 크뤼를 100%로 정한 후, 다른 크뤼들은 80%까지 가격을 부여한다.

ÉCOULAGE 에쿨라주

탱크 안에 마르marc를 남긴 채, 탱크의 하부에서 뱅 드 구트vin de gouttes를 추출하는 레드와인 양조의 단계.

EDELZWICKER 에델츠비커

여러 품종을 블렌딩해서 만든 와인을 일컫는 알자스어.

EFFERVESCENT [에페르베상] 발포성의

이 용어는 와인을 오픈할 때 거품의 형태로 나타나는 탄산가스가 들어 있는 병입된 와인을 의미한다. '발포성'은 무쇠mousseux라는 단어를 대체하기 위해서이다. 발포성 와인은 여러 가지 다양한 방법에 의해 얻을 수 있다. 그 방법들은 아래와 같다.

- 샹파뉴, 크레망, 전통적인 원산지 명칭들의 여러 가지 무쇠들에는 한 병씩 데고르주망과 함께 병내 2차 발효 실시.
- 원산지 명칭이 없는 브랜드 와인에 사용되는 고압의 밀폐된 탱크에서의 발효.
- 산업적 방법을 이용한 탄산가스 주입은 초저가 와인에 사용되는 방법인데, 와인으로 만든 레모네이드와 같다.

» Gazeifié 가스를 주입한 참조.

처음의 두 가지 방법 사이의 중간 방법은, 병내에서 발효시키지만 고압 여과와 함께 용기 교체로서 데고르주망dégorgement을 대체한다. 가스 압력이 2.5기압 미만의 페를랑perlant과 페티양pétillant 같은 스파클링 와인은 스파클링 와인의 카테고리에는 포함되지만, 무쇠의 카테고리에서는 제외됐었다. '샹파뉴 방식^{methode champenoise}'이라는 레퍼런스는 오로지 샹파뉴에만 국한된다.

ÉGRAPPAGE OU ÉRAFLAGE
에그라파주 또는 에라플라주
와인을 쓰고 떫게 만드는 에센스와 탄닌이 함유된 열매꼭지가 있는 포도송이에서 포도알을 분리하는 작업.

EISWEIN 아이스바인(독)
나무 위에서 매달린 채로 언 포도송이를 늦수확하여 만든 오스트리아, 독일, 캐나다의 와인.

ÉLEVAGE [엘르바주] 숙성
데퀴바주^{décuvage}에서 병입까지의 일련의 작업들.

ENCÉPAGEMENT [앙세파주망] 품종 구성
특정 지역에서 여러 다른 포도 품종의 조합. 하나의 도멘이나 하나의 지방의 품종 구성을 이야기할 수 있다. 단지 하나의 품종으로 양조된 단일 품종 구성일 수도 또는 복합적인 품종 구성일 수도 있다. 여러 품종의 사용은 와인에 여러 다른 뉘앙스를 가져다줄 수 있다. 샹파뉴 지방에서 샤르도네는 세련됨과 가벼움을 위해 사용된다면 피노 누아와 뫼니에는 몸통과 부드러움을 만든다. 알자스와 같은 다른 지방들에서 여러 품종 구성은 다양한 다른 와인을 제공한다.

ÉRAFLAGE 에라플라주
» Égrappage 에그라파주 참조.

ÉVENT [에방] 김 빠짐
공기와 접촉한 상태로 방치된 와인에서 접할 수 있는 이상 증세.

EXTRA DRY 엑스트라 드라이
잔당이 리터당 12~17그램 수준으로 약하게 가당된 발포성 와인을 의미하는 표현.

FERMENTATION ALCOOLIQUE
[페르망타시옹 알콜리크] 알코올 발효
와인 양조의 단계로 효모의 영향으로 인해 포도즙에 포함된 당분이 알코올, 탄산가스, 열에너지로 변할 때, 포도 주스는 와인이 된다.

FERMENTATION MALOLACTIQUE
[페르망타시옹 말로락티크] 젖산 발효
알코올 발효에 뒤따르는 발효. 일부 유산균의 작용에 의해, 청사과 맛의 말산이 요구르트 맛의 젖산과 탄산가스로 바뀐다. 말산에 비해 젖산은 덜 떫기 때문에, 와인은 좀 더 부드러워진다.

FICHE DE DÉGUSTATION
[피슈 드 데귀스타시옹] 시음 노트
시음자로 하여금 질서 정연하게 자신의 느낌을 기록할 수 있게 해주는 문서. 일반적으로 시각, 후각, 미각, 촉각의 순서로 기록한다.

FILTRATION [필트라시옹] 여과
적층류의 땅인 규조토, 셀룰로스(섬유소)나 합성막을 기반으로 하는 판 등의 층으로 구성된 물리적 장애물에 부유입자를 걸러지게 하여 정제하는 방법.

FLORAISON [플로레종] 개화
미래의 포도알이 형성되도록 포도송이가 수정되는 포도나무의 식물 주기.

FOUDRE [푸드르] 큰 오크통
50~300헥토리터의 용량을 가진 큰 오크통.

FOULAGE [풀라주] 파쇄
포도알이 가진 주스를 방출하게 하기 위해 발효 전에 포도알을 짓이겨 터지게 하는 선택적 작업.

GAZÉIFIÉ [가제이피에] 가스를 주입한
샹파뉴 지방에서 실시하는 효모에 의한 2차 발효 대신, 탄산가스를 첨가하여 '밀폐된 탱크'에서 생산하는 발포성 와인을 설명하는 용어. 원산지 통제 명칭이 붙은 와인은 가스를 주입할 수 없다.

GÉNÉRIQUE [제네리크] 일반적인(제품)
가장 넓은 의미에서, 이 용어는 모든 종류의 존재하는 것 또는 제품의 특성과 관련하여 적용할 수 있다. 원산지 명칭에 있어서는, 대중적으로 '지역의 명칭'을 '일반적인 명칭'으로 지정하는 관례가 있다.

GLYCÉROL OU GLYCÉRINE
글리세롤 또는 글리세린
물, 알코올 다음으로 와인을 구성하는 세 번째 요소. 종종 와인 잔 안쪽에 생기는 '종아리'나 '눈물'은 글리콜^{glycol}에 의한 것으로 간주한다.

GRAN RESERVA 그란 레제르바(스)
최소한 30개월의 오크통을 포함한 총 60개월의 숙성을 시킨 가장 좋은 생산연도를 가진 스페인의 레드와인.

GRAND VIN 그랑 뱅
보르도 그랑 크뤼 중 가장 좋은 와인들로 블렌딩해 만든 최고의 와인.

GRAPPE [그라프] 포도송이
봄에 발생하여 꽃차례의 수정으로 인해 만들어지는 포도나무의 열매. 포도송이에는 성장하여 여름의 끝날 때 성숙에 도달하는 포도알이 맺힌다. 포도송이는 포도알과 목질 부분인 줄기로 구성된다.

GRAVES [그라브] 자갈
토양이 자갈로 구성된 지역 혹은 좀 더 제한적인 리유-디와 같은 포도밭의 지리적 용어. 이런 토양의 질감은 대개 매우 높은 품질의 와인을 생산한다.

GREFFAGE [그르파주] 접목
끔찍한 필록세라^{phylloxéra}의 위기 이후, 유럽은 해충에 대한 저항력이 있는 미국 포도나무들을(비티스 라브루스카^{Vitis labrusca}, 비티스 리바리아^{Vitis riparia}, 비티스 루페스트리스^{Vitis rupestris}) 대목(뿌리)으로 사용해야 했다. 유럽 포도나무인 비티스 비니페라^{Vitis vinifera}는 여전히 이식편(줄기)으로 남아 있다.

GRÊLE [그렐] 우박
우박은 열매꼭지를 손상시키고, 성숙한 포도알을 파열시켜 주스를 방출하게 하는 등 포도송이에 피해를 입힌다. 이 피해 다음에는 일반적으로 부식과 곰팡이가 뒤따른다.

GRIS [그리] 회색
과육과 포도의 붉은 껍질을 짧은 시간 접촉하게 할 때 얻을 수 있는 와인. 옅은 분홍색을 띠는 이 주스만 액상으로 발효시킨다.

HYBRIDE [이브리드] 하이브리드
두 종의 포도나무에서 얻는 교배종. 필록세라^{phylloxéra} 위기 이후, 미국 품종과 유럽 품종 사이의 교배는 필록세라에 저항하는 하이브리드(잡종)을 낳았지만, 낮은 품질의 와인을 생산했다.

INAO 이나오
AOP와 IGP 등의 지리적 표시 내에서 프랑스 와인의 생산 조건을 결정하고 통제하기 위해 1935년 7월 30일 프랑스에서 설립된 국립 원산지 명칭 연구소.

INDICATION GÉOGRAPHIQUE PROTÉGÉE(IGP) [엥디피카시옹 제오그라피크 프로테제] 지리적 보호 표시
프랑스의 뱅 드 페이와 이에 상응하는 다른 유럽 연합 소속국의 와인이 속한 카테고리의 유럽 명칭.

IPR(*Indicação de proveniencia regulamentada*) **이페에히(포)**

포르투갈 원산지 명칭의 두 번째 단계.

JOVEN 호벤(스)

탱크 또는 오크통에서 짧은 시간에 숙성되어 수확한 다음 해에 판매되는 와인. 일반적으로 부드럽고 과일풍미가 있는 어릴 때 마시는 와인을 나타낸다.

KABINETT 카비네트(독)

절대 보당하지 않은 독일의 달지 않은 화이트와인(프레디카츠바인 ^Prädikatswein^)

LEVURES [르뷔르] **효모**

포도 껍질에서 자연적으로 발견되는 미세한 단세포 곰팡이. 효모는 포도 주스 안에서 번식하여 알코올 발효를 유발한다. 이를 '토착' 효모라고 한다. 연구에 따르면 특정 유형의 발효에 더 적합한 효모를 선택할 수 있게 되었고, 이제는 건조시킨 효모를 사용하여 와인을 만들 수 있다.

LIE [리] **찌꺼기**

불순물, 잠복기의 효모, 주석산, 수확시의 잔류 물질 등으로 구성된 죽은 효모는 오크통의 바닥에 걸쭉한 찌꺼기 상태로 퇴적된다. 일반적으로 수티라주^soutirage^를 실행할 때 죽은 효모가 제거된다.

LIQUEUR(VIN DE) [(뱅 드) 리쾨르] **리쾨르(와인)**

자연적으로 혹은 작업을 통해 높은 알코올 함량과 다량의 발효되지 않은 당분 또는 리큐어가 있는 와인.

LIQUEUR D'EXPÉDITION 리쾨르 덱스페디시옹

크레망^crémants^, 샴파뉴, 스파클링 와인의 데고르주망^dégorgement^ 이후 첨가하는 설탕과 와인으로 구성된 시럽. 이 작업을 통해 병 안의 와인의 양, 엑스트라 드라이, 브뤼트, 섹(달지 않은) 또는 드미-섹 등 와인의 최종 당도를 조절하고, 필요할 경우 구연산, 이산화황 등의 안정제를 첨가할 수 있게 해준다.

LIQUEUR DE TIRAGE 리쾨르 드 티라주

2차 효모를 위해 병입 시 와인에 첨가하는 사탕수수에서 얻은 설탕으로 만든 시럽. 효모에 의해서 발효가 이루어지는 이 당분은 알코올 1.5도와 발포성을 만드는 탄산가스를 생산한다. 무쇠 수준의 약간 당도가 있는 와인에는 리터당 약 25그램의 설탕이 첨가된다. 페티양^pétillant^ 수준의 와인은 이것의 절반 정도가 첨가된다.

LIQUOREUX [리코뢰] **매우 달콤한**

당분이 매우 풍부한 포도즙이나 가열에 의해 농축시킨 뱅 드 리쾨르^vin de liqueur^ 또는 발효가 일어나지 않는 포도즙에 중성 알코올로 주정강화를 시켜 생산한 와인.

MACÉRATION 마세라시옹, 침용

레드와인, 경우에 따라서는 로제와인의 양조 단계로, 와인의 색, 향, 탄닌과 다양한 물질을 추출하기 위해 껍질이나 씨와 같은 포도의 고체 부분을 알코올 발효 전이나 도중에 포도즙 안에 담궈둔다. 이 침용은 양조가의 주요 관심사로, 레드와인 양조를 개선시키는 것과 관련한 모든 기술과정이 침용과 관계가 있다.

MACÉRATION CARBONIQUE [마세라시옹 카르보니크] **탄산 침용**

레드와인용 포도를 양조 기간 중 압착시키지 않은 채로 탱크에 넣어둔다. 탱크는 밀폐되고, 탄산가스로 가득 차 있는데, 이로 인해 말산이 파괴되고 설탕의 일부분이 알코올로 변하는 세포 내 발효가 일어난다. 몇 시간에서 며칠이 걸릴 수도 있는 이 첫 단계는 30~32도의 상당히 높은 온도에서 실시된다. 이어서 뱅 드 프레스^vin de presse^와 뱅 드 구트^vin de goutte^의 두 가지 별개의 발효가 상대적으로 짧은 기간 20도 정도의 낮은 온도에서 진행된다. 이 방법 덕택에, 뱅 드 구트보다 더 높은 품질의 뱅 드 프레스를 얻을 수 있다. 이 과정은 보졸레 누보처럼 숙성하지 않고 판매되는 가메 품종으로 만든 와인에서 진가를 발휘했다.

MACÉRATION PELLICULAIRE (OU PRÉFERMENTAIRE) [마세라시옹 펠리퀼레르] **껍질 침용(또는 사전 발효)**

화이트와인 양조를 실시할 때, 압착(프레쉬라주^pressurage^)은 모든 발효 전에 이루어진다. 하지만 포도 껍질 내부에는 양조에 아무런 영향을 미치지 않는 수많은 향 성분(품종에 따른 향과 발효 전 향)이 존재한다. 껍질 침용은 압착하기 전에 껍질과 함께 몇 시간 동안 포도 주스를 내버려두는, 즉 침용을 시키는 것이다.

MADÉRISÉ [마데리제] **마데라화 된**

마데이라 와인을 연상시키는 맛을 가진 와인. 산화에 의한 노화가 진행되어 호박색으로 바뀐 화이트와인의 대부분이다.

MAÎTRE DE CHAI [메트르 드 셰] **양조 책임자**

양조기간뿐만 아니라 숙성에 이르기까지 양조장에서 이루어지는 여러 다른 작업을 통제하는 업무의 책임자.

MALADIES CRYPTOGAMIQUES [말라디 크립토가미크] **기생균에 의한 병**

곰팡이가 매개체가 되는 포도나무의 질병. 가장 잘 알려진 것은 오이듐, 노균병, 흑균병, 데드암, 브레너, 회색 부패^pourriture grise^ 등이다.

MARC 마르

압착 이후, 포도의 고체 요소로 이루어진 '찌꺼기^gâteau^'를 얻을 수 있는데, 이것이 마르이다. 이 마르를 증류하면 동명의 브랜디를 얻을 수 있다.

MARQUE(VIN DE) [(뱅 드) 마르크] **브랜드(와인)**

원칙상 브랜드의 가치를 우선시하는 레이블을 부착하고, 일반적으로 대규모 유통 채널을 통한 판매를 목적으로 만들어 품질의 기복이 없게 유지되는 와인을 말한다. 이 상품 브랜드는 가상의 명칭이거나 기업의 상호일 수 있다. 이 시스템으로 판매되는 와인들은 품질을 높이는 품종을 조금 섞은, 선별된 테이블 와인의 블렌딩이 될 수도 있고, 브랜드를 위해 원산지 명칭을 포기했지만 오랜 연구를 통해 대다수의 소비자의 입맛에 부합하는 여러 다른 크뤼의 와인들을 이용한 쿠파주^coupage^가 될 수도 있다. 또는 지역이나 코뮌급 원산지 명칭이 브랜드 명에 추가되지만 차선적으로 노출되는 대량 생산 와인의 블렌딩이 될 수도 있다.

MAS 마스

자가 생산할 수 있는 설비를 갖춘 독립적인 양조장이 한정된 원산지에서 생산하는 와인에 대해 남서부 지역에서 사용 가능한 명칭.

MATURATION [마튀라시옹] **성숙기**

포도의 생장주기 중 성숙(베레종^véraison^)에서 완숙^maturité^ 사이의 기간. 이 기간에, 포도알은 그다지 커지지 않지만 당분이 농축되고 산도가 감소한다. 이 두 가지 현상이 멈춰지는 현상이 나타날 때 생리적 완숙이라고 한다. 이 단계를 넘어서면 그때는 과숙^surmaturité^ 현상이 발생한다. 일부 와인 메이커들은 파스리아주^passerillage^와 귀부^pourriture noble^를 기대한다.

MATURITÉ [마튀리테] **완숙**

포도의 생리적 단계. 포도 씨가 싹을 틔울 수 있는 단계에 도달하면, 생리적 완숙이라고 한다. 이러한 완숙은 와인 메이커가 바라는 기술적 완숙을 선행하는데, 품종과 생산하고자 하는 와인에 따른 품질의 최적 상태와 연관이 있다.

MERCAPTAN 메르캅탄

이 단어는 메르쿠리움 캅탄스^mercurium captans^의 줄임말이다. 썩은 계란을 연상시키는 매우 기분 나쁜 냄새가 강하게 나는 알코올과 황화수소의 결합의 결과로 만들어지는 화합물이다.

MÉSOCLIMAT [메조클리마] 중기후
대기후와 소기후의 중간 단계인 중기후는 몇 백 제곱미터 수준의 한정된 지역에 나타나는 기후 조건이다.

MICROCLIMAT [미크로클리마] 소기후
포도 재배에 적용되는 이 용어는 주변의 중기후와는 다르게 포도밭 몇 이랑 수준의 매우 작은 지역에서 나타나는 기후 조건의 총체이다.

MÉTHODE CHAMPENOISE
[메토드 샹프누아즈] 샹파뉴 방식
병 안에서 기포를 생성시키는 것을 특징으로 하는 스파클링 와인의 양조 방법. 이름에서 알려주듯이 이 방법은 샹파뉴 양조와 전통 방식이라는 용어를 표기하는 다른 와인 생산 지역에서도 사용된다.

MÉTHODE RURALE
[메토드 뤼랄] 시골 방식
알코올 발효가 끝나기 전에 병입하는 페티양^{pétillant} 스파클링 와인의 생산 방법.

MÉTHODE TRADITIONNELLE
[메토드 트라디시오넬] 전통 방식
샹파뉴 외의 지역에서 '샹파뉴 방식'으로 생산되는 와인들에 대해 샹파뉴 지방의 사람들이 붙여준 명칭으로 이탈리아의 메토도 클라시코^{metodo classico} 혹은 메토도 트라디치오날레^{metodo tradizionale} 등이 동의어이다.

MÉTIS [메티스] 교배종
비티스 비니페라 두 품종의 교배종. 독일에서 널리 재배되는 뮐러 투르가우가 가장 잘 알려져 있다.

MILDIOU [밀디우] 노균병
포도나무의 녹색 기관을 공격하는 미국산 기생균. 구리염(보르도식 믹스)으로 구성된 황산구리 용액을 살포해 치료했지만, 현재는 화학제품을 사용한다.

MILLÉSIME 밀레짐, 생산연도, 빈티지
와인을 양조하는 포도 수확연도. 밀레짐의 특징은 와인의 품질과 숙성 잠재력을 결정하는 기후적 조건의 총합에 상응한다.

MISE EN BOUTEILLES [미장부테유] 병입
와인을 병에 넣는 작업. '샤토에서 병입한' 또는 '원산지에서 병입한' 등과 같은 문구는 AOC급 와인에 한해 승인되어 있다. 뱅 드 페이^{vin de pays}는 '양조자가 병입한' 또는 '도멘에서 병입한' 등의 문구를 달 수 있다. 이 모든 문구들은 와인이 병입 시까지 생산된 장소에 머물러 있었다는 것을 의미한다. '생산된 지방에서 병입된'이라는

문구가 적힌 AOC급의 와인은 합법적으로 사용 가능한 가장 광범위한 원산지 명칭이 속한 데파르트망에서 병입된 것이다.

MISTELLE 미스텔
발효 전에 포도 주스에 알코올을 첨가하여 얻은 칵테일. 스페인에서는 미스텔라^{mistela}라고 부른다.

MOELLEUX [모엘뢰] 감미로운
달지 않은 와인부터 매우 달콤한 와인까지 리터당 12~45그램의 잔당을 가진 감미로운 화이트 와인을 묘사하는 용어.

MONOCÉPAGE [모노세파주] 단일 품종의
하나의 품종이 심어진 포도밭 혹은 단 하나의 품종으로 만들어진 와인을 정의하는 형용사.

MOUSSEUX [무쇠] 가벼운 기포를 가진
스파클링 와인을 만드는 여러 가지 방법이 있다. 2차 발효에 의해 발포성이 생기는 샹파뉴 방식 또는 전통 방식, 그리고 가이약^{Gaillac}이나 디^{Die}에서 실시하는 시골 방식이 있고, 르뮈아주^{remuage}와 데고르주망^{dégorgement}을 피하기 위해 기포 생성을 밀폐된 탱크에서 실시하는 샤르마 방식^{méthode Charmat}도 있다.

MOÛT [무] 포도즙
풀라주^{foulage}(파쇄)와 프레쉬라주^{pressurage}(압착)를 통해 얻은 포도즙.

MUTAGE [뮈타주] 주정강화
중성 알코올 첨가를 통해 알코올 발효를 '멈추게'하는 작업. 포트나 뱅 두 나투렐의 생산에 필수적인 단계.

NÉGOCIANT 네고시앙
와인의 유통을 위해 와인을 구입하는 사람. 네고시앙-양조업자는 와인 양조의 일부를 담당한다. 특히 블렌딩, 정제, 병입까지의 과정을 책임진다. 샹파뉴에 있어 네고시앙-취급자^{manipulants}는 포도 구입과 포도즙, 기본 와인을 구입해서 샹파뉴 방식 양조^{champagnisation}까지 책임지는 사람을 말한다.

NOBLE(CÉPAGE ET VIN)
노블, 고급의(품종과 와인에 있어서)
이 단어는 일반적인 품종으로 만드는 테이블 와인과 대척점에 있는 양질의 품종과 고급 크뤼의 와인을 말한다. 다른 의미는 필록세라의 위기 후 지천에 깔린 교배종에서 오는 와인을 말할 때 쓰인다.

NUIT(VIN D'UNE) [(뱅뒨) 뉘] 밤(의 와인)
12~24시간의 짧은 시간, 마르^{marc}(찌꺼기)를 포함한 침용으로 얻어진 진한 로제와인.

OÏDIUM 오이듐(에 의한 병)
포도나무의 꽃, 이파리, 포도를 공격하는 미국에서 온 곰팡이균에 의한 병이다. 포도알을 마르게 하고 하얀 포자가 포도나무를 덮는다. 유황 처리를 해서 치료한다.

ORGANOLEPTIQUE [오르가노렙티크] 감각 기관에 영향을 미치는
와인의 냄새, 색, 맛이 이 단어의 감각적인 개념 전체를 구성한다.

OUILLAGE 우이야주
숙성 중 와인을 담고 있는 용기에서 증발되는 양을 주기적으로 보충해 채워넣는 작업으로, 와인이 산소와의 접촉을 방지하는 것을 목적으로 한다.

OXYDATION 옥시다시옹, 산화
대기 중의 산소가 와인과 직접 접촉할 경우, 산화에 의해 와인의 색과 향이 변질된다.

PALISSAGE 팔리사주
덩굴이 기어오를 수 있게 말뚝이나 줄에 고정시키는 작업. 현대에 들어와 포도나무에 이 작업을 많이 한다.

PASSERILLAGE 파스리야주
수확된 포도를 건조시켜 당도를 높여 과숙시키는 방법. 뱅 드 파유^{Vin de Paille}는 이렇게 만들어진다. 몇몇 뮈스카와 감미로운 쥐라송에도 사용되는데, 귀부현상을 통해 만든 매우 달콤한 와인과 혼돈해서는 안 된다.

PASSETOUTGRAIN 파스투그랭
무색의 가메 누아 주스와 피노 누아를 발효 전에 탱크에서 블렌딩하여 만드는 부르고뉴의 와인으로, 이때 반드시 피노 누아가 최소한 1/3 이상 포함되어야 한다.

PASSITO 파시토(이)
말린 포도에서 당도를 높여 만든 이탈리아 와인.

PERLANT 페를랑
약간의 탄산가스가 있는 발포성 와인을 말한다. 페티양^{pétillant}보다 기포가 약한 편이다.

PERSISTANCE [페르지스탕스] 지속성
» p.234 와인 용어 참조.

PÉTILLANT 페티양
병에서 2차 발효를 시키는 전통 방식으로 양조된 발포성 와인의 한 종류로, 일반적인 스파클링 와인보다 탄산가스 압력이 덜하다. 이 페티양 와인들은 특히 루아르강 유역의 몽루이Montlouis 또는 부브레Vouvray 같은 특정 지역 특산물이다.

PHYLLOXÉRA 필록세라
미국 종 포도에 자생하는 진딧물의 일종 '필록세라'라는 벌레다. 미국의 부주의로 유럽으로 건너가 1860년부터 1880년 사이 유럽의 포도밭을 황폐화시켰다.

PIGEAGE 피자주
양조 탱크에서 표면에 떠오르는 (포도 껍질 등의) 고체 찌꺼기(샤포 드 마르크chapeau de marc)를 가라앉히는 레드와인 양조 공정이다. 피자주는 포도즙이 껍질과 새로운 접촉을 하게 하여 와인의 색을 책임지는 안토시아닌과 탄닌의 추출을 돕는다. 또한 이 작업은 너무 장시간 공기와 접촉함으로 인해 샤포가 상하는 것을 방지할 수 있게 해준다. 과거에는 피자주가 수작업으로 이루어졌지만, 요즘은 탱크 자체가 기계화 된 '퀴브 아 피자주cuves à pigeage'에서 실시된다.

PIGMENTS [피그망] 색소
물에 들어 있는 색의 질료. 포도알에 있는 이 색소는 주로 안토시아닌이다.

POLYPHÉNOLS 폴리페놀
탄닌, 안토시아닌, 페놀산 같은 여러 페놀 기능을 총칭하는 물질이다. 이 성분의 조합은 특히 와인의 향과 색, 구조를 결정한다.

PORTE-GREFFE [포르트-그레프] 대목(臺木)
접목된 포도나무의 땅속에 있는 뿌리 부분. 필록세라의 침입 후, 유럽 포도나무는 저항력 있는 미국산 대목에 접목시켰다.

POURRITURE GRISE
[푸뤼튀르 그리즈] 회색 부패
귀부현상이 일어나게 하는 동일한 곰팡이에 의한 부패. 보트리티스 시네레아Botrytis cinerea는 포도 모충이나 우박으로 망가진 포도송이에 영향을 미칠 수 있다. 이 곰팡이균은 습도가 높은 환경에서 번식한다. 회색 부패는 수확량에 영향을 주고 수확된 포도의 품질을 변질시킨다.

POURRITURE NOBLE
[푸뤼튀르 노블] 귀부(貴腐)
햇볕과 비가 번갈아 나타나는 좋은 기후 조건을 가질 때 보트리티스 시네레아Botrytis cinerea라는 이름의 곰팡이가 번식하면서 포도가 예외적으로 부패하는데. 이 유명한 곰팡이가 바로 소테른의 포도를 '로스팅'해서 포도즙을 농축시키고 변화되게 한다.

PRÄDIKATSWEIN 프레디카츠바인(독)
독일에서 시행되는 고품질 와인의 상위 분류. 보당되지 않은 프레디카츠바인은 수확 시 포도즙의 당도에 따라 6가지로 분류된다. 독일의 최고급 와인들이 속한다.

PRESSURAGE 프레쉬라주, 압착
1. 즙을 추출하기 위해 압착기를 이용해 수확된 포도에 압력을 가하는 작업.
2. 이 작업으로 얻은 결과물. 압착에는 핵심적인 두 가지 방법이 있다. 화이트와 로제는 파쇄를 했건 하지 않았건 발효 전 갓 수확된 포도를 짓누른다. 그렇게 나온 액체가 포도즙 또는 포도 주스이다. 레드는 발효 후 퀴베종 시에 얻게 되는 마르marcs(포도 찌꺼기)를 짓누른다.

PRIMEUR(VENTE EN) 프리뫼르(로 팔기)
보르도의 그랑 크뤼를 파는 방식인데 수확 후 5~6개월 지나서 실시된다. 구입한 와인은 2~3년 후 병입 시까지 샤토에서 숙성된다.

PRIMEUR(VIN DE) 프리뫼르(와인)
수확 후 가능한 빨리 소비되는 와인. 좋은 예는 11월 중순 판매하는 보졸레 누보.

Q-R

QBA(Qualitätswein eines bestimmten Anbaugebietes)
보당을 실시한 독일 와인의 카테고리.

QUINTA 킨타(포)
도멘에 해당하는 포르투갈어. 킨타의 와인은 때때로 지정된 도멘 외의 다른 도멘에서 생산된 것일 수 있다.

RAFLE [라플] 줄기
포도송이의 골격. 줄기는 와인에서 풀과 같은 맛이 나게 하는 물질인 페놀 성분을 풍부하게 함유하고 있다.

RAMEAU [라모] 잔가지
한 해 동안 자란 포도나무 가지.

RANCIO 랑시오
주정강화 와인이 담긴 탱크나 오크통 안에서 공기와 접촉을 방치하면서 얻은 건자두와 같은 특별한 맛. 산화에 의해 랑시오의 맛은 발전한다.

RATAFIA 라타피아
샹파뉴나 부르고뉴에서 갓 짠 포도즙 2/3에 마르marc로 만든 브랜디 1/3의 비율로 주정강화시켜 만드는 달콤한 식전주.

RECIOTO 레치오토
얼마간 발에 넣어 건조시켜 당도를 매우 농축시킨 포도로 만든 이탈리아 레드와인의 종류. 이 달콤한 와인은 디저트 와인으로 음용한다.

RÉCOLTANT-MANIPULANT
[레콜탕-마니퓔랑] 수확자-취급자
이 용어는 샹파뉴에서 자신이 직접 재배한 포도로 샴페인을 생산하는 와인 메이커를 가리킨다.

RÉDUCTION [레뒥시옹] 리덕션
언제나 불가분의 관계인 산화와 반대 개념인 물리-화학적 현상. 와인은 자연적으로 환원제이기 때문에 와인 안에서 계속되는 산소의 감소로 인해 환원이 발생한다. 이 현상은 와인의 숙성을 위협하진 않지만 와인의 부케를 소멸시킬 뿐만 아니라 동물의 악취와 여러 가지 황화합물의 냄새를 유발한다. 이 불쾌한 느낌은 와인을 마시기 전의 간단한 에어레이션(공기와의 접촉)으로 완화된다.

REFERMENTATION [르페르망타시옹]
재발효
알코올 발효의 재개. 이 현상은 안정되지 않은 스위트 와인의 경우에 생긴다.

REMONTAGE 르몽타주
레드와인의 양조 단계로 탱크 바닥의 포도껍질 찌꺼기를 펌프로 퍼올리므로 인해 색소의 추출량이 증가한다.

REMUAGE 르뮈아주
샹파뉴와 같이 병내 2차 발효를 실시한 와인의 경우 죽은 효모 찌꺼기를 제거하기 위해 병마개 쪽에 모이게 하는 작업.

RENDEMENT DE BASE [랑드망 드 바즈]
기초 산출량
포도의 최대 산출량 또는 포도밭 1헥타르당 헥토리터로 환산한 생산된 와인의 양으로 AOC가 요구하는 와인의 양과 같다. 기초 산출량은 헥타르당 포도는 킬로그램 단위 또는 와인은 헥토리터 단위로 표시된다. 후자의 경우, 와인의 찌꺼기와 죽은 효모 등을 포함한 양이다. 만일 악천후로 인해 수확량이 감소하면, 와인과 오드비 국가 위원회의 결정에 따라 기초 산출량이 낮아질 수 있다. 수확된 포도의 질과 양에 따라 해당 위원회는 기초 산출량보다 높게 또는 각각의 AOC 법령이 정한 '완충 산출량'보다 낮게 최대 산출량을 정할 수 있다.

RESERVA 리세르바(스)
오크통에서의 1년을 포함해 보데가(양조장)에서 3년 동안 숙성한 레드와인의 등급. 화이트와 로제와인의 경우 오크통에서의 6개월을 포함하여 총 18개월 동안 숙성되어야 한다.

RIMAGE 리마주
산화를 예방하고 와인의 상쾌함과 과실 풍미를 보존하기 위해 단기간 숙성 후 병입된 생산연도가 있는 바뉠스Banyuls 와인. 카탈로니아어로 이 단어는 '포도의 나이'를 의미한다.

RISERVA 리제르바(이)
오크통 또는 병에서 가장 오랫동안 숙성된 DOC 또는 DOCG 등급의 이탈리아 와인.

ROGNAGE 로냐주, 깎기
어린 잔가지의 발육으로 인해 식물의 생장력이 감소하는 것을 예방하고자 하절기 동안 포도나무에서 성장한 식물의 녹색 부분을 정리하는 작업 중 하나. 개화기에 로냐주를 실시하지 않으면 저해 요소 생성에 의한 수확량의 감소가 발생할 수 있다.

ROSADO 로사도(스)
로사토(이). 로제와인.

ROSÉ(VIN) 로제(와인)
다소간 채도에 차이가 있는 장밋빛 색깔의 와인. 레드 품종의 직접 압착이나 압착 전 몇 시간의 냉각 침용(마세라시옹macération)과 파쇄(풀라주foulage) 혹은 압착기에 넣기 전 부분적인 단기간 침용으로 양조된다. 침용을 거친 로제는 직접 압착으로 만든 와인보다 더 농축된 과실 풍미가 나지만, 세련미가 떨어진다.

RÔTI 로티
귀부현상이 발생한 콩피된 포도로 양조한 달콤한 와인에서 나타나는 향의 특성.

ROUGE(VIN) [루즈] 레드(와인)
색과 향 그리고 탄닌을 추출하기 위해 착즙한 포도 주스와 껍질, 씨 등의 포도의 단단한 부분을 함께 침용(마세라시옹macération)시켜 양조한 와인. 빈번하게 에라플라주éraflage(포도 줄기에서 포도알을 분리시키는 작업)가 병행된다. 침용 기간은 며칠에서 몇 주까지 걸린다. 와인의 색상은 유전인자(품종), 기후 조건, 토양 성분에 따라 달라진다.

SABLE(VIN DE)[뱅 드] 사블] 모래(와인의)
바닷가의 모래 많은 토양에서 재배한 포도로 양조한 와인.

SARMENT [사르망] 포도나무 가지
당해에 영근 포도의 가지를 가리킨다. 즉, 그루터기에 위치한 오래된 나뭇가지가 아니라 그해 자란 나뭇가지를 일컫는다.

SAIGNÉE [새녜] 침출
레드와인의 발효 중 탱크에서 포도즙의 일부를 추출하는 방법. 이렇게 해서 몇몇 로제와인과 클레레clairet가 만들어진다.

SEC 섹, 드라이, 달지 않은
당도가 느껴지지 않는 와인. 사실 잔류 당량은 리터당 9그램을 넘지 않아야 한다. 스파클링 와인의 경우, 이 함량은 리터당 15~35그램이다.

SECO 세코(스, 포)
SECCO(이) 섹, 즉 '달지 않은'을 의미한다.

SECOND VIN [스공 뱅] 세컨드 와인
보르도 샤토의 그랑 뱅의 블렌딩에 채택되지 않은 탱크들의 와인으로 한 블렌딩.

SÉLECTION CLONALE [셀렉시옹 클로날] 클론을 이용한 선별
포도나무의 질병에 대한 저항력과 조기 숙성 능력 또는 산출량를 위해 엄격하게 선별된 동일한 나무의 선택.

SÉLECTION MASSALE [셀렉시옹 마살] 포도밭 내 개별적 선별
품질의 다양성을 고려하여 하나의 동일한 밭에서 재배되는 서로 다른 클론의 선택.

SÉLECTION DE GRAINS NOBLES [셀렉시옹 드 그랭 노블] 노블 포도 선별
귀부현상이나 파스리아주로 얻은 와인과 관련된 표현.

SOLAR 솔라(포)
포르투갈에서 샤토 또는 가문을 말함.

SOLERA 솔레라(스)
꾸준한 맛을 내기 위해 특히 헤레스Xérès 와인에 적용되는 숙성 시스템으로 여러 해에 걸쳐 수확된 포도로 양조한 와인을 오크통에서 연속적으로 숙성시킨다.

SOUTIRAGE 수티라주
와인을 다른 용기로 옮기면서 와인과 찌꺼기를 분리시키는 작업.

SPÄTLESE 슈페트레제(독)
늦수확한 독일 와인.

SPUMANTE 스푸만테(이)
이탈리안 스파클링 와인.

STABILISATION 스타빌리자시옹, 안정화
운송이나 병입 후 보관 단계에서 발생할 수 있는 미생물의 번식이나 화학적 변질, 침전 등을 예방하기 위해 숙성 단계 중 와인을 안정화시킨다.

SUCRES RÉSIDUELS [쉬크르 레지뒤엘] 잔당
알코올 발효 후 와인에 남아 있는 총 당분의 양.

SULFATAGE 쉴파타주, 황산구리 용액의 살포
기생균에 의해 포도나무에 생기는 병의 치료법. 쉴파타주는 황산구리가 포함된 여러 가지를 혼합한 보르도식 믹스bouillie bordelaise를 이파리 위에 살포하는 것이다. 이 용어는 오늘날 황산구리가 포함되지 않은 수많은 합성 화학비료를 의미한다.

SULFITAGE 쉴피타주, 아황산염 처리
1. 미생물 번식 및 화학적 안정성을 위해, 와인에 무수아황산 또는 이산화황을 첨가하는 것으로 엄격하게 법적 규제를 받는 작업.
2. 이 처리의 결과 및 와인의 무수아황산 함유량.

SUPERIORE 수페리오레(이)
와인보다 알코올 도수가 높은 혹은 장기 숙성이 가능한 와인을 가리킨다.

SUR LIES 쉬르 리
뮈스카데처럼 이론상 수티라주 없이 병입된 와인을 말한다.

SURMATURITÉ [쉬르마튀리테] 과숙
일반적인 성숙기를 넘어선 포도알의 생리적 상태. 이것은 귀부현상이나 파스리아주의 효과로 해석될 수 있다. 화이트 품종의 과숙은 감미롭고 달콤한 와인을 가능하게 한다.

TAFELWEIN 타펠바인(독)
독일의 테이블 와인.

TAILLE [타유] 가지치기
가지치기는 과실이 맺히는 다수의 눈을 남기기 위해 좋은 자리에 위치한 한 개 또는 여러 개의 좋은 가지를 보존하면서 당해에 자란 포도나무 가지를 제거하는 작업이다. 포도는 지난해의 나뭇가지에 발생하는 '올해의 눈' 위에 열린다. 고블레식 가지치기taille en gobelet는 더운 지방의 바람이나 가뭄 등과 같은 기후적 악조건에서 포도나무에 상처를덜주는 방식이다. 온화한 기후에 적합한 심플 또는 더블 기요식 가지치기taille en guyot는 그루터기보다 더 높은 곳에 위치한 하나 혹은 두 개의 좋은 포도나무 가지만을 남겨둔다.

TANIN OU TANNIN 타닌 또는 탄닌
압착과 퀴바주 시 나타나는 탄닌은 줄기, 포도 껍질, 씨 등에 함유되어 있는데 와인에 향과 맛, 그리고 숙성 잠재력을 가져다준다.

TARTRE 타르트르, 주석
탱크와 오크통의 벽 그리고 병 바닥에 생기는 결정체. 주석은 타르트산으로 구성된다. 무미, 즉 아무런 맛을 갖지 않는다.

TASTEVIN 타스트뱅
카비스트가 사용하는 도구로 원래 낮은 금속 잔 모양이다. 후처리를 염두에 두고 와인의 색과 투명도를 보기 위한 것이다. 카브에서 벌크 와인에 대해 위의 용도로 사용되었는데, 시음시 사용은 원래 부차적인 것이었다.

TENUTA 테누타(이)
이탈리아의 도멘.

TERROIR 테루아
와인의 특징을 결정하는 토양, 하부 토양, 일광(일조방향과 일조량) 그리고 주변 환경을 종합하는 개념.

TINTO 틴토(스, 포)
레드와인.

TIRAGE 티라주
와인을 오크통이나 병에 넣기 위해 탱크를 비우는 작업.

TITRE ALCOOMÉTRIQUE
[티트르 알코메트리크] **알코올 도수**
> Degré alcoolique 알코올 도수 참조.

TONNEAU 토노, 대형 오크통
fût의 동의어처럼 자주 사용되는 단어. 보르도에서 토노는 바리크barrique 4개의 양에 해당되는데, 즉 900리터의 용량을 갖는다.

TRANQUILLE(VIN) [트랑킬]
발포성이 없는(와인)
스파클링 와인과 반대되는 개념. 탄산가스가 포함되지 않은 와인을 표현한다.

TRIES OU TRIS [트리] 선별
파스리아주를 실시하거나 귀부현상이 발생한 포도에 대해 순차적 수확을 할 경우, 알알이 분류 작업을 실행한다.

TROCKEN 트로켄(독)
섹, 당도가 없는.

TROCKENBEERENAUSLESE
트로켄베렌아우스레제(독)
귀부현상이 나타난 포도로 만든 와인으로 프레디카츠바인의 카테고리에 속한다.

V

VDN
» Vin doux naturel 뱅 두 나투렐 참조.

VECCHIO 베키오(이)
평균보다 더 오랜 시간 오크통이나 병에서 숙성한 이탈리안 와인.

VENDANGES VERTES [방당주 베르트]
녹색 수확(그린 하비스트)
7월에 아직 성숙하지 않은 포도들을 제거해주는 작업. 이를 통해 최종 수확량은 줄어들지만 품질이 좋아진다.

VENDANGES TARDIVES [방당주 타르디브] 늦수확
과숙 포도를 늦게 따는 것. 더 농축된 당도와 향을 얻기 위해서 실시한다.

VÉRAISON 베레종
포도알이 색을 바꾸는 때와 일치하는 포도의 성숙 단계.

VIEILLISSEMENT [비에이스망] 숙성/노화
시간이 경과하면서 와인에 나타나는 변화.

VIGNA 비냐(이)
포도밭.

VIGNETO 비녜토(이)
포도밭.

VIN DE CÉPAGE 단일 품종 와인
한 가지 포도 품종으로 만든 와인. 프랑스에서 품종 와인은 해당 품종 100%로 만든 것이지만 다른 나라들에서는 유연한 규정이 있거나 혹은 아무런 규정이 없기도 하다.

VIN DE FRANCE 뱅 드 프랑스
전에는 뱅 드 타블르라는 이름으로 불렸던 지리적 통제 명칭(SIG)이 없는 와인. 프랑스에서 생산된 것은 레이블에 생산연도와 품종을 표기할 수 있다.

VIN DE GOUTTE 뱅 드 구트
레드와인의 퀴베종cuvaison 이후 흘러나오는 와인. 레드와인 양조 시 데퀴바주decuvage 이후 마르의 압착을 통해 얻을 수 있는 뱅 드 프레스vin de presse의 반대 개념이다.

VIN DE PAILLE 뱅 드 파유
포도알을 짚으로 만든 발 위에 널거나 매달아 건조시킨 포도로 양조한 달콤한 와인. 당도는 농축되지만 산도는 그만큼 증가하지 않는다. 14% 이상으로 알코올 함량을 증가시켜 더 오랜 시간 보

관할 수 있게 된다. 프랑스에서 이 와인들은 주로 쥐라Jura와 코트 뒤 론Côtes du Rhône에서 생산된다.

VIN DE PAYS 뱅 드 페이
품종, 성숙도, 품질 등 법령에 의해 통제된 조건 하에서 생산된 뱅 드 타블르로 데파르트망이나 생산지명이 표기되어 판매된다. 유럽연합의 법령에서 이 와인들은 지리적 보호 명칭(IGP)이 있는 와인의 카테고리에 속한다. 원산지가 다른 와인들과의 쿠파주를 불허한다.

VIN DE PRESSE 뱅 드 프레스
발효 후 뱅 드 쿠트vin de goutte를 추출한 다음, 포도의 단단한 요소를 압착하여 얻은 레드와인.
» décuvage 데퀴바주 참조.

VIN DE RÉSERVE [뱅 드 레제르브]
레제르브 와인
레제르브 와인은 와인 메이커나 네고시앙이 추후의 블렌딩에 사용하기 위해 보관해두는 와인을 말한다. 이렇게 만든 와인에는 생산연도가 표시되지 않는다. 샹파뉴에서 레제르브 와인은 생산연도가 없는 퀴베의 양조시 사용한다.

VIN DOUX NATUREL(VDN) 뱅 두 나튀렐
이 와인의 초기 당도는 리터당 최소 252그램에 달해야 한다. 알코올 발효 중, 알코올을 첨가하는 주정강화 작업을 실시하여 발효를 멈추게 한다.

VINIFICATION [비니피카시옹] 양조
포도의 수확과 알코올 발효의 마감 사이에 위치하는 와인의 생산 단계.

VIN JAUNE 뱅존
효모막인 플로르flor의 영향을 받아 생산된 쥐라 지방의 화이트와인.

VIN SANTO 빈 산토(산토 와인)(이)
파시토passito 카테고리에 속하는 이탈리아 와인.

VITIS LABRUSCA 비티스 라브루스카
미국 포도 품종.

VITIS VINIFERA 비티스 비니페라
유럽 포도 품종.

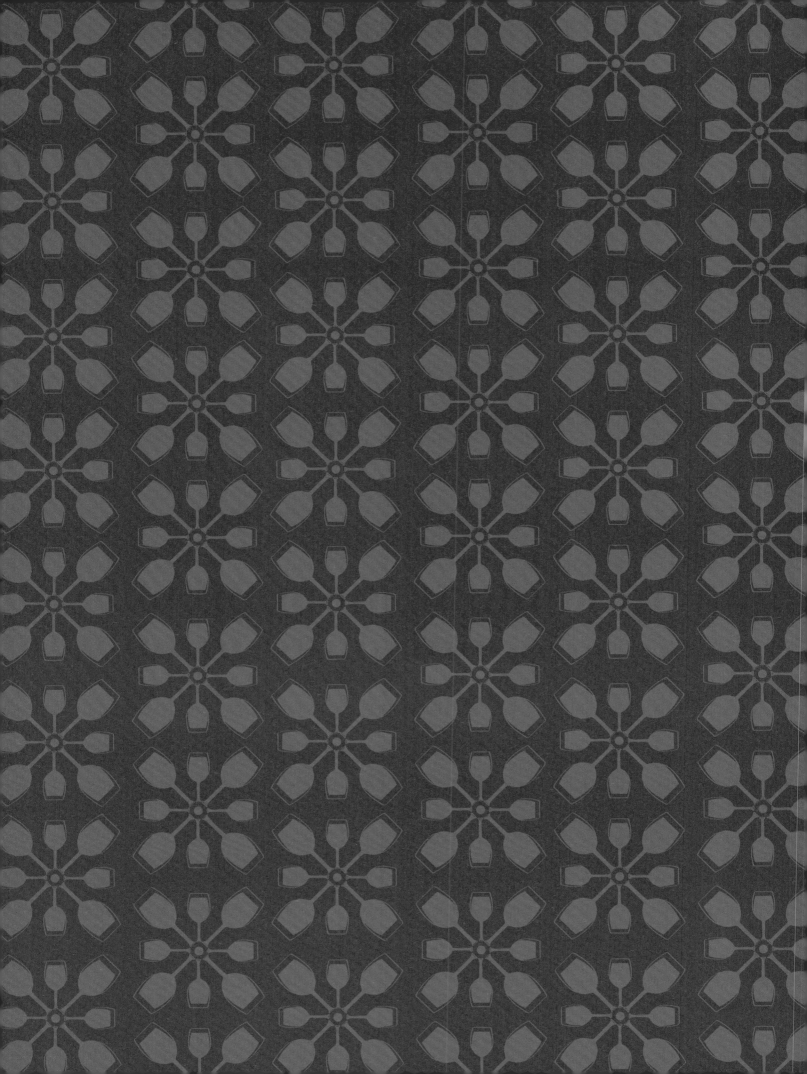

일반 색인

명칭은 그 규정 법령을 따른다(예를 들면 원산지 통제 명칭 AOC).
굵은 페이지 숫자 표시는 보다 중요한 것을 나타내고 이탤릭 숫자는 사진이 있는 것이다.
(알파벳 순서로 정리되어 있으며 필요한 경우에만 우리말 번역을 넣었다. - 편집자 주)

Q

R

포도 품종 색인

굵은 페이지 숫자 표시는 보다 중요한 품종을 나타내고 이탤릭 숫자는 사진이 있는 것이다.

Le Grand Larousse du vin © Larousse 2010-2019
Korean Translation Copyright © ESOOP Publishing Co., Ltd., 2021
All rights reserved.

그랑 라루스 백과사전은 네이버가 지식백과 구축사업의 일환으로 기획하여 네이버와 시트롱 마카롱이 협업하여 만든
콘텐츠입니다. 이 도서의 제작에 도움을 주신 분들은 다음과 같습니다.
▪ 기획 및 진행 : 손영희, 김문영
▪ 편집 참여 : 박현진
▪ 번역 참여 : 김문정, 김희경, 박선일, 클레망틴 픽
▪ 교정 참여 : 문호연, 이은주, 이기숙

그랑 라루스 와인 백과
Le Grand Larousse du Vin

1판 1쇄 발행일 2021년 1월 1일
저   자 : 라루스 편집부
번   역 : 윤화영
편   집 : 김문영
디자인 : 김미리
발행인 : 김문영
펴낸곳 : 시트롱마카롱
등   록 : 2014년 10월 17일 제406-251002014000153호
주   소 : 경기도 파주시 책향기로 320 메이플카운티 2동 206호
페이지 : www.facebook.com/citronmacaron @citronmacaron
이메일 : macaron2000@daum.net
ISBN : 979-11-969845-3-3 03590

이 도서의 국립중앙도서관 출판예정도서목록(CIP)은 서지정보유통지원시스템 홈페이지(http://seoji.nl.go.kr)와 국가자료공동
목록시스템(http://www.nl.go.kr/kolisnet)에서 이용하실 수 있습니다.(CIP제어번호: CIP2020049055)

사진 저작권

Photogravure Nord Compo, Villeneuve d'Ascq
Imprimé par Leporello en Bosnie-Herzégovine
Dépôt légal : juin 2016
318032/01 – 11032918 – septembre 2016